工程電磁學

第八版
Engineering Electromagnetics, 8e

William H. Hayt, Jr.
John A. Buck
著

謝芳生
江昭皚
譯

臺灣東華書局股份有限公司　印行

國家圖書館出版品預行編目(CIP)資料

工程電磁學 ／ William H. Hayt, Jr., John A. Buck 原著；謝芳生，江昭皚 譯.
-- 三版. -- 臺北市：麥格羅希爾，台灣東華，2012. 04
　　608 面； 19 * 26 公分
譯自：Engineering Electromagnetics, 8th ed.
ISBN　978-986-157-853-8（平裝）．

　　1. 電磁學

338.1　　　　　　　　　　　　　　　　　　　　100027495

工程電磁學　第八版

繁體中文版© 2012 年，美商麥格羅希爾國際股份有限公司台灣分公司版權所有。本書所有內容，未經本公司事前書面授權，不得以任何方式（包括儲存於資料庫或任何存取系統內）作全部或局部之翻印、仿製或轉載。
Traditional Chinese Translation Copyright © 2012 by McGraw-Hill International Enterprises, LLC., Taiwan Branch
Original title: Engineering Electromagnetics, 8e　(ISBN: 978-0-07-338066-7)
Original title copyright © 2011, 2006, 2001, 1989, 1981, 1974, 1967, 1958 by McGraw-Hill Education
All rights reserved.

作　者	William H. Hayt, Jr., John A. Buck	
譯　者	謝芳生　江昭皚	
合作出版 暨發行所	美商麥格羅希爾國際股份有限公司台灣分公司 台北市 10044 中正區博愛路 53 號 7 樓 TEL: (02) 2383-6000　　FAX: (02) 2388-8822	
	臺灣東華書局股份有限公司 10045 台北市重慶南路一段 147 號 3 樓 TEL: (02) 2311-4027　　FAX: (02) 2311-6615 郵撥帳號：00064813 門市 10045 台北市重慶南路一段 147 號 1 樓　TEL: (02) 2382-1762	
總 經 銷	臺灣東華書局股份有限公司	
出版日期	西元 2016 年 1 月 三版二刷	
印　刷	盈昌印刷有限公司	

ISBN：978-986-157-853-8

前 言

　　自從本書第一版發行以來，一直都是由威廉‧赫特擔任唯一作者長達 52 年之久。由於初次發行之時我年僅五歲，本書對我而言根本無任何意義。但是，15 年之後每件事都不一樣了，當時我在大三的基礎電磁學課程中使用了本書的第二版。由於知道了一些朋友們的恐怖故事，我還記得在該課程剛開始時所有的不祥預兆之感受。不過，在初次翻閱本書時，本書友善的寫作風格以及對主題的有規律介紹方式讓我感到既愉悅又訝異——至少對我本人而言——它是一本非常值得一讀的書，因為我很少需要教授的協助便可以研讀本書。在讀研究所期間，我還時常參閱本書；在成為教師之後，我講授過本書的第四版與第五版；接著，在比爾‧赫特退休後 (及其不幸過逝之後)，我成為本書第六版與第七版的共同作者。我對於當初身為初學者的記憶依舊相當清晰，所以我嘗試著維持當年我所發現本書如此受歡迎的平易近人風格。

　　超過 50 年的時光，本書的主題內容並無更迭，不過強調的重點卻不一樣。在各大學中，課程演進趨勢持續朝向縮減電磁學佔電機工程核心課程的配置比例。因此，在此新版中，我努力使內容討論更簡潔以使讀者們能更早地接觸馬克士威爾方程式，同時我也增補了更多的高等教材。許多前面的章節現在都比前一版的對應章節略為簡短。藉由採用簡潔的用語，縮短許多節次內容，或者將某些節次完全地移除，便可完成此項工作，在部份情況下，刪除的課題已經轉換單獨的論文並且將之移置於網站上，讀者們可自網站下載研讀。本書主要的更動如下所示：(1) 前一版第 6 章的電介質素材已經移至本書第 5 章的後面節次。(2) 討論帕桑與拉普拉氏方程式的章節已經刪除，僅保留一維問題的討論，這部份內容移至第 6 章的後半部。二維拉普拉氏方程式的討論及其數值方法已經移至本書的附屬網站中。(3) 矩形波導的探討 (第 13 章) 加以擴增，在這些內容中增加了討論二維邊界值問題的方法。(4) 本書大幅地擴增輻射與天線的內容，本版將之獨立成完整的第 14 章。

　　全書大約新增了 130 個習題。這其中有一些題目是我從較早的各版本中特別地挑選出來的一些相當"經典的"習題。同時，我也採用一套新系統將各習題約略難易度以三種難易刻度計標示在每一道習題的題號旁邊。最低刻度可視之為相當直接的習題，僅需

iii

對教材有少許的瞭解便可求解;刻度 2 的習題是屆於觀念上較難的習題,或許需要花更多的心力來求解;刻度 3 的習題則可視為觀念上更難的或者需額外心力 (包括可能需要藉助於計算機) 才能求解的習題。

　　如同先前的版本,傳輸線單獨構成一章 (第 10 章),故可在一課程的任意部份研議讀或講授,包括課程開始亦可。在此章中,各種傳輸線是完全地以電路理論的內容編排方式來探討;即完全地採用電壓與電流形式來介紹波動現象。將電感與電容觀念當作已知參數處理,故毋須仰賴其它章節。傳輸線場的觀念與參數的計算則編排在第 13 章波導的開頭部份,使其在介紹波導觀念時可扮演額外的輔助角色。探討電磁波的章節,即第 11 與 12 章,仍與傳輸線理論的內容保持獨立性,以便讀者可以直接由第 9 章跳至第 11 章進行研習。第 11 章會參考到第 10 章的地方,在第 10 章中便會指出額外的展望,同時會更詳細地說明。儘管如此,毋須先行探討傳輸線波動理論來進行學習平面波時所有必要的素材均可在第 11 章找到,如此安排應足以應付學生或教師想要進行先研讀平面波的順序需求。

　　本版新增一章對天線的介紹,內容涵蓋各種輻射觀念,並且是以第 9 章滯後電位的討論來建構整章的介紹。本章討論重點在於偶極天線,包括獨立式與簡單陣列式的偶極天線。最後一節再次利用偶極作為工具來探討基本的傳送-接收系統。

　　本書是以最適合於雙學期課程的方式來編排設計,很顯然地,若要強調各種靜態學觀念,則可先予介紹,不過,第 10 章 (傳輸線) 同樣亦可以先研讀,在強調動態學的單一課程中,如同先前所提及的,傳輸線一章便可先予以講授,或是安排在課程內的任何時段講授亦可。有一種方式可以更快速地涵蓋靜態學的素材,那就是不強調材料性質 (假設這些題材會在其它課程中探討) 與某些高等的課題。這種講授安排包括略過第 1 章 (可指定為預習研讀) 以及省略 2.5、2.6、4.7、4.8、5.5～5.7、6.3、6.4、6.7、7.6、7.7、8.5、8.6、8.8、8.9,與 9.5 等節的介紹。

　　本版的輔助教材採網路式教材方式提供,除了由 McMaster 大學 Natalya Nikolova 與 Washington 大學 Vikram Jandhyala 所開發的動畫展示與互動程式之外,亦包括前面提及的探討特定課題的論文。這些教授們卓越的貢獻均已整合至本書教材,任何練習題只要與其所敘述題材相關時,便會以圖樣標記附註於其旁側。此外,網站亦備有各類小考試題以輔助更進一步的研習。

　　自從 1958 年本書初版印行以來,本書的主題均未曾改變。本書採用演繹法來編撰以符合時代的發展。書內各種實驗定律均是以個別觀念的方式來呈現,之後才統整成馬克士威爾方程式。在第 1 章的向量分析之後,其它額外的數學工具都是在書中有需要的地方才予以介紹。先前各版本連同本版。本書的基本目的就是要能使學生可以獨立地完成研習本書。為數眾多的例題、練習題 (通常又分成數小題)、章末習題，以及網站上的輔助教材，均對達成此項目的提供助力。練習題的答案均已附註於每一道練習題下方，章末習題的奇數題答案則可在附錄 F 中查到。本書備有習題解答與簡報投影片 (內含相關的圖形與方程式)，提供教師授課之用。這些套件，以及前面提及的其它教材均登載於本書的教學網站：

www.mhhe.com/haytbuck

我要感謝許多人士在協助使本書成為更完善教科書版本時所做的寶貴貢獻。我特別感謝 Glenn S. Smith (喬治亞理工學院) 教授幫忙審閱天線這一章並提供許多寶貴的意見與建議。Clive Woods (路易斯安那州立大學)、Natalya Nikolova，及 Don Davis (喬治亞理工學院) 三位教授提供了詳細的建議與本書錯誤之處。本書新增習題的仔細核對工作則是由 Todd Kaiser (蒙達那州立大學) 與 Steve Weis (德州基督大學) 兩位教授合力幫忙完成。另外，在本書編撰專案啟動時，其它多位審閱者提供了詳細的意見與建議；其中許多建議改進了本書。這些審閱者包括：

  Sheel Aditya – Nanyang Technological University, Singapore
  Yaqub M. Amani – SUNY Maritime College
  Rusnani Ariffin – Universiti Teknologi MARA
  Ezekiel Bahar – University of Nebraska Lincoln
  Stephen Blank – New York Institute of Technology
  Thierry Blu – The Chinese University of Hong Kong
  Jeff Chamberlain – Illinois College
  Yinchao Chen – University of South Carolina
  Vladimir Chigrinov – Hong Kong University of Science and Technology
  Robert Coleman – University of North Carolina Charlotte
  Wilbur N. Dale
  Ibrahim Elshafiey – King Saud University
  Wayne Grassel – Point Park University
  Essam E. Hassan – King Fahd University of Petroleum and Minerals
  David R. Jackson – University of Houston
  Karim Y. Kabalan – American University of Beirut
  Shahwan Victor Khoury, Professor Emeritus – Notre Dame University,
    Louaize-Zouk Mosbeh, Lebanon
  Choon S. Lee – Southern Methodist University
  Mojdeh J. Mardani – University of North Dakota
  Mohamed Mostafa Morsy – Southern Illinois University Carbondale
  Sima Noghanian – University of North Dakota
  W.D. Rawle – Calvin College
  Gönül Sayan – Middle East Technical University
  Fred H. Terry – Professor Emeritus, Christian Brothers University
  Denise Thorsen – University of Alaska Fairbanks
  Chi-Ling Wang – Feng-Chia University

我也要感謝來自學生們的回饋與許多意見,人數實在眾多無法一一列名,包括好多位來自遠方曾與我聯絡過的人士。我會持續開放並感謝這種回饋,各位讀者可以透過 john.buck@ece.gatech.edu 與我聯絡。許多我認為有建設性與實質性的建議均已納入本書。我很抱歉由於出版時效的限制未能將所有建議都納入。出版本書是團隊合作的成果,包括 McGraw-Hill 出版公司多位傑出的人士。這些人士包括本書的製作人,Raghu Srinivasan 先生,以及專案編輯,Peter Massar 先生,他們的見解與鼓勵非常的寶貴;Robin Reed 先生以絕佳的理念與熱情總攬協調本書編輯期間的各項事務,以及我的編導 Darlene Schueller 女士,從本書撰寫開始提供我各種極具價值的見解,也在必要的時候激勵我採取行動。本書的打字排版工作由 Glyph International 公司的 Vipra Fauzdar 先生負責,他聘用了我所曾擁有過的最佳編輯,Laura Bowman 女士。Diana Fouts (喬治亞理工學院) 女士運用了她廣潤地藝術技巧設計了本書封面,如同她為本書前二版所完成的風格。最後,如同這些版本的編撰專案一樣,我很感激家人的耐心與支持,特別是我女兒 Amanda,她協助我備稿的工作。

John A. Buck
Marietta, 喬治亞州
2010 年 12 月

前　言　vii

McGraw-Hill 數位作品包括：

　　本書亦以電子書形式登載於 www.CourseSmart.com 網站。在 CourseSmart 網站上，學生們可以大幅節省印製教科書的花費，減少對環境的衝擊，與得到研習本書時所需的有力網站工具。CourseSmart eBook 可以線上瀏覽或下載至電腦。本電子書允許學生們進行全文搜尋，加入重點與註解，以及與同學們分享註解。請與你所在地的 McGraw-Hill 銷售代表聯絡或者登錄 www.CourseSmart.com 網站以取得更多資訊。

　　授課教授們可從 McGraw-Hill's Complete Online Solutions Manual Organization System (COSMOS) 取得相關協助。COSMOS 可使教授無限制地製作出用於指定作業時所需的習題素材，同時可以將他們本身所設計的習題轉移及整合到軟體套件內。欲知詳細的資訊，請與你當地的 McGraw-Hill 銷售代表聯繫。

McGraw-Hill Create™

　　請移植你的教學資源以配合你的教學方式！利用 McGraw-Hill Create™ (可於 www.mcgrawhillcreate.com 網站取得)，教授們可以輕易地重新安排章節，合併取自其它課程的教材，並且快速地上傳你所撰寫的課程大綱或者授課筆記。藉由透過搜尋數以千計的著名 McGraw-hill 教科書，你可以在 Create 套件內找到所需的教學素材。教授們可安排您的書以符合您的教學風格。藉由選取封面並加入您的大名、學校，及課程資訊，Create 甚至允許個人化您的書的外觀。訂購 Create 書時，你將會在 3～5 個工作天內收到免費的紙本審閱拷貝或是在數分鐘內取得免費的電子式審閱拷貝 (eComp)。請在今日就登上 www.mcgrawhillcreate.com 網站註冊來體驗 McGraw-Hill Create 軟體如何授權你從事以你的方式來對你的學生們講授此課程。

　McGraw-Hill Higher Education and Blackboard® 已經組成團隊。Blackboard 是以網路為基礎的課程管理系統，它與 McGraw-Hill 公司結合為夥伴公司以容許學生們與教職人員更方便地使用線上教材與教學活動，進而輔助面-對-面教學工作。Blackboard 扮演激勵社群學習與教學工具特色化的工作，促進學生們取得更合理的，視覺上更具影響力的及主動的學習機會。你將可把關起門的教室轉換成學生們維持聯絡的社群以達成他們每天 24 小時的教育經驗。

　　這種夥伴關係可讓你與你的學生們馬上由你的 Blackboard 課程加入 McGraw-Hill Create 軟體——全部只需登錄一次即可。現在，無論你的校園提供，或是我們提供，McGraw-Hill 與 Blackboard 提供你輕易地利用工業先進技術與內容。欲知詳情，請接洽詢問你當地的 McGraw-Hill 代表。

目 次

前　言 ··· iii

第 1 章　向量分析 ·· 1
1.1　純量與向量 ··· 1
1.2　向量代數 ·· 2
1.3　直角座標系統 ··· 4
1.4　向量的分量和單位向量 ·· 5
1.5　向量場 ·· 8
1.6　點　積 ·· 9
1.7　叉　積 ·· 11
1.8　另一種座標系統：圓柱座標 ·· 13
1.9　球形座標系統 ··· 18

第 2 章　庫侖定律和電場強度 ·· 25
2.1　庫侖的實驗定律 ·· 25
2.2　電場強度 ·· 28
2.3　連續的體積電荷分佈所引起的電場 ···································· 32
2.4　線電荷的電場 ··· 34
2.5　薄片電荷的電場 ·· 38
2.6　流線以及電場的素描 ··· 40

第 3 章　電通量密度、高斯定律，及散度 …… 47

- 3.1 電通量密度 …… 47
- 3.2 高斯定律 …… 51
- 3.3 高斯定律的應用：幾種對稱的電荷分佈 …… 55
- 3.4 高斯定律的應用：微小體積單元 …… 60
- 3.5 散度與馬克士威爾第一方程式 …… 63
- 3.6 向量運算子 ∇ 以及散度定理 …… 67

第 4 章　能量與電位 …… 75

- 4.1 在電場中移動一個點電荷時所消耗的能量 …… 76
- 4.2 線積分 …… 77
- 4.3 電位差與電位的定義 …… 82
- 4.4 一個點電荷的電位場 …… 84
- 4.5 電荷系統的電位場：守恆性質 …… 86
- 4.6 電位梯度 …… 90
- 4.7 電偶極 …… 97
- 4.8 靜電場中的能量密度 …… 101

第 5 章　電流與導體 …… 111

- 5.1 電流及電流密度 …… 112
- 5.2 電流的連續性 …… 114
- 5.3 金屬導體 …… 116
- 5.4 導體的性質和邊界條件 …… 121
- 5.5 映像法 …… 126
- 5.6 半導體 …… 129
- 5.7 電介質材料的本質 …… 130
- 5.8 完全電介質材料的邊界條件 …… 136

第 6 章　電　容 …… 145

- 6.1 電容的定義 …… 145
- 6.2 平行板電容 …… 146
- 6.3 幾個電容的例子 …… 149

6.4	雙線式傳輸線電容	152
6.5	利用電場圖解法來估算二維問題的電容	157
6.6	帕桑及拉普拉氏方程式的推導	163
6.7	拉普拉氏方程式解答的例子	165
6.8	帕桑方程式的解答實例：P-N 接面電容	172

第 7 章　穩定的磁場 ... 183

7.1	畢奧-薩伐定律	183
7.2	安培環路定律	191
7.3	旋　度	198
7.4	史托克斯定理	205
7.5	磁通量和磁通量密度	210
7.6	純量和向量磁位	213
7.7	各種穩定磁場定律的推導	220

第 8 章　磁力、材料和電感 ... 233

8.1	作用在運動電荷上的力	233
8.2	微小電流單元上的力	234
8.3	微小電流單元之間的力	238
8.4	一個閉合電路上的力和轉矩	241
8.5	磁性材料的本質	247
8.6	磁化和導磁係數	250
8.7	磁的邊界條件	255
8.8	磁　路	258
8.9	磁性材料上的位能和力	265
8.10	電感和互感	267

第 9 章　時變場和馬克士威爾方程式 ... 281

9.1	法拉第定律	281
9.2	位移電流	289
9.3	點形式的馬克士威爾方程式	293
9.4	積分形式的馬克士威爾方程式	295

9.5　滯後位勢 297

第 10 章　傳輸線 307

10.1　傳輸線傳播的物理說明 308
10.2　傳輸線方程式 310
10.3　無損耗傳播 313
10.4　弦波電壓波的無損耗傳播 316
10.5　弦波信號的複變分析 317
10.6　傳輸線方程式及其相量形式的解 319
10.7　低損耗傳播 322
10.8　功率傳輸與損耗特性的分貝用法 324
10.9　在不連續處的電波反射 327
10.10　電壓駐波比 330
10.11　有限長度的傳輸線 335
10.12　一些傳輸線的例題 337
10.13　圖解法史密斯圖 342
10.14　暫態分析 352

第 11 章　均勻的平面波 373

11.1　自由空間內的電磁波傳播 373
11.2　電介質中的電波傳播 382
11.3　坡印亭定理與電磁波功率 391
11.4　良導體內的傳播：集膚效應 395
11.5　電磁波的極化 403

第 12 章　平面波反射與色散 413

12.1　垂直入射均勻平面波的反射 413
12.2　駐波比 421
12.3　多重介面處的電波反射 425
12.4　一般方向的平面波傳播 434
12.5　斜向入射平面波的反射 437
12.6　斜向入射波的全反射與全透射 443

12.7	電波在色散介質中的傳播	446
12.8	色散介質的脈波變寬現象	451

第 13 章 波　導 461

13.1	傳輸線場與基本常數	461
13.2	基本的波導操作	472
13.3	平行板波導的平面波分析	475
13.4	利用波動方程式進行平行板波導的分析	483
13.5	矩形波導	487
13.6	平面式電介質波導	499
13.7	光　纖	505

第 14 章 電磁輻射與天線 519

14.1	基本輻射原理：赫茲偶極	519
14.2	天線規格	526
14.3	磁偶極	531
14.4	細導線天線	533
14.5	雙元件陣列	542
14.6	均勻線性陣列	546
14.7	作為接收器使用的天線	550

附　錄 561

附錄 A	向量分析	561
附錄 B	單　位	566
附錄 C	材料常數	571
附錄 D	唯一性定理	574
附錄 E	複數型介電係數的起源	577
附錄 F	奇數題習題的答案	584

索　引 590

第1章

向量分析

向量分析是一門數學科目，由數學家來教它會比工程師更適合。雖然基本的向量觀念及運算很可能已經在早期的微積分系列課程中被介紹過了，然而大多數工學院的三、四年級學生都不曾有時間 (或企圖) 來選一門向量分析的課。這些基本觀念和運算將會在本章中講授，至於要花多少時間來學習則要依過去所知而定。

這裡所採的觀點也是工程師或物理學家的而非數學家的，因為文中的證明都只是指出而非嚴格地考證，並強調物理上的解釋。對於一位工程師而言，在知道了一些物理方面的現象及應用之後，再去數學系修習一門較為嚴密且完整的課程時會容易得多。

向量分析是一種數學速記法。它有一些新的符號，一些新的規則，學習時要求集中注意力並且要常練習。練習用的習題，首先出現在 1.4 節末段，練習題應當是全書整體的一部份而且每一題都應加以運算。如果書中有關各節的教材都已經徹底瞭解的話，這些題目應當是不難的。這樣一來「讀」本章會需要稍長的時間，但是這種時間上的投資將會產生驚人的效益！■

1.1 純量與向量

純量 (scalar) (或稱為非向量) 一詞是指可用單一 (正或負) 實數表示其大小的一個量。我們在基本代數中用的 x、y 和 z 都是純量，同時它們所代表的各個量也都是純量。如果我們談到一個物體在時間 t 內落下了距離 L，或者說在一碗湯中座標為 x、y 及 z 的任一點的溫度 T 的話，則 L、t、T、x、y 以及 z 全都是純量。其它形式的純量有質量、密度、壓力 (但不是力)、體積、體積阻抗、電壓等。

一個**向量** (vector) 是同時具有大小[1] (magnitude) 和空間方向的一個量。我們將只考慮二維的和三維的空間，然而在更高級的應用方面，向量是可以被界定在 n 維的空間內。力、速度、加速度，以及從蓄電池的正端到其負端的一條直線都是向量的例子。每一個向量都是同時以一個大小以及一個方向來表示。

我們主要探討的是純量場和向量**場** (fields)。一個場 (純量或向量的) 在數學上可以被界定為接連一個任意的原點與空間一個普通點的向量的某一種函數。通常我們發現能將一物理效應和一個場締結在一起，例如在地球磁場中羅盤指針上所受的力，或者在空間某一區內空氣的向量速度所界定之場中的煙粒的運動。注意：場的觀念一定是和一個區域相關聯的。並且，區域內的每一點都有某種量的規定值。**純量場** (scalar fields) 和**向量場** (vector fields) 二者都存在的。一碗湯內各點的溫度，以及地球體內各點的質量密度都是純量場的例子。地球的重力強度及磁場強度、電纜上的電壓梯度，以及銲鐵尖端的溫度梯度則是向量場的例子。這些場值通常是隨位置和時間而改變的。

在本書裡，與其它大多數用到向量記號的教科書一樣，向量將用粗體字來表示，例如 **A**。純量則是以斜體字來表示，例如 A。在用手寫的時候，習慣上是在向量上面畫一條線或者一個箭頭來表示它的向量特性。(注意：這是第一個陷阱。記號不嚴密，例如略去向量符號上的線或箭頭，是向量分析中發生錯誤的一大原因。)

1.2 向量代數

說完了向量以及向量場的定義之後，我們現在可以進而規定向量算術、向量代數，以及 (以後) 向量微積分的各項規則。有些規則會和非向量代數很像，有些略為不同，有些則是完全新的。

首先，向量的加法依據平行四邊形定律，圖 1.1 所示是二個向量 **A** 與 **B** 之和。很容

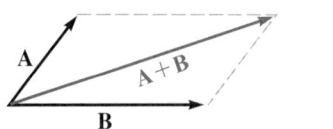
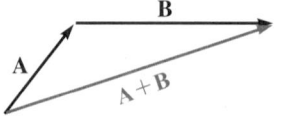

圖 1.1 二個向量可以用圖解法加起來，可從一個共同的原點畫出這二個向量再完成平行四邊形，或者從第一個向量的頭上開始畫第二個向量再完成這三角形；這二種方法中的任何一個都可以很容易地被擴充到三個或更多個向量上。

---

[1] 我們依慣例將「magnitude」(大小) 視同「absolute value」(絕對值)，故知任何量的「大小」恆為正值。

易看出來 **A**＋**B**＝**B**＋**A**，或者說向量的加法遵守交換律。即向量的加法也遵守結合律，即

$$A + (B + C) = (A + B) + C$$

　　注意：繪製向量時，需以一箭頭及某一長度來表示。其所在處係界定在向量的尾部。

　　共平面 (coplanar) 向量，就是位於一個共同的平面內的各向量，例如圖 1.1 所示的那些向量。它們二者都在紙張的平面內，也可以藉著將每個向量表示成「水平的」與「垂直的」分量再將各個對應的分量相加而加起來。

　　三維空間內的各向量也可以同樣地藉著將這些向量表示成三個分量，再將各個對應的分量相加而得。這種加法過程的例子將在 1.4 節討論過了向量的分量之後再提出。

　　向量的減法規則可以輕易地從加法規則上得出，因為，我們總可以將 **A**－**B** 寫成 **A**＋(－**B**)；此時，第二個向量的符號和方向都被反了過來，然後再根據向量相加的規則將這向量加到第一個向量即可。

　　向量可以被乘以純量。此時，向量的大小會改變，但是當純量是正的時候，向量的方向就不變。然而在乘以一個負的純量時，它的方向就反過來。一個向量被乘以一個純量時也遵守代數上的結合律與分配律，故知

$$(r + s)(A + B) = r(A + B) + s(A + B) = rA + rB + sA + sB$$

一個向量除以一個純量時，只不過是乘以這純量的倒數而已。一個向量乘以一個向量的規則，將在 1.6 節和 1.7 節中談到。二個向量的差為零，則可稱它們是相等的，或者說，如果 **A**－**B**＝0 則 **A**＝**B**。

　　在向量場的應用中，我們一向將同一點的各向量相加或相減。舉例而言，一個小的馬蹄形磁鐵周圍的總磁場將被證實為地球和這永久磁鐵所生磁場之和；在任何一點處的總磁場將是在該點處各個磁場的和。

　　但是如果我們不是考慮一個向量場時，就可以將不是規定在同一點上的各向量相加或相減。舉例而言，作用在位於北極處的一個 150 lb$_f$ 的人身上的重力和作用在位於南極處的 175 lb$_f$ 的人身上的重力之和，可以將各個力的向量在相加前先都移到南極然後再求出來。結果，合力是一個位在南極而指向地球中心的 25 磅力的力；如果我們要說得困難一點，我們照樣地可以將這力形容為一個在北極處指向離地球中心的 (或「朝上的」) 25 lb$_f$。[2]

---

[2] 有少數學生提出這力也可以被描述成在赤道處向"北方"的，他們是對的，但是應適可而止。

1.3 直角座標系統

為了要準確地描述一個向量，必須先指定好一些特定的長度、方向、角度、投影，或分量。有三項簡單的方法可以做到這點，同時還有八種或十種其它方法在非常特殊的情形下是很有用的。我們將只用到三種簡單的方法，其中最簡單的是**直角** (rectangular)，或者**直角笛卡爾** (rectangular cartesian) 座標系統 (coordinate system)。

在直角座標系統中，我們規定三個互成直角的座標軸，稱它們為 x、y 以及 z 軸。習慣上是選擇**右手式** (right-handed) 的座標系統，其中將 x 軸轉 (經過較小的那個角) 到 y 軸時將會使右旋螺絲在 z 軸方向上前進。所以用右手時，拇指、食指及中指就可以分別被指定為 x、y 及 z 軸。圖 1.2a 所示便是一個右手式的直角座標系統。

一個點的位置是藉著它的 x、y 及 z 座標而定的。這些座標分別是從原點到由這點垂

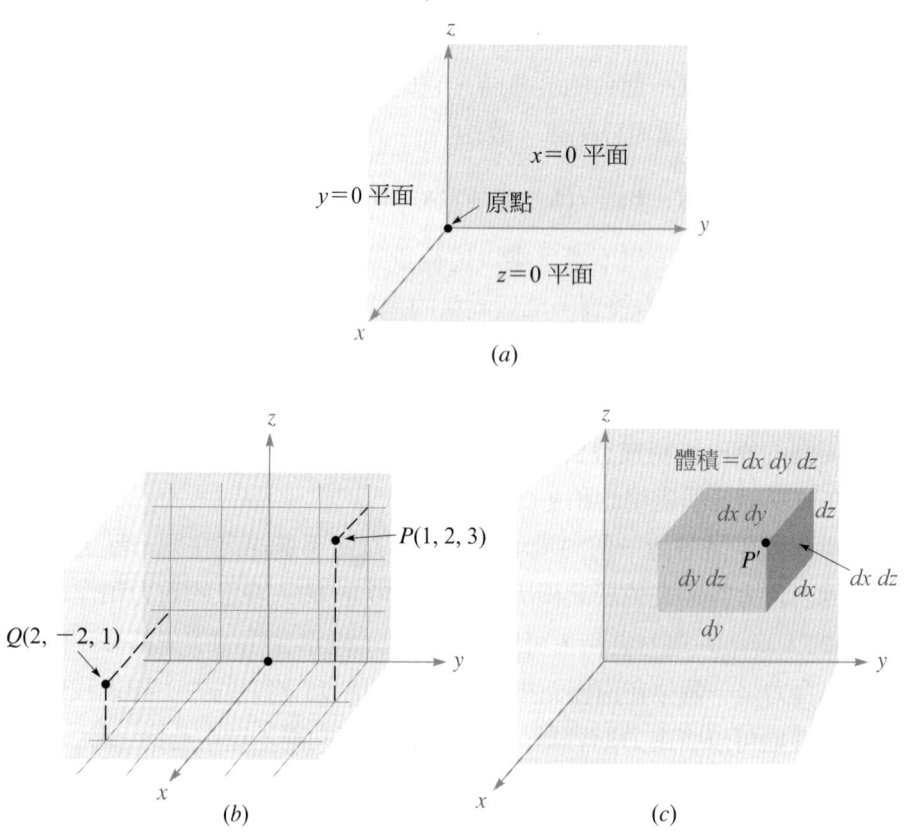

圖 1.2 (a) 一個右手式的直角座標系統。如果右手彎的四根手指代表自 x 軸旋轉到 y 軸的方向的話，拇指就代表 z 軸的方向。(b) $P(1, 2, 3)$ 和 $Q(2, -2, 1)$ 二點的位置。(c) 直角座標中微分體積單元；一般而言，dx、dy 及 dz 是獨立的微分。

直落到 x、y 及 z 各軸的交點之間的距離。解釋座標值的另外一種方法，同時也是一種在所有其它座標系統中必須用到的方法，就是將這個點當作是在 $x=$ 定值、$y=$ 定值以及 $z=$ 定值的三個平面的共同交點處的，而這些定值就是這個點的座標值。

圖 1.2b 所示是 P 和 Q 二個點，它們的座標分別為 (1, 2, 3) 和 (2, −2, 1)。所以 P 點的位置是在 $x=1$、$y=2$ 以及 $z=3$ 的各平面的共同交點處，而 Q 點則位於 $x=2$、$y=-2$ 以及 $z=1$ 各平面的交點上。

當我們在 1.8 節和 1.9 節中遇到其它座標系統時，我們可預期各個點是位於三個表面——不一定是平面，但是在交界處仍是互相垂直的——共同交點處。

如果我們想像三個平面交在一個一般性的點 P 處，而它的座標是 x、y 及 z 的話，我們可以將每一個座標值增加一個微小的量，而得到三個略為移動了一點的平面，它們相交在 P' 點，後者的座標是 $x+dx$、$y+dy$ 及 $z+dz$。這六個平面界定了一個矩形的平行六面體，它的體積是 $dv=dxdydz$；各表面的面積 dS 分別為 $dxdy$、$dydz$ 以及 $dzdx$。最後，從 P 到 P' 的距離 dL 是這平行六面體的對角線，長度為 $\sqrt{(dx)^2+(dy)^2+(dz)^2}$。這體積單元如圖 1.2c 所示，$P'$ 點被指出來了，但是 P 點是在唯一看不見的那個角上。

所有這些由三角和立體幾何上說來都是很熟悉的，同時都只涉及純量而已。在下一節中，我們將用座標系統來描述向量。

1.4 向量的分量和單位向量

要在直角座標系統中描述一個向量，讓我們先考慮一個自原點向外延伸的向量 **r**。鑑別這向量的一個合理的方法是指出沿三個座標軸的三個**分量向量** (component vectors)，它們的向量和必須是已定的那個向量。如果向量 **r** 的分量向量是 **x**、**y** 以及 **z**，則 **r**=**x**+**y**+**z**。這些分量向量如圖 1.3a 所。我們現在有三個而不是一個向量了，但是這樣已經邁進了一步，因為這三個向量的本質是十分簡單的；每一個都永遠是朝著某一個座標軸的方向。

換句話說，各個分量向量都具有一個大小，它是依已知向量 (例如上面的 **r**) 而定的，但是它們每一個的方向都是一定且已知的。這就聯想到**單位向量** (unit vectors) 的應用。依定義，它的大小是 1，方向是沿座標軸上座標值增加的方向。我們要把 **a** 這個符號保留給單位向量用，同時以一個恰當的下標來標明單位向量的方向。因此，$\mathbf{a}_x$、$\mathbf{a}_y$ 和 $\mathbf{a}_z$ 就是在直角座標系統中的單位向量。[3] 它們的方向分別沿著 x、y 及 z 軸，如圖 1.3b 所示。

---

[3] **i**、**j** 和 **k** 這些符號也常被用來作為直角座標中的單位向量。

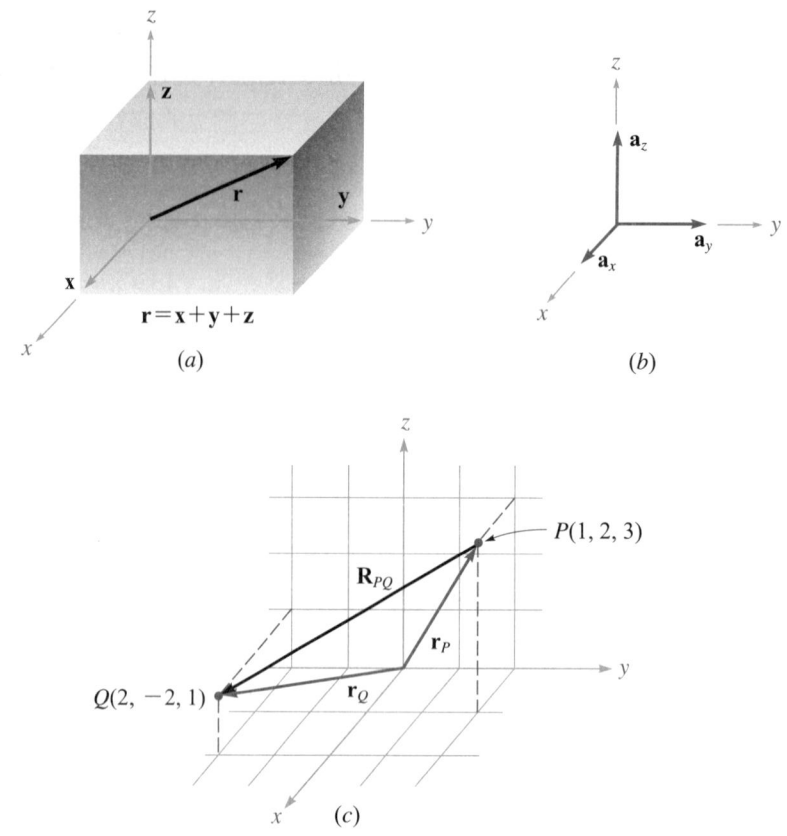

圖 1.3 (a) 向量 **r** 的分(量)向量 **x**、**y** 及 **z**。(b) 直角座標系統的單位向量具有單位大小,同時是指向它們各自變數值增加的方向。(c) **R**$_{PQ}$ 等於向量差 **r**$_Q$－**r**$_P$。

如果分量向量 **y** 的大小剛好是二個單位,同時是朝 y 值增加的方向,我們就應當寫成 **y**=2**a**$_y$。一個從原點指到 P 點 (1, 2, 3) 的向量 **r**$_P$ 可寫成 **r**$_P$=**a**$_x$+2**a**$_y$+3**a**$_z$。從 P 到 Q 的向量可以應用向量的加法規則而得到。這規則指出,自原點到 P 的向量加上自 P 到 Q 的向量就會等於自原點到 Q 點的向量。所以想求得從 $P(1, 2, 3)$ 到 $Q(2, -2, 1)$ 的向量就是

$$\mathbf{R}_{PQ} = \mathbf{r}_Q - \mathbf{r}_P = (2-1)\mathbf{a}_x + (-2-2)\mathbf{a}_y + (1-3)\mathbf{a}_z$$
$$= \mathbf{a}_x - 4\mathbf{a}_y - 2\mathbf{a}_z$$

向量 **r**$_P$、**r**$_Q$ 和 **R**$_{PQ}$ 如圖 1.3c 所示。

最後這個向量並不像我們最初所考慮的向量 **r**,它不是從原點向外延伸的。然而,我們已經學過了具有同樣大小、且指向同一方向的各向量都是相等的。所以為了幫助我們的視覺化過程起見,我們可自由地將任何一個向量在決定其分量以前先移到原點去。當

然在移動過程中必須保持平行。

如果我們是在討論一個力的向量 **F**，或者任何向量而不是一個像 **r** 這樣的位移向量的話，就會有一個問題發生：如何用適當的字母來代表它的三個分量向量。稱它們為 **x**、**y** 及 **z** 並不妥，因為這些是位移，或者有方向的距離，同時是以米 (縮寫為 m) 或者其它長度單位來量的。利用**分量純量** (component scalars)，或者簡稱為**分量** (components)，F_x、F_y 及 F_z，往往就可以避免掉這個問題。這些分量是各個分量向量的有號 (正負) 的大小。於是我們就可以寫成 $\mathbf{F}=F_x\mathbf{a}_x+F_y\mathbf{a}_y+F_z\mathbf{a}_z$。分量向量則為 $F_x\mathbf{a}_x$、$F_y\mathbf{a}_y$ 及 $F_z\mathbf{a}_z$。

任何向量 **B** 可以被描述為 $\mathbf{B}=B_x\mathbf{a}_x+B_y\mathbf{a}_y+B_z\mathbf{a}_z$。**B** 的大小寫成 |**B**|，或者簡寫成 B，於是

$$|\mathbf{B}| = \sqrt{B_x^2 + B_y^2 + B_z^2} \qquad (1)$$

我們所討論的三種座標系統都各自有它的三個基本的且互相垂直的單位向量，可用來將任何向量分解成它的分量向量。但是單位向量的用處不只限於此。能寫出一個有一定方向的單位向量常常是很有助益的。這很容易辦到，因為在一個已定方向的一個單位向量，不過是在那方向的一個向量除以它的大小而已。在 **r** 方向的單位向量是 $\mathbf{r}/\sqrt{x^2+y^2+z^2}$，而在向量 **B** 的方向上的一個單位向量是

$$\mathbf{a}_B = \frac{\mathbf{B}}{\sqrt{B_x^2 + B_y^2 + B_z^2}} = \frac{\mathbf{B}}{|\mathbf{B}|} \qquad (2)$$

例題 1.1

試指明從原點指向一點 $G(2, -2, -1)$ 的單位向量。

解： 首先，我們要建構出由原點延伸到 G 點的向量，即

$$\mathbf{G} = 2\mathbf{a}_x - 2\mathbf{a}_y - \mathbf{a}_z$$

接著，再找出 **G** 的大小，

$$|\mathbf{G}| = \sqrt{(2)^2 + (-2)^2 + (-1)^2} = 3$$

最後，以商數表示要求的單位向量，

$$\mathbf{a}_G = \frac{\mathbf{G}}{|\mathbf{G}|} = \tfrac{2}{3}\mathbf{a}_x - \tfrac{2}{3}\mathbf{a}_y - \tfrac{1}{3}\mathbf{a}_z = 0.667\mathbf{a}_x - 0.667\mathbf{a}_y - 0.333\mathbf{a}_z$$

單位向量需有一個特別的鑑定用符號，以便馬上顯示出它的特性。曾經被用到的符號有 $\mathbf{u}_B$、

$\mathbf{a}_B$、$\mathbf{1}_B$，甚至 $\mathbf{b}$。我們堅持使用小寫的 $\mathbf{a}$ 外帶一個恰當的下標。

[注意：在整本書中，每當介紹完一個新的原理後，該節後面隨著就有練習題出現，以便讓讀者測驗他對基本事實本身的瞭解。這些題目有助於熟稔新名詞和觀念，所以全部都應當練習。更普遍的問題則出現在各章的末了。練習題的答案的次序是和問題的次序一致的。]

D1.1. 已知點 $M(-1, 2, 1)$、$N(3, -3, 0)$ 及 $P(-2, -3, -4)$，試求：(a) $\mathbf{R}_{MN}$；(b) $\mathbf{R}_{MN} + \mathbf{R}_{MP}$；(c) $|\mathbf{r}_M|$；(d) $\mathbf{a}_{MP}$；(e) $|2\mathbf{r}_P - 3\mathbf{r}_N|$。

答案：$4\mathbf{a}_x - 5\mathbf{a}_y - \mathbf{a}_z$；$3\mathbf{a}_x - 10\mathbf{a}_y - 6\mathbf{a}_z$；$2.45$；$-0.14\mathbf{a}_x - 0.7\mathbf{a}_y - 0.7\mathbf{a}_z$；$15.56$

1.5 向量場

我們已經將一個向量場定義為位置向量的向量函數了。一般而言，當在這區域內移動時，這函數的方向和大小將會改變，它的值必須由問題中這個點的座標值來決定。因為只討論直角座標系統，我們預期這向量將是變數 x、y 和 z 的函數。

我們如果再次用 $\mathbf{r}$ 代表位置向量，則向量場 $\mathbf{G}$ 可以用函數符號表示成 $\mathbf{G}(\mathbf{r})$；純量場 T 則可寫成 $T(\mathbf{r})$。

如果我們考慮海洋中接近表面處某一區域內水的速度，而那裡的潮與流是很重要的話，我們將會得到一個速度向量，它可以是在任何方向的，甚至是向上或朝下的。如果 z 軸被取作向上的，x 軸在朝北的方向，同時 y 軸朝西，我們就有一個右手式座標系統而可以將速度向量寫成 $\mathbf{v} = v_x \mathbf{a}_x + v_y \mathbf{a}_y + v_z \mathbf{a}_z$，或 $\mathbf{v}(\mathbf{r}) = v_x(\mathbf{r})\mathbf{a}_x + v_y(\mathbf{r})\mathbf{a}_y + v_z(\mathbf{r})\mathbf{a}_z$，其中的每一個分量 v_x、v_y 或 v_z 都可以是三個變數 x、y 及 z 的函數。如果問題被簡化成假定是在灣流的某一部份，那裡的水只向北流，於是 v_y 和 v_z 就是零。還可以再做些更為簡化的假設，因為通常速度是隨著深度而減低的，同時當我們向北、南、東 或西移動時會改變得很慢。一項合適的式子可以是 $\mathbf{v} = 2e^{z/100}\mathbf{a}_x$。在表面處我們得到每秒 2 m/s (公尺/秒) 的速度，而在 100 m 深處 ($z = -100$) 的速度則是 0.368×2 或者 0.736 m/s。速度繼續地隨著深度而減低；在這例子中向量速度具有一定的方向。

D1.2. 在直角座標中，向量場 $\mathbf{S}$ 可表成 $\mathbf{S} = \{125/[(x-1)^2 + (y-2)^2 + (z+1)^2]\}\{(x-1)\mathbf{a}_x + (y-2)\mathbf{a}_y + (z+1)\mathbf{a}_z\}$。試求 (a) 在 $P(2, 4, 3)$ 處的 $\mathbf{S}$。(b) 可指示 $\mathbf{S}$ 在 P 點處之方向的單位向量。(c) 可使 $|\mathbf{S}| = 1$ 的曲面 $f(x, y, z)$。

答案：$5.95\mathbf{a}_x + 11.90\mathbf{a}_y + 23.8\mathbf{a}_z$；$0.218\mathbf{a}_x + 0.436\mathbf{a}_y + 0.873\mathbf{a}_z$；$\sqrt{(x-1)^2 + (y-2)^2 + (z+1)^2} = 125$

1.6 點　積

現在，我們要考慮二種向量乘法中的第一類。第二類將在下節中談到。

已知二個向量 **A** 和 **B**，它們的**點積** (dot product) 或者**純量積** (scalar product) 定義為 **A** 的大小、**B** 的大小，以及它們之間較小夾角的餘弦值三者的乘積，即

$$\boxed{\mathbf{A}\cdot\mathbf{B} = |\mathbf{A}|\,|\mathbf{B}|\cos\theta_{AB}} \tag{3}$$

點號出現在二個向量之間，而且為強調起見要寫得粗一點。點積或純量積是一個純量，正如它的名字所暗示的一樣，同時它也遵守交換律，

$$\boxed{\mathbf{A}\cdot\mathbf{B} = \mathbf{B}\cdot\mathbf{A}} \tag{4}$$

因為夾角的符號並不會影響餘弦項。**A**·**B** 這式子被讀成 "**A** 點 **B**"。

最常見的點積用處也許是在力學中，當一個定值力 **F** 加到一個直線位移 **L** 上時所作的功是 $FL\cos\theta$，它可以更容易地被寫成 **F**·**L**。我們可以預想到第 4 章的一項結果，即如果力是沿著路線在改變，而要求出總功時就必須用到積分，於是結果就變成

$$\text{功 (Work)} = \int \mathbf{F}\cdot d\mathbf{L}$$

另一個例子可以從磁場上取得。如果磁通密度 B 是垂直於表面而且在它上面是均勻的，則經過一個面積為 S 的表面之總通量 Φ 是 BS。如果我們定義，一個**表面向量** (vector surface) **S**，大小為其面積，方向是在**表面的法線** (normal) 方向時 (暫時不討論在二個可能的法線方向中取哪一個的問題)，於是通量就變成 **B**·**S**。這式子對於均勻的磁通密度的任何方向都是有效的。但是涌量的密度在表面上如果不是一定的，總通量就變成 $\Phi = \int \mathbf{B}\cdot d\mathbf{S}$。在第 3 章中，當我們研習電通量密度時，也會出現這種普遍形式的積分。

我們寧可避免在三維空間內求出二個向量之間的夾角這件工作，由於這一原因，點積的定義通常不是採用該基本形式。一個較為有用的結果可以由下面得到：考慮二個向量，它們的直角分量是已知的，例如 $\mathbf{A} = A_x\mathbf{a}_x + A_y\mathbf{a}_y + A_z\mathbf{a}_z$ 以及 $\mathbf{B} = B_x\mathbf{a}_x + B_y\mathbf{a}_y + B_z\mathbf{a}_z$。正如習題之一指出點積也遵守分配律，所以，**A**·**B** 就產生了九個純量項的和，每一項涉及二個單位向量的點積。由於直角座標系統中二個不同的單位向量之間的夾角是 90°，於是我們就得到：

$$\mathbf{a}_x\cdot\mathbf{a}_y = \mathbf{a}_y\cdot\mathbf{a}_x = \mathbf{a}_x\cdot\mathbf{a}_z = \mathbf{a}_z\cdot\mathbf{a}_x = \mathbf{a}_y\cdot\mathbf{a}_z = \mathbf{a}_z\cdot\mathbf{a}_y = 0$$

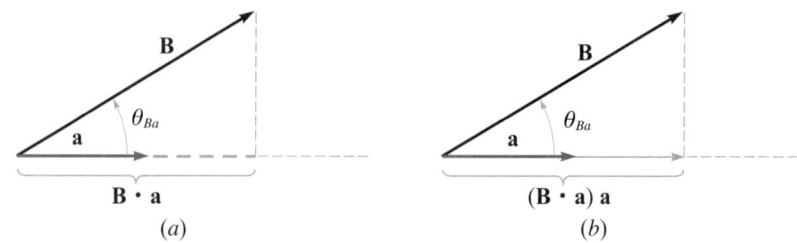

圖 1.4 (a) **B** 在單位向量 **a** 方向的純量分量為 **B**・**a**。(b) **B** 在單位向量 **a** 方向的向量分量為 (**B**・**a**)**a**。

剩下的三項則涉及單位向量和它自己的點積，其值均為 1，最後就得到

$$\mathbf{A} \cdot \mathbf{B} = A_x B_x + A_y B_y + A_z B_z \tag{5}$$

這是一個不涉及角度的式子。

向量和它自己的點積即為其大小的平方，故知

$$\mathbf{A} \cdot \mathbf{A} = A^2 = |\mathbf{A}|^2 \tag{6}$$

任何單位向量與本身的點積為 1，

$$\mathbf{a}_A \cdot \mathbf{a}_A = 1$$

點積的最大用處之一，為求取一向量在某一方向的分量。參考圖 1.4a，我們可以得到 **B** 向量在單位向量 **a** 方向上之分量 (純量) 為

$$\mathbf{B} \cdot \mathbf{a} = |\mathbf{B}||\mathbf{a}|\cos\theta_{Ba} = |\mathbf{B}|\cos\theta_{Ba}$$

若 $0 \leq \theta_{Ba} \leq 90°$ 時，分量之符號為正；$90° \leq \theta_{Ba} \leq 180°$ 時為負。

如欲得 **B** 在 **a** 方向的分量向量時，將分量 (純量) 乘以 **a** 即得之，如圖 1.4b。例如，**B** 在 $\mathbf{a}_x$ 方向的分量是 $\mathbf{B} \cdot \mathbf{a}_x = B_x$，其分量向量為 $B_x\mathbf{a}_x$ 或 (**B**・$\mathbf{a}_x$)$\mathbf{a}_x$。因此，如果要求一向量在某一方向的分量，只要求出該一方向的單位向量即可。

向量點積也可以用一個幾何名詞投影 (projection) 代替之。因此，**B**・**a** 即為 **B** 在 **a** 方向的投影。

例題 1.2

為了舉例說明上述定義和運算，我們考慮一個向量場 $\mathbf{G} = y\mathbf{a}_x - 2.5x\mathbf{a}_y + 3\mathbf{a}_z$ 及點 $Q(4, 5, 2)$。我們想

要求出：在 Q 處的 **G**；**G** 在 Q 點處沿 $\mathbf{a}_N = \frac{1}{3}(2\mathbf{a}_x + \mathbf{a}_y - 2\mathbf{a}_z)$ 方向的分量；**G** 在 Q 點處沿 $\mathbf{a}_N$ 方向的向量分量；最後，要求出 $\mathbf{G}(\mathbf{r}_Q)$ 與 $\mathbf{a}_N$ 間的夾角 θ_{Ga}。

解：將 Q 點的座標代入 **G** 的表示式，可得

$$\mathbf{G}(\mathbf{r}_Q) = 5\mathbf{a}_x - 10\mathbf{a}_y + 3\mathbf{a}_z$$

接下來，我們求取純量分量。利用點積，可得

$$\mathbf{G} \cdot \mathbf{a}_N = (5\mathbf{a}_x - 10\mathbf{a}_y + 3\mathbf{a}_z) \cdot \tfrac{1}{3}(2\mathbf{a}_x + \mathbf{a}_y - 2\mathbf{a}_z) = \tfrac{1}{3}(10 - 10 - 6) = -2$$

將此純量分量乘上 $\mathbf{a}_N$ 方向的單位向量即可求出向量分量，即

$$(\mathbf{G} \cdot \mathbf{a}_N)\mathbf{a}_N = -(2)\tfrac{1}{3}(2\mathbf{a}_x + \mathbf{a}_y - 2\mathbf{a}_z) = -1.333\mathbf{a}_x - 0.667\mathbf{a}_y + 1.333\mathbf{a}_z$$

$\mathbf{G}(\mathbf{r}_Q)$ 和 $\mathbf{a}_N$ 的夾角可由下式求出

$$\mathbf{G} \cdot \mathbf{a}_N = |\mathbf{G}| \cos \theta_{Ga}$$
$$-2 = \sqrt{25 + 100 + 9} \cos \theta_{Ga}$$

及

$$\theta_{Ga} = \cos^{-1} \frac{-2}{\sqrt{134}} = 99.9°$$

D1.3. 已知三角形的三個頂點位於：$A(6, -1, 2)$、$B(-2, 3, -4)$ 及 $C(-3, 1, 5)$，試求：(a) $\mathbf{R}_{AB}$；(b) $\mathbf{R}_{AC}$；(c) 頂點 A 處的夾角 θ_{BAC}；(d) $\mathbf{R}_{AB}$ 在 $\mathbf{R}_{AC}$ 上的 (向量) 投影。

答案：$-8\mathbf{a}_x + 4\mathbf{a}_y - 6\mathbf{a}_z$；$-9\mathbf{a}_x + 2\mathbf{a}_y + 3\mathbf{a}_z$；$53.6°$；$-5.94\mathbf{a}_x + 1.319\mathbf{a}_y + 1.979\mathbf{a}_z$

1.7　叉　積

已知二個向量 **A** 和 **B**，我們現在要定義 **A** 和 **B** 的叉積 (cross product) 或者向量積 (vector product)，其寫法是在二個向量之間加入叉號而表成 **A**×**B**，它被讀作"**A** 叉 **B**"。叉積 **A**×**B** 是一個向量；**A**×**B** 的大小等於 **A**、**B** 的大小，以及 **A** 和 **B** 之間較小夾角的正弦值三者的乘積；**A**×**B** 的方向是垂直於包含 **A** 和 **B** 的平面，而沿著二個可能的垂線之中那個當由 **A** 旋轉到 **B** 時以右手螺旋前進所決定的方向。這方向如圖 1.5 所示。記住：只要保持住它的方向不變，二個中的任何一個向量都可以隨意移動，直到這二個向量有一個"共同的原點"為止，這就決定了包含這二個向量的平面。然而，在大多數的應用中我們所考慮的將是規定在同一點上的各向量。

作為一個方程式我們可以寫成

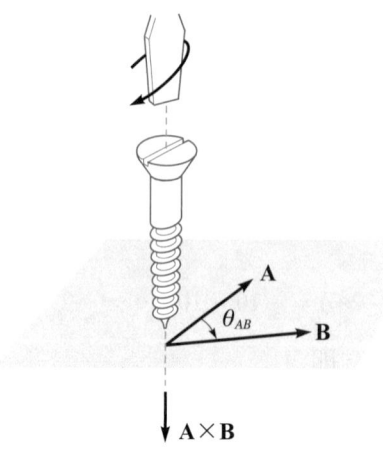

圖 1.5　$A \times B$ 的方向是位於當 A 旋轉到 B 時右手螺旋進行的方向。

$$A \times B = a_N |A| |B| \sin \theta_{AB} \tag{7}$$

如同上面所提出的，這裡還再需要一項說明，來解釋單位向量 a_N 的方向。下標 N 表示它是在"法線"方向。

將向量 A 和 B 的順序反過來就會得到一個在相反方向的單位向量，因此我們知道叉積是不可以交換的，因為 $B \times A = -(A \times B)$。如果將叉積的定義應用到單位向量 a_x 和 a_y 上，我們就得到 $a_x \times a_y = a_z$，因為每一個向量的大小都是 1，這二個向量又是互相垂直的，根據右手式座標系統的定義，由 a_x 轉到 a_y 就指出正的 z 方向。同樣地，$a_y \times a_z = a_x$ 以及 $a_z \times a_x = a_y$。注意：字母上的對稱關係。只要這三個向量 a_x、a_y 和 a_z 是依次序寫的 (再假定 a_x 是隨在 a_z 後面的，就像三隻大象銜著尾巴形成一個圓圈一樣，因此我們也可以寫成 a_y、a_z、a_x 或者 a_z、a_x、a_y)，於是叉號和等號可以放在中間二個空格的任何一處。事實上，現在可以較簡單地規定一個右手的直角座標系統為 $a_x \times a_y = a_z$。

應用叉積的一個簡單的例子，可以由幾何學或三角學取得。要求出一個平行四邊形的面積時，其值為相鄰二側的長度的乘積被乘以它們之間夾角的正弦。利用這二側的向量記號，我們就可以將 (純量) 面積寫成 $A \times B$ 的大小 (magnitude)，亦即 $|A \times B|$。

叉積可以用來替代電機工程師們所熟知的右手定則。設想作用在一根長度為 L 的直導體上的力，其中指定給 L 的方向相當於穩定電流 I 的方向，同時有一個磁通密度 B 的均勻磁場存在。利用向量符號，我們便可以明確地將磁力寫成 $F = IL \times B$。這項結果將在第九章中得到。

根據定義來計算一個叉積比依定義來計算點積還要做更多事，因為我們不只得求出向量之間的夾角，還必須求出單位向量 a_N 的表示式。利用二個向量 A 和 B 的直角分量，再將叉積展成九項簡單的叉積之和，就可以免去這項工作，其中每一項均涉及二個單位

向量，

$$\begin{aligned}\mathbf{A}\times\mathbf{B} =\ & A_xB_x\mathbf{a}_x\times\mathbf{a}_x + A_xB_y\mathbf{a}_x\times\mathbf{a}_y + A_xB_z\mathbf{a}_x\times\mathbf{a}_z \\ & + A_yB_x\mathbf{a}_y\times\mathbf{a}_x + A_yB_y\mathbf{a}_y\times\mathbf{a}_y + A_yB_z\mathbf{a}_y\times\mathbf{a}_z \\ & + A_zB_x\mathbf{a}_z\times\mathbf{a}_x + A_zB_y\mathbf{a}_z\times\mathbf{a}_y + A_zB_z\mathbf{a}_z\times\mathbf{a}_z\end{aligned}$$

我們已知 $\mathbf{a}_x\times\mathbf{a}_y=\mathbf{a}_z$、$\mathbf{a}_y\times\mathbf{a}_z=\mathbf{a}_x$，以及 $\mathbf{a}_z\times\mathbf{a}_x=\mathbf{a}_y$。剩下的三項是零，因為任何向量和它自己的叉積是零，這是因為其間的角度為零之故。這些結果可以合併起來產生

$$\mathbf{A}\times\mathbf{B} = (A_yB_z - A_zB_y)\mathbf{a}_x + (A_zB_x - A_xB_z)\mathbf{a}_y + (A_xB_y - A_yB_x)\mathbf{a}_z \tag{8}$$

或者寫成一個比較容易記住的行列式的形式：

$$\mathbf{A}\times\mathbf{B} = \begin{vmatrix}\mathbf{a}_x & \mathbf{a}_y & \mathbf{a}_z \\ A_x & A_y & A_z \\ B_x & B_y & B_z\end{vmatrix} \tag{9}$$

因此，如果 $\mathbf{A}=2\mathbf{a}_x-3\mathbf{a}_y+\mathbf{a}_z$，同時 $\mathbf{B}=-4\mathbf{a}_x-2\mathbf{a}_y+5\mathbf{a}_z$，我們就得到

$$\begin{aligned}\mathbf{A}\times\mathbf{B} &= \begin{vmatrix}\mathbf{a}_x & \mathbf{a}_y & \mathbf{a}_z \\ 2 & -3 & 1 \\ -4 & -2 & 5\end{vmatrix} \\ &= [(-3)(5)-(1)(-2)]\mathbf{a}_x - [(2)(5)-(1)(-4)]\mathbf{a}_y + [(2)(-2)-(-3)(-4)]\mathbf{a}_z \\ &= -13\mathbf{a}_x - 14\mathbf{a}_y - 16\mathbf{a}_z\end{aligned}$$

D1.4. 某一三角形的三個頂點位於 $A(6, -1, 2)$、$B(-2, 3, -4)$ 和 $C(-3, 1, 5)$。試求：(a) $\mathbf{R}_{AB}\times\mathbf{R}_{AC}$；(b) 此三角形的面積；(c) 垂直於三角形所在平面的單位向量。

答案：$24\mathbf{a}_x+78\mathbf{a}_y+20\mathbf{a}_z$；42.0；$0.286\mathbf{a}_x+0.928\mathbf{a}_y+0.238\mathbf{a}_z$

1.8 另一種座標系統：圓柱座標

直角座標系統通常是一般人做任何問題時所喜歡使用的一個系統。對讀者而言，這往往需要許多額外的工作，因為許多問題擁有一種對稱性而允許合理但更方便的處理。現在先熟悉圓柱形及球形座標，比將來對於一個涉及柱形或球形對稱性的問題來做同樣或更大的努力要容易得多。有鑑於此，我們就要仔細而不疾不徐地來看一下圓柱形和球形座標。

圓柱座標是解析幾何中極座標的三維型式。在二維的極座標中，平面上的一點之位置，是藉著指明它離原點的距離 ρ，以及從這點到原點的連線和一條取作 $\phi=0$ 的任意徑向線之間的夾角 ϕ 而決定的。[4] 在圓柱座標中，吾人也是藉由一個任意的 $z=0$ 的參考平面到這一點來界定距離 z，那個參考平面是垂直於 $\rho=0$ 這條線的。為簡單起見，我們通常將圓柱座標簡稱為柱形座標。這一點在這門課中不至於引起混淆，但是必須指出，除此之外尚有橢圓柱形座標、雙曲線柱形座標、拋物線式柱形座標和其它座標才算公平。

我們不再像在直角座標中那樣的定下三個軸，但是必須將任何一個點當作三個互相垂直的表面的交點。這些表面是一個圓柱面 ($\rho=$ 定值)、一個平面 ($\phi=$ 定值) 和另外一個平面 ($z=$ 定值)。這相當於在直角座標系統內將一個點的位置當作三個平面 ($x=$ 定值、$y=$ 定值以及 $z=$ 定值) 的交點一樣。圓柱座標的這三個表面如圖 1.6a 所示。注意：在任何一點上都可以通過三個這樣的面，除非點是落在 z 軸上，因為此時其中只要用一個平面即可。

三個單位向量也必須加以定義，但是我們不可能再使它們指著"座標軸"的方向，因為這種軸只存在於直角座標中。取而代之的是我們採取直角座標中單位向量的一種廣義觀點，認明它們是朝著座標值增加的方向，同時是垂直於這個座標值為定值的那個表面的；也就是說，單位向量 $\mathbf{a}_x$ 是正交於 $x=$ 定值的平面同時是指向較大 x 值的方向。我們現在可以相對應的方式是在柱形座標中規定三個單位向量 $\mathbf{a}_\rho$、$\mathbf{a}_\phi$ 以及 $\mathbf{a}_z$。

在任一點 $P(\rho_1, \phi_1, z_1)$ 處的單位向量 $\mathbf{a}_\rho$ 是沿徑向外指，且正交於 $\rho=\rho_1$ 的圓柱形表面，它是在 $\phi=\phi_1$ 及 $z=z_1$ 的平面內。單位向量 $\mathbf{a}_\phi$ 則正交於 $\phi=\phi_1$ 面，而指向 ϕ 增大的方向，且位在 $z=z_1$ 的平面上，又正切於圓柱體 $\rho=\rho_1$ 表面上。單位向量 $\mathbf{a}_z$ 則與直角座標內的 $\mathbf{a}_z$ 相同。圖 1.6b 所示是圓柱座標系統的三個單位向量。

在直角座標系統中，單位向量不是座標的函數。但在圓柱座標系統中，$\mathbf{a}_\rho$ 與 $\mathbf{a}_\phi$ 隨 ϕ 的座標而改變，因為這兩個單位向量的方向會隨 ϕ 而改變的緣故。因此，在對 ϕ 變數微分及積分時，$\mathbf{a}_\rho$ 及 $\mathbf{a}_\phi$ 不能視為常數處理。

這些單位向量也是互相垂直的，因為每一個都是正交於三個互相垂直的表面之一的。於是，我們就可以規定柱形座標系統為一個右手式的系統，其中 $\mathbf{a}_\rho \times \mathbf{a}_\phi = \mathbf{a}_z$，或者對於那些手指靈活的人而言，可用拇指、食指及中指分別指向 ρ、ϕ 及 z 增加的方向一個座標系統。

在柱形座標內的一個微分體積單元可以藉著將 ρ、ϕ 和 z 各增加一個微小的量 $d\rho$、

---

[4] 在極座標中，通常用兩個變數 r 及 θ。但是在三維座標系統中，圓柱座標半徑變數用 ρ，球形座標半徑變數則用 r (當然球形座標與圓柱座標 r 並不同方向)。圓柱座標角度變數用 ϕ，球形座標另一個不同的角變數用 θ。角變數 ϕ 則同時用於圓柱座標及球形座標中。

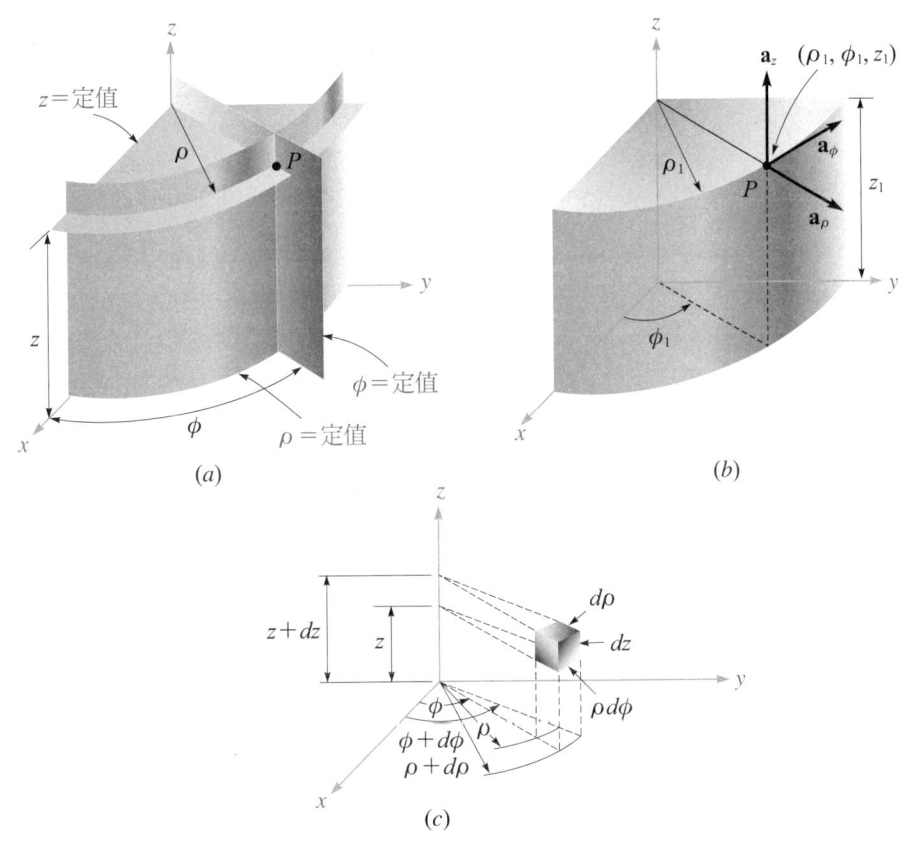

圖 1.6 (a) 圓柱座標系統中三個互相垂直面。(b) 圓柱座標系統中的三個單位向量。(c) 圓柱座標系統中的微分體積單位；$d\rho$、$\rho d\phi$ 及 dz 都是長度的單元。

$d\phi$ 及 dz 而得到。現在，半徑為 ρ 及 $\rho+d\rho$ 的二個圓柱，在 ϕ 和 $\phi+d\phi$ 角處的二個沿徑平面，以及在"高度"為 z 和 $z+dz$ 處的二個"水平"面就包住了一個小體積，如圖 1.6c 所示，形狀像是一個切斷了的楔了。當這個體積單元變得很小時，它的形狀就趨近於一個平行六面體，每邊的長度是 $d\rho$、$\rho d\phi$ 以及 dz。注意：在因次上，$d\rho$ 和 dz 是長度的，$d\phi$ 則否；$\rho d\phi$ 才是長度。各個表面的面積是 $\rho\, d\rho\, d\phi$、$d\rho\, dz$ 以及 $\rho\, d\phi\, dz$，而且體積就變為 $\rho\, d\rho\, d\phi\, dz$。

直角座標和圓柱座標系統中各變數的相互關係極易瞭解。參考圖 1.7 可得出下面各關係

$$\begin{aligned} x &= \rho \cos\phi \\ y &= \rho \sin\phi \\ z &= z \end{aligned} \tag{10}$$

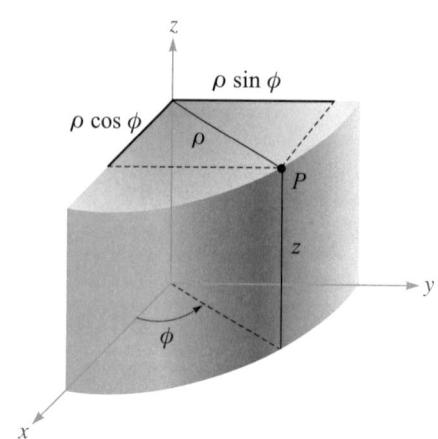

圖 1.7 直角座標的變數 x、y、z 與圓柱座標變數 ρ、ϕ、z 的相互關係。此兩系統中 z 的變數相同。

反之，也可以將圓柱座標變數，以 x、y 及 z 表示之：

$$\begin{aligned}\rho &= \sqrt{x^2 + y^2} \quad (\rho \geq 0)\\ \phi &= \tan^{-1}\frac{y}{x}\\ z &= z\end{aligned} \tag{11}$$

我們知道，ρ 必須為正或零。故 (11) 式之根值只有正值。ϕ 角的正確值，則須視 x 與 y 的符號而定。若 $x=-3$ 及 $y=4$，則此點在第二象限，故知 $\rho=5$ 及角 $\phi=126.9°$。若 $x=3$ 及 $y=-4$，則 $\phi=53.1°$ 或 $306.9°$。

利用 (10) 或 (11) 式，可將某一座標系統的純量函數轉換為另一座標系統的純量函數。

但是將某一座標系統的向量函數轉換成一座標系統的向量函數，需要兩個步驟。因為要轉換成不同的分量向量還需要有個向量的轉換。假如我們已知一直角座標向量為

$$\mathbf{A} = A_x\mathbf{a}_x + A_y\mathbf{a}_y + A_z\mathbf{a}_z$$

式中每一分量為 x、y 及 z 的函數。要轉換成圓柱座標向量，其式為

$$\mathbf{A} = A_\rho\mathbf{a}_\rho + A_\phi\mathbf{a}_\phi + A_z\mathbf{a}_z$$

式中每一分量為 ρ、ϕ 及 z 的函數。

由前節所述向量點積的討論可知，如果要得到一向量的某一分量時，可由此向量與該方向的單位向量的點積求得。因此，

$$A_\rho = \mathbf{A} \cdot \mathbf{a}_\rho \quad \text{和} \quad A_\phi = \mathbf{A} \cdot \mathbf{a}_\phi$$

將這些點積展開,我們得到

$$A_\rho = (A_x\mathbf{a}_x + A_y\mathbf{a}_y + A_z\mathbf{a}_z) \cdot \mathbf{a}_\rho = A_x\mathbf{a}_x \cdot \mathbf{a}_\rho + A_y\mathbf{a}_y \cdot \mathbf{a}_\rho \tag{12}$$

$$A_\phi = (A_x\mathbf{a}_x + A_y\mathbf{a}_y + A_z\mathbf{a}_z) \cdot \mathbf{a}_\phi = A_x\mathbf{a}_x \cdot \mathbf{a}_\phi + A_y\mathbf{a}_y \cdot \mathbf{a}_\phi \tag{13}$$

及

$$A_z = (A_x\mathbf{a}_x + A_y\mathbf{a}_y + A_z\mathbf{a}_z) \cdot \mathbf{a}_z = A_z\mathbf{a}_z \cdot \mathbf{a}_z = A_z \tag{14}$$

因為 $\mathbf{a}_z \cdot \mathbf{a}_\rho = 0$,及 $\mathbf{a}_z \cdot \mathbf{a}_\phi = 0$。

為了要得到各分量的完全轉換,必須先要知道單位向量的點積。即 $\mathbf{a}_x \cdot \mathbf{a}_\rho$,$\mathbf{a}_y \cdot \mathbf{a}_\rho$,$\mathbf{a}_x \cdot \mathbf{a}_\phi$,及 $\mathbf{a}_y \cdot \mathbf{a}_\phi$。應用點積的定義,由於我們所討論的是單位向量,所以結果方程式中只有兩點積向量夾角的餘弦而已。參考圖 1.7,我們指定 $\mathbf{a}_x$ 及 $\mathbf{a}_\rho$ 間的夾角為 ϕ,故知 $\mathbf{a}_x \cdot \mathbf{a}_\rho = \cos \phi$,但是 $\mathbf{a}_y$ 與 $\mathbf{a}_\rho$ 的夾角為 $90°-\phi$,所以 $\mathbf{a}_y \cdot \mathbf{a}_\rho = \cos(90°-\phi) = \sin\phi$。其餘各單位向量的點積可用同樣的方法處理。其結果均為 ϕ 的函數,如表 1.1 所示。

由此可知,由直角座標向量轉換為圓柱座標向量;或者反向轉換均需進行由 (10) 或 (11) 式完成變數的轉變,以及由表 1.1 之單位向量的點積完成分量的轉換。兩種步驟的先後次序無關。

表 1.1　圓柱座標與直角座標系統中單位向量的點積

	$\mathbf{a}_\rho$	$\mathbf{a}_\phi$	$\mathbf{a}_z$
$\mathbf{a}_x \cdot$	$\cos\phi$	$-\sin\phi$	0
$\mathbf{a}_y \cdot$	$\sin\phi$	$\cos\phi$	0
$\mathbf{a}_z \cdot$	0	0	1

例題 1.3

試將直角座標向量 $\mathbf{B} = y\mathbf{a}_x - x\mathbf{a}_y + z\mathbf{a}_z$ 轉換成圓柱座標表示。

解:各新的分量為

$$B_\rho = \mathbf{B} \cdot \mathbf{a}_\rho = y(\mathbf{a}_x \cdot \mathbf{a}_\rho) - x(\mathbf{a}_y \cdot \mathbf{a}_\rho)$$
$$= y\cos\phi - x\sin\phi = \rho\sin\phi\cos\phi - \rho\cos\phi\sin\phi = 0$$
$$B_\phi = \mathbf{B} \cdot \mathbf{a}_\phi = y(\mathbf{a}_x \cdot \mathbf{a}_\phi) - x(\mathbf{a}_y \cdot \mathbf{a}_\phi)$$
$$= -y\sin\phi - x\cos\phi = -\rho\sin^2\phi - \rho\cos^2\phi = -\rho$$

因此,

$$\mathbf{B} = -\rho\mathbf{a}_\phi + z\mathbf{a}_z$$

D1.5. (a) 試求點 $C(\rho=4.4, \phi=-115°, z=2)$ 的直角座標。(b) 試求點 $D(x=-3.1, y=2.6, z=-3)$ 的圓柱座標。(c) 試求由 C 至 D 的距離。

答案：$C(x=-1.860, y=-3.99, z=2)$；$D(\rho=4.05, \phi=140.0°, z=-3)$；8.36

D1.6. 將下列向量轉換成特定的圓柱座標：(a) 在點 $P(10, -8, 6)$ 的 $\mathbf{F}=10\,\mathbf{a}_x-8\,\mathbf{a}_y+6\,\mathbf{a}_z$；(b) 在點 $Q(\rho, \phi, z)$ 處的 $\mathbf{G}=(2x+y)\mathbf{a}_x-(y-4x)\mathbf{a}_y$；(c) 試寫出位於 $P(x=5, y=2, z=-1)$ 處的向量 $\mathbf{H}=20\mathbf{a}_\rho-10\mathbf{a}_\phi+3\mathbf{a}_z$ 的直角分量。

答案：$12.81\mathbf{a}_\rho+6\mathbf{a}_z$；$(2\rho\cos^2\phi-\rho\sin^2\phi+5\rho\sin\phi\cos\phi)\mathbf{a}_\rho+(4\rho\cos^2\phi-\rho\sin^2\phi-3\rho\sin\phi\cos\phi)\mathbf{a}_\phi$；$H_x=22.3$，$H_y=-1.857$，$H_z=3$

1.9　球形座標系統

不像在圓柱座標系統的情形下，這兒沒有一個二維的座標系統來幫助我們瞭解三維的球形座標系統。在某些方面，我們可以借助於在地球表面決定一點的位置時用的經緯系統的知識，但是通常我們只考慮在表面上的各點，而不考慮在地面以上或以下的點。

讓我們從在三個直角軸上建造一個球形座標系統作為開始 (如圖 1.8a)。我們先規定自原點到任何一點的距離為 r，在球形座標中 $r=$ 定值的表面是一個球面。

第二個座標是在 z 軸和原點與指定點 P 的連線之間的夾角 θ。$\theta=$ 定值的表面是一個圓錐，而這二個表面 (圓錐和球面) 沿著其交界是處處垂直的。圓錐和球面的交界是一個半徑為 $r\sin\theta$ 的圓。座標 θ 相當於緯度，只不過緯度是由赤道量起的，而 θ 則是從"北極"量起的。

第三個座標 ϕ 也是一個角，這時候它和柱形座標中的 ϕ 角是完全一樣的。這是在 x 軸和由原點到這一點的連線在 $z=0$ 的平面上的投影之間的夾角。它相當於經角，只是 ϕ 角向"東邊"增加。$\phi=$ 值的表面是經過 $\theta=0$ 這條線 (或 z 軸) 的一個平面。

我們仍應當將任何一點當作三個互相垂直的表面的交點，即一個球面、一個圓錐及一個平面，每一個的轉向均如上所述。這三個表面如圖 1.8b 所示。

在任何一點又可以再規定三個單位向量。每一個單位向量是垂直於三個互相垂直的表面之一同時指向座標增加的方向。單位向量 $\mathbf{a}_r$ 是沿徑向並朝外指的，它垂直於 $r=$ 定值的球面，同時位於 $\theta=$ 定值的圓錐以及 $\phi=$ 定值的平面上。單位向量 $\mathbf{a}_\theta$ 正交於錐面，位於平面內而切於球面的。它的方向是順著一條"經"線而指向"南"的。第三個單位向量 $\mathbf{a}_\phi$ 和柱形座標中一樣，正交於平面而同時切於錐面及球面。它是向"東"的。

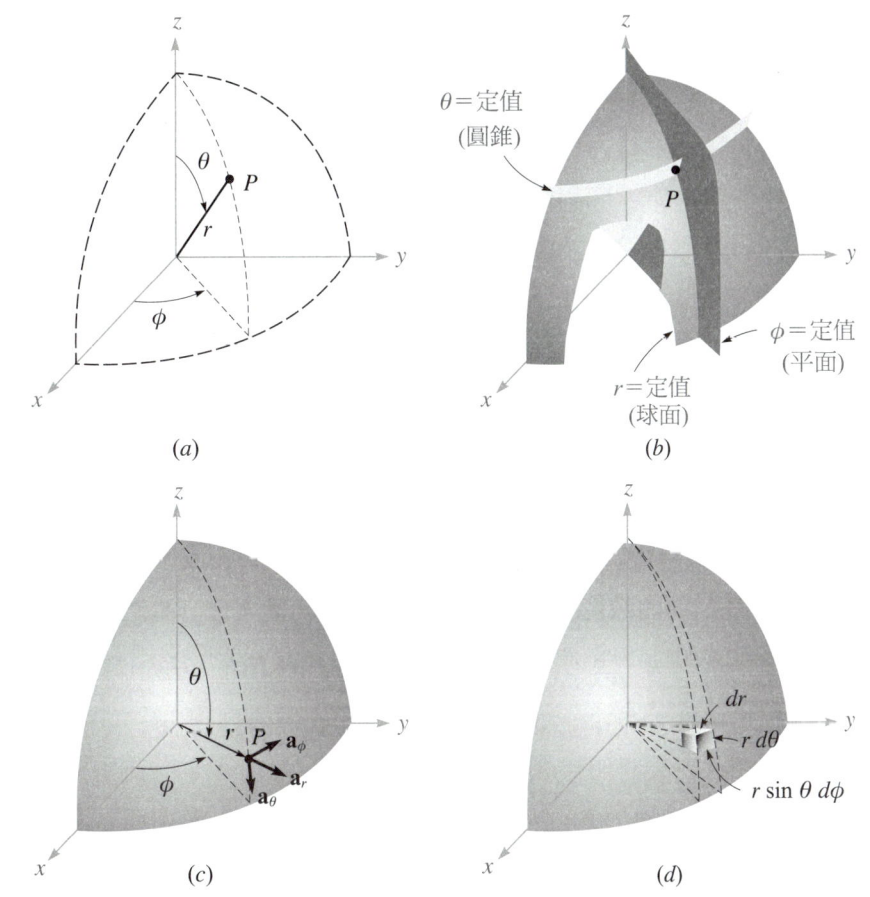

圖 1.8 (a) 三個球形座標。(b) 三個球形座標系統中三個互相垂直的表面。(c) 球形座標中的三個單位向量：$\mathbf{a}_r \times \mathbf{a}_\theta = \mathbf{a}_\phi$。(d) 球形座標系統中的微分體積單元。

這三個單位向量如圖 1.8c 所示。它們當然是互相垂直的，同時令 $\mathbf{a}_r \times \mathbf{a}_\theta = \mathbf{a}_\phi$ 就可以規定一個右手式座標系統。應用叉積的定義，我們的系統是右手式的，這一點看一下圖 1.8c 就可以知道了。右手定則可用來將拇指、食指及中指分別指定為 r、θ 和 ϕ 增加的方向 (注意：在柱形座標中是定為 ρ、ϕ 和 z，在直角座標中則為 x、y 及 z)。在球形座標中分別將 r、θ 和 ϕ 增加 dr、$d\theta$ 和 $d\phi$，如圖 1.8d 所示，就可以形成一個微分體積單元。半徑為 r 和 $r+dr$ 的二個球面之間的距離是 dr；可產生角度為 θ 和 $\theta+d\theta$ 的二個圓錐之間的距離是 $r\,d\theta$；同時，想一下三角學，在 ϕ 角和 $\phi+d\phi$ 角處的二個徑向平面之間的距離是 $r\sin\theta\,d\phi$。這些表面的面積是 $r\,dr\,d\theta$、$r\sin\theta\,dr\,d\phi$ 以及 $r^2\sin\theta\,d\theta\,d\phi$，而體積則是 $r^2\sin\theta\,dr\,d\theta\,d\phi$。

將直角座標的純量，轉換成球形座標系統的純量，可參考圖 1.8a，輕易地得到兩組變量的關係：

$$x = r \sin\theta \cos\phi$$
$$y = r \sin\theta \sin\phi \qquad (15)$$
$$z = r \cos\theta$$

逆轉換則可由下式得到

$$r = \sqrt{x^2 + y^2 + z^2} \qquad (r \geq 0)$$
$$\theta = \cos^{-1}\frac{z}{\sqrt{x^2 + y^2 + z^2}} \qquad (0° \leq \theta \leq 180°) \qquad (16)$$
$$\phi = \tan^{-1}\frac{y}{x}$$

徑向變數 r 不為負值，θ 變數限制在 0° 到 180° 之間。二個角度變數所在之象限視 x、y 與 z 之正負而定。

關於向量的轉換則應討論直角座標與球形座標單位向量的乘積。這些單位向量的乘積可從圖 1.8c 及少許三角函數得來。球形座標的單位向量與任一直角座標的單位向量的點積，就是此球形向量在直角座標中單位向量方向的分量。球形座標單位向量與 $\mathbf{a}_z$ 的點積為

$$\mathbf{a}_z \cdot \mathbf{a}_r = \cos\theta$$
$$\mathbf{a}_z \cdot \mathbf{a}_\theta = -\sin\theta$$
$$\mathbf{a}_z \cdot \mathbf{a}_\phi = 0$$

球形座標單位向量與 $\mathbf{a}_x$ 及 $\mathbf{a}_y$ 的點乘積，必須先將球形座標的單位向量投影於 xy 平面，然後再分別轉投影於 x 軸或 y 軸。例如：$\mathbf{a}_r \cdot \mathbf{a}_x$ 是先將 $\mathbf{a}_r$ 投影於 xy 平面得 $\sin\theta$，然後再投影於 x 軸上得 $\sin\theta \cos\phi$。其它兩組單位向量的點積，可用同樣方法得之。全部點積結果列示於表 1.2 中。

表 1.2　球形座標及直角座標單位向量的點積

	$\mathbf{a}_r$	$\mathbf{a}_\theta$	$\mathbf{a}_\phi$
$\mathbf{a}_x \cdot$	$\sin\theta \cos\phi$	$\cos\theta \cos\phi$	$-\sin\phi$
$\mathbf{a}_y \cdot$	$\sin\theta \sin\phi$	$\cos\theta \sin\phi$	$\cos\phi$
$\mathbf{a}_z \cdot$	$\cos\theta$	$-\sin\theta$	0

例題 1.4

將向量場 $\mathbf{G}=(xz/y)\mathbf{a}_x$ 轉換成球形分量及變數來說明上述的轉換方法。

解：藉由取向量 $\mathbf{G}$ 與球形座標三個單位向量的點乘積，就可得該 $\mathbf{G}$ 向量的三個球形座標分量。在轉換過程中也要將變數轉換：

$$G_r = \mathbf{G}\cdot\mathbf{a}_r = \frac{xz}{y}\mathbf{a}_x\cdot\mathbf{a}_r = \frac{xz}{y}\sin\theta\cos\phi$$
$$= r\sin\theta\cos\theta\frac{\cos^2\phi}{\sin\phi}$$
$$G_\theta = \mathbf{G}\cdot\mathbf{a}_\theta = \frac{xz}{y}\mathbf{a}_x\cdot\mathbf{a}_\theta = \frac{xz}{y}\cos\theta\cos\phi$$
$$= r\cos^2\theta\frac{\cos^2\phi}{\sin\phi}$$
$$G_\phi = \mathbf{G}\cdot\mathbf{a}_\phi = \frac{xz}{y}\mathbf{a}_x\cdot\mathbf{a}_\phi = \frac{xz}{y}(-\sin\phi)$$
$$= -r\cos\theta\cos\phi$$

結合上面結果，可得

$$\mathbf{G} = r\cos\theta\cos\phi\,(\sin\theta\cot\phi\,\mathbf{a}_r + \cos\theta\cot\phi\,\mathbf{a}_\theta - \mathbf{a}_\phi)$$

附錄 A 說明一般的曲線座標系統，其中直角、圓柱形、球形座標僅為其特例。此附錄的第一節現在便可好好瀏覽一番。

D1.7. 已知兩點 $C(-3, 2, 1)$ 和 $D(r=5, \theta=20°, \phi=-70°)$，試求：(a) C 點的球形座標形式；(b) D 點的直角座標形式；(c) C 點到 D 點的距離。

答案：$C(r=3.74, \theta=74.5°, \phi=146.3°)$；$D(x=0.585, y=-1.607, z=4.70)$；6.29

D1.8. 將下列向量轉換成指定的球形座標形式：(a) $10\mathbf{a}_x$ 在 $P(x=-3, y=2, z=4)$；(b) $10\mathbf{a}_y$ 在 $Q(\rho=5, \phi=30°, z=4)$；(c) $10\mathbf{a}_z$ 在 $M(r=4, \theta=110°, \phi=120°)$。

答案：$-5.57\mathbf{a}_r - 6.18\mathbf{a}_\theta - 5.55\mathbf{a}_\phi$；$3.90\mathbf{a}_r + 3.12\mathbf{a}_\theta + 8.66\mathbf{a}_\phi$；$-3.42\mathbf{a}_r - 9.40\mathbf{a}_\theta$

參考書目

1. Grossman, S. I. *Calculus*. 3d ed. Orlando, Fla.: Academic Press and Harcourt Brace Jovanovich, 1984. Vector algebra and cylindrical and spherical coordinates appear in Chapter 17, and vector calculus is introduced in Chapter 20.

2. Spiegel, M. R. *Vector Analysis*. Schaum Outline Series. New York: McGraw-Hill, 1959. A large number of examples and problems with answers are provided in this concise, inexpensive member of an outline series.
3. Swokowski, E. W. *Calculus with Analytic Geometry*. 3d ed. Boston: Prindle, Weber, & Schmidt, 1984. Vector algebra and the cylindrical and spherical coordinate systems are discussed in Chapter 14, and vector calculus appears in Chapter 18.
4. Thomas, G. B., Jr., and R. L. Finney: *Calculus and Analytic Geometry*. 6th ed. Reading, Mass.: Addison-Wesley Publishing Company, 1984. Vector algebra and the three coordinate systems we use are discussed in Chapter 13. Other vector operations are discussed in Chapters 15 and 17.

第 1 章習題

1.1 已知向量 $\mathbf{M}=-10\mathbf{a}_x+4\mathbf{a}_y-8\mathbf{a}_z$ 及 $\mathbf{N}=8\mathbf{a}_x+7\mathbf{a}_y-2\mathbf{a}_z$，試求：(a) 在 $-\mathbf{M}+2\mathbf{N}$ 方向上的單位向量；(b) $5\mathbf{a}_x+\mathbf{N}-3\mathbf{M}$ 的大小；(c) $|\mathbf{M}||2\mathbf{N}|(\mathbf{M}+\mathbf{N})$。

1.2 已知向量 $\mathbf{A}$ 由原點延伸至 $(1, 2, 3)$，而向量 $\mathbf{B}$ 則由原點延伸至 $(2, 3, -2)$。試求：(a) 在 $(\mathbf{A}-\mathbf{B})$ 方向上的單位向量；(b) 在從原點延伸至連結 $\mathbf{A}$ 與 $\mathbf{B}$ 端點之線段中點的直線方向上的單位向量。

1.3 已知由原點至 A 點的向量為 $(6, -2, -4)$，及由原點指向 B 點的單位向量為 $(2, -2, 1)/3$。若 A 點與 B 點相距為 10 單位長，試求 B 點的座標。

1.4 有一圓，其半徑為 2 單位，圓心位於原點，且座落在 xy 平面內。以直角座標分量表示，試求在 xy 平面內與此圓相切於 $(-\sqrt{3}, 1, 0)$ 點且指向 y 值增大方向的單位向量。

1.5 已知某一向量場為 $\mathbf{G}=24xy\mathbf{a}_x+12(x^2+2)\mathbf{a}_y+18z^2\mathbf{a}_z$。就 $P(1, 2, -1)$ 及 $Q(-2, 1, 3)$ 兩點，試求：(a) 在 P 處的 $\mathbf{G}$；(b) 在 Q 處之 $\mathbf{G}$ 方向上的單位向量；(c) 由 Q 指向 P 的單位向量；(d) 可使 $|\mathbf{G}|=60$ 的曲面方程式。

1.6 利用 (a) 點積；(b) 叉積的定義，分別求出兩向量 $\mathbf{A}=2\mathbf{a}_x+\mathbf{a}_y+3\mathbf{a}_z$ 與 $\mathbf{B}=\mathbf{a}_x-3\mathbf{a}_y+2\mathbf{a}_z$ 之間的銳角。

1.7 已知向量場 $\mathbf{E}=4zy^2\cos 2x\,\mathbf{a}_x+2zy\sin 2x\,\mathbf{a}_y+y^2\sin 2x\,\mathbf{a}_z$，就 $|x|$、$|y|$ 及 $|z|<2$ 的區域，試求：(a) 可使 $E_y=0$ 的曲面；(b) 可使 $E_y=E_z$ 的區域；(c) 可使 $\mathbf{E}=0$ 的區域。

1.8 試示範說明利用叉積公式在求取兩向量 $\mathbf{A}=3\mathbf{a}_x-2\mathbf{a}_y+4\mathbf{a}_z$ 與 $\mathbf{B}=2\mathbf{a}_x+\mathbf{a}_y-2\mathbf{a}_z$ 之間的夾角時，所會造成的模稜兩可之處。當使用點積公式時，是否存在此種模稜兩可？

1.9 某向量場為 $\mathbf{G}=[25/(x^2+y^2)](x\mathbf{a}_x+y\mathbf{a}_y)$，試求：(a) 在 $P(3, 4, -2)$ 處 $\mathbf{G}$ 方向上的單位向量；(b) P 點處，$\mathbf{G}$ 與 $\mathbf{a}_x$ 間的夾角；(c) 在 $y=7$ 的平面上，下列雙重積分之值。

$$\int_0^4 \int_0^2 \mathbf{G}\cdot\mathbf{a}_y\,dzdx$$

1.10 藉由將對角線表示成向量並利用點積的定義，試求一立方體任意兩條對角線間較小的夾角，其中每一條對角線連接著完全相反的頂點，且會通過立方體的中心點。

1.11 已知數點 $M(0.1, -0.2, -0.1)$、$N(-0.2, 0.1, 0.3)$ 及 $P(0.4, 0, 0.1)$，試求：(a) 向量 $\mathbf{R}_{MN}$；(b) 點積 $\mathbf{R}_{MN}\cdot\mathbf{R}_{MP}$；(c) $\mathbf{R}_{MN}$ 在 $\mathbf{R}_{MP}$ 方向上的純量投影；(d) $\mathbf{R}_{MN}$ 與 $\mathbf{R}_{MP}$ 間的夾角。

1.12 針對由 (x_1, y_1, z_1) 延伸至 (x_2, y_2, z_2) 的向量，試寫出以直角座標分量表示的向量式並求出此向量的大小。

1.13 試求：(a) $\mathbf{F} = 10\mathbf{a}_x - 6\mathbf{a}_y + 5\mathbf{a}_z$ 與 $\mathbf{G} = 0.1\mathbf{a}_x + 0.2\mathbf{a}_y + 0.3\mathbf{a}_z$ 平行的向量分量。(b) $\mathbf{F}$ 與 $\mathbf{G}$ 垂直的向量分量。(c) $\mathbf{G}$ 垂直於 $\mathbf{F}$ 的向量分量。

1.14 已知 $\mathbf{A} + \mathbf{B} + \mathbf{C} = 0$，其中這三個向量均代表直線段，並且由一共用的原點延伸出來，試問此三向量是否必須為共平面？若 $\mathbf{A} + \mathbf{B} + \mathbf{C} + \mathbf{D} = 0$，則此四向量為共平面向量嗎？

1.15 已知三個自原點延伸出的向量為 $\mathbf{r}_1 = (7, 3, -2)$、$\mathbf{r}_2 = (-2, 7, -3)$ 及 $\mathbf{r}_3 = (0, 2, 3)$。試求：(a) 同時與 $\mathbf{r}_1$ 及 $\mathbf{r}_2$ 垂直的單位向量；(b) 同時垂直於向量 $\mathbf{r}_1 - \mathbf{r}_2$ 及 $\mathbf{r}_2 - \mathbf{r}_3$ 的單位向量；(c) 由 $\mathbf{r}_1$ 與 $\mathbf{r}_2$ 所界定的三角形面積；(d) 由 $\mathbf{r}_1$、$\mathbf{r}_2$ 及 $\mathbf{r}_3$ 之頂點所界定的三角形面積。

1.16 如果 $\mathbf{A}$ 代表一個指向東的單位長度之向量，$\mathbf{B}$ 代表指向北的三個單位長度之向量，且知 $\mathbf{A} + \mathbf{B} = 2\mathbf{C} - \mathbf{D}$ 與 $2\mathbf{A} - \mathbf{B} = \mathbf{C} + 2\mathbf{D}$，試求 $\mathbf{C}$ 的長度與方向。

1.17 已知點 $A(-4, 2, 5)$ 及兩個向量 $\mathbf{R}_{AM} = (20, 18, -10)$ 和 $\mathbf{R}_{AN} = (-10, 8, 15)$ 界定了一個三角形。試求：(a) 垂直於此三角形的單位向量；(b) 在三角形平面內且垂直於 $\mathbf{R}_{AN}$ 的單位向量；(c) 三角形內可對分 A 點處內角的單位向量。

1.18 已知某一向量場為 $\mathbf{G} = (y+1)\mathbf{a}_x + x\mathbf{a}_y$。試求：(a) 在 $(3, -2, 4)$ 點處的 $\mathbf{G}$；(b) 可定義 $\mathbf{G}$ 在 $(3, -2, 4)$ 處方向的單位向量。

1.19 (a) 試以圓柱分量及圓柱變數表示向量場 $\mathbf{D} = (x^2 + y^2)^{-1}(x\mathbf{a}_x + y\mathbf{a}_y)$；(b) 計算在 $\rho = 2$、$\phi = 0.2\pi$ 及 $z = 5$ 處的 $\mathbf{D}$，分別以圓柱及直角座標分量來表示所求結果。

1.20 若一個三角形的三個邊可用向量 $\mathbf{A}$、$\mathbf{B}$，及 $\mathbf{C}$ 來代表，且三向量均呈逆時針方式指向，試證 $|\mathbf{C}|^2 = (\mathbf{A} + \mathbf{B}) \cdot (\mathbf{A} + \mathbf{B})$，並展開此乘積以得出餘弦定律。

1.21 試以圓柱座標分量來表示下列各向量：(a) 由 $C(3, 2, -7)$ 到 $D(-1, -4, 2)$ 的向量；(b) 在 D 處指向 C 的單位向量；(c) 在 D 處指向原點的單位向量。

1.22 已知半徑為 a，球心在原點的球以角速度 Ω rad/s 繞著 z 軸旋轉。在正 z 軸方向看入時，此球的旋轉為順時針方向。(a) 利用球形座標分量，試寫出速度場 $\mathbf{v}$ 的表示式，此式代表球內任一點處的切線速度；(b) 將 $\mathbf{v}$ 轉換成直角座標分量。

1.23 表面 $\rho = 3$ 及 $\rho = 5$，$\phi = 100°$ 及 $\phi = 130°$，與 $z = 3$ 及 $z = 4.5$ 代表一個封閉面。試求：(a) 所包圍的體積；(b) 這些封閉表面的總面積；(c) 這些面十二邊的總長度；(d) 能落在整個體積內最長直線的長度。

1.24 有兩個單位向量，$\mathbf{a}_1$ 與 $\mathbf{a}_2$，均位於 xy 平面內且通過原點。它們與 x 軸分別形成夾角 ϕ_1 與 ϕ_2。(a) 試以直角座標分量來表示這兩個向量；(b) 取點積來證明下列的三角恆等式，$\cos(\phi_1 - \phi_2) = \cos\phi_1\cos\phi_2 + \sin\phi_1\sin\phi_2$；(c) 取叉積來證明下列的三角恆等式，$\sin(\phi_2 - \phi_1) = \sin\phi_2\cos\phi_1 - \cos\phi_2\sin\phi_1$。

1.25 已知點 $P(r = 0.8, \theta = 30°, \phi = 45°)$ 及 $\mathbf{E} = 1/r^2[\cos\phi\mathbf{a}_r + (\sin\phi/\sin\theta)\mathbf{a}_\phi]$，試求：(a) P 處的 $\mathbf{E}$；(b) P 處的 $|\mathbf{E}|$；(c) P 處 $\mathbf{E}$ 方向上的單位向量。

1.26 試將均勻向量場 $\mathbf{F} = 5\mathbf{a}_x$ 表示成 (a) 圓柱座標分量；(b) 球形座標分量。

1.27 表面 $r = 2$ 及 $r = 4$，$\theta = 30°$ 及 $\theta = 50°$，與 $\phi = 20°$ 及 $\theta = 60°$ 可界定一個封閉面。試求：(a) 所包圍的體積；(b) 這些封閉面的總面積；(c) 此封閉面十二邊的總長度；(d) 能落在整個體積內最長直線的長度。

1.28 當 (a) $\mathbf{A} \cdot \mathbf{a}_x = \mathbf{B} \cdot \mathbf{a}_x$；(b) $\mathbf{A} \times \mathbf{a}_x = \mathbf{B} \times \mathbf{a}_x$；(c) $\mathbf{A} \cdot \mathbf{a}_x = \mathbf{B} \cdot \mathbf{a}_x$ 且 $\mathbf{A} \times \mathbf{a}_x = \mathbf{B} \times \mathbf{a}_x$；(d) $\mathbf{A} \cdot \mathbf{C} = \mathbf{B} \cdot \mathbf{C}$ 且 $\mathbf{A} \times \mathbf{C} = \mathbf{B} \times \mathbf{C}$，其中 $\mathbf{C}$ 是任意的向量 ($\mathbf{C}=0$ 除外) 時，試說明 $\mathbf{A}=\mathbf{B}$ 會否成立。若否，會加在 $\mathbf{A}$ 與 $\mathbf{B}$ 上的條件為何？

1.29 在下列各點處，試以球形座標來表示單位向量 $\mathbf{a}_x$：(a) $r=2$，$\theta=1$ rad，$\phi=0.8$ rad；(b) $x=3$，$y=2$，$z=-1$；(c) $\rho=2.5$，$\phi=0.7$ rad，$z=1.5$。

1.30 試考慮一個與可飛越大陸之飛機所會遭遇變動風速的類似問題。我們假設有一固定航高，平行地面的航班沿著 x 軸由 0 延伸至 10 單位，此航行無垂直速度分量，且風速不會隨著時間而變。假設 $\mathbf{a}_x$ 指向東方而 $\mathbf{a}_y$ 指向北方，假設在航空高度的風速為：

$$\mathbf{v}(x, y) = \frac{(0.01x^2 - 0.08x + 0.66)\mathbf{a}_x - (0.05x - 0.4)\mathbf{a}_y}{1 + 0.5y^2}$$

針對 (a) 所遭遇的最大順風的位置與大小；(b) 若為逆風時，重做 (a)；(c) 若為側風時，重做 (a)；(d) 在某些其它航高時，會否出現更有利的順風？若有，位於何處？

第 2 章

庫侖定律和電場強度

我們在第 1 章中已經制定了向量分析的語言，接下來將要建立與描述一些電學的基本原理。在本章中，我們先介紹庫侖靜電力定律，然後利用場理論將此定律寫成通用的公式。本章所探討的各種理論工具可被運用於求解靜電荷之間的力，或是運用於決定與任意電荷分佈相關聯的電場。首先，我們把注意力限制於**真空** (vacuum) 或**自由空間** (free space) 內的靜電場上；我們的結果將可以應用到空氣或其它氣體介質上。其它素材將留到第 5 與第 6 章再介紹，而時變的場則將在第 9 章中談到。■

2.1 庫侖的實驗定律

記錄上指出至少從公元前 600 年起就開始有關於靜電的知識了。英文字 "electricity" 是希臘人根據他們的 "琥珀" 一詞導出來的，他們花許多悠閒的時間把小塊的琥珀在袖子上摩擦，然後觀察它將如何吸小片的絨毛與棉絮。然而，他們主要的興趣是在哲學和邏輯方面，而不在實驗科學上；所以，這項吸引作用一直被認為是魔術或一種 "生命力" 之外的東西長達許多世紀之久。

英女王的醫生吉爾伯博士，是進行關於這項效應的真正實驗工作的第一人，他在 1600 年聲明玻璃、硫、琥珀及其它材料，稱它們為 "不只可吸引稻草及糠，還會吸引所有金屬、木頭、葉子、石頭、土，甚至水和油。"

在那之後不久，法國陸軍中的一位有著準確而井然有序頭腦的軍官庫侖，他利用自己所發明的精細扭秤設計了一系列縝密的實驗，以量化方式來決定分別帶有靜電荷的二物體之間的作用力。他所發表的結果和牛頓的萬有引力定律 (大約比他早一百年發現的)

有極大的類似處。庫侖宣稱：在真空或自由空間內相隔一段距離 (這距離遠比物體的尺寸要大) 的二個很小的物體之間的作用力是和兩者的電荷乘積成正比，而且與它們之間的距離平方成反比，或者表示為

$$F = k\frac{Q_1 Q_2}{R^2}$$

式中 Q_1 和 Q_2 是正量或負量的電荷，R 是間距，k 是比例常數。如果用的是國際單位系統[1] (SI)，Q 是以庫侖 (C) 來量度的，R 用公尺 (m)，力則是牛頓 (N)。將上式中的比例常數 k 寫成

$$k = \frac{1}{4\pi\epsilon_0}$$

就能達成這一點。新的常數 ϵ_0 被稱為**自由空間的介電係數** (permittivity of free space)，且具有以法拉每公尺 (F/m) 來量度的大小：

$$\boxed{\epsilon_0 = 8.854 \times 10^{-12} \doteq \frac{1}{36\pi}10^{-9} \text{ F/m}} \tag{1}$$

ϵ_0 這量不是沒有因次的，因為庫侖定律指出它是 $C^2/N \cdot m^2$。我們以後將再定義法拉並指出它的因次是 $C^2/N \cdot m$。利用 (1) 式中的單位 F/m，我們就可以預測到此一定義了。

現在，庫侖定律就變成

$$\boxed{F = \frac{Q_1 Q_2}{4\pi\epsilon_0 R^2}} \tag{2}$$

庫侖是一個極大的電荷單位，因為已知的最小電荷量是電子 (負) 或質子 (正) 的電量，在 SI 單位下是 1.602×10^{-19} C；所以 1 庫侖的負電荷就幾乎代表 6×10^{18} 個電子。[2] 庫侖定律指出在相距 1 公尺而各為 1 庫侖大的二個電荷之間的作用力是 9×10^9 N，或者差不多是一百萬噸重。電子的靜止質量是 9.109×10^{-31} kg，半徑大小的級數是 3.8×10^{-15} m。這並不表示電子是球形的，只不過是用以形容一個動得很慢的電子具有最大可能被找到的那個區域的大小而已。所有其它已知的帶電質點，包括質子在內，都有較大的質量、較大的半徑，同時佔有的或然率的體積比電子所佔的大。

---

[1] 國際單位系統 (mks 系統) 敘述於附錄 B 中。各種單位的簡寫則列於表 B.1 中。改換成其它單位系統列於表 B.2 中。表示 10 的指數令字首符號則列於表 B.3 中。
[2] 電子的電荷與質量及其它物理常數列於附錄 C 中之表 C.4。

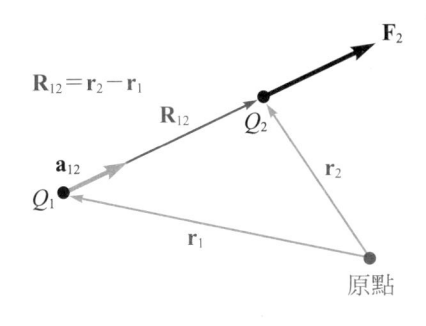

圖 2.1 如 Q_1 及 Q_2 為同極性，則作用於 Q_2 之力 $\mathbf{F}_2$ 的方向與向量 $\mathbf{R}_{12}$ 的方向相同。

為了寫出 (2) 式的向量形式，我們需要額外的資料 (庫侖上校也提供了)，即作用力是沿著二電荷的連線方向，同時如果二電荷的符號相同，則力就相斥，如果它們的符號相反就是相吸。讓 $\mathbf{r}_1$ 為 Q_1 之位置向量，$\mathbf{r}_2$ 為 Q_2 的位置向量，則 $\mathbf{R}_{12}=\mathbf{r}_2-\mathbf{r}_1$ 代表自 Q_1 到 Q_2的有向線段，如圖 2.1 所示。向量 $\mathbf{F}_2$ 是作用於 Q_2 上之力，當 Q_1 與 Q_2 同符號時，如圖所示，庫侖定律的向量形式就是

$$\mathbf{F}_2 = \frac{Q_1 Q_2}{4\pi \epsilon_0 R_{12}^2}\mathbf{a}_{12} \tag{3}$$

其中 $\mathbf{a}_{12}$－在 R_{12} 方向上的單位向量，或者

$$\mathbf{a}_{12} = \frac{\mathbf{R}_{12}}{|\mathbf{R}_{12}|} = \frac{\mathbf{R}_{12}}{R_{12}} = \frac{\mathbf{r}_2 - \mathbf{r}_1}{|\mathbf{r}_2 - \mathbf{r}_1|} \tag{4}$$

例題 2.1

讓我們舉例來說明庫侖定律的向量形式的用法，設想在真空中將電荷 $Q_1=3\times 10^{-4}$ C 放在 $M(1, 2, 3)$ 處以及電荷 $Q_2=-10^{-4}$ C 放在 $N(2, 0, 5)$ 處。我們想要求出 Q_1 作用在 Q_2 上的力。

解：我們可用 (3) 及 (4) 式來求出此種向量力。向量 $\mathbf{R}_{12}$ 為

$$\mathbf{R}_{12} = \mathbf{r}_2 - \mathbf{r}_1 = (2-1)\mathbf{a}_x + (0-2)\mathbf{a}_y + (5-3)\mathbf{a}_z = \mathbf{a}_x - 2\mathbf{a}_y + 2\mathbf{a}_z$$

故知 $|\mathbf{R}_{12}|=3$，而單位向量 $\mathbf{a}_{12}=\frac{1}{3}(\mathbf{a}_x-2\mathbf{a}_y+2\mathbf{a}_z)$。因此，

$$\mathbf{F}_2 = \frac{3\times 10^{-4}(-10^{-4})}{4\pi(1/36\pi)10^{-9}\times 3^2}\left(\frac{\mathbf{a}_x - 2\mathbf{a}_y + 2\mathbf{a}_z}{3}\right)$$

$$= -30\left(\frac{\mathbf{a}_x - 2\mathbf{a}_y + 2\mathbf{a}_z}{3}\right) \text{ N}$$

此力的大小是 30 N，方向是由單位向量指定，該單位向量被留在括弧中以便指明力的大小。作用在 Q_2 上的力可以被認為是三個分量力，

$$\mathbf{F}_2 = -10\mathbf{a}_x + 20\mathbf{a}_y - 20\mathbf{a}_z$$

庫侖定律所指出的力是一種相互作用的力，因為二個電荷中的每一個都受到一個同樣大小但是方向相反的力。我們同樣地也可以寫成

$$\mathbf{F}_1 = -\mathbf{F}_2 = \frac{Q_1 Q_2}{4\pi\epsilon_0 R_{12}^2}\mathbf{a}_{21} = -\frac{Q_1 Q_2}{4\pi\epsilon_0 R_{12}^2}\mathbf{a}_{12} \tag{5}$$

庫侖定律是線性的，因為如果我們將 Q_1 乘以一個因數 n，則作用在 Q_2 上的力也就被乘了同一因數 n。同時，當有幾個其它電荷存在時，作用在一個電荷上的力是由每一個其它電荷單獨作用在這電荷上的時候所引起的各力之和。

D2.1. 在自由空間中，電荷 $Q_A = -20\ \mu C$ 位於 $A(-6, 4, 7)$，電荷 $Q_B = 50\ \mu C$ 則是位於 $B(5, 8, -2)$。如果距離的單位為公尺，試求：(a) $\mathbf{R}_{AB}$；(b) R_{AB}。又若 $\epsilon_0 =$：(c) $10^{-9}/(36\pi)$ F/m；(d) 8.854×10^{-12} F/m 時，試求 Q_B 作用在 Q_A 上的向量力。

答案：$11\mathbf{a}_x + 4\mathbf{a}_y - 9\mathbf{a}_z$ m；14.76 m；$30.76\mathbf{a}_x + 11.184\mathbf{a}_y - 25.16\mathbf{a}_z$ mN；$30.72\mathbf{a}_x + 11.169\mathbf{a}_y - 25.13\mathbf{a}_z$ mN

2.2 電場強度

如果我們現在考慮一個電荷，譬如 Q_1，固定在一個位置上，而將第二個電荷很慢地圍著它移動的話，我們注意到在每個地方都有一個力作用在第二電荷上；換句話說，第二個電荷展示有一個力**場**存在，此力場與電荷 Q_1 相關。吾人稱第二個電荷為測試電荷 Q_t，作用在它上面的力可由庫侖定律決定，即

$$\mathbf{F}_t = \frac{Q_1 Q_t}{4\pi\epsilon_0 R_{1t}^2}\mathbf{a}_{1t}$$

將這力寫成每單位電荷上的力，得出由 Q_1 所產生的**電場強度** (electric field intensity) $\mathbf{E}_1$，為：

$$\mathbf{E}_1 = \frac{\mathbf{F}_t}{Q_1} = \frac{Q_1}{4\pi\epsilon_0 R_{1t}^2}\mathbf{a}_{1t} \tag{6}$$

$\mathbf{E}_1$ 可解釋為由電荷 Q_1 所產生的向量力，此力作用在一單位正電荷之上，更一般的是，我們可將此定義式寫成：

$$\mathbf{E} = \frac{\mathbf{F}_t}{Q_t} \qquad (7)$$

其中，向量函數 **E** 便是在測試電荷所處位置估計由其附近其它電荷產生的電場強度——此即表示由測試電荷本身所產生的電場並不包含在 **E** 內。

E 的單位為每單位電荷的力 (即牛頓/庫侖)。我們可再度預測會有一個新的因次量，即**伏特** (volt, V)，它具有焦耳/庫侖 (J/C)，或者牛頓·公尺/庫侖 (N·m/C) 的單位，我們會採用伏特/公尺 (V/m) 的實用單位來度量電場強度。

現在，讓我們去掉 (6) 式中的下標，但在任何可能形成誤解的時候仍然保留權利可再度使用它們。因此，單一點電荷的電場變成：

$$\mathbf{E} = \frac{Q}{4\pi\epsilon_0 R^2} \mathbf{a}_R \qquad (8)$$

我們應當記住 R 是向量 **R** 的大小，後者是由點電荷 Q 所在的那一點到要求得到 **E** 的這一點之間的有向線段，而 $\mathbf{a}_R$ 則是在 **R** 方向的單位向量。[3]

讓我們任意地將 Q_1 放在一個球形座標系統的中央。於是，單位向量 $\mathbf{a}_R$ 就變成沿徑向的單位向量 $\mathbf{a}_r$，而 R 就是 r。所以

$$\mathbf{E} = \frac{Q_1}{4\pi\epsilon_0 r^2} \mathbf{a}_r \qquad (9)$$

此電場只具有一個徑向的分量，同時很顯然的，它具有平方反比關係。

如果我們考慮一個電荷，它並不是位於座標系統的中心，則電場就不再具有球形對稱性，此時，我們可能較宜採用直角座標。對於位在源點 $\mathbf{r}' = x'\mathbf{a}_x + y'\mathbf{a}_y + z'\mathbf{a}_z$ 上的電荷 Q 而言，如圖 2.2 所示，我們可藉由將 **R** 表示成 $\mathbf{r} - \mathbf{r}'$，進而求出在普通場點 $\mathbf{r} = x\mathbf{a}_x + y\mathbf{a}_y + z\mathbf{a}_z$ 處的電場，即

$$\mathbf{E}(\mathbf{r}) = \frac{Q}{4\pi\epsilon_0|\mathbf{r}-\mathbf{r}'|^2} \frac{\mathbf{r}-\mathbf{r}'}{|\mathbf{r}-\mathbf{r}'|} = \frac{Q(\mathbf{r}-\mathbf{r}')}{4\pi\epsilon_0|\mathbf{r}-\mathbf{r}'|^3}$$

$$= \frac{Q[(x-x')\mathbf{a}_x + (y-y')\mathbf{a}_y + (z-z')\mathbf{a}_z]}{4\pi\epsilon_0[(x-x')^2 + (y-y')^2 + (z-z')^2]^{3/2}} \qquad (10)$$

稍早，我們曾將一向量電場定義為一個位置向量的向量函數。為了強調這一點，以函數

---

[3] 我們堅決要避免將 r 與 $\mathbf{a}_r$ 和 R 與 $\mathbf{a}_R$ 混淆。前二者是特指球形座標系統，然而 R 與 $\mathbf{a}_R$ 不歸屬於任何座標系統——選擇權仍在我們手上。

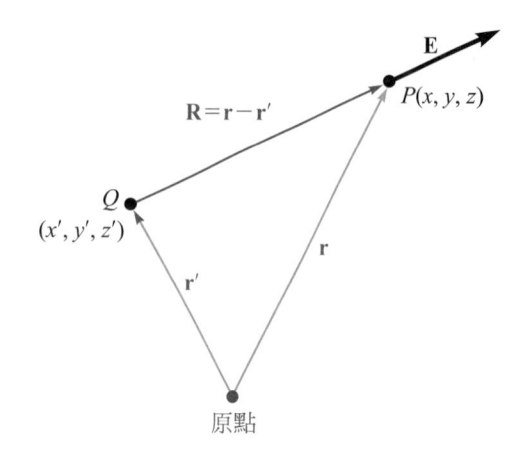

圖 2.2　向量 **r′** 指出點電荷 Q 的位置，向量 **r** 指出空間任一點 $P(x, y, z)$ 的位置，向量 **R** 為 Q 點到 $P(x, y, z)$ 點的距離向量，故 **R**＝**r**−**r′**。

記號 **E(r)** 來表示 **E** 就更清楚了。

由於庫侖力是線性的，因此由兩個點電荷 Q_1 (在 **r**$_1$) 及 Q_2 (在 **r**$_2$) 所形成的電場等於個別由 Q_1 和 Q_2 在 Q_t 上所形成的電場的總和，或表示為

$$\mathbf{E}(\mathbf{r}) = \frac{Q_1}{4\pi\epsilon_0|\mathbf{r}-\mathbf{r}_1|^2}\mathbf{a}_1 + \frac{Q_2}{4\pi\epsilon_0|\mathbf{r}-\mathbf{r}_2|^2}\mathbf{a}_2$$

其中，**a**$_1$ 和 **a**$_2$ 分別是 (**r**−**r**$_1$) 和 (**r**−**r**$_2$) 方向的單位向量。向量 **r**、**r**$_1$、**r**$_2$、**r**−**r**$_1$、**r**−**r**$_2$、**a**$_1$ 及 **a**$_2$ 均已表示在圖 2.3 中。

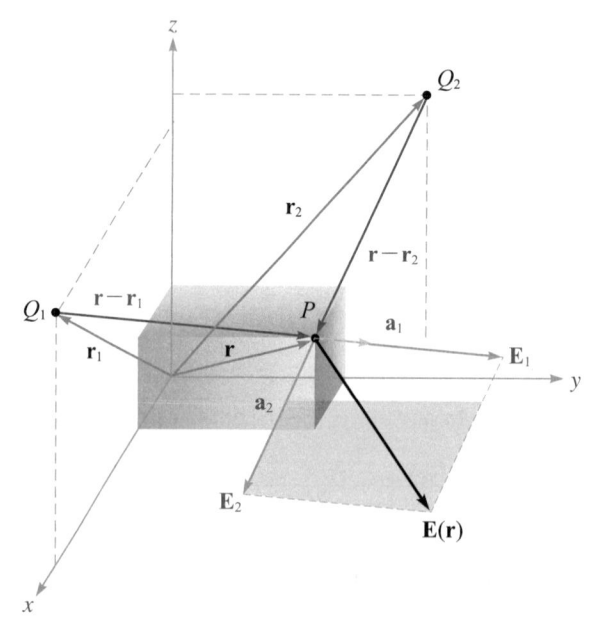

圖 2.3　根據庫侖定律的線性關係，可以得到由 Q_1 和 Q_2 所形成的電場強度的向量相加。

如果我們把更多其它位置的電荷加起來，則由 n 個點電荷所形的電場為

$$\mathbf{E}(\mathbf{r}) = \sum_{m=1}^{n} \frac{Q_m}{4\pi\epsilon_0|\mathbf{r}-\mathbf{r}_m|^2}\mathbf{a}_m \tag{11}$$

例題 2.2

為了舉例說明 (11) 式的應用，讓我們求出由圖 2.4 所示，由四個相同的 3-nC (奈庫侖) 的點電荷，分別位於 $P_1(1,1,0)$、$P_2(-1,1,0)$、$P_3(-1,-1,0)$ 及 $P_4(1,-1,0)$ 時，在點 $P(1,1,1)$ 位置所造成的 $\mathbf{E}$。

解：首先，我們求出 $\mathbf{r}=\mathbf{a}_x+\mathbf{a}_y+\mathbf{a}_z$，$\mathbf{r}_1=\mathbf{a}_x+\mathbf{a}_y$，於是 $\mathbf{r}-\mathbf{r}_1=\mathbf{a}_z$。各大小為：$|\mathbf{r}-\mathbf{r}_1|=1$、$|\mathbf{r}-\mathbf{r}_2|=\sqrt{5}$、$|\mathbf{r}-\mathbf{r}_3|=3$，以及 $|\mathbf{r}-\mathbf{r}_4|=\sqrt{5}$。由於 $Q/4\pi\epsilon_0=3\times10^{-9}/(4\pi\times8.854\times10^{-12})=29.96$ V·m，故我們可用 (11) 式來求得

$$\mathbf{E} = 26.96\left[\frac{\mathbf{a}_z}{1}\frac{1}{1^2} + \frac{2\mathbf{a}_x+\mathbf{a}_z}{\sqrt{5}}\frac{1}{(\sqrt{5})^2} + \frac{2\mathbf{a}_x+2\mathbf{a}_y+\mathbf{a}_z}{3}\frac{1}{3^2} + \frac{2\mathbf{a}_y+\mathbf{a}_z}{\sqrt{5}}\frac{1}{(\sqrt{5})^2}\right]$$

或

$$\mathbf{E} = 6.82\mathbf{a}_x + 6.82\mathbf{a}_y + 32.8\mathbf{a}_z \text{ V/m}$$

> **D2.2.** 已知 $-0.3\ \mu\text{C}$ 的電荷位於 $A(25,-30,15)$ (以 cm 為單位)，另有一個 $0.5\ \mu\text{C}$ 的電荷位於 $B(-10,8,12)$ cm 處。試求在：(a) 原點；(b) $P(15,20,50)$ cm 處的 $\mathbf{E}$。
>
> 答案：$92.3\mathbf{a}_x-77.6\mathbf{a}_y-94.2\mathbf{a}_z$ kV/m；$11.9\mathbf{a}_x-0.519\mathbf{a}_y+12.4\mathbf{a}_z$ kV/m

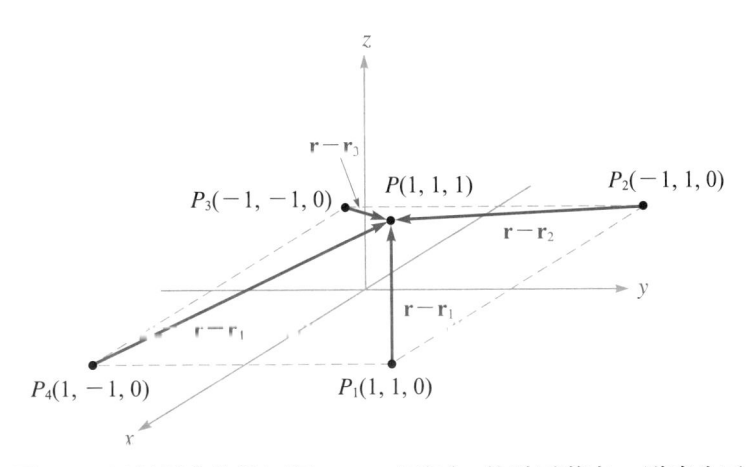

圖 2.4 呈對稱分佈的四個 3-nC (奈庫侖) 的點電荷在 P 點產生了電場 $\mathbf{E}=6.82\mathbf{a}_x+6.82\mathbf{a}_y+32.8\mathbf{a}_z$ V/m。

D2.3. 計算下列的總和：(a) $\sum_{m=0}^{5} \frac{1+(-1)^m}{m^2+1}$；(b) $\sum_{m=1}^{4} \frac{(0.1)^m+1}{(4+m^2)^{1.5}}$

答案：2.52；0.176

2.3 連續的體積電荷分佈所引起的電場

現在，如果我們想像一個區域充滿了許許多多相隔甚近的電荷，我們知道我們可以將這種十分小的質點分佈以一個光滑且連續的分佈來取代，即由一個**體積電荷密度** (volume charge density) 來描述的。正如我們描述水時說它有一個 1 g/cm³ (每立方釐米 1 克) 的密度，雖然明知它是由原子及分子大小的質點構成的。只有當我們自一個電子移到另一電子時，對於電場的微小不規則性 (漣波) 不感興趣，或者我們並不關心每當一個新的分子加進去時，水的質量實際上是以小但有限的步級在增加時，我們就能這樣做。

這實在並不會成為一種限制，因為我們最後的結果幾乎總是以一個接收天線的電流，一個電子線路中的電壓，一個電容器上的電荷，或者一般而言以某些大規模的**宏觀上的** (macroscopic) 結果來表示。我們很少必須以一個電子接一個電子地來認識一項電流。[4]

我們將體積電荷密度記作 ρ_v，它的單位是每立方米的庫侖數 (C/m³)。

在微小體積 Δv 中的微量電荷 ΔQ 為

$$\Delta Q = \rho_v \Delta v \tag{12}$$

我們可以針對 (12) 式使用數學上極限的觀念來定義 ρ_v，

$$\boxed{\rho_v = \lim_{\Delta v \to 0} \frac{\Delta Q}{\Delta v}} \tag{13}$$

在某個有限的體積內的總電荷可以藉著在那整個體積取積分而求得，

$$\boxed{Q = \int_{\text{vol}} \rho_v dv} \tag{14}$$

習慣上只用一個積分記號來表示，但是微分號 dv 表示是在一個體積上積分，所以上式是一個三重積分。

---

[4] 如果要研究電子在半導體及電阻內產生的雜音，需要的正是這種通過統計分析的電荷。

例題 2.3

茲舉一例以示範體積分的計算，我們要求如圖 2.5 所示之 2 cm 長之電子柱內部所含的總電荷。

解：由圖示，可知電荷密度為

$$\rho_v = -5 \times 10^{-6} e^{-10^5 \rho z} \text{ C/m}^2$$

圓柱座標之體積公式，已述於 1.8 節；因此

$$Q = \int_{0.02}^{0.04} \int_0^{2\pi} \int_0^{0.01} -5 \times 10^{-6} e^{-10^5 \rho z} \rho \, d\rho \, d\phi \, dz$$

先對 ϕ 積分 (因為它是比較容易的)，

$$Q = \int_{0.02}^{0.04} \int_0^{0.01} -10^{-5} \pi e^{-10^5 \rho z} \rho \, d\rho \, dz$$

再對 z 積分，因為如此可使對 ρ 的積分簡化

$$Q = \int_0^{0.01} \left(\frac{-10^{-5}\pi}{-10^5 \rho} e^{-10^5 \rho z} \rho \, d\rho \right)_{z=0.02}^{z=0.04}$$

$$= \int_0^{0.01} -10^{-5} \pi (e^{-2000\rho} - e^{-4000\rho}) d\rho$$

最後，

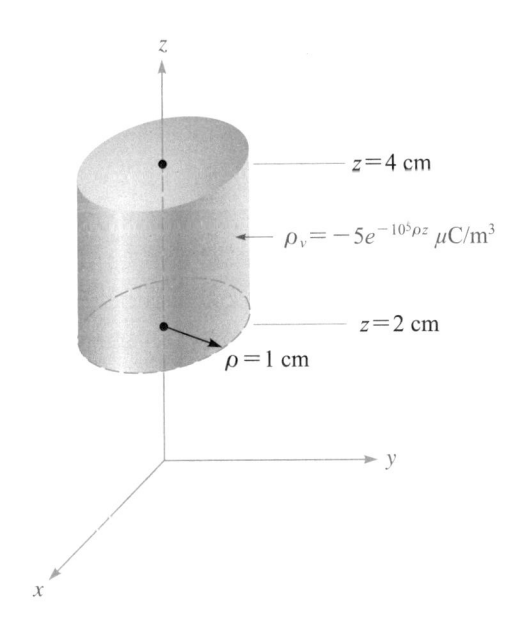

圖 2.5 正圓柱體內所含之電荷可由 $Q = \int_{\text{vol}} \rho_v \, dv$ 計算求得。

$$Q = -10^{-10}\pi \left(\frac{e^{-2000\rho}}{-2000} - \frac{e^{-4000\rho}}{-4000}\right)_0^{0.01}$$

$$Q = -10^{-10}\pi \left(\frac{1}{2000} - \frac{1}{4000}\right) = \frac{-\pi}{40} = 0.0785 \text{ 微微庫侖 (pC)}$$

此處，pC 代表微微庫侖。

位於 **r'** 之增量電荷 ΔQ 所提供位於 **r** 處之增量電場強度 $\Delta\mathbf{E}(\mathbf{r})$ 為

$$\Delta\mathbf{E}(\mathbf{r}) = \frac{\Delta Q}{4\pi\epsilon_0|\mathbf{r}-\mathbf{r'}|^2}\frac{\mathbf{r}-\mathbf{r'}}{|\mathbf{r}-\mathbf{r'}|} = \frac{\rho_v \Delta v}{4\pi\epsilon_0|\mathbf{r}-\mathbf{r'}|^2}\frac{\mathbf{r}-\mathbf{r'}}{|\mathbf{r}-\mathbf{r'}|}$$

若體積單元個數趨於無窮大，體積單元 Δv 趨近於零，則加總一已知區域內所有體電荷的貢獻加起來的效果就會變為以下的積分

$$\mathbf{E}(\mathbf{r}) = \int_{\text{vol}} \frac{\rho_v(\mathbf{r'})\,dv'}{4\pi\epsilon_0|\mathbf{r}-\mathbf{r'}|^2}\frac{\mathbf{r}-\mathbf{r'}}{|\mathbf{r}-\mathbf{r'}|} \tag{15}$$

這又是一個三重積分，而我們將儘量避免實際來做這積分 (下面的練習題例外)。

但是在 (15) 式的積分符號下各量的意義，必須稍加回顧。向量 **r** 為自原點到場點 (field point)，表示場點的位置。所謂場點就是需要求得 **E** 向量之點。向量 **r'** 則是自原點到源點 (source point)，表示源點 $\rho_v(\mathbf{r'})dv'$ 電荷所在的位置。自源點到場點的純量距離為 $|\mathbf{r}-\mathbf{r'}|$，其分數 $(\mathbf{r}-\mathbf{r'})/|\mathbf{r}-\mathbf{r'}|$ 為源點至場點方向的單位向量。在直角座標中的積分變數為 x'、y' 及 z'。

D2.4. 試求下列各指定體積內的總電荷：(a) $0.1 \le |x|, |y|, |z| \le 0.2$：$\rho_v = \frac{1}{x^3 y^3 z^3}$；(b) $0 \le \rho \le 0.1$，$0 \le \phi \le \pi$，$2 \le z \le 4$；$\rho_v = \rho^2 z^2 \sin 0.6\phi$；(c) 全域：$\rho_v = e^{-2r}/r^2$。

答案：0；1.018 mC；6.28 C

2.4 線電荷的電場

到此為止，我們已經考慮過二種電荷的分佈了，點電荷以及分佈在一個體積內密度為 ρ_v C/m³ 的電荷。如果我們現在考慮一個像燈絲般分佈的體電荷密度，譬如一個半徑非常小的帶電導體，我們發現將這電荷當作一個密度為 ρ_L C/m 的線電荷是很方便的。

讓我們假定一條直線電荷在柱形座標中沿著 z 軸自 $-\infty$ 延伸到 ∞，如圖 2.6 所示。我們想要知道由一個均勻的 (uniform) 密度為 ρ_L 的線電荷在任何一點及每一點所產生的電場強度 **E**。

為了要決定下列二點特定因素起見，對稱性永遠應當首先考慮到：(1) 電場對於哪個

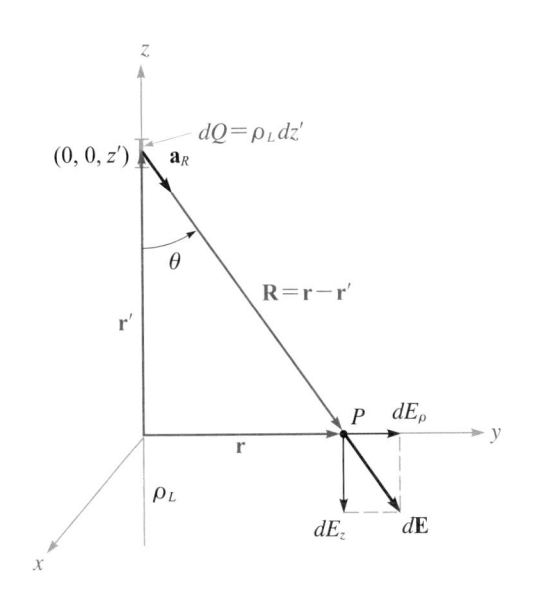

圖 2.6 一個位於離原點 z' 遠的電荷單元 $dQ = \rho_L \, dz'$ 所產生的對電場強度的貢獻是 $d\mathbf{E} = dE_\rho \mathbf{a}_\rho + dE_z \mathbf{a}_z$。線性的電荷密度是均勻的，並沿著整個 z 軸延伸。

座標不起變化；(2) 電場的哪些分量不存在。這些問題的答案於是就會告訴我們哪些分量是存在的，以及它們對哪個座標起變化。

參考圖 2.6，可知道當我們繞著這線電荷運動並保持 ρ 和 z 為定值而改變 ϕ 時，從每個角度看來這線電荷都是一樣的。換句話說，方位的對稱性是存在的，故知沒有一個電場的分量會隨著 ϕ 而改變。

其次，如果我們保持 ρ 與 ϕ 為一定值而將 z 改變，以便將線電荷上下移動，這線電荷在二端仍將延伸到無窮遠，而且這問題並未改變。這是軸的對稱性而導致電場並不是 z 的函數。

如果我們保持 ϕ 和 z 為一定值而改變 ρ，這問題就改變了，庫侖定律引導我們預期當 ρ 增加時，電場會變弱。所以，藉著消除的方法我們得到一項事實：電場只隨 ρ 而變。

現在要問：哪些分量是存在的？線電荷的每一段微小長度的作用就像是一個點電荷會對電場強度產生一些微小的貢獻，這電場是朝離這點電荷而去的方向的 (假定一個正的線電荷)。沒有一個電荷單元會產生一個電場強度的 ϕ 分量，E_ϕ 就是零。然而，每個單元都會產生一個 E_ρ 及 E_z 分量，但是在我們要決定的這一點上下等距離處的二個電荷單元對 E_z 的貢獻會互相抵銷掉。

我們因此發現我們只有 E_ρ 分量而且它只依 ρ 而變。現在，就是要求出這個分量。

我們在 y 軸上選一點 $P(0, y, 0)$ 來決定這一點的電場。由於電場對 ϕ 和 z 沒有變化，這完全是一個一般性的點。應用 (10) 式可以求出由增量電荷 $dQ = \rho_L \, dz'$ 在 P 點所產生的增量電場，我們得到

$$dE = \frac{\rho_L dz'(\mathbf{r} - \mathbf{r}')}{4\pi\epsilon_0|\mathbf{r} - \mathbf{r}'|^3}$$

其中

$$\mathbf{r} = y\mathbf{a}_y = \rho\mathbf{a}_\rho$$
$$\mathbf{r}' = z'\mathbf{a}_z$$

和

$$\mathbf{r} - \mathbf{r}' = \rho\mathbf{a}_\rho - z'\mathbf{a}_z$$

所以，

$$dE = \frac{\rho_L dz'(\rho\mathbf{a}_\rho - z'\mathbf{a}_z)}{4\pi\epsilon_0(\rho^2 + z'^2)^{3/2}}$$

由於只有 $\mathbf{E}_\rho$ 分量存在，所以我們可以簡化成：

$$dE_\rho = \frac{\rho_L \rho dz'}{4\pi\epsilon_0(\rho^2 + z'^2)^{3/2}}$$

故知

$$E_\rho = \int_{-\infty}^{\infty} \frac{\rho_L \rho dz'}{4\pi\epsilon_0(\rho^2 + z'^2)^{3/2}}$$

查積分表或利用變換變數，令 $z' = \rho \cot\theta$，積分後我們得到

$$E_\rho = \frac{\rho_L}{4\pi\epsilon_0}\rho\left(\frac{1}{\rho^2}\frac{z'}{\sqrt{\rho^2 + z'^2}}\right)_{-\infty}^{\infty}$$

故知

$$E_\rho = \frac{\rho_L}{2\pi\epsilon_0\rho}$$

或者，最後得出，

$$\mathbf{E} = \frac{\rho_L}{2\pi\epsilon_0\rho}\mathbf{a}_\rho \tag{16}$$

我們注意到電場是隨著離線電荷的距離成反比地降低，和點電荷比較一下，那裡的電場是隨著距離的平方而降低的。從一個點電荷向遠處移十倍距離就得到一個只有原來強度 1% 的電場，但是從一個線電荷向這處移十倍距離只是將電場減為原來值的 10%。從光

源上我們可以得到一個類比的情形，因為來自一個點光源的光強度，也是隨著到光源的距離的平方成反比地在遞減。一個無限長的螢光燈管的場，則顯出是與到管子的徑向距離的一次冪成反比，所以我們應可預期一個長度有限的管子周圍，其光的強度在近管子處當是遵從這一定律。然而，當我們的點離開長度有限的管子愈來愈遠時，它最後看來就像一個點光源，故知場遵守平方反比關係。

概述了無限長線電荷所形成的電場，最後我們來看看如果線電荷並非沿著 z 軸均勻分佈的情況。考慮一條無限長的線電荷位在 $x=6$、$y=8$ 的位置且平行 z 軸，如圖 2.7 所示，我們希望求得空間中任意點 $P(x, y, z)$ 的 $\mathbf{E}$ 值。

在 (16) 式中，我們用線電荷和點 P 的徑向距離 $R=\sqrt{(x-6)^2+(y-8)^2}$ 來取代原來的 ρ，同時令 $\mathbf{a}_\rho$ 是 $\mathbf{a}_R$。則

$$\mathbf{E} = \frac{\rho_L}{2\pi\epsilon_0\sqrt{(x-6)^2+(y-8)^2}}\mathbf{a}_R$$

其中

$$\mathbf{a}_R = \frac{\mathbf{R}}{|\mathbf{R}|} = \frac{(x-6)\mathbf{a}_x+(y-8)\mathbf{a}_y}{\sqrt{(x-6)^2+(y-8)^2}}$$

因此，

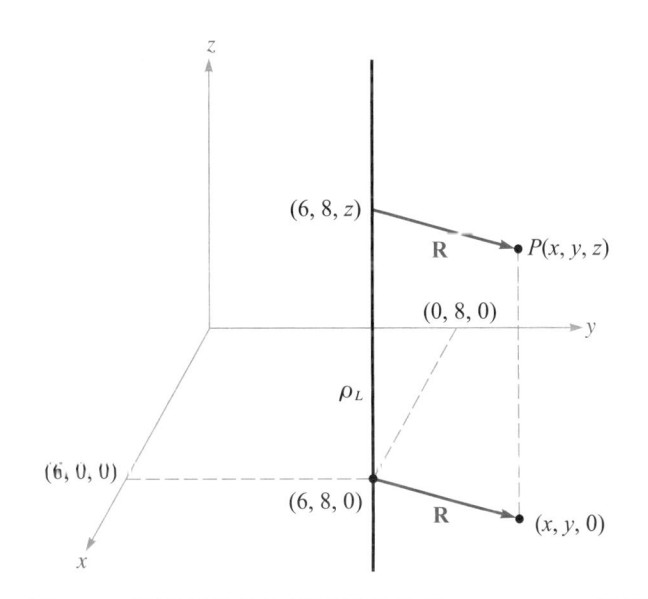

圖 2.7 無限長的均勻線電荷分佈於 $x=6$、$y=8$ 的線上，點 $P(x, y, z)$ 在其附近。

$$\mathbf{E} = \frac{\rho_L}{2\pi\epsilon_0} \frac{(x-6)\mathbf{a}_x + (y-8)\mathbf{a}_y}{(x-6)^2 + (y-8)^2}$$

我們得到的電場可以看出仍然不是 z 的函數。

在 2.6 節，我們將介紹電場的描繪，同時會使用線電荷形成的電場作為一個範例。

D2.5. 在自由空間內，無限長且均勻的 5 nC/m 線電荷分佈在 (正及負) x 和 y 軸上。試求在：(*a*) $P_A(0, 0, 4)$；(*b*) $P_B(0, 3, 4)$ 處的 **E**。

答案：$45\mathbf{a}_z$ V/m；$10.8\mathbf{a}_y + 36.9\mathbf{a}_z$ V/m

2.5 薄片電荷的電場

另外一種基本的電荷分佈是無限大而且具有均勻密度 ρ_S C/m² 的薄片電荷。這種電荷分佈常常被用來決定條形傳輸線和平行板電容器等導體上的近似電荷密度。如第五章我們將要討論的，靜電荷係停留在導體的表面上而不是在它的內部；因此，ρ_S 通常稱為**表面電荷密度** (surface charge density)。電荷分佈的這一族現在已經介紹完全了——點、線、面及體積，或者 Q、ρ_L、ρ_S 和 ρ_v。

讓我們將這薄片電荷放在 yz 平面上，並再次考慮對稱性 (圖 2.8)。我們首先看到電場是不可能隨著 y 或 z 變化的，同時針對我們想要求場值的這個點之對稱位置處的各微分電荷單元，它們所引起的電場 y 和 z 的分量，也都將抵銷掉。所以，只有 E_x 會存在，而且這個分量只是 x 的函數。我們又面臨在許多方法中選擇一種來計算該分量的問題了，這次我們將只用一種方法，其它的則作為安靜的禮拜天下午的練習。

讓我們將這張無限大的薄片分成許多微小寬度的線條，而應用無限長的線電荷的電

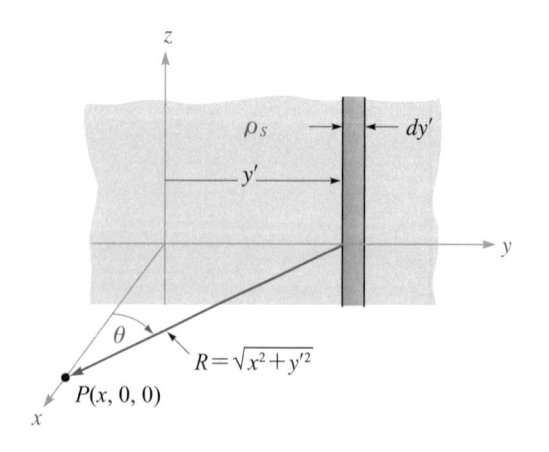

圖 2.8 在 yz 平面內無限大的薄片電荷，在 x 軸上的一個普通點 P，以及微小寬度的線電荷，可以作為決定 P 點處電場時用的單元，這是利用 $d\mathbf{E} = \rho_S \, dy' \mathbf{a}_R/(2\pi\epsilon_0 R)$。

場 [第 2.4 節，(16) 式]。圖 2.8 中畫了這樣的一條線。線電荷的密度，或者每單位長度內的電荷，是 $\rho_L = \rho_S \, dy'$，同時從這個線電荷到我們 x 軸上的一個普通點 P 之間距離是 $R = \sqrt{x^2 + y'^2}$。於是這條微小寬度的線對於 P 點處 E_x 的貢獻就是

$$dE_x = \frac{\rho_S \, dy'}{2\pi\epsilon_0 \sqrt{x^2 + y'^2}} \cos\theta = \frac{\rho_S}{2\pi\epsilon_0} \frac{x \, dy'}{x^2 + y'^2}$$

將所有各條線的作用加起來，

$$E_x = \frac{\rho_S}{2\pi\epsilon_0} \int_{-\infty}^{\infty} \frac{x \, dy'}{x^2 + y'^2} = \frac{\rho_S}{2\pi\epsilon_0} \tan^{-1} \frac{y'}{x} \Big]_{-\infty}^{\infty} = \frac{\rho_S}{2\epsilon_0}$$

如果 P 點被選在負的 x 軸上，則

$$E_x = -\frac{\rho_S}{2\epsilon_0}$$

因為電場總是指向離正電荷而去的方向。這項符號上的困難往往可以藉著規定一個單位向量 $\mathbf{a}_N$ 而被克服，此向量是垂直於這薄片而指向外或者離它而去的方向。於是

$$\boxed{\mathbf{E} = \frac{\rho_S}{2\epsilon_0} \mathbf{a}_N} \tag{17}$$

這是一項出人意料的答案，因為電場的大小和方向居然是恆定的。離這薄片一百萬里路處的電場就和在表面以外的電場一樣強。回到光的類比上，我們知道在一間很大的屋子天花板上的一個均勻光源，使得地板上每一平方呎的照明與天花板下幾吋處的一平方呎上的照明是一樣的。如果你想要更亮一點，而將書捧到離光源近點處，這對你並沒有什麼好處。

如果第二面無限大的電荷片，帶有**負**的電荷密度 $-\rho_S$ 被放在 $x = a$ 處，我們可以加總每一薄片的貢獻加起來而求出總電場。在 $x > a$ 的區域內，

$$\mathbf{E}_+ = \frac{\rho_S}{2\epsilon_0}\mathbf{a}_x \qquad \mathbf{E}_- = -\frac{\rho_S}{2\epsilon_0}\mathbf{a}_x \qquad \mathbf{E} = \mathbf{E}_+ + \mathbf{E}_- = 0$$

同時在 $x < 0$ 處，

$$\mathbf{E}_+ = -\frac{\rho_S}{2\epsilon_0}\mathbf{a}_x \qquad \mathbf{E}_- = \frac{\rho_S}{2\epsilon_0}\mathbf{a}_x \qquad \mathbf{E} = \mathbf{E}_+ + \mathbf{E}_- = 0$$

而當 $0 < x < a$ 時，

$$\mathbf{E}_+ = \frac{\rho_S}{2\epsilon_0}\mathbf{a}_x \qquad \mathbf{E}_- = \frac{\rho_S}{2\epsilon_0}\mathbf{a}_x$$

所以

$$\boxed{\mathbf{E} = \mathbf{E}_+ + \mathbf{E}_- = \frac{\rho_S}{\epsilon_0}\mathbf{a}_x} \tag{18}$$

這是一個重要且實用的答案，因為這是空氣電容器的二平行板之間的電場，只要平行板長度方面的尺寸遠大於它們之間的間隔，同時我們所考慮的點離邊緣相當遠即可。電容器以外的電場，雖然不像理想情形所指出的是零，但通常也小到可以略去不計。

D2.6. 在自由空間中，有三面無限大的均勻電荷片，其位置如下所示：3 nC/m² 位於 $z = -4$，6 nC/m² 位於 $z = 1$，及 -8 nC/m² 位於 $z = 4$ 處。試求下列各點處的 $\mathbf{E}$：(a) $P_A(2, 5, -5)$；(b) $P_B(4, 2, -3)$；(c) $P_C(-1, -5, 2)$；(d) $P_D(-2, 4, 5)$。

答案：$-56.5\mathbf{a}_z$；$283\mathbf{a}_z$；$961\mathbf{a}_z$；$56.5\mathbf{a}_z$ (全部均以 V/m 為單位)

2.6　流線以及電場的素描

我們現在已經得到了由幾種不同電荷分佈所產生電場強度的向量方程式，同時我們以這方程式來解釋電場的大小和方向也沒有什麼困難。不幸的是，這項簡單性並不能再存在多久，因為我們已經解出了大多數簡單的情形，現在新的電荷分佈必然會導致電場更複雜的式子，同時要透過方程式看出電場也會更加困難。然而，誠如一般所說的，一張圖勝於一千個字，只要我們知道畫什麼圖就好了。

考慮一個線電荷附近的電場

$$\mathbf{E} = \frac{\rho_L}{2\pi\epsilon_0\rho}\mathbf{a}_\rho$$

圖 2.9a 所示是一個線電荷的截面圖，它上面所畫的可能是我們想畫電場時所做的第一種嘗試，畫在各處的一些短線段長度會與 $\mathbf{E}$ 的大小成比例，且同時指向 $\mathbf{E}$ 的方向。此圖沒有指出對 ϕ 的對稱性，所以我們再試圖 2.9b，其中線段的位置是對稱的。真正的問題現在就出現了——最長的線必須被畫在最擠的區域內，如果我們用長短一樣但是寬度和 $\mathbf{E}$

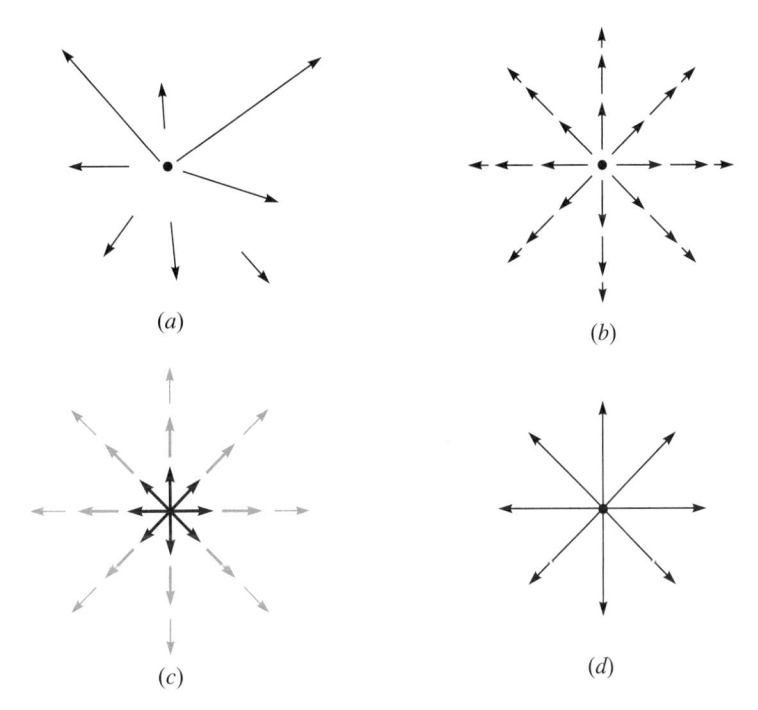

圖 2.9　(a) 一個很差的畫法；(b) 和 (c) 一個較好的畫法；以及 (d) 通常的流線型畫法。在最後一種畫法裡，箭頭指出在每一點上電場的方向，而線之間的間隔則與電場強度成反比。

成正比的線段 (圖 2.9c) 的話，這也將會使我們感到繁瑣。其它曾經被提出過的方法包括畫較短的線來代表較強的電場 (先天誤導的) 以及用顏色的強度或不同的顏色來表示較強的電場 (困難且不經濟)。

於是暫時讓我們就只以能表示 **E** 的方向為滿足，這是從電荷畫出連續的線，而它是處處與 **E** 相切的。圖 2.9d 所示，就是這樣的一項妥協。線條的對稱式分佈 (每 45° 一條) 表示方位的對稱性，同時應當用箭頭來表示方向。

這些線通常稱為**流線** (streamlines)，但是有時也會使用諸如通量線及方向線的名稱。置放於這電場中任何一點上的一個微小且可自由移動的測試電荷，將會在通過這一點的流線方向上加速。如果這場代表的是一種液體或氣體的速度 (順便一提這就需要有一個在 $\rho = 0$ 處的場源)，懸浮在液體或氣體中的小質點就會順著流線移動。

稍後我們將發現伴著這流線畫法而來的一項好處，因為對於某些重要的特殊情況而言，場的大小可以證實是與流線之間的間隔成反比的。它們愈是靠得近，場就愈強。到那時候，我們將同時求得一種畫流線更為容易而且準確的方法。

如果我們想要畫出點電荷的場，電場對於進出紙面方向的變化將會形成無法解決的

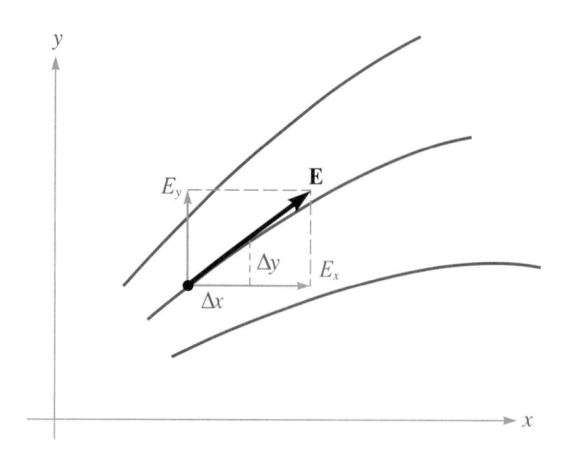

圖 2.10 一條流線的方程式是藉著解微分方程式 $E_y/E_x = dy/dx$ 而得的。

困難；由於此一原因，繪圖工作通常是被限制在二維場。

在二維場的情形下，讓我們任意規定 $E_z = 0$。於是流線就被侷限在 $z = $ 定值的平面內，同時對於任何這樣的平面而言，所畫出的圖都是一樣的。圖 2.10 中所畫的是幾條流線，同時一個普通點的 E_x 和 E_y 分量也都被指出了。由幾何學可明顯地得出，

$$\boxed{\frac{E_y}{E_x} = \frac{dy}{dx}} \tag{19}$$

只要瞭解 E_x 及 E_y 的函數形式 (以及解出所得微分方程式的能力) 就能使我們得出流線的方程式。

作為這種方法的一個範例，設想一均勻的線電荷，密度為 $\rho_L = 2\pi\epsilon_0$，則電場，

$$\mathbf{E} = \frac{1}{\rho}\mathbf{a}_\rho$$

在直角座標內，

$$\mathbf{E} = \frac{x}{x^2+y^2}\mathbf{a}_x + \frac{y}{x^2+y^2}\mathbf{a}_y$$

因此，我們可以列出微分方程式

$$\frac{dy}{dx} = \frac{E_y}{E_x} = \frac{y}{x} \quad 或 \quad \frac{dy}{y} = \frac{dx}{x}$$

所以，

$$\ln y = \ln x + C_1 \quad 或 \quad \ln y = \ln x + \ln C$$

由此就可以得出流線的方程式：

$$y = Cx$$

如果我們想求出某一特定流線的方程式，譬如說，經過點 $P(-2, 7, 10)$ 的流線方程式，我們只要把那一點的座標代入式中即可求出 C。在這個例子，$7 = C(-2)$，則 $C = -3.5$，因此 $y = -3.5x$。

每一條流線均對應著一特定的 C 值，在圖 2.9d 所展示的徑向線就分別對應著 $C = 0$、1、-1，及 $1/C = 0$。

流線方程式也可以直接從柱形或球形座標得到，一個球形座標的例子將在 4.7 節中被舉證。

D2.7. 在下列的電場 $\mathbf{E} =$：(a) $\dfrac{-8x}{y}\mathbf{a}_x + \dfrac{4x^2}{y^2}\mathbf{a}_y$；($b$) $2e^{5x}[y(5x+1)\mathbf{a}_x + x\mathbf{a}_y]$ 中，試求通過點 $P(1, 4, -2)$ 的電力線方程式。

答案：$x^2 + 2y^2 = 33$；$y^2 = 15.7 + 0.4x - 0.08 \ln(5x+1)$

參考書目

1. Boast, W. B. *Vector Fields*. New York: Harper and Row, 1964. This book contains numerous examples and sketches of fields.
2. Della Torre, E., and Longo, C. L. *The Electromagnetic Field*. Boston: Allyn and Bacon, 1969. The authors introduce all of electromagnetic theory with a careful and rigorous development based on a single experimental law—that of Coulomb. It begins in Chapter 1.
3. Schelkunoff, S. A. *Electromagnetic Fields*. New York: Blaisdell Publishing Company, 1963. Many of the physical aspects of fields are discussed early in this text without advanced mathematics.

第 2 章習題

2.1 有三個點電荷被固定在 xy 平面內，如下所示：5 nC 位在 $y = 5$ cm 處，-10 nC 位在 $y = -5$ cm 處，及 15 nC 位在 $x = -5$ cm 處。現欲使原點處的電場為零，試求需將 20 nC 的第四個點電荷安置於何種座標處。

2.2 值為 1 nC 與 -2 nC 的點電荷分別位於自由空間內 $(0, 0, 0)$ 與 $(1, 1, 1)$ 處。試求作用在每一個電荷上的向量力。

2.3 在自由空間中，數個 50 nC 的點電荷分別位於 $A(1, 0, 0)$、$B(-1, 0, 0)$、$C(0, 1, 0)$ 及 $D(0,$

−1, 0) 處。試求作用在位於 A 處之電荷的總作用力。

2.4 八個完全相同且為 Q 庫侖的點電荷分別位於一個邊長為 a 的立方體的頂點處，其中有一個電荷點位於原點，該點最接近的電荷則位在 (a, 0, 0)、(0, a, 0) 及 (0, 0, a) 處。假設為自由空間，試求作用在 P(a, a, a) 點處之電荷的總向量力的表示式。

2.5 令點電荷 $Q_1 = 25$ nC 位於 $P_1(4, -2, 7)$，而電荷 $Q_2 = 60$ nC 位於 $P_2(-3, 4, -2)$ 處。(a) 若 $\epsilon = \epsilon_0$，試求 $P_3(1, 2, 3)$ 點處的 **E**；(b) 試問在 y 軸上何點處可使 $E_x = 0$？

2.6 有兩個大小相等的點電荷 q 被放置於 $z = \pm d/2$ 處。試求：(a) z 軸上各點處的電場；(b) x 軸上各點處的電場；(c) 若將位在 $z = -d/2$ 處的電荷 $+q$ 改換成 $-q$，重做 (a) 與 (b)。

2.7 某個 2 μC 的點電荷置於自由空間內 A(4, 3, 5) 處。試求在 P(8, 12, 2) 點處的 E_ρ、E_ϕ 及 E_z。

2.8 有一種用來量測的簡陋裝置是由兩個半徑為 a 的小絕緣球組合而成，其中一個球的位置固定，另一球則可沿著 x 軸移動，並承受著限制力 kx，此處 k 為彈簧常數。這兩個未帶電的球體中心位在 $x = 0$ 及 $x = d$ 處，後者為固定住。若這兩球體給予相等但電性相反的電荷 Q 庫侖，試求出 Q 能表示成 x 之函數的表示式。試決定能用 ϵ_0、k 及 d 來衡量表示的最大電荷值，並指出這兩球之間的距離。若加入一較大的電荷，試問會發生什麼情況？

2.9 100 nC 的點電荷位於自由空間中 A(−1, 1, 3) 處。(a) 試求可使 $E_x = 500$ V/m 的所有點 P(x, y, z) 的軌跡；(b) 若 $P(-2, y_1, 3)$ 落在該軌跡上，試求 y_1。

2.10 有一個 −1 nC 的電荷位於自由空間內原點處。欲使在 (3, 1, 1) 位置處的 E_x 為零，試問必須在 (2, 0, 0) 處放置何種電荷？

2.11 位於自由空間原點處的電荷 Q_0，可在點 P(−2, 1, −1) 處產生 $E_z = 1$ kV/m 的場值。(a) 試求 Q_0。並以：(b) 直角座標；(c) 圓柱座標；(d) 球形座標求出 M(1, 6, 5) 點處的 **E**。

2.12 已知某些電子在空間內一固定區域中呈現隨機運動狀況。在任意的 1 μs 間隔內，出現在體積為 10^{-15} m^2 的某一子區域內的電子，其出現機率為 0.27。試問應指定何種體電荷密度給該子區域，才能達成前述時間期間的電子出現機率？

2.13 已知在由 $r = 3$ cm 延伸至 $r = 5$ cm 的球殼內，存在有均勻的體電荷密度 0.2 μC/m^3。若其它區域的 $\rho_v = 0$，試求：(a) 存在球殼內的總電荷；及 (b) 可使一半的總電荷存在 3 cm $< r < r_1$ 區域內的 r_1 值。

2.14 在某種陰極射線管內的電子束具有圓柱對稱性，且其電荷密度可表示成：$\rho_v = -0.1/(\rho^2 + 10^{-8})$ pC/m^3，$0 < \rho < 3 \times 10^{-4}$ m，以及 $\rho_v = 0$，$\rho > 3 \times 10^{-4}$ m。(a) 試求沿著電子束長度每公尺的總電荷；(b) 若電子速度為 5×10^7 m/s，且一安培定義為 1 C/s，試求電子束電流。

2.15 已知一球體的半徑為 2 μm，其內含有均勻的體電荷密度 10^{15} C/m^3。(a) 試問此球體內的總電荷為何？(b) 現在，假設一大區域含有一個每邊長為 3 mm 的立體柵欄，其每一個頂點處均置有一個前述的小電荷球，這些球之間則無電荷存在。試問此大區域內的平均體電荷密度為何？

2.16 在自由空間的某一區域內，電荷密度為 $\rho_v = \frac{\rho_0 r \cos\theta}{a}$ C/m^3，其中 ρ_0 與 a 均為常數。試求在下列範圍內的總電荷量：(a) 球，$r \leq a$；(b) 圓錐，$r \leq a$，$0 \leq \theta \leq 0.1\pi$；(c) 區域，$r \leq a$，$0 \leq \theta \leq 0.1\pi$，$0 \leq \phi \leq 0.2\pi$。

2.17 均勻的線電荷 16 nC/m 置於由 $y = -2$、$z = 5$ 所界定的線上。若 $\epsilon = \epsilon_0$：試求：(a) P(1, 2, 3) 處的 **E**；(b) 在 $z = 0$ 平面上，可使 **E** 的方向為 $(1/3)\mathbf{a}_y - (2/3)\mathbf{a}_z$ 的點位置。

2.18 (a) 在圓柱座標系統內，有一均勻的線電荷 ρ_L 沿著 z 軸座落於 $-L < z < L$ 的位置上，試求由此線電荷在 $z=0$ 平面內所產生的 **E**；(b) 如果這條有限的線電荷可用一條無限長的線電荷 ($L\to\infty$) 來近似時，若取 $\rho=0.5L$，試問兩者產生 E_ρ 的誤差百分比為何？(c) 取 $\rho=0.1L$，重做 (b)。

2.19 在 z 軸上置有均勻的線電荷 $2\ \mu$C/m。如果此電荷分佈在 z 軸的範圍是：(a) $-\infty < z < \infty$；(b) $-4 \le z \le 4$ 時，試以直角座標表示求出在 $P(1, 2, 3)$ 點處的 **E**。

2.20 有一條線電荷具有均勻的電荷密度 ρ_0 C/m，其長度為 ℓ，沿著 z 軸放置在 $-\ell/2 < z < \ell/2$ 處。(a) 試求沿著 x 軸任意位置處電場強度 **E** 的大小與方向。(b) 利用已知的線電荷位置，試求作用在一條完全相同線電荷上的力。已知此新的線電線是沿著 x 軸放置於 $-\ell/2 < x < 3\ell/2$ 處。

2.21 兩條完全相同的均勻線電荷 $\rho_\ell = 75$ nC/m 置於自由空間內 $x=0$、$y=\pm 0.4$ m 處。試問這兩條線電荷相互作用的每單位長度之力為何？

2.22 有兩個完全相同的均勻面電荷片，其 $\rho_S = 100$ nC/m^2，座落在自由空間內的 $z = \pm 2.0$ cm 處。試問每一電荷片作用在另一電荷片上每單位面積的力為何？

2.23 已知在 $\rho < 0.2$ m，$z=0$ 的區域內，面電荷密度為 $\rho_S = 2\ \mu$C/m^2，其它區域則為零，試求：(a) $P_A(\rho=0, z=0.5)$；(b) $P_B(\rho=0, z=-0.5)$ 處的 **E**。試證：(c) 沿著 z 軸的電場會下降至與位在很小 z 值處之無限大薄片電荷所產生的相同場值；(d) z 軸上的電場會下降至與位在很大 z 值處之點電荷所產生的相同場值。

2.24 (a) 試求由自由空間內圓形環的均勻面電荷密度 ρ_S 所產生在 z 軸上的電場。此圓形環位在柱形座標內 $z=0$，$a \le \rho \le b$，$0 \le \phi \le 2\pi$ 的區域；(b) 由 (a) 題的結果，藉由取適當的極限，試求一無限大的薄片電荷的電場。

2.25 如果在自由空間內，具有下列的電荷分佈：點電荷 12 nC，位於 $P(2, 0, 6)$；均勻線電荷密度 3 nC/m，位於 $x=-2$，$y=3$ 處；均勻面電荷密度 0.2 nC/m^2，位於 $x=2$ 處，試求原點處的 **E**。

2.26 有一個呈徑向相依的面電荷分佈在 xy 平面內的無限大平坦薄片上，以柱形座標表示時，其面電荷密度的公式為 $\rho_S = \rho_0/\rho$，其中 ρ_0 為常數。試求 z 軸上各點處的電場強度 **E**。

2.27 已知電場 $\mathbf{E} = (4x - 2y)\mathbf{a}_x - (2x + 4y)\mathbf{a}_y$，試求：(a) 通過點 $P(2, 3, -4)$ 之電力線的方程式；(b) 可指示 **E** 在 $Q(3, -2, 5)$ 點處方向的單位向量。

2.28 有一電偶極 (在 4.7 節中會詳細討論) 是由兩個大小相等極性相反的電荷 $\pm Q$，間隔為 d 來組成，令這兩電荷沿著 z 軸座落在 $z = \pm d/2$ (令正電荷位於正 z 的位置) 處，則以球形座標表示的電場為 $\mathbf{E}(r, \theta) = [Qd/(4\pi \epsilon_0 r^3)][2\cos\theta\ \mathbf{a}_r + \sin\theta\ \mathbf{a}_\theta]$，其中 $r \gg d$。利用直角座標，試求作用在位於 (a) $(0, 0, z)$；(b) $(0, y, 0)$ 處，大小為 q 之點電荷的向量力。

2.29 若 $\mathbf{E} = 20e^{-5y}(\cos 5x\ \mathbf{a}_x - \sin 5x\ \mathbf{a}_y)$，試求：(a) $P(\pi/6, 0.1, 2)$ 處的 $|\mathbf{E}|$；(b) P 點處 **E** 方向上的單位向量；(c) 通過 P 點之方向線的方程式。

2.30 在圓柱座標中，對於不隨 z 而變的電場而言，其流線方程式可藉由求解微分方程 $E_\rho/E_\phi = d\rho/(\rho d\phi)$ 而求得。當電場為 $\mathbf{E} = \rho\cos 2\phi\ \mathbf{a}_\rho - \rho\sin 2\phi\ \mathbf{a}_\phi$ 時，試求通過點 $(2, 30°, 0)$ 的電力線方程式。

第 3 章

電通量密度、高斯定律,及散度

在 畫過了前章所描述的幾個電場,同時對可指出在每一點上一個測試電荷受力方向之流線的觀念較熟悉一些之後,就很難避免要給這些線一項物理意義,並且將它們想成**通量** (flux) 線。並沒有什麼實際的質點由點電荷處向外沿徑向地拋出來,同時也沒有鋼爪伸出來吸引或排斥一個不提防的測驗電荷,但是一旦將流線畫在紙上之後,似乎就有一張圖片指出 "某些東西" 的存在。

創造出**電通量** (electric flux) 的觀念是很有助益的,它們從點電荷處對稱地流開來同時和流線是相合的,並且凡是有一個電場存在的地方就可以想像到這些通量。

本章介紹電通量的觀念和電通量密度,同時應用它們再來解第二章所提出的幾個問題。這裡的工作顯得容易多了,這是因為我們要求解的是極為對稱的問題之緣故。■

3.1 電通量密度

大約在 1837 年,倫敦皇家學會的會長法拉第對靜電場以及各種絕緣物質對此種場的效應變得很有興趣。在過去十年中,當他在致力於他那現在已著名的感應電動勢的實驗時,這個問題一直困擾著他。我們將在第十章中再討論感應電動勢。完成了那個問題之後,他現在已經造好了二個同心球,外面的那個球是由二個半圓所組成的,它們可以被堅固地合在一起。他同時也準備了絕緣材料層 [或者介電材料,或者簡稱為**電介質** (dielectric)],它們將佔據同心球之間的全部體積。我們將不會立刻用到他對於電介質所作的發現。因為在第六章以前我們是將注意力限制在自由空間中的電場上。屆時,我們將會見到他所用的材料將要被歸類為理想電介質。

於是他的實驗就包括下列主要的步驟：

1. 將儀器拆開來，裡面的球上被放了已知的正電量。
2. 然後將二個半球圍著這帶電的球合起來，大約有 2 cm 的介質在它們之間。
3. 外面的球暫時和地面連接一下而令它放電。
4. 很小心地，使用由絕緣材料做成的工具將外面的球分開來而不要擾亂感應在它上面的電荷，再度測量感應在每個半球上的負電量。

法拉第發現外球上的總電量在大小上等於原來放到裡面的球上去的電荷，同時不論分隔二球的電介質是什麼這一點都是對的。他結論：有某一種"位移"量會從裡面的球傳到外面的球而且是與介質無關的。我們現在稱這種通量為**位移** (displacement)、**位移通量** (displacement flux)，或者簡稱為**電通量** (electric flux)。

當然，法拉第的實驗同時也指出了在裡面的球上愈大的正電荷會相對應地在外面球上感應一個愈大的負電荷，這就導致電通量與內球上電荷間的一項正比關係。比例常數要依所用單位系統而定，幸而我們使用的是公制的單位，因為這常數是 1。如果電通是以 Ψ (psi) 來表示，而內球上的總電荷是 Q，則對法拉第的實驗而言，

$$\Psi = Q$$

此種電通量 Ψ 是以庫侖作為度量單位。

如果考慮一個半徑為 a 的內球及半徑為 b 的外球，其上的電荷分別為 Q 及 $-Q$ (圖 3.1)，我們便可以得到更為量化的資料。電通量 Ψ 可用自內球延伸到外球的路線是以對稱地分佈的流線由一個球沿徑向畫到另一個球面上來表示。

在內球的表面上，Ψ 庫侖的電通量是由電荷 $Q(=\Psi)$ 庫侖產生的，這電荷是均勻地分

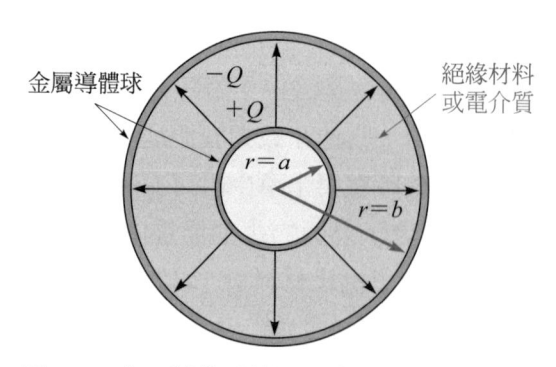

圖 3.1 在一對帶電的同心球之間區域內的電通量。**D** 的大小和方向不是二球之間電介質的函數。

佈在面積為 $4\pi a^2$ m² 的一個表面上。在這表面上的通量密度是 $\Psi/4\pi a^2$，或者 $Q/4\pi a^2$ C/m²，而這是一項新的重要量。

以每平方米的庫侖數來衡量的**電通量密度** (electric flux density) (有時稱為 "每平方米內的線數"，因為每一條線都是從 1 庫侖來的) 是以字母 **D** 來表示。最初它是根據別名**位移通量密度** (displacement flux density) 或者**位移密度** (displacement density) 而來的，但是電通量這名稱形容得更為確切，所以我們將一直用這個名稱。

電通量密度 **D** 是一個向量場，同時是一種 "通量密度" 的向量場，這與 "力場" 類不相同，後者包括電場強度 **E**。在某一點上 **D** 的方向就是這一點的通量線的方向，大小是以穿過一個與通量線正交的表面之通量線數目除以該表面積來表示的。

再參考圖 3.1，電通量密度呈現沿徑方向，同時具有下面的值

$$\mathbf{D}\Big|_{r=a} = \frac{Q}{4\pi a^2}\mathbf{a}_r \quad \text{(內球)}$$

$$\mathbf{D}\Big|_{r=b} = \frac{Q}{4\pi b^2}\mathbf{a}_r \quad \text{(外球)}$$

而在徑向距離 r 處，其中 $a \leq r \leq b$，

$$\mathbf{D} = \frac{Q}{4\pi r^2}\mathbf{a}_r$$

如果我們現在讓內球愈變愈小而仍舊維持電荷 Q 的話，在極限時它就變成一個點電荷，但是在離這點電荷 r 米處一點上的電通量密度仍然是

$$\boxed{\mathbf{D} = \frac{Q}{4\pi r^2}\mathbf{a}_r} \tag{1}$$

因為有 Q 條通量線對稱地從這一點指向外面，而且會經過一個面積為 $4\pi r^2$ 的想像球面。

這結果應當和 2.2 節的第 (9) 式相比較，即在自由空間裡一個點電荷的徑向電場強度是

$$\boxed{\mathbf{E} = \frac{Q}{4\pi \epsilon_0 r^2}\mathbf{a}_r}$$

所以，在自由空間裡，

$$\mathbf{D} = \epsilon_0 \mathbf{E} \quad \text{(限自由空間)} \tag{2}$$

雖然 (2) 式只能用於真空中，它並不只是限於點電荷的場。對於自由空間中一般性的體電荷分佈而言

$$\mathbf{E} = \int_{\text{vol}} \frac{\rho_v dv}{4\pi \epsilon_0 R^2} \mathbf{a}_R \quad \text{(限自由空間)} \tag{3}$$

此項關係是根據一個點電荷的場導出來的。類似地，由 (1) 式可導致

$$\mathbf{D} = \int_{\text{vol}} \frac{\rho_v dv}{4\pi R^2} \mathbf{a}_R \tag{4}$$

所以，對於自由空間的任何電荷組態而言，(2) 式都成立；我們將 (2) 式當作自由空間裡 **D** 的定義式。

作為後面研究電介質的一項準備，可能現在應當在這兒指出：對於埋在一個無限大的理想電介質中的一個點電荷而言，法拉第的結果指出 (1) 式仍然適用，因此 (4) 式也仍是對的。但是 (3) 式不適用，所以 **D** 和 **E** 之間的關係將比 (2) 式所示的略為複雜一些。

由於在自由空間中，**D** 與 **E** 直接成正比例，故似乎不必提出一個新的符號。但這樣做是具有下面幾個理由：第一，**D** 向量是通量觀念，而這是一個新的重要觀念。第二，因省去 ϵ_0 一量，**D** 向量場較 **E** 向量場簡單。

D3.1. 一個 60 μC 的點電荷位於原點，試求下列各情況的總電通量：(a) 通過由 $0 < \theta < \frac{\pi}{2}$ 及 $0 < \phi < \frac{\pi}{2}$ 所包圍之球面 ($r = 26$ cm) 部份；(b) 由 $\rho = 26$ cm 及 $z = \pm 26$ cm 所界定封閉面；(c) $z = 26$ cm 的平面。

答案：7.5 μC；60 μC；30 μC

D3.2. 試求由下列場源在直角座標中於點 $P(2, -3, 6)$ 處的 **D**：(a) 位於點 $Q(-2, 3, -6)$ 處的點電荷 $Q_A = 55$ mC；(b) 在 x 軸上的均勻線電荷 $\rho_{LB} = 20$ mC/m；(c) 位於 $z = -5$ m 平面上的均勻面電荷密度 $\rho_{SC} = 120$ μC/m²。

答案：$6.38\mathbf{a}_x - 9.57\mathbf{a}_y + 19.14\mathbf{a}_z$ μC/m²；$-212\mathbf{a}_y + 424\mathbf{a}_z$ μC/m²；$60\mathbf{a}_z$ μC/m²

3.2 高斯定律

法拉第的同心球實驗結果可以總結為一項實驗定律而敘述如下:通過任何一個在二個傳導球之間的想像球面的電通量等於包在這想像面以內的電荷量。被包圍的這電荷量是分佈在內球表面上的,或者它也可以集中成一個點電荷而位在想像球的中心點處。然而,由於一庫侖的通量是由一庫侖的電荷產生的,裡面那個導體同樣也可以是一個方塊或者一個銅製的門鑰匙,而外球上所感應到的總電荷仍然會是相同的。很自然地,通量的密度將會由它先前那種對稱的分佈變到某種未知的組態,但是在任何內部導體上的 $+Q$ 庫侖將在周圍的球上產生一個 $-Q$ 庫侖的感應電荷。再進一步,我們現在可以將外面的二個半球換成一個空的肥皂缸 (但是要完全密合的)。銅製門鑰匙上的 Q 庫侖將會產生 $\psi=Q$ 條電通量,同時將在錫缸[1]上感應 $-Q$ 庫侖。

法拉第實驗的推廣導致下面的聲明,後者被稱為**高斯定律** (Gauss's law):

通過任何閉合表面的電通量等於這表面內所包含的總電量。

高斯——世界上最偉大的數學家之一——的貢獻實際上並不僅止於我們所做的上述的定律而已,重要的是他為這個定律提出了一項數學公式,我們現在就要得出它來。

讓我們想像一種電荷的分佈,如圖 3.2 中畫成一堆點電荷雲的樣子,被一個任意形狀的閉合表面所圍繞。這閉合的表面可以是某種實際材料的表面,但是更普遍一些,它也可以是任何我們希望想像的閉合表面。如果總電荷是 Q,則 Q 庫侖的電通量就會通過這閉合表面。在表面上每一點的電通量密度向量 **D** 會有某個值 $\mathbf{D}_S$,其中下標 S 只是提醒我們 **D** 必須在表面上計算。同時,一般說來,自表面上的一點到另一點 $\mathbf{D}_S$ 的大小及方

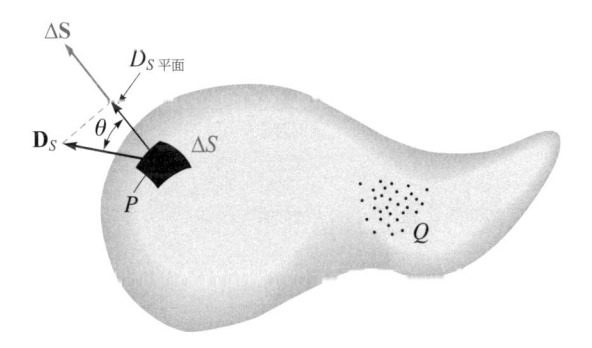

圖 3.2 在 P 點由電荷 Q 所引起的電荷密度 $\mathbf{D}_S$ 通過 ΔS 的總通量是 $\mathbf{D}_S \cdot \Delta S$。

---
[1] 如果肥皂是一種完全的絕緣體的話,甚至可以將它留在缸中,結果不會有什麼不同。

向均會改變。

現在,我們必須考慮表面上一增量單元 ΔS 的本質。一個面積 ΔS 的小單元是十分近似於一個平面的一部份,而對於這表面單元的完整描述不只需要說明它的大小 ΔS,同時還要指出它在空間的指向。換句話說,這微小的表面單元是一個有向向量。能與 $\Delta \mathbf{S}$ (微小的有向表面單位) 相締結的唯一具有獨一性的方向,是在問題中所談到的這一點處與這表面相切的平面之法線方向。當然,這樣的法線有二條,但是我們規定凡是當表面是閉合的時候就採取朝外的那個法線,這樣就不會混淆了,而"朝外"是具有特殊意義的。

考慮在任何一 P 點處的一個表面的微小單元 ΔS,同時令 $\mathbf{D}_S$ 和 $\Delta \mathbf{S}$ 成 θ 角,如圖 3.2 所示。於是,通過 ΔS 的通量就是 $\mathbf{D}_S$ 的法線分量與 ΔS 的乘積,即

$$\Delta \Psi = \text{通過 } \Delta S \text{ 的通量} = D_{S,\text{法線}} \Delta S = D_S \cos\theta \, \Delta S = \mathbf{D}_S \cdot \Delta \mathbf{S}$$

所以,在此處我們就可以用在第一章所建立之點積的定義。

通過閉合表面的總通量,是將通過每一表面單元 ΔS 的微分貢獻相加就可得到,即

$$\Psi = \int d\Psi = \oint_{\text{封閉表面}} \mathbf{D}_S \cdot d\mathbf{S}$$

結果所得的積分是一個**封閉表面的積分**,同時由於表面單元 dS 總要涉及二個座標的微分,例如 $dx\,dy$、$\rho\,d\phi\,d\rho$,或者 $r^2 \sin\theta\,d\theta\,d\phi$,故這積分就是一個雙重積分。通常為簡明起見,只用一個積分號,我們將永遠在積分符號下放一個 S 來表示它是一個面積分,雖然實際上是不必要的,因為 dS 這微分單元自然地就是一個面積分的訊號。最後的一種慣例是在積分號本身上放一個小圓圈,以表示這積分是要在一個閉合的表面上進行的。這樣的表面常常被稱為一個**高斯表面** (Gaussian surface)。於是我們就得到高斯定律的一個數學形式,

$$\Psi = \oint_S \mathbf{D}_S \cdot d\mathbf{S} = \text{包含的電荷} = Q \tag{5}$$

被包含的電荷可能是幾個點電荷,在這種情形下

$$Q = \Sigma Q_n$$

或者是一條線電荷,

$$Q = \int \rho_L \, dL$$

或者是一種面電荷，

$$Q = \int_S \rho_S dS \quad \text{(不必然是一個封閉面)}$$

或者是電荷的一種體積分佈，

$$Q = \int_{\text{vol}} \rho_v \, dv$$

通常用的是最後這種形式，而且我們現在應當同意它代表上述任何一個或者所有其它形式的電荷。瞭解這一點之後，高斯定律可以用電荷分佈表示而寫成

$$\oint_S \mathbf{D}_S \cdot d\mathbf{S} = \int_{\text{vol}} \rho_v \, dv \tag{6}$$

這是一則含義簡單的數學條文：通過任何閉合表面的電通量就等於所包含的電荷量。

例題 3.1

為了說明高斯定律的應用起見，讓我們來核對法拉第實驗的結果：在一個球形座標系統的原點處放一個點電荷 Q (圖 3.3)，而我們將閉合表面選為半徑為 a 的球面。

解：如前述，已知

$$\mathbf{D} = \frac{Q}{4\pi r^2} \mathbf{a}_r$$

在球的表面處，

$$\mathbf{D}_S = \frac{Q}{4\pi a^2} \mathbf{a}_r$$

根據第一章，在球形座標裡一個球面上的微小單元的面積是：

$$dS = r^2 \sin\theta \, d\theta \, d\phi = a^2 \sin\theta \, d\theta \, d\phi$$

或者

$$d\mathbf{S} = a^2 \sin\theta \, d\theta \, d\phi \, \mathbf{a}_r$$

因此，被積函數是

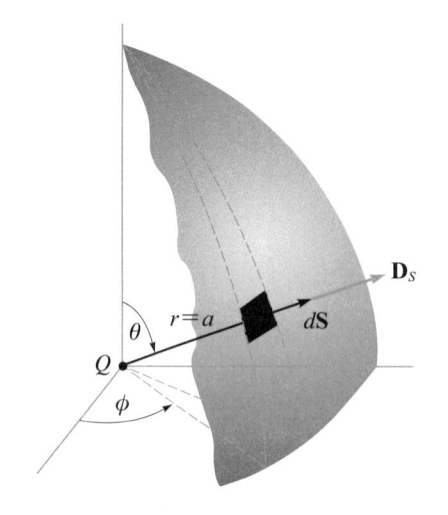

圖 3.3 將高斯定律應用到點電荷 Q 在半徑為 a 的一個閉合球面上的電場。電通量是密度 $\mathbf{D}$ 在各處都是垂直於球面，所以在球面上各點處 $\mathbf{D}$ 的大小都是一個定值。

$$\mathbf{D}_S \cdot d\mathbf{S} = \frac{Q}{4\pi a^2} a^2 \sin\theta\, d\theta\, d\phi \mathbf{a}_r \cdot \mathbf{a}_r = \frac{Q}{4\pi} \sin\theta\, d\theta\, d\phi$$

如此一來，閉合表面的積分如下：

$$\int_{\phi=0}^{\phi=2\pi} \int_{\theta=\phi}^{\theta=\pi} \frac{Q}{4\pi} \sin\theta\, d\theta\, d\phi$$

其中積分上下限的選定的方式是以能讓整個球面被積分一次。[2] 積分後就產生

$$\int_0^{2\pi} \frac{Q}{4\pi}(-\cos\theta)_0^\pi d\phi = \int_0^{2\pi} \frac{Q}{2\pi} d\phi = Q$$

於是由我們得到的結果可知，有 Q 庫侖的電通量經過這表面，這正是我們應當得到的，因為被包圍的電荷共有 Q 庫侖。

D3.3. 已知在自由空間中的電通量密度為 $\mathbf{D}=0.3r^2\mathbf{a}_r$ nC/m^2，試求：(a) $P(r=2, \theta=25°, \phi=90°)$ 點處的 $\mathbf{E}$；(b) 在 $r=3$ 之球內的總電荷；(c) 離開 $r=4$ 球面的總電通量。

答案：$135.5\mathbf{a}_r$ V/m；305 nC；965 nC

D3.4. 如果電荷分佈為：(a) 兩個點電荷，0.1 μC 位於 $(1, -2, 3)$ 及 $\frac{1}{7}$ μC 位於 $(-1, 2, -2)$；(b) 均勻的線電荷 π μC/m，位於 $x=-2, y=3$ 處；(c) 位於 $y=3x$ 之平面上的 0.1 μC/m^2 均勻面電荷，試求離開位於 $x, y, z = \pm 5$ 處六個平面所組成的立方體之總電通量。

答案：0.243 μC；31.4 μC；10.54 μC

---

[2] 請注意：如果 θ 和 ϕ 均涵蓋從 0 到 2π，則此球面就會被涵蓋兩次。

3.3 高斯定律的應用：幾種對稱的電荷分佈

現在，如果電荷分佈是已知的，讓我們考慮如何利用高斯定律，

$$Q = \oint_S \mathbf{D}_S \cdot d\mathbf{S}$$

來決定 $\mathbf{D}_S$。這是積分方程式的一個例子，其中要被決定的未知量出現在積分號裡面。

如果我們能選出一個閉合表面而能滿足以下二個條件的話，解答就會很容易：

1. $\mathbf{D}_S$ 處處與這閉合表面垂直，或者與它相切，如此則 $\mathbf{D}_S \cdot d\mathbf{S}$ 就分別變成 $D_S \cdot dS$ 或零。
2. 在 $\mathbf{D}_S \cdot d\mathbf{S}$ 不是零的那部份閉合表面上，$D_S =$ 定值。

這就允許我們將點積換成純量大小 D_S 和 dS 的乘積，然後可以將 D_S 放到積分符號之外。剩下的積分就是在 $\mathbf{D}_S$ 正交地通過的閉合表面上那一部份的積分 $\int_S dS$，而這只是那部份表面的面積。只要具有問題對稱性的知識就能讓我們選出這樣的一個閉合表面。

讓我們再次考慮一個在球形座標的原點處的點電荷 Q，同時決定一個恰當的閉合表面，而這表面要能符合上面所列的二項要求。此問題中的表面顯然地是一個球面，中心在原點處，同時半徑皆是 r。$\mathbf{D}_S$ 處處都是正交於這表面的；在表面上所有各點 D_S 都具同樣的值。

於是我們依次得到：

$$Q = \oint_S \mathbf{D}_S \cdot d\mathbf{S} = \oint_{球} D_S dS$$
$$= D_S \oint_{球} dS = D_S \int_{\phi=0}^{\phi=2\pi} \int_{\theta=0}^{\theta=\pi} r^2 \sin\theta\, d\theta\, d\phi$$
$$= 4\pi r^2 D_S$$

所以

$$D_S = \frac{Q}{4\pi r^2}$$

因為 r 可以是任何值，同時由於 $\mathbf{D}_S$ 是沿徑地向外指的，故知

$$\mathbf{D} = \frac{Q}{4\pi r^2}\mathbf{a}_r \qquad \mathbf{E} = \frac{Q}{4\pi\epsilon_0 r^2}\mathbf{a}_r$$

這和第 2 章的結果相合。這是一個尋常的例子，但還是可以提出質疑：在我們能求得答案前，我們必須先知道電場是對稱的，同時是沿徑向地向外指的。確實如此，而這就使得平方反比定律這項關係成為唯一能從高斯定律得出的一項核對。然而，此例的確足以說明一種方法，這方法可以被用到別的問題上，包括那些由庫侖定律幾乎是無法供給答案的問題在內。

有沒有別的表面能滿足我們的二項條件呢？讀者應當可以自己證明，像正方形或柱形這種簡單的表面是不能符合這些要求的。

作為第二個例子，讓我們考慮一條位於 z 軸上從 $-\infty$ 延伸到 $+\infty$ 均勻的線電荷分佈 ρ_L。首先，我們必須認知關於電場的對稱性，而當下面二個問題的答案是已知時，我們就已經具備這項知識了：

1. 電場會對哪些座標起變化 (或者 D 是哪些變數的函數)？
2. 存在哪些 **D** 的分量？

在應用高斯定律時，利用對稱性來簡化答案並不會是一種問題，因為高斯定律的應用要依靠對稱性，故如果不能證實對稱性存在，我們就不能應用高斯定理來求出答案。上面的二個問題現在就變成"必定"的了。

根據我們前面對於均勻線電荷的討論，顯然地只有 **D** 的徑向分量存在，亦即

$$\mathbf{D} = D_\rho \mathbf{a}_\rho$$

同時這分量只是 ρ 的函數。

$$D_\rho = f(\rho)$$

現在，閉合表面的選擇就變簡單了，因為一個柱形表面是唯一的一個表面，對它，D_ρ 是處處呈正交的，同時它可以由垂直於 z 軸的平面閉合起來。圖 3.4 中所示是一個從 $z=0$ 延伸到 $z=L$ 且半徑為 ρ 的閉合圓柱。

應用高斯定律，可知

$$Q = \oint_{\text{圓柱}} \mathbf{D}_S \cdot d\mathbf{S} = D_S \int_{\text{邊}} dS + 0\int_{\text{頂}} dS + 0\int_{\text{底}} dS$$
$$= D_S \int_{z=0}^{L}\int_{\phi=0}^{2\pi} \rho\, d\phi\, dz = D_S 2\pi\rho L$$

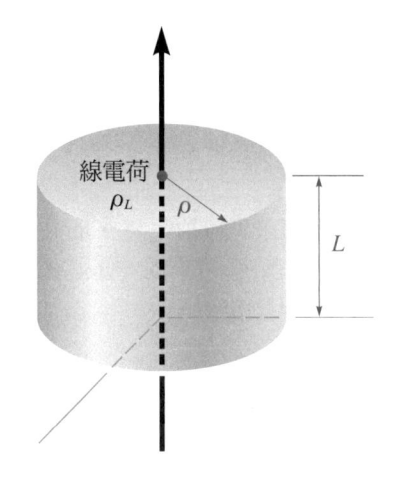

圖 **3.4** 一條無限長線電荷的高斯表面是一個長為 L，半徑為 ρ 的圓柱。**D** 的大小是定值，同時在柱面的每個地方均垂直於柱面；且 **D** 與二端平面平行。

得到

$$D_S = D_\rho = \frac{Q}{2\pi\rho L}$$

用電荷密度 ρ_L 來表示時，則被包含的總電荷是

$$Q = \rho_L L$$

因而指出

$$D_\rho = \frac{\rho_L}{2\pi\rho}$$

或者

$$E_\rho = \frac{\rho_L}{2\pi\epsilon_0\rho}$$

和第 2.4 節的第 (16) 式相比較，就知道已得出正確的答案而且所做的工作要少得多。一旦選定了恰當表面之後，積分通常只是寫下與 **D** 呈正交的那些表面的面積而已。

同軸電纜的問題與線電荷幾乎是完全一樣的，同樣也是在庫侖定律的立場看來極其難解的一個例子。假設我們有二個同軸的柱形導體，內部導體的半徑是 a，外部導體半徑是 b，每個都是延伸到無限遠 (圖 3.5)。假定在內部導體的外表面上有 ρ_S 的電荷分佈。

對稱性的考慮告訴我們只有 D_ρ 分量會存在，同時它可能只是 ρ 的函數。一個半徑為 ρ，而且 $a < \rho < b$，長度為 L 的圓柱必須被選作高斯表面，我們很快地就得到

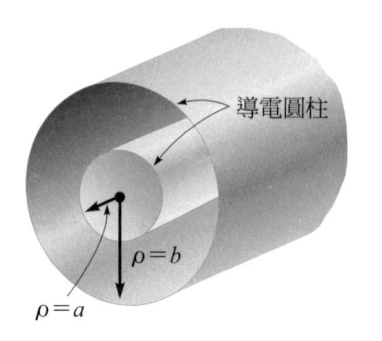

圖 3.5 二個同軸的柱形導體形成一個同軸電纜，而在圓柱內供應一個 $D_\rho = a\rho_S/\rho$ 的電通量密度。

$$Q = D_S 2\pi \rho L$$

在長度為 L 的內導體上的總電荷是

$$Q = \int_{z=0}^{L} \int_{\phi=0}^{2\pi} \rho_S a \, d\phi \, dz = 2\pi a L \rho_S$$

由此，我們得到

$$D_S = \frac{a\rho_S}{\rho} \qquad \mathbf{D} = \frac{a\rho_S}{\rho}\mathbf{a}_\rho \qquad (a < \rho < b)$$

這項結果也可以用每單位長度的電荷來表示，因為裡面那個導體在每一公尺長度上有 $2\pi a\rho_S$ 庫侖的電荷，所以令 $\rho_L = 2\pi a\rho_S$，

$$\boxed{\mathbf{D} = \frac{\rho_L}{2\pi\rho}\mathbf{a}_\rho}$$

這一解答的形式就和無限長線電荷的完全一樣。

由於從裡面那個圓柱上的電荷所射出來的每一條電通量均必須終止在外面柱形內側的負電荷上，故在這表面上的總電荷必然是

$$Q_{\text{外圓柱}} = -2\pi a L \rho_{S,\text{內圓柱}}$$

所以，可求出外圓柱的表面電荷為

$$2\pi b L \rho_{S,\text{外圓柱}} = -2\pi a L \rho_{S,\text{內圓柱}}$$

或者

$$\rho_{S,\text{外圓柱}} = -\frac{a}{b}\rho_{S,\text{內圓柱}}$$

如果我們用一個半徑為 ρ，而且 $\rho > b$ 的圓柱作為高斯表面又將如何？於是被包含的總電荷將是零，因為在各個導電圓柱上有著相等而電性相反的電荷。所以

$$0 = D_S 2\pi\rho L \quad (\rho > b)$$
$$D_S = 0 \quad (\rho > b)$$

當 $\rho < a$ 時也會得到一個完全一樣的結果。因此，這個同軸電纜或電容器沒有外在的電場 (我們已經證明了外面的導體是一個"屏障")，同時在中央導體以內也沒有電場。

我們的結果對於**有限**長度的同軸電纜仍然是有用的，雖然它的兩端截斷，但只要長度 L 大於半徑 b 許多倍即可，就算兩端不對稱的條件下，對於答案也不會有很大的影響。此種裝置又稱為**同軸電容器** (coaxial capacitor)。同軸電纜與同軸電容器二者於後面的內容中將會經常地出現。

例題 3.2

讓我們選取一條 50 cm 長的同軸電纜，其內徑為 1 mm，外徑為 4 mm。假設兩導體間充填著空氣，內導體上的總電荷量是 30 nC。我們想要求得每一導體上的電荷密度，及 **E** 與 **D** 場。

解：先由求取內圓柱導體上的面電荷密度開始，即

$$\rho_{S,\text{內圓柱}} = \frac{Q_{\text{內圓柱}}}{2\pi a L} = \frac{30 \times 10^{-9}}{2\pi(10^{-3})(0.5)} = 9.55 \ \mu\text{C/m}^2$$

外圓柱導體的內層表面上的負電荷密度為

$$\rho_{S,\text{外圓柱}} = \frac{Q_{\text{外圓柱}}}{2\pi b L} = \frac{-30 \times 10^{-9}}{2\pi(4 \times 10^{-3})(0.5)} = -2.39 \ \mu\text{C/m}^2$$

因此，很容易便可求出內部場為：

$$D_\rho = \frac{a\rho_S}{\rho} = \frac{10^{-3}(9.55 \times 10^{-6})}{\rho} = \frac{9.55}{\rho} \ \text{nC/m}^2$$

和

$$E_\rho = \frac{D_\rho}{\epsilon_0} = \frac{9.55 \times 10^{-9}}{8.854 \times 10^{-12}\rho} = \frac{1079}{\rho} \ \text{V/m}$$

上述二式在 $1 < \rho < 4$ mm 區域內均適用。當 $\rho < 1$ mm 或 $\rho > 4$ mm 時，**E** 和 **D** 均為零。

D3.5. 已知 0.25 μC 的點電荷位於 $r=0$ 處，及依下列配置方式的面電荷密度：2 mC/m^2 位於 $r=1$ cm 處，及 -0.6 mC/m^2 位於 $r=1.8$ cm 處，試計算下列位置處的 **D**：(a) $r=0.5$ cm；(b) $r=1.5$ cm；(c) r=2.5 cm。(d) 如欲使 $r=3.5$ cm 處的 **D**=0，則在 $r=3$ cm 處所應建立的均勻面電荷密度應為何？

答案：796$\mathbf{a}_r$ μC/m^2；977$\mathbf{a}_r$ μC/m^2；40.8$\mathbf{a}_r$ μC/m^2；-28.3 μC/m^2

3.4 高斯定律的應用：微小體積單元

我們現在要將高斯定律的方法應用到略為不同的一類問題上——完全不具有對稱性的情況。起初也許會覺得我們的要求是無望的，因為沒有對稱性時就無法選出一個簡單的高斯面，而能使得 **D** 的正交分量在這表面各處不是定值就是零。沒有這樣的一個表面，積分就無法計算。只有一個方法可以克服這些困難，即是選一個非常小的閉合表面，在這面上 **D** 幾乎是個定值，同時 **D** 很小的改變可以恰當地用 **D** 的泰勒級數展開式的第二項來代表。當高斯表面所包含的體積縮小時，結果就會變得更正確一些，而我們準備最後是讓這體積趨於零。

這例子和前面的不同之處在於我們將不以求得 **D** 的值作為我們的答案，而是要得出一些關於 **D** 在小表面區內變化方式的極有價值的資料。這直接就會導致馬克士威爾的四個方程之一，那對所有電磁理論而言都是基本的。

讓我們考慮直角座標中的任何一點 P，如圖 3.6 所示，**D** 在 P 點處的值可以用直角分量來表示，$\mathbf{D}_0 = D_{x0}\mathbf{a}_x + D_{y0}\mathbf{a}_y + D_{z0}\mathbf{a}_z$。我們將中心在 P 點的矩形小盒子選為閉合表面，這盒子的各邊長 Δx、Δy 及 Δz，同時再應用高斯定律，

$$\oint_S \mathbf{D} \cdot d\mathbf{S} = Q$$

為了要在這閉合表面上計算積分，這積分必須被拆成六個積分，每一面上一項積分，即

$$\oint_S \mathbf{D} \cdot d\mathbf{S} = \int_{\text{前}} + \int_{\text{後}} + \int_{\text{左}} + \int_{\text{右}} + \int_{\text{頂}} + \int_{\text{底}}$$

仔細地考慮這些項式中的第一個。由於表面單元非常小，原則上 **D** 是個定值 (在整個閉合表面的這一部份上)，故知

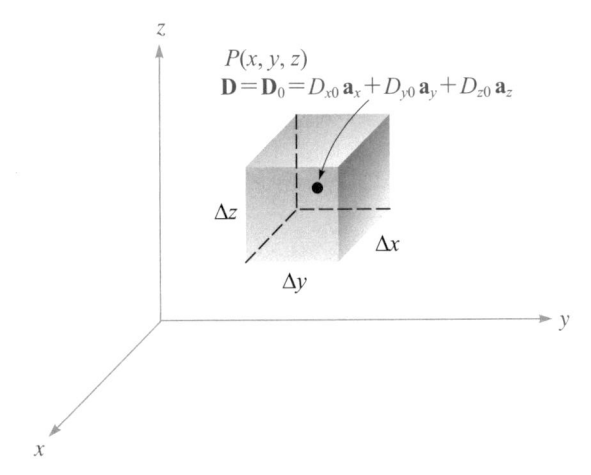

圖 3.6 對點 P 取微分量大小的高斯表面，以便用來考察 P 點附近之 $\mathbf{D}$ 的空間變化率。

$$\int_{前} \doteq \mathbf{D}_{前} \cdot \Delta \mathbf{S}_{前}$$
$$\doteq \mathbf{D}_{前} \cdot \Delta y \, \Delta z \, \mathbf{a}_x$$
$$\doteq D_{x,前} \Delta y \, \Delta z$$

這裡我們只需要取得在前面這一面上 D_x 的近似值。前面離 P 點是 $\Delta x/2$，所以

$$D_{x,前} \doteq D_{x0} + \frac{\Delta x}{2} \times D_x \text{ 對 } x \text{ 的變化率}$$
$$\doteq D_{x0} + \frac{\Delta x}{2} \frac{\partial D_x}{\partial x}$$

其中，D_{x0} 是 D_x 在 P 點的值，同時這裡必須用一個偏微分來表示 D_x 對 x 的變化率，因為一般上 D_x 也對 y 和 z 改變的。這式子也可以利用 D_x 在 P 點鄰近的泰勒級數展開式中的常數項以及涉及第一個導數項來更正式地得出來。

我們現在有了

$$\int_{前} \doteq \left(D_{x0} + \frac{\Delta x}{2} \frac{\partial D_x}{\partial x} \right) \Delta y \, \Delta z$$

現在，考慮在後面那表面上的積分，即

$$\int_{後} \doteq \mathbf{D}_{後} \cdot \Delta \mathbf{S}_{後}$$
$$\doteq \mathbf{D}_{後} \cdot (-\Delta y \, \Delta z \, \mathbf{a}_x)$$
$$\doteq -D_{x,後} \Delta y \, \Delta z$$

同時

$$D_{x,後} \doteq D_{x0} - \frac{\Delta x}{2} \frac{\partial D_x}{\partial x}$$

而得出

$$\int_{後} \doteq \left(-D_{x0} + \frac{\Delta x}{2} \frac{\partial D_x}{\partial x}\right) \Delta y \, \Delta z$$

如果我們將這二個積分合併，可得

$$\int_{前} + \int_{後} \doteq \frac{\partial D_x}{\partial x} \Delta x \, \Delta y \, \Delta z$$

利用完全一樣的步驟，我們得到

$$\int_{右} + \int_{左} \doteq \frac{\partial D_y}{\partial y} \Delta x \, \Delta y \, \Delta z$$

以及

$$\int_{頂} + \int_{底} \doteq \frac{\partial D_z}{\partial z} \Delta x \, \Delta y \, \Delta z$$

而這些結果可以集合起來而產生

$$\oint_S \mathbf{D} \cdot d\mathbf{S} \doteq \left(\frac{\partial D_x}{\partial x} + \frac{\partial D_y}{\partial y} + \frac{\partial D_z}{\partial z}\right) \Delta x \, \Delta y \, \Delta z$$

或者

$$\oint_S \mathbf{D} \cdot d\mathbf{S} = Q \doteq \left(\frac{\partial D_x}{\partial x} + \frac{\partial D_y}{\partial y} + \frac{\partial D_z}{\partial z}\right) \Delta v \tag{7}$$

此表示式是一項近似值，而當 Δv 變更小時它就會變得更加近似。在下一節中，我們將要讓這體積 Δv 趨於零。就目前而言，我們已經將高斯定律應用到了在體積單元 Δv 周圍的閉合表面上而得到 (7) 式的近似值作為結果，它說明

$$\text{包含在體積 } \Delta v \text{ 中的電荷} \doteq \left(\frac{\partial D_x}{\partial x} + \frac{\partial D_y}{\partial y} + \frac{\partial D_z}{\partial z}\right) \times \text{體積 } \Delta v \tag{8}$$

例題 3.3

若 $\mathbf{D}=e^{-x}\sin y\,\mathbf{a}_x-e^{-x}\cos y\,\mathbf{a}_y+2z\mathbf{a}_z$ C/m^2，試求在原點處，由微量體積 10^{-9} m^3 所包圍之總電荷的近似值。

解：首先，計算在 (8) 式內的三個偏導數：

$$\frac{\partial D_x}{\partial x} = -e^{-x}\sin y$$

$$\frac{\partial D_y}{\partial y} = e^{-x}\sin y$$

$$\frac{\partial D_z}{\partial z} = 2$$

在原點處，前兩式均為零，而最後一式則為 2。因此，在原點微小體積內所包含之電荷之略值為 $2\Delta v$。如果 Δv 為 10^{-9} m^3，則此微小體積內之電荷略值為 2 奈庫侖 (nC)。

D3.6. 在自由空間中，令 $\mathbf{D}=8xyz^4\mathbf{a}_x+4x^2z^4\mathbf{a}_y+16x^2yz^3\mathbf{a}_z$ pC/m^2。試求：(a) 在 $\mathbf{a}_z$ 方向上通過矩形面 $z=2$、$0<x<2$、$1<y<3$ 的總電通量；(b) $P(2,-1,3)$ 處的 $\mathbf{E}$；(c) 位於 $P(2,-1,3)$ 處，體積為 10^{-12} m^3 之微小球體內所含總電荷的近似值。

答案：1365 pC；$-146.4\mathbf{a}_x+146.4\mathbf{a}_y-195.2\mathbf{a}_z$ V/m；-2.38×10^{-21} C

3.5　散度與馬克士威爾第一方程式

我們現在要從 3.4 節的 (7) 式得出一個正確的關係，這是藉著讓體積單元 Δv 縮成零而得出來的。我們將這方程式寫成

$$\left(\frac{\partial D_x}{\partial x}+\frac{\partial D_y}{\partial y}+\frac{\partial D_z}{\partial z}\right)=\lim_{\Delta v\to 0}\frac{\oint_S \mathbf{D}\cdot d\mathbf{S}}{\Delta v}=\lim_{\Delta v\to 0}\frac{Q}{\Delta v}=\rho_v \tag{9}$$

其中，電荷密度 ρ_v 由第二個等式來界定。

上一節的方法可以被用在任何向量 $\mathbf{A}$ 上為一個小的閉合表面求出 $\oint_S \mathbf{A}\cdot d\mathbf{S}$，因而導致

$$\left(\frac{\partial A_x}{\partial x}+\frac{\partial A_y}{\partial y}+\frac{\partial A_z}{\partial z}\right)=\lim_{\Delta v\to 0}\frac{\oint_S \mathbf{A}\cdot d\mathbf{S}}{\Delta v} \tag{10}$$

其中 $\mathbf{A}$ 可以代表速度、溫度的梯度、力、或其它任意的向量場。

在上世紀的物理研究方面，這種運算出現的次數多到使它獲得了一個形容名稱，**散度 (divergence)**。**A** 的散度的定義是

$$\mathbf{A} \text{ 的散度} = \text{div } \mathbf{A} = \lim_{\Delta v \to 0} \frac{\oint_S \mathbf{A} \cdot d\mathbf{S}}{\Delta v} \tag{11}$$

通常被簡寫為 div **A**。一個向量的散度之物理意義可以透過仔細地形容 (11) 式右側所暗示的運算上得到，在這裡我們將 **A** 當作向量中通量密度類的一員，以便有助於物理方面的解釋。

向量式通量密度 **A** 的散度是，當體積縮成零時，通量從每單位體積的小閉合表面向外流的量。

此項敘述所提供的散度物理意義，在求取關於一個向量場的散度量方面的資料時是很有用的，而且不必求助於數學方面的探討。舉例而言，讓我們考慮水塞打開後浴池中水速的散度。經過任何一個完全埋在水裡的閉合表面的水的淨流量必然是零，因為原則上水是不能被壓縮的，因此進入及離開這閉合表面的各個不同區域的水必須相等。所以，這種速度的散度是零。

然而，我們如果考慮車胎中空氣的速度，這車胎剛才被釘子扎了一下的話，我們知道當壓力降低時空氣是在膨脹，所以就有一項淨的流量從在車胎裡的任何閉合表面向外流。因此，這速度的散度就大於零。

任何向量的一個正散度表示這向量在那點上有一個**源 (source)**。同樣地，一個負的散度表示一個**池 (sink)**。由於上述的水速散度是零，就表示沒有源或池存在。[3] 然而，在膨脹的空氣產生了一個速度的正散度，所以內部每一個點都可以被當作一個源。

以我們的新名稱來表示 (9) 式時，可得到

$$\text{div } \mathbf{D} = \left(\frac{\partial D_x}{\partial x} + \frac{\partial D_y}{\partial y} + \frac{\partial D_z}{\partial z} \right) \quad \text{(直角座標)} \tag{12}$$

這表示式又是一種屬於不涉及電荷密度的形式。它是將散度的定義 (11) 式應用到**直角座標 (rectangular coordinates)** 的一個微小體積上而得到的結果。

如果選用的是在圓柱座標中的體積單位 $\rho \, d\rho \, d\phi \, dz$，或者，在球形座標中的 $r^2 \sin \theta$

---

[3] 在水中選了一個微小的體積單元之後，水面隨著時間逐漸降低，最後會使體積單元位於水表面以上。這時水面和體積單元相交，散度變成正的，這小體積就變成源。只要規定一個必要的完整點就可避免這項麻煩。

$dr\,d\theta\,d\phi$ 的話，就會得到涉及這一種座標系統內向量的分量以及對那個系統各變數偏微分的散度公式。這些公式都收錄在附錄 A，而為方便起見摘錄如下：

$$\boxed{\text{div } \mathbf{D} = \frac{1}{\rho}\frac{\partial}{\partial \rho}(\rho D_\rho) + \frac{1}{\rho}\frac{\partial D_\phi}{\partial \phi} + \frac{\partial D_z}{\partial z}} \quad \text{（柱形）} \tag{13}$$

$$\boxed{\text{div } \mathbf{D} = \frac{1}{r^2}\frac{\partial}{\partial r}(r^2 D_r) + \frac{1}{r \sin\theta}\frac{\partial}{\partial \theta}(\sin\theta\, D_\theta) + \frac{1}{r \sin\theta}\frac{\partial D_\phi}{\partial \phi}} \quad \text{（球形）} \tag{14}$$

這些關係式同時也放在本書第 596 頁處，以供簡要的參考。

值得注意的是，散度是作用在向量上的一項運算，但是結果卻是一個純量。我們應當還記得，這種運算與點積或純量積是二個向量相乘而產生一個純量的乘積之做法有點類似。

由於某些原因，往往在第一次遇到散度時，常會誤將一些單位向量分別放在各個偏微分上而給了這項運算一個有向向量。散度只不過告訴我們有多少通量在每單位體積的原則下離開一個小體積，但是並不說明這些通量的方向。

接下來，我們使用一個延續 3.4 節的範例來說明這個散度的觀念。

例題 3.4

如果 $\mathbf{D} = e^{-x}\sin y\,\mathbf{a}_x - e^{-x}\cos y\,\mathbf{a}_y + 2z\,\mathbf{a}_z$，試求原點處的 div $\mathbf{D}$。

解：利用 (12) [譯者註：原書誤植為 (10) 式] 求出：

$$\text{div } \mathbf{D} = \frac{\partial D_x}{\partial x} + \frac{\partial D_y}{\partial y} + \frac{\partial D_z}{\partial z}$$
$$= -e^{-x}\sin y + e^{-x}\sin y + 2 = 2$$

無論位置為何，此值均為定值 2。

若 $\mathbf{D}$ 的單位是 C/m^2，則 div $\mathbf{D}$ 的單位就是 C/m^3，正好是體積電荷密度，這個觀念將在下一節進一步討論。

D3.7. 在下列各情況下，試求出 div $\mathbf{D}$ 於指定點處的數值：(a) $\mathbf{D} = (2xyz - y^2)\mathbf{a}_x + (x^2z - 2xy)\mathbf{a}_y + x^2y\,\mathbf{a}_z$ C/m^2，在 $P_A(2, 3, -1)$ 處；(b) $\mathbf{D} = 2\rho z^2 \sin^2\phi\,\mathbf{a}_\rho + \rho z^2 \sin 2\phi\,\mathbf{a}_\phi + 2\rho^2 z \sin^2\phi\,\mathbf{a}_z$ C/m^2，位於 $P_B(\rho = 2, \phi = 110°, z = -1)$ 處；(c) $\mathbf{D} = 2r\sin\theta\cos\phi\,\mathbf{a}_r + r\cos\theta\cos\phi\,\mathbf{a}_\theta - r\sin\phi\,\mathbf{a}_\phi$ C/m^2，位於 $P_C(r = 1.5, \theta = 30°, \phi = 50°)$ 處。

答案：-10.00；9.06；1.29

最後，我們合併 (9) 與 (12) 式，即可組成電通量密度與電荷密度之間的關係式，即

$$\boxed{\text{div } \mathbf{D} = \rho_v} \tag{15}$$

這是馬克士威爾的四個方程式中應用到靜電及穩態磁場時的第一公式，此公式可說明離開一個小到看不見的體積單位之每單位體積的電通量就等於那裡的體積電荷密度。這個公式可以很合宜地被稱為**高斯定律的點形式** (point form of Gauss's law)。高斯定律表示離開任何閉合表面的通量和表面內所含電荷之間的關係，而馬克士威爾的第一公式針對在每單位體積，或者一點上的原則下，關於小到要消失的體積，做了一個完全相同的說明。還記得散度可以寫成三個偏微分之和，馬克士威爾的第一公式也可以說成是高斯定律的微分方程式的形式，同時反之，高斯定律也可以被認為是馬克士威爾的第一公式的積分形式。

舉例說明，讓我們考慮一個點電荷 Q 位於原點處 $\mathbf{D}$ 的散度。我們可以得到場

$$\mathbf{D} = \frac{Q}{4\pi r^2}\mathbf{a}_r$$

利用 (14) 式，即球形座標的散度公式：

$$\text{div } \mathbf{D} = \frac{1}{r^2}\frac{\partial}{\partial r}(r^2 D_r) + \frac{1}{r\sin\theta}\frac{\partial}{\partial \theta}(D_\theta \sin\theta) + \frac{1}{r\sin\theta}\frac{\partial D_\phi}{\partial \phi}$$

由於 D_θ 和 D_ϕ 都是零，因此

$$\text{div } \mathbf{D} = \frac{1}{r^2}\frac{d}{dr}\left(r^2 \frac{Q}{4\pi r^2}\right) = 0 \quad (\text{若 } r \neq 0)$$

因此，ρ_v 除了在原點為無限大之外，其餘各處位置均為零，即 $\rho_v = 0$。

散度的運算並不限於電通密度，它可以應用在任何向量場。我們將於後面章節把它應用在其它幾種電磁場。

D3.8. 試求下列每一個 $\mathbf{D}$ 場的體電荷密度表示式：(a) $\mathbf{D} = \frac{4xy}{z}\mathbf{a}_x + \frac{2x^2}{z}\mathbf{a}_y - \frac{2x^2 y}{z^2}\mathbf{a}_z$；(b) $\mathbf{D} = z\sin\phi\,\mathbf{a}_\rho + z\cos\phi\,\mathbf{a}_\phi + \rho\sin\phi\,\mathbf{a}_z$；(c) $\mathbf{D} = \sin\theta\sin\phi\,\mathbf{a}_r + \cos\theta\sin\phi\,\mathbf{a}_\theta + \cos\phi\,\mathbf{a}_\phi$。

答案：$\frac{4y}{z^3}(x^2 + z^2)$；0；0

3.6 向量運算子 ∇ 與散度定理

如果我們再度提醒自己：散度是加在一個向量上的一項運算而會得到一個純量的結果，正如同二個向量的點積會產生一個純量的結果一樣，看來我們很可能求出一些可以在形式上和 **D** 做點積運算而產生的純量

$$\frac{\partial D_x}{\partial x} + \frac{\partial D_y}{\partial y} + \frac{\partial D_z}{\partial z}$$

顯然地，這不能用點積 (product) 來完成，這個過程必須是一項點運算 (operation)。

讓我們定義代爾運算子 (del operator) ∇ 為向量運算子 (vector operator)，

$$\nabla = \frac{\partial}{\partial x}\mathbf{a}_x + \frac{\partial}{\partial y}\mathbf{a}_y + \frac{\partial}{\partial z}\mathbf{a}_z \tag{16}$$

類似的**純量運算子** (scalar operator) 出現在解微分方程式的幾種方程中，那裡我們常以 D 代替 d/dx，D^2 代替 d^2/dx^2，並依此類推。[4] 我們同意將 ∇ (讀為 "代爾") 界定成：它能在每一方面都被當作一個尋常的運算子一樣地處理，除了一項重要的例外，即其結果將是偏微分而不是純量的乘積。

考慮 ∇·**D**，它可看成是

$$\nabla \cdot \mathbf{D} = \left(\frac{\partial}{\partial x}\mathbf{a}_x + \frac{\partial}{\partial y}\mathbf{a}_y + \frac{\partial}{\partial z}\mathbf{a}_z\right) \cdot (D_x\mathbf{a}_x + D_y\mathbf{a}_y + D_z\mathbf{a}_z)$$

我們先考慮單位向量的點乘積，略去六個零項，並得出結果，而這可以認出就是 **D** 的散度，所以我們得到：

$$\nabla \cdot \mathbf{D} = \frac{\partial D_x}{\partial x} + \frac{\partial D_y}{\partial y} + \frac{\partial D_z}{\partial z} = \text{div}(\mathbf{D})$$

∇·**D** 的用處比 div **D** 更為普遍，雖然二者各有它們的優點。寫成 ∇·**D** 可以讓我們很快而且簡單地就得到正確的偏微分，但是只有在直角座標中才行，我們將在下面看出這一點。在另一方面，div **D** 是散度之物理解釋的一個最佳的提醒者。從現在起，我們將採用符號 ∇·**D** 來表示散度運算。

---

[4] 純量運算子 D ——此後將不再出現了——不可和電通量密度相混淆。

向量運算子 ∇ 不只是用在散度上，在後面還將出現在好幾種其它重要的運算上。其中之一是 ∇u，其中 u 是一個純量場而導致

$$\nabla u = \left(\frac{\partial}{\partial x}\mathbf{a}_x + \frac{\partial}{\partial y}\mathbf{a}_y + \frac{\partial}{\partial z}\mathbf{a}_z\right)u = \frac{\partial u}{\partial x}\mathbf{a}_x + \frac{\partial u}{\partial y}\mathbf{a}_y + \frac{\partial u}{\partial z}\mathbf{a}_z$$

在其它座標系統中，運算子 ∇ 並沒有特定形式。如果我們考慮圓柱座標中的 **D**，則 ∇·**D** 仍然代表 **D** 的散度，或者

$$\nabla \cdot \mathbf{D} = \frac{1}{\rho}\frac{\partial}{\partial \rho}(\rho D_\rho) + \frac{1}{\rho}\frac{\partial D_\phi}{\partial \phi} + \frac{\partial D_z}{\partial z}$$

這表示式取自 3.5 節。我們沒有 ∇ 本身的一個形式來幫助我們獲得這偏微分之和。這就表示 ∇u ——至今尚未被命名，但是在上面的直角座標中很容易寫出來——此時仍無法讓我們在圓柱座標中表示出來。當在第 4 章中 ∇u 被定義之後就會得出這一式子了。

我們將以提出一項定理作為討論散度的終結，即**散度定理** (divergence theorem)，在後面各章中將數度用到它。雖然針對電通量密度為最容易導出此項定理，但這項定理亦可以應用到任何向量場，只要向量場具有各分量的偏微分量存在即可。實際上，我們已經得到它了，現在只是將它指出並命名而已，從高斯定律開始，

$$\oint_S \mathbf{D} \cdot d\mathbf{S} = Q = \int_{\text{vol}} \rho_v dv = \int_{\text{vol}} \nabla \cdot \mathbf{D}\, dv$$

最先和最後二個表示式就構成了散度定理，

$$\boxed{\oint_S \mathbf{D} \cdot d\mathbf{S} = \int_{\text{vol}} \nabla \cdot \mathbf{D}\, dv} \qquad (17)$$

它也可以被說明如下：

> 任何向量場的正交分量在一個閉合表面上的積分就等於這個向量場的散度在這個閉合表面所包圍的整個體積上的積分。

同樣地，我們要強調的是：散度定理對於任何向量場都是成立的，雖然我們只是特別為電通量密度 **D** 求出來的。稍後，我們將會有機會把它應用到幾個不同的向量場。它的優點在於它將一個**在某個體積上**的三重積分和在這體積的**表面上**的二重積分聯繫起來。舉例而言，觀察一個充滿了可燃液體的瓶子是否在漏的時候，查看表面比計算內部

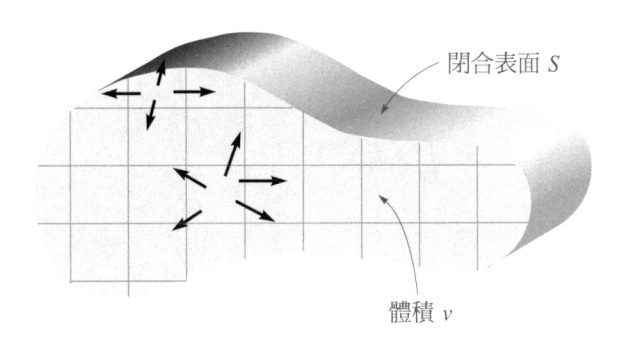

圖 3.7 散度定理說明經過一個閉合表面的總通量等於通量密度的散度在這整個體積上的積分。本圖所示為體積的截面。

每一點上的速度要容易許多。

如果我們考慮由一個閉合表面 S 所包圍的一個體積 v 的話，切面圖如圖 3.7 所示，散度定理就會變得很明顯。將這體積劃分成許多很小的格子並考慮其中的一格時，就會指出從這樣的一格發散出來的通量將**進入**，或**集中**在隔鄰的格子上，除非這一格包括外表面的一部份。總結一句話說：**整個體積內部通量密度的散度，等於包圍此體積的表面發出的總通量數**。

例題 3.5

就一個場 $\mathbf{D} = 2xy\mathbf{a}_x + x^2\mathbf{a}_y$ C/m² 及一個立方體，這個立方體是以 $x=0$ 及 1、$y=0$ 及 2，$z=0$ 及 3 等平面為邊。試計算散度定理兩邊之值。

解：讓我們先做面積分。我們知道在 $z=0$ 及 $z=3$ 平面時，$\mathbf{D}$ 平行於此兩個表面，因此這兩個表面的 $\mathbf{D} \cdot d\mathbf{S} = 0$。所以，我們只要做其餘的 4 個表面即可。

$$\oint_S \mathbf{D} \cdot d\mathbf{S} = \int_0^3 \int_0^2 (\mathbf{D})_{x=0} \cdot (-dy\,dz\,\mathbf{a}_x) + \int_0^3 \int_0^2 (\mathbf{D})_{x=1} \cdot (dy\,dz\,\mathbf{a}_x)$$

$$+ \int_0^3 \int_0^1 (\mathbf{D})_{y=0} \cdot (-dx\,dz\,\mathbf{a}_y) + \int_0^3 \int_0^1 (\mathbf{D})_{y=2} \cdot (dx\,dz\,\mathbf{a}_y)$$

$$= -\int_0^3 \int_0^2 (D_x)_{x=0} dy\,dz + \int_0^3 \int_0^2 (D_x)_{x=1} dy\,dz$$

$$- \int_0^3 \int_0^1 (D_y)_{y=0} dx\,dz + \int_0^3 \int_0^1 (D_y)_{y=2} dx\,dz$$

然而，$(D_x)_{x=0} = 0$，及 $(D_y)_{y=0} = (D_y)_{y=2}$，因此

$$\oint_S \mathbf{D} \cdot d\mathbf{S} = \int_0^3 \int_0^2 (D_x)_{x=1} dy\, dz = \int_0^3 \int_0^2 2y\, dy\, dz$$
$$= \int_0^3 4\, dz = 12$$

由於

$$\nabla \cdot \mathbf{D} = \frac{\partial}{\partial x}(2xy) + \frac{\partial}{\partial y}(x^2) = 2y$$

故其體積分為

$$\int_{\text{vol}} \nabla \cdot \mathbf{D}\, dv = \int_0^3 \int_0^2 \int_0^1 2y\, dx\, dy\, dz = \int_0^3 \int_0^2 2y\, dy\, dz$$
$$= \int_0^3 4\, dz = 12$$

此項核對已完成。由高斯定律可知，在此立方體內的總電荷為 12 C。

D3.9. 已知場 $\mathbf{D} = 6\rho \sin \frac{1}{2}\phi\, \mathbf{a}_\rho + 1.5\rho \cos \frac{1}{2}\phi\, \mathbf{a}_\phi$ C/m²，試就 $\rho = 2$，$\phi = 0$，$\phi = \pi$，$z = 0$ 及 $z = 5$ 所包圍的區域，計算散度定理兩邊的值。

答：225；225

參考書目

1. Kraus, J. D., and D. A. Fleisch. *Electromagnetics*. 5th ed. New York: McGraw-Hill, 1999. The static electric field in free space is introduced in Chapter 2.
2. Plonsey, R., and R. E. Collin. *Principles and Applications of Electromagnetic Fields*. New York: McGraw-Hill, 1961. The level of this text is somewhat higher than the one we are reading now, but it is an excellent text to read next. Gauss's law appears in the second chapter.
3. Plonus, M. A. *Applied Electromagnetics*. New York: McGraw-Hill, 1978. This book contains rather detailed descriptions of many practical devices that illustrate electromagnetic applications. For example, see the discussion of xerography on pp. 95–98 as an electrostatics application.
4. Skilling, H. H. *Fundamentals of Electric Waves*. 2d ed. New York: John Wiley & Sons, 1948. The operations of vector calculus are well illustrated. Divergence is discussed on pp. 22 and 38. Chapter 1 is interesting reading.
5. Thomas, G. B., Jr., and R. L. Finney. (see Suggested References for Chapter 1). The divergence theorem is developed and illustrated from several different points of view on pp. 976–980.

第 3 章習題

3.1 假設法拉第同心球實驗在自由空間中進行，中央的電荷 Q_1 位於原點，且具有半徑為 a 的半球。第二個電荷 Q_2 (此時，為一點電荷) 則位於與 Q_1 相距 R 的位置處，其中 $R >> a$。(a) 在半球繞著 Q_1 組裝罩上之前，試問作用在點電荷的力為何？(b) 在半球組裝罩上之後但在其放電之前，試問點電荷上的作用力為何？(c) 在半球組裝罩上且其放電完成之後，試問該點電荷上的作用力為何？(d) 試定性地說明：當 Q_2 朝球形組合移動至 $R >> a$ 的條件不再成立時會發生何種現象？

3.2 自由空間內有一電場為 $\mathbf{E}=(5z^2/\epsilon_0)\mathbf{a}_z$ V/m。試求在一立方體內所包含的總電荷。已知此立方體的中心位於原點，邊長為 4 m，各邊平行於座標軸 (故知每一邊均與座標軸相交於 ± 2 處)。

3.3 已知圓柱面 $\rho=8$ cm 上含有面電荷密度 $\rho_S=5e^{-20|z|}$ nC/m²。試問：(a) 總電荷量為何？(b) 有多少電通量會離開 $\rho=8$ cm、1 cm $< z <$ 5 cm，$30° < \phi < 90°$ 所界定的表面？

3.4 自由空間內有一電場為 $\mathbf{E}=(5z^3/\epsilon_0)\mathbf{a}_z$ V/m。試求在半徑為 3 m，中心位在原點之球體內所包含的總電荷。

3.5 令 $\mathbf{D}=4xy\mathbf{a}_x+2(x^2+z^2)\mathbf{a}_y+4yz\mathbf{a}_z$ nC/m²，試計算面積分以求出由立方體 $0 < x < 2$、$0 < y < 3$、$0 < z < 5$ m 所包圍的總電荷。

3.6 在自由空間中，有一固定密度 $\rho_v=\rho_0$ 的體電荷存在於 $-\infty < x < \infty$，$-\infty < y < \infty$ 及 $-d/2 < z < d/2$ 的區域內，試求任一點處的 $\mathbf{D}$ 與 $\mathbf{E}$。

3.7 自由空間中，於 $0 < r < 1$ mm 區域內的體電荷密度為 $\rho_v=2e^{-1000r}$ nC/m³，而其它區域的 $\rho_v=0$。(a) 試求由 $r=1$ mm 的球面所包圍的總電荷。(b) 利用高斯定律，試計算在 $r=1$ mm 表面上的 D_r 值。

3.8 利用積分形式的高斯定律，試證明在球形座標系統中某一反距離場 $\mathbf{D}=A\mathbf{a}_r/r$ [譯者註：原書中單位向量誤植為 a_r]，其中 A 為常數，需要每一個厚度為 1 m 的球殼才能包含有 $4\pi A$ 庫侖的電荷。試問這樣是否代表一種連續的電荷分佈？若是，試求出隨 r 而變的電荷密度。

3.9 均勻體電荷密度 80 μC/m³ 存在於 8 mm $< r <$ 10 mm 區域內。令 $0 < r < 8$ mm 區域內的 $\rho_v=0$。(a) 試求在 $r=10$ mm 球面內的總電荷。(b) 試求 $r=10$ mm 處的 D_r。(c) 如果 $r > 10$ mm 的區域並無電荷存在，試求 $r=20$ mm 處的 D_r。

3.10 有一半徑為 b 之無限大的圓柱形電介質，其內含有密度為 $\rho_v=a\rho^2$ 的體電荷，其中 a 為常數。試求此圓柱體內外的電場強度 $\mathbf{E}$。

3.11 在圓柱座標中，當 $\rho < 1$ mm 時，$\rho_v=0$，而 1 mm $< \rho <$ 1.5 mm 時，$\rho_v=2\sin(2000\pi\rho)$ nC/m³，且當 $\rho > 1.5$ mm 時，$\rho_v=0$。試求所有區域內的 $\mathbf{D}$。

3.12 太陽輻射出來的總功率大約為 3.86×10^{26} 瓦特 (W)。如果我們想像將太陽表面用經、緯線來畫分，並假設太陽會均勻輻射，(a) 試問落在北緯 50° N 與 60° N 之間以及經度在 12° W 與 27° W 之間區域內所輻射的功率為何？(b) 在距離太陽 93,000,000 哩的球面處，其功率密度為何？(以 W/m² 為單位)。

3.13 已知在 $r=2$、4，及 6 m 的球面上分別有面電荷密度 20 μC/m²、-4 nC/m²，及 ρ_{S0}。試求：(a) $r=1$、3，及 5 m 之球面處的 $\mathbf{D}$；(b) 可使 $r=7$ m 處之 $\mathbf{D}=0$ 的 ρ_{S0}。

3.14 某一發光二極體 (LED)，中心位於原點，表面則位於 xy 平面。在夠遠處，此 LED 看起來像是一點，但其發光表面幾何會產生一種遵循餘弦平方定律的遠場輻射形式：亦即，以瓦特/米² (w/m²) 為單位的光功率 (通量) 密度可用球形座標表示成

$$\mathbf{P}_d = P_0 \frac{\cos^2 \theta}{2\pi r^2} \mathbf{a}_r \qquad \text{watts/m}^2$$

其中，θ 是相對於 LED 表面法線 (本例中，即為 z 軸) 方向所量測的角度，r 為功率感測點至原點的徑向距離。(a) 用 P_0 來表示，試求由此 LED 所發射在其上半部空間內的總功率的瓦特數；(b) 試求圓錐角 θ_1，在此圓錐內的總功率佔所輻射功率的一半，亦即在 $0 < \theta < \theta_1$ 範圍內有一半功率；(c) 有一光感測器，其橫截面面積為 1 mm^2，位於 $r = 1 \text{ m}$ 及 $\theta = 45°$ 處，並且令其面向 LED。如果此感測器量測到一毫瓦，試問最佳估測的 P_0 值為何？

3.15 已知體電荷密度配置如下：$\rho < 1 \text{ mm}$ 區及 $\rho > 2 \text{ mm}$ 區，$\rho_v = 0$；$1 < \rho < 2 \text{ mm}$ 區，$\rho_v = 4\rho$ $\mu\text{C/m}^3$。(a) 試求 $0 < \rho < \rho_1$，$0 < z < L$ 區域的總電荷，其中 $1 < \rho_1 < 2 \text{ mm}$。(b) 利用高斯定律，求出 $\rho = \rho_1$ 處的 D_ρ。(c) 試算 $\rho = 0.8 \text{ mm}$、1.6 mm，及 2.4 mm 處的 D_ρ 值。

3.16 已知電通量密度 $\mathbf{D} = D_0 \mathbf{a}_\rho$，其中 D_0 為已知常數。(a) 試問何種電荷密度可產生此種場？(b) 對此特定的場，在半徑為 a、高度為 b_1，且圓柱軸為 z 軸的圓柱體內所包含的總電荷為何？

3.17 有一立方體界定在 $1 < x, y, z < 1.2$ 區域。若 $\mathbf{D} = 2x^2 y \mathbf{a}_x + 3x^2 y^2 \mathbf{a}_y$ C/m²：(a) 應用高斯定律求出離開該立方體表面的總通量；(b) 試計算立方體中心點處的 $\nabla \cdot \mathbf{D}$ 之值。(c) 利用 (8) 式，試計算由立方體所包圍的總電荷。

3.18 試指出下列各向場的散度值為正、負或為零：(a) 在一冷凍冰庫內，任一點的熱能流量 J/(m²−s)；(b) 承載直流電的匯流排處的電流密度 (A/m²)；(c) 在一船塢中水面下的質量流率 kg/(m²−s)，在此例中當由水面上方往下看時，水流呈順時針方向循環流動。

3.19 在自由空間內有一球面，其半徑為 3 mm，球心在 $P(4, 1, 5)$。令 $\mathbf{D} = x \mathbf{a}_x$ C/m²。試利用 3.4 節的結果，試計算離開此球面的淨電通量。

3.20 自由空間內有一徑向電場分佈可用球形座標表示成

$$\mathbf{E}_1 = \frac{r\rho_0}{3\epsilon_0} \mathbf{a}_r \qquad (r \leq a)$$

$$\mathbf{E}_2 = \frac{(2a^3 - r^3)\rho_0}{3\epsilon_0 r^2} \mathbf{a}_r \qquad (a \leq r \leq b)$$

$$\mathbf{E}_3 = \frac{(2a^3 - b^3)\rho_0}{3\epsilon_0 r^2} \mathbf{a}_r \qquad (r \geq b)$$

其中，ρ_0、a，與 b 均為常數。(a) 適當的使用 $\nabla \cdot \mathbf{D} = \rho_v$，試求全部區域 ($0 \leq r < \infty$) 的體電荷密度。(b) 用所給定的參數來表示，試求半徑為 r，其中 $r > b$ 之球體內的總電荷 Q。

3.21 若 (a) $\mathbf{D} = (1/z^2)[10xyz \mathbf{a}_x + 5x^2 z \mathbf{a}_y + (2z^3 - 5x^2 y)\mathbf{a}_z]$，位於 $P(-2, 3, 5)$；(b) $\mathbf{D} = 5z^2 \mathbf{a}_\rho + 10\rho z \mathbf{a}_z$，位於 $P(3, -45°, 5)$；(c) $\mathbf{D} = 2r \sin\theta \sin\phi \mathbf{a}_r + r \cos\theta \sin\phi \mathbf{a}_\theta + r \cos\phi \mathbf{a}_\phi$，位於 $P(3, 45°, -45°)$ 時，試求在所指定之點處的 $\nabla \cdot \mathbf{D}$。

3.22 (a) 已知一通量密度場為 $\mathbf{F}_1 = 5\mathbf{a}_z$。試求 $\mathbf{F}_1$ 穿過半球面 $r = a$、$0 < \theta < \pi/2$、$0 < \phi < 2\pi$ 的向外通量值。(b) 試問使用何種簡單觀察即可使 (a) 題中的計算功夫大為節省？(c) 現在假設通量場為 $\mathbf{F}_2 = 5z\mathbf{a}_z$。利用適當的面積分，試求 $\mathbf{F}_2$ 通過由 (a) 題之半球面以及其在 xy 平面

上的圓球底面所組成之封閉面的向外通量值。(d) 利用散度定理與適當的體積分，重做 (c) 題。

3.23 (a) 一點電荷 Q 位於原點處，試證：除了原點之外，其餘各處的 $\nabla \cdot \mathbf{D} = 0$；(b) 若以均勻的體電荷密度 $\rho_{v0} (0 < r < a)$ 取代原先的點電荷，試找出 ρ_{v0} 與 Q 和 a 之關係式，以使總電荷保持不變。試求各處的 div $\mathbf{D}$。

3.24 在某一自由空間區域內，已知電通量密度為

$$\mathbf{D} = \begin{cases} \rho_0(z+2d)\,\mathbf{a}_z \ \text{C/m}^2 & (-2d \leq z \leq 0) \\ -\rho_0(z-2d)\,\mathbf{a}_z \ \text{C/m}^2 & (0 \leq z \leq 2d) \end{cases}$$

其它各處，$\mathbf{D}=0$。(a) 利用 $\nabla \cdot \mathbf{D} = \rho_v$，試求每一點處表示成位置函數的體電荷密度。(b) 試求通過由 $z=0$、$-a \leq x \leq a$、$-b \leq y \leq b$ 所界定之表面的電通量。(c) 試求在 $-a \leq x \leq a$、$-b \leq y \leq b$、$-d \leq z \leq d$ 區域內所包含的總電荷。(d) 試求在 $-a \leq x \leq a$、$-b \leq y \leq b$、$0 \leq z \leq 2d$ 區域內所包含的總電荷。

3.25 在 $3 < r < 4$ m 的球殼內，已知電通量密度為 $\mathbf{D} = 5(r-3)^3 \mathbf{a}_r$ C/m^2。(a) 試問在 $r=4$ 處的體電荷密度為何？(b) 在 $r=4$ 處的電通量密度為何？(c) 試問有多少電通量會離開 $r=4$ 的球面？(d) 在 $r=4$ 的球內含有多少的電荷？

3.26 如果我們有一種質量密度為 ρ_m kg/m^3 的完美氣體，同時指定一個速度 $\mathbf{U}$ m/s 給每一個微分單元，故知質量流動率為 $\rho_m \mathbf{U}$ kg/(m^2-s)。接著，基於物理定律便導出**連續方程式** (continuity equation)，即 $\nabla \cdot (\rho_m \mathbf{U}) = -\partial \rho_m / \partial t$。(a) 試以文字來解釋此式的物理意義。(b) 試證 $\oint_s \rho_m \mathbf{U} \cdot d\mathbf{S} = -dM/dt$，其中 M 為固定封閉面 S 內氣體的總質量，並解釋此式的物理意義。

3.27 令 $r \leq 0.08$ m 區，$\mathbf{D} = 5.00 r^2 \mathbf{a}_r$ mC/m^2，而 $r \geq 0.08$ m 區，$\mathbf{D} = 0.205 \mathbf{a}_r / r^2$ μC/m^2。(a) 試求 $r=0.06$ m 處的 ρ_v。(b) 試求 $r=0.1$ m 處的 ρ_v。(c) 試問在 $r=0.08$ m 處應放置何種面電荷密度才能使 $r > 0.08$ m 區的 $\mathbf{D} = 0$？

3.28 重做習題 3.8，但改用 $\nabla \cdot \mathbf{D} = \rho_v$ 並用適當的體積分。

3.29 在 $2 < x,y,z < 3$ 所界定的自由空間區域內，$\mathbf{D} = \frac{2}{z^2}(yz\,\mathbf{a}_x + xz\,\mathbf{a}_y - 2xy\,\mathbf{a}_z)$ C/m^2。(a) 試就 $2 < x,y,z < 3$ 所界定的體積，計算散度定理的體積分值。(b) 試就相對應的封閉面，計算面積分值。

3.30 (a) 利用馬克士威爾第一方程式，$\nabla \cdot \mathbf{D} = \rho_v$，來描述在一個無電荷密度存在且其內有非均勻電介質，其介電係數會隨 x 呈指數上升的區域內，電場強度隨 x 變化的情形。此種電場僅具有 x 分量；(b) 改成一種徑向指向型的電場 (即表成球形座標)，其區域仍然是 $\rho_v=0$，但其介電係數隨 r 呈指數遞減，重做 (a)。

3.31 已知通量密度為 $\mathbf{D} = \frac{16}{r}\cos(2\theta)\,\mathbf{a}_\theta$ C/m^2，試用兩種不同方法，求出在 $1 < r < 2$ m、$1 < \theta < 2$ rad、$1 < \phi < 2$ rad 區域內的總電荷。

第 4 章

能量與電位

在第 2 章及第 3 章中，我們認識了庫侖定律以及它在求出關於幾種簡單的電荷分佈的電場這方面的應用，同時也瞭解高斯定律以及它在決定關於幾種對稱的電荷排列的電場方面的用途。對於這些高度對稱的分佈而言，高斯定律總是比較容易，因為適當的閉合表面被選上時，積分這個問題往往就不見了。

然而，如果我們想要求出略為複雜的一些電場，例如相隔很小距離的二個不一樣的點電荷電場，我們將會發現要找出一個適當的高斯平面而得到答案是不可能的。庫侖定律則比較有效，可以讓我們解出高斯定律所不能應用的那些問題。庫侖定律的應用是費力、詳細、而且往往相當複雜，它的原因就是因為電場強度──一個向量場──必須直接由電荷分佈上求出來。一般而言，需要三個不同的積分，每個分量一個，同時將向量分成各分量，通常也會增加積分的複雜性。

當然，如果我們能夠只用一次積分找出一個純量函數，且是尚未被規定的，然後再根據簡單明瞭的步驟，例如微分，由這純量來決定電場的話，自然是最理想的。

這種純量函數的確存在，被稱為**電位** (potential) 或者**電位場** (potential field)。我們將發現它具有非常真切的物理解釋，同時對大多數人而言比用它所求得的電場來得熟悉得多。

於是，我們應當可預期很快地就會具備第二種求電場的方法──一個單獨的純量積分，接著是一個愉快的微分，雖然它未必總是如我們所希望的那樣簡單。

4.1 在電場中移動一個點電荷時所消耗的能量

電場強度的定義是每單位測試電荷在一點所受的力,而這一點的向量場值就是我們希望求得的。如果企圖將這測試電荷逆著電場移動的話,我們需要施加一個和電場所加的力是相等而方向相反的力。這就需要我們消耗能量,或者作功。如果我們想順著電場的方向移動電荷的話,能量的消耗就變成負的;我們不作功,由電場作。

假設我們想將電荷 Q 在電場 $\mathbf{E}$ 中移動一個距離 $d\mathbf{L}$。電場施加在 Q 上的力是

$$\mathbf{F}_E = Q\mathbf{E} \tag{1}$$

其中,下標提醒我們這個力是來自於電場。我們所必須克服這力在 $d\mathbf{L}$ 方向的分量是

$$F_{EL} = \mathbf{F} \cdot \mathbf{a}_L = Q\mathbf{E} \cdot \mathbf{a}_L$$

其中,$\mathbf{a}_L =$ 在 $d\mathbf{L}$ 方向的一個單位向量。

我們必須加的力與產生這個電場的力相等且方向相反,即

$$F_{\text{加的}} = -Q\mathbf{E} \cdot \mathbf{a}_L$$

吾人所消耗的能量就是力和距離的乘積。亦即,外部場源移動 Q 時所作的微功 $dW = -Q\mathbf{E} \cdot \mathbf{a}_L dL$,

或者

$$dW = -Q\mathbf{E} \cdot d\mathbf{L} \tag{2}$$

此處,我們將 $\mathbf{a}_L dL$ 換成了一個更簡單的式子 $d\mathbf{L}$。

所需要的這項微量的功在幾種條件下可以是零,而且可由 (2) 式輕易地來決定這些條件。一些顯見的條件是當 $\mathbf{E}$、Q,或者 $d\mathbf{L}$ 是零的時候,而另外一個重要的情形是 $\mathbf{E}$ 和 $d\mathbf{L}$ 為垂直的。這時候電荷總是在與電場成直角的方向移動。我們可以在電場與重力場之間看到很多相似之處,在重力場中要逆著場移動時也必須消耗能量。在一個無摩擦但不平的表面上,以一定速度將一個質量繞著滑動,是一件不費力的事,如果這質量是沿著一條高度一定的曲線在移動的話;如果要將它移到較高或較低的高度時,則正與負的功必須分別被作上去。

回到電場中的電荷上,將這電荷移動一段有限的距離所需要作的功必須由下面的積分來決定,即電場移動電荷所作的功為

$$W = -Q\int_{\text{起點}}^{\text{終點}} \mathbf{E} \cdot d\mathbf{L} \tag{3}$$

其中，路徑必須在計算積分之前先行定好。在起點及終點時，假定電荷是靜止的。

這個定積分在場的理論上是很基本的，我們將下一節作為解釋及計算它之用。

D4.1. 已知電場 $\mathbf{E} = \dfrac{1}{z^2}(8xyz\mathbf{a}_x + 4x^2z\mathbf{a}_y - 4x^2y\mathbf{a}_z)$ V/m，如欲將 6-nC 的電荷，由起點 $P(2,-2,3)$ 開始，沿下列所示的方向，即 $\mathbf{a}_L = :(a) -\frac{6}{7}\mathbf{a}_x + \frac{3}{7}\mathbf{a}_y + \frac{2}{7}\mathbf{a}_z ; (b) \frac{6}{7}\mathbf{a}_x - \frac{3}{7}\mathbf{a}_y - \frac{2}{7}\mathbf{a}_z ; (c) \frac{3}{7}\mathbf{a}_x + \frac{6}{7}\mathbf{a}_y$，移動 2 μm 時，試求出所需作的功。

答案：-149.3 fJ；149.3 fJ；0

4.2 線積分

將一個點電荷 Q 從某一個位置移到另一個時所作的功之積分式 [4.1 節 (3) 式] 是線積分的一個例子。在向量分析的記號中，它常常具下列形式：一個向量場和一段微小的有向路線 $d\mathbf{L}$ 的點乘積沿某個預定路徑的一項積分。不用向量分析的話，我們應當寫成

$$W = -Q \int_{\text{起點}}^{\text{終點}} E_L \, dL$$

其中，$E_L = \mathbf{E}$ 沿 $d\mathbf{L}$ 的分量。

線積分和出現在高等分析中的許多別的積分，包括出現在高斯定律中的表面積分在內，有一相似之處就是它原則上是描述用的。我們對於看它比對於算出它要喜歡得多。它告訴我們選一條路徑，再將它分成許多小段，再將沿每一段的場的分量乘以這段的長度，然後再將所有各段的結果加起來。當然，這是一項加法，而且只有在小段的數目變成無限大時，積分才能正確求得。

此種步驟如圖 4.1 所示，圖中選出了一條從最初位置 B 到最終位置[1] A 的路徑，且為簡單起見，選了一個均勻的電場 (uniform electric field)。圖中該路徑被分成六段，$\Delta \mathbf{L}_1$、$\Delta \mathbf{L}_2$、…、$\Delta \mathbf{L}_6$，沿每一段的 $\mathbf{E}$ 的分量是以 E_{L1}、E_{L2}、…、E_{L6} 來表示的。於是，將一個電荷 Q 從 B 移到 A 所涉及的功差不多就是

$$W = -Q(E_{L1}\Delta L_1 + E_{L2}\Delta L_2 + \cdots + E_{L6}\Delta L_6)$$

或者，用向量記號，

---
[1] 最終位置用 A 來代表以便配合慣用的位差符號，這在下一節中將會討論到。

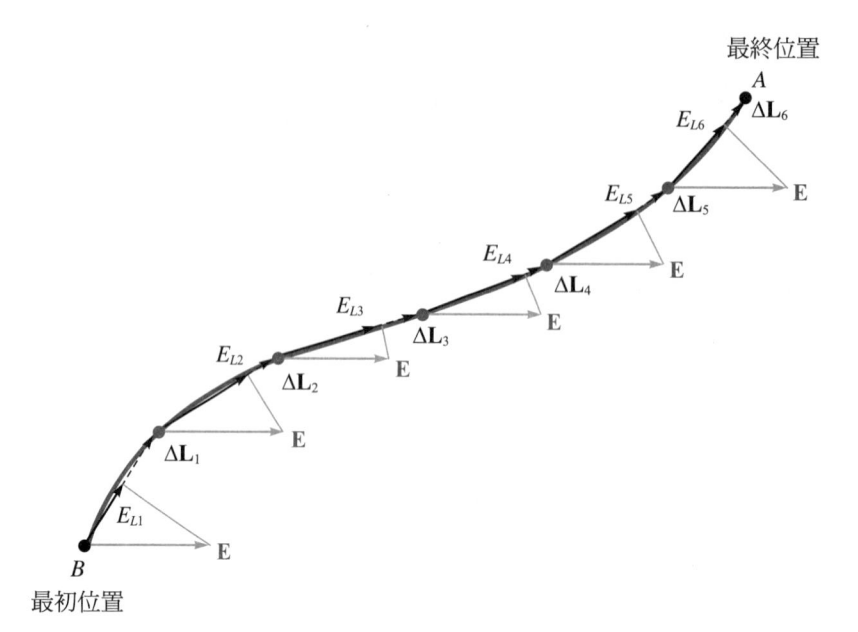

圖 4.1 在均勻電場中一個線積分的圖形解釋。在 B 點和 A 點之間，$\mathbf{E}$ 的線積分與所選路線是無關的，即使在不均勻的電場中也一樣；一般而言，在時變電場中這結果並非都成立。

$$W = -Q(\mathbf{E}_1 \cdot \Delta \mathbf{L}_1 + \mathbf{E}_2 \cdot \Delta \mathbf{L}_2 + \cdots + \mathbf{E}_6 \cdot \Delta \mathbf{L}_6)$$

同時因為我們已經假定了一個均勻的場，

$$\mathbf{E}_1 = \mathbf{E}_2 = \cdots = \mathbf{E}_6$$
$$W = -Q\mathbf{E} \cdot (\Delta \mathbf{L}_1 + \Delta \mathbf{L}_2 + \cdots + \Delta \mathbf{L}_6)$$

上面括號中這些向量段的和是什麼？向量是依平行四邊形定律相加的，所以這項和就是由最初點 B 指到最終點 A 的向量 $\mathbf{L}_{BA}$。所以

$$W = -Q\mathbf{E} \cdot \mathbf{L}_{BA} \quad (\text{均勻電場 } \mathbf{E}) \tag{4}$$

根據線積分的加法解釋，均勻場的這一結果可以從下列積分式上很容易地得到：

$$W = -Q \int_B^A \mathbf{E} \cdot d\mathbf{L} \tag{5}$$

當它被應用到一個均勻場上時就變成

$$W = -Q\mathbf{E} \cdot \int_B^A d\mathbf{L}$$

其中,最後的積分變為 $\mathbf{L}_{BA}$,於是

$$W = -Q\mathbf{E} \cdot \mathbf{L}_{BA} \qquad (均勻電場 \mathbf{E})$$

就這個均勻電場強度的特例而言,我們應當注意到移動電荷所涉及的功只與 Q、$\mathbf{E}$,以及 $\mathbf{L}_{BA}$ 有關,後者是自選出路徑的最初點到最終點所畫的向量。它與我們特地選出來沿著它推動這電荷的路徑無關。我們可以沿著一條直線或者循老奇荷 (Old Chisholm Trail) 的小徑由 B 到 A,答案都是一樣的。在 4.5 節中我們將證明對於任何不均勻的 (靜態) 電場 $\mathbf{E}$ 都可以提出同樣的聲明。

讓我們利用一些例子來說明建立出現在 (5) 式中之線積分的方法。

例題 4.1

已知一個不均勻的電場

$$\mathbf{E} = y\mathbf{a}_x + x\mathbf{a}_y + 2\mathbf{a}_z$$

我們要求出將 2C 沿著一個圓短弧自 $B(1, 0, 1)$ 帶到 $A(0.8, 0.6, 1)$ 時所作的功

$$x^2 + y^2 = 1 \quad z = 1$$

解:我們利用 $W = -Q \int_B^A \mathbf{E} \cdot d\mathbf{L}$,其中 $\mathbf{E}$ 不一定為常數。在直角座標中作功,微分路線 $d\mathbf{L}$ 就是 $dx\mathbf{a}_x + dy\mathbf{a}_y + dz\mathbf{a}_z$,而積分就變為

$$\begin{aligned}
W &= -Q \int_B^A \mathbf{E} \cdot d\mathbf{L} \\
&= -2 \int_B^A (y\mathbf{a}_x + x\mathbf{a}_y + 2\mathbf{a}_z) \cdot (dx\,\mathbf{a}_x + dy\,\mathbf{a}_y + dz\,\mathbf{a}_z) \\
&= -2 \int_1^{0.8} y\,dx - 2 \int_0^{0.6} x\,dy - 4 \int_1^1 dz
\end{aligned}$$

其中,積分上下限的選定應考慮與積分變數的起始值和終值相符。利用圓周路線的方程式 (並且選用在涉及的象限中恰當的半徑符號) 我們得到

$$\begin{aligned}
W &= -2 \int_1^{0.8} \sqrt{1 - x^2}\,dx - 2 \int_0^{0.6} \sqrt{1 - y^2}\,dy - 0 \\
&= -\left[x\sqrt{1-x^2} + \sin^{-1} x\right]_1^{0.8} - \left[y\sqrt{1-y^2} + \sin^{-1} y\right]_0^{0.6} \\
&= -(0.48 + 0.927 - 0 - 1.571) - (0.48 + 0.644 - 0 - 0) \\
&= -0.96 \,\text{J}
\end{aligned}$$

例題 4.2

同樣地，我們也想求出在相同的場中，將 2C 由 B 移至 A 所需作的功，但此次是採用由 B 至 A 的直線路徑。

解：我們必須先決定直線方程式。下面三個經過這條線的平面方程式中的任意二個都足以規定這條線：

$$y - y_B = \frac{y_A - y_B}{x_A - x_B}(x - x_B)$$

$$z - z_B = \frac{z_A - z_B}{y_A - y_B}(y - y_B)$$

$$x - x_B = \frac{x_A - x_B}{z_A - z_B}(z - z_B)$$

根據上面第一式我們得到

$$y = -3(x - 1)$$

而從第二式則得到

$$z = 1$$

因此，

$$W = -2\int_1^{0.8} y\,dx - 2\int_0^{0.6} x\,dy - 4\int_1^1 dz$$
$$= 6\int_1^{0.8}(x-1)\,dx - 2\int_0^{0.6}\left(1 - \frac{y}{3}\right)dy$$
$$= -0.96\text{ J}$$

這和我們用同樣的二點之間的圓周路線所求得的答案相同，它再度表明了這個說法 (雖然未經驗證)：作的功和在任何靜電場中取的路徑無關。

應當注意的是，直線方程式指出 $dy = -3\,dx$，以及 $dx = -\frac{1}{3}\,dy$。這二項代換可以放到上面的前二個積分中，同時改變積分極限，答案就可以由計算這些新積分而得到。如果被積函數只是一個變數的函數的話，這方法往往比較簡單。

注意：在三種座標系統中 $d\mathbf{L}$ 的表示式可利用第 1 章內所得的微分長度 (直角座標在 1.3 節，圓柱座標在 1.8 節，球座標在 1.9 節)：

$$d\mathbf{L} = dx\,\mathbf{a}_x + dy\,\mathbf{a}_y + dz\,\mathbf{a}_z \quad \text{(直角座標)} \tag{6}$$

$$d\mathbf{L} = d\rho\,\mathbf{a}_\rho + \rho\,d\phi\,\mathbf{a}_\phi + dz\,\mathbf{a}_z \quad \text{(圓柱形座標)} \tag{7}$$

$$d\mathbf{L} = dr\,\mathbf{a}_r + r\,d\theta\,\mathbf{a}_\theta + r\sin\theta\,d\phi\,\mathbf{a}_\phi \quad \text{(球形座標)} \tag{8}$$

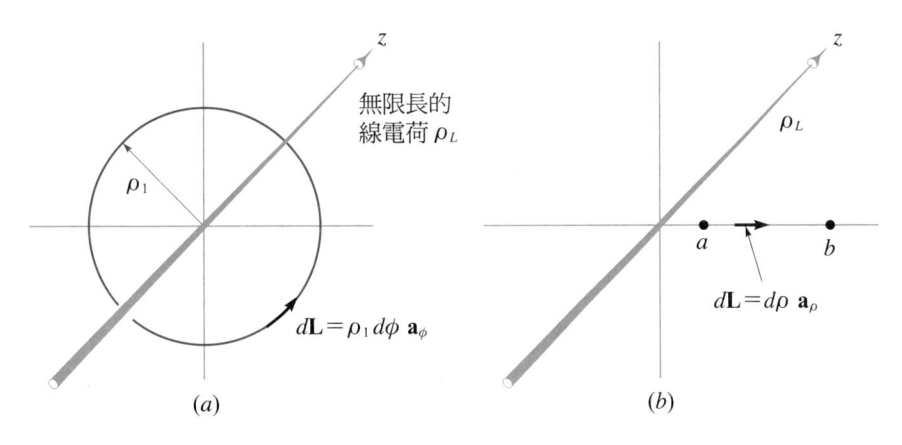

圖 4.2 (a) 一條圓周路徑，以及 (b) 一條沿徑向的路徑，電荷 Q 在一個無限長的線電荷的電場中被沿著這些路徑帶動。前面的情形可預期並沒有作功。

在每一表示式中各個變數之間的相互關係，是由路徑的特定方程式來決定。

作為說明計算線積分的最後一個例子，讓我們考察在一個無限長的線電荷附近所取的幾個路線。這電場已經被求出多次，同時是完全在沿徑的方向的，

$$\mathbf{E} = E_\rho \mathbf{a}_\rho = \frac{\rho_L}{2\pi \epsilon_0 \rho} \mathbf{a}_\rho$$

讓我們先求出將正電荷 Q 沿著一個半徑為 ρ_b 的圓周路徑移動時所作的功，這圓的中心在線電荷處，如圖 4.2a 所示。不必動筆，我們就知道作的功必然是零，因為路徑總是垂直於電場強度的，或者說，電荷上所受的力總是與我們移動它的方向成直角。然而，為了練習起見，讓我們寫出積分並且算出答案。

微分單元 $d\mathbf{L}$ 被選在柱形座標中，並且所選取的圓周路徑要求 $d\rho$ 和 dz 應為零，所以 $d\mathbf{L} = \rho_1 d\phi \, \mathbf{a}_\phi$。於是功就是

$$W = -Q \int_{\text{起點}}^{\text{終點}} \frac{\rho_L}{2\pi \epsilon_0 \rho_1} \mathbf{a}_\rho \cdot \rho_1 d\phi \, \mathbf{a}_\phi$$
$$= -Q \int_0^{2\pi} \frac{\rho_L}{2\pi \epsilon_0} d\phi \, \mathbf{a}_\rho \cdot \mathbf{a}_\phi = 0$$

現在讓我們沿著一條徑向路徑將這電荷由 $\rho = a$ 移到 $\rho = b$ (圖 4.2b)。這裡 $d\mathbf{L} = d\rho \, \mathbf{a}_\rho$，故知

$$W = -Q \int_{\text{起點}}^{\text{終點}} \frac{\rho_L}{2\pi \epsilon_0 \rho} \mathbf{a}_\rho \cdot d\rho \, \mathbf{a}_\rho = -Q \int_a^b \frac{\rho_L}{2\pi \epsilon_0} \frac{d\rho}{\rho}$$

或者

$$W = -\frac{Q \rho_L}{2\pi \epsilon_0} \ln \frac{b}{a}$$

由於 b 大於 a，$\ln(b/a)$ 是正的，所以我們知道功是負的，也就是表示移動電荷的外源收到能量。

計算線積分時的陷阱之一是，當電荷被移向座標值**降低**方向時，會企圖用過多的負號。積分的極限已經包辦了這一點，因此不應當再想要改變 $d\mathbf{L}$ 的符號。假定我們將 Q 從 b 移到 a (圖 4.2b)。我們仍得到 $d\mathbf{L} = d\rho\,\mathbf{a}_\rho$，而認明 $\rho = b$ 是起點及 $\rho = a$ 是終點就已經指出不同的方向了，

$$W = -Q\int_b^a \frac{\rho_L}{2\pi\epsilon_0}\frac{d\rho}{\rho} = \frac{Q\rho_L}{2\pi\epsilon_0}\ln\frac{b}{a}$$

這是前面答案的負值，因此顯然是對的。

D4.2. 在電場 $\mathbf{E} =$: (a) $5\mathbf{a}_x$ V/m；(b) $5x\mathbf{a}_x$ V/m；(c) $5x\mathbf{a}_x + 5y\mathbf{a}_y$ V/m 中，試求將 4-C 電荷由 $B(1,0,0)$ 沿著路徑 $y = 2 - 2x$，$z = 0$ 移動至 $A(0,2,0)$ 時所作的功。

答案：20 J；10 J；-30 J

D4.3. 我們將在稍後的章節看到一個時變的 $\mathbf{E}$ 場並非為守恆場 (如果是不守恆場時，則 (3) 式所表示的功便會是所採用路徑的函數)。令某一時刻 $\mathbf{E} = y\mathbf{a}_x$ V/m，試求將 3-C 電荷，沿下列所示的直線段所連接路徑，由 (1,3,5) 移至 (2,0,3) 時所需作的功：(a) (1,3,5) 至 (2,3,5) 至 (2,0,5) 再至 (2,0,3)；(b) (1,3,5) 至 (1,3,3) 至 (1,0,3) 再至 (2,0,3)。

答案：-9 J；0

4.3　電位差與電位的定義

我們現在可以根據上面所說的，由外部場源將一個電荷 Q 在電場 $\mathbf{E}$ 中移動時所作的功的表示式，

$$\boxed{W = -Q\int_{\text{起點}}^{\text{終點}} \mathbf{E}\cdot d\mathbf{L}}$$

來定義一個新的觀念，即"電位差與功"。

和我們將電場強度界定為作用在每單位測驗電荷上的力非常相似地，我們現在將**電位差** (potential difference) V 定義為在電場內將一個**單位**正電荷從一點移到另一點時所作的功 (外源作的)，

$$\boxed{電位差 = V = -\int_{\text{起點}}^{\text{終點}} \mathbf{E}\cdot d\mathbf{L}} \tag{9}$$

我們需要協議一個運動的方向，並藉著下面的聲明來達到這一點的：我們說 V_{AB} 表示 A 和 B 二點之間的電位差，同時是將單位電荷從 B 點 (最後提出的) 移到 A 點 (首先提出的) 時所作的功。因此，在決定 V_{AB} 時，B 是起點而 A 是終點。當我們見到起點 B 常被取為無限遠處，而終點 A 則代表電荷的固定位置時，這個有點奇怪的定義其原因很快就會明白了，因此 A 點在先天上就比較重要。

電位差是以焦耳/庫侖來量度的，**伏特**就是它的另一個較為通用的單位，英文是以 volt 來表示，簡寫為 V。所以，A 和 B 二點之間的電位差就是

$$V_{AB} = -\int_B^A \mathbf{E} \cdot d\mathbf{L} \text{ V} \tag{10}$$

同時，如果在將正電荷自 B 移到 A 時要作功的話，V_{AB} 就是正的。

根據 4.2 節線電荷的例子，我們發現，將電荷從 $\rho=b$ 移到 $\rho=a$ 時所作的功是

$$W = \frac{Q\rho_L}{2\pi\epsilon_0} \ln \frac{b}{a}$$

所以，在 $\rho=a$ 和 $\rho=b$ 處的二點之間的電位差是

$$V_{ab} = \frac{W}{Q} = \frac{\rho_L}{2\pi\epsilon_0} \ln \frac{b}{a} \tag{11}$$

我們可以試驗一下這個定義，用它來求出距點電荷 Q 的徑向距離分別為 r_A 及 r_B 處的 A 點與 B 點之間的電位差。選一個中心在 Q 處的球形座標，可知

$$\mathbf{E} = E_r \mathbf{a}_r = \frac{Q}{4\pi\epsilon_0 r^2} \mathbf{a}_r$$

同時

$$d\mathbf{L} = dr\, \mathbf{a}_r$$

我們得到

$$V_{AB} = -\int_B^A \mathbf{E} \cdot d\mathbf{L} = -\int_{r_B}^{r_A} \frac{Q}{4\pi\epsilon_0 r^2} dr = \frac{Q}{4\pi\epsilon_0}\left(\frac{1}{r_A} - \frac{1}{r_B}\right) \tag{12}$$

如果 $r_B > r_A$，電位差 V_{AB} 就是正的，表示在將正電荷自 r_B 移到 r_A 時外源要耗費能量。這一點與表示二個同類電荷相斥的物理情況相符合。

通常，我們講某一點的**電位** (potential)，或者**絕對電位** (absolute potential)，往往比講二點之間的電位差要方便些，但是這只表示我們同意將每一個電位差對一個已規定的參考點來測量，而這一點的電位我們視為零。在一項關於電位的說明能有任何意義之前，必須先對參考零點有共同的協議。一個人的一隻手放在陰極射線管"電位是在 50 V"的折射片上而另一隻手放在陰極端上的時候也許太害怕了，以至於無法瞭解陰極不是參考零點，但是習慣上這電路中的所有電位都是對這管子的金屬屏障測量的。陰極可能比該屏障負好幾千伏特。

也許在實驗或真正電位測量時的最通用的參考零點是"地"，這是指地球表面區的電位而言。在理論上，我們常以一個在零電位的無限大平面來代表這表面，雖然有些大規模的問題——例如涉及跨過大西洋傳播的那些——會需要一個在零電位的球形表面。

另外一個廣泛使用的參考"點"是無限遠。這通常出現在理論性的問題上，當作實際問題的一項近似，而在這個問題中，地球相對遠離我們有興趣的區域，譬如機翼尖端附近的靜電場，在飛過一個雷雨雲時，翼端得到了電荷；或者在原子中的電場。在用到地球重力位場時，參考零點通常被定在海平面處；但是在解釋起來的時候，參考零點設在無限遠處，則比較方便。

對於具有柱形對稱而不方便使用無限遠處為參考點時，某些特定半徑的柱形表面有時可作為零值參考點。在同軸電纜中，外導體表面就被選為電位的零值參考點。當然，還有一些特殊的例子，譬如一個雙葉的雙曲面或一個扁形球面選為電位的零值參考點，但我們在此無需考慮它們。

如果 A 點的電位是 V_A 而 B 點是 V_B，則

$$\boxed{V_{AB} = V_A - V_B} \tag{13}$$

在此，我們必須同意 V_A 和 V_B 具有一個共同的零值參考點。

D4.4. 在直角座標內，某一電場可表示成 $\mathbf{E} = 6x^2\mathbf{a}_x + 6y\mathbf{a}_y + 4\mathbf{a}_z$ V/m。試求：(a) 若 M 及 N 點指定為 $M(2, 6, -1)$ 及 $N(-3, -3, 2)$ 時，則 $V_{MN} = ?$ (b) 若在 $Q(4, -2, -35)$ 處的 $V = 0$，則 $V_M = ?$ (c) 在 $P(1, 2, -4)$ 處的 $V = 2$，則 $V_N = ?$

答案：-139.0 V；-120.0 V；19.0 V

4.4 一個點電荷的電位場

在 4.3 節中，我們求出了在一個位於原點的點電荷 Q 的電場中 $r = r_A$ 及 $r = r_B$ 處的二

點間電位差的表示式 [(12) 式]。我們怎樣能為電位方便地規定一個參考零點？最簡單的可能性是令 $V=0$ 位於無限遠處。如果我們令在 $r=r_B$ 處的這點退到無限遠去，在 r_A 處的電位就變為

$$V_A = \frac{Q}{4\pi\epsilon_0 r_A}$$

或者，因為沒有理由將這一點再用下標 A 來與其他值區分，所以寫成

$$V = \frac{Q}{4\pi\epsilon_0 r} \tag{14}$$

此表示式規定距離一個點電荷 Q 在 r 公尺的任何一點處的電位，而半徑為無限大處的電位則被視為參考零點。回到物理解釋方面，我們可以說將 1-C 的電荷自無限遠移到離電荷 Q 在 r 公尺的任何一點就需要作 $Q/4\pi\epsilon_0 r$ 焦耳的功。

表示電位而不規定一個參考零點的一種相當方便的方法是再度將 r_A 定為 r 並且令 $Q/4\pi\epsilon_0 r_B$ 為一個常數。於是

$$V = \frac{Q}{4\pi\epsilon_0 r} + C_1 \tag{15}$$

而 C_1 可以被選得使 V 在任何想要的 r 值處為零。我們也可以間接地選參考零點，就是令 $r=r_0$ 處 $V=V_0$。

應當注意的是二點之間的電位差並非 C_1 的一個函數。

(14) 式與 (15) 式代表一個點電荷的電位場。純量場的位勢並不涉及任何單位向量。

現在，讓我們將等位面 (equipotential surface) 規定為由所有那些具同一位勢值的點所組成的面。所有場線在其與此等電位面相交之點處均會垂直通過。因此，將一個單位電荷在等位面上移動時不需要作功，因為依定義，這表面上任何二點之間沒有電位差存在。在點電荷的電位場中的各個等位面都是以點電荷為中心的球。

檢視點電荷的電位場形式便可以知道它是一個和距離成反比的場，然而電場強度與距離間則是一種平方反比定律的關係。一項類似的結果發生在點質量的重力場 (反平方定律) 和重力位勢場 (距離的反比) 之間。作用在距地球一百萬哩的一個物體上的力是作用在二百萬哩外同樣物體上的力的四倍。但是，以零的初速自宇宙末端開始的自由落體，在一百萬哩處的動能，只是它在二百萬哩處的二倍。

D4.5. 在自由空間中，有一個 15-nC 的點電荷位於原點處，如果 P_1 點是位於 $P_1(-2, 3, -1)$ 處，則當：(a) 在 (6, 5, 4) 處的 $V = 0$；(b) 在無窮遠處 $V = 0$；(c) 在 (2, 0, 4) 處 $V = 5$ V 時，計算 $V_1 = $ ？

答案：20.67 V；36.0 V；10.89 V

4.5 電荷系統的電位場：守恆性質

一點的電位被界定為將一個單位正電荷自參考零點處帶到這一點時所作的功，而我們曾經猜想到這功，乃至電位均是與所取路徑無關。若不是這樣的話，電位將不會是個很有用的觀念。

現在，讓我們來證明我們的想法。我們從單個點電荷的電位場開始著手，在 4.4 節中，我們已經證明了它和路徑無關。注意：電位場對電荷是線性的，因此可以應用重疊定理。於是，就得到一個電荷系統在任何一點的電位有一個值，此值與測試電荷移到這一點時所取路徑無關。

因此，單個點電荷 Q_1 位於 $\mathbf{r}_1$，它在 $\mathbf{r}$ 點產生的電位場 (這個 $\mathbf{r}$ 點是我們要測知電位之點) 僅與其距離 $|\mathbf{r} - \mathbf{r}_1|$ 有關。若以無窮遠點為零參考點，則 $\mathbf{r}$ 點的電位為

$$V(\mathbf{r}) = \frac{Q_1}{4\pi\epsilon_0|\mathbf{r} - \mathbf{r}_1|}$$

若有兩個電荷，Q_1 在 $\mathbf{r}_1$ 及 Q_2 在 $\mathbf{r}_2$，它們對場點 $\mathbf{r}$ 產生的電位，僅與兩電荷 Q_1 及 Q_2 到場點的距離 $|\mathbf{r} - \mathbf{r}_1|$ 及 $|\mathbf{r} - \mathbf{r}_2|$ 有關。其式為

$$V(\mathbf{r}) = \frac{Q_1}{4\pi\epsilon_0|\mathbf{r} - \mathbf{r}_1|} + \frac{Q_2}{4\pi\epsilon_0|\mathbf{r} - \mathbf{r}_2|}$$

繼續將電荷增加，我們發現由 n 個點電荷所引起的電位是

$$V(\mathbf{r}) = \sum_{m=1}^{n} \frac{Q_m}{4\pi\epsilon_0|\mathbf{r} - \mathbf{r}_m|} \tag{16}$$

同時，如果每一個點電荷現在代表一個連續的體積電荷分佈 $\rho_v \Delta v$ 中的一個小單元的話，則

$$V(\mathbf{r}) = \frac{\rho_v(\mathbf{r}_1)\Delta v_1}{4\pi\epsilon_0|\mathbf{r}-\mathbf{r}_1|} + \frac{\rho_v(\mathbf{r}_2)\Delta v_2}{4\pi\epsilon_0|\mathbf{r}-\mathbf{r}_2|} + \cdots + \frac{\rho_v(\mathbf{r}_n)\Delta v_n}{4\pi\epsilon_0|\mathbf{r}-\mathbf{r}_n|}$$

當我們讓單元的數目變到無限大的時候，我們就得到一個積分式：

$$V(\mathbf{r}) = \int_{\text{vol}} \frac{\rho_v(\mathbf{r}')\,dv'}{4\pi\epsilon_0|\mathbf{r}-\mathbf{r}'|} \tag{17}$$

我們從單個點電荷的電位場已經向前邁進了不少，所以查看 (17) 式，同時溫習一下每一項的意義可能會很有幫助。電位 $V(\mathbf{r})$ 是對無限遠處為零電位參考來決定的。同時也是將一個單位電荷自無限遠移到所欲測電位的場點所作之功的一種量度。這源點的體積電荷密度 $\rho_v(\mathbf{r}')$ 與微量體積 dv' 的結合成為在源點 $\mathbf{r}'$ 處的微量電荷 $\rho_v(\mathbf{r}')\,dv'$。距離 $|\mathbf{r}-\mathbf{r}'|$ 就是源點到場點的距離。這個積分是多重 (體) 積分。

如果電荷的分佈所取的是一條線電荷或一個面電荷的形式的話，積分就變成沿線或者在曲面上進行：

$$V(\mathbf{r}) = \int \frac{\rho_L(\mathbf{r}')\,dL'}{4\pi\epsilon_0|\mathbf{r}-\mathbf{r}'|} \tag{18}$$

$$V(\mathbf{r}) = \int_S \frac{\rho_S(\mathbf{r}')\,dS'}{4\pi\epsilon_0|\mathbf{r}-\mathbf{r}'|} \tag{19}$$

電位方程式的一般表示法，是把 (16)—(19) 式合併起來。

這些以電荷分佈來表示電位的積分表示式，應當和電場強度的類似式子，例如 2.3 節的 (15) 式：

$$\mathbf{E}(\mathbf{r}) = \int_{\text{vol}} \frac{\rho_v(\mathbf{r}')\,dv'}{4\pi\epsilon_0|\mathbf{r}-\mathbf{r}'|^2} \frac{\mathbf{r}-\mathbf{r}'}{|\mathbf{r}-\mathbf{r}'|}$$

相比較一下。

電位是與距離成反比的，而電場強度則是反平方定律。當然，後者還是一個向量場。

例題 4.3

為了示範這些電位積分的用法，如圖 4.3 所示，試考慮 均勻的線電荷 ρ_L 分佈於一圓環上，圓環半徑 $\rho=a$，且位於 $z=0$ 之平面上，求 z 軸上的電位 V。

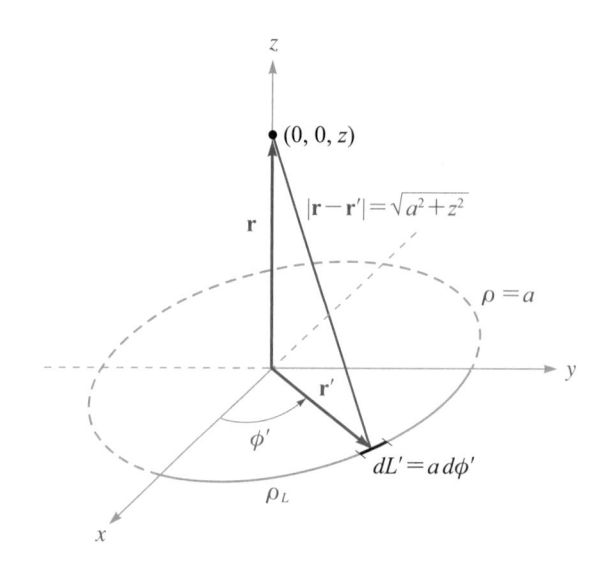

圖 4.3 一個環狀均勻分佈的線電荷密度所產生的電位場，可用 $V = \int \rho_L(\mathbf{r}') dL'/(4\pi\epsilon_0 |\mathbf{r}-\mathbf{r}'|)$ 求之。

解：由 (18) 式，可知 $dL' = ad\phi'$，$\mathbf{r} = z\mathbf{a}_z$，$\mathbf{r}' = a\mathbf{a}_\rho$，$|\mathbf{r}-\mathbf{r}'| = \sqrt{a^2+z^2}$，故知

$$V = \int_0^{2\pi} \frac{\rho_L a\, d\phi'}{4\pi\epsilon_0 \sqrt{a^2+z^2}} = \frac{\rho_L a}{2\epsilon_0 \sqrt{a^2+z^2}}$$

於是，對於零參考點在無限遠的情況，我們歸結：

1. 由單個點電荷所引起的電位是將一個單位正電荷自無限遠處移到我們想知道的那一點電位時所作的功，而這功與二點之間所選的路徑無關的。
2. 在有幾個點電荷存在時，電位場是每個電荷所引起的各個電位場之和。
3. 所以，由幾個點電荷或者任何連續的電荷分佈所造成的電位，可以藉著將一個單位電荷從無限遠處沿著我們所選的任何路徑移到問題中的這點上而求得。

換句話說，電位的表示式 (零參考在無限遠處)

$$V_A = -\int_\infty^A \mathbf{E} \cdot d\mathbf{L}$$

或電位差

$$V_{AB} = V_A - V_B = -\int_B^A \mathbf{E} \cdot d\mathbf{L}$$

與線積分所選的路徑無關,不論 **E** 場的來源如何。

這項結果往往可以很確切地說出來,就是認清將單位電荷繞著任何**閉合路徑** (closed path) 帶動時是不需要作功的,或者

$$\oint \mathbf{E} \cdot d\mathbf{L} = 0 \tag{20}$$

一個小圓圈被放在積分號上來表示路徑的閉合性質。這記號在前面介紹高斯定律時也出現過,但那裡指的是一個閉合的**表面**。

(20) 式對**靜**電場是成立的,但是在第 9 章時,我們將發現法拉第證實了有時變的磁場存在時,它是不成立的。馬克士威爾對電磁理論的最大貢獻之一是,指出一個時變的電場會產生一個磁場,所以我們應可預期在以後會發現:凡是 **E** 或者磁場在對時間而變的時候,(20) 式就不正確了。

將我們的注意力限制在靜電的情形下,那裡的 **E** 是不隨時間而變的,設想一個如圖 4.4 所示的直流電路。A 和 B 二點被標明了,同時 (20) 式說明將一個單位電荷從 A 經過 R_2 和 R_3 移到 B 點再經過 R_1 回到 A 點時不需要作功,或者說,繞著任何閉合路徑的電位差之和是零。

所以,(20) 式只是電路的克希荷夫電壓定律的一個更為普遍的形式而已,其普遍之處在於我們能將它應用到任何有電場存在的區域上,而不再被限制在一般由電線電阻,及儲電池所組成的電路上。在應用 (20) 式至時變場之前,必須先對它進行修改。

任何一個場凡是能滿足 (20) 式這種形式的方程式,即這場的閉合線積分為零,就被稱為是一個**守恆的場** (conservative field)。這名稱是根據繞著閉合路徑無須作功 (或者能量

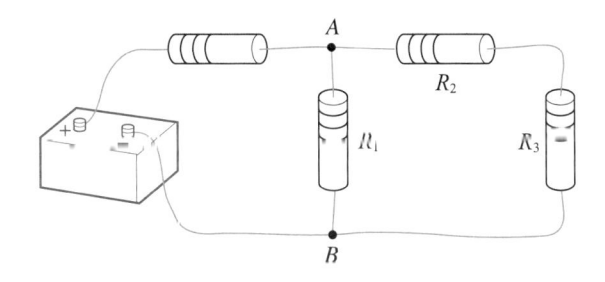

圖 4.4 一個簡單的直流電路問題,它必須利用 $\oint \mathbf{E} \cdot d\mathbf{L} = 0$,寫成克希荷夫的電壓定律的形式來求解。

是守恆的) 的性質而來的。重力場也是守恆的，因為在逆向沿著場移動 (昇) 一個物體時所消耗的任何能量，當物體回 (降) 到它原位時可完全還原回來。如果有一個非守恆的重力場，那麼我們的能量問題將永遠地解決了。

對於一個非守恆場來說，某些封閉路徑的線積分當然也有可能是零。例如，考慮一個力場 $\mathbf{F} = \sin \pi \rho \, \mathbf{a}_\phi$，繞著半徑 $\rho = \rho_1$ 的環形路徑，我們將得到 $d\mathbf{L} = \rho \, d\phi \, \mathbf{a}_\phi$，故知

$$\oint \mathbf{F} \cdot d\mathbf{L} = \int_0^{2\pi} \sin \pi \rho_1 \mathbf{a}_\phi \cdot \rho_1 d\phi \, \mathbf{a}_\phi = \int_0^{2\pi} \rho_1 \sin \pi \rho_1 \, d\phi$$
$$= 2\pi \rho_1 \sin \pi \rho_1$$

如果 $\rho_1 = 1, 2, 3 \cdots\cdots$ 等，則積分值將為零，但是在其他 ρ_1 值並不為零。也就是說，對於大部份封閉路徑；這個場並非守恆。一個守恆場在任何可能的封閉路徑上的線積分都勢必為零。

D4.6. 若取無限遠為零電位參考值，試由下列自由空間中的電荷形態求出 (0, 0, 2) 點處的電位：(a) 12 nC/m，位於線 $\rho = 2.5$ m，$z = 0$ 處；(b) 18 nC 的點電荷，位於 (1, 2, −1) 處；(c) 12 nC/m，位於直線 $y = 2.5$，$z = 0$ 處，$-1.0 < x < 1.0$。

答案：529 V；43.2 V；66.3 V

4.6 電位梯度

我們現在有二種方法可以決定電位，一個是用線積分直接從電場強度決定，另一個是根據電荷的基本分佈而用體積分來求。但是在決定大多數實際問題的電場時，二者都不是非常有用，因為我們在後面將會知道電場強度和電荷分佈經常都不是已知的。比較可能的初步資訊往往是描述二個等位面，譬如說我們有二個圓形截面的平行導體，電位是 100 及 −100 伏特。也許我們希望求出導體之間的電容，或者導體上電荷與電流的分佈，由此算出損失。

這些量可以很容易地從電位場來求出，我們眼前的目標是要找到一項簡單的方法由電位求出電場強度。

我們已經有了這些量之間一般性的線積分關係：

$$\boxed{V = -\int \mathbf{E} \cdot d\mathbf{L}} \tag{21}$$

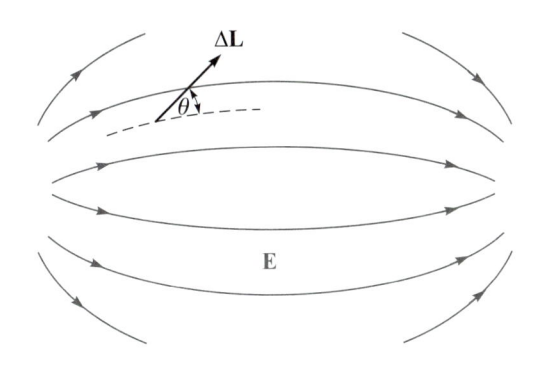

圖 4.5 一個長度的微小向量 $\Delta\mathbf{L}$ 與 $\mathbf{E}$ 場成 θ 角，電場是以它的流線來表示的。場源沒畫出來。

但是這式子反過來用時就方便許多：已知 $\mathbf{E}$，求 V。

然而，(21) 式可以應用到非常短的一段長度 $\Delta\mathbf{L}$ 上，沿著這段長度，$\mathbf{E}$ 在原則上是定值的，因而導致一項微小的電位差 ΔV，

$$\Delta V \doteq -\mathbf{E}\cdot\Delta\mathbf{L} \tag{22}$$

現在，設想空間內一個一般性的區域，如圖 4.5 所示，當我們由某一點移到另一點時，$\mathbf{E}$ 和 V 二者都會改變。(22) 式告訴我們要選一個微小的向量單元，長度為 $\Delta\mathbf{L} = \Delta L\,\mathbf{a}_L$，再將 $\mathbf{E}$ 在 $\mathbf{a}_L$ 方向的分量和它相乘 (點積的一種解釋) 以求出起點和終點之間小位移 $\Delta\mathbf{L}$ 的電位差。

如果我們將 $\Delta\mathbf{L}$ 和 $\mathbf{E}$ 之間的角度稱為 θ 的話，則

$$\Delta V \doteq -E\,\Delta L\cos\theta$$

我們現在希望能推展到極限並考慮導數 dV/dL。要做到這一點，我們需要證明 V 能解釋成一個函數 $V(x, y, z)$。到目前為止，它只是線積分 (21) 的結果。如果我們假設一個明確的起點或零參考點，然後令終點為 (x, y, z)，因為 $\mathbf{E}$ 是個守恆的場，所以我們知道積分的結果是終點位置 (x, y, z) 的唯一函數。因此，V 是個單值函數 $V(x, y, z)$。這時我們就可推展到極限並得到

$$\frac{dV}{dL} = -E\cos\theta$$

$\Delta\mathbf{L}$ 應當放在什麼方向才能得到 ΔV 的最大值呢？記住在我們工作的那一點上，$\mathbf{E}$ 是有一定的值而且和 $\Delta\mathbf{L}$ 的方向是無關的。$\Delta\mathbf{L}$ 的大小也是一定的，同時我們的變數是 $\mathbf{a}_L$，這是代表 $\Delta\mathbf{L}$ 的方向的單位向量。顯然地，電位的正的最大增量 $\Delta V_{最大}$ 將發生於 $\cos\theta$ 是 -1 的時候，或者，當 $\Delta\mathbf{L}$ 指向與 $\mathbf{E}$ 相反的方向時。在這情形下，

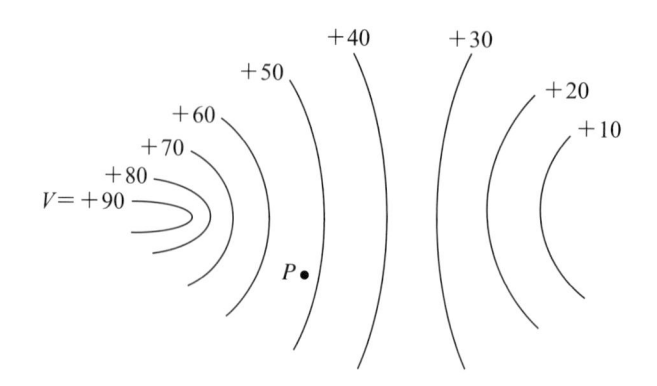

圖 4.6 一個電位場是由它的等位面來表示的。在任何一點 E 場是正交於通過這一點的等位面同時指向較負的那個面的。

$$\left.\frac{dV}{dL}\right|_{最大} = E$$

這個練習顯示，在任何一點上 E 和 V 之間關係的二項特性：

1. 電場強度的大小是由電位對距離的最大變率值來給定。
2. 這最大值是在距離的方向和 E 相反時獲得的，或者，換句話說，E 的方向是與電位增加得最快的方向相反的。

現在，讓我們用電位來說明這些關係。圖 4.6 顯示的是關於某個電位場已經告訴我們的資料。它是藉著指出等位面 (在二維的概圖中是以線條來代表的) 來顯示的。我們想要知道在 P 點處的電場強度。從 P 點開始，我們在各個方向上放一個微小距離 ΔL，尋求那個電位改變 (增加) 得最快的方向。從圖上看來，這方向似乎是朝左而略為偏向上方的。根據我們上面的第二項特性，電場強度就該指向相反的方向的，或者說，在 P 處是向右而略為偏下的。它的大小是將電位的微小增量除以小單元的長度。

看來好像電位增加得最快的那個方向是垂直於各個等位面的 (是電位增加的方向)。這一點是對的，因為如果 ΔL 是沿著一個等位面的話，則根據我們對於一個等位面的定義 ΔV=0。於是

$$\Delta V = -\mathbf{E} \cdot \Delta \mathbf{L} = 0$$

由於 E 或 ΔL 都不是零，E 就必須是垂直於 ΔL 或者垂直於等位面的。

由於電位場的資料往往是最先被決定的，讓我們用電位場而不用電場強度來以數學方式描寫那導致電位最大增加的方向 ΔL。我們令 $\mathbf{a}_N$ 為一個正交於等位面的單位向量，

同時是指向較高的電位的。於是以電位來表示的電場強度就是

$$\mathbf{E} = -\left.\frac{dV}{dL}\right|_{最大} \mathbf{a}_N \qquad (23)$$

這就指出 $\mathbf{E}$ 的大小是由 V 在空間的最大變率來表示的，而 $\mathbf{E}$ 的方向是正交於等電位面(在電位降低的方向)。

由於 $dV/dL|_{最大}$ 發生於 $\Delta \mathbf{L}$ 在 $\mathbf{a}_N$ 的方向時，我們可以令

$$\left.\frac{dV}{dL}\right|_{最大} = \frac{dV}{dN}$$

以及

$$\mathbf{E} = -\frac{dV}{dN}\mathbf{a}_N \qquad (24)$$

來提醒自己這一點。

(23) 式或 (24) 式足以作為從電位求出電場強度，這過程提供一項物理解釋。二者都是一種普遍過程的描寫，同時我們也不擬用它們來直接求出量方面的資料。然而，從 V 導致 $\mathbf{E}$ 的這一步驟並不是這二個量唯一的。事實上，在水力學、熱力學、磁學等，幾乎在用到向量分析的每一個領域方面，它都出現過，可當作一純量與一向量間的關係。

加在 V 上而求出 $-\mathbf{E}$ 的這項運算被稱為**梯度 (gradient)**，一個純量場 T 的梯度被定義為：

$$\boxed{T \text{ 的梯度} = \operatorname{grad} T = \frac{dT}{dN}\mathbf{a}_N} \qquad (25)$$

其中 $\mathbf{a}_N$ 是與各等位面正交的一個單位向量，同時是朝向 T 值增加的那一邊的。

利用這項新名詞，我們現在可以將 V 和 $\mathbf{E}$ 之間的關係寫成

$$\boxed{\mathbf{E} = -\operatorname{grad} V} \qquad (26)$$

因為我們已經表示過 V 是 x、y 和 z 的唯一函數，所以我們可以取它的全微分

$$dV = \frac{\partial V}{\partial x}dx + \frac{\partial V}{\partial y}dy + \frac{\partial V}{\partial z}dz$$

但我們另有

$$dV = -\mathbf{E} \cdot d\mathbf{L} = -E_x\,dx - E_y\,dy - E_z\,dz$$

因為這兩個表示式對任一 dx、dy，和 dz 都是真實的，所以就得到

$$E_x = -\frac{\partial V}{\partial x}$$

$$E_y = -\frac{\partial V}{\partial y}$$

$$E_z = -\frac{\partial V}{\partial z}$$

這些結果可以用向量方式結合起來而產生：

$$\boxed{\mathbf{E} = -\left(\frac{\partial V}{\partial x}\mathbf{a}_x + \frac{\partial V}{\partial y}\mathbf{a}_y + \frac{\partial V}{\partial z}\mathbf{a}_z\right)} \tag{27}$$

比較 (26) 式和 (27) 式為我們提供一個表示式，它可以被用來在直角座標中計算梯度：

$$\boxed{\operatorname{grad} V = \frac{\partial V}{\partial x}\mathbf{a}_x + \frac{\partial V}{\partial y}\mathbf{a}_y + \frac{\partial V}{\partial z}\mathbf{a}_z} \tag{28}$$

一個純量的梯度是一個向量，而經驗指出，那些常常被不正確地加到散度公式上的單位向量，就是那些常常被不正確從梯度上移除的。一旦知道了 (25) 式所示梯度的物理意義是表示：一個純量在空間的最大變率以此最大值發生的方向之後，梯度的向量性質就自然會明白了。

向量運算子

$$\nabla = \frac{\partial}{\partial x}\mathbf{a}_x + \frac{\partial}{\partial y}\mathbf{a}_y + \frac{\partial}{\partial z}\mathbf{a}_z$$

可以正式地用來作為操作於純量 T 上的一個運算子，∇T，產生

$$\nabla T = \frac{\partial T}{\partial x}\mathbf{a}_x + \frac{\partial T}{\partial y}\mathbf{a}_y + \frac{\partial T}{\partial z}\mathbf{a}_z$$

由此，我們可以看出來

$$\boxed{\nabla T = \operatorname{grad} T}$$

這就使得我們可以用一個很簡潔的表示式來表示 $\mathbf{E}$ 和 V 之間的關係，

$$\mathbf{E} = -\nabla V \tag{29}$$

應用 (25) 式的梯度定義，梯度也可以用別種座標系統中的偏微分來表示。這些表示式在附錄 A 中都已導出了，為方便起見再寫在下面，以便處理具有柱形或球形對稱性的問題：

$$\nabla V = \frac{\partial V}{\partial x}\mathbf{a}_x + \frac{\partial V}{\partial y}\mathbf{a}_y + \frac{\partial V}{\partial z}\mathbf{a}_z \quad (\text{直角}) \tag{30}$$

$$\nabla V = \frac{\partial V}{\partial \rho}\mathbf{a}_\rho + \frac{1}{\rho}\frac{\partial V}{\partial \phi}\mathbf{a}_\phi + \frac{\partial V}{\partial z}\mathbf{a}_z \quad (\text{圓柱}) \tag{31}$$

$$\nabla V = \frac{\partial V}{\partial r}\mathbf{a}_r + \frac{1}{r}\frac{\partial V}{\partial \theta}\mathbf{a}_\theta + \frac{1}{r\sin\theta}\frac{\partial V}{\partial \phi}\mathbf{a}_\phi \quad (\text{球形}) \tag{32}$$

注意：每一項的分母所具備的形式是 $d\mathbf{L}$ 在此種座標系統內的一個分量，只是普通的微分被偏微分所取代；舉例而言，$r\sin\theta\, d\phi$ 變成了 $r\sin\theta\, \partial\phi$。

現在，讓我們馬上用一個例子來闡述梯度的觀念。

例題 4.4

已知電位場 $V = 2x^2y - 5z$ 及一點 $P(-4, 3, 6)$，我們想要求出在 P 點處的幾個數值：電位 V，電場強度 $\mathbf{E}$、$\mathbf{E}$ 的方向、電通量密度 $\mathbf{D}$，及體電荷密度 ρ_v。

解：在點 $P(-4, 5, 6)$ 的電位為

$$V_P = 2(-4)^2(3) - 5(6) = 66 \text{ V}$$

其次，我們可以用梯度運算得到電場強度，

$$\mathbf{E} = -\nabla V = -4xy\mathbf{a}_x - 2x^2\mathbf{a}_y + 5\mathbf{a}_z \text{ V/m}$$

故知 P 點處的 $\mathbf{E}$ 值為

$$\mathbf{E}_P = 48\mathbf{a}_x - 32\mathbf{a}_y + 5\mathbf{a}_z \text{ V/m}$$

而

$$|\mathbf{E}_P| = \sqrt{48^2 + (-32)^2 + 5^2} = 57.9 \text{ V/m}$$

$\mathbf{E}$ 在 P 點的方向以單位向量表示

$$\begin{aligned}\mathbf{a}_{E,P} &= (48\mathbf{a}_x - 32\mathbf{a}_y + 5\mathbf{a}_z)/57.9 \\ &= 0.829\mathbf{a}_x - 0.553\mathbf{a}_y + 0.086\mathbf{a}_z\end{aligned}$$

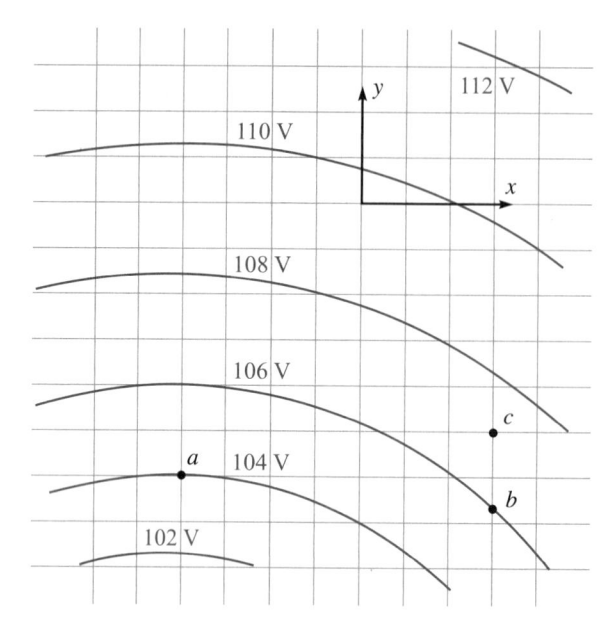

如果我們假設這些場均在真空中，則

$$\mathbf{D} = \epsilon_0 \mathbf{E} = -35.4xy\,\mathbf{a}_x - 17.71x^2\,\mathbf{a}_y + 44.3\,\mathbf{a}_z \text{ pC/m}^3$$

最後，可以應用散度關係式去求體積電荷密度，亦即求出建立所指定之電位場的場源。我們得到

$$\rho_v = \nabla \cdot \mathbf{D} = -35.4y \text{ pC/m}^3$$

故在 P 處，$\rho_v = -106.2$ pC/m³。

D4.7. 部份的二維 ($E_z=0$) 電位場如圖 4.7 所示。圖中各格線在實際電位場內代表 1 mm 的間距。以直角座標系統，試求位於：(a) a；(b) b；(c) c 點處，$\mathbf{E}$ 的近似值。

答案：$-1075\mathbf{a}_y$ V/m；$-600\mathbf{a}_x-700\mathbf{a}_y$ V/m；$-500\mathbf{a}_x-650\mathbf{a}_y$ V/m

---

D4.8. 已知圓柱座標內的電位場為 $V = \dfrac{100}{z^2+1}\rho\cos\phi$ V，且 P 點位於 $\rho=3$ m，$\phi=60°$，$z=2$ m 處，試求在 P 點處的下列各值：(a) V；(b) $\mathbf{E}$；(c) E；(d) dV/dN；(e) $\mathbf{a}_N$；(f) 自由空間內的 ρ_v。

答案：30.0 V；$-10.00\mathbf{a}_\rho+17.3\mathbf{a}_\phi+24.0\mathbf{a}_z$ V/m；31.2 V/m；31.2 V/m；$0.32\mathbf{a}_\rho-0.55\mathbf{a}_\phi-0.77\mathbf{a}_z$；$-234$ pC/m³

4.7 電偶極

本節將討論的偶極場是相當重要的，因為它們構成了介電質在電場中性質的基礎，這一點將會在第 6 章中討論，同時也使第 5 章 5.5 節映像法得以證實。再者，這項討論將足以說明本章所提出的電位這一觀念的重要性。

一個**電偶極** (electric dipole)，或者稱為**偶極** (dipole)，是對於大小相等而電性相反的二個點電荷的名稱，它們二個之間的間隔比起到 P 點 (它的電場和位場是我們所要知道的) 的距離要小得多。這偶極如圖 4.8a 所示。很遠的 P 點是以球形座標 r、θ，以及 $\phi = 90°$ 來描述的，後者是根據方位角的對稱性而來。正負點電荷之間相距 d 公尺，它們分別位於 $(0, 0, \frac{1}{2}d)$ 以及 $(0, 0, -\frac{1}{2}d)$ 處。

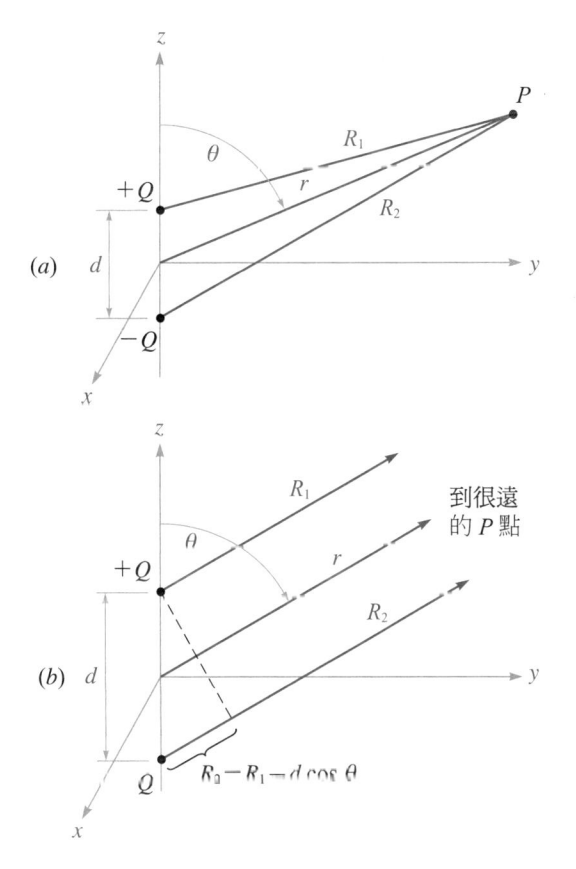

圖 4.8 (a) 一個電偶極問題的幾何形狀。偶矩 $p = Qd$ 是在 $\mathbf{a}_z$ 的方向。(b) 對一個遠距離 P 點而言，R_1 本質上與 R_2 平行，故我們可得出 $R_2 - R_1 = d \cos \theta$。

關於幾何形式的描述已經足夠，下一步我們應當做什麼？我們應當將各個點電荷的已知電場加起來而求總的電場強度嗎？還是先求出總的電位場比較容易？無論如何，找出了一個之後，我們在認為問題已經解決之前應當將另一個求出來。

如果我們選定先求 **E**，在球形座標內我們將有二個分量要弄清楚（對稱性指出 E_ϕ 是零）。然後，由 **E** 求 V 的唯一方法是利用線積分。最後這一步包括要建立一個電位的適當參考零點，因為線積分只告訴我們積分路徑各端的二點之間的電位差。

另一方面，先求出 V 問題則會較為簡單。這是因為我們只要將此二電荷的電位相加即可求出表示成位置函數的電位。接著，以更簡易的方式再取 V 的負梯度，即可求出 **E** 的隨位置而變之大小與方向。

選用此種較簡易的方法，令 Q 與 $-Q$ 至 P 點的距離分別為 R_1 及 R_2，故可寫出總電位為

$$V = \frac{Q}{4\pi\epsilon_0}\left(\frac{1}{R_1} - \frac{1}{R_2}\right) = \frac{Q}{4\pi\epsilon_0}\frac{R_2 - R_1}{R_1 R_2}$$

注意：平面 $z=0$，是這兩個點電荷的中間平面，也是 $R_1 = R_2$ 的軌跡面。故其電位為零，就好像平面上所有點都為無限遠。

對於遠處的一點，$R_1 \doteq R_2$，所以分母上的乘積 $R_1 R_2$ 則可以換成 r^2。然而，這項近似卻不能用到分子上，不然就會得到顯見的答案，即是當我們離偶極愈來愈遠時，電位場會趨於零。回到離偶極近一點處，從圖 4.8b 上我們可以看出來，如果假定 R_1 和 R_2 是平行的，$R_2 - R_1$ 就可以很容易地當作

$$R_2 - R_1 \doteq d\cos\theta$$

於是，最後的答案就是

$$\boxed{V = \frac{Qd\cos\theta}{4\pi\epsilon_0 r^2}} \tag{33}$$

我們又可注意在 $z=0$ ($\theta = 90°$) 的平面上，其電位為零。

利用球形座標中梯度的公式，可知

$$\mathbf{E} = -\nabla V = -\left(\frac{\partial V}{\partial r}\mathbf{a}_r + \frac{1}{r}\frac{\partial V}{\partial \theta}\mathbf{a}_\theta + \frac{1}{r\sin\theta}\frac{\partial V}{\partial \phi}\mathbf{a}_\phi\right)$$

得到

$$\mathbf{E} = -\left(-\frac{Qd\cos\theta}{2\pi\epsilon_0 r^3}\mathbf{a}_r - \frac{Qd\sin\theta}{4\pi\epsilon_0 r^3}\mathbf{a}_\theta\right) \tag{34}$$

或者

$$\mathbf{E} = \frac{Qd}{4\pi\epsilon_0 r^3}(2\cos\theta\,\mathbf{a}_r + \sin\theta\,\mathbf{a}_\theta) \tag{35}$$

這些即是想要求的偶極之遠場,並不必太費力氣即可求得。任何一個有幾小時空閒時間的學生可以將這題目反過來做——本書的作者認為這一過程即使為了顯示它的效用起見而放在這裡也太長且太細了。

為了畫出電位場的標繪圖,我們選擇一個偶極,即令 $Qd/(4\pi\epsilon_0)=1$,於是 $\cos\theta = Vr^2$。圖 4.9 中,灰色線表示 $V=0$、$+0.2$、$+0.4$、$+0.6$、$+0.8$,和 $+1$ 的等位線。偶極

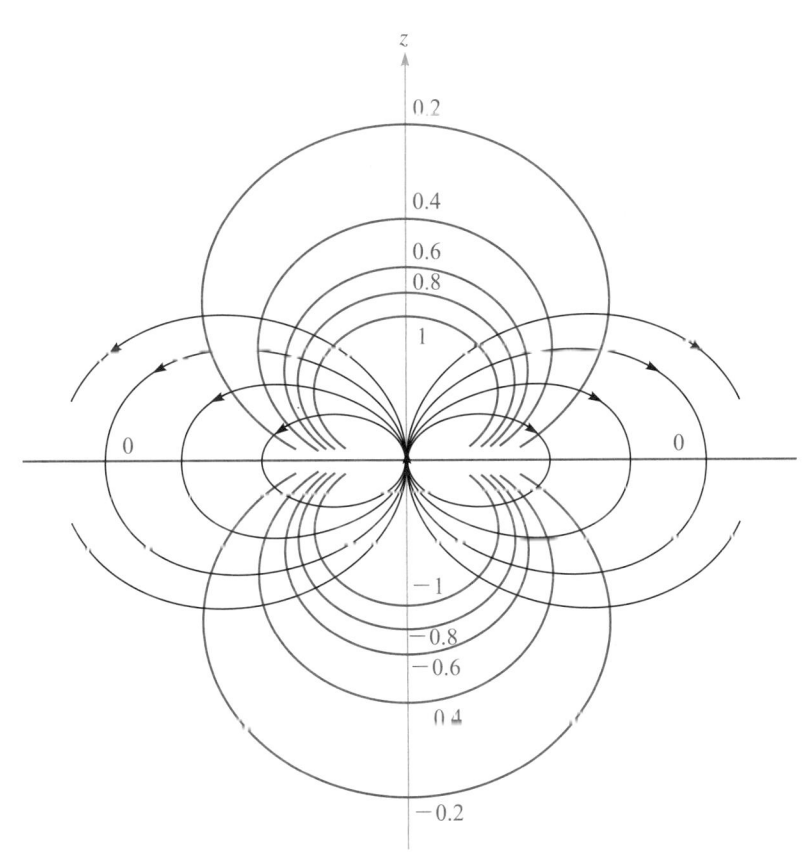

圖 4.9 極矩為 $\mathbf{a}_z$ 方向的微小電偶極,其靜電場圖形,並繪出六個等位面,且註明其各相對應的電位值 V。

軸是垂直的，正電荷位於上方。表示電場的各條流線 (streamlines) 是以 2.6 節球形座標的方法得到的，即

$$\frac{E_\theta}{E_r} = \frac{r\,d\theta}{dr} = \frac{\sin\theta}{2\cos\theta}$$

或者

$$\frac{dr}{r} = 2\cot\theta\,d\theta$$

由此，我們得到

$$r = C_1 \sin^2\theta$$

圖 4.9 中，黑色的流線是依 $C_1 = 1 \cdot 1.5 \cdot 2$，及 2.5 時所畫出來的。

偶極的電位場，(33) 式，可以利用偶極矩來簡化。讓我們首先將自 $-Q$ 到 $+Q$ 的向量長度定為 **d**，再規定偶極矩 (dipole moment) 為 $Q\mathbf{d}$ 並且將它指定為符號 **p**。因此，

$$\boxed{\mathbf{p} = Q\mathbf{d}} \tag{36}$$

p 的單位為 C·m。

同時，因為 $\mathbf{d} \cdot \mathbf{a}_r = d\cos\theta$，我們就得到

$$V = \frac{\mathbf{p} \cdot \mathbf{a}_r}{4\pi\epsilon_0 r^2} \tag{37}$$

這項結果也可以被推廣為

$$V = \frac{1}{4\pi\epsilon_0 |\mathbf{r}-\mathbf{r}'|^2}\mathbf{p} \cdot \frac{\mathbf{r}-\mathbf{r}'}{|\mathbf{r}-\mathbf{r}'|} \tag{38}$$

式中 **r** 為場點 P 的位置，**r**′ 為偶極中心的位置。(38) 式與任何座標系統均無關。

在討論電介質材料時，偶極矩 **p** 將再度出現。因為它等於電荷與間隔的乘積，當 Q 增加而 **d** 降低時，只要乘積保持一定，偶極矩和電位都不會改變。點偶極的極限情況可以在 **d** 趨於零及 Q 趨於無限大，以至於乘積 **p** 是有限的時候達到。

將我們的注意力轉移到合成的電場上，有趣而值得注意的是電位場現在是和距離的平方成反比例降低的，同時電場強度是與偶極的距離的立方成反比例降低的。每一個場都比點電荷相對應的場降得快，但是這並沒有超過我們所預期的，因為對較遠地方而

言，二個相反的電荷顯得更為接近，同時作用上就像是一個 0 C 的點電荷。

更多點電荷的對稱排列所產生的電場，依 r 的更高次冪的倒數在降低。這些電荷的分佈被稱為**多極** (multipoles)，它們被用在無限級數中作為更不尋常的電荷分佈的近似之用。

> **D4.9.** 在自由空間中，一電偶極 $\mathbf{p}=3\mathbf{a}_x-2\mathbf{a}_y+\mathbf{a}_z$ nC·m 位於原點處。試求：(a) $P_A(2,3,4)$ 點處的 V。(b) $r=2.5$，$\theta=30°$，$\phi=40°$ 點處的 V。
>
> 答案：0.23 V；1.97 V
>
> **D4.10.** 已知一偶極矩 $\mathbf{p}=6\mathbf{a}_z$ nC·m 位於自由空間的原點處。試求：(a) 位於 $P(r=4, \theta=20°, \phi=0°)$ 點處的 V。(b) 試求 P 點處的 $\mathbf{E}$。
>
> 答案：3.17 V；$1.58\mathbf{a}_r+0.29\mathbf{a}_\theta$ V/m

4.8 靜電場中的能量密度

我們曾藉著考慮在一個電場內將一個點電荷移動時所作的功或消耗的能量而介紹了電位的觀念，而現在我們必須更進一步地查究能量的流動，以便將那項討論中疏漏的各點都整理出來。

從無限遠處將一個正電荷移到另一正電荷的場內時需要作功，這功是由移動這電荷的外源來作的。讓我們設想這外源將電荷移到靠近固定電荷的點，然後將它保持在那裡。能量必須是守恆的，將這電荷移到這位置時所消耗的能量就代表位能。因為如果外源放開它對電荷的控制的話，電荷就會加速離開那固定的電荷，因而得到它自己的動能以及作功的可能性。

為了要求出一組電荷系統內所具的位能起見，我們必須知道外源在移置這些電荷時所作的功。

我們可以從想像一個空的宇宙開始。將一個電荷 Q_1 從無限遠移到任何位置都不需要作功，因為並沒有電場存在在那裡。[2] 將 Q_2 放到 Q_1 的場內需要有某一數量的功，其值為電荷 Q_2 與該點處由 Q_1 引起之電位的乘積。如果以 $V_{2,1}$ 來代表這電位的話，其中第一個下標表示位置，第二個下標指明來源。也就是說，$V_{2,1}$ 是由 Q_1 在 Q_2 處所引起的電位，則

---

[2] 然而，在無限遠處的工場內，某個人首先得作無限量的功來創造這個點電荷才成！將二個半電荷合起來而形成一個單位電荷所需的能量又是多少呢？

移置 Q_2 的功 = $Q_2 V_{2,1}$

同樣地,我們可以將在那些已有的電荷的場內再放一個電荷進去時所需要作的功寫成

移置 Q_3 的功 = $Q_3 V_{3,1} + Q_3 V_{3,2}$

移置 Q_4 的功 = $Q_4 V_{4,1} + Q_4 V_{4,2} + Q_4 V_{4,3}$

依此類推。將各個貢獻加起來就可以得到總的功:

移置作的總功 = 場的位能 = W_E

$$W_E = Q_2 V_{2,1} + Q_3 V_{3,1} + Q_3 V_{3,2} + Q_4 V_{4,1} \\ + Q_4 V_{4,2} + Q_4 V_{4,3} + \cdots \tag{39}$$

注意,上式其中任何一個代表項的形式為

$$Q_3 V_{3,1} = Q_3 \frac{Q_1}{4\pi \epsilon_0 R_{13}} = Q_1 \frac{Q_3}{4\pi \epsilon_0 R_{31}}$$

式中 R_{13} 及 R_{31} 各代表 Q_1 與 Q_3 之間的純量距離。我們知道這同樣也可以被寫成 $Q_1 V_{1,3}$。如果這總能量表示式中的每一項都能被換成它的等量的話,我們就得到:

$$W_E = Q_1 V_{1,2} + Q_1 V_{1,3} + Q_2 V_{2,3} + Q_1 V_{1,4} + Q_2 V_{2,4} + Q_3 V_{3,4} + \cdots \tag{40}$$

將 (39) 和 (40) 二個能量表示式相加,使我們得以把結果簡化一些:

$$2W_E = Q_1(V_{1,2} + V_{1,3} + V_{1,4} + \cdots) \\ + Q_2(V_{2,1} + V_{2,3} + V_{2,4} + \cdots) \\ + Q_3(V_{3,1} + V_{3,2} + V_{3,4} + \cdots) \\ + \cdots$$

因為每個括號中的電位和就是所有電荷 (除了在合成電位被求的那一點上的電荷以外) 的合成電位。換言之,

$$V_{1,2} + V_{1,3} + V_{1,4} + \cdots = V_1$$

V_1 即是因 Q_2、Q_3、……的存在,而在 Q_1 處所引起的電位。所以,我們知道

$$W_E = \tfrac{1}{2}(Q_1 V_1 + Q_2 V_2 + Q_3 V_3 + \cdots) = \tfrac{1}{2} \sum_{m=1}^{m=N} Q_m V_m \tag{41}$$

為了要對於電荷連續分佈的區域內所儲存的能量求出一個表示式起見，每個電荷可換成 $\rho_v dv$，同時和就變成了積分：

$$W_E = \tfrac{1}{2}\int_{\text{vol}} \rho_v V\, dv \tag{42}$$

(41) 與 (42) 二式使我們可以求出一個點電荷系統或者電荷密度的體積分佈內所具有的總位能。用線或面電荷密度類似的表示式都可以很容易寫出來。通常我們比較喜歡用 (42) 式來代表可能要被考慮的各種形態的電荷。因為點電荷，線電荷密度，或面電荷密度等都可以看成微小區域內的體積電荷密度連續分佈而成。我們很快就可以舉例說明這種方法。

在我們給這一結果任何解釋之前，我們應當考慮幾行比較難一點的向量分析，而得出一個等效於 (42) 式，但是以 **E** 或 **D** 來表示的表示式。

我們先讓這個表示式變得較長一些。應用馬克士威爾第一公式，以 $\nabla\cdot\mathbf{D}$ 取代 ρ_v，同時使用對任何純量函數 V 和向量函數 **D** 均成立的向量恆等式，

$$\nabla\cdot(V\mathbf{D}) \equiv V(\nabla\cdot\mathbf{D}) + \mathbf{D}\cdot(\nabla V) \tag{43}$$

上式在直角座標中展開，可以很快地得到證明。接著，我們得到

$$W_E = \tfrac{1}{2}\int_{\text{vol}} \rho_v V\, dv = \tfrac{1}{2}\int_{\text{vol}} (\nabla\cdot\mathbf{D}) V\, dv$$
$$= \tfrac{1}{2}\int_{\text{vol}} [\nabla\cdot(V\mathbf{D}) - \mathbf{D}\cdot(\nabla V)]\, dv$$

利用第 3 章的散度定理，上式中的第一個體積分被改成一個閉合的表面積分，其中被考慮的是圍繞體積的閉合表面。這體積，最先出現在 (42) 式中，必須包括每一個電荷在內，於是這體積以外就不會再有任何電荷。所以，如果我們希望的話，可以將這體積當作是無限大的。我們得到

$$W_E = \tfrac{1}{2}\oint_S (V\mathbf{D})\cdot d\mathbf{S} - \tfrac{1}{2}\int_{\text{vol}} \mathbf{D}\cdot(\nabla V)\, dv$$

這表面積分等於零，因為在圍繞宇宙的這個閉合表面上我們見到 V 至少以 $1/r$ 的速率趨近於零 (從那兒看來這些電荷像是一個點電荷)，**D** 至少以 $1/r^2$ 的速率趨向零。因此，此項積分至少會以 $1/r^3$ 的方式快速地趨近於零，而表面的微分單元，愈看愈像球面的一部份，只是依 r^2 增加而已。因此，在 $r \to \infty$ 的極限下，被積函數與積分二者均趨近為零。將 $\mathbf{E} = -\nabla V$ 代入剩下的體積分中，我們就得到答案如下：

$$W_E = \tfrac{1}{2}\int_{\text{vol}} \mathbf{D}\cdot\mathbf{E}\,dv = \tfrac{1}{2}\int_{\text{vol}} \epsilon_0 E^2\,dv \tag{44}$$

現在，我們便可利用 (44) 式來計算儲存在 L 公尺長的一段同軸電容器內的能量。根據 3.3 節，可知

$$D_\rho = \frac{a\rho_S}{\rho}$$

所以，

$$\mathbf{E} = \frac{a\rho_S}{\epsilon_0 \rho}\mathbf{a}_\rho$$

其中，ρ_S 是半徑為 a 之內部導體的表面電荷密度。因此，

$$W_E = \tfrac{1}{2}\int_0^L \int_0^{2\pi} \int_a^b \epsilon_0 \frac{a^2\rho_S^2}{\epsilon_0^2 \rho^2}\rho\,d\rho\,d\phi\,dz = \frac{\pi L a^2 \rho_S^2}{\epsilon_0}\ln\frac{b}{a}$$

應用 (42) 式也應該得到相同的答案。讓我們選擇外部導體的電位為零。於是內部導體的電位為

$$V_a = -\int_b^a E_\rho\,d\rho = -\int_b^a \frac{a\rho_S}{\epsilon_0 \rho}\,d\rho = \frac{a\rho_S}{\epsilon_0}\ln\frac{b}{a}$$

內導體的表面電荷密度 ρ_S 在 $\rho=a$ 時可用體積密度 ρ_v 表示之。$\rho_v=\rho_S/t$，這些電荷密度分佈在 $\rho=a-\tfrac{1}{2}t$ 到 $\rho=a+\tfrac{1}{2}t$，式中 $t \ll a$。由此可知，在 (42) 式中，在兩圓柱導體之間積分子為零 (因為體積電荷為零)。外導體上的積分子也是為零 (因為電位為零)。因此，整個系統的積分只要積分內導體表面 $\rho=a$ 的部份，即

$$W_E = \tfrac{1}{2}\int_{\text{vol}} \rho_v V\,dV = \tfrac{1}{2}\int_0^L \int_0^{2\pi} \int_{a-t/2}^{a+t/2} \frac{\rho_S}{t}a\frac{\rho_S}{\epsilon_0}\ln\frac{b}{a}\rho\,d\rho\,d\phi\,dz$$

由此，可得

$$W_E = \frac{a^2\rho_S^2 \ln(b/a)}{\epsilon_0}\pi L$$

其結果相符。

如果我們認清內導體上的總電荷 $Q=2\pi aL\rho_S$，則上面 W_E 的表示式便可變為更熟悉的形式。這電荷與兩圓柱導體 V_a 之間電位差結合，則可得

$$W_E = \tfrac{1}{2}QV_a$$

此即為電容器儲存能量的方程式。

電場中，能量儲存在哪裡的這個問題尚未被回答呢！電位能無法以實際的位置準確地定出來是在哪裡。我們將一支鉛筆拿起來，這鉛筆就得到了電位能。這能量存在鉛筆的分子中，還是在鉛筆和地球之間的重力場內，還是在什麼別的奇怪地方？電容器中的能量是儲存在電荷本身上，電場裡，還是哪裡？沒有人能為他個人的意見提出任何證明，這個決定也可以留給哲學家們去做。

電磁場理論使我們很容易相信一個電場或一個電荷分佈的能量是存在場本身中的，因為如果我們用 (44) 式——一個正確的並且是嚴格校正的表示式，

$$W_E = \tfrac{1}{2}\int_{\text{vol}} \mathbf{D}\cdot\mathbf{E}\,dv$$

而將它寫成微分的形式，

$$dW_E = \tfrac{1}{2}\mathbf{D}\cdot\mathbf{E}\,dv$$

或者

$$\frac{dW_E}{dv} = \tfrac{1}{2}\mathbf{D}\cdot\mathbf{E} \tag{45}$$

我們就得到 $\tfrac{1}{2}\mathbf{D}\cdot\mathbf{E}$ 這個量，它具有能量密度的因次，亦即每立方公尺的焦耳。我們知道，如果在包含電場的整個體積上，將這能量密度積分，結果真的就將是所存在的總能量，但是我們無法證明儲存在每個微分體積單元 dv 中所儲存的能量就是 $\tfrac{1}{2}\mathbf{D}\cdot\mathbf{E}\,dv$。相反地，我們由 (42) 式可以看出所儲存的能量是 $\tfrac{1}{2}\rho_v V dv$。不過，由 (45) 式所提供的解釋卻是一種很方便的想法，我們將一直用它直到被證明是錯的為止。

D4.11. 已知電位場 $V =$：(a) $\dfrac{200}{r}$ V；(b) $\dfrac{300\cos\theta}{r^2}$ V，試求儲存在自由空間 $2\,\text{mm} < r < 3\,\text{mm}$，$0 < \theta < 90°$，$0 < \phi < 90°$ 區域的能量。

答案：$46.4\,\mu\text{J}$；$36.7\,\text{J}$

參考書目

1. Attwood, S. S. *Electric and Magnetic Fields.* 3d ed. New York: John Wiley & Sons, 1949. There are a large number of well-drawn field maps of various charge distributions, including the dipole field. Vector analysis is not used.
2. Skilling, H. H. (See Suggested References for Chapter 3.) Gradient is described on pp. 19–21.
3. Thomas, G. B., Jr., and R. L. Finney. (See Suggested References for Chapter 1.) The directional derivative and the gradient are presented on pp. 823–30.

第 4 章習題

4.1 已知在 $P(\rho=2, \phi=40°, z=3)$ 點處的 **E** 值為 $\mathbf{E}=100\mathbf{a}_\rho-200\mathbf{a}_\phi+300\mathbf{a}_z$ V/m。試求將 20 μC 電荷依下列方向移動 6 μm 距離時所作的功：(a) $\mathbf{a}_\rho$；(b) $\mathbf{a}_\phi$；(c) $\mathbf{a}_z$；(d) **E** 的方向；(e) **G** $=2\mathbf{a}_x-3\mathbf{a}_y+4\mathbf{a}_z$ 的方向。

4.2 有一個大小為 q_1 的正點電荷位於原點。將第二個點電荷 q_2 以 $-\mathbf{a}_x$ 的方向自起始點 (x, y, z) 移動一段距離 dx，試導出此時所作的增量功之表示式。

4.3 若 $\mathbf{E}=120\mathbf{a}_\rho$ V/m，試求：(a) 由 $P(1, 2, 3)$ 至 $Q(2, 1, 4)$；(b) 由 $Q(2, 1, 4)$ 至 $P(1, 2, 3)$，將 50 μC 電荷移動 2 mm 的距離時所作的功。

4.4 已知自由空間內有一電場為 $\mathbf{E}=x\mathbf{a}_x+y\mathbf{a}_y+z\mathbf{a}_z$ V/m。針對下列情況，試求移動 1 μC 電荷通過此電場時所作的功，(a) 由 $(1, 1, 1)$ 至 $(0, 0, 0)$；(b) 由 $(\rho=2, \phi=0)$ 至 $(\rho=2, \phi=90°)$；(c) $(r=10, \theta=\theta_0)$ 至 $(r=10, \theta=\theta_0+180°)$。

4.5 當 $\mathbf{G}=2y\mathbf{a}_x$ 時，試依下列路徑計算 $\int_A^P \mathbf{G}\cdot d\mathbf{L}$ 之值，其中起點與終點為 $A(1, -1, 2)$ 及 $P(2, 1, 2)$：(a) 由 $A(1, -1, 2)$ 先至 $B(1, 1, 2)$ 再至 $P(2, 1, 2)$ 的直線段；(b) 由 $A(1, -1, 2)$ 先至 $C(2, -1, 2)$，再至 $P(2, 1, 2)$ 的直線段。

4.6 已知自由空間內有一電場為 $\mathbf{E}=x\mathbf{a}_x+4z\mathbf{a}_y+4y\mathbf{a}_z$。已知 $V(1, 1, 1)=10$ V，試求 $V(3, 3, 3)$。

4.7 令 $\mathbf{G}=3xy^2\mathbf{a}_x+2z\mathbf{a}_y$，已知起始點為 $P(2, 1, 1)$ 而終點為 $Q(4, 3, 1)$。試求依下列路徑：(a) 直線 $y=x-1$，$z=1$；(b) 拋物線 $6y=x^2+2$，$z=1$，求算 $\int \mathbf{G}\cdot d\mathbf{L}$。

4.8 已知 $\mathbf{E}=-x\mathbf{a}_x+y\mathbf{a}_y$，(a) 試求移動位在圓弧線上之單位正電荷所需作的功，其中此圓的圓心位於原點，所移動的路弧線是由 $x=a$ 至 $x=y=a/\sqrt{2}$；(b) 證明移動電荷由 $x=a$ 開始繞整圈所作的功為零。

4.9 自由空間中 $r=0.6$ cm 的球面上有 20 nC/m^2 的均勻面電荷密度。試求：(a) $P(r=1$ cm, $\theta=25°, \phi=50°)$ 處的絕對電位；(b) V_{AB}，已知為 $A(r=2$ cm, $\theta=30°, \phi=60°)$ 點及 $B(r=3$ cm, $\theta=45°, \phi=90°)$ 點。

4.10 半徑為 a 的球體載有 ρ_{S0} C/m^2 的面電荷密度：(a) 試求在球表面處的絕對電位；(b) 現在，將一個半徑為 b (其中 $b>a$) 的接地導電球殼加以固定並包圍住該帶電球體。試問此時在內部的球體表面之電位為何？

4.11 令均勻的面電荷密度 5 nC/m^2 位於 $z=0$ 平面，均勻線電荷密度 8 nC/m 位於 $x=0$，$z=4$ 處，及點電荷 2 μC 位於 $P(2, 0, 0)$ 點處。若在 $M(0, 0, 5)$ 點的 $V=0$，試求 $N(1, 2, 3)$ 點的

V。

4.12 在球形座標系統中，已知 $\mathbf{E}=2r/(r^2+a^2)^2\,\mathbf{a}_r$ V/m。試依下列的參考點：(a) $V=0$ 在無限遠處；(b) $V=0$ 在 $r=0$ 處；(c) $V=100$ V 在 $r=a$ 處，求出在任意點處的電位。

4.13 有三個完全相同的點電荷 (4 pC)，分別位於自由空間內每邊為 0.5 mm 之等邊三角形的頂點處。如欲將其中一個電荷移至另外兩電荷之連線上並使之與這兩個點電荷等距時，試問需作多少功？

4.14 已知電場為 $\mathbf{E}=(y+1)\mathbf{a}_x+(x-1)\mathbf{a}_y+2\mathbf{a}_z$，試求下列所指定之兩點間的電位差：(a) $(2,-2,-1)$ 與 $(0,0,0)$；(b) $(3,2,-1)$ 與 $(-2,-3,4)$。

4.15 兩條均勻的線電荷 (均為 8 nC/m) 位於自由空間內 $x=1$，$z=2$ 及 $x=-1$，$y=2$ 處。若原點處的電位為 100 V，試求 $P(4,1,3)$ 處的 V。

4.16 已知自由空間 (在 $0<r<\infty$ 範圍) 內一個球形對稱電荷分佈產生的電位函數為 $V(r)=V_0a^2/r^2$，其中 V_0 與 a 均為常數，試求：(a) 電場強度；(b) 體電荷密度；(c) 半徑 a 以內所含的電荷；(d) 儲存在此電荷內的總能量 (或等效而言，儲存在其電場內的總能量)。

4.17 值為 6 及 2 nC/m² 的均勻面電荷密度分別位於自由空間內 $\rho=2$ 及 6 cm 處。假設在 $\rho=4$ cm 處，$V=0$，試求在 $\rho=$ (a) 5 cm；(b) 7 cm 處的 V。

4.18 已知有一條線電荷 $\rho_L=kx/(x^2+a^2)$ 沿著 x 軸自 $x=a$ 延伸至 $+\infty$，其中 $a>0$，試求由此線電荷產生在原點處的電位。假設零參考點位於無限遠處。

4.19 已知環狀面 1 cm $<\rho<$ 3 cm，$z=0$ 上有非均勻面電荷密度 $\rho_S=5\rho$ nC/m²。如果無窮遠處的 $V=0$，試求在 $P(0,0,2$ cm$)$ 處的 V。

4.20 在某一介質中，已知其電位為

$$V(x)=\frac{\rho_0}{a\epsilon_0}\left(1-e^{-ax}\right)$$

其中，ρ_0 與 a 均為常數；(a) 試求電場強度，$\mathbf{E}$；(b) 試求兩點 $x=d$ 與 $x=0$ 間的電位差；(c) 若此介質的介電係數為 $\epsilon(x)=\epsilon_0 e^{ax}$，試求此區域內的電通量密度，$\mathbf{D}$，與體電荷密度，$\rho_v$；(d) 試求在區域 $(0<x<d)$，$(0<y<1)$，$(0<z<1)$ 內所儲存的能量。

4.21 令自由空間內的 $V=2xy^2z^3+3\ln(x^2+2y^2+3z^2)$ V。試計算下列在 $P(3,2,-1)$ 處的值：(a) V；(b) $|V|$；(c) $\mathbf{E}$；(d) $|\mathbf{E}|$；(e) $\mathbf{a}_N$；(f) $\mathbf{D}$。

4.22 有一條無限長的線電荷座落在 z 軸上，其上承載的線電荷密度為 ρ_ℓ C/m。有一個完全的導電柱形殼，其軸心為 z 軸，包圍著這條線電荷。此圓柱半徑為 b，且保持為接地電位。在這些條件下，柱形殼內部 $\rho<(b)$ 的電位函數為

$$V(\rho)=k-\frac{\rho_\ell}{2\pi\epsilon_0}\ln(\rho)$$

此處，k 為常數：(a) 利用指定或已知的參數來表示，試求 k；(b) 試求 $\rho<b$ 區域內的電場強度，$\mathbf{E}$；(c) 試求 $\rho>b$ 區域內的電場強度，$\mathbf{E}$；(d) 在由 $\rho>a$，其中 $a<b$ 所界定的區域內，試求其在 z 方向的每單位長度內，儲存於電場內的能量。

4.23 已知電位為 $V=80\rho^{0.6}$ V。假設為自由空間，試求 (a) $\mathbf{E}$；(b) $\rho=0.5$ m 處的體電荷密度；(c) 落在封閉面 $\rho=0.6$，$0<z<1$ 內的總電荷。

4.24 在自由空間內，某一球形對稱的電荷組態會產生一個電場，可用球形座標表示如下

$$\mathbf{E}(r) = \begin{cases} (\rho_0 r^2)/(100\epsilon_0)\,\mathbf{a}_r \text{ V/m} & (r \leq 10) \\ (100\rho_0)/(\epsilon_0 r^2)\,\mathbf{a}_r \text{ V/m} & (r \geq 10) \end{cases}$$

其中 ρ_0 為常數：(a) 試求表示成位置函數的電荷密度；(b) 在 $r \leq 10$ 與 $r \geq 10$ 兩區域中，試求表示成位置函數的絕對電位；(c) 利用梯度公式，核對你在 (b) 題中所求得的結果；(d) 利用 (43) 式的積分式，試求此電荷內所儲存的能量；(e) 利用 (45) 式的積分公式，試求此電場內所儲存的能量。

4.25 在圓柱 $\rho=2$，$0 < z < 1$ 內，已知電位為 $V=100+50\rho+150\rho\sin\phi$ V。(a) 試求自由空間內 $P(1, 60°, 0.5)$ 處的 V、$\mathbf{E}$、$\mathbf{D}$，及 ρ_v；(b) 試問圓柱內有多少電荷？

4.26 假設我們有一片非常薄，正方形，不完全的導電板，其邊長為 2 m，座落在 $z=0$ 的平面上，其中一個頂點位於原點，使得它全部均座落於第一象限內。此導電板內任意點處的電位為 $V=-e^{-x}\sin y$。(a) 有一個電子在 $x=0$，$y=\pi/3$ 處以零初始速度進入此導電板，試問此電子的初始運動方向為何？(b) 由於會與導電板內的粒子相互碰撞，此電子達到相當低的速度與極少量的加速度 (因電場作用在電子身上的功大多轉換成熱)。因此，此電子大致上會沿著一條流線移動。試問此電子會在何處離開導電板？又，在那一刻電子的運動方向為何？

4.27 在自由空間內有兩個點電荷，1 nC 位於 $(0, 0, 0.1)$ 及 -1 nC 位於 $(0, 0, -0.1)$。(a) 計算 $P(0.3, 0, 0.4)$ 處的 V；(b) 計算 P 點處的 $|\mathbf{E}|$；(c) 現在，將這兩個電荷當作是位於原點處的偶極，試求 P 點處的 V。

4.28 利用電偶極的電場強度公式 [4.7 節，(35) 式]，求出在 θ_a 與 θ_b 兩點之間的電位差，此處每一點均具有相同的 r 與 ϕ 座標。對於 θ_a 處的電位而言，試問在何種情況下，答案會與 (33) 式相符。

4.29 已知偶極矩為 $\mathbf{p}=3\mathbf{a}_x-5\mathbf{a}_y+10\mathbf{a}_z$ nC·m 的電偶極位於自由空間 $Q(1, 2, -4)$ 點處。試求 $P(2, 3, 4)$ 點處的 V。

4.30 有一個電偶極位於原點處，其偶矩 $\mathbf{p}=10\epsilon_0\mathbf{a}_z$ C·m。試問當 $E_z=0$ 但 $\mathbf{E}\neq 0$ 時，其所處表面方程式為何？

4.31 已知自由空間的電位場可表成 $V=20/(xyz)$ V。(a) 試求立方體 $1 < x, y, z < 2$ 內所儲存的總能量；(b) 假設均勻的能量密度等於立方體中心點處之值，試問此值為何？

4.32 (a) 利用 (35) 式，試求電偶極場在 $r > a$ 區域內所儲存的能量；(b) 為什麼我們不能令 a 趨近零來取其極限？

4.33 自由空間內，有一半徑為 4 cm 的銅球，在其表面上共有 5 μC 之均勻分佈的電荷。(a) 利用高斯定律，求出此球外部的 $\mathbf{D}$；(b) 試求算此靜電場的總儲能；(c) 利用 $W_E=Q^2/(2C)$ 來算出此孤立銅球的電容。

4.34 半徑為 a 的球體含有均勻密度為 ρ_0 C/m³ 的體電荷。應用 (a) (42) 式；(b) (44) 式，試求所儲存的總能量。

4.35 四個 0.8 nC 的點電荷位於自由空間內每邊長為 4 cm 之正方形的頂點處。(a) 試求所儲存的總電位能；(b) 若將第五個點電荷 0.8 nC 放在此正方形的中心點處。再次，求出總儲能。

4.36 已知均勻密度 ρ_S 的面電荷分佈在半徑為 b 的球殼上，其球心位於自由空間內的原點：(a) 令零參考電位位於無窮遠處，試求空間內各點的絕對電位；(b) 考慮電荷密度與 (42) 式中表示成二維版本的電位公式，試求此球殼所儲存的能量；(c) 試求電場內所儲存的能量，並證明 (b) 與 (c) 題的結果完全相同。

第5章

電流與導體

在本章中,我們會將所學習過的方法應用到工程師們必須要處理的題材。在本章的第一部份中,我們會藉由描述可將外加電場形成電流之有關參數來探討導電材料。這種討論會導引出歐姆定律的一般定義。然後,我們會發展一些方法用以估算具有簡單幾何形狀之導體的電阻。接著,我們會求出在導電邊界處所必須符合的條件,而這種知識可進一步導引出電像法的討論。然後,以半導體性質的說明作為導電材料討論的結尾。

在本章的第二部份中,我們會考慮絕緣材料,即電介質。觀念上,此種材料迥異於導體,其內並無可以運輸的自由電荷用以產生傳導電流。相反地,所有的電荷都會藉由庫侖力而侷限在分子或晶格的位置處。外加一個電場會有讓這些電荷稍微移位的作用,進而導致電偶極合成架構的形成。此種現象可以達成何種程度可用相對介電係數或介電常數來衡量。介質的極化可能會改變電場,其大小與方向均會與在不同介質或自由空間內電場所具有的值有所不同。在電介質之間邊界處,電場的邊界條件也會加以推導出來用以計算這些差異。

值得注意的是,大部份的材料都會同時具有介電與導電性質;也就是說,被視為電介質的材料可能會稍微具有一些導電性,而最具導電性的材料也會有一些可極化的特性。這些稍微偏離於理想情況的特性會導致一些有趣的行為,特別是如同我們稍後會明白的,在電磁波傳播上會有一些有趣的效應。■

5.1 電流及電流密度

運動的電荷構成**電流** (current)。電流的單位是**安培** (ampere, A)，其定義為每秒一庫侖的電荷經過一個已定的參考點 (或者通過一個已定的參考面) 的運動速率。電流的符號以 I 代表，故

$$I = \frac{dQ}{dt} \tag{1}$$

因此，電流就被定義為正電荷的運動，雖然在金屬中的傳導是藉著電子的運動而發生的，這一點我們馬上將會看到。

在場的理論中，我們往往對於發生在一點而不是在某一區域內的事件感到興趣，因而我們將發現**電流密度** (current density) 這觀念較為有用，它是以每平方公尺的安培數 (A/m^2) 來衡量。電流密度是一個向量[1]，可由 **J** 來代表。

經過正交於電流密度的一個微小面積 ΔS 的微量電流 ΔI 是

$$\Delta I = J_N \Delta S$$

同時，在電流密度不是垂直於這表面的時候，

$$\Delta I = \mathbf{J} \cdot \Delta \mathbf{S}$$

總電流可由積分求得的，

$$\boxed{I = \int_S \mathbf{J} \cdot d\mathbf{S}} \tag{2}$$

電流密度也可以和在一點處體積電荷密度的速度聯繫起來。設想一個電荷單元 $\Delta Q = \rho_v \Delta v = \rho_v \Delta S \Delta L$，如圖 5.1a 所示。為簡化解釋起見，讓我們假定電荷單元各邊是平行於各個座標軸的，同時它只有 x 分量的速度。在時間間隔 Δt 之內，電荷單元已經移動了 Δx 的距離，如圖 5.1b 所示。因此，在時間間隔 Δt 之內，垂直於電荷移動方向的參考平面上通過的電荷數 $\Delta Q = \rho_v \Delta S \Delta x$。故通過的電流為

$$\Delta I = \frac{\Delta Q}{\Delta t} = \rho_v \Delta S \frac{\Delta x}{\Delta t}$$

---

[1] 電流不是一個向量，因為很容易想像一個問題，其中在形狀不規則的導體 (例如一個球) 內的總電流 I 在一個已定截面的每一點上可能有不同的方向。在一根特別細的電線內的電流，或稱為**燈絲電流** (filamentary current)，可以被定作一個向量，但是為一致起見我們寧願指出燈絲或路徑的方向而不指電流的。

第 5 章 電流與導體 113

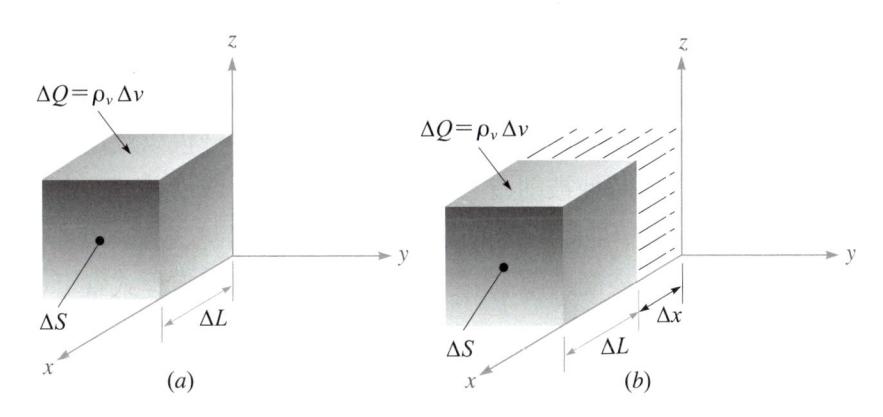

圖 5.1 一個微量電荷 $\Delta Q = \rho_v \Delta S \Delta L$ 在時間 Δt 內移動了 Δx 的距離，在極限下，產生了 $J_x = \rho_v v_x$ 的一個電流密度的分量。

當我們對時間取極限時，我們得到

$$\Delta I = \rho_v \Delta S \, v_x$$

其中 v_x 代表速度 **v** 的 x 分量[2]。用電流密度來表示時，我們發現

$$J_x = \rho_v v_x$$

而一般而言

$$\boxed{\mathbf{J} = \rho_v \mathbf{v}} \tag{3}$$

最後這個結果明白地指出運動中的電荷構成電流，我們稱這種型態的電流為**傳導電流** (convection current)，**J** 或 $\rho_v \mathbf{v}$ 是**傳導電流密度** (convection current density)，它與電荷密度及速度之間的關係是線性的。荷蘭隧道中每平方呎內每秒鐘車輛的流動率可以藉著提高速率或增加每立方尺車輛的密度而予以增加，只要駕駛員辦得到就可以了。

D5.1. 已知電流密度向量為 $\mathbf{J} = 10\rho^2 z \mathbf{a}_\rho - 4\rho \cos^2 \phi \, \mathbf{a}_\phi$ mA/m^2：(a) 試求 $P(\rho=3, \phi=30°, z=2)$ 點處的電流密度；(b) 試求向外流出柱狀帶 $\rho=3$，$0 < \phi < 2\pi$，$2 < z < 2.8$ 的總電流。

答案：$180\mathbf{a}_\rho - 9\mathbf{a}_\phi$ mA/m^2；3.26 A

---

[2] v 的小寫字同時用以代表體積及速度。可是，速度通常以向量 **v** 表示。速度分量則用小寫 v_x 表示，速度人小則用 |**v**| 表示，至於體積則僅用 dv 或 Δv 表示之。

5.2 電流的連續性

在邏輯上來說,介紹了電流的觀念之後就該談到電荷的守恆以及連續性方程式。雖然等量的正、負電荷可以同時地被創造,藉著分離而得到,或者藉著再合併而失去或毀去,但電荷守恆的原理卻簡單地說明電荷既不能被創造也不能被毀去。

當我們考慮由一個閉合表面所限制的任何區域時,連續性方程式就可以從這原理上得出來。通過這閉合表面的電流是:

$$I = \oint_S \mathbf{J} \cdot d\mathbf{S}$$

正電荷流出 (outward flow) 的流動必須由閉合表面以內正電荷的降低 (或者負電荷的增加) 來予以平衡。如果閉合表面內的電荷是以 Q_i 來表示的,則降低的速率將是 $-dQ_i/dt$,而電荷守恆的原則要求

$$I = \oint_S \mathbf{J} \cdot d\mathbf{S} = -\frac{dQ_i}{dt} \tag{4}$$

在這兒也許可以回答一個常被提出的問題:"是不是有一個符號錯了?我以為是 $I = dQ/dt$。"這個負號的出現或不存在是依我們所考慮的電流和電荷而定的。在電路理論中我們通常是將流入電容器一端的電流與極片上電荷增加的時率聯在一起的。不過,(4) 式中的電流則是流出去 (outward-flowing) 的電流。

(4) 式是連續性方程式的積分形式,而微分或點的形式則是利用散度定理將面積分改成體積分:

$$\oint_S \mathbf{J} \cdot d\mathbf{S} = \int_{\text{vol}} (\nabla \cdot \mathbf{J}) \, dv$$

再以電荷密度的體積分來代表所包含的電荷 Q_i,

$$\int_{\text{vol}} (\nabla \cdot \mathbf{J}) \, dv = -\frac{d}{dt} \int_{\text{vol}} \rho_v \, dv$$

而得到的。

如果我們同意將表面維持一定,這微分就變為一個偏微分而可以出現在積分以內,

$$\int_{\text{vol}} (\nabla \cdot \mathbf{J}) \, dv = \int_{\text{vol}} -\frac{\partial \rho_v}{\partial t} \, dv$$

由此，我們就得到了連續性方程式的點形式：

$$\boxed{(\nabla \cdot \mathbf{J}) = -\frac{\partial \rho_v}{\partial t}} \tag{5}$$

記住散度的物理解釋，此方程式指出由一個小體積裡的每單位體積內所發出的電流，或每秒的電荷，就等於在每一點上單位體積內電荷減少的時間變化率。

為了闡述前兩節我們所遇到的一些觀念，以一個數值的實例來說明。讓我們考慮一沿著徑向向外且隨時間呈指數形式遞減的電流密度，

$$\mathbf{J} = \frac{1}{r}e^{-t}\mathbf{a}_r \text{ A/m}^2$$

選定時間 $t=1$ s 時，計算 $r=5$ m 處總向外電流為：

$$I = J_r S = \left(\tfrac{1}{5}e^{-1}\right)(4\pi 5^2) = 23.1 \text{ A}$$

在同時，對於較大半徑 $r=6$ m 處，得到

$$I = J_r S = \left(\tfrac{1}{6}e^{-1}\right)(4\pi 6^2) = 27.7 \text{ A}$$

故知，在 $r=6$ 處的總電流較大於 $r=5$ 處。

探討為何會如此，我們需要考慮到體積電荷密度和速度。首先，我們使用連續性方程式：

$$-\frac{\partial \rho_v}{\partial t} = \nabla \cdot \mathbf{J} = \nabla \cdot \left(\frac{1}{r}e^{-t}\mathbf{a}_r\right) = \frac{1}{r^2}\frac{\partial}{\partial r}\left(r^2 \frac{1}{r}e^{-t}\right) = \frac{1}{r^2}e^{-t}$$

接著，我們對 t 積分可以得到體積電荷密度。由於 ρ_v 是對時間做偏微分，因此，其積分「常數」將是 r 的函數：

$$\rho_v = -\int \frac{1}{r^2} e^{-t} \, dt + K(r) = \frac{1}{r^2} e^{-t} + K(r)$$

假設當 $t \to \infty$ 時 $\rho_v \to 0$，則 $K(r)=0$，故知

$$\rho_v = \frac{1}{r^2}e^{-t} \text{ C/m}^3$$

現在，我們便可以用 $\mathbf{J}=\rho_v \mathbf{v}$ 來決定速度，

$$v_r = \frac{J_r}{\rho_v} = \frac{\frac{1}{r}e^{-t}}{\frac{1}{r^2}e^{-t}} = r \text{ m/s}$$

這速度在 $r=6$ 確是大於 $r=5$，故吾人可知有某種力(未指明)正使得電荷密度向外加速。

總結上述，我們得知電流密度與 r 成反比，電荷密度則與 r^2 成反比，而速度和總電流是與 r 成正比。並且，所有的量都隨著 e^{-t} 而變化。

D5.2. 在圓柱座標中，已知 $0 \le \rho \le 20$ μm 區域內的電流密度為 $\mathbf{J} = -10^6 z^{1.5}\,\mathbf{a}_z$ A/m^2；而 $\rho \ge 20$ μm 區域內，$\mathbf{J}=0$。(a) 試求以 $\mathbf{a}_z$ 方向穿過 $z=0.1$ m 平面的總電流。(b) 若 $z=0.1$ m 處的電荷速度為 2×10^6 m/s，試求該處的 ρ_v。(c) 若在 $z=0.15$ m 處的體電荷密度為 -2000 C/m^3，試求該處的電荷速度。

答案：-39.7 μA；-15.8 mC/m^3；29.0 m/s

5.3 金屬導體

今天的物理學家們在描述圍繞於正原子核周圍的電子能量時，是以相對於一個參考零階的總能量來說明的，該參考零階是離原子核無限遠的一個電子的能量。這份總能量是動能與位能之和，同時因為要將一個電子自原子核拉開時必須供以能量，在原子中的每個電子的能量都是一個負的量。我們的想法雖然受到一些限制，但是將這些能量值與圍繞著原子核的軌道締結在一起仍是很方便的，愈負的能量相當於半徑愈小的軌道。按照量子理論，在一個已知的原子裡，只容許有某些間斷的能階或能量狀態，所以一個電子由一個階層轉到另一個階層時必須吸收或放出離散式的能量，即量子。一個在絕對零度溫度下的正常原子中，它的每個能量較低的層，從原子核開始向外數，都會被一個電子所佔據，直到電子的供應被用光為止。

在結晶式的固體中，例如金屬或鑽石中，原子們很靠近地排在一起，就有很多電子存在，因此有許多許可的能階可用，這是由於相鄰原子間的相互作用的緣故。我們發現電子擁有的能量被畫成好些很寬的範圍，或稱之為"帶"(band)，每個帶是由許許多多間隔很近而不相連的階層所組成的。在絕對零度的溫度下，正常的固體中由最低的能階開始也都是依次被佔據的，直到所有電子都就位為止。具有最高能階的電子(價電子)位於**價帶** (valence band) 內。如果有許可的較高能階是在價帶中，或者價帶勻稱地合併到一個**傳導帶** (conduction band) 中去，額外的動能就可以藉著外在的電場而供給價電子，結果

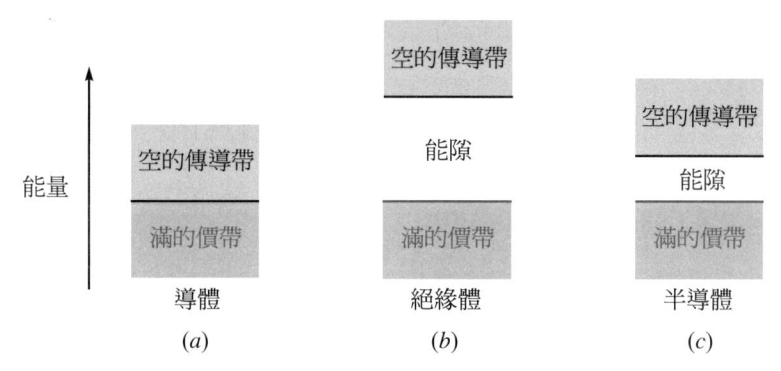

圖 5.2　0 K 時三種不同物質的能帶結構：(a) 導體價帶與傳導帶之間無能隙；(b) 絕緣體，能隙很大；(c) 半導體，甚小能隙。

產生一個電子流。這種固體就稱為**金屬導體** (metallic conductor)。導體在 0 K 時滿的價帶和空的傳導帶如圖 5.2a 所示。

但是，如果能量最大的電子佔據的是價帶中最高的一階，而且價帶和傳導帶之間有一能隙存在，電子就不能接受少量的額外能量，這種材料就成為一種絕緣體。此帶的結構示於圖 5.2b 中。不過，如果一份非常大的能量能被傳給這電子的話，它可以被激勵到足以跳過能隙而到另一個帶內去，在那邊，傳導又可以很容易地發生。這裡的絕緣體就破壞了。

一種居中的情形發生在二個帶之間只隔一個小的"禁區"時，如圖 5.2c 所示。少量的能量 (譬如熱、光，或電場) 便可以使滿帶頂上電子的能量提高而作為傳導的基礎。這種材料是絕緣體但呈現許多導體的性質，因而被稱為**半導體** (scmiconductor)。

讓我們先考慮導體。導體的價電子，或稱**傳導** (conduction) 電子或**自由** (free) 電子，可在電場的影響下運動。當有電場 **E** 時，一個電荷為 $Q=-e$ 的電子會受到一個力，

$$\mathbf{F} = -e\mathbf{E}$$

在自由空間內，電子將會加速而繼續增加它的速度 (及能量)；在晶狀材料裡電子的進展將會由於它和受熱激動的結晶格構造之間的連續碰撞而受阻，很快地就會達到一個定值的平均速度。這速度 $\mathbf{v}_d$ 被稱為**漂移速率** (drift velocity)，而它和電場強度之間的關係是線性的，係數就是已知材料內電子的**移動率** (mobility)。我們以 μ (mu) 這符號來代表移動率，於是

$$\mathbf{v}_d = -\mu_e \mathbf{E} \tag{6}$$

其中 μ_e 是電子的移動率，同時依定義它是正的。注意：電子速度的方向與 **E** 的方向

相反。(6) 式指出移動率是以每伏秒的平方公尺為單位；移動率的典型值[3] 有：鋁為 0.0012，銅為 0.0032，銀為 0.0056。

對於這些良導體而言，每秒幾吋的漂移速率就足以引起一項注意得到的溫度的昇高。同時，如果熱量不能藉著熱傳導或輻射很快地被移去的話，可能會使得電線熔掉。

將 (6) 式代入 5.1 節的 (3) 式中，可得出

$$\boxed{\mathbf{J} = -\rho_e \mu_e \mathbf{E}} \tag{7}$$

其中，ρ_e 是自由電子的電荷密度，為負值。總電荷密度 ρ_v 仍是零，因為電中性材料內存在著等量的正、負電荷。由於 ρ_e 為負值，故與式中的負號所產生的電流密度 **J** 將會具有與電場強度 **E** 相同的方向。

然而，一個金屬導體內 **J** 和 **E** 之間的關係，同時也可由傳導係數 σ (sigma) 來界定，即

$$\boxed{\mathbf{J} = \sigma \mathbf{E}} \tag{8}$$

其中，σ 是以每公尺的西門子[4] 數 (S/m) 為單位。一個西門子 (1 S) 定義為每伏特 1 安培，為 SI 系統中電導的基本單位。傳統上，電導的單位稱為姆歐 (即電阻的倒數單位)，以**顛倒的 Ω** (即 ℧) 為符號。正如同西門子是取來紀念 Siemens 兄弟一樣，電阻的單位歐姆是取來紀念歐姆 (Georg Simon Ohm) 的，他是一個德國物理學家，他是最先描述 (8) 式所暗示的電流-電壓關係的。我們稱這方程式為**歐姆定律的點形式** (point form of Ohm's law)；我們很快地將再看到歐姆定律中較為普遍的形式。

但是，首先要注意幾種金屬導體的傳導係數的信息；(以每公尺的西門子數值為單位) 典型值如下：鋁是 3.82×10^7，銅是 5.80×10^7，銀是 6.17×10^7。其他導體的數據則可在附錄 C 中找到。看到這類數據之後，只能很自然地假定我們所面對的是**定值**；原則上這是對的。金屬導體服從歐姆定律是非常實在的，而且它是一種**線型**關係。在電流強度和電場強度的寬廣範圍內傳導係數都是定值。歐姆定律和金屬導體也可敘述為**均向性的** (isotropic)，或者說在每一方向都具有相同性質。不是均向性的金屬就稱為**異向性的** (anisotropic)。在第 6 章中我們將會討論這種材料。

然而，傳導係數卻是溫度的一個函數。電阻係數──它是傳導係數的倒數──在室

---

[3] Wert 與 Thomson，第 238 頁，表列於本章末所提供的參考書目。
[4] 這是兩位德裔兄弟的姓，即 Karl Wilhelm 與 Werner von Siemens，他們是十九世紀有名的工程發明家。Karl 後來成為英國公民，並被冊封為 William Siemens 爵士。

溫的範圍內幾乎是隨溫度作直線式的變化。就鋁、銅，及銀而言，每當溫度昇高凱氏 1 度時它大約增高仟分之四 (0.4%)。[5] 有好幾種導體在很低的凱氏溫度下它的電阻係數突然會降到零；這一性能被稱為**超導性** (superconductivity)。銅和銀並非超導體，鋁卻是 (1.14 K 以下的溫度時)。

我們現在如果合併 (7) 與 (8) 二式，傳導係數就可以用電荷密度和電子的移動率來表示，

$$\boxed{\sigma = -\rho_e \mu_e} \tag{9}$$

根據 (6) 式中移動率的定義，現在可以很滿意地說，較高的溫度就表示結晶格中較大的振動。對於一個已知的電場強度而言，電子的進展受到較多的阻擾，漂移速率較低、移動率也較低。根據 (9) 式可知，傳導性較低，而電阻係數較高，一如上面所說的。

將我們所具有點形式的歐姆定律應用到巨觀的 (肉眼可見的) 區域上就能導出一個較為熟悉的形式。最初，讓我們假定 **J** 和 **E** 是均勻的 (uniform)，且位於如圖 5.3 所示的柱形區內。由於它們是均勻的，

$$I = \int_S \mathbf{J} \cdot d\mathbf{S} = JS \tag{10}$$

同時

$$V_{ab} = -\int_b^a \mathbf{E} \cdot d\mathbf{L} = -\mathbf{E} \cdot \int_b^a d\mathbf{L} = -\mathbf{E} \cdot \mathbf{L}_{ba}$$
$$= \mathbf{E} \cdot \mathbf{L}_{ab} \tag{11}$$

或者

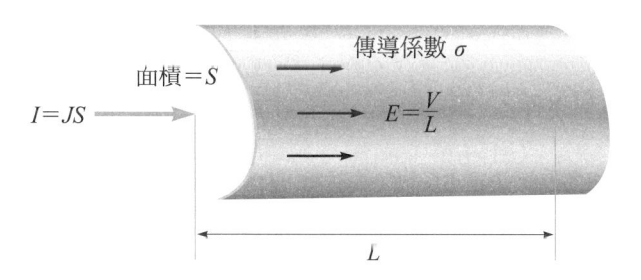

圖 5.3 在長為 L 而截面積為 S 的柱形區內的均勻電流密度 **J** 及電場強度 **E**。這裡 $V = IR$，其中 $R = L/\sigma S$。

---
[5] 各種傳導材料的溫度數據參考本章末所列參考書目的第 3 項："*Standard Handbook for Electrical Engineers*" 一書。

$$V = EL$$

因此，

$$J = \frac{I}{S} = \sigma E = \sigma \frac{V}{L}$$

或者

$$V = \frac{L}{\sigma S} I$$

然而，根據較為初級的電路分析，圓柱二端之間的電位差與自較正一端進入的電流之比是被認作這圓柱的**電阻** (resistance) 的，所以

$$\boxed{V = IR} \tag{12}$$

其中

$$\boxed{R = \frac{L}{\sigma S}} \tag{13}$$

當然，(12) 式被稱為**歐姆定律** (Ohm's law)，而 (13) 式則使我們得以計算具有均勻的場的傳導物體的電阻 R，以歐姆 (簡寫為 Ω) 來衡量。如果這些場不是均勻的，電阻仍舊可以被定為 V 對 I 之比，其中 V 是材料內二個確定的等位面之間的電位差，而 I 則是材料內經過較正那個面的總電流 I。在電場不是均勻的情形下，我們可以從 (10) 式和 (11) 式的一般積分關係以及歐姆定律 (8) 式寫出電阻的一般表示式，即

$$R = \frac{V_{ab}}{I} = \frac{-\int_b^a \mathbf{E} \cdot d\mathbf{L}}{\int_S \sigma \mathbf{E} \cdot d\mathbf{S}} \tag{14}$$

這個表示式中的線積分是取自導體中兩個等位面之間，面積分是取兩個等位面中較正的那個面。我們現在還不能求解這些不均勻的問題，但是在閱讀完第 6 章後，我們應當可以解出其中的一些。

例題 5.1

作為決定圓柱體電阻的例子，讓我們求出一根 1 哩長的 16 號銅線之電阻，它的直徑是 0.0508 in。

解：銅線的直徑為 $0.0508 \times 0.0254 = 1.291 \times 10^{-3}$ m，故截面積為 $\pi (1.291 \times 10^{-3}/2)^2 = 1.308 \times 10^{-6}$

m², 且長度為 1609 m。採用的傳導係數為 5.80×10^7 S/m,故知導線的電阻為

$$R = \frac{1609}{(5.80 \times 10^7)(1.308 \times 10^{-6})} = 21.2 \, \Omega$$

這電線可以安全地通過 10 A 的 dc 電流,相當於 $10/(1.308 \times 10^{-6}) = 7.65 \times 10^6$ A/m² 或者 7.65 A/mm² 的電流密度。在這樣大的電流下,電線二端之間的電位差是 212 V,電場強度是 0.312 V/m,漂移速率為 0.000422 m/s,或者略大於每週八分之一哩,同時自由電荷密度是 -1.81×10^{10} C/m³,或者說在大約每邊長 2 埃的一個正方形內有一個電子。

D5.3. 在銀樣本中,$\sigma = 6.17 \times 10^7$ S/m,且 $\mu_e = 0.0056$ m²/V·s,若:(a) 漂移速率為 1.5 μm/s;(b) 電場強度為 1 mV/m;(c) 樣本為每邊長 2.5 mm 的立方塊,各相反邊之間的電壓均為 0.4 mV;(d) 樣本為每邊長 2.5 mm 且載有 0.5 A 總電流的立方塊時,試求銀樣本內電流密度的大小。

答案:16.5 kA/m²;61.7 kA/m²;9.9 MA/m²;80.0 kA/m²

D5.4. 某一銅導體直徑為 0.6 in,長為 1200 ft。假設其內承載 50 A 的總 dc 電流。(a) 試求此導體的總電阻。(b) 試問導體內的電流密度為何?(c) 試問導體兩端間的 dc 電壓為何?(d) 試問此導線內消耗掉多少功率?

答案:0.035 Ω;2.74×10^5 A/m²;1.73 V;86.4 W

5.4 導體的性質和邊界條件

我們必須再度離開所假定的靜態條件,而令時間改變幾個微秒,看看當導體內的電荷分佈忽然失去平衡時,將會發生什麼改變。為了說明方便起見,讓我們假定在導體內部忽然出現了一些電子。這些電子所引起的電場並未被任何正電荷抵銷掉,所以電子開始加速而相互地分開。這情況一直繼續至電子到達導體的表面為止,或者,直到相等於注入的電子數目的電子到了表面為止。

這時候電子朝外移的過程被止住了,因為圍繞在導體周圍的材料是一種不利於傳導的絕緣體。沒有電荷能留在導體內部,如果有的話,所形成的電場將迫使電荷移到表面來。

因此,最後的結果是導體內電荷密度為零,同時在外表面上有一個表面電荷密度存在。這是一個良導體的二項特性之一。

另外一項特性——就沒有電流在流動的靜態而言的——是直接根據歐姆定律來的:

在均質導體內的電場強度是零。實際上，我們知道如果有一個電場存在的話，傳導電子將會移動而產生電流，因而導致一種非靜態的狀況。

為靜電學總結說來，導電材料之內不可能有電荷或電場存在。然而，電荷可以出現在表面上作為表面電荷密度，我們下一步的討論將是關於導體外部的 (external) 場。

我們希望將這些外部場和導體表面的電荷聯起來。這是一個簡單的問題，我們可以先免用數學而直接講出我們的解答方法來。

如果外部電場的強度被分成二個分量，一個正交於導體表面而另一個切於它，切線分量可以看出來是零。假如不為零的話，則在導體表面的電荷將受到一個切線分量之力，因而使電荷沿切線方向移動。但這是非靜態情況。由於假定的是靜態條件，切線的電場強度以及電通量密度就都是零。

高斯定律則回答了我們有關於正交分量的問題。離開一個微小表面的電通量必須等於停在那小表面上的電荷。電通量不能在切線方向離開這電荷，因為這一分量是零，它也不能穿入導體內，因為裡面全部的電場是零。所以，它必須依法線方向離開這表面。就量方面而言，我們可以說以每平方公尺的庫侖來表示且在法線方向離開表面的電通量密度就等於表面的電荷密度，單位也是每平方公尺的庫侖數，或者 $D_N = \rho_S$。

如果我們用前面導出的結果來做一項更為仔細的分析的話 (順便介紹我們在後面必須用到的一種普遍方法)，就應當在導體與自由空間之間建立一個邊界 (圖 5.4)，而在邊界的自由空間那邊畫出 **D** 和 **E** 的切線與法線分量。在導體內這二個場都是零。切線場可以利用 4.5 節的 (21) 式來決定，

$$\oint \mathbf{E} \cdot d\mathbf{L} = 0$$

這是繞著一個小的閉合路徑 *abcda* 的線積分。這積分必須被拆成四部份

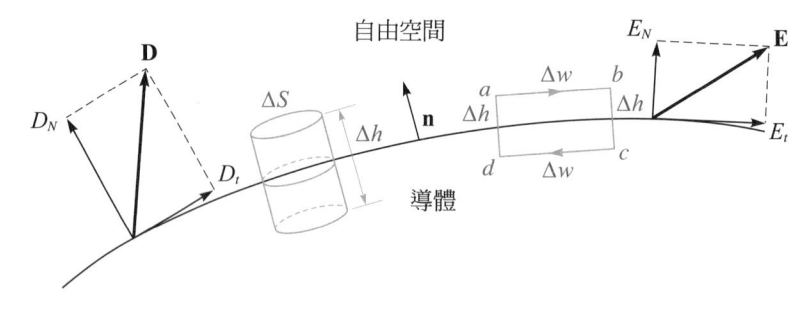

圖 5.4 一個適當的閉合路徑及高斯表面，用來決定在導體與自由空間邊界處的邊界條件 $E_t = 0$ 和 $D_N = \rho_s$。

$$\int_a^b + \int_b^c + \int_c^d + \int_d^a = 0$$

不要忘記導體內的 **E**＝0，如果從 a 到 b 或者從 c 到 d 的長度是 Δw，同時從 b 到 c 或者從 d 到 a 的長度是 Δh 的話，可得出

$$E_t \Delta w - E_{N,\text{位於 } b \text{ 點}} \tfrac{1}{2}\Delta h + E_{N,\text{位於 } a \text{ 點}} \tfrac{1}{2}\Delta h = 0$$

當我們讓 Δh 趨於零，而保持 Δw 很小卻有限時，在 a 和 b 處的法線方向的場是否相等就沒有關係了，因為 Δh 會使得這些項變到小得可以略去不計。因此，$E_t \Delta w = 0$，所以，$E_t = 0$。

法線場的條件最容易的求法是考慮 D_N 而不是 E_N，故需選一個小的圓柱作為高斯表面。令高度為 Δh，圓頂及底的面積則各為 ΔS。我們再讓 Δh 趨於零。利用高斯定律，

$$\oint_S \mathbf{D} \cdot d\mathbf{S} = Q$$

我們在三個不同的表面上分別積分，

$$\int_\text{頂} + \int_\text{底} + \int_\text{邊} = Q$$

發現最後二個是零(針對不同理由)。於是

$$D_N \Delta S = Q = \rho_S \Delta S$$

或者

$$D_N = \rho_S$$

這些是在靜電學裡導體與自由空間的邊界處所需要的**邊界條件**(boundary conditions)，

$$\boxed{D_t = E_t = 0} \tag{15}$$

$$\boxed{D_N = \epsilon_0 E_N = \rho_S} \tag{16}$$

電通量以正交於表面的方向離開導體，而電通量密度的值在數值上等於表面電荷密度。(15) 式與 (16) 式可利用向量場而更正式地表示成

$$\mathbf{E} \times \mathbf{n}\big|_s = 0 \tag{17}$$

$$\mathbf{D} \cdot \mathbf{n}\big|_s = \rho_s \tag{18}$$

其中，**n** 是表面各點的單位法線向量，並**離開**導體指向外，如圖 5.4 所示，此處這兩種運算均是在導體表面 S 處計算其值。兩個場量與 **n** 取叉積或點積運算後，便會分別產生該向量場的切線或法線分量。

由電場強度的切線分量是零這一事實立即能得到一項重要結果，即導體表面是個等位面。用線積分計算這表面上任何二點之間的電位差時會得到零的結果，因為這積分路徑可以被選在表面本身上，那裡 $\mathbf{E} \cdot d\mathbf{L} = 0$。

為了總結這些應用於靜電場內的導體上的原理起見，我們可以說，

1. 在一個導體內的靜電場強度是零。
2. 在導體表面處的靜電場強度是處處朝著與表面垂直的方向。
3. 導體表面是一個等位面。

如果已知電位場，則使用這三個原理，就可以計算出導體邊界處許多關於電位場的量。

例題 5.2

已知電位為

$$V = 100(x^2 - y^2)$$

同時約定點 $P(2, -1, 3)$ 位於導體-自由空間邊界處。試求 P 點處的 V、**E**、**D** 及 ρ_S，同時亦求出導體表面的方程式。

解：P 點處的電位是

$$V_P = 100[2^2 - (-1)^2] = 300 \text{ V}$$

由於導體面就是一個等位面，因此整個表面的電位均必須是 300 V。而且如果導體是實心的話，它的內部和表面的電位全為 300 V，而導體內部的電場 **E** 則為零。

表示 300 V 等電位的所有點的軌跡方程式為

$$300 = 100(x^2 - y^2)$$

或

$$x^2 - y^2 = 3$$

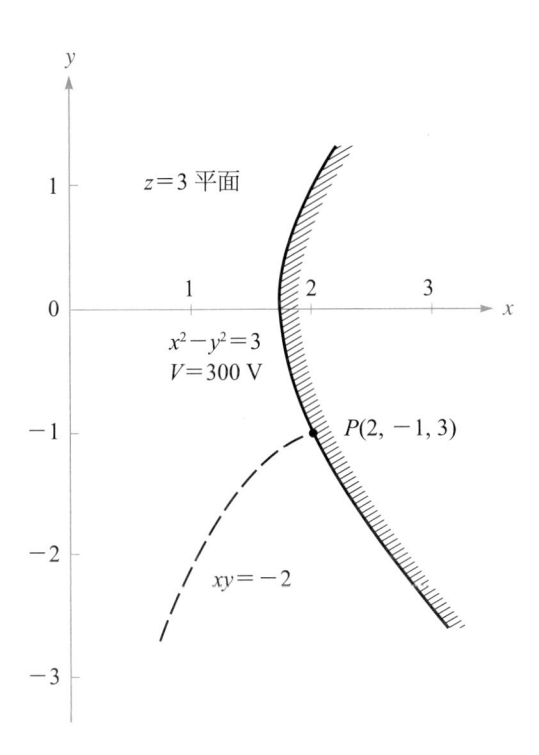

圖 5.5 已知點 $P(2, -1, 3)$ 和電位場 $V = 100(x^2 - y^2)$，我們可求出通過 P 點的等位面方程式是 $x^2 - y^2 = 3$，同時通過 P 點的流線方程式是 $xy = -2$。

上式即是導體表面的方程式，就像圖 5.5 所示的雙曲柱形。我們任意選擇實心導體位於 P 點所在的等位面的右方和上方，而自由空間則位於其左方和下方。

其次，我們藉由梯度運算求出電場強度 **E**

$$\mathbf{E} = -100\nabla(x^2 - y^2) = -200x\mathbf{a}_x + 200y\mathbf{a}_y$$

在 P 點，

$$\mathbf{E}_P = -400\mathbf{a}_x - 200\mathbf{a}_y \text{ V/m}$$

因 $\mathbf{D} = \epsilon_0 \mathbf{E}$，我們得到

$$\mathbf{D}_P = 8.854 \times 10^{-12} \mathbf{E}_P = -3.54\mathbf{a}_x - 1.771\mathbf{a}_y \text{ nC/m}^2$$

在 P 點位置的電場是指向下和向左；並垂直於等位面。因此

$$D_N = |\mathbf{D}_P| = 3.96 \text{ nC/m}^2$$

因此，P 點的表面電荷密度為

$$\rho_{S,P} = D_N = 3.96 \text{ nC/m}^2$$

注意：如果我們選取等位面左邊區域為導體的話，則 **E** 場將在表面電荷處終止，而且將使 $\rho_S = -3.96 \text{ nC/m}^2$。

例題 5.3

最後，讓我們決定通過 P 點的流線方程式。

解： 我們知道

$$\frac{E_y}{E_x} = \frac{200y}{-200x} = -\frac{y}{x} = \frac{dy}{dx}$$

因此，

$$\frac{dy}{y} + \frac{dx}{x} = 0$$

故知

$$\ln y + \ln x = C_1$$

則

$$xy = C_2$$

當 $C_2 = (2)(-1) = -2$ 時，就可以得到通過 P 點的線 (或面)。因此，這流線是另外一條雙曲柱形的流線，

$$xy = -2$$

此流線亦同時顯示在圖 5.5 中。

D5.5. 已知自由空間的電位場為 $V = 100 \sinh 5x \sin 5y$ V，及點 $P(0.1, 0.2, 0.3)$，若已知 P 點位於導體表面，試求 P 點處下列各值：(a) V；(b) $\mathbf{E}$；(c) $|\mathbf{E}|$；(d) $|\rho_S|$。

答案： 43.8 V；$-474\mathbf{a}_x - 140.8\mathbf{a}_y$ V/m；495 V/m；4.38 nC/m^2

5.5 映像法

在第 4 章導出的電偶極電場的一個重要特性，就是通過電偶極的兩電荷中點的垂直平分面為零電位的等位面。這個平面可用一個無限大的極薄的導體表面來代替。這個無限大的導體是零電位的等位面，故電場強度垂直於其表面。因此，圖 5.6a 的電偶極圖形，假如用圖 5.6b 一個單獨電荷和一塊無限大的導體平板來代替，則平板上面部分的電場完全相同。由於平板下面無電荷存在的緣故，平板下面部分的電場，則全部為零。當然，我們也可以在導體平面下面引入一個負電荷，用以代替這個區域下半部的等值電場情況。

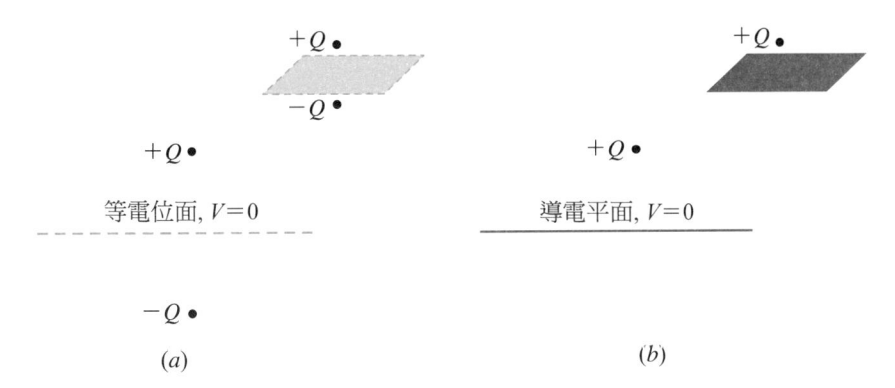

圖 5.6 (a) 圖的兩個相等反電荷的電偶極電場，可用 (b) 圖的一個單獨電荷和一塊導體板來代替。在 V=0 面的上半部不受影響。

現在我們用上述反向的觀點來研究。假如一個單獨電荷位於完全導體平面上方。我們可以去掉這塊導體板，而在原導體板的下方對稱位置加入一個負電荷。如此，對導體板上方的電場並無影響。這個加入的等值負電荷稱為原電荷的**映像** (image)。

上述一個映像電荷的求法，當然也可以同樣方法做次一個映像。因此，在一塊無限大導體平面上方若有一個分佈電荷圖形，則同樣可用相同的負電荷圖形 (它的映像) 來代替。這裡提供兩個說明例子，如圖 5.7 所示。在許多情況之下，這種映像代替的電位場較容易求得。因為我們不必考慮導體板的存在。而這個導體板上的感應電荷尚未知道。

茲舉例說明映像的應用：如果有一條均勻線電荷 30 nC/m 位於 $x=0$，$z=3$ 處，且一個無限大的導體平面位在 $z=0$，如圖 5.8a 所示。讓我們求出平面上 $P(2,5,0)$ 點的面電荷密度。根據映像法，移去導體平面並且在 $x=0$，$z=-3$ 位置裝設一映像線電荷 -30 nC/m，如圖 5.8b 所示。於是 P 點的電場強度可由兩個線電荷所產生的電場疊加而求得。由

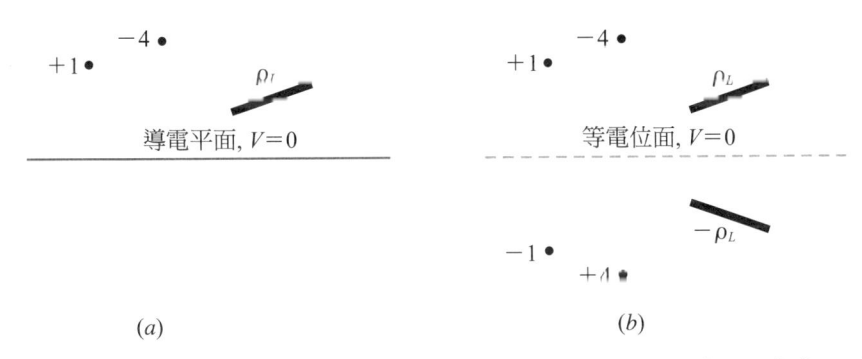

圖 5.7 (a) 圖內一已知的電荷分佈圖形在一個無限大的導體平面之上。可以 (b) 圖的原來的電荷分佈圖形及映像電荷圖形合併在上部份產生的效果。不必再考慮導體平面的感應電荷。

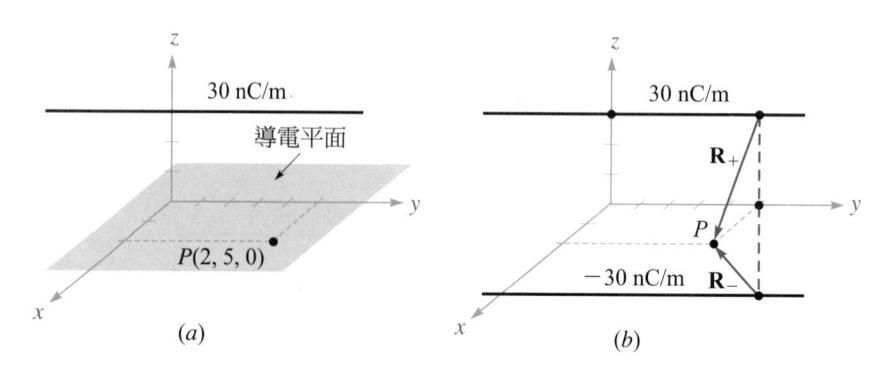

正線電荷到 P 點的向量距離為 $\mathbf{R}_+ = 2\mathbf{a}_x - 3\mathbf{a}_z$，同時 $\mathbf{R}_- = 2\mathbf{a}_x + 3\mathbf{a}_z$。因此，兩線電荷產生的電場分別為

$$\mathbf{E}_+ = \frac{\rho_L}{2\pi\epsilon_0 R_+}\mathbf{a}_{R+} = \frac{30\times 10^{-9}}{2\pi\epsilon_0\sqrt{13}}\frac{2\mathbf{a}_x - 3\mathbf{a}_z}{\sqrt{13}}$$

及

$$\mathbf{E}_- = \frac{30\times 10^{-9}}{2\pi\epsilon_0\sqrt{13}}\frac{2\mathbf{a}_x + 3\mathbf{a}_z}{\sqrt{13}}$$

兩向量之和為

$$\mathbf{E} = \frac{-180\times 10^{-9}\mathbf{a}_z}{2\pi\epsilon_0(13)} = -249\mathbf{a}_z \text{ V/m}$$

這就是圖 5.8 平面上 P 點的電場強度。當然，這電場強度的方向符合前述的規定，即垂直於導體表面。至於 P 點的 $\mathbf{D} = \epsilon_0\mathbf{E} = -2.20\mathbf{a}_z$ nC/m²，是指向導電平面。因此，P 點的 ρ_S 必為負數，其值為 -2.20 nC/m²。

> **D5.6.** 已知自由空間內，有一完美的導電平面位於 $x=4$ 處，一條 40 nC/m 的無限長線電荷位於 $x=6$ 及 $y=3$ 之交界線上。令導體面的電位 $V=0$，在 $P(7, -1, 5)$ 點處，試求：(a) V；(b) $\mathbf{E}$。
>
> 答案：317 V；$-45.3\mathbf{a}_x - 99.2\mathbf{a}_y$ V/m

5.6 半導體

我們現在如果將注意力轉移到本質半導體材料，像純鍺或純矽上，其內有二種電流載體存在，即電子及電洞 (holes)。這些電子是從填滿的價帶頂部來的，它們得到了足夠的能量 (通常是熱能) 以至於能穿過相對來說較小的禁帶而進入傳導帶來。在典型的半導體中，禁帶能隙大約是 1 個電子伏的程度。這些電子留下來的空位就代表價帶中未填滿的能量狀態，它們在晶體中也能自一個原子移到另一原子去。這種空位被稱為電洞，藉著將電洞當作是有正電荷 e，移動率 μ_h，以及一個和電子匹配的等效質量，就可以說明許多半導體的性質。這種載體都會在電場中移動，而它們可朝相反方向移動。所以，對總電流都有貢獻，同時電子與電洞形成的電流均為同一方向。於是，傳導係數就同時是電洞及電子的濃度及移動率的一個函數，即

$$\sigma = -\rho_e \mu_e + \rho_h \mu_h \tag{17}$$

就純粹的或**本質的** (intrinsic) 矽而言，電子和電洞的移動率分別是 0.12 及 0.025；對於鍺，則分別是 0.36 及 0.17。這些值的單位為以公尺^2/伏-秒，同時其值範圍約在鋁、銅、銀、及別的金屬導體的 10 倍到 100 倍之間。[6] 上面所述的移動率是在凱氏 300 度溫度下的值。

電子和電洞的濃度與溫度之間的關係很密切。在愷氏 300 度時，本質矽內電子和電洞的體積電荷密度的大小都是 0.0024 C/m^3，而在本質鍺中則為 3.0 C/m^3。這些值就使得矽的傳導係數為 0.00035 S/m，鍺則為 1.6 S/m。當溫度昇高時，移動率減低，但是電荷密度則增加得很快。結果，當溫度自凱氏 300 度昇到大約 330 度時，矽的傳導係數就增加了 10 倍，而當溫度自凱氏 300 度降到差不多 275 度時，這傳導係數就降低了 10 倍。注意：本質半導體的傳導係數雖然是隨著溫度而增高的，然而金屬導體的傳導係數則會隨著溫度的昇高而降低；這是金屬導體與本質半導體之間特性上的一項區別。

本質半導體也能滿足歐姆定律的點形式；也就是說，傳導係數對電流密度以及對電流密度的方向而言，都可合理地看成是一個定值。

半導體中只需加入少許雜質，就可使電荷載體和傳導係數大大地增加。**施體** (donor) 物質供給多餘的電子形成 **n-**型半導體。**受體** (acceptors) 材料則供給多餘的電洞形成 **p-**型半導體。此種方法稱為**摻雜** (doping)，矽材料中的施體濃度只須有千萬分之一，就可使

---

[6] 各半導體的移動率列於本章末的參考書目 2、3、5。

傳導係數增加 10^5 倍。

從最好的絕緣材料到半導體再到最佳導體之間，傳導係數值的範圍是極大的。以姆歐每公尺為單位時，在室溫下 σ 可以從熔化石英的 10^{-17}，不良的塑膠絕緣體的 10^{-7}，以及半導體的大致是 1，一直到金屬導體的幾乎是 10^8 之值。這些值佔了幾乎是 10^{25} 這麼大的範圍。

> **D5.7.** 利用本節所指定的在 300 K 時矽之電子與電洞移動率值，並假設電子與電洞的電荷密度分別為 0.0029 C/m³ 及 −0.0029 C/m³，試求：(a) 由電洞所造成的導電係數值；(b) 由電子所造成的導電係數值；(c) 導電係數。
>
> 答案：72.5 μS/m；348 μS/m；421 μS/m

5.7　電介質材料的本質

在電場中的電介質可以被當作微觀的電偶極在自由空間內的一種排列，這裡，每一個電偶極都是由一個正電荷和一個負電荷構成，且其中心未緊密地束縛在一起。這些電荷並非自由電荷，它們不能構成電流的傳導作用。相反地，它們是被原子或分子的力量所束縛著，在外加電場中它們僅能有少許的位移。所以，這些電荷稱為**束縛電荷** (bound charges)，與自由電荷供給於傳導作用者有所不同。束縛電荷可以被當作靜電場的任何其它的電荷源來處理。所以，我們如果不想要的話，就不必將介電常數當作一個新的參數來介紹，也不必談到異於自由空間的介電係數；不過，我們就得考慮在**一塊電介質內的每一個電荷**。為了要利用前面所有的方程式，而不必對它們的形式加以修改，而需要付出這樣高的代價，所以我們將要花一點時間從量的方面來談電介質的理論，介紹極化向量 **P**，介電係數 ϵ，及相對介電係數 ϵ_r；並導出涉及這些新參數的一些定量關係式。

所有介電材料不論是固體、液體，或氣體，也不論它們在本質上是否為晶狀的，它們共有的特性是它們均能儲存電能。此種能量的儲存是藉著內在的正、負電荷的相對位置抗拒正常的分子及原子力作一遷徙而發生的。

抵抗限制力而做的這一位移就像舉高一重物或拉長一根彈簧一樣，代表的是位能。能量的來源是外在的電場，遷徙電荷的運動可能會在產生電場的蓄電池中引起一個暫態電流。

電荷位移的實際方式在各種電介質中是不同的。有些分子，稱為**極性** (polar) 分子，在正、負電荷的"重力"中心之間有一個永久性的位移存在，每一對電荷的作用就像一個偶極。通常，在整個材料的內部，這些偶極的指向是隨機的，外在電場的作用是將這些分子在某個程度下朝同一方向排起來。一個夠強的電場甚至可以在正、負電荷之間再產生一項額外的位移。

一個非極性的 (nonpolar) 分子通常是沒有這種偶極的排列，直到外加電場之後才有。負和正的電荷逆著它們相互的吸力而朝相反的方向移動，因而產生一個偶極，它是與電場並列的。

這二者中的任一種偶極都可以用它的偶極矩 **p** 來描述，後者在 4.7 節的 (36) 式中已說明了，

$$\mathbf{p} = Q\mathbf{d} \tag{20}$$

其中，Q 是組成偶極的二個束縛電荷中正的那一個，**d** 是從負電荷到正電荷的向量。注意，**p** 的單位仍然是庫侖-公尺。

如果每單位體積內有 n 個偶極，則體積 Δv 內就有 $n\,\Delta v$ 個偶極。由向量和就可求得總偶極矩，

$$\mathbf{p}_{\text{total}} = \sum_{i=1}^{n\,\Delta v} \mathbf{p}_i$$

如果偶極均沿著同一方向排列，$\mathbf{p}_{\text{total}}$ 可能會有很大的值，但如果是隨機排列的話，則可能造成 $\mathbf{p}_{\text{total}} = 0$。

現在，我們便可以將極化向量 **P** 定義為**每單位體積的偶極矩**，即

$$\mathbf{P} = \lim_{\Delta v \to 0} \frac{1}{\Delta v} \sum_{i=1}^{n\,\Delta v} \mathbf{p}_i \tag{21}$$

P 的單位是每平方公尺的庫侖數。我們會把 **P** 當作是一個典型的連續向量場，雖然很明顯地在原子或分子以內的各點上，本質上它是未加入界定。相反地，我們應當將它在任何一點的值當作是一個樣品體積 Δv 上的平均值，這個體積要大到足以包含許多個分子 ($n\,\Delta v$ 個)，卻仍然小到可以在觀念上被當作微量才對。

緊接著，我們的目標是要證明束縛電荷體積密度在產生外在電場時就像自由的電荷體積密度一樣；我們將可得到一個和高斯定律相似的結果。

為了說得具體一些，讓我們假定有一種含非極性分子的電介質，沒有任何分子具有偶矩，所以在整個材料中 $\mathbf{P} = 0$。在電介質內部某處，我們選擇一個微小的面積單元 $\Delta \mathbf{S}$，如圖 5.9a 所示。同時，外加一個電場 **E**，此電場使每個分子產生一個電偶極矩 $\mathbf{p} = Q\mathbf{d}$，**p** 與 **d** 的方向和 $\Delta \mathbf{S}$ 成 θ 角，如圖 5.9b 所示。

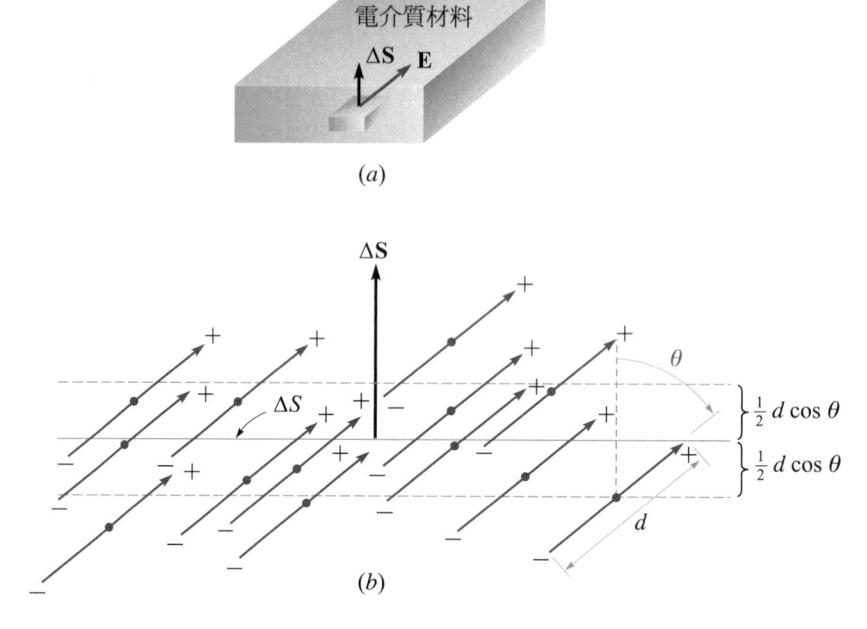

圖 5.9 (a) 在電介質體內部，有一電場 **E** 存在。電介質內部一微量面積 ΔS 的情況。(b) 非極化分子在電場中形成偶極矩 **p** 及極化 **P**，因而有淨束縛電荷穿過 ΔS。

現在，讓我們來觀察通過 ΔS 的束縛電荷。由於極化作用，被極化的電荷會往垂直於 ΔS 的方向移動一段距離 $\frac{1}{2}d\cos\theta$。因此，原來在 ΔS 下方 $\frac{1}{2}d\cos\theta$ 範圍內的正電荷必定都會通過 ΔS 而到達 ΔS 的上方。同時，原來在 ΔS 上方 $\frac{1}{2}d\cos\theta$ 範圍內的負電荷，也必定都會通過 ΔS 而達到 ΔS 的下方。由於每立方公尺內有 n 個分子，故知朝上經過這個表面單元的總淨電荷就是 $nQd\cos\theta\,\Delta S$，或者

$$\Delta Q_b = nQ\mathbf{d}\cdot\Delta\mathbf{S}$$

其中，Q_b 的下標是提醒我們處理的是束縛電荷而不是自由電荷。以極化向量來表示時，我們就得到

$$\Delta Q_b = \mathbf{P}\cdot\Delta\mathbf{S}$$

如果將 ΔS 解釋為一個閉合表面的一個單元，它是朝外指的，而這閉合表面以內，束縛電荷的淨增量可藉由下列積分求得，

$$Q_b = -\oint_S \mathbf{P}\cdot d\mathbf{S} \tag{22}$$

上述公式與高斯定律非常相似，現在，我們要統一在電介質內電通量密度的定義，以有別於先前真空中的定義。首先，我們寫出高斯定律並以 $\epsilon_0 \mathbf{E}$ 與 Q_T 表示之。Q_T 為閉合面積包圍的**全部**電荷，包括束縛電荷與自由電荷：

$$Q_T = \oint_S \epsilon_0 \mathbf{E} \cdot d\mathbf{S} \tag{23}$$

式中

$$Q_T = Q_b + Q$$

Q 為閉合面積 S 內所包括的**自由**電荷。注意，自由電荷不用下標，因為它是最重要的一種電荷，也出現在馬克士威爾方程式中。

合併這三個方程式，可得到所包含的自由電荷為：

$$Q = Q_T - Q_b = \oint_S (\epsilon_0 \mathbf{E} + \mathbf{P}) \cdot d\mathbf{S} \tag{24}$$

現在，我們對於 **D** 的定義，就有比第 3 章更適用的意義了，即

$$\boxed{\mathbf{D} = \epsilon_0 \mathbf{E} + \mathbf{P}} \tag{25}$$

所以，有極化物質存在時，**D** 向量內就有了新加的向量。因此，

$$Q = \oint_S \mathbf{D} \cdot d\mathbf{S} \tag{26}$$

式中 Q 為被包含的自由電荷。

利用上述幾種體積電荷密度，我們可得

$$Q_b = \int_v \rho_b \, dv$$

$$Q = \int_v \rho_v \, dv$$

$$Q_T = \int_v \rho_T \, dv$$

利用散度定律，可將 (22)、(23) 及 (26) 式轉換成等效的散度公式，

$$\nabla \cdot \mathbf{P} = -\rho_b$$

$$\nabla \cdot \epsilon_0 \mathbf{E} = \rho_T$$

$$\boxed{\nabla \cdot \mathbf{D} = \rho_v} \tag{27}$$

在以後各節中，我們只著重包含自由電荷的 (26) 及 (27) 兩式。

為了要真正地應用這些新觀念起見，就必須知道電場強度 **E** 和它所產生的極化向量 **P** 之間的關係。當然，這關係將是材料種類的一個函數。原則上，我們的討論將侷限於等向性的材料方面，亦即 **E** 和 **P** 的關係是線性的。在一種等向性的材料中，向量 **E** 和 **P** 總是平行的，不論電場的方向性如何。雖然，大多數工程用的電介質在中等到大的電場強度下是線性，同時也是等向性的，但單個的晶體則可能是異向性的。晶體材料的週期性使得偶極矩最容易在沿結晶軸的方向上形成，而不一定是在外加電場的方向上。

在**鐵電材料** (ferroelectric material) 中，**P** 和 **E** 之間的關係不僅是非線性的，並且還呈現磁滯效應；也就是說：一個已知電場強度所產生的極化要依樣品過去的歷史而定。這類電介質的重要例子有通常用於電容器之中的鈦酸鹽鋇及珞賽耳鹽 (barium titanate and Rochelle salt)。

P 和 **E** 之間的線性關係是

$$\boxed{\mathbf{P} = \chi_e \epsilon_0 \mathbf{E}} \tag{28}$$

其中，χ_e (讀成 chi) 是材料的**電極化率** (electric susceptibility)。

將此式代入 (25) 式，我們得到

$$\mathbf{D} = \epsilon_0 \mathbf{E} + \chi_e \epsilon_0 \mathbf{E} = (\chi_e + 1)\epsilon_0 \mathbf{E}$$

括號中的表示式現在可以定義為

$$\epsilon_r = \chi_e + 1 \tag{29}$$

這是另一個無因次的量，也就是所謂的**相對介電係數** (relative permittivity)，或是物質的**介電常數** (dielectric constant)。因而，

$$\mathbf{D} = \epsilon_0 \epsilon_r \mathbf{E} = \epsilon \mathbf{E} \tag{30}$$

其中

$$\boxed{\epsilon = \epsilon_0 \epsilon_r} \tag{31}$$

ϵ 是**介電係數** (permittivity)。某些代表性物質的介電常數列於附錄 C 中。

異向性的電介質不能以一個簡單的極化率或介電參數來描述。相反地，我們發現 **D** 的每個分量都可以是 **E** 的每個分量的函數，因此 **D**=ϵ**E** 就變成了一個矩陣方程式，**D** 和 **E** 都是 3×1 階的矩陣，而 ϵ 則是一個 3×3 階的方陣。展開這矩陣方程式得到

$$D_x = \epsilon_{xx}E_x + \epsilon_{xy}E_y + \epsilon_{xz}E_z$$
$$D_y = \epsilon_{yx}E_x + \epsilon_{yy}E_y + \epsilon_{yz}E_z$$
$$D_z = \epsilon_{zx}E_x + \epsilon_{zy}E_y + \epsilon_{zz}E_z$$

注意，矩陣元素與異向性材料中的座標軸的選定相關，選擇了特定的方向軸將可以使我們導出較簡單的矩陣。[7]

此時，**D** 和 **E** (以及 **P**) 不再是平行的，我們仍然可以繼續使用 **D**=ϵ_0**E**+**P** 這個方程式，只要將 **D**=ϵ**E** 解釋成一個張量即可。我們現在把注意力集中在線性且等向性的材料上，而把較為普遍的情形留在更高深的書中。

於是，總而言之，我們現在有一項 **D** 和 **E** 之間的關係，它是和所在的介質材料有關的，

$$\boxed{\mathbf{D} = \epsilon \mathbf{E}} \tag{30}$$

其中

$$\boxed{\epsilon = \epsilon_0 \epsilon_r} \tag{31}$$

電通量密度和自由電荷間的關係仍然可以用點形式的或積分式的高斯定律來表示，

$$\boxed{\nabla \cdot \mathbf{D} = \rho_v} \tag{27}$$

$$\boxed{\oint_S \mathbf{D} \cdot d\mathbf{S} = Q} \tag{26}$$

利用相對的介電係數，如上面的 (31) 式所示的，就不必要再考慮極化、偶矩，和束縛電荷了。然而，在必須考慮非等向性的或非線性的材料時，像前面所讀到的簡單純量式的相對介電係數就不再適用。

---

[7] 關於矩陣更完整的討論，列於本章末參考書目的 Ramo、Whinnery 和 Van Duzer 著作中。

例題 5.4

我們將一塊鐵氟龍 (Teflon) 放在 $0 \leq x \leq a$ 區域內，並假設在 $x < 0$ 及 $x > a$ 處為自由空間。在這塊鐵氟龍之外有一個均勻的電場 $\mathbf{E}_{外} = E_0 \mathbf{a}_x$ V/m。我們想要求出各區域內的 $\mathbf{D}$、$\mathbf{E}$ 及 $\mathbf{P}$。

解：鐵氟龍的介電常數是 2.1，因此其電極化率是 1.1。

在這塊鐵氟龍的外面，我們馬上可以得到 $\mathbf{D}_{外} = \epsilon_0 E_0 \mathbf{a}_x$。同時，由於那裡沒有電介質存在，$\mathbf{P}_{外} = 0$。現在，前面最後的四個或五個式子中的任何一個都可以幫我們將材料以內的幾個場聯繫起來。因此

$$\mathbf{D}_{內} = 2.1\epsilon_0 \mathbf{E}_{內} \quad (0 \leq x \leq a)$$
$$\mathbf{P}_{內} = 1.1\epsilon_0 \mathbf{E}_{內} \quad (0 \leq x \leq a)$$

一旦我們決定了電介質中這三個場裡任何一個的值以後，另外二個馬上就可以被找到。困難之點在於從電介質以外已知的場跨過邊界而到裡面未知的那些內部場。要克服此困難，我們需要一個邊界條件，而這就是下一節的有趣主題，屆時我們將對這例子作一個總結討論。

在本書的稍後部份我們將用 $\mathbf{D}$ 和 ϵ 而不用 $\mathbf{P}$ 及 χ_e 來形容可極化的材料。我們將所要的討論限制於等向性材料。

D5.8. 某一片電介質材料的相對介電係數為 3.8 且其內有 8 nC/m² 的均勻電通量密度。若此材料無損耗，試求：(a) E；(b) P；(c) 若平均偶極矩 10^{-29} C·m，試求每立方公尺的平均偶極數。

答案：238 V/m；5.89 nC/m²；5.89×10^{20} m^{-3}

5.8 完全電介質材料的邊界條件

我們如何處理一個有二種不同的電介質，或者一種電介質和一種導體的問題呢？這是**邊界條件** (boundary condition) 的另一例子，諸如我們發現在導體表面處切線方面的場是零，而電通量密度的法線分量就等於導體上電荷的表面密度。現在，進行解一個二種電介質的問題，或者一個電介質與導體問題的第一步，就是要決定在電介質的交界處各個場的性質。

讓我們先考慮介電係數為 ϵ_1 和 ϵ_2 的二種電介質間的交界面，這二種電介質分別佔據區域 1 和區域 2，如圖 5.10 所示。利用

$$\oint \mathbf{E} \cdot d\mathbf{L} = 0$$

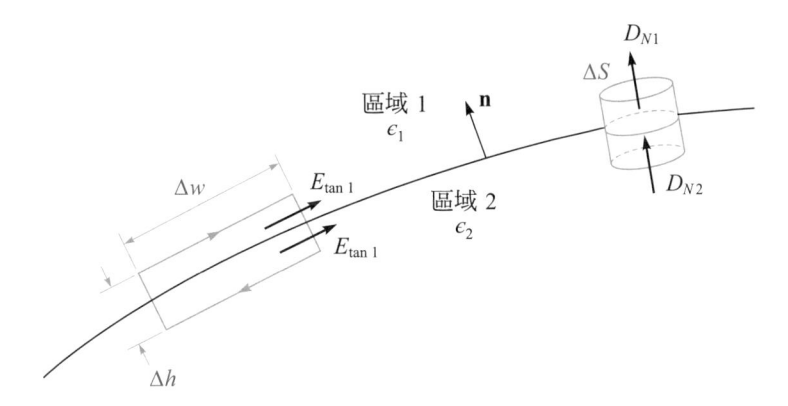

圖 5.10 介電係數為 ϵ_1 和 ϵ_2 的二種完全電介質之間的邊界。D_N 的連續性是以高斯表面表示的,而 $E_{\tan}$ 的連續性則是以圈著閉合路徑的線積分來指出的。

我們先用繞著圖中所示的小閉合路線來檢視切線分量。由此,可得到

$$E_{\tan 1} \Delta w - E_{\tan 2} \Delta w = 0$$

沿著長度 Δh 的 **E** 的法線分量對於線積分的小貢獻當 Δh 變得極小時就可略去不計,所以這閉合路徑就擠在表面處。於是,馬上得到

$$\boxed{E_{\tan 1} = E_{\tan 2}} \tag{32}$$

很明顯地,克希荷夫的電壓定律在這裡仍是可用的。當然,我們已經證明了在邊界處相距 Δw 的二點之間的電位差,無論是邊界之上或之下都是一樣的。

如果電場強度的切線分量在邊界上下是連續的,則 **D** 的切線分量是不連續的,因為

$$\frac{D_{\tan 1}}{\epsilon_1} = E_{\tan 1} = E_{\tan 2} = \frac{D_{\tan 2}}{\epsilon_2}$$

或者

$$\frac{D_{\tan 1}}{D_{\tan 2}} = \frac{\epsilon_1}{\epsilon_2} \tag{33}$$

法線分量方面的邊界條件是將高斯定律應用到圖 5.10 所示的小"圓筒"上而求得的。同樣地,各邊也是很短,離開上面及底面的通量是

$$D_{N1} \Delta S - D_{N2} \Delta S = \Delta Q = \rho_S \Delta S$$

由此可得

$$D_{N1} - D_{N2} = \rho_S \tag{34}$$

這表面電荷密度是什麼？它不可能是**束縛** (bound) 電荷的表面密度，因為我們要用異於 1 的介電常數來包括電介質的極化；也就是說，我們是用一個變大的介電係數而不考慮自由空間中的束縛電荷。同時，任何**自由電荷** (free charge) 會停留在交界處是極不可能的，因為在我們所考慮的完全電介質中並沒有自由電荷存在。除非這電荷必然是故意被放在那裡，而使得電介質內及面上總電荷失去平衡。除了這種特殊情形外，我們可以假定在交界處 ρ_S 是零，同時

$$D_{N1} = D_{N2} \tag{35}$$

或者說，**D** 的法線分量為連續。由此則得到

$$\epsilon_1 E_{N1} = \epsilon_2 E_{N2} \tag{36}$$

所以，法線上的 **E** 是不連續的。

(32) 式與 (34) 式可以利用任意方向的向量場來列寫表示，只要其邊界面的單位法線向量取成如圖 5.10 所示即可。正式地說，即在一完全電介質表面處，電通量密度與電場強度可以寫成

$$(\mathbf{D}_1 - \mathbf{D}_2) \cdot \mathbf{n} = \rho_s \tag{37}$$

此式為 (32) 式的一般形式，以及

$$(\mathbf{E}_1 - \mathbf{E}_2) \times \mathbf{n} = 0 \tag{38}$$

此式則為 (34) 式的通式，這種結構式曾用於導電表面的 (17) 式與 (18) 式，其中各場量的法線或切線分量可分別透過與單位法線向量取點積或叉積而求得。

這些條件可以用來指出在表面處 **D** 和 **E** 的改變。令 $\mathbf{D}_1$ (和 $\mathbf{E}_1$) 與表面成 θ_1 夾角 (圖 5.11)。由於 **D** 的法線分量是連續的，故知

$$D_{N1} = D_1 \cos\theta_1 = D_2 \cos\theta_2 = D_{N2} \tag{39}$$

D 的切線分量的比值如 (33) 式可改寫為

$$\frac{D_{\tan 1}}{D_{\tan 2}} = \frac{D_1 \sin\theta_1}{D_2 \sin\theta_2} = \frac{\epsilon_1}{\epsilon_2}$$

或者

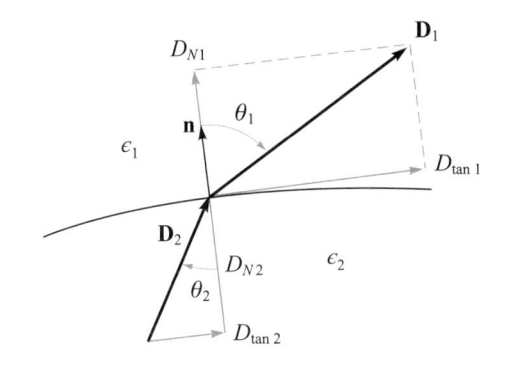

圖 5.11 在交界面 D 的折射；情況為 $\epsilon_1 > \epsilon_2$，$\mathbf{E}_1$ 和 $\mathbf{E}_2$ 是沿著 $\mathbf{D}_1$ 和 $\mathbf{D}_2$ 的方向；其中 $D_1 > D_2$，$E_1 < E_2$。

$$\epsilon_2 D_1 \sin\theta_1 = \epsilon_1 D_2 \sin\theta_2 \tag{40}$$

用 (39) 式除以此式，得出

$$\frac{\tan\theta_1}{\tan\theta_2} = \frac{\epsilon_1}{\epsilon_2} \tag{41}$$

在圖 5.11 中，我們假定 $\epsilon_1 > \epsilon_2$，因此 $\theta_1 > \theta_2$。

在邊界各側 **E** 的方向是與 **D** 的方向完全一樣的，因為 $\mathbf{D} = \epsilon \mathbf{E}$。

在區域 2 內 **D** 的大小可以由 (39) 式和 (40) 式求得

$$D_2 = D_1 \sqrt{\cos^2\theta_1 + \left(\frac{\epsilon_2}{\epsilon_1}\right)^2 \sin^2\theta_1} \tag{42}$$

而 $\mathbf{E}_2$ 的大小則為

$$E_2 = E_1 \sqrt{\sin^2\theta_1 + \left(\frac{\epsilon_1}{\epsilon_2}\right)^2 \cos^2\theta_1} \tag{43}$$

查看一下這些方程式可知，D 在介電係數較高的區域內比較大 (除非 $\theta_1 = \theta_2 = 0°$，那時大小並不改變)，同時 E 是在介電係數較低的區域內比較大 (除非 $\theta_1 = \theta_2 = 90°$，那時它的大小不起改變)。

例題 5.5

藉由求出鐵氟龍 ($\epsilon_r = 2.1$) 內部的各種場量來完成例題 5.4，已知在自由空間中均勻的外部場為 $\mathbf{E}_{外} = E_0 \mathbf{a}_x$。

解：還記得我們有一塊鐵氟龍從 $x = 0$ 伸展到 $x = a$ (圖 5.12)，在它的兩邊各有一自由空間，並有一

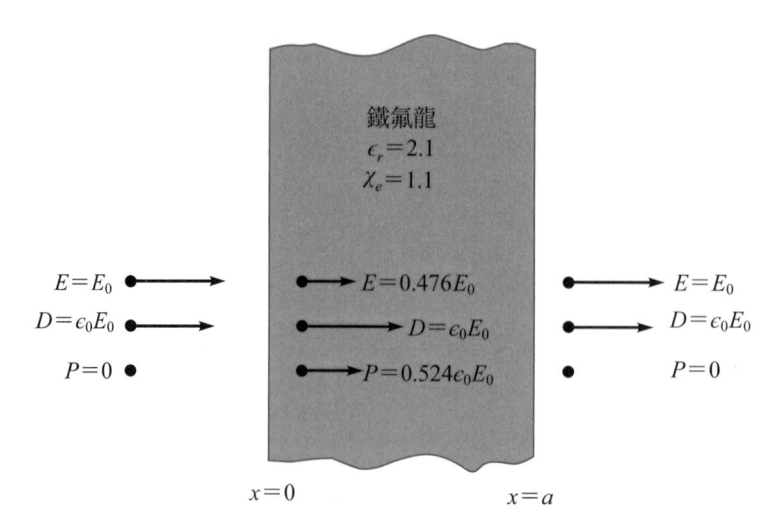

圖 5.12 已知電介體外部的電場強度，然後求出外部的其它場各向量。再由 **D** 向量的法線分量的連續性開始求出內部的場。

外在的電場 $\mathbf{E}_{外}=E_0\mathbf{a}_x$。我們還有 $\mathbf{D}_{外}=\epsilon_0 E_0\mathbf{a}_x$ 以及 $\mathbf{P}_{外}=0$。

在電介質裡面，D_N 在邊界處的連續性能使我們求得 $\mathbf{D}_{內}=\mathbf{D}_{外}=\epsilon_0 E_0\mathbf{a}_x$。這又使我們得到 $\mathbf{E}_{內}=\mathbf{D}_{內}/\epsilon=\epsilon_0 E_0\mathbf{a}_x/(\epsilon_r\epsilon_0)=0.476E_0\mathbf{a}_x$。為了求得電介質內的極化場，我們用 $\mathbf{D}=\epsilon_0\mathbf{E}+\mathbf{P}$ 並得到

$$\mathbf{P}_{內}=\mathbf{D}_{內}-\epsilon_0\mathbf{E}_{內}=\epsilon_0 E_0\mathbf{a}_x-0.476\epsilon_0 E_0\mathbf{a}_x=0.524\epsilon_0 E_0\mathbf{a}_x$$

簡化後，得出

$$\mathbf{D}_{內}=\epsilon_0 E_0\mathbf{a}_x \qquad (0\leq x\leq a)$$
$$\mathbf{E}_{內}=0.476\epsilon_0 E_0\mathbf{a}_x \qquad (0\leq x\leq a)$$
$$\mathbf{P}_{內}=0.524\epsilon_0 E_0\mathbf{a}_x \qquad (0\leq x\leq a)$$

實際的問題往往不會提供我們關於邊界任一側場的直接資料。我們必須利用邊界條件所給的其它資料決定邊界二側的各個場。

D5.9. 令區域 1 ($z<0$) 是由 $\epsilon_r=3.2$ 的均勻介電材料組成，而區域 2 ($z>0$) 則含有 $\epsilon_r=2$ 的材料。令 $\mathbf{D}_1=-30\mathbf{a}_x+50\mathbf{a}_y+70\mathbf{a}_z$ nC/m^2，試求：(a) D_{N1}；(b) $\mathbf{D}_{t1}$；(c) D_{t1}；(d) D_1；(e) θ_1；(f) $\mathbf{P}_1$。

答案：70 nC/m^2；$-30\mathbf{a}_x+50\mathbf{a}_y$ nC/m^2；58.3 nC/m^2；91.1 nC/m^2；39.8°；$-20.6\mathbf{a}_x+34.4\mathbf{a}_y+48.1\mathbf{a}_z$ nC/m^2

D5.10. 續做練習題 D5.9.，試求：(a) $\mathbf{D}_{N2}$；(b) $\mathbf{D}_{t2}$；(c) $\mathbf{D}_2$；(d) $\mathbf{P}_2$；(e) θ_2。

答案：70$\mathbf{a}_z$ nC/m^2；$-18.75\mathbf{a}_x+31.25\mathbf{a}_y$ nC/m^2；$-18.75\mathbf{a}_x+31.25\mathbf{a}_y+70\mathbf{a}_z$ nC/m^2；$-9.38\mathbf{a}_x+15.63\mathbf{a}_y+35\mathbf{a}_z$ nC/m^2；27.5°

參考書目

1. Fano, R. M., L. J. Chu, and R. B. Adler. *Electromagnetic Fields, Energy, and Forces*. Cambridge, MA: MIT Press, 1968. Polarization in dielectrics is discussed in Chapter 5. This junior-level text presupposes a full-term physics course in electricity and magnetism, and it is therefore slightly more advanced in level. The introduction beginning on p. 1 should be read.
2. Dekker, A. J. *Electrical Engineering Materials*. Englewood Cliffs, NJ: Prentice-Hall, 1963. This admirable little book covers dielectrics, conductors, semiconductors, and magnetic materials.
3. Fink, D. G., and H. W. Beaty. *Standard Handbook for Electrical Engineers*. 15th ed. New York: McGraw-Hill, 2006.
4. Maxwell, J. C. *A Treatise on Electricity and Magnetism*. New York: Cambridge University Press, 2010.
5. Wert, C. A., and R. M. Thomson. *Physics of Solids*. 2nd ed. New York: McGraw-Hill, 1970. This is an advanced undergraduate-level text that covers metals, semiconductors, and dielectrics.

第 5 章習題

5.1 已知電流密度為 $\mathbf{J} = -10^4[(\sin(2x)e^{-2y}\mathbf{a}_x + \cos(2x)e^{-2y}\mathbf{a}_y)]$ kA/m²：(a) 試求在 $0 < x < 1$，$0 < z < 2$ 區域內以 $\mathbf{a}_y$ 方向越過 $y=1$ 平面的總電流；(b) 依下列方式，試求離開 $0 < x$，$y < 1$，$2 < z < 3$ 區域的總電流：取立方體表面的 $\mathbf{J} \cdot d\mathbf{S}$ 的面積分；(c) 利用散度定理，重做 (b)。

5.2 已知 $\mathbf{J} = -10^{-4}(y\mathbf{a}_x + x\mathbf{a}_y)$ A/m²，試求在 $z=0$ 與 1，及 $x=0$ 與 2 之間以 $-\mathbf{a}_y$ 方向穿越過 $y=0$ 平面的電流。

5.3 令 $\mathbf{J} = 400\sin\theta/(r^2+4)\mathbf{a}_r$ A/m²。試求：(a) 流過由 $0.1\pi < \theta < 0.3\pi$，$0 < \phi < 2\pi$ 所界定之 $r=0.8$ 球面部份的總電流；(b) 上述所界定面積上 $\mathbf{J}$ 的平均值。

5.4 以球形座標表示，若體積電荷密度為 $\rho_v = (\cos\omega t)/r^2$ C/m³，試求 $\mathbf{J}$。此處可以合理地假設 $\mathbf{J}$ 並不是 θ 或 ϕ 的函數。

5.5 令 $\mathbf{J} = 25/\rho\mathbf{a}_\rho - 20/(\rho^2+0.01)\mathbf{a}_z$ A/m²，(a) 就 $\rho < 0.4$ 區域，試求以 $\mathbf{a}_z$ 方向流過 $z=0.2$ 平面的電流；(b) 計算 $\partial\rho_v/\partial t$；(c) 試求向外流過由 $\rho=0.01$，$\rho=0.4$，$z=0$，及 $z=0.2$ 所界定之封閉面的總電流；(d) 就所指定的表面，試證 $\mathbf{J}$ 與 (c) 部份所指定的表面滿足散度定理。

5.6 以球形座標表示，有一電流密度 $\mathbf{J} = -k/(r\sin\theta)\mathbf{a}_\theta$ A/m² 存在於一導電介質內，其中 k 為常數。有一半徑為 R 的圓形碟片，其中心位於 z 軸，當圓形碟片位於：(a) $z=0$；(b) $z=h$ 處時，試求以 $\mathbf{a}_z$ 方向穿越過此圓碟的總電流。

5.7 假如沒有質量與能量的相互轉換，則寫出質量的連續方程式是可能的。(a) 如果我們使用電荷的連續方程式作為模型，則相對應於 $\mathbf{J}$ 和 ρ_v 的量應該為何？(b) 已知一邊長為 1 cm 的立方體，實驗數據顯示離開立方體六面的質量的速率分別為 10.25、-9.85、1.75、-2.00、-4.05 和 4.45 mg/s。假設立方體是一個微小的體積單元，試求在其中心處密度的時變率。

5.8 有一截掉的圓錐，其高度為 16 cm。在圓錐頂部與底部的圓形截面半徑分別為 0.1 mm 與 2 mm。如果這個實心的圓錐是用導電率為 2×10^6 S/m 的材料製作而成，試採用一些良好的近似方法，求算出這兩個圓錐截面之間的電阻。

5.9 (a) 利用附錄 C 所列的數據，試求在 60 Hz，120 V rms 電源作用下，當平均消耗功率為 450 W 時，2 m 長的鎳鉻線所需的直徑。(b) 計算此導線內電流密度的 rms 值。

5.10 有一個大的黃銅墊圈，其內直徑為 2 cm，外直徑為 5 cm，厚度為 0.5 cm。此墊圈的導電率為 $\sigma=1.5\times 10^7$ S/m。墊圈從其直徑處切成兩半，將一電壓加在其中一半墊圈的兩個矩形切面之間。在這半個墊圈內部所形成的電場可用圓柱座標表示成 $\mathbf{E}=(0.5/\rho)\mathbf{a}_\phi$ V/m，其中 z 軸即為墊圈的軸心：(a) 試問兩個矩形切面之間的電位差為何？(b) 流動的電流為何？(c) 兩個切面間的電阻為何？

5.11 兩個完全導電長度為 ℓ 的圓柱面分別位於 $\rho=3$ 及 $\rho=5$ cm 處。在這兩個柱面間以徑向方向流出的總電流為 3 A (直流)。(a) 如果在 $3<\rho<5$ cm 區間存在 $\sigma=0.05$ S/m 的導電材料，試求兩圓柱面間的電壓及電阻，以及其間的 $\mathbf{E}$。(b) 試證：對每單位體積消耗功率取整個體積的積分便可得出總消耗功率。

5.12 有兩個完全相同的導電板，每一板的面積均為 A，並座落在 $z=0$ 與 $z=d$ 處，兩導電板間的區域填充著一種材料，其具有與 z-相關的導電率，$\sigma(z)=\sigma_0 e^{-z/d}$，其中 σ_0 為常數。電壓 V_0 加至 $z=d$ 處的導電板，$z=0$ 處的導電板電位則為零。試求出下列指定的參數：(a) 該材料的電阻；(b) 在兩板之間流動的總電流；(c) 在該材料內的電場強度 $\mathbf{E}$。

5.13 已知中空的柱狀管，其矩形截面外圍尺寸為 0.5 吋 × 1 吋，管壁厚度為 0.05 吋。假設管壁為黃銅，其 $\sigma=1.5\times 10^7$ S/m。管中流有 200 A (dc) 的電流。(a) 試問 1 m 長的柱形管電壓降為何？(b) 如果此管內部充填著 $\sigma=1.5\times 10^5$ S/m 的導電材料時，試求出電壓降。

5.14 有一矩形導電板座落在 xy 平面內，佔據的區域為 $0<x<a$，$0<y<b$。另有一片完全相同的導電板固定在第一個導電板正上方 $z=d$ 處，與之相互平行。兩板間之區域內填充著材料，其導電率為 $\sigma(x)=\sigma_0 e^{-x/a}$，其中 σ_0 為常數。電壓 V_0 加到位在 $z=d$ 處的導電板；$z=0$ 處的導電板則維持在零電位。試求出下列指定的參數：(a) 該材料內的電場強度；(b) 在兩板之間流動的總電流；(c) 該材料的電阻。

5.15 令自由空間內的 $V=10(\rho+1)z^2\cos\phi$ V。(a) 令等電位面 $V=20$ V 界定為一導體表面，試求此導體表面的方程式。(b) 試求導體表面上於 $\phi=0.2\pi$ 及 $z=1.5$ 處的 ρ 及 $\mathbf{E}$。(c) 試求該點處的 $|\rho_S|$。

5.16 有一條同軸傳輸線的內導體與外導體半徑分別為 a 與 b。在兩導體間 $(a<\rho<b)$ 有導電介質，其導電率為 $\sigma(\rho)=\sigma_0/\rho$，其中 σ_0 為常數。內導體充電至電位 V_0，而外導體則為接地：(a) 假設在 z 方向上每單位長度有 dc 徑向電流 I，試求以 A/m² 為單位表示的徑向電流密度場 $\mathbf{J}$；(b) 利用 I 及其它指定或已知的參數來表示，試求電場強度 $\mathbf{E}$；(c) 藉由對 (b) 題所求得的 $\mathbf{E}$ 取適當的線積分，試求 V_0 與 I 間的關係式；(d) 試求此傳輸線每單位長度的電導表示式，G。

5.17 已知自由空間的電位場為 $V=100xz/(x^2+4)$ V：(a) 試求 $z=0$ 平面處的 $\mathbf{D}$；(b) 試證 $z=0$ 平面為一等電位面；(c) 假設 $z=0$ 表面為一導體面，試求在 $0<x<2$，$-3<y<0$ 所界定的導體面區域之總電荷。

5.18 半徑均為 a 的兩個平行圓板位於 $z=0$ 與 $z=d$ 處。上方的圓板 ($z=d$ 處) 加上電位 V_0；下方圓板則予以接地。兩圓板間的導電材料具有徑向-相依型的導電率，$\sigma(\rho)=\sigma_0\rho$，其中 σ_0 為常數。試求：(a) 兩圓板間與 ρ 無關的電場強度 $\mathbf{E}$；(b) 兩圓板間的電流密度，$\mathbf{J}$；(c) 此結構內的總電流 I；(d) 兩圓板間的電阻。

5.19 令自由空間內，$V=20x^2yz-10z^2$ V。(a) 試求 $V=0$ 及 60 V 的等電位面之方程式；(b) 假設這些均為導電面，試求在 $V=60$ V 面上 $x=2$ 及 $z=1$ 之點處的面電荷密度。已知 $0 \leq V \leq 60$ V 為含有電場的區域；(c) 試指出此點處的單位向量，它垂直於導電面且指向 $V=0$ 面。

5.20 有兩個值為 -100π μC 的點電荷位於 $(2,-1,0)$ 及 $(2,1,0)$ 點處。平面 $x=0$ 為一個導電平面。試求：(a) 原點處的面電荷密度；(b) $P(0,h,0)$ 點處的 ρ_S。

5.21 令 $y=0$ 平面為自由空間內的一完全導體面。兩條均為 30 nC/m 的均勻無限長線電荷分別位於 $x=0$，$y=1$ 及 $x=0$，$y=2$ 處。(a) 令 $y=0$ 平面的 $V=0$，試求 $P(1,2,0)$ 處的 V；(b) 試求 P 點處的 $\mathbf{E}$。

5.22 直線段 $x=0$，$-1 \leq y \leq 1$，$z=1$，其上載有線電荷密度 $\rho_L=\pi|y|$ μC/m。令 $z=0$ 為一導電平面，試求在：(a) $(0,0,0)$；(b) $(0,1,0)$ 點處的面電荷密度。

5.23 一偶極 $\mathbf{p}=0.1\mathbf{a}_z$ μC·m 位於自由空間中點 $A(1,0,0)$，同時 $x=0$ 平面是一個完全導體。試求：(a) 點 $P(2,0,1)$ 的 V 值；(b) 直角座標中 200 V 等位面的方程式。

5.24 在某一溫度下，本質鍺的電子與電洞移動率分別為 0.43 與 0.21 m²/V·s。若電子與電洞濃度均為 2.3×10^{19} m⁻³，試求此溫度時的導電率。

5.25 電子及電洞濃度會隨溫度而遞增。對純矽而言，合適的表示式為 $\rho_h=-\rho_e=6200T^{1.5}e^{-7000/T}$ C/m³。移動率依溫度而變的函數關係式為 $\mu_h=2.3\times10^5 T^{-2.7}$ m²/V·s 及 $\mu_e=2.1\times10^5 T^{-2.5}$ m²/V·s，其中 T 為凱氏溫度。試求下列各溫度時的 σ：(a) 0°C；(b) 40°C；(c) 80°C。

5.26 某一半導體樣本具有 1.5×2.0 mm 的矩形橫截面，長度為 11.0 mm。此材料內的電子與電洞密度分別為 1.8×10^{18} 與 3.0×10^{15} m⁻³，若 $\mu_e=0.082$ m²/V·s 與 $\mu_h=0.0021$ m²/V·s，試求此樣本兩端平面之間所形成的電阻。

5.27 在某種溫度與壓力下，氫原子的密度為 5.5×10^{25} atoms/m³。當加上 4 kV/m 的電場時，由電子與正原子核所形成的每一個電偶極具有 7.1×10^{-19} m 的有效長度。試求：(a) P；(b) ϵ_r。

5.28 試求一材料的介電常數，已知其內的電通量密度為極化向量的四倍。

5.29 已知某 同軸導體的半徑為 $a=0.8$ mm 及 $b=3$ mm，其間有 $\epsilon_r=2.56$ 的多苯乙烯介電材料。若電介質中 $\mathbf{P}=(2/\rho)\mathbf{a}_\rho$ nC/m²，試求：(a) 表成 ρ 之函數的 $\mathbf{D}$ 與 $\mathbf{E}$；(b) V_{ab} 及 χ_e；(c) 若介電質的分子密度為 4×10^{19} 分子/公尺³，試求 $\mathbf{p}(\rho)$。

5.30 考慮一種由兩種樣本組成的複合材料，此二樣本材料的數量密度分別為 N_1 與 N_2 (分子/m³)。這兩種材料均勻地混合，產生 $N=N_1+N_2$ 的總數量密度。電場 $\mathbf{E}$ 的存在會在個別樣本內感應出分子偶極矩 $\mathbf{p}_1$ 與 $\mathbf{p}_2$，無論它們混合與否均會如此。試證此種複合材料的介電常數為 $\epsilon_r=f\epsilon_{r1}+(1-f)\epsilon_{r2}$，其中 f 為樣本 1 之電偶極在整個複合材料的數量比例，而 ϵ_{r1} 及 ϵ_{r2} 則為未混合樣本分別具有數量密度為 N 時所會具有的介電常數。

5.31 兩個完全電介質的分隔面為 $x=0$。$x>0$ 時，$\epsilon_r=\epsilon_{r1}=3$，而 $x<0$ 區，$\epsilon_{r2}=5$。若 $\mathbf{E}_1=80\mathbf{a}_x-60\mathbf{a}_y-30\mathbf{a}_z$ V/m，試求：(a) E_{N1}；(b) $\mathbf{E}_{T1}$；(c) $\mathbf{E}_1$；(d) $\mathbf{E}_1$ 與交界面法線的夾角 θ_1；(e) D_{N2}；(f) D_{T2}；(g) $\mathbf{D}_2$；(h) $\mathbf{P}_2$；(i) $\mathbf{E}_2$ 與交界面法線的夾角 θ_2。

5.32 兩個大小均為 3 μC 但極性相反的點電荷用一根彈簧讓它們保持相距 x 公尺，彈簧產生的排斥力為 $F_{sp} = 12(0.5-x)$ N。在沒有任何吸力下，此彈簧可完全地伸展成 0.5 m。試求：(a) 電荷的間隔大小；(b) 試問偶極矩為何？

5.33 已知兩個完全的電介質，相對介電係數分別為 $\epsilon_{r1}=2$ 及 $\epsilon_{r2}=8$。它們之間的平面交界為平面 $x-y+2z=5$。原點落在區域 1 內。如果 $\mathbf{E}_1 = 100\mathbf{a}_x + 200\mathbf{a}_y - 50\mathbf{a}_z$ V/m，試求 $\mathbf{E}_2$。

5.34 已知區域 1 ($x \geq 0$) 為 $\epsilon_{r1}=2$ 的電介質，而區域 2 ($x<0$) 為 $\epsilon_{r2}=5$。令 $\mathbf{E}_1 = 20\mathbf{a}_x - 10\mathbf{a}_y + 50\mathbf{a}_z$ V/m。試求：(a) $\mathbf{D}_2$；(b) 兩區域內的能量密度。

5.35 令圓柱面 $\rho=4$ cm 及 $\rho=9$ cm 包住兩塊楔形的完全電介質，即 $0<\phi<\pi/2$ 區域內，$\epsilon_{r1}=2$，而 $\pi/2<\phi<2\pi$ 區域內的 $\epsilon_{r2}=5$。若 $\mathbf{E}_1 = (2000/\rho)\mathbf{a}_\rho$ V/m 時，試求：(a) $\mathbf{E}_2$；(b) 每一區域內長度 1 m 的範圍中所儲存的總靜電能。

第 6 章

電　容

電容可衡量電氣裝置儲存能量的能力。針對某種特定的目的，吾人可以特意地設計出電容，或者電容也可能是人們日常生活中所使用裝置的一種難以避免的副產品，以電機工程的任一觀點而言，瞭解電容及其對裝置或系統操作的影響是很重要的工作。

電容器是一種可以儲存能量的裝置；它能以與累積電荷相關聯的方式或者是以 4.8 節所討論過以儲存在電場內的方式來儲存能量。事實上，吾人可以將電容器想像成一個可以儲存電**通量** (flux) 的裝置，這種方式類似於電感——一種類比裝置——即電感會儲存磁通量 (或者最後是儲存磁場能量)。我們將會在第 8 章中探討此種議題。本章的基本目的是要介紹可用於計算一些例子的電容之方法，包括各種傳輸線結構的電容；同時也要能瞭解如何藉由更動材料或是它們的組態進而改變電容。■

6.1　電容的定義

讓我們來考慮埋在一種均質電介質中的二個導體 (圖 6.1)。導體 M_2 帶有總的正電荷 Q，M_1 則帶有相等的負電荷。沒有其它電荷存在，所以這系統的總電荷是零。

我們現在知道這些電荷是位在表面上而成為表面電荷密度，同時電場是正交於導體表面。再者，每一個導體都是一個等位面。由於 M_2 帶的是正電荷，電通量是從 M_2 指向到 M_1，同時 M_2 具有較正的電位。換句話說，將一個正電荷自 M_1 移到 M_2 時必須要作功。

讓我們以 V_0 來代表 M_2 和 M_1 之間的電位差。我們現在可以將這二導體系統的**電容**

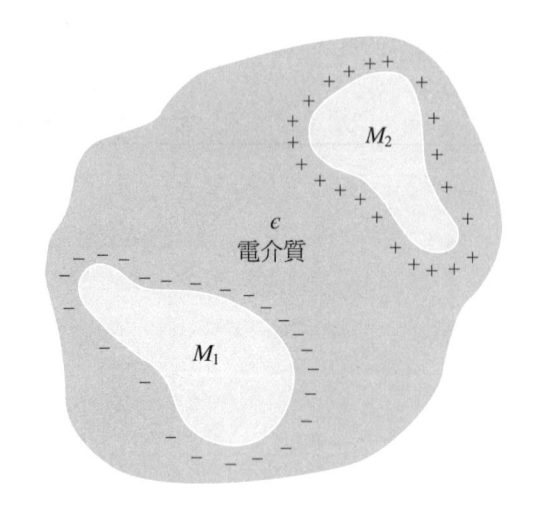

圖 6.1 二個帶相反電荷的導體 M_1 和 M_2 被一種均勻的電介質所圍繞。任何一個導體上電荷的大小對它們之間位差大小的比就是電容 C。

(capacitance) 定義為任何一個導體上的總電荷對導體之間電位差的大小之比，

$$C = \frac{Q}{V_0} \tag{1}$$

一般來說，我們用正導體表面的面積分來決定 Q，同時應用一單位的正電荷從負電位面帶到正電位面的方法的求 V_0，即

$$C = \frac{\oint_S \epsilon \mathbf{E} \cdot d\mathbf{S}}{-\int_-^+ \mathbf{E} \cdot d\mathbf{L}} \tag{2}$$

電容和電位以及總電荷是沒有關係的，因為它們的比值是一個定值。如果電荷密度被增加了 N 倍，高斯定律指出電通量密度或者電場強度也將增加 N 倍，就像電位差一樣。電容只是導體系統實際尺寸以及均質介電質之介電係數的一個函數。

電容是以法拉 (farad，F) 為衡量單位，其中一法拉被規定為 1 每伏特庫侖。電容的普通值很可能是一法拉的一個很小的分數，所以較為實用的單位是微法拉 (μF)、奈法拉 (nF) 以及微微法拉 (pF)。

6.2 平行板電容

我們可以將電容的定義應用到一個簡單的二導體系統上，其中的導體是完全一樣的無限大的平行面，相距 d (圖 6.2)。將下面的導電片選在 $z=0$ 處，上面的導電面位在 $z=d$ 處，各個導體上有一片 $\pm\rho_S$ 的均勻表面電荷，這將會導致一個均勻的電場 [2.5 節，(18) 式]：

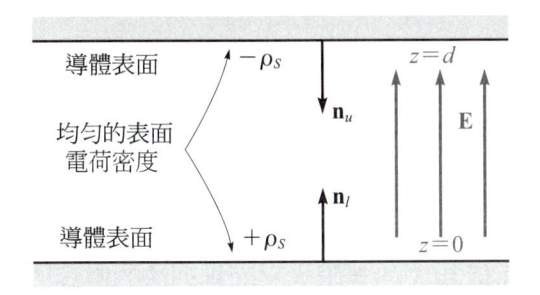

圖 6.2 所示，其中

$$\mathbf{E} = \frac{\rho_S}{\epsilon}\mathbf{a}_z$$

其中，均質電介質的介電係數為 ϵ，同時

$$\mathbf{D} = \rho_S \mathbf{a}_z$$

注意：將導電面的邊界條件 [(18) 式，第 5 章] 應用至這些平板的任一面均可求得此種結果。參考圖 6.2 所示的平面及其單位法線向量，其中 $\mathbf{n}_\ell = \mathbf{a}_z$ 與 $\mathbf{n}_u = -\mathbf{a}_z$；在下面的平面，我們可求得：

$$\mathbf{D} \cdot \mathbf{n}_\ell \big|_{z=0} = \mathbf{D} \cdot \mathbf{a}_z = \rho_S \Rightarrow \mathbf{D} = \rho_S \mathbf{a}_z$$

在上面的平面處，亦可求得相同結果

$$\mathbf{D} \cdot \mathbf{n}_u \big|_{z=d} = \mathbf{D} \cdot (-\mathbf{a}_z) = -\rho_S \Rightarrow \mathbf{D} = \rho_S \mathbf{a}_z$$

這是導體邊界條件的一項主要優點，即我們僅需將之應用於一個單獨的邊界，便可求出存在其內的總 (total) 場 (由其它場源產生)。

上、下二平面之間的電位差是

$$V_0 = -\int_{\text{上平面}}^{\text{下平面}} \mathbf{E} \cdot d\mathbf{L} = -\int_d^0 \frac{\rho_S}{\epsilon} dz = \frac{\rho_S}{\epsilon} d$$

由於在任何一平面上的總電荷是無限的，電容就是無限大。一項較切實用的答案是考慮面積為 S 的二個平面，其中 S 的尺寸比它們的間隔 d 大得多。於是在所有不是緊靠著邊的各點上的電場和電荷分佈就幾乎都是均勻的，而後者這一區對於總電容的貢獻的百分率是很小的，因而允許我們可以寫出熟悉的結果來：

$$Q = \rho_S S$$

$$V_0 = \frac{\rho_S}{\epsilon}d$$

$$\boxed{C = \frac{Q}{V_0} = \frac{\epsilon S}{d}} \tag{3}$$

更嚴格一些，我們可以將 (3) 式當作表面積為 S 的無限大平面排列法的電容的一部份。計算靠邊緣處未知的且不均勻分佈的效果的方法，則要等到我們能解較為複雜的位能問題時才能介紹。

例題 6.1

試計算具有 $\epsilon_r = 6$ 的雲母石電介質，平板面積為 10 in^2，兩板間隔為 0.01 in 之平行板電容器的電容值。

解： 已知

$$S = 10 \times 0.0254^2 = 6.45 \times 10^{-3} \text{ m}^2$$
$$d = 0.01 \times 0.0254 = 2.54 \times 10^{-4} \text{ m}$$

因此，

$$C = \frac{6 \times 8.854 \times 10^{-12} \times 6.45 \times 10^{-3}}{2.54 \times 10^{-4}} = 1.349 \text{ nF}$$

這麼大的平面面積是將實際尺寸很小的平面電容器 50 層或 100 層地夾疊起來，或者以有伸縮性的電介質夾在薄片中捲起來而得到的。

附錄 C 的表 C.1 中，也指出應用材料的介電常數有大於 1000 者。

最後，儲存在電容器中的總能量是

$$W_E = \tfrac{1}{2}\int_{\text{vol}} \epsilon E^2 \, dv = \tfrac{1}{2}\int_0^S \int_0^d \frac{\epsilon \rho_S^2}{\epsilon^2} \, dz \, dS = \tfrac{1}{2}\frac{\rho_S^2}{\epsilon}Sd = \tfrac{1}{2}\frac{\epsilon S}{d}\frac{\rho_S^2 d^2}{\epsilon^2}$$

或者

$$\boxed{W_E = \tfrac{1}{2}CV_0^2 = \tfrac{1}{2}QV_0 = \tfrac{1}{2}\frac{Q^2}{C}} \tag{4}$$

這些都是很熟悉的表示式。(4) 式同時告訴我們，當電介質的介電常數增高時，二端位差是一定的，電容器內所儲的能量就會增加。

D6.1. 若：(a) 平行板電容器的 $S=0.12$ m², $d=80$ μm，$V_0=12$ V，且含有 1 μJ 的能量；(b) 所儲存的能量密度為 100 J/m³，$V_0=200$ V，且 $d=45$ μm；(c) $E=200$ kV/m，$\rho_S=20$ μC/m² 時，試求此電容器介電材料的相對介電係數。

答案：1.05；1.14；11.3

6.3 幾個電容的例子

作為第一個簡單例子，讓我們選擇一同軸電纜或同軸電容器，其內徑為 a，外徑為 b，長為 L。不需要有太多的推導，兩導體間的電位差可直接從 4.3 節 (11) 式得來。只需要把該式與長度 L 內的總電荷 $\rho_L L$ 相除就可得到電容為

$$C = \frac{2\pi\epsilon L}{\ln(b/a)} \tag{5}$$

接下來，我們考慮一個球形電容器，它是由半徑為 a 和 b ($b>a$) 的二個同心球形導體層所組成。應用前面自高斯定律得來的電場的表示式，

$$E_r = \frac{Q}{4\pi\epsilon r^2}$$

其中，二個球層之間是介電係數為 ϵ 的電介質。電位差的表示式是根據上式並且利用線積分 [見 4.3 節 (12) 式] 來求得。因此，

$$V_{ab} = \frac{Q}{4\pi\epsilon}\left(\frac{1}{a} - \frac{1}{b}\right)$$

這裡 Q 代表內球上的總電荷，於是電容變成

$$C = \frac{Q}{V_{ab}} = \frac{4\pi\epsilon}{\frac{1}{a} - \frac{1}{b}} \tag{6}$$

如果我們允許外球變為無限地大，我們就得到一個絕緣的球形導體的電容：

$$C = 4\pi\epsilon a \tag{7}$$

就直徑是 1 cm 的，或者像一顆玻璃彈珠般大的一個球而言，在自由空間中，

$$C = 0.556 \text{ pF}$$

在這球外包以一層不同的電介質，譬如說 $\epsilon=\epsilon_1$，它的厚度自 $r=a$ 到 $r=r_1$，

$$D_r = \frac{Q}{4\pi r^2}$$

$$E_r = \frac{Q}{4\pi\epsilon_1 r^2} \qquad (a < r < r_1)$$

$$= \frac{Q}{4\pi\epsilon_0 r^2} \qquad (r_1 < r)$$

同時，電位差為

$$V_a - V_\infty = -\int_{r_1}^a \frac{Q\,dr}{4\pi\epsilon_1 r^2} - \int_\infty^{r_1} \frac{Q\,dr}{4\pi\epsilon_0 r^2}$$

$$= \frac{Q}{4\pi}\left[\frac{1}{\epsilon_1}\left(\frac{1}{a}-\frac{1}{r_1}\right)+\frac{1}{\epsilon_0 r_1}\right]$$

所以，

$$C = \frac{4\pi}{\dfrac{1}{\epsilon_1}\left(\dfrac{1}{a}-\dfrac{1}{r_1}\right)+\dfrac{1}{\epsilon_0 r_1}} \tag{8}$$

讓我們再研究多層次電介質的電容器。設平行板電容器的平板面積 S，兩平板相距 d，且通常均假設 d 遠小於平板尺寸，以介電係數 ϵ_1 為電介質的電容為 $\epsilon_1 S/d$。若將部份之電介質 1 以介電係數為 ϵ_2 之介質 2 取代，而兩電介質的接界面與平板平行 (圖 6.3)。

此種組合，可臆測為兩不同電介質電容器的串聯，其總電容應為

$$C = \frac{1}{\dfrac{1}{C_1}+\dfrac{1}{C_2}}$$

其中，$C_1=\epsilon_1 S/d_1$ 及 $C_2=\epsilon_2 S/d_2$。此為正確結果，但吾人可用更為基礎而非直接臆測的方法證明如下。

由於電容的定義 $C=Q/V$ 包含電荷及電位兩項，吾人可假定已知其中之一項，而求出其它一項，然後求出電容。此電容並非兩者的函數，而為兩電介質及電容器尺寸的函

$$C = \cfrac{1}{\cfrac{d_1}{\epsilon_1 S} + \cfrac{d_2}{\epsilon_2 S}}$$

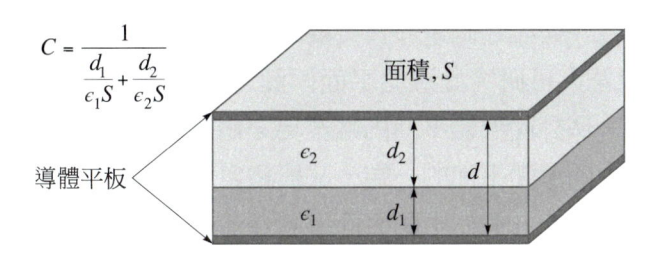

圖 6.3 兩層不同電介質的平板電容器 (電介質接界面平行於平板)。

數。茲假定兩導體平板間之電位差為 V_0，則兩區域間的電場強度 E_1 及 E_2 均為定值，且 $V_0 = E_1 d_1 + E_2 d_2$。在兩電介質邊界處之 E 為正交分量，且由第 5 章的 (35) 式之邊界條件可得出 $D_{N1} = D_{N2}$，或 $\epsilon_1 E_1 = \epsilon_2 E_2$。此種作法乃假定 (正確地) 在介面處並無面電荷存在。將 V_0 關係式中的 E_2 消除，可得

$$E_1 = \frac{V_0}{d_1 + d_2(\epsilon_1/\epsilon_2)}$$

因此，在下方導電板之導體上表面電荷密度的大小為

$$\rho_{S1} = D_1 = \epsilon_1 E_1 = \frac{V_0}{\dfrac{d_1}{\epsilon_1} + \dfrac{d_2}{\epsilon_2}}$$

因為 $D_1 = D_2$，故每一平板上的電荷密度大小相同。因此，電容為

$$C = \frac{Q}{V_0} = \frac{\rho_S S}{V_0} = \frac{1}{\dfrac{d_1}{\epsilon_1 S} + \dfrac{d_2}{\epsilon_2 S}} = \frac{1}{\dfrac{1}{C_1} + \dfrac{1}{C_2}}$$

作為另一個替代解法 (也是較簡單的方法)，我們假設板上的電荷為 Q，則表面電荷密度 Q/S 已知，D 也等於 Q/S。由於在兩電介質接觸邊界面上 D 為垂直，故 $D_{N1} = D_{N2}$，且 $E_1 = D/\epsilon_1 = Q/(\epsilon_1 S)$，$E_2 = D/\epsilon_2 = Q/(\epsilon_2 S)$。跨在每一電介質兩端的電位差各為 $V_1 = E_1 d_1 = Q d_1/(\epsilon_1 S)$，及 $V_2 = E_2 d_2 = Q d_2/(\epsilon_2 S)$。因而其電容為

$$C = \frac{Q}{V} = \frac{Q}{V_1 + V_2} = \frac{1}{\dfrac{d_1}{\epsilon_1 S} + \dfrac{d_2}{\epsilon_2 S}} \tag{9}$$

現在我們再來研究，假如在兩電介質接觸的邊界面處，另插入第三個導體平面，其結果將如何呢？此時吾人可研究此導體平面兩面之表面電荷，其大小應當相等。換言之，即電力線並非自一個外面導體平面內端至另一個外面導體平面的內端。而是自一個外面導體內端，止於中間導體平面的一端。又繼續自中間導體平面之另一端，而止於另一外面導體面的內端。因此，假如中間平面導體極薄，其厚度可不計時，則此電容器的電容未改變。但若第三導體厚度不可忽計，而原有兩個外面導體的間隔並未增加，則此第三導體平面插入，必使電容為之增大。此一例題，說明電介質的任何部份被導體取代時，必增加電容器的電容值。

假如兩電介質的接觸面不與導體平面平行，而係與導體平面**垂直**，且兩電介質的表面各為 S_1 及 S_2，則電容器兩端的電位差將使兩電介質內的電場強度 $E_1 = E_2 = V_0/d$。此係由於電場強度與邊界相切，故必須相等。然後，由此可依次得到 D_1、D_2、ρ_{S1}、ρ_{S2}，及 Q 等值，故可得電容

$$C = \frac{\epsilon_1 S_1 + \epsilon_2 S_2}{d} = C_1 + C_2 \tag{10}$$

此結果與吾人預期的相符。

現在，假如兩電介質的接觸邊界面既非垂直於電場，亦非平行於電場，我們仍然無法處理。雖然我們已知導體表面及介體表面的邊界情況，但我們對於此種邊界的電場尚未討論。因此，我們在場理論尚未增進及尚未能採用更高等數學技巧來解決問題之前，暫不討論此類問題。

D6.2. 試求下列各題的電容：(a) 1 呎長的 35 B/U 同軸電纜，其內導體直徑為 0.1045 in，含有聚乙烯介電材料 (由表 C.1 查知 $\epsilon_r = 2.26$)，及外導體的內直徑為 0.680 in；(b) 一半徑為 2.5 mm 的導電球，外層覆蓋有 2 mm 厚的聚乙烯層，再由半徑為 4.5 mm 的導電球包住；(c) 兩片矩形導電板，尺寸為 1 cm×4 cm，厚度可忽略不計，其間有三層介電材料片，每一片均為 1 cm×4 cm，厚為 0.1 mm，介電常數為 1.5、2.5 及 6。

答案：20.5 pF；1.41 pF；28.7 pF

6.4 雙線式傳輸線電容

接下來，我們來探討一個雙線式傳輸線的問題。此類問題包括兩個平行圓柱形導體。由此將可求得電場強度、電位場、表面電荷密度分佈，及電容等。此類問題亦為傳

輸線的重要形態，前述多次討論過的同軸電纜亦相同。

首先，吾人討論兩根無限長線電荷的電位場。圖 6.4 顯示，在 xz 平面上的 $x=a$ 處，有正線電荷 ρ_L；在 $x=-a$ 處有負線電荷 $-\rho_L$。由已知單一線電荷以 R_0 為參考點的電位方程式為

$$V = \frac{\rho_L}{2\pi\epsilon} \ln \frac{R_0}{R}$$

現在，我們要寫出合成電位場的表示式，這是分別以到正、負線的沿徑距離 R_1 和 R_2 來表示的，

$$V = \frac{\rho_L}{2\pi\epsilon}\left(\ln\frac{R_{10}}{R_1} - \ln\frac{R_{20}}{R_2}\right) = \frac{\rho_L}{2\pi\epsilon}\ln\frac{R_{10}R_2}{R_{20}R_1}$$

我們選定 $R_{10}=R_{20}$，亦即將參考零電位放在距各線等距離之處。此表面即為 $x=0$ 平面。用 x 和 y 來表示 R_1 及 R_2，

$$V = \frac{\rho_L}{2\pi\epsilon}\ln\sqrt{\frac{(x+a)^2+y^2}{(x-a)^2+y^2}} = \frac{\rho_L}{4\pi\epsilon}\ln\frac{(x+a)^2+y^2}{(x-a)^2+y^2} \tag{11}$$

為了要認明等位面並且對所要解的問題有適當的認識起見，必須用到一些代數運算。將等位面選為 $V=V_1$，並將 K_1 定義為電位 V_1 之函數的無因次參數，即

$$K_1 = e^{4\pi\epsilon V_1/\rho_L} \tag{12}$$

於是

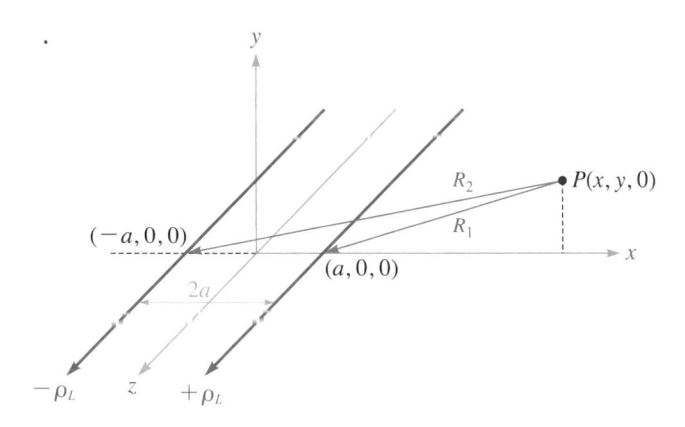

圖 6.4 二個平行而帶相反電荷的無限長線電荷。正線位在 $x=a$，$y=0$ 處，負線位在 $x=-a$，$y=0$ 處。在 xy 平面內一個普通點 $P(x,y,0)$ 距正、負線分別為 R_1 及 R_2。等位面是圓柱。

$$K_1 = \frac{(x+a)^2 + y^2}{(x-a)^2 + y^2}$$

相乘並將同類冪數集中後就得到

$$x^2 - 2ax\frac{K_1 + 1}{K_1 - 1} + y^2 + a^2 = 0$$

我們經由數行的代數運算便可以將它配成平方：

$$\left(x - a\frac{K_1 + 1}{K_1 - 1}\right)^2 + y^2 = \left(\frac{2a\sqrt{K_1}}{K_1 - 1}\right)^2$$

此式表示 $V=V_1$ 這等位面是與 z 無關 (像一個圓柱)，同時與 xy 平面相交於一個半徑為 b 的圓，其中

$$b = \frac{2a\sqrt{K_1}}{K_1 - 1}$$

它的中心在 $x=h$，$y=0$，其中

$$h = a\frac{K_1 + 1}{K_1 - 1}$$

我們現在可以來解決一個實際的問題：要探討位於 $x=0$ 處之零電位導電平面，以及一個軸心位於距離該平面處且電位為 V_0 的導電圓柱之間的電容。求解上列二式，用 b 與 h 尺寸參數來表示 a 及 K_1，即

$$a = \sqrt{h^2 - b^2} \tag{13}$$

和

$$\sqrt{K_1} = \frac{h + \sqrt{h^2 - b^2}}{b} \tag{14}$$

但圓柱體的電位為 V_0，所以 (12) 式變成

$$\sqrt{K_1} = e^{2\pi\epsilon V_0/\rho_L}$$

因此，

$$\rho_L = \frac{4\pi\epsilon V_0}{\ln K_1} \tag{15}$$

因此，若已知 h、b 及 V_0，我們便可決定 a、ρ_L 及參數 K_1。如此，便可求出圓柱與平面間的電容。當 z 方向的長度為 L 時，可得

$$C = \frac{\rho_L L}{V_0} = \frac{4\pi\epsilon L}{\ln K_1} = \frac{2\pi\epsilon L}{\ln\sqrt{K_1}}$$

或

$$C = \frac{2\pi\epsilon L}{\ln[(h+\sqrt{h^2-b^2})/b]} = \frac{2\pi\epsilon L}{\cosh^{-1}(h/b)} \tag{16}$$

圖 6.5 中實線所示是一個半徑為 5 m 的圓柱截面，在自由空間其電位為 100 V，其軸心與一個零電位的平面相距 13 m。因此，$b=5$，$h=13$，$V_0=100$，我們可由 (13) 式快速地求出等效線電荷的位置，

$$a = \sqrt{h^2 - b^2} = \sqrt{13^2 - 5^2} = 12\,\text{m}$$

由 (14) 式，可知電位參數 K_1 之值為

$$\sqrt{K_1} = \frac{h+\sqrt{h^2-b^2}}{b} = \frac{13+12}{5} = 5 \qquad K_1 = 25$$

由 (15) 式，可求出等效線電荷為

$$\rho_L = \frac{4\pi\epsilon V_0}{\ln K_1} = \frac{4\pi \times 8.854 \times 10^{-12} \times 100}{\ln 25} = 3.46\,\mu\text{C/m}$$

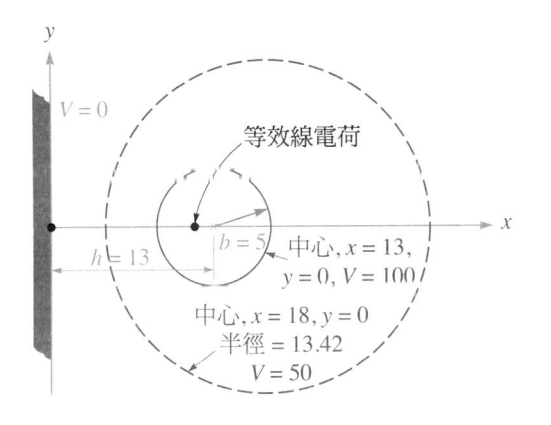

圖 6.5 一個半徑 5 m，電位為 100 V，距零電位的平面導體 13 m 而平行於它的一個柱形導體的電容、線電荷密度、等效線電荷的位置以及中段等位面的特性的數值例子。

而由 (16) 式，則可算出圓柱與平面間的電容為

$$C = \frac{2\pi\epsilon}{\cosh^{-1}(h/b)} = \frac{2\pi \times 8.854 \times 10^{-12}}{\cosh^{-1}(13/5)} = 34.6 \text{ pF/m}$$

只要求出 K_1、h，及 b 的新值，便可確認此圓柱體代表 50 V 等電位面。首先，利用 (12) 式求出

$$K_1 = e^{4\pi\epsilon V_1/\rho_L} = e^{4\pi \times 8.854 \times 10^{-12} \times 50/3.46 \times 10^{-9}} = 5.00$$

故知新的半徑為

$$b = \frac{2a\sqrt{K_1}}{K_1 - 1} = \frac{2 \times 12\sqrt{5}}{5 - 1} = 13.42 \text{ m}$$

而相對應的 h 值則變成

$$h = a\frac{K_1 + 1}{K_1 - 1} = 12\frac{5 + 1}{5 - 1} = 18 \text{ m}$$

此圓柱如圖 6.5 的灰虛線所示。

對 (11) 式所示的電位場取梯度運算便可求電場強度，

$$\mathbf{E} = -\nabla\left[\frac{\rho_L}{4\pi\epsilon}\ln\frac{(x+a)^2 + y^2}{(x-a)^2 + y^2}\right]$$

因此，

$$\mathbf{E} = -\frac{\rho_L}{4\pi\epsilon}\left[\frac{2(x+a)\mathbf{a}_x + 2y\mathbf{a}_y}{(x+a)^2 + y^2} - \frac{2(x-a)\mathbf{a}_x + 2y\mathbf{a}_y}{(x-a)^2 + y^2}\right]$$

且

$$\mathbf{D} = \epsilon\mathbf{E} = -\frac{\rho_L}{2\pi}\left[\frac{(x+a)\mathbf{a}_x + y\mathbf{a}_y}{(x+a)^2 + y^2} - \frac{(x-a)\mathbf{a}_x + y\mathbf{a}_y}{(x-a)^2 + y^2}\right]$$

如果計算在 $x=h-b$，$y=0$ 處的 D_x 值，便可求得 $\rho_{S,\max}$ 為

$$\rho_{S,\max} = -D_{x, x=h-b, y=0} = \frac{\rho_L}{2\pi}\left[\frac{h-b+a}{(h-b+a)^2} - \frac{h-b-a}{(h-b-a)^2}\right]$$

就本例而言，可知

$$\rho_{S,\max} = \frac{3.46 \times 10^{-9}}{2\pi}\left[\frac{13-5+12}{(13-5+12)^2} - \frac{13-5-12}{(13-5-12)^2}\right] = 0.165 \text{ nC/m}^2$$

同理，$\rho_{S,\min} = D_x, _{x=h+b, y=0}$，故知

$$\rho_{S,\min} = \frac{3.46 \times 10^{-9}}{2\pi}\left[\frac{13+5+12}{30^2} - \frac{13+5-12}{6^2}\right] = 0.073 \text{ nC/m}^2$$

所以，

$$\rho_{S,\max} = 2.25\rho_{S,\min}$$

如果將 (16) 式應用至 $b \ll h$ 的導體時，則

$$\ln\left[(h+\sqrt{h^2-b^2})/b\right] \doteq \ln[(h+h)/b] \doteq \ln(2h/b)$$

故知

$$C = \frac{2\pi\epsilon L}{\ln(2h/b)} \qquad (b \ll h) \tag{17}$$

相隔 $2h$ 的二個柱形導體之間的電容是 (16) 式或 (17) 式所示電容的一半。後來的這些答案很有趣，因為我們可以用它們來計算一段雙線式傳輸線的電容。這一類傳輸線均將在第 13 章內討論。

D6.3. 半徑為 1 cm，電位為 20 V 的導電圓柱體與電位為零的導電平面相互平行。導電面與圓柱體軸心相距 5 cm。若這些導體均是安置在 $\epsilon_r=4.5$ 的完美介電材料中，試求：(a) 圓柱與平面間每單位長度的電容；(b) 圓柱體上的 $\rho_{S,\max}$。

答案：109.2 pF/m；42.6 nC/m²

6.5 利用電場圖解法來估算二維問題的電容

在無法簡單地只用單一座標系統來描述導體組態的電容問題中，通常需要應用其它的分析技術。基本上，此類方法會牽涉到一種場值的數值計算，即在所感興趣之區域內

的格點上電位值的數值方法。在本節中，將會描述另一種方法，此法只要遵守一些簡單的法則即可進行場線及等電位面的繪圖。此種方法，雖然缺少更優異方法所具有的準確度，不過卻可提供作為電容估算的一種相當快速的方法，進而提供電場組態的一種有用的實際圖形。

這種圖解法僅需使用到鉛筆和紙。如果使用得很有技巧且耐心的話，它也可以產生很好的準確度。初學者只要遵照幾點規則以及畫圖方面的提示就可以得到正常的準確度(在決定一項電容時是 5% 到 10%)。本節要講的方法只能適用於那些在垂直於畫圖紙平面方向上沒有變化的場。這些方法是根據我們已經證實的幾項事實：

1. 導體的邊界是一個等電位面。
2. 電場強度和電通量密度都是垂直於等電位面的。
3. 所以 **E** 和 **D** 是垂直於導體邊界的，同時切線分量是零。
4. 電通量的線或流線是由電荷發出而又終於電荷上的，所以在一個沒有電荷且均質的電介質中只會由導體邊界開始，同時也終止在導體邊界。

現在讓我們在已經畫了等電位面的紙上再畫上流線，以便考慮上面這些說明的涵義。圖 6.6a 中所示是二個導體的邊界，同時代表也畫出了等電位面的線，各條線之間的電位差是一定的。我們應當記住這些線條只是等電位面的橫截線，等電位面本身是柱形的 (雖然不是圓柱)。由於垂直於紙面的方向不許有變化，所以可以用這些線條來代表。我們任意選一點 A 作為流線或通量的開始，這是在較正的導體表面上的一點。它垂直地離開導體表面，同時必須在直角方向通過在導體與被畫的第一等電位面之間那些未被畫出但是十分真實的等電位面。這條線一直繼續到另一導體上，一路上要遵守一條規則，即它和每個等電位面的交界必須是正方的。

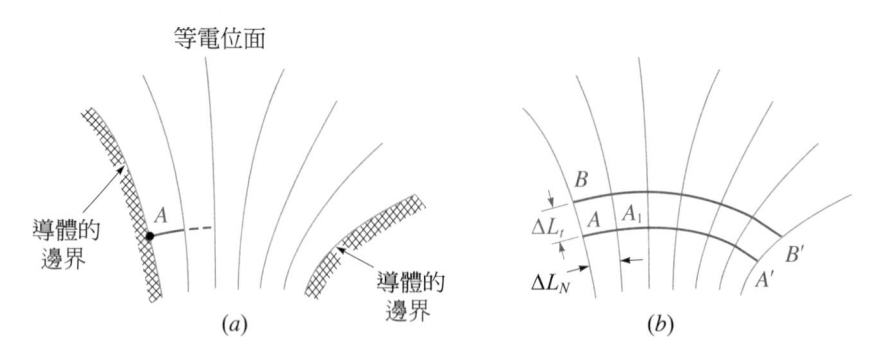

圖 6.6 (a) 二導體間等電位面的畫法。每二個相鄰的等電位面間電位的增加是一樣的。(b) 一條通量線被自 A 畫到 A'，第二條是從 B 到 B'。

同樣地，我們可以自 B 點開始畫另一條終止於 B′ 點的流線。在繼續畫下去之前讓我們來解釋一下這一對流線的意義。依定義，流線在每個地方都是切於電場強度或電通量密度的。由於它是切於電通量密度的，通量密度就是與流線相切的，所以沒有一條電通量能與任何流線相交。換句話說，如果在表面上 A 和 B 之間 (並深入紙面 1 m) 有一個 5 μC 的電荷，就會有 5 μC 的通量自這區內出發，它們必須全部終止在 A′ 和 B′ 之間。這樣的一對線有的時候被稱為一個**通量管** (flux tube)，因為實際上它彷彿是在將通量從一點帶到另一點而沒有任何損失。

我們現在希望做第三條流線，如果我們從一點 C 開始畫這條線，而將 C 點選得使 BC 這條管子內帶的通量和 AB 中的一樣，則我們能從這圖上得到的數學方面以及視察方面的解釋都將大為簡化。只是我們應當如何選 C 的位置呢？

在 A 至 B 的連線中點處的電場強度可以近似地求出來：假定 AB 管內通量的一個值，譬如說 $\Delta\Psi$，這就使我們能將電通量密度寫成 $\Delta\Psi/\Delta L_t$，其中 ΔL_t 是 AB 連線的長度，管子的深度是 1 m。E 的大小就是

$$E = \frac{1}{\epsilon} \frac{\Delta\Psi}{\Delta L_t}$$

但是我們也可以將 A 點和 A_1 點 (A 和 A_1 是在相鄰二個等電位面上的) 之間的電位差除以 A 到 A_1 的距離，而求出電場強度的大小。如果以 ΔL_N 來表示這距離，並假定等電位面之間電位的增量是 ΔV，則

$$E = \frac{\Delta V}{\Delta L_N}$$

這個值用於從 A 到 A_1 這一線段的中點處最準確，而前面的值是在自 A 到 B 的線段中點處最準確。然而，如果各等電位面靠得很近 (ΔV 很小) 同時二流線也很近 ($\Delta\Psi$ 很小)，則求出的這二個電場強度的值必然差不多相等，

$$\frac{1}{\epsilon} \frac{\Delta\Psi}{\Delta L_t} = \frac{\Delta V}{\Delta L_N} \tag{18}$$

在整個畫圖的過程中，我們假定了介質是均勻的 (ϵ 固定)，等電位面之間電位的增量是一個定值 (ΔV 固定)，同時每個管子中的通量是一定的 ($\Delta\Psi$ 固定)。為了滿足所有這些條件起見，(18) 式指出

$$\boxed{\frac{\Delta L_t}{\Delta L_N} = 定值 = \frac{1}{\epsilon}\frac{\Delta \Psi}{\Delta V}}$$ (19)

在圖上任何一點處我們都可以作同樣的推理，所以我們得到一個結論：沿著等電位面所量流線之間的距離與沿著流線所量等電位面之間的距離之比必須保持一定。在每一點必須具有同樣值的是這個**比值** (ratio) 而不是各個的長度。在電場強度較大的地方每段長度必須縮小，因為 ΔV 是一定值。

我們可以用的最簡單的比例是 1，在圖 6.6b 中從 B 到 B' 的流線是從 $\Delta L_t = \Delta L_N$ 的一點開始的。由於這些距離的比例被保持為 1，流線和等電位面就將含有電場的區域分成曲線方塊，這名稱代表一種平面幾何圖形，它和真正的方塊不同之點在於它的各邊是略為彎曲且略為不等的，但是當尺寸縮小時就趨近於一個正方形。在我們三種座標系統中是平面狀的微小表面單元都被認作曲線方塊。

我們現在可以很快地將剩下的流線都畫好，儘量地使每個小匣愈方愈好。由某一條流線開始，概略地加入一條等電位線，形成一個曲線方塊，依序將圖形逐漸地擴展至所需的區域。畫好了的圖可見圖 6.7。

製作一張有用的電場圖是一項技藝；科學只不過提供了規則而已。任何技藝上的成就需要練習。對於剛學的人，一個很好的題目是同軸電纜或同軸電容器，因為所有等位線都是圓圈而通量線則均為直線。下一步畫的應當是二個平行的圓導體，其中的等位線又是圓圈，只是中心在變。這些問題都被放在本章末作為習題，而畫的準確性可以用下面各段落所列出的電容計算法來核對。

圖 6.8 所示是一條電纜的完整圖，它裡面的導體是方的，外面圍著一個圓的導體。電容可以下法求出：在 $C = Q/V_0$ 中將 Q 換成 $N_Q \Delta Q = N_Q \Delta \Psi$，其中 N_Q 是連接二導體的通量管的數目，同時令 $V_0 = N_V \Delta V$，其中 N_V 是導體間電位增量的數目，

$$C = \frac{N_Q \Delta Q}{N_V \Delta V}$$

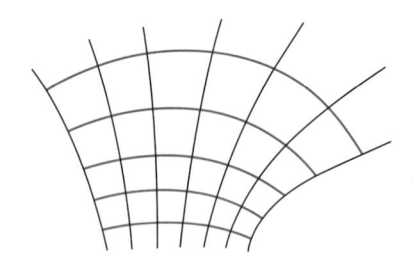

圖 6.7 剩下的流線都已被加在圖 6.6b 上，每條新的線都是垂直於導體開始的，在整個畫的過程中都儘量保持曲線方塊。

第 6 章 電容 　161

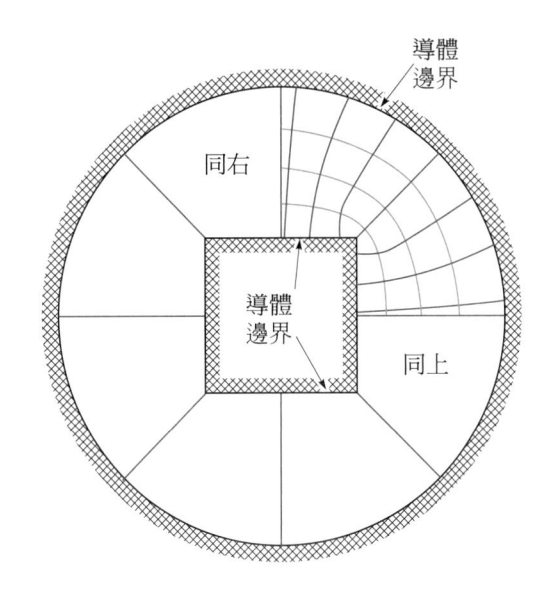

圖 6.8 曲線方塊電場圖的例子。方塊各邊是圓的半徑的三分之二。$N_V = 4$ 及 $N_Q = 8 \times 3.25 \times 26$，所以 $C = \epsilon_0 N_Q / N_V = 57.6$ pF/m。

再利用 (19) 式，

$$C = \frac{N_Q}{N_V} \epsilon \frac{\Delta L_t}{\Delta L_N} = \epsilon \frac{N_Q}{N_V} \tag{20}$$

這是因為 $\Delta L_t / \Delta L_N = 1$。從通量圖上決定電容的方法只是在二個方向上數方塊的數目而已，這是在導體之間以及圍繞著任一個導體。根據圖 6.8 我們得到

$$C = \epsilon_0 \frac{8 \times 3.25}{4} = 57.6 \text{ pF/m}$$

雷墨 (Ramo)、惠納瑞 (Whinnery)，以及范都塞 (Van Duzer) 對於用曲線方塊來製作電場圖有一段極好的討論及例子。他們提出下列各點建議：[1]

1. 在小心地開始畫任何圖之前先計畫多畫幾張草圖，每張只花一、二分鐘。在基本邊界線上用透明紙就可以使草圖的畫法加速。
2. 將電極間已知的電位差分成幾等份，開始時譬如四個或八個。
3. 從電場知道得最清楚的地方開始畫等電位線，譬如說在它趨於均勻電場的那些地方。在整個圖上依你的最佳推測來延長等電位線。注意：在導體邊緣的銳角處它們當擠近些，而在邊緣的鈍角附近則散開些。

---

[1] 引自 S. Ramo、J. R. Whinnery，及 T. Van Duzer，pp.51～52。見本章末的參考書目。曲線圖的討論則見 pp.50～52。

4. 畫出正交的一組場線。在開始時它們應當形成曲線方塊，但是當它們被延伸時，應當儘量保持正交的情形，這也許會產生一些矩形，其邊的比例就不再是 1。

5. 查看邊的比例較差的區域，看是否能因而知道初次對等電位線的推測錯在那裡。改正它們再重複上述步驟直到整個圖上都有了合理的曲線方塊為止。

6. 在電場強度較低的地方會有較大的圖塊，它們往往有五、六個邊。為了判斷在這些地方的圖是否正確起見，這種大的單位應當再被分小。這種再分割應當反著來，每次一條通量管被分成二半時，在這區內電位的分法也必須被除以同一因數。

D6.4. 圖 6.9 顯示兩個電位分別為 0 V 和 60 V 的圓柱體，兩軸平行，兩柱體之間充填空氣。20 V 和 40 V 的等電位線也在圖中畫出。請備妥曲線方塊圖並使用它決定下列適當的值：(a) 每公尺長度的電容。(b) 若 60 V 導體的真實半徑為 2 mm，求導體左側的 E 值；(c) 求同樣位置的 ρ_S。

答案：69 pF/m；60 kV/m；550 nC/m^2

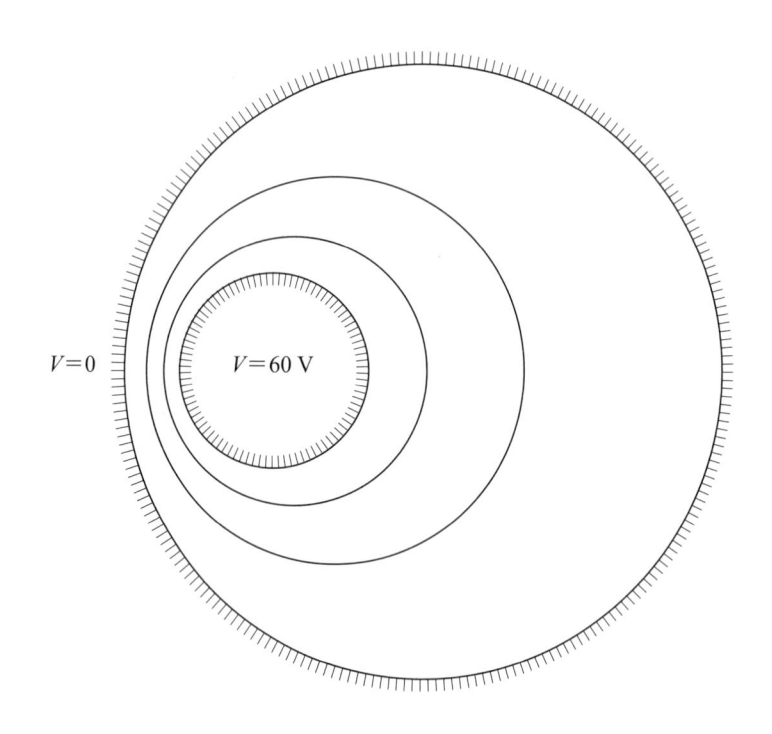

圖 6.9 見練習題 D6.4。

6.6 帕桑及拉普拉氏方程式的推導

在前面章節中，我們先假設在導體上有一已知的電荷分佈，然後求出用這個假設的電荷來表示的電位差，便可求得電容。另一種替代的方法則是令在每一導體上具有已知的電位著手，接著反向求出用已知電位差來表示的電荷，進而求出電容。任一種方法所求的電容均可由比值 Q/V 來求得。

因此，後者方法的首要目的便是要求出導體間的電位函數，只要已知各邊界上的電位值，連同在想要處理之區域可能的體電荷密度即可。可讓這種方法變成可行的數學工具便是本章最後部份所要探索的帕桑與拉普拉氏方程式。涉及一維至三維的各種問題均可以解析方式或數值方式地求解。當與其它方法比較時，拉普拉氏與帕桑方程式有可能是最廣泛用途的方法，因為在工程實務上的許多問題都會涉及外加電位差為已知的裝置，而且在其邊界上都會發生固定的電位。

求帕桑方程式是極其簡單的，因為根據高斯定律的點形式，

$$\nabla \cdot \mathbf{D} = \rho_v \tag{21}$$

和 $\mathbf{D}$ 的定義，

$$\mathbf{D} = \epsilon \mathbf{E} \tag{22}$$

以及梯度關係，

$$\mathbf{E} = -\nabla V \tag{23}$$

利用代入法，我們得到

$$\nabla \cdot \mathbf{D} = \nabla \cdot (\epsilon \mathbf{E}) = -\nabla \cdot (\epsilon \nabla V) = \rho_v$$

亦即

$$\nabla \cdot \nabla V = -\frac{\rho_v}{\epsilon} \tag{24}$$

因為均勻區域內的 ϵ 是一個定值。

(24) 式就是**帕桑方程式** (Poisson's equation)，但是在方程式能被應用之前 "雙 ∇" 這項運算必須被說明並且被展開，至少在直角座標內必須如此。在直角座標中，

$$\nabla \cdot \mathbf{A} = \frac{\partial A_x}{\partial x} + \frac{\partial A_y}{\partial y} + \frac{\partial A_z}{\partial z}$$

$$\nabla V = \frac{\partial V}{\partial x}\mathbf{a}_x + \frac{\partial V}{\partial y}\mathbf{a}_y + \frac{\partial V}{\partial z}\mathbf{a}_z$$

所以

$$\nabla \cdot \nabla V = \frac{\partial}{\partial x}\left(\frac{\partial V}{\partial x}\right) + \frac{\partial}{\partial y}\left(\frac{\partial V}{\partial y}\right) + \frac{\partial}{\partial z}\left(\frac{\partial V}{\partial z}\right)$$
$$= \frac{\partial^2 V}{\partial x^2} + \frac{\partial^2 V}{\partial y^2} + \frac{\partial^2 V}{\partial z^2} \tag{25}$$

通常 $\nabla \cdot \nabla$ 這項運算被簡寫為 ∇^2 (被唸為"德爾平方")，(25) 式中有個二次偏微分很好的提醒，於是我們在直角座標中得到

$$\boxed{\nabla^2 V = \frac{\partial^2 V}{\partial x^2} + \frac{\partial^2 V}{\partial y^2} + \frac{\partial^2 V}{\partial z^2} = -\frac{\rho_v}{\epsilon}} \tag{26}$$

如果 $\rho_v = 0$，表示**體積** (volume) 電荷密度是零，但是可以有點電荷、線電荷，以及表面電荷密度存在於奇特的位置處作為電場的源，於是

$$\boxed{\nabla^2 V = 0} \tag{27}$$

這就是**拉普拉氏方程式** (Laplace's equation)。∇^2 這個運算被稱為 V 的拉普拉欣 (Laplacian of V)。

在直角座標中，拉普拉氏方程式是

$$\boxed{\nabla^2 V = \frac{\partial^2 V}{\partial x^2} + \frac{\partial^2 V}{\partial y^2} + \frac{\partial^2 V}{\partial z^2} = 0 \qquad (\text{直角座標})} \tag{28}$$

在柱形及球形座標中 $\nabla^2 V$ 的形式可以利用在那些座標系統中已經求得的散度及梯度的表示式。為參考起見，柱形座標中的拉普拉欣是

$$\boxed{\nabla^2 V = \frac{1}{\rho}\frac{\partial}{\partial \rho}\left(\rho \frac{\partial V}{\partial \rho}\right) + \frac{1}{\rho^2}\left(\frac{\partial^2 V}{\partial \phi^2}\right) + \frac{\partial^2 V}{\partial z^2} \qquad (\text{柱形})} \tag{29}$$

而球形座標中的是

$$\boxed{\nabla^2 V = \frac{1}{r^2}\frac{\partial}{\partial r}\left(r^2 \frac{\partial V}{\partial r}\right) + \frac{1}{r^2 \sin\theta}\frac{\partial}{\partial \theta}\left(\sin\theta \frac{\partial V}{\partial \theta}\right) + \frac{1}{r^2 \sin^2\theta}\frac{\partial^2 V}{\partial \phi^2} \qquad (\text{球形})} \tag{30}$$

這些方程式可以被展開來，只要將式中所示偏微分做出來即可，但是一般而言將它們留在上面所示的形式中比較有用；此外，以後在必要時再將它們展開來會比將拆開的部份再合起要容易得多了。

拉普拉氏方程式是總括一切的，因為凡是體積電荷密度是零的地方都可以應用上去，它說明了任何一種能想到的電極或導體的組態會產生一個場而它的 $\nabla^2 V=0$。所有這些場都是不一樣的，電位不同，空間內的變率也不同，然而對它們每一個而言，仍然都是 $\nabla^2 V=0$。既然**每一個場** (如果 $\rho_v=0$) 都能滿足拉普拉氏方程式，我們又怎麼能夠期望將這步驟反過來，而利用拉普拉氏方程式來求出一個我們剛好有興趣的特別的場呢？顯然地，還要更多的資料，同時我們將發現必須在某些**邊界條件** (boundary conditions) 的限制下來解拉普拉氏方程式。

每一個實際問題至少必須含有一個傳導邊界，通常總是二個或更多。這些邊界上的電位值是已經加以指定的，也許是 $V^0 \cdot V^1 \cdot \cdots$，或者是數值。這些確定的等值面將為本章中要解的一類問題提供邊界條件。至於其它類型的問題，邊界條件則取封閉表上 E 的指定值的形式 (或者換一種形式，指定了表面電荷密度 ρ_S)，或者已知 V 和 E 的混合值。

在幾個用到拉普拉氏方程式或帕桑方程式的例子之前，我們必須先停下來證明：如果我們的答案滿足拉普拉氏方程式同時也滿足邊界條件，它就是唯一可能的解。這就是**唯一性定理** (Uniqueness Theorem) 的敘述，其證明會在附錄 D 中介紹。

D6.5. 在自由空間中，若：(a) $V=\dfrac{4yz}{x^2+1}$，位於 $P(1, 2, 3)$ 點；(b) $V=5\rho^2 \cos 2\phi$，位於 $P(\rho=3, \phi=\dfrac{\pi}{3}, z=2)$ 點；(c) $V=\dfrac{2\cos\phi}{r^2}$，位於 $P(r=0.5, \theta=45°, \phi=60°)$ 點，試求 P 點處 V 及 ρ_v 之數值。

答案：12 V，-106.2 pC/m³；-22.5 V，0；4 V，0

6.7 拉普拉氏方程式解答的例子

求解拉普拉氏方程式已有數種解法。最簡單的方法是直接積分。我們將用此法來做幾個在各種座標系統中只牽涉到一維電位變化的例子。

直接積分的方法只能用於"一維"的問題上，或者其中的電位場只是三個座標之一的函數那類問題上。由於我們只用到三種座標系統，看來似乎就有九個問題要解，但是稍微想一下將證實一個只對 x 變化的場在原則上是和一個只對 y 變化的場是一樣的。將一個實際問題轉四分之一圈並非一項改變。實際上，只有五個問題要解，直角座標中一個，柱形座標中二個，球形座標中二個。我們將解所有這些問題。

首先，我們假定 V 只是 x 的函數，等到以後需要邊界條件時再考慮我們解的是哪一個物理問題。拉普拉氏方程式簡化為

$$\frac{\partial^2 V}{\partial x^2} = 0$$

同時因為沒有涉及 y 或 z，偏微分可以被換成一個尋常的微分，

$$\frac{d^2 V}{dx^2} = 0$$

我們積分二次，而得到

$$\frac{dV}{dx} = A$$

和

$$V = Ax + B \tag{31}$$

其中，A 和 B 是積分常數。(31) 式含有二個這種常數，正如我們對一個二次微分方程式應當預期的。這些常數只能由邊界條件來決定。

由於電場只對 x 變化而不是 y 和 z 的函數，如果 x 是一個常數，V 就是一個常數，換句話說，等位面是垂直於 x 軸的平行平面。因此，這電場就是一個平行片電容器的場，只要我們確定了任何二平面上的電位之後，我們就可以估計積分常數了。

例題 6.2

由電位函數 (31) 式開始，試求一個平板面積為 S，平板間隔為 d，及兩板間電位差為 V_0 之平行板電容器的電容。

解：令 $x=0$ 處 $V=0$，$x=d$ 處 $V=V_0$，則由 (31) 式，可知

$$A = \frac{V_0}{d} \quad B = 0$$

於是

$$V = \frac{V_0 x}{d} \tag{32}$$

在求出電容之前我們還需要二板中隨便哪一板上的總電荷才成。我們應當記得當首次解這電容器的問題時，電荷板可作為我們的開始點。我們不需要很辛苦地去求出電荷，因為所有電場都是以它來表示的。然後，整個工作都是耗費在求取電位差。現在，問題被反過來了(也簡化了)。

選定了邊界條件之後，必要的步驟如下：

1. 已知 V，利用 $\mathbf{E} = -\nabla V$ 求出 $\mathbf{E}$。
2. 用 $\mathbf{D} = \epsilon \mathbf{E}$ 求出 $\mathbf{D}$。
3. 在電容器的任一板處計算 $\mathbf{D}$，$\mathbf{D} = \mathbf{D}_S = D_N \mathbf{a}_N$。
4. 認明 $\rho_S = D_N$。
5. 利用電容器板上的一個表面積分求出 Q，$Q = \int_S \rho_S \, dS$。

在此，我們得到

$$V = V_0 \frac{x}{d}$$

$$\mathbf{E} = -\frac{V_0}{d}\mathbf{a}_x$$

$$\mathbf{D} = -\epsilon \frac{V_0}{d}\mathbf{a}_x$$

$$\mathbf{D}_S = \mathbf{D}\big|_{x=0} = -\epsilon \frac{V_0}{d}\mathbf{a}_x$$

$$\mathbf{a}_N = \mathbf{a}_x$$

$$D_N = -\epsilon \frac{V_0}{d} = \rho_S$$

$$Q = \int_S \frac{-\epsilon V_0}{d} dS = -\epsilon \frac{V_0 S}{d}$$

故知電容就是

$$\boxed{C = \frac{|Q|}{V_0} = \frac{\epsilon S}{d}} \tag{33}$$

在下面的各例子中，我們會屢次用到這個方法。

例題 6.3

再次在直角座標中選只對 y 或只對 z 座標變化的場將不會再解出什麼新的問題，所以我們下一個例子將換到柱形座標。對 z 的變化也沒有什麼新奇的，接下來我們就假定是只對 ρ 變化的問題。拉普拉氏方程式變成

$$\frac{1}{\rho}\frac{\partial}{\partial \rho}\left(\rho \frac{\partial V}{\partial \rho}\right) = 0$$

注意：分母中的 ρ，我們的解不包含 $\rho=0$，可先乘以 ρ 再積分，

$$\rho \frac{dV}{d\rho} = A$$

其中，用一全微分取代偏微分，因為 V 僅會隨 ρ 而變。接下來，上式重新排列之後再積分，

$$V = A \ln \rho + B \tag{34}$$

等電位面是以 $\rho=$ 常數來決定的，故知其均是柱形的面，這就是同軸電容器或同軸傳輸線的問題。我們令 $\rho=a$ 處 $V=V_0$，以及 $\rho=b$ 處 $V=0$，$b>a$，因而選出一個電位差 V_0 而得到

$$\boxed{V = V_0 \frac{\ln(b/\rho)}{\ln(b/a)}} \tag{35}$$

由此可以得到

$$\mathbf{E} = \frac{V_0}{\rho}\frac{1}{\ln(b/a)}\mathbf{a}_\rho$$

$$D_{N(\rho=a)} = \frac{\epsilon V_0}{a \ln(b/a)}$$

$$Q = \frac{\epsilon V_0 2\pi a L}{a \ln(b/a)}$$

$$\boxed{C = \frac{2\pi \epsilon L}{\ln(b/a)}} \tag{36}$$

這式子和 6.3 節 [(5) 式] 內得到的結果一致。

例題 6.4

現在，我們假定在柱形座標中 V 只是 ϕ 的一個函數。我們可以改換一下先看看實際的問題已知等位面是由 $\phi=$ 定值來決定的。這些是沿徑向的平面。邊界條件可以是 $\phi=0$ 處 $V=0$，與 $\phi=\alpha$ 處 $V=V_0$，進而導致如圖 6.10 所畫的問題。

現在，拉普拉氏方程式是

第6章 電容 169

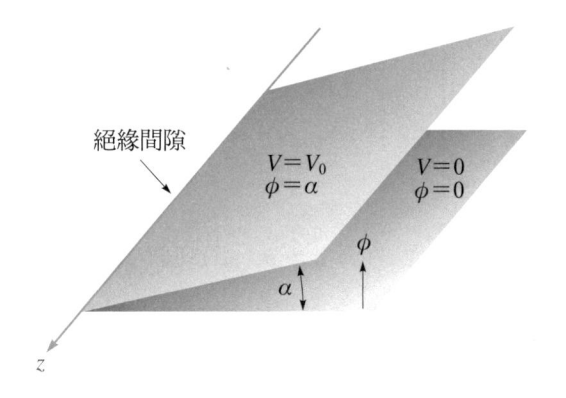

圖 6.10 二個無限大的徑向平面，內夾角為 α。在 $\rho=0$ 處有一個極小的絕緣間隙。電位場可以應用柱形座標中的拉普拉氏方程式求得。

$$\frac{1}{\rho^2}\frac{\partial^2 V}{\partial \phi^2} = 0$$

我們排除 $\rho=0$ 的情況，則

$$\frac{d^2 V}{d\phi^2} = 0$$

由此可以得到

$$V = A\phi + B$$

由邊界條件就可決定 A 與 B，故知

$$\boxed{V = V_0 \frac{\phi}{\alpha}} \tag{37}$$

取 (37) 式的梯度就得出電場強度，

$$\boxed{\mathbf{E} = -\frac{V_0 \mathbf{a}_\phi}{\alpha \rho}} \tag{38}$$

有趣的是 E 是 ρ 的函數而不是 ϕ 的。這和我們最初的假定並不衝突，因為那只是對於電位場的限制。不過要注意：**向量場 E 是 ϕ 的函數**。

本章末有一個習題是涉及這二個徑向平面的電容。

例題 6.5

我們現在轉到球形座標上，只有對 ϕ 的變化馬上可以除去，因為我們剛才解出來，先處理 $V = V(r)$。

詳情留到後面作為習題，但是最後的電位場是

$$V = V_0 \frac{\dfrac{1}{r} - \dfrac{1}{b}}{\dfrac{1}{a} - \dfrac{1}{b}} \tag{39}$$

其中，用到的邊界條件顯然是 $r=b$ 處 $V=0$，以及 $r=a$ 處 $V=V_0$，$b>a$。這是同心球的問題。電容在前面 6.3 節已求解過 (以一種略為不同的方法)，其值是

$$C = \frac{4\pi\epsilon}{\dfrac{1}{a} - \dfrac{1}{b}} \tag{40}$$

例題 6.6

在球形座標中，我們現在將電位函數限制為 $V=V(\theta)$，而得到

$$\frac{1}{r^2 \sin\theta} \frac{d}{d\theta}\left(\sin\theta \frac{dV}{d\theta}\right) = 0$$

我們排除了 $r=0$ 和 $\theta=0$ 或 π 的情況，故知

$$\sin\theta \frac{dV}{d\theta} = A$$

於是，再次積分後得出

$$V = \int \frac{A\, d\theta}{\sin\theta} + B$$

此式就不像前面那些一樣地明顯了。根據積分表 (或者很好的記憶) 我們得到

$$V = A \ln\left(\tan\frac{\theta}{2}\right) + B \tag{41}$$

(41) 式的等電位面是圓錐面。圖 6.11 所示的實例是，在 $\theta=\pi/2$ 處 $V=0$，而在 $\theta=\alpha$ 處 $V=V_0$，$\alpha<\pi/2$。我們可得出

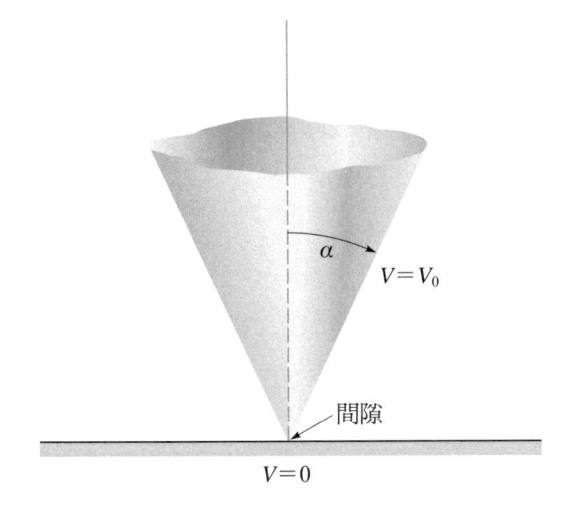

圖 6.11 一角錐體，$\theta = \alpha$ 時 $V = V_0$。$\theta = \pi/2$ 時，$V = 0$，其電位場為 $V = V_0[\ln(\tan\theta/2)]/[\ln(\tan\alpha/2)]$。

$$V = V_0 \frac{\ln\left(\tan\frac{\theta}{2}\right)}{\ln\left(\tan\frac{\alpha}{2}\right)} \tag{42}$$

一個傳導圓錐的頂點和一個傳導平面之間相隔一個極小的絕緣間隙，同時它的軸是垂直於平面的，為了要求其間的電容，讓我們先求出場強：

$$\mathbf{E} = -\nabla V = \frac{-1}{r}\frac{\partial V}{\partial \theta}\mathbf{a}_\theta = -\frac{V_0}{r\sin\theta \ln\left(\tan\frac{\alpha}{2}\right)}\mathbf{a}_\theta$$

於是，圓錐上的表面電荷密度就是

$$\rho_S = \frac{-\epsilon V_0}{r\sin\alpha \ln\left(\tan\frac{\alpha}{2}\right)}$$

而產生的總電荷 Q 為

$$Q = \frac{-\epsilon V_0}{\sin\alpha \ln\left(\tan\frac{\alpha}{2}\right)} \int_0^\infty \int_0^{2\pi} \frac{r\sin\alpha \, d\phi \, dr}{r}$$

$$= \frac{-2\pi\epsilon_0 V_0}{\ln\left(\tan\frac{\alpha}{2}\right)} \int_0^\infty dr$$

這就導致電荷與電容的無限大值，因而必須考慮大小有限的圓錐。現在，我們的答案就將只是一個近似了，因為理論上的等位面是 $\theta = \alpha$，一個從 $r=0$ 到 $r=\infty$ 的錐面，而我們實際上的錐面則只是，譬如說，從 $r=0$ 到 $r=r_1$ 而已。故近似的電容是

$$C \doteq \frac{2\pi\epsilon r_1}{\ln\left(\cot\dfrac{\alpha}{2}\right)} \tag{43}$$

如果我們想要一個更為準確的答案，我們可以對錐底部——一個半徑為 r_1 的圓形平面——對零電位平面的電容做一番估量，而將這一部份加到上面的答案。這區內的邊上或者不均勻的場都被忽略了，因而又引入一些誤差。

D6.6. 就下列的場：(a) 兩個同軸導電圓柱，$\rho = 2$ m 處 $V = 50$ V，及 $\rho = 3$ m 處 $V = 20$ V；(b) 兩個徑向導電面，$\phi = 10°$ 處 $V = 50$ V，及 $\phi = 30°$ 處 $V = 20$ V。試求 $P(3, 1, 2)$ 點處的 $|\mathbf{E}|$。

答案：23.4 V/m；27.2 V/m

6.8　帕桑方程式的解答實例：P-N 接面電容

為了選一個夠簡單的問題並且能說明帕桑方程式的應用，我們必須假定體積電荷密度是已被規定。但是通常的情形並非這樣的；事實上，它往往就是我們想得到更多資料的那個量。我們在後面也許會遇到的此類問題，開始時將只知道電位的邊界值、電場強度和電流密度。由此我們將應用帕桑方程式、連續性方程式，以及表示帶電質點上所受的力的一些關係式，例如羅侖茲力的方程式，或者擴散方程式，再同時解整個方程式系統。這樣浩大的工程已經超出了本書的範圍，所以我們將假定相當多而合理的資料。

作為一個範例，讓我們選二塊朝 x 方向延伸的半導體之間的一個 pn 接面，我們將假定 $x<0$ 這區是摻入了 p 型雜質而 $x>0$ 那區則摻入是 n 型雜質。接面二側摻入雜質的程度是完全一樣的。為了從質的方面來溫習關於半導體接面的一些性質，我們注意到起先在接面的左側有過量的電洞而右側有過量的電子，兩者均通過接面而擴散，直到有一個電場形成而使擴散電流降為零為止。於是，為了阻止再有電洞向右移起見，接面附近的電場必須是朝左邊的；那裡的 E_x 是負的。這電場必須由右邊的淨正電荷與左邊的淨負電荷所產生的。注意：正電荷層是由二部份組成的，跨過了接面的電洞以及電子已經離去的施體正離子。負的電荷層相反地是由電子和負的受體離子所構成的。在接面附近淨體

積電荷密度不是零。

這樣形成的一類電荷分佈如圖 6.12a 所示,而它所產生的負電場則如圖 6.12b 所示。看了這二個圖之後,可以再讀一遍前面一段,將更有助益。

這種形狀的電荷分佈可以用許多不同的表示式來做近似表示。其中,較簡單方程之一為

$$\rho_v = 2\rho_{v0} \text{sech} \frac{x}{a} \tanh \frac{x}{a} \tag{44}$$

它有一個最大的電荷密度 $\rho_{v,\max}=\rho_{v0}$ 發生於 $x=0.881a$ 處。最大電荷密度為 ρ_{v0} 與半導體受體及施體濃度 N_a 及 N_d 參數間的關係可由下列事實看出來:在這區 [空乏層 (depletion layer)] 內的所有電洞和電子原則上都已經從施體與受體離子上移走,因此

$$\rho_{v0} = eN_a = eN_d$$

現在,讓我們來解帕桑方程式,

$$\nabla^2 V = -\frac{\rho_v}{\epsilon}$$

針對上面所假定的電荷分佈,可知

$$\frac{d^2V}{dx^2} = -\frac{2\rho_{v0}}{\epsilon} \text{sech} \frac{x}{a} \tanh \frac{x}{a}$$

在這個一維的問題中並沒有對 y 和 z 的變化存在。對上式積分一次,可得

$$\frac{dV}{dx} = \frac{2\rho_{v0}a}{\epsilon} \text{sech} \frac{x}{a} + C_1$$

故知電場強度為

$$E_x = -\frac{2\rho_{v0}a}{\epsilon} \text{sech} \frac{x}{a} - C_1$$

我們可以停下來計算積分常數 C_1,只要注意到離接面遠的地方不會有淨電荷或電場存在。因此,當 $x \to \pm\infty$ 時,E_x 必須趨近於零。所以 $C_1=0$,而且

$$E_x = -\frac{2\rho_{v0}a}{\epsilon} \text{sech} \frac{x}{a} \tag{45}$$

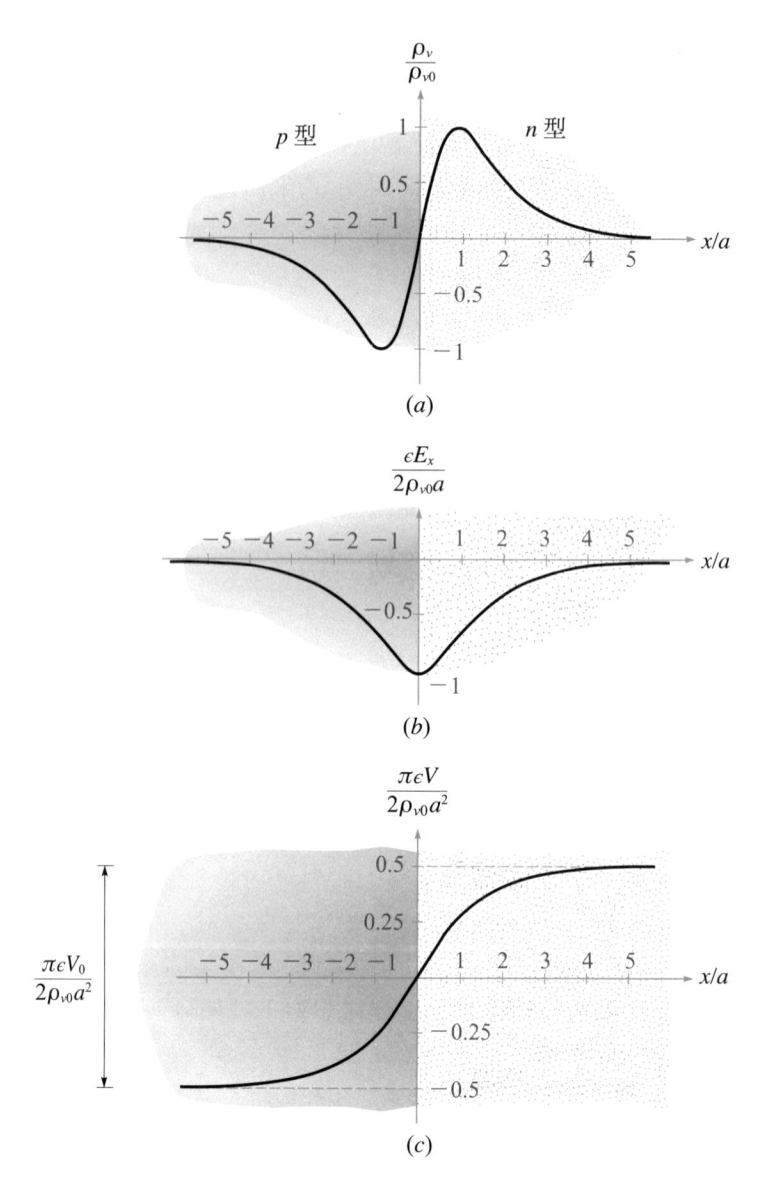

圖 6.12 一個 pn 接面的 (a) 電荷密度；(b) 電場強度；以及 (c) 電位，是按距接面中點的距離為函數而畫成的。p 型材料在左邊，n 型的在右邊。

再積分一次，

$$V = \frac{4\rho_{v0}a^2}{\epsilon} \tan^{-1} e^{x/a} + C_2$$

讓我們將電位的參考零點任意地選為在接面中央 $x=0$ 處的

$$0 = \frac{4\rho_{v0}a^2}{\epsilon}\frac{\pi}{4} + C_2$$

於是最後，

$$V = \frac{4\rho_{v0}a^2}{\epsilon}\left(\tan^{-1}e^{x/a} - \frac{\pi}{4}\right) \tag{46}$$

圖 6.12 所示就是 (44)、(45) 及 (46) 式分別指出的電荷分佈、電場強度，以及電位。

一旦當我們離接面 $4a$ 或 $5a$ 這麼遠以後，電位就為固定值了。跨於接面二側的總位差 V_0 由 (46) 式可知為

$$V_0 = V_{x\to\infty} - V_{x\to-\infty} = \frac{2\pi\rho_{v0}a^2}{\epsilon} \tag{47}$$

這表示式意味著可以決定接面一側的總電荷，再利用 (47) 式而求出接面電容。總的正電荷是

$$Q = S\int_0^\infty 2\rho_{v0}\text{sech}\frac{x}{a}\tanh\frac{x}{a}dx = 2\rho_{v0}aS$$

其中，S 是接面截面的總面積。如果我們利用 (47) 式而消去距離參數 a，電荷就變為

$$Q = S\sqrt{\frac{2\rho_{v0}\epsilon V_0}{\pi}} \tag{48}$$

由於總電荷是電位差的一個函數，在定義電容時我們要小心。以 "電路" 的觀點來想一下，

$$I = \frac{dQ}{dt} = C\frac{dV_0}{dt}$$

因此

$$C = \frac{dQ}{dV_0}$$

所以，將 (48) 式微分我們就得到電容

$$C = \sqrt{\frac{\rho_{v0}\epsilon}{2\pi V_0}}S = \frac{\epsilon S}{2\pi a} \tag{49}$$

(49) 式的第一種寫法表示電容與電壓的平方根成反比地變化；電壓愈高，電荷層離得愈遠，電容愈小。第二種寫法有趣之處在於它指出我們可以將接面想成一個平行板電容器，"板"間相隔 $2\pi a$。根據電荷集中的區域的尺寸而言，這是一項合理的結果。

帕桑方程式可以被用到任何涉及體積電荷密度的問題上。除了半導體二極體和電晶體模型之外，真空管、磁性流體力學方面能量的轉換，以及離子推動等都需要用它來構成滿意的理論。

D6.7. 在某一半導體接面附近，已知體積電荷密度為 $\rho_v = 750\ \text{sech}\ 10^6\ \pi x\ \tanh 10^6\ \pi x$ C/m^3，此半導體材料的介電常數為 10 且接面面積為 2×10^{-7} m^2。試求：(a) V_0；(b) C；(c) 接面處的 E。

答案：2.70 V；8.85 pF；2.70 MV/m

D6.8. 已知自由空間內的體積電荷密度為 $\rho_v = -2\times 10^7\ \epsilon_0\ \sqrt{x}$ C/m^3，令 $x=0$ 處 $V=0$，及 $x=2.5$ mm 處 $V=2$ V。在 $x=1$ mm 處，試求：(a) V；(b) E_x。

答案：0.302 V；-555 V/m

參考書目

1. Matsch, L. W. *Capacitors, Magnetic Circuits, and Transformers*. Englewood Cliffs, NJ: Prentice Hall, 1964. Many of the practical aspects of capacitors are discussed in Chapter 2.
2. Ramo, S., J. R. Whinnery, and T. Van Duzer. *Fields and Waves in Communication Electronics*. 3rd ed. New York: John Wiley and Sons, 1994. This classic text is primarily directed toward beginning graduate students, but it may be read by anyone familiar with basic electromagnetics concepts. Curvilinear square plotting is described on pp. 50–52. A more advanced discussion of methods of solving Laplace's equation is given in Chapter 7.
3. Dekker, A. J. See references for Chapter 5.
4. Hayt, W. H. Jr., and J. E. Kemmerly. *Engineering Circuit Analysis*. 5th ed. New York: McGraw-Hill, 1993.
5. Collin, R. E., and R. E. Plonsey. *Principles and Applications of Electromagnetic Fields*. New York: McGraw-Hill, 1961. Provides an excellent treatment of methods of solving Laplace's and Poisson's equations.
6. Smythe, W. R. *Static and Dynamic Electricity*. 3rd ed. Taylor and Francis, 1989. An advanced treatment of potential theory is given in Chapter 4.

第6章習題

6.1 試考慮一個同軸電容器,其內半徑為 a、外半徑為 b、單位長度,且內部填充著介電常數為 ϵ_r 的材料。將此電容器與一平行電容器作比較。平行板電容器的寬度為 w,兩板間隔為 d,中間充填著相同的電介質,且具有單位長度。試用比值 d/w 來表示比值 b/a,以使在一已知外加電壓下,兩個電容器可以儲存相同的能量。

6.2 就某一平行板電容器,令 $S=100$ cm^2,$d=3$ mm,及 $\epsilon_r=12$。(a) 計算其電容;(b) 於電容器兩端接上 6 V 的蓄電池之後,試求算 E、D、Q,及所儲存的總靜電能;(c) 讓電源仍然接上,小心地將電介質自兩板之間抽出。在無介電質情況下,再次求算 E、D、Q,及儲存在此電容器的能量;(d) 若 (c) 部份所求出的電荷與能量值均小於 (b) 部份所求得之值 (你應當已經發現此現象了),試問消失掉的電荷與能量變成什麼?

6.3 電容器的電容及最大電壓 V_max 愈大時,其價格愈昂貴。電壓 V_max 受限於電介質的崩潰電場強度,E_{BD}。下列的電介質中,就相等的平板面積而言,何者可得出最大的 CV_max 乘積:(a) 空氣:$\epsilon_r=1$,$E_{BD}=3$ MV/m;(b) 鈦化鋇:$\epsilon_r=1200$,$E_{BD}=3$ MV/m;(c) 二氧化矽:$\epsilon_r=3.78$,$E_{BD}=16$ MV/m;(d) 聚乙烯:$\epsilon_r=2.26$,$E_{BD}=4.7$ MV/m。

6.4 已知一空氣填充型平行板電容器,其板間隔為 d 及板面積為 A,將之連接到一蓄電池使兩板之間的電壓為 V_0。讓蓄電池繼續接上,使兩板移動至間隔為 $10d$。針對下列的參數量,試求出其變動變的倍數:(a) V_0;(b) C;(c) E;(d) D;(e) Q;(f) ρ_S;(g) W_E。

6.5 某一平行板電容器,其內充填著一非均勻的介電材料,介電特性為 $\epsilon_r=2+2\times 10^6 x^2$,其中 x 為自某一板算起的距離 (單位為 m)。若 $S=0.02$ m^2 且 $d=1$ mm,試求 C。

6.6 重做習題 6.4,假設在增加平行板間隔之前先將蓄電池拆開。

6.7 令 $0<y<1$ mm 區的 $\epsilon_{r1}=2.5$,$1<y<3$ mm 區的 $\epsilon_{r2}=4$,及 $3<y<5$ mm 區為 ϵ_{r3}。導電面位於 $y=0$ 及 $y=5$ mm 處。若:(a) 區域 3 為空氣;(b) $\epsilon_{r3}=\epsilon_{r1}$;(c) $\epsilon_{r3}=\epsilon_{r2}$;(d) 區域 3 為銀,試求表面區每平方公尺的電容值。

6.8 已知一平行板電容器是用半徑為 a 的兩個圓形板製作而成,其底部板位於 xy 平面上,圓心位在原點。頂部板則位於 $z=d$,其中心在 z 軸上。頂部板的電位為 V_0;底部板則是加以接地。將具有呈徑向相依性之介電係數的電介質填充在這兩平行板之間。此介電係數為 $\epsilon(\rho)=\epsilon_0(1+\rho^2/a^2)$。試求:(a) $\mathbf{E}$;(b) $\mathbf{D}$;(c) Q;(d) C。

6.9 半徑為 2 cm 及 4 cm 的兩同軸導電圓柱體長度均為 1 m。兩圓柱間的區域,由 $\rho=c$ 至 $\rho=d$ 含有 $\epsilon_r=4$ 的一層電介質。若:(a) $c=2$ cm,$d=3$ cm;(b) $d=4$ cm,且電介質的體積與 (a) 題相同時,試求電容。

6.10 某一同軸電纜的導體尺寸為 $a=1.0$ mm 與 $b=2.7$ mm。內導體是用一個電介質間隔器製作成具有 1 mm 半徑空心,外徑為 2.7 mm,且厚度為 3.0 mm 的墊圈形式來加以支撐。順著電纜,每隔 2 cm 安置一個間隔器。(a) 試問何種因素使得這些間隔器會增加每單位長度的電容?(b) 若此電纜保持接上 100 V,試求各點處的 $\mathbf{E}$。

6.11 兩導電球殼的半徑為 $a=3$ cm 及 $b=6$ cm,其內區域有 $\epsilon_r=8$ 的完全電介質。(a) 試求 C;(b) 現在,將部份電介質移走,使得 $0<\phi<\pi/2$ 範圍內,$\epsilon_r=1.0$,而 $\pi/2<\phi<2\pi$ 範圍內,$\epsilon_r=8$。試重新求出 C。

6.12 (a) 試求自由空間內一個半徑為 a 之孤立導電球的電容 (即可將外導體看成是存在於 $r \to \infty$ 處)。(b) 此導電球用介電常數為 ϵ_r，且厚度為 d 的電介質加以覆蓋住。若 $\epsilon_r = 3$，試用 a 表示，求出 d 以使電容值為 (a) 題之兩倍。

6.13 參考圖 6.5，令 b = 6 m，h = 15 m，且導體電位為 250 V。令 $\epsilon = \epsilon_0$，試求 K_1、ρ_L、a，及 C 之值。

6.14 兩條 16 號 (#16) 導體 (直徑為 1.29 mm) 以軸心間隔為 d 平行排列在空氣中。試求出 d 值，使得兩導線間的電容為 30 pF/m。

6.15 某一 2 cm 直徑的導體懸吊在空中，其軸心與一導電平面相距 5 cm。令此導體圓柱的電位為 100 V，而導電平面電位為 0 V。試求：(a) 在導電圓柱最靠近導電平面之點處的面電荷密度；(b) 試求導電平面上最靠近導電圓柱之點處的面電荷密度；(c) 每單位長度的電容。

6.16 試考慮由兩個具有任意形狀的隔離的導電平面組合所構成的電容器，利用本章 (2) 式所定義的電容及第 5 章 (14) 式的電阻定義，證明當兩導體之間區域充填著導電材料 (導電率為 σ) 或完全電介質 (介電係數為 ϵ) 時，此二種結構所形成的電阻與電容具有下列的簡單關係式：$RC = \epsilon/\sigma$。欲使此條件維持成立時，試問電介質與導電介質二種材料必須具有何種基本特性才行？

6.17 試為內半徑為 3 cm，外半徑為 8 cm 的同軸電容器繪製其曲線方塊圖。這些尺寸適合於繪圖之用。(a) 假設 $\epsilon_r = 1$，試利用所繪製之圖來計算每公尺長的電容值；(b) 試計算每單位長度電容值的正確值。

6.18 兩個平行圓柱導體半徑均為 2.5 cm，其中心相距 13 cm。繪製其電位場的曲線方塊圖。若考慮對稱情況，這些尺寸適合進行實際圖形的繪圖。假設 $\epsilon_r = 1$，試由此曲線方塊圖算出每公尺長度的電容值，並使用準確公式核驗其精確度。

6.19 兩個平行圓柱導體，一個半徑為 4 cm 置於另一個半徑為 8 cm 的內部，兩軸相距 2.5 cm。這些尺寸適合於繪圖之用，繪出兩導體間電位場的曲線方塊圖。試由此曲線方塊圖算出每公尺長度的電容值，並使用下列的準確公式核驗其結果的精確度：

$$C = \frac{2\pi\epsilon}{\cosh^{-1}[(a^2 + b^2 - D^2)/(2ab)]}$$

其中 a 和 b 是導體的半徑，D 是兩軸離距。

6.20 一半徑為 4 cm 的實心導體圓柱置於橫截面為 12 cm × 20 cm 的矩形導體柱正中間。(a) 取此結構的四分之一部份的全-尺寸圖，繪製其內部的曲線-方塊圖。(b) 假設 $\epsilon = \epsilon_0$，試估算每公尺長度 C 值。

6.21 如圖 6.13 所示的傳輸線，其內部導體具有 $2a \times 2a$ 的矩形截面，而外部導體則具有 $4a \times 5a$ 的矩形截面。其軸心如圖所示，(a) 試為此傳輸線繪製適當尺寸 (譬如說 a = 2.5 cm) 圖，然後再繪製兩導體間靜電場的曲線方塊圖；(b) 使用你的圖算出每公尺長度的電容值 (當 $\epsilon = 1.6\epsilon_0$)；(c) 若 a = 0.6 cm，則 (b) 的答案應是多少？

6.22 有兩片導電板，每一板尺寸均為 3 × 6 cm，另有三片電介質薄片，每一片尺寸為 1 × 3 × 6 cm，分別具有介電常數為 1、2，與 3。將這些材料組合成一個 d = 3 cm 的電容器。試求由此電容器可能的兩種組合形式所得出的電容值。

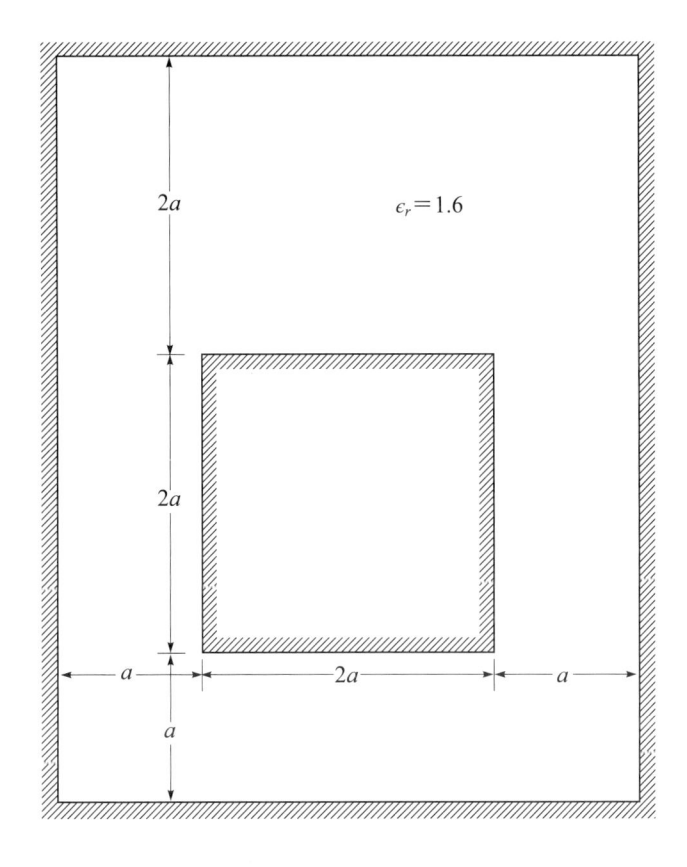

圖 6.13 見習題 6.21。

6.23 有一條雙線式傳輸線是由兩條完全導電的圓柱組成，每一圓柱半徑為 0.2 mm，軸心-對-軸心間隔為 2 mm。導線周圍的介質具有 $\epsilon_r = 3$ 及 $\sigma = 1.5$ mS/m。在這兩條線間接上 100 V 的蓄電池。(a) 試求每一條傳輸線上，每公尺長度的電荷大小；(b) 利用習題 6.16 的結果，試求蓄電池電流。

6.24 在自由空間內，有一電位場可由球形座標表示成

$$V(r) = \begin{cases} [\rho_0/(6\epsilon_0)][3a^2 - r^2] & (r \leq a) \\ (a^3\rho_0)/(3\epsilon_0 r) & (r \geq a) \end{cases}$$

此處，ρ_0 與 a 均為常數。(a) 利用帕桑方程式，試求出各點處的體積電荷密度；(b) 試求所存在的總電荷。

6.25 令 $V = 2xy^2z^3$ 及 $\epsilon = \epsilon_0$。就指定點 $P(1, 2, -1)$，試求：(a) P 點處之 V；(b) P 點處之 $\mathbf{E}$；(c) P 點處之 ρ_v；(d) 通過 P 點的等電位面方程式；(e) 通過 P 點的流線 (電力線) 方程式；(f) 試問 V 是否滿足拉普拉氏方程式？

6.26 已知自由空間內的球形對稱電位場，$V = V_0 e^{-r/a}$，試求：(a) 在 $r = a$ 處的 ρ_v；(b) 在 $r = a$ 處的電場；(c) 總電荷。

6.27 在 $\rho_v = 0$ 的自由空間區域內，令 $V(x, y) = 4e^{2x} + f(x) - 3y^2$。已知原點處 E_x 及 V 二者均為零。試求 $f(x)$ 及 $V(x, y)$。

6.28 在導電率為 σ 的均勻介質中,若其內出現的任何體積電荷密度不會隨時間而變時,試證其電位場滿足拉普拉氏方程式。

6.29 已知電位場 $V=(A\rho^4+B\rho^{-4})\sin 4\phi$:(a) 試證 $\nabla^2 V=0$;(b) 選取 A 及 B 以使在 $P(\rho=1, \phi=22.5°, z=2)$ 點處的 $V=100$ V 及 $|\mathbf{E}|=500$ V/m。

6.30 一平行板電容器的板面位於 $z=0$ 及 $z=d$。兩板之間填充有一種材料,其內含有均勻密度為 ρ_0 C/m³ 的體積電荷且介電係數為 ϵ。兩板均維持為接地電位。(a) 試求兩板之間的電位場;(b) 試求兩板之間的電場強度 $\mathbf{E}$;(c) 當 $z=d$ 處之板面電位提升至 V_0,而 $z=0$ 處之板面仍為接地時,重做 (a) 與 (b) 題。

6.31 令自由空間內的 $V=(\cos 2\phi)/\rho$。試求:(a) $A(0.5, 60°, 1)$ 點處的體積電荷密度;(b) 通過點 $B(2, 30°, 1)$ 之導體表面上的面電荷密度。

6.32 有一均勻的體積電荷,其固定密度為 $\rho_v=\rho_0$ C/m³ 並填充在 $r<a$ 的區域,同時假設該區域的介電係數為 ϵ。有一導電球殼位於 $r=a$ 並維持在接地電位。試求:(a) 各點處的電位;(b) 各點處的電場強度 $\mathbf{E}$。

6.33 函數 $V_1(\rho, \phi, z)$ 和 $V_2(\rho, \phi, z)$ 在 $a<\rho<b$、$0 \leq \phi \leq 2\pi$、$-L<z<L$ 的範圍中均滿足拉普拉氏方程式;兩者在 $-L<z<L$ 的 $\rho=b$ 表面;$a<\rho<b$ 的 $z=-L$ 表面和 $a<\rho<b$ 的 $z=L$ 表面上均為 0;而兩者在 $-L<z<L$ 的 $\rho=a$ 表面上均為 100 V。(a) 在上述特定區域中,V_1+V_2、V_1-V_2、V_1+3 和 V_1V_2 是否滿足拉普拉氏方程式?(b) 在所指定的邊界面上,函數 V_1+V_2、V_1-V_2、V_1+3 和 V_1V_2 的位場值是否仍如上面所得到的?(c) 試問 V_1+V_2、V_1-V_2、V_1+3 和 V_1V_2 這些函數是否會等於 V_1?

6.34 考慮習題 6.30 的平行板電容器,但此時帶電的電介質僅存在於 $z=0$ 與 $z=b$ 之間,其中 $b<d$。區域 $b<z<d$ 則為自由空間。兩平行板均保持為接地電位。藉由求解拉普拉氏與帕桑方程式,試求:(a) $V(z)$,$0<z<d$;(b) 電場強度,$0<z<d$。

6.35 導電平面 $2x+3y=12$ 及 $2x+3y=18$ 的電位分別為 100 V 及 0。令 $\epsilon=\epsilon_0$,試求:(a) $P(5, 2, 6)$ 點處的 V;(b) P 點處的 $\mathbf{E}$。

6.36 拉普拉氏與帕桑方程式的推導都是假設介電係數為固定值,但在有些介電係數會隨空間變化的例子中,這兩個方程式仍然適用。試考慮向量恆等式,$\nabla \cdot (\Psi\mathbf{G})=\mathbf{G} \cdot \nabla\Psi+\Psi\nabla \cdot \mathbf{G}$,其中 Ψ 與 $\mathbf{G}$ 分別為純量與向量函數。試求出一項通則,以便容許 ϵ 的方向可隨局部電場而變。

6.37 已知同軸導電圓柱位於 $\rho=0.5$ cm 及 $\rho=1.2$ cm 處。兩圓柱間之區域充填著均勻的完美電介質。若內圓柱電位為 100 V,而外圓柱電位為 0 V,試求:(a) 20 V 等電位面的位置;(b) $E_{\rho, \max}$;(c) 若內圓柱上每公尺長度的電荷為 20 nC/m 時,試求 ϵ_r。

6.38 重做習題 6.37,但令電介質只部份填充在 $0<\phi<\pi$ 範圍的體積內,而其餘體積則為自由空間。

6.39 如圖 6.14 所示兩個導體平面定義在 $0.001<\rho<0.120$ m,$0<z<0.1$ m,$\phi=0.179$ 和 0.188 rad。兩平面外圍的介質是空氣。對於區域 1,$0.179<\phi<0.188$,忽略邊緣效應,試求下列各值:(a) $V(\phi)$;(b) $\mathbf{E}(\rho)$;(c) $\mathbf{D}(\rho)$;(d) 下方導體的上表面的 ρ_S;(e) 下方導體的上表面的 Q。(f) 對於區域 2 且令下方平面的上表面為 $\phi=0.188-2\pi$,重做 (a) 到 (c);並求出下方平面的上表面的 ρ_S 和 Q;(g) 求出下方平面的總電荷以及兩平面間的電容。

第 6 章　電　容　181

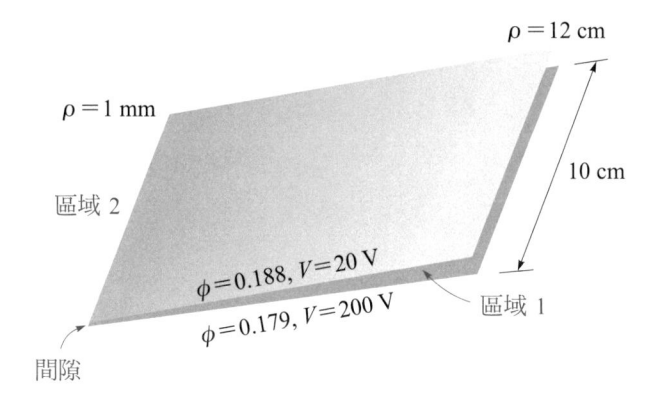

圖 6.14　見習題 6.39。

6.40 有一平行板電容器是由半徑為 a 之兩個圓形板組成，其下板位在 xy 平面且中心點位於原點。上板則位於 $z=d$，其中心位在 z 軸上。上板的電位為 V_0，下板則為接地。具有**徑向相依性** (radially dependent) 的電介質材料填充在此二板之間的區域。介電係數公式為 $\epsilon(\rho) = \epsilon_0(1+\rho^2/a^2)$。試求：(a) $V(z)$；(b) **E**；(c) Q；(d) C。此題為習題 6.8 的再次演練，但改由拉普拉氏方程式開始著手。

6.41 已知兩同心導電球位於 $r=5$ mm 及 $r=20$ mm 處。兩球面間的區域充填著完美的電介質。若內導電球的電位為 100 V，而外導電球的電位為 0 V：(a) 試求 20 V 等電位面的位置；(b) 試求 $E_{r,max}$；(c) 若內球面上面電荷密度為 1.0 μC/m2，試求 ϵ_r。

6.42 半球 $0 < r < a$，$0 < \theta < \pi/2$ 是由導電率為 σ 的均勻導電材料組成。此半球的平板側靜置在另一完全的導電平面上。現在，將 $0 < \theta < \alpha$，$0 < r < a$ 圓錐區域內的材料抽掉並更換為完全導電的材料。此新材料在 $r=0$ 處的尖端部與平面之間維持有一空氣間隙存在。試問兩個完全導體之間所量測到的電阻為何？忽略邊緣場效應。

6.43 已知兩同軸導電圓錐的頂點位於原點，而 z 軸則同為其軸心。圓錐 A 在其表面上有點 $A(1, 0, 2)$，而圓錐 B 在其表面上則有點 $B(0, 3, 2)$。令 $V_A=100$ V 及 $V_B=20$ V。試求：(a) 每一圓錐的 α 角；(b) 在 $P(1, 1, 1)$ 點處的 V。

6.44 已知自由空間內的電位場為 $V=100\ln\tan(\theta/2)+50$ V。(a) 試求 $0.1 < r < 0.8$ m，$60° < \phi < 90°$ 區域內位於表面 $\theta=40°$ 上 $|\mathbf{E}_\theta|$ 的最大值；(b) 試描述 $V=80$ V 的表面。

6.45 在自由空間內，令 $\rho_v=200\epsilon_0/r^{2.4}$。(a) 利用帕桑方程式，試求 $V(r)$，假設當 $r \to 0$ 時 $r^2E_r \to 0$，且當 $r \to \infty$ 時 $V \to 0$；(b) 現在，改用高斯定律及線積分求出 $V(r)$。

6.46 藉由拉普拉氏與帕桑方程式合適的求解，試求半徑為 a 之球體中心的絕對電位，已知球體含有密度為 ρ_0 的均勻體電荷。假設每一點處的介電係數均為 ϵ_0。**提示**：想一想在 $r=0$ 及 $r=a$ 處的電位與電場，有何種條件必須成立呢？

第7章

穩定的磁場

讀到這裡，應當已熟悉場這項觀念。因為我們先接受了兩個點電荷之間有力存在的實驗定律，同時將電場強度定義為有第二個電荷存在時，測試電荷上每單位電荷所受的力，所以我們已經討論過許多形式的場。這些場並不真正具有物理根據，因為所有的實際度量都必須以測量設備內的電荷上的力來表示。這些電荷源對於其它電荷施加了可被量測的力，而後我們可以把它們想作測試電荷。事實上，我們將場歸功於電荷源，再決定作用在測試電荷上的場的效應，這一種作法只不過是為了方便起見，而將這基本問題分成二部份而已。

我們對於磁場的研究將以磁場本身的一個定義為開始，同時說明它是如何由一項電流的分佈而產生。這個場對於其它電流的效用，或者是這個實際問題的第二部份，將在第 8 章中探討。像我們在電場中所做的一樣，我們將自己最初的討論侷限於自由空間的情形下，而材料介質的效應則將留到第 8 章再討論。

穩定磁場和它的場源之間的關係比靜電場和它的場源之間的關係要複雜得多。我們將發現先必須暫時單憑信心來接受幾條定律。這些定律的證明確實存在，並備於本書的網頁上，可作為心中有疑者或者程度較高的學生參考之用。■

7.1　畢奧-薩伐定律

穩定磁場的場源可以是一塊永久磁鐵，一個對時間作線式變化的電場，或者一個直流電流。我們大致上將略去永久磁鐵不談，同時將時變的電場留到後面再講。我們目前探討的將是由一個微小的直流單元所產生的磁場。

我們可以將這微小的電流單元當作一根帶電流的導體線上極小的一段，而一根導體線則是當圓形截面的半徑趨於零時柱形導體的極限情況。我們假定電流 I 在電線的一段微小向量長度 $d\mathbf{L}$ 中流動。於是畢奧-薩伐的實驗定律[1] 就聲明在任何一點 P 處，由一個微小單元所產生的磁場強度的大小是與電流、微小長度的大小，以及電線和微小單元到 P 點間連線之間所夾角的正弦三者的乘積成正比。另外，P 點的磁場強度的大小是和微小單元到 P 點間距離的平方成反比。磁場強度的方向垂直於包含微小電線以及電線到 P 點連線所在的那個平面。在兩個可能的法線中被選用的那個方向如下：它是在一個右手螺旋自 $d\mathbf{L}$ 經過較小的那個角而被轉到電線與 P 點的連線時前進的方向。使用合理化了的公制單位時，比例常數是 $1/4\pi$。

在上段文字所敘述的**畢奧-薩伐定律** (Biot-Savart law) 可以用向量記號很簡潔地寫成

$$d\mathbf{H} = \frac{Id\mathbf{L} \times \mathbf{a}_R}{4\pi R^2} = \frac{Id\mathbf{L} \times \mathbf{R}}{4\pi R^3} \tag{1}$$

磁場強度 (magnetic field intensity) $\mathbf{H}$ 的單位顯然是安培每公尺，簡寫為 A/m，幾何形狀被畫在圖 7.1 中。(1) 式中各數量可以用下標來表示它們所指的是那一個點。如果我們將電流單元的位置定為點 1，要被決定磁場的 P 點定為點 2，則

$$d\mathbf{H}_2 = \frac{I_1 d\mathbf{L}_1 \times \mathbf{a}_{R12}}{4\pi R_{12}^2} \tag{2}$$

畢奧-薩伐定律有時被稱為**電流單元的安培定律** (Ampère's law for the current element)，但是我們仍將沿用前者，因為如此可避免可能與後面會碰到的安培電路定律產生混淆。

在某些外觀上，畢奧-薩伐定律會令人想起庫侖定律，後者表示微小的電荷單元時可

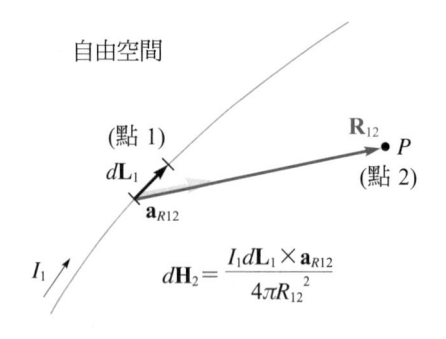

圖 7.1 畢奧-薩伐定律表達由一個微小電流單元 $I_1 d\mathbf{L}_1$ 所產生的磁場強度 $d\mathbf{H}_2$。$d\mathbf{H}_2$ 的方向是 (垂直) 進入紙面的。

---

[1] 畢奧和薩伐是安培的同事，而三個人先後均為法國大學 (Collège de France) 的物理教授。畢奧-薩伐定律是在 1820 年提出的。

以寫成下式：

$$d\mathbf{E}_2 = \frac{dQ_1 \mathbf{a}_{R12}}{4\pi\epsilon_0 R_{12}^2}$$

兩者都是和距離的平方成反比的定律，並且兩者都顯示場源與場間有一線性關係。兩者所表現的主要區別是場的方向不同。

寫成 (1) 或 (2) 式形式的畢奧-薩伐定律是不可能以實驗方法來核對的，因為其中微小的電流單元是無法被隔絕的。我們已經將注意力限制在直流電流上，所以它的電荷密度不是一個時間的函數。5.2 節中的 (5) 式，連續性方程式

$$\nabla \cdot \mathbf{J} = -\frac{\partial \rho_v}{\partial t}$$

所以，就表示

$$\nabla \cdot \mathbf{J} = 0$$

或者，應用散度定理，

$$\oint_S \mathbf{J} \cdot d\mathbf{S} = 0$$

通過任何閉合表面的總電流是零，而這條件只有在假定電流是在一個閉合的路線中流動時才能被滿足。我們的實驗場源也就必須是這個在閉合電路中流動的電流而不是那微小的單元。

因此，只有積分形式的畢奧-薩伐定律

$$\mathbf{H} = \oint \frac{I d\mathbf{L} \times \mathbf{a}_R}{4\pi R^2} \tag{3}$$

才能以實驗來證明。

當然，(1) 式或 (2) 式均會直接導致 (3) 式，但是其它的微分形式也可以產生同樣的積分形式。凡是繞著一條閉合路線的積分是零的項都可以被加到 (1) 式上。也就是說，任何一個保守場都能夠加到 (1) 式上。任一純量場的梯度總是產生一個保守場，所以我們可加一項 ∇G 到 (1) 式上而絲毫不改變 (3) 式，此處 G 是一個普通的純量場。(1) 或 (2) 式上的限制被提出來是為了指出如果我們以後問一些愚蠢的問題——關於一個微分電流單元作用於另一單元上的力是無法以實驗來核對的——我們就應當預期會有很蠢的答案。

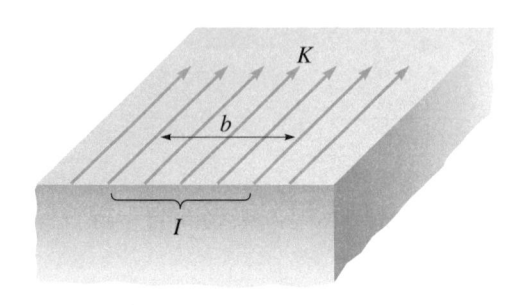

圖 7.2　在橫割電流方向的寬度 b 內，其均勻電流密度為 K，故總電流 I 等於 Kb。

畢奧-薩伐定律也可以用分佈的場源來表示，例如電流密度 **J** 和**表面電流密度** (surface current density) **K**。表面電流是在一頁薄到看不見的面中流動的，所以它的電流密度 **J** (以安培每平方公尺為單位)，其值就會是無限大。但是表面電流密度是以每公尺寬的安培數來衡量的，同時是用 **K** 來代表。如果表面電流密度是均勻的，在任何寬度 b 中的總電流 I 就是

$$I = Kb$$

其中我們假定了寬度 b 是在垂直於電流流動的方向。這個幾何關係可用圖 7.2 來表示。對於一個不均勻的表面電流密度就必須要積分：

$$I = \int K dN \tag{4}$$

其中 dN 是電流所通過路線的一個微小單元。所以，微小電流單元 I d**L**，其中 d**L** 是電流的方向，就可以用表面電流密度 **K** 或者電流密度 **J** 來表示，

$$I\,d\mathbf{L} = \mathbf{K}\,dS = \mathbf{J}\,dv \tag{5}$$

於是就得到畢奧-薩伐定律的其它形式，

$$\mathbf{H} = \int_s \frac{\mathbf{K} \times \mathbf{a}_R dS}{4\pi R^2} \tag{6}$$

以及

$$\mathbf{H} = \int_{\text{vol}} \frac{\mathbf{J} \times \mathbf{a}_R dv}{4\pi R^2} \tag{7}$$

我們可以藉著考慮一根無限長的直電線來說明畢奧-薩伐定律的應用。我們將先用

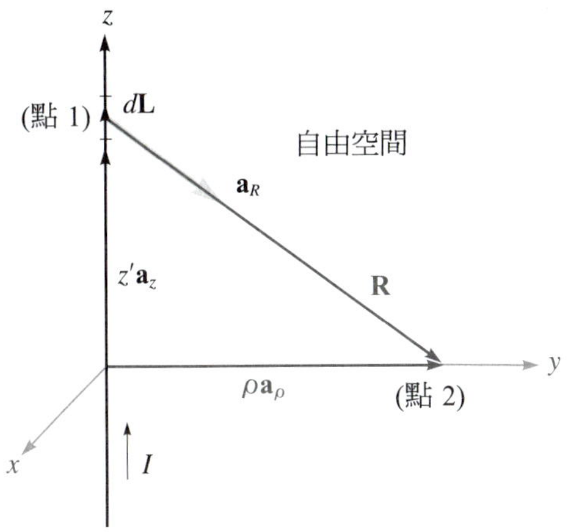

圖 7.3 帶有直流電流 I 的一條無限長直線，在點 2 的電場是 $\mathbf{H}=(I/2\pi\rho)\mathbf{a}_\phi$。

(2) 式再積分。當然，這是和一開始就用積分形式的 (3) 式一樣的。[2]

參考圖 7.3，我們應當認此這個場的對稱性，不可能有對 z 或對 ϕ 的變化存在。所以，圖中的點 2 ——它那裡的場是我們將要決定的——就被選在 $z=0$ 的平面內。同時，我們知道場點 $\mathbf{r}$ 為 $\mathbf{r}=\rho\mathbf{a}_\rho$。源點 $\mathbf{r}'$ 則是位於 $\mathbf{r}'=z'\mathbf{a}_z$，因此

$$\mathbf{R}_{12} = \mathbf{r} - \mathbf{r}' = \rho\mathbf{a}_\rho - z'\mathbf{a}_z$$

因而

$$\mathbf{a}_{R12} = \frac{\rho\mathbf{a}_\rho - z'\mathbf{a}_z}{\sqrt{\rho^2 + z'^2}}$$

我們取 $d\mathbf{L}=dz'\mathbf{a}_z$，則 (2) 式變成

$$d\mathbf{H}_2 = \frac{I\, dz'\mathbf{a}_z \times (\rho\mathbf{a}_\rho - z'\mathbf{a}_z)}{4\pi(\rho^2 + z'^2)^{3/2}}$$

因為電流的方向是朝向 z' 增加的方向，其積分極限值白 $-\infty$ 至 ∞，故我們得到

$$\mathbf{H}_2 = \int_{-\infty}^{\infty} \frac{I\, dz'\mathbf{a}_z \times (\rho\mathbf{a}_\rho - z'\mathbf{a}_z)}{4\pi(\rho^2 + z'^2)^{3/2}}$$

$$= \frac{I}{4\pi} \int_{-\infty}^{\infty} \frac{\rho dz'\mathbf{a}_\phi}{(\rho^2 + z'^2)^{3/2}}$$

---

[2] 電流的閉合路線可以被認為含有一條迴路電線，平行於第一條電線而離它無限遠的。一條半徑無限大的同軸外導體是理論上的另一種可能性。實際上這是一個不可能的問題，不過我們應知道在一根非常長的直電線附近而電流的迴路又無限遠時，我們的答案將是準確的。

此應當研究一下積分號下的單位向量 $\mathbf{a}_\phi$，因為它不一定是一個常數，不像直角座標系統中的單位向量。當一個向量的大小和方向兩者都是一定的時候才是一個常數。這個單位向量的大小當然是一定的，但是方向卻可以改變。在此，$\mathbf{a}_\phi$ 是隨座標 ϕ 而改變的，但是不隨 ρ 或者 z 而變。幸好積分只是對 z' 運算，所以在這情形下 $\mathbf{a}_\phi$ 是一個定值而可以自積分號下移出去，

$$\mathbf{H}_2 = \frac{I\rho\mathbf{a}_\phi}{4\pi} \int_{-\infty}^{\infty} \frac{dz'}{(\rho^2 + z'^2)^{3/2}}$$

$$= \frac{I\rho\mathbf{a}_\phi}{4\pi} \left. \frac{z'}{\rho^2\sqrt{\rho^2 + z'^2}} \right|_{-\infty}^{\infty}$$

於是

$$\boxed{\mathbf{H}_2 = \frac{I}{2\pi\rho}\mathbf{a}_\phi} \tag{8}$$

此種磁場的大小不是 ϕ 或 z 的函數，而是隨著到電源的距離成反比地變化。磁場強度向量的方向則是沿圓周的方向。所以，流線是圍著電線的圓圈，橫切面的磁場就可以畫成圖 7.4 中的樣子。

流線之間的間隔與半徑成正比，或者和 $\mathbf{H}$ 的大小成反比。說得明白一些，畫流線的時候是以曲線方塊為對象。到現在為止，垂直於這些圓形流線的一族線還沒有一個名字[3]，但是流線之間的間隔已經加以調整，使得將這種流線的第二種組合加起來便可以產生曲線方塊的陣列。

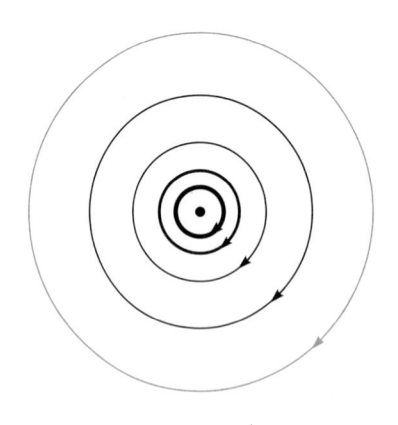

圖 7.4 在帶有直流電流 I 的一條無限長直線周圍的磁場強度的流線，I 的方向是進入紙面的。

---

[3] 如果你等不及的話，請參看 7.6 節。

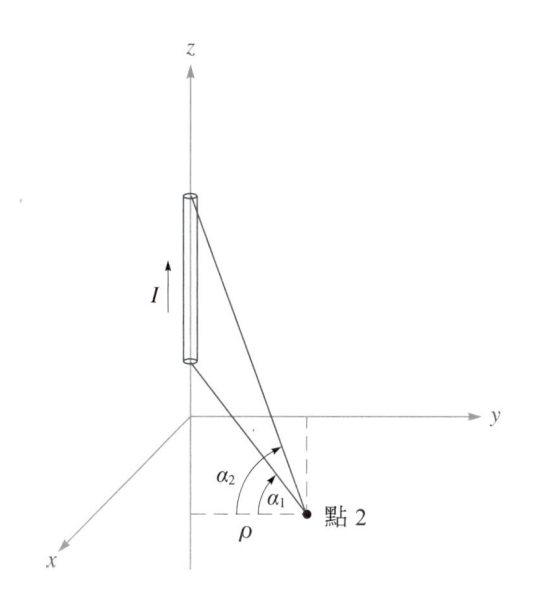

圖 7.5 一個在 z 軸上的有限長度的電流單元，所產生的電流強度是 $(I/4\pi\rho)(\sin\alpha_2 - \sin\alpha_1)\mathbf{a}_\phi$。

將圖 7.4 和一條無限長線電荷周圍的電場比較，就知道磁場的流線正好就相當於電場的等電位面，而磁場中未定名的 (也未畫出來的) 一族垂直線則相當於電場中的流線。這項對應關係並非偶然，但是在能夠更為澈底地探究電場和磁場的類比性之前，必須先將另外幾項觀念把握住才成。

利用畢奧-薩伐定律來求 **H** 在許多方面是和應用庫侖定律來求 **E** 是很相像的。每一個都需要先決定一個含有向量且略為複雜的被積函數，當然再予以積分。當我們在討論庫侖定律時，我們求解了幾個例子，包括點電荷、線電荷以及面電荷的場。畢奧-薩伐定律可以被用來解磁場中類似的問題，其中有一些出現在本章末了處作為習題而不在此處當作範例來介紹。

有一種有用的結果，那就是有限長度的電流元件所產生的磁場，如圖 7.5 所示。如圖中所示，使用 α_1 及 α_2 角便能以最簡單的方式表示磁場 **H** (詳見本章末的習題 7.8)。結果為

$$\mathbf{H} = \frac{I}{4\pi\rho}(\sin\alpha_2 - \sin\alpha_1)\mathbf{a}_\phi \tag{9}$$

如果電流單元的一個端點在點 2 之下時，α_1 為負；若兩端點都在下面時，則 α_1 及 α_2 均為負。

(9) 式可用以求取許多排列的小線段而形成 長直電流所造成的磁場。

例題 7.1

茲舉一數值範例來闡述 (9) 式的用法。若 8 A 的細導線電流沿正 x 軸方向從無限遠處流向原點,再從原點沿 y 軸向外流向無限遠處,如圖 7.6 所示。試求:點 $P_2(0.4, 0.3, 0)$ 的磁場 **H**。

解:首先考慮沿 x 軸的半無限長電流,兩端分別為夾角 $\alpha_{1x} = -90°$ 和 $\alpha_{2x} = \tan^{-1}(0.4/0.3) = 53.1°$ 所界定。從 x 軸量取徑向距離 ρ,得到 $\rho_x = 0.3$。因此,此一部份電流對 $\mathbf{H}_2$ 貢獻量為

$$\mathbf{H}_{2(x)} = \frac{8}{4\pi(0.3)}(\sin 53.1° + 1)\mathbf{a}_\phi = \frac{2}{0.3\pi}(1.8)\mathbf{a}_\phi = \frac{12}{\pi}\mathbf{a}_\phi$$

單位向量 $\mathbf{a}_\phi$ 也必須參照於 x 軸。我們可看出它變成 $-\mathbf{a}_z$。因此,

$$\mathbf{H}_{2(x)} = -\frac{12}{\pi}\mathbf{a}_z \text{ A/m}$$

再考慮 y 軸的電流,我們得到 $\alpha_{1y} = -\tan^{-1}(0.3/0.4) = -36.9°$、$\alpha_{2y} = 90°$,以及 $\rho_y = 0.4$。於是

$$\mathbf{H}_{2(y)} = \frac{8}{4\pi(0.4)}(1 + \sin 36.9°)(-\mathbf{a}_z) = -\frac{8}{\pi}\mathbf{a}_z \text{ A/m}$$

把這兩個結果相加,得到

$$\mathbf{H}_2 = \mathbf{H}_{2(x)} + \mathbf{H}_{2(y)} = -\frac{20}{\pi}\mathbf{a}_z = -6.37\mathbf{a}_z \text{ A/m}$$

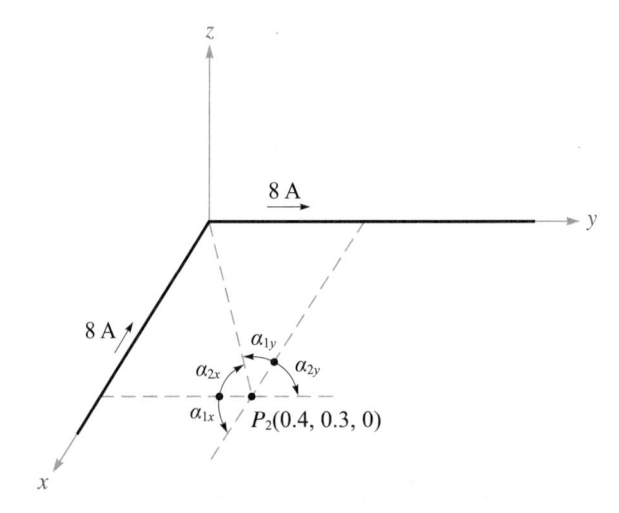

圖 7.6 兩條半無限長導線個別形成的場可由 (9) 式得到,把它們相加就得到了點 P_2 處的 $\mathbf{H}_2$。

D7.1. 就下列所指定的 P_1、P_2 及 $I_1\Delta L_1$ 值，試計算 $\Delta \mathbf{H}_2$：(a) $P_1(0, 0, 2)$，$P_2(4, 2, 0)$，$2\pi \mathbf{a}_z$ $\mu\text{A} \cdot \text{m}$；(b) $P_1(0, 2, 0)$，$P_2(4, 2, 3)$，$2\pi \mathbf{a}_z \mu\text{A} \cdot \text{m}$；(c) $P_1(1, 2, 3)$，$P_2(-3, -1, 2)$，$2\pi(-\mathbf{a}_x + \mathbf{a}_y + 2\mathbf{a}_z) \mu\text{A} \cdot \text{m}$。

答案：$-8.51\mathbf{a}_x + 17.01\mathbf{a}_y$ nA/m；$16\mathbf{a}_y$ nA/m；$18.9\mathbf{a}_x - 33.9\mathbf{a}_y + 26.4\mathbf{a}_z$ nA/m

D7.2. 沿著整條 z 軸，有一條電流線載有 $\mathbf{a}_z$ 方向的電流 15 A。試求直角座標中，位於：(a) $P_A(\sqrt{20}, 0, 4)$；(b) $P_B(2, -4, 4)$ 點的 $\mathbf{H}$。

答案：$0.534\mathbf{a}_y$ A/m；$0.477\mathbf{a}_x + 0.239\mathbf{a}_y$ A/m

7.2 安培環路定律

在用庫侖定律求解了幾個簡單的靜電問題之後，我們發現同樣的問題若具有高度對稱性時，用高斯定律解題會更容易。類似的方法再度存在於磁場中。在這裡，可以幫我們將問題以較為簡易地方式解出來的定律被稱為**安培環路**[4] **定律** (Ampère's circuital law)，有時也被稱為安培工作定律。這定律可以從畢奧-薩伐定律導出來 (這項推導將會在 7.7 節中完成)。

安培環路定律說明圍著任何**閉合路線 H** 的線積分正好就等於這路線內所包括的電流，

$$\oint \mathbf{H} \cdot d\mathbf{L} = I \tag{10}$$

我們將正電流定義為當一個右手螺旋隨著閉合路徑被行經的方向轉動時，在螺旋前進方向上流動的電流。

參考圖 7.7，它指出一根圓形的電線帶有直流電流 I，沿著標為 a 和 b 閉合路徑的線積分結果是 I；繞著閉合路徑 c ——它經過導體本身——的積分答案則小於 I 而且正好等於總電流中被路徑 c 所包圍的那一部份。雖然路徑 a 和 b 產生同樣的答案，但是兩個被積函數當然是不同的。線積分指導我們在路徑的一點上將 $\mathbf{H}$ 在路線方向上的分量來以路徑的一個微量長度，再順著路線移到下一點而重複這步驟，一直繼續到整個路徑完全走完了為止。一般說來，由於 $\mathbf{H}$ 將從一點變到另一點，同時路徑 a 和 b 又不是一樣的，所

---

[4] 通常把這個字的重音放在 "circ-" 上面。

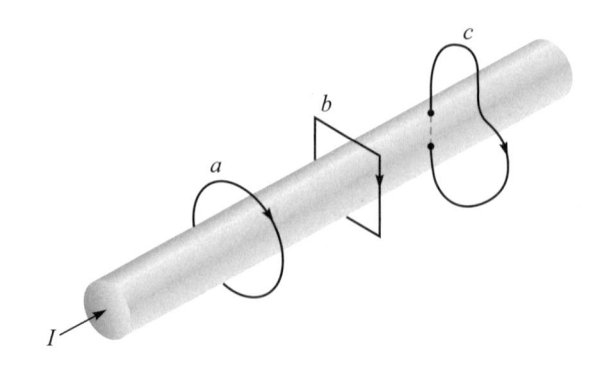

圖 7.7 導體上的總電流為 I。圍著閉合路徑 a 和 b 的線積分等於 I，而繞路徑 c 的積分則小於 I，因為全部電流未被包括在路徑內。

以，每一段 (譬如說每一毫米) 的路徑對積分所做貢獻是很不相同的，只是最後的答案才一樣。

我們也應當考慮一下"路徑所包圍的電流"這句話的涵義。假定我們將導體穿過了橡皮圈之後把電路銲在一起，而我們將這橡皮圈用來代表閉合線徑。將橡皮圈扭轉或打結就可以形成一些稀奇古怪的路線，但是，只要橡皮圈和傳導電路都沒有斷，則路線所包圍的電流就是導體上所載的電流。現在，讓我們將橡皮圈換成一個圓形的鋼製彈簧圈，圈上裝了一張橡皮紙。鋼圈形成閉合的路徑，如果這路徑要包圍電流的話，帶電流的導體必須穿透橡皮紙才成。同樣地，我們可以扭轉鋼圈，也可以用拳頭伸到橡皮紙裡推它或者將它隨我們高興而任意折它而使它變形，單個的帶電流導體仍只通過橡皮紙一次，而這是對於路徑所包圍電流的真實度量。如果我們將導體從橡皮紙前面穿到後面一次，再從後面到前面一次。路徑所包圍的總電流就是它們的代數和，而這和是零。

用更為普通的話來說，已知一條閉合路徑時，我們將它當作無限多表面 (並非閉合的表面) 的邊緣來看待。由該路徑所包圍的任何帶電流的導體必須通過每一個這些表面一次。當然，有些表面可以被選得使導體從一個方向通過它兩次，另一方向通過一次，但是代數上的總電流仍是一樣的。

我們將會發現這閉合路徑的性質通常是極其簡單而可以被畫在一個平面上。於是，最簡單的平面就是路徑所包圍的那部份平面。我們只需要求出通過這個平面的總電流。

高斯定律的應用涉及到求出一個閉合表面所包圍的總電荷；安培電路定律的應用則會牽涉到求出一條閉合路徑所包圍的總電流。

讓我們再求出一條帶電流 I 的無限長電線所產生的磁場強度。這條電線位在 z 軸上 (如圖 7.3)，電流在 $\mathbf{a}_z$ 所示方向上流動。先檢查對稱性可發現對 z 或 ϕ 都沒有變化。其次,我們利用畢奧-薩伐定律來考慮 **H** 中所具有的分量。不必特別地用叉積,我們可以說 d**H** 的方向垂直於包含 d**L** 和 **R** 的平面,所以是在 **a**$_\phi$ 的方向上。因此,**H** 唯一的一個分量是 H_ϕ,而它只是 ρ 的一個函數。

所以,我們就選一條路徑,對它的任何一段而言 **H** 可以是垂直的,或者是相切的,同時沿著它的 H 是一個定值。第一項要求 (垂直或相切) 使得我們可以將安培環路定律中的點積換成純量大小的乘積,除了在 **H** 是垂直於路徑的那部份以外,在那裡的點積是零;第二項規定 (定值) 則允許我們將磁場強度從積分號下移出來。通常所要的積分是很簡單的,只要求出平行於 **H** 的那段路徑的長度。

在我們的例子中,這路徑必須是一個半徑為 ρ 的圓,因此安培環路定律就變成

$$\oint \mathbf{H} \cdot d\mathbf{L} = \int_0^{2\pi} H_\phi \rho d\phi = H_\phi \rho \int_0^{2\pi} d\phi = H_\phi 2\pi\rho = I$$

或者

$$H_\phi = \frac{I}{2\pi\rho}$$

和前面一樣。

作為安培環路定律的第二個應用例子,考慮一條同軸傳輸線,內導體上帶有均勻分佈的總電流 I,外導體則有 $-I$。這傳輸線如圖 7.8a 所示。對稱性指出 H 不是 ϕ 或 z 的函數。為了決定它所具有的分量起見,我們可以利用前面例子的結果,將一個固體導體當

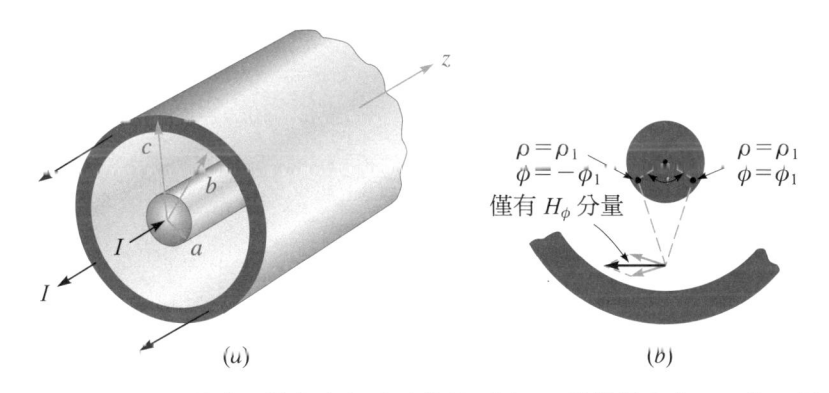

圖 7.8 (a) 內導體上帶有均勻地分佈的電流 I,外導體上有 $-I$ 的一根同軸電纜的截面,在任何一點的磁場最容易的決定方法是圍著一條圓周路徑應用安培環路定律。(b) 位於 $\rho=\rho_1$、$\phi=\pm\phi_1$ 的電流線會產生可相互抵銷的 H_ρ 分量。故就總磁場而言,**H**$=H_\phi$**a**$_\phi$。

作是由許多根電線所組成。沒有一根電線具有 **H** 的 z 分量。再者，由位在 $\rho=\rho_1$、$\phi=\phi_1$ 的一根電線所產生的在 $\phi=0°$ 處的 H_ρ 分量會被在對稱位置 $\rho=\rho_1$、$\phi=-\phi_1$ 的電線所產生的 H_ρ 分量抵銷掉。這種對稱性如圖 7.8b 所示。我們再度發現只有一個 H_ϕ 分量而且它是隨 ρ 而變。

一個半徑為 ρ 的圓周路徑——ρ 大於內導體的半徑但是小於外導體的內半徑——會導致

$$H_\phi = \frac{I}{2\pi\rho} \quad (a < \rho < b)$$

如果我們將 ρ 選得小於內導體的半徑，所包含電流就是

$$I_{\text{encl}} = I\frac{\rho^2}{a^2}$$

故知

$$2\pi\rho H_\phi = I\frac{\rho^2}{a^2}$$

即

$$H_\phi = \frac{I\rho}{2\pi a^2} \quad (\rho < a)$$

如果 ρ 大於外導體的外半徑，就沒有電流被包含在內，所以

$$H_\phi = 0 \quad (\rho > c)$$

最後，如果路線在外導體裡面的話，我們得到

$$2\pi\rho H_\phi = I - I\left(\frac{\rho^2 - b^2}{c^2 - b^2}\right)$$

$$H_\phi = \frac{I}{2\pi\rho}\frac{c^2 - \rho^2}{c^2 - b^2} \quad (b < \rho < c)$$

同軸電纜中磁場強度對半徑的變化如圖 7.9 所示，其中 $b=3a$，$c=4a$。應當注意的是：在所有的導體邊界處磁場強度 **H** 是連續的。換句話說，閉合路徑的半徑略為增加一些，其中所包含的電流不會因而有極大的差別。故 H_ϕ 不會有突然的改變。

外在的場是零。這一點我們可以明白是因為路徑包圍了等量的正電流與負電流之故，兩者都產生一個大小為 $I/2\pi\rho$ 的外場，但是完全互相抵銷掉。這是"屏障"作用的

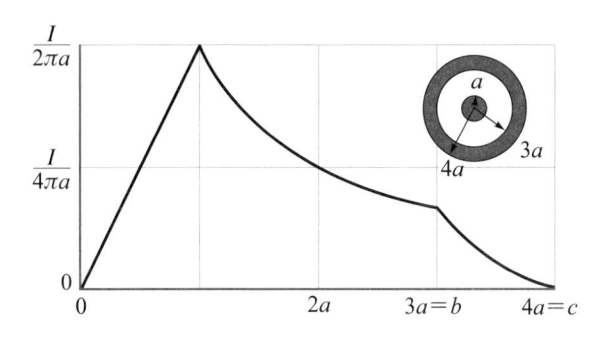

图 7.9　同軸傳輸線內磁場強度作為半徑的函數。

另一例子；這樣的同軸電纜在帶有很大的電流時，理論上對附近電路不會產生任何顯見的效應。

作為最後的一個例子，讓我們考慮一片電流在正 y 的方向流動且位於 $z=0$ 的平面上。我們可以將流回來的電流想成是平均地分佈在距我們所考慮的這一片電流很遠處兩側的兩個面上。圖 7.10 所示是均勻的表面電流密度為 $\mathbf{K}=K_y\mathbf{a}_y$ 的一片電流面。$\mathbf{H}$ 不能夠隨 x 或 y 變化。如果這個面被分成許多電線，顯然地沒有一條電線會產生一個 H_y 的分量。再說，畢奧-薩伐定律指出在對稱位置的一對電線所產生的 H_z 會抵銷掉。因此，H_z 也是零；只有一個 H_x 分量存在。所以，我們選擇由直線段所組成的路徑 1-1′-2′-2-1，其中兩段與 H_x 平行，另兩段則垂直於 H_x。由安培環路定律可知

$$H_{x1}L + H_{x2}(-L) = K_yL$$

或者

$$H_{x1} - H_{x2} = K_y$$

如果選取的路徑是 3-3′-2′-2-3，所包含電流也一樣，於是

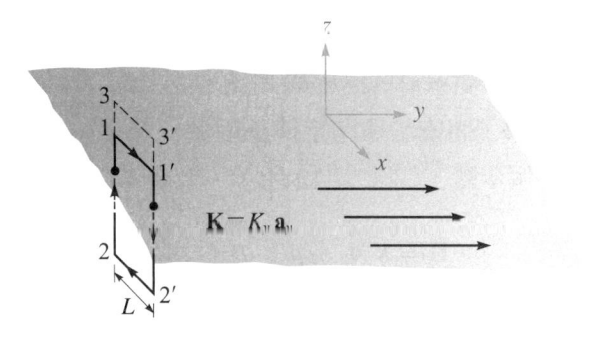

圖 7.10　在 $z=0$ 平面上的表面電流為 $\mathbf{K}=K_y\mathbf{a}_y$ 的一頁電流，圍著路徑 1-1′-2′-2-1 或 3-3′-2′-2-3 應用安培環路定律可以求出 $\mathbf{H}$ 來。

$$H_{x3} - H_{x2} = K_y$$

所以

$$H_{x3} = H_{x1}$$

因此，對於所有正的 z 而言，H_x 都是一樣的。同樣地，對所有負的 z 而言，H_x 也都是一樣的。於是，根據對稱性，在這電流片的另一側的磁場強度就是另一側的負值。在電流片上方的磁場為

$$H_x = \tfrac{1}{2}K_y \quad (z > 0)$$

而在它之下

$$H_x = -\tfrac{1}{2}K_y \quad (z < 0)$$

令 $\mathbf{a}_N$ 為一個垂直於此電流片的單位向量 (向外)，結果就可以被寫成一種形式，對於所有 z 而言，這形式都是正確的

$$\boxed{\mathbf{H} = \tfrac{1}{2}\mathbf{K} \times \mathbf{a}_N} \tag{11}$$

如果有第二面電流在 $z=h$ 處而朝相反的方向流動，$\mathbf{K} = -K_y\mathbf{a}_y$，(11) 式指出在這兩面之間的區域內的場是

$$\boxed{\mathbf{H} = \mathbf{K} \times \mathbf{a}_N \quad (0 < z < h)} \tag{12}$$

而在其它地方則為零，

$$\boxed{\mathbf{H} = 0 \quad (z < 0, z > h)} \tag{13}$$

應用安培環路定律時，最難的部份是決定場的那些分量會存在。最保險的方法是合理地應用畢奧-薩伐定律以及關於簡單形式的磁場知識。

本章末習題的 7.13 題列舉了將安培環路定律應用到一條半徑為 a，均勻的電流密度為 $K_a\mathbf{a}_\phi$ 的無限長螺管時的各個步驟，如圖 7.11a 所示。為參考起見，其結果為：

$$\mathbf{H} = K_a\mathbf{a}_z \quad (\rho < a) \tag{14a}$$

$$\mathbf{H} = 0 \quad (\rho > a) \tag{14b}$$

如果螺管是有限長度 d，繞有 N 匝緊密繞置的線圈，線圈電流為 I (圖 7.11b)，則在螺管內部各點的磁場強度約為

第 7 章　穩定的磁場　197

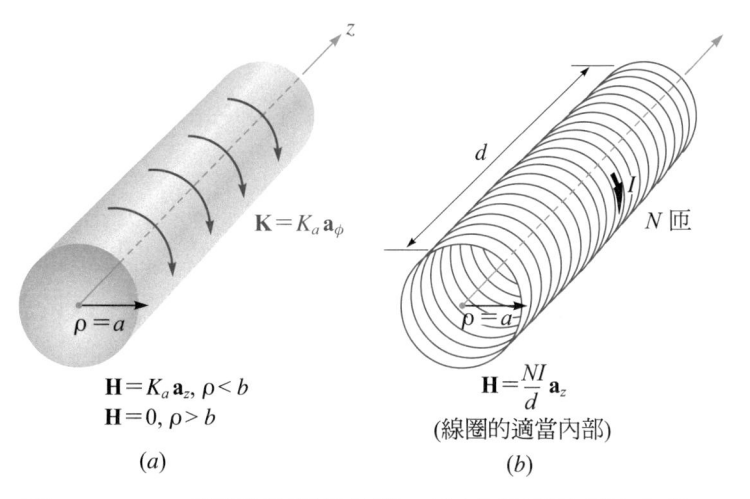

K = K_a**a**$_\phi$

H = K_a**a**$_z$, $\rho < b$
H = 0, $\rho > b$
(a)

H = $\dfrac{NI}{d}$**a**$_z$
(線圈的適當內部)
(b)

圖 7.11　(a) 一理想無限長的螺管，具有圓形薄片電流密度 **K** = K_a**a**$_\phi$。(b) 一個 N 匝有限長度 d 的螺管。

$$\mathbf{H} = \frac{NI}{d}\mathbf{a}_z \qquad \text{(在螺管適當的內部)} \tag{15}$$

這種近似值是有效的，如果所計算場點的位置距離螺管端口兩倍半徑以上時，或者是距離螺管表面為匝與匝間的隔距兩倍以上時，都算是準確的。

圖 7.12 為環狀螺管的圖形。圖 7.12a 為理想環狀螺管的磁場強度，其公式為

$$\mathbf{H} = K_a \frac{\rho_0 - a}{\rho}\mathbf{a}_\phi \qquad \text{(環狀螺管的內部)} \tag{16a}$$

$$\mathbf{H} = 0 \qquad\qquad\qquad \text{(外部)} \tag{16b}$$

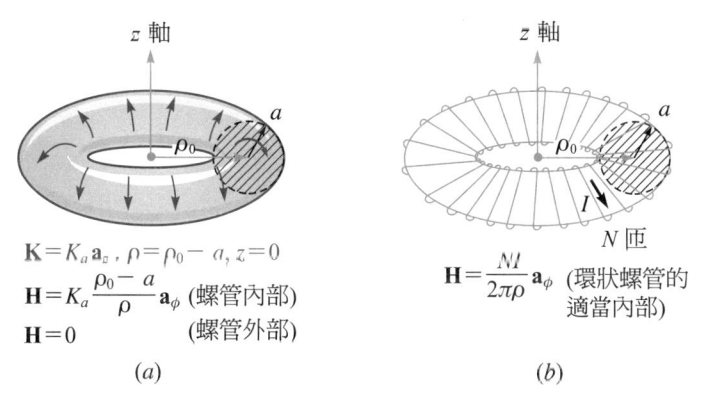

K = K_a**a**$_z$, $\rho = \rho_0 - a$, $z = 0$
H = $K_a \dfrac{\rho_0 - a}{\rho}$**a**$_\phi$　(螺管內部)
H = 0　　　　(螺管外部)
(a)

H = $\dfrac{NI}{2\pi\rho}$**a**$_\phi$　(環狀螺管的適當內部)
(b)

圖 7.12　(a) 一個理想的環狀螺管 (toroid)，具有表面電流密度 **K** 如圖所示的方向。(b) 一個 N 匝的環狀線圈螺管，其線圈密度為 I。

圖 7.12b 為 N 匝線圈的環狀螺管。吾人可得較準確的近似值為：

$$\mathbf{H} = \frac{NI}{2\pi\rho}\mathbf{a}_\phi \qquad \text{(環狀螺管的內部)} \qquad (17a)$$

$$\mathbf{H} = 0 \qquad \text{(外部)} \qquad (17b)$$

只要場點距離螺管表皮的位置，在匝與匝間隔距數倍以上時，都是準確的。

正方形截面的環狀螺管也是非常容易處理的，當你試做習題 7.14 時就可以知道。

關於其它各種形狀的線圈螺管、環狀螺管及線圈的準確公式，可參考 *Standard Handbook of Electrical Engineers* 一書的第 2 節 (見第 5 章的參考書目)。

D7.3. 在下列場中，試以直角座標分量表示 **H** 在 $P(0, 0.2, 0)$ 點處之值：(a) 一條電流線，位於 $x=0.1$，$y=0.3$ 處，電流為 $\mathbf{a}_z$ 方向，大小為 2.5 A；(b) 一條同軸電纜，軸心位於 z 軸，其半徑尺寸為 $a=0.3$，$b=0.5$，$c=0.6$，中心導體內的 $I=2.5$ A，$\mathbf{a}_z$ 方向；(c) 三片電流片，$2.7\mathbf{a}_x$ A/m 位於 $y=0.1$ 處，$-1.4\mathbf{a}_x$ A/m 位於 $y=0.15$ 處，及 $-1.3\mathbf{a}_x$ A/m 位於 $y=0.25$ 處。

答案：$1.989\mathbf{a}_x - 1.989\mathbf{a}_y$ A/m；$-0.884\mathbf{a}_x$ A/m；$1.300\mathbf{a}_z$ A/m

---

7.3 旋 度

為了完成高斯定律的討論，可將這定律應用到一個微小的體積單元上進而導出了散度的觀念。我們現在要將安培環路定律應用到一個微分的周界線上，並討論向量分析中第三個也是最後的一個特殊導數：旋度。我們的目的是要得出安培環路定律的點形式。

我們仍將選用直角座標，同時取一個各邊為 Δx 和 Δy 的微小閉合路徑 (圖 7.13)。我們假定某個電流——至今尚未被確定的——在這小矩形的**中央**產生 **H** 的一個參考值，

$$\mathbf{H}_0 = H_{x0}\mathbf{a}_x + H_{y0}\mathbf{a}_y + H_{z0}\mathbf{a}_z$$

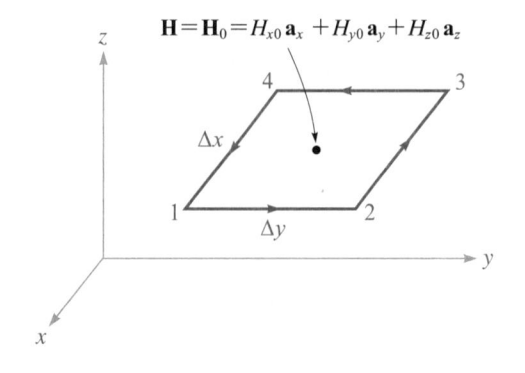

圖 7.13 在直角座標中選了一個微小閉合路徑以便應用安培環路定律來決定 **H** 在空間內的變率。

沿此路徑 **H** 的閉合線積分，就是在這四個邊 **H** · **ΔL** 之和的近似值。根據電流在 $\mathbf{a}_z$ 的方向，選擇積分進行的方向為 1-2-3-4-1，其中最先一段的貢獻值為

$$(\mathbf{H} \cdot \Delta \mathbf{L})_{1-2} = H_{y,1-2} \Delta y$$

在這段路徑上，H_y 的值就可以用矩形中央的參考值 H_{y0}，H_y 對 x 的變率，以及從中央到 1-2 這邊中點的距離 $\Delta x/2$ 來表示：

$$H_{y,1-2} \doteq H_{y0} + \frac{\partial H_y}{\partial x}\left(\frac{1}{2}\Delta x\right)$$

因此，

$$(\mathbf{H} \cdot \Delta \mathbf{L})_{1-2} \doteq \left(H_{y0} + \frac{1}{2}\frac{\partial H_y}{\partial x}\Delta x\right)\Delta y$$

沿著下一段路徑我們得到：

$$(\mathbf{H} \cdot \Delta \mathbf{L})_{2-3} \doteq H_{x,2-3}(-\Delta x) \doteq -\left(H_{x0} + \frac{1}{2}\frac{\partial H_x}{\partial y}\Delta y\right)\Delta x$$

繼續算出剩下的兩段並將結果加起來，

$$\oint \mathbf{H} \cdot d\mathbf{L} \doteq \left(\frac{\partial H_y}{\partial x} - \frac{\partial H_x}{\partial y}\right)\Delta x \Delta y$$

根據安培環路定律，這一結果必須等於路徑所包圍的電流，或者經過該路徑所包圍表面的電流。如果我們假定一個一般的電流密度 **J**，則所包圍的電流就是 $\Delta I \doteq J_z \Delta x \Delta y$，故知

$$\oint \mathbf{H} \cdot d\mathbf{L} \doteq \left(\frac{\partial H_y}{\partial x} - \frac{\partial H_x}{\partial y}\right)\Delta x \Delta y \doteq J_z \Delta x \Delta y$$

或者

$$\frac{\oint \mathbf{H} \cdot d\mathbf{L}}{\Delta x \Delta y} \doteq \frac{\partial H_y}{\partial x} - \frac{\partial H_x}{\partial y} \doteq J_z$$

當這閉合路徑縮小時，上面的表示式就更接近於正確值。在極限時我們就得到下列等式：

$$\lim_{\Delta x, \Delta y \to 0} \frac{\oint \mathbf{H} \cdot d\mathbf{L}}{\Delta x \Delta y} = \frac{\partial H_y}{\partial x} - \frac{\partial H_x}{\partial y} = J_z \tag{18}$$

由安培環路定律開始，在令 **H** 的閉合線積分等於所包圍的電流之後，我們現在已經得出了一項關係式，其涉及的是所包圍**每單位面積**內 **H** 的閉合線積分與所包圍的**每單位面積的電流** (或者電流密度) 之間的關係。在分析高斯定律的積分形式 (涉及通過一個閉合表面的通量和它所包圍的電荷)，變到點形式 (聯繫**每單位體積**內通過一個閉合表面的通量和**每單位體積**內所包圍電荷，或體積電荷密度) 時，我們也做了一項類似的分析。在每種情形下都必須用到極限才能產生等式。

如果我們所選的閉合路徑之指向是垂直於其餘的兩個座標軸的每一個軸時，類似的步驟就會導出電流密度的 x 和 y 分量的表示式：

$$\lim_{\Delta y, \Delta z \to 0} \frac{\oint \mathbf{H} \cdot d\mathbf{L}}{\Delta y \Delta z} = \frac{\partial H_z}{\partial y} - \frac{\partial H_y}{\partial z} = J_x \tag{19}$$

以及

$$\lim_{\Delta z, \Delta x \to 0} \frac{\oint \mathbf{H} \cdot d\mathbf{L}}{\Delta z \Delta x} = \frac{\partial H_x}{\partial z} - \frac{\partial H_z}{\partial x} = J_y \tag{20}$$

比較 (18)—(20) 式，我們知道電流密度的一個分量，是以 **H** 圍著一條垂直於該分量的平面內小閉合路徑線積分對路徑所包面積之商，於路徑縮小到零時的極限來表示的。這項極限在別門科學中也有相對應的部份，故很久以前就有**旋度** (curl) 這個名稱。任何一個向量的旋度是一個向量，同時旋度的任何分量是以這向量圍著一條在垂直於所要的該分量之平面內的小路徑的閉合線積分與這路徑所圍面積在路徑縮小到零時的極限來表示的。應當注意的是，上述旋度的定義並非專指某一座標系統而言，該定義的數學形式是：

$$(\text{curl } \mathbf{H})_N = \lim_{\Delta S_N \to 0} \frac{\oint \mathbf{H} \cdot d\mathbf{L}}{\Delta S_N} \tag{21}$$

其中，∇S_N 是該閉合的線積分所包圍的面積，下標 N 則可代表任何座標系統的任何分量。這下標同時也表明旋度的分量是垂直於閉合路線所圍表面的那個分量。

在直角座標中，(21) 式的定義指出 curl **H** 的 x、y 及 z 分量即為 (18)-(20) 式所示，所以

$$\text{curl } \mathbf{H} = \left(\frac{\partial H_z}{\partial y} - \frac{\partial H_y}{\partial z}\right)\mathbf{a}_x + \left(\frac{\partial H_x}{\partial z} - \frac{\partial H_z}{\partial x}\right)\mathbf{a}_y + \left(\frac{\partial H_y}{\partial x} - \frac{\partial H_x}{\partial y}\right)\mathbf{a}_z \tag{22}$$

這結果也可以寫成行列式形式：

$$\text{curl } \mathbf{H} = \begin{vmatrix} \mathbf{a}_x & \mathbf{a}_y & \mathbf{a}_z \\ \dfrac{\partial}{\partial x} & \dfrac{\partial}{\partial y} & \dfrac{\partial}{\partial z} \\ H_x & H_y & H_z \end{vmatrix} \tag{23}$$

同時，也可以用向量運算子來表示成：

$$\text{curl } \mathbf{H} = \nabla \times \mathbf{H} \tag{24}$$

(22) 式是將 (21) 式應用到直角座標上所得的結果。我們是藉著計算圍著各邊為 Δx 和 Δy 的微小路徑的安培環路定律而求出這表示式的 z 分量。只要選取適當的路徑，我們就可以同樣容易地得出另外兩個分量。(23) 式是表示旋度的直角座標公式的好方法；其形式是對稱的且很容易記住。(24) 式更為簡潔，只要應用叉積及向量運算子的定義就能導出 (22) 式來。

在附錄 A 中應用 (21) 式的定義導出了 curl **H** 在圓柱和球形座標中的表示式。雖然在附錄中，它們是以矩陣的形式表達，但其中第一列並非單純的單位向量，第三列也並非單純的向量分量。所以並不容易記憶。因此之故，將旋度的圓柱座標及球形座標展開的公式，表示於下面方塊之內，以備不時參考。

$$\nabla \times \mathbf{H} = \left(\frac{1}{\rho} \frac{\partial H_z}{\partial \phi} - \frac{\partial H_\phi}{\partial z} \right) \mathbf{a}_\rho + \left(\frac{\partial H_\rho}{\partial z} - \frac{\partial H_z}{\partial \rho} \right) \mathbf{a}_\phi \\ + \left(\frac{1}{\rho} \frac{\partial (\rho H_\phi)}{\partial \rho} - \frac{1}{\rho} \frac{\partial H_\rho}{\partial \phi} \right) \mathbf{a}_z \quad \text{(圓柱座標)} \tag{25}$$

$$\nabla \times \mathbf{H} = \frac{1}{r \sin\theta} \left(\frac{\partial (H_\phi \sin\theta)}{\partial \theta} - \frac{\partial H_\theta}{\partial \phi} \right) \mathbf{a}_r + \frac{1}{r} \left(\frac{1}{\sin\theta} \frac{\partial H_r}{\partial \phi} - \frac{\partial (rH_\psi)}{\partial r} \right) \mathbf{a}_\theta \\ + \frac{1}{r} \left(\frac{\partial (rH_\theta)}{\partial r} - \frac{\partial H_r}{\partial \theta} \right) \mathbf{a}_\phi \quad \text{(球形座標)} \tag{26}$$

雖然我們將旋度描述為每單位面積的一個線積分，但是這並不能為每個人提供一項令人滿意的旋度操作本質的寫照。因為這種閉合的線積分本身就需要物理方面的解釋。閉合線積分最先是在靜電場中碰到的，那裡我們見到 $\oint \mathbf{E} \cdot d\mathbf{L} = 0$。只要這積分是零，我們就不必顧慮它那實際的寫照。我們最近討論了 **H** 的閉合線積分 $\oint \mathbf{H} \cdot d\mathbf{L} = I$。這些閉合的線積分也可以被稱為**環流** (circulation)，這個名稱顯然地是借用自流體力學場。

H 的環流，亦即 $\oint \mathbf{H} \cdot d\mathbf{L}$，是沿著路線上各點將平行於這個已確定路徑的 **H** 分量乘以微小的路徑長度後，再令這微小的長度趨於零使它們的數目變為無限大時，將這些結果加起來而得出。我們並不要求一個小到看不見的路徑。安培環路定律告訴我們：如果 **H** 對於一個已知路徑的確具有環流的話，就有電流通過這條路徑。在靜電學中我們知道對於每一條路徑 **E** 的環流都是零，這是將一個電荷繞著閉合路徑推動時所需要作的功是零這一項事實的直接結果。

我們現在可以將旋度描述為**每單位面積的環流** (circulation per unit area)。當閉合的路徑小到快沒有了時，旋度便可定義在一點上了。**E** 的旋度必定是零，因為其環流是零。然而，**H** 的旋度則不是零；每單位面積的 **H** 的環流是根據安培環路定律而來的電流密度 [即 (18)、(19) 及 (20) 式]。

史基靈 (Skilling)[5] 建議用一個很小的踏輪作為一個 "旋度計"，把向量想成能夠對這踏輪的每一片施力，這力是與垂直於該片表面的場分量成正比。為了要測驗一個場的旋度起見，我們將這踏輪浸到這場中，輪軸則與想要的旋度分量方向並排，然後觀察場對踏板的作用。不轉動就表示沒有旋度；角速度愈大則表示旋度值愈大；轉動方向反過來就表示旋度的符號相反。為了要求出旋度向量的方向而不只是決定有某一個分量存在而已，我們應當將踏輪放在場中來尋求出那個產生最大轉矩的方向。於是旋度的方向就是順著踏輪的軸向，正如右手定則所規定的。

作為一個例子，設想水在河中的流動。圖 7.14a 所示是在一條很寬的河中間處所取的一個縱段面。在河床處水的速度是零，往上時則作線性增加。放在圖中所示位置上的一個踏輪，軸是垂直於紙面的，它會依順時針方向轉動，表示在紙面朝裡面的法線方向

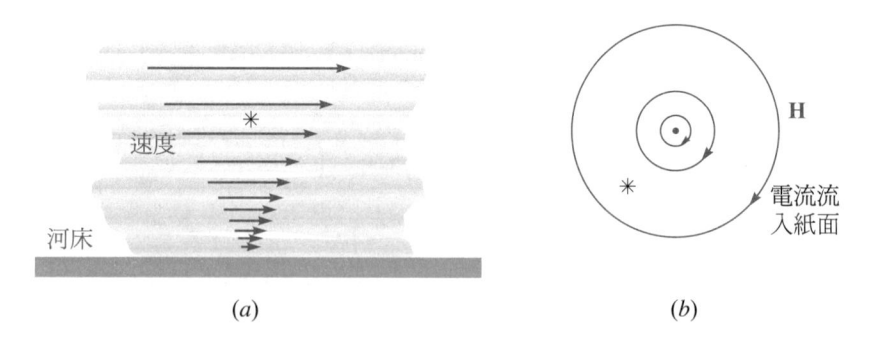

圖 7.14　(a) 旋度計指出水速的旋度有一個指向紙內的分量。(b) 此圖顯示圍著一條無限長電線的磁場強度的旋度。

---

[5] 見本章末的參考書目。

上有一個旋度的分量存在。如果我們向上游或下游去時，水的速度並不改變，同時當我們橫穿過河時也不變的話 (或者它甚至於是以同樣方式在向兩岸減低的)，則這分量就將是存在水流中央的唯一的一個分量，而水速的旋度方向則是指向紙面內的。

圖 7.14b 上所示的是圍著一根無限長細導體之磁場強度的流線。放在這曲線場中的旋度計指出大多數的片上有一個順時針方向的力加在上面，但一般而言，這個力比加在靠近電線處的少數片上的反時針方向的力要小些。看來，如果流線的曲率是對的，同時場強度的變化剛好的話，則作用在踏輪上的淨轉矩是可以為零的。實際上在這情形下踏輪並不轉，因為 $\mathbf{H} = (I/2\pi\rho)\mathbf{a}_\phi$，我們可以將它代入 (25) 式而得到

$$\text{curl } \mathbf{H} = -\frac{\partial H_\phi}{\partial z}\mathbf{a}_\rho + \frac{1}{\rho}\frac{\partial(\rho H_\phi)}{\partial \rho}\mathbf{a}_z = 0$$

例題 7.2

茲舉一例，可自旋度的定義計算 curl **H**，並計算另一個線積分。假定在 $z > 0$ 之區域，$\mathbf{H} = 0.2z^2\mathbf{a}_x$，在其它區域，$\mathbf{H} = 0$，如圖 7.15 所示。在 $y = 0$ 的平面內，一邊長為 d 之正方形路徑，其中心在 $(0, 0, z_1)$ 點，且 $z_1 > d/2$。試求沿此正方形路徑的 $\oint \mathbf{H} \cdot d\mathbf{L}$ 值。

解：讓我們沿四個線段計算 **H** 的線積分，自上部線段開始：

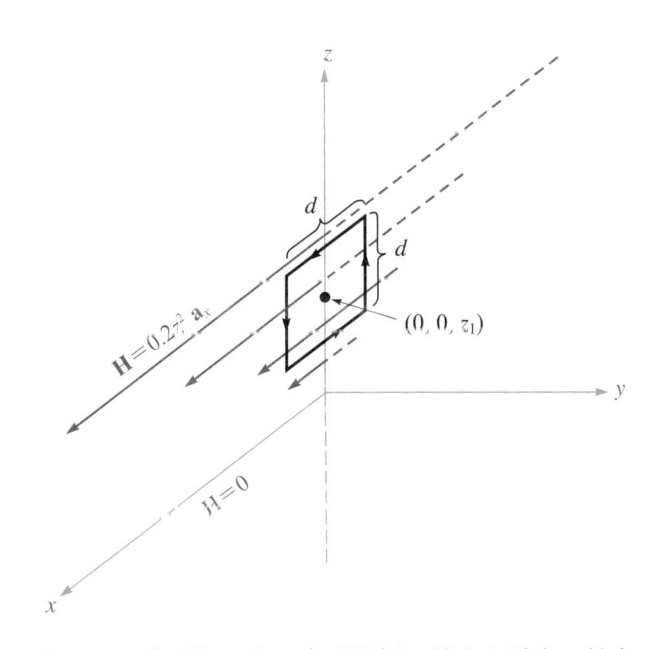

圖 7.15 邊長為 d 之正方形路徑，其中心點在 z 軸之 z_1 點處，用以計算 $\oint \mathbf{H} \cdot d\mathbf{L}$ 及求得旋度 **H**。

$$\oint \mathbf{H} \cdot d\mathbf{L} = 0.2\left(z_1 + \tfrac{1}{2}d\right)^2 d + 0 - 0.2\left(z_1 - \tfrac{1}{2}d\right)^2 d + 0$$
$$= 0.4 z_1 d^2$$

當面積趨近於零的極限時，可得

$$(\nabla \times \mathbf{H})_y = \lim_{d \to 0} \frac{\oint \mathbf{H} \cdot d\mathbf{L}}{d^2} = \lim_{d \to 0} \frac{0.4 z_1 d^2}{d^2} = 0.4 z_1$$

其它旋度的分量均為零，故 $\nabla \times \mathbf{H} = 0.4 z_1 \mathbf{a}_y$。

如果不想要按照旋度的定義，自線積分來計算旋度時，可直接採用 (23) 式的偏微分式，以求得旋度的值：

$$\nabla \times \mathbf{H} = \begin{vmatrix} \mathbf{a}_x & \mathbf{a}_y & \mathbf{a}_z \\ \dfrac{\partial}{\partial x} & \dfrac{\partial}{\partial y} & \dfrac{\partial}{\partial z} \\ 0.2z^2 & 0 & 0 \end{vmatrix} = \frac{\partial}{\partial z}(0.2z^2)\mathbf{a}_y = 0.4z\mathbf{a}_y$$

當 $z = z_1$ 時，此結果與前面所得結果相同。

現在，再回來繼續完成我們原來對於將安培環路定律應用到極小路徑上的探討，我們將 (18)—(20)、(22) 及 (24) 各式合併，可得

$$\mathrm{curl}\,\mathbf{H} = \nabla \times \mathbf{H} = \left(\frac{\partial H_z}{\partial y} - \frac{\partial H_y}{\partial z}\right)\mathbf{a}_x + \left(\frac{\partial H_x}{\partial z} - \frac{\partial H_z}{\partial x}\right)\mathbf{a}_y$$
$$+ \left(\frac{\partial H_y}{\partial x} - \frac{\partial H_x}{\partial y}\right)\mathbf{a}_z = \mathbf{J} \tag{27}$$

進而將安培環路定律的點形式寫為

$$\boxed{\nabla \times \mathbf{H} = \mathbf{J}} \tag{28}$$

這是馬克士威爾的四個方程式在應用到不依時間而變之情形下的第二式。我們可以在這裡將第三式也寫出來；它就是 $\oint \mathbf{E} \cdot d\mathbf{L} = 0$ 的點形式，即

$$\boxed{\nabla \times \mathbf{E} = 0} \tag{29}$$

第四個方程式將出現在 7.5 節中。

D7.4. (a) 已知 $\mathbf{H} = 3z\mathbf{a}_x - 2x^3\mathbf{a}_z$ A/m，試求 $\mathbf{H}$ 沿著矩形路徑 $P_1(2, 3, 4)$ 至 $P_2(4, 3, 4)$ 至 $P_3(4, 3, 1)$ 至 $P_4(2, 3, 1)$ 再回到 P_1 的封閉線積分值；(b) 試求此封閉線積分值對該路徑所包圍面積之比值，以作為 $(\nabla \times \mathbf{H})_y$ 的近似值；(c) 試求這面積中心點的 $(\nabla \times \mathbf{H})_y$ 值。

答案：354 A；59 A/m^2；57 A/m^2

D7.5. 就下列情況，試求電流密度向量之值：(a) 在直角座標中 $P_A(2, 3, 4)$ 點處，已知 $\mathbf{H} = x^2 z\mathbf{a}_y - y^2 x\mathbf{a}_z$；(b) 在圓柱座標中 $P_B(1.5, 90°, 0.5)$ 點處，已知 $\mathbf{H} = \dfrac{2}{\rho}(\cos 0.2\phi)\mathbf{a}_\rho$；(c) 在球形座標中 $P_C(2, 30°, 20°)$ 點處，已知 $\mathbf{H} = \dfrac{1}{\sin\theta}\mathbf{a}_\theta$。

答案：$-16\mathbf{a}_x + 9\mathbf{a}_y + 16\mathbf{a}_z$ A/m^2；$0.055\mathbf{a}_z$ A/m^2；$\mathbf{a}_\phi$ A/m^2

7.4　史托克斯定理

雖然 7.3 節主要是用來討論旋度運算，但是它在磁場這問題上的貢獻也不容忽視。從安培環路定律，我們導出了一個馬克士威爾方程式，$\nabla \times \mathbf{H} = \mathbf{J}$。這個方程式應當被當作安培環路定律的點形式來看待，而在"每單位面積"的基礎上來應用。在本節中，我們將以大部份篇幅來探討稱為史托克斯定理的數學定理。但是，在這過程中我們將證明可以由 $\nabla \times \mathbf{H} = \mathbf{J}$ 導出安培環路定律。換句話說，我們能從點形式得出積分形式或者從積分形式得出點形式來。

考慮圖 7.16 中的表面 S，它被分成許多面積為 ΔS 的小表面。如果我們將旋度的定義應用到這些小表面之一上去的話，就得到

$$\dfrac{\oint \mathbf{H} \cdot d\mathbf{L}_{\Delta S}}{\Delta S} \doteq (\nabla \times \mathbf{H})_N$$

其中，下標 N 再度表示表面的右手法線方向。$d\mathbf{L}_{\Delta S}$ 的下標表示閉合的路徑是一個微小表面 ΔS 的邊緣。這結果也可以被寫成

$$\dfrac{\oint \mathbf{H} \cdot d\mathbf{L}_{\Delta S}}{\Delta S} = (\nabla \times \mathbf{H}) \cdot \mathbf{a}_N$$

或者

$$\oint \mathbf{H} \cdot d\mathbf{L}_{\Delta S} \doteq (\nabla \times \mathbf{H}) \cdot \mathbf{a}_N \Delta S = (\nabla \times \mathbf{H}) \cdot \Delta \mathbf{S}$$

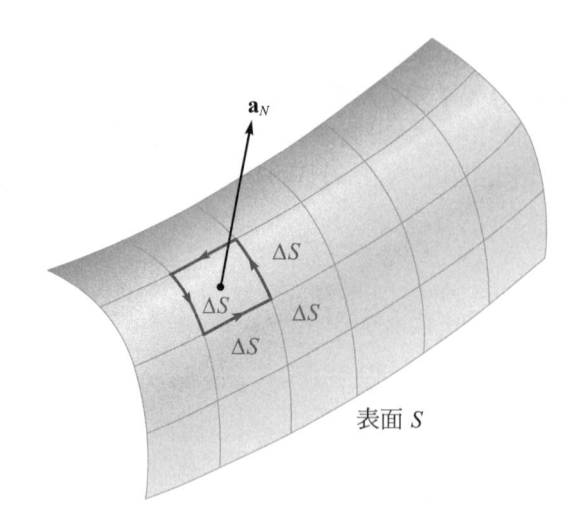

圖 7.16 由於每個內在路徑上的抵銷作用，使得圍著每個 ΔS 邊緣的閉合線積分之和與圍著 S 之邊緣的閉合線積分是一樣的。

其中 $\mathbf{a}_N =$ 在 ΔS 的右手法線方向上的一個單位向量。

現在，讓我們為組成 S 的每一個 ΔS 來決定這項環流，再將結果加起來。當我們在為每一個 ΔS 計算這閉合的線積分時，有些會抵銷掉，因為每一個內部的壁在每一方向均被經過一次。只有那些不能發生抵銷的邊界才會形成外面的邊界，即是包圍 S 的路徑。所以，我們得到

$$\oint \mathbf{H} \cdot d\mathbf{L} \equiv \int_S (\nabla \times \mathbf{H}) \cdot d\mathbf{S} \tag{30}$$

其中 $d\mathbf{L}$ 只取在 S 的邊緣上。

(30) 式是個恆等式，對任何向量場都成立，稱為**史托克斯定理** (Stokes' theorem)。

例題 7.3

一個數值例題有助於闡明史托克斯定理的幾何概念。圖 7.17 表示球體的一部份，球體表面由 $r=4$，$0 \leq \theta \leq 0.1\pi$，$0 \leq \phi \leq 0.3\pi$ 加以界定。閉合路徑的周邊由三條圓弧線段組成。如果已知 $\mathbf{H} = 6r\sin\phi\,\mathbf{a}_r + 18r\sin\theta\cos\phi\,\mathbf{a}_\phi$，試求出史托克斯定理等號兩邊的值。

解：本例的第一線段在球形座標上為 $r=4$，$0 \leq \theta \leq 0.1\pi$ 及 $\phi=0$；第二線段為 $r=4$，$\theta=0.1\pi$，$0 \leq \phi \leq 0.3\pi$；最後線段為 $r=4$，$0 \leq \theta \leq 0.1\pi$，$\phi=0.3\pi$。微分路徑單元 $d\mathbf{L}$ 在球形座標中，為球形座標軸上三個微分長度的向量和。在 1.9 節中已有介紹，即

$$d\mathbf{L} = dr\,\mathbf{a}_r + r\,d\theta\,\mathbf{a}_\theta + r\sin\theta\,d\phi\,\mathbf{a}_\phi$$

此路徑的三線段上之 dr 都為零，因為三線段中 $r=4$ 均為定值，故 $dr=0$。在第二線段上的 $d\theta$ 為零，因為在此線段上的 $\theta=$ 定值。在第一線段及第三線段上的 $d\phi$ 為零。因此，

第 7 章 穩定的磁場 207

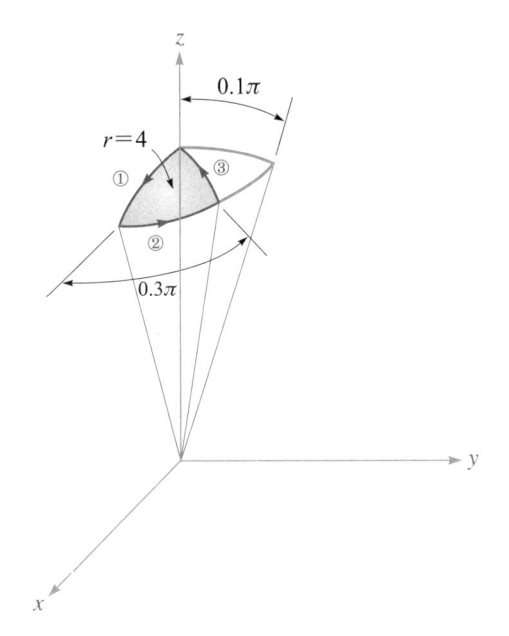

圖 7.17 一球面蓋罩的一部份作為一表面和閉合路徑來說明史托克斯定理。

$$\oint \mathbf{H} \cdot d\mathbf{L} = \int_1 H_\theta r\, d\theta + \int_2 H_\phi r \sin\theta\, d\phi + \int_3 H_\theta r\, d\theta$$

已知 $H_\theta = 0$，所以只需計算第二項積分，即

$$\oint \mathbf{H} \cdot d\mathbf{L} = \int_0^{0.3\pi} [18(4)\sin 0.1\pi \cos\phi] 4 \sin 0.1\pi\, d\phi$$
$$= 288 \sin^2 0.1\pi \sin 0.3\pi = 22.2 \text{ A}$$

接下來，我們就需計算史托克斯定理公式右邊的面積分了。首先，應用 (26) 式，

$$\nabla \times \mathbf{H} = \frac{1}{r\sin\theta}(36 r \sin\theta \cos\theta \cos\phi)\mathbf{a}_r + \frac{1}{r}\left(\frac{1}{\sin\theta} 6r\cos\phi - 36 r \sin\theta \cos\phi\right)\mathbf{a}_\theta$$

由於 $d\mathbf{S} = r^2 \sin\theta\, d\theta\, d\phi\, \mathbf{a}_r$，其積分為

$$\int_S (\nabla \times \mathbf{H}) \cdot d\mathbf{S} = \int_0^{0.3\pi}\int_0^{0.1\pi} (36\cos\theta\cos\phi) 16\sin\theta\, d\theta\, d\phi$$
$$= \int_0^{0.3\pi} 576 \left(\tfrac{1}{2}\sin^2\theta\right)\Big|_0^{0.1\pi} \cos\phi\, d\phi$$
$$= 288 \sin^2 0.1\pi \sin 0.3\pi = 22.2 \text{ A}$$

因此，上面的結果，使史托克斯定理得到了驗證，同時我們也可以看到由球面蓋罩上通過的電流為 22.2 A。

接下來,要從 $\nabla \times \mathbf{H} = \mathbf{J}$ 求得安培環路定律就非常容易了,因為我們只需在各側用 $d\mathbf{S}$ 來點乘,再在同一(開放的)表面 S 上將兩側分別積分,然後應用史托克斯定理:

$$\int_S (\nabla \times \mathbf{H}) \cdot d\mathbf{S} = \int_S \mathbf{J} \cdot d\mathbf{S} = \oint \mathbf{H} \cdot d\mathbf{L}$$

電流密度在表面 S 上的積分就是經過這個表面的總電流 I,所以

$$\oint \mathbf{H} \cdot d\mathbf{L} = I$$

這項簡短的推導清楚地指出被形容為"閉合路徑所包的"電流 I 也就是通過以這閉合路徑為邊緣的無限多個表面之中的任何一個表面的電流。

史托克斯定理所聯繫的是一個表面積分和一個閉合的線積分。我們應當記得散度定理所聯繫的是一個體積分和一個閉合的表面積分。這二條定理最大的用處在一般向量的證明上。作為一個例子,讓我們為 $\nabla \cdot \nabla \times \mathbf{A}$ 找出另一個表示式,其中 $\mathbf{A}$ 代表任意的向量場。結果必須是一個純量(為什麼?),而我們可以令這純量為 T,或者

$$\nabla \cdot \nabla \times \mathbf{A} = T$$

乘以 dv 並在任何體積 v 上積分,

$$\int_{體積} (\nabla \cdot \nabla \times \mathbf{A}) \, dv = \int_{體積} T \, dv$$

我們先將散度定理應用到左邊而得到

$$\oint_S (\nabla \times \mathbf{A}) \cdot d\mathbf{S} = \int_{體積} T \, dv$$

左邊是 $\mathbf{A}$ 的旋度在包圍體積 v 的閉合表面上的表面積分。史托克斯定理所表示的是 $\mathbf{A}$ 的旋度在一條已知的閉合路徑所圍的開啟表面上的表面積分的關係。如果我們將這路線想像為一個麵粉袋的口,而將開啟的表面當作袋本身的話,我們看到將袋口的繩子抽緊時就逐漸趨於一個閉合的表面,閉合的路徑愈變愈小,最後當表面變為閉合的時候它就消失了。所以,將史托克斯定理應用到一個閉合的表面上就會產生零的結果,我們就得到

$$\int_{體積} T \, dv = 0$$

由於這是對任何體積都成立的，它對微小體積 dv 也成立，

$$T\,dv = 0$$

因此

$$T = 0$$

或者

$$\boxed{\nabla \cdot \nabla \times \mathbf{A} \equiv 0} \tag{31}$$

(31) 式為向量微積分中的一個有用的恆等式。[6] 當然，這個公式也可以從直角座標直接展開來證明。

現在，讓我們將這個恆等式應用到一個不依時間而變的磁場上。其中

$$\nabla \times \mathbf{H} = \mathbf{J}$$

由此可以很快地證明出

$$\nabla \cdot \mathbf{J} = 0$$

這就是在本章前面我們應用連續性方程式所求出的同一結果。

在下一節中介紹幾項新的磁場場量之前，我們可以溫習一下到這裡的結果。我們起先將畢奧-薩伐定律

$$\mathbf{H} = \oint \frac{I\,d\mathbf{L} \times \mathbf{a}_R}{4\pi R^2}$$

當作一項實驗的結果來接受，同時也暫時接受安培環路定律，

$$\oint \mathbf{H} \cdot d\mathbf{L} = I$$

而等到以後再予以證明。根據安培環路定律，旋度的定義就可導出此一定律的點形式，

$$\nabla \times \mathbf{H} = \mathbf{J}$$

我們現在見到了史托克斯定理可以讓我們由安培環路定律的點形式求出積分形式來。

---

[6] 此向量恆等式及其它向量恆等式列於附錄 A.3 表中。

D7.6. 就場 $\mathbf{H}=6xy\mathbf{a}_x-3y^2\mathbf{a}_y$ A/m 及環繞 $2 \leq x \leq 5$，$-1 \leq y \leq 1$，$z=0$ 的矩形路徑，試計算史托克斯定理兩邊之值。令 $d\mathbf{S}$ 的正方向為 $\mathbf{a}_z$。

答案：-126 A；-126 A

7.5 磁通量和磁通量密度

在自由空間中，讓我們將**磁通量密度** (magnetic flux density) $\mathbf{B}$ 定義為

$$\mathbf{B}=\mu_0\mathbf{H} \quad \text{(僅適用於自由空間)} \tag{32}$$

其中 $\mathbf{B}$ 是以每平方公尺的韋伯 (Wb/m^2) 來衡量，或者也可以用國際單位系統所採用的一個較新的單位泰斯拉 (tesla, T) 來量。測量磁通量密度以往常常使用的一個單位是高斯 (G)，1 T 或 1 Wb/m$^2 = 10{,}000$ G。常數 μ_0 並非無因次的，同時在自由空間內具有**規定值** (defined value)，以 H/m 為單位時，其值為

$$\mu_0 = 4\pi \times 10^{-7} \text{ H/m} \tag{33}$$

即是自由空間內的**導磁係數** (permeability)。

我們應當注意由於 $\mathbf{H}$ 是以安培/公尺為衡量單位，在因次上韋伯就等於亨利和安培的乘積。將亨利當作一個新的單位來考慮，韋伯就只不過是亨利和安培乘積的一個方便的簡寫而已。在談到時變場的時候，將會證明韋伯也等於伏特和秒的乘積。

磁通量密度向量 $\mathbf{B}$ 是通量密度這族向量場中的一員。電場和磁場間的一項可能的類似處[7] 是比較畢奧-薩伐定律與庫侖定律而確定 $\mathbf{H}$ 和 $\mathbf{E}$ 之間的類比性。然後，用 $\mathbf{B}=\mu_0\mathbf{H}$ 和 $\mathbf{D}=\epsilon_0\mathbf{E}$ 來得到 $\mathbf{B}$ 和 $\mathbf{D}$ 之間的類比性。如果 $\mathbf{B}$ 是以每平方公尺的泰斯拉或韋伯數為單位，磁通量就應當以韋伯來量。讓我們以 Φ 來表示磁通量，同時將 Φ 規定為通過任一指定面積的通量，則

$$\Phi = \int_S \mathbf{B} \cdot d\mathbf{S} \text{ Wb} \tag{34}$$

現在，由類比性便可使我們想起電通量 Ψ (以庫侖為單位來量) 和高斯定律，這定律說明通過任何一個閉合表面的總通量就等於它所包圍的電荷，

---

[7] 另一個類似處將在 9.2 節中出現。

$$\Psi = \oint_S \mathbf{D} \cdot d\mathbf{S} = Q$$

電荷 Q 是電通量線的來源，這些線自正電荷出發而終止於負電荷上。

從來沒有人曾經為磁力線發現過這樣的場源。在無限長的電線帶直流電流 I 的那個例子中，$\mathbf{H}$ 場圍著電線形成同心圓。由於 $\mathbf{B}=\mu_0\mathbf{H}$，$\mathbf{B}$ 場也是同一形狀的。磁力線是閉合的而非終止在什麼 "磁荷" 上。由於這個原因，磁場的高斯定律是

$$\oint_S \mathbf{B} \cdot d\mathbf{S} = 0 \tag{35}$$

應用散度定律即可證實

$$\nabla \cdot \mathbf{B} = 0 \tag{36}$$

(36) 式是馬克士威爾的四個方程式應用到靜電場和靜磁場時的最後一個式子。將這些方程式集中起來，我們就得到：

$$\begin{aligned} \nabla \cdot \mathbf{D} &= \rho_v \\ \nabla \times \mathbf{E} &= 0 \\ \nabla \times \mathbf{H} &= \mathbf{J} \\ \nabla \cdot \mathbf{B} &= 0 \end{aligned} \tag{37}$$

我們還可以將表示自由空間內 $\mathbf{D}$ 和 $\mathbf{E}$ 以及 $\mathbf{B}$ 和 $\mathbf{H}$ 的關係式加到這些方程式上去，

$$\mathbf{D} = \epsilon_0 \mathbf{E} \tag{38}$$

$$\mathbf{B} = \mu_0 \mathbf{H} \tag{39}$$

我們也發現定義一個靜電電位是很有用的，即

$$\mathbf{E} = -\nabla V \tag{40}$$

在下一節中我們將為穩定的磁場討論一種位場。此外，我們已將電場的範圍推廣到包括導體及介電質，同時還介紹了極化 $\mathbf{P}$。在下一章中，對磁場將做類似的處理。

回到第 (37) 式，我們可以注意一下這四個方程式規定了一個電場和一個磁場的散度和旋度。與其相對應的靜電場與靜磁場的四個積分方程式為：

$$\begin{cases}\oint_S \mathbf{D}\cdot d\mathbf{S} = Q = \int_{體積} \rho_v dv \\ \oint \mathbf{E}\cdot d\mathbf{L} = 0 \\ \oint \mathbf{H}\cdot d\mathbf{L} = I = \int_S \mathbf{J}\cdot d\mathbf{S} \\ \oint_S \mathbf{B}\cdot d\mathbf{S} = 0\end{cases} \qquad (41)$$

如果我們能從 (37) 或 (41) 這兩組方程式中的任何一組著手,我們對於電場和磁場的研究就會簡單多了。對向量分析很熟悉以後,一如我們現在所應當知道的,這兩組方程式之一可以很容易地自另一組求得,應用散度定理或史托克斯定理就行了。各項實驗定律均可以很容易地從這些方程式上得出來。

作為在磁場中磁通量和通量密度用法的一個例子,讓我們求出圖 7.8a 中同軸電線導體之間的通量。已知磁場強度為

$$H_\phi = \frac{I}{2\pi\rho} \quad (a < \rho < b)$$

所以

$$\mathbf{B} = \mu_0 \mathbf{H} = \frac{\mu_0 I}{2\pi\rho}\mathbf{a}_\phi$$

長度為 d 的兩導體之間所含磁通量是通過一個從 $\rho=a$ 到 $\rho=b$,以及從,譬如說,$z=0$ 到 $z=d$ 的徑向平面的通量,

$$\Phi = \int_S \mathbf{B}\cdot d\mathbf{S} = \int_0^d \int_a^b \frac{\mu_0 I}{2\pi\rho}\mathbf{a}_\phi \cdot d\rho\, dz\, \mathbf{a}_\phi$$

亦即

$$\Phi = \frac{\mu_0 I d}{2\pi}\ln\frac{b}{a} \qquad (42)$$

稍後,將會利用這表示式來求算同軸傳輸線的電感。

D7.7. 一具有圓形截面的非磁性均勻材料製成的實心導體，若半徑 $a=1$ mm，導體軸心位於 z 軸，且 $\mathbf{a}_z$ 方向的總電流為 20 A，試求：(a) $\rho=0.5$ mm 處的 H_ϕ；(b) $\rho=0.8$ mm 處的 B_ϕ；(c) 導體內每單位長度的總磁通量；(d) $\rho<0.5$ mm 處的總磁通量；(e) 導體外的總磁通量。

答案：1592 A/m；3.2 mT；2 μWb/m；0.5 μWb；∞

7.6 純量和向量磁位

利用純量的靜電電位 V，靜電場問題的解就簡化多了，雖然這電位對我們是具有極為真實的物理意義，但是在數學上它只不過是一個墊腳石，讓我們可以用較少的步驟來解一個問題。已知一種電荷組態時，我們可以先求出電位，然後再找到電場強度。

我們應當問在磁場中是否也有這類輔助工具可用。我們是否能規定一個位勢函數，它可以由電流的分佈上求出來，同時又可以很容易由它來決定磁場強度？能夠規定一個和純量靜電電位相似的純量磁位嗎？在下面幾頁中我們將指出對於第一個問題的答案是"是的"，但是第二個則必須是"有的時候"。讓我們先對付最後那個問題，假定有一個純量磁位存在，我們可以將它寫成 V_m，它的負梯度就會產生磁場強度，

$$\mathbf{H} = -\nabla V_m$$

選用負的梯度可以使它和電位之間以及和我們已經解過的問題之間的類比性更為接近。

這一定義必然不得和我們前面所得到關於磁場的結果相衝突，所以

$$\nabla \times \mathbf{H} = \mathbf{J} = \nabla \times (-\nabla V_m)$$

但是任何一個純量梯度的旋度恆等於零，這是一個向量恆等式，證明將留到有空才做。所以，我們知道如果要將 $\mathbf{H}$ 定義為一個純量磁位的旋度，則在如此定義的這整個區域內的電流密度必須都是零。由此可得

$$\boxed{\mathbf{H} = -\nabla V_m \quad (\mathbf{J}=0)} \tag{13}$$

因為許多磁場問題所涉及的幾何形狀中，帶電導體佔據我們想探究的整個區域中很小的一部份，所以明顯地純量磁位是可以用的。在永久磁石的情形下純量磁位也能被應用。V_m 的因次顯然是安培。

這純量磁位也能滿足拉普拉氏方程式。在自由空間裡，

$$\nabla \cdot \mathbf{B} = \mu_0 \nabla \cdot \mathbf{H} = 0$$

所以

$$\mu_0 \nabla \cdot (-\nabla V_m) = 0$$

或者

$$\boxed{\nabla^2 V_m = 0 \quad (\mathbf{J} = 0)} \tag{44}$$

稍後,我們將見到在均質的磁性材料中 V_m 一直都能滿足拉普拉氏方程式;凡是在有電流密度存在的任何區域內,它就不能滿足拉普拉氏方程式。

雖然,當我們在第 8 章中介紹磁性材料並討論磁路時,將會再廣泛地考慮純量磁位,但是 V 和 V_m 之間的一項區別值得在這兒注意一下:V_m 不是位置的單值函數。電位 V 是一個單值函數;一旦指定了參考零點之後,空間的每一點上都有一個且只有一個 V 值。但是 V_m 並非這樣的。設想圖 7.18 所示同軸線的截面。在 $a < \rho < b$ 之間 $\mathbf{J}=0$,因此我們可以建立一個純量磁位。$\mathbf{H}$ 的值是

$$\mathbf{H} = \frac{I}{2\pi\rho}\mathbf{a}_\phi$$

其中,I 是在內導體上在 $\mathbf{a}_z$ 方向流動的總電流。讓我們藉由對適當的梯度分量進行積分來求取 V_m。應用 (43) 式,

$$\frac{I}{2\pi\rho} = -\nabla V_m\Big|_\phi = -\frac{1}{\rho}\frac{\partial V_m}{\partial \phi}$$

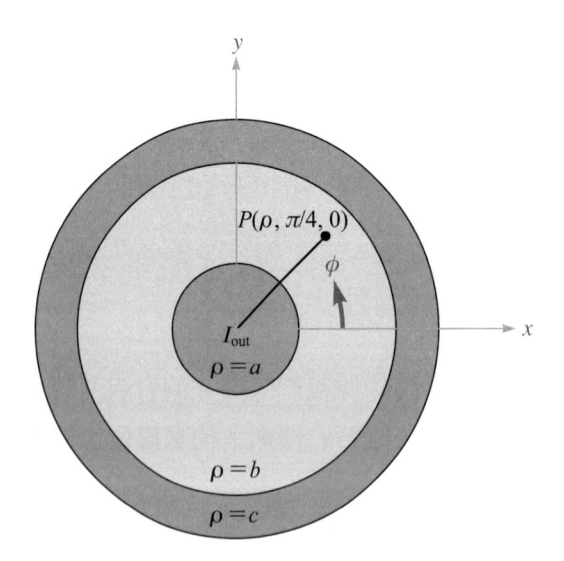

圖 7.18 在 $a < \rho < b$ 區內純量磁位 V_m 是 ϕ 的多值函數,靜電位永遠是單值的。

或者

$$\frac{\partial V_m}{\partial \phi} = -\frac{I}{2\pi}$$

因此

$$V_m = -\frac{I}{2\pi}\phi$$

其中的積分常數被定為零。對於 $\phi=\pi/4$ 的 P 點處我們指定什麼磁位值呢？如果令 $\phi=0$ 處的 V_m 為零，而沿著圓圈依反時針方向進行，磁位就會線性地愈變愈負。當我們轉了一圈之後磁位是 $-I$，但這就是我們剛才說磁位是零的那一點。於是在 P 點，$\phi=\pi/4$、$9\pi/4$、$17\pi/4$、…，或者 $-7\pi/4$、$-15\pi/4$、$-23\pi/4$、…，或者

$$V_{mP} = \frac{I}{2\pi}\left(2n - \tfrac{1}{4}\right)\pi \quad (n = 0, \pm1, \pm2, \ldots)$$

或者

$$V_{mP} = I\left(n - \tfrac{1}{8}\right) \quad (n = 0, \pm1, \pm2, \ldots)$$

和靜電的情形相較就可以明白這多值性的原因了。我們知道

$$\nabla \times \mathbf{E} = 0$$
$$\oint \mathbf{E} \cdot d\mathbf{L} = 0$$

所以，線積分

$$V_{ab} = -\int_b^a \mathbf{E} \cdot d\mathbf{L}$$

是與路徑無關的。然而，在靜磁學中，

$$\nabla \times \mathbf{H} = 0 \quad (凡是 \mathbf{J}=0 處)$$

但是

$$\oint \mathbf{H} \cdot d\mathbf{L} = I$$

即使沿著積分路徑 $\mathbf{J}$ 等於零也是一樣。每當我們圍著這電流又完成一轉時，積分的結果

就增加了 I。如果路徑不包圍任何電流 I 的話，就能規定一個單值的磁位函數。然而，一般說來

$$V_{m,ab} = -\int_b^a \mathbf{H} \cdot d\mathbf{L} \quad \text{(規定的路徑)} \tag{45}$$

其中，某一個或一型路徑必須被選定才成。我們應當記得靜電電位 V 是一個守恆的場；純量磁位 V_m 不是一個守恆的場。在同軸問題中，讓我們在 $\phi = \pi$ 處築一個障壁[8]；同時約定不選任何穿過這平面的路徑。所以，我們不能包圍 I，就可能有一個單值的磁位。結果可以看出來是：

$$V_m = -\frac{I}{2\pi}\phi \quad (-\pi < \phi < \pi)$$

同時在 $\phi = \pi/4$ 處

$$V_{mP} = -\frac{I}{8} \quad \left(\phi = \frac{\pi}{4}\right)$$

顯然地，純量磁位的等位面和圖 7.4 中 $\mathbf{H}$ 的流線就能形成曲線方塊。這是電場與磁場間的類比性的又一面。在下一章中，我們還要談到許多關於這些類比性的題材。

現在讓我們暫時離開一下純量磁位而來研究向量磁位。如同在第 14 章中所會發現的，在研究天線輻射，以及輸送線、導波管、微波爐的輻射損失時，這是非常有用的一個場。向量磁位可以用在電流密度是零或不是零的區域，而且在後面我們還會將它推廣到時變的情形去。我們對於這一個向量磁位的選取是根據下列各點而定的，先注意到

$$\nabla \cdot \mathbf{B} = 0$$

其次，是我們在 7.4 節中證明的一個向量恆等式，它指出任何一個向量場的旋度的散度是零。所以，我們可選取

$$\boxed{\mathbf{B} = \nabla \times \mathbf{A}} \tag{46}$$

其中，$\mathbf{A}$ 代表一個向量磁位 (vector magnetic potential)，而且可自動地滿足磁通量密度的散度應為零的條件。$\mathbf{H}$ 場是

$$\mathbf{H} = \frac{1}{\mu_0}\nabla \times \mathbf{A}$$

---

[8] 一個更精確的術語 "branch cut" (分隔)。

故知

$$\nabla \times \mathbf{H} = \mathbf{J} = \frac{1}{\mu_0} \nabla \times \nabla \times \mathbf{A}$$

一個向量場的旋度的旋度不是零,而是由一個相當複雜的表示式來表示[9],我們並不需要知道它的一般形式。在 **A** 形式為已知的特殊情形下,旋度運算可以毫無困難地被應用兩次來決定電流的密度。

(46) 式可以作為**向量磁位 A** 的一個實用的定義。由於旋度運算包含著對長度的微分,**A** 的單位就是韋伯/公尺。

到此為止我們只看到 **A** 的定義和前面各項結果並不衝突,但是仍需要證明這個定義能夠幫我們更容易地來決定磁場。我們當然不能將 **A** 鑑定為任何很容易量的量或者創造歷史的實驗。

在 7.7 節中,我們將證明在已知畢奧-薩伐定律、**B** 的定義,和 **A** 的定義之後,**A** 就可以由微量電流單元決定如下:

$$\mathbf{A} = \oint \frac{\mu_0 I \, d\mathbf{L}}{4\pi R} \tag{47}$$

(47) 式中各項的意義和畢奧-薩伐定律中的一樣;一個直流電流 I 沿著一根細導體流動,導體的任何一小段長度 $d\mathbf{L}$ 距要求出 **A** 的那一點的距離是 R 公尺。由於我們在為 **A** 下定義時只規定了它的旋度,所以可以將任何純量場的梯度加到 (47) 式上而不改變 **B** 或 **H**,因為梯度的旋度恆等於零。在穩定的磁場中,習慣上將這可以被加的項定為零。

將 (47) 式和靜電電位的相似的式子

$$V = \int \frac{\rho_L dL}{4\pi \epsilon_0 R}$$

相比較時,**A** 是一個向量磁位 (potential) 的事實就更會明顯。每個公式均是沿一線源的積分,在上式中是一條線電荷,(47) 式則是一條線電流;兩個式子的被積函數都是與自該源點至待求場點之間的距離成反比;同時兩者都涉及介質 (此處是自由空間) 的特性,即是導磁係數或介電係數。

(47) 式也可以寫成微分形式,

---

[9] $\nabla \times \nabla \times \mathbf{A} \equiv \nabla(\nabla \cdot \mathbf{A}) - \nabla^2 \mathbf{A}$。在直角座標中,可以證明 $\nabla^2 \mathbf{A} \equiv \nabla^2 A_x \mathbf{a}_x + \nabla^2 A_y \mathbf{a}_y + \nabla^2 A_z \mathbf{a}_z$。在其它座標系統,$\nabla^2 \mathbf{A}$ 可以藉由 $\nabla^2 \mathbf{A} = \nabla(\nabla \cdot \mathbf{A}) - \nabla \times \nabla \times \mathbf{A}$ 的二次偏微分求出。

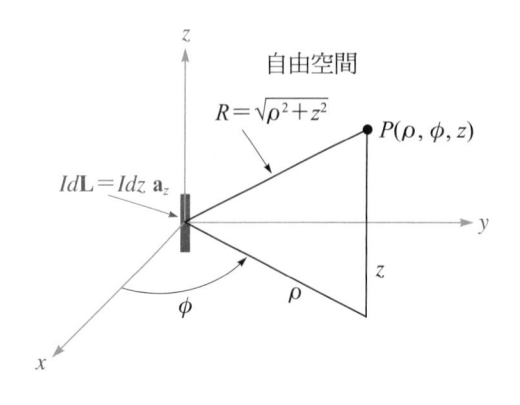

圖 7.19 在原點的一個微量電流元件 $I\,dz\mathbf{a}_z$ 在 $P(\rho, \phi, z)$ 所建立的微量向量磁位場，$d\mathbf{A} = \dfrac{\mu_0 I\,dz\mathbf{a}_z}{4\pi\sqrt{\rho^2+z^2}}$。

$$d\mathbf{A} = \frac{\mu_0 I\,d\mathbf{L}}{4\pi R} \tag{48}$$

只要我們能再度同意在**電流流動的整個閉合路徑被考慮完**以前不為任何磁場 [從 (48) 式得到的] 指配任何物理意義就好了。

有了這點保留之後，讓我們直接來考慮一個微小電線周圍的向量磁位場，如圖 7.19 所示。將一根電線放在原點，讓它向正 z 方向延伸，$d\mathbf{L} = dz\,\mathbf{a}_z$，再用圓柱座標來決定在 (ρ, ϕ, z) 點的 $d\mathbf{A}$：

$$d\mathbf{A} = \frac{\mu_0 I\,dz\,\mathbf{a}_z}{4\pi\sqrt{\rho^2+z^2}}$$

或者

$$dA_z = \frac{\mu_0 I\,dz}{4\pi\sqrt{\rho^2+z^2}} \quad dA_\phi = 0 \quad dA_\rho = 0 \tag{49}$$

我們首先注意到 $d\mathbf{A}$ 的方向是和 $I\,d\mathbf{L}$ 一樣的。一個帶電導體的每一小段對於總的向量磁位產生一項貢獻，這磁位和導體中電流流動的方向是一致的。向量磁位的大小與到電流單元的距離成反比的變化，在電流附近最強，在遠處則漸漸降為零。史基靈[10] 將向量磁場形容為"像電流的分佈但在邊上較雜亂，或者像一張焦點沒對準的電流的照片"。

為了求出磁場強度起見，我們必須在圓柱座標中取 (49) 式的旋度而導出

$$d\mathbf{H} = \frac{1}{\mu_0}\nabla \times d\mathbf{A} = \frac{1}{\mu_0}\left(-\frac{\partial dA_z}{\partial \rho}\right)\mathbf{a}_\phi$$

---

[10] 見本章參考書目。

亦即

$$d\mathbf{H} = \frac{I\,dz}{4\pi} \frac{\rho}{(\rho^2 + z^2)^{3/2}} \mathbf{a}_\phi$$

此式可以很容易地證明是與畢奧-薩伐定律所示的值相同。

一個分佈式電流源的向量磁位 $\mathbf{A}$ 的表示式也可加以求出。對於一個表面電流 $\mathbf{K}$ 而言，微分電流單元變為

$$I\,d\mathbf{L} = \mathbf{K}\,dS$$

在電流以密度 $\mathbf{J}$ 於一個體積中流動的情形下，我們得到

$$I\,d\mathbf{L} = \mathbf{J}\,dv$$

在這兩式電流的向量特性均已被指定了，對於線式單元而言，雖然不是必要的，習慣上是用 $I\,d\mathbf{L}$ 而不用 $\mathbf{I}\,dL$ 的。由於線式電流的大小是一定的，我們就選取了一種形式，允許我們可以從積分號下移出一個量來，於是 $\mathbf{A}$ 的另一種寫法為

$$\boxed{\mathbf{A} = \int_S \frac{\mu_0 \mathbf{K}\,dS}{4\pi R}} \qquad (50)$$

和

$$\boxed{\mathbf{A} = \int_\text{體積} \frac{\mu_0 \mathbf{J}\,dv}{4\pi R}} \qquad (51)$$

(47)、(50) 和 (51) 各式將向量磁位表示為它各個源上的一個積分。將這些積分的形式和產生靜電電位的那些公式相比較，又很明顯地可知 $\mathbf{A}$ 的參考零點在無限遠處，因為當 $R \to \infty$ 時，任何有限的電流單元都不可能產生任何貢獻。我們應當還記得對 V 我們極少用到與這類似的式子；我們的理論性問題常常包含了延伸到無限遠的電荷分佈，而結果就將是在每處都有一個無限大的電位。實際上在得到電位方程式的微分形式，$\nabla^2 V = -\rho_v/\epsilon$，甚至，$\nabla^2 V = 0$ 之前，我們只求算了很少幾個位場。之後我們才能自由地選擇我們自己的零參考。

$\mathbf{A}$ 的類似的表示式將在下節中導出，同時還將做完一則計算一個向量磁位場的例題。

D7.8. 一電流片 $K=2.4a_z$ A/m 位於自由空間內 $\rho=1.2$ 表面處。(a) 試求 $\rho > 1.2$ 處的 **H**。就下列情況，試求 $P(\rho=1.5, \phi=0.6\pi, z=1)$ 點的 V_m：(b) 在 $\phi=0$ 處 $V_m=0$，且在 $\phi=\pi$ 處有一障壁；(c) 在 $\phi=0$ 處 $V_m=0$，且在 $\phi=\pi/2$ 處有一障壁；(d) 在 $\phi=\pi$ 處 $V_m=0$，且在 $\phi=0$ 處有一障壁；(e) 在 $\phi=\pi$ 處 $V_m=5$ V，且在 $\phi=0.8\pi$ 處有一障壁。

答案：$\dfrac{2.88}{\rho}\mathbf{a}_\phi$；$-5.43$ V；12.7 V；3.62 V；-9.48 V

D7.9. 一半徑為 a 的實心非磁性導體載有 $\mathbf{a}_z$ 方向的總電流 I，其內的 **A** 值可以容易地求出。利用 $\rho < a$ 區的 **H** 或 **B** 已知值，便可用 (46) 式來求出 **A**。選定 $\rho=a$ 處的 $\mathbf{A}=(\mu_0 I \ln 5)/2\pi$ (對應下一節的範例)，當 $\rho =$：(a) 0；(b) 0.25a；(c) 0.75a；(d) a 時，試求 **A**。

答案：$0.422I\mathbf{a}_z\,\mu$ Wb/m；$0.416I\mathbf{a}_z\,\mu$ Wb/m；$0.366I\mathbf{a}_z\,\mu$ Wb/m；$0.322I\mathbf{a}_z\,\mu$ Wb/m

7.7 各種穩定磁場定律的推導

我們現在要為各磁場量間的幾項關係提供已經允諾了的證明。所有這些關係都可以由 **H** 的定義

$$\mathbf{H} = \oint \frac{I\,d\mathbf{L} \times \mathbf{a}_R}{4\pi R^2} \tag{3}$$

B 的定義 (在自由空間)，

$$\mathbf{B} = \mu_0 \mathbf{H} \tag{32}$$

以及 **A** 的定義

$$\mathbf{B} = \nabla \times \mathbf{A} \tag{46}$$

來求得。

先讓我們假定利用 7.6 節的最後一式可以將 **A** 寫成

$$\mathbf{A} = \int_{體積} \frac{\mu_0 \mathbf{J}\,dv}{4\pi R} \tag{51}$$

再藉著指出 (3) 式可由此導出而證實 (51) 式是正確的。我們先要加上下標以便辨明電流單元所在的點 (x_1, y_1, z_1) 和 **A** 在已知的點 (x_2, y_2, z_2)。於是微小的體積單元 dv 就被寫成 dv_1 而在直角座標中就將是 $dx_1\,dy_1\,dz_1$。積分的變數是 x_1、y_1 和 z_1。利用這些下標，於是

$$\mathbf{A}_2 = \int_{\text{體積}} \frac{\mu_0 \mathbf{J}_1 dv_1}{4\pi R_{12}} \tag{52}$$

根據 (32) 式和 (46) 式我們得到

$$\mathbf{H} = \frac{\mathbf{B}}{\mu_0} = \frac{\nabla \times \mathbf{A}}{\mu_0} \tag{53}$$

為了證實 (3) 式可以由 (52) 式導出起見,必須將 (52) 式代入 (53) 式中。這個步驟涉及取 $\mathbf{A}_2$ 的旋度,而 $\mathbf{A}_2$ 是以變數 x_2、y_2 和 z_2 來表示的一個量,所以旋度就涉及對 x_2、y_2 和 z_2 的偏微分。我們來算這個,並在德爾 (del) 運算子上加一個下標以便提醒我們在偏微分過程中所涉及的變數是什麼,

$$\mathbf{H}_2 = \frac{\nabla_2 \times \mathbf{A}_2}{\mu_0} = \frac{1}{\mu_0} \nabla_2 \times \int_{\text{體積}} \frac{\mu_0 \mathbf{J}_1 dv_1}{4\pi R_{12}}$$

偏微分和積分的次序無關緊要,同時 $\mu_0/4\pi$ 是一個常數,因而上式就可以寫成

$$\mathbf{H}_2 = \frac{1}{4\pi} \int_{\text{體積}} \nabla_2 \times \frac{\mathbf{J}_1 dv_1}{R_{12}}$$

被積函數內的旋度運算代表對 x_2、y_2 和 z_2 的偏微分。微分體積單元 dv_1 是一個純量而且是 x_1、y_1 和 z_1 的函數。所以,它可以像任何其它一樣被提到旋度運算之外而導致

$$\mathbf{H}_2 = \frac{1}{4\pi} \int_{\text{體積}} \left(\nabla_2 \times \frac{\mathbf{J}_1}{R_{12}} \right) dv_1 \tag{54}$$

一個純量和一個向量之乘積的旋度可由一個恆等式來表示,在直角座標中可以藉展開而予以核對或直接由附錄 A.3 查到,

$$\nabla \times (S\mathbf{V}) \equiv (\nabla S) \times \mathbf{V} + S(\nabla \times \mathbf{V}) \tag{55}$$

這恆等式可以用來展開 (54) 式的被積函數,

$$\mathbf{H}_2 = \frac{1}{4\pi} \int_{\text{體積}} \left[\left(\nabla_2 \frac{1}{R_{12}} \right) \times \mathbf{J}_1 + \frac{1}{R_{12}} (\nabla_2 \times \mathbf{J}_1) \right] dv_1 \tag{56}$$

這被積函數中的第二項為零,因為 $\nabla_2 \times \mathbf{J}_1$ 表示一個 x_1、y_1 和 z_1 的函數針對變數 x_2、y_2 和 z_2 所取的偏微分。第一組變數不是第二組的函數,所以所有偏微分都是零。

被積函數中的第一項可以將 R_{12} 以座標值表示成

$$R_{12} = \sqrt{(x_2 - x_1)^2 + (y_2 - y_1)^2 + (z_2 - z_1)^2}$$

之後再取其倒數的梯度來決定。習題 7.42 指出結果是

$$\nabla_2 \frac{1}{R_{12}} = -\frac{\mathbf{R}_{12}}{R_{12}^3} = -\frac{\mathbf{a}_{R12}}{R_{12}^2}$$

將此結果代入 (56) 式，我們得到

$$\mathbf{H}_2 = -\frac{1}{4\pi} \int_{體積} \frac{\mathbf{a}_{R12} \times \mathbf{J}_1}{R_{12}^2} dv_1$$

或者

$$\mathbf{H}_2 = \int_{體積} \frac{\mathbf{J}_1 \times \mathbf{a}_{R12}}{4\pi R_{12}^2} dv_1$$

這是 (3) 式以電流密度來表示的等效公式。將 $\mathbf{J}_1 \, dv_1$ 換成 $I_1 \, d\mathbf{L}_1$，我們就可以將體積分重新寫成一個閉合的線積分，

$$\mathbf{H}_2 = \oint \frac{I_1 d\mathbf{L}_1 \times \mathbf{a}_{R12}}{4\pi R_{12}^2}$$

所以 (51) 式是正確的，同時與 (3)、(32) 及 (46) 式的定義相符。

其次，我們將繼續利用數學方法證明點形式的安培環路定律，

$$\nabla \times \mathbf{H} = \mathbf{J} \tag{28}$$

將 (28)、(32) 和 (46) 式合併，得到

$$\nabla \times \mathbf{H} = \nabla \times \frac{\mathbf{B}}{\mu_0} = \frac{1}{\mu_0} \nabla \times \nabla \times \mathbf{A} \tag{57}$$

我們現在需要在直角座標內展開 $\nabla \times \nabla \times \mathbf{A}$。做出所示的偏微分再將所得各項集中起來，可以將結果寫成

$$\boxed{\nabla \times \nabla \times \mathbf{A} \equiv \nabla(\nabla \cdot \mathbf{A}) - \nabla^2 \mathbf{A}} \tag{58}$$

其中

$$\nabla^2 \mathbf{A} \equiv \nabla^2 A_x \mathbf{a}_x + \nabla^2 A_y \mathbf{a}_y + \nabla^2 A_z \mathbf{a}_z \tag{59}$$

(59) 式是**一個向量的拉普拉欣** (Laplacian of a vector) (在直角座標中) 的定義。

將 (58) 式代入 (57) 式中,可得出

$$\nabla \times \mathbf{H} = \frac{1}{\mu_0}[\nabla(\nabla \cdot \mathbf{A}) - \nabla^2 \mathbf{A}] \tag{60}$$

現在就需要 **A** 的散度和拉普拉欣的表示式。

將散度運算式應用到 (52) 式上就可以求出 **A** 的散度來,

$$\nabla_2 \cdot \mathbf{A}_2 = \frac{\mu_0}{4\pi} \int_{\text{體積}} \nabla_2 \cdot \frac{\mathbf{J}_1}{R_{12}} dv_1 \tag{61}$$

再用 4.8 節中的向量恆等式 (44),

$$\nabla \cdot (S\mathbf{V}) \equiv \mathbf{V} \cdot (\nabla S) + S(\nabla \cdot \mathbf{V})$$

因此,

$$\nabla_2 \cdot \mathbf{A}_2 = \frac{\mu_0}{4\pi} \int_{\text{體積}} \left[\mathbf{J}_1 \cdot \left(\nabla_2 \frac{1}{R_{12}} \right) + \frac{1}{R_{12}} (\nabla_2 \cdot \mathbf{J}_1) \right] dv_1 \tag{62}$$

被積函數的第二項為零,因為 $\mathbf{J}_1$ 不是 x_2、y_2 或 z_2 的函數。

我們已經用過了 $\nabla_2(1/R_{12}) = -\mathbf{R}_{12}/R_{12}^3$ 這一結果了,由這可以很輕易地證得

$$\nabla_1 \frac{1}{R_{12}} = \frac{\mathbf{R}_{12}}{R_{12}^3}$$

或者

$$\nabla_1 \frac{1}{R_{12}} = -\nabla_2 \frac{1}{R_{12}}$$

所以 (62) 式就可以寫成

$$\nabla_2 \cdot \mathbf{A}_2 = \frac{\mu_0}{4\pi} \int_{\text{體積}} \left[-\mathbf{J}_1 \cdot \left(\nabla_1 \frac{1}{R_{12}} \right) \right] dv_1$$

再應用向量恆等式,可得出

$$\nabla_2 \cdot \mathbf{A}_2 = \frac{\mu_0}{4\pi} \int_{體積} \left[\frac{1}{R_{12}}(\nabla_1 \cdot \mathbf{J}_1) - \nabla_1 \cdot \left(\frac{\mathbf{J}_1}{R_{12}}\right) \right] dv_1 \tag{63}$$

由於我們只考慮穩定的磁場，連續方程式指出 (63) 式的第一項是零。將散度定理應用到第二項上就產生

$$\nabla_2 \cdot \mathbf{A}_2 = -\frac{\mu_0}{4\pi} \oint_{S_1} \frac{\mathbf{J}_1}{R_{12}} \cdot d\mathbf{S}_1$$

其中，表面 S_1 包圍我們所欲積分的整個體積。這體積必須包含所有電流在內，因為 **A** 原來的積分式是包含所有電流效應的一項積分。由於這體積以外沒有電流 (不然我們就應當將體積變大而將它包括在內)，故可以在較大的體積上或在較大的包圍表面上積分而不至於改變 **A**。在這較大的表面上電流密度 $\mathbf{J}_1$ 必然是零，所以這閉合的表面積分就是零，這是因為被積函數是零的緣故。所以，**A** 的散度是零。

為了要求出向量 **A** 的拉普拉欣起見，讓我們將 (51) 式的 x 分量和靜電電位的類似表示式相比較，

$$A_x = \int_{體積} \frac{\mu_0 J_x dv}{4\pi R} \quad V = \int_{體積} \frac{\rho_v \, dv}{4\pi \epsilon_0 R}$$

我們注意到只要直接地改換變數，即 ρ_v 變成 J_x，$1/\epsilon_0$ 變為 μ_0，V 改為 A_x，就可以從某一個表示式上得出另一式來。然而，我們還為靜電電位另外推導出一些資訊，在此我們將不再為向量磁位的 x 分量重做一次了。這個推導就是帕桑方程式的形式

$$\nabla^2 V = -\frac{\rho_v}{\epsilon_0}$$

更換變數之後就成為

$$\nabla^2 A_x = -\mu_0 J_x$$

同樣地，我們得到

$$\nabla^2 A_y = -\mu_0 J_y$$

和

$$\nabla^2 A_z = -\mu_0 J_z$$

或者

$$\nabla^2 \mathbf{A} = -\mu_0 \mathbf{J} \tag{64}$$

回到 (60) 式，我們現在可以將 $\mathbf{A}$ 的散度和拉普拉欣運算式代入而得到所要的答案，

$$\nabla \times \mathbf{H} = \mathbf{J} \tag{28}$$

我們已經證明過利用史托克斯定理可以由 (28) 式得出安培環路定律的積分形式，所以在此不必再重複。

所以，我們已經很成功地證明了我們為磁場"憑空"[11] 抽出來的每一項結果都是根據 $\mathbf{H}$、$\mathbf{B}$ 和 $\mathbf{A}$ 的基本定義而來的。這些推導並不簡單，但是一步一步地就應當能懂它們，而希望不必死記這些步驟。

最後，讓我們回到 (64) 式而在一個簡單的例子中應用這個繁難的二次向量偏微分方程式來求出向量磁位。我們選取一根同軸電纜的二導體之間的場，導體半徑像平常一樣分別為 a 和 b，同時內導體的電流 I 是在 $\mathbf{a}_z$ 方向的。在導體之間 $\mathbf{J}=0$，所以

$$\nabla^2 \mathbf{A} = 0$$

我們已經知道了在直角座標內向量拉普拉欣運算式可以被展開成為三個分量的純量拉普拉欣運算式的向量和，

$$\nabla^2 \mathbf{A} = \nabla^2 A_x \mathbf{a}_x + \nabla^2 A_y \mathbf{a}_y + \nabla^2 A_z \mathbf{a}_z$$

(習題 7.44 給了一個機會讓我們自己來核對這結果)，但是在別的座標中這種相當簡單的結果則是不可能的。譬如說，在柱形座標中，

$$\nabla^2 \mathbf{A} \neq \nabla^2 A_\rho \mathbf{a}_\rho + \nabla^2 A_\phi \mathbf{a}_\phi + \nabla^2 A_z \mathbf{a}_z$$

然而，在柱形座標中要證明向量拉普拉欣運算式的 z 分量就是 $\mathbf{A}$ 的 z 分量的純量拉普拉欣運算式，即

$$\nabla^2 \mathbf{A} \big|_z = \nabla^2 A_z \tag{65}$$

並不難，同時由於在這問題中電流完全是在 z 方向上，$\mathbf{A}$ 就只有一個 z 分量。所以，

$$\nabla^2 A_z = 0$$

---

[11] 自由空間。

或者

$$\frac{1}{\rho}\frac{\partial}{\partial \rho}\left(\rho \frac{\partial A_z}{\partial \rho}\right) + \frac{1}{\rho^2}\frac{\partial^2 A_z}{\partial \phi^2} + \frac{\partial^2 A_z}{\partial z^2} = 0$$

想到關於 (51) 式的對稱性時就會明白 A_z 是一個 ρ 的函數，因此

$$\frac{1}{\rho}\frac{d}{d\rho}\left(\rho \frac{dA_z}{d\rho}\right) = 0$$

我們以前曾經解過這個方程式，結果是

$$A_z = C_1 \ln \rho + C_2$$

如果我們將零參考點選在 $\rho = b$，則

$$A_z = C_1 \ln \frac{\rho}{b}$$

為了要使 C_1 和我們問題中的場源相關聯起見，我們可以取 $\mathbf{A}$ 的旋度，

$$\nabla \times \mathbf{A} = -\frac{\partial A_z}{\partial \rho}\mathbf{a}_\phi = -\frac{C_1}{\rho}\mathbf{a}_\phi = \mathbf{B}$$

得出 $\mathbf{H}$，

$$\mathbf{H} = -\frac{C_1}{\mu_0 \rho}\mathbf{a}_\phi$$

再計算線積分，

$$\oint \mathbf{H} \cdot d\mathbf{L} = I = \int_0^{2\pi} -\frac{C_1}{\mu_0 \rho}\mathbf{a}_\phi \cdot \rho \, d\phi \, \mathbf{a}_\phi = -\frac{2\pi C_1}{\mu_0}$$

因此

$$C_1 = -\frac{\mu_0 I}{2\pi}$$

亦即

$$A_z = \frac{\mu_0 I}{2\pi} \ln \frac{b}{\rho} \tag{66}$$

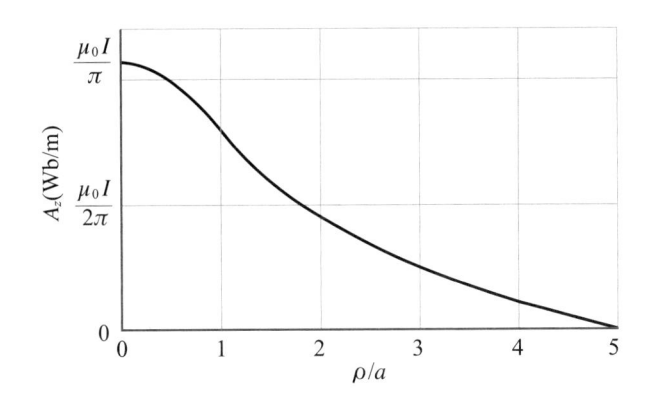

圖 7.20 一根同軸電纜，$b=5a$，承載 $\mathbf{a}_z$ 方向的電流 I，導體之間的區域和內導體以內的向量磁場被畫出來了。$A_z=0$ 被任定在 $\rho=b$ 處。

故知

$$H_\phi = \frac{I}{2\pi\rho}$$

像前面一樣。圖 7.20 所示是 $b=5a$ 時 A_z 對 ρ 的曲線；$|\mathbf{A}|$ 隨著距內導體所代表的集中電流源的距離而降低這一點是很明顯的。練習題 D7.9 的結果 (將零參考恰當地改變一點) 也被加到了圖 7.20 上。將曲線延長到外導體上這一部份則留作習題 7.43。

我們也可以用"非旋轉"(uncurling) 法則求出兩導體間的 A_z。就是我們已知一個同軸線的 $\mathbf{H}$ 或 $\mathbf{B}$，然後選定 $\nabla\times\mathbf{A}=\mathbf{B}$ 的 ϕ 分量，積分後就可得到 A_z。試試這個方法，你也許會喜歡它！

D7.10. (66) 式顯然也可以用來求取任何具有圓形截面，而載有 $\mathbf{a}_z$ 方向電流 I 之導體外部自由空間內的 $\mathbf{A}$ 值。任意將零參考點定在 $\rho=b$。現在，考慮兩導體，每一導體半徑均為 1 cm，其軸心落在 $x=0$ 平面且均與 z 軸平行。其中一導體的軸心位於 $(0, 4\text{ cm}, z)$ 處，其上載有 $\mathbf{a}_z$ 方向的電流 12 A；另一導體軸心位於 $(0, -4\text{ cm}, z)$ 處，其上載有 $-\mathbf{a}_z$ 方向的電流 12 A。對 $\mathbf{A}$ 而言，每一電流的零參考點均定在距離軸心 4 cm 處。試求在：(a) $(0, 0, z)$；(b) $(0, 8\text{ cm}, z)$；(c) $(4\text{ cm}, 4\text{ cm}, z)$；(d) $(2\text{ cm}, 4\text{ cm}, z)$ 各處的總 $\mathbf{A}$ 場。

答案：0；2.64 $\mathbf{a}_z$ μ Wb/m；1.93 $\mathbf{a}_z$ μ Wb/m；3.40 $\mathbf{a}_z$ μ Wb/m [譯者註：原書漏值單位向量 $\mathbf{a}_z$。]

參考書目

1. Boast, W. B. (See References for Chapter 2.) The scalar magnetic potential is defined on p. 220, and its use in mapping magnetic fields is discussed on p. 444.
2. Jordan, E. C., and K. G. Balmain. *Electromagnetic Waves and Radiating Systems.* 2d ed. Englewood Cliffs, N.J.: Prentice-Hall, 1968. Vector magnetic potential is discussed on pp. 90–96.
3. Paul, C. R., K. W. Whites, and S. Y. Nasar. *Introduction to Electromagnetic Fields.* 3d ed. New York: McGraw-Hill, 1998. The vector magnetic potential is presented on pp. 216–20.
4. Skilling, H. H. (See References for Chapter 3.) The "paddle wheel" is introduced on pp. 23–25.

第 7 章習題

7.1 (a) 若有一條電流線位於 z 軸上，其上載有 $\mathbf{a}_z$ 方向的 8 mA 電流，試求 $P(2, 3, 4)$ 點處的 $\mathbf{H}$ 的各直角座標分量；(b) 若此電流線改置於 $x=-1$，$y=2$ 處，重做一次；(c) 若前述兩電流線同時存在時，試求 $\mathbf{H}$。

7.2 將細線導體製作成邊長為 ℓ 的等邊三角形，其內承載著電流 I。試求此三角形中心處的磁場強度。

7.3 已知 z 軸上有兩條半無限長的電流線，分別位於 $-\infty < z < -a$ 及 $a < z < \infty$ 處。每一條電流線均載有 $\mathbf{a}_z$ 方向的電流 I。(a) 試求 $z=0$ 處表示成 ρ 及 ϕ 函數的 $\mathbf{H}$；(b) 試問 a 為何值時，才會使 $\rho=1$，$z=0$ 處的 $\mathbf{H}$ 之大小變成由一條無限長電流線所求得之值的一半？

7.4 有兩個圓形電流迴路，其中心位於 z 軸的 $z=\pm h$ 處。每一迴路半徑為 a 並載有 $\mathbf{a}_\phi$ 方向的電流 I。(a) 試求在 $-h < z < h$ 範圍內 z 軸上的 $\mathbf{H}$；令 $I=1$ A，若 (b) $h=a/4$；(c) $h=a/2$；(d) $h=a$ 時，試求繪出表示成 z/a 函數的 $|\mathbf{H}|$ 圖形。試問選擇何種 h 值時會得出最均勻的場值？這種組合稱為赫爾姆霍茲 (Helmholtz) 線圈 (在此例中，每一線圈均只有一匝)，可用來產生均勻的磁場。

7.5 圖 7.21 所示的平行細線導體是位於自由空間。試繪出沿直線 $x=0$，$z=2$，$|\mathbf{H}|$ 對 y 的變化圖，其中 $-4 < y < 4$。

7.6 有一半徑為 a 之圓盤座落在 xy 平面內，z 軸剛好穿過其中心。此圓盤上有均勻密度為 ρ_S 的面電荷，並以角速度 Ω rad/s 繞著 z 軸旋轉。試求 z 軸上任意點處的 $\mathbf{H}$。

7.7 有一條細線導體載有以 $\mathbf{a}_z$ 方向延伸至整個負 z 軸的電流 I。在 $z=0$ 處，此導線連接至佔據 $x > 0$，$y > 0$ 四分之一個 xy 平面的銅薄片。(a) 試建立畢奧-薩代定律公式，求出 z 軸上各點處的 $\mathbf{H}$；(b) 重做 (a) 題，但令銅薄片佔據整個 xy 平面。(提示：積分時，將 $\mathbf{a}_\phi$ 用 $\mathbf{a}_x$ 與 $\mathbf{a}_y$ 以及角度 ϕ 來表示)。

7.8 如圖 7.5 所示的有限長度的電流單元位於 z 軸上，使用畢奧-薩伐定律導出 7.1 節的 (9) 式。

7.9 已知有一電流薄片 $\mathbf{K} = 8\mathbf{a}_x$ A/m 在 $z=0$ 平面中 $-2 < y < 2$ 區域內流動。試求 $P(0, 0, 3)$ 點

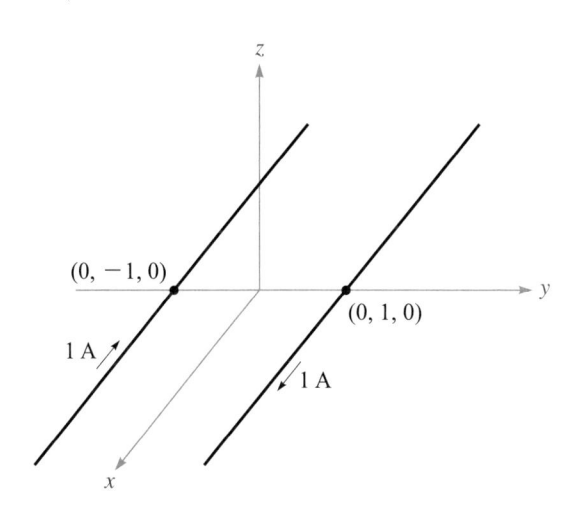

圖 7.21 見習題 7.5。

處的 **H**。

7.10 半徑為 a 之中空的球形導電球殼，在其頂點 $(r=a, \theta=0)$ 與底部點 $(r=a, \theta=\pi)$ 處各接上一條細絲導線。直流電流 I 由上方的細絲導線向下流，流過球面，再自下方的細絲導線流出去。以球形座標表示，試求 (a) 球內及 (b) 球外的 **H**。

7.11 已知在 z 軸上有一條無限長電流線，其上載有 $\mathbf{a}_z$ 方向的電流 20π mA。另外，尚有三個均勻的圓柱形電流片：400 mA/m 位於 $\rho=1$ cm 處，-250 mA/m 位於 $\rho=2$ cm 處，及 -300 mA/m 位於 $\rho=3$ cm 處。試計算 $\rho=0.5$，1.5，2.5 及 3.5 cm 處的 H_ϕ。

7.12 在圖 7.22 中，令 $0<z<0.3$ m 及 $0.7<z<1.0$ m 區域為兩導電片，其上載有相反方向之均勻電流密度 10 A/m^2，如圖所示。在下列各點處 $z=$：(a) -0.2；(b) 0.2；(c) 0.4；(d) 0.75；(e) 1.2 m，試求 **H**。

7.13 一中空圓柱形導體殼，半徑為 a，中心軸位於 z 軸上，並載有電流密度 $K_a\mathbf{a}_\phi$。(a) 證明 H 不是 ϕ 或 z 的函數。(b) 證明 H_ϕ 和 H_ρ 在各處均為零。(c) 證明當 $\rho>a$，$H_z=0$。(d) 證明當 $\rho<a$，$H_z=K_a$。(e) 若有第二層導體殼位於 $\rho=b$，載有電流 $K_b\mathbf{a}_\phi$，試求各處的 **H**。

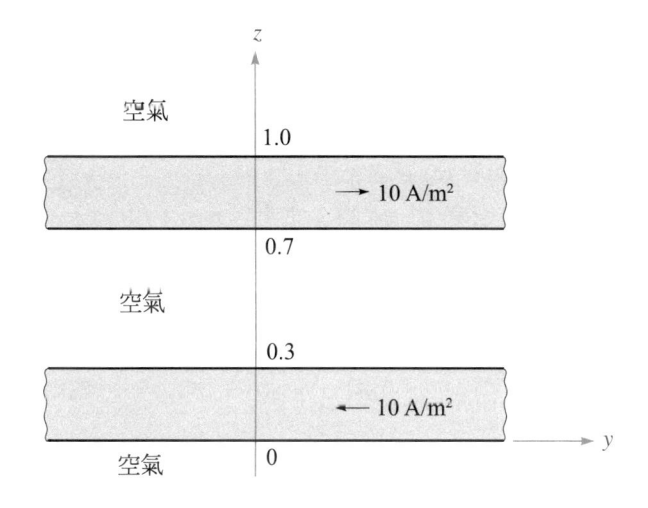

圖 7.22 見習題 7.12。

7.14 已知有一矩形截面的螺線環是由下列各面來加以界定：圓柱 $\rho = 2$ cm 及 $\rho = 3$ cm，與平面 $z = 1$ cm 及 $z = 2.5$ cm。在 $\rho = 3$ cm 表面上，此螺線環載有 $-50\mathbf{a}_z$ A/m 的面電流密度。就下列各點，試求 $P(\rho, \phi, z)$ 點處的 **H**：(a) $P_A(1.5$ cm, 0, 2 cm$)$；(b) $P_B(2.1$ cm, 0, 2 cm$)$；(c) $P_C(2.7$ cm, $\pi/2$, 2 cm$)$；(d) $P_D(3.5$ cm, $\pi/2$, 2 cm$)$。

7.15 假設一呈圓柱對稱的區域，其導電率為 $\sigma = 1.5e^{-150\rho}$ kS/m，並存有 $30\mathbf{a}_z$ V/m 的電場。(a) 試求 **J**。(b) 試求流過 $\rho < \rho_0$，$z = 0$，所有 ϕ 之表面的總電流。(c) 利用安培環路定律求出 **H**。

7.16 有一電流導線載有沿著整個正 z 軸且朝 $-\mathbf{a}_z$ 方向流動的電流 I。在原處點，此導線接至可形成 xy 平面的導電薄片。(a) 試求此導電薄片的 **K**。(b) 利用安培環路定律，試求 $z > 0$ 區域內各點處的 **H**；(c) 試求 $z < 0$ 區域的 **H**。

7.17 已知在 z 軸上有一條電流線，其上載有 $\mathbf{a}_z$ 方向的電流 7 mA，另有兩片電流薄片 0.5 $\mathbf{a}_z$ A/m 及 $-0.2\,\mathbf{a}_z$ A/m 分別位於 $\rho = 1$ cm 及 $\rho = 0.5$ cm 處。當 $\rho =$：(a) 0.5 cm；(b) 1.5 cm；(c) 4 cm 時，試計算 **H**。(d) 試問應在 $\rho = 4$ cm 處放置何種電流片，才能使 $\rho > 4$ cm 區的 **H** = 0？

7.18 一條直徑為 3 mm 的導線是由內、外兩層材料製作而成，內層材料 $(0 < \rho < 2$ mm$)$ 的 $\sigma = 10^7$ S/m，而外層材料 $(2$ mm $< \rho < 3$ mm$)$ 的 $\sigma = 4 \times 10^7$ S/m。若導線載有總共 100 mA dc 的電流，試求每一點處表成 ρ 之函數的 **H**。

7.19 以球形座標表示時，一實體的導電圓錐的錐面可用 $\theta = \pi/4$ 來描述，另外有一導電平面可用 $\theta = \pi/2$ 來描述。每一個導體均載有總電流 I。在導電平面上，電流是以面電流的形式呈徑向方式向內流至圓錐導體的頂點，然後再以徑向朝外方式流過圓錐導體的橫截面。(a) 試將面電流密度表示成 r 的函數；(b) 將圓錐內部的體電流密度表示成 r 的函數；(c) 試求在圓錐與平面間區域內表示成 r 與 θ 函數的 **H**；(d) 試求圓錐內部表示成 r 與 θ 函數的 **H**。

7.20 有一實心導體，具有半徑為 5 mm 之圓形橫截面且具有隨半徑而變之導電率。此導體有 20 m 長，其兩端之間的電位差為 0.1 V dc。在導體內部的 $\mathbf{H} = 10^5 \rho^2\,\mathbf{a}_\phi$ A/m。(a) 試求表示成 ρ 之函數的 σ。(b) 試問兩端之間的電阻為何？

7.21 有一條半徑為 a 的圓柱導體線以 z 軸為其中心線來加以定向。此導線沿著其長度方向載有非均勻的電流密度，可表成 $\mathbf{J} = b\rho\,\mathbf{a}_z$ A/m^2，其中 b 為常數。(a) 試問在導線內流動的總電流為何？(b) 試求表成 ρ 的函數之 $\mathbf{H}_{in}$ $(0 < \rho < a)$；(c) 試求表示成 ρ 之函數的 $\mathbf{H}_{out}$ $(\rho > a)$；(d) 利用 $\nabla \times \mathbf{H} = \mathbf{J}$，試驗證你在 (b) 與 (c) 題所求得的結果。

7.22 有一個半徑為 a 而長度為 L 之實心圓柱體，其中 $L \gg a$，其內含有均勻密度為 ρ_0 C/m^3 的體積電荷。此圓柱以角速度 Ω rad/s 繞著其軸心 (z 軸) 旋轉。(a) 試求旋轉圓柱體內之電流密度 **J**，將之表示成位置的函數。(b) 應用習題 7.6 的結果，試求軸上的 **H**。(c) 試求導體內、外部的磁場強度 **H**。(d) 藉由取 **H** 的旋度，核對 (c) 題之結果。

7.23 已知磁場為 $\mathbf{H} = 20\rho^2\mathbf{a}_\phi$ A/m：(a) 試求電流密度 **J**。(b) 將 **J** 拿來對 $\rho \leq 1$，$0 < \phi < 2\pi$，$z = 0$ 的圓形面做積分，以求出以 $\mathbf{a}_z$ 方向流過該表面的總電流；(c) 再次求取總電流，但此次是藉由對 $\rho = 1$，$0 < \phi < 2\pi$，$z = 0$ 的圓形路徑作線積分。

7.24 已知在 $y = 0$ 平面內，有無限多條的無限長的細線導體座落 $x = n$ 米處，其中 $n = 0$、± 1、± 2、… 每一根導線均載有 $\mathbf{a}_z$ 方向的 1 A 電流。
(a) 試求 y 軸上的 **H**。可利用下式來協助：

$$\sum_{n=1}^{\infty} \frac{y}{y^2 + n^2} = \frac{\pi}{2} - \frac{1}{2y} + \frac{\pi}{e^{2\pi y} - 1}$$

(b) 若這些細線導體改換成位在 $y=0$ 平面且承載面電流密度為 $\mathbf{K}=1\,\mathbf{a}_z$ A/m。試比較在 (a) 題所產生在 y 軸上的磁場與此面電流產生的磁場。

7.25 當 x、y 及 z 均為正值且小於 5 時，某一磁場強度可以表示成 $\mathbf{H}=[x^2yz/(y+1)]\mathbf{a}_x+3x^2z^2\mathbf{a}_y-[xyz^2/(y+1)]\mathbf{a}_z$。採用下列的方法：(a) 面積分；(b) 閉合線積分，試求在 $\mathbf{a}_x$ 方向會穿越過絲帶區域 $x=2$，$1\leq y\leq 4$，$3\leq z\leq 4$ 的總電流。

7.26 試考慮一球體，其半徑為 $r=4$，球心位在 $(0,0,3)$ 點處。令 S_1 代表位在 xy 平面之上的球形表面部份。若以圓柱座標表示的 $\mathbf{H}=3\rho\,\mathbf{a}_\phi$，試求 $\int_{S_1}(\nabla\times\mathbf{H})\cdot d\mathbf{S}$。

7.27 已知空間內某一區域的磁場強度為 $\mathbf{H}=[(x+2y)/z^2]\mathbf{a}_y+(2/z)\mathbf{a}_z$ A/m。(a) 試求 $\nabla\times\mathbf{H}$。(b) 試求 $\mathbf{J}$。(c) 利用 $\mathbf{J}$ 來求出以 $\mathbf{a}_z$ 方向流過表面 $z=4$，$1\leq x\leq 2$，$3\leq z\leq 5$ 的總電流。(d) 試證利用史托克斯定理的另一邊 (即線積分) 亦可得出相同的結果。

7.28 已知在自由空間中 $\mathbf{H}=(3r^2/\sin\theta)\mathbf{a}_\theta+54r\cos\theta\mathbf{a}_\phi$ A/m：(a) 使用你所喜歡的史托克斯定理之任何一邊，求通過角錐面 $\theta=20°$，$0\leq\phi\leq 2\pi$，$0\leq r\leq 5$，而沿 $\mathbf{a}_\theta$ 方向的電流。(b) 使用史托克斯定理的另一邊來核驗 (a) 的結果。

7.29 已知一個半徑為 0.2 mm 的長直非磁性導體，其上載有 2 A (dc) 的均勻分佈電流。(a) 試求導體內的 $\mathbf{J}$。(b) 利用安培環路定律，試求導體內的 $\mathbf{H}$ 及 $\mathbf{B}$。(c) 試證導體內 $\nabla\times\mathbf{H}=\mathbf{J}$。(d) 試求導體外的 $\mathbf{H}$ 及 $\mathbf{B}$。(e) 試證導體外 $\nabla\times\mathbf{H}=\mathbf{J}$。

7.30 (習題 7.20 的逆命題) 已知有一個半徑為 2 mm，圓形截面的實心非磁性導體。此導體為非均勻材料，其 $\sigma=10^6(1+10^6\rho^2)$ S/m。如果導體長度為 1 m 且在兩端間有 1 mV 的電壓，試求：(a) 導體內的 $\mathbf{H}$；(b) 導體內部總磁通量。

7.31 已知由 1 cm $<\rho<$ 1.4 cm 所界定的圓柱殼是由非磁性導電材料製成，其上載有 $\mathbf{a}_z$ 方向的總電流 50 A。就下列所示，試求通過表面 $\phi=0$，$0<z<1$：(a) $0<\rho<1.2$ cm；(b) 1.0 cm $<\rho<1.4$ cm；(c) 1.4 cm $<\rho<20$ cm 的總磁通量。

7.32 已知由 $1<z<4$ cm 及 $2<\rho<3$ cm 所界定的自由空間區域是一個具有矩形橫截面的螺線環。令 $\rho=3$ cm 表面載有面電流 $\mathbf{K}=2\mathbf{a}_z$ kA/m。(a) 試指出在 $\rho=2$ cm、$z=1$ cm 及 $z=4$ cm 表面處的電流。(b) 試求各處的 $\mathbf{H}$。(c) 試計算此螺線環內的總磁通量。

7.33 利用直角座標表示式，試證任意純量場 G 的梯度之旋度必定等於零。

7.34 已知 z 軸有一條細導線，其上載有 $\mathbf{a}_z$ 方向的電流 16 A，另有一個導電殼位於 $\rho=6$ 處，其上載有 $-\mathbf{a}_z$ 方向的總電流 12 A，而另一導電殼則位於 $\rho=10$，並載有 $-\mathbf{a}_z$ 方向的 4 A 總電流。(a) 試求 $0<\rho<12$ 區的 $\mathbf{H}$。(b) 畫出 H_ϕ 對 ρ 的變化圖。(c) 試求以固定的 ψ 角度通過表面 $1<\rho<7$，$0<z<1$ 的總磁通量 Φ。

7.35 已知有一電流片 $\mathbf{K}=20\,\mathbf{a}_z$ A/m 位於 $\rho=2$ 處，第二片電流片 $\mathbf{K}=-10\mathbf{a}_z$ A/m 則是位於 $\rho=4$ 處。(a) 令 $P(\rho=3,\phi=0,z=5)$ 點處的 $V_m=0$，且在 $\phi=\pi$ 處有一障壁。試求 $-\pi<\phi<\pi$ 區的 $V_m(\rho,\phi,z)$。(b) 令 P 點處 $\mathbf{A}=0$，試求 $2<\rho<4$ 區內的 $\mathbf{A}(\rho,\phi,z)$。

7.36 令自由空間中某一區域內的 $\mathbf{A}=(3y-z)\mathbf{a}_x+2xz\mathbf{a}_y$ Wb/m。(a) 試證 $\nabla\cdot\mathbf{A}=0$。(b) 在 $P(2,-1,3)$ 點，試求 $\mathbf{A}$、$\mathbf{B}$、$\mathbf{H}$ 及 $\mathbf{J}$。

7.37 就圖 7.12b 所示的螺線環，令 $N=1000$，$I=0.8$ A，$\rho_0=2$ cm，及 $a=0.8$ cm。若在 $\rho=2.5$ cm，$\phi=0.3\pi$ 處的 $V_m=0$，試求螺線環內的 V_m。令 ϕ 保持在 $0<\phi<2\pi$ 範圍內。

7.38 有一個正方形細導線微小的電流迴路，每邊長為 dL，中心位於自由空間內 $z=0$ 平面的原點處電流 I 以 $\mathbf{a}_\phi$ 方向的方式來流動。(a) 假設 $r\gg dr$，導循與 4.7 節所介紹的相似方法，試證

$$dA = \frac{\mu_0 I (dL)^2 \sin\theta}{4\pi r^2} \mathbf{a}_\phi$$

(b) 試證

$$d\mathbf{H} = \frac{I(dL)^2}{4\pi r^3}(2\cos\theta\,\mathbf{a}_r + \sin\theta\,\mathbf{a}_\theta)$$

這些正方形迴路就是**磁偶極** (magnetic dipole) 的其中一種形式。

7.39 已知 $\mathbf{K}=30\mathbf{a}_z$ A/m 及 $-30\mathbf{a}_z$ A/m 的平面電流片分別位於 $x=0.2$ 及 $x=-0.2$ 處。就 $-0.2 < x < 0.2$ 區：(a) 試求 $\mathbf{H}$；(b) 若 $P(0.1, 0.2, 0.3)$ 點處的 $V_m=0$，試求出 V_m 的表示式；(c) 試求 $\mathbf{B}$；(d) 若 P 點處的 $\mathbf{A}=0$，試求出 $\mathbf{A}$ 的表示式。

7.40 試證向量位勢 $\mathbf{A}$ 對任何閉合路徑的線積分等於由該路徑所包圍的磁通量，即 $\oint \mathbf{A}\cdot d\mathbf{L} = \int \mathbf{B}\cdot d\mathbf{S}$。

7.41 假設自由空間的某一區域內 $\mathbf{A}=50\rho^2\mathbf{a}_z$ Wb/m。(a) 試求 $\mathbf{H}$ 及 $\mathbf{B}$。(b) 試求 $\mathbf{J}$。(c) 利用 $\mathbf{J}$ 求出通過表面 $0\le\rho\le 1$，$0\le\phi<2\pi$，$z=0$ 的總電流。(d) 利用 $\rho=1$ 處的 H_ϕ 值來計算 $\rho=1$，$z=0$ 處之 $\oint \mathbf{H}\cdot d\mathbf{L}$ 之值。

7.42 試證 $\nabla_2(1/R_{12}) = -\nabla_1(1/R_{12}) = \mathbf{R}_{21}/R_{12}^3$。

7.43 一同軸傳輸線的向量磁位如圖 7.20 所示，若其外導體的外徑為 $7a$，試計算在其外導體內的向量磁位。選擇適當的零參考點並將結果的圖形表示出來。

7.44 將 7.7 節的 (58) 式用直角座標展開，證明 (59) 式是正確的。

第 8 章

磁力、材料和電感

我們現在就可以來討論第二種磁場問題，即是決定磁場加在其它電荷上的力與力矩。電場使得一個力加到一個電荷上而這電荷可以是靜的或者是在動的；我們將看到穩定的磁場只能對**在動**的電荷施力。這種結果看來很合邏輯；一個磁場能由在動的電荷產生，同時也能對在動的電荷加以作用的力；磁場不能由靜態的電荷引起，所以也不能對靜止的電荷加以任何力。

本章先考慮作用在帶電導體上的力和力矩，導體本身可以是一根細電線，或者具有一定的截面以及有一已知電流密度的分佈。與質點在真空中的運動有關的問題則大致被免去。

瞭解了磁場所產生的基本效應之後，我們就可以考慮各類磁性材料，分析基本的磁路以及作用在磁性材料上的力，最後還可以談到電感這項重要的電路觀念。■

8.1 作用在運動電荷上的力

在一個電場中，電場強度的定義告訴我們在一個帶電質點上的力是

$$\boxed{\mathbf{F} = Q\mathbf{E}} \tag{1}$$

這力是與電場強度在同一方向的 (對一個正電荷而言)，同時是和 $\mathbf{E}$ 與 Q 直接成正比。如果電荷在動，則在它的軌跡上任何一點的力都是如 (1) 式所示。

實驗發現在磁通密度為 $\mathbf{B}$ 的磁場中運動的一個帶電質點會受到一個力，它與電荷 Q，它的速度 $\mathbf{v}$，通量密度 $\mathbf{B}$，以及向量 $\mathbf{v}$ 和 $\mathbf{B}$ 之間夾角的正弦成正比。這力的方向同時

垂直於 **v** 和 **B**，可以用在 **v**×**B** 方向上的單位向量來表示。所以，這力可以表示為

$$\boxed{\mathbf{F} = Q\mathbf{v} \times \mathbf{B}} \tag{2}$$

電場和磁場對於帶電質點之效應的一項基本區別現在就很明顯了，因為一個永遠是加在與質點行進方向垂直方向上的力，是永遠不可能改變這質點速度的大小。換句話說，這個加速向量總是和速度向量正交的，因此質點的動能保持不變，是以穩定的磁場是不可能將能量轉送到運動的電荷。在另一方面，電場加到質點上的力則是與質點行進的方向無關，所以一般上就能影響到場和質點之間能量的轉換。

本章末最初的兩個問題說明了電場和磁場在自由空間中對於帶電質點運動功能不同的效應。

合成的電、磁場加在一個運動質點上的力可以很容易地由重疊原理求得

$$\boxed{\mathbf{F} = Q(\mathbf{E} + \mathbf{v} \times \mathbf{B})} \tag{3}$$

這方程式被稱為**羅侖茲力方程式** (Lorentz force equation)，它的解答可用在決定磁控管中電子的軌道、迴旋加速器中質子的路線，磁流體動力 (MHD) 發電機中電漿體的特性，或者一般說來，合成的電磁場中帶電質點的運動。

> **D8.1.** 已知點電荷 $Q = 18$ nC，其速度為 5×10^6 m/s，方向為 $\mathbf{a}_v = 0.60\mathbf{a}_x + 0.75\mathbf{a}_y + 0.30\mathbf{a}_z$。試計算由下列各種場作用在此電荷上的力大小：(a) $\mathbf{B} = -3\mathbf{a}_x + 4\mathbf{a}_y + 6\mathbf{a}_z$ mT；(b) $\mathbf{E} = -3\mathbf{a}_x + 4\mathbf{a}_y + 6\mathbf{a}_z$ kV/m；(c) **B** 及 **E** 同時作用。
>
> 答案：660 μN；140 μN；670 μN

8.2 微小電流單元上的力

在穩態磁場中，一個運動的帶電質點上的力可以用來表示作用於一個微小電荷單元上微量的力，

$$d\mathbf{F} = dQ\,\mathbf{v} \times \mathbf{B} \tag{4}$$

實際上，這微小的電荷單元是由許多極小而分散的電荷所組成的，它們所佔的體積雖然很小，但是比起各個電荷之間的間隔則大得多。因此，(4) 式所表示的微力只不過是各個電荷上的力之總和而已。這和，或合力，不是加在一個物件上的力。相似地，我們可以考慮加在落下的一陣沙中一個小體積上的微量重力。這個小體積內含有許多沙粒，

而這微力則是小體積內各個顆粒上力的總和。但是，如果電荷是在導體內運動的電子，我們可以證明這力就被轉到導體上，同時極其多的這些極小的力之總和就具有實際的重要性。在導體之內電子是在一個無法移動的正離子區內運行的，這些離子形成一種晶狀排列而形成導體的固體性。對電子加以作用力的磁場會促使它們略為移動其位置而使正、負電荷的"重"心間產生一個小位移。然而，電子與正離子之間的庫侖力則會抵抗這一種位移。所以，要使電子移動的任何企圖均會產生電子和晶格中的正離子之間的一項吸力。因此，磁力就被轉移到晶格中或導體本身上。在好的導體中，庫侖吸力比磁力大了許多，以至於電子實際的位移幾乎是量不出來的。但是，由它引起的電荷的分離，則可以由導體樣品中在垂直於磁場方向以及電荷速度方向的小電位差上看出來。這種電壓稱為**霍爾電壓** (Hall voltage)，而這效應本身則被稱作**霍爾效應** (Hall effect)。

圖 8.1 說明由於正電荷和負電荷運動所生成的霍爾電壓的方向。在圖 8.1a 中，$\mathbf{v}$ 是 $-\mathbf{a}_x$ 方向，$\mathbf{v} \times \mathbf{B}$ 是 $\mathbf{a}_y$ 方向，同時 Q 為正電荷，因此所造成的 $\mathbf{F}_Q$ 是沿 $\mathbf{a}_y$ 方向；故得知正電荷向右移。在圖 8.1b 中，$\mathbf{v}$ 是 $+\mathbf{a}_x$ 方向，$\mathbf{B}$ 仍是 $\mathbf{a}_z$ 方向，$\mathbf{v} \times \mathbf{B}$ 是 $-\mathbf{a}_y$ 方向，而 Q 為負電荷；則 $\mathbf{F}_Q$ 仍為 $\mathbf{a}_y$ 方向。因此，負電荷流向右端。由這些討論可知，電子和電洞所形成的相等電流可由霍爾電壓來加以區別。這也就是決定：一個半導體是否為 n-型或 p-型的方法之一。

有些儀器是利用霍爾效應來測量磁通量密度，同時在某些應用方面，使通過儀表中的電流與儀表端的磁場成比例，因而可製成某些儀器如電子瓦特計、平方儀等。

回到 (4) 式，就可以說如果我們是在考慮一道電子束中運行電荷的一個單元的話，作用的力不過就是在那小體積中各個電子上的力之和，但是如果我們是在考慮一個導體內的運動電荷單元的話，總力則是作用在固態導體本身上。我們現在要將注意力限制在帶電導體上的力上面。

在第 5 章中，我們以體積電荷密度的速度來規定電流密度，

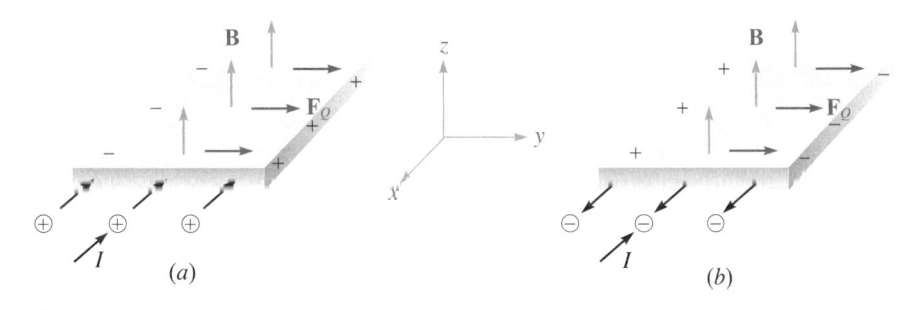

圖 8.1 流入一物體的相等電流，可如 (a) 圖正電荷向內流入。也可如 (b) 圖負電荷向外流出。此兩種情況可由霍爾電壓的不同方向而加以區分。

$$\mathbf{J} = \rho_v \mathbf{v}$$

(4) 式中微小的電荷單元也可以用體積電荷密度來表示，[1]

$$dQ = \rho_v dv$$

因此

$$d\mathbf{F} = \rho_v dv\, \mathbf{v} \times \mathbf{B}$$

或者

$$d\mathbf{F} = \mathbf{J} \times \mathbf{B}\, dv \tag{5}$$

在第 7 章中我們知道 $\mathbf{J}\,dv$ 可以解釋為一個微小的電流單元；即是

$$\mathbf{J}\,dv = \mathbf{K}\,dS = I\,d\mathbf{L}$$

所以，羅侖茲力方程式也可以應用到表面電流密度上，

$$d\mathbf{F} = \mathbf{K} \times \mathbf{B}\, dS \tag{6}$$

或者一個微小的電流線上，

$$d\mathbf{F} = I\,d\mathbf{L} \times \mathbf{B} \tag{7}$$

將 (5)、(6)，或 (7) 式分別在一個體積、一個開啟或閉合的表面 (為什麼？)，或者一條閉合的路線上積分就會導致積分式：

$$\mathbf{F} = \int_{體積} \mathbf{J} \times \mathbf{B}\, dv \tag{8}$$

$$\mathbf{F} = \int_S \mathbf{K} \times \mathbf{B}\, dS \tag{9}$$

以及

$$\mathbf{F} = \oint I\,d\mathbf{L} \times \mathbf{B} = -I \oint \mathbf{B} \times d\mathbf{L} \tag{10}$$

將 (7) 或 (10) 式應用到均勻磁場中的一根直導體上就可以得出一個簡單的結果，

---

[1] 記住 dv 是微小的體積單元而不是速度上的微小增量。

第 8 章 磁力、材料和電感　237

$$\mathbf{F} = I\mathbf{L} \times \mathbf{B} \tag{11}$$

此力的大小可寫成下列熟悉的式子

$$F = BIL\sin\theta \tag{12}$$

其中，θ 代表電流流動的方向和磁通量密度方向的二個向量之間的夾角。(11) 或 (12) 式只能應用到一個閉合電路 (ciruit) 的一部份上，而電路的剩餘部份在任何實際問題中均必須加以考慮。

例題 8.1

作為上述方程式的一個數值範例，參看圖 8.2，我們有一個方形迴路位於 $z=0$ 平面上，載有 2 mA 的電流。在 y 軸上一條載有 15 A 電流的細導線，如圖所示。我們想要求出作用在迴路上的力。

解：由細導線在方形迴路平面上所造成的磁場為

$$\mathbf{H} = \frac{I}{2\pi x}\mathbf{a}_z = \frac{15}{2\pi x}\mathbf{a}_z \text{ A/m}$$

因此，

$$\mathbf{B} = \mu_0\mathbf{H} = 4\pi \times 10^{-7}\mathbf{H} = \frac{3 \times 10^{-6}}{x}\mathbf{a}_z \text{ T}$$

我們使用 (10) 式的積分形式，

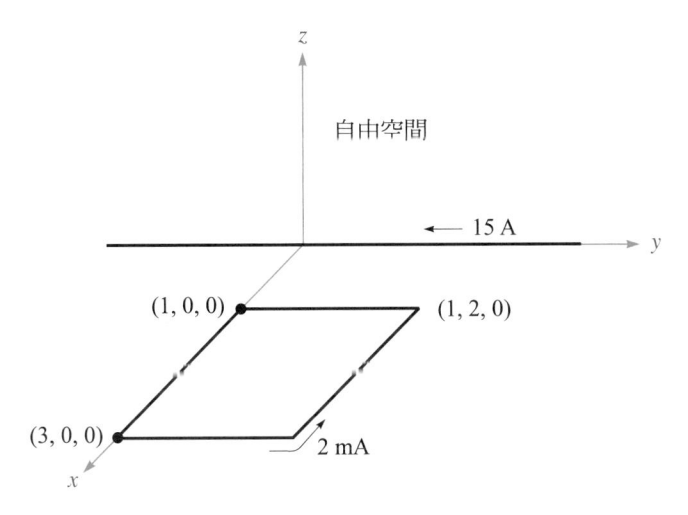

圖 8.2　位於 xy 平面上的方形迴路，載有 2 mA 的電流，並受一非均勻 **B** 磁場的作用。

$$\mathbf{F} = -I \oint \mathbf{B} \times d\mathbf{L}$$

假設這是一個剛體的迴路,則總受力應等於四個邊受力的總和。我們從左邊開始積分:

$$\mathbf{F} = -2 \times 10^{-3} \times 3 \times 10^{-6} \left[\int_{x=1}^{3} \frac{\mathbf{a}_z}{x} \times dx \, \mathbf{a}_x + \int_{y=0}^{2} \frac{\mathbf{a}_z}{3} \times dy \, \mathbf{a}_y \right.$$

$$\left. + \int_{x=3}^{1} \frac{\mathbf{a}_z}{x} \times dx \, \mathbf{a}_x + \int_{y=2}^{0} \frac{\mathbf{a}_z}{1} \times dy \, \mathbf{a}_y \right]$$

$$= -6 \times 10^{-9} \left[\ln x \Big|_{1}^{3} \mathbf{a}_y + \frac{1}{3} y \Big|_{0}^{2} (-\mathbf{a}_x) + \ln x \Big|_{3}^{1} \mathbf{a}_y + y \Big|_{2}^{0} (-\mathbf{a}_x) \right]$$

$$= -6 \times 10^{-9} \left[(\ln 3) \mathbf{a}_y - \frac{2}{3} \mathbf{a}_x + \left(\ln \frac{1}{3} \right) \mathbf{a}_y + 2 \mathbf{a}_x \right]$$

$$= -8 \mathbf{a}_x \text{ nN}$$

因此,在這迴路上所受的淨力方向是沿著 $-\mathbf{a}_x$ 方向。

D8.2. 自由空間有磁場 $\mathbf{B} = -2\mathbf{a}_x + 3\mathbf{a}_y + 4\mathbf{a}_z$ mT。試求作用在一載有 $\mathbf{a}_{AB}$ 方向 12 A 之直導線上的向量力,已知 $A(1,1,1)$ 及:(a) $B(2,1,1)$;(b) $B(3,5,6)$。

答案:$-48\mathbf{a}_y + 36\mathbf{a}_z$ mN;$12\mathbf{a}_x - 216\mathbf{a}_y + 168\mathbf{a}_z$ mN

D8.3. 圖 8.1 所示為 n-型矽半導體樣本,具有 0.9 mm×1.1 cm 的矩形截面,且長度為 1.3 cm。假設在操作溫度下,電子與電洞的移動率分別為 0.13 與 0.03 m²/V·s。令 $B = 0.07$ T 且在電流流動方向上的電場強度為 800 V/m。試求下列各項的大小:(a) 跨在樣本長度上的電壓;(b) 漂移速度;(c) 由 B 所造成之每庫侖運動電荷的橫向作用力;(d) 橫向的電場強度;(e) 霍爾電壓。

答案:10.40 V;104.0 m/s;7.28 N/C;7.28 V/m;80.1 mV

8.3 微小電流單元之間的力

引用磁場的觀念,便可將尋求一個電流分佈對第二個電流分佈的相互作用的問題分成二部份來處理。要直接以第二個電流單元來表示作用於第一個電流單元上的力而不求出磁場是可能的。既然我們聲稱磁場的觀念簡化了我們的工作,我們就必須證實省略掉這中間的步驟將會導致更複雜的式子。

由點 1 處的一個電流單元在點 2 處所引起的磁場已知為

$$dH_2 = \frac{I_1 dL_1 \times a_{R12}}{4\pi R_{12}^2}$$

現在，在一個微小電流單元上的微分力是

$$dF = I\, dL \times B$$

將此式應用到我們的問題上，令 **B** 等於 dB_2，即由電流單元 1 在點 2 處所引起的微磁通量。同時將 $I\, dL$ 定為 $I_2 dL_2$，再以 $d(dF_2)$ 來代表作用在單元 2 上的微力的微量：

$$d(dF_2) = I_2 dL_2 \times dB_2$$

由於 $dB_2 = \mu_0 dH_2$，我們就可得到二個微小電流單元之間的力為：

$$d(dF_2) = \mu_0 \frac{I_1 I_2}{4\pi R_{12}^2} dL_2 \times (dL_1 \times a_{R12}) \tag{13}$$

例題 8.2

為了說明這些結果的應用 (或誤用)，在圖 8.3 中有兩個微量電流元件。我們要求出對 dL_2 的微小作用力。

解：已知在 $P_1(5, 2, 1)$ 點，$I_1 dL_1 = -3a_y$ A·m，及在 $P_2(1, 8, 5)$ 點，$I_2 dL_2 = -4a_z$ A·m。因此，$R_{12} = -4a_x + 6a_y + 4a_z$，我們將這些資料代入 (13) 式，

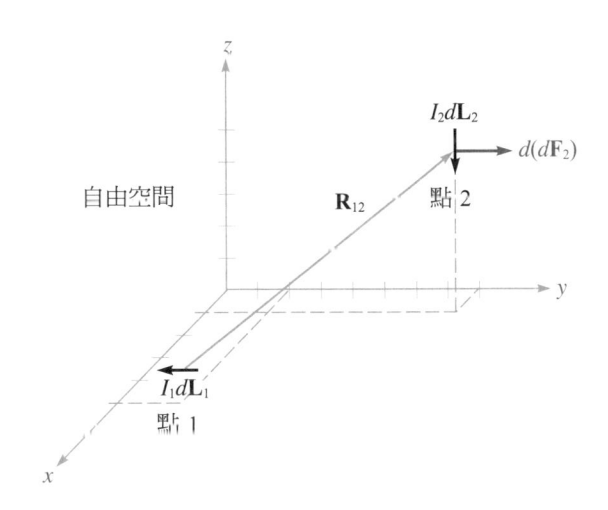

圖 8.3 已知 $P_1(5, 2, 1)$，$P_2(1, 8, 5)$，$I_1 dL_1 = -3a_y$ A·m，及 $I_2 dL_2 = -4a_z$ A·m，作用於 $I_2 dL_2$ 之力為 8.56 nN 在 a_y 方向。

$$d(d\mathbf{F}_2) = \frac{4\pi 10^{-7}}{4\pi} \frac{(-4\mathbf{a}_z) \times [(-3\mathbf{a}_y) \times (-4\mathbf{a}_x + 6\mathbf{a}_y + 4\mathbf{a}_z)]}{(16+36+16)^{1.5}}$$
$$= 8.56\mathbf{a}_y \text{ nN}$$

在許多章以前,我們曾經討論過,一個點電荷作用於另一個點電荷的力。我們發現作用於第一個電荷之力恰等於作用於第二個電荷力的負值。換言之,即整個系統的作用力為零。但此處電流單元之力不同於上述情況。因例題 8.2 中,$d(d\mathbf{F}_1) = -12.84\mathbf{a}_z$ nN。產生這種不同行為的原因,是由於電流元件的非物理性質。因為點電荷可以充分地被認為一小點電荷。但電流的連續性,使電流單元必須考慮一整體迴路。這就是我們現在將要做的。

藉著積分二次可以得出二條電路之間的總力:

$$\mathbf{F}_2 = \mu_0 \frac{I_1 I_2}{4\pi} \oint \left[d\mathbf{L}_2 \times \oint \frac{d\mathbf{L}_1 \times \mathbf{a}_{R12}}{R_{12}^2} \right]$$
$$= \mu_0 \frac{I_1 I_2}{4\pi} \oint \left[\oint \frac{\mathbf{a}_{R12} \times d\mathbf{L}_1}{R_{12}^2} \right] \times d\mathbf{L}_2 \tag{14}$$

(14) 式是相當繁雜的,但是在第 7 章對磁場的認識當使我們能認出裡面的積分是在要求點 2 處由點 1 處的電流單元所引起的磁場時所必須要的積分。

雖然我們在這裡將不做它,但是要應用 (14) 式來求出二條無限長而平行的細導體間的斥力並不會很難。這二導體相隔 d 米,同時帶有相等而相反的電流 I 安培,如圖 8.4 所示。其中的積分很簡單,同時大多數的錯誤是犯在為 $\mathbf{a}_{R12}$、$d\mathbf{L}_1$,和 $d\mathbf{L}_2$ 決定適當的表示式方面。但是因為由一條電線在另一整條線上所造成的磁場強度已經知道是 $I/(2\pi d)$,我們馬上就知道答案是一個 $\mu_0 I^2/(2\pi d)$ 牛頓/公尺的力。

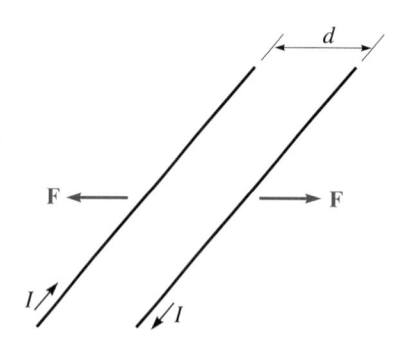

圖 8.4 二條無限長的平行細線,相距為 d。帶相等且方向相反的電流 I,產生排斥力 $\mu_0 I^2/(2\pi d)$ N/m。

D8.4. 已知自由空間內有兩個微分電流單元，$I_1\Delta \mathbf{L}_1 = 3 \times 10^{-6}\ \mathbf{a}_y$ A·m 位於 $P_1(1, 0, 0)$ 點及 $I_2\Delta \mathbf{L}_2 = 3 \times 10^{-6}(-0.5\mathbf{a}_x + 0.4\mathbf{a}_y + 0.3\mathbf{a}_z)$ A·m 位於 $P_2(2, 2, 2)$ 點。依下列所示，試求其作用力：(a) $I_1\Delta \mathbf{L}_1$ 對 $I_2\Delta \mathbf{L}_2$ 的作用力；(b) $I_2\Delta \mathbf{L}_2$ 對 $I_1\Delta \mathbf{L}_1$ 的作用力。

答案：$(-1.333\mathbf{a}_x + 0.333\mathbf{a}_y - 2.67\mathbf{a}_z)10^{-20}$ N；$(4.67\mathbf{a}_x + 0.667\mathbf{a}_z)10^{-20}$ N

8.4 一個閉合電路上的力和轉矩

我們已經求得作用在電流系統上的力公式。有一種特殊情形可以很容易處理，假定我們將作用在閉合細線電路上的力公式當作是如 8.2 節 (10) 式所示，即

$$\mathbf{F} = -I \oint \mathbf{B} \times d\mathbf{L}$$

再假設一個均勻的磁通量密度，則 **B** 就可以自積分中移出，

$$\mathbf{F} = -I\mathbf{B} \times \oint d\mathbf{L}$$

但是，我們在研討閉合線積分時，發現在任何靜電位場內 $\oint d\mathbf{L} = 0$，所以在一個均勻磁場中作用在一個閉合線路上的力是零。

如果磁場不是均勻的，總力就不一定要是零。

關於均勻磁場的這項結果並不一定只限於細線電路。電路也可以包含表面電流或體積電流密度。如果總電流被分成細線電流，作用在每一個上的力是零，一如我們在上面已經證實的，所以總力又是零。因此，在一個均勻的磁場中任何實際的帶有直流電的閉合電路受到的總向量力為零。

力雖然是零，但是一般而言，轉矩卻不等於零。

為了對**轉矩** (torque) 或**力矩** (moment) 下一個定義，必須要同時考慮力矩所繞轉的原點，和力的作用點。在圖 8.5a 中，力 **F** 作用於 P 點，以 O 點為軸心，力臂 **R** 為自原點 O 至 P 點。繞 O 點轉動的向量力矩，其大小為 **R** 與 **F** 大小的乘積和兩向量夾角正弦的積。其方向是垂直於力 **F** 與力臂 **R** 兩者，且為力臂 **R** 轉向於力 **F** 的右手螺旋前進的方向。轉矩可以被寫成一個叉積，

$$\mathbf{T} = \mathbf{R} \times \mathbf{F}$$

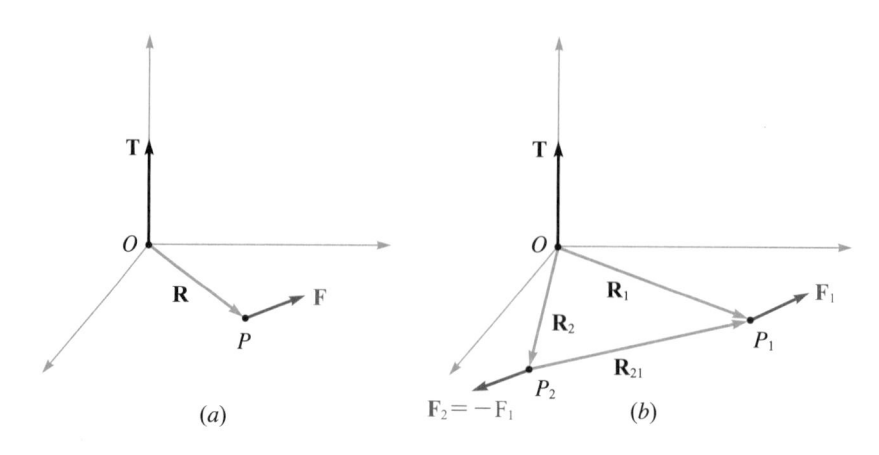

圖 8.5 (a) 力臂 **R** 為轉軸原點 O 到著力點 P 的向量，其中力 **F** 作用於 P 點。繞 O 點的轉矩為 $\mathbf{T}=\mathbf{R}\times\mathbf{F}$。(b) 如果 $\mathbf{F}_2=-\mathbf{F}_1$，則轉矩 $\mathbf{T}=\mathbf{R}_{21}\times\mathbf{F}_1$ 與向量 $\mathbf{R}_1$ 及 $\mathbf{R}_2$ 之原點的選擇位置無關。

現在，假設有兩個力，即位於 P_1 的 $\mathbf{F}_1$ 與位於 P_2 的 $\mathbf{F}_2$，其力臂分別為自共同原點 O 所延伸出的 $\mathbf{R}_1$ 與 $\mathbf{R}_2$，如圖 8.5b 所示，此二力加到一個具有固定形狀的物體上，且該物體不會發生任何平移。於是，繞原點的轉矩為

$$\mathbf{T} = \mathbf{R}_1 \times \mathbf{F}_1 + \mathbf{R}_2 \times \mathbf{F}_2$$

其中

$$\mathbf{F}_1 + \mathbf{F}_2 = 0$$

所以

$$\mathbf{T} = (\mathbf{R}_1 - \mathbf{R}_2) \times \mathbf{F}_1 = \mathbf{R}_{21} \times \mathbf{F}_1$$

向量 $\mathbf{R}_{21}=(\mathbf{R}_1-\mathbf{R}_2)$ 是連接 $\mathbf{F}_2$ 的作用點和 $\mathbf{F}_1$ 的作用點，與向量 $\mathbf{R}_1$ 和 $\mathbf{R}_2$ 所取的原點選擇無關。因此，我們可以自由地為力臂 $\mathbf{R}_1$ 和 $\mathbf{R}_2$ 選定任意的共同原點，只要總的力是零就行了。這一點且可推廣到任意多個力上。

設想將一個垂直向上的力加到一台老汽車的水平曲柄的一端上。這不可能是所加的唯一的力，因為如果是的話，整個柄就會向上加速。和加在柄端的力大小相同的第二力被朝下加到轉動軸的承珠表面上。對於一個 0.3 m 長的曲柄上的一個 40 N 的力而言，轉矩是 12 N·m。不論原點是被當作在轉動軸上的 (導致12 N·m 加 0 N·m)，或者在柄的中點處(導致 6 N·m 加 6 N·m)，或者甚至不是在柄或柄的延線上的一點，都會得出這個數目來。

所以，我們可以選用最方便的原點，而這個通常是在轉動軸上或者在包含這些所加

第 8 章 磁力、材料和電感 243

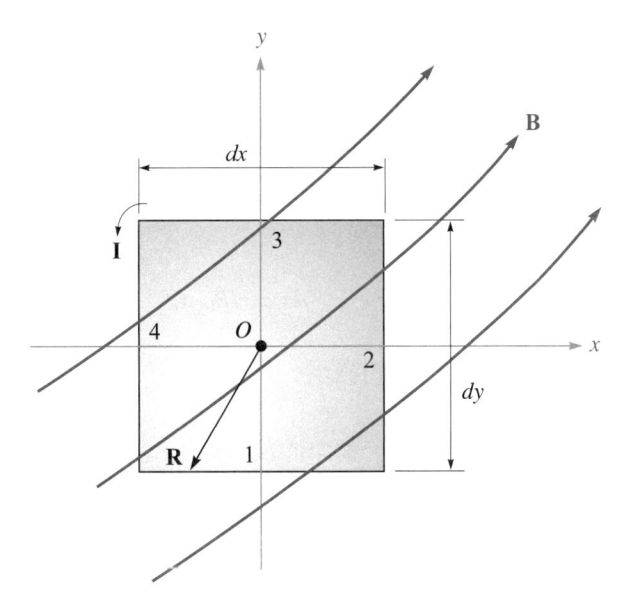

圖 8.6 在磁場 **B** 中的一個微小電流迴路，迴路上的轉矩是 $d\mathbf{T}=I(dx\,dy\,\mathbf{a}_z)\times\mathbf{B}_0=I\,d\mathbf{S}\times\mathbf{B}$。

的力的平面內，如果這幾個力是同平面的話。

有了關於轉矩這觀念的引論之後，現在讓我們來考慮在一個磁場 **B** 中的微小電流迴路上的轉矩，這迴路平置於 xy 平面 (圖 8.6)；迴路的各邊平行於 x 和 y 軸，長度是 dx 和 dy。在迴路中央的磁場值取為 $\mathbf{B}_0$。因為這迴路的大小甚小，迴路上各點的 **B** 值可以取作 $\mathbf{B}_0$。(為什麼在討論旋度和散度時則不可以？) 所以，迴路上的總力是零，而且我們可以自由地將力臂的原點選為迴路的中央。

在第 1 邊上的向量力是

$$dF_1 = I\,dx\,\mathbf{a}_x \times \mathbf{B}_0$$

或者

$$d\mathbf{F}_1 = I\,dx(B_{0y}\mathbf{a}_z - B_{0z}\mathbf{a}_y)$$

對於迴路的這一邊而言，平均力臂 **R** 是從原點到這一邊的中點，即 $\mathbf{R}_1 = -\frac{1}{2}\,dy\,\mathbf{a}_y$，故對於總轉矩的貢獻為

$$\begin{aligned}d\mathbf{T}_1 &= \mathbf{R}_1 \times d\mathbf{F}_1\\ &= -\tfrac{1}{2}dy\,\mathbf{a}_y \times I\,dx(B_{0y}\mathbf{a}_z - B_{0z}\mathbf{a}_y)\\ &= -\tfrac{1}{2}dx\,dy\,I\,B_{0y}\mathbf{a}_x\end{aligned}$$

同樣地，可求出第 3 邊對轉矩的貢獻等於上式，即

$$dT_3 = R_3 \times dF_3 = \tfrac{1}{2} dy\, a_y \times (-I\, dx\, a_x \times B_0)$$
$$= -\tfrac{1}{2} dx\, dy\, IB_{0y} a_x = dT_1$$

故知

$$dT_1 + dT_3 = -dx\, dy\, IB_{0y} a_x$$

計算第 2 和第 4 二邊上的轉矩，我們發現

$$dT_2 + dT_4 = dx\, dy\, IB_{0x} a_y$$

於是，總轉矩為

$$dT = I\, dx\, dy(B_{0x} a_y - B_{0y} a_x)$$

括弧內的量可以用一個叉乘積來表示，

$$dT = I\, dx\, dy(a_z \times B_0)$$

或者

$$\boxed{dT = I\, dS \times B} \tag{15}$$

其中，dS 是微小電流迴路的向量面積，同時 B_0 的下標也被省略了。

所以，我們可以合理地將迴路電流與迴路的向量面積的乘積規定為微小的**磁偶矩** (magnetic dipole moment) dm，其單位為 A・m^2。因此

$$\boxed{dm = I\, dS} \tag{16}$$

所以，我們就可以將電流迴路上的微小轉矩寫成

$$\boxed{dT = dm \times B} \tag{17}$$

由此結果，我們可回憶 4.7 節，一個微小電偶極在電場中所受到的力矩，也有同樣的方程式

$$dT = dp \times E$$

(15) 式或 (17) 式是一般性的結果，對於任何形狀的迴路都能成立，並不只限於矩形。在圓形或三角形迴路上的轉矩也是可以用 (15) 式或 (17) 式所示的表面向量或力矩來

表示。

由於，我們選了一個微小電流迴路，所以我們可以假定在整個迴路上，**B** 是一定的，是以在一個均勻的磁場中任何大小的**平面**迴路上的轉矩，都是用同一表示式來表示的，

$$\mathbf{T} = I\mathbf{S} \times \mathbf{B} = \mathbf{m} \times \mathbf{B} \tag{18}$$

我們應當注意，在電流迴路上的轉矩所在的方向，是要使迴路所產生的磁場和引起這轉矩的外加磁場並列的。這也許是決定轉矩方向最容易的方法。

例題 8.3

為了說明力和力矩的計算，考慮圖 8.7 所示的長方形迴路，試利用 $\mathbf{T} = I\mathbf{S} \times \mathbf{B}$ 計算力矩。

解： 此迴路邊長為 1 m 和 2 m，置於一均勻磁場 $\mathbf{B}_0 = -0.6\mathbf{a}_y + 0.8\mathbf{a}_z$ T 中。迴路電流為 4 mA，所造成的磁場相當小，故可以忽略其對 $\mathbf{B}_0$ 的影響。

我們得到

$$\mathbf{T} = 4 \times 10^{-3}[(1)(2)\mathbf{a}_z] \times (-0.6\mathbf{a}_y + 0.8\mathbf{a}_z) = 4.8\mathbf{a}_x \text{ mN} \cdot \text{m}$$

因此，這個轉矩將驅使迴路繞著與正 x 軸相平行的軸轉動。由 4 mA 迴路所產生的微小磁場，則將驅使迴路沿 $\mathbf{B}_0$ 排列。

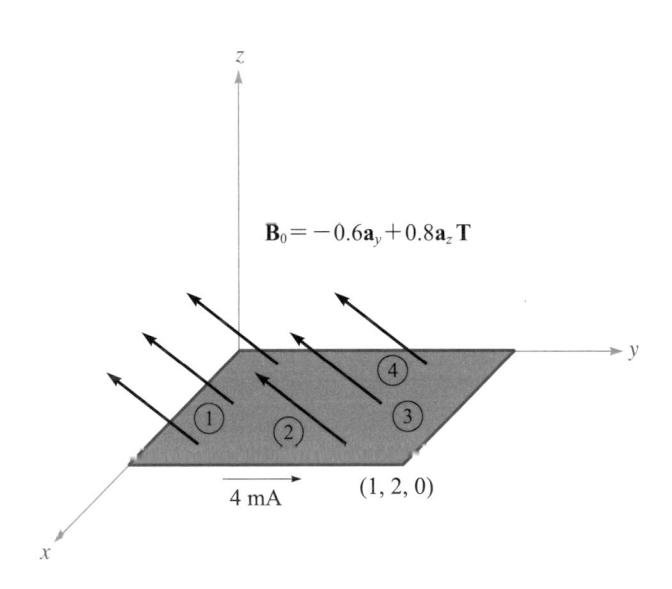

圖 8.7 一個置於均勻磁通密度 $\mathbf{B}_0$ 的方形迴路。

例題 8.4

現在讓我們再求一次轉矩,這次我們計算總力以及迴路各邊所受的轉矩。

解:第 1 邊為

$$F_1 = IL_1 \times B_0 = 4 \times 10^{-3}(1a_x) \times (-0.6a_y + 0.8a_z)$$
$$= -3.2a_y - 2.4a_z \text{ mN}$$

取這個結果的負值即為第 3 邊的受力,

$$F_3 = 3.2a_y + 2.4a_z \text{ mN}$$

其次,針對第 2 邊:

$$F_2 = IL_2 \times B_0 = 4 \times 10^{-3}(2a_y) \times (-0.6a_y + 0.8a_z)$$
$$= 6.4a_x \text{ mN}$$

第 4 邊也同樣取這結果的負值,得到

$$F_4 = -6.4a_x \text{ mN}$$

由於這些力沿著各邊均勻分佈,因此我們可以考慮將每道力視為作用在各邊的中點上。因力的總和為零,轉矩的原點可定於任意位置,在此,我們選擇了迴路的中心點,則

$$T = T_1 + T_2 + T_3 + T_4 = R_1 \times F_1 + R_2 \times F_2 + R_3 \times F_3 + R_4 \times F_4$$
$$= (-1a_y) \times (-3.2a_y - 2.4a_z) + (0.5a_x) \times (6.4a_x)$$
$$+ (1a_y) \times (3.2a_y + 2.4a_z) + (-0.5a_x) \times (-6.4a_x)$$
$$= 2.4a_x + 2.4a_x = 4.8a_x \text{ mN} \cdot \text{m}$$

比較這兩種方法可以看到,使用迴路偶矩和磁通量密度的叉積確實比較容易。

D8.5. 已知有一個連接 $A(3, 1, 1)$,$B(5, 4, 2)$,及 $C(1, 2, 4)$ 三點的導電電流線三角形。AB 線段載有 a_{AB} 方向的電流 0.2 A,其間並存在有磁場 $B = 0.2a_x - 0.1a_y + 0.3a_z$ T。試求:(a) 對 BC 段的作用力;(b) 對三角形迴路的作用力;(c) 整個迴路對原點位於 A 點處時的力矩;(d) 整個迴路對原點位於 C 點處時的力矩。

答案: $-0.08a_x + 0.32a_y + 0.16a_z$ N;0;$-0.16a_x - 0.08a_y + 0.08a_z$ N·m;$-0.16a_x - 0.08a_y + 0.08a_z$ N·m

8.5 磁性材料的本質

我們現在可以將關於磁場在電流迴路上的作用方面的知識和一個簡單的原子模型合併起來，進而對於各種不同的材料在磁場中性能上的差異得到一些認識。

雖然，準確的定量結果只能用量子論來預言，簡單的原子模型——它假定在中央有一個正的原子核，它的周圍在各個圓形軌道上有電子圍繞著——也能產生合理的定量結果，進而提供令人滿意的定性理論。在軌道上的一個電子就像一個小的電流迴路 (其中電流的方向是與電子進行的方向相反的)，因此在外界的磁場中就會受到一項轉矩，這轉矩想使運轉的電子所產生的磁場與外界的磁場並列。如果再沒有其它磁矩要考慮，我們就能結論材料中所有在軌道上轉的電子都會遷移到將它們的磁場加到外加的磁場上，因此材料內任何一點處的合成磁場都會比沒有材料在那一點時的大。

然而，**電子的自旋** (electron spin) 又會引出第二項力矩來，雖然在企圖為這現象做模型時，我們將電子當作是繞著它自己的軸在旋轉，因而產生一個磁偶矩，但我們卻未能從這樣的一個理論上得出令人滿意的定量方面的結果來。我們必須採取相對量子論上的數學來證明一個電子的自轉磁矩可以是 $\pm 9 \times 10^{-24}$ A·m²；正、負 號表示排列成幫助或反對外在磁場都是可能的。在有許多電子存在的原子中，只有處於未填滿的那些層上的電子的自轉對於原子的磁矩才有貢獻。

對於一個原子的磁矩的第三種貢獻是由**核子的自旋** (nuclear spin) 所引起的，雖然這一因素對於材料整個的磁性所做的貢獻少到可以略去不計，但它現在已成為許多較大醫院中使用的核磁共振照像 (magnetic resonance imaging, MRI) 之重要基礎。

因此，每一個原子包含許多不同的力矩成分，它們的組合就決定了材料的磁性，同時也提供它的一般分類法。我們將簡短地描述六種不同的材料：反磁性的、順磁性的、強磁性的、反強磁性的、鐵磁性的和超順磁性的。

讓我們先考慮那些原子，其中電子在它們的軌道上的運動所產生的小磁場和電子自轉所產生的合併起來，而成為一個淨值為零的磁場。注意，我們是在考慮沒有任何外在磁場時，電子本身的運動所產生的場；我們也可以將這種材料形容為其中的每一個原子的永久磁矩 $\mathbf{m}_0$ 是零的一種材料。這種材料被稱為**反磁性的** (diamagnetic)，所以看起來一個外在的磁場似乎不會在這原子上產生任何轉矩，偶極場不會重新排列，所以內在的磁場就會和外加的一樣大。對十萬分之一的誤差而言，這是對的。

讓我們選擇軌道電子的磁偶矩 $\mathbf{m}$ 與外加磁場 $\mathbf{B}_0$ 為同一方向 (如圖 8.8)。此時，磁場對軌道電子產生向外之力。由於電子軌道半徑必須合乎量子條件是不能改變的。所以，電子所受的內向庫侖吸引力也不會改變。如今磁場對電子產生向外的不平衡力，所以必

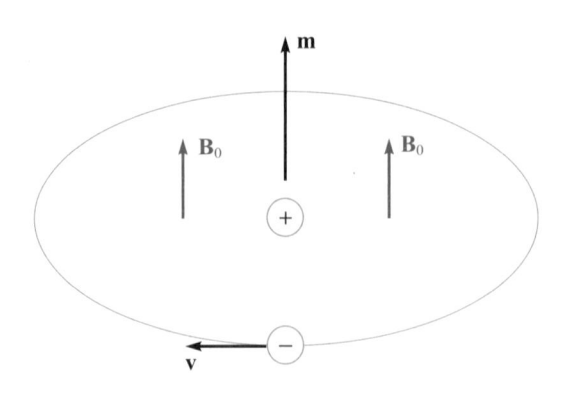

圖 8.8 軌道電子的磁偶矩 **m** 與外加磁場 **B**$_0$ 為同一方向。

須使軌道電子的速度降低以補償之。於是，軌道電子的磁偶矩減小。原子內部的磁場乃為之減小。

假如我們選擇軌道電子的 **m** 與 **B**$_0$ 的方向相反，則磁場對電子產生內向之力。此時電子速率必須增大以補償磁場內向之力。故軌道電子磁矩加大，對 **B**$_0$ 的抵銷亦因而增大，故原子內部磁場減小。

金屬鉍所顯示的反磁作用比其它反磁材料的來得大，這些材料包括氫、氦，和其它"惰性"氣體，以及氯化鈉、銅、金、矽、鍺、石墨，和硫。我們同時應當注意反磁作用是存在於所有材料中的，因為它是由外加的磁場與每一個在運轉的電子間的相互作用而引起的；然而，在下面那些我們將要考慮的材料中它被別的作用掩蓋掉了。

現在，讓我們來討論一種原子其中電子自轉和軌道運動的作用並不完全抵銷。整個原子有一個小的磁矩，但是在一塊較大的樣品中各個原子隨意轉向使得平均磁矩為零。沒有外在的磁場存在時，這種材料不呈顯任何磁性作用。然而，當一個外在的磁場被加上去的時候，每一個原子的磁矩上就會有一個小的轉矩，而這些磁矩就想轉到和外在的場並排的。這項排列作用會使材料以內 **B** 的值高於外面的值。但是反磁性仍作用於在這運轉的電子，因而可能會抵消上述的增值。如果淨效果是 **B** 減低的話，這種材料仍被稱為反磁性的。然而，若是增加的話，材料就被稱為**順磁性的** (paramagnetic)。鉀、氧、鎢，和稀土金屬以及許多它們的鹽類，例如氯化鉺、氧化釹、氧化釔，以及美射 (maser) 中所用的一種材料都是順磁性物質的例子。

剩下的四種材料，強磁性的、反強磁性的、鐵磁性的，以及超順磁性的，都具有很強的原子矩。再者，相鄰原子之間的相互作用使得各原子的磁矩轉到相助或正好相反的程度。

在**強磁性的** (ferromagnetic) 材料中，每一個原子有一個相當大的偶矩，主要是由未被抵銷的電子的自轉矩所引起的。原子之間的作用力使這些偶矩在含有許多原子的一區內並行地排列起來。這個區域被稱為**域** (domain)，它們的形狀各異，大小則自一微米 (10^{-6} m) 到幾厘米不一，依這樣品的大小、形狀、材料，和磁性歷史而定。原始的強磁性材料的各個域都具有很強的磁矩；但是各域的磁矩方向則不一。所以，整體上的作用就被抵銷掉了，整塊材料就沒有磁矩。然而，當一個外在的磁場被加上去時，磁矩方向和外加的場相同的域就會取奪它們的鄰居，而擴大它們自己的大小，是以內部的磁場比外面單獨的要大許多。當外界的磁場被移去時，通常並不能回復到一種完全隨意的域的排列，而會有一些殘餘的偶場剩留在巨觀的結構上。場被移去以及材料的磁矩變得 (和未加外場之前) 不同，或者說材料的磁態是它磁性歷史的一個函數，這一事實被稱為**磁滯** (hysteresis)，在 8.8 節中談到磁路時，這個課題將再被討論。

在單結晶中強磁性的材料不是等向性的，所以我們將討論限制在多結晶材料方面，除了要提一下非等向性的磁質材料的特性之 是磁伸縮 (magnetostriction)，或者當一個磁場被加上去時結晶的尺寸會有所改變。

在室溫時是強磁性的材料只有鐵、鎳和鈷。但是當溫度超過居里溫度 (Curie temperature) 時，它們就會喪失強磁性的特性。鐵的居里溫度是 1043 K (770℃)。這些材料彼此組成的，或者和別的金屬組成的一些合金，也是強磁性的，例如鋁鎳鈷磁鋼 (alnico)，是含有少量銅的一種鋁-鎳-鈷的合金。在低溫時稀土金屬中的一些，例如釓 (gadolinium) 和鏑 (dysprosium)，是強磁性的。有趣的是，有些非強磁性金屬的一些合金是強磁性的，例如鉍-錳，以及銅-錳-錫。

在**反強磁性的** (antiferromagnetic) 材料中，相鄰原子之間的力使原子矩反平行地排列起來。淨磁矩是零，同時反強磁性的材料在有外在磁場存在時只略受影響。這種作用，最初發現在氧化錳上。但是，隨後就有數百種反強磁性的材料被確認。許多氧化物、硫化物及氯化物都包含在內。譬如，氧化鎳 (NiO)、硫化鐵 (FeS) 及氯化鈷 ($CoCl_2$) 等。反強磁性的材料只存在於相對低的溫度中，通常是低於室溫情況之下。反強磁性的材料的效應目前在工程界並無重要。

鐵磁性的 (ferrimagnetic) 物質的相鄰原子的磁矩也呈現反平行的排列，但是磁矩不相等。所以對外界的磁場發生較強的反應，雖然不及強磁性的材料中那麼大。鐵磁性的材料中最重要的一組是**鐵鹽酸磁體** (ferrites)，它們的傳導率很低，比半導體的要小好幾個數量級。這些材料的電阻比強磁性的材料大得多，這一點使得當交流場被加上去時材料中感應的電流會小得多，例如在高頻率下操作的變壓器中做鐵心用。電流變小 (渦流) 就使得變壓鐵心中的歐姆損失降低。四氧化三鐵的磁鐵礦石 (Fe_3O_4)、鎳鋅鐵鹽酸 ($Ni_{1/2}Zn_{1/2}Fe_2O_4$)，以及鐵鹽酸鎳 ($NiFe_2O_4$) 都是這類材料的例子。鐵磁特性在居里溫度以

表 8.1　各類磁性物質的特性

類　別	磁偶矩	B 值	附　註
反磁性 (Diamagnetic)	$\mathbf{m}_{orb}+\mathbf{m}_{spin}=0$	$B_{int} < B_{appl}$	$B_{int} \doteq B_{appl}$
順磁性 (Paramagnetic)	$\mathbf{m}_{orb}+\mathbf{m}_{spin}=$ small	$B_{int} > B_{appl}$	$B_{int} \doteq B_{appl}$
強磁性 (Ferromagnetic)	$|\mathbf{m}_{spin}| \gg |\mathbf{m}_{orb}|$	$B_{int} \gg B_{appl}$	磁域 (Domains)
反強磁性 (Antiferromagnetic)	$|\mathbf{m}_{spin}| \gg |\mathbf{m}_{orb}|$	$B_{int} \doteq B_{appl}$	反向相鄰磁矩
鐵磁性 (Ferrimagnetic)	$|\mathbf{m}_{spin}| \gg |\mathbf{m}_{orb}|$	$B_{int} > B_{appl}$	不相等的反向相鄰磁矩；低 σ 值
超順磁性 (Superparamagnetic)	$|\mathbf{m}_{spin}| \gg |\mathbf{m}_{orb}|$	$B_{int} > B_{appl}$	非磁性陣列；錄音帶

上時也會消失。

超順磁性的 (superparamagnetic) 材料是由強磁性的質點在非強磁性的矩陣中排列而成的。雖然在各質點內仍有域存在，但是域的邊界不能穿透間隔的矩陣材料而到相鄰的質點內，一個重要的例子是音頻或視頻錄音機上用的磁帶。

表 8.1 摘要整理了上述六種磁性材料的各種特性。

8.6 磁化和導磁係數

為了要將我們對於磁性材料的描述放在較為定量的基礎上起見，我們現在將花一、二頁的篇幅來討論磁偶極如何作為磁場的場源。我們的結論將會是一個方程式，它看來很像安培環路定律，$\oint \mathbf{H} \cdot d\mathbf{L} = I$。但是，這電流將是束縛電荷的運動 (在運轉的電子、電子的自轉、原子核的自轉)，而這種場稱為磁化向量 $\mathbf{M}$，它具有 $\mathbf{H}$ 的因次。束縛電荷所產生的電流稱為**束縛電流** (bounded current) 或**安培電流** (Amperian current)。

讓我們以磁偶矩 $\mathbf{m}$ 來定義磁化向量 $\mathbf{M}$ 作為開始。一條包圍一個微小向量面積 $d\mathbf{S}$ 的束縛電流 I_b，就構成一個磁偶矩 ($A \cdot m^2$)，即

$$\mathbf{m} = I_b d\mathbf{S}$$

如果單位體積內有 n 個磁偶極，則在 Δv 體積內的總磁偶矩為各個磁偶矩的向量和

$$\mathbf{m}_{全部} = \sum_{i=1}^{n\Delta v} \mathbf{m}_i \tag{19}$$

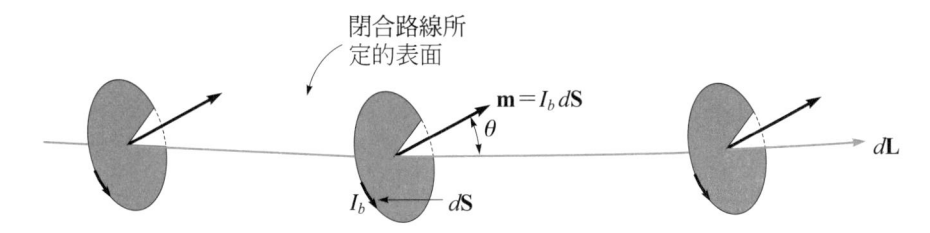

圖 8.9 一條閉合路徑的一段 $d\mathbf{L}$，沿著它磁偶被一個外在的磁場部份地排齊了。這項排齊使得經過由閉合路徑所定的這一表面的束縛電流增加了 $nI_b d\mathbf{S} \cdot d\mathbf{L}$ 安培。

每一個 $\mathbf{m}_i$ 不一定完全相同。其次，我們將**磁化 (magnetization)** 向量 **M** 定義為**每單位體積內的磁偶矩**，即

$$\mathbf{M} = \lim_{\Delta v \to 0} \frac{1}{\Delta v} \sum_{i=1}^{n \Delta v} \mathbf{m}_i$$

由此顯然可以看到，**M** 的單位與 **H** 的單位相同，為 A/m。

現在，我們要考慮一個由於外加磁場使各磁偶矩排列整齊後所生的效果。首先，檢查一個閉合路徑上所生的磁偶矩的排列，這個閉合路徑的一小部份如圖 8.9 所示。圖中表示幾個磁偶矩 **m** 與路徑單元 $d\mathbf{L}$ 所成的角度 θ；每一偶矩包含一個圍著面積 $d\mathbf{S}$ 流轉的束縛電流 I_b。所以，我們在研究一個小體積 $dS \cos\theta dL$ 或 $d\mathbf{S} \cdot d\mathbf{L}$ 中，必包含有 $n d\mathbf{S} \cdot d\mathbf{L}$ 磁偶極。當這些磁偶極由雜散排向轉變為部份整齊狀態時，每個 $n d\mathbf{S} \cdot d\mathbf{L}$ 磁偶極必使閉合路徑所包含的面積 (在圖 8.9 中向 $\mathbf{a}_L$ 方向進行時，它在我們的左邊) 中增加束縛電流 I_b 安培。因此，在 $d\mathbf{L}$ 線段上淨束縛電流 I_B 的微分變化量為

$$dI_B = nI_b d\mathbf{S} \cdot d\mathbf{L} = \mathbf{M} \cdot d\mathbf{L} \tag{20}$$

故在整個閉合路徑內，

$$I_B = \oint \mathbf{M} \cdot d\mathbf{L} \tag{21}$$

(21) 式只是說如果我們繞著一條閉合的路徑走而發現朝我們這方向的偶矩比不朝這邊的多，則會有一個相當的電流，譬如說，是由通過內部表面的運轉電子所組成的。

上面最後一個表示式與安培環路定律相似。現在，我們就可以把 **B** 與 **H** 的關係統一化起來，使它不但適用於自由空間，也可以應用於其它介質中。根據一般討論，是以一個微小電流環路在 **B** 向量場中受到力或轉矩。因此，我們以 **B** 作為基本量以更正 **H** 場的

定義。此時，我們以總電流 (包括束縛與自由) 來表示安培環路定律，

$$\oint \frac{\mathbf{B}}{\mu_0} \cdot d\mathbf{L} = I_T \tag{22}$$

其中

$$I_T = I_\mathbf{B} + I$$

I 為閉合迴路中所包含的全部**自由**電流。注意，自由電流符號沒有下標，因為它是最重要的一種電流，也是馬克士威爾方程式 (Maxwell's Equation) 唯一出現的一種電流。

綜合上面三式，我們可得到自由電流的表示式為

$$I = I_T - I_\mathbf{B} = \oint \left(\frac{\mathbf{B}}{\mu_0} - \mathbf{M} \right) \cdot d\mathbf{L} \tag{23}$$

此時，我們就可以用 **B** 及 **M** 來表示而將 **H** 定義成

$$\mathbf{H} = \frac{\mathbf{B}}{\mu_0} - \mathbf{M} \tag{24}$$

同時，我們知道在自由空間內 $\mathbf{B}=\mu_0\mathbf{H}$，因為自由空間的磁化向量為零。上面方程式可另寫成下面形式，以避免分數和負號：

$$\boxed{\mathbf{B} = \mu_0(\mathbf{H} + \mathbf{M})} \tag{25}$$

我們現在就可以利用 (23) 式中新 **H** 的定義，

$$I = \oint \mathbf{H} \cdot d\mathbf{L} \tag{26}$$

得到以自由電流表示的安培環路定律。

利用下面幾種電流密度，可得到

$$I_\mathbf{B} = \int_S \mathbf{J}_B \cdot d\mathbf{S}$$

$$I_T = \int_S \mathbf{J}_T \cdot d\mathbf{S}$$

$$I = \int_S \mathbf{J} \cdot d\mathbf{S}$$

利用史托克斯定理,可將第 (21)、(26),及 (22) 式轉換成等效的旋度關係式:

$$\nabla \times \mathbf{M} = \mathbf{J}_B$$

$$\nabla \times \frac{\mathbf{B}}{\mu_0} = \mathbf{J}_T$$

$$\boxed{\nabla \times \mathbf{H} = \mathbf{J}} \tag{27}$$

在接下來的討論中,我們將僅強調 (26) 及 (27) 兩式,即僅與自由電荷有關的公式。

對於線性等向性介質中,(25) 式所表示的 **B**、**H** 與 **M** 各量的關係可以簡化。在這些介質中磁化係數 (susceptibility) χ_m 可以定義如下:

$$\boxed{\mathbf{M} = \chi_m \mathbf{H}} \tag{28}$$

因此,我們得到

$$\mathbf{B} = \mu_0(\mathbf{H} + \chi_m \mathbf{H})$$
$$= \mu_0 \mu_r \mathbf{H}$$

其中

$$\mu_r = 1 + \chi_m \tag{29}$$

定義為**相對導磁係數** (relative permeability) μ_r。接下來,我們定義**導磁係數** (permeability) μ 為:

$$\mu = \mu_0 \mu_r \tag{30}$$

由此,我們可以寫出在 **B** 與 **H** 之間的簡單關係式,

$$\mathbf{B} = \mu \mathbf{H} \tag{31}$$

例題 8.5

已知一鐵酸鹽磁體材料,我們以 $B = 0.05$ T 將之操作成線性模式。假設 $\mu_r = 50$,試求算 χ_m、M,及 H 之值。

解:由於 $\mu_r = 1 + \chi_m$,故知

$$\chi_m = \mu_r - 1 = 49$$

又知,

故

$$B = \mu_r\mu_0 H$$

$$H = \frac{0.05}{50 \times 4\pi \times 10^{-7}} = 796 \text{ A/m}$$

磁化量為 $M = \chi_m H$ 或 39,000 A/m。首先，B 與 H 的另一關係為

$$B = \mu_0(H + M)$$

或

$$0.05 = 4\pi \times 10^{-7}(796 + 39,000)$$

此即表示安培式 (Amperian) 電流所產生之磁通量密度 49 倍於自由電荷所生者；其次，

$$B = \mu_r\mu_0 H$$

或

$$0.05 = 50 \times 4\pi \times 10^{-7} \times 796$$

此處我們應用相對導磁係數為 50，而讓此數值完全包括了束縛電荷移動所產生的效果。在往後的章節中，我們才會強調它的解釋。

我們最初討論的兩個磁場定律是畢奧-薩伐定律和安培環路定律。這兩個定律我們曾限制它們僅在真空中使用。但現在要將它們引用於任何均勻、線性及等向性的磁性材料中，而以相對導磁係數 μ_r 來描述它們。

正如我們對異向性的電介質所發現的一樣，當 **B** 和 **H** 均為 3×1 矩陣時，異向性磁化材料的導磁係數必須給定一個 3×3 矩陣。我們求得；

$$B_x = \mu_{xx}H_x + \mu_{xy}H_y + \mu_{xz}H_z$$
$$B_y = \mu_{yx}H_x + \mu_{yy}H_y + \mu_{yz}H_z$$
$$B_z = \mu_{zx}H_x + \mu_{zy}H_y + \mu_{zz}H_z$$

於是在異向性的材料中 **B**=μ**H** 是一個矩陣方程式；然而 **B**=μ_0(**H**+**M**) 仍然是有效的。雖然，一般而言 **B**、**H** 和 **M** 不再是平行的，最普通的異向性的磁性材料是單個的強鐵磁性的結晶，雖然薄的磁膜也呈顯異向性。不過，大多數強鐵磁性材料的應用都涉及多結晶排列，如此，則我們較易掌控。

我們的磁化係數和導磁係數的定義也是依靠線性這一假定的，不幸的是，這一假設

只有在比較不重要的順磁性及反磁性的材料中才成立，它們的相對導磁係數和 1 之間的差別很少會超過千分之一。一些反磁性材料的典型值如下：氫，-2×10^{-5}；銅，-0.9×10^{-5}；鍺，-0.8×10^{-5}；矽，-0.3×10^{-5}；石墨，-12×10^{-5}。幾個代表性的順磁性磁化係數如下：氧，2×10^{-5}；鎢，6.8×10^{-5}；三氧化二鐵 (Fe_2O_3)，1.4×10^{-3}；氧化釔 (Y_2O_3)，0.53×10^{-6}。如果我們就以 B 對 $\mu_0 H$ 的比值作為強磁性材料的相對導磁係數的話，μ_r 的典型值將自 10 到 100,000。反磁性的、順磁性的及反強磁性的材料統稱為非磁性材料 (nonmagnetic)。

D8.6. 試求下列各材料的磁化向量大小：(a) $\mu = 1.8 \times 10^{-5}$ H/m 及 $H = 120$ A/m；(b) $\mu_r = 22$，原子濃度 8.3×10^{28} 原子/m³，且一個原子具有 4.5×10^{-27} A·m² 的偶極矩；(c) $B = 300$ μT 且 $\chi_m = 15$。

答案：1599 A/m；374 A/m；224 A/m

D8.7. 已知在某一區域內，$\chi_m = 8$ 的磁性材料之磁化向量為 $150z^2\mathbf{a}_x$ A/m。在 $z = 4$ cm 處，試求下列各項之大小：(a) $\mathbf{J}_T$；(b) $\mathbf{J}$；(c) $\mathbf{J}_B$。

答案：13.5 A/m²；1.5 A/m²；12 A/m²

8.7 磁的邊界條件

在二種不同的磁性材料的交界處求出適當的邊界條件，以便應用到 **B**、**H** 和 **M** 上，應當沒有什麼困難，因為我們已經為導體和電介質解過類似的問題了。我們不需要使用新的方法。

圖 8.10 所示是二種等向性的，均勻，線性材料間的一個邊界，導磁係數分別為 μ_1 和 μ_2。法線方向的邊界條件是藉著讓這表面切過一個小的柱形高斯表面而決定的。應用 7.5 節磁場的高斯定律，

$$\oint_S \mathbf{B} \cdot d\mathbf{S} = 0$$

我們發現

$$B_{N1}\Delta S - B_{N2}\Delta S = 0$$

或者

$$\boxed{B_{N2} = B_{N1}} \tag{32}$$

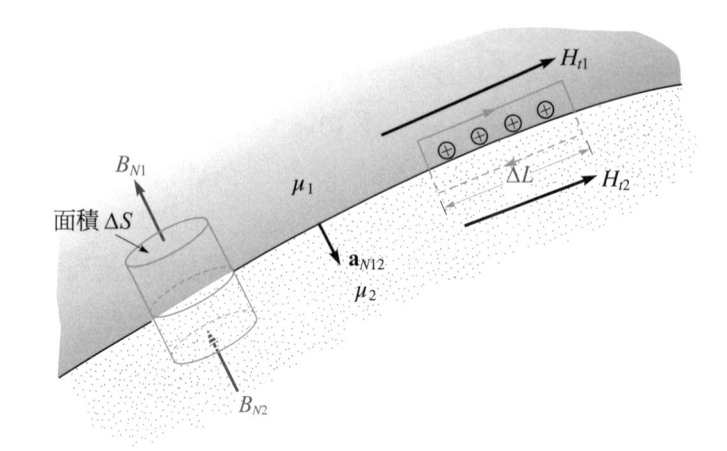

圖 8.10 在導磁係數分別為 μ_1 和 μ_2 的二種介質 1 與 2 之間的邊界上作了一個高斯表面和一條閉合路徑，由此我們能決定邊界條件 $B_{N1}=B_{N2}$ 和 $H_{t1}-H_{t2}=K$。

因此

$$H_{N2} = \frac{\mu_1}{\mu_2} H_{N1} \tag{33}$$

B 的法線分量是連續的，而 **H** 的法線分量則是不連續的，差一個 μ_1/μ_2 的比值。

當然，一旦 **H** 間的法線分量關係知道之後，**M** 的法線分量之間的關係就是確定的了。這結果可以簡單地寫成

$$M_{N2} = \chi_{m2} \frac{\mu_1}{\mu_2} H_{N1} = \frac{\chi_{m2}\mu_1}{\chi_{m1}\mu_2} M_{N1} \tag{34}$$

其次，將安培環路定律

$$\oint \mathbf{H} \cdot d\mathbf{L} = I$$

應用於一個小迴路上，這個小迴路是在垂直於邊界面的一個平面上，如圖 8.10 右邊所示。沿著路徑順時針方向繞一圈，我們可得

$$H_{t1}\Delta L - H_{t2}\Delta L = K\Delta L$$

這裡我們假設，在邊界上帶有表面電流 **K**，它與閉合路徑所在平面垂直的分量是 **K**。因此

$$H_{t1} - H_{t2} = K \tag{35}$$

利用叉積來確認各切線分量即可更正確地指出上式各變量的方向，即

$$(\mathbf{H}_1 - \mathbf{H}_2) \times \mathbf{a}_{N12} = \mathbf{K}$$

式中 $\mathbf{a}_{N12}$ 是在邊界處從 1 區指向 2 區的單位法線向量。為了更容易求得 **H** 起見，我們可用向量切線分量來表示相等的式子：

$$\mathbf{H}_{t1} - \mathbf{H}_{t2} = \mathbf{a}_{N12} \times \mathbf{K}$$

由 **B** 的切線分量，得到

$$\frac{B_{t1}}{\mu_1} - \frac{B_{t2}}{\mu_2} = K \tag{36}$$

對於線性磁性物質，磁化向量的切線分量上的邊界條件為

$$M_{t2} = \frac{\chi_{m2}}{\chi_{m1}} M_{t1} - \chi_{m2} K \tag{37}$$

當然，如果表面電流密度是零的話，最後這三個切線分量的邊界條件就會簡單得多。這是一種自由電流密度，若兩種材料都不是導體的話，它就必須為零。

例題 8.6

用一個例子來說明這些關係，假設區域 1 位於 $z > 0$，$\mu = \mu_1 = 4\ \mu\text{H/m}$；其它區域 2 ($z < 0$)，$\mu_2 = 7\ \mu\text{H/m}$。同時令在 $z = 0$ 的平面上 $\mathbf{K} = 80\mathbf{a}_x$ A/m。我們在區域 1 建立一個磁場 $\mathbf{B}_1 = 2\mathbf{a}_x - 3\mathbf{a}_y + \mathbf{a}_z$ mT，然後來求 $\mathbf{B}_2$ 的值。

解：$\mathbf{B}_1$ 的垂直分量為

$$\mathbf{B}_{N1} = (\mathbf{B}_1 \cdot \mathbf{a}_{N12})\mathbf{a}_{N12} = [(2\mathbf{a}_x - 3\mathbf{a}_y + \mathbf{a}_z) \cdot (-\mathbf{a}_z)](-\mathbf{a}_z) = \mathbf{a}_z \text{ mT}$$

因此，

$$\mathbf{B}_{N2} = \mathbf{B}_{N1} = \mathbf{a}_z \text{ mT}$$

接著，決定切線分量：

$$\mathbf{B}_{t1} = \mathbf{B}_1 - \mathbf{B}_{N1} = 2\mathbf{a}_x - 3\mathbf{a}_y \text{ mT}$$

以及

$$\mathbf{H}_{t1} = \frac{\mathbf{B}_{t1}}{\mu_1} = \frac{(2\mathbf{a}_x - 3\mathbf{a}_y)10^{-3}}{4 \times 10^{-6}} = 500\mathbf{a}_x - 750\mathbf{a}_y \text{ A/m}$$

因此，

$$\mathbf{H}_{t2} = \mathbf{H}_{t1} - \mathbf{a}_{N12} \times \mathbf{K} = 500\mathbf{a}_x - 750\mathbf{a}_y - (-\mathbf{a}_z) \times 80\mathbf{a}_x$$
$$= 500\mathbf{a}_x - 750\mathbf{a}_y + 80\mathbf{a}_y = 500\mathbf{a}_x - 670\mathbf{a}_y \text{ A/m}$$

以及

$$\mathbf{B}_{t2} = \mu_2 \mathbf{H}_{t2} = 7 \times 10^{-6}(500\mathbf{a}_x - 670\mathbf{a}_y) = 3.5\mathbf{a}_x - 4.69\mathbf{a}_y \text{ mT}$$

所以，

$$\mathbf{B}_2 = \mathbf{B}_{N2} + \mathbf{B}_{t2} = 3.5\mathbf{a}_x - 4.69\mathbf{a}_y + \mathbf{a}_z \text{ mT}$$

D8.8. 令 $x<0$ 的區域 A 內，導磁係數為 $5\ \mu\text{H/m}$，而在 $x>0$ 的區域 B 內，導磁係數為 $20\ \mu\text{H/m}$。若在 $x=0$ 處有一面電流密度 $\mathbf{K}=150\mathbf{a}_y-200\mathbf{a}_z$ A/m，而且 A 區內 $\mathbf{H}_A=300\mathbf{a}_x-400\mathbf{a}_y+500\mathbf{a}_z$ A/m，試求：(a) $|\mathbf{H}_{tA}|$；(b) $|\mathbf{H}_{NA}|$；(c) $|\mathbf{H}_{tB}|$；(d) $|\mathbf{H}_{NB}|$。

答案：640 A/m；300 A/m；695 A/m；75 A/m

8.8 磁 路

在本節中，我們將略為偏轉一點來討論解一類被稱為磁路的磁性問題時所涉及的基本技術。我們很快地將會看到這名稱的由來是它和直流-電阻式-電路分析之間的極大的相似性，後者我們大家均被假定為很熟的。唯一重要的區別在於磁路中強磁性部份的非線性特徵；我們必須用的方法是與包括二極體、熱阻器、白熾燈絲和其它非線性元件的非線性電路所用的很類似。

作為一個方便的開始，讓我們先鑑定那些電阻式電路所根據的場方程式。同時，我們將為磁路指出或導出相似的方程式。我們從靜電電位和它與電場強度間的關係開始，

$$\mathbf{E} = -\nabla V \tag{38a}$$

純量磁位已經被定義過，它與磁場強度間類似的關係為

$$\boxed{\mathbf{H} = -\nabla V_m} \tag{38b}$$

在處理磁路時，將 V_m 稱為**磁動勢** (magnetomotive force)，或者 mmf，比較方便，而這樣做時我們就承認了它和電動勢或 emf 之間的類比性。mmf 的單位當然是安培，但是習慣上是用"安培-匝"。切勿忘記，在 V_m 所界定的區域不可有電流流過。

A 點和 B 點間的電位差可以被寫為

$$V_{AB} = \int_A^B \mathbf{E} \cdot d\mathbf{L} \tag{39a}$$

在第 7 章中已經導出了 mmf 和磁場強度間相當的關係，

$$\boxed{V_{mAB} = \int_A^B \mathbf{H} \cdot d\mathbf{L}} \tag{39b}$$

在那裡我們學到了所選的路徑絕對不得跨過障壁表面。

電路的歐姆定律具有一個點形式

$$\mathbf{J} = \sigma \mathbf{E} \tag{40a}$$

我們將看到磁通量密度是與電流密度相似的，

$$\boxed{\mathbf{B} = \mu \mathbf{H}} \tag{40b}$$

要求總電流時，我們必須積分：

$$I = \int_S \mathbf{J} \cdot d\mathbf{S} \tag{41a}$$

要決定流過一個磁路截面的總磁通量時也必須作相似的運算：

$$\boxed{\Phi = \int_S \mathbf{B} \cdot d\mathbf{S}} \tag{41b}$$

我們再將電阻定義為電位差和電流之比，或者

$$V = IR \tag{42a}$$

我們現在要將**磁阻** (reluctance) 定義為磁動勢對總磁通量之比；因此

$$\boxed{V_m = \Phi \mathfrak{R}} \tag{42b}$$

其中，磁阻是以安培-匝每韋伯 (A·t/Wb) 為單位。在用傳導係數為 σ 的線性，均勻且等向性的材料製作而成且其均勻截面積為 S，長度為 d 的電阻器中，總電阻是

$$R = \frac{d}{\sigma S} \tag{43a}$$

如果我們運氣好到也有這麼一個線性，均勻且等向性的磁質材料，長度為 d，均勻的截面積為 S 的話，則總磁阻就是

$$\boxed{\mathfrak{R} = \frac{d}{\mu S}} \tag{43b}$$

我們能普遍地應用這項關係的唯一的一種材料是空氣。

最後，讓我們考慮電路中電壓源的類比性。我們知道 $\mathbf{E}$ 的閉合線積分是零，

$$\oint \mathbf{E} \cdot d\mathbf{L} = 0$$

換句話說，克希荷夫的電壓定律說明電位經過電源的昇高就正好等於電位經過負荷時的降落。磁現象方面的式子則取一個略為不同的形式，

$$\oint \mathbf{H} \cdot d\mathbf{L} = I_\text{total}$$

因為閉合的線積分不是零。由於通常是讓一個電流 I 流過一個 N 匝的線圈而求出總電流來的，故可以將這結果寫成

$$\boxed{\oint \mathbf{H} \cdot d\mathbf{L} = NI} \tag{44}$$

在一個電路中電壓源是閉合路徑的一部份；在磁路中帶電流的線圈則繞著磁路周圍。在順著磁路而進時，我們將無法確定磁動勢被加上去的那一對端點。這裡，類比關係較近於其間有感應電壓存在的一對偶合的電路 (在第 9 章中，我們將見到其中 $\mathbf{E}$ 的閉合線積分不是零的情況)。

讓我們在一個簡單的磁路上來試試這些想法。這時候為了避免強磁材料的複雜性起見，假定我們有一個 500 匝的空氣芯的環，截面積為 6 cm^2，平均半徑 15 cm，線圈電流是 4 A。正如我們已經知道了的磁場被限制在環的內部，同時如果我們沿著平均半徑來考

慮磁路的閉合路徑的話，我們繞了 2000 A・t，即

$$V_{m,\text{ source}} = 2000 \text{ A} \cdot \text{t}$$

雖然，在環內的場並非太均勻，但我們可以假定就一切實用目的及計算而言，磁路的總磁阻是

$$\Re = \frac{d}{\mu S} = \frac{2\pi(0.15)}{4\pi 10^{-7} \times 6 \times 10^{-4}} = 1.25 \times 10^9 \text{ A·t/Wb}$$

因此

$$\Phi = \frac{V_{m,S}}{\Re} = \frac{2000}{1.25 \times 10^9} = 1.6 \times 10^{-6} \text{ Wb}$$

這總通量值和用截面上的正確的通量分佈來求得的值比較時，誤差小於 $\frac{1}{4}$ %。

所以

$$B = \frac{\Phi}{S} = \frac{1.6 \times 10^{-6}}{6 \times 10^{-4}} = 2.67 \times 10^{-3} \text{ T}$$

最後，

$$H = \frac{B}{\mu} = \frac{2.67 \times 10^{-3}}{4\pi 10^{-7}} = 2120 \text{ A·t/m}$$

作為一項核對，直接將安培環路定律應用到這對稱的問題上，

$$H_\phi 2\pi r = NI$$

則在平均半徑處可得到

$$H_\phi = \frac{NI}{2\pi r} = \frac{500 \times 4}{6.28 \times 0.15} = 2120 \text{ A/m}$$

在這例子中，我們的磁路沒給我們一個機會來求出跨於磁路中不同元件上的磁動勢，因為其中只有一個材料。類比的電路當然就是只有一個電源及一個電阻器。然而，我們也可以使它變得和上面的分析一樣長，如果我們求出電流密度、電場強度、總電流、電阻，和電源電壓的話。

當磁路中有強磁性的材料存在時，問題就較為有趣且比較切合實際，讓我們從考慮

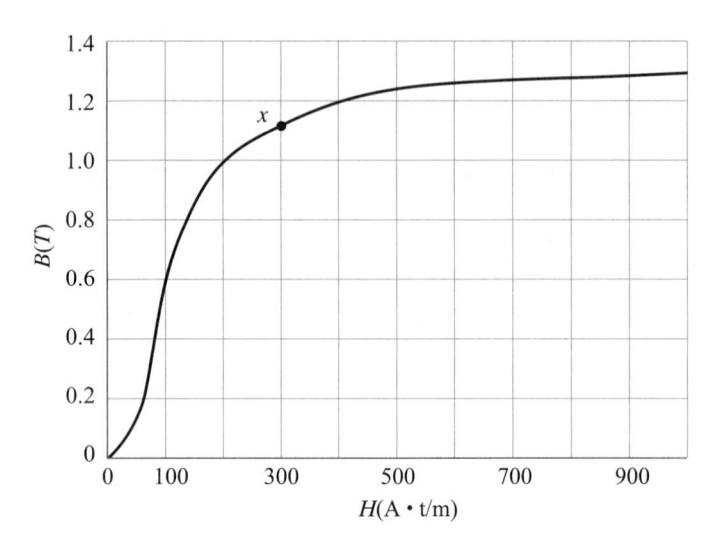

圖 8.11 矽鋼片樣品的磁化曲線。

這種材料中的 B 和 H 之間的關係來作為開始。假定我們是在為一塊已經完全去磁了的強磁性的材料樣品求出 B 對 H 的變化曲線；B 和 H 二者都是零。當開始加上磁動勢時，通量密度也隨之而昇高，但不是線性地，就像圖 8.11 中所示在原點附近的實驗數據。在 H 達到一個差不多 100 A·t/m 的值以後，通量密度昇高得比較慢，當 H 為幾百 A·t/m 時密度開始飽和。達到了部份飽和之後，現在讓我們轉到圖 8.12 上，在這圖上我們可以在 x 點處繼續我們的實驗將 H 減少。當我們這樣做的時候，磁滯的效應就會開始顯現出來，

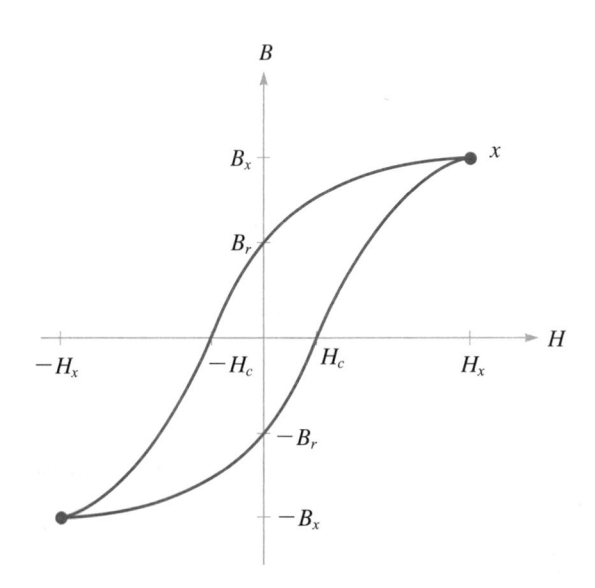

圖 8.12 矽鋼的磁滯迴路。矯頑力 H_c 和殘餘的通量密度 B_r 都已在圖上指明了。

即 B 與 H 的變化並不循原來的曲線回去。即使在 H 變為零之後，$B=B_r$，後者就是殘餘的通量密度。等到 H 被反過來，然後再令它回到零，同時將整個週期行經多次以後，就可以得到圖 8.12 的磁滯迴路。使通量密度降為零所需要的磁動勢被稱為矯頑"力"，H_c。對於較小的 H 極大值可以得出較小的磁滯迴路，而這些尖端的軌跡則和圖 8.11 所示的原始的磁化曲線差不多相同。

例題 8.7

讓我們用矽鋼的磁化曲線來解與前述例子略為不同的一個磁路問題。在環中，除了一個 2 mm 的空氣間隙以外我們將用一個鋼芯。帶有空氣間隙的磁路之所以產生是因為在有些儀器中空隙是故意引入的，例如必須承載大的直流電流的電感器，或者在別的儀器中則是由於無法避去空隙，例如在轉動的機器中，或者是由於裝配上無可避免的問題。環上也環繞有 500 匝，但是我們想知道要使鋼芯內各處都有 1 T 的一個通量密度時，所需要的電流。

解：這一磁路和含有一個電壓源及二個電阻器的電路相似，其中有一個電阻器是非線性的。由於我們已經知道了"電流"，要求出跨於每個串聯元件上的"電壓"以及總"電動勢"就很容易了。在空氣間隙中，

$$\Re_{空氣} = \frac{d_{空氣}}{\mu S} = \frac{2 \times 10^{-3}}{4\pi 10^{-7} \times 6 \times 10^{-4}} = 2.65 \times 10^6 \text{ A·t/Wb}$$

又知總通量為

$$\Phi = BS = 1(6 \times 10^{-4}) = 6 \times 10^{-4} \text{ Wb}$$

在鋼和空氣中是一樣的，我們可以求出間隙處所需要的磁動勢為

$$V_{m,空氣} = (6 \times 10^{-4})(2.65 \times 10^6) = 1590 \text{ A·t}$$

參考圖 8.11，要在矽鋼中產生 1 T 的一個通量密度所需要磁場強度是 200 A·t/m。因此，

$$H_{鋼} = 200 \text{ A·t}$$
$$V_{m,鋼} = H_{鋼} d_{鋼} = 200 \times 0.30\pi$$
$$= 188 \text{ A·t}$$

因此，總磁動勢是 1778 A·t，同時所需的線圈電流是 3.56 A。

我們應當認清在求這一答案時採取了幾項近似。我們已經說過了並無完全均勻的截面或完整的柱形對稱；每條磁通量的路徑也不是一樣長。在有些問題中這一誤差可能比我們的例題中來得重要，選取"平均"路徑長度就可以幫我們補償一些這項誤差。空氣

間隙中散出去的通量也是誤差的另一來源，有現成的公式可以用來計算間隙的有效長度和截面積，它們會產生較為準確的結果。在各匝繞線之間還有漏磁，同時在含有集中於磁芯的一段上的線圈的儀器中有少量的通量線會將環的內部相聯。散漏的問題在電路上極少會發生，因為空氣的傳導係數與導電材料或電阻材料間的比例通常是很高的。反過來說，矽鋼的磁化曲線指出在鋼中 H 對 B 的比大約是 200，即高至磁化曲線的"膝點"值；而在空氣中則是 800,000。因此，在鋼和空氣之間通量雖然以 4000 對 1 的比例偏重在鋼中通過。但是和一個良導體與一個相當不錯的絕緣體之間的傳導體之比，譬如說，10^{15} 比較起來則差遠了。

例題 8.8

作為最後的一個例子，讓我們設想反過來的問題。已知一個 4 安培的線圈電流在上述磁路中，通量密度將是什麼？

解：先讓我們用一條自原點到 $B=1$、$H=200$ 的直線來將磁化曲線線性化，於是我們得到在鋼中 $B=H/200$，而在空氣中 $B=\mu_0 H$。鋼路的磁阻求得為 0.314×10^6，空氣間隙的磁阻則為 2.65×10^6，或者說，合起來是 2.96×10^6 A·t/Wb。由於 V_m 是 2000 A·t，所以通量是 6.76×10^{-4} Wb，而 $B=1.13$ T。假定幾個 B 的值來算出必要的磁動勢則可以得出較為準確的答案來。將這些結果畫成曲線就可以讓我們藉著延伸法而決定 B 的真正的值。用這方法我們得到 $B=1.10$ T。線性模型這麼好的準確性是由於磁路中空氣間隙的磁阻往往比其中強磁部份的磁阻要大得多之故。因此，對於鐵或鋼的稍差的近似也就可以被接受了。

D8.9. 已知如圖 8.13 所示的磁路，假設左側支柱中點處的 $B=0.6$ T，試求：(a) $V_{m,空氣}$；(b) $V_{m,鋼}$；(c) 纏繞在左側上 1300 匝線圈內所需的電流。

答案：3980 A·t；72 A·t；3.12 A

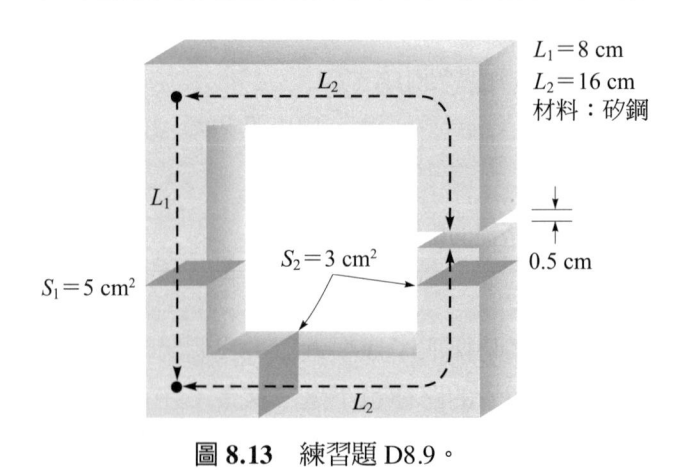

圖 8.13 練習題 D8.9。

D8.10. 在正常操作條件下，材料 X 的磁化曲線可用表示式 $B=(H/160)(0.25+e^{-H/320})$ 來近似，其中 H 的單位為 A/m，B 的單位為 T。如果某一磁路含有 12 cm 長的材料 X，以及 0.25 mm 的氣隙，假設均勻橫截面為 2.5 cm²，試求欲產生下列磁通量時所需的 mmf：(a) 10 μWb；(b) 100 μWb。

答案：8.58 A·t；86.7 A·t

8.9 磁性材料上的位能和力

在靜電場中，我們首先介紹了點電荷以及點電荷之間力的實驗定律。在規定了電場強度、電通量密度，以及電位的定義之後，我們藉著決定將各個預定的點電荷自無限遠處移到它們最後的靜止位置時，所需要做的功而得到靜電場能量的一個表示式。這種能量的一般公式是

$$W_E = \frac{1}{2}\int_{體積} \mathbf{D}\cdot\mathbf{E}\,dv \tag{45}$$

其中，假定 **D** 和 **E** 之間的關係為線性。

對於穩定的磁場，這一點做起來並不這樣容易。看起來我們似乎可以假定二個簡單的磁源，可能是二頁電流面，求出在每一個上由另一個所引起的力，將這電流面頂著力移動一個微小的距離，再令所需要的功等於能量的改變。但是我們如果這樣做了，就會錯了，因為法拉第定律 (第 9 章中會講到) 指出：在移動的電流面中將會有一項感應出來的電壓，必須維持電流抵抗著它。不論供應這電流面的電源是什麼，它都會接收我們移動電路時所注入的功的一半。

換句話說，在討論過時變場之後，磁場中能量的密度可以被決定得更容易些。在第 11 章中於討論坡印亭定理時，我們將會導出適當的式子來。

但是，在這裡可以採用另外一種方法，因為我們可以根據假設的磁極 (或者 "磁荷") 來規定靜磁場。利用純量磁位，我們就可以應用與求靜電場能量關係相似的方法來導出一個能量的公式。但是，我們為了一個簡單的結果而必須介紹這些新的靜磁量，所付的代價實在是太大了。因此，在這裡我們將只提出結果同時指出以後在坡印亭定理中將會得出同一式子。儲存在穩定磁場中的總能量——其中 **B** 和 **H** 的關係是線性的——為

$$\boxed{W_H = \frac{1}{2}\int_{體積} \mathbf{B}\cdot\mathbf{H}\,dv} \tag{46}$$

令 $\mathbf{B}=\mu\mathbf{H}$，我們得出等效的公式

$$W_H = \frac{1}{2}\int_{體積} \mu H^2 dv \tag{47}$$

或者

$$W_H = \frac{1}{2}\int_{體積} \frac{B^2}{\mu} dv \tag{48}$$

再將這種能量想成是以 $\frac{1}{2}\mathbf{B}\cdot\mathbf{H}$ J/m³ 的能量密度分佈在整個體積上，將是很方便的，雖然對於這個陳述我們無法提出數學上的驗證。

縱然這些結果只在線性介質中才能成立，但是我們仍可以應用它們來計算非線性磁質材料上的力，如果我們將注意力集中在它們周圍的線性介質 (通常是空氣) 上的話。舉例而言，假定我們有一個以矽鋼為磁芯的長螺管。有一個線圈每公尺內含有 n 匝，同時圍著它帶有 I 安培的電流。所以，磁芯內的磁場強度是 nI A·t/m，而磁通量密度可以由矽鋼的磁化曲線上求出來。讓我們稱這值為 B_{st}。假定磁芯是由二個剛好相接觸的半無限長圓柱所構成的。[2] 現在，我們加上一個機械力使這磁芯的二段分開。我們在 dL 這一段上加一個力 F，因而作了 $F\,dL$ 的功。我們很快地就會見到法拉第定律在這兒不能應用，因為磁芯中的場並未改變，所以，我們可以用虛功的原理來判斷我們在移動一塊磁芯時所作的功，其值就是存在我們所形成的空氣間隙中的能量。利用上面 (48) 式，這項增量為

$$dW_H = F\,dL = \frac{1}{2}\frac{B_{st}^2}{\mu_0} S\,dL$$

其中 S 是磁芯的截面積，因此

$$F = \frac{B_{st}^2 S}{2\mu_0}$$

舉例而言，如果磁場強度足以在鋼中產生飽和的話，差不多 $B_{st}=1.4$ T，力就是

$$F = 7.80 \times 10^5 S \text{ N}$$

或者差不多是每平方寸面積上的力為 113 lb$_f$/in²。

---

[2] 一個半無限長的柱形是一個無限長柱形，其一端被放在有限的空間處。

D8.11. (*a*) 如同練習題 D8.9 及圖 8.13 所描述的磁路,試問磁路極面上的作用力為何?(*b*) 此作用力是試圖打開或關閉空氣間隙呢?

答案:1194 N;如同 Wilhelm Eduard Weber 所說的,"關閉"(schliessen)

8.10 電感和互感

電感是電路理論上三個熟悉的參數中的最後一個,我們現在要以較為普遍的名詞來定義它。在第 5 章中,電阻被定義為一個傳導材料的二個等位面之間的電位差對通過任一等位面的總電流之比。電阻只是導體的形狀和傳導係數的函數。在同一章中,電容被規定為二個**傳導**等位面的任一個上的總電荷對這二表面間的位差之比。電容只是二個傳導表面的形狀以及在它們之間或它們周圍的電介質的介電係數的函數。

在定義電感之前,我們要先介紹磁通鏈觀念。假定有一個環狀螺管,繞有 N 匝線圈,載有電流 I,產生的總磁通量為 Φ。我們先假定這些磁通量鏈繞著或包圍著 N 線圈的每一匝。同時,我們也可以說 N 圈的每一匝鏈繞著總磁通 Φ。於是,**磁通鏈** (flux linkage) $N\Phi$ 被定義為匝數 N 及與其相交鏈的磁通量 Φ 的乘積。[3] 如果線圈只有一匝,則其磁通鏈就等於總磁通量。

我們現將**電感** (或自感) 定義為總磁通鏈對它所繞電流的比值,

$$L = \frac{N\Phi}{I} \tag{49}$$

在 N 匝的線圈中流動的電流 I 產生總通量 Φ 以及 $N\Phi$ 通量鏈,這裡我們暫先假定磁通 Φ 交鏈於每一匝。這一定義只能應用於線性的磁性介質上,所以通量是與電流成正比的。如果有強磁性材料存在的話,則沒有一個電感的定義能在所有情形下都適用。所以,我們要把注意力限制於線性材料上面。

電感的單位是亨利 (H),相當於 1 韋/安培 (Wb/A)。

讓我們直接地應用 (49) 式來計算一條內半徑為 a、外半徑為 b 的同軸電纜上每公尺長度的電感。我們可以利用第 7 章中 (42) 式所導出的總磁通量表示式,

$$\Phi = \frac{\mu_0 I d}{2\pi} \ln \frac{b}{a}$$

---

[3] 符號 λ 通常用來表示磁通鏈。但我們只是偶爾用到這個觀念,所以還是繼續把它寫成 $N\Phi$。

而為長度 d 迅速地得出電感，

$$L = \frac{\mu_0 d}{2\pi} \ln \frac{b}{a} \text{ H}$$

或者以每公尺為基礎，

$$L = \frac{\mu_0}{2\pi} \ln \frac{b}{a} \text{ H/m} \tag{50}$$

在本例中，$N=1$ 匝，同時所有通量鏈均繞全部電流。

在 N 匝及 I 安培的環形線圈的問題中，如圖 8.12b 所示，我們知道

$$B_\phi = \frac{\mu_0 NI}{2\pi \rho}$$

如果截面的尺寸比環的平均半徑 ρ_0 小得多的話，總通量就是

$$\Phi = \frac{\mu_0 NIS}{2\pi \rho_0}$$

其中，S 是截面的面積。將總通量乘以 N 我們就得出通量鏈，再除以 I 就得到電感，

$$L = \frac{\mu_0 N^2 S}{2\pi \rho_0} \tag{51}$$

我們又假定了所有通量與每一匝交鏈，對於擠得很近的多匝環形線圈而言，這是一個很好的假設。但是，假定我們的環形的各匝之間有相當不小的間隔的話，其中的一個很短的部份可能會如圖 8.14 所示。通量鏈就不再是平均半徑處的通量與總匝數的乘積了。為了求出總的磁通鏈起見，我們必須一匝一匝地來考慮這個線圈，

$$(N\Phi)_{\text{全部}} = \Phi_1 + \Phi_2 + \cdots + \Phi_i + \cdots + \Phi_N$$
$$= \sum_{i=1}^{N} \Phi_i$$

其中，Φ_i 是與第 i 匝相交鏈的通量。通常我們並不真的這樣做，我們憑藉經驗、繞線因素，以及螺距因素來調整基本公式使它適用於實際的情況。

也可以用能量的觀點來為電感下一個等效的定義，

$$\boxed{L = \frac{2W_H}{I^2}} \tag{52}$$

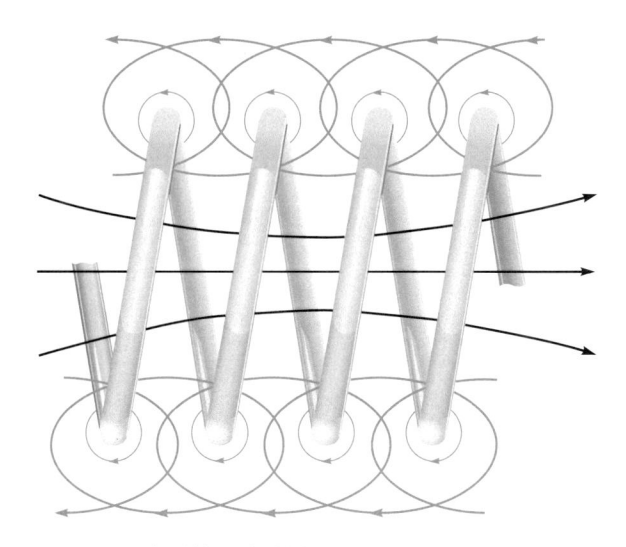

圖 8.14 線圈的一部份指出部份相鏈總通量鏈是將每一圈的通量鏈加起來而得到的。

其中，I 是在閉合路徑中流動的總電流，W_H 是這電流所產生之磁場的能量。在利用 (52) 式而求出電感的另外幾個式子之後，我們便可證實它和 (49) 式是等效的。讓我們先用磁場來表示位能 W_H，

$$L = \frac{\int_{\text{體積}} \mathbf{B} \cdot \mathbf{H} \, dv}{I^2} \tag{53}$$

再將 $\mathbf{B}$ 換成 $\nabla \times \mathbf{A}$，

$$L = \frac{1}{I^2} \int_{\text{體積}} \mathbf{H} \cdot (\nabla \times \mathbf{A}) \, dv$$

向量恆等式

$$\nabla \cdot (\mathbf{A} \times \mathbf{H}) \equiv \mathbf{H} \cdot (\nabla \times \mathbf{A}) - \mathbf{A} \cdot (\nabla \times \mathbf{H}) \tag{54}$$

可以藉著在直角座標中展開而加以證實。於是，電感就變成

$$\frac{1}{I^2} \left[\int_{\text{體積}} \nabla \cdot (\mathbf{A} \times \mathbf{H}) \, dv + \int_{\text{體積}} \mathbf{A} \cdot (\nabla \times \mathbf{H}) \, dv \right] \tag{55}$$

將散度定理應用到第一個積分上，再令 $\nabla \times \mathbf{H} = \mathbf{J}$ 用到第二個積分上，我們得到

$$L = \frac{1}{I^2}\left[\oint_S (\mathbf{A}\times\mathbf{H})\cdot d\mathbf{S} + \int_{體積}\mathbf{A}\cdot\mathbf{J}\,dv\right]$$

表面積分是零,因為這表面所包圍的體積已含有了所有的磁能,於是這就要求在這圍繞表面上的 **A** 和 **H** 為零。所以,電感就可以被寫成

$$L = \frac{1}{I^2}\int_{體積}\mathbf{A}\cdot\mathbf{J}\,dv \tag{56}$$

(56) 式是以在每一點上的 **A** 和 **J** 值之積分來表示電感。由於電流密度只存在於導體以內,在導體以外所有各點上被積函數都是零,那裡的向量磁位就不需要決定了。向量磁位是由電流 **J** 所引起的,同時在原來的電流密度這個範圍之內任何其它能引起一個向量位場的電流源都將暫時被略去不提。以後我們將會明白這會導致一項**互感** (mutual inductance)。

由 **J** 所引起的向量磁位 **A**,如第 7 章 (51) 式所示,

$$\mathbf{A} = \int_{體積}\frac{\mu\mathbf{J}}{4\pi R}\,dv$$

所以,電感可以更基本些地以一個冗長的雙重體積分來表示

$$L = \frac{1}{I^2}\int_{體積}\left(\int_{體積}\frac{\mu\mathbf{J}}{4\pi R}\,dv\right)\cdot\mathbf{J}\,dv \tag{57}$$

將我們的注意力限於截面很小的電流線上,就可以得到一項較為簡單的積分式,細線上的 **J** dv 可以用 $I\,d\mathbf{L}$ 來代替,同時體積也可以被換成一個沿著細線軸的一個閉合線積分,

$$\begin{aligned}L &= \frac{1}{I^2}\oint\left(\oint\frac{\mu I\,d\mathbf{L}}{4\pi R}\right)\cdot I\,d\mathbf{L}\\ &= \frac{\mu}{4\pi}\oint\left(\oint\frac{d\mathbf{L}}{R}\right)\cdot d\mathbf{L}\end{aligned} \tag{58}$$

目前我們對於 (57) 式和 (58) 式唯一的興趣在於它們指出 (暗示) 電感是電流在空間的分佈或者導體組態形式的一個函數。

為了要求出我們最初的電感定義 (49) 式,讓我們假設在一根截面很小的細導體內有一個均勻的電流分佈,因此 (56) 式中的 **J** dv 變成 $I\,d\mathbf{L}$,

$$L = \frac{1}{I} \oint \mathbf{A} \cdot d\mathbf{L} \tag{59}$$

對於很小的截面而言，$d\mathbf{L}$ 可以沿著細線中央來選定。我們現在應用史托克斯定理便可得到

$$L = \frac{1}{I} \int_S (\nabla \times \mathbf{A}) \cdot d\mathbf{S}$$

或者

$$L = \frac{1}{I} \int_S \mathbf{B} \cdot d\mathbf{S}$$

或者

$$L = \frac{\Phi}{I} \tag{60}$$

依循求出 (60) 式的各個步驟，我們可以知道，通量 Φ 就是總通量中經過任何一個以及每一個開放的表面，它的周界就是細線電流路徑的那部份路徑。

如果我們現在讓這細線繞總通量 N 匝完全一樣的線圈，這一種理想化情形在有些電感器中可以十分相近地被達到，閉合的線積分必須包括繞這共同路線的 N 層，(60) 式就變成

$$L = \frac{N\Phi}{I} \tag{61}$$

現在，這通量 Φ 就是通過任何一個表面，它的周界是 N 匝中的任何一匝所佔的路徑。然而，一個 N 匝的線圈的電感仍可以由 (60) 式求出來，只要我們認明式中的通量是經過那個複雜的表面，[4] 的周界包括所有 N 匝的那些通量。

將任何一個電感的表示式用到一根真實的導線 (半徑為零的) 上的時候將會導致電感的一個無限大值，不論電線的組態如何。安培環路定律指出靠近導體處磁場強度是隨著到導體的距離成反比地變化。同時，一項簡單的積分很快地就會指出在這電線周圍的任何一個有限柱形以內都含有無限量的能量與通量。規定一個雖小，但是有限的電線半徑即可以免除這一困難。

---

[4] 有點像線螺旋形的斜路。

任何導體的內部都含有磁通量，這通量與總電流的一部份相鏈，這部份的多少則因所在的位置而異。這些磁通鏈導致**內感** (internal inductance)，它必須與外感合起來而產生總電感。一個具有圓形截面且帶有均勻電流分佈的長而直的電線，其內感是

$$L_{a,\text{內部}} = \frac{\mu}{8\pi} \quad \text{H/m} \tag{62}$$

這項結果是本章習題 8.43 所求。

在第 11 章中，我們將會見到在高頻率下，導體內電流的分佈有集中在表面的趨勢。內部的通量因而減低，通常只要考慮外感就夠了。然而，在較低的頻率下，內感可能成為總電感中相當不小的一部份。

我們以電路 1 和 2 之間的**互感** (mutual inductance) M_{12} 的定義來作為這個課題的總結，它以互通量鏈來表示，

$$M_{12} = \frac{N_2 \Phi_{12}}{I_1} \tag{63}$$

其中，Φ_{12} 代表由 I_1 所產生而交鏈於細線電流 I_2 路線的通量，N_2 是電路 2 中的匝數。所以，互感是與二個電流間相互的磁性作用有關。在只有其中的一個電流時，儲存在磁場中的總能量可以由單個電感，或自感求出來；在有二個不是零值的電流時，總能量則是二個自感以及互感的函數。用互相間的能量來說時，我們可以證明 (63) 式就相當於

$$M_{12} = \frac{1}{I_1 I_2} \int_{\text{體積}} (\mathbf{B}_1 \cdot \mathbf{H}_2) dv \tag{64}$$

或者

$$M_{12} = \frac{1}{I_1 I_2} \int_{\text{體積}} (\mu \mathbf{H}_1 \cdot \mathbf{H}_2) dv \tag{65}$$

其中，$\mathbf{B}_1$ 是由 I_1 (在 $I_2=0$ 時) 所形成的場，同時 $\mathbf{H}_2$ 是由 I_2 (當 $I_1=0$ 時) 所引起的場。將下標交換時並不影響 (65) 式的右側，所以

$$M_{12} = M_{21} \tag{66}$$

互感也是用亨利為單位，同時依靠上、下文就能使我們區別出來是互感還是磁化同

量，後者也是用 M 來表示的。

例題 8.9

試計算兩個同軸螺線管之間的自感和互感，已知同軸螺線管半徑為 R_1 及 R_2，$R_2 > R_1$，它們分別帶有電流 I_1 及 I_2，同時每公尺內各有 n_1 及 n_2 匝。

解：首先，求取互感。根據第 7 章 (15) 式，令 $n_1 = N/d$，故可得

$$\mathbf{H}_1 = n_1 I_1 \mathbf{a}_z \quad (0 < \rho < R_1)$$
$$= 0 \quad (\rho > R_1)$$

同時

$$\mathbf{H}_2 = n_2 I_2 \mathbf{a}_z \quad (0 < \rho < R_2)$$
$$= 0 \quad (\rho > R_2)$$

因此，對此均勻的場而言

$$\Phi_{12} = \mu_0 n_1 I_1 \pi R_1^2$$

故知

$$M_{12} = \mu_0 n_1 n_2 \pi R_1^2$$

同樣地，

$$\Phi_{21} = \mu_0 n_2 I_2 \pi R_1^2$$
$$M_{21} = \mu_0 n_1 n_2 \pi R_1^2 = M_{12}$$

如果 $n_1 = 50$ 匝/cm，$n_2 = 80$ 匝/cm，$R_1 = 2$ cm，$R_2 = 3$ cm，於是

$$M_{12} = M_{21} = 4\pi \times 10^{-7}(5000)(8000)\pi(0.02^2) = 63.2 \text{ mH/m}$$

自感可以很輕易地求得，由 I_1 在線圈 1 內所產生的磁通量為

$$\Phi_{11} = \mu_0 n_1 I_1 \pi R_1^2$$

故知

$$L_1 = \mu_0 n_1^2 S_1 d \text{ H}$$

因此，每單位長度的電感為

$$L_1 = \mu_0 n_1^2 S_1 \text{ H/m}$$

或

$$L_1 = 39.5 \text{ mH/m}$$

同理，

$$L_2 = \mu_0 n_2^2 S_2 = 22.7 \text{ mH/m}$$

所以，我們知道有許多方法可以被用來計算自感和互感。不幸的是，即使具有高度對稱性的問題，在計算方面仍有很難的積分，所以只有很少幾個問題可供我們試用我們的本領。

在第 10 章中，將會再以電路的觀點來討論電感。

> **D8.12.** 試計算下列各情況的自感值：(a) 3.5 m 的同軸電纜，其中 $a=0.8$ mm 及 $b=4$ mm，其間充填著 $\mu_r=50$ 的材料；(b) 500 匝的螺環線圈，纏繞在玻璃纖維棒上，其正方形橫截面為 2.5×2.5 cm，且螺線環內半徑為 2 cm；(c) 500 匝繞在半徑為 2 cm 圓柱鐵芯上的螺線管，鐵芯在 $0<\rho<0.5$ cm 區內，$\mu_r=50$，而在 $0.5<\rho<2$ cm 區內，$\mu_r=1$；螺線管長度為 50 cm。
>
> 答案：56.3 μH；1.01 mH；3.2 mH

> **D8.13.** 已知一螺線管長為 50 cm，直徑 2 cm，且含有 1500 匝。圓柱鐵芯直徑為 2 cm，相對導磁係數為 75。此線圈再與同樣 50 cm 長，但直徑為 3 cm 且有 1200 匝的第二個螺線管形成同軸狀螺線管結構。試計算：(a) 內螺線管的 L；(b) 外螺線管的 L；(c) 兩螺線管之間的 M。
>
> 答案：133.2 mH；192 mH；106.6 mH

參考書目

1. Kraus, J. D., and D. A. Fleisch. (See References for Chapter 3.) Examples of the calculation of inductance are given on pp. 99–108.
2. Matsch, L. W. (See References for Chapter 6.) Chapter 3 is devoted to magnetic circuits and ferromagnetic materials.
3. Paul, C. R., K. W. Whites, and S. Y. Nasar. (See References for Chapter 7.) Magnetic circuits, including those with permanent magnets, are discussed on pp. 263–70.

第 8 章習題

8.1 已知點電荷 $Q=-0.3$ μC 及 $m=3\times 10^{-16}$ kg，運動穿過電場 $\mathbf{E}=30\mathbf{a}_z$ V/m。利用 (1) 式及牛頓定律來導出合適的微分方程式，並針對原點處初始條件：$t=0$，$\mathbf{v}=3\times 10^5\mathbf{a}_x$ m/s 求解

之。在 $t=3\ \mu s$ 時，試求：(a) 電荷的位置 $P(x, y, z)$；(b) 速度 $\mathbf{v}$；(c) 電荷的動能。

8.2 試比較作用在一個已達到 10^7 m/s 速度之電子上的電場力與磁場力的大小。假設電場強度為 10^5 V/m，且在地球適當緯度處相關的磁通量密度為 0.5 高斯。

8.3 已知一點電荷 $Q = 2 \times 10^{-16}$ C 及 $m = 5 \times 10^{-26}$ kg 正在合併場 $\mathbf{E} = 100\mathbf{a}_x - 200\mathbf{a}_y + 300\mathbf{a}_z$ V/m 及 $\mathbf{B} = -3\mathbf{a}_x + 2\mathbf{a}_y - \mathbf{a}_z$ mT 中運動。若 $t=0$ 時的電荷速度為 $\mathbf{v}(0) = (2\mathbf{a}_x - 3\mathbf{a}_y - 4\mathbf{a}_z)10^5$ m/s：(a) 寫出單位向量用以指示 $t=0$ 時電荷的加速度方向；(b) 試求 $t=0$ 時電荷的動能。

8.4 試證一帶電粒子在一均勻磁場內會呈現圓形軌道的運行，其軌道運行週期與半徑大小無關。針對一個電子，試求出其角速度與磁通量密度之間的關係式 (即迴旋頻率)。

8.5 在自由空間中有一個連接點 $A(1, 0, 1)$ 至 $B(3, 0, 1)$ 至 $C(3, 0, 4)$ 至 $D(1, 0, 4)$ 再回至 A 點的矩形迴路導線，此導線載有 6 mA，並以 $\mathbf{a}_z$ 方向由 B 流動至 C。另有一條 15 A 的細線電流位於整個 z 軸上以 $\mathbf{a}_z$ 方向來流動。(a) 試求對 BC 邊的作用力 $\mathbf{F}$。(b) 試求對 AB 邊的作用力 $\mathbf{F}$。(c) 試求對迴路的總作用力 $\mathbf{F}_{總}$。

8.6 試證：移動一個電流元件 $Id\mathbf{L}$ 通過磁場 $\mathbf{B}$ 內一段距離 $d\mathbf{l}$ 所需的微量功會等於將一個電流元件 $Id\mathbf{l}$ 在相同磁場內移動 $d\mathbf{L}$ 所作之功的負值。

8.7 已知自由空間內的數個均勻電流板配置如下：$8\mathbf{a}_z$ A/m 位於 $y=0$ 處，$-4\mathbf{a}_z$ A/m 位於 $y=1$ 處，及 $-4\mathbf{a}_z$ A/m 位於 $y=-1$ 處。試求對載有 $\mathbf{a}_L$ 方向 7 mA 電流之細電流線每單位長度的向量型作用力，已知電流線位於：(a) $x=0$，$y=0.5$，及 $\mathbf{a}_L = \mathbf{a}_z$；(b) $y=0.5$，$z=0$，及 $\mathbf{a}_L = \mathbf{a}_x$；(c) $x=0$，$y=1.5$，及 $\mathbf{a}_L = \mathbf{a}_z$。

8.8 有兩條導電帶，在 z 方向有無限的長度，且均位在 xz 平面上。其中一條佔據 $d/2 < x < b + d/2$ 的區域且載有面電流密度 $\mathbf{K} = K_0\mathbf{a}_z$；另一條則座落在 $-(b+d/2) < x < -d/2$ 的區域承載的面電流密度為 $-K_0\mathbf{a}_z$。(a) 試求在 z 方向上每單位長度內會驅使兩導電帶分開的作用力；(b) 令 b 趨近於 0 但維持固定的電流 $I = K_0 b$，試證每單位長度的作用力趨近於 $\mu_0 I^2/(2\pi d)$ N/m。

8.9 已知電流 $100\mathbf{a}_z$ A/m 是在導電圓柱 $\rho = 5$ mm 上流動，而 $+500\mathbf{a}_z$ A/m 則是出現在導電圓柱 $\rho = 1$ mm 上。試求使外圓柱導體沿其軸長分離的每單位長度的總作用力大小。

8.10 某一平面式傳輸線是由空氣內寬度為 b 且間隔為 d 之兩個導電面組合而成，其上承載大小相等而方向相反的電流 I (安培)。若 $b \gg d$，試求兩導體間每單位長度 (公尺) 的排斥力。

8.11 (a) 自由空間的兩條導線電流分別為 $I_1\mathbf{a}_z$ (在 $x=0$，$y=d/2$) 和 $I_2\mathbf{a}_z$ (在 $x=0$，$y=-d/2$)，使用 8.3 節 (14) 式證明兩導線間單位長度的引力為 $\mu_0 I_1 I_2/(2\pi d)$。(b) 使用一個較簡單的方法來核驗上述結果。

8.12 有兩個圓形的導線環，兩者相互平行，共用相同的軸心，且半徑均為 a，兩者相隔距離為 d，其中 $d \ll a$，每一導線環流有電流 I，試求吸引力的近似值並指出兩電流的相對流向。

8.13 在自由空間中一直線的實心導體中，6 A 電流由 $M(2, 0, 5)$ 點流至 $N(5, 0, 5)$ 點。另一條無限長細電流線位於 z 軸上，其內載有 $\mathbf{a}_z$ 方向的電流 50 A。就下列情況，計算作用在細電流線上的向量力矩：原點定在 (a) $(0, 0, 5)$；(b) $(0, 0, 0)$；(c) $(3, 0, 0)$。

8.14 有一螺線環長為 25 cm，直徑為 3 cm，在其 400 匝線圈內載有 4 A dc 電流。螺線環的軸心垂直於空氣內的均勻磁場 0.8 Wb/m²。將螺線環的中心定為原點，試求作用在此環上的力矩。

8.15 已知有一條實心導電線沿 $y=2$，$z=0$ 之線由 $x=-b$ 沿伸至 $x=b$。此電流線載有 $\mathbf{a}_x$ 方向的電流 3 A。另有一條無限長載有 $\mathbf{a}_z$ 方向電流 5 A 的細電流線位於 z 軸上。將原點定在 (0, 2, 0)，試求出作用在有限長導體之力矩的表示式。

8.16 假設一電子以半徑 a 的圓形軌道繞行一帶正電的原子核。(a) 選擇適當的電流和面積，證明其等值軌道偶矩為 $ea^2\omega/2$，其中 ω 是電子的角速度。(b) 存在一平行於軌道面的磁場 B，證明其產生的轉矩是 $ea^2\omega B/2$。(c) 若令庫侖力等於離心力，證明 $\omega=(4\pi\epsilon_0 m_e a^3/e^2)^{-1/2}$，其中 m_e 為電子的質量。(d) 對一氫原子而言，其中 a 約為 6×10^{-11} m 且令 $B=0.5$ T，求氫原子的角速度、轉矩和軌道磁矩。

8.17 在習題 8.16 所描述的氫原子若受到一磁場作用，而磁場方向與原子的方向一致。試證由 B 所造成的作用力使角速度減低為 $eB/(2m_e)$，而軌道磁矩減少為 $e^2a^2B/(4m_e)$。在每百萬個原子的範圍內，對值為 0.5 T 的外部磁通量密度來說，上述值應為多少？

8.18 已知：(a) $A(0,0,0)$ 及 $\mathbf{B}=100\mathbf{a}_y$ mT；(b) $A(0,0,0)$ 及 $\mathbf{B}=200\mathbf{a}_x+100\mathbf{a}_y$ mT；(c) $A(1,2,3)$ 及 $\mathbf{B}=200\mathbf{a}_x+100\mathbf{a}_y-300\mathbf{a}_z$ mT；(d) $A(1,2,3)$ 及 $x\geq 2$ 區之 $\mathbf{B}=200\mathbf{a}_x+100\mathbf{a}_y-300\mathbf{a}_z$ mT (而其它各處，$\mathbf{B}=0$)。將基準點定在 A 點，則在磁場 $\mathbf{B}$ 作用下，試計算作用在圖 8.15 所示之正方形迴路上的向量力矩。

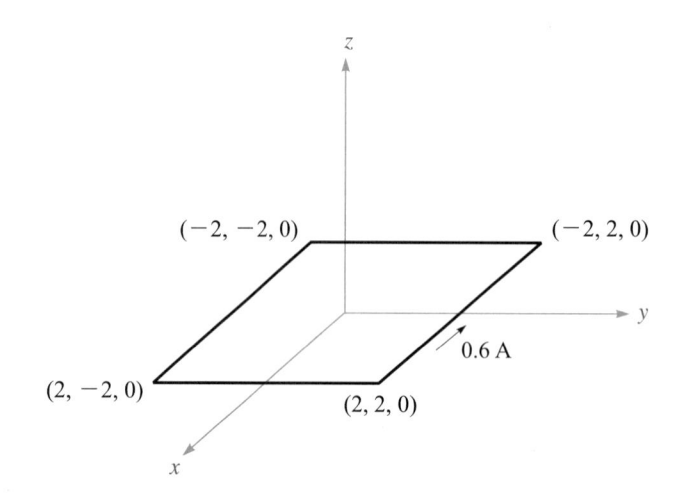

圖 8.15 見習題 8.18。

8.19 已知某一材料，其 $\chi_m=3.1$ 且其內 $\mathbf{B}=0.4y\mathbf{a}_z$ T，試求：(a) $\mathbf{H}$；(b) μ；(c) μ_r；(d) $\mathbf{M}$；(e) $\mathbf{J}$；(f) $\mathbf{J}_B$；(g) $\mathbf{J}_T$。

8.20 在下列各材料中，試求 $\mathbf{H}$：(a) $\mu_r=4.2$，原子密度為 2.7×10^{29} 原子/m³，每一個原子的偶極矩為 $2.6\times 10^{-30}\mathbf{a}_y$ A·m²；(b) $\mathbf{M}=270\mathbf{a}_z$ A/m 且 $\mu=2\mu$ H/m；(c) $\chi_m=0.7$ 且 $\mathbf{B}=2\mathbf{a}_z$ T。(d) 材料的束縛面電流密度為 $12\mathbf{a}_z$ A/m 及 $-9\mathbf{a}_z$ A/m 分別存在於 $\rho=0.3$ m 及 $\rho=0.4$ m 處，試求此材料內的 $\mathbf{M}$。

8.21 就下列所示的材料，試求其磁化向量的大小：(a) 磁通量密度為 0.02 Wb/m²；(b) 磁場強度為 1200 A/m，及相對導磁係數為 1.005；(c) 每立方米共有 7.2×10^{28} 個原子，每一原子的偶極矩為 4×10^{-30} A·m² (方向均相同)，且磁化率為 0.003。

8.22 在某些條件下，或許可以將鐵磁性材料的效應在 $\mathbf{B}$ 與 $\mathbf{H}$ 的關係式中也假設成線性。令某一種材料的 $\mu_r=1000$，且該材料製作成半徑為 1 mm 的圓柱導線。如果 $I=1$ A 且電流分佈為均勻，試求該導線內的 (a) **B**，(b) **H**，(c) **M**，(d) **J**，及 (e) **J**$_B$。

8.23 如果同軸電纜 (a=2.5 mm 及 b=6 mm) 的內導體載有 I=12 A 的電流，且 2.5 mm < ρ < 3.5 mm 區的 μ=3 μH/m，3.5 mm < ρ < 4.5 mm 區的 μ=5 μH/m，及 4.5 mm < ρ < 6 mm 區的 μ=10 μH/m 時，試求 ρ=c 處的 H_ϕ、B_ϕ，及 M_ϕ 之值，其中 c=：(a) 3 mm；(b) 4 mm；(c) 5 mm。

8.24 有兩個電流薄片，一為 z=0 處的 $K_0\mathbf{a}_y$ A/m，另一為 z=d 處的 $-K_0\mathbf{a}_y$ A/m，兩者用 μ_r=$\mathbf{a}_z$+1 的非均勻材料隔開來，其中 a 為常數。(a) 試求此材料內 **H** 與 **B** 的表示式。(b) 試求穿越過 yz 平面上 1 m^2 面積的總磁通量。

8.25 已知 z=0 處導電細線載有 $\mathbf{a}_z$ 方向的電流 12 A。令 ρ < 1 cm 區的 μ_r=1，1 < ρ < 2 cm 區的 μ_r=6，及 ρ > 2 cm 區的 μ_r=1。試求：(a) 各處的 **H**；(b) 各處的 **B**。

8.26 有一條長螺線，半徑為 3 m，線圈密度為 5000 匝/m，且承載電流 I=0.25 A。在螺線內部 0 < ρ < a 區域有 μ_r=5 的材料，而在 a < ρ < 3 cm 區域的材料之 μ_r=1。試求 a 值，以使 (a) 會出現 10 μWb 的總磁通量；(b) 磁通量會均勻分在 0 < ρ < a 區域與 a < ρ < 3 cm 區域。

8.27 令由 2x+3y−4z > 1 所界定之區域 1 的 μ_{r1}=2，而 2x+3y−4z < 1 之區域 2 的 μ_{r2}=5。在區域 1 中，**H**$_1$=50$\mathbf{a}_x$−30$\mathbf{a}_y$+20$\mathbf{a}_z$ A/m，試求：(a) **H**$_{N1}$；(b) **H**$_{t1}$；(c) **H**$_{t2}$；(d) **H**$_{N2}$；(e) θ_1，即 **H**$_1$ 與 $\mathbf{a}_{N21}$ 間的夾角；(f) θ_2，即 **H**$_2$ 與 $\mathbf{a}_{N21}$ 間的夾角。

8.28 矽鋼磁化曲線中，低於膝點的各 B 值可用 μ=5 mH/m 的一條直線來近似該曲線。如圖 8.16 所示的鐵芯具有 1.6 cm^2 的截面，外部每一根支柱的長度為 10 cm，而中間支柱的截面積為 2.5 cm^2，長度為 3 cm。中間支柱纏繞 1200 匝線圈，其內載有 12 mA 的電流。試求：(a) 中間支柱內的 B；(b) 中間支柱內的 B，但此時中間支柱有一個 0.3 mm 的空氣間隙。

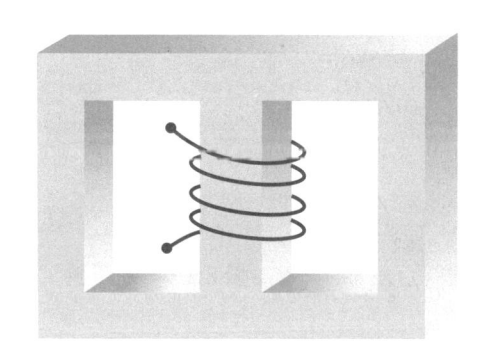

圖 **8.16** 見習題 8.28。

8.29 在習題 8.28 中，題中所建議的線性近似會在中間支柱內產生 0.666 T 的磁通量密度。利用此 B 值及矽鋼的磁化曲線，試問 1200 匝線圈需有多大的電流？

8.30 有一矩形鐵芯具有固定的導磁係數 μ_r ≫ 1，其正方形截面尺寸為 a×a，且圍繞其周界的中心線尺寸分別為 b 與 d。線圈 1 與 2 的匝數為 N_1 與 N_2，繞在鐵芯兩側。試考慮選取一鐵芯橫截面將之安排在 xy 平面內，以使此平面可定義為 0 < x < a，0 < y < a。(a) 令線圈 1 內的電流為 I_1，利用安培環路定律求出磁通量密度並將之表示成鐵芯截面上位置的函數。(b) 將 (a) 題所得結果加以積分，求出鐵芯內的總磁通量。(c) 試求線圈 1 的自感。(d) 試求線圈 1 與 2 間的互感。

8.31 某一螺線環是由橫截面積為 2.5 cm^2 的磁性材料建構而成，有效長度為 8 cm。其中，另有長為 0.25 mm，有效截面積為 2.8 cm² 的短空氣間隙。將 200 A·t 的 mmf 加至此磁路上。若磁性材料：(a) 假定具有無限大導磁係數；(b) 假定為線性，且 $\mu_r = 1000$；(c) 為矽鋼時，試求此螺線環內的總通量。

8.32 (a) 某一同軸傳輸線是由可忽略厚度且半徑為 a 與 b 的套筒組合而成，試求此同軸傳輸線每單位長度所儲存磁能的表示式。已知兩導體間充填有相對導磁係數為 μ_r 的介質。假設兩導體流著方向相反的電流 I。(b) 藉由令儲能等於 $(1/2)LI^2$，求出此傳輸線每單位長度的電感 L。

8.33 已知某螺線環鐵芯具有正方形橫截面，即 2.5 cm < ρ < 3.5 cm，−0.5 cm < z < 0.5 cm。螺線環的上半部 (0 < z < 0.5 cm) 是用 $\mu_r = 10$ 的線性材料製作而成，而下半部 (−0.5 cm < z < 0) 的 $\mu_r = 20$。一個 150 A·t 的 mmf 可在其內建立 $\mathbf{a}_\phi$ 方向的磁通量。就 $z > 0$ 區，試求：(a) $H_\phi(\rho)$；(b) $B_\phi(\rho)$；(c) $\Phi_{z>0}$。(d) 就 $z > 0$ 區，重做一次。(e) 試求 $\Phi_{全部}$。

8.34 有一條半徑為 a，載有均勻電流 I 的無限長直導線，試求在其內部磁場中每單位長度所儲存的能量。

8.35 角錐 $\theta = 21°$ 和 $\theta = 159°$ 是傳導面並帶總電流 40 A，如圖 8.17 所示。電流流回半徑 0.25 m 的傳導球面。(a) 求出區域 0 < r < 0.25，21° < θ < 159°，0 < ϕ < 2π 中的 **H** 值。(b) 儲存在這區域中的能量是多少？

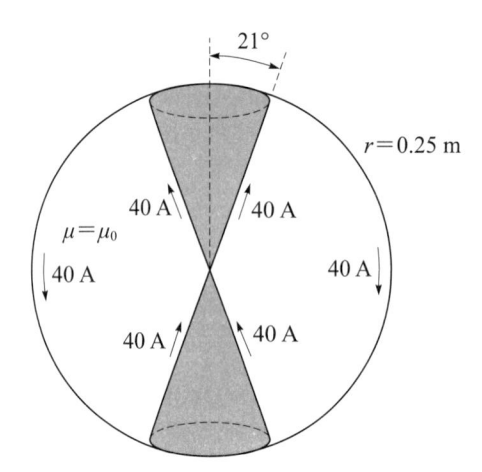

圖 8.17　見習題 8.35。

8.36 已知一同軸電纜的外導體尺寸為 b 與 c，其中 $c > a$。假設 $\mu = \mu_0$，當有均勻分佈的總電流 I 在內部與外部導體中以相反方向流動時，試求在 $b < \rho < c$ 區域內每單位長度所儲存的磁能。

8.37 如習題 8.35 及圖 8.17 中所示的角錐、球體組態，求其電感。所提供的電感是位於兩角錐尖端的原點處。

8.38 已知一螺線環鐵芯具有由 $\rho = 2$ cm、$\rho = 3$ cm、$z = 4$ cm 及 $z = 4.5$ cm 等表面所界定的矩形橫截面。鐵芯材料的導磁係數為 80。若此鐵芯纏繞有 8000 匝的導線，試求其電感。

8.39 在空氣中的兩個導體平面位於 $z = 0$ 和 $z = d$，分別載有電流 $\pm K_0 \mathbf{a}_x$ A/m。(a) 試求在寬度 w (0 < y < w) 中每單位長度 (0 < x < 1) 磁場內所儲存的能量。(b) 由 $W_H = \frac{1}{2}LI^2$ 計算此傳輸線每單位長度的電感量，此處 I 為任一導體中寬度為 w 內的總電流。(c) 在 $y = 0$ 平面上，

試求通過 $0 < x < 1$ 及 $0 < z < d$ 長方形範圍的總通量。同時由這結果求出單位長度的電感值。

8.40 有一同軸電纜的導體半徑為 a 與 b，其中 $a < b$。在 $a < \rho < c$ 區域內存在有導磁係數 $\mu_r \neq 1$ 的材料，然而 $c < \rho < b$ 的區域則充填著空氣。試求每單位長度之電感的表示式。

8.41 已知有一個由 150 匝細線導體組成的矩形線圈。如果此線圈的四個頂點位於自由空間中：(a) (0, 1, 0)，(0, 3, 0)，(0, 3, 1)，及 (0, 1, 1)；(b) (1, 1, 0)，(1, 3, 0)，(1, 3, 1)，及 (1, 1, 1) 處時，試求此線圈與 z 軸上一條無限長細導線間的互感。

8.42 有兩條細絲導線製作成為 a 與 Δa 的圓形環，其中 $\Delta a \ll a$，試求其間的互感。在此，磁場必須用近似法來求算。這兩個環為共平面的同心環。

8.43 (a) 一條非磁性的柱狀導線；半徑 a，載有均勻分佈的電流 $I = \mu_0/(8\pi)$ H/m，使用能量關係式求出其內部電感。(b) 如果導體的 $\rho < c < a$ 這部份被除去，再求其內部電感。

8.44 已知雙線式傳輸線載有大小相等但流向相反的電流，試證此傳輸線每單位長度的外部電感大約為 $(\mu/\pi) \ln (d/a)$ H/m，其中 a 為每一導線的半徑，b 則為導線中心對中心的間隔距離。試問在何種基礎上此種近似可以成立？

第 9 章

時變場和馬克士威爾方程式

靜電場以及穩定磁場的基本關係在前面八章中已經得出來了，我們現在就可以來討論時變場。這項討論將很短，因為向量分析和向量微積分現在應當已經是熟悉的工具，這些關係中有一部份並未改變，而且大多數的關係只是略為改一些。

有兩項新的觀念將被介紹到：即一個變動的磁場會產生電場和一個變動的電場會產生磁場。這些觀念中的第一項是從法拉第 (Michael Faraday) 指導的實驗研究上得來的，第二項則來自馬克士威爾 (James Clerk Maxwell) 在理論方面的努力。

馬克士威爾受到法拉第實驗的激發，同時也受到法拉第研究電磁理論所採用的"力線"觀念圖形所鼓勵。雖然，馬克士威爾較法拉第年輕 40 歲，但當法拉第退休後，馬克士威爾進入大學在倫敦擔任教授五年期間，他們倆人已經彼此相知。馬克士威爾理論是在他離開大學職務以後，獨立在蘇格蘭他的家裡完成的。這項工作從他 35 歲至 40 歲耗去他五年的時間。

本章中提供的四個基本電磁理論方程式，就冠以他的名字。■

9.1 法拉第定律

自從奧斯特 (Oersted)[1] 在 1820 年示範了電流會影響羅盤指針之後，法拉第就宣佈了他的想法：如果電流能產生磁場的話，則磁場就應當能產生電流。當時並沒有"場"這個觀念，法拉第的目的是要證實電流的確可以由"磁"來產生。

---
[1] Hans Christian Oersted 是一位丹麥哥本哈根大學的物理學教授。

他間斷地在此問題上研究了十年，最後他終於在 1831 年成功了。[2] 他在一個鐵環上繞了二個分開的繞線，在一個電路中放了一只電流計，另一個則放了個電池。在將電池線路合起來的時候，他注意到電流計會偏轉一下；當電池被拆除時也會有類似但反向的偏轉。這當然是他所作的涉及**在變**的電流的第一個實驗，接著他示範了一個**在動**的磁場或者一個在動的線圈，也可以使電流計發生偏轉。

用場來說明時，我們現在說一個時變的磁場產生一個**電動勢** (electromotive force, emf)，它能在恰當的閉合電路中產生電流。電動勢只不過是由在磁場中運動的導體或者由在變的磁場所引起的一個電壓，我們將在本節中定義它。習慣上，法拉第定律被敘述成

$$\text{emf} = -\frac{d\Phi}{dt} \text{ V} \tag{1}$$

(1) 式暗示著一條閉合路徑，但是不必一定是一條閉合的傳導路徑；譬如說，這條閉合的路徑中可以包括一個電容器，或者它也可以是空間內一條純粹假想的路徑。式中的磁通量是經過任何一個以及每一個以這條閉合路徑為周界的表面的那些通量，而 $d\Phi/dt$ 是這通量的時間變化率。

一個不為零值的 $d\Phi/dt$，可由下列任何一種情況所引起：

1. 一個時變的通量與一個靜態的閉合路徑相交鏈。
2. 穩定通量與閉合路徑間的相對運動。
3. 上述兩者的合併。

式中的負號是表示電動勢的方向，是要能產生一個電流，使得電流產生的通量如果被加到原來的通量上的話將會使這個電動勢的大小減少。也就是說，感應的電壓產生一相反的通量。這種說法就稱為**楞次定律** (Lenz's law)。[3]

如果閉合路徑是由 N 匝的細導線所組成，則通常可以夠準確地將這些線圈當作是重合的，故可令

$$\text{emf} = -N\frac{d\Phi}{dt} \tag{2}$$

式中 Φ 被解釋為通過 N 個重疊線圈任何一個線圈的通量。

我們需要將電動勢定義為 (1) 或 (2) 式中所用的形式。這電動勢顯然地是一個純量，

---
[2] 幾乎是同時，Joseph Henry 在紐約的 Albany 學院也得到類似的結果。
[3] Herni Frederic Emile Lenz 出生於德國，工作於俄國。他的定律發表於 1834 年。

同時考查一下它的因次 (也許並不如此明顯) 就會知道它是以伏特為單位。我們將電動勢定義為

$$\text{emf} = \oint \mathbf{E} \cdot d\mathbf{L} \tag{3}$$

同時，注意它是圍著一特定**閉合路徑**的電位差。如果路徑的任何一部份有了改變的話，一般說來電動勢就會改變。這裡和靜態結果間的差別由 (3) 式便可以很清楚地看出來，因為由一項靜態的電荷分佈所引起的電場強度必然會使得圍著一條閉合路徑的電位差為零。在靜電場中，電場強度的線積分為電位差；在時變場中這種線積分就成為電動勢或電壓了。

將 (1) 式中的 Φ 以 **B** 的面積分來取代，我們得到

$$\text{emf} = \oint \mathbf{E} \cdot d\mathbf{L} = -\frac{d}{dt}\int_S \mathbf{B} \cdot d\mathbf{S} \tag{4}$$

其中，右手的四指指的是閉合路徑的方向，大拇指指的是 d**S** 的方向。如果通量密度 **B** 在 d**S** 方向隨時間而增加時，就會在閉合路徑相反的方向產生一個 **E** 的平均值。在 (4) 式中面積分與閉合路徑的線積分的右手關係，必須牢記以決定通量的積分與電動勢的關係式。

我們的討論將會分為二部份。第一部份是求取在一靜止的路徑中，由於磁通因時間變化所產生的總電動勢 (變壓器電勢)。然後，第二部份，我們會研究在一穩值磁場中，一個移動路徑所生的電勢 (移動電動勢)。

首先，我們討論一個靜止路徑。在 (4) 式右端，只有磁通量是對時間改變的物理量，故右端的偏微分可以移到積分符號內，即

$$\text{emf} = \oint \mathbf{E} \cdot d\mathbf{L} = -\int_S \frac{\partial \mathbf{B}}{\partial t} \cdot d\mathbf{S} \tag{5}$$

在將這簡單的結果應用到一個例題之前，讓我們先求出這積分方程式的點形式。應用史托克斯定理到這方程式的左側，我們得到

$$\int_S (\nabla \times \mathbf{E}) \cdot d\mathbf{S} = -\int_S \frac{\partial \mathbf{B}}{\partial t} \cdot d\mathbf{S}$$

其中，表面積分可以取在同樣的表面上。這些表面是完全普遍性的而可以被選為微分形

式，

$$(\nabla \times \mathbf{E}) \cdot d\mathbf{S} = -\frac{\partial \mathbf{B}}{\partial t} \cdot d\mathbf{S}$$

於是

$$\boxed{\nabla \times \mathbf{E} = -\frac{\partial \mathbf{B}}{\partial t}} \qquad (6)$$

這是寫成微分式或點形式的馬克士威爾四個方程式之一，而且也是用得最普遍的一種形式。(5) 式是這一方程式的積分形式，在應用到一條固定的路徑上時，它就相等於法拉第定律。如果 $\mathbf{B}$ 不是一個時間的函數，(5) 式和 (6) 式當然就會變成靜電學中求出的方程式

$$\oint \mathbf{E} \cdot d\mathbf{L} = 0 \qquad \text{(靜電場)}$$

以及

$$\nabla \times \mathbf{E} = 0 \qquad \text{(靜電場)}$$

作為解釋 (5) 式與 (6) 式的一個例子，讓我們假定有一個簡單的磁場，在 $\rho < b$ 圓柱形範圍之內，它隨著時間做指數式的增加，

$$\mathbf{B} = B_0 e^{kt} \mathbf{a}_z \qquad (7)$$

其中 $B_0 =$ 定值。在 $z=0$ 的平面內選一條半徑為 $\rho=a$，$a<b$ 的圓形路徑，根據對稱性，沿著這路徑的 E_ϕ 必須是一個定值，於是由 (5) 式可得到

$$\text{emf} = 2\pi a E_\phi = -k B_0 e^{kt} \pi a^2$$

圍繞這閉合路徑的 emf 為 $-kB_0 e^{kt} \pi a^2$。它與 a^2 成正比，因為磁通量密度是均勻的，同時在任何時刻通過這表面的通量均和面積成正比。

現在，若將 a 換成 ρ，$\rho < b$，則在任何一點的電場強度為

$$\mathbf{E} = -\tfrac{1}{2} k B_0 e^{kt} \rho \mathbf{a}_\phi \qquad (8)$$

現在，讓我們試著由 (6) 式求出同樣的答案來，它變成

$$(\nabla \times \mathbf{E})_z = -kB_0 e^{kt} = \frac{1}{\rho}\frac{\partial(\rho E_\phi)}{\partial \rho}$$

乘以 ρ 再由 0 積分到 ρ (將 t 當作常數來處理，因為其中的微分是一個偏微分)，

$$-\tfrac{1}{2}kB_0 e^{kt}\rho^2 = \rho E_\phi$$

或者

$$\mathbf{E} = -\tfrac{1}{2}kB_0 e^{kt}\rho \mathbf{a}_\phi$$

再度得到相同結果。

如果考慮 B_0 方向為正，則一個電阻為 R 的細導線上將有電流沿負 $\mathbf{a}_\phi$ 方向流動，而且這個電流將會在圓形迴路內形成負 $\mathbf{a}_z$ 方向的通量。既然 E_ϕ 隨著時間在做指數式的增加，電流和通量也會改變，因而會使得外加通量增加的時變率以及合成電動勢也會按照楞次定律而降低。

在結束這個例題之前，我們應當指出這個磁場 $\mathbf{B}$ 並不能滿足所有馬克士威爾方程式。這類場常被假設 (往往在交流電路的問題中) 同時只要被解釋得恰當，它們就不至於引起任何困難。但是，有的時候它們會令人驚異。在本章末了處習題 9.19 中將再會討論這一個場。

現在，讓我們考慮一種對時間是一定的通量和一個在動的閉合路徑的情形。在從法拉第定律 (1) 中推導出任何特殊的結果之前，讓我們先用它來分析一下圖 9.1 中所描述的這個問題。閉合的電路包括二平行的導體，它們在其中一端由一個高電阻的伏特計相連，伏特計的尺寸可略去不計，在另一端則由一條以速度 $\mathbf{v}$ 移動的滑棒相連。磁通量密度 $\mathbf{B}$ 是一個定值 (對空間及時間而言) 同時是垂直於包含這閉合路徑的平面。

以 y 來表示短路棒的位置；於是在任何時間 t 通過閉合路徑以內的表面之磁通量就是

$$\Phi = Byd$$

根據 (1) 式，我們得到

$$\text{emf} = -\frac{d\Phi}{dt} = -B\frac{dy}{dt}d = -Bvd \tag{9}$$

由於 emf 被定義為 $\oint \mathbf{E}\cdot d\mathbf{L}$，而我們有的又是一條傳導路徑，我們可以沿著閉合路徑在每一點上真正地決定出 $\mathbf{E}$ 來。但是在靜電學中，我們發現在一個導體的表面處 $\mathbf{E}$ 的

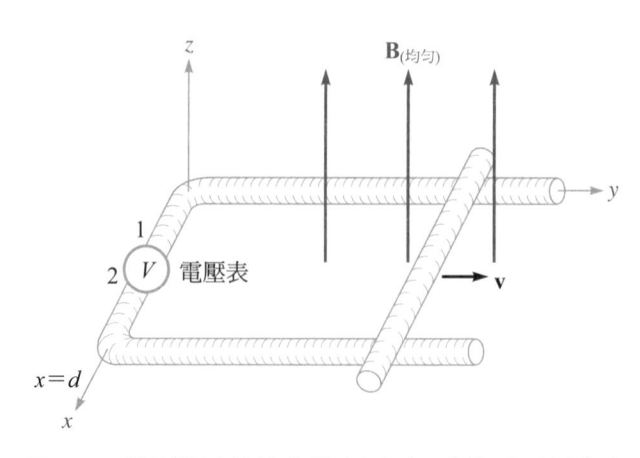

圖 9.1 說明將法拉第定律應用到一定的磁通量密度 **B** 和在移動的路徑上的一個例子。短路棒以速度 **v** 向右移，電路經過兩條導軌及一個極小的高阻伏特計而得以完成，伏特計上的讀數是 $V_{12} = -Bvd$。

切線分量是零，而且在 9.4 節中我們將證明在一個**完全**的導體 ($\sigma = \infty$) 的表面上對於所有時變情況而言，這切線分量都定為零。這就等於說一個完全的導體是一條"短路"。圖 9.1 中的整個閉合路徑可被認為是一個完全的導體，除了那個伏特計以外。於是，對 $\oint \mathbf{E} \cdot d\mathbf{L}$ 的真正的計算中必然含有沿著整個可動的棒、兩條導軌，以及伏特計引線的無貢獻量在內。由於我們是順著反時針方向積分的 (將表面正的那邊的內部保持在我們的左邊) 跨於伏特計上的貢獻 $E \Delta L$ 必然就是 $-Bvd$，表示儀器中的電場強度是從 2 端指向 1 端的。要得出一個正的讀數的話，伏特計的正端就應當是 2 端。

所形成的小電流流動的方向可藉下法加以確定，即是注意依照楞次定律被包含的通量會因一個順時針方向的電流而減少。伏特計的 2 端又可以看出來是正的一端。

現在，讓我們利用**運動電動勢** (motional emf) 的觀念來考慮這例題。在磁場 **B** 中以速度 **v** 在運動的電荷 Q 上的作用力是

$$\mathbf{F} = Q\mathbf{v} \times \mathbf{B}$$

或者

$$\frac{\mathbf{F}}{Q} = \mathbf{v} \times \mathbf{B} \tag{10}$$

滑動的導體棒是由正、負電荷所組成的，它們每個都受到這力。(10) 式所指出的每單位電荷上的力被稱為**運動型電場強度** $\mathbf{E}_m$，

$$\boxed{\mathbf{E}_m = \mathbf{v} \times \mathbf{B}} \tag{11}$$

如果將移動的導體從導軌上提起來，這一電場強度將迫使電子移到棒的一端去，直到這些電荷的**靜態場** (static field) 正好將棒的運動所感應的場平衡掉為止。結果，沿著棒的長度的電場強度的合成切線分量將是零。

於是，由移動的導體所產生的運動電動勢為

$$\text{emf} = \oint \mathbf{E}_m \cdot d\mathbf{L} = \oint (\mathbf{v} \times \mathbf{B}) \cdot d\mathbf{L} \tag{12}$$

其中，最後那個積分只有沿著在動的那段路徑，或者沿著 $\mathbf{v}$ 的值不是零的地方才會有不等於零的值。計算 (12) 式的右側，我們得到

$$\oint (\mathbf{v} \times \mathbf{B}) \cdot d\mathbf{L} = \int_d^0 vB\, dx = -Bvd$$

和前面一樣，這就是總電動勢，因為 $\mathbf{B}$ 不是時間的函數。

當導體在一個均勻的定值磁場中運動的情形下，我們就可以為每一部份在動的導體指出一個感應的電場強度 $\mathbf{E}_m = \mathbf{v} \times \mathbf{B}$，而用下式來計算合成的電動勢，

$$\text{emf} = \oint \mathbf{E} \cdot d\mathbf{L} = \oint \mathbf{E}_m \cdot d\mathbf{L} = \oint (\mathbf{v} \times \mathbf{B}) \cdot d\mathbf{L} \tag{13}$$

如果磁通量密度也隨著時間而改變，則我們必須將 (5) 式和 (12) 式二者對電動勢的貢獻都包括在內，

$$\text{emf} = \oint \mathbf{E} \cdot d\mathbf{L} = -\int_S \frac{\partial \mathbf{B}}{\partial t} \cdot d\mathbf{S} + \oint (\mathbf{v} \times \mathbf{B}) \cdot d\mathbf{L} \tag{14}$$

此表示式就等效於下面的簡單說法

$$\text{emf} = -\frac{d\Phi}{dt} \tag{1}$$

它們兩者間的任何一個都可以用來決定感應電壓。

雖然 (1) 式看來簡單些，但是有幾個設計出來的例子要恰當地應用 (1) 式是很難的。這些例子通常都涉及滑動接觸或開關；它們往往要將一部份電路以一個新的部份來替

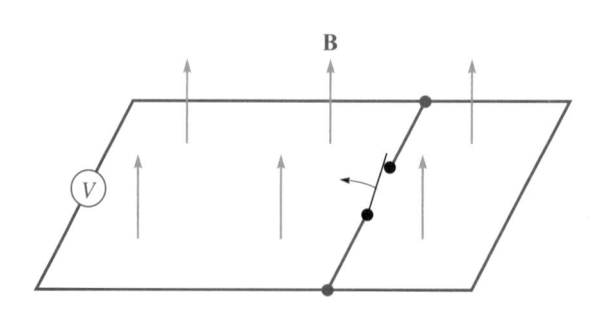

圖 9.2 將開關打開使電路的一部份被另一部份取代時，通量鏈雖然看來仍是增加了，但是並沒有導致一項感應電壓來，伏特計上將見不到任何跡象。

代。[4] 舉例而言，設想圖 9.2 中的簡單電路，它包括幾根完全的導線、一個理想伏特計、一個均勻的定值磁場 **B**、及一個開關。當開關被打開時，顯然地就有較多的通量被包圍在伏特計的電路中；然而它的讀數仍是零。此時，通量的改變並不是由一個時變的 **B** [(14) 式中的第一項] 或者在磁場中移動的導體 [(14) 式中的第二項] 所產生。相反地，是以一個新的電路取代了舊的。因此，在計算通量鏈的變動時必須很小心。

(14) 式指出：可將電動勢分成二部份，一部份是由 **B** 的時間變率所引起的以及由電路的運動所引起的另一部份，這觀點並非那麼嚴格決定，而是有點任意的，因為它是依**觀察者**和系統間的相對速度而定。一個對時間與空間都在改變的場對於一個和場一起在動的觀察者而言，看來可能像是固定的。這套說理方法在將特殊相對論應用到電磁理論上的時候會討論得更為完整。[5]

D9.1. 已知某一區域內，$\epsilon = 10^{-11}$ F/m 及 $\mu = 10^{-5}$ H/m。若 $B_x = 2 \times 10^{-4} \cos 10^5 t \sin 10^{-3} y$ T：(a) 試利用 $\nabla \times \mathbf{H} = \epsilon \dfrac{\partial \mathbf{E}}{\partial t}$ 來求出 **E**；(b) 試求在 $t = 1\ \mu$s 時，通過表面 $x = 0$，$0 < y < 40$ m，$0 < z < 2$ m 的總磁通量；(c) 試求沿著上題所指定表面之周界的 **E** 之封閉線積分值。

答案：$-20{,}000 \sin 10^5 t \cos 10^{-3} y \mathbf{a}_z$ V/m；0.318 m Wb；-3.19 V

D9.2. 參考圖 9.1 所示的滑棒，令 $d = 7$ cm，$\mathbf{B} = 0.3 \mathbf{a}_z$ T，且 $\mathbf{v} = 0.1\ \mathbf{a}_y e^{20y}$ m/s，令 $t = 0$ 時，$y = 0$。試求：(a) $v(t=0)$；(b) $y(t=0.1)$；(c) $v(t=0.1)$；(d) 在 $t = 0.1$ 時的 V_{12}。

答案：0.1 m/s；1.12 cm；0.125 m/s；-2.63 mV

---

[4] 見本章末了處參考書目中 Bewley 的書，尤其是 12～19 頁。
[5] 這項觀點在本章末的幾本參考書中都被討論到了，見 Panofsky 及 Phillips，142～151 頁；Owen，231～245 頁，以及 Harman 中好幾處。

9.2 位移電流

法拉第的實驗定律被用來求出其中一個馬克士威爾微分型方程式，

$$\nabla \times \mathbf{E} = -\frac{\partial \mathbf{B}}{\partial t} \tag{15}$$

此式告訴我們一個時變的磁場能產生一個電場。回想旋度的定義，我們知道這電場具有環流的特殊性質；它對一條一般性的閉合路徑的線積分不是零。現在，讓我們將注意力轉到時變的電場上。

我們應當先看一下將點形式的安培環路定律應用到穩定磁場時的情形

$$\nabla \times \mathbf{H} = \mathbf{J} \tag{16}$$

同時取兩側的散度，

$$\nabla \cdot \nabla \times \mathbf{H} \equiv 0 = \nabla \cdot \mathbf{J}$$

證明它在時變的情形上並不適用。由於旋度的散度一定是零，$\nabla \cdot \mathbf{J}$ 也就是零。然而，連續性方程式，

$$\nabla \cdot \mathbf{J} = -\frac{\partial \rho_v}{\partial t}$$

就會告訴我們只有當 $\partial \rho_v / \partial t = 0$ 時，(16) 式才可能成立。這是一項不切實際的限制，在我們能為時變的場接受 (16) 式之前它必須先被修正才成。假定我們將一個未知項 **G** 加到 (16) 式上，

$$\nabla \times \mathbf{H} = \mathbf{J} + \mathbf{G}$$

再取散度，我們就得到

$$0 = \nabla \cdot \mathbf{J} + \nabla \cdot \mathbf{G}$$

因此

$$\nabla \cdot \mathbf{G} = \frac{\partial \rho_v}{\partial t}$$

將 ρ_v 換成 $\nabla \cdot \mathbf{D}$，

由此可以為 G 得出最簡單的解來，

$$\nabla \cdot \mathbf{G} = \frac{\partial}{\partial t}(\nabla \cdot \mathbf{D}) = \nabla \cdot \frac{\partial \mathbf{D}}{\partial t}$$

$$\mathbf{G} = \frac{\partial \mathbf{D}}{\partial t}$$

所以，以點形式表示的安培環路定律就變成

$$\boxed{\nabla \times \mathbf{H} = \mathbf{J} + \frac{\partial \mathbf{D}}{\partial t}} \tag{17}$$

(17) 式並不是被導出來的，這只不過是我們得到的一種形式，而它與連續性方程式沒有不 之處而已。它與我們所有其他的結果也相符合，我們接受它就像我們接受每個實驗定律以及由它導出的方程式一樣。我們是在建立一種學說，並有權列出我們的每一個方程式**直到它們被證明是錯的為止**。而這一點至今尚未被證實。

我們現在有了第二個馬克士威爾方程式，同時要來檢視它的意義。加進去的這項 $\partial \mathbf{D}/\partial t$ 具有電流密度的因次，安培/米²。因為它是由一個時變的電通量密度 (或者位移密度) 來的，馬克士威爾將它稱作**位移電流密度** (displacement current density)。我們有的時候以 $\mathbf{J}_d$ 來代表它：

$$\nabla \times \mathbf{H} = \mathbf{J} + \mathbf{J}_d$$
$$\mathbf{J}_d = \frac{\partial \mathbf{D}}{\partial t}$$

這是我們所遇到的第三種電流密度。傳導電流密度，

$$\mathbf{J} = \sigma \mathbf{E}$$

即電荷 (通常是電子) 在淨電荷密度為零的區域內的運動，以及對流電流密度，

$$\mathbf{J} = \rho_v \mathbf{v}$$

則是代表體電荷密度的運動。兩者在 (17) 式中都是以 **J** 來代表。束縛的電流密度當然是被包括在 **H** 中。在沒有體積電荷密度存在的非傳導介質中 **J**＝0，於是

$$\nabla \times \mathbf{H} = \frac{\partial \mathbf{D}}{\partial t} \qquad (\text{如果 } \mathbf{J}=0) \tag{18}$$

注意 (18) 式和 (15) 式間的對稱性：

$$\nabla \times \mathbf{E} = -\frac{\partial \mathbf{B}}{\partial t} \tag{15}$$

強度向量 **E** 和 **H** 之間的類比性以及通量密度向量 **D** 和 **B** 間的類比性再度地又很明顯。然而，我們對這類比性不能過於相信它，因為當我們探討質點上的作用力時它就不行了。一個電荷上的作用力是與 **E** 和 **B** 有關，有人可以提出很好的論點來指出 **E** 和 **B** 之間以及 **D** 和 **H** 之間具有類比性。不過，我們將略去這些不提，在這段文字中只說位移電流的觀念是馬克士威爾根據上面所說的對稱性而首先提出。[6]

經過任何已知表面的總位移電流可由下列表面積分來表示：

$$I_d = \int_S \mathbf{J}_d \cdot d\mathbf{S} = \int_S \frac{\partial \mathbf{D}}{\partial t} \cdot d\mathbf{S}$$

同時根據 (17) 式藉著在表面 S 上積分，我們就可以得出安培環路定律的時變形式，

$$\int_S (\nabla \times \mathbf{H}) \cdot d\mathbf{S} = \int_S \mathbf{J} \cdot d\mathbf{S} + \int_S \frac{\partial \mathbf{D}}{\partial t} \cdot d\mathbf{S}$$

再應用史托克斯定理，

$$\boxed{\oint \mathbf{H} \cdot d\mathbf{L} = I + I_d = I + \int_S \frac{\partial \mathbf{D}}{\partial t} \cdot d\mathbf{S}} \tag{19}$$

位移電流密度的性質是什麼呢？讓我們來研究一下圖 9.3 中的簡單電路，它包括一個細導線的迴路及一個平行板電容器。在迴路內有一個對時間做弦式變化的磁場被加了上去，以便在閉合路徑 (細導線加上電容器極片之間的虛線部份) 上產生一個電動勢，我們將後者取成

$$\text{emf} = V_0 \cos \omega t$$

利用基本電路理論，且假定迴路內無電阻及電感，我們便可以得出迴路中的電流為

$$I = -\omega C V_0 \sin \omega t$$
$$= -\omega \frac{\epsilon S}{d} V_0 \sin \omega t$$

---

[6] **B** 與 **D** 的類比性及 **H** 與 **E** 的類比性，係由 Fano、Chu 及 Adler 所提出 (見第 6 章參考書目)；**B** 與 **E** 的類比性及 **D** 與 **H** 的類比性，係由 Halliday 與 Resnick 所提出 (見本章參考書目)。

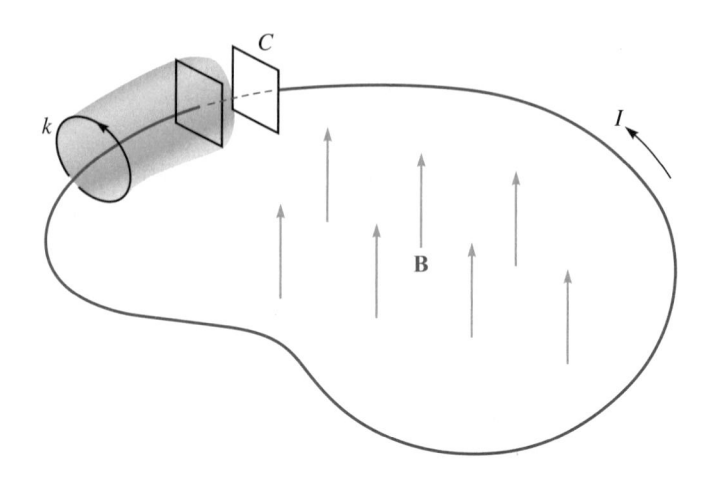

圖 9.3　一根細導體形成一個迴路將平行板電容器的二個極片聯起來。在這閉合路徑內一個時變的磁場可產生一個 $V_0 \cos \omega t$ 的電動勢。傳導電流 I 等於電容器極片間的位移電流。

其中 ϵ、S 和 d 各量都是屬於電容器的參數。沿著較小的閉合圓周路徑 k 應用安培環路定律而暫時略去位移電流不計，

$$\oint_k \mathbf{H} \cdot d\mathbf{L} = I_k$$

這路徑以及沿著路徑的 $\mathbf{H}$ 值都是確定的量 (雖然很難決定)，所以 $\oint_k \mathbf{H} \cdot d\mathbf{L}$ 是一個確定的量。電流 I_k 是經過每一個以路徑 k 為周界之表面的電流。如果我們選一個被導線穿過的簡單表面，例如由路徑 k 所定義的圓平面，這電流顯然地就是傳導電流。假定我們現在將閉合路徑 k 考慮成一個紙袋的口，它的底經過電容器的二極片之間，這口袋並沒有被導線穿過，所以傳導電流是零。現在我們需要考慮位移電流了，因為在電容器內

$$D = \epsilon E = \epsilon \left(\frac{V_0}{d} \cos \omega t \right)$$

所以

$$I_d = \frac{\partial D}{\partial t} S = -\omega \frac{\epsilon S}{d} V_0 \sin \omega t$$

此值和導線迴路中的傳導電流值一樣。所以，將包含位移電流的安培環路定律應用到路徑 k 上，會導出 $\mathbf{H}$ 的線積分的一個確定值。這值必須等於經過被選表面的總電流。對於有些表面而言，這電流幾乎全部是傳導電流，但是對於經過電容器二極片之間的那

些表面而言，傳導電流是零，因此它是位移電流，它現在就等於 **H** 的閉合線積分。

實際上，我們應當注意到一個電容器會儲存電荷，同時電容器極片之間的電場比外面的小漏電場要大得多。所以，當我們將凡是不經過極片之間的表面上的位移電流略去不計時，我們所引入的誤差是很小的。

位移電流是和時變電場相關聯的，所以它存在於所有帶有傳導電流的不完全導體中。下面的練習題中的第二部份會指出為什麼這項額外的電流在實驗上從來沒有被發現過的原因。

D9.3. 試求下列各題的位移電流密度：(a) 汽車天線附近，FM 信號的磁場強度為 $H_x = 0.15 \cos[3.12(3 \times 10^8 t - y)]$ A/m；(b) 在大型電力配電變壓器內部空氣間的某一點處，$\mathbf{B} = 0.8 \cos[1.257 \times 10^{-6} (3 \times 10^8 t - x)]\mathbf{a}_y$ T；(c) 在一大型油-充式電力電容器內，其 $\epsilon_r = 5$ 且 $\mathbf{E} = 0.9 \cos[1.257 \times 10^{-6} (3 \times 10^8 t - z\sqrt{5})]\mathbf{a}_x$ MV/m；(d) 在 60 Hz 的金屬導體內，若 $\epsilon = \epsilon_0$，$\mu = \mu_0$，$\sigma = 5.8 \times 10^7$ S/m，且 $\mathbf{J} = \sin(377t - 117.1z)\mathbf{a}_x$ MA/m²。

答案：0.468 A/m²；0.800 A/m²；0.0150 A/m²；57.6 pA/m²

9.3 點形式的馬克士威爾方程式

我們已經為時變場求得二個馬克士威爾方程式，

$$\nabla \times \mathbf{E} = -\frac{\partial \mathbf{B}}{\partial t} \tag{20}$$

及

$$\nabla \times \mathbf{H} = \mathbf{J} + \frac{\partial \mathbf{D}}{\partial t} \tag{21}$$

剩下的二個方程式和它們的不依時間而變的形式並無不同：

$$\nabla \cdot \mathbf{D} = \rho_v \tag{22}$$

$$\nabla \cdot \mathbf{B} = 0 \tag{23}$$

(22) 式原則上說明電荷密度是電通量線的源 (或池)。注意：我們不再可以說所有電通量都是從電荷開始，同時也終止於電荷，因為法拉第定律的點形式 (20) 式指出如果有一個變動的磁場存在的話，則 E 以及 D，就可以有環流。因此電通量線可以形成閉合的迴路。然而，反過來說仍是對的，每一庫侖的電荷必須有一庫侖的電通量自它發散出來。

(23) 式再度聲明"磁荷"或極的存在是沒有人知道的。磁通量總是以閉合的迴路出現而從不自一個點源發散出來。

這四個方程式構成所有電磁學理論的基礎。它們是偏微分方程式，可將電場和磁場聯在一起，同時也和它們的源、電荷、及電流密度相關聯。關聯 D 和 E 的輔助方程式是

$$\boxed{\mathbf{D} = \epsilon \mathbf{E}} \tag{24}$$

聯繫 B 和 H 的則是

$$\boxed{\mathbf{B} = \mu \mathbf{H}} \tag{25}$$

定義傳導電流密度的

$$\boxed{\mathbf{J} = \sigma \mathbf{E}} \tag{26}$$

以及用體積電荷電密度 ρ_v 表示來定義對流電流密度

$$\boxed{\mathbf{J} = \rho_v \mathbf{v}} \tag{27}$$

這些輔助方程式也是在定義並聯繫出現在馬克士威爾方程式中各量時所必須要的。

電位 V 和磁位 $\mathbf{A}$ 沒有被包括在上面，因為嚴格地說它們並非必要的，雖然它們是極其有用的。在本章的末了處將會討論到它們。

如果我們處理的材料不是"很好的"，我們就會發現必須將 (24) 及 (25) 式換成包含電極化場和磁極化場在內，即

$$\boxed{\mathbf{D} = \epsilon_0 \mathbf{E} + \mathbf{P}} \tag{28}$$

$$\boxed{\mathbf{B} = \mu_0(\mathbf{H} + \mathbf{M})} \tag{29}$$

對線性材料而言，我們可將 P 和 E 的關係寫成

$$\mathbf{P} = \chi_e \epsilon_0 \mathbf{E} \tag{30}$$

同時 M 和 H 的關係為

$$\mathbf{M} = \chi_m \mathbf{H} \tag{31}$$

最後，由於羅侖茲力方程式有其基本之重要性，故應將之涵蓋進來，寫成每單位體積之力的點形式便可表示成，

$$\mathbf{f} = \rho_v(\mathbf{E} + \mathbf{v} \times \mathbf{B}) \tag{32}$$

下面各章將專門來探討馬克士威爾方程式應用到幾個簡單問題的特例。

D9.4. 令 $\mu = 10^{-5}$ H/m，$\epsilon = 4 \times 10^{-9}$ F/m，$\sigma = 0$，且 $\rho_v = 0$。試求 k（包含單位），以使下列每一對場量均能滿足馬克士威爾方程式：(a) $\mathbf{D} = 6\mathbf{a}_x - 2y\mathbf{a}_y + 2z\mathbf{a}_z$ nC/m²，$\mathbf{H} = kx\mathbf{a}_x + 10y\mathbf{a}_y - 25z\mathbf{a}_z$ A/m；(b) $\mathbf{E} = (20y - kt)\mathbf{a}_x$ V/m，$\mathbf{H} = (y + 2 \times 10^6 t)\mathbf{a}_z$ A/m。

答案：15 A/m²；-2.5×10^8 V/(m·s)

9.4　積分形式的馬克士威爾方程式

通常，積分形式的馬克士威爾方程式往往比較容易由幾個實驗定律辨認出來，因為它們就是根據這些定律再利用推廣方法而求出來的。由於實驗所處理的必然是巨觀的物理量，所以它們的結果是以積分關係來表示。微分方程式所表示的總是一種理論。現在，讓我們將 9.3 節的馬克士威爾方程式的積分形式集中起來。

在一個表面上對 (20) 式取積分，再應用史托克斯定理，我們就得到法拉第定律，

$$\oint \mathbf{E} \cdot d\mathbf{L} = -\int_S \frac{\partial \mathbf{B}}{\partial t} \cdot d\mathbf{S} \tag{33}$$

同樣的步驟應用到 (21) 式，就產生了安培環路定律，

$$\oint \mathbf{H} \cdot d\mathbf{L} = I + \int_S \frac{\partial \mathbf{D}}{\partial t} \cdot d\mathbf{S} \tag{34}$$

將 (22) 式和 (23) 式在整個體積上積分，再應用散度定理就可以得出電場和磁場的高斯定律，

$$\oint_S \mathbf{D} \cdot d\mathbf{S} = \int_{體積} \rho_v dv \tag{35}$$

$$\oint_S \mathbf{B} \cdot d\mathbf{S} = 0 \qquad (36)$$

這四個積分方程式可使我們求出 **B**、**D**、**H**，和 **E** 上的邊界條件，這些條件在決定解偏微分形式的馬克士威爾方程式時所得到的常數之值是必要的。一般說來，這些邊界條件和它們在靜態或穩定場中的形式並無不同，同時可以用同樣的方法來求它們。在任何二種實際的物理介質之間 (其中，**K** 在邊界上必須為零)，(33) 式讓我們可以將 **E** 場的切線分量聯繫起來，

$$E_{t1} = E_{t2} \qquad (37)$$

而根據 (34) 式，

$$H_{t1} = H_{t2} \qquad (38)$$

表面積分可以產生法線分量上的邊界條件，

$$D_{N1} - D_{N2} = \rho_S \qquad (39)$$

與

$$B_{N1} = B_{N2} \qquad (40)$$

我們往往希望能藉著假定一個完全的導體，其中 σ 為無限大但是 **J** 是有限的，因而能使一個實際問題理想化。於是，根據歐姆定律，在一個完全的導體內，

$$\mathbf{E} = 0$$

再根據點形式的法拉第定律，對時變場而言

$$\mathbf{H} = 0$$

於是點形式的安培環路定律就會告訴我們 **J** 的有限值是

$$\mathbf{J} = 0$$

所以，電流必須在導體的表面上承載電流而成為表面電流 **K**。因此，如果區域 2 是一個完全的導體的話，(37) 到 (40) 各式就分別變為

$$E_{t1} = 0 \qquad (41)$$

$$H_{t1} = K \quad (\mathbf{H}_{t1} = \mathbf{K} \times \mathbf{a}_N) \tag{42}$$

$$D_{N1} = \rho_s \tag{43}$$

$$B_{N1} = 0 \tag{44}$$

其中，$\mathbf{a}_N$ 是導體表面處垂直指向外的單位法線向量。

注意：不論是在電介質、完全導體，或者不完全的導體中，表面電荷密度都被認為是一種實際上的可能性，但是表面**電流**密度則只是在提到完全導體時才被假定的。

上面所說的邊界條件是馬克士威爾方程式中非常必要的一部份。所有實際問題都有邊界，同時需要解在二個或更多區域內的馬克士威爾方程式，而這些解在邊界處必須能滿足才行。在完全導體的情形下，導體以內方程式的解均為零解 (所有時變場都是零)，但是 (41) 到 (44) 式各項邊界條件的應用則可能很難。

當馬克士威爾方程式是在一個**無邊的** (unbounded) 區域內解出來時，電波傳播方面的一些基本性質就會變得很明顯。這個問題將在第 11 章中談到。它代表馬克士威爾方程式的最簡單的應用，因為這是唯一不必用到任何邊界條件的問題。

D9.5. 已知單位向量 $0.64\mathbf{a}_x + 0.6\mathbf{a}_y - 0.48\mathbf{a}_z$ 是由區域 2 ($\epsilon_{r2}=2$, $\mu_{r2}=3$, $\sigma_2=0$) 指向區域 1 ($\epsilon_{r1}=4$, $\mu_{r1}=2$, $\sigma_1=0$)。若在邊界附近於區域 1 內的 P 點處，$\mathbf{B}_1=(\mathbf{a}_x-2\mathbf{a}_y+3\mathbf{a}_z)\sin 300t$ T，試求 P 點處下列各值的大小：(a) $\mathbf{B}_{N1}$；(b) $\mathbf{B}_{t1}$；(c) $\mathbf{B}_{N2}$；(d) $\mathbf{B}_2$。

答案：2.00 T；3.16 T；2.00 T；5.15 T

D9.6. 表面 $y=0$ 為一完全地導電面，而 $y>0$ 區域則是 $\epsilon_r=5$, $\mu_r=3$, 及 $\sigma=0$。令 $y>0$ 區域內的 $\mathbf{E} = 20\cos(2\times10^8 t - 2.58z)\mathbf{a}_y$ V/m，試求 $t=6$ ns 時，下列各項之值：(a) 在 $P(2, 0, 0.3)$ 點處的 ρ_S；(b) P 點處的 $\mathbf{H}$；(c) P 點處的 $\mathbf{K}$。

答案：0.81 nC/m^2；$-62.3\mathbf{a}_x$ mA/m；$-62.3\mathbf{a}_z$ mA/m

---

9.5 滯後位勢

時變位場，通常被稱為**滯後** (retarded) 位勢，其原因我們過一會就會明白，其最大的用處是在輻射問題上 (將會在第 14 章中探討)，在這些問題中場源的分佈都是略知。我們還記得純量電位 V 可以用靜態的電荷分佈來表示

$$V = \int_{\text{體積}} \frac{\rho_v dv}{4\pi \epsilon R} \qquad \text{(靜態的)} \tag{45}$$

而向量磁位則可以從一個對時間保持固定的電流分佈上求出來,

$$\mathbf{A} = \int_{\text{體積}} \frac{\mu \mathbf{J} dv}{4\pi R} \qquad \text{(直流)} \tag{46}$$

V 能滿足的微分方程式為

$$\nabla^2 V = -\frac{\rho_v}{\epsilon} \qquad \text{(靜態的)} \tag{47}$$

和 $\mathbf{A}$ 能滿足的是

$$\nabla^2 \mathbf{A} = -\mu \mathbf{J} \qquad \text{(直流)} \tag{48}$$

這些可以分別看作是 (45) 式和 (46) 式二個積分方程式的點形式。

在找到了 V 和 $\mathbf{A}$ 之後,各基本場便可以很簡單地分別利用梯度,即

$$\mathbf{E} = -\nabla V \qquad \text{(靜態的)} \tag{49}$$

與旋度

$$\mathbf{B} = \nabla \times \mathbf{A} \qquad \text{(直流)} \tag{50}$$

求出來。

現在,我們希望定義出適當的時變位場來,以便在只涉及靜態的電荷和直流電流時,它們仍能和上面各個式子相符合。

(50) 式顯然地仍是與馬克士威爾方程式相符的。這些式子說明 $\nabla \cdot \mathbf{B} = 0$,同時 (50) 式的散度導致旋度的散度,而它總是為零。所以,讓我們暫時接受 (50) 式在時變場中能成立,而將注意力轉移到 (49) 式上去。

(49) 式的不妥當是很顯然的,因為將旋度運算加到它的二邊上再認清梯度的旋度總是零就會得出 $\nabla \times \mathbf{E} = 0$ 來。然而,點形式的法拉第定律說明一般而言 $\nabla \times \mathbf{E}$ 並不為零。讓我們試著加一個未知的項到 (49) 式上來看是否有所改進,

$$\mathbf{E} = -\nabla V + \mathbf{N}$$

取旋度
$$\nabla \times \mathbf{E} = 0 + \nabla \times \mathbf{N}$$

利用點形式的法拉第定律，
$$\nabla \times \mathbf{N} = -\frac{\partial \mathbf{B}}{\partial t}$$

再用 (50) 式就得到
$$\nabla \times \mathbf{N} = -\frac{\partial}{\partial t}(\nabla \times \mathbf{A})$$

或者
$$\nabla \times \mathbf{N} = -\nabla \times \frac{\partial \mathbf{A}}{\partial t}$$

這方程式最簡單的解是
$$\mathbf{N} = -\frac{\partial \mathbf{A}}{\partial t}$$

所以
$$\boxed{\mathbf{E} = -\nabla V - \frac{\partial \mathbf{A}}{\partial t}} \tag{51}$$

我們仍需要將 (50) 式和 (51) 式代入剩下的二個馬克士威爾方程式中來核對它們：

$$\nabla \times \mathbf{H} = \mathbf{J} + \frac{\partial \mathbf{D}}{\partial t}$$
$$\nabla \cdot \mathbf{D} = \rho_v$$

這樣做就得到更為複雜的表示式
$$\frac{1}{\mu}\nabla \times \nabla \times \mathbf{A} = \mathbf{J} + \epsilon\left(-\nabla\frac{\partial V}{\partial t} - \frac{\partial^2 \mathbf{A}}{\partial t^2}\right)$$

及
$$\epsilon\left(-\nabla \cdot \nabla V - \frac{\partial}{\partial t}\nabla \cdot \mathbf{A}\right) - \rho_v$$

亦即

$$\nabla(\nabla \cdot \mathbf{A}) - \nabla^2 \mathbf{A} = \mu \mathbf{J} - \mu\epsilon\left(\nabla \frac{\partial V}{\partial t} + \frac{\partial^2 \mathbf{A}}{\partial t^2}\right) \tag{52}$$

和

$$\nabla^2 V + \frac{\partial}{\partial t}(\nabla \cdot \mathbf{A}) = -\frac{\rho_v}{\epsilon} \tag{53}$$

(52) 式和 (53) 式中沒有明顯的不符之處。在靜態或直流的情形下 $\nabla \cdot \mathbf{A} = 0$，故 (52) 式與 (53) 式就分別變成 (48) 式與 (47) 式。因此，我們將假定時變位場可以被規定成一種樣子，以便 **B** 和 **E** 可以藉著 (50) 式和 (51) 式而由它們求出來。不過，後面說的這二個方程式並不能完全地界定 **A** 和 V。它們只代表必要的條件而不是充分的條件。我們最初的假定只不過是 $B = \nabla \times \mathbf{A}$，而一個向量不能只由它的旋度就決定了。舉例而言，假定我們有一個非常簡單的位場，其中的 A_y 和 A_z 是零。將 (50) 式展開就得出

$$B_x = 0$$
$$B_y = \frac{\partial A_x}{\partial z}$$
$$B_z = -\frac{\partial A_x}{\partial y}$$

我們發現並沒有關於 A_x 如何對 x 變化的資料。如果我們同時知道 **A** 的散度值的話，這項資料就可以找到了，因為在我們的例子中

$$\nabla \cdot \mathbf{A} = \frac{\partial A_x}{\partial x}$$

最後，我們應注意到：我們僅擁有 **A** 的空間導數資訊而已，故或可再加上一空間-常數項。在所有實際問題中，當解的區域延伸至無限遠時，此常數項必定為零，因為在無限遠處並無場存在。

由此簡單的實例推廣來看，當一向量場的旋度及散度為已知，且在任何點 (包括無限處) 均已知其值時，我們便可說該向量場已完全地界定了。因此，我們可以自由地指定 **A** 的散度，同時觀察一下 (52) 式及 (53) 式便可求出 **A** 此種散度最簡單的表示式。我們將之定義成

$$\nabla \cdot \mathbf{A} = -\mu\epsilon \frac{\partial V}{\partial t} \tag{54}$$

於是 (52) 式和 (53) 式變成

$$\nabla^2 \mathbf{A} = -\mu \mathbf{J} + \mu\epsilon \frac{\partial^2 \mathbf{A}}{\partial t^2} \tag{55}$$

和

$$\nabla^2 V = -\frac{\rho_v}{\epsilon} + \mu\epsilon \frac{\partial^2 V}{\partial t^2} \tag{56}$$

這些方程式與波動方程式有關，將會在接下來的第 10 章與第 11 章中討論。它們顯出相當多的對稱性，因此我們非常滿意我們給 V 及 $\mathbf{A}$ 的定義，

$$\mathbf{B} = \nabla \times \mathbf{A} \tag{50}$$

$$\nabla \cdot \mathbf{A} = -\mu\epsilon \frac{\partial V}{\partial t} \tag{54}$$

$$\mathbf{E} = -\nabla V - \frac{\partial \mathbf{A}}{\partial t} \tag{51}$$

根據 (50)、(51) 及 (54) 式就可以為時變位場得出 (45) 式和 (46) 式的積分等效式來，但是我們將只提出最後的結果，並指明它們的一般本質。在第 11 章中，我們將會發現任何電磁性的擾動都是以

$$v = \frac{1}{\sqrt{\mu\epsilon}}$$

的速度在一切能以 μ 和 ϵ 來描述的均勻介質中行進。在自由空間中，這速度就是光的速度，差不多是 3×10^8 m/s。因此，我們可以很合理地猜測在任何一點的位場不是由某些遠處點上的電荷密度在同一時刻的值所引起的，而是由它前些時間的值所引起的，因為此種效應是以有限的速度在行進。因此，(45) 式變成

$$\boxed{V = \int_{\text{體積}} \frac{[\rho_v]}{4\pi\epsilon R} dv} \tag{57}$$

其中 $[\rho_v]$ 表示出現在 ρ_v 表示式中的每一個 t 都被換成一個**滯後** (retarded) 時間

$$t' = t - \frac{R}{v}$$

所以，如果整個空間內的電荷密度是

$$\rho_v = e^{-r} \cos \omega t$$

的話，則

$$[\rho_v] = e^{-r} \cos \left[\omega \left(t - \frac{R}{v} \right) \right]$$

其中 R 是所考慮微小電荷單元到它的電位要被決定的那一點間的距離。

滯後的向量磁位是

$$\boxed{\mathbf{A} = \int_{\text{體積}} \frac{\mu[\mathbf{J}]}{4\pi R} dv} \tag{58}$$

時變位場中滯後時間的應用使得它得到滯後位勢的名稱。在第 14 章中，我們要將 (58) 式應用到一個微小的電流單元的簡單情悅上，其中 I 是時間的一個弦式函數。(58) 式的其它簡單的應用則在本章末了的數個習題中被考慮到。

我們可以將位場的應用總結如下：對於整個空間中 ρ_v 和 $\mathbf{J}$ 分佈的知識，在理論上使得我們可以由 (57) 和 (58) 二式來決定 V 和 $\mathbf{A}$。然後，再應用 (50) 式和 (51) 式而求出電場與磁場。如果電荷與電流的分佈是未知的，或者無法為它們提出合理的近似的話，則這些位場對於求解答方面通常並不比直接應用馬克士威爾方程式來得容易。

D9.7. 在自由空間中，已知某一點電荷 $4 \cos 10^8 \pi t$ μC 位於 $P_+(0, 0, 1.5)$ 點處，而另一點電荷 $-4 \cos 10^8 \pi t$ μC 則是位於 $P_-(0, 0, -1.5)$ 點處。當 t=15 ns 且 $\theta =$: (a) 0°; (b) 90°; (c) 45°，試求 $P(r=450, \theta, \phi=0)$ 點處的 V。

答案：159.8 V ; 0 ; 143 V

參考書目

1. Bewley, L. V. *Flux Linkages and Electromagnetic Induction*. New York: Macmillan, 1952. This little book discusses many of the paradoxical examples involving induced (?) voltages.
2. Faraday, M. *Experimental Researches in Electricity*. London: B. Quaritch, 1839, 1855. Very interesting reading of early scientific research. A more recent and available source is *Great Books of the Western World,* vol. 45, Encyclopaedia Britannica, Inc., Chicago, 1952.

3. Halliday, D., R. Resnick, and J. Walker. *Fundamentals of Physics*. 5th ed. New York: John Wiley & Sons, 1997. This text is widely used in the first university-level course in physics.
4. Harman, W. W. *Fundamentals of Electronic Motion*. New York: McGraw-Hill, 1953. Relativistic effects are discussed in a clear and interesting manner.
5. Nussbaum, A. *Electromagnetic Theory for Engineers and Scientists*. Englewood Cliffs, N.J.: Prentice-Hall, 1965. See the rocket-generator example beginning on p. 211.
6. Owen, G. E. *Electromagnetic Theory*. Boston: Allyn and Bacon, 1963. Faraday's law is discussed in terms of the frame of reference in Chapter 8.
7. Panofsky, W. K. H., and M. Phillips. *Classical Electricity and Magnetism*. 2d ed. Reading, Mass.: Addison-Wesley, 1962. Relativity is treated at a moderately advanced level in Chapter 15.

第 9 章習題

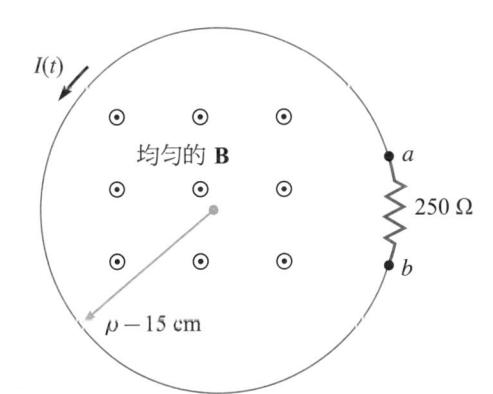

9.1 在圖 9.4 中，令 $B=0.2 \cos 120\pi t$ T，並假設連接電阻器兩端的導體為完全導體。在此，假設 $I(t)$ 所產生的磁場可忽略不計。試求：(a) $V_{ab}(t)$；(b) $I(t)$。

圖 9.4 見習題 9.1。

9.2 在圖 9.1 所描述的範例中，將固定磁通密度改換成時變通量密度 $\mathbf{B}=B_0 \sin \omega t \, \mathbf{a}_z$。假設 U 為定值且在 $t=0$ 時短路滑棒的位移 y 為零。試求任意時刻 t 的 emf。

9.3 已知自由空間中 $\mathbf{H}=300\mathbf{a}_z \cos(3\times 10^8 \, t-y)$ A/m，試求在下列封閉路徑中，沿 $\mathbf{a}_\phi$ 方向所產生的 emf，此處封閉路徑的頂點位於：(a) (0, 0, 0)，(1, 0, 0)，(1, 1, 0) 及 (0, 1, 0)；(b) (0, 0, 0)，$(2\pi, 0, 0)$，$(2\pi, 2\pi, 0)$，$(0, 2\pi, 0)$。

9.4 有一個矩形導線迴路，其內含有一個高內阻的伏特計，且一開始其四個頂點位於 $(a/2, b/2, 0)$，$(-a/2, b/2, 0)$，$(-a/2, -b/2, 0)$ 及 $(a/2, -b/2, 0)$。在 $t=0$ 時，令第一個頂點以 $\mathbf{a}_z$ 方向移動而使此導線迴路繞著 x 軸開始轉動。假設均勻磁通密度為 $\mathbf{B}=B_0\mathbf{a}_z$。試求在轉動的迴路中所感應的 emf 並指明電流的方向。

9.5 已知圖 9.5 的滑棒位置為 $x=5t+2t^3$，且兩鐵軌間相距 20 cm。令 $\mathbf{B}=0.8x^2 \, \mathbf{a}_z$ T。試求伏特計在：(a) $t=0.4$ s；(b) $x=0.6$ m 時的讀值。

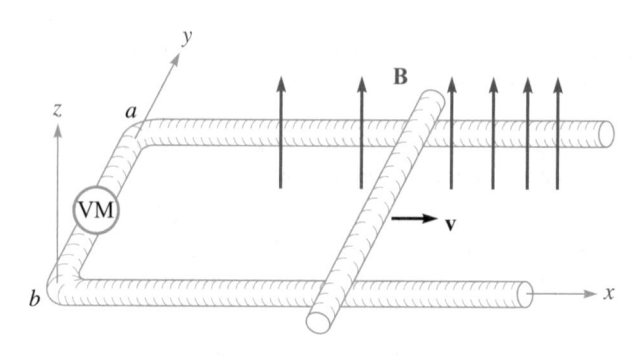

圖 **9.5** 見習題 9.5。

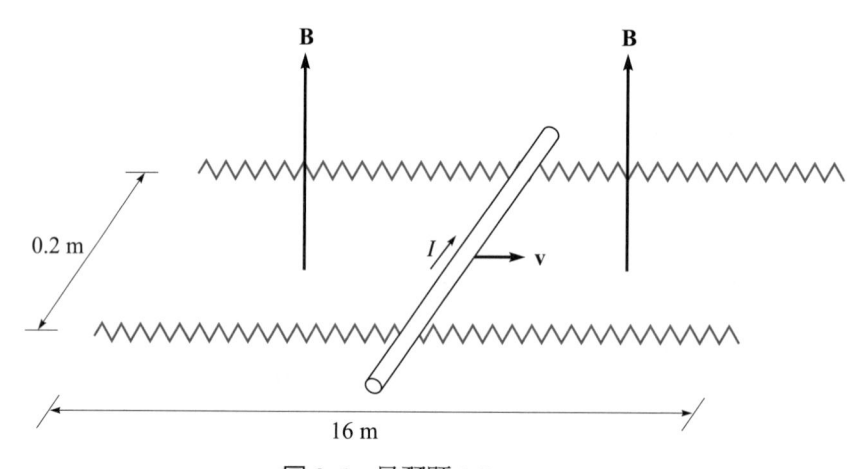

9.6 令習題 9.4 的導線迴路保持在 $t=0$ 時的靜止位置。已知磁通密度為 $\mathbf{B}(y, t) = B_0 \cos(\omega t - \beta y)\mathbf{a}_z$，其中 ω 與 β 均為常數。試求由此磁通密度所感應生成的 emf。

9.7 圖 9.6 所示的兩條軌道電阻均為 2.2 Ω/m，滑棒以 9 m/s 的固定速度在 0.8 T 的磁場中向右移動。在 $0 < t < 1$ s，求出 I 對時間 t 的函數式，已知當 $t=0$ 時，滑棒位於 $x=2$ m 處，同時：(a) 一個 0.3 Ω 電阻接在左端而右端開路；(b) 左右兩端均接 0.3 Ω 電阻。

圖 **9.6** 見習題 9.7。

9.8 有一條完全導電的細絲導線形成一個半徑為 a 的圓形環。在某一點處，將一電阻 R 插入此電路內，在另一點處則插入一個電壓為 V_0 的蓄電池。假設迴路電流本身所產生的磁場可忽略不計。(a) 應用法拉第定律，即 (4) 式，試仔細地且獨立地計算此公式兩邊之值來證明其相等性成立；(b) 假設將蓄電池移除，圓形環再次閉合，且將一個線性遞增的 **B** 場以垂直迴路表面的方向加入至此圓形迴路，重做 (a) 題。

9.9 已知每邊長為 25 cm 的正方形細導線迴路，其每公尺長度的電阻為 125 Ω。此迴路位於 $z=0$ 平面上，且在 $t=0$ 時，其頂點位於 $(0, 0, 0)$、$(0.25, 0, 0)$、$(0.25, 0.25, 0)$，及 $(0, 0.25, 0)$。此迴路以速度 $v_y = 50$ m/s 在磁場 $B_z = 8\cos(1.5 \times 10^8\, t - 0.5x)$ μT 中移動。試導出一個時間函數用以表示傳遞給此迴路的歐姆功率。

9.10 (a) 當外加電場 $E = E_m \cos \omega t$ 時，證明傳導電流密度和位移電流密度的振幅比值為 $\sigma/\omega\epsilon$。假設 $\mu = \mu_0$。(b) 若外加電場 $E = E_m e^{-t/\tau}$ 時，其中 τ 是實數，則上述振幅比值是多少？

9.11 令一同軸電容器的內部各尺寸為 $a = 1.2$ cm，$b = 4$ cm，及 $l = 40$ cm。電容器內的均勻材料，其參數為 $\epsilon = 10^{-11}$ F/m，$\mu = 10^{-5}$ H/m，及 $\sigma = 10^{-5}$ S/m。如果電場強度為 $\mathbf{E} = (10^6/\rho) \cos 10^5 t \, \mathbf{a}_\rho$ V/m，試求：(a) $\mathbf{J}$；(b) 流過電容器的總傳導電流 I_c；(c) 流過電容器的總位移電流 I_d；(d) I_d 振幅對 I_c 振幅的比值，即電容器的品質因數。

9.12 試求與磁場 $\mathbf{H} = A_1 \sin(4x) \cos(\omega t - \beta z) \mathbf{a}_x + A_2 \cos(4x) \sin(\omega t - \beta z) \mathbf{a}_z$ 相關聯的位移電流密度。

9.13 參考由 $|x|$、$|y|$，及 $|z| < 1$ 所界定的區域。令 $\epsilon_r = 5$，$\mu_r = 4$，及 $\sigma = 0$。若 $\mathbf{J}_d = 20 \cos(1.5 \times 10^8 t - bx) \mathbf{a}_y$ μA/m²：(a) 試求 $\mathbf{D}$ 及 $\mathbf{E}$；(b) 利用點形式的法拉第定律，對時間取積分來求出 $\mathbf{B}$ 及 $\mathbf{H}$；(c) 利用 $\nabla \times \mathbf{H} = \mathbf{J}_d + \mathbf{J}$ 來求出 $\mathbf{J}_d$。(d) 試問 b 的數值為何？

9.14 一電壓源 $V_0 \sin \omega t$ 連接兩個同心的導體球，其半徑分別為 $r = a$ 和 $r = b$，$b > a$，兩導體間充填 $\epsilon = \epsilon_r \epsilon_0$，$\mu = \mu_0$ 和 $\sigma = 0$ 的電介質。求出通過這電介質的總位移電流。使用電容器的源電流 (6.3節) 和電路分析法分別去求值，並比較其結果。

9.15 令各點處的 $\mu = 3 \times 10^{-5}$ H/m，$\epsilon = 1.2 \times 10^{-10}$ F/m，及 $\sigma = 0$。若 $\mathbf{H} = 2 \cos(10^{10} t - \beta x) \mathbf{a}_z$ A/m，試用馬克士威爾方程式來求出 $\mathbf{B}$、$\mathbf{D}$、$\mathbf{E}$ 及 β 的表示式。

9.16 試由馬克士威爾方程式推導出連續方程式。

9.17 已知自由空間中，$0 < x < 5$，$0 < y < \pi/12$，$0 < z < 0.06$ m 區域內的電場強度為 $\mathbf{E} = C \sin 12y \sin az \cos 2 \times 10^{10} t \, \mathbf{a}_x$ V/m。由 $\nabla \times \mathbf{E}$ 關係式開始，利用馬克士威爾方程式來求出 a 之數值，假定已知 a 大於零。

9.18 如圖 9.7 所示的平行板傳輸線尺寸為 $b = 4$ cm 及 $d = 8$ mm，兩平行板之間的電介質特性為 $\mu_r = 1$，$\epsilon_r = 20$，且 $\sigma = 0$。忽略電介質以外的場。已知磁場 $\mathbf{H} = 5 \cos(10^9 t - \beta z) \mathbf{a}_y$ A/m，使用馬克士威爾方程式求：(a) β，如果 $\beta > 0$；(b) 在 $z = 0$ 處的位移電流密度；(c) 沿 $\mathbf{a}_x$ 方向通過 $x = 0.5d$，$0 < y < b$，$0 < z < 0.1$ m 表面的總位移電流。

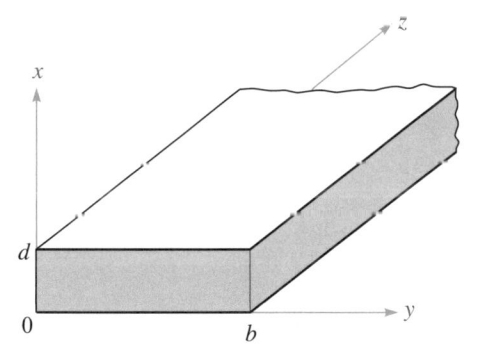

圖 9.7 見習題 9.18。

9.19 本章9.1節提到使用法拉第定律，吾人可從變動的磁場 $\mathbf{B} = B_0 e^{kt} \mathbf{a}_z$ 獲得電場 $\mathbf{E} = -\frac{1}{2} k R_0 e^{kt} \mathbf{a}_\phi$。(a) 證明這些場並不滿足馬克士威爾另一個旋度方程式。(b) 如果令 $B_0 = 1$ T 和 $k = 10^6$ s^{-1}，我們將於 1 μs 內得到相當大的磁通密度。應用 $\nabla \times \mathbf{H}$ 方程式證明真空中 $t = 0$ 時，B_z 對 ρ 的改變率僅約每公尺為 5×10^{-6} T。

9.20 已知馬克士威爾方程式均表示成點形式，假設所有場量均隨 e^{st} 而變時，試列寫出不會明示出時間變量的馬克士威爾方程式。

9.21 (a) 試證：在靜態場條件，(55) 式可簡化成安培環路定律。(b) 試證明當我們取旋度運算時，(51) 式會變成法拉第定律。

9.22 在無場源的介質中，$\mathbf{J}=0$ 及 $\rho_v=0$，假設有一個直角座標系統，其內的 $\mathbf{E}$ 與 $\mathbf{H}$ 均僅為 z 與 t 的函數。介質的介電係數為 ϵ，而導磁係數為 μ。(a) 若 $\mathbf{E}=E_x\mathbf{a}_x$ 及 $\mathbf{H}=H_y\mathbf{a}_y$，由馬克士威爾方程式開始，試求出 E_x 所必須滿足的二階偏微分方程式。(b) 就 β 的一特定值而言，試證 $E_x=E_0\cos(\omega t-\beta z)$ 為該方程式之解。(c) 試求出表成已知參數之函數的 β 值。

9.23 在區域 1 ($z<0$)，$\epsilon_1=2\times10^{-11}$ F/m，$\mu_1=2\times10^{-6}$ H/m，和 $\sigma_1=4\times10^{-3}$ S/m；在區域 2 ($z>0$)，$\epsilon_2=\epsilon_1/2$，$\mu_2=2\mu_1$ 和 $\sigma_2=\sigma_1/4$。已知點 $P(0,0,0^-)$ 處的 $\mathbf{E}_1=(30\mathbf{a}_x+20\mathbf{a}_y+10\mathbf{a}_z)\cos 10^9 t$ V/m。(a) 求 P_1 點的 $\mathbf{E}_{N1}$、$\mathbf{E}_{t1}$、$\mathbf{D}_{N1}$，及 $\mathbf{D}_{t1}$。(b) 求 P_1 點的 $\mathbf{J}_{N1}$ 和 $\mathbf{J}_{t1}$。(c) 求點 $P_2(0,0,0^+)$ 的 $\mathbf{E}_{t2}$、$\mathbf{D}_{t2}$ 和 $\mathbf{J}_{t2}$。(d) (較難) 藉助於連續方程式，試證明 $\mathbf{J}_{N1}-\mathbf{J}_{N2}=\partial \mathbf{D}_{N2}/\partial t-\partial \mathbf{D}_{N1}/\partial t$，同時求出 $\mathbf{D}_{N2}$，$\mathbf{J}_{N2}$，和 $\mathbf{E}_{N2}$。

9.24 已知一向量位勢為 $\mathbf{A}=A_0\cos(\omega t-kz)\mathbf{a}_y$。(a) 假設儘可能讓最多分量都為零，試求 $\mathbf{H}$、$\mathbf{E}$，及 V。(b) 以 A_0，ω，及無損介質的常數 ϵ 與 μ 來表示，試寫出 k 的表示式。

9.25 在 $\mu_r=\epsilon_r=1$ 及 $\sigma=0$ 的區域中，已知滯後位勢為 $V=x(z-ct)$ V 及 $\mathbf{A}=x\left(\dfrac{z}{c}-t\right)\mathbf{a}_z$ Wb/m，其中 $C=1/\sqrt{\mu_0\epsilon_0}$。[譯者註：原書誤植為 $c=1\sqrt{\mu_0\epsilon_0}$。] (a) 試證：$\nabla\cdot\mathbf{A}=-\mu\epsilon\dfrac{\partial V}{\partial t}$。(b) 試求 $\mathbf{B}$、$\mathbf{H}$、$\mathbf{E}$，及 $\mathbf{D}$。(c) 若 $\mathbf{J}$ 及 ρ_v 均為零時，試證這些結果均滿足馬克士威爾方程式。

9.26 當考慮場量應用至一無源介質，即 $\mathbf{J}$ 與 ρ_v 兩者均為零時，試以 $\mathbf{E}$ 與 $\mathbf{H}$ 來表示列寫出馬克士威爾方程式的點形式。將 ϵ 換成 μ，μ 換成 ϵ，$\mathbf{E}$ 換成 $\mathbf{H}$，及 $\mathbf{H}$ 換成 $-\mathbf{E}$，證明這些馬克士威爾方程式並未改變。此等公式即電路理論中對偶原理 (duality principle) 更通用的表示式。

第 10 章

傳輸線

傳輸線可用來將電能及信號由某一點傳送至另一點,明確地說,就是由電源送至負載。常見傳輸線例子有傳送器與天線間的接線、網路內各計算機間的接線、或水力發電廠與數百哩以外各變電站間的接線。其它較熟悉的例子則包括立體音響內各元件間的連接線,以及有線電視業者與你家電視機之間的線路。較不常見的例子則包括有設計成用於高頻之電路板內各種元件間的連接線。

上述例子中共通的是這些要相互連接的各元件,其間間隔距離都是在一個波長的等級或是遠大於一波長,然而在基本電路分析方法之中,各元件間連接線的長度則可忽略不管。例如,後者這種情況下,我們便可將電路某一側的電阻器端電壓視為與電路另一側之電壓源同相,或者,更一般化而言,在電源位置處之測量時間與於電路其它所有點處測量時有相同的時間。當電源與接收器間的距離足夠大時,時間延遲效應就會變得很明顯,進而會導致上述的延遲-引發型的相位差。簡言之,我們要處理的是傳輸線上的**電磁波現象** (wave phenomena),其傳播方式如同我們處理自由空間或電介質中點對點的能量傳播一樣。

電路的基本元件,如電阻器、電容器、電感器,以及其間之接線,如果在元件間的時間延遲可以忽略不計時,它們即被視為**集總** (lumped) 元件。另一方面,若元件或連接線夠大時,則可能必須將它們視為**分佈** (distributed) 元件。此即意味著其電阻性、電容性,及電感性特性均必須以每單位距離為基礎來加以估算。一般而言,傳輸線均具有此種性質,因此,其本身就變成電路元件一樣,具有對電路問題有影響的各種阻抗。基本法則是如果在元件尺寸上的傳播延遲落在所考慮的最短時間間隔等級時,我們便必須將元件視之為分佈型。在時間-諧和場中,此條件將會在元件的每一端之間導致一個可量測的相位差。

在本章中,我們會以極類似於前兩章的方法來探討傳輸線上的電磁波現象。我們的目的包括:(1) 瞭解如何將傳輸線當作具有以線路長度及頻率為函數之複數阻抗的電路元件來處理;(2) 瞭解在各種傳輸線上的電波傳播,包括會發生損耗的情況;(3) 學習如何合併各種不同傳輸線以達必要功能的方法;及 (4) 瞭解傳輸線的暫態現象。■

10.1 傳輸線傳播的物理說明

為了能感受到電磁波在傳輸線上傳播的方式,接下來的示範說明可能會有所助益。考慮一條**無損耗** (lossless) 的傳輸線,如圖 10.1 所示。由於無損耗,這就表示在輸入端發射進入傳輸線的全部功率最後均會送抵輸出端。將具有電壓 V_0 的蓄電池於時間 $t=0$ 時藉由使開關 S_1 閉合而連接到輸入端。在開關閉合時,其作用就是去發射電壓波,$V^+ = V_0$。此電壓並不會瞬間地就出現在整條傳輸線上,相反地,它會以某種速度由蓄電池端行進至負載電阻 R。在圖 10.1 中,由垂直虛線所示的**波前** (wavefront) 就代表傳輸線已經充電到 V_0 的部份與尚未充電的其餘部份之間的瞬間邊界。它同時也代表傳輸線承載有充電電流 I^+ 的部份與尚未承載有電流的其餘部份之間的邊界。在橫越波前時,電流與電壓兩者均為不連續。

當傳輸線充電時,波前會以速度 v (此值即稍後所要求算的參數) 由左向右移動。在抵達遠端時,全部或一部份的電壓波與電流波將會反射回來,主要是依何種負載被接至傳輸線而定。例如,若在遠端處並未接上電阻器 (即開關 S_2 打開) 時,則所有波前電壓將會被反射回來。如果接上電阻器時,則會有部份比例的入射電壓波會反射回來。此現象將會在 10.9 節中詳細討論。現在,我們有興趣知道的是決定電波速度的因素為何。瞭解並將此速度予以量化的關鍵就是要注意到:導電的傳輸線將會具有以每單位長度為基礎而加以表示的電容與電感。在第 6 章與第 8 章中,針對某些傳輸線幾何結構我們已經推

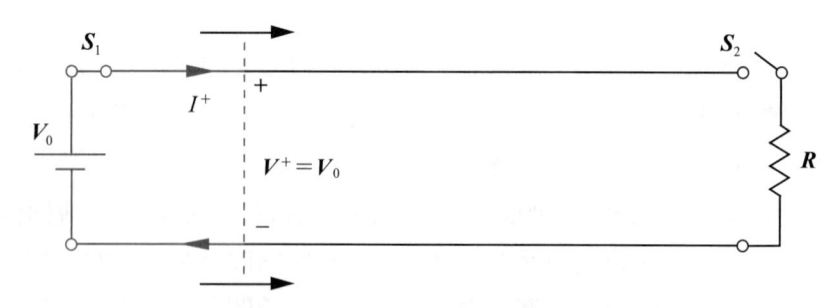

圖 10.1 用以顯示在閉合開關 S_1 時所射出的電壓與電流波之基本傳輸線電路。

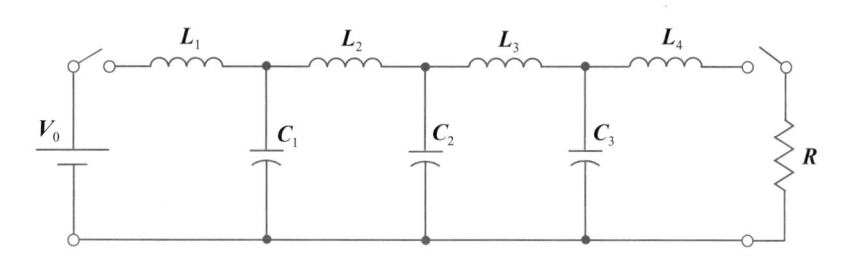

圖 10.2 傳輸線的集總元件模型。圖示之所有電感值均相等，所有電容值亦均相等。

導過這些參數的表示式並估算過其值。知道這些線路特性之後，我們便可以用集總的電容器與電感器來建構傳輸線模型，如圖 10.2 所示。因此，所形成的梯形網路又可歸類為**脈波成形網路** (pulse-forming network)，其理由稍後即會闡明。[1]

現在，考慮當相同的切換式電壓源接上此網路會發生何種情況。參考圖 10.2，當蓄電池端的開關閉合時，L_1 內的電流開始增加，使得 C_1 開始充電。當 C_1 充滿電壓時，L_2 的電流又開始增加而使 C_2 接著充電。此種依序充電的過程一直沿著網路持續向下進行，直到全部三個電容均充滿電為止，在此網路中，所謂"波前"的位置可以被認定為是在兩個相鄰且可顯示出其間電荷準位最大差異量之電容器間的交界點。當充電過程持續進行時，波前會由左向右移動。其速度依每一個電感器多快達到其充滿電流狀態而定，同時也依每一個電容器可以多快充滿電壓而定。如果 L_i 與 C_i 之值愈小，則波前就愈快速。因此，我們可以預期電波波速會與電感及電容乘積呈現一種反比函數關係。在無損耗的傳輸線中，可以發現 (稍後將會證明) 波速為 $v = 1/\sqrt{LC}$，其中 L 及 C 均為每單位長度之值。

在傳輸線及網路中，當一**開始即已有充電** (initially charged) 時，亦可觀察到與上述相似的現象。在這種情況下，蓄電池維持接著，且可以接上電阻器 (由一開關) 跨於輸出端，如圖 10.2 所示。在此種梯形網路中，最靠近並聯端處的電容器 (即 C_3) 會先經由電阻器放電。接著，第二近的電容器跟著放電，依此類推。當網路完全地放電後，便會形成一個電壓脈波跨在電阻器上，如此一來我們即可明白為何此種梯形網路架構會被稱作脈波成形網路的原因了。本質上，當在電感器與輸出端之間接上一個電阻器時，在一充電的傳輸線就會看到完全相同的現象。如同這些討論所採用的，切換電壓動作就是傳輸線上暫態問題的實例。在 10.14 節中將會詳細探討這類暫態現象。在本章開頭，則會先強調傳輸線針對弦波信號的響應。

最後，我們推測出現有跨在或通過傳輸線導體的電壓與電流，即意味著在這些導體

---

[1] 脈波成形網路的設計與應用在參考書目 1 中會加以討論。

四周有電場與磁場的存在。因此，我們會有兩種可行的方法來分析傳輸線：(1) 我們可以依傳輸線組態來求解馬克士威爾方程式以求出這些場，並利用這些場來求出電波功率，速度，以及其它想要求之參數的通用表示式；(2) 或者我們可以 (即現在要做的) 避免這些場，反而是利用適當的電路模型來求解出電壓與電流。在本章中，我們將採用後者，場理論的貢獻只有在先前我們估算電感與電容值時有用到 (故在此可將之視為假定值)。不過，我們將會發現當要對傳輸線中的損耗做完整地特性描述或者在分析更複雜的電波行為 (亦即模態行為，此現象在頻率更高時常會發生) 時，電路模型會變得很不合適或沒有用。損耗的課題將會在 10.5 節中討論，模態現象則會在第 13 章再做探討。

10.2 傳輸線方程式

我們首要的目的是要求出微分方程式，即熟知的**波動方程式** (wave equations)，在均勻的傳輸線上的電壓或電流均必須滿足此等方程式。為了完成此項工作，我們建構一個可代表傳輸線的增量長度的電路模型，列寫出兩條電路方程式，並利用這些式子來得出波動方程式。

我們的電路模型包含有傳輸線的**基本常數** (primary constants)。這些包括電感 L、電容 C，以及並聯電導 G，及串聯電阻 R——所有這些常數均是以**每單位長度** (per unit length) 來指定其值。並聯電導可用來模擬會發生在整條傳輸線的通過電介質的洩漏電流；其假設是此種電介質除了有介電常數 ϵ_r 之外，可能也具有導電率 σ_d，其中 ϵ_r 會影響傳輸線的電容值。串聯電阻則是與導體內的任何有限的導電率 σ_c 有關。R 與 G 這兩個參數可代表傳輸的功率損失。一般而言，這兩個參數均為頻率的函數。已知尺寸以及操作頻率後，我們可以用前面幾章中導出的公式來決定每單位長度內的 R、G、L 和 C。

假定傳播是在 $\mathbf{a}_z$ 方向。我們的模型是由長度為 Δz 的一段傳輸線組成，它含有電阻 $R\Delta z$、電感 $L\Delta z$、電導 $G\Delta z$，以及電容 $C\Delta z$，如圖 10.3 所示。由於這段傳輸線從兩端看來都一樣，我們將串聯的元件分成二半以便形成一個對稱的網路。我們也可以將一半電導與一半電容放在每一端處。

我們的目的是要求出在長度逼近一非常小之值的極限下，輸出電壓與電流自其輸入值開始變動的方式與程度。因此，我們將會求得一對微分方程式，它們可描述電壓與電流對 z 的變化率。在圖 10.3 中，輸入端與輸出端之間電壓與電流的變化量分別為 ΔV 與 ΔI，這些就是我們想要求算的值。連續應用克希荷夫電壓定律 (KVL) 與克希荷夫電流定律 (KCL) 便可求得這兩個方程式。

首先，將 KVL 應用到環繞全部線段長度的迴路，如圖 10.3 所示：

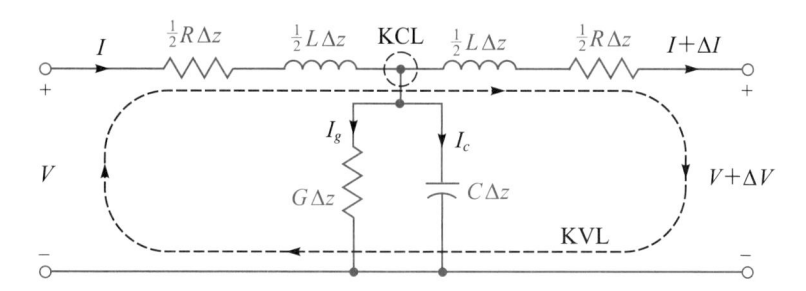

圖 10.3 有損耗之短傳輸線段的集總元件模型。此線段的長度為 Δz。此電路的分析會涉及到將克希荷夫電壓與電流定律 (KVL 與 KCL) 分別應用圖示的迴路與節點。

$$V = \frac{1}{2}RI\Delta z + \frac{1}{2}L\frac{\partial I}{\partial t}\Delta z + \frac{1}{2}L\left(\frac{\partial I}{\partial t} + \frac{\partial \Delta I}{\partial t}\right)\Delta z \\ + \frac{1}{2}R(I + \Delta I)\Delta z + (V + \Delta V) \tag{1}$$

我們可以求解 (1) 式的比值 $\Delta V/\Delta z$，求得

$$\frac{\Delta V}{\Delta z} = -\left(RI + L\frac{\partial I}{\partial t} + \frac{1}{2}L\frac{\partial \Delta I}{\partial t} + \frac{1}{2}R\Delta I\right) \tag{2}$$

接著，列出：

$$\Delta I = \frac{\partial I}{\partial z}\Delta z \quad \text{與} \quad \Delta V = \frac{\partial V}{\partial z}\Delta z \tag{3}$$

將之代入 (2) 式，得出

$$\frac{\partial V}{\partial z} = -\left(1 + \frac{\Delta z}{2}\frac{\partial}{\partial z}\right)\left(RI + L\frac{\partial I}{\partial t}\right) \tag{4}$$

現在，在 Δz 趨近於零的極限下 (或者值小到足以忽略不計)，則 (4) 式簡化至最終的形式為：

$$\boxed{\frac{\partial V}{\partial z} = -\left(RI + L\frac{\partial I}{\partial t}\right)} \tag{5}$$

(5) 式是我們所欲求取的兩個方程式中的第一式。為了求得第二個方程式，我們應用 KCL 至圖 10.3 電路的中間上方節點。由對稱性可知在該節點處的電壓應為 $V + \Delta V/2$：

$$I = I_g + I_c + (I + \Delta I) = G\Delta z \left(V + \frac{\Delta V}{2}\right)$$
$$+ C\Delta z \frac{\partial}{\partial t}\left(V + \frac{\Delta V}{2}\right) + (I + \Delta I) \tag{6}$$

然後，利用 (3) 式並加以化簡，得出

$$\frac{\partial I}{\partial z} = -\left(1 + \frac{\Delta z}{2}\frac{\partial}{\partial z}\right)\left(GV + C\frac{\partial V}{\partial t}\right) \tag{7}$$

只用讓 Δz 減小到足以忽略不計的大小時，我們又再次求得最終形式。結果是

$$\boxed{\frac{\partial I}{\partial z} = -\left(GV + C\frac{\partial V}{\partial t}\right)} \tag{8}$$

這兩個耦合的方程式，即 (5) 式與 (8) 式，即可描述在任何傳輸線內電流與電壓的演變情形。傳統上，它們是歸類為**電報 (員) 方程式** (telegraphist's equations)。它們的解會導出適用於傳輸線的波動方程式，也就是我們現在所欲求取的方程式。我們先由 (5) 式對 z 微分，以及 (8) 式對 t 微分開始，得出：

$$\frac{\partial^2 V}{\partial z^2} = -R\frac{\partial I}{\partial z} - L\frac{\partial^2 I}{\partial t \partial z} \tag{9}$$

及

$$\frac{\partial I}{\partial z \partial t} = -G\frac{\partial V}{\partial t} - C\frac{\partial^2 V}{\partial t^2} \tag{10}$$

接下來，將 (8) 式及 (10) 式代入 (9) 式。重新整理各項之後，結果為：

$$\boxed{\frac{\partial^2 V}{\partial z^2} = LC\frac{\partial^2 V}{\partial t^2} + (LG + RC)\frac{\partial V}{\partial t} + RGV} \tag{11}$$

相似的程序是取 (5) 式對 t 微分而 (8) 式則是對 z 微分。之後，將 (5) 式及其微分式代入 (8) 式的微分式來求出電流的方程式，其形式與 (11) 式完全相同：

$$\boxed{\frac{\partial^2 I}{\partial z^2} = LC\frac{\partial^2 I}{\partial t^2} + (LG + RC)\frac{\partial I}{\partial t} + RGI} \tag{12}$$

(11) 式及 (12) 式即為傳輸線的**通用波動方程式** (general wave equations)。在不同條件下，它們的解即是我們所要研究的主要課題。

10.3 無損耗傳播

無損耗傳播意味著：當電波沿著傳輸線行進時，功率不會耗散或者脫離；輸入的所有功率最後均可抵達輸出端。更實際而言，任何會導致損耗發生的機制均具有可忽略不計的效應。在我們的模型中，無損耗傳播只發生在 $R=G=0$ 時。在此條件下，(11) 式或 (12) 式的右手邊內均只有第一項可保留下來。例如，(11) 式會變成

$$\boxed{\frac{\partial^2 V}{\partial z^2} = LC\frac{\partial^2 V}{\partial t^2}} \tag{13}$$

在考慮會滿足 (13) 式的電壓函數時，最權宜的做法是先簡單地敘述此解，然後證明其正確性。(13) 式的解型式為：

$$\boxed{V(z,t) = f_1\left(t - \frac{z}{v}\right) + f_2\left(t + \frac{z}{v}\right) = V^+ + V^-} \tag{14}$$

其中 v，即**波速** (wave velocity)，為一常數。表示式 $(t \pm z/v)$ 為函數 f_1 與 f_2 的引數 (自變數)。這些函數本身的恆等式對於 (13) 式的解並不重要。因此，f_1 與 f_2 可為**任意的**函數。

f_1 與 f_2 的引數分別代表這些函數在 z 方向上的順向與逆向行進。我們指定符號 V^+ 與 V^- 來代表順向與逆向電壓波分量。為了明瞭其行為，試者考慮一函數，譬如說 f_1 (不管此函數形式為何) 在其引數為零值 (即發生在 $z=t=0$ 之時) 時之值。現在，當時間往正值增加 (它必然要如此) 時，並且如果我們想要追蹤 $f_1(0)$，則 z 之值也必須增加以便使得引數 $(t-z/v)$ 能等於零。因此，函數 f_1 便會向正 z 方向行進 (或傳播)。利用相似的理由，當引數 $(t+z/v)$ 內的 z 必須減少以便補償 t 的增加時，函數 f_2 就會朝**負** z 方向上傳播。因此，我們可將引數 $(t-z/v)$ 看成是**順向** z 的傳播，而引數 $(t+z/v)$ 則代表是**逆向** z 的行進。不管 f_1 與 f_2 為何，此種行為均會發生。如同引數形式所明示的，兩函數的傳播速度均為 v。

接下來，我們要證明引數形式表示成如 (14) 式所示的函數均為 (13) 式之解。首先，我們取 f_1 的偏微分，例如對 z 與 t 取偏微分。利用鏈鎖律，對 z 的偏微分為

$$\frac{\partial f_1}{\partial z} = \frac{\partial f_1}{\partial (t-z/v)}\frac{\partial (t-z/v)}{\partial z} = -\frac{1}{v}f_1' \tag{15}$$

此處，很顯然地具有撇號的函數，即 f_1'，就代表 f_1 對其引數之微分。對時間的偏微分則為

$$\frac{\partial f_1}{\partial t} = \frac{\partial f_1}{\partial (t-z/v)} \frac{\partial (t-z/v)}{\partial t} = f_1' \tag{16}$$

接下來，利用相似的方法，可取對 z 與 t 的二次偏微分：

$$\frac{\partial^2 f_1}{\partial z^2} = \frac{1}{v^2} f_1'' \quad \text{與} \quad \frac{\partial^2 f_1}{\partial t^2} = f_1'' \tag{17}$$

其中 f_1'' 為 f_1 對其引數的二次微分。現在，便可將 (17) 式的結果代入 (13) 式，得出

$$\frac{1}{v^2} f_1'' = LC f_1'' \tag{18}$$

現在，我們便可判定出無損耗傳播的波速，即由 (18) 式等號成立條件，可知：

$$\boxed{v = \frac{1}{\sqrt{LC}}} \tag{19}$$

利用 f_2 (和其論述) 執行相同的程序也會導出 v 的相同表示式。

在 (19) 式所表示的 v 的形式可確認我們先前的預期，即波速會以某種方式而與 L 及 C 成反比。對電流而言，相同的結果也會成立，因為在無損耗條件下，(12) 式也會導出形式與 (14) 式完全相同的解，同時波速仍如 (19) 式所示。不過，何者仍為未知呢？那就是電壓與電流之間的關係。

我們已經知道電壓與電流可透過電報方程式，即 (5) 式與 (8) 式來顯示其間的關係。在無損耗條件下 (即 $R=G=0$)，這兩式會變成

$$\boxed{\frac{\partial V}{\partial z} = -L \frac{\partial I}{\partial t}} \tag{20}$$

$$\boxed{\frac{\partial I}{\partial z} = -C \frac{\partial V}{\partial t}} \tag{21}$$

利用電壓函數，將 (14) 式代入 (20) 式並使用 (15) 式中所示範的方法，可得出

$$\frac{\partial I}{\partial t} = -\frac{1}{L} \frac{\partial V}{\partial z} = \frac{1}{Lv}(f_1' - f_2') \tag{22}$$

接著，將 (22) 式對時間積分，即可求出以順向與逆向傳播分量表示的電流為：

$$I(z,t) = \frac{1}{Lv}\left[f_1\left(t-\frac{z}{v}\right) - f_2\left(t+\frac{z}{v}\right)\right] = I^+ + I^- \tag{23}$$

在執行此項積分時，所有積分常數均設為零。如同 (20) 式與 (21) 式所說明的，其理由是時變電壓必定會導致一時變電流，反之亦然。出現在 (23) 式的因式 $1/Lv$ 乘上電壓後便可得出電流，所以我們可認定乘積 Lv 為無損耗傳輸線的**特性阻抗** (characteristic impedance)，Z_0。Z_0 可定義單一傳播電波之電壓對電流的比值。利用 (19) 式，可將特性阻抗寫成

$$Z_0 = Lv = \sqrt{\frac{L}{C}} \tag{24}$$

觀察 (14) 式與 (23) 式，我們現在便可知

$$V^+ = Z_0 I^+ \tag{25a}$$

及

$$V^- = -Z_0 I^- \tag{25b}$$

由圖 10.4 即可明白上述關係式的意義。圖中示有順向-傳播與逆向-傳播的電壓波，兩者均具有正極性。與這些電壓波相關聯的電流波會以相反的方向流動。我們將**正電流** (positive current) 定義為傳輸線中具有**順時針**流向的電流，而**負電流** (negative current) 則定義為具有**逆時針**流向。因此，(25b) 式的負號便確保負電流是與具正極性的逆向傳播電壓相關聯。這是一種通用慣例，也適用於有損耗的傳輸線。在假設任一 R 或 G (或兩者) 不為零時，藉由求解 (11) 式即可研究帶有損耗的傳播行為。在 10.7 節中，我們將會針

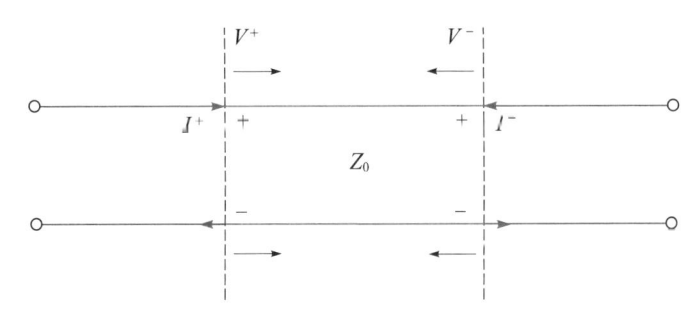

圖 10.4 在電磁波中具有正電壓極性的電流方向。

對弦波電壓與電流的特性來探討此一課題，無損耗傳輸線的弦波問題則會在 10.4 節中討論。

10.4 弦波電壓波的無損耗傳播

瞭解傳輸線上弦波電壓波的行為是很重要的，因為實務上任何被傳送的信號均可分解成弦波的離散和或連續和。此即為傳輸線信號的**頻域**分析之基礎。在此種研究中，傳輸線對任何信號的效應均可藉由明瞭其對各種頻率分量的效應來加以決定。此即意味著：利用頻率-相依型線路參數，一已知信號的頻譜便能做有效地傳播，並且可以在之後將各頻率分量再集合起來還原為時域的信號。本節中，我們的目的是要瞭解在無損耗線路中弦波傳播與信號行為的內涵。

首先，將 (14) 式的電壓函數指定成弦波函數。明確地說，我們要考慮一個特定頻率，$f=\omega/2\pi$，並將 f_1 及 f_2 寫成 $f_1=f_2=V_0 \cos(\omega t+\phi)$。依慣例，在此選用餘弦函數；當然正弦函數亦可求得，只要令 $\phi=-\pi/2$ 即可。接下來，將 t 改換成 $(t\pm z/v_p)$，得出

$$\mathcal{V}(z,t) = |V_0|\cos[\omega(t\pm z/v_p)+\phi] = |V_0|\cos[\omega t \pm \beta z + \phi] \qquad (26)$$

在此我們已經用了一個新符號來代表速度，現在將之稱為**相速度** (phase velocity)，v_p。此速度適用於純弦波 (具有單一頻率) 並在某些情況下，將會發現它會依頻率而變。選定 $\phi=0$ 之後，依照 (26) 式內正負號的選擇，我們可以得出朝正 z 與負 z 方向行進的兩種可行的電壓波。這兩個電壓波為：

$$\boxed{\mathcal{V}_f(z,t) = |V_0|\cos(\omega t - \beta z)} \qquad \text{(順向 } z \text{ 傳播)} \qquad (27a)$$

與

$$\boxed{\mathcal{V}_b(z,t) = |V_0|\cos(\omega t + \beta z)} \qquad \text{(逆向 } z \text{ 傳播)} \qquad (27b)$$

其中大小因子 $|V_0|$ 為 $\mathcal{V}$ 在 $z=0$，$t=0$ 時之值。由 (26) 式，我們可以將**相位常數** (phase constant) β 定義成

$$\boxed{\beta \equiv \frac{\omega}{v_p}} \qquad (28)$$

我們將 (27a) 式與 (27b) 式所表示的解歸類為傳輸線電壓的**實際瞬時** (real instantaneous) 形式。它們就是我們實驗量測所得值的數學表示式。出現在這些方程式內

的 ωt 與 βz 兩項均具有角度的單位，通常以徑度表示。我們知道 ω 為徑度時間頻率，可衡量**每單位時間**的相位移，故其單位為 rad/s。以相同的方式，我們知道 β 將可解釋為空間頻率，在此例中它可用來衡量沿著 z 方向**每單位距離**的相位移，其單位為 rad/m。如果將時間固定在 $t=0$，則 (27a) 式與 (27b) 式會變成

$$\mathcal{V}_f(z, 0) = \mathcal{V}_b(z, 0) = |V_0| \cos(\beta z) \tag{29}$$

我們發現上式只是一個簡單的週期函數，每隔一增量距離 λ，即所謂的**波長** (wavelength)，它便會重複一次。此條件就是 $\beta \lambda = 2\pi$，所以

$$\boxed{\lambda = \frac{2\pi}{\beta} = \frac{v_p}{f}} \tag{30}$$

接下來，我們考慮 (27a) 式餘弦函數上的一點 (譬如波形的頂點)，此點發生的條件是餘弦函數的引數需為 2π 的整數倍。試考慮此波形第 m 個波頂，在 $t=0$ 時的條件變成

$$\beta z = 2m\pi$$

為了追蹤在電壓波上的這一點，我們需要使全部餘弦函數的引數對所有時間都具有 2π 的相同倍數。由 (27a) 式可知，此條件變成

$$\omega t - \beta z = \omega(t - z/v_p) = 2m\pi \tag{31}$$

同樣地，再次令時間增加，為了滿足 (31) 式，位置 z 也必須增加才行。因此，波頂 (及全部的電波) 均會以速度 v_p 在正 z 方向上行進。(27b) 式具有餘弦函數之引數 $(\omega t + \beta z)$，它可描述在**負** z 方向上行進的電波，因為當時間增加時，z 現在必須**減少**以保持其引數為固定。相同的行為也會出現電流波中，但當電流與電壓之間發生有線路-相依型相位差時，情況便會變得複雜些。這些課題最好是在我們已經熟悉了弦波信號的複變分析法之後再來討論。

10.5 弦波信號的複變分析

將弦波表示成複變函數是很有用的 (而且基本上是絕對必要的)，因為它可以大量地簡化相位的計算與表示，特別是在計算式結構複雜的情況更是如此。此外，我們將會發現在許多情況中必須將兩個或更多的弦波合併形成一個合成波——如果使用複分析將會使此項工作變得更為簡單些。

將弦波函數表成複數形式是以尤拉恆等式為基礎：

$$e^{\pm jx} = \cos(x) \pm j\sin(x) \tag{32}$$

由此式，我們便可將餘弦與正弦函數分別表示成複數指數函數的實部與虛部，即：

$$\cos(x) = \text{Re}[e^{\pm jx}] = \frac{1}{2}(e^{jx} + e^{-jx}) = \frac{1}{2}e^{jx} + c.c. \tag{33a}$$

$$\sin(x) = \pm\text{Im}[e^{\pm jx}] = \frac{1}{2j}(e^{jx} - e^{-jx}) = \frac{1}{2j}e^{jx} + c.c. \tag{33b}$$

其中 $j \equiv \sqrt{-1}$，而 $c.c.$ 則代表前一項的共軛複數。改變複數表示式內 j 的符號即可得出其共軛數。

接下來，將 (33a) 式應用到電壓波函數，即 (26) 式：

$$\mathcal{V}(z,t) = |V_0|\cos[\omega t \pm \beta z + \phi] = \frac{1}{2}\underbrace{(|V_0|e^{j\phi})}_{V_0}e^{\pm j\beta z}e^{j\omega t} + c.c. \tag{34}$$

注意：我們已經重排 (34) 式的相位使得我們可將此電壓波的**複數振幅** (complex amplitude) 指定為 $V_0 = (|V_0|e^{j\phi})$。在未來的使用上，通常會使用單一符號 (譬如目前範例中的 V_0) 來代表電壓或電流振幅，只要我們能理解到這些符號一般都是為複數 (即具有大小與相位) 即可。

依據 (34) 式，會有兩個額外的定義產生。首先，我們可將**複數瞬時電壓** (complex instantaneous voltage) 定義為：

$$\boxed{V_c(z,t) = V_0 e^{\pm j\beta z}e^{j\omega t}} \tag{35}$$

將因式 $e^{j\omega t}$ 自複數瞬時形式中移除即可得出相量 (phasor) 電壓：

$$\boxed{V_s(z) = V_0 e^{\pm j\beta z}} \tag{36}$$

只要是在**弦波穩態** (sinusoidal steady-state) 條件下──亦即 V_0 與時間無關，便可以定義出相量電壓。事實上，這條件已經是我們的基本假設，因為一時變振幅就隱含表示在我們的信號中尚有其它頻率成分存在。再次重申：我們僅處理單一頻率電波。相量電壓的意義在於我們可有效地讓時間靜止不動並觀察 $t=0$ 時空間內的穩態電波。估算不同線路位置間的相對相位以及合併數個電波的程序，若採用相量形式處理將會更為簡單。同樣地，此項工作只有在所考慮的所有電波均具有相同的頻率時才會成立。利用 (35) 式及 (36) 式的定義，實際的瞬時電壓可用 (34) 式而建構成：

$$\mathcal{V}(z,t) = |V_0|\cos[\omega t \pm \beta z + \phi] = \text{Re}[V_c(z,t)] = \frac{1}{2}V_c + c.c. \tag{37a}$$

或者，以相量電壓表示成：

$$\boxed{\mathcal{V}(z,t) = |V_0|\cos[\omega t \pm \beta z + \phi] = \text{Re}[V_s(z)e^{j\omega t}] = \frac{1}{2}V_s(z)e^{j\omega t} + c.c.} \tag{37b}$$

換言之，只要將相量電壓乘上 $e^{j\omega t}$ (即再次併入時間相依性)，然後再所形成之表示式的實部，我們就求出實際的弦波電壓波。在進行更深入探討之前，我們首要的工作就是先熟悉這些關係式及其意義。

例題 10.1

在一無損耗的傳輸線上，有兩個頻率與振幅相等的電壓波朝著相反方向傳播。試求表成時間與位置函數的總電壓。

解：由於這兩個電壓波具有相同的頻率，我們可以利用它們的相量形式來寫出其合併式。假設相位常數為 β，實數振幅為 V_0，則這兩個電波電壓可合併成：

$$V_{sT}(z) = V_0 e^{-j\beta z} + V_0 e^{+j\beta z} = 2V_0 \cos(\beta z)$$

以實際瞬時形式表示，此式變成

$$\mathcal{V}(z,t) = \text{Re}[2V_0\cos(\beta z)e^{j\omega t}] = 2V_0\cos(\beta z)\cos(\omega t)$$

此電壓電波即為一種**駐波** (standing wave)，其振幅會隨 $\cos(\beta z)$ 而變，且會依時間而呈現 $\cos(\omega t)$ 形式的振盪。振幅的零交越點 (又稱零點) 均發生在固定位置，即 $z_n = (m\pi)/(2\beta)$，其中 m 為奇數整數。在 10.10 節中探討**電壓駐波比** (voltage standing wave ratio) 時，我們會將此觀念延伸成一種測量技術。

10.6 傳輸線方程式及其相量形式的解

現在，我們要將前一節的結果應用到傳輸線方程式，並由通用的波動方程式，即 (11) 式著手。對於實際瞬時電壓 $\mathcal{V}(z,t)$ 而言，其波動方程式可寫成：

$$\frac{\partial^2 \mathcal{V}}{\partial z^2} = LC\frac{\partial^2 \mathcal{V}}{\partial t^2} + (LG+RC)\frac{\partial \mathcal{V}}{\partial t} + RG\mathcal{V} \tag{38}$$

接下來，將 $\mathcal{V}(z,t)$ 代換為 (37b) 式中最右側的那一項，並可注意到複數共軛項 (c.c.) 將會形成一個可區隔開來的多餘方程式。我們也會用到下列轉換，即：在應用複變形式時，運算子 $\partial/\partial t$ 等於乘上因式 $j\omega$。在完成代換之後，並且取完所有的微分項，便可將因式 $e^{j\omega t}$ 移除掉。最後，只剩下以相量電壓表示的波動方程式：

$$\frac{d^2 V_s}{dz^2} = -\omega^2 LC V_s + j\omega(LG+RC)V_s + RG V_s \tag{39}$$

各項重新排列得出下列簡化的形式：

$$\boxed{\frac{d^2 V_s}{dz^2} = \underbrace{(R+j\omega L)}_{Z}\underbrace{(G+j\omega C)}_{Y} V_s = \gamma^2 V_s} \tag{40}$$

上式中所指出的 Z 與 Y 分別為傳輸線的**淨串聯阻抗** (net series impedance) 與**淨並聯導納** (net shunt admittance)——兩者均是以每單位距離的方式來衡量。傳輸線的**傳播常數** (propagation constant) 定義為

$$\boxed{\gamma = \sqrt{(R+j\omega L)(G+j\omega C)} = \sqrt{ZY} = \alpha + j\beta} \tag{41}$$

在 10.7 節中將會解釋此參數的意義。就我們目前的目的而言，(40) 式的解為

$$\boxed{V_s(z) = V_0^+ e^{-\gamma z} + V_0^- e^{+\gamma z}} \tag{42a}$$

電流的波動方程式形式上與 (40) 式完全相同。因此，我們可以預期相量電流的形式為：

$$\boxed{I_s(z) = I_0^+ e^{-\gamma z} + I_0^- e^{\gamma z}} \tag{42b}$$

現在，與前述相同，透過電報方程式 (5) 式及 (8) 式，便可求出電流與電壓波之間的關係。使用和 (37b) 式相同的方式，可將弦波電流寫成

$$\mathcal{I}(z,t) = |I_0|\cos(\omega t \pm \beta z + \xi) = \frac{1}{2}\underbrace{(|I_0|e^{j\xi})}_{I_0} e^{\pm j\beta z} e^{j\omega t} + c.c. = \frac{1}{2} I_s(z)e^{j\omega t} + c.c. \tag{43}$$

將 (37b) 式及 (43) 式最右側的式子代入 (5) 式及 (8) 式，便可將之轉換成下列形式：

$$\frac{\partial \mathcal{V}}{\partial z} = -\left(R\mathcal{I} + L\frac{\partial \mathcal{I}}{\partial t}\right) \quad \Rightarrow \quad \boxed{\frac{dV_s}{dz} = -(R + j\omega L)I_s = -ZI_s} \tag{44a}$$

與

$$\frac{\partial \mathcal{I}}{\partial z} = -\left(G\mathcal{V} + C\frac{\partial \mathcal{V}}{\partial t}\right) \quad \Rightarrow \quad \boxed{\frac{dI_s}{dz} = -(G + j\omega C)V_s = -YV_s} \tag{44b}$$

現在,我們可將 (42a) 式與 (42b) 式代入 (44a) 式或 (44b) 式 [在此採用 (44a) 式],求得:

$$-\gamma V_0^+ e^{-\gamma z} + \gamma V_0^- e^{\gamma z} = -Z(I_0^+ e^{-\gamma z} + I_0^- e^{\gamma z}) \tag{45}$$

接下來,令 $e^{-\gamma z}$ 與 $e^{\gamma z}$ 的係數各自相等,即可求得此線路阻抗的通式:

$$Z_0 = \frac{V_0^+}{I_0^+} = -\frac{V_0^-}{I_0^-} = \frac{Z}{\gamma} = \frac{Z}{\sqrt{ZY}} = \sqrt{\frac{Z}{Y}} \tag{46}$$

將 Z 與 Y 的表示式再代入,即可求出以熟悉的線路參數表示的特性阻抗:

$$\boxed{Z_0 = \sqrt{\frac{R + j\omega L}{G + j\omega C}} = |Z_0|e^{j\theta}} \tag{47}$$

注意:利用 (37b) 式及 (43) 式的電壓與電流,我們發現特性阻抗的相位為 $\theta = \phi - \xi$。

例題 10.2

有一條無損耗的傳輸線,長度為 80 cm 且操作在 600 MHz 的頻率。線路參數為 $L = 0.25$ μH/m 及 $C = 100$ pF/m。試求特性阻抗、相位常數,及相位速度。

解:由於線路無損耗,故 R 與 G 兩者均為零。特性阻抗為

$$Z_0 = \sqrt{\frac{L}{C}} = \sqrt{\frac{0.25 \times 10^{-6}}{100 \times 10^{-12}}} = 50 \ \Omega$$

因為 $\gamma = \alpha + j\beta = \sqrt{(R + j\omega L)(G + j\omega C)} = j\omega\sqrt{LC}$,故知

$$\beta = \omega\sqrt{LC} = 2\pi(600 \times 10^6)\sqrt{(0.25 \times 10^{-6})(100 \times 10^{-12})} = 18.85 \text{ rad/m}$$

另外,可求出

$$v_p = \frac{\omega}{\beta} = \frac{2\pi(600 \times 10^6)}{18.85} = 2 \times 10^8 \text{ m/s}$$

10.7 低損耗傳播

在求得一般傳輸線的電壓與電流相量形式之後 [(42a) 式和 (42b) 式]，現在我們便能更深入來探討這些結果的意義。首先，將 (41) 式併入 (42a) 式得出

$$V_s(z) = V_0^+ e^{-\alpha z} e^{-j\beta z} + V_0^- e^{\alpha z} e^{j\beta z} \tag{48}$$

接下來，將 (48) 式乘上 $e^{j\omega t}$ 並取實部得出實際的瞬時電壓：

$$\mathcal{V}(z,t) = V_0^+ e^{-\alpha z} \cos(\omega t - \beta z) + V_0^- e^{\alpha z} \cos(\omega t + \beta z) \tag{49}$$

在此項推演中，我們已經指定 V_0^+ 與 V_0^- 均為實數。(49) 式可看作是代表順向-傳播與逆向-傳播的電波；對順向波而言，其振幅會依據 $e^{-\alpha z}$ 而隨距離減小，而逆向波則是依 $e^{\alpha z}$ 而變小。這兩個電波均稱為會依傳播距離**衰減**，其速率是由**衰減係數** (attenuation coefficient) α 來決定，它的單位是奈伯/米 [Np/m]。[2]

取 (41) 式的虛部所求得的相位常數 β 可能是一個有些複雜的函數，一般而言它會依 R 與 G 而變。雖然如此，β 仍然是定義為比值 ω/v_p，並且波長也仍然是定義產生 2π rad 相位移所需的距離，所以 $\lambda = 2\pi/\beta$。觀察 (41) 式，我們可發現只有在 $R = G = 0$ 時才能避免傳播的損耗。在此情況下，由 (41) 式可得出 $\gamma = j\beta = j\omega\sqrt{LC}$，故知 $v_p = 1/\sqrt{LC}$，與我們前面所求相同。

當損耗很小時，α 與 β 的表示式可以輕易地由 (41) 式求得。以**低損耗近似** (low-loss approximation) 而言，我們需要 $R \ll \omega L$ 及 $G \ll \omega C$ 同時成立才行，此一條件在實務上通常會成立。在應用這些條件之前，先將 (41) 式寫成下列形式：

$$\begin{aligned}\gamma = \alpha + j\beta &= [(R + j\omega L)(G + j\omega C)]^{1/2} \\ &= j\omega\sqrt{LC}\left[\left(1 + \frac{R}{j\omega L}\right)^{1/2}\left(1 + \frac{G}{j\omega C}\right)^{1/2}\right]\end{aligned} \tag{50}$$

然後，低損耗近似條件便允許我們利用二項式級數中的前三項，即：

$$\sqrt{1+x} \doteq 1 + \frac{x}{2} - \frac{x^2}{8} \quad (x \ll 1) \tag{51}$$

---

[2] 奈伯 (neper) 一詞的選用 (拼音有點怪) 是為了紀念 John Napier，他是最先提出對數用法的一位蘇格蘭數學家。

我們利用 (51) 式來展開 (50) 式大括號中的那兩項，求得：

$$\gamma \doteq j\omega\sqrt{LC}\left[\left(1 + \frac{R}{j2\omega L} + \frac{R^2}{8\omega^2 L^2}\right)\left(1 + \frac{G}{j2\omega C} + \frac{G^2}{8\omega^2 C^2}\right)\right] \tag{52}$$

接著，把 (52) 式內的乘積項展開，忽略掉 RG^2、R^2G，與 R^2G^2 相關的項，因為這些項與其它項相比均小到可以忽略不計。結果變成

$$\gamma = \alpha + j\beta \doteq j\omega\sqrt{LC}\left[1 + \frac{1}{j2\omega}\left(\frac{R}{L} + \frac{G}{C}\right) + \frac{1}{8\omega^2}\left(\frac{R^2}{L^2} - \frac{2RG}{LC} + \frac{G^2}{C^2}\right)\right] \tag{53}$$

現在，區分 (53) 式的實部與虛部即可求出 α 與 β：

$$\boxed{\alpha \doteq \frac{1}{2}\left(R\sqrt{\frac{C}{L}} + G\sqrt{\frac{L}{C}}\right)} \tag{54a}$$

與

$$\boxed{\beta \doteq \omega\sqrt{LC}\left[1 + \frac{1}{8}\left(\frac{G}{\omega C} - \frac{R}{\omega L}\right)^2\right]} \tag{54b}$$

我們發現 α 會如預期的，直接正比於 R 與 G。我們同時也知道在 (54b) 式中，涉及 R 與 G 的那兩項可導出相速，$v_p = \omega/\beta$，此相速與頻率相關。此外，**群速** (group velocity) $v_g = d\omega/d\beta$ 也會依頻率而變，它會造成信號失真，我們將會在第 12 章中探討此一課題。注意，若令 R 與 G 不為零，則在 $R/L = G/C$ 時，此即所謂**赫維賽條件** (Heaviside's condition)，便可得出不隨頻率而變的相速與群速。此時，(54b) 式變成 $\beta \doteq \omega\sqrt{LC}$，傳輸線便稱之為**無失真** (distortionless)。當考量 R、G、L，及 C 的頻率相依性時會造成更複雜的關係。因此，低損耗或無失真傳播的情況將只會發生在有限的頻率範圍。大體上而言，增加頻率時，損耗會增大，其主要原因在於 R 會隨頻率而增大。上述這種效應的本質，即為熟知**集膚效應** (skin effect) 損耗，需用電磁場理論才能理解與量化。我們將會在第 11 章中研習此項課題，同時我們在第 13 章中會將它應用到各種傳輸線結構。

最後，我們可以將低損耗近似條件應用到特性阻抗，即 (47) 式。利用 (51) 式，可求出

$$Z_0 = \sqrt{\frac{R + j\omega L}{G + j\omega C}} = \sqrt{\frac{j\omega L\left(1 + \frac{R}{j\omega L}\right)}{j\omega C\left(1 + \frac{G}{j\omega C}\right)}} \doteq \sqrt{\frac{L}{C}}\left[\frac{\left(1 + \frac{R}{j2\omega L} + \frac{R^2}{8\omega^2 L^2}\right)}{\left(1 + \frac{G}{j2\omega C} + \frac{G^2}{8\omega^2 C^2}\right)}\right] \tag{55}$$

接下來，用因式 1 乘上 (55) 式，此舉就是要使 (55) 式的分子與分母同時乘上分母本身的共軛複數。所產生的結果可藉由將階數在 R^2G，G^2R 等級或高階的項忽略不計後而加以化簡。此外，也會用到近似式 $1/(1+x) \doteq 1-x$，其中 $x \ll 1$。結果變成

$$Z_0 \doteq \sqrt{\frac{L}{C}} \left\{ 1 + \frac{1}{2\omega^2} \left[\frac{1}{4}\left(\frac{R}{L} + \frac{G}{C}\right)^2 - \frac{G^2}{C^2} \right] + \frac{j}{2\omega}\left(\frac{G}{C} - \frac{R}{L}\right) \right\} \quad (56)$$

注意：當赫維塞條件 (同樣是 $R/L=G/C$) 成立時，Z_0 可化簡成剛好為 $\sqrt{L/C}$，此值與 R 和 G 為零時所得的結果相同。

例題 10.3

假設在某一條傳輸線中 $G=0$，但 R 為有限值且滿足低損耗條件，即 $R \ll \omega L$。利用 (56) 式來寫出 Z_0 的近似大小與相位。

解： 令 $G=0$，則 (56) 式的虛部就會遠大於實部內的第二項 [正比於 $(R/\omega L)^2$]。因此，特性阻抗會變成

$$Z_0(G=0) \doteq \sqrt{\frac{L}{C}} \left(1 - j\frac{R}{2\omega L} \right) = |Z_0|e^{j\theta}$$

其中 $|Z_0| \doteq \sqrt{L/C}$，而且 $\theta = \tan^{-1}(-R/2\omega L)$。

> **D10.1.** 在 500 Mrad/s 的操作弳度頻率下，某一傳輸線的典型電路參數值為：$R=0.2$ Ω/m，$L=0.25$ μH/m，$G=10$ μS/m，及 $C=100$ pF/m。試求：(a) α；(b) β；(c) λ；(d) v_p；(e) Z_0。
>
> **答案：** 2.25 mNp/m；2.50 rad/m；2.51 m；2×10^8 m/sec；$50.0-j0.0350$ Ω。

10.8 功率傳輸與損耗特性的分貝用法

在求得一有損耗傳輸線的弦波電壓與電流之後，接下來我們要來估算在一指定的距離上所傳送的功率，並將之表示成電壓與電流振幅的函數。由**瞬時功率**開始，它可簡單地表示成實際電壓與電流的乘積。考慮 (49) 式的順向傳播項，此處，振幅 $V_0^+ = |V_0|$ 又再次地取為實數。電流波形也會相似，不過通常有相位移產生。電流與電壓二者均會依照因式 $e^{-\alpha z}$ 來衰減。因此，瞬時功率變成：

$$\mathcal{P}(z,t) = \mathcal{V}(z,t)\mathcal{I}(z,t) = |V_0||I_0|e^{-2\alpha z}\cos(\omega t - \beta z)\cos(\omega t - \beta z + \theta) \quad (57)$$

通常,想要知道的**時間-平均** (time-averaged) 功率,$\langle \mathcal{P} \rangle$。我們可求出如下所示:

$$\langle \mathcal{P} \rangle = \frac{1}{T} \int_0^T |V_0||I_0|e^{-2\alpha z} \cos(\omega t - \beta z)\cos(\omega t - \beta z + \theta)dt \tag{58}$$

其中 $T=2\pi/\omega$ 為一振盪循環的時間週期。利用三角恆等式,積分內兩餘弦函數的乘積便可化成頻率和與頻率差之個別餘弦函數的和,故知:

$$\langle \mathcal{P} \rangle = \frac{1}{T} \int_0^T \frac{1}{2}|V_0||I_0|e^{-2\alpha z}[\cos(2\omega t - 2\beta z + \theta) + \cos(\theta)]\,dt \tag{59}$$

第一個餘弦項的積分為零,只剩下 $\cos\theta$ 項。剩下來的積分可以很容易地算出來,變成

$$\langle \mathcal{P} \rangle = \frac{1}{2}|V_0||I_0|e^{-2\alpha z}\cos\theta = \frac{1}{2}\frac{|V_0|^2}{|Z_0|}e^{-2\alpha z}\cos\theta \text{ [W]} \tag{60}$$

直接由相量電壓與電流也可以求得相同的結果。由相量電壓與電流著手,先表示成

$$V_s(z) = V_0 e^{-\alpha z} e^{-j\beta z} \tag{61}$$

與

$$I_s(z) = I_0 e^{-\alpha z} e^{-j\beta z} = \frac{V_0}{Z_0} e^{-\alpha z} e^{-j\beta z} \tag{62}$$

其中 $Z_0=|Z_0|\,e^{j\theta}$。現在,我們知道 (60) 式所表示的時間-平均功率可依下式而由相量形式求得:

$$\boxed{\langle \mathcal{P} \rangle = \frac{1}{2}\text{Re}\{V_s I_s^*\}} \tag{63}$$

此處,星號 (*) 照樣是代表共軛複數 (在此例中僅適用於電流相量)。將 (61) 式及 (62) 式應用到 (63) 式,可求出

$$\begin{aligned}\langle \mathcal{P} \rangle &= \frac{1}{2}\text{Re}\left\{V_0 e^{-\alpha z} e^{-j\beta z}\frac{V_0^*}{|Z_0|e^{-j\theta}}e^{-\alpha z}e^{+j\beta z}\right\}\\ &= \frac{1}{2}\text{Re}\left\{\frac{V_0 V_0^*}{|Z_0|}e^{-2\alpha z}e^{j\theta}\right\} = \frac{1}{2}\frac{|V_0|^2}{|Z_0|}e^{-2\alpha z}\cos\theta\end{aligned} \tag{64}$$

可發現此式與 (60) 式的時間-平均結果完全相同。(63) 式適用於任何單一頻率電波。

上述的推演中有一項重要的結果,那就是功率會依 $e^{-2\alpha z}$ 衰減,即

$$\langle \mathcal{P}(z) \rangle = \langle \mathcal{P}(0) \rangle e^{-2\alpha z} \tag{65}$$

與電壓或電流一樣，功率會隨距離以兩倍指數速率下降。

功率損耗有一種方便的衡量單位，即分貝 (decibel)。此單位的基礎是將功率減少表示成隨 10 的冪次而變。明確地說，可寫成

$$\frac{\langle \mathcal{P}(z) \rangle}{\langle \mathcal{P}(0) \rangle} = e^{-2\alpha z} = 10^{-\kappa \alpha z} \tag{66}$$

其中，常數 κ 為待求之參數。令 $\alpha z = 1$，可求出

$$e^{-2} = 10^{-\kappa} \quad \Rightarrow \quad \kappa = \log_{10}(e^2) = 0.869 \tag{67}$$

現在，由定義可知以分貝 (dB) 為單位的功率損耗為

$$功率損耗 \ (\text{dB}) = 10 \log_{10} \left[\frac{\langle \mathcal{P}(0) \rangle}{\langle \mathcal{P}(z) \rangle} \right] = 8.69 \alpha z \tag{68}$$

在此我們知道將對數函數之引數內的功率比值顛倒 [即改成 (66) 式的比值] 便可得出正的 dB 損耗值。同時，我們也發現 $\langle \mathcal{P} \rangle \propto |V_0|^2$，故可等效地寫成：

$$功率損耗 \ (\text{dB}) = 10 \log_{10} \left[\frac{\langle \mathcal{P}(0) \rangle}{\langle \mathcal{P}(z) \rangle} \right] = 20 \log_{10} \left[\frac{|V_0(0)|}{|V_0(z)|} \right] \tag{69}$$

其中，$|V_0(z)| = |V_0(0)| \, e^{-\alpha z}$。

例題 10.4

已知一條 20 m 長的傳輸線兩端間的功率會有 2.0 dB 的下降。(a) 抵達輸出端的功率佔輸入功率的比例為何？(b) 抵達線路中點的輸入功率比例為何？(c) 此現象代表指數型衰減係數 α 為何？

解：(a) 功率比例為

$$\frac{\langle \mathcal{P}(20) \rangle}{\langle \mathcal{P}(0) \rangle} = 10^{-0.2} = 0.63$$

(b) 在 20 m 長有 2 dB 變化代表損耗額定為 0.2 dB/m。所以，在 10 m 範圍內，損耗為 1.0 dB。此即功率比例為 $10^{-0.1} = 0.79$。

(c) 經由下式，可求出指數衰減係數為

$$\alpha = \frac{2.0 \text{ dB}}{(8.69 \text{ dB/Np})(20 \text{ m})} = 0.012 \text{ [Np/m]}$$

最後有一點問題要討論的是：為什麼要使用分貝？最令人讚賞的理由是當在估算數個傳輸線與裝置全部頭尾相接起來之累積損耗時，整體範圍的淨損耗以 dB 表示的話會正好等於個別元件的 dB 損耗之和。

> **D10.2.** 有兩條頭尾相接的傳輸線。線路 1 為 30 m 長且額定損耗為 0.1 dB/m。線路 2 為 45 m 長，額定損耗為 0.15 dB/m。兩線路間之接連不是很好，故會增加 3 dB 的損耗。試問輸入功率可抵達整個組合線路輸出端所佔的百分比為何？
>
> 答案：5.3%

10.9　在不連續處的電波反射

電波反射的觀念在 10.1 節中已介紹過。如同該節所示的，需要有反射波的根源來自於其在傳輸線的端點處以及兩線不同傳輸線相接點位置處，所有電壓與電流邊界條件均必須被滿足的緣故。通常，我們不太會想要有反射波發生，因為想要被傳送至負載的部份功率會反射傳播回到場源。因此，瞭解達成**無**反射波的條件有其重要性。

基本的反射問題可用圖 10.5 來示範說明。在該圖中，特性阻抗為 Z_0 的傳輸線終端接上一個複數阻抗負載，$Z_L = R_L + jX_L$。如果傳輸線有損耗，則可知 Z_0 亦會是複數值。為方便起見，我們將座標系統指定成可使負載位於 $z=0$ 處。因此，傳輸線座落於 $z<0$ 的區域。假設有一電壓波想要入射至負載，其對所有 z 的相量式可表成：

$$V_i(z) = V_{0i} e^{-\alpha z} e^{-j\beta z} \tag{70a}$$

當此電壓波抵達負載時，所產生的反向傳播的反射波為：

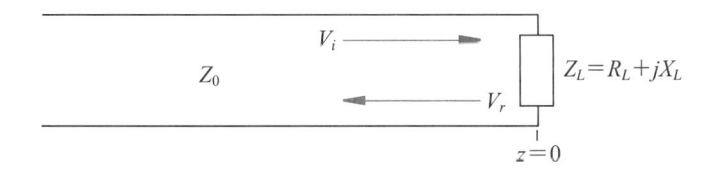

圖 10.5　複數負載阻抗的電壓波反射。

$$V_r(z) = V_{0r}e^{+\alpha z}e^{+j\beta z} \tag{70b}$$

現在，在負載處的相量電壓變成是入射與反射電壓相量在 $z=0$ 處所計算的值之和：

$$V_L = V_{0i} + V_{0r} \tag{71}$$

另外，流過負載的電流亦為入射與反射電流之和，其在 $z=0$ 處之值為

$$I_L = I_{0i} + I_{0r} = \frac{1}{Z_0}[V_{0i} - V_{0r}] = \frac{V_L}{Z_L} = \frac{1}{Z_L}[V_{0i} + V_{0r}] \tag{72}$$

現在，我們便可求出反射電壓振幅對入射電壓振幅之比值，此值定義為**反射係數** (reflection coefficient) Γ：

$$\boxed{\Gamma \equiv \frac{V_{0r}}{V_{0i}} = \frac{Z_L - Z_0}{Z_L + Z_0} = |\Gamma|e^{j\phi_r}} \tag{73}$$

在此，我們要強調 Γ 的複數特性——此即意味著：一般相對於入射波而言，反射波均會經歷振幅的衰減與相位移位。

現在，利用 (71) 式與 (73) 式，可寫出

$$V_L = V_{0i} + \Gamma V_{0i} \tag{74}$$

由此式我們可求出**傳輸係數** (transmission coefficient)，定義為負載電壓振幅對入射電壓振幅之比值，即：

$$\boxed{\tau \equiv \frac{V_L}{V_{0i}} = 1 + \Gamma = \frac{2Z_L}{Z_0 + Z_L} = |\tau|e^{j\phi_t}} \tag{75}$$

首先，有一點需注意的是，若 Γ 為正實數，則 $\tau > 1$；因此，負載處的電壓振幅會大於入射電壓。雖然，這樣似乎違反直覺，但因為負載電流會低於入射波電流，故不會是一個問題。我們將發現這種情況總是會在負載處形成一個低於或等於入射波功率的平均功率。另外要關心的一點是：線路發生損耗的可能性。在 (73) 式與 (75) 式所採用的入射波振幅都是發生**在負載**的振幅——亦即自輸入端傳播的過程中，損耗發生已經完成之後。

通常，傳送功率給負載的主要目的是要選配線路/負載組態，以使其無反射發生。因此，負載會接收所有傳送的功率。此項要求的條件是 $\Gamma=0$，此即表示負載阻抗必須等於線路阻抗。在此種情況下，負載便稱之為與線路**匹配** (反之亦然)。目前，有許多種阻抗-匹配方法可供採用，本章稍後將會探討其中的幾種方法。

最後，想要決定的是由負載所反射與耗散掉之**功率**佔入射波功率的比例。入射功率可由 (64) 式求得，在此刻我們把負載位置定在 $z=L$，而令線路輸入是位於 $z=0$，故知

$$\langle \mathcal{P}_i \rangle = \frac{1}{2}\text{Re}\left\{ \frac{V_0 V_0^*}{|Z_0|} e^{-2\alpha L} e^{j\theta} \right\} = \frac{1}{2}\frac{|V_0|^2}{|Z_0|} e^{-2\alpha L} \cos\theta \tag{76a}$$

然後，把反射波電壓代入 (76a) 式求出反射功率，其中反射波可由入射電壓乘上 Γ 後求得。因此，反射功率為：

$$\langle \mathcal{P}_r \rangle = \frac{1}{2}\text{Re}\left\{ \frac{(\Gamma V_0)(\Gamma^* V_0^*)}{|Z_0|} e^{-2\alpha L} e^{j\theta} \right\} = \frac{1}{2}\frac{|\Gamma|^2 |V_0|^2}{|Z_0|} e^{-2\alpha L} \cos\theta \tag{76b}$$

現在，由 (76b) 式對 (76a) 式的比值，便可求出負載處的反射功率比例：

$$\boxed{\frac{\langle \mathcal{P}_r \rangle}{\langle \mathcal{P}_i \rangle} = \Gamma\Gamma^* = |\Gamma|^2} \tag{77a}$$

因此，入射功率被傳送到負載 (或者被它所耗散掉) 的比例為

$$\boxed{\frac{\langle \mathcal{P}_t \rangle}{\langle \mathcal{P}_i \rangle} = 1 - |\Gamma|^2} \tag{77b}$$

讀者應明瞭所傳送的功率比例並**不是** $|\tau|^2$ (某些人可能會作出這樣的結論)。

在具有不同特性阻抗的兩條半無限長傳輸線相接起來的例子中，反射將會發生在其接面處，而第二條傳輸線則可當作負載來處理。當入射波由線路 1 (Z_{01}) 入射至線路 2 (Z_{02}) 時，可求出

$$\boxed{\Gamma = \frac{Z_{02} - Z_{01}}{Z_{02} + Z_{01}}} \tag{78}$$

因此，傳播進入第二條傳輸線的功率比例為 $1-|\Gamma|^2$。

例題 10.5

有一條 50 Ω 無損耗的傳輸線接上負載阻抗，$Z_L = 50 - j75$ Ω。若入射功率為 100 mW，試求由負載所消耗的功率。

解： 反射係數為

$$\Gamma = \frac{Z_L - Z_0}{Z_L + Z_0} = \frac{50 - j75 - 50}{50 - j75 + 50} = 0.36 - j0.48 = 0.60 e^{-j.93}$$

故知
$$\langle \mathcal{P}_t \rangle = (1 - |\Gamma|^2)\langle \mathcal{P}_i \rangle = [1 - (0.60)^2](100) = 64 \text{ mW}$$

例題 10.6

有兩條有損耗的傳輸線頭尾相接起來。第一條線路有 10 m 長，且損耗額定為 0.20 dB/m。第二條線路 15 m 長，損耗額定為 0.10 dB/m。接面處的反射係數 (線路 1 對線路 2) 為 $\Gamma = 0.30$。輸入功率 (接至線路 1) 為 100 mW。(a) 試以 dB 表示求出此線路組合的總損耗。(b) 試求被傳送到線路 2 輸出端的功率。

解：(a) 接點處的 dB 損耗為

$$L_j(\text{dB}) = 10\log_{10}\left(\frac{1}{1-|\Gamma|^2}\right) = 10\log_{10}\left(\frac{1}{1-0.09}\right) = 0.41 \text{ dB}$$

現在，整條連結線路的總損耗 (以 dB 表示) 變成

$$L_t(\text{dB}) = (0.20)(10) + 0.41 + (0.10)(15) = 3.91 \text{ dB}$$

(b) 輸出功率為 $P_{\text{out}} = 100 \times 10^{-0.391} = 41$ mW。

10.10 電壓駐波比

在許多實例中，傳輸線特性均易於量測。這些測量包括未知負載的阻抗，或者接上已知或未知負載阻抗之線路輸入阻抗的量測等。此種技術主要是依據量測電壓振幅的能力而定，而電壓振幅為線路量測位置點的函數，故量測技術通常是針對此種功能來設計。典型的裝置是由一條**開槽測試線** (slotted line) 組成，它是一條無損耗的同軸電纜線，它在其整條線的外部導體具有縱向的氣隙。此測試線接在弦波電壓源與所欲量測的阻抗之間的位置上。透過開槽測試線的氣隙，一電壓探針可插入來量測內部與外部導體之間的電壓振幅。當探針沿著線長移動時，便可記錄到最大與最小電壓振幅，並且可求出其比值，即熟知的**電壓駐波比** (voltage standing wave ratio, VSWR)。此種量測意義及其用法即是本節所要探討的主題。

為了瞭解各種電壓量測的意義，我們先考慮一些特例。首先，如果開槽測試線被接至一匹配的阻抗，則無反射波發生；在每一點處探針均顯示相同的電壓振幅。當然，探針取樣到的瞬時電壓在相位上仍會有所不同。當探針由 $z = z_1$ 移至 $z = z_2$ 時，相位差為

$\beta(z_2-z_1)$，但此系統無法感測到電磁場的相位。一個無衰減的行進波之特徵就是具有相等振幅的電壓。

其次，如果開槽測試線是接到開路或短路 (或是常見的純虛數負載阻抗) 時，線路上的總電壓就是一種駐波；如例題 10.1 所示，當探針位在節點處時，電壓探針無輸出值。當探針位置改變時，一般探針輸出會依 $|\cos(\beta z+\phi)|$ 而變，其中 z 為到負載的距離，而相位 ϕ 則是依負載阻抗而定。例如，若負載為短路時，短路處的零電壓條件便使得該處形成一節點，所以線路上的電壓便會依 $|\sin(\beta z)|$ 而變 (其中 $\phi=\pm\pi/2$)。

當反射電壓既不是 0 亦非入射電壓的 100% 時，情況就變得複雜許多。部份能量會被負載所吸收，部份則會反射。因此，開槽測試線感測到一個同時由一行進波與一駐波組成的電壓。習慣上，即使也存在有一個行進波，我們仍稱此電壓為一個駐波。我們將會明白對所有時間而言，在任一點處此電壓均不會有零振幅，而這個電壓區分為一行進波與一個純駐波的方式可用探針所量得的最大振幅對最小振幅的比值 (VSWR) 來加以表示。此項資訊連同相對於負載的電壓極小或極大值的位置便能使吾人來求出負載阻抗。VSWR 亦可作為端接負載品質的一種衡量工具。明確地說，一個完全匹配的負載會產生一個值正好為 1 的 VSWR。全反射負載則會產生一個無限大的 VSWR。

為了推導出總電壓的特定形式，我們先由開槽測試線內的順向與逆向傳播電波著手。將負載接在 $z=0$ 處，所以開槽測試線內的所有點均具有負的 z 值。令輸入電波振幅為 V_0，總相量電壓為

$$V_{sT}(z) = V_0 e^{-j\beta z} + \Gamma V_0 e^{j\beta z} \tag{79}$$

線路無損耗時便會具有實數值的特性阻抗 Z_0。負載 Z_L 一般而言大都屬於複數阻抗，故會導致複數反射係數：

$$\boxed{\Gamma = \frac{Z_L - Z_0}{Z_L + Z_0} = |\Gamma|e^{j\phi}} \tag{80}$$

如果負載為短路 ($Z_L=0$)，則 ϕ 會等於 π；若 Z_L 為實數且小於 Z_0 時，則 ϕ 亦會等於 π；而若 Z_L 為實數且大於 Z_0 時，則 ϕ 為零。利用 (80) 式，我們可將 (79) 式重新寫成下列形式：

$$V_{sT}(z) = V_0\left(e^{-j\beta z} + |\Gamma|e^{j(\beta z+\phi)}\right) = V_0 e^{j\phi/2}\left(e^{-j\beta z}e^{-j\phi/2} + |\Gamma|e^{j\beta z}e^{j\phi/2}\right) \tag{81}$$

為了將 (81) 式表示成更有用的形式，我們可應用同時加上並減掉 $V_0(1-|\Gamma|)e^{-j\beta z}$ 項的代數技巧，故知：

$$V_{sT}(z) = V_0(1 - |\Gamma|)e^{-j\beta z} + V_0|\Gamma|e^{j\phi/2}\left(e^{-j\beta z}e^{-j\phi/2} + e^{j\beta z}e^{j\phi/2}\right) \tag{82}$$

(82) 式括號內的最後一項變成餘弦項，故可寫出

$$\boxed{V_{sT}(z) = V_0(1 - |\Gamma|)e^{-j\beta z} + 2V_0|\Gamma|e^{j\phi/2}\cos(\beta z + \phi/2)} \tag{83}$$

只要轉換成實際的瞬時形式，便能馬上看出上式的重要特性：

$$\boxed{\mathcal{V}(z,t) = \text{Re}[V_{sT}(z)e^{j\omega t}] = \underbrace{V_0(1 - |\Gamma|)\cos(\omega t - \beta z)}_{\text{行進波}} \\ + \underbrace{2|\Gamma|V_0\cos(\beta z + \phi/2)\cos(\omega t + \phi/2)}_{\text{駐波}}} \tag{84}$$

(84) 式可看作是一個振幅為 $(1-|\Gamma|)\,V_0$ 的行進波與一個振幅為 $2|\Gamma|\,V_0$ 的駐波之和。我們可以將之想像成如下所示的事件：入射波在開槽測試線內會反射與逆向-傳播的部份會與入射波一個等效的部份相互干涉以形成駐波。入射波其餘的部份 (即未產生干涉) 則形成 (84) 式的行進波部份。線路中所觀測到的最大振幅就是 (84) 式兩項的振幅直接相加所求得之值，即 $(1+|\Gamma|)\,V_0$。最小的振幅則是在駐波達到一節點處而求得，所以就是唯一剩下來的行進波振幅，即 $(1-|\Gamma|)\,V_0$。(84) 式內那兩項以此方式取適切的相位而加以合併的現象並不是很一目了然，但下列的引數將會證明此現象確實會發生。

為了求出最小與最大的電壓振幅，我們回頭來看 (81) 式的第一部份：

$$V_{sT}(z) = V_0\left(e^{-j\beta z} + |\Gamma|e^{j(\beta z + \phi)}\right) \tag{85}$$

首先，當 (85) 式內的那兩項直接相減 (即具有值為 π 的相位差) 時，可得出最小的電壓振幅。此極小值發生的位置為：

$$\boxed{z_{\min} = -\frac{1}{2\beta}(\phi + (2m+1)\pi) \quad (m = 0, 1, 2, \ldots)} \tag{86}$$

同樣地，我們注意到在開槽測試線內所有位置均為負的 z 值。將 (86) 式代入 (85) 式便可導出最小振幅為：

$$V_{sT}(z_{\min}) = V_0(1 - |\Gamma|) \tag{87}$$

把 (86) 式代入實際的電壓公式，即 (84) 式，也可得出相同的結果。這個會在駐波部份內產生一個節點，故可求出

$$\mathcal{V}(z_{\min}, t) = \pm V_0(1 - |\Gamma|)\sin(\omega t + \phi/2) \tag{88}$$

此電壓會隨時間振盪，其振幅為 $V_0(1-|\Gamma|)$。(88) 式內的正負號分別適用於 (86) 式內 m 值為偶數與奇數的情況。

接下來，當 (85) 式內那兩項以同相方式而相加時，便可得出最大的電壓振幅。這個發生的位置為

$$\boxed{z_{\max} = -\frac{1}{2\beta}(\phi + 2m\pi) \quad (m = 0, 1, 2, \ldots)} \tag{89}$$

把 (89) 式代入 (85) 式，求得

$$V_{sT}(z_{\max}) = V_0(1 + |\Gamma|) \tag{90}$$

與前述一樣，我們也可以把 (89) 式代入實際的瞬時電壓 (84) 式。這種做法即是要在駐波部份產生一個最大值，此值接著再以同相方式來加至行進波。結果變成

$$\mathcal{V}(z_{\max}, t) = \pm V_0(1 + |\Gamma|)\cos(\omega t + \phi/2) \tag{91}$$

此處，正負號分別適用於 (89) 式之 m 值為正值與負值的情況。同樣地，此電壓在時域中會振盪並通過零，其振幅則為 $V_0(1+|\Gamma|)$。

注意：若 $\phi=0$ 時，會有一個電壓最大值是位於負載處 ($z=0$)；此外，當 Γ 為實數且為正值時，$\phi=0$。當 $Z_L > Z_0$ 時，若 Z_L 為實數值便會發生這種情況。因此，當負載阻抗大於 Z_0 且這兩個阻抗均為實數值時，在負載處便會有一個電壓最大值。令 $\phi=0$，最大值亦會發生在 $z_{\max} = -m\pi/\beta = -m\lambda/2$。在零負載阻抗時，$\phi=\pi$，故最大值會發生在 $z_{\max} = -\pi/(2\beta)$，$-3\pi/(2\beta)$，亦即 $z_{\max} = -\lambda/4$，$-3\lambda/4$，依此類推。

最小值的間隔為半波長的整數倍 (最大值亦同)，而且在負載阻抗為零時，第一個最小值發生在 $-\beta z = 0$ 之時，亦即在負載處。一般而言，只要 $\phi=\pi$，於 $z=0$ 處就會有一個電壓最小值。若 $Z_L < Z_0$，其中 Z_L 為實數值時，便會發生此種情況。這些結果均舉例說明於圖 10.6 之中。

最後，電壓駐波比定義為：

$$\boxed{s \equiv \frac{V_{sT}(z_{\max})}{V_{sT}(z_{\min})} = \frac{1+|\Gamma|}{1-|\Gamma|}} \tag{92}$$

由於電壓振幅絕對值均已去除，故所量測的 VSWR 便可以直接用來計算 $|\Gamma|$。之後，藉由

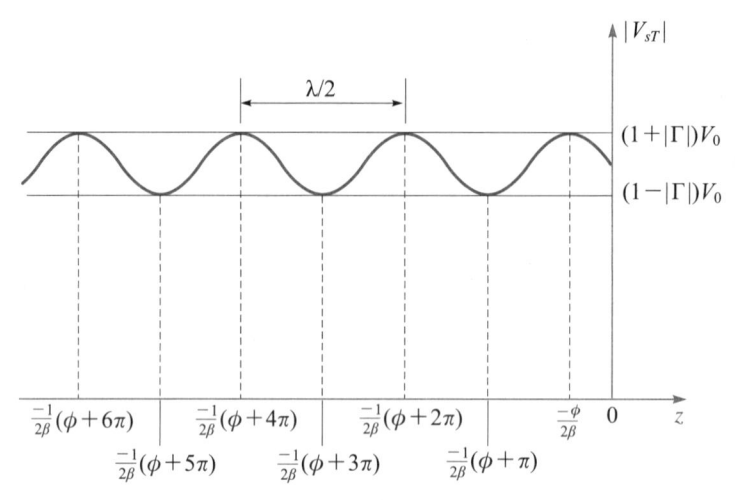

圖 10.6 由 (85) 式求出並表示成位置 z 之函數的 V_{sT} 大小在負載 ($z=0$) 前方的變化圖。反射係數的相位為 ϕ，如同 (86) 式與 (89) 式所求得的，此 ϕ 值會造成圖示的最大與最小電壓振幅的位置。

量測相對於負載的第一個最大值或最小值位置，然後利用合適的 (86) 式或 (89) 式，即可求出 Γ 的相位。一旦已知 Γ，只要 Z_0 為已知值，便能求得負載阻抗。

> **D10.3.** 當 $\Gamma = \pm 1/2$ 時，試問所形成的電壓駐波比為何？
>
> 答案：3

例題 10.7

已知開槽測試線測量結果產生 VSWR 為 5，連續最大電壓間的間隔為 15 cm，以及第一個最大值位在負載前方的 7.5 cm 距離。假設此開槽測試線有 50 Ω 的阻抗，試求負載阻抗。

解：最大值之間有 15 cm 間隔，此值就是 $\lambda/2$，故表示波長為 30 cm。由於開槽測試線為空氣填充型，故知其頻率為 $f = c/\lambda = 1$ GHz。位於 7.5 cm 處的第一個最大值等同於距離負載為 $\lambda/4$，此即表示有一個電壓最小值發生在負載處。因此，Γ 將會是實數且為負值。我們利用 (92) 式，寫成

$$|\Gamma| = \frac{s-1}{s+1} = \frac{5-1}{5+1} = \frac{2}{3}$$

所以，

$$\Gamma = -\frac{2}{3} = \frac{Z_L - Z_0}{Z_L + Z_0}$$

由上式求解 Z_L，得出

$$Z_L = \frac{1}{5}Z_0 = \frac{50}{5} = 10\ \Omega$$

10.11 有限長度的傳輸線

當考慮弦波電壓在有限長的傳輸線上傳播，且該線路負載的阻抗不匹配時，就會引發出新的問題。在此種情況中，在負載與電源端會發生許多次反射，進而在線路上建構出多重電波的雙向電壓分佈。與平常一樣，我們的目的就是要求出被傳送至負載的穩態淨功率，但是現在我們要將許多順向與逆向反射波的效應包含進來。

圖 10.7 顯示有這個基本問題的線路組態。假設傳輸線無損耗，特性阻抗為 Z_0 且長度為 l。弦波電壓源頻率為 ω，可用相量電壓 V_s 表示。電源的複數內部阻抗為 Z_g，如圖所示，負載阻抗 Z_L 亦假設為複數型且位於 $z=0$。因此，傳輸線是位於負 z 軸。分析此問題的最簡單方法是不要嘗試去分析每一次個別的反射，相反地是必須瞭解到：在穩態時，線路內會存在一個淨順向電波與一個淨逆向電波，它們代表入射到負載的所有電波與自負載反射回來的所有電波之重疊值。因此，我們可將線路內的總電壓寫成

$$V_{sT}(z) = V_0^+ e^{-j\beta z} + V_0^- e^{j\beta z} \tag{93}$$

其中，V_0^+ 與 V_0^- 均為複數振幅，分別由所有個別的順向與逆向波振幅及相位組成。以相似的方式，我們可將線路內的總電流寫成：

$$I_{sT}(z) = I_0^+ e^{-j\beta z} + I_0^- e^{j\beta z} \tag{94}$$

現在，我們把**電波阻抗 (wave impedance)** $Z_w(z)$ 定義為總相量電壓對總相量電流之比值。

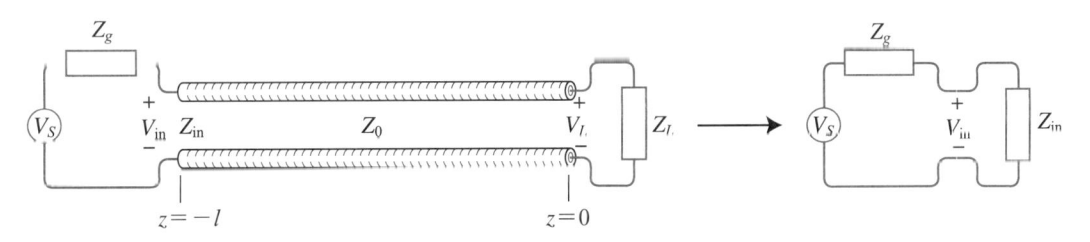

圖 10.7 有限長度傳輸線組態及其等效電路。

利用 (93) 式與 (94) 式，此比值變成：

$$Z_w(z) \equiv \frac{V_{sT}(z)}{I_{sT}(z)} = \frac{V_0^+ e^{-j\beta z} + V_0^- e^{j\beta z}}{I_0^+ e^{-j\beta z} + I_0^- e^{j\beta z}} \tag{95}$$

接下來，利用關係式 $V_0^- = \Gamma V_0^+$，$I_0^+ = V_0^+/Z_0$，及 $I_0^- = -V_0^-/Z_0$。(95) 式便可化簡成

$$Z_w(z) = Z_0 \left[\frac{e^{-j\beta z} + \Gamma e^{j\beta z}}{e^{-j\beta z} - \Gamma e^{j\beta z}} \right] \tag{96}$$

現在，利用尤拉恆等式 (32) 式，並代入 $\Gamma = (Z_L - Z_0)/(Z_L + Z_0)$，(96) 式變成

$$Z_w(z) = Z_0 \left[\frac{Z_L \cos(\beta z) - j Z_0 \sin(\beta z)}{Z_0 \cos(\beta z) - j Z_L \sin(\beta z)} \right] \tag{97}$$

計算 (97) 式在 $z = -1$ 處之值，即可求出在傳輸線輸入處的電波阻抗，得出

$$Z_{\text{in}} = Z_0 \left[\frac{Z_L \cos(\beta l) + j Z_0 \sin(\beta l)}{Z_0 \cos(\beta l) + j Z_L \sin(\beta l)} \right] \tag{98}$$

這個就是我們為了建立圖 10.7 的等效電路時所需要的量。

有一個特殊的例子是線路長度剛好為半波長，或半波長的整數倍的情況。在這種情況下，

$$\beta l = \frac{2\pi}{\lambda} \frac{m\lambda}{2} = m\pi \quad (m = 0, 1, 2, \ldots)$$

將此結果應用到 (98) 式，可求出

$$Z_{\text{in}}(l = m\lambda/2) = Z_L \tag{99}$$

對一半波長的線路而言，其等效電路只要將傳輸線完全拆除並將負載放在輸入端便可簡單地建構出來。當然，假設線路長度確實為半波長的整數倍時，此種簡化等效電路便能成立。一旦頻率開始改變，上述條件即不再被滿足，故在求取 Z_{in} 時，就必須使用其通式，即 (98) 式。

另一個重要的特殊例子是在線路長度為四分之一波長的奇數倍的情況：

$$\beta l = \frac{2\pi}{\lambda}(2m+1)\frac{\lambda}{4} = (2m+1)\frac{\pi}{2} \quad (m = 0, 1, 2, \ldots)$$

將此值代入 (98) 式,導出

$$Z_{in}(l = \lambda/4) = \frac{Z_0^2}{Z_L} \tag{100}$$

(100) 式常應用到連接兩條具有不同特性阻抗的問題。假設阻抗 (由左至右) 為 Z_{01} 與 Z_{03}。在連接處,我們可以插入另外一條特性阻抗為 Z_{02} 的傳輸線,其長度為 $\lambda/4$。因此,我們得到一串相接的傳輸線,其阻抗依序為 Z_{01}、Z_{02} 與 Z_{03}。現在,一電壓波自線路 1 入射至 Z_{01} 與 Z_{02} 間之接點。現在線路 2 遠端處的有效負載為 Z_{03}。在任意頻率下,線路 2 的輸入阻抗現在就變成

$$Z_{in} = Z_{02} \frac{Z_{03} \cos \beta_2 l + j Z_{02} \sin \beta_2 l}{Z_{02} \cos \beta_2 l + j Z_{03} \sin \beta_2 l} \tag{101}$$

然後,由於線路 2 的長度為 $\lambda/4$,故知

$$Z_{in}(線路\ 2) = \frac{Z_{02}^2}{Z_{03}} \tag{102}$$

若 $Z_{in} = Z_{01}$,則就不會發生有 $Z_{01}-Z_{02}$ 介面處的反射。因此,我們可讓接點變成匹配 (即容許完整的傳輸通過這三條線路),其匹配條件是需將 Z_{02} 選成

$$Z_{02} = \sqrt{Z_{01} Z_{03}} \tag{103}$$

此技術稱之為**四分之一波匹配** (quarter-wave matching),而同樣會受限於頻率 (即窄頻帶),使得 $l = (2m+1)\lambda/4$。在第 12 章,當我們探討電磁波反射時,將會碰到此種技術的更多實例。同時,涉及到輸入阻抗與 VSWR 用法的更深入範例將會在 10.12 節中討論。

10.12 一些傳輸線的例題

在本節中,我們要把在前兩節裡得到的許多結果應用到幾種典型的傳輸線問題上。我們將注意力集中到無損耗的線上以便簡化工作。

讓我們從假定一條兩根電線的 300 Ω 傳輸線 ($Z_0 = 300$ Ω) 開始,例如從天線到電視機或調頻收音機的那段充鉛的電線。這電路如圖 10.8 所示。該線長 2 m,線路的 L 與 C 之值可使得傳輸線上的速度是 2.5×10^8 m/s。以一個輸入電阻 300 Ω 的接收機作為傳輸線的終端,同時用一個阻抗串聯一個電源 $V_s = 60$ V,操作頻率為 100 MHz 的戴維寧等效電路來代表天線。此天線的電壓比實際情形差不多大了 10^5 倍,但也使計算的值較為簡單;

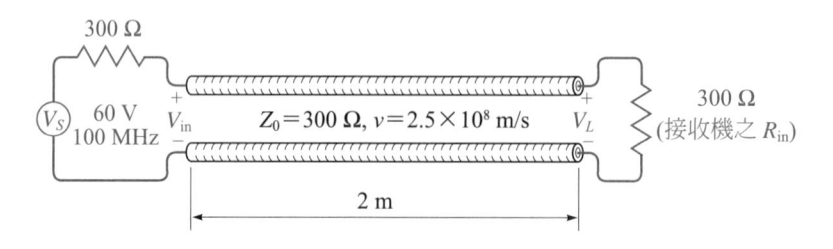

圖 10.8　一條兩端都已配合的傳輸線不會產生反射，因而能輸送最大功率到負載上。

若要想得實際些，應當將電流或電壓除以 10^5，功率除以 10^{10}，只單獨留下阻抗不變。

由於負載阻抗等於特性阻抗，故知此傳輸線已匹配好了；此時，反射係數是零，駐波比是 1。就已知的速度和頻率而言，傳輸線的波長是 $v/f = 2.5$ m，相位常數是 $2\pi/\lambda = 0.8\pi$ rad/m；衰減常數是零。傳輸線的電氣長度 $\beta l = (0.8\pi)2$ 或者 1.6π rad。這長度也可以被寫成 288° 或者 0.8 個波長。

提供給電壓源的輸入阻抗是 300 Ω，同時由於電源的內阻抗是 300 Ω，在傳輸線輸入處的電壓就是 60 V 的一半，或者說 30 V。電源和傳輸線已是匹配好的，所以能輸送最多現有的功率到線路上去。由於既沒有反射也沒有衰減，負載處的電壓也就具有 30 V 的B值振幅，但是在相位上它則遲了 1.6π rad。因此，

$$V_{in} = 30\cos(2\pi 10^8 t) \text{ V}$$

而

$$V_L = 30\cos(2\pi 10^8 t - 1.6\pi) \text{ V}$$

輸入電流是

$$I_{in} = \frac{V_{in}}{300} = 0.1\cos(2\pi 10^8 t) \text{ A}$$

而負載電流則是

$$I_L = 0.1\cos(2\pi 10^8 t - 1.6\pi) \text{ A}$$

電源送到傳輸線的輸入處的平均功率就等於傳輸線送到負載上的功率，

$$P_{in} = P_L = \frac{1}{2} \times 30 \times 0.1 = 1.5 \text{ W}$$

現在，讓我們接上第二個接收器，輸入電阻也是 300 Ω，它跨在傳輸線上與第一個

接收機並聯。現在，負載阻抗變成 150 Ω，反射係數是

$$\Gamma = \frac{150 - 300}{150 + 300} = -\frac{1}{3}$$

傳輸線上的駐波比為

$$s = \frac{1 + \frac{1}{3}}{1 - \frac{1}{3}} = 2$$

輸入阻抗不再是 300 Ω，而是

$$Z_{in} = Z_0 \frac{Z_L \cos \beta l + j Z_0 \sin \beta l}{Z_0 \cos \beta l + j Z_L \sin \beta l} = 300 \frac{150 \cos 288° + j300 \sin 288°}{300 \cos 288° + j150 \sin 288°}$$
$$= 510 \angle -23.8° = 466 - j206 \; \Omega$$

這是一個電容性阻抗。在物理方面，這就表示這段傳輸線在它的電場中所儲存的能量比磁場中的多。輸入電流相量為

$$I_{s,in} = \frac{60}{300 + 466 - j206} = 0.0756 \angle 15.0° \; A$$

故知電源供應到傳輸線上的功率是

$$P_{in} = \frac{1}{2} \times (0.0756)^2 \times 466 = 1.333 \; W$$

由於傳輸線沒有損耗，這 1.333 W 就必須被送到負載上去。注意：這比我們能送到匹配的負載上去的 1.50 W 要少；再說，這功率必須被平均地分到兩個接收器上，所以現在每一個接收器只收到 0.667 W。因為每個接收器的輸入阻抗是 300 Ω，接收器上的電壓就可以很容易被求出為

$$0.667 = \frac{1}{2} \frac{|V_{s,L}|^2}{300}$$
$$|V_{s,L}| = 20 \; V$$

而單一負載上的電壓則是 30 V。

在離開這個例子以前，讓我們問幾個關於這條傳輸線上的電壓問題。在什麼地方電壓有極大和極小值，而這些值又是什麼？負載電壓的相位與輸入電壓的仍相差 288° 嗎？我們若能為電壓回答這些問題的話，大概也就能為電流回答這些問題了。

(89) 式可以被用來決定各電壓極大的位置為

$$z_{\max} = -\frac{1}{2\beta}(\phi + 2m\pi) \quad (m = 0, 1, 2, \ldots)$$

其中，$\Gamma = |\Gamma| e^{j\phi}$。因此，當 $\beta = 0.8\pi$ 而 $\phi = \pi$ 時，我們得到

$$z_{\max} = -0.625 \quad \text{及} \quad -1.875 \text{ m}$$

而極小與極大相隔的距離是 $\lambda/4$，故知

$$z_{\min} = 0 \quad \text{及} \quad -1.25 \text{ m}$$

同時我們發現負載電壓 ($z = 0$ 處) 是一個電壓的極小。這當然就證實了我們先前所得的結論：如果 $Z_L < Z_0$ 的話，負載處就會是一個電壓的極小；如果 $Z_L > Z_0$ 的話，則會是一個電壓的極大，其中這兩個阻抗都應當是純電阻才成。

因此，傳輸線上的最小電壓就是負載電壓，20 V；最大電壓必定是 40 V，因為駐波比是 2。在這條傳輸線輸入端處的電壓是

$$V_{s,\text{in}} = I_{s,\text{in}} Z_{\text{in}} = (0.0756\angle 15.0°)(510\angle -23.8°) = 38.5\angle -8.8°$$

這一輸入電壓幾乎和傳輸線上任何地方的最大電壓一般大，因為這條傳輸線的長度差不多是波長的四分之三。當 $Z_L < Z_0$ 時，這一長度就會使電壓極大發生在輸入處。

最後，想要求出負載電壓的大小與相位。我們由傳輸線的總電壓開始，即利用 (93) 式。

$$V_{sT} = \left(e^{-j\beta z} + \Gamma e^{j\beta z}\right) V_0^+ \tag{104}$$

由上面公式，我們就可以由傳輸線上任一已知點的電壓求得其它任一未知點的電壓。因為我們已知傳輸線輸入端的電壓，可令 $z = -l$，

$$V_{s,\text{in}} = \left(e^{j\beta l} + \Gamma e^{-j\beta l}\right) V_0^+ \tag{105}$$

解出 V_0^+，

$$V_0^+ = \frac{V_{s,\text{in}}}{e^{j\beta l} + \Gamma e^{-j\beta l}} = \frac{38.5\angle -8.8°}{e^{j1.6\pi} - \frac{1}{3}e^{-j1.6\pi}} = 30.0\angle 72.0° \text{ V}$$

現在，我們可於 (104) 式中令 $z = 0$，以求出負載端電壓，

$$V_{s,L} = (1 + \Gamma)V_0^+ = 20\angle 72° = 20\angle -288°$$

此振幅和我們先前的值相等。反射波的存在使得 $V_{s,\text{in}}$ 和 $V_{s,L}$ 的相差變成約為 $-279°$ 而不是 $-288°$。

例題 10.8

為了提供一個稍微複雜的例子，讓我們現在用一個 $-j300\ \Omega$ 的純電容性阻抗與兩個 $300\ \Omega$ 接收器並聯。我們想要求出輸入阻抗與傳送至每一個接收器的功率。

解：負載阻抗現在變成是 $150\ \Omega$ 與 $-j300\ \Omega$ 相並聯，即

$$Z_L = \frac{150(-j300)}{150 - j300} = \frac{-j300}{1 - j2} = 120 - j60\ \Omega$$

首先，計算反射係數及電壓駐波比 (VSWR)：

$$\Gamma = \frac{120 - j60 - 300}{120 - j60 + 300} = \frac{-180 - j60}{420 - j60} = 0.447\angle -153.4°$$

$$s = \frac{1 + 0.447}{1 - 0.447} = 2.62$$

因此，VSWR 較高，所以不匹配情況蠻差的。接下來，計算輸入阻抗。傳輸線的電氣長度仍然為 $288°$，所以

$$Z_{\text{in}} = 300\ \frac{(120 - j60)\cos 288° + j300\sin 288°}{300\cos 288° + j(120 - j60)\sin 288°} = 755 - j138.5\ \Omega$$

此值可導致電源電流為

$$I_{s,\text{in}} = \frac{V_{Th}}{Z_{Th} + Z_{\text{in}}} = \frac{60}{300 + 755 - j138.5} = 0.0564\angle 7.47°\ \text{A}$$

因此，傳送至傳輸線輸入端的平均功率為 $P_{\text{in}} = \frac{1}{2}(0.0564)^2(755) = 1.200\ \text{W}$。由於傳輸線無損耗，所以 $P_L = 1.200\ \text{W}$，每一個接收器只得到 $0.6\ \text{W}$ 而已。

例題 10.9

作為本節最後的範例，試將上述傳輸線端接一個純電容性阻抗，$Z_L = -j300\ \Omega$。我們想求出反射係數、VSWR，及傳送至負載的功率。

解：很明顯地，我們無法傳送任何功率至負載，因為它是一種純電抗。結果，反射係數為

$$\Gamma = \frac{-j300 - 300}{-j300 + 300} = -j1 = 1\angle{-90°}$$

故知反射波振幅與入射波振幅相等。因此,不難瞭解 VSWR 必定為

$$s = \frac{1 + |-j1|}{1 - |-j1|} = \infty$$

而且,輸入阻抗為一純電抗,即

$$Z_{in} = 300\,\frac{-j300\cos 288° + j300\sin 288°}{300\cos 288° + j(-j300)\sin 288°} = j589$$

因此,電源無法傳送平均功率給輸入阻抗,所以,並無平均功率可傳送至負載。

雖然,我們仍可為此等例題求得許多其它現象及數據,但是利用圖解法來求解此類問題更為簡便。在 10.13 節中,我們便會碰到這類問題。

D10.4. 已知有一條 50 W 無損耗傳輸線長度為 0.4λ,操作頻率為 300 MHz。負載 $Z_L = 40 + j30\ \Omega$ 接在 $z = 0$ 處,而在 $z = -l$ 處的戴維寧等效電源為 $12\angle 0°$ V 與 $Z_{Th} = 50 + j0\ \Omega$ 的串聯組合。試求:(a) Γ;(b) s;(c) Z_{in}。

答案:$0.333\angle 90°$;2.00;$25.5 + j5.90\ \Omega$

D10.5. 就練習題 D10.4 的傳輸線,試求:(a) $z = -l$ 處的相量電壓;(b) $z = 0$ 處的相量電壓;(c) 傳送 Z_L 的平均功率。

答案:$4.14\angle 8.58°$ V;$6.32\angle -125.6°$ V;0.320 W

10.13 圖解法:史密斯圖

傳輸線的問題往往要涉及複數的運算,使得在求取一個答案時所花的時間與努力要比在實數上同樣的一串運算所需要的多出好幾倍。想減少工作而不至於嚴重要影響到準確度的方法之一是利用傳輸線圖表。被用得最廣泛的或許是史密斯圖了。[3]

基本上,這種圖顯示出定值電阻和定值電抗的曲線;這些曲線可以代表一個輸入阻

---

[3] P. H. Smith, "Transmission Line Calculator," *Electronics*,第 12 卷,29～31 頁,1939 年 1 月。

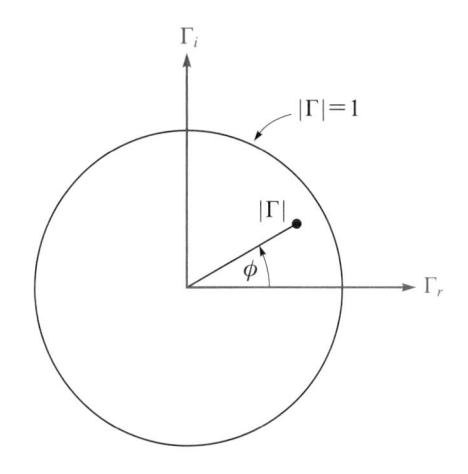

圖 10.9 史密斯圖上的極座標是反射係數的大小和相角；直角座標則是反射係數的實數與虛數部份，整個表都在 $|\Gamma|=1$ 單位圓以內。

抗或者一個負載阻抗。當然，後者就是長度零之傳輸線的輸入阻抗。沿線的位置也被指出，通常是以距離一個電壓極大或極小處的分數波長來表示。駐波比以及反射係數的大小和相角雖然沒有被畫在圖上，但是它們可以很快地被定出來。事實上，這個圖是被畫在一個單位半徑的圓以內，採用的是極座標，半徑變數是 $|\Gamma|$，反時針轉的角度變數 ϕ，其中 $\Gamma=|\Gamma|e^{j\phi}$。圖 10.9 所示就是這個圓。因為 $|\Gamma|<1$，所有我們的資料都必須在這單位圓上或以內。奇怪的是反射係數本身將不被畫在最後的圖上，因為這些外加的線條將使這圖很難讀。

用來構築這圖的基本關係式是

$$\Gamma = \frac{Z_L - Z_0}{Z_L + Z_0} \tag{106}$$

我們畫在圖上的阻抗將是針對特性阻抗**正規化** (normalized) 後之值。讓我們用 z_L 來代表正規化負載阻抗，

$$z_L = r + jx = \frac{Z_L}{Z_0} = \frac{R_L + jX_L}{Z_0}$$

於是

$$\Gamma = \frac{z_L - 1}{z_L + 1}$$

或者

$$z_L = \frac{1+\Gamma}{1-\Gamma} \tag{107}$$

寫成極座標形式時，我們用了 |Γ| 及 φ 作為 Γ 的大小和相角。讓我們用 Γ_r 和 Γ_i 作為 Γ 的實數和虛數部份，可寫出

$$\Gamma = \Gamma_r + j\Gamma_i \tag{108}$$

因此，

$$r + jx = \frac{1 + \Gamma_r + j\Gamma_i}{1 - \Gamma_r - j\Gamma_i} \tag{109}$$

這方程式的實數和虛數部份是

$$\boxed{r = \frac{1 - \Gamma_r^2 - \Gamma_i^2}{(1 - \Gamma_r)^2 + \Gamma_i^2}} \tag{110}$$

$$\boxed{x = \frac{2\Gamma_i}{(1 - \Gamma_r)^2 + \Gamma_i^2}} \tag{111}$$

經過幾項基本代數的運算之後，我們就可以把 (110)、(111) 兩式寫成能展示 Γ_r、Γ_i 軸上的曲線本質的形式：

$$\left(\Gamma_r - \frac{r}{1+r}\right)^2 + \Gamma_i^2 = \left(\frac{1}{1+r}\right)^2 \tag{112}$$

$$(\Gamma_r - 1)^2 + \left(\Gamma_i - \frac{1}{x}\right)^2 = \left(\frac{1}{x}\right)^2 \tag{113}$$

　　第一個式子所述是一族圓圈，每一個圓與某一個特定的電阻值 r 相關聯。舉例而言，如果 r=0，這個零電阻圓的半徑就是 1，同時它的中心在 $\Gamma_r=0$、$\Gamma_i=0$ 處，即原點上。這是對的，因為接上一個純電抗式會導致一個大小是 1 的反射係數。但是，如果 r=∞，則 $z_L=\infty$，我們就得出 Γ=1+j0。(112) 式所表示的圓中心在 $\Gamma_r=1$、$\Gamma_i=0$ 處，半徑是零。因此，正如同我們所決定的，此點之值應為 Γ=1+j0。所以它所形容的是 r=1 的圓中心在 $\Gamma_r=0.5$、$\Gamma_i=0$ 處，同時半徑是 0.5；這個圓被畫在圖 10.10 上，圖上同時還畫了 r=0.5 以及 r=2 的圓。所有圓的中心都在 Γ_r 軸上，同時這些圓都經過 Γ=1+j0 這一點。

　　(113) 式也代表一族圓圈，但是每個這種圓是由一個 x 的值而不是由 r 值來界定。如果 x=∞，則 $z_L=\infty$，Γ 必然又是 1+j0。(113) 式所描寫的圓中心將在 Γ=1+j0 處同時半徑是零；因此它就是 Γ=1+j0 這一點。如果 x=+1，圓的中心就在 Γ=1+j1 處而半徑則是 1。這個圓只有四分之一在 |Γ|=1 的那條邊界曲線以內，如圖 10.11 所示。當 x=−1 時

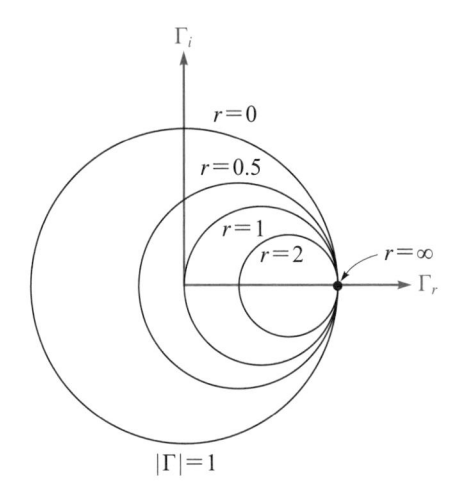

圖 10.10 r 是定值的圓被畫在 Γ_r, Γ_i 平面上，任一圓的半徑是 $1/(1+r)$。

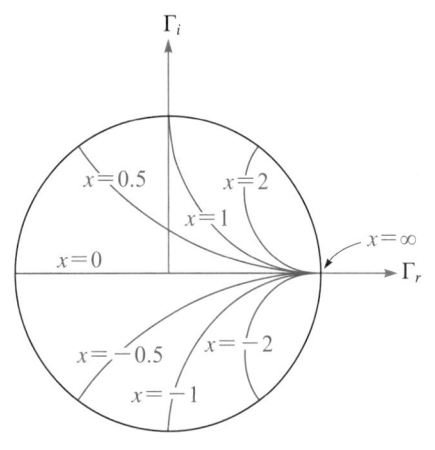

圖 10.11 x 是定值的圓在 $|\Gamma|=1$ 以內的部份被畫在 Γ_r, Γ_i 軸上，一個圓的半徑是 $1/|x|$。

會有同樣的一個四分之一的圓出現在 Γ_r 軸以下。$x=0.5$、-0.5、2，以及 -2 各圓的各個部份也都被畫在這圖上。代表 $x=0$ 的那個"圓"就是 Γ_r 軸，這也被註明在圖 10.11 上。

這兩族圓都出現在史密斯圖上，如圖 10.12 所示。現在就很明顯了，如果我們已經知道了 Z_L，我們可以將它除以 Z_0 而得到 z_L，再決定恰當的 r 及 x 圓 (必要時可以延伸)，再用這兩圓的交點來決定 Γ。由於這圖上沒有表示 $|\Gamma|$ 值的同心圓，我們就必須用分度計或圓規來測量自原點到這交點的徑向距離再用輔助標度尺來求出 $|\Gamma|$。圖 10.12 中圓圖下面劃分好了的線段是供這項用途的。Γ 的角度 ϕ 是從 Γ_r 軸以逆時針方式量起的角度。如果在圖上再畫上表示角度的徑線的話又會使圖面太過擁擠，所以角度是在圓周上指示的。自原點到交點的直線可以被延長到圖的邊緣上。譬如說，如果一條 50 Ω 的線上 $Z_L=25+j50\;\Omega$，$z_L=0.5+j1$，圖 10.12 中的 A 點就表示 $r=0.5$ 和 $x=1$ 兩圓的交點。反射係數差不多是 0.62，相角 ϕ 是 83°。

在圓的周界上再加上另一個標度以便計算沿著傳輸線的距離就完成了史密斯圖。這個標度是以波長為單位，但是畫在上面的值則並不明顯。為了得到它們，我們將線上任一點的電壓

$$V_s = V_0^+(e^{-j\beta z} + \Gamma e^{j\beta z})$$

除以電流

$$I_s = \frac{V_0^+}{Z_0}(e^{-j\beta z} - \Gamma e^{j\beta z})$$

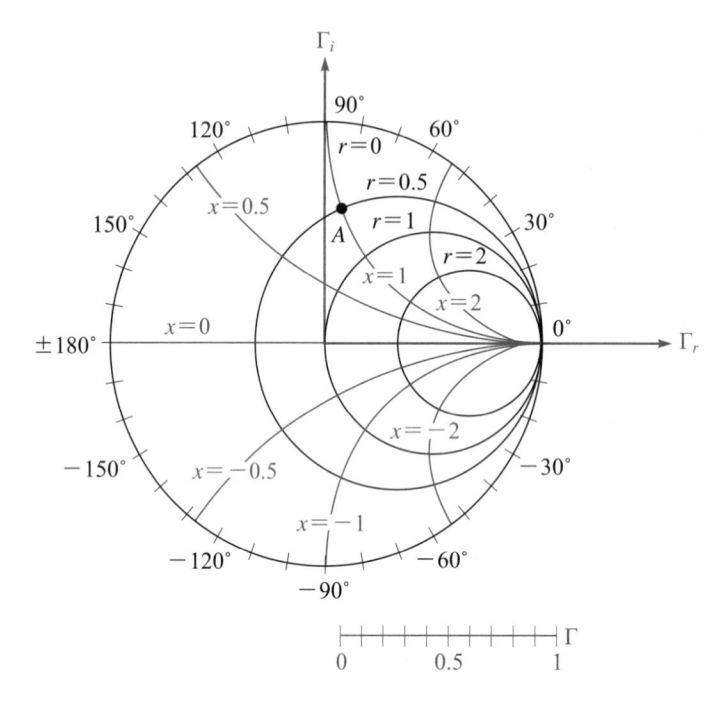

圖 10.12 史密斯圖含有 r 是定值的圓和 x 是定值的圓,一個決定 $|\Gamma|$ 用的輔助標度,以及在圓周上度量 ϕ 用的角標度。

就得到正規化的輸入阻抗

$$z_{in} = \frac{V_s}{Z_0 I_s} = \frac{e^{-j\beta z} + \Gamma e^{j\beta z}}{e^{-j\beta z} - \Gamma e^{j\beta z}}$$

將式中 z 以 $-l$ 代替之,並令分子與分母同時除以 $e^{j\beta l}$,就可得到正規化輸入阻抗,反射係數及傳輸線長度三者的關係,

$$z_{in} = \frac{1 + \Gamma e^{-j2\beta l}}{1 - \Gamma e^{-j2\beta l}} = \frac{1 + |\Gamma|e^{j(\phi - 2\beta l)}}{1 - |\Gamma|e^{j(\phi - 2\beta l)}} \tag{114}$$

注意:當 $l=0$ 即指在負載處,同時如 (107) 式所示 $z_{in} = (1+\Gamma)/(1-\Gamma) = z_L$。

(114) 式顯示任意點 $z=-l$ 處的輸入阻抗均可藉由將負載的反射係數 Γ 代換為 $\Gamma e^{-j2\beta l}$ 來求得。亦即,當我們由負載移動至輸入端時,Γ 的相角會減少 $2\beta l$ 徑度。只有 Γ 的相角會改變,其大小維持不變。

因此,當我們從負載 z_L 移到輸入阻抗 z_{in} 的時候,傳輸線上即朝發電器前進了 l 的距離,但是在史密斯圖上我們是走了一個順時針的 $2\beta l$ 的角。由於 Γ 的大小維持固定不變,故朝電源的移動是沿著半徑為定值之圓完成。因此,每當 βl 改變了 π 弧度時或者當

l 改變了半個波長時在史密斯圖上就完成了一轉。這和我們先前的發現是一致的,我們發現一條半個波長的無損失傳輸線的輸入阻抗就等於負載阻抗。

所以,再在單位圓的周界上加上一個標度指出沿周 0.5λ 的改變就完成了史密斯圖。為了方便起見,通常有兩個刻度,一個表示順時針方向運動時距離的增加,另一個則是逆時針方向進行時的增加。這兩種刻度被畫在圖 10.13 上。注意,標明為 "朝發電器的波長" (wtg) 的那一個表示順時針方向是 l/λ 值的增加,如上面所說。(wtg) 刻度的零點是相當任意地定在左方。這點相當於輸入阻抗的相角為 $0°$,及 $R_L < Z_0$。我們也可以知道,電壓的最小值也是在這一點上。

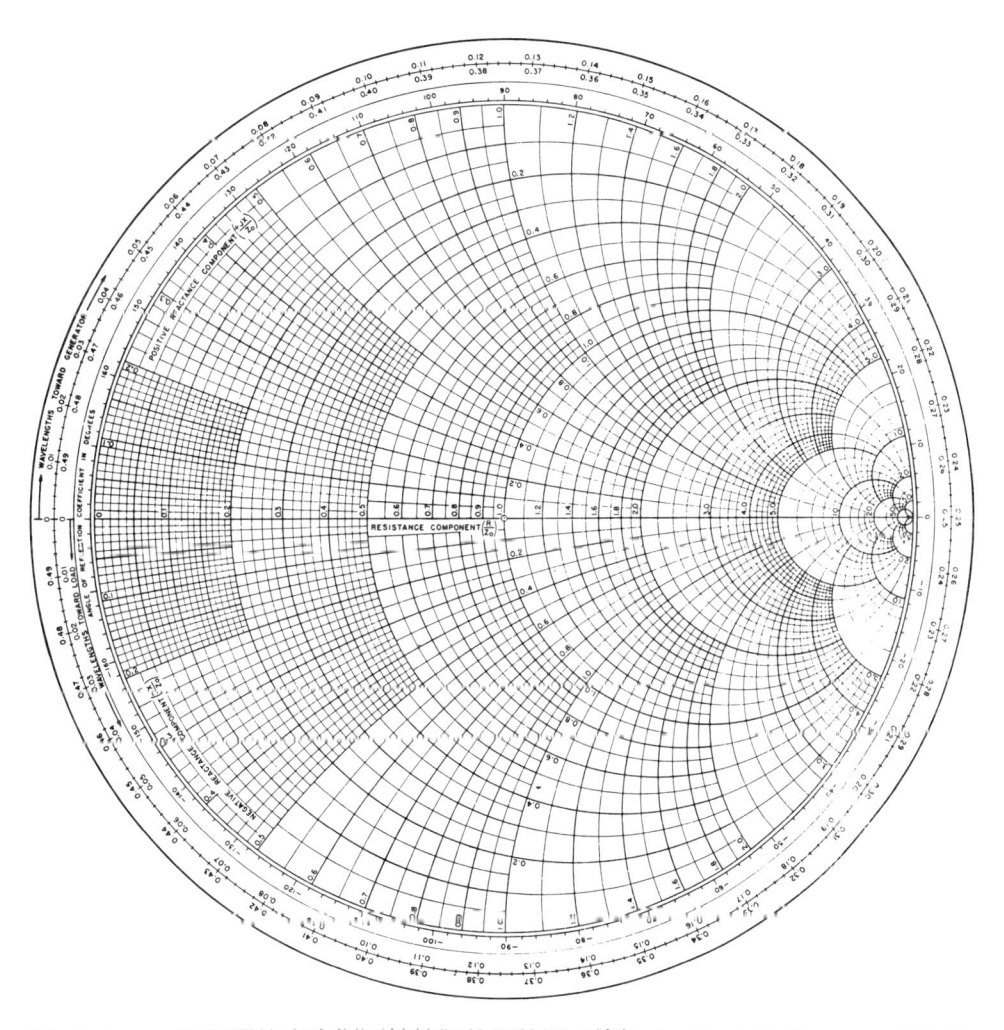

圖 **10.13** 一種有用的史密斯圖精簡版的照片圖 (引自 *the Emeloid Company, Hillside, NJ*)。為了精確使用,一般市售的完美技術手冊中均備有較大尺寸的史密斯圖可供採用。

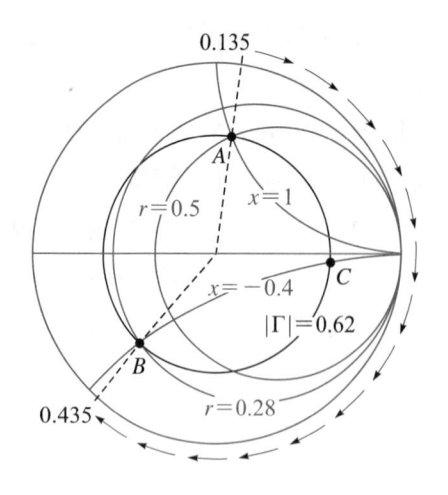

圖 10.14 在一條 0.3λ 長的線上由正規化負載阻抗 $z_L=0.5+j1$ 所產生的正規化輸入阻抗為 $z_{in}=0.28-j0.40$。

例題 10.10

傳輸線圖表的應用最好是以例題來說明。讓我們再考慮負載阻抗 $Z_L=25+j50\ \Omega$ 接在一條 $50\ \Omega$ 的傳輸線端上。傳輸線長度為 60 cm 且操作頻率可使傳輸線上的波長為 2 m。我們想要求出輸入阻抗。

解：已知 $z_L=0.5+j1$，如圖 10.14 中 A 處所註明的；$\Gamma=0.62\angle 82°$。從原點繪出一條直線通過 A 點，遠到圓周上的 wtg 刻度的 0.135。於是 $l/\lambda=0.6/2=0.3$，因此，由負載到輸入端為 0.3λ。我們在 $|\Gamma|=0.62$ 的圓上找到 z_{in} 是反著 wtg 的讀數來的，$0.135+0.300=0.435$。這種製法也被畫在圖 10.14 中，表示輸入阻抗的位置的點被標明為 B。正規化了的輸入阻抗被讀出為 $0.28-j0.40$，因此 $Z_{in}=14-j20$。一項較為準確的分析計算得出 $Z_{in}=13.7-j20.2$。

關於電壓的極大和極小的位置的資料也可以從史密斯圖上得出。已知當 Z_L 是一個純電阻時，負載處必然是一個極大或極小，若 $R_L>Z_0$ 則負載為極大；若 $R_L<Z_0$ 則負載為極小。現在我們可以將這一結果推廣一些。我們注意到可以將一條傳輸線的負載端在輸入阻抗是一個純電阻的一點處切去，再以一個電阻 R_{in} 來取代這一段；在傳輸線的發電器部份將沒有改變。於是，我們知道電壓的極大及極小的位置必然在 Z_{in} 是一個純電阻的那些點上。純電阻式的輸入阻抗必然在史密斯圖中 $x=0$ 的線上 (Γ_r 軸上)。電壓的最大值或電流的最小值發生在 $r>1$ 或 wtg=0.25 處。電壓的最小值或電流的最大值發生在 $r<1$ 或 wtg=0 處。在例題 10.10 中，電壓最大值在 wtg=0.250。必定是距離負載 $0.250-0.135=0.115$ 朝向發電機的波長。這就是離負載 0.115×200 或者 23 cm 處。

我們同時還應當注意到由於一個電阻式負載 R_L 所產生的駐波比是 R_L/R_0 或者 R_0/R_L，看哪一個是大於 1 而定，s 的值就可以直接被讀出為在 $|\Gamma|$ 圓和 r 軸的交點處 $r>1$ 的值。在我們的例子中這交點被標為 C，同時 $r=4.2$；因此，$s=4.2$。

正規化的導納也可以用傳輸線的史密斯圖，雖然在那種用法時有幾項稍微不同之處。我們令 $y_L = Y_L/Y_0 = g + jb$，以 r 圓當作 g 圓，x 圓當作 b 圓。於是兩點不同處就是當 $g > 1$ 時 $b = 0$ 相當於一個電壓極小，同時在從史密斯圖的邊緣上讀出 Γ 的角度時必須加 $180°$ 上去。在 10.14 節中我們將這樣地來應用史密斯圖。

對於未被正規化了的傳輸線而言也有現成的特種史密斯圖，尤其是 50 Ω 以及 20 mS 的圖。

D10.6. 已知負載 $Z_L = 80 - j100$ Ω 位於無損耗 50 Ω 傳輸線上的 $z = 0$ 處。操作頻率為 200 MHz，且傳輸線上的波長為 2 m。(a) 若傳輸線長度為 0.8 m，試用史密斯圖求出輸入阻抗。(b) 試問 s 為何？(c) 試問由負載至最接近之電壓最大值的距離為何？(d) 試問由輸入至傳輸線其餘部份均可用純電阻取代之最接近點的距離為何？

答案：$79 + j99$ Ω；4.50；0.0397 m；0.760 m

接下來，我們將注意力轉到兩個實際的傳輸線問題的例子上。第一個是從實驗數據上決定負載阻抗，第二個是設計一個單樁的匹配網絡。

讓我們假定我們對於一條 50 Ω、充滿空氣的開槽式傳輸線做了實驗度量，它顯示出有一個駐波比是 2.5。這是將一個滑車沿著傳輸線前後移動以便得出極大和極小的讀數而決定的。滑車移動的軌道上有一個標度，指出一個極小在刻度的讀數是 47.0 cm 處，如圖 10.15 所示。刻度的零點是任定的，同時也不相當於負載的位置。因為確定極小會比

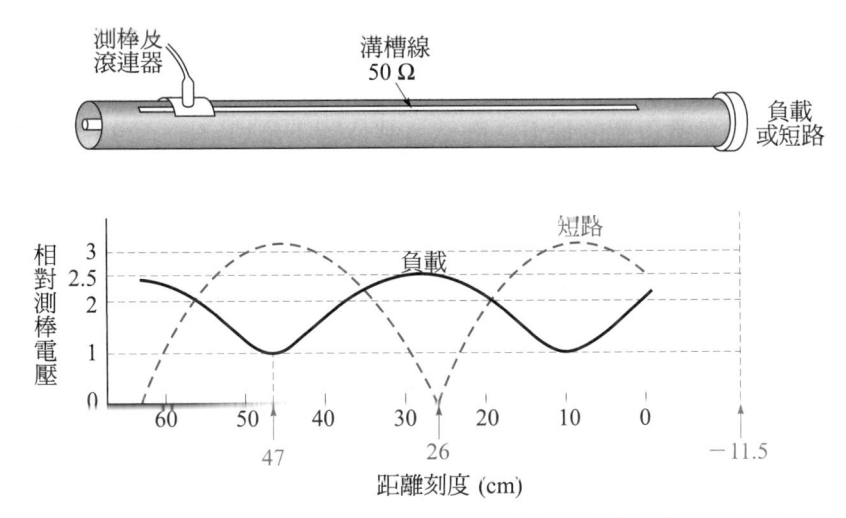

圖 10.15 有槽的同軸線的簡圖。距離的標度在刻槽的線上，負載在時 $s = 2.5$，同時一個極小在標度的讀數為 47 cm 處。對一個短路而言，極小則在標度讀數 26 cm 處，波長是 75 cm。

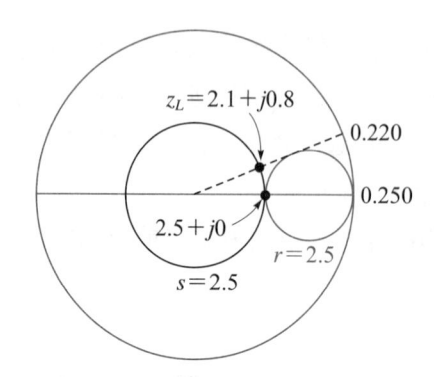

圖 10.16 如果在 0.3 波長的線上 $z_{in}=2.5+j0$，則 $z_L=2.1+j0.8$。

較準確，所以，通常被確定的是極小的而不是極大的位置；如整流後的正弦波上較尖端處的極小。操作頻率是 400 MHz，故波長為 75 cm。為了要確定負載的位置起見，我們將它移去而換成一條短路；這時極小的位置被決定出是在 26.0 cm 處。

我們知道短路和極小之間的距離必然是半波長的整倍數；讓我們任意地將它定在隔一半波長處，即在刻度上 26.0－37.5＝－11.5 cm 處。由於短路是取代負載的，負載也就在 －11.5 cm 處。因此，我們的資料就指出這個極小距負載 47.0－(－11.5)＝58.5 cm 處，或者減少一半波長，有一個極小在離負載 21.0 cm 處。因此，電壓的**極大**就離負載 21.0－(37.5/2)＝2.25 cm，或者說，離負載 2.25/75＝0.030 波長處。

有了這些資料，我們現在就可以開始用史密斯圖了。在一個電壓的極大處，輸入阻抗是一個純電阻而等於 sR_0；在正規化之後 $z_{in}=2.5$。所以，我們在 $z_{in}=2.5$ 處進入史密斯圖，再於 wtg 刻度上讀出 0.250。減掉 0.030 波長而到負載，我們發現 $s=2.5$ (或 $|\Gamma|=$ 0.429) 的圓與到 0.220 波長去的徑線相交於 $z_L=2.1+j0.8$ 處。這做法被畫在圖 10.16 的史密斯圖上。因此 $Z_L=105+j40\ \Omega$，這值假定它自己的位置在刻度讀數 －11.5 cm 處，或者離那位置半波長的整數倍處。當然我們可以任意地選取負載的 "位置"，只要將短路放在我們希望將它當作負載位置的地方。既然負載位置不是規定好了的，負載阻抗被決定的那一點 (或面) 就必須被說明，這是很重要的。

作為最後的一個例子，讓我們試著將這負載配到一條 50 Ω 的線上，藉著將一個長度 d_1 的短路樁放在離負載 d 處的一點上而成的 (見圖 10.17)。樁線和主線的特性阻抗相同。長度 d 和 d_1 是待求的參數。

這短路樁的輸入阻抗是一個純電抗；它在和包括負載的長度 d 的輸入阻抗並聯後合成的輸入阻抗必須是 $1+j0$。由於將導納的並聯合併比阻抗的並聯要容易得多，所以讓我們將我們的目標用導納來重講一遍：為了能使長度 d 短路樁的輸入導納 jb_{stub} 加上去之後會產生一個總導納 $1+j0$ 起見，包括負載的長度 d 的輸入導納必須是 $1+jb_{in}$。因此，短路樁的導納就是 $-jb_{in}$。是以我們將把史密斯圖當作導納圖而不作阻抗圖來用。

負載的阻抗是 $2.1+j0.8$，位置是在 －11.5 cm 處。所以負載的導納是 $1/(2.1+j0.8)$，

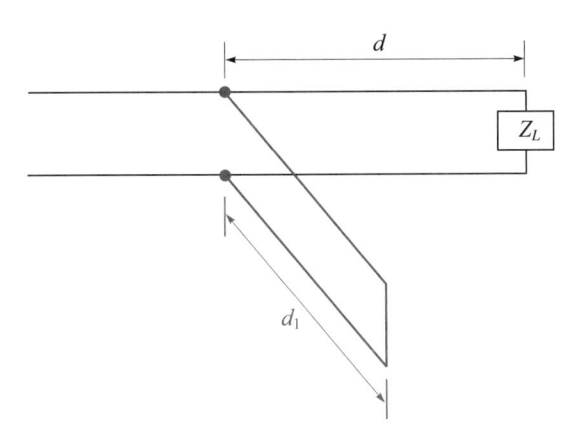

圖 10.17 長為 d_1 的一個短路樁放在離負載 Z_L d 處以便使樁的左邊有匹配的負載。

這個值可以在史密斯圖上加四分之一波長而決定，因為一個四分之一波長傳輸線的 Z_{in} 是 R_0^2/Z_L，或者 $z_{in}=1/z_L$，或者 $y_{in}=z_L$。在 $z_L=2.1+j0.8$ 處進入該圖 (圖 10.18)，我們在 wtg 刻度上讀出 0.220，我們再加 (或減) 0.250 而得出相當於這阻抗的導納 $0.41-j0.16$。這一點仍在 $s=2.5$ 的圓上。現在，在這圓的那一點或那些點上導納的實數部份會是 1 呢？答案有兩個：在 wtg=0.16 處的 $1+j0.95$ 以及 wtg=0.34 處的 $1-j0.95$，如圖 10.18 所示。讓我們選用前面的值，同時將這值導致一個較短的短路樁這一項證明留到後面成為一個習題。因此，$y_{stub}=-j0.95$，同時樁的位置相當於 wtg=0.16。由於負載導納是在 wtg=0.470 處，所以我們移動 $(0.5-0.47)+0.16=0.19$ 波長就是短路樁的位置。

最後，我們再應用史密斯圖以求到短路樁的長度。對於任何長度的短路樁而言，輸入電導都是零，所以我們被限制在史密斯圖邊緣上。短路時，$y=\infty$ 且 wtg=0.250。我

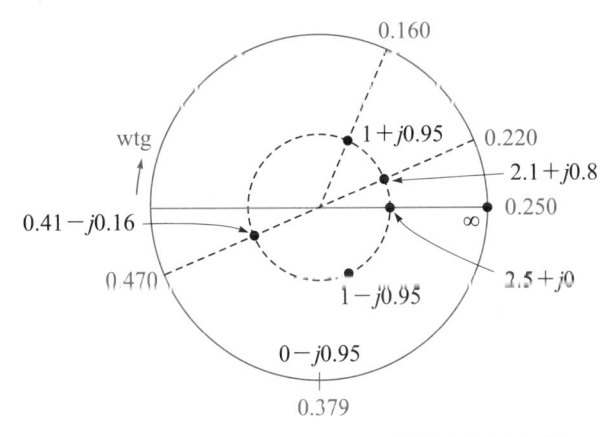

圖 10.18 將一個 0.129 波長的短路樁放在距負載 0.19 波長處可使正規化的負載 $z_L=2.1+j0.8$ 變成匹配。

們發現當 wtg＝0.379 時，如圖 10.18 所示，$b_{in}=-0.95$，短路樁的長度是 $0.379-0.250=0.129$ 波長，或者 9.67 cm。

> **D10.7.** 在一條無損耗 75 Ω 的傳輸線上進行駐波測量，結果顯示有 18 V 的極大值及 5 V 的極小值。其中一個最小值是位於 30 cm 的刻度讀值。現將負載改由短路取代，則發現兩個相鄰極小值的刻度讀值分別為 17 及 37 cm。試求：(a) s；(b) λ；(c) f；(d) Γ_L；(e) Z_L。
>
> 答案：3.60；0.400 m；750 MHz；0.704∠−33.0；77.9＋j104.7 Ω

> **D10.8.** 某一正規化負載 $z_L=2-j1$ 位於一條無損耗 50 Ω 傳輸線上 z＝0 的位置處。令波長為 100 cm。(a) 將一截短路線接在 z＝−d 處，試問 d 最短的合適距離為何？(b) 試問此截短路線的最短可行長度為何？就下列情況，試求 s：(c) 在 z＜−d 的主傳輸線上；(d) 在 −d＜z＜0 的主傳輸線上；(e) 在短路線上。
>
> 答案：12.5 cm；12.5 cm；1.00；2.62；∞。

10.14　暫態分析

本章到此為止的大部份內容，我們已經探討了穩態狀況下的傳輸線的各種操作，即其電壓及電流均為弦波穩態且為單一頻率。在本節，我們要偏離簡單的時間-諧和狀況的探討，改成探討傳輸線對電壓步級及脈衝函數的響應，因此本節採用**暫態** (transients) 現象的通用標題。這些情況曾在 10.2 節中針對切換的電壓與電流做過扼要地討論。傳輸線操作在暫態模式是很值得研究的課題，它可讓我們瞭解傳輸線如何被用來儲存及釋放能量 (例如，在脈波-成形應用中)。一般而言，脈波傳播是很重要的課題，因為由一串脈波組成的數位信號用途非常廣泛。

我們會將討論重點侷限在無損耗且無色散之傳輸線上暫態電磁波的傳播，以便學習其基本特性及分析方法。不過，務必記住暫態信號必然是由許多種頻率組成，傅立葉分析將會證明此一觀點。因此，會有傳輸線色散問題產生，因為正如同我們已知的，在複數負載端處傳輸線的傳播常數及反射係數均為頻率-相依型參數。所以，一般而言，脈波可能會隨傳播距離而變寬，而且當它由複數負載端反射回來時，脈波形狀便會改變。在此，並不會對這些主題做詳盡的探討，但當已知 β 及 Γ 的精確頻率相依性時，會予以強調討論。特別是 $\beta(\omega)$ 可由 γ 的虛部估算求出，如 (41) 式所示。一般而言，該式也包含了 R、C、G 及 L 源自於各種機制的頻率相依性。例如，集膚效應 (此效應會同時影響導體電阻及內部電感值) 即會形成頻率-相依型的 R 及 L。一旦 $\beta(\omega)$ 為已知，則利用第 12 章所討論的方法即可估算出脈波變寬效應。

如圖 10.19a 所示，我們可藉由考慮一條長為 l，端接一個匹配負載 $R_L = Z_0$ 的傳輸線來開始暫態波的基本討論。在傳輸線前端為一電壓蓄電池 V_0，它是透過開關的閉合來連接至傳輸線。在時間 $t = 0$ 時，開關閉合，則 $z = 0$ 處線電壓變成等於蓄電池電壓。不過，此電壓並不會出現在負載端，除非經過適當的傳播延遲。明確地說，在 $t = 0$ 時，電壓波在傳輸線蓄電池端啟動，然後朝負載端傳播。波的前緣在圖 10.19 中記為 V^+，其值為 $V^+ = V_0$。可將它想像成一個傳播的步級函數，因為在 V^+ 左側所有點的線電壓均為 V_0，而在右側的所有點 (即電壓波前緣尚未抵達之點)，線電壓則均為零。此種電波以速度 v 傳播，此值通常是傳輸線的群速度。[4] 在時間 $t = l/v$ 時，電壓波抵達負載端，然而並未反射，因為負載已經匹配。因此，暫態期已經結束，負載電壓等於蓄電池電壓。負載

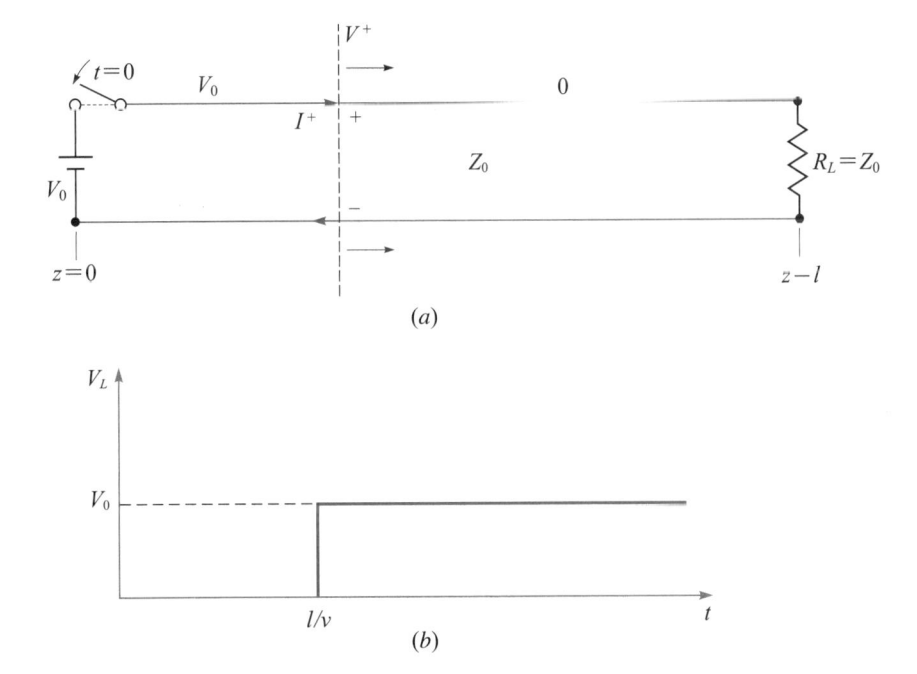

圖 10.19　(a) 開關在 $t = 0$ 時閉合啟動電壓及電流波，V^+ 及 I^+。這兩種波的前緣以虛線表示，在無損耗傳輸線上以速度 v 朝負載端傳播。在本例中，$V^+ = V_0$；波前緣左側各點處的線電壓均為 V^+，而電流則為 $I^+ = V^+/Z_0$。至於波的前緣右側各點，電壓及電流兩者均為零。在此，圖示之順時針電流視為正，而且是在 V^+ 為正時產生。(b) 負載端電阻器的端電壓表成時間的函數，用以顯示單向的傳送時間延遲 (l/v)。

---

[4] 由於是一個步級函數 (由許多頻率組成) 而不是單一頻率的弦波，故知此電壓波將會以群速度來傳播。如同本節所要討論的，在一無損耗且無色散的傳輸線上，$\beta = \omega\sqrt{LC}$，此處 L 及 C 均不隨頻率而變。在本例中，我們發現群速與相速相等 (亦即，$d\omega/d\beta = \omega/\beta = v = 1/\sqrt{LC}$)。因此，我們將電壓波速度寫成 v，用以同時代表 v_p 及 v_g。

電壓表成時間函數的圖形，如圖 10.19b 所示，圖中示有傳播延遲 $t=l/v$。

與電壓波 V^+ 相關聯的是電流，其前緣值為 I^+。這種電流波同樣是會傳播的步級函數，其在 V^+ 左側所有點處之值為 $I^+ = V^+/Z_0$；在右側所有點處，電流均為零。流過負載且表成時間函數的電流波圖形與圖 10.19b 的電壓波圖形完全相同，不過在 $t=l/v$ 時，負載電流為 $I_L = V^+/Z_0 = V_0/R_L$。

接下來，考慮更一般化的情況，圖 10.19a 的負載仍然是電阻器，不過與傳輸線並不匹配 (即 $R_L \neq Z_0$)。在負載端將會發生反射，因此問題變得很複雜。在 $t=0$ 時，開關閉合，且電壓波 $V_1^+ = V_0$ 朝右傳播。不過，在抵達負載時，電壓波將會反射，產生一個反向-傳播電壓波 V_1^-。V_1^- 與 V_1^+ 間的關係可透過負載端的反射係數來表示：

$$\frac{V_1^-}{V_1^+} = \Gamma_L = \frac{R_L - Z_0}{R_L + Z_0} \tag{115}$$

當 V_1^- 朝蓄電池反向傳播時，其前緣後面的總電壓波變為 $V_1^+ + V_1^-$。電壓 V_1^+ 會存在於 V_1^- 前方各點處，直到 V_1^- 抵達蓄電池為止，之後，整條傳輸線現在變成充電至電壓 $V_1^+ + V_1^-$。在蓄電池端，V_1^- 波又會反射產生一個新的順向電壓波 V_2^+。V_2^+ 與 V_1^- 的比值可由蓄電池端的反射係數決定：

$$\frac{V_2^+}{V_1^-} = \Gamma_g = \frac{Z_g - Z_0}{Z_g + Z_0} = \frac{0 - Z_0}{0 + Z_0} = -1 \tag{116}$$

此處，電源端的阻抗 Z_g 即是蓄電池的阻抗，或者為零。

現在，V_2^+ (等於 $-V_1^-$) 朝負載端傳播，到負載端時又再反射產生反向波 $V_2^- = \Gamma_L V_2^+$。然後，此電壓波再次回到蓄電池端，並以 $\Gamma_g = -1$ 再次反射。如此，一直重複此程序。注意，每次巡迴一程時，電壓波大小都會減小，因為 $|\Gamma_L| < 1$。由於此種原因，這種傳播的電壓波最後將會變為零而達到穩定狀態。

任意時間點，負載電阻器的端電壓，可藉由將已抵達負載的各電壓波以及已經由該處反射出去的各電壓波加總起來而求得。在傳播許多巡迴後，負載電壓的通式變為：

$$\begin{aligned}V_L &= V_1^+ + V_1^- + V_2^+ + V_2^- + V_3^+ + V_3^- + \cdots \\ &= V_1^+ \left(1 + \Gamma_L + \Gamma_g \Gamma_L + \Gamma_g \Gamma_L^2 + \Gamma_g^2 \Gamma_L^2 + \Gamma_g^2 \Gamma_L^3 + \cdots\right)\end{aligned}$$

進行簡單的因式分解，上式變成

$$V_L = V_1^+ (1 + \Gamma_L)\left(1 + \Gamma_g \Gamma_L + \Gamma_g^2 \Gamma_L^2 + \cdots\right) \tag{117}$$

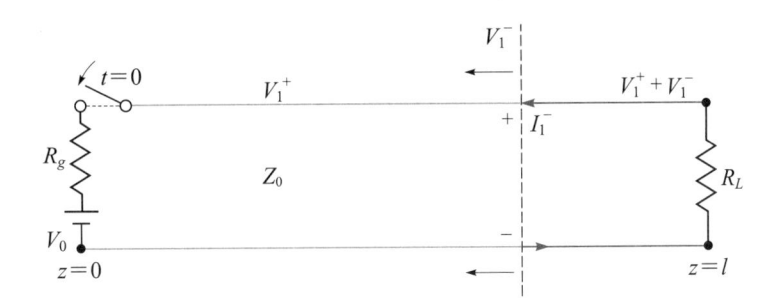

圖 10.20 令串聯電阻位於蓄電池位置處，當開關閉合時便會發生分壓作用，使得 $V_0 = V_{Rg} + V_1^+$。圖中示有第一個反射波，其前緣後方的電壓為 $V_1^+ + V_1^-$。與此電壓波相關聯的為電流波 I_1^-，其值為 $-V_1^-/Z_0$。逆時針方向的電流視為負，在 V_1^- 為正時便會發生此種電流波。

假若時間可達到無限大，則 (117) 式中括號內的第二項就會變成表示式 $1/(1-\Gamma_g\Gamma_L)$ 的冪級數展開式。因此，在穩定狀態時，可得

$$V_L = V_1^+ \left(\frac{1+\Gamma_L}{1-\Gamma_g\Gamma_L} \right) \tag{118}$$

在本例中，$V_1^+ = V_0$ 及 $\Gamma_g = -1$。將這些代入 (118) 式，即可求出穩態時所預期的結果，即 $V_L = V_0$。

更一般化的情況是在蓄電池端具有非零值的阻抗，如圖 10.20 所示。在此種情況下，值為 R_g 的電阻器與蓄電池串聯。當開關閉合時，蓄電壓是跨降在 R_g 與傳輸線特性阻抗 Z_0 的串聯組合上。因此，初始電壓波的值 V_1^+ 可透過簡單的分壓律求得，即

$$\boxed{V_1^+ = \frac{V_0 Z_0}{R_g + Z_0}} \tag{119}$$

以此初始值，便可用與決定 (117) 式及求出 (118) 式穩態值相同的方式，來決定反射順序及求出跨在負載上的電壓。電源端的反射係數值可用 (116) 式決定，即 $\Gamma_g = (R_g - Z_0)/(R_g + Z_0)$。

追蹤傳輸線上任意點處電壓的有用方法是透過電壓反射圖 (voltage reflection diagram)。圖 10.20 之傳輸線的電壓反射圖如圖 10.21a 所示。它是一種二維圖形，傳輸線的點位置為 z，示於圖中的水平軸。時間則是繪於縱軸，而且通常是透過 $t = z/v$ 來表示其與速度和位置的關係最為方便。位於 $z = l$ 處繪有一條垂直線及其座標，用以定義傳輸線的 z 軸邊界。令開關位於蓄電池位置處，初始電壓波 V_1^+ 是由原點出發，即圖中的左下

356 工程電磁學

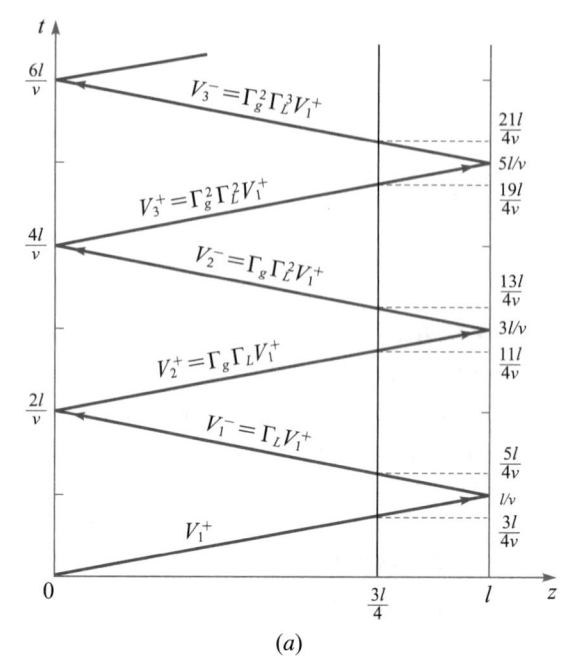

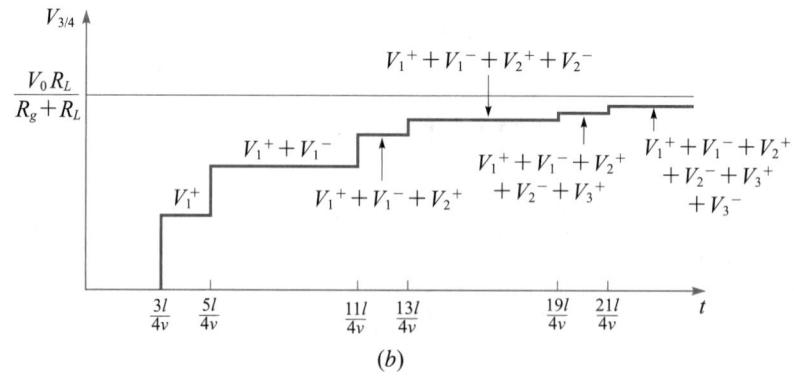

圖 10.21 (a) 圖 10.20 傳輸線的電壓反射圖。畫在 $z=3l/4$ 處的參考直線，可用來計算在該位置處，表成時間函數的電壓。(b) 由 (a) 之電壓反射圖所決定之 $z=3l/4$ 位置處的線電壓。注意，當時間趨近無限大時，此電壓會如預期逼近 $V_0R_L/(R_g+R_L)$。

角 ($z=t=0$) 處。V_1^+ 表成時間函數之前緣的位置是以連接原點至沿著對應於時間 $t=l/v$ (單向暫態時間) 之右手邊垂直線上的點之對角線來表示。由該處 (即負載位置)，反射波 V_1^- 前緣位置則是以一條"反射"線表示，此直線可連接右手邊邊界上的 $t=l/v$ 點至座標軸上的 $t=2l/v$ 點。由該處 (即蓄電池位置)，電壓波又再次反射，形成 V_2^+，並以平行於 V_1^+ 之直線表示。圖中示有後續的反射波，並標示其值。

在傳輸線一指定位置處，表成時間函數的電壓，便可藉由當這些電壓波與一條垂直

線 (畫在想要的位置) 相交點的電壓加總而求出。此種加法是由圖的底部 (即 $t=0$ 時) 開始，然後往上 (即時間上) 加總起來。只要電壓波穿越該條直線時，其值便被加到該時間點的總值上。例如，在距離蓄電池至負載四分之三倍距離的位置處，其電壓即繪於圖 10.21b 之中。為了求得此圖，可先將直線 $z=(3/4)l$ 畫在反射圖上。只要電壓波穿越此直線，該電壓波的電壓便被加到先前各次於 $z=(3/4)l$ 處所累積的電壓值上。此種通用程序可讓吾人很輕易地決定任何特定時間及位置的電壓。以此方式處理，(117) 式內各項便可相加至所選取的時間點，不過需用到每一項出現的時間資訊才行。

傳輸線電流波亦可透過**電流反射圖** (current reflection diagram) 而以相似方式求得。建構電流反射圖最簡單的方法就是直接利用電壓反射圖來決定與每一電壓波相關聯的電流波之值。在處理電流反射圖時，最重要的是要確認電流波的**符號** (sign) (即需知道它與電壓波及其極性的關係)。參考圖 10.19a 及圖 10.20，我們採用的符號慣用法是：與正極性之朝 z 方向行進電壓波相關聯的電流波定為正。如此定法會造成電流以順時針方向流動，如圖 10.19a 所示。與正極性之反 z 方向行進電壓波相關聯的電流波則定為負 (因此，會以逆時針方向流動)。此種情況可用圖 10.20 來說明，在上述雙維傳輸線圖中，如果上方導體承載正電荷而下方導體承載負電荷時，則朝任一方向傳播的電壓波便指定為正極性。在圖 10.19a 及圖 10.20 中，兩電壓波均為正極性，所以其相關的電流波在順向電壓波時設定為正，而對反向電壓波時則定為負。一般而言，可寫成

$$\boxed{I^+ = \frac{V^+}{Z_0}} \tag{120}$$

及

$$\boxed{I^- = -\frac{V^-}{Z_0}} \tag{121}$$

如同 (121) 式所示，馬上可知求取與反向-傳播電壓波相關聯的電流波時需加上一個負號。

圖 10.22a 示有電流反射圖，它是由圖 10.21a 的電壓反射圖推導而求得。注意：各電流波均是以電壓值表示標記，並依 (120) 式及 (121) 式加上適當的符號。一旦建構好電流反射圖，在一特定位置及時間點的電流便可用和處理電壓波相同的方式來求出。圖 10.22b 示有在 $z=(3/4)l$ 位置處，表成時間函數的電流，此圖是將各電流波穿越過畫在該位置處之垂直線的各電流波值加總起來而求得。

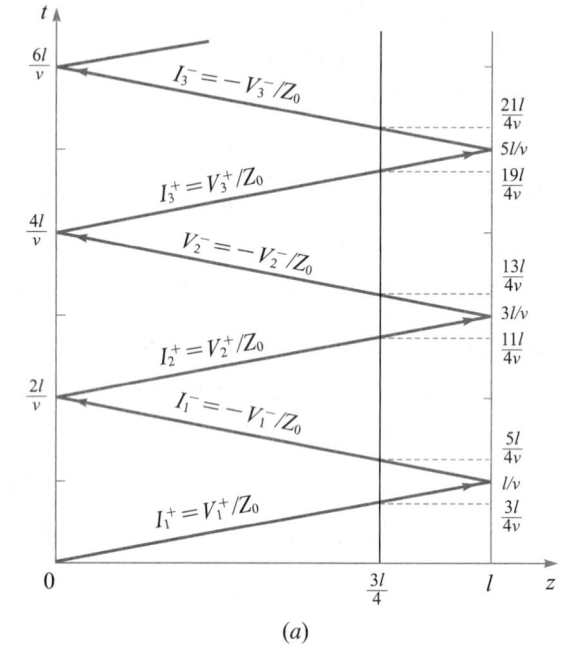

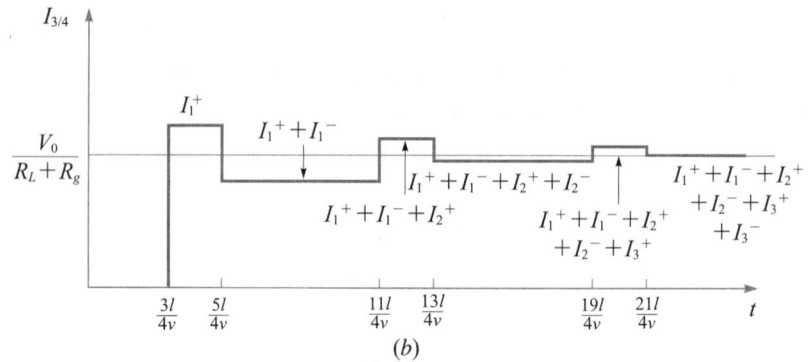

圖 10.22 (a) 圖 10.20 之傳輸線的電流反射圖，此圖可由圖 10.21a 的電壓反射圖求得。(b) 由電流反射圖所求出位於 $z=3l/4$ 位置處的電流，圖中示有預期的穩態值 $V_0/(R_L+R_g)$。

例題 10.11

在圖 10.20 所示的傳輸線中，$R_g=Z_0=50\ \Omega$，$R_L=25\ \Omega$，且蓄電池電壓為 $V_0=10$ V。在時間 $t=0$ 時，開關閉合。試求位於負載電阻端的電壓及蓄電池內表成時間函數的電流。

解：電壓及電流反射圖如圖 10.23a 及 b 所示。在開關閉合的瞬間，有一半的蓄電池電壓會跨降在 50 Ω 的電阻器上，而另一半電壓則構成初始的電壓波。因此，$V_1^+=(1/2)V_0=5$ V。此電壓波會抵達至 25 Ω 的負載端，並在該處以下列的反射係數反射：

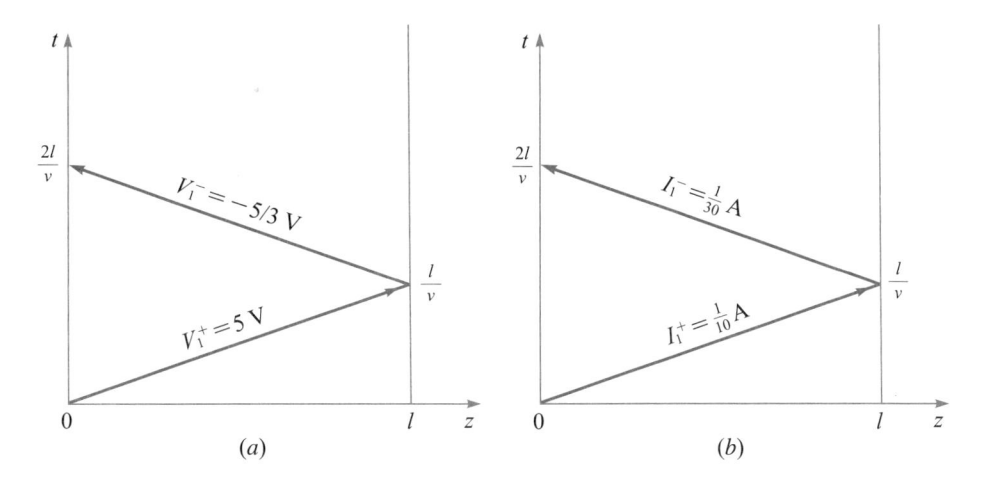

圖 10.23　例題 10.11 的電壓反射圖 (a)，及電流反射圖 (b)。

$$\Gamma_L = \frac{25 - 50}{25 + 50} = -\frac{1}{3}$$

所以，$V_1^- = -(1/3)V_1^+ = -5/3$ V。此電壓波會再回到蓄電池端，此處它所碰到的反射係數為 $\Gamma_g = 0$。所以，不會再有電壓波出現；故可達到穩定狀態。

一旦電壓波值為已知，電流反射圖便可建構出來。兩個電流波的值為

$$I_1^+ = \frac{V_1^+}{Z_0} = \frac{5}{50} = \frac{1}{10} \text{ A}$$

及

$$I_1^- = -\frac{V_1^-}{Z_0} = -\left(-\frac{5}{3}\right)\left(\frac{1}{50}\right) = \frac{1}{30} \text{ A}$$

注意：在此並未嘗試由 I_1^+ 來導出 I_1^-，兩者均是個別地由其相對應的電壓波求得。

現在，負載端處表成時間函數的電壓波是將沿著位於負載位置之垂直線上的各電壓加總起來而求得。所得之圖形如圖 10.24a 所示。蓄電池端的電流則是把沿垂直軸上各電流加總起來而求得，而所得圖形如圖 10.24b。注意，在穩定狀態下，我們把電路看成集總式電路，即蓄電池是與 50 Ω 及 25 Ω 電阻器相串聯。因此，我們可預期流過蓄電池 (其它地方也是) 的穩態電池為

$$I_B \text{ (穩態)} = \frac{10}{50 + 25} = \frac{1}{7.5} \text{ A}$$

此值亦可由 $t > 2l/v$ 的電流反射圖求出。同理，穩態負載電壓應為

$$V_L \text{ (穩態)} = V_0 \frac{R_L}{R_g + R_L} = \frac{(10)(25)}{50 + 25} = \frac{10}{3} \text{ V}$$

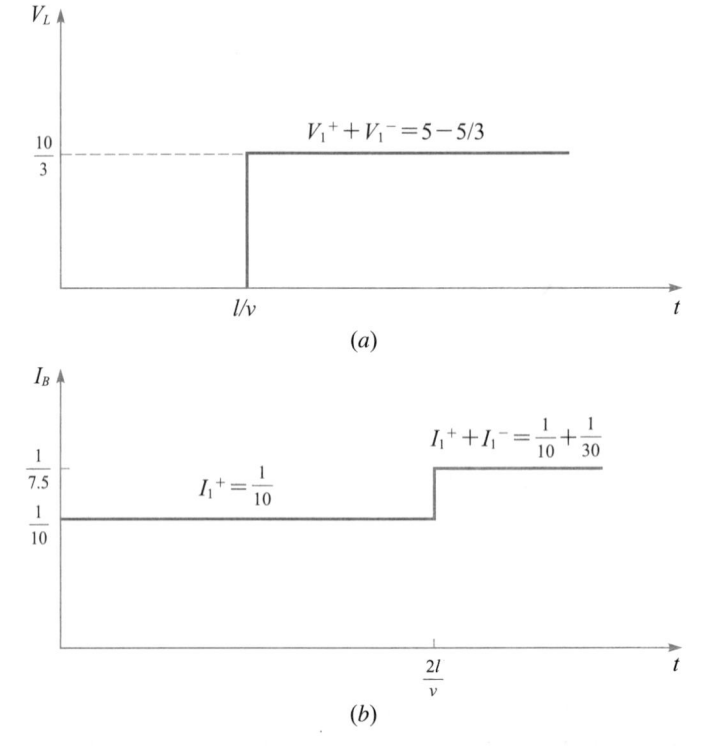

圖 10.24 依據圖 10.23 (例題 10.11) 之反射圖所求出的負載的端電壓 (a)，及蓄電池的電流 (b)。

此值亦可由 $t > l/v$ 的電壓反射圖求出。

另一類型的暫態問題是與**初始已充電**的傳輸線有關。在這類情況下，最想知道的是傳輸線經由負載放電的方式。參考圖 10.25 所示的例子，當位於電阻器位置的開關閉合時，[5] 特性阻抗為 Z_0 之已充電的傳輸線，便可透過值為 R_g 的電阻器來放電。考慮 $Z = 0$ 位置處的電阻器；該傳輸線另一端開路並位於 $z = l$ 處。

當開關閉合時，電流 I_R 開始流過電阻器，且傳輸線開始放電程序。此電流並非馬上流過傳輸線的每一點，反而是由電阻器開始，隨著時間流逝，電流逐漸出現在傳輸線較遠的部位。以類比方式，考慮處於紅燈暫停通行一長列的汽車。當號誌變成綠燈時，停在最前面的汽車會先開動，接著後面車輛才跟著陸續開始行駛。區分車輛已行駛及仍然暫停的分段點，事實上就像是電波在傳輸線順向及反向傳播之點。在傳輸線中，電荷也是以類似的方式來流動。電壓波 V_1^+ 被啟動並往右方傳播。其前緣的左側，電荷會移

---

[5] 即使這個為一負載電阻，我們亦將之稱為 R_g，因為它是位於傳輸線前 (電源) 端。

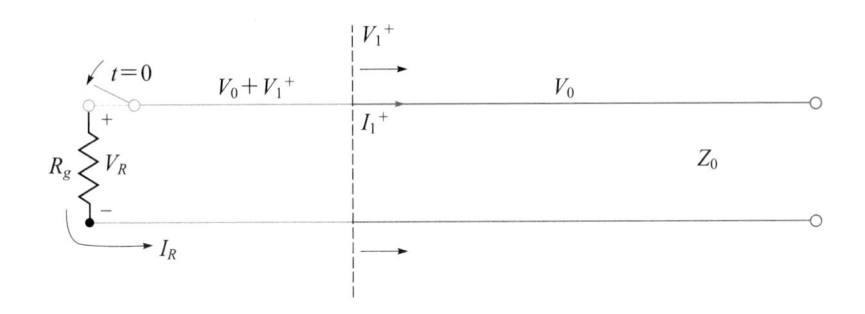

圖 10.25 在一條初始已充電的傳輸線中，如圖示將開關閉合將可啟動一個與初始電壓極性相反的電壓波。因此，此電壓波會使傳輸線電壓下降，而且若 $R_g = Z_0$ 時，在電壓波行進一整回後，便可完全地放電完畢。

動；而前緣的右側，電荷則是固定不動，故仍保有其原先的密度。V_1^+ 左側伴隨電荷運動的是，會隨放電程序而發生電荷密度的下降，故 V_1^+ 左側傳輸線電壓會局部下降。此電壓由初始電壓 V_0 與 V_1^+ 之和決定，此即表示：事實上 V_1^+ 必須為負值 (或者說與 V_0 符號相反)。藉由追蹤 V_1^+ 的傳播及其在兩端間多次反射的情形，即可分析傳輸線的放電過程。電壓及電流反射圖也可以極類似先前所討論的方式而應用於此種分析。

參考圖 10.25，可知就正 V_0 而言，流過電阻器的電流為逆時針方向，故定為負 (電流波)。同時，基於連續性，亦可知電阻器電流必定等於與該電壓波相關聯的電流，即

$$I_R = I_1^+ = \frac{V_1^+}{Z_0}$$

現在，電阻器電壓變為

$$V_R = V_0 + V_1^+ = -I_R R_g = -I_1^+ R_g = -\frac{V_1^+}{Z_0} R_g$$

求解出 V_1^+，可得

$$\boxed{V_1^+ = \frac{-V_0 Z_0}{Z_0 + R_g}} \tag{122}$$

一旦求得 V_1^+ 之後，我們便可以建立電壓及電流反射圖。電壓波的反射圖如圖 10.26 所示。注意，傳輸線上各點處電壓 V_0 的初始條件可經由將電壓 V_0 指定為電壓反射圖的水平軸來表示。此圖的畫法與先前的不同，它是令 $\Gamma_L = 1$ (即負載為開路)。因此，線路如何放電的變化情形是依位於開關端的電阻值 R_g 而定，此值可決定該位置處的反射係數 Γ_g。電流反射圖可用一般的方式而由電壓反射圖求出，只是並不考慮初始電流而已。

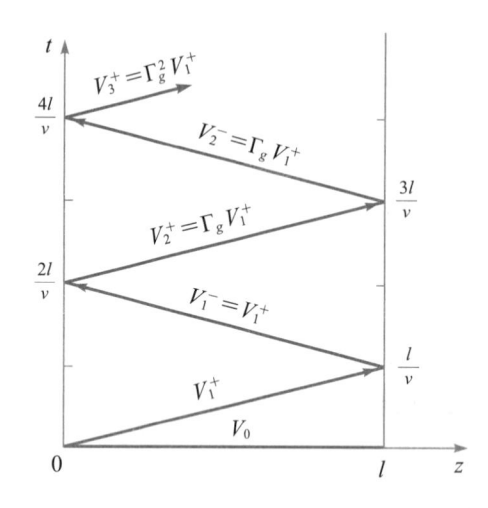

圖 10.26 圖 10.25 已充電傳輸線的電壓反射圖，圖示為 $t=0$ 時，線路各點處 V_0 的初始條件。

有一種實際重要性的特例是，電阻器與傳輸線相匹配，即 $R_g = Z_0$ 的情況。此時，(122) 式可得出 $V_1^+ = -V_0/2$。在 V_1^+ 的一次巡迴後，線路完全地放電，產生電阻器端電壓值為 $V_R = V_0/2$，此值可持續 $T = 2l/v$ 的時間。這種表成時間函數的電阻器端電壓，如圖 10.27 所示。此種應用的傳輸線稱之為**脈波-成形線** (pulse-forming line)；假設開關動作足夠快速，以此方式產生的脈波均是低雜訊且形狀完美的脈波。目前，市面上已經販售有採用閘流管型開關而能產生數毫微秒等級脈波寬度之高壓脈波的商用成品。

當電阻器與傳輸線不匹配時，仍然可以發生完全放電，不過需要經過多次反射才行，而且會產生複雜的脈波形狀。

例題 10.12

在圖 10.25 已充電的傳輸線中，特性阻抗為 $Z_0 = 100\ \Omega$，且 $R_g = 100/3\ \Omega$。此傳輸線充電至初始電壓 $V_0 = 160\ \text{V}$，而開關在 $t=0$ 時閉合。就 $0 < t < 8l/v$ 的時間 (即往返四次)，試求出並繪製流過電阻器的電壓及電流。

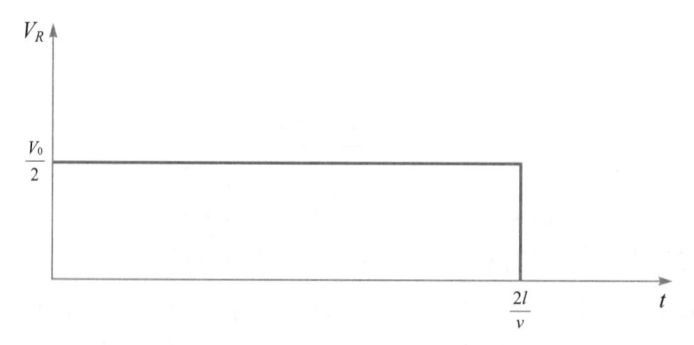

圖 10.27 依據圖 10.26 的反射圖，令 $R_g = Z_0$ ($\Gamma = 0$) 時所求出表成時間函數的電阻器端電壓。

解：利用 R_g 及 Z_0 的指定值，由 (116) 式 [譯者註：原書誤植為 (47) 式。] 可得出 $\Gamma_g = -1/2$。接著，令 $\Gamma_L = 1$，並利用 (122) 式，可求出

$$V_1^+ = V_1^- = -3/4 V_0 = -120 \text{ V}$$
$$V_2^+ = V_2^- = \Gamma_g V_1^- = +60 \text{ V}$$
$$V_3^+ = V_3^- = \Gamma_g V_2^- = -30 \text{ V}$$
$$V_4^+ = V_4^- = \Gamma_g V_3^- = +15 \text{ V}$$

利用在電壓反射圖上的這些值，我們便可計算在電阻器位置處的電壓，其做法是於左手邊的垂直軸往上移，並令 $t=0$ 時由 $V_0 + V_1^+$ 開始，於上移過程中將各電壓加起來即可。注意，當我們沿垂直軸將各電壓相加時，會碰到入射波與反射波的交點，這些都是發生在

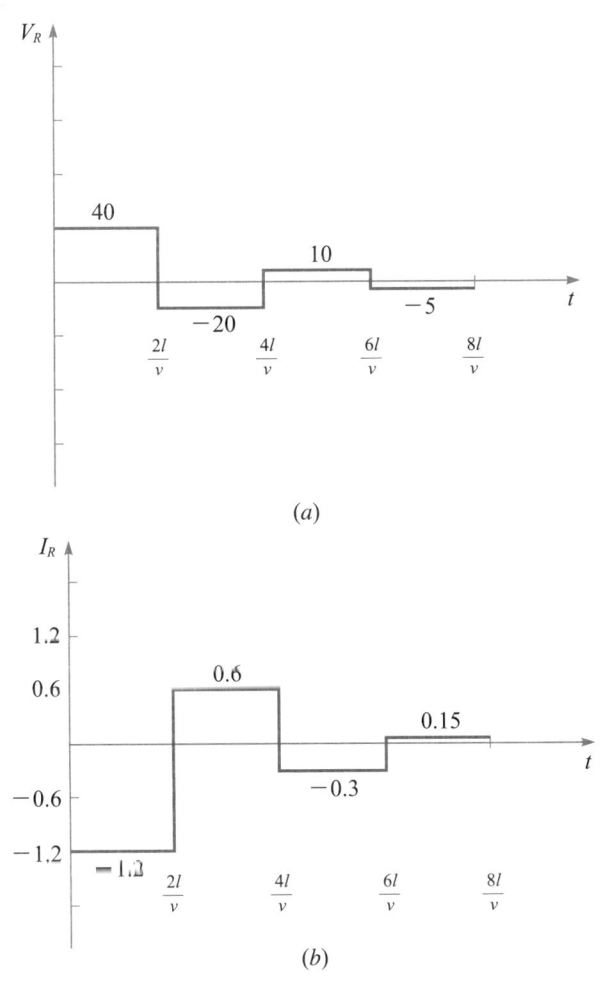

圖 10.28 依例題 10.12 所指定的值，圖 10.25 之傳輸線中表成時間函數的電阻器電壓圖 (a) 及電流圖 (b)。

$2l/v$ 的整數倍數。所以，當沿垂直軸往上移時，我們是同時把兩電壓波加至總和之中。因此，每一時間間隔內的電壓為

$$V_R = V_0 + V_1^+ = 40\,\text{V} \qquad (0 < t < 2l/v)$$
$$= V_0 + V_1^+ + V_1^- + V_2^+ = -20\,\text{V} \qquad (2l/v < t < 4l/v)$$
$$= V_0 + V_1^+ + V_1^- + V_2^+ + V_2^- + V_3^+ = 10\,\text{V} \qquad (4l/v < t < 6l/v)$$
$$= V_0 + V_1^+ + V_1^- + V_2^+ + V_2^- + V_3^+ + V_3^- + V_4^+ = -5\,\text{V} \qquad (6l/v < t < 8l/v)$$

在指定的時間範圍內，所得出的電壓圖如圖 10.28a 所示。

　　流過電阻器之電流最簡單的求法是只要把圖 10.28a 的各電壓除以 $-R_g$ 即可。作為示範之用，我們也可以用圖 10.22a 的電流圖來求出此種結果。利用 (120) 式及 (121) 式，可計算出各電流波如下所示：

$$I_1^+ = V_1^+/Z_0 = -1.2\,\text{A}$$
$$I_1^- = -V_1^-/Z_0 = +1.2\,\text{A}$$
$$I_2^+ = -I_2^- = V_2^+/Z_0 = +0.6\,\text{A}$$
$$I_3^+ = -I_3^- = V_3^+/Z_0 = -0.30\,\text{A}$$
$$I_4^+ = -I_4^- = V_4^+/Z_0 = +0.15\,\text{A}$$

把上述各值放在電流反射圖，即圖 10.22a 上，與處理電壓圖的情況一樣，沿左手邊垂直軸往上移依序把電阻器的各電流加起來。所得結果如圖 10.28b 所示。進一步檢查所得圖形是否正確，我們發現在傳輸線開路端 (即 $Z=l$) 處的電流必須隨時均為零。因此，沿右手邊垂直軸往上相加各電流，對所有時間而言，其和均必須為零。讀者可自行加以驗證此一論點。

參考書目

1. White, H. J., P. R. Gillette, and J. V. Lebacqz. "The Pulse-Forming Network." Chapter 6 in *Pulse Generators,* edited by G. N, Glasoe and J. V. Lebacqz. New York: Dover, 1965.
2. Brown, R. G., R. A. Sharpe, W. L. Hughes, and R. E. Post. *Lines, Waves, and Antennas.* 2d ed. New York: The Ronald Press Company, 1973. Transmission lines are covered in the first six chapters, with numerous examples.
3. Cheng, D. K. *Field and Wave Electromagnetics.* 2d ed. Reading, Mass.: Addison-Wesley, 1989. Provides numerous examples of Smith chart problems and transients.
4. Seshadri, S. R. *Fundamentals of Transmission Lines and Electromagnetic Fields.* Reading, Mass.: Addison-Wesley, 1971.

第 10 章習題

10.1 某一條操作在 $\omega = 6 \times 10^8$ rad/s 的傳輸線，其參數為 $L = 0.35$ μH/m，$C = 40$ pF/m，$G = 75$ μS/m 及 $R = 17$ Ω/m。試求 γ、α、β、λ，及 Z_0。

10.2 傳輸線上的弦波式電波可用下列所示之相量形式的電壓與電流來指定：

$$V_s(z) = V_0\, e^{\alpha z}\, e^{j\beta z} \quad \text{與} \quad I_s(z) = I_0\, e^{\alpha z}\, e^{j\beta z}\, e^{j\phi}$$

其中，V_0 與 I_0 兩者均為實數。(a) 試問此電波朝何種方向傳播？為什麼？(b) 已知 $\alpha = 0$，$Z_0 = 50$ Ω，且波速為 $v_p = 2.5 \times 10^8$ m/s，其中 $\omega = 10^8$ s^{-1}。試求 R、G、L、C、λ，及 ϕ 之值。

10.3 某條無損耗傳輸線的特性阻抗為 72 Ω。若 $L = 0.5$ μH/m，試求：(a) C；(b) v_p；(c) 若 $f = 80$ MHz 時，試求 β。(d) 此傳輸線端接一個 60 Ω 的負載。試求 Γ 及 s。

10.4 在一條特性阻抗 Z_0 的無損耗傳輸線內，有一個振幅為 V_0，頻率為 ω，且相位常數為 β 的弦波式電壓波以順 z 方向朝該傳輸線的開路負載端傳播。在該開路端，電波會以零相位移方式完全地反射，並且此反射波現在會與入射波干涉而形成傳輸線路上的駐波形態 (如同例題 10.1 所示)。試求此傳輸線上的電流駐波形式。將所得結果以瞬時形式表示並加以化簡。

10.5 在 $f = 60$ MHz 時，某條無損耗傳輸線的其中兩項特性為 $Z_0 = 50$ Ω 及 $\gamma = 0 + j0.2\pi$ m^{-1}。試求：(a) 此線的 L 及 C；(b) 已知負載 $Z_L = 60 + j80$ Ω 接在 $z = 0$ 處。試問由負載至可使 $Z_\text{in} = R_\text{in} + j0$ 之點的最短距離為何？

10.6 將 50 Ω 的負載接至習題 10.1 所述的一條 50 m 長的傳輸線，且有一個 100-W 信號饋入此傳輸線的輸入端。(a) 以 dB/m 表示。試求算此分散式傳輸線的損耗。(b) 試求負載端處的反射係數。(c) 試求由負載電阻所消耗的功率。(d) 與原始輸入功率相比較時，試問由負載所消耗的功率會比代表輸入功率的 dB 值下降多少 dB？(e) 負載會造成部份反射，試問有多少功率回傳至輸入端？此功率表示成 dB 時，與原始的 100-W 輸入功率相比會下降多少 dB？

10.7 已知傳送器與接收器利用一對串接的傳輸線連接起來。在操作頻率下，線路 1 所量得的損耗為 0.1 dB/m，而線路的額定損耗為 0.2 dB/m。連結的線路是由 40 m 的線路 1 連接 25 m 的線路 2 組成。在連接點處，量測到有 2 dB 的接合損耗。若所傳送的功率 100 mW，試問接收到的功率為何？

10.8 有一種絕對功率的測量是採用 dBm 刻度，它是以相對於 1 毫瓦表示成分貝的方式來界定功率。明確地說，就是定義成 $P(\text{dBm}) = 10 \log_{10} [P(\text{mW})/1\text{ mW}]$。假設有一接收器其**額定靈敏度** (sensitivity) 為 -20 dBm——代表為了能適當地解釋所傳送的數據時，接收器所必須接收的最小功率。假設此種接收器位於具有 100 m 長度且額定損耗為 0.09 dB/m 的 50 Ω 傳輸線的負載端，接收器的阻抗為 75 Ω 而且與傳輸線並不匹配。以 (a) dBm，(b) mW 表示，試問送至此傳輸線所需的最小功率為何？

10.9 有一弦波電壓源驅動下列的串聯電路：一個阻抗 $Z_g = 50 - j50$ Ω，一條長度為 L 的無損耗傳輸線，以及在負載端短路。傳輸線路特性阻抗為 50 Ω，並且在線路上量測到的波長為 λ。(a) 以波長表示，試求出最短的線路長度，以使電壓源能驅動 50 Ω 的總阻抗。(b) 是否有其它線路長度滿足 (a) 題的條件？若是，試問其值為何？

10.10 有兩條具有不同特性阻抗的傳輸線要以頭尾相接方式連接起來。它們的特性阻抗分別為 $Z_{01} = 100\ \Omega$ 與 $Z_{03} = 25\ \Omega$，操作頻率為 1 GHz。(a) 將一個四分之一波長的傳輸線插接於前述兩條傳輸線之間，進行阻抗匹配，以使全部功率可以傳輸通過這三段傳輸線線段，試求此段傳輸線所需的特性阻抗 Z_{02}。(b) 已知中接傳輸線的每單位長度之電容為 100 pF/m。試求滿足阻抗匹配條件時，此段傳輸線長度為多少公尺。(c) 採用 (a) 與 (b) 題所求得的三-線段組合，但現在頻率倍增為 2 GHz，試求在線路-1-至線路-2-接合處的輸入阻抗，即線路 1 之入射波所看的輸入阻抗。(d) 在 (c) 題的條件下，且取自線路 1 入射功率，試求在線路 1 所量測到的駐波比，以及來自線路 1 會被反射且反向傳播至線路 1 輸入端的入射功率比例。

10.11 有一傳輸線具有基本常數 $L \cdot C \cdot R$ 與 G，長度為 l，尾端接有複數阻抗為 $R_L + jX_L$ 的負載。在傳輸線的輸入端接上一個 dc 電壓源 V_0。假設在零頻率時，所有參數均為已知，若 (a) $R = G = 0$；(b) $R \neq 0$，$G = 0$；(c) $R = 0$，$G \neq 0$；(d) $R \neq 0$，$G \neq 0$ 時，試求由負載所消耗的穩態功率。

10.12 在某一電路中，弦波電壓源驅動其內阻以及一個串聯的負載阻抗。已知當電源阻抗與負載互為複數共軛對時，就會有最大功率傳送給負載。假設電源 (含其內部阻抗) 現在要驅動一個阻抗為 $Z_L = R_L + jX_L$ 的複數負載，且此負載改成接到長度為 l，特性阻抗為 Z_0 的一條無損耗傳輸線之末端。若電源阻抗為 $Z_g = R_g + jX_g$，試列寫出可用來求解線路長度 l，進而使得負載可接收到最大功率時所需的方程式。

10.13 入射至 $Z_0 = 50\ \Omega$ 及 $v_p = 2 \times 10^8$ m/s 的某條無損耗傳輸線上的電壓波為 $V^+(z, t) = 200 \cos(\omega t - \pi z)$ V。(a) 試求 ω。(b) 試求 $I^+(z, t)$。若 $z > 0$ 的傳輸線換成位於 $z = 0$ 處的負載 $Z_L = 50 + j30\ \Omega$。試求：(c) Γ_L；(d) $Vs^-(z)$；(e) $z = -2.2$ m 處的 V_s。

10.14 有一條特性阻抗為 $Z_0 = 50\ \Omega$ 之無損耗傳輸線，其輸入端由一個 10 V 弦波發電機與一個 50 Ω 電阻串聯組合而成之電源加以驅動。此傳輸線長度為四分之一波長，在傳輸線的另一端則接上 $Z_L = 50 - j50\ \Omega$ 的負載阻抗。試求：(a) 由電壓源-電阻組合所看到的傳輸線輸入阻抗；(b) 負載所消耗的功率；(c) 會跨現於負載的電壓振幅。

10.15 就圖 10.29 所代表的傳輸線，若 $f = $：(a) 60 Hz；(b) 500 kHz 時，試求 $V_{s,\text{out}}$。

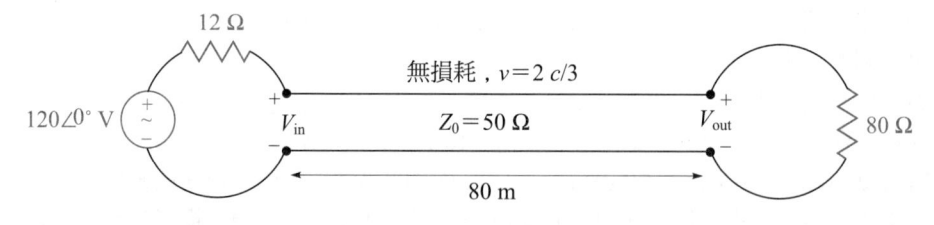

圖 **10.29** 見習題 10.15。

10.16 有一條 100 Ω 無損耗傳輸線被接至阻抗為 40 Ω，長度為 $\lambda/4$ 的第二條傳輸線。這條短傳輸線的另一端則接上一個 25 Ω 的電阻。且有 50 W 平均功率且頻率為 f 的弦式電波從 100 Ω 的傳輸線入射進來。(a) 試求四分之一波長傳輸線的輸入阻抗。(b) 試求由電阻所消耗的穩態功率。(c) 現在，假設操作頻率下降為原始值的一半。試求此情況下的新輸入阻抗，Z'_{in}。(d) 就新操作頻率，試以瓦特為單位計算在反射後會送回至此傳輸線輸入端的功率。

10.17 試求由圖 10.30 中每一個電阻器所吸收的平均功率。

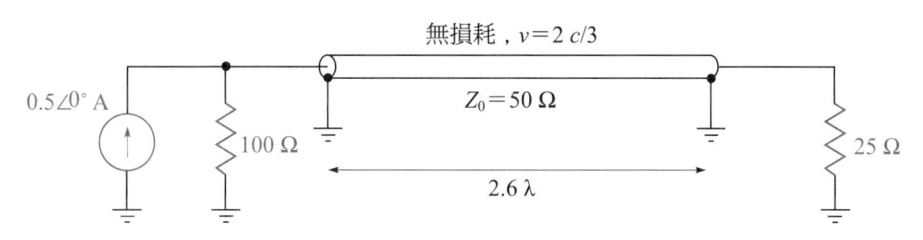

圖 **10.30** 見習題 10.17。

10.18 圖 10.31 所示為無損耗的傳輸線。試求兩段傳輸線 1 與 2 的 s。

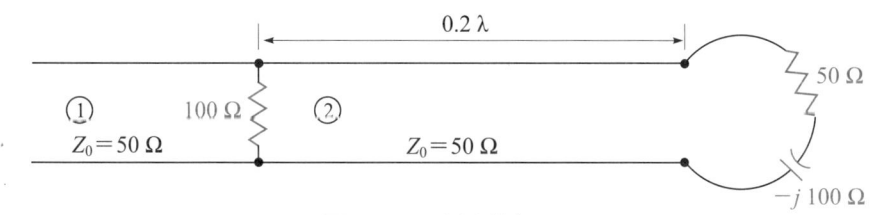

圖 **10.31** 見習題 10.18。

10.19 已知某一條無損耗傳輸線的長度為 50 cm 且操作在 100 MHz 的頻率。傳輸線參數為 $L=0.2\ \mu H/m$ 及 $C=80\ pF/m$。在 $z=0$ 處，此線端接成短路且在 $z=-20$ cm 位置處有一負載 $Z_L=50+j20\ \Omega$ 跨接在此線上。若輸入電壓為 $100\angle 0°$ V，試問傳送至 Z_L 的平均功率為何？

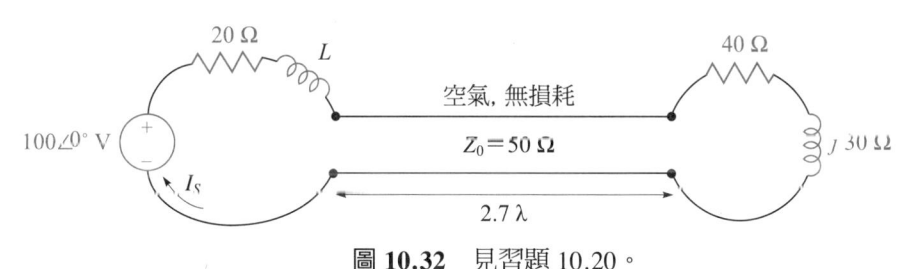

10.20 (a) 求出圖 10.32 中傳輸線的 s 值。注意到電介質是空氣。(b) 試求輸入阻抗。(c) 若 $\omega L=10\ \Omega$，求 I_S。(d) 如果要在 $\omega=1$ Grad/s 時產生 $|I_S|$ 的最大值，試問 L 應該是多少？並由 L 值求出平均功率：(e) 電源所加功率：(f) $Z_L=40+j30\ \Omega$ 所獲得的功率。

圖 **10.32** 見習題 10.20。

10.21 某一條無損耗傳輸線，其電介質為空氣且特性阻抗為 400 Ω。此傳輸線操作在 200 MHz 且 $Z_{in}=200-j200\ \Omega$。試用解析法或史密斯圖 (或同時用兩種方法) 來求出：(a) s；(b) 若傳輸線長為 1 m，試求 Z_L；(c) 試求由負載至最接近電壓最大值點的距離。

10.22 有一條無損耗 75 Ω 的傳輸線接上一個未知的負載阻抗。吾人量測到值為 10 的 VSWR，而且第一個電壓極小值發生在負載前方 0.15 個波長處。利用史密斯圖，試求：(a) 負載阻抗；(b) 反射係數的大小與相位；(c) 達成完全地電阻式輸入阻抗時所需要的傳輸線最短長度。

10.23 在一條無損耗傳輸線上正規化的負載為 $2+j1$。令 $\lambda = 20$ m。使用史密斯圖回答下列問題；(a) 在 $r_{in} > 0$，存在一點使得 $z_{in} = r_{in} + j0$，求負載到該點的最短距離。(b) 此點處的 z_{in} 是多少？(c) 若傳輸線在該點切斷；捨棄含有 z_L 的一段，將 (a) 所求得的電阻 $r = r_{in}$ 接上這條傳輸線。試問所保留的傳輸線部份 s 值是多少？(d) 存在一點使得 $z_{in} = 2+j1$，試問從電阻到這點最短距離？

10.24 藉由史密斯圖，就圖 10.33 所示之傳輸線，試繪出 $|Z_{in}|$ 對 l 的變化曲線圖。此圖涵蓋範圍定為 $0 < l/\lambda < 0.25$。

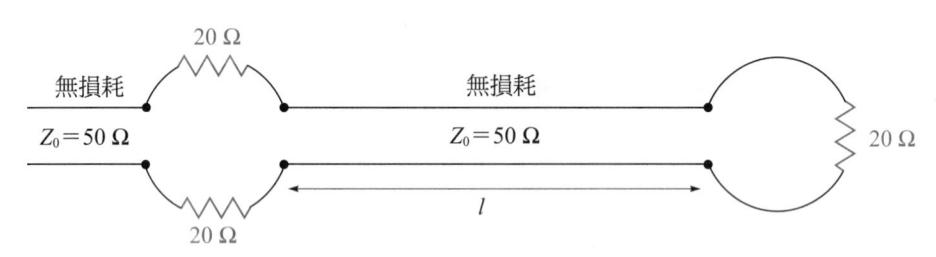

圖 10.33 見習題 10.24。

10.25 某一條 300 Ω 傳輸線在 $z=0$ 處短路。已知電壓最大值 $|V|_{max} = 10$ V 位於 $z = -25$ cm 處，而電壓最小值 $|V|_{min} = 0$ 則是位於 $z = -50$ cm 處。就下列的電壓讀值情況，試用史密斯圖求出 Z_L (即令短路代換為負載)：(a) $z = -5$ cm 處的 $|V|_{max} = 12$ V，及 $|V|_{min} = 5$ V；(b) $z = -20$ cm 處的 $|V|_{max} = 17$ V，及 $|V|_{min} = 0$。

10.26 某一條 50 Ω 無損耗傳輸線的長度為 1.1λ，其尾端接有一個未知的負載阻抗。這條 50 Ω 傳輸線的輸入端被接至一條無損耗 75 Ω 傳輸線的負載端。在 75 Ω 傳輸線上所量測到的 VSWR 為 4，且在此傳輸線上的第一個電壓極大發生在距離此二傳輸線接合點前方 0.2λ 位置處，利用史密斯圖，試求出此未知的負載阻抗。

10.27 某一條無損耗傳輸線的特性導納 ($Y_0 = 1/Z_0$) 為 20 mS。此傳輸線端接於負載 $Y_L = 40 - j20$ mS。利用史密斯圖，試求：(a) s；(b) 若 $l = 0.15\lambda$ 時，求出 Y_{in}；(c) 以波長表示，求出由 Y_L 至最近的電壓最大值點之距離。

10.28 已知某條無損耗傳輸線的波長為10 cm。若正規化輸入阻抗為 $z_{in} = 1 + j2$，試利用史密斯圖求出：(a) s；(b) z_L，已知傳輸線長度為 12 cm；(c) x_L，已知 $z_L = 2 + jx_L$，其中 $x_L > 0$。

10.29 一條 60 Ω 的無損耗傳輸線上駐波比為 2.5。沿著傳輸線移動的偵測器將偵測到的電壓極小值位置作一標記。當傳輸線上負載被一短路取代，則此極小值位置偏離了 25 cm，且其中一個極小值位於距標記 7 cm 的位置，試求 Z_L。

10.30 一條雙線式傳輸線是由圓形截面的無損耗導體所構成，其逐漸彎折成一對迴路有如一打蛋器。在圖 10.34 所指示的 X 點位置。一短路電路跨越這條傳輸線。一探測器沿著傳輸線移動並指示出第一個電壓極小值在 X 左方 16 cm 處。沿著短路電路移動，電壓極小值在 X 左方處 5 cm，且極大值位於極小值 3 倍距離的位置。使用史密斯圖，試求 (a) f；(b) s；(c) 從 X 點向右看進去的正規化輸入阻抗。

第 10 章　傳輸線　369

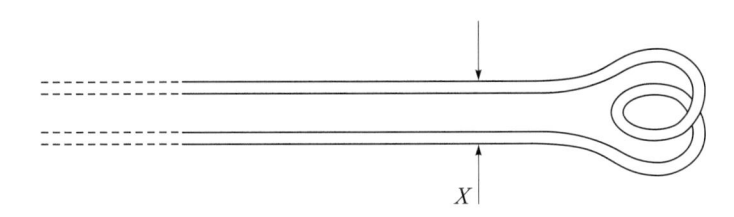

圖 10.34　見習題 10.30。

10.31 為了比較一駐波極大值及極小值時的相對形狀，假設有一負載 $z_L=4+j0$ 接在 $z=0$ 處。令 $|V|_{min}=1$ 及 $\lambda=1$ m。試求下列情況的寬度：(a) 最小駐波，其中 $|V|<1.1$；(b) 最大駐波，其中 $|V|>4/1.1$。

10.32 在圖 10.17 中，令 $Z_L=250$ Ω，$Z_0=50$ Ω，試求短路樁傳輸線的最短接合距離 d 與最短的長度 d_1，以便在該短路樁左側的主傳輸線提供一個完全的匹配。將所有答案以波長來表示。

10.33 在圖 10.17 中，令 $Z_L=40-j10$ Ω，$Z_0=50$ Ω，$f=800$ MHz，以及 $v=c$。(a) 試求短路樁的最短距離 d_1 以及使短路樁和主傳輸線形成完全匹配的最短距離 (對負載而言) d；(b) 對於一個開路樁，重新計算上面結果。

10.34 如圖 10.35 所示的無損耗傳輸線工作於 $\lambda=100$ cm。若 $d_1=10$ cm，$d=25$ cm，且傳輸線與其左邊的短路樁匹配，求 Z_L。

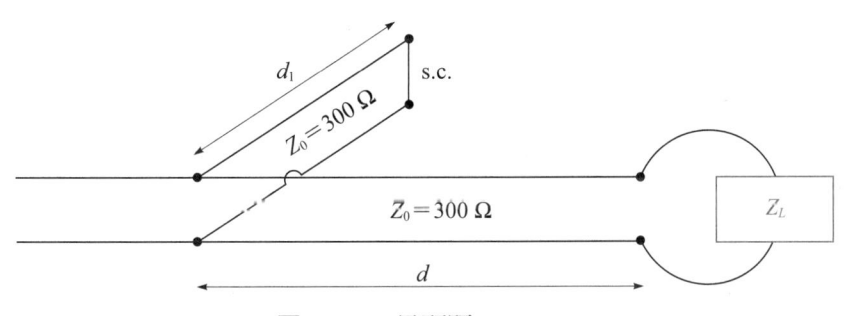

圖 10.35　見習題 10.34。

10.35 一負載 $Z_L=25+j75$ Ω 接在無損耗雙線式傳輸線的 $z=0$ 位置處，其中傳輸線的 $Z_0=50$ Ω 及 $v=c$。(a) 若 $f=300$ MHz，試求可使輸入導納具有一個等於 $1/Z_0$ 的實部及一個負虛部時的最短距離 $(z=-d)$。(b) 試問應用多大的電容 C 跨接在該點處，才能在其餘的傳輸線部份產生單一駐波比？

10.36 如圖 10.36 所示的雙線式傳輸線全部都是無損耗線且均具有 $Z_0=200$ Ω。若 $\lambda=100$ cm，試求 d 及可提供匹配阻抗時最短的可能 d_1 值。

10.37 在圖 10.20 的傳輸線中，$R_g=Z_0=50$ Ω 及 $R_L=25$ Ω。試藉由建構合適的電壓及電流反射圖來求出並繪製表示成時間函數之負載電阻器的電壓及蓄電池的電流。

10.38 重做習題 10.37，但令 $Z_0=50$ Ω 及 $R_L=R_g=25$ Ω。試就時間區間 $0<t<8l/v$ 來進行分析。

370 工程電磁學

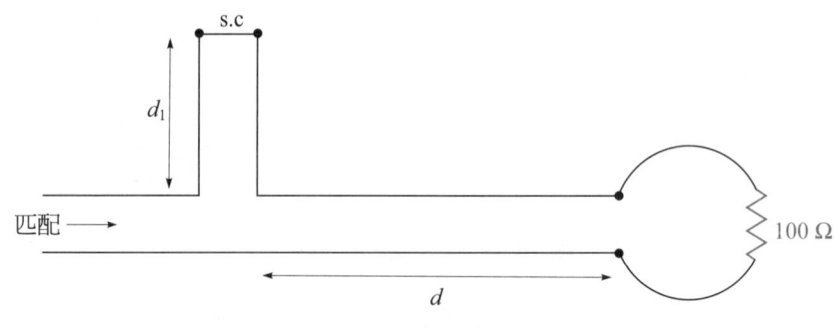

圖 10.36 見習題 10.36。

10.39 在圖 10.20 的傳輸線中，$Z_0 = 50\ \Omega$，及 $R_L = R_g = 25\ \Omega$。開關在 $t=0$ 時閉合且在 $t=l/4v$ 時**再次打開**。因此，會在傳輸線上建立一個矩形的電壓脈波。就此例建構一合適的電壓反射圖，並利用它來繪製 $0 < t < 8l/v$ 時間區間內負載電阻器電壓表成時間函數的圖形 (注意，打開開關的效應就是會引發第二個電壓波，其值的決定就是會在它存在時產生一個值為零的淨電流)。

10.40 在圖 10.25 已充電傳輸線，特性阻抗 $Z_0 = 100\ \Omega$，及 $R_g = 300\ \Omega$。傳輸線被充電初始電壓 $V_0 = 160$ V，且開關在 $t=0$ 時閉合。就 $0 < t < 8l < v$ 的時間區間 (往返四次)，試求出並繪製電壓及流過電阻器的電流波形。此習題可補充例題 10.12 作為基本充電型傳輸線問題的另類特例，只是現在 $R_g > Z_0$。

10.41 在圖 10.37 的傳輸線中，開關位於**中間點**且在 $t=0$ 時閉合。試就 $R_L = Z_0$ 的情況，建構出電壓反射圖。試繪出負載電阻器電壓表成時間函數的圖形。

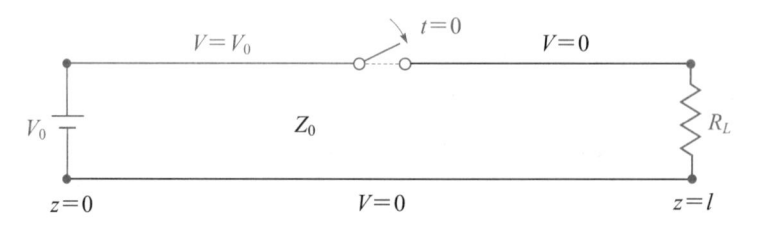

圖 10.37 見習題 10.41。

10.42 有一簡單的**結凍波產生器** (frozen wave generator) 如圖 10.38 所示。兩開關同時在 $t=0$ 時閉合。試就 $R_L = Z_0$ 的情況，建構出合適的電壓反射圖。試求出並繪製負載電阻器電壓表成時間函數的圖形。

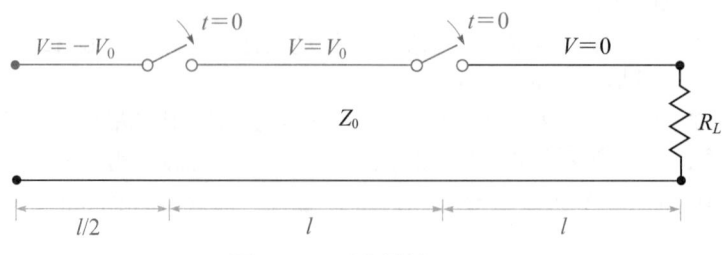

圖 10.38 見習題 10.42。

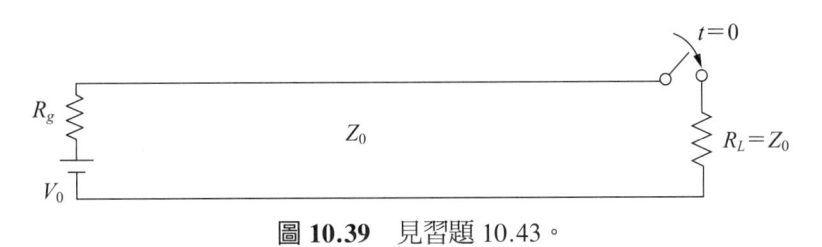

10.43 在圖 10.39 中，$R_L = Z_0$ 與 $R_g = Z_0/3$。開關在 $t = 0$ 時閉合。試求出下列各題所述變量並將之繪製成以時間函數表示的圖形：(a) 跨在 R_L 上的電壓；(b) 跨在 R_g 上的電壓；(c) 流過蓄電池的電流。

圖 10.39 見習題 10.43。

第 11 章

均勻的平面波

本章要探討馬克士威爾方程式應用到電磁波傳播的問題。均勻平面波是最簡單的例子，不過卻適合用來作為入門的題材，而且也很具有實際的重要性。實務上碰到電磁波通常都可假設成具有此形式。在此項研究中，我們將探討電磁波傳播的基本原理，同時我們要瞭解求取傳播速率以及會發生衰減的程度之實際做法。我們將會推導並使用坡印亭定理來求取由電磁波所承載的功率。最後，我們也要學習如何來描述電磁波極化。■

11.1 自由空間內的電磁波傳播

我們首先研習一下馬克士威爾方程式，從其中找到電磁波現象的線索。在第 10 章中，我們已明白電壓與電流如何以電磁波方式在傳輸線上傳播，同時我們瞭解到電壓與電流的存在就表示有電場與磁場存在。所以，我們可以將傳輸線看作是一種可以限制電磁場並使之沿著其線路而呈波動方式行進的結構，同時——如果沒有結構可以讓電壓及電流存在時——這種場依然會存在，也會傳播。在自由空間中，電磁場並未由任何限制結構所束縛住，所以只要電磁場被其產生裝置 (如天線) 發射之後，它們就可以假定成任意的大小與方向。

在考慮自由空間內的電磁波時，我們要知道介質為**無源的** (即 $\rho_v = \mathbf{J} = 0$)。在此條件下，馬克士威爾方程式便可只用 **E** 與 **H** 表示而寫成

$$\nabla \times \mathbf{H} = \epsilon_0 \frac{\partial \mathbf{E}}{\partial t} \tag{1}$$

$$\nabla \times \mathbf{E} = -\mu_0 \frac{\partial \mathbf{H}}{\partial t} \tag{2}$$

$$\nabla \cdot \mathbf{E} = 0 \tag{3}$$

$$\nabla \cdot \mathbf{H} = 0 \tag{4}$$

現在，讓我們來看看是否能從這些方程式中推論出波動來，而不必真正地去解它們。(1) 式說明如果在某一點上電場 **E** 是在隨著時間而變的，則磁場 **H** 在那一點上就有一個旋度；因此，**H** 會在垂直於指向的方向上做空間上的變化。同時，如果 **E** 是在隨時間而變的話，一般說來 **H** 也會隨時間而變，雖然不一定是以同樣方式改變的。其次，由 (2) 式我們可以看出來一個時變的 **H** 會產生一個 **E**，它具有旋度，且在垂直於指向的方向上做空間上的變化。我們現在再度有了一個在變的電場，這是我們最先的假設，不過這個場離原來的擾動點有一個小小的距離。我們可能預知這效應自原來那點移開的速度是光速，但是這一點必須藉著較詳細地檢查馬克士威爾方程式才能核對。

我們假設有一個均勻平面波 (uniform plane wave) 存在，其中 **E** 與 **H** 兩場量均座落在**橫向平面** (transverse plane) 內──亦即，這個平面是垂直於傳播方向。再者，依定義，這兩種場在橫向平面內均為固定大小。基於此一理由，此種電磁波有時亦稱之為**橫向電磁** (transverse electromagnetic, TEM) 波。在垂直於其指向的方向上，這兩個場量所需的空間變化，也因此只會在行進的方向內發生──亦即垂直於橫向平面。例如，假設 $\mathbf{E} = E_x \mathbf{a}_x$，亦即電場是在 x 方向**極化**。如果我們進一步假設此電波是在 z 方向行進，我們便容許 **E** 的空間變化僅隨 z 而變。利用 (2) 式，我們知道配合這些限制條件，**E** 的旋度可簡化至只剩一項，即：

$$\nabla \times \mathbf{E} = \frac{\partial E_x}{\partial z}\mathbf{a}_y = -\mu_0 \frac{\partial \mathbf{H}}{\partial t} = -\mu_0 \frac{\partial H_y}{\partial t}\mathbf{a}_y \tag{5}$$

(5) 式中 **E** 的旋度方向可決定 **H** 的方向，故可發現它是沿著 y 方向。因此，在均勻平面波中，**E** 與 **H** 的方向以及其行進方向三者互成正交。利用 y 方向的磁場，以及它只會依 z 而變的事實，(1) 式便可化簡成

$$\nabla \times \mathbf{H} = -\frac{\partial H_y}{\partial z}\mathbf{a}_x = \epsilon_0 \frac{\partial \mathbf{E}}{\partial t} = \epsilon_0 \frac{\partial E_x}{\partial t}\mathbf{a}_x \tag{6}$$

(5) 式與 (6) 式可以更簡潔地寫成：

$$\frac{\partial E_x}{\partial z} = -\mu_0 \frac{\partial H_y}{\partial t} \tag{7}$$

$$\frac{\partial H_y}{\partial z} = -\epsilon_0 \frac{\partial E_x}{\partial t} \tag{8}$$

這些方程式可直接與代表無損耗傳輸線電報方程式 [即第 10 章的 (20) 式與 (21) 式] 比較。利用與處理電報方程式相同的方式，便可再進一步處理 (7) 式與 (8) 式的運算。明確地說，我們讓 (7) 式對 z 微分，得到：

$$\frac{\partial^2 E_x}{\partial z^2} = -\mu_0 \frac{\partial^2 H_y}{\partial t \partial z} \tag{9}$$

接著，(8) 式對 t 微分：

$$\frac{\partial^2 H_y}{\partial z \partial t} = -\epsilon_0 \frac{\partial^2 E_x}{\partial t^2} \tag{10}$$

把 (10) 式代入 (9) 式，得到

$$\frac{\partial^2 E_x}{\partial z^2} = \mu_0 \epsilon_0 \frac{\partial^2 E_x}{\partial t^2} \tag{11}$$

此式 [直接類比於第 10 章的 (13) 式] 便可看作是自由空間內 x-極化 TEM 電場的波動方程式。由 (11) 式，我們可進一步確認傳播速度為：

$$v = \frac{1}{\sqrt{\mu_0 \epsilon_0}} = 3 \times 10^8 \text{ m/s} = c \tag{12}$$

其中，c 代表自由空間中的光速。相似的程序，即取 (7) 式對 t 微分而 (8) 式對 z 微分，便可得出磁場的波動方程式，其形式與 (11) 式完全相同，即：

$$\frac{\partial^2 H_y}{\partial z^2} = \mu_0 \epsilon_0 \frac{\partial^2 H_y}{\partial t^2} \tag{13}$$

如同第 10 章中所討論的，形式為 (11) 式及 (13) 式之方程式的解將會是順向-傳播與逆向-傳播的電波，其通式 [以 (11) 式為例] 為：

$$E_x(z, t) = f_1(t - z/v) + f_2(t + z/v) \tag{14}$$

其中 f_1 與 f_2 均為引數具有 $t \pm z/v$ 形式的任意函數。

由此,我們便可馬上專注於一特定頻率的弦波函數並且以順向-傳播及逆向-傳播餘弦波的形式寫出 (11) 式之解。由於這些電波均為弦波形式,故可將其**相速** (phase velocity) 記為 v_p。這些電波便可寫成:

$$\begin{aligned}
E_x(z,t) &= \mathcal{E}_x(z,t) + \mathcal{E}'_x(z,t) \\
&= |E_{x0}| \cos[\omega(t - z/v_p) + \phi_1] + |E'_{x0}| \cos[\omega(t + z/v_p) + \phi_2] \\
&= \underbrace{|E_{x0}| \cos[\omega t - k_0 z + \phi_1]}_{\text{順 } z \text{ 方向行進}} + \underbrace{|E'_{x0}| \cos[\omega t + k_0 z + \phi_2]}_{\text{逆 } z \text{ 方向行進}}
\end{aligned} \quad (15)$$

在列寫 (15) 式的第二行時,我們已經使用到這些電波是在自由空間中行進的事實,亦即其相速取成 $v_p = c$。此外,自由空間內的**波數** (wavenumber) 定義成

$$\boxed{k_0 \equiv \frac{\omega}{c} \text{ rad/m}} \quad (16)$$

以符合我們在傳輸線研究的方式,我們將 (15) 式所表示的解歸類為電場的**實際瞬時** (real instantaneous) 形式。它們就是吾人可實際量測到電場值的數學表示式。出現在 (15) 式內的 ωt 與 $k_0 z$ 二項乘積均具有角度的單位且通常是以徑度來表示。我們知道 ω 為徑度時間頻率,可衡量**每單位時間**的相位移;其單位為 **rad/s**。相同地,我們便可明白 k_0 可解釋為**空間** (spatial) 頻率,它在本例中可用來衡量沿 z 方向**每單位距離**的相位移,其單位是 rad/m。故知 k_0 是均勻平面波在自由空間內進行無損耗傳播時的相位常數。假設時間固定,自由空間內的**波長** (wavelength) 是空間相位移為 2π 弧度時,所需的電波行進距離,即

$$k_0 z = k_0 \lambda = 2\pi \quad \rightarrow \quad \boxed{\lambda = \frac{2\pi}{k_0}} \quad \text{(自由空間)} \quad (17)$$

這些電波傳播的方式與我們傳輸線中所碰到的情況相同。明確地說,假設我們考慮在 (15) 式順向傳播餘弦函數上的某點 (譬如說波頂)。如欲發生波頂,餘弦函數的引數必須為 2π 的整數倍才行。考慮電波的第 m 個波頂,前述條件變成

$$k_0 z = 2m\pi$$

所以,現在讓我們來考慮在餘弦波上已經選定的點,並觀察當時間增加時會發生什麼情況。我們的條件是:對所有時間而言,為了能夠追蹤所選的點,全部餘弦函數的引數均

為相同之 2π 的倍數。因此，我們的條件變成

$$\omega t - k_0 z = \omega(t - z/c) = 2m\pi \tag{18}$$

當時間增加時，為了滿足 (18) 式位置 z 也必須加以增加。波頂 (以及整個電波) 均會以相速 c (在自由空間中) 在正 z 方向上移動。利用相似方法，在 (15) 式中具有餘弦函數引數 $(\omega t + k_0 z)$ 的電波便代表在負 z 方向上移動的電波，因為當時間增加時，現在其 z 值必須減小才能保持引數為固定值。為簡單起見，在本章中我們會將注意僅侷限於正 z 方向的行進波。

與對傳輸線波所做的處理一樣，我們要將 (15) 式的實際瞬時場以其相量形式表示，利用 (15) 式的順向傳播場，寫出：

$$\mathcal{E}_x(z,t) = \frac{1}{2}\underbrace{|E_{x0}|e^{j\phi_1}}_{E_{x0}}e^{-jk_0 z}e^{j\omega t} + c.c. = \frac{1}{2}E_{xs}e^{j\omega t} + c.c. = \text{Re}[E_{xs}e^{j\omega t}] \tag{19}$$

其中 $c.c.$ 代表複數共軛，同時我們可將**相量電場** (phasor electric field) 記為 $E_{xs} = E_{x0}e^{-jk_0 z}$。如 (19) 式所示的，$E_{x0}$ 為**複數振幅** (即含有相位 ϕ_1)。

例題 11.1

試將 $\mathcal{E}_y(z,t) = 100\cos(10^8 t - 0.5z + 30°)$ V/m 表示成一個相量。

解：首先寫成指數形式，

$$\mathcal{E}_y(z,t) = \text{Re}[100 e^{j(10^8 t - 0.5z + 30°)}]$$

省去 Re 並略去 $e^{j10^8 t}$，可得到相量

$$E_{ys}(z) = 100 e^{-j0.5z + j30°}$$

注意：在此例中，採用混合的命名來代表相位角；亦即，式中 $0.5z$ 用的是徑來度量，$30°$ 則使用度來度量。已知一個表為相量的純量分量或向量，我們都可以很快地把它換成時域的式了。

例題 11.2

已知一均勻平面波之電場的複數振幅為 $\mathbf{E}_0 = 100\mathbf{a}_x + 20\angle 30°\mathbf{a}_y$ V/m，若已知此電波是在自由空間內朝 z 方向傳播且具有 10 MHz 的頻率，試求出其相量與實際的瞬時場。

解:首先,建構出通用的相量表示式:

$$\mathbf{E}_s(z) = \left[100\mathbf{a}_x + 20e^{j30°}\mathbf{a}_y\right]e^{-jk_0z}$$

其中 $k_0 = \omega/c = 2\pi \times 10^7/3 \times 10^8 = 0.21$ rad/m。然後,藉由 (19) 式所表示的法則,求出實際的瞬時場形式為:

$$\begin{aligned}
\mathcal{E}(z,t) &= \text{Re}\left[100e^{-j0.21z}e^{j2\pi \times 10^7 t}\mathbf{a}_x + 20e^{j30°}e^{-j0.21z}e^{j2\pi \times 10^7 t}\mathbf{a}_y\right] \\
&= \text{Re}\left[100e^{j(2\pi \times 10^7 t - 0.21z)}\mathbf{a}_x + 20e^{j(2\pi \times 10^7 t - 0.21z + 30°)}\mathbf{a}_y\right] \\
&= 100\cos(2\pi \times 10^7 t - 0.21z)\mathbf{a}_x + 20\cos(2\pi \times 10^7 t - 0.21z + 30°)\mathbf{a}_y
\end{aligned}$$

很顯然地,對於任何場量,取它對時間的偏微分就等於將對應的相量乘以 $j\omega$。舉例來說,我們可以將 (8) 式 (利用弦波場) 表示成

$$\frac{\partial \mathcal{H}_y}{\partial z} = -\epsilon_0 \frac{\partial \mathcal{E}_x}{\partial t} \tag{20}$$

此處,利用與 (19) 式相符的方式,可得出:

$$\mathcal{E}_x(z,t) = \frac{1}{2}E_{xs}(z)e^{j\omega t} + \text{c.c.} \quad \text{與} \quad \mathcal{H}_y(z,t) = \frac{1}{2}H_{ys}(z)e^{j\omega t} + \text{c.c.} \tag{21}$$

將 (21) 式的場量代入 (20) 式,(20) 式便可化簡成

$$\boxed{\frac{dH_{ys}(z)}{dz} = -j\omega\epsilon_0 E_{xs}(z)} \tag{22}$$

在求取此方程式時,我們首先注意到 (21) 式內的複數共軛項會產生其本身的分離方程式,它對 (22) 式而言是多餘的式子;其次,方程式兩邊都有共同的因式 $e^{j\omega t}$,故可刪除掉;第三,對 z 的偏微分變成全微分,這是因為相量 H_{ys} 僅依 z 而變的緣故。

接下來,我們將此結果應用到馬克士威爾方程式,來求出它們的相量形式。將 (21) 式所表示的場量代入 (1) 式至 (4) 式,結果變成

$$\boxed{\begin{aligned}
\nabla \times \mathbf{H}_s &= j\omega\epsilon_0 \mathbf{E}_s & (23) \\
\nabla \times \mathbf{E}_s &= -j\omega\mu_0 \mathbf{H}_s & (24) \\
\nabla \cdot \mathbf{E}_s &= 0 & (25) \\
\nabla \cdot \mathbf{H}_s &= 0 & (26)
\end{aligned}}$$

值得注意的是 (25) 式與 (26) 式不再是獨立的關係式了,因為它們可分別由取 (23) 式與

(24) 式的散度來求得。

(23) 式至 (26) 式可用來求出自由空間內波動方程式的穩態向量形式。首先，取 (24) 式兩邊的旋度：

$$\nabla \times \nabla \times \mathbf{E}_s = -j\omega\mu_0 \nabla \times \mathbf{H}_s = \nabla(\nabla \cdot \mathbf{E}_s) - \nabla^2 \mathbf{E}_s \tag{27}$$

其中，最後一個等式為恆等式公式，它可定義為 $\mathbf{E}_s$ 的拉普拉欣運算子：

$$\boxed{\nabla^2 \mathbf{E}_s = \nabla(\nabla \cdot \mathbf{E}_s) - \nabla \times \nabla \times \mathbf{E}_s}$$

由 (25) 式，我們知道 $\nabla \cdot \mathbf{E}_s = 0$。利用此結果，並將 (23) 式代入 (27) 式，得出：

$$\boxed{\nabla^2 \mathbf{E}_s = -k_0^2 \mathbf{E}_s} \tag{28}$$

此處，又再次得到 $k_0 = \omega/c = \omega\sqrt{\mu_0\epsilon_0}$。(28) 式即是所謂的向量型赫爾姆霍茲 (Helmholtz) 方程式。[1] 此式即使在直角座標中展開來仍然是相當繁冗的，因為會得出三個純量方程式來 (每一個向量分量有一個方程式)，而每個式又有四項。仍用德爾運算記號，(28) 式的 x 分量變為

$$\boxed{\nabla^2 E_{xs} = -k_0^2 E_{xs}} \tag{29}$$

再將運算元展開就可導出一個二次偏微分方程式，

$$\frac{\partial^2 E_{xs}}{\partial x^2} + \frac{\partial^2 E_{xs}}{\partial y^2} + \frac{\partial^2 E_{xs}}{\partial z^2} = -k_0^2 E_{xs}$$

同樣地，假設有一均勻平面波，其 E_{xs} 不會隨 x 或 y 而變，故對應的兩個微分項為零，得出

$$\boxed{\frac{d^2 E_{xs}}{dz^2} = -k_0^2 E_{xs}} \tag{30}$$

我們已經知道此式之解為：

$$\boxed{E_{xs}(z) = E_{x0}e^{-jk_0z} + E'_{x0}e^{jk_0z}} \tag{31}$$

現在，讓我們重新回來看馬克士威爾方程式 (23) 式至 (26) 式，並求出 $\mathbf{H}$ 場的解形

---

[1] Hermann Ludwig Ferdinand von Helmholtz (1821～1894) 在柏林擔任教授，研究生理學、電動力學，及光學等。赫茲 (Hertz) 為其學生之一。

式。已知 $\mathbf{E}_s$，$\mathbf{H}_s$ 便可以非常簡單地由 (24) 式求得：

$$\nabla \times \mathbf{E}_s = -j\omega\mu_0 \mathbf{H}_s \tag{24}$$

對於一個只隨 z 變化的單個 E_{xs} 分量而言，上式就可大幅簡化成

$$\frac{dE_{xs}}{dz} = -j\omega\mu_0 H_{ys}$$

利用 (31) 式的 E_{xs}，可得

$$\begin{aligned} H_{ys} &= -\frac{1}{j\omega\mu_0}\left[(-jk_0)E_{x0}e^{-jk_0z} + (jk_0)E'_{x0}e^{jk_0z}\right] \\ &= E_{x0}\sqrt{\frac{\epsilon_0}{\mu_0}}e^{-jk_0z} - E'_{x0}\sqrt{\frac{\epsilon_0}{\mu_0}}e^{jk_0z} = H_{y0}e^{-jk_0z} + H'_{y0}e^{jk_0z} \end{aligned} \tag{32}$$

以實際的瞬時形式表示，此式變成

$$\boxed{H_y(z,t) = E_{x0}\sqrt{\frac{\epsilon_0}{\mu_0}}\cos(\omega t - k_0 z) - E'_{x0}\sqrt{\frac{\epsilon_0}{\mu_0}}\cos(\omega t + k_0 z)} \tag{33}$$

其中，E_{x0} 與 E'_{x0} 均假設為實數。

一般而言，由 (32) 式我們可發現到在自由空間內順向-傳播電磁波的電場與磁場振幅之間的關係為

$$\boxed{E_{x0} = \sqrt{\frac{\mu_0}{\epsilon_0}}H_{y0} = \eta_0 H_{y0}} \tag{34a}$$

另外，我們也求得逆向-傳播電磁波的振幅關係為

$$\boxed{E'_{x0} = -\sqrt{\frac{\mu_0}{\epsilon_0}}H'_{y0} = -\eta_0 H'_{y0}} \tag{34b}$$

其中，自由空間的**本質阻抗** (intrinsic impedance) 定義為

$$\boxed{\eta_0 = \sqrt{\frac{\mu_0}{\epsilon_0}} = 377 \doteq 120\pi \ \Omega} \tag{35}$$

由本質阻抗的定義，即 E (以 V/m 為單位) 對 H (以 A/m 為單位) 的比值馬上便可發現 η_0

的因次為歐姆。它直接類比於傳輸線的特性阻抗 Z_0，後者是定義為行進波電壓對電流之比值。我們注意到 (34a) 式與 (34b) 式之間有一個負號的差異。這個與可導致第 10 章的 (25a) 式與 (25b) 式之傳輸線類比性相符。那些方程式可代表和順向及逆向電壓波相關之正向與負向電流的定義。以相似的方式，(34a) 式指出：在一順 z 方向傳播的均勻平面波中，在一已知的時間與空間點，其電場向量座落在 x 方向上，而在相同的時間與空間點處，磁場向量則會位於正 y 方向上。在具有正 x-指向電場的反-z 方向傳播的電波情況中，其磁場向量則是落在負 y 方向上。這個方向的實際意義是為了配合電磁波之功率流動的定義，亦即經由坡印亭向量 $\mathbf{S}=\mathbf{E}\times\mathbf{H}$ (單位為瓦/m^2) 所指定的流向。$\mathbf{E}$ 與 $\mathbf{H}$ 的叉積可給定正確的電波傳播方向，故在 (34b) 式需要有負號出現就會是必然的了。與功率傳輸有關的課題將會在 11.3 節中討論。

從圖 11.1a 及圖 11.1b 上，可以對這些場在空間變化的情形看出一點頭緒。圖 11.1a 中畫的電場強度是在 $t=0$ 時，且場的瞬間值被沿著三條線畫出來，一條線是 z 軸，另外二條是在 $x=0$ 及 $y=0$ 的平面內平行於 z 軸而任取的線。由於在垂直於 z 軸的平面內場是均勻的，沿著所有這三條線的變化都是一樣的。這項變化的一整周發生在一個波長 λ 中，在同樣的時間及位置上的 H_y 值被畫在圖 11.1b 中。

在物理上，均勻平面波是無法存在的，因為它至少在二維內延伸到無限遠處，而這就代表一項無限量的能量。不過，一個發送天線的遠場在某個有限的區域內原則上就是一個均勻平面波；射到遠處一個目標物上的雷達訊號也非常接近於一個均勻平面波。

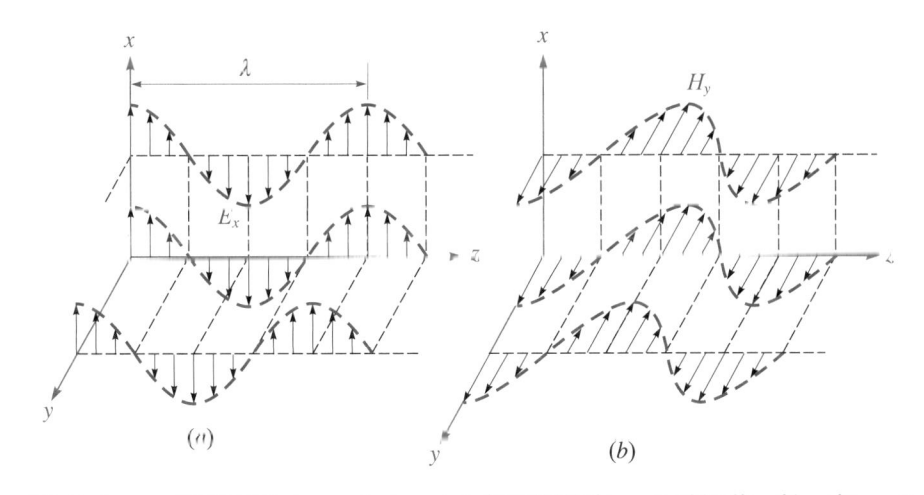

圖 11.1　(a) 箭頭表示 $E_{x0}\cos[\omega(t-z/c)]$ 的瞬間值在 $t=0$ 時沿著 z 軸，在 $x=0$ 平面內時，沿著任意的線平行於 z 軸，以及在 $y=0$ 的平面內沿著任意的線平行於 z 軸。(b) 指出相對應的 H_y 值，注意在任何一點、任何時間下，E_x 和 H_y 都是同相的。

雖然我們只考慮了在時間和空間內弦式地變化的波，不過，將波動方程式的各個解適當地組合起來，就可以形成任何想要的波形，不過它滿足 (14) 式。藉著利用傅立葉級數，無限多個諧波的總和可以在空間及時間內產生方的或三角形的週期波。非週期性的波可以利用傅立葉積分法自我們的基本解上求得。這些都是在較深的電磁理論方面書中考慮的題目。

> **D11.1.** 在 $\mathbf{a}_z$ 方向傳播之均勻平面波的電場振幅為 250 V/m。若 $\mathbf{E}=E_x\mathbf{a}_x$ 且 $\omega=1.00$ Mrad/s，試求：(a) 頻率；(b) 波長；(c) 週期；(d) $\mathbf{H}$ 的振幅。
>
> 答案：159 kHz；1.88 km；6.28 μs；0.663 A/m

> **D11.2.** 令在自由空間中行進的均勻平面波為 $\mathbf{H}_s=(2\angle-40°\mathbf{a}_x-3\angle 20°\mathbf{a}_y)e^{-j0.07z}$ A/m。試求：(a) ω；(b) 在 $t=31$ ns 時於 $P(1,2,3)$ 點處的 H_x；(c) 原點處 $t=0$ 時的 $|\mathbf{H}|$。
>
> 答案：21.0 Mrad/s；1.934 A/m；3.22 A/m

11.2 電介質中的電波傳播

現在，讓我們將關於均勻平面波的分析處理推廣到在一種介電係數為 ϵ，而導磁係數為 μ 的完全電介質 (無損耗的) 中進行的情形下。這種介質是均勻的 (具有不隨位置而變的 μ 與 ϵ) 及等向性的 (即其內之 μ 與 ϵ 不隨場的指向而變)。赫爾姆霍茲方程式為

$$\boxed{\nabla^2\mathbf{E}_s=-k^2\mathbf{E}_s} \tag{36}$$

其中，波數現在是材料特性的函數，可用 μ 與 ϵ 描述成：

$$\boxed{k=\omega\sqrt{\mu\epsilon}=k_0\sqrt{\mu_r\epsilon_r}} \tag{37}$$

對於 E_{xs} 而言，可得

$$\boxed{\frac{d^2E_{xs}}{dz^2}=-k^2E_{xs}} \tag{38}$$

電波在電介質傳播有一項重要的特色就是，其 k 值可能為複數值，故可將之歸類為複數型**傳播常數** (propagation constant)。事實上，(38) 式的通解可能會有機會產生複數型 k 值，因此習慣上將之以實部與虛部份分開的方式寫成如下所示：

$$jk = \alpha + j\beta \tag{39}$$

故知 (38) 式之解變成：

$$E_{xs} = E_{x0}e^{-jkz} = E_{x0}e^{-\alpha z}e^{-j\beta z} \tag{40}$$

將 (40) 式乘上 $e^{j\omega t}$ 並取實部運算，即可得出更容易瞭解的場形式：

$$E_x = E_{x0}e^{-\alpha z}\cos(\omega t - \beta z) \tag{41}$$

上式即是一個朝正 z 方向傳播，傳播常數為 β 的均勻平面波，不過其振幅會依因式 $e^{-\alpha z}$ 而隨 z 的增加而遞減 (正的 α 時)。因此，複數值 k 的一般效應就是會產生一個振幅並隨距離而變的行進波。如果 α 為正值，即稱之為**衰減係數** (attenuation coefficient)。若 α 為負值時，波的振幅則會隨著距離而增大，此時 α 即稱為**增益係數** (gain coefficient)。例如，在雷射放大器中便會發生後者這種情況。在本書目前及後續的討論中，我們將僅考慮被動式介質，即其內有一種或多種損耗機制存在，因此只會產生正的 α 值。

為了使 e 的指數部份變成奈伯 (nepers)[2] 的無因次單位，衰減係數是以每公尺奈伯 (Np/m) 為衡量單位。因此，若 $\alpha=0.01$ Np/m，則在 $z=50$ m 處波的波峰振幅將為其在 $z=0$ 時之值的 $e^{-0.5}/e^{-0}=0.607$ 倍。在 $+z$ 方向行進距離 $1/\alpha$ 公尺後，波的振幅將會衰減為 e^{-1} 倍，即 0.368 倍。

材料會影響電波的物理程序，可藉由**複數型的介電係數** (complex permittivity) 來描述，即

$$\epsilon = \epsilon' - j\epsilon'' = \epsilon_0(\epsilon_r' - j\epsilon_r'') \tag{42}$$

造成複數型介電係數 (結果會造成波的損耗) 的兩種重要機制為束縛電子 (或離子振盪) 與偶極弛振，此二機制均會在附錄 F 中做詳盡的討論。另外一種機制則是自由電子或電洞的傳導，本章將會對此種機制做深入地探討。

同樣也會發生因介質對磁場反應所引起的損耗，故亦可透過**複數型導磁係數** (complex permeability) $\mu=\mu'-j\mu''=\mu_0(\mu_r'-j\mu_r'')$ 來加以模擬。此種材料的實例包括有各種鐵磁性的 (ferrimagnetic) 材料，即**鐵氧體** (ferrite)。在大部份電波傳播的介質材料 (在此類材料，$\mu \approx \mu_0$)，磁性反應通常遠弱於介電反應。因此，我們對損耗機制的討論將只侷限於經由複數型介電係數所描述的機制，並且在我們所有的討論中假設 μ 均為實數值。

將 (42) 式代入 (37) 式，結果變成

$$k = \omega\sqrt{\mu(\epsilon' - j\epsilon'')} = \omega\sqrt{\mu\epsilon'}\sqrt{1 - j\frac{\epsilon''}{\epsilon'}} \tag{43}$$

在 (43) 式中出現第二個根號項，當 ϵ'' 消失時此項會變成一 (同時也是實數)。一旦 ϵ'' 不為零，則 k 變為複數，進而會發生損耗，這種損耗可用 (39) 式的衰減係數 α 來加以量化。相位常數 β 也同樣會受 ϵ'' 影響 (波長與相速也是如此)。由 (43) 式，取 jk 的實部與虛部便可得出 α 與 β。故知：

$$\alpha = \text{Re}\{jk\} = \omega\sqrt{\frac{\mu\epsilon'}{2}}\left(\sqrt{1 + \left(\frac{\epsilon''}{\epsilon'}\right)^2} - 1\right)^{1/2} \tag{44}$$

$$\beta = \text{Im}\{jk\} = \omega\sqrt{\frac{\mu\epsilon'}{2}}\left(\sqrt{1 + \left(\frac{\epsilon''}{\epsilon'}\right)^2} + 1\right)^{1/2} \tag{45}$$

由此可看出，若介電係數的虛部 (即 ϵ'') 存在時，便會形成非零的 α 值 (當然也造成損耗)。此外，由 (44) 及 (45) 式亦可發現其內均有 ϵ''/ϵ' 比值項，此比值項稱為**損耗正切** (loss tangent)。當我們探討特定導電介質時將會再說明此項的意義。此比值的實際重要性在於其大小與一接近的程度，可用來對 (44) 式及 (45) 式再做簡化工作。

無論是否發生損耗，由 (41) 式可看出波的相速為

$$v_p = \frac{\omega}{\beta} \tag{46}$$

波長是相位改變 2π 弳所需的距離，即

$$\beta\lambda = 2\pi$$

由此可導出波長的基本定義為

$$\lambda = \frac{2\pi}{\beta} \tag{47}$$

由於只討論均勻平面波，故知磁場可用下式表示

$$H_{ys} = \frac{E_{x0}}{\eta}e^{-\alpha z}e^{-j\beta z}$$

此處，本質阻抗同樣也是複數值，即

$$\eta = \sqrt{\frac{\mu}{\epsilon' - j\epsilon''}} = \sqrt{\frac{\mu}{\epsilon'}} \frac{1}{\sqrt{1 - j(\epsilon''/\epsilon')}} \tag{48}$$

此時,電場與磁場就不再是同相了。

無損介質其中一個特例是**完全電介質** (perfect dielectric),在此種介質中,$\epsilon'' = 0$,故知 $\epsilon = \epsilon'$。由 (44) 式可知,如此會導致 $\alpha = 0$,故由 (45) 式可知,

$$\beta = \omega\sqrt{\mu\epsilon'} \qquad (\text{無損介質}) \tag{49}$$

一旦 $\alpha = 0$,實際的場型便可假定成:

$$E_x = E_{x0}\cos(\omega t - \beta z) \tag{50}$$

我們可將此式看作是一個以相速 v_p 朝 $+z$ 方向行進的波,其中

$$v_p = \frac{\omega}{\beta} = \frac{1}{\sqrt{\mu\epsilon'}} = \frac{c}{\sqrt{\mu_r\epsilon_r'}}$$

波長則為

$$\lambda = \frac{2\pi}{\beta} = \frac{2\pi}{\omega\sqrt{\mu\epsilon'}} = \frac{1}{f\sqrt{\mu\epsilon'}} = \frac{c}{f\sqrt{\mu_r\epsilon_r'}} = \frac{\lambda_0}{\sqrt{\mu_r\epsilon_r'}} \qquad (\text{無損介質}) \tag{51}$$

其中,λ_0 是自由空間的波長。注意到 $\mu_r\epsilon_r' > 1$,因此波長較 λ_0 短,同時在所有真實介質中,速度也比在自由空間中為低。

和 E_x 相締結的是磁場強度

$$H_y = \frac{E_{x0}}{\eta}\cos(\omega t - \beta z)$$

其中,本質阻抗是

$$\eta = \sqrt{\frac{\mu}{\epsilon}} \tag{52}$$

E_x 和 E_y 這二個場是互相垂直的,同時也垂直於進行的方法,並且在各處都是彼此同相的。注意,當 **E** 叉乘到 **H** 時結果所得向量是在傳播方向的。當我們討論坡印亭向量時就可以見到此點原因了。

例題 11.3

讓我們將這些討論結果應用到在水中傳播的 1 MHz 平面波。在此種頻率下，水的損耗可忽略不計，此即表示我們可以假設 $\epsilon'' \doteq 0$。在水中，於 1 MHz 時，$\mu_r = 1$，$\epsilon'_r = 81$。

解： 我們由計算相位常數開始。利用 (45) 式，並令 $\epsilon'' = 0$，可得

$$\beta = \omega\sqrt{\mu\epsilon'} = \omega\sqrt{\mu_0\epsilon_0}\sqrt{\epsilon'_r} = \frac{\omega\sqrt{\epsilon'_r}}{c} = \frac{2\pi \times 10^6 \sqrt{81}}{3.0 \times 10^8} = 0.19 \text{ rad/m}$$

利用上述結果，便可決定波長及相速為：

$$\lambda = \frac{2\pi}{\beta} = \frac{2\pi}{.19} = 33 \text{ m}$$

$$\nu_p = \frac{\omega}{\beta} = \frac{2\pi \times 10^6}{.19} = 3.3 \times 10^7 \text{ m/s}$$

在空氣中的波長為 300 m。繼續我們的計算工作，令 $\epsilon'' = 0$ 並利用 (48) 式，可求出本質阻抗為：

$$\eta = \sqrt{\frac{\mu}{\epsilon'}} = \frac{\eta_0}{\sqrt{\epsilon'_r}} = \frac{377}{9} = 42 \text{ }\Omega$$

若令電場強度的最大振幅為 0.1 V/m，則

$$E_x = 0.1 \cos(2\pi 10^6 t - .19z) \text{ V/m}$$

$$H_y = \frac{E_x}{\eta} = (2.4 \times 10^{-3})\cos(2\pi 10^6 t - .19z) \text{ A/m}$$

D11.3. 已知某一 9.375 GHz 均勻平面波在聚乙烯 (見附錄 C) 中傳播。若電場強度的振幅為 500 V/m，且假設材料為無損介質，試求：(a) 相位常數；(b) 聚乙烯內的波長；(c) 傳播速度；(d) 本質阻抗；(e) 磁場強度的振幅。

答案：295 rad/m；2.13 cm；1.99×10^8 m/s；251 Ω；1.99 A/m

例題 11.4

再次考慮水中的平面波傳播，但此例則是以更高的 2.5 GHz 微波頻率來傳播。在此種及更高的頻率範圍時，水分子的偶極弛振與共振現象就會變得很重要。[2] 介電係數的實部與虛部

---

[2] 這些機制以及它們如何產生一個複數型介電係數均在附錄 D 中有詳細的描述。除此之外，有關於弛振與共振對電波傳播的效應之通盤討論，讀者們可參閱參考書目 1 的 73～84 頁及參考書目 2 的 678～682 頁。至於有關水的討論及特定數據則可在參考書目 3 的 314～316 頁中查閱得到。

同時存在，而且均會隨頻率而變。在低於可見光的頻率時，這兩種機制會一起產生一個隨頻率增加而變大的 ϵ''，大約在 10^{13} Hz 左右達到局部最大值。ϵ' 則會隨頻率的增加而減小，同時在 10^{13} Hz 附近產生達到一個最小值。參考書目 3 對此有詳盡的介紹。在 2.5 GHz 時，主要的效應是由偶極弛振掌控。介電係數值為 $\epsilon'_r = 78$ 及 $\epsilon''_r = 7$。由 (44) 式，可得

$$\alpha = \frac{(2\pi \times 2.5 \times 10^9)\sqrt{78}}{(3.0 \times 10^8)\sqrt{2}} \left(\sqrt{1 + \left(\frac{7}{78}\right)^2} - 1\right)^{1/2} = 21 \text{ Np/m}$$

前面的計算驗證了**微波爐** (microwave oven) 的操作原理。因為幾乎所有食物都會含有水份，所以當入射的微分輻射能量被吸收並轉換成熱能時，食物便可煮熟。注意，在 $1/\alpha = 4.8$ cm 的距離，場會衰減至其初始值 e^{-1} 倍。此距離稱之為材料的**滲透深度** (penetration depth)，當然它也是一種頻率-相依型的參數。就烹飪食物而言，4.8 cm 的滲透深度是很合理的，因為在這種材料深度範圍內，其溫升是相當均勻地。在更高頻率時，ϵ'' 會更大，故滲透深度減小，會有更多的功率為表面所吸收；在較低頻率時，滲透深度增加，故沒有足夠的整體吸收會發生。商用微波爐的操作頻率大都在 2.5 GHz 左右。

利用 (45) 式，與 α 非常相似的計算程序可求出 $\beta = 464$ rad/m。波長為 $\lambda = 2\pi/\beta = 1.4$ cm，而如果是在自由空間中，此值將會變成 $\lambda_0 = c/f = 12$ cm。

利用 (48) 式，即可求得本質阻抗為

$$\eta = \frac{377}{\sqrt{78}} \frac{1}{\sqrt{1 - j(7/78)}} = 43 + j1.9 = 43\angle 2.6° \text{ } \Omega$$

故知在時間上，E_x 每一時間點均超前 H_y 達 $2.6°$。

接下來，我們要討論導電性材料的例子。在此種材料中，電流是由在電場作用下之自由電子或電洞的運動組成。掌控關係式為 $\mathbf{J} = \sigma\mathbf{E}$，其中 σ 為材料的導電率。以有限的導電率來看，電波會經由材料的電阻式加熱而耗損功率。將複數型介電係數引用至導電率，來探究複數型介電係數的解釋。考慮馬克士威爾旋度方程式 (23)，再利用 (42) 式，可變成：

$$\nabla \times \mathbf{H}_s = j\omega(\epsilon' - j\epsilon'')\mathbf{E}_s = \omega\epsilon''\mathbf{E}_s + j\omega\epsilon'\mathbf{E}_s \tag{53}$$

此式可表示成更熟悉的方式，即將傳導電流也納入，而寫成：

$$\nabla \times \mathbf{H}_s = \mathbf{J}_s + j\omega\epsilon\mathbf{E}_s \tag{54}$$

其次，利用 $\mathbf{J}_s = \sigma\mathbf{E}_s$，並將 (54) 式的 ϵ 看成 ϵ'。則 (54) 式變成：

$$\nabla \times \mathbf{H}_s = (\sigma + j\omega\epsilon')\mathbf{E}_s = \mathbf{J}_{\sigma s} + \mathbf{J}_{ds} \tag{55}$$

在此,我們已將傳導電流密度表成 $\mathbf{J}_{\sigma s} = \sigma\mathbf{E}_s$,而位移電流密度則是表成 $\mathbf{J}_{ds} = j\omega\epsilon'\mathbf{E}_s$。比較 (53) 式與 (55) 式,可發現在導電介質中:

$$\epsilon'' = \frac{\sigma}{\omega} \tag{56}$$

現在,再將注意力轉回到損耗非常小的介電材料。在這種材料,我們判別損耗是否很小的準則是依損耗正切,即 ϵ''/ϵ' 的大小而定。由 (44) 式可知,此參數會直接影響衰減係數 α。假若 (56) 式在導電介質中亦成立的話,則損耗正切會變成 $\sigma/\omega\epsilon'$。觀察 (55) 式可知,傳導電流密度對位移電流密度大小的比值為

$$\frac{\mathbf{J}_{\sigma s}}{\mathbf{J}_{ds}} = \frac{\epsilon''}{j\epsilon'} = \frac{\sigma}{j\omega\epsilon'} \tag{57}$$

也就是說,這二個向量在空間指向同一方向,但是在時間上它們相差了 90°。位移電流密度領先傳導電流密度 90°,正如同在一個尋常的電路中流過電容器的電流會領先那個通過與電容並聯之電阻器的電流 90° 一樣。這種相位的關係如圖 11.2 所示。所以,θ 角 (不要和球形座標中的極角混淆!) 便可認為是位移電流密度領先總電流密度的角度,同時

$$\tan\theta = \frac{\epsilon''}{\epsilon'} = \frac{\sigma}{\omega\epsilon'} \tag{58}$$

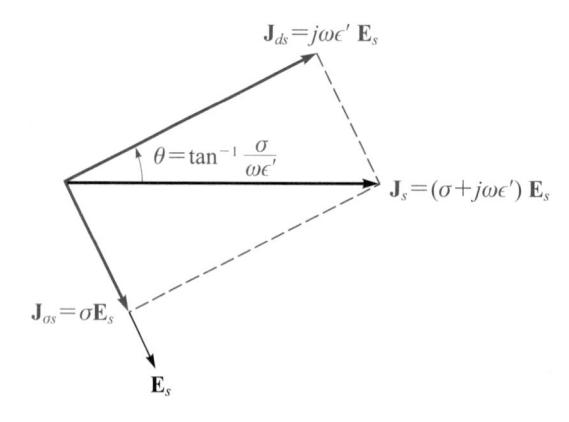

圖 11.2 $\mathbf{J}_{ds}$、$\mathbf{J}_{\sigma s}$、$\mathbf{J}_s$,和 $\mathbf{E}_s$ 之間的時相關係,θ 的正切等於 $\sigma/\omega\epsilon'$,而 $90° - \theta$ 則是普通的功率因數角,或者 $\mathbf{J}_s$ 領先 $\mathbf{E}_s$ 的角度。

此式背後的理由正是**損耗正切** (loss tangent) 一詞的由來。本章末的習題 11.16 指出一個用有損電介質的電容器的 Q 值 (它的品質因數，不是電荷) 是這損耗正切的倒數。

如果損耗正切很小的話，我們便可以得出衰減常數，相位常數以及本質阻抗的有用近似式。損耗正切值很小的判斷準則是 $\epsilon''/\epsilon' \ll 1$，滿足此條件的介質便可稱之為**完全電介質** (good dielectric)。試考慮一導電性材料，其 $\epsilon'' = \sigma/\omega$，故 (43) 式變成

$$jk = j\omega\sqrt{\mu\epsilon'}\sqrt{1 - j\frac{\sigma}{\omega\epsilon'}} \tag{59}$$

我們可以用二項式定理來展開第二個根號，

$$(1+x)^n = 1 + nx + \frac{n(n-1)}{2!}x^2 + \frac{n(n-1)(n-2)}{3!}x^3 + \cdots$$

其中 $|x| \ll 1$。我們將 x 定為 $-j\sigma/\omega\epsilon'$，n 取為 $1/2$，於是

$$jk = j\omega\sqrt{\mu\epsilon'}\left[1 - j\frac{\sigma}{2\omega\epsilon'} + \frac{1}{8}\left(\frac{\sigma}{\omega\epsilon'}\right)^2 + \cdots\right] = \alpha + j\beta$$

現在，對一完全電介質而言，可知

$$\boxed{\alpha = \text{Re}(jk) \doteq j\omega\sqrt{\mu\epsilon'}\left(-j\frac{\sigma}{2\omega\epsilon'}\right) = \frac{\sigma}{2}\sqrt{\frac{\mu}{\epsilon'}}} \tag{60a}$$

與

$$\boxed{\beta = \text{Im}(jk) \doteq \omega\sqrt{\mu\epsilon'}\left[1 + \frac{1}{8}\left(\frac{\sigma}{\omega\epsilon'}\right)^2\right]} \tag{60b}$$

如同第 10 章中 (54a) 式與 (55b) 式所表示的，(60a) 式與 (60b) 式可直接與傳輸線在低損耗條件下的 α 與 β 比較。在此項比較中，我們發現 σ 與 G，μ 與 L，及 ϵ 與 C 有關聯性。注意：一平面波在無邊界的介質中傳播時，並無參數可類比於傳輸線導體的電阻參數 R。在許多情形下，(60b) 式的第二項會很小，使得

$$\boxed{\beta \doteq \omega\sqrt{\mu\epsilon'}} \tag{61}$$

應用二項式定理至 (48) 式，我們可為一完全電介質得出

$$\eta \doteq \sqrt{\frac{\mu}{\epsilon'}} \left[1 - \frac{3}{8}\left(\frac{\sigma}{\omega\epsilon'}\right)^2 + j\frac{\sigma}{2\omega\epsilon'} \right] \tag{62a}$$

或者

$$\boxed{\eta \doteq \sqrt{\frac{\mu}{\epsilon'}} \left(1 + j\frac{\sigma}{2\omega\epsilon'} \right)} \tag{62b}$$

上述各近似式的適用條件依所要求的精確度而定，而精確度則可由其結果與正確公式，即 (44) 式與 (45) 式之結果偏離多大來加以衡量。若 $\sigma/\omega\epsilon' < 0.1$ 時，則偏移量只有幾個 % 而已。

例題 11.5

作為比較之用，利用近似公式 (60a) 式、(61) 式，及 (62b) 式，重複做一次例題 11.4 的計算。

解：首先，本例的損耗正切為 $\epsilon''/\epsilon' = 7/78 = 0.09$。採用 (60) 式，取 $\epsilon'' = \sigma/\omega$，可得出

$$\alpha \doteq \frac{\omega\epsilon''}{2}\sqrt{\frac{\mu}{\epsilon'}} = \frac{1}{2}(7 \times 8.85 \times 10^{12})(2\pi \times 2.5 \times 10^9)\frac{377}{\sqrt{78}} = 21 \text{ cm}^{-1}$$

接著，由 (61b) 式可得出

$$\beta \doteq (2\pi \times 2.5 \times 10^9)\sqrt{78}/(3 \times 10^8) = 464 \text{ rad/m}$$

最後，由 (62b) 式，知

$$\eta \doteq \frac{377}{\sqrt{78}}\left(1 + j\frac{7}{2 \times 78} \right) = 43 + j1.9$$

這些結果與例題 11.4 完全相同 (就已知數目所決定的精確度限制範圍內而言)。正如同讀者可重複這兩範例的各項計算並將結果表成四位或五位有效數字時所驗證的，將可發現其實是有些微量的偏移。正如我們所知道的，後面的這個例子並無意義，因為所指定的參數並未用此種類精確度來加以界定。而這正是一般的情況，因為測量值通常並未具有高準確度。依這些值有多準確而定，當可以採用近似公式時，人們便可以較寬鬆的態度來判定，亦即可容許損耗正切可以大於 0.1 (但仍然小於 1)。

D11.4. 已知非磁性材料具有 $\epsilon'_r = 3.2$ 及 $\sigma = 1.5 \times 10^{-4}$ S/m，試求下列各項在 3 MHz 時的數值：(a) 損耗正切；(b) 衰減常數；(c) 相位常數；(d) 本質阻抗。

答案：0.28；0.016 Np/m；0.11 rad/m；207∠7.8° Ω

D11.5. 試考慮一材料，其 $\mu_r=1$，$\epsilon'_r=2.5$ 且損耗正切為 0.12。若此三參數值在 $0.5 \text{ MHz} \leq f \leq 100 \text{ MHz}$ 頻率範圍內均為固定，試計算：(a) 在 1 及 75 MHz 時的 σ；(b) 在 1 及 75 MHz 時的 λ；(c) 在 1 及 75 MHz 時的 v_p。

答案：1.67×10^{-5} 及 1.25×10^{-3} S/m；190 及 2.53 m；1.90×10^8 m/s 二次。

11.3 坡印亭定理與電磁波功率

為了求出與電磁波相關聯的功率流，就必須為電磁場導出一則功率定理，即熟知的坡印亭定理。它是在 1884 年由一位英國物理學家約翰·坡印亭首先提出。

首先，由一個馬克士威爾的旋度方程式開始，在此我們假設介質具有導電性：

$$\nabla \times \mathbf{H} = \mathbf{J} + \frac{\partial \mathbf{D}}{\partial t} \tag{63}$$

接下來，我們取 (63) 式兩邊與 **E** 的純量積，

$$\mathbf{E} \cdot \nabla \times \mathbf{H} = \mathbf{E} \cdot \mathbf{J} + \mathbf{E} \cdot \frac{\partial \mathbf{D}}{\partial t} \tag{64}$$

然後，我們再引入下列的向量恆等式，此式可藉由在直角座標中展開而加以證明：

$$\nabla \cdot (\mathbf{E} \times \mathbf{H}) = -\mathbf{E} \cdot \nabla \times \mathbf{H} + \mathbf{H} \cdot \nabla \times \mathbf{E} \tag{65}$$

將 (65) 式代入 (64) 式的左側，得出

$$\mathbf{H} \cdot \nabla \times \mathbf{E} - \nabla \cdot (\mathbf{E} \times \mathbf{H}) = \mathbf{J} \cdot \mathbf{E} + \mathbf{E} \cdot \frac{\partial \mathbf{D}}{\partial t} \tag{66}$$

其中，電場的旋度可由其它的馬克士威爾旋度方程式決定：

$$\nabla \times \mathbf{E} = -\frac{\partial \mathbf{B}}{\partial t}$$

因此

$$-\mathbf{H} \cdot \frac{\partial \mathbf{B}}{\partial t} - \nabla \cdot (\mathbf{E} \times \mathbf{H}) = \mathbf{J} \cdot \mathbf{E} + \mathbf{E} \cdot \frac{\partial \mathbf{D}}{\partial t}$$

或者

$$-\nabla \cdot (\mathbf{E} \times \mathbf{H}) = \mathbf{J} \cdot \mathbf{E} + \epsilon \mathbf{E} \cdot \frac{\partial \mathbf{E}}{\partial t} + \mu \mathbf{H} \cdot \frac{\partial \mathbf{H}}{\partial t} \tag{67}$$

(67) 式內的兩個時間微分項可重新寫成如下所示:

$$\epsilon \mathbf{E} \cdot \frac{\partial \mathbf{E}}{\partial t} = \frac{\partial}{\partial t}\left(\frac{1}{2}\mathbf{D} \cdot \mathbf{E}\right) \tag{68a}$$

與

$$\mu \mathbf{H} \cdot \frac{\partial \mathbf{H}}{\partial t} = \frac{\partial}{\partial t}\left(\frac{1}{2}\mathbf{B} \cdot \mathbf{H}\right) \tag{68b}$$

利用這些, (67) 式變成

$$-\nabla \cdot (\mathbf{E} \times \mathbf{H}) = \mathbf{J} \cdot \mathbf{E} + \frac{\partial}{\partial t}\left(\frac{1}{2}\mathbf{D} \cdot \mathbf{E}\right) + \frac{\partial}{\partial t}\left(\frac{1}{2}\mathbf{B} \cdot \mathbf{H}\right) \tag{69}$$

最後,我們將 (69) 式對一體積做積分:

$$-\int_{體積} \nabla \cdot (\mathbf{E} \times \mathbf{H})\,dv = \int_{體積} \mathbf{J} \cdot \mathbf{E}\,dv + \int_{體積} \frac{\partial}{\partial t}\left(\frac{1}{2}\mathbf{D} \cdot \mathbf{E}\right)dv + \int_{體積} \frac{\partial}{\partial t}\left(\frac{1}{2}\mathbf{B} \cdot \mathbf{H}\right)dv$$

然後,將散度定理應用至上式左側,因此便可將體積分轉換成在會包圍該體積之表面上的面積分。在右側式子中,將空間積分與時間微分的運算順序互換。最後,得出

$$-\oint_{面積} (\mathbf{E} \times \mathbf{H}) \cdot d\mathbf{S} = \int_{體積} \mathbf{J} \cdot \mathbf{E}\,dv + \frac{d}{dt}\int_{體積} \frac{1}{2}\mathbf{D} \cdot \mathbf{E}\,dv + \frac{d}{dt}\int_{體積} \frac{1}{2}\mathbf{B} \cdot \mathbf{H}\,dv \tag{70}$$

(70) 式即為熟知的坡印亭定理。在右側式子中,第一項積分就是在該體積之內所消耗的全部 (但為瞬時) 歐姆式功率。第二項積分為電場中所儲存的總能量,而第三積分則是儲存在磁場中的總能量。[3] 由於第二及第三項積分均被取時間微分,結果這兩項便代表該體積內所儲存能量增加的時間變化率,或者是用來增加儲存能量的瞬時功率。所以,右邊式子中的和必然是**流入**這體積的總功率,因此流出這體積的總功率是

---

[3] 這是從第 8 章以來我們一直在等的磁場能的表示式。

$$\oint_{\text{面積}} (\mathbf{E} \times \mathbf{H}) \cdot d\mathbf{S} \quad \text{W} \tag{71}$$

這裡積分是在圍繞那體積的閉合表面上。$\mathbf{E} \times \mathbf{H}$ 這叉積被稱為**坡印亭向量** (Poynting vector)，**S**，

$$\mathbf{S} = \mathbf{E} \times \mathbf{H} \quad \text{W/m}^2 \tag{72}$$

它被解釋為瞬時功率密度，是以瓦特/公尺^2 (W/m^2) 為衡量單位。向量 **S** 的方向表示瞬間功率在那點流動的方向，我們之中許多人將坡印亭向量想成"指向"(pointing) 向量。這項英文上的諧音雖屬巧合卻是正確的。[4]

由於 **S** 是以 **E** 和 **H** 的叉乘積表示的，所以在那一點的功率流動的方向是垂直於 **E** 和 **H** 二者的。這當然是和我們對均勻平面波的經驗相符的，因為在 $+z$ 方向的傳播總是與 E_x 和 H_y 分量相關聯，即

$$E_x \mathbf{a}_x \times H_y \mathbf{a}_y = S_z \mathbf{a}_z$$

在完全的電介質中，這些 **E** 和 **H** 場是

$$E_x = E_{x0} \cos(\omega t - \beta z)$$
$$H_y = \frac{E_{x0}}{\eta} \cos(\omega t - \beta z)$$

其中 η 為實數。因此，功率密度振幅為

$$S_z = \frac{E_{x0}^2}{\eta} \cos^2(\omega t - \beta z) \tag{73}$$

在有損耗的電介質中，E_x 和 H_y 在時間上是不相同的。我們已有

$$E_x = E_{x0} e^{-\alpha z} \cos(\omega t - \beta z)$$

如果我們令

$$\eta = |\eta| \angle \theta_\eta$$

則可以將磁場強度寫成

---

[4] 注意：向量符號 **S** 被用來代表坡印亭向量，切勿與微分面積向量 $d\mathbf{S}$ 產生混淆。如同吾人所知的，後者為微分面積與垂直於表面指向外的單位向量之乘積。

$$H_y = \frac{E_{x0}}{|\eta|} e^{-\alpha z} \cos(\omega t - \beta z - \theta_\eta)$$

因此，

$$S_z = E_x H_y = \frac{E_{x0}^2}{|\eta|} e^{-2\alpha z} \cos(\omega t - \beta z) \cos(\omega t - \beta z - \theta_\eta) \tag{74}$$

由於我們是在處理弦波信號，故知時間-平均功率密度，$\langle S_z \rangle$，最後將可以量測到的數量。為求出此值，將 (74) 式積分整個週期並除以週期 $T = 1/f$。另外，再將恆等式 $\cos A \cos B = 1/2 \cos(A+B) + 1/2 \cos(A-B)$ 應用到積分，故可得出：

$$\langle S_z \rangle = \frac{1}{T} \int_0^T \frac{1}{2} \frac{E_{x0}^2}{|\eta|} e^{-2\alpha z} [\cos(2\omega t - 2\beta z - 2\theta_\eta) + \cos \theta_\eta] \, dt \tag{75}$$

(75) 式被積分函數的二次諧波分量的積分值為零，只剩下 dc 分量對積分有貢獻。結果變成

$$\boxed{\langle S_z \rangle = \frac{1}{2} \frac{E_{x0}^2}{|\eta|} e^{-2\alpha z} \cos \theta_\eta} \tag{76}$$

注意這裡，功率密度是隨 $e^{-2\alpha z}$ 衰減的，而 E_x 和 H_y 則是隨 $e^{-\alpha z}$ 衰減。

最後，我們發現前述的表示式可藉由電場及磁場的相量形式很容易地求出：

$$\boxed{\langle \mathbf{S} \rangle = \frac{1}{2} \mathrm{Re}(\mathbf{E}_s \times \mathbf{H}_s^*) \quad \mathrm{W/m}^2} \tag{77}$$

此處，以本例而言，

$$\mathbf{E}_s = E_{x0} e^{-j\beta z} \mathbf{a}_x$$

及

$$\mathbf{H}_s^* = \frac{E_{x0}}{\eta^*} e^{+j\beta z} \mathbf{a}_y = \frac{E_{x0}}{|\eta|} e^{j\theta} e^{+j\beta z} \mathbf{a}_y$$

其中 E_{x0} 已經假定為實數。(77) 式適用於任意的弦波式電磁波，可同時提供時間-平均功率密度的大小及方向。

D11.6. 一塊由純水所製成的冰在頻率為 1、100 及 3000 MHz 時，介電常數分別為 4.15、3.45、3.20，而損失正切則分別為 0.12、0.035、0.0009。若一平面波在 $z=0$ 處振幅為 100 V/m。試求當平面波通過冰中 $z=0$ 及 $z=10$ m 處的時間平均功率密度 (對上述各個頻率)。

答案： 27.1 和 25.7 W/m^2；24.7 和 6.31 W/m^2；23.7 和 8.63 W/m^2

11.4 良導體內的傳播：集膚效應

作為研習有損傳播的例子，我們將探討一個均勻的平面波在一個良導體中形成時這導體的性能。此種材料滿足一般的高損耗法則，亦即其損耗正切為 $\epsilon''/\epsilon' \gg 1$。將此條件應用至良導體便可導出更明確的法則，$\sigma/(\omega\epsilon') \gg 1$，與前述相同，我們想要知道當電波傳輸進入一良導體時所產生的損耗，同時我們將會求出相位常數、衰減係數、與本質阻抗的新的近似式。不過，對我們而言，較為新奇的是來修正基本問題以便適用於良導體，這個問題涉及到電磁場在一外部電介質與導體表面連接處的電波行為；此時，電波會沿著導體表面傳播。總電磁場存在於導體內部的部份會因其所產生的傳導電流而承受有耗散損失。因此，隨著沿導體表面行進的距離之增加，整體電磁場會持續衰減。這就是我們在第 10 章中所研習過之電阻性傳輸線損耗的作用機制，在該傳輸線中含有線路電阻參數 R。

如所示的，一個良導體具有很高的傳導係數及很大的傳導電流。所以，在這材料中行進的電波所代表的能量在電波傳播時會降低，因為歐姆損耗是一直存在的。在我們討論損失正切時，我們看到在一種材料裡的傳導電流密度對位移電流密度之比為 $\sigma/(\omega\epsilon')$。選取一種不良金屬導體和一個很高的頻率來作為一個保守的例子，在 100 MHz 下鑽鉻 ($\sigma \doteq 10^6$) 的這一比值[5] 約為 2×10^8。於是，我們得到 $\sigma/\omega\epsilon' \gg 1$ 的一種情形，我們將做幾項非常好的近似來為良導體求出 α、β 和 η。

由 (59) 式，可知傳播常數的一般性表示式是

$$jk = j\omega\sqrt{\mu\epsilon'}\sqrt{1 - j\frac{\sigma}{\omega\epsilon'}}$$

我們馬上可以將它簡化為

$$jk = j\omega\sqrt{\mu\epsilon'}\sqrt{-j\frac{\sigma}{\omega\epsilon'}}$$

---
[5] 習慣上將金屬導體的 ϵ' 視同 ϵ_0。

或者

$$jk = j\sqrt{-j\omega\mu\sigma}$$

但是

$$-j = 1\angle -90°$$

同時

$$\sqrt{1\angle -90°} = 1\angle -45° = \frac{1}{\sqrt{2}}(1-j)$$

所以

$$jk = j(1-j)\sqrt{\frac{\omega\mu\sigma}{2}} = (1+j)\sqrt{\pi f\mu\sigma} = \alpha + j\beta \tag{78}$$

因此

$$\boxed{\alpha = \beta = \sqrt{\pi f\mu\sigma}} \tag{79}$$

不論導體的參數 μ 和 σ 以及加上去的場的頻率是什麼，α 和 β 都是相等的。如果我們再假定只有一個 E_x 分量在朝 $+z$ 方向進行，則

$$E_x = E_{x0}e^{-z\sqrt{\pi f\mu\sigma}}\cos\left(\omega t - z\sqrt{\pi f\mu\sigma}\right) \tag{80}$$

我們可以將導體中的這個場和導體表面處外在的場連在一起。令 $z > 0$ 這區域為良導體而 $z < 0$ 這區域為一個完全電介質。在 $z = 0$ 的邊界表面處，(80) 式變成

$$E_x = E_{x0}\cos\omega t \qquad (z = 0)$$

我們要把這個當作源場，導體內的場就是它建立的。由於位移電流可略去不計，

$$\mathbf{J} = \sigma\mathbf{E}$$

因此，同時在導體以內任何一點處的傳導電流密度直接與 $\mathbf{E}$ 有關：

$$J_x = \sigma E_x = \sigma E_{x0}e^{-z\sqrt{\pi f\mu\sigma}}\cos\left(\omega t - z\sqrt{\pi f\mu\sigma}\right) \tag{81}$$

(80) 和 (81) 二式含有豐富的資訊。先考慮負的指數項，我們發現穿入導體內 (離開源) 時傳導電流密度和電場強度都在作指數式的降低。在 $z = 0$ 處這指數因數是 1，而當

$$z = \frac{1}{\sqrt{\pi f \mu \sigma}}$$

時則降為 $e^{-1}=0.368$。這個距離以 δ 來表示，稱之為**滲透深度** (depth of penetration) 或**集膚深度** (skin depth)，

$$\delta = \frac{1}{\sqrt{\pi f \mu \sigma}} = \frac{1}{\alpha} = \frac{1}{\beta} \tag{82}$$

在描寫導體在電磁場中的性能時，這是一個重要的參數。為了要對集膚深度的大小得到一些概念起見，讓我們在幾個不同的頻率下來考慮銅，$\sigma=5.8\times 10^7$ S/m。我們得到

$$\delta_{銅} = \frac{0.066}{\sqrt{f}}$$

在 60 Hz 的電力頻率下，$\delta_{銅}=8.53$ mm。記住，功率密度帶有一個指數項 $e^{-2\alpha z}$，故當我們朝銅裡每進入 8.53 mm 距離時，功率密度就降低 $0.368^2=0.135$ 倍。

在 10,000 MHz 的微波頻率下，δ 是 6.61×10^{-4} mm。更廣義地說，良導體(如銅)的表皮下面幾個集膚深度以下的電場強度就會完全地變成為零。於是，我們知道在一個良導體表面建立的任何電流密度或電場強度在朝導體內前進時都衰減得很快。電磁能並不被傳送到導體內部去；它只在圍繞導體的區域內行進，而導體只不過是導引這波而已。在第 13 章中，我們將更詳細地討論導波的傳播。

假定我們有一條銅製的匯流排在一個電力公司的變電站上，我們希望它承載很大的電流，所以將尺寸選為 2×4 in。於是許多銅就被浪費了，因為在一個集膚深度處，約 8.5 mm 處，場已大大地減低了。[6] 一根管壁厚約 12 mm 的中空導體將是個較佳的設計。雖然，我們是在將無限大平面導體的結果應用到一個有限的尺寸上，在有限大小的導體中這些場也是以類似的方式在衰減。

微波下極短的集膚深度指出，只有導波導體的表面電鍍層才是重要的。一塊玻璃面上有 3 μm 厚的蒸發銀層在這種頻率下也是一個極好的導體。

其次，讓我們決定良導體內速度與波長的公式。由 (82) 式，我們已知

$$\alpha = \beta = \frac{1}{\delta} = \sqrt{\pi f \mu \sigma}$$

則因為

---

[6] 電力公司的運轉頻率為 60 Hz。

$$\beta = \frac{2\pi}{\lambda}$$

我們得到波長為

$$\lambda = 2\pi\delta \tag{83}$$

同時，又知

$$v_p = \frac{\omega}{\beta}$$

故我們可得

$$\boxed{v_p = \omega\delta} \tag{84}$$

對銅而言，在 60 Hz 下，λ=5.36 cm，v_p=3.22 m/s，或者差不多是 7.2 mi/h，大多數人都可以跑得較這速度快些呢！當然，在自由空間內 60 Hz 電波的波長是 3100 mi，同時會以光速在行進。

例題 11.6

讓我們再次來考慮電波在水中的傳播，但此次所要討論的是海水。海水與淡水間主要差異當然是在於其鹽分的含量。氯化鈉在水中溶解後會形成 Na$^+$ 及 Cl$^-$ 離子，這些離子均帶電，故當受電場力作用時均會移動。因此，海水具有導電性，當然也會因此機制而使電磁波衰減。在 10^7 Hz 左右及較低的頻率下，先前所討論的水中束縛電荷效應可忽略不計，故海水的損耗主要源自於與鹽分相關聯的導電率。試考慮一個頻率為 1 MHz 的入射波，我們想要求出集膚深度、波長及相速。在海水中，已知 σ=4 S/m，及 ϵ'_r=81。

解：首先，利用已知數據計算出損耗正切，

$$\frac{\sigma}{\omega\epsilon'} = \frac{4}{(2\pi \times 10^6)(81)(8.85 \times 10^{-12})} = 8.9 \times 10^2 \gg 1$$

因此，可知海水在 1 MHz (及低於此頻率) 時為一良導體。集膚深度為

$$\delta = \frac{1}{\sqrt{\pi f \mu \sigma}} = \frac{1}{\sqrt{(\pi \times 10^6)(4\pi \times 10^{-7})(4)}} = 0.25 \text{ m} = 25 \text{ cm}$$

現在，便可知

$$\lambda = 2\pi\delta = 1.6 \text{ m}$$

及

$$v_p = \omega\delta = (2\pi \times 10^6)(0.25) = 1.6 \times 10^6 \text{ m/sec}$$

在自由空間中，這些值應為 $\lambda = 300$ m，當然 $v=c$。

以 25 cm 的集膚深度來看，很顯然在海水中的射頻通信是不可行的。不過，由於 δ 會隨 $1/\sqrt{f}$ 而變，所以在較低頻時則可大幅改善通信品質。例如，如果使用極低頻 (ELF) 範圍內的 10 Hz 頻率，則其集膚深度會比 1 MHz 頻率增加 $\sqrt{10^6/10}$ 倍，所以

$$\delta(10 \text{ Hz}) \doteq 80 \text{ m}$$

相對應的波長則為 $\lambda = 2\pi\delta \doteq 500$ m。事實上，潛水艇通信多年來常採用 ELF 頻帶的頻率信號。信號是由巨形地面天線發射 (因為 10 Hz 電波在自由空間中的波長為 3×10^7 m 之故)。然後，信號由潛水艇所接收，由此可知，一條長度小於 500 m 的懸吊式導體天線即足以接收到這種電波信號。其缺點是：ELF 的信號資料率是如此的低，所以一句話可能需花上數分鐘才能傳送完成。一般而言，ELF 信號是用來通知潛水艇執行緊急程序，或靠近海面，以便能經由人造衛星來接收更詳盡的訊息。

為了要求出與 E_x 有關的磁場 H_y，我們需要用到良導體的本質阻抗的公式。我們從 11.2 節的 (48) 式開始，令 $\epsilon'' = \sigma/\omega$，

$$\boxed{\eta = \sqrt{\frac{j\omega\mu}{\sigma + j\omega\epsilon'}}}$$

因為 $\sigma \gg \omega\epsilon'$，我們得到

$$\eta = \sqrt{\frac{j\omega\mu}{\sigma}}$$

這也可以被寫成

$$\boxed{\eta = \frac{\sqrt{2}\angle 45°}{\sigma\delta} = \frac{(1+j)}{\sigma\delta}} \tag{85}$$

因此，如果我們用集膚深度來重寫 (80) 式，

$$E_x = E_{x0} e^{-z/\delta} \cos\left(\omega t - \frac{z}{\delta}\right) \tag{86}$$

於是

$$H_y = \frac{\sigma \delta E_{x0}}{\sqrt{2}} e^{-z/\delta} \cos\left(\omega t - \frac{z}{\delta} - \frac{\pi}{4}\right) \tag{87}$$

我們可以看出來在每一點上磁場強度最大的幅值比電場強度的最大幅值延遲了八分之一週。

根據 (86) 式和 (87) 式，我們可以應用 (77) 式求出時間平均的坡印亭向量，

$$\langle S_z \rangle = \frac{1}{2} \frac{\sigma \delta E_{x0}^2}{\sqrt{2}} e^{-2z/\delta} \cos\left(\frac{\pi}{4}\right)$$

或者

$$\boxed{\langle S_z \rangle = \frac{1}{4} \sigma \delta E_{x0}^2 e^{-2z/\delta}}$$

我們又注意到，在一個集膚深度的距離下，功率密度就減少只剩下 $e^{-2} = 0.135$ 倍。

在寬 $0 < y < b$，長 $0 < x < L$ 的範圍內 (在電流的方向上)，如圖 11.3 所示，總功率的損失是藉著求出在這面積內通過導體表面的功率而得出來的，

$$P_L = \int_{\text{面積}} \langle S_z \rangle da = \int_0^b \int_0^L \frac{1}{4} \sigma \delta E_{x0}^2 e^{-2z/\delta} \Big|_{z=0} dx\, dy = \frac{1}{4} \sigma \delta b L E_{x0}^2$$

或者用表面處的電流密度 J_{x0} 來表示，

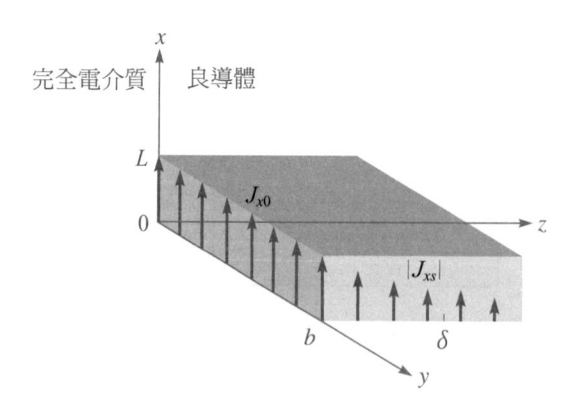

圖 11.3 當波傳播進入導體時，電流密度大小會依 $J_x = J_{x0} e^{-z/\delta} e^{-jz/\delta}$ 方式來減小。在 $0 < x < L$，$0 < y < b$，$z > 0$ 區域內的平均功率損失為 $\delta b L J_{x0}^2 / 4\sigma$ 瓦特。

$$J_{x0} = \sigma E_{x0}$$

我們得到

$$\boxed{P_L = \frac{1}{4\sigma}\delta b L J_{x0}^2} \tag{88}$$

現在，讓我們來看看如果在寬 b 以內的總電流是均勻地分佈在一個集膚深度內的，功率損失將如何。要求出總電流時，我們將電流密度在導體的無限深度上積分，

$$I = \int_0^\infty \int_0^b J_x \, dy \, dz$$

其中

$$J_x = J_{x0} e^{-z/\delta} \cos\left(\omega t - \frac{z}{\delta}\right)$$

或者寫成複指數記號以便簡化積分，

$$\begin{aligned} J_{xs} &= J_{x0} e^{-z/\delta} e^{-jz/\delta} \\ &= J_{x0} e^{-(1+j)z/\delta} \end{aligned}$$

所以

$$\begin{aligned} I_s &= \int_0^\infty \int_0^b J_{x0} e^{-(1+j)z/\delta} dy \, dz \\ &= J_{x0} b e^{-(1+j)z/\delta} \left.\frac{-\delta}{1+j}\right|_0^\infty \\ &= \frac{J_{x0} b \delta}{1+j} \end{aligned}$$

故知

$$I = \frac{J_{x0} b \delta}{\sqrt{2}} \cos\left(\omega t - \frac{\pi}{4}\right)$$

如果電流以均勻密度 J' 均勻地分佈在橫截面 $0 < y < b$，$0 < z < \delta$ 以內時，則

$$J' = \frac{J_{x0}}{\sqrt{2}} \cos\left(\omega t - \frac{\pi}{4}\right)$$

每單位體積內的歐姆功率損失是 $\mathbf{J} \cdot \mathbf{E}$，因此在考慮的體積內散逸的總瞬間功率是

$$P_{Li}(t) = \frac{1}{\sigma}(J')^2 bL\delta = \frac{J_{x0}^2}{2\sigma}bL\delta \cos^2\left(\omega t - \frac{\pi}{4}\right)$$

功率損失的時間平均值是很容易求出來的，由於餘弦平方這因式的平均值是 1/2，故知

$$\boxed{P_L = \frac{1}{4\sigma}J_{x0}^2 bL\delta} \tag{89}$$

比較 (88) 式和 (89) 式，我們發現它們是完全一樣的。所以，在有集膚效應的導體內，平均功率損失就跟將總電流均勻地分佈在一個集膚深度內的時候所產生的平均功率損失是一樣的。以電阻來說的話，我們可以講一塊寬 b、長 L 的無限厚而具有集膚效應的導體的電阻，是與寬 b、長 L、厚 δ 而不具有集膚效應，或者帶有均勻電流分佈的矩形的電阻是完全一樣的。

我們可以將這結果應用到具有圓形截面的導體上，只要半徑 a 比集膚深度大得多誤差就將很小。所以，當集膚效應很顯然時，高頻率下的電阻可以藉著考慮寬度等於圓周 $2\pi a$ 而厚度為 δ 的一塊導體的電阻而求得，因此

$$\boxed{R = \frac{L}{\sigma S} = \frac{L}{2\pi a \sigma \delta}} \tag{90}$$

一條半徑為 1 mm、長為 1 km 的圓銅線在直流下的電阻是

$$R_{dc} = \frac{10^3}{\pi 10^{-6}(5.8 \times 10^7)} = 5.48 \ \Omega$$

在 1 MHz 下，集膚深度是 0.066 mm。所以 $\delta \ll a$，1 MHz 下的電阻就可以由 (90) 式求得，

$$R = \frac{10^3}{2\pi 10^{-3}(5.8 \times 10^7)(0.066 \times 10^{-3})} = 41.5 \ \Omega$$

D11.7. 某一鋼管是由 $\mu_r = 180$ 及 $\sigma = 4 \times 10^6$ S/m 的材料製成。其內外半徑為 5 及 7 mm，長度為 75 m。若鋼管承載的總電流 $I(t)$ 為 $8 \cos \omega t$ A，其中 $\omega = 1200\pi$ rad/s，試求：(a) 集膚深度；(b) 有效電阻；(c) dc 電阻；(d) 時間平均功率損失。

答案：0.766 mm；0.557 Ω；0.249 Ω；17.82 W

11.5 電磁波的極化

在前面各節中，我們探討了電場與磁場向量假定是落在固定方向的均勻平面波。更明確地說，若令電波是沿 z 軸傳播，而且 **E** 座落在 x 方向時，則 **H** 便需落在 y 方向。對均勻平面波而言，**E**、**H**，及 **S** 之間的正交關係隨時都成立。不過，以身為時間及位置的函數而言，落在與 $\mathbf{a}_z$ 垂直之平面內的 **E** 及 **H** 之方向也可能會變動，主要是依電波是如何產生，或者是依其傳播介質為何種形式而定。因此，一電磁波的完整描述不僅應包含諸如其波長、相速，及功率等參數，同時也須指明其場向量的瞬時指向。所謂**波的極化** (wave polarization) 便是定義成在空間的固定位置上，其表成時間函數的電場向量指向。電磁波的極化更複雜特性是在於需對**所有點**指明電磁場的指向，因為有些電磁波在其極化時仍會顯示出空間的變化。只要指明電場的方向即已足夠，因為利用馬克士威爾方程式便可很快地由 **E** 求出磁場。

前面我們所探討過的電磁波，其 **E** 場對所有時間與位置而言，都是位於固定的指向。此種電磁波稱之為**線性極化** (linearly polarized)。雖然我們是把 **E** 的指向定在 x 軸，但電場也可以是落在 xy 平面內的任何指向，而且仍然維持為線性極化。對正 z 方向的傳播而言，電磁波的電場相量通式可表成

$$\boxed{\mathbf{E}_s = (E_{x0}\mathbf{a}_x + E_{y0}\mathbf{a}_y)e^{-\alpha z}e^{-j\beta z}} \tag{91}$$

其中，E_{x0} 及 E_{y0} 為沿 x 及 y 方向的固定振幅。直接由 $\mathbf{E}_s$ 便可求出相對應磁場的 x 及 y 分量。明確地說，(91) 式之電磁波的 $\mathbf{H}_s$ 為

$$\mathbf{H}_s = [H_{x0}\mathbf{a}_x + H_{y0}\mathbf{a}_y]e^{-\alpha z}e^{-j\beta z} = \left[-\frac{E_{y0}}{\eta}\mathbf{a}_x + \frac{E_{x0}}{\eta}\mathbf{a}_y\right]e^{-\alpha z}e^{-j\beta z} \tag{92}$$

這兩個場便如圖 11.4 所示。此圖即可說明在 (92) 式中含有 E_{y0} 的項為何會有負號出現。以本例而言，由 $\mathbf{E} \times \mathbf{H}$ 所指定的功率流向為正 z 方向。**E** 在正 y 方向的分量需有負 x 方向的 **H** 分量與之對應——因此會有負號出現。利用 (91) 式及 (92) 式，此電磁波的功率密度可由 (77) 式求出為：

$$\begin{aligned}
\langle \mathbf{S}_z \rangle &= \frac{1}{2}\text{Re}\{\mathbf{E}_s \times \mathbf{H}_s^*\} = \frac{1}{2}\text{Re}\{E_{x0}H_{y0}^*(\mathbf{a}_x \times \mathbf{a}_y) + E_{y0}H_{x0}^*(\mathbf{a}_y \times \mathbf{a}_x)\}e^{-2\alpha z} \\
&= \frac{1}{2}\text{Re}\left\{\frac{E_{x0}E_{x0}^*}{\eta^*} + \frac{E_{y0}E_{y0}^*}{\eta^*}\right\}e^{-2\alpha z}\mathbf{a}_z \\
&= \frac{1}{2}\text{Re}\left\{\frac{1}{\eta^*}\right\}(|E_{x0}|^2 + |E_{y0}|^2)e^{-2\alpha z}\mathbf{a}_z \text{ W/m}^2
\end{aligned}$$

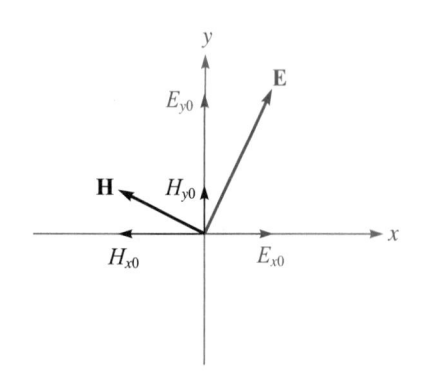

圖 11.4 正 z 方向 (即指出紙面) 傳播的一般線性極化平面波之電場與磁場型態。圖中所示之場分量分別對應於 (91) 式及 (92) 式。

此結果可印證下述的觀念，即：線性極化平面波可視為兩個具有 x 及 y 方向極化的平面波之和，而其各電場則是以同相 (in phase) 相加來產生總 **E** 場。此觀念對磁場分量亦適用。這對瞭解波的極化是一個重要的觀點，即任何極化狀態均可以電場各相互垂直的分量及其相對相位關係來加以描述。

接下來，我們要探討相位差 ϕ (即 E_{x0} 與 E_{y0} 間的相位差，其中 $\phi < \pi/2$) 的效應。為了簡單起見，我們只考慮無損介質中的傳播。以相量形式表示的總電場為

$$\mathbf{E}_s = (E_{x0}\mathbf{a}_x + E_{y0}e^{j\phi}\mathbf{a}_y)e^{-j\beta z} \tag{93}$$

同樣地，為了有助於瞭解，可將上式乘上 $e^{j\omega t}$ 並取實部而轉換成實際瞬時型式，即：

$$\mathbf{E}(z,t) = E_{x0}\cos(\omega t - \beta z)\mathbf{a}_x + E_{y0}\cos(\omega t - \beta z + \phi)\mathbf{a}_y \tag{94}$$

在此，我們已經假設 E_{x0} 及 E_{y0} 均為實數。假設定 $t=0$，則 (94) 式會變成 [利用 $\cos(-x) = \cos(x)$]：

$$\mathbf{E}(z,0) = E_{x0}\cos(\beta z)\mathbf{a}_x + E_{y0}\cos(\beta z - \phi)\mathbf{a}_y \tag{95}$$

$\mathbf{E}(z, 0)$ 各分量大小表成 z 的函數的圖形如圖 11.5 所示。由於時間固定為零，所以波對位置而言是固定不變。觀測者可沿 z 軸移動，量測各分量大小，進而得出在每一點處總電場的指向。讓我們來考慮 E_x 的波峰，即圖 11.5 中所示的 a 點。若 ϕ 為零時，則 E_y 在相同位置也會有波峰出現。由於 ϕ 並非為零 (而且為正值)，故 E_y 的波峰將不會出現在 a 點，而是沿 z 軸更往後的 b 點處。這兩點相距 ϕ/β 的距離。因此，就空間尺寸來看，E_y 落後 (lag) 於 E_x。

現在，假設觀測者停留在 z 軸上的某一點處，並容許時間往前計時。兩場量現在便會如 (94) 式所示的往正 z 方向移動。但 b 點會先抵達觀測者，接著才是 a 點。所以，當

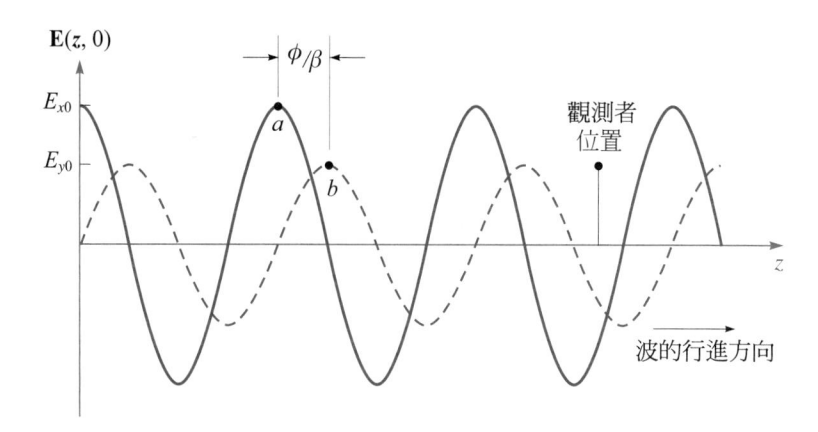

圖 11.5 (95) 式各電場分量大小表成 z 之函數的圖形。由圖示可看出，在 z 軸方向上，y 分量落後於 x 分量。當時間增加時，如同 (94) 式所表示的，這兩個波均會往右行進。因此，對位於固定位置之觀測者而言，y 分量在時間上是超前的。

只考慮時間因次時，E_y 超前 (lead) E_x。在這兩種情況中 (t 固定且 z 變動，或者反過來)，觀測者可觀察到淨電場會對著 z 軸旋轉，而且其大小也會改變。試考慮一起始點 z 及 t，此時場的指向及大小均為已知，則在 z 軸 (當 t 固定時) 一個波長之後的距離處或者稍後的時間 $t = 2\pi/\omega$ (z 為固定時)，電波又會再次回到相同的指向及大小。

為了方便舉例說明，若取電場向量的長度代表其大小的衡量值，則可發現在一固定點處，向量的指尖在 $t = 2\pi/\omega$ 時間內將會描繪出一個橢圓的軌跡。因此，這種波稱之為**橢圓極化** (elliptically polarized)。事實上，橢圓極化是電磁波最常見的一種極化狀態，因為它可包含 E_x 與 E_y 間的任何大小及相位差的關係。線性極化只是橢圓極化的一個特例而已，此時它的相位差為零。

當 $E_{x0} = E_{y0} = E_0$ 及 $\phi = +\pi/2$ 時，又可產生橢圓極化的另一種特例。這種電波稱為**圓形極化** (circular polarization)。為了更加明白，把上述的限制條件代入 (94) 式，得出

$$\mathbf{E}(z, t) = E_0[\cos(\omega t - \beta z)\mathbf{a}_x + \cos(\omega t - \beta z \pm \pi/2)\mathbf{a}_y]$$
$$= E_0[\cos(\omega t - \beta z)\mathbf{a}_x \mp \sin(\omega t - \beta z)\mathbf{a}_y] \tag{96}$$

若沿 z 軸考慮一個固定位置 (如 $z = 0$) 並容許時間做改變，則在 $\phi = +\pi/2$ 時，(96) 式會變成

$$\boxed{\mathbf{E}(0, t) = E_0[\cos(\omega t)\mathbf{a}_x - \sin(\omega t)\mathbf{a}_y]} \tag{97}$$

若在 (96) 式中取 $\phi = -\pi/2$，則可得

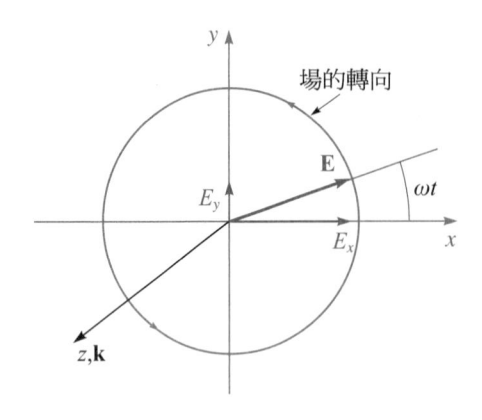

圖 11.6 由 (98) 式所描述之正圓形極化平面波在 xy 平面內的電場。當平面波朝 z 方向傳播時，其場向量在 xy 平面內做逆時針方向旋轉。

$$\mathbf{E}(0, t) = E_0[\cos(\omega t)\mathbf{a}_x + \sin(\omega t)\mathbf{a}_y] \tag{98}$$

(98) 式的場向量會在 xy 平面內做逆時針方向的旋轉，而且保持固定的振幅 E_0，所以向量的指尖描繪出一個圓。圖 11.6 顯示出這種情況。

若取 $\phi = +\pi/2$，則可使 (97) 式的電場向量做順時針方向旋轉。圓形極化的**轉向** (handedness) 與其旋轉及傳播方向有關，其方式如下所示。若讓左手拇指指向傳播方向，而其餘四根手指代表場隨時間而變的旋轉方向時，即稱此電波具有**左旋圓形極化** (left circular polarization, l.c.p)。若讓右手拇指指向傳播方向，其餘四指代表場的旋轉方向時，則此電波具有**右旋圓形極化** (right circular polarization, r.c.p)。[7] 因此，若電波朝 z 方向傳播時，(97) 式便代表左旋圓形極化波，而 (98) 則代表右旋圓形極化波。相同的分類亦可應用至橢圓極化，此時則是稱為**左旋橢圓極化** (left elliptical polarization) 與**右旋橢圓極化** (right elliptical polarization)。

利用 (96) 式，可知就 z 軸上任意位置而言，場量與 x 軸間的瞬時角度可由下式求出

$$\theta(z, t) = \tan^{-1}\left(\frac{E_y}{E_x}\right) = \tan^{-1}\left(\frac{\mp\sin(\omega t - \beta z)}{\cos(\omega t - \beta z)}\right) = \mp(\omega t - \beta z) \tag{99}$$

在此，負號 (即正 z 方向行進時，產生 l.c.p.) 同樣適用於在 (96) 式中取 $\phi = -\pi/2$ 的情況，若 $\phi = +\pi/2$ 時，則使用正號 (即正 z 方向行進時，產生 r.c.p)。若取 $z=0$，則角度可

---

[7] 此種習慣某些研究者 (大都光學領域) 會將之顛倒過來，他們較強調空間場組態的重要性。我們定義的 r.c.p. 是藉傳播一個形狀為左旋方式的空間場組成。基於此一理由，有時候它也會被稱為左向圓形極化 (見圖 11.7)。如同我們所定義之左向圓形極化的方式，以右旋形狀來傳播一個空間場時，對一個空間迷而言，便會將之稱為右向圓形極化。因此很明顯地，在解釋尚不很熟悉的內文中所敘述的極化左、右向性代表的意義時，就必須特別小心才行。

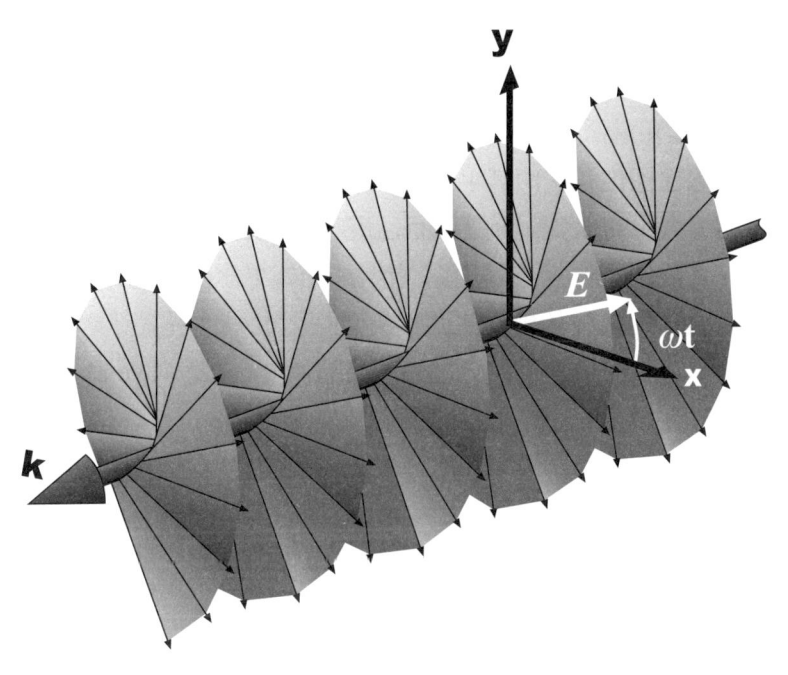

圖 11.7 右向圓形極化波的表示圖。當全部電波在 k 方向上運動通過 xy 平面時，電場向量 (白色箭頭部份) 會朝 y 軸旋轉，這種逆時針旋轉 (當朝電波源看入時) 會滿足內文中所描述之時間式右手旋轉慣例。不過，這個電波是以左旋方式出現，故基於此一理由，它在其它慣例中又稱之為左旋圓形極化。

簡化成 ωt，此角度在 $t=2\pi/\omega$ 時間點處會達到 2π (即一次完整的旋轉)。若取 $t=0$ 而讓 z 可以變動，則可形成螺旋狀的場型。有一種方式可以想像此種場型，即將之想像成螺旋狀梯子形態，其場線 (即梯階) 均垂直於 z 軸 (或樓梯)。此種螺旋場型與 z 固定時，電波傳播所形成的時間行為間的關係便可用圖 11.7 以藝術家的觀點來表示。

只要把螺旋場型圖的螺齒逆轉，就可以改變極化的轉向。這種螺旋梯模型僅是一種想像的輔助工具而已。必須記住的是：此電波仍然是一種均勻平面波，其在 z 軸任何位置上的場量均可在橫向平面內無限延伸。

圓形極化波有許多種用途。或許最大的優點是具有圓形極化的電波，其接收不受天線 (位在垂直於傳播方向的平面內) 的指向的影響。例如，偶極天線就需要定向在它們所欲接收信號的電場方向上才行。如果圓形極化信號被傳送時，則接收器指定的規格則可相當地放寬。在光學中，圓形極化光波可通過任意指向的極化器，因此可以在任意方向上產生線性極化光波 (雖然這種方式會損耗其原始功率的一半)。其它用途則是可將線性極化光波看作是各種圓形極化光波的重疊，接下來將會探討此一用途。

利用一種非等向性 (anisotropic) 介質——即其介電係數是電場方向函數的材料，即可產生圓形極化光。許多種水晶都具有此種性質。結晶體的指向性可求出使得沿某一方向 (譬如說，x 軸) 時，其介電係數為最低，而沿正交方向 (y 軸) 時，則有最高的介電係數。其做法是輸入一個線性極化波，使其場向量距水晶體的 x 及 y 軸各為 45 度。如此，在水晶體內將可具有相等大小的 x 及 y 分量，而且這些場量則會以不同速率在 z 方向上傳播。隨著場量的傳播，其間的相位差 (或滯後) 會增加，如果水晶體夠長的話，此種相位差可達 $\pi/2$。因此，輸出端的電波就會變成圓形極化了。此種水晶體，若切割成正確的長度並且以此方式來使用時，即稱之為**四分之一波長晶片** (quarter-wave plate)，因為它會在 E_x 與 E_y 間引入一個 $\pi/2$ 的相對相移，此值正好是 $\lambda/4$。

將圓形極化波表成相量形式最為好用。為此，我們發現 (96) 式可表成

$$\mathbf{E}(z, t) = \mathrm{Re}\{E_0 e^{j\omega t} e^{-j\beta z}[\mathbf{a}_x + e^{\pm j\pi/2}\mathbf{a}_y]\}$$

利用 $e^{\pm j\pi/2} = \pm j$，便可將相量形式寫成：

$$\mathbf{E}_s = E_0(\mathbf{a}_x \pm j\mathbf{a}_y)e^{-j\beta z} \tag{100}$$

此處，正號用來代表左旋圓形極化，而負號則代表右旋圓形極化。如果波是朝負 z 方向傳播時，可得

$$\mathbf{E}_s = E_0(\mathbf{a}_x \pm j\mathbf{a}_y)e^{+j\beta z} \tag{101}$$

此時，正號則是代表右旋圓形極化，而負號反而是代表左旋圓形極化。讀者們可嘗試去證明此項敘述。

例題 11.7

讓我們來考慮具有相同振幅、頻率，及傳播方向之左旋與右旋圓形極化場重疊合成後的情況，不過此處兩場間存有 δ 徑度的相位移。

解： 令此二電磁波均朝 $+z$ 方向傳播，利用 (100) 式，引入一個相對的相位移 δ，則可求出總相量場為：

$$\mathbf{E}_{sT} = \mathbf{E}_{sR} + \mathbf{E}_{sL} = E_0[\mathbf{a}_x - j\mathbf{a}_y]e^{-j\beta z} + E_0[\mathbf{a}_x + j\mathbf{a}_y]e^{-j\beta z}e^{j\delta}$$

合併各分量後，變成

$$\mathbf{E}_{sT} = E_0[(1 + e^{j\delta})\mathbf{a}_x - j(1 - e^{j\delta})\mathbf{a}_y]e^{-j\beta z}$$

因式分解出總相位項 $e^{j\delta/2}$，可得

$$\mathbf{E}_{sT} = E_0 e^{j\delta/2}\left[(e^{-j\delta/2}+e^{j\delta/2})\mathbf{a}_x - j(e^{-j\delta/2}-e^{j\delta/2})\mathbf{a}_y\right]e^{-j\beta z}$$

由尤拉恆等式，可知 $e^{j\delta/2}+e^{-j\delta/2}=2\cos\delta/2$ 及 $e^{j\delta/2}-e^{-j\delta/2}=2j\sin\delta/2$。利用這些關係式，上式變成

$$\mathbf{E}_{sT} = 2E_0[\cos(\delta/2)\mathbf{a}_x + \sin(\delta/2)\mathbf{a}_y]e^{-j(\beta z-\delta/2)} \tag{102}$$

我們發現 (102) 式就是**線性極化波**的電場，其場向量可由 x 軸於角度 $\delta/2$ 處求得。

例題 11.7 說明了任何線性極化波均可表成兩個具有相反轉向的圓形極化波之和，而線性極化的方向則可由此二電磁波間的相對相位差來決定。例如，在討論線性極化光波通過含有有機分子之介質的傳播時，此種方法便極為方便 (且必要)。這類介質通常會現出具有左旋及右旋螺齒的螺旋結構，因此會分別與左旋及右旋極化波交互作用。結果，左旋圓形極化波將會以不同於右旋圓形極化波之速率來傳播。所以，當這兩種波傳播時，其間便累積出相位差。結果，在材料輸出端處，線性極化場向量的方向也會跟著與其在輸入端處的方向有所不同。這種旋轉可用當作一種測量工具以輔助材料的研究。

在第 12 章我們討論電波反射時，極化將會成為極為重要的課題。

參考書目

1. Balanis, C. A. *Advanced Engineering Electromagnetics*. New York: John Wiley & Sons, 1989.
2. International Telephone and Telegraph Co., Inc. *Reference Data for Radio Engineers*. 7th ed. Indianapolis, Ind.: Howard W. Sams & Co., 1985. This handbook has some excellent data on the properties of dielectric and insulating materials.
3. Jackson, J. D. *Classical Electrodynamics*. 3d ed. New York: John Wiley & Sons, 1999.
4. Ramo, S., J. R. Whinnery, and T. Van Duzer. *Fields and Waves in Communication Electronics*. 3d ed. New York: John Wiley & Sons, 1994.

第 11 章習題

11.1 就 $k_0=\omega\sqrt{\mu_0\epsilon_0}$ 及任意的 ϕ 及 A，試證 $E_{xs}=Ae^{j(k_0z+\phi)}$ 為 (30) 式向量型赫爾姆霍茲方程式之解。

11.2 有一個 10 GHz 的均勻平面波在無損耗介質傳播，其中 $\epsilon_r=8$ 及 $\mu_r=2$。試求：(a) v_p；(b) β；(c) λ；(d) $\mathbf{E}_s$；(e) $\mathbf{H}_s$；(f) $\langle\mathbf{S}\rangle$。

11.3 已知自由空間內 **H** 場為 $\mathcal{H}(x, t) = 10 \cos(10^8 t - \beta x) \mathbf{a}_y$ A/m。試求：(a) β；(b) λ；(c) $t = 1$ ns 時，在 $P(0.1, 0.2, 0.3)$ 點處的 $\mathcal{E}(x, t)$。

11.4 小型的天線具有較低的效率 (在第 14 章中便會明白)，其效率會隨著天線尺寸增加至臨界點。在此點，天線的臨界尺寸為一波長的可見量，即為 $\lambda/8$。(a) 有一天線具有 12 cm 長度，且位於空氣中操作在 1 MHz。試問其長度佔一個波長的比例為何？(b) 相同的天線嵌入鐵酸鹽材料內，此材料的 $\epsilon_r = 20$ 及 $\mu_r = 2,000$。試問此時天線長度佔一個電波波長的比例為何？

11.5 自由空間中某一 150 MHz 的均勻平面波可描述成 $\mathbf{H}_s = (4 + j10)(2\mathbf{a}_x + j\mathbf{a}_y) e^{-j\beta z}$ A/m。(a) 試求 ω、λ、及 β 之值。(b) 試求在 $t = 1.5$ ns，$z = 20$ cm 點的 $\mathcal{H}(z, t)$。(c) 試問 $|E|_{max}$ 為何？

11.6 有一均勻平面波，其電場為 $\mathbf{E}_s = (E_{y0} \mathbf{a}_y - E_{z0} \mathbf{a}_z) e^{-\alpha x} e^{-j\beta x}$ V/m。已知介質的本質阻抗為 $\eta = |\eta| e^{j\phi}$，其中 ϕ 為一固定相位角。(a) 試描述此電波的極化情形並說明其傳播的方向。(b) 試求 $\mathbf{H}_s$。(c) 試求 $\mathcal{E}(x, t)$ 與 $\mathcal{H}(x, t)$。(d) 試求 $\langle \mathbf{S} \rangle$，以 W/m^2 為單位。(e) 試求可由一個具有矩形橫截面 (寬度為 w 及高度為 h)，以平行於 yz 平面方式懸掛著，且距離電波場源為 d 之天線所截取到的時間平均功率，以瓦特為單位。

11.7 已知在某種無損介質材料傳播的 400 MHz 均勻平面波，其相量型磁場為 $(2\mathbf{a}_y - j5\mathbf{a}_z) e^{-j25x}$ A/m。又知 **E** 的最大振幅為 1500 V/m，試求：β、η、λ、v_p、ϵ_r、μ_r，及 $\mathcal{H}(x, y, z, t)$。

11.8 在自由空間內的電場可用球形座標表示成 $\mathbf{E}_S(r) = E_0(r) e^{-jkr} \mathbf{a}_\theta$ V/m。(a) 假設此電磁波具有均勻平面波行為，試求 $\mathbf{H}_S(r)$。(b) 試求 $\langle \mathbf{S} \rangle$。(c) 以瓦特表示，試求通過中心在原點，半徑為 r 的閉合球殼之平均向外傳送功率的表示式。(d) 試建立所需的 $E_0(r)$ 函數式，以使在 (c) 題中的功率流動與半徑無關。令此條件成立，則已知的場會變成無損介質內的一種**等向性輻射器** (isotropic radiator) 的場型 (即在所有方向均輻射相等的功率密度)。

11.9 某一耗損材料其 $\mu_r = 4$ 及 $\epsilon_r = 9$。已知有一個在 $t = 60$ ns 時，於 $P(0.6, 0.6, 0.6)$ 點處 $E_{x0} = 400$ V/m，$E_{y0} = E_{z0} = 0$ 的 10 MHz 均勻平面波在 $\mathbf{a}_y$ 方向傳播。試求：(a) β、λ、v_p，及 η；(b) $\mathcal{E}(y, t)$；(c) $\mathcal{H}(y, t)$。

11.10 在一個由本質阻抗 $\eta = |\eta| e^{j\phi}$ 做特性描述的介質中，有一個線性極化平面波在傳播，已知其磁場為 $\mathbf{H}_s = (H_{0y} \mathbf{a}_y + H_{0z} \mathbf{a}_z) e^{-\alpha x} e^{-j\beta x}$，試求：(a) $\mathbf{E}_S$；(b) $\mathcal{E}(x, t)$；(c) $\mathcal{H}(x, t)$；(d) $\langle \mathbf{S} \rangle$。

11.11 已知 2 GHz 均勻平面波在 $(0, 0, 0, t = 0)$ 時的振幅為 $E_{y0} = 1.4$ kV/m，且在 $\epsilon'' = 1.6 \times 10^{-11}$ F/m，$\epsilon' = 3.0 \times 10^{-11}$ F/m，及 $\mu = 2.5$ μH/m 的介質中朝 $\mathbf{a}_z$ 方向傳播。試求：(a) 0.2 ns 時於 $P(0, 0, 1.8$ cm$)$ 點處的 E_y；(b) 0.2 ns 時 P 點處的 H_x。

11.12 假設有一種液體介質為良導體，試描述該液體介質的衰減係數如何透過該液體在一已知頻率下的波長量測來決定。試問會有哪些限制？請問此種方向也可以用來求出導電率嗎？

11.13 令朝 $\mathbf{a}_z$ 方向傳播之均勻平面波的 $jk = 0.2 + j1.5$ m^{-1} 且 $\eta = 450 + j60$ Ω。若 $\omega = 300$ Mrad/s 時，試求介質的 μ、ϵ' 及 ϵ''。

11.14 已知某一非磁性材料在 $\omega = 1.5$ Grad/s 時具有材料常數 $\epsilon_r' = 2$ 及 $\epsilon''/\epsilon' = 4 \times 10^{-4}$。在下列情況發生之前，試求一均勻平面波可傳播通過材料的距離：(a) 衰減 1 Np；(b) 功率準位減少一半；(c) 相位移動 360°。

11.15 一個 10 GHz 的雷達訊號在足夠小的區域內可用一均勻平面波來代表。如果此雷達波在下列的非磁性材料中傳播時，試計算其波長 (cm) 及衰減因數 (Np/m)：(a) $\epsilon_r' = 1$ 及 $\epsilon_r'' = 0$；(b) $\epsilon_r' = 1.04$ 及 $\epsilon_r'' = 9.00 \times 10^{-4}$；(c) $\epsilon_r' = 2.5$ 及 $\epsilon_r'' = 7.2$。

第 11 章 均匀的平面波 411

11.16 在坡印亭定理 [即 (70) 式] 中，考慮功率損耗項，$\int \mathbf{E} \cdot \mathbf{J} dv$。此項代表電磁波進入一體積時會轉換成熱的功率損耗。因此，$p_d = \mathbf{E} \cdot \mathbf{J}$ 項便是每單位體積的功率損耗，單位為 W/m³。依賴形成 (77) 式的相同理由，每單位體積的時間平均功率損耗將會變成 $\langle p_d \rangle = (1/2)\mathcal{R}e\{\mathbf{E}_s \cdot \mathbf{J}_s^*\}$。(a) 試證：在一導電介質內，振幅為 E_0 且朝 z 方向傳播的均勻平面波，而 $\langle p_d \rangle = (\sigma/2)|E_0|^2 e^{-2\alpha z}$。(b) 利用 (70) 式的左式並考慮一個非常小的體積，試針對一良導體的特例來確認此項結果。

11.17 令某一均勻平面波的 $\eta = 250 + j30$ Ω 及 $jk = 0.2 + j2$ m⁻¹，它在具有某種有限導電率的電介質中朝 $\mathbf{a}_z$ 方向傳播。若在 $z = 0$ 處 $|E_s| = 400$ V/m，試求：(a) $z = 0$ 及 $z = 60$ cm 處的 $\langle \mathbf{S} \rangle$；(b) 在 $z = 60$ cm 處的平均歐姆功率損耗 (瓦/公尺³)。

11.18 已知有一個 100 MHz 均勻平面波在一個稱為良電介質的介質中傳播。相量電場為 $\mathcal{E}_s = 4e^{-0.5z}e^{-j20z}\mathbf{a}_x$ V/m。試求：(a) ϵ'；(b) ϵ''；(c) η；(d) $\mathbf{H}_s$；(e) $\langle \mathbf{S} \rangle$；(f) 入射到位在 $z = 10$ m 處而尺寸為 20 m × 30 m 之矩形表面的功率 (以瓦特為單位)。

11.19 同軸的完全導電圓柱體，其半徑為 8 mm 及 20 mm。兩圓柱體間之區域充填著 $\epsilon = 10^{-9}/4\pi$ F/m 及 $\mu_r = 1$ 的完全電介質。若此區域內的 $\mathcal{E}$ 為 $(500/\rho)\cos(\omega t - 4z)\mathbf{a}_\rho$ V/m，試求：(a) ω，可藉由圓柱座標的馬克士威爾方程式來求；(b) $\mathcal{H}(\rho, z, t)$；(c) $\langle \mathbf{S}(\rho, z, t) \rangle$；(d) 通過 8 < ρ < 20 mm，0 < ϕ < 2π 區域每一橫截面的平均功率。

11.20 在標準溫度與氣壓下，空氣中的電壓崩潰會發生在電場強度大約為 3×10^6 V/m 之情況。在某些高功率光學實驗中，此現象會變成一項重要課題，此時光的緊密聚焦便可能成為必要的措施。在崩潰發生之前，試以瓦特為單位來估算可以被聚焦成 10 μm 半徑之圓柱光束的光波功率。假設光波具有平面波行為 (雖然此種假設會產生一個比實際數值高達 2 倍以上的答案，主要依實際光束形狀而定)。

11.21 圓柱殼 1 cm < ρ < 1.2 cm 是由 $\sigma = 10^6$ S/m 的導電材料製成，其內、外區域則均不導電。令 $\rho = 1.2$ cm 處的 $H_\phi = 2000$ A/m。試求：(a) 各點處的 $\mathbf{H}$；(b) 各點處的 $\mathbf{E}$；(c) 各點處的 $\langle \mathbf{S} \rangle$。

11.22 已知同軸銅製傳輸線的內及外尺寸分別為 2 mm 及 7 mm。兩導體的厚度均遠大於 δ。電介質為無損耗介質且操作頻率為 400 MHz。試求：(a) 內導體；(b) 外導體；(c) 傳輸線，每單位長度的電阻。

11.23 一中空的管狀導體是由導電率為 1.2×10^7 S/m 的黃銅製成，其內及外半徑分別為 9 mm 及 10 mm。試求下列各頻率下，每單位長度的電阻：(a) dc；(b) 20 MHz；(c) 2 GHz。

11.24 (a) 大部份的微波爐都是操作在 2.45 GHz。假設其不銹鋼內壁的 $\sigma = 1.2 \times 10^6$ S/m，及 $\mu_r = 500$，試求滲透深度。(b) 令導體表面處的 $E_s = 50 \angle 0°$ V/m，當場傳播進入不不銹鋼時，試繪出 E_s 的大小對 E_s 相角的變化曲線圖。

11.25 某一良導體的形狀是平面式的，其上承載著波長為 0.3 mm 及速度為 3×10^5 m/s 的均勻平面波。假設導體為非磁性材料，試求頻率及導電率。

11.26 某一同軸傳輸線的尺寸為 $a = 0.8$ mm 及 $b = 4$ mm。外導體的厚度為 0.6 mm，且所有導體均有 $\sigma = 1.6 \times 10^7$ S/m。(a) 試求在 2.4 GHz 操作頻率時，每單位長度的電阻 R。(b) 利用 6.3 節及 8.10 節所提供的資訊，分別求出每單位長度的電容及電感 C 及 L。已知同軸區內充填著空氣。(c) 若 $\alpha + j\beta = \sqrt{j\omega C(R + j\omega L)}$，試求 α 與 β。

11.27 已知平面表面 $z=0$ 是一個黃銅-鐵氟龍界面。利用附錄 C 所提供的數據，就 $\omega=4\times10^{10}$ rad/s 的均勻平面波來計算下列各種比值：(a) $\alpha_{鐵氟龍}/\alpha_{黃銅}$；(b) $\lambda_{鐵氟龍}/\lambda_{黃銅}$；(c) $v_{鐵氟龍}/v_{黃銅}$。

11.28 已知自由空間中，一均勻平面波具有的電場向量為 $\mathbf{E}_s=10e^{-j\beta x}\mathbf{a}_z+15e^{-j\beta x}\mathbf{a}_y$ V/m。(a) 試描述此電波的極化形式；(b) 試求 $\mathbf{H}_s$；(c) 試求此電波的平均功率密度 (W/m²)。

11.29 已知自由空間中有一個朝 z 方向傳播的左旋圓形極化波。其電場具有 (100) 式所指定的形式。(a) 試求磁場向量 $\mathbf{H}_s$；(b) 直接應用 (77) 式，試求出此電波之平均功率密度的表示式 (W/m²)。

11.30 在某一種非等向性 (anisotropic) 介質中，其介電係數會隨電場方向而變，它是在大部份的晶體中會見到的性質。試考慮在此一介質內有一均勻平面波在 z 方向傳播，此平面波沿著 x 與 y 軸以相等的場分量進入此材料。場相量可取成下列形成：

$$\mathbf{E}_s(z) = E_0(\mathbf{a}_x + \mathbf{a}_y e^{j\Delta\beta z})e^{-j\beta z}$$

其中，$\Delta\beta=\beta_x-\beta_y$ 為在 x 與 y 方向呈線性極化電波的相位常數之差值。針對下列情況，試求電磁波可進入材料內的距離 (以 $\Delta\beta$ 來表示)：(a) 線性極化；與 (b) 圓形極化；(c) 假設本質阻抗 η 與電磁場指向約略呈固定不變，試求 $\mathbf{H}_s$ 與 $\langle\mathbf{S}\rangle$。

11.31 已知一線性極化均勻平面波朝 z 方向傳播輸入至一無損的非等向性材料，沿 y 方向極化的波所碰到的介電常數 (ϵ_{ry}) 與沿 x 方向極化的波所碰到的介電常數 (ϵ_{rx}) 並不相同。假設 $\epsilon_{rx}=2.15$，$\epsilon_{ry}=2.10$，而且在輸入端處平面波的電場極化在與正 x 及 y 軸各相差 45° 的方向上。(a) 以自由空間波長 λ 來表示，試求材料的最短長度，以使當平面波自其輸出端射出時變為圓形極化波；(b) 試問輸出波是右旋或左旋極化呢？習題 11.30 可提供良好的背景。

11.32 假設習題 11.31 的介質長度變成為該題中所求得之長度的**兩倍**。試說明此時輸出波的極化情形。

11.33 已知電磁波的 $\mathbf{E}_s=15e^{-j\beta z}\mathbf{a}_x+18e^{-j\beta z}e^{j\phi}\mathbf{a}_y$ V/m，試求：(a) $\mathbf{H}_s$；(b) 平均功率密度 (W/m²)。

11.34 已知橢圓極化波如 (93) 式所示：

$$\mathbf{E}_s = [E_{x0}\mathbf{a}_x + E_{y0}e^{j\phi}\mathbf{a}_y]e^{-j\beta z}$$

(a) 利用與例題 11.7 相似的方法，試證：當把上述指定之場與具有下列形式之相位-移位場重疊合併即可產生一系列性極化波：

$$\mathbf{E}_s = [E_{x0}\mathbf{a}_x + E_{y0}e^{-j\phi}\mathbf{a}_y]e^{-j\beta z}e^{j\delta}$$

其中 δ 為常數；(b) 試以 ϕ 表示求出 δ，使得合成波為沿 x 方向線性極化。

第 12 章

平面波反射與色散

在 第 11 章中,我們研習了如何以數學方式將均勻平面波表成頻率、介質特性,及電場指向的函數。我們也研習了如何來計算波速、衰減因數,及功率。在本章中,我們將要探討具有不同性質之介質間平面邊界處波的反射與傳輸。這些研究包括波與邊界間的任何指向,同時也包含多重邊界的各種重要例子。我們也將會研習電波以有限頻帶承載功率的實例,例如,調變的載波便可能發生這種情況。我們將會討論此種電波在**色散** (dispersive) 介質中的傳播,在此類介質中某些會影響傳播的參數 (如介電係數)會隨頻率而變。色散介質對信號的效應相當重要,因為當電波信號在介質內傳播時,其信號波封形狀將會改變。這種情況常發生在接收端的延伸部位,故原始信號的偵測與忠實的展現將會變成有問題。因此,在建立最大可容許透射距離時,色散與衰減二者均必須加以估算才行。■

12.1 垂直入射均勻平面波的反射

在本節中我們將要考慮反射現象,這是當均勻平面波入射到由兩種不同材料所形成的區域之間的邊界時發生的。對於**垂直入射** (normal incidence) 情況的特別處理,就是波傳播的方向垂直於邊界處。我們將為在交界處反射回去的波以及自一區傳送到另一區去的波求出它們的式子。如同我們在第 10 章所碰到的,這些結果直接與普通傳輸線的阻抗匹配問題有關。它們也可以應用到波導,我們將會在第 13 章研習此項課題。

我們再度假設只有一個電場強度的分量。參考圖 12.1,讓我們將區域 1 (ϵ_1, μ_1) 選為 $z < 0$,而區域 2 (ϵ_2, μ_2) 為 $z > 0$。一開始,我們先有一個波在區域 1 內朝 $+z$ 方向進行,

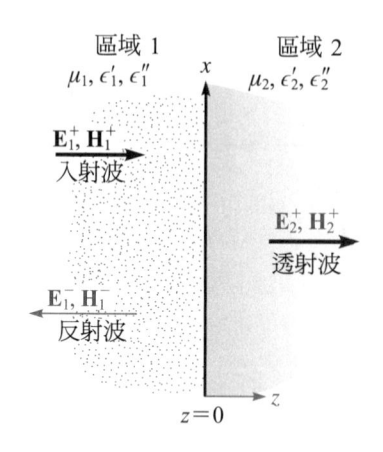

圖 12.1 平面波入射至一邊界時可建立如圖中所示傳播方向的反射波與透射波。所有場量均平行於邊界，其中電場沿著 x 方向，而磁場則沿著 y 方向。

且為沿 x 方向線性極化，即

$$\mathcal{E}_{x1}^+(z,t) = E_{x10}^+ e^{-\alpha_1 z} \cos(\omega t - \beta_1 z)$$

以相量形式表示，此式變成

$$E_{xs1}^+(z) = E_{x10}^+ e^{-jkz} \tag{1}$$

在此，取 E_{x10}^+ 為實數。下標 1 代表區域，上標 + 號表示一個正向進行的波。與 $E_{xs1}^+(z)$ 相關聯的磁場為

$$H_{ys1}^+(z) = \frac{1}{\eta_1} E_{x10}^+ e^{-jk_1 z} \tag{2}$$

其中 k_1 及 η_1 均為複數值 [除非 ϵ_1'' (或 σ_1) 為零]。在區域 1 內的均勻平面波稱為**入射波** (incident wave)，它朝 $z=0$ 的邊界表面行進。由於入射波傳播的方向是垂直於邊界平面的，故稱它為垂直入射。

我們現在看出來能量將跨過 $z=0$ 處的邊界表面而傳輸到區域 2 內去，這是藉著在那介質中建立一個朝 $+z$ 方向移動的波來達成。此電波的相量電場與磁場為

$$E_{xs2}^+(z) = E_{x20}^+ e^{-jk_2 z} \tag{3}$$

$$H_{ys2}^+(z) = \frac{1}{\eta_2} E_{x20}^+ e^{-jk_2 z} \tag{4}$$

這個自邊界表面處離去而進入區域 2 內的波被稱為**透射 (過去的) 波** (transmitted wave)；注意：此處使用的是另一個傳播常數 k_2 和本質阻抗 η_2。

我們現在必須使這些假設的場在 $z=0$ 處滿足邊界條件。令 **E** 沿 x 極化，故知電場

相切於介面。所以在 $z=0$ 處區域 1 內的 **E** 場和區域 2 的必須相等。在 (1) 式和 (3) 式中令 $z=0$，這就規定了 $E_{x10}^+ = E_{x20}^+$。**H** 則會是 y 指向的，同時也是一個切線方向的場，所以在邊界處必須是連續的(真正的介質中沒有電流片存在)。但是，當我們在 (2) 式及 (4) 式中令 $z=0$ 時，我們發現必須得出 $E_{x10}^+/\eta_1 = E_{x20}^+/\eta_2$ 的關係。既然 $E_{x10}^+ = E_{x20}^+$，則 $\eta_1 = \eta_2$。但是，這條件太特殊了，不太符合一般的事實，所以我們就沒有辦法只用一個入射波和一個透射波來滿足邊界條件。我們還需要一個在區域 1 內離邊界而去的波，如圖 12.1 所示。它被稱為**反射波** (reflected wave)，

$$E_{xs1}^-(z) = E_{x10}^- e^{jk_1 z} \tag{5}$$

$$H_{ys1}^-(z) = -\frac{E_{x10}^-}{\eta_1} e^{jk_1 z} \tag{6}$$

其中，E_{x10}^- 可以是一個複數量。由於這個場朝 $-z$ 方向進行，$E_{xs1}^- = -\eta_1 H_{ys1}^-$，因為坡印亭向量指出 $\mathbf{E}_1^- \times \mathbf{H}_1^-$ 必須在 $-\mathbf{a}_z$ 方向上。

現在邊界條件就很容易被滿足了，同時也可以求出用 E_{x10}^+ 來表示的透射波及反射波的振幅來。在 $z=0$ 處總電場強度是連續的，

$$E_{xs1} = E_{xs2} \quad (z=0)$$

或者

$$E_{xs1}^+ + E_{xs1}^- = E_{xs2}^+ \quad (z=0)$$

所以

$$\boxed{E_{x10}^+ + E_{x10}^- = E_{x20}^+} \tag{7}$$

再說，

$$H_{ys1} = H_{ys2} \quad (z=0)$$

或者

$$H_{ys1}^+ + H_{ys1}^- = H_{ys2}^+ \quad (z=0)$$

所以

$$\boxed{\frac{E_{x10}^+}{\eta_1} - \frac{E_{x10}^-}{\eta_1} = \frac{E_{x20}^+}{\eta_2}} \tag{8}$$

自 (8) 式解出 E_{x20}^+ 再代入 (7) 式中，我們得出

$$E_{x10}^+ + E_{x10}^- = \frac{\eta_2}{\eta_1} E_{x10}^+ - \frac{\eta_2}{\eta_1} E_{x10}^-$$

或者

$$E_{x10}^- = E_{x10}^+ \frac{\eta_2 - \eta_1}{\eta_2 + \eta_1}$$

反射電場強度與入射電場強度的振幅比稱之為**反射係數** (reflection coefficient)，以 Γ (gamma) 來代表，即

$$\boxed{\Gamma = \frac{E_{x10}^-}{E_{x10}^+} = \frac{\eta_2 - \eta_1}{\eta_2 + \eta_1} = |\Gamma|e^{j\phi}} \tag{9}$$

很明顯地，η_1 或 η_2 可以為複數，故 Γ 亦可為複數，所以我們把一個反射的相位移 ϕ 包含在上式中，(9) 式的解釋與處理傳輸線時 [第 10 章的 (73) 式] 所用的解釋完全相同。

只要合併 (9) 式與 (7) 式，即可求出透射電場強度的相對振幅，進而產生**透射係數** (transmission coefficient) τ，

$$\boxed{\tau = \frac{E_{x20}^+}{E_{x10}^+} = \frac{2\eta_2}{\eta_1 + \eta_2} = 1 + \Gamma = |\tau|e^{j\phi_t}} \tag{10}$$

其形式與解釋均與傳輸線的情況 [第 10 章的 (75) 式] 相一致。

現在，讓我們看看這些結果如何能被應用到幾個特例上去。我們先令區域 1 為一個完全的電介質，區域 2 為一個完全的導體。接著，我們應用第 11 章的 (48) 式，利用 $\epsilon_2'' = \sigma_2/\omega$，可得出

$$\eta_2 = \sqrt{\frac{j\omega\mu_2}{\sigma_2 + j\omega\epsilon_2'}} = 0$$

上式之所以為零是因為 $\sigma_2 \to \infty$。因此，由 (10) 式，可知

$$E_{x20}^+ = 0$$

在完全導體以內不可能有時變場存在。另外一種看法是：注意到集膚深度是零。

既然 $\eta_2 = 0$，(9) 式就表示

$$\Gamma = -1$$

同時

$$E_{x10}^+ = -E_{x10}^-$$

這反射波在振幅上和入射波振幅相等，所有入射能量都被完全導體反射回去了。事實上，兩個符號相反的場表示在邊界處 (或者在反射的時候)，被反射的場，其相位被移位了 180° (相對於入射場)。區域 1 內的總 **E** 場是

$$\begin{aligned} E_{xs1} &= E_{xs1}^+ + E_{xs1}^- \\ &= E_{x10}^+ e^{-j\beta_1 z} - E_{x10}^+ e^{j\beta_1 z} \end{aligned}$$

這裡我們令完全電介質的 $jk_1 = 0 + j\beta_1$。這些項可以被合併再簡化，

$$\begin{aligned} E_{xs1} &= (e^{-j\beta_1 z} - e^{j\beta_1 z}) E_{x10}^+ \\ &= -j2 \sin(\beta_1 z) E_{x10}^+ \end{aligned} \tag{11}$$

(11) 式乘以 $e^{j\omega t}$ 再取實部，即可得出實際的瞬時形式為：

$$\mathcal{E}_{x1}(z, t) = 2E_{x10}^+ \sin(\beta_1 z) \sin(\omega t) \tag{12}$$

我們知道區域 1 內的這個總場不是一個行進波，雖然它是由二個振幅相等而朝相反方向行進波合併而成。我們首先碰到傳輸線內的駐波，不過是以反向-傳播電壓波的型式 (見例題 10.1) 來表示。

同樣地，我們將 (12) 式之形式拿來與入射波的形式做比較，

$$\mathcal{E}_{x1}(z, t) = E_{x10}^+ \cos(\omega t - \beta_1 z) \tag{13}$$

這裡我們看到 $\omega t - \beta_1 z$ 或者 $\omega(t - z/v_{p1})$ 這一項，它代表一個以速度 $v_{p1} = \omega/\beta_1$ 在朝 $+z$ 方向行進的波。然而，在 (12) 式中，涉及時間和距離的因數是分開的三角項次。凡是 $\omega t = m\pi$，所有點處的 $\mathcal{E}_{x1}$ 均為零。相反地，駐波場型中，只要 $\beta_1 z = m\pi$，則對任何時間而言，空間零點是發生在這些點處，此即表示當 $m = (0, \pm 1, \pm 2, \cdots)$ 時，便會發生空間零點。在此種情況中，

$$\frac{2\pi}{\lambda_1} z = m\pi$$

即零點位置發生在

$$z = m \frac{\lambda_1}{2}$$

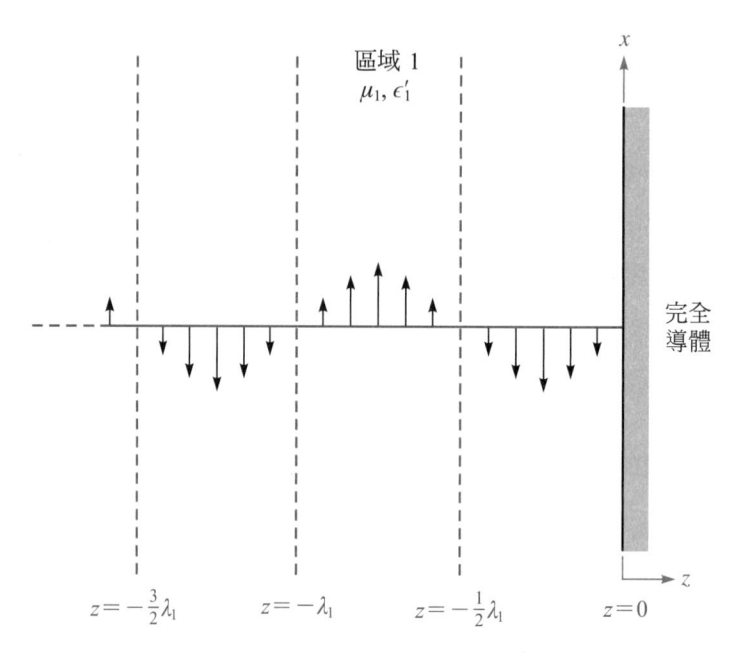

圖 12.2 圖中所示為 $t=\pi/2$ 時，總場 E_{x1} 的瞬時值。在距離傳導平面半-波長整數倍處，於所有時間下 $E_{x1}=0$。

所以，在 $z=0$ 的邊界以及在區域 1 內，$z<0$，離邊界每半個波長處，其 $E_{x1}=0$，如圖 12.2 所示。

由於 $E_{xs1}^+ = \eta_1 H_{ys1}^+$ 及 $E_{xs1}^- = -\eta_1 H_{ys1}^-$，磁場就是

$$H_{ys1} = \frac{E_{x10}^+}{\eta_1}(e^{-j\beta_1 z} + e^{j\beta_1 z})$$

或者

$$H_{y1}(z,t) = 2\frac{E_{x10}^+}{\eta_1}\cos(\beta_1 z)\cos(\omega t) \tag{14}$$

這也是一個駐波，但是在 $E_{x1}=0$ 的地方它顯出最大的幅值來。同時在每一點上它和 E_{x1} 在時相位上也差了 90°。結果，如同坡印亭向量 [第 11 章，(77) 式] 所求得的，在順向與逆向傳播方向上都沒有平均功率被送出去。

現在，讓我們考慮區域 1 和區域 2 都是完全電介質，η_1 和 η_2 都是正實數而 $\alpha_1=\alpha_2=0$。(9) 式使我們得以計算反射係數並求出以入射振幅 E_{x1}^+ 來表示的 E_{x1}^-。知道了 E_{x1}^+ 和 E_{x1}^- 之後，就可以求出 H_{y1}^+ 和 H_{y1}^-。在區域 2 內 E_{x2}^+ 是從 (10) 式求出來的，然後它又決定 H_{y2}^+。

例題 12.1

作為數值範例，讓我們選取

$$\eta_1 = 100 \text{ }\Omega$$
$$\eta_2 = 300 \text{ }\Omega$$
$$E_{x10}^+ = 100 \text{ V/m}$$

試計算入射、反射，及透射波之值。

解： 反射係數為

$$\Gamma = \frac{300 - 100}{300 + 100} = 0.5$$

因此

$$E_{x10}^- = 50 \text{ V/m}$$

磁場強度是

$$H_{y10}^+ = \frac{100}{100} = 1.00 \text{ A/m}$$

$$H_{y10}^- = -\frac{50}{100} = -0.50 \text{ A/m}$$

利用第 11 章的 (77) 式，吾人便可求得平均入射功率密度的大小為

$$\langle S_{1i} \rangle = \left| \frac{1}{2} \text{Re}\{\mathbf{E}_s \times \mathbf{H}_s^*\} \right| = \frac{1}{2} E_{x10}^+ H_{y10}^+ = 50 \text{ W/m}^2$$

平均反射功率密度為

$$\langle S_{1r} \rangle = -\frac{1}{2} E_{x10}^- H_{y10}^- = 12.5 \text{ W/m}^2$$

在區域 2，利用 (10) 式

$$E_{x20}^+ = \tau E_{x10}^+ = 150 \text{ V/m}$$

故知

$$H_{y20}^+ = \frac{150}{300} = 0.500 \text{ A/m}$$

因此，傳送通過邊界進入區域 2 的平均功率密度為

$$\langle S_2 \rangle = \frac{1}{2} E_{x20}^+ H_{y20}^+ = 37.5 \text{ W/m}^2$$

我們可以核對並確認功率守恆條件：

$$\langle S_{1i} \rangle = \langle S_{1r} \rangle + \langle S_2 \rangle$$

經由反射與透射的功率轉換，亦可以建立一項通則。我們考慮與先前相同的場向量及界面指向，但只考慮複數阻抗的一般情況。就入射波功率密度而言，可得

$$\langle S_{1i} \rangle = \frac{1}{2}\text{Re}\{E_{xs1}^+ H_{ys1}^{+*}\} = \frac{1}{2}\text{Re}\left\{E_{x10}^+ \frac{1}{\eta_1^*} E_{x10}^{+*}\right\} = \frac{1}{2}\text{Re}\left\{\frac{1}{\eta_1^*}\right\} |E_{x10}^+|^2$$

則反射波的功率密度為

$$\langle S_{1r} \rangle = -\frac{1}{2}\text{Re}\{E_{xs1}^- H_{ys1}^{-*}\} = \frac{1}{2}\text{Re}\left\{\Gamma E_{x10}^+ \frac{1}{\eta_1^*} \Gamma^* E_{x10}^{+*}\right\} = \frac{1}{2}\text{Re}\left\{\frac{1}{\eta_1^*}\right\} |E_{x10}^+|^2 |\Gamma|^2$$

因此，我們便可得出反射與入射功率間的通用關係式：

$$\boxed{\langle S_{1r} \rangle = |\Gamma|^2 \langle S_{1i} \rangle} \tag{15}$$

以相同的方式，我們亦可求得透射功率密度：

$$\langle S_2 \rangle = \frac{1}{2}\text{Re}\{E_{xs2}^+ H_{ys2}^{+*}\} = \frac{1}{2}\text{Re}\left\{\tau E_{x10}^+ \frac{1}{\eta_2^*} \tau^* E_{x10}^{+*}\right\} = \frac{1}{2}\text{Re}\left\{\frac{1}{\eta_2^*}\right\} |E_{x10}^+|^2 |\tau|^2$$

所以，我們便可明白入射與透射功率密度間的關係為

$$\langle S_2 \rangle = \frac{\text{Re}\{1/\eta_2^*\}}{\text{Re}\{1/\eta_1^*\}} |\tau|^2 \langle S_{1i} \rangle = \left|\frac{\eta_1}{\eta_2}\right|^2 \left(\frac{\eta_2 + \eta_2^*}{\eta_1 + \eta_1^*}\right) |\tau|^2 \langle S_{1i} \rangle \tag{16}$$

除非阻抗為實數，否則用 (16) 式來計算透射功率是相當複雜的方法。最好的方法是利用能量守恆的觀念，因為功率若未被反射則必定會發生透射。因此，便可用 (15) 式求出

$$\boxed{\langle S_2 \rangle = (1 - |\Gamma|^2)\langle S_{1i} \rangle} \tag{17}$$

如同所預期 (而且必定成立) 的，(17) 式亦可由 (16) 式導出。

D12.1. 已知 1 MHz 的均勻平面波垂直入射在淡水湖 ($\epsilon_r'=78$，$\epsilon_r''=0$，$\mu_r=1$) 上。試求入射功率 (a) 被反射及 (b) 被透射的比例；(c) 試求透射進入湖中的電場振幅。

答案：0.63；0.37；0.20 V/m。

12.2 駐波比

在 $|\Gamma| < 1$ 的情況下，部份能量會被透射進入第二區，部份則是被反射。因此，區域 1 可支持的場是同時由一行進波與一駐波組成。先前在傳輸線中即已遇過此種情況。即在負載處會發生局部的反射，電壓駐波比與電壓最大及最小點位置的測量使我們能夠求得一未知的阻抗或者能判定負載阻抗與線路匹配的程度 (見 10.10 節)。相似的測量亦可對平面波反射的場振幅來執行。

利用前一節所探討的相同場量，我們可合併入射與反射電場強度，介質 1 假設為一完美的電介質 (即 $\alpha_1=0$)，而區域 2 為任意的材料。在區域 1 內的總電場為

$$E_{x1T} = E_{x1}^+ + E_{x1}^- = E_{x10}^+ e^{-j\beta_1 z} + \Gamma E_{x10}^+ e^{j\beta_1 z} \tag{18}$$

其中，反射係數與 (9) 式中所示者相同，即：

$$\Gamma = \frac{\eta_2 - \eta_1}{\eta_2 + \eta_1} = |\Gamma|e^{j\phi}$$

只要納入相位 ϕ，我們便容許反射係數可為複數值。這是必然的，因為雖然 η_1 對一無損耗介質而言為實數且為正值，但一般 η_2 卻可能為複數值。此外，若區域 2 為一完美導體，η_2 為零，所以 ϕ 會等於 π；如果 η_2 為實數值且小於 η_1 時，ϕ 亦會等於 π；而若 η_2 為實數值且大於 η_1 時，ϕ 則為零。

將 Γ 的相位併入 (18) 式，則區域 1 內的總場量變成

$$E_{x1T} = \left(e^{-j\beta_1 z} + |\Gamma|e^{j(\beta_1 z+\phi)}\right)E_{x10}^+ \tag{19}$$

(19) 式中最大與最小的場振幅會依 z 而定，並且可依量測而定。如同在傳輸線中所求得的電壓振幅 (見 10.10 節)，其比值即為**駐波比** (standing wave ratio)，記為 s。當 (19) 式中較大的括號內每一項均具有相同的相位角時，就會有最大值發生；所以，當 E_{x10}^+ 為正值且為實數時，

$$|E_{x1T}|_{\max} = (1 + |\Gamma|)E_{x10}^+ \tag{20}$$

而這將發生在

$$-\beta_1 z = \beta_1 z + \phi + 2m\pi \qquad (m = 0, \pm1, \pm2, \ldots) \tag{21}$$

因此,

$$\boxed{z_{\max} = -\frac{1}{2\beta_1}(\phi + 2m\pi)} \tag{22}$$

注意:如果 $\phi=0$,電場的極大值就在邊界平面上 ($z=0$);再說,當 Γ 是正實數時,$\phi=0$。這發生在 η_1 和 η_2 都是實數而且 $\eta_2 > \eta_1$ 的時候。因此,當區域 2 的本質阻抗大於區域 1 的同時,這二個阻抗都是實數時,在邊界表面上就會有一個電壓的極大。當 $\phi=0$ 時,極大值亦會發生在 $z_{\max} = -m\pi/\beta_1 = -m\lambda_1/2$ 處。

對於完全的導體而言,$\phi=\pi$,這些極大就位在 $z_{\max}=-\pi/(2\beta_1)$,$-3\pi/(2\beta_1)$,或 $z_{\max}=-\lambda_1/4$,$-3\lambda_1/4$ 處,依此類推。

極小必定發生在 (19) 式較大的括號中二項的相角相差 180° 時,因此

$$|E_{x1T}|_{\min} = (1 - |\Gamma|)E_{x10}^+ \tag{23}$$

而這發生在

$$-\beta_1 z = \beta_1 z + \phi + \pi + 2m\pi \qquad (m = 0, \pm1, \pm2, \ldots) \tag{24}$$

或者

$$\boxed{z_{\min} = -\frac{1}{2\beta_1}(\phi + (2m+1)\pi)} \tag{25}$$

各極小之間相隔的是半波長的整倍數,所以對完全的導體而言,第一個極小發生在 $-\beta_1 z = 0$ 處,或者在導體表面處。一般而言,凡當 $\phi=\pi$ 時,電場的極小發生在 $z=0$ 處;這是當 $\eta_2 < \eta_1$ 同時二者都是實數時。這些結果與 10.10 節研習傳輸線所求得的結果完全相同。在該章的圖 10.6 便示有說明圖例。

處理 (19) 式並將之重新寫成實際瞬時形式就能獲得更深入的瞭解。處理步驟與第 10 章中所使用的方法,即 (81) 至 (84) 式,完全相同。我們求得區域 1 內的總場量為

$$\mathcal{E}_{x1T}(z,t) = \underbrace{(1-|\Gamma|)E_{x10}^+\cos(\omega t - \beta_1 z)}_{\text{行進波}}$$
$$+ \underbrace{2|\Gamma|E_{x10}^+\cos(\beta_1 z + \phi/2)\cos(\omega t + \phi/2)}_{\text{駐波}} \quad (26)$$

我們可看出 (26) 式即是振幅為 $(1-|\Gamma|)E_{x10}^+$ 的行進波與振幅為 $2|\Gamma|E_{x10}^+$ 的駐波之和。我們可以把這些情況想像成：部份的入射波被反射，而於區域 1 內反向傳播，會與入射波的等值部份相互干涉而形成一個駐波。其餘的入射波 (即未發干涉部份) 則成為 (26) 式的行進波部份。區域 1 中所觀測到的最大振幅就是 (26) 式中兩項的振幅直接相加，即 $(1+|\Gamma|)$ E_{x10}^+。最小振幅則是發生在駐波變成零之點處，即只剩下行進波的振幅 $(1-|\Gamma|)E_{x10}^+$。即使 (26) 式中這兩項以適當的安排方式結合並不是很明確，但可藉由代入由 (22) 式及 (25) 式所指定的 $z_{\max}$ 及 $z_{\min}$ 而加以確認。

例題 12.2

為了說明上面的結果，讓我們來考慮一個 3 GHz，100 V/m 的平面波。這個波先在材料特性為 $\epsilon'_{r1}=4$，$\mu_{r1}=1$，及 $\epsilon''_{r1}=0$ 的區域內行進。然後垂直入射至區域 2 的完全電介質 ($z>0$)，此區域的 $\epsilon'_{r2}=9$，$\mu_{r2}=1$ (圖 12.3)。我們尋求 **E** 的極大值及極小值的位置。

電介質 1
$\epsilon'_{r1}=4, \mu_{r1}=1, \epsilon''_{r1}=0$

電介質 2
$\epsilon'_{r2}=9, \mu_{r2}=1, \epsilon''_{r2}=0$

$E_{xs1}^+ = 100e^{-j40\pi z}$

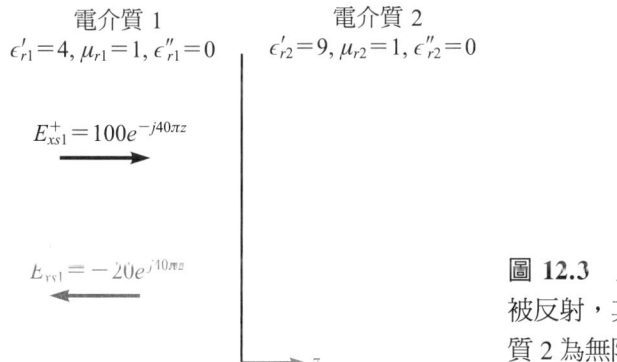

$E_{xs1}^- = -20e^{j40\pi z}$

圖 12.3 入射波 $E_{xs1}^+ = 100e^{-j40\pi z}$ V/m 被反射，其反射係數 $\Gamma = -0.2$。電介質 2 為無限厚度。

解：我們計算得到 $\omega = 6\pi \times 10^9$ rad/s，$\beta_1 = \omega\sqrt{\mu_1\epsilon_1} = 40\pi$ rad/m，以及 $\beta_2 = \omega\sqrt{\mu_2\epsilon_2} = 60\pi$ rad/m。雖然在空氣中的波長為 10 cm，我們在此看到 $\lambda_1 = 2\pi/\beta_1 = 5$ cm，$\lambda_2 = 2\pi/\beta_2 = 3.33$ cm，$\eta_1 = 60\pi$ Ω；$\eta_2 = 40\pi$ Ω，以及 $\Gamma = (\eta_2 - \eta_1)/(\eta_2 + \eta_1) = -0.2$。由於 Γ 是實數並為負值 ($\eta_2 < \eta_1$)；故電場強度的第一個極小值出現在邊界面上，同時在電介質 1 中，每兩個極小值相距了半個波長 (2.5 cm)。由 (23) 式，我們看到 $|E_{x1T}|_{\min} = 80$ V/m。

E 的極大值在距 $z=0$ 平面 1.25、3.75、6.25、…cm 處。其極大值為 120 V/m，由 (20) 式計算之。

在區域 2 中沒有極大值和極小值，因為那裡沒有反射波。

最大和最小振幅之比稱作駐波比，為：

$$s = \frac{|E_{x1T}|_{\max}}{|E_{x1T}|_{\min}} = \frac{1+|\Gamma|}{1-|\Gamma|} \quad (27)$$

由於 $|\Gamma| < 1$，s 必然是正的且大於 1。由上面例題，

$$s = \frac{1+|-0.2|}{1-|-0.2|} = \frac{1.2}{0.8} = 1.5$$

如果 $|\Gamma|=1$，反射的振幅等於入射的振幅，所有入射能量都被反射回去，s 變成無限大。我們可以找出相隔為 $\lambda_1/2$ 的整數倍的各個平面，在這些平面上 E_{x1} 在所有時間下都是零。在這些平面之間的中點處，E_{x1} 具有最大的振幅，它是入射波的兩倍。

如果 $\eta_2 = \eta_1$，則 $\Gamma = 0$，就沒有能量被反射，$s=1$；最大與最小的振幅會相等。

如果有一半的入射功率被反射的話，$|\Gamma|^2 = 0.5$，$|\Gamma| = 0.707$，$s = 5.83$。

D12.2. 試求 s 為何值時，才會使 $\Gamma = \pm 1/2$？

答案：3

由於駐波比是一個振幅比，探測器所量測的相對振幅就使我們可以用它來從實驗上決定 s。

例題 12.3

空氣中一均勻平面波部份由材料性質未知的材料表面反射回來。在此區測量電場發現在介面前方各極大值間隔為 1.5 m，而第一個極大值則是發生在距離介面 0.75 m 處。所測量到的駐波比為 5。試求此未知材料的本質阻抗 η_u。

解：各極大值間隔 1.5 m 即是 $\lambda/2$，表示波長為 3.0 m，或者說 $f=100$ MHz。因此，位於 0.75 m 處的第一個極大值即是位於距離介面 $\lambda/4$ 處，此即表示在邊界處會發生場的最小值。因此，Γ 為負的實數。利用 (27) 式，可寫出

$$|\Gamma| = \frac{s-1}{s+1} = \frac{5-1}{5+1} = \frac{2}{3}$$

所以，

$$\Gamma = -\frac{2}{3} = \frac{\eta_u - \eta_0}{\eta_u + \eta_0}$$

求解上式，可得出 η_u 為

$$\eta_u = \frac{1}{5}\eta_0 = \frac{377}{5} = 75.4\,\Omega$$

12.3 多重介面處的電波反射

到目前為止，我們只討論了發生在半無限大介質間之單一邊界處的電波反射。在本節中，我們要討論有限大的材料所造成的波之反射，因此，必須同時考慮前後介面的效應。例如，當光波入射至一片玻璃時，就會發生此種雙-介面問題。如果為了減少反射 (稍後即會明白) 而在玻璃上鍍上一層或多層的介電材料時，則會有更多介面存在。多於一層介面的問題經常會碰到；事實上，單層介面問題在真實世界中反而不常見。

試考慮圖 12.4 所示的一般情況，其中有一均勻平面波朝 z 方向傳播，自左邊垂直入射至區域 1 與區域 2 間的邊界上，這兩區的本質阻抗為 η_1 及 η_2。區域 3 阻抗 η_3 則是位於區域 2 之後，所以在區域 2 與區域 3 之間另有第二個介面。令第二個介面位置位於 $z = 0$ 處，所以其左側的所有 z 值均視為具有負值。區域 2 的寬度為 l，所以第一個介面的位

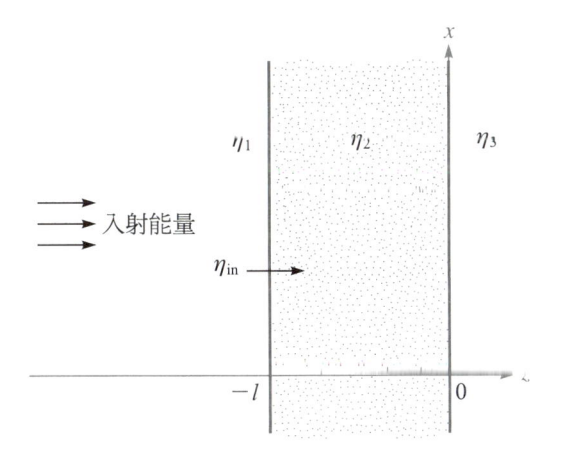

圖 12.4 基本的雙-介面問題，其中區域 2 具有有限的厚度，區域 2 及區域 3 的阻抗可用位於前方表面處的輸入阻抗 η_{in} 來表示。

置位於 $z = -l$ 處。

當入射波抵達第一個介面處，會發生下列的情況：有一部份的電波會反射，而其餘則會透射，繼續往第二個介面傳播。在那裡，又會有一部份透射進入區域 3，而其餘的反射並回到第一個介面；此時再次有部份波被反射。然後，此反射波再與來自區域 1 額外的透射波合併，並且一再重複此種程序。因此，會有一連串複雜的多重反射發生在區域 2，每一次來回又會有部份波透射出去。如欲以此方式分析此問題，則需追蹤許多次反射。在研究此反射過程的**暫態** (transient) 期間行為，即入射波第一次碰到各介面時，便需如此方法來分析。

不過，若入射波隨著所有時間持續射入，最後將會達到**穩態** (steady-state) 狀況，此時：(1) 入射波會有一完整的部份從這個雙-介面組態反射回去，並以固定的振幅及相位在區域 1 中反向傳播；(2) 入射波的一部份會透射穿過此二介面而在第三區中做順向-傳播；(3) 在區域 2 存在有一個淨反向波，它是所有自第二個介面反射回來的波組成；(4) 在區域 2 亦存在有一個淨順向波，它是一個重疊合成波，即自第一個介面透射過來的波與區域 2 所有自第一個介面反射回來而變成順向傳播之電波的合成。以此方式合併許多共同-傳播電波的效應就是會建立起一個具有固定振幅及相位的單一波，此波可經由將所有組成電波的振幅及相位相加起來而得出。因此，在穩態時，共可得出五個需要討論的五種波。這些波就是入射波，區域 1 中的淨反射波、區域 3 的淨透射波，及區域 2 中兩個反向-傳播之波。

這種情況的分析方式與分析有限長度傳輸線時 (10.11 節) 所採用的方式相同。讓我們假設各區域均是由無損介質組成，並只考慮區域 2 的兩種波。令這兩種電磁波為 x-極化波，其電場相加起來可得出

$$E_{xs2} = E_{x20}^{+} e^{-j\beta_2 z} + E_{x20}^{-} e^{j\beta_2 z} \tag{28a}$$

其中，$\beta_2 = \omega\sqrt{\epsilon_{r2}}/c$，而振幅 E_{x20}^{+} 及 E_{x20}^{-} 均為複數。同樣地，利用複數振幅，亦可寫出 y-極化的磁場：

$$H_{ys2} = H_{y20}^{+} e^{-j\beta_2 z} + H_{y20}^{-} e^{j\beta_2 z} \tag{28b}$$

現在，我們知道區域 2 中順向及反向電場振幅間之關係可用第二個介面處的反射係數 Γ_{23} 來表示，即

$$\Gamma_{23} = \frac{\eta_3 - \eta_2}{\eta_3 + \eta_2} \tag{29}$$

因此，可得

$$E_{x20}^- = \Gamma_{23} E_{x20}^+ \tag{30}$$

接著，我們可用電場振幅表示來寫出磁場振幅為

$$H_{y20}^+ = \frac{1}{\eta_2} E_{x20}^+ \tag{31a}$$

及

$$H_{y20}^- = -\frac{1}{\eta_2} E_{x20}^- = -\frac{1}{\eta_2} \Gamma_{23} E_{x20}^+ \tag{31b}$$

現在，利用 (28a) 式及 (28b) 式，我們把**波阻抗** (wave impedance) η_w 定義為總電場對總磁場的 z-相依型比值。在區域 2，這個 η_w 將變成，

$$\eta_w(z) = \frac{E_{xs2}}{H_{ys2}} = \frac{E_{x20}^+ e^{-j\beta_2 z} + E_{x20}^- e^{j\beta_2 z}}{H_{y20}^+ e^{-j\beta_2 z} + H_{y20}^- e^{j\beta_2 z}}$$

接著，利用 (30)、(31a)、及 (31b) 式，可得

$$\eta_w(z) = \eta_2 \left[\frac{e^{-j\beta_2 z} + \Gamma_{23} e^{j\beta_2 z}}{e^{-j\beta_2 z} - \Gamma_{23} e^{j\beta_2 z}} \right]$$

現在，利用 (29) 式及尤拉恆等式，可得

$$\eta_w(z) = \eta_2 \times \frac{(\eta_3 + \eta_2)(\cos \beta_2 z - j \sin \beta_2 z) + (\eta_3 - \eta_2)(\cos \beta_2 z + j \sin \beta_2 z)}{(\eta_3 + \eta_2)(\cos \beta_2 z - j \sin \beta_2 z) - (\eta_3 - \eta_2)(\cos \beta_2 z + j \sin \beta_2 z)}$$

此式很容易便可再化簡成

$$\eta_w(z) = \eta_2 \frac{\eta_3 \cos \beta_2 z - j \eta_2 \sin \beta_2 z}{\eta_2 \cos \beta_2 z - j \eta_3 \sin \beta_2 z} \tag{32}$$

現在，我們便可用區域 2 的波阻抗來求解反射問題。我們最感興趣的是在第一個介面處的淨反射波振幅。由於邊界處的 **E** 及 **H** 切線分量必須連續，故可得

$$E_{xs1}^+ + E_{xs1}^- = E_{xs2} \qquad (z = -l) \tag{33a}$$

及

$$H_{ys1}^+ + H_{ys1}^- = H_{ys2} \quad (z = -l) \tag{33b}$$

然後，以類比於 (7) 式及 (8) 式的方式，可寫出

$$E_{x10}^+ + E_{x10}^- = E_{xs2}(z = -l) \tag{34a}$$

及

$$\frac{E_{x10}^+}{\eta_1} - \frac{E_{x10}^-}{\eta_1} = \frac{E_{xs2}(z = -l)}{\eta_w(-l)} \tag{34b}$$

其中，E_{x10}^+ 及 E_{x10}^- 為入射場及反射場的振幅。我們稱 $\eta_w(-l)$ 為此雙-介面組合的輸入阻抗 (input impedance)，η_{in}。現在，一起求解 (34a) 式及 (34b) 式，將 E_{xs2} 消掉，得出

$$\boxed{\frac{E_{x10}^-}{E_{x10}^+} = \Gamma = \frac{\eta_{in} - \eta_1}{\eta_{in} + \eta_1}} \tag{35}$$

為了求出輸入阻抗，計算 (32) 式在 $z=-l$ 處的值，即可得出

$$\boxed{\eta_{in} = \eta_2 \frac{\eta_3 \cos \beta_2 l + j\eta_2 \sin \beta_2 l}{\eta_2 \cos \beta_2 l + j\eta_3 \sin \beta_2 l}} \tag{36}$$

方程式 (35) 及 (36) 式為通用公式，可用來從無損介質[1] 間的兩個平行介面計算出淨反射波振幅及相位。注意，式中對介面間隔 l 及對區域 2 所測量到之波長 (以 β_2 做特性表示) 的相依性。對我們最直接的重要性是自此雙介面反射回來，而會在區域 1 中做反向傳播的部份入射功率。如同先前所求得的，這部份的比例為 $|\Gamma|^2$。另外，亦有興趣知道的是透射功率，即在區域 3 中自第二個介面傳播出來的部份。很顯然地，它就是剩餘的功率部份，即 $1-|\Gamma|^2$。在穩態時，區域 2 的功率維持為固定，功率離開該區而形成反射波及透射波，但隨即會再由入射波予以補充。在第 10 章中，涉及到串接式的傳輸線時，我們已經碰過類似的情況，即最後會得出 (101) 式。

與雙介面有關的一項重要結果就是它在某些情況下有可能達到全透射。由 (35) 式可知，當 $\Gamma=0$，即當 $\eta_{in}=\eta_1$ 時，便會發生全透射。此種情況，如同傳輸線中的情況一樣，

---

[1] 為了方便起見，(34a) 式及 (34b) 式是針對一特定時間而寫出的，即入射波振幅 E_{x10}^+ 發生在 $z=-l$ 處之時。此種做法可使入射波在前面的介面處具有零-相位參考值，進而由此參考值便可決定出反射波相位。換言之，我們已經重新將 $z=0$ 定在前面的介面處。(36) 式亦可採取此種做法，因為它僅是介面間隔 l 的函數而已。

我們便稱輸入阻抗與入射介質的阻抗相**匹配** (matched)。有一些方法可以完成此種匹配。

一開始，假設 $\eta_3 = \eta_1$，而且區域 2 的厚度可使 $\beta_2 l = m\pi$，其中 m 為整數。現在，$\beta_2 = 2\pi/\lambda_2$，此處 λ_2 為**區域 2** 所量測到的波長。因此，

$$\frac{2\pi}{\lambda_2} l = m\pi$$

或

$$l = m\frac{\lambda_2}{2} \tag{37}$$

由於 $\beta_2 l = m\pi$，故知區域 2 的厚度必為在該介質所量測到之半-波長的整數倍。現在，(36) 式便可化簡得出 $\eta_{in} = \eta_3$。因此，倍數式半-波長厚度的作用就是要使區域 2 不會影響反射及透射的結果。換言之，我們就像是具有只與 η_1 及 η_3 有關的單一介面的問題。現在，取 $\eta_3 = \eta_1$，我們即可得出一個已匹配的輸入阻抗，故無淨反射波存在。此種選取區域 2 厚度的方法即是所謂的半-波長匹配 (half-wave matching) 法。其應用包括有安裝在飛機的**天線** [俗稱天線罩 (radomes)]，它構成了機身的一部份。飛機內部的天線可透過此層來發射及接收信號，此層天線罩形狀可設定至達成具有良好的氣體動力學的特性。注意，當我們偏離其所滿足的波長時，此種半-波長匹配條件便不再適用。當發生此種情況時，裝置的反射率增加 (以增加波長偏移而言)，所以最後它的作用就像是一個帶通濾波器。

通常，透過**折射率** (refractive index) (在原文書中常簡記為 index) n 來表示介質的介電常數將會很方便，折射率定義為

$$\boxed{n = \sqrt{\epsilon_r}} \tag{38}$$

用折射率來對材料做特性描述最初是在光學頻率中採用範圍 (約在 10^{14} Hz 等級)，而在更低的頻率範圍內，傳統上都是直接指出其介電常數值。由於有損耗介質的 ϵ_r 值為複數，故折射率亦為複數值。然而，為了不使情況變得更複雜，我們將會限制折射率的用法到只涉及無損耗介質的情況，即 $\epsilon_r'' = 0$ 與 $\mu_r = 1$ 的情況。在無損耗的情況下，我們可用折射率來表示，而將平面波的相位常數與材料的本質阻抗寫成

$$\boxed{\beta = k = \omega\sqrt{\mu_0 \epsilon_0}\sqrt{\epsilon_r} = \frac{n\omega}{c}} \tag{39}$$

與

$$\eta = \frac{1}{\sqrt{\epsilon_r}}\sqrt{\frac{\mu_0}{\epsilon_0}} = \frac{\eta_0}{n} \quad (40)$$

最後，以折射率 n 表示時，材料內的相速與波長變為

$$v_p = \frac{c}{n} \quad (41)$$

與

$$\lambda = \frac{v_p}{f} = \frac{\lambda_0}{n} \quad (42)$$

其中，λ_0 為自由空間的波長。重要的是，切勿對折射率 n 與外觀很相似的希臘字母 η (代表本質阻抗) 產生混淆，兩者具有完全迥異的意義。

另外一種常在光學中見到的應用是**法布立-倍若干涉儀** (Fabry-Perot interferometer)。以最簡單的形式而言，此種干涉儀是由單獨一塊折射率為 n 之玻璃或其它的透明材料組成，其厚度 l 設定為可滿足 $\lambda = \lambda_0/n = 2l/m$ 條件的發射波長。通常，它僅需發射一種波長，而不是數種波長 [如同 (37) 式所容許的]。因此，我們希望確認會通過此裝置的各相鄰波長應儘可能間隔大一些，使得僅有一個會落在輸入功率頻譜之內。此種間隔的通式可表成

$$\lambda_{m-1} - \lambda_m = \Delta\lambda_f = \frac{2l}{m-1} - \frac{2l}{m} = \frac{2l}{m(m-1)} \doteq \frac{2l}{m^2}$$

注意：m 為區域 2 中半-波長的數目，即 $m = 2l/\lambda = 2nl/\lambda_0$，此處 λ_0 為透射時所需的自由空間波長。因此，

$$\Delta\lambda_f \doteq \frac{\lambda_2^2}{2l} \quad (43a)$$

以自由空間所量波長來表示，此值變成

$$\Delta\lambda_{f0} = n\Delta\lambda_f \doteq \frac{\lambda_0^2}{2nl} \quad (43b)$$

$\Delta\lambda_{f0}$ 即是俗稱的法布立-倍若干涉儀以自由空間波長間隔來表示的**自由頻譜範圍** (free spectral range)。如果所欲濾除的頻譜比自由頻譜範圍還要窄時，此種干涉儀便可當作窄

頻濾波器(發射所需的波長及此波長左右的窄頻帶)。

例題 12.4

假設我們想濾除全部寬度為 $\Delta\lambda_{s0}=50$ nm 的光譜，此光譜的中心波長是位於可見光譜紅色光波長 600 nm，其中一 nm (奈米) 為 10^{-9} m。現在，想用一台法布立-倍若干涉儀，它是由位於空氣中的一塊無損玻璃組成，其折射率為 $n=1.45$。我們想要求出所需的玻璃厚度範圍以使各倍數型波長的光波不會被透射。

解：依題意知，自由頻譜範圍需大於光譜寬度，即 $\Delta\lambda_{f0} > \Delta\lambda_s$。因此，利用 (43b) 式，可知

$$l < \frac{\lambda_0^2}{2n\Delta\lambda_{s0}}$$

所以

$$l < \frac{600^2}{2(1.45)(50)} = 2.5 \times 10^3 \text{nm} = 2.5\,\mu\text{m}$$

其中 1 μm (微米) $= 10^{-6}$ m。打算建構一個這種厚度或更薄的玻璃似乎有點荒謬。相反地，通常採用的是這種厚度的空氣間隔，使其位於兩塊厚板之間，兩板相對應的表面則塗以抗反射塗料。事實上，這種做法是一種較具可變性的組態，因為所欲傳送的波長 (及自由頻譜範圍) 可藉由改變玻璃板間隔而加以調整。

接下來，我們解除 $\eta_1=\eta_3$ 的限制，並且尋求一種可產生零反射的方法。回到 (36) 式，假設我們令 $\beta_2 l = (2m-1)\pi/2$，即 $\pi/2$ 的奇數倍。此即表示

$$\frac{2\pi}{\lambda_2}l = (2m-1)\frac{\pi}{2} \quad (m=1,2,3,\ldots)$$

或者是

$$l = (2m-1)\frac{\lambda_2}{4} \tag{44}$$

此種厚度為區域 2 中所量測之四分之一波長的奇數倍。在此種條件下，(36) 式可簡化為

$$\eta_{\text{in}} = \frac{\eta_2^2}{\eta_3} \tag{45}$$

一般而言，我們是選取第二區的阻抗，以使其與已知的阻抗 η_1 及 η_3 相匹配。為了達成全透射，需要使 $\eta_{in}=\eta_1$，所以所需的第二區阻抗變成

$$\boxed{\eta_2 = \sqrt{\eta_1\eta_3}} \tag{46}$$

一旦滿足 (44) 式及 (46) 式所推定的條件之後，我們便可進行四分之一波長匹配 (quarter-wave matching)。光學元件的抗反射塗層設計即是以此原理為基礎。

例題 12.5

我們想要在玻璃表面上塗上一層適當的電介層，以便能為 570 nm 的波長提供由空氣至玻璃的全透射。玻璃的折射率為 $n_3=1.45$。試求塗料所需具備的介電常數及其最小的厚度。

解：已知阻抗為 $\eta_1=377\ \Omega$ 及 $\eta_3=377/1.45=260\ \Omega$。利用 (46) 式，可得

$$\eta_2 = \sqrt{(377)(260)} = 313\ \Omega$$

因此，區域 2 的折射率應為

$$n_2 = \left(\frac{377}{313}\right) = 1.20$$

區域 2 的波長為

$$\lambda_2 = \frac{570}{1.20} = 475\ \text{nm}$$

故知介電材料層的最小厚度為

$$l = \frac{\lambda_2}{4} = 119\ \text{nm} = 0.119\ \mu\text{m}$$

本節計算電波反射的程序包括計算第一個介面處的有效阻抗 η_{in}，此阻抗是以落在前面交界面之後的阻抗來表示。當我們考慮牽涉到超過兩個介面的問題時，這種**阻抗轉換** (impedance transformation) 的程序就會更明確。

例如，參考圖 12.5 所示的三-介面情況，其中電波由左方入射至區域 1。我們想要求出經反射而在區域 1 反向-傳播之入射功率的比例，以及透射進入區域 4 的入射功率比例。為了完成此項工作，我們需求出前介面 (即區域 1 與區域 2 之間的介面) 的輸入阻

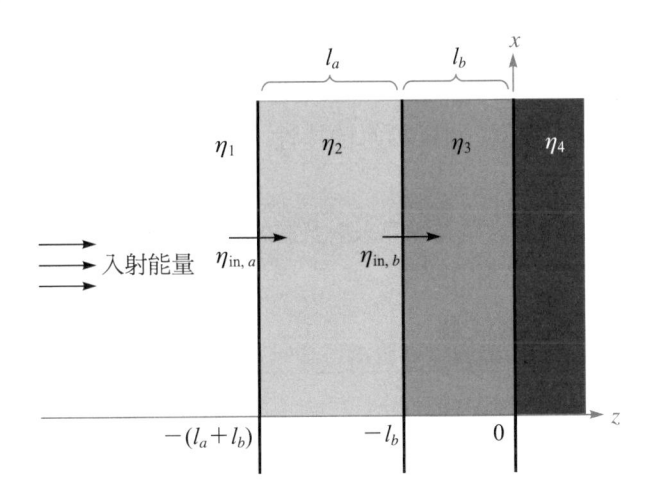

圖 12.5　三-介面問題，其中輸入阻抗 $\eta_{\text{in},a}$ 被轉換至前介面以形成輸入阻抗 $\eta_{\text{in},b}$。

抗。我們先對區域 4 的阻抗做轉換以形成區域 2 與區域 3 之間邊界處的輸入阻抗。此阻抗即是圖 12.5 中所示的 $\eta_{\text{in},b}$。利用 (36) 式，可得

$$\eta_{\text{in},b} = \eta_3 \frac{\eta_4 \cos\beta_3 l_b + j\eta_3 \sin\beta_3 l_b}{\eta_3 \cos\beta_3 l_b + j\eta_4 \sin\beta_3 l_b} \tag{47}$$

現在，我們已經將問題簡化成一個雙-介面問題，其中 $\eta_{\text{in},b}$ 便是所有落在第二介面之後的阻抗。現在，前介面的輸入阻抗 $\eta_{\text{in},a}$ 即可藉由轉換 $\eta_{\text{in},b}$ 來求得，如下所示：

$$\eta_{\text{in},a} = \eta_2 \frac{\eta_{\text{in},b} \cos\beta_2 l_a + j\eta_2 \sin\beta_2 l_a}{\eta_2 \cos\beta_2 l_a + j\eta_{\text{in},b} \sin\beta_2 l_a} \tag{48}$$

反射功率比例為 $|\Gamma|^2$，其中

$$\Gamma = \frac{\eta_{\text{in},a} - \eta_1}{\eta_{\text{in},a} + \eta_1}$$

與以前一樣，透射至區域 4 的功率比例為 $1-|\Gamma|^2$。這種阻抗轉換法均可以此方式而應用至任意介面數的問題。此種方法雖然有點煩雜，但用計算機處理卻很簡單。

　　利用多層介質來降低反射的動機就是：各阻抗安排成逐層遞增或遞減時，則所形成的結構便很少會對設計波長的偏離產生反應。例如，使用多層介質抗反射塗料至照相機鏡片上時，鏡片表面上的塗層所具有的阻抗就需與玻璃鏡片極為接近才行。後續各層塗料再逐次增加其阻抗。以此方式建構許多塗層後，即可接近理想情況。此時最上層的阻

抗與空氣的阻抗匹配，而內層的阻抗則逐層遞減直到與玻璃阻抗匹配為止。以這種持續變動的阻抗，就不會有表面發生反射，所以任意波長的光波就會完全地透射過去。以此方式的多層塗料設計可產生極佳的寬頻傳輸特性。

> **D12.3.** 已知空氣中一均勻平面波垂直入射至厚度為 $\lambda_2/4$，本質阻抗為 $\eta_2 = 260\ \Omega$ 的電介質薄片。試求反射係數的大小及相位。
>
> 答案：0.356；180°

12.4 一般方向的平面波傳播

在本節，我們將會研習如何以數學方式來描述在任意方向傳播的均勻平面波。如此做的主要動機是因為我們需要討論邊界與傳播方向不為垂直的入射波問題。這種斜向入射 (oblique incidence) 問題經常會發生，垂直入射只不過是一種特例而已。討論此類問題需先建立一個適當的座標系統。例如，將邊界定位在 x、y 平面內，而入射波則是以與三座標軸有關的方向來傳播。在垂直入射的例子中，我們則是僅討論沿 z 方向的傳播。所以，我們需有一套數學公式系統，以便適用於一般傳播方向的情況。

讓我們來考慮一個以傳播常數 $\beta = k = \omega\sqrt{\mu\epsilon}$ 而在無損介質中傳播的電磁波。為了簡單起見，我們可只考慮二維的情況，即電波只在 x 與 z 軸之間某一方向上行進。首要步驟是把傳播常數看作是一個向量 (vector) **k**，如圖 12.6 所示。**k** 的方向即是傳播方向，在本例中，此方向與坡印亭向量同方向。[2] **k** 的大小則是沿該方向每單位距離的相位移。描述電波的部份程序就是要指明其在任意空間位置處的相位。就我們先前所討論沿 z 軸傳播的平面波而言，以相量形式的因式 $e^{\pm jkz}$ 便可完成空間位置的描述工作。為了指明二維問題的相位，我們利用 **k** 的向量本質，並透過位置向量 **r** 來描述討論一般位置 (x, z) 處的相位。以原點為參考點，該位置處的相位是由 **k** 沿 **r** 方向的投影乘上 **r** 的大小來指定，或可只寫成 **k · r**。若電場的大小為 E_0，則可將圖 12.6 所示平面波的相量形式寫成

$$\mathbf{E}_s = \mathbf{E}_0 e^{-j\mathbf{k}\cdot\mathbf{r}} \tag{49}$$

指數部份的負號表示相位會隨時間而往 **r** 變大的方向移動。此外，在等向性介質中的這種電波功率流動是發生在沿每單位距離相位移為最大的方向上，即沿著 **k** 發生功率流

---

[2] 在此，我們假設波是位於等向性介質之中，即其介電係數與導磁係數不會隨著場的指向而變。在非等向性介質 (即 ϵ 及/或 μ 會依場的指向而變) 中，坡印亭向量與 **k** 的方向可能會不相同。

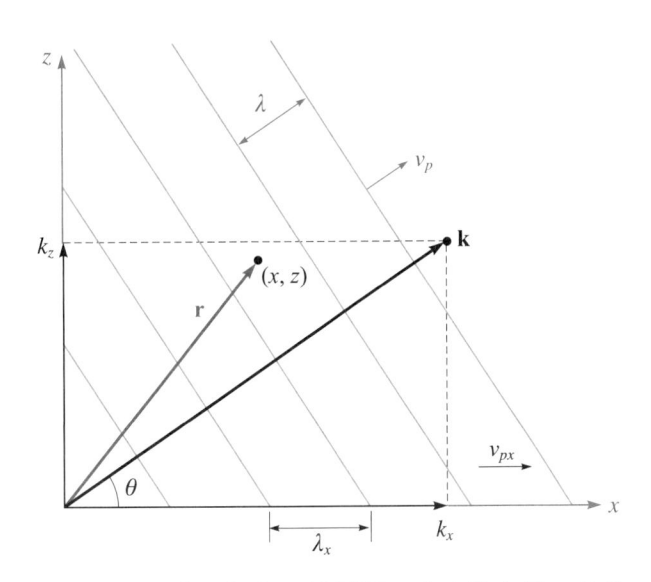

圖 12.6 具有一個與 x 軸相距 θ 角之波向量 **k** 的均勻平面波表示法。在 (x, z) 點處的相位可用 **k · r** 來指定。各固定相位的平面 (即圖中與 **k** 垂直的直線) 間隔為波長 λ，但若沿 x 軸或 z 軸量測時，則會具較寬的間隔。

動。向量 **r** 可作為利用 **k** 來量測任意點之相位的工具。此種結構可以很簡易地擴展至三維，而使 **k** 及 **r** 兩者均具有三維的分量。

在圖 12.6 的二維實例中，我們可將 **k** 以其 x 及 z 分量表示寫成：

$$\mathbf{k} = k_x \mathbf{a}_x + k_z \mathbf{a}_z$$

位置向量 **r** 亦可用相似的方式表成：

$$\mathbf{r} = x \mathbf{a}_x + z \mathbf{a}_z$$

所以，

$$\mathbf{k} \cdot \mathbf{r} = k_x x + k_z z$$

現在，(49) 式會變成

$$\mathbf{E}_s = \mathbf{E}_0 e^{-j(k_x x + k_z z)} \tag{50}$$

儘管 (49) 式可作為平面波的通用形式，但 (50) 式則是針對特定情況的形式。只要一平面

波是以 (50) 式表示時，則傳播方向與 x 軸間的角度馬上可透過下式求出

$$\theta = \tan^{-1}\left(\frac{k_z}{k_x}\right)$$

再來考慮會依方向而定的波長及相位速度。在 **k** 的方向上時，這些值為

$$\lambda = \frac{2\pi}{k} = \frac{2\pi}{\left(k_x^2 + k_z^2\right)^{1/2}}$$

及

$$v_p = \frac{\omega}{k} = \frac{\omega}{\left(k_x^2 + k_z^2\right)^{1/2}}$$

例如，如果我們只考慮 x 方向，則這些數值將會變成

$$\lambda_x = \frac{2\pi}{k_x}$$

及

$$v_{px} = \frac{\omega}{k_x}$$

注意，λ_x 及 v_{px} 兩者均比其在 **k** 方向上之對應數值還要大。一開始，這種結果實在令人訝異，不過只要透過圖 12.6 的幾何說明即可明瞭。圖中示有一連串的等相波前 (即固定相位的平面)，它們與 **k** 均呈直角相交。相鄰波前間的相位移在圖中是設定為 2π，此值就等同於沿 **k** 方向上具有一個波長的空間間隔 (如圖中所示)。各等相波前均會與 x 軸相交，並且可發現沿 x 方向的波前間隔會比它沿著 **k** 方向時還要大。λ_x 即是各波前沿 x 方向時的間隔，如圖中所示。沿 x 方向的相位速度就是各等相波前與 x 軸間各交點的速度。同樣地，由圖示幾何結構可知，此速度必定大於沿 **k** 方向的速度，當然此速度也必定會超過光波在介質內的速度。不過，這並不違反特殊相對論，因為電波內的能量只沿 **k** 的方向流動，而不會沿 x 或 z 方向。波的頻率為 $f = \omega/2\pi$，不會隨方向不同而變。例如，在我們所考慮的方向上，可知

$$f = \frac{v_p}{\lambda} = \frac{v_{px}}{\lambda_x} = \frac{\omega}{2\pi}$$

例題 12.6

試考慮一個 50 MHz 的均勻平面波,其電場振幅為 10 V/m。介質為無損材料,其 $\epsilon_r = \epsilon_r' = 9.0$,及 $\mu_r = 1.0$。此平面波以相對於 x 軸呈 30° 角的方向在 x、y 平面內傳播,並且沿 z 方向呈線性極化。試寫出其電場的相量表示式。

解:傳播常數的大小為

$$k = \omega\sqrt{\mu\epsilon} = \frac{\omega\sqrt{\epsilon_r}}{c} = \frac{2\pi \times 50 \times 10^6 (3)}{3 \times 10^8} = 3.2 \text{ m}^{-1}$$

現在,向量 **k** 為

$$\mathbf{k} = 3.2(\cos 30 \mathbf{a}_x + \sin 30 \mathbf{a}_y) = 2.8\mathbf{a}_x + 1.6\mathbf{a}_y \text{ m}^{-1}$$

又知

$$\mathbf{r} = x\mathbf{a}_x + y\mathbf{a}_y$$

令電場指向 z 方向,故知其相量形式為

$$\mathbf{E}_s = E_0 e^{-j\mathbf{k}\cdot\mathbf{r}}\mathbf{a}_z = 10 e^{-j(2.8x + 1.6y)}\mathbf{a}_z$$

D12.4. 就例題 12.6,試算出 λ_x、λ_y、v_{px},及 v_{py}。

答案:2.2 m;3.9 m;1.1×10^8 m/s;2.0×10^8 m/s

12.5 斜向入射平面波的反射

現在,我們要討論平面介面處電波反射的問題,其中入射波會以相對於介面呈某種角度的方向傳播。我們的目的是:(1) 要求出入射角、反射角,及透射角之間的關係,及 (2) 要導出反射係數及透射係數,並將之表成入射角及波極化的函數。此外,亦要說明在何種情況下會發生全反射或全透射。如果適當地選取入射角及波極化形式便可能在兩電介質間的介面處發生此類現象。

討論的情況可用圖 12.7 說明,圖中入射波方向及位置-相依型相位可用波向量 $\mathbf{k}_1^+$ 來做特性描述。入射角度就是 $\mathbf{k}_1^+$ 與垂直於交界面之直線 (以本例而言,就是 x 軸) 間的夾角。圖示的入射角記為 θ_1。反射波則是用波向量 $\mathbf{k}_1^-$ 來做特性描述,它會以 θ_1' 角來傳播離開介面。最後,以 $\mathbf{k}_2$ 做特性描述的透射波則會如圖示而以 θ_2 角傳播進入區域 2。人們

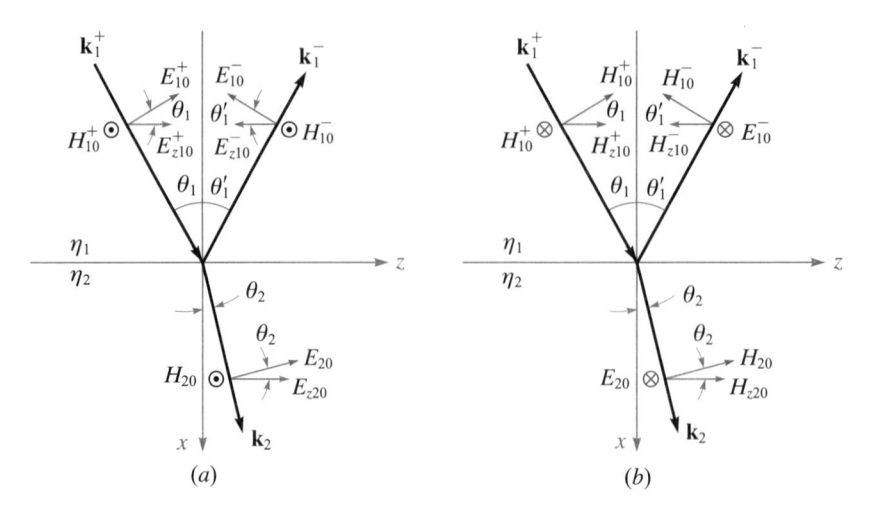

圖 12.7　平面波以 θ_1 角入射至本質阻抗為 η_1 及 η_2 的兩電介質間之介面的幾何圖。圖中有兩種極化情況：(a) p-極化 (或 TM 波)，其 **E** 位於入射平面內；(b) s-極化 (或 TE 波)，其 **E** 垂直於入射平面。

可能會猜測 (由前面的經驗) 到：入射角與反射角相等 (即 $\theta_1 = \theta_1'$)。這是正確的，不過為了完整起見，我們仍需對此結果做證明。

兩介質均為無損電介質，其本質阻抗為 η_1 及 η_2。與前面一樣，我們假設介質為非磁性材料，故其導磁係數為 μ_0。因此，只要指明介電常數 ϵ_{r1} 及 ϵ_{r2}，或者其折射率 $n_1 = \sqrt{\epsilon_{r1}}$ 與 $n_2 = \sqrt{\epsilon_{r2}}$，即足以充分地描述這些材料。

在圖 12.7 中，共示有兩種相異的情況，其間差異是由電場的指向決定。在圖 12.7(a) 中，**E** 場是在紙張平面內極化，因此，**H** 場便垂直於紙面且指向外。在本說明圖例中，紙張所在平面就是**入射平面** (plane of incidence)，此入射平面可更明確地定義為入射 **k** 向量與交界面的法線向量所展成的平面。若 **E** 落在入射平面內，則平面波即稱之為**平行極化** (parallel polarization)，或稱為 **p-極化** (p-polarized) (此時，**E** 平行於入射平面)。注意，**H** 場垂直於入射平面，故與交界面平行，即橫向於交界面法線方向。因此，此種極化另有一種名稱，即**橫向磁** (transverse magnetic) 極化，或簡稱 TM 極化。

圖 12.7(b) 則是各場方向均旋轉 90° 後的情況。現在，**H** 場落在入射平面內，而 **E** 場則是垂直於入射平面。由於是用 **E** 來定義極化情況，故此種組態稱之為**垂直極化** (perpendicular polarization)，或稱 **s-極化** (s-polarized)。[3] **E** 場亦平行於交界面，所以此例又稱為**橫向電場** (transverse electric) 極化，或簡稱 TE 極化。我們將會發現這兩種極化形

---

[3] 記號 s 是德文 senkrecht 的簡寫，意思是 "垂直" (perpendicular)。**p-**極化中的 p 也是德文字平行 (即 parallel) 的縮寫。

式具有相異的反射及透射係數，但反射角及透射角則不受極化形式影響。我們僅需考慮 s-極化及 p-極化，因為其它任何場方向均可建構成 s 及 p 電波的某種組合。

我們所想要知道的反射及透射係數，以及各角度間的關係如何，均可由介面處的場邊界條件求得。明確地說，就是 **E** 與 **H** 的橫向分量在邊介面處必須為連續。這些條件正是我們用來求垂直入射 ($\theta_1=0$) 之 Γ 與 τ 的條件，而這種情況只不過是目前我們所討論問題的一個特例而已。首先，我們考慮 p-極化的情況 (圖 12.7a)。一開始，利用 12.4 節所發展出的符號，將入射、反射，及透射場寫成相量形式，即：

$$\mathbf{E}_{s1}^+ = \mathbf{E}_{10}^+ e^{-j\mathbf{k}_1^+ \cdot \mathbf{r}} \tag{51}$$

$$\mathbf{E}_{s1}^- = \mathbf{E}_{10}^- e^{-j\mathbf{k}_1^- \cdot \mathbf{r}} \tag{52}$$

$$\mathbf{E}_{s2} = \mathbf{E}_{20} e^{-j\mathbf{k}_2 \cdot \mathbf{r}} \tag{53}$$

其中

$$\mathbf{k}_1^+ = k_1(\cos\theta_1 \mathbf{a}_x + \sin\theta_1 \mathbf{a}_z) \tag{54}$$

$$\mathbf{k}_1^- = k_1(-\cos\theta_1' \mathbf{a}_x + \sin\theta_1' \mathbf{a}_z) \tag{55}$$

$$\mathbf{k}_2 = k_2(\cos\theta_2 \mathbf{a}_x + \sin\theta_2 \mathbf{a}_z) \tag{56}$$

而且

$$\mathbf{r} = x \mathbf{a}_x + z \mathbf{a}_z \tag{57}$$

各波向量大小為 $k_1 = \omega\sqrt{\epsilon_{r1}}/c = n_1\omega/c$ 及 $k_2 = \omega\sqrt{\epsilon_{r2}}/c = n_2\omega/c$。

現在，為了能算出電場切線分量連續的邊界條件，我們需先求出與介面平行的電場分量 (即 z 分量)。把所有 **E** 場投影至 z 方向，並利用 (51) 至 (57) 式，即可求出

$$E_{zs1}^+ = E_{z10}^+ e^{-j\mathbf{k}_1^+ \cdot \mathbf{r}} = E_{10}^+ \cos\theta_1 e^{-jk_1(x\cos\theta_1 + z\sin\theta_1)} \tag{58}$$

$$E_{zs1}^- = E_{z10}^- e^{-j\mathbf{k}_1^- \cdot \mathbf{r}} = E_{10}^- \cos\theta_1' e^{jk_1(x\cos\theta_1' - z\sin\theta_1')} \tag{59}$$

$$E_{zs2} = E_{z20} e^{-j\mathbf{k}_2 \cdot \mathbf{r}} = E_{20} \cos\theta_2 e^{-jk_2(x\cos\theta_2 + z\sin\theta_2)} \tag{60}$$

故知電場切線分量連續的邊界條件為

$$E_{zs1}^+ + E_{zs1}^- = E_{zs2} \qquad (在 x=0)$$

將 (58) 至 (60) 式代入 (61) 式，並計算在 $x=0$ 的結果，可得

$$E_{10}^+ \cos\theta_1\, e^{-jk_1 z \sin\theta_1} + E_{10}^- \cos\theta_1'\, e^{-jk_1 z \sin\theta_1'} = E_{20}\cos\theta_2\, e^{-jk_2 z \sin\theta_2} \tag{61}$$

注意，E_{10}^+、E_{10}^-，及 E_{20} 全部均為常數 (即與 z 無關)。再者，我們要求 (61) 式對所有 z 值均成立 (即介面上各點均成立)。如欲使此條件成立，則 (61) 式中所有各項的相位項均需相等，亦即

$$k_1 z \sin\theta_1 = k_1 z \sin\theta_1' = k_2 z \sin\theta_2$$

由此，立即可看出 $\theta_1' = \theta_1$，即反射角等於入射角。此外，亦可求出

$$\boxed{k_1 \sin\theta_1 = k_2 \sin\theta_2} \tag{62}$$

(62) 式就是俗稱的**史內爾折射定律** (Snell's law of refraction)。由於一般 $k = n\omega/c$，故可將 (62) 式以折射率表示重新寫成：

$$\boxed{n_1 \sin\theta_1 = n_2 \sin\theta_2} \tag{63}$$

(63) 式就是目前非磁性電介質問題所最常使用的史內爾定律形式。(62) 式則是更一般化的應用形式，例如，應用至具有不同導磁係數以及不同介電係數的情況。一般而言，我們可得出 $k_1 = (\omega/c)\sqrt{\mu_{r1}\epsilon_{r1}}$ 及 $k_2 = (\omega/c)\sqrt{\mu_{r2}\epsilon_{r2}}$。

在求得各角度間的關係之後，接下來再回到我們第二個目的，即是要求出振幅 E_{10}^+、E_{10}^-，及 E_{20} 間的關係。為了完成此項目的，我們需用到其它的邊界條件，即在 $x = 0$ 處，**H** 的切線分量連續。p-極化波的磁場向量均為負 y-指向。在邊界處，各場量振幅的關係為

$$H_{10}^+ + H_{10}^- = H_{20} \tag{64}$$

接著，利用 $\theta_1' = \theta_1$，並引用史內爾定律，則 (61) 式變成

$$E_{10}^+ \cos\theta_1 + E_{10}^- \cos\theta_1 = E_{20}\cos\theta_2 \tag{65}$$

利用各介質的本質阻抗，例如，已知 $E_{10}^+ / H_{10}^+ = \eta_1$ 及 $E_{20}^+ / H_{20}^+ = \eta_2$。故知 (64) 式可重寫成如下所示：

$$\frac{E_{10}^+ \cos\theta_1}{\eta_{1p}} - \frac{E_{10}^- \cos\theta_1}{\eta_{1p}} = \frac{E_{20}^+ \cos\theta_2}{\eta_{2p}} \tag{66}$$

注意：(66) 式中第二項前面的負號，是因為 $E_{10}^- \cos\theta_1$ 為負值 (由圖 12.7a 可知) 所造成的

結果,而 H_{10}^- 則為正值 (亦可由該圖看出)。在寫出 (66) 式時,適用於 p-極化的**有效阻抗** (effective impedances) 定義成

$$\eta_{1p} = \eta_1 \cos\theta_1 \tag{67}$$

及

$$\eta_{2p} = \eta_2 \cos\theta_2 \tag{68}$$

利用此種表示法,(65) 式及 (66) 式現在便可一起用來求解出比值 E_{10}^-/E_{10}^+ 及 E_{20}/E_{10}^+。進行與求解 (7) 式及 (8) 式時的相似程序,我們即可求出反射及透射係數為:

$$\Gamma_p = \frac{E_{10}^-}{E_{10}^+} = \frac{\eta_{2p} - \eta_{1p}}{\eta_{2p} + \eta_{1p}} \tag{69}$$

$$\tau_p = \frac{E_{20}}{E_{10}^+} = \frac{2\eta_{2p}}{\eta_{2p} + \eta_{1p}} \left(\frac{\cos\theta_1}{\cos\theta_2}\right) \tag{70}$$

參考圖 12.7b,亦可針對 s-極化情況進行類似的分析,其過程可當作讀者們的練習題;結果為

$$\Gamma_s = \frac{E_{y10}^-}{E_{y10}^+} = \frac{\eta_{2s} - \eta_{1s}}{\eta_{2s} + \eta_{1s}} \tag{71}$$

$$\tau_s = \frac{E_{y20}}{E_{y10}^+} = \frac{2\eta_{2s}}{\eta_{2s} + \eta_{1s}} \tag{72}$$

其中,s-極化的各有效阻抗分別為

$$\eta_{1s} = \eta_1 \sec\theta_1 \tag{73}$$

及

$$\eta_{2s} = \eta_2 \sec\theta_2 \tag{74}$$

(67) 至 (74) 式就是計算任意入射角時,各種極化波的反射及透射值時所需的方程式。

例題 12.7

已知一均勻平面波以 30° 角 (與法線的夾角) 由空氣入射至玻璃。就 (a) p-極化,及 (b) s-極

化的情況，試求出入射功率被反射及透射的比例。已知玻璃的折射率為 $n_2 = 1.45$。

解：首先，利用史內爾定律求出透射角。空氣的折射率取為 $n_1 = 1$，利用 (63) 式可求出

$$\theta_2 = \sin^{-1}\left(\frac{\sin 30}{1.45}\right) = 20.2°$$

現在，就 p-極化的情況而言：

$$\eta_{1p} = \eta_1 \cos 30 = (377)(.866) = 326\ \Omega$$

$$\eta_{2p} = \eta_2 \cos 20.2 = \frac{377}{1.45}(.938) = 244\ \Omega$$

接著，利用 (69) 式，可求出

$$\Gamma_p = \frac{244 - 326}{244 + 326} = -0.144$$

入射功率被反射的比例為

$$\frac{P_r}{P_{inc}} = |\Gamma_p|^2 = .021$$

而被透射的比例則為

$$\frac{P_t}{P_{inc}} = 1 - |\Gamma_p|^2 = .979$$

就 s-極化的情況而言，可得

$$\eta_{1s} = \eta_1 \sec 30 = 377/.866 = 435\ \Omega$$

$$\eta_{2s} = \eta_2 \sec 20.2 = \frac{377}{1.45(.938)} = 277\ \Omega$$

接著，利用 (71) 式：

$$\Gamma_s = \frac{277 - 435}{277 + 435} = -.222$$

因此，被反射的功率比例為

$$|\Gamma_s|^2 = .049$$

入射波被透射的比例則為

$$1 - |\Gamma_s|^2 = .951$$

在例題 12.7 中，兩種極化情況的反射係數均為負值。這種負的反射係數，其意義就是反射的電場分量會平行於介面，而且在邊界處其指向正好與入射場分量方向相反。

當第二個介質為完全導體時，亦可觀測到上述的效應。此時，我們知道導體內部的電場必定為零。因此，$\eta_2 = E_{20}/H_{20} = 0$，故知反射係數為 $\Gamma_p = \Gamma_s = -1$。無論入射角或極化情況為何，此時發生了全反射。

12.6 斜向入射波的全反射與全透射

既然我們已經有了求解斜向入射波的反射及透射問題的方法可供使用，我們便可以再來探索**全反射** (total reflection) 及**全透射** (total transmission) 兩種特例。意即我們想找出可產生這些特性的介質、入射角，及極化情況的特殊組合。一開始，我們須先確認全反射的必要條件。由於想要有全部的功率反射，所以 $|\Gamma|^2 = \Gamma\Gamma^* = 1$，其中 Γ 可為 Γ_p 或為 Γ_s。可以發生這種情況的可能複數 Γ 值具有某種適應性。就入射介質而言，我們知道 η_{1p} 及 η_{1s} 總是為正實數。另一方面，當我們考慮第二層介質時，其 η_{2p} 及 η_{2s} 均含有 $\cos\theta_2$ 或 $1/\cos\theta_2$ 的因式，其中

$$\cos\theta_2 = [1 - \sin^2\theta_2]^{1/2} = \left[1 - \left(\frac{n_1}{n_2}\right)^2 \sin^2\theta_1\right]^{1/2} \tag{75}$$

在此，已經使用了史內爾定律。我們發現：只要 $\sin\theta_1 > n_2/n_1$ 時，$\cos\theta_2$ (η_{2p} 及 η_{2s} 也必然如此) 便會變成虛數。譬如說，讓我們先來考慮平行極化的情況。在 η_{2p} 為虛數的條件下，(69) 式變成

$$\Gamma_p = \frac{j|\eta_{2p}| - \eta_{1p}}{j|\eta_{2p}| + \eta_{1p}} = -\frac{\eta_{1p} - j|\eta_{2p}|}{\eta_{1p} + j|\eta_{2p}|} = -\frac{Z}{Z^*}$$

其中，$Z = \eta_{1p} - j|\eta_{2p}|$。因此，可知只要 η_{2p} 為虛數，$\Gamma_p\Gamma_p^* = 1$ 即代表全功率反射。只要 η_{2p} 為零，即當發生 $\sin\theta_1 = n_2/n_1$ 時，相同的結果亦成立。因此，可知全反射的條件為

$$\boxed{\sin\theta_1 > \frac{n_2}{n_1}} \tag{76}$$

由此條件便可決定發生全反射的**臨界角** (critical angle) θ_c，定義為

$$\boxed{\sin\theta_c = \frac{n_2}{n_1}} \tag{77}$$

因此，全反射的條件可用更簡潔地方式寫成

$$\theta_1 \geq \theta_c \quad \text{(對全反射而言)} \tag{78}$$

注意：(76) 式及 (77) 式要有意義必須 $n_2 < n_1$ 才行，即電波必須從具有較高折射率的介質入射至較低折射率的介質才行。基於此項理由，這種全反射條件有時亦稱為全內 (internal) 反射；在諸如光束-轉向稜鏡等光學元件經常可看到 (及應用) 這種現象。

例題 12.8

如圖 12.8 所示，有一稜鏡用來將光束轉向 90°。光束是透過兩個抗反射 (AR-鍍層) 表面進出該稜鏡。在後表面處發生反射，其入射角與法線呈 45° 角。如果周遭區域均為空氣，試求稜鏡材料所需的最小折射率。

解：考慮後表面，此介面後的介質為空氣，故知 $n_2 = 1.00$。由於 $\theta_1 = 45°$，故用 (76) 式便可求出

$$n_1 \geq \frac{n_2}{\sin 45} = \sqrt{2} = 1.41$$

由於熔凝石英玻璃的折射率為 $n_g = 1.45$，故是一種適合於此種應用的材料。事實上，它應用相當廣泛。

全反射的另一種重要應用是用於**光波導** (optical waveguides)。這些光波導的最簡單形式是由三層玻璃構成，中間層玻璃的折射率稍微高於另外兩層。圖 12.9 即示有這種基本結構。如圖中所示，由左向右傳播的光波會因兩介面處的全反射作用而侷限在中間玻璃

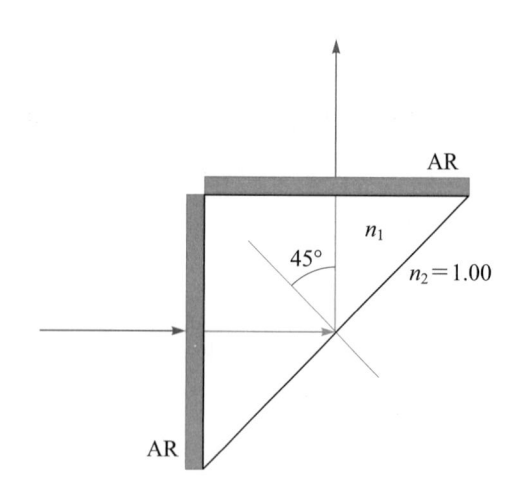

圖 12.8 例題 12.8 的光束-轉向稜鏡。

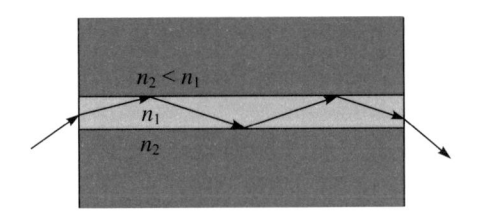

圖 12.9 電介質板狀波導 (對稱型)，圖示之光波會因全反射作用而侷限在中心材料內。

層。光纖波導便是以此原理來建構，這種波導是一種半徑很小的圓柱狀玻璃芯，其周圍以同軸方式鍍以低折射率且半徑較大的被覆層玻璃材料。應用至金屬及電介質的基本導波原理將會在第 13 章中討論。

接下來，我們要討論**全透射** (total transmission) 的可能性。此時，其條件就是 $\Gamma=0$。我們針對兩種極化情況來探討這種可能性。首先，考慮 s-極化的情形。若 $\Gamma_s=0$，則由 (71) 式可知需 $\eta_{2s}=\eta_{1s}$，或

$$\eta_2 \sec\theta_2 = \eta_1 \sec\theta_1$$

利用史內爾定律，把 θ_2 表示成 θ_1，則上式變成

$$\eta_2 \left[1 - \left(\frac{n_1}{n_2}\right)^2 \sin^2\theta_1\right]^{-1/2} = \eta_1 \left[1 - \sin^2\theta_1\right]^{-1/2}$$

由上式可看出並無 θ_1 值可以滿足，所以，我們再來看 p-極化的情況。利用 (67)，(68)，及 (69) 式，並配合史內爾定律，則 $\Gamma_p=0$ 的條件會變成

$$\eta_2 \left[1 - \left(\frac{n_1}{n_2}\right)^2 \sin^2\theta_1\right]^{1/2} = \eta_1 \left[1 - \sin^2\theta_1\right]^{1/2}$$

此式確實有解，其解為

$$\sin\theta_1 = \sin\theta_B = \frac{n_2}{\sqrt{n_1^2 + n_2^2}} \tag{79}$$

此處我們使用了 $\eta_1=\eta_0/n_1$ 及 $\eta_2=\eta_0/n_2$。我們稱會發生全透射情況的這個特殊角 θ_B 為**布魯斯特角** (Brewster angle) 或**極化角** (polarization angle)。後者這種名稱的由來是因為如果光波同時具有 s-極化及 p-極化分量並以 $\theta_1=\theta_B$ 來入射時，則 p 分量將會全部透射，而剩下來部份反射的光波全部都是屬於 s-極化分量。在稍微偏離布魯斯特角的各種角度時，被反射的光波主要仍然是由 s-極化波構成。我們看到源自於水平介面 (如海洋的水面) 的被反射光，絕大部份都是屬於水平極化波。偏光太陽眼鏡便是利用此項原理來減少閃

光，因為這類眼鏡均是設計成阻隔水平極化光波的透射，而只讓垂直極化光波通過。

例題 12.9

光波以布魯斯特角由空氣入射至玻璃。試求入射角及透射角。

解：由於玻璃的折射率為 $n_2 = 1.45$，故知入射角為

$$\theta_1 = \theta_B = \sin^{-1}\left(\frac{n_2}{\sqrt{n_1^2 + n_2^2}}\right) = \sin^{-1}\left(\frac{1.45}{\sqrt{1.45^2 + 1}}\right) = 55.4°$$

透射角則可用史內爾定律來求得，即

$$\theta_2 = \sin^{-1}\left(\frac{n_1}{n_2}\sin\theta_B\right) = \sin^{-1}\left(\frac{n_1}{\sqrt{n_1^2 + n_2^2}}\right) = 34.6°$$

由此練習可知 $\sin\theta_2 = \cos\theta_B$，此即表示在布魯斯特條件下，入射角與透射角之和永遠為 $90°$。

本節中，我們所探討的許多結果均摘要整理在圖 12.10 中，圖中的 Γ_p 及 Γ_s 是由 (69) 式及 (71) 式，將之繪成入射角 θ_1 的函數圖形。圖示各曲線只示出部份選定的折射率比值 n_1/n_2 的曲線圖。圖示的所有曲線，其 $n_1/n_2 > 1$，而 Γ_s 及 Γ_p 在臨界角處均可達到 ± 1 之值。在更大的角度時，反射係數會變成虛數 (故並未示於圖中)，不過儘管如此，其大小仍然維持為一。Γ_p 曲線的布魯斯特角發生點很明確，即所有曲線穿越 θ_1 軸之點 (圖 12.10a)。但此種特性在 Γ_s 函數圖中並未看到，因為當 $n_1/n_2 > 1$ 時，對所有 θ_1 值而言，Γ_s 均為正值。

> **D12.5.** 在例題 12.9 中，試求 s-極化光波的反射係數。
>
> 答案：-0.355

12.7　電波在色散介質中的傳播

在第 11 章中，我們討論過介質的複數型介電係數隨頻率而變的情況。透過許多種可能的機制，這種情況在所有材料中都成立。其中一種先前所提及的機制，就是材料

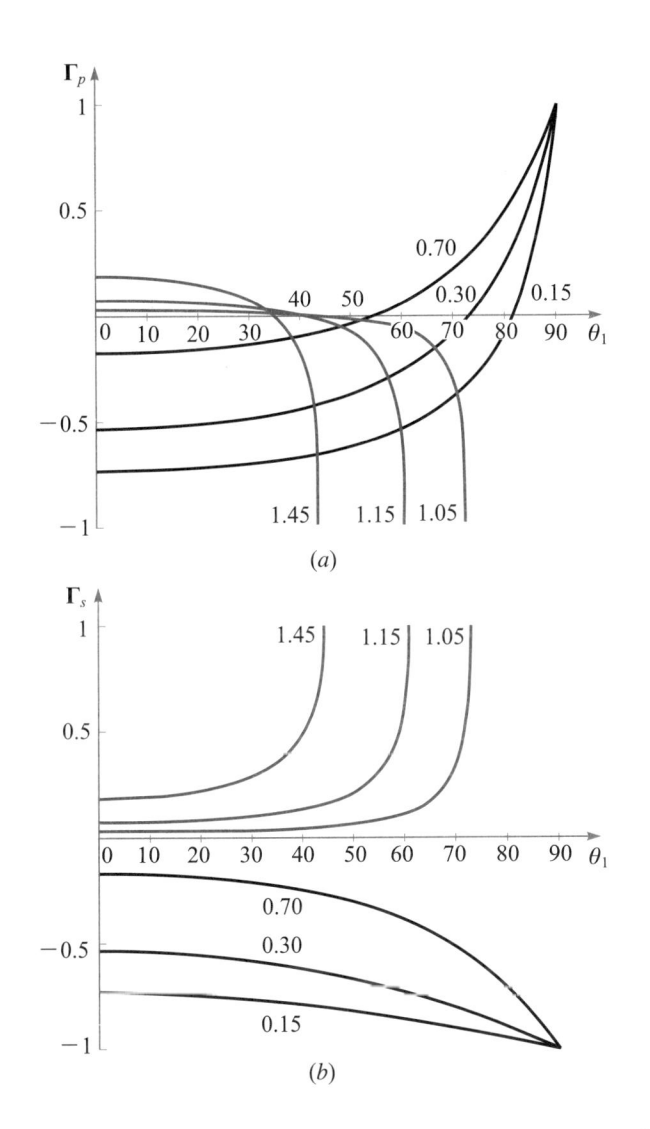

圖 12.10 (a) 依圖 12.7a，Γ_p [(69) 式] 表成入射角 θ_1 函數的圖形。圖中僅就所選取的折射率比值 n_1/n_2 示出其曲線圖。這兩種介質均為無損材料，且其 $\mu_r = 1$。因此，$\eta_1 = \eta_0/n_1$ 及 $\eta_2 = \eta_0/n_2$。(b) 依圖 12.7b，Γ_s [即 (71) 式] 表成入射角 θ_1 函數的圖形。與圖 12.10a 一樣介質亦為無損材料，且僅就所選取的 n_1/n_2 示出其曲線圖。

內振盪的束縛電荷，事實上這些電荷均是具有其各自相關諧振頻率的諧波振動子 (見附錄 D)。當入射的電磁波頻率是位於或接近束縛電荷共振頻率時，電波將會引發劇烈的振盪；如此一來，便會有使電波的原始能量形式耗費殆盡的效應產生。因此，電波會經歷吸收，故知電荷會據此而達到比其從共振狀態而失諧下來的頻率還要大的頻率值。有關的效應就是介電常數的實部值在接近共振頻率時與遠離共振頻率時將會有所差異。簡言之，共振效應會使 ϵ' 及 ϵ'' 之值隨頻率做連續地變化。這些效應進而會對衰減常數及相位常數 [即 11 章中，(44) 及 (45) 式所表示的] 造成相當複雜地頻率相依性。

本節要討論的重點是：當電波在非無損的介質中傳播時，頻變型介電常數 (或折射率) 對電波所造成的效應。事實上，這種情況經常會發生，因為在頻率遠離共振頻率時，此時吸收損雖可忽略不計，但折射率亦可能會發生明顯的變動。這種情況最典型的例子

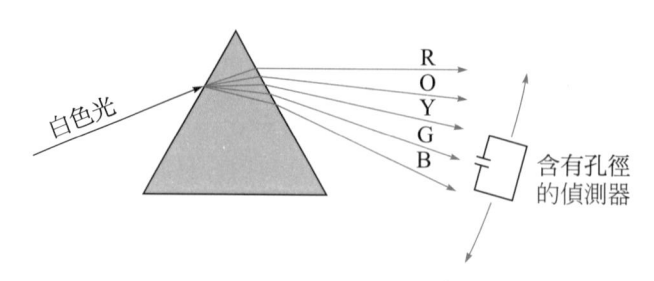

圖 12.11 稜鏡的角度色散可用一個移動式裝置來量測，此裝置可同時量測到波長及功率。此裝置是透過一個孔徑來感測光波，因此可改善波長解析度。

就是用玻璃稜鏡將白色光分離成各種顏色成分。此時，頻率-相依型折射率會使不同的顏色光形成不同的透射角——進而使之分離開來。由稜鏡所產生的光色分離效應即是俗稱的**角度色散** (angular dispersion)，或更明確地，稱之為**色彩** (chromatic) 角色散。

色散 (dispersion) 一詞意味著一電磁波可辨視分量的**分離** (separation)。在稜鏡的例子中，各分量為空間上已分離的各種色光。在此，重要的關鍵點是頻譜功率已經被稜鏡予以分散。只要考慮是利用什麼來量測各透射角之間的差 (例如，藍色光與紅色光)，便可說明此種觀念。我們可能需用到一個具有非常窄的孔徑之功率偵測器，如圖 12.11 所示。偵測器應放置在稜鏡發生藍色光及紅色光的位置，並讓窄孔徑一次只能通過一種色光 (或是在很窄的頻譜範圍的光波) 而射至偵測器。因此，此種偵測器便可量測到含在稱之為"頻譜包"內的功率，即總功率頻譜內非常窄頻帶內的功率。孔徑愈小，頻譜包的頻譜寬度就愈窄，因此可達成更高的測量準確度。[4] 對吾人而言，重要的是把電波功率想像成能以此方式細分成數個頻譜包，正如同本節中所要特別闡述的主要課題，那就是電波在時間上的色散現象。

現在，我們要討論折射率會隨頻率而變的無損非磁性介質的色散現象。假設此介質內均勻平面波的傳播常數形式為：

$$\beta(\omega) = k = \omega\sqrt{\mu_0\epsilon(\omega)} = n(\omega)\frac{\omega}{c} \tag{80}$$

若令 $n(\omega)$ 為頻率的單調遞增函數 (通常情況均是如此)，則 ω 對 β 的變化圖形看起來就有點像是圖 12.12 所示的曲線。此種曲線稱之為介質的 ω-β 圖 (ω-β diagram)。就 ω-β 曲線的形狀來看，我們就可以從中學習到電波會如何在介質內傳播。

---

[4] 為了執行此項實驗，吾人可能需要同時量測波長。因此，偵測器應儘可能安置在分光儀或單色光器的輸出處，其輸入裂縫則可執行頻寬-限制孔徑的功能。

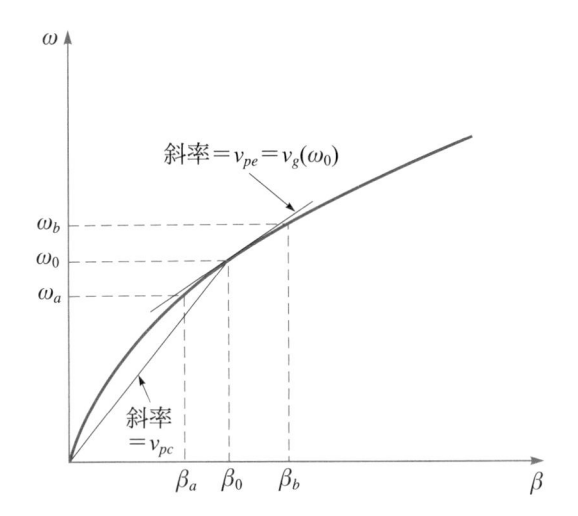

圖 12.12 折射率會隨頻率而遞增之材料的 ω-β 圖。在 ω_0 處，曲線的切線斜率就是該頻率值時的群速。曲線上 ω_0 點至原點之連接線的斜率則是在 ω_0 時的相速。

假設具有頻率 ω_a 及 ω_b 的兩個電波一起在介質內傳播，且其振幅相等。這兩個頻率標示在圖 12.12 之中，兩者之間的中間頻率為 ω_0。圖中亦標示有其相對應的傳播常數 β_a、β_b，及 β_0。這兩個電波的電場均在相同方向 (例如，沿 x 方向) 上呈線性極化，而且兩電波均朝 z 方向傳播。因此，兩電波會相互干擾，產生的合成波之電場函數只要將兩電波的 E 場相加即可求得。利用複數型場量即可完成此種相加：

$$E_{c,\text{net}}(z,t) = E_0[e^{-j\beta_a z}e^{j\omega_a t} + e^{-j\beta_b z}e^{j\omega_b t}]$$

注意：我們必須使用完整的複數形式 (即保留頻率的相依性) 而不是使用相量形式而已，因為電波有各自不同的頻率。接下來，把 $e^{-j\beta_0 z}e^{j\omega_0 t}$ 項因式分解出來：

$$\begin{aligned}E_{c,\text{net}}(z,t) &= E_0 e^{-j\beta_0 z}e^{j\omega_0 t}[e^{j\Delta\beta z}e^{-j\Delta\omega t} + e^{-j\Delta\beta z}e^{j\Delta\omega t}] \\ &= 2E_0 e^{-j\beta_0 z}e^{j\omega_0 t}\cos(\Delta\omega t - \Delta\beta z)\end{aligned} \quad (81)$$

其中

$$\Delta\omega = \omega_0 - \omega_a = \omega_b - \omega_0$$

及

$$\Delta\beta = \beta_0 - \beta_a = \beta_b - \beta_0$$

只要 $\Delta\omega$ 夠小，上式代表 $\Delta\beta$ 的近似表示式便可成立。這個結果也可以由圖 12.12 看出，即就所指示的均勻頻率跨距，便可觀察到曲線的形狀如何影響 $\Delta\beta$。

(81) 式的實數瞬時形式可由下式求出

$$\mathcal{E}_{\text{net}}(z,t) = \text{Re}\{E_{c,\text{net}}\} = 2E_0\cos(\Delta\omega t - \Delta\beta z)\cos(\omega_0 t - \beta_0 z) \quad (82)$$

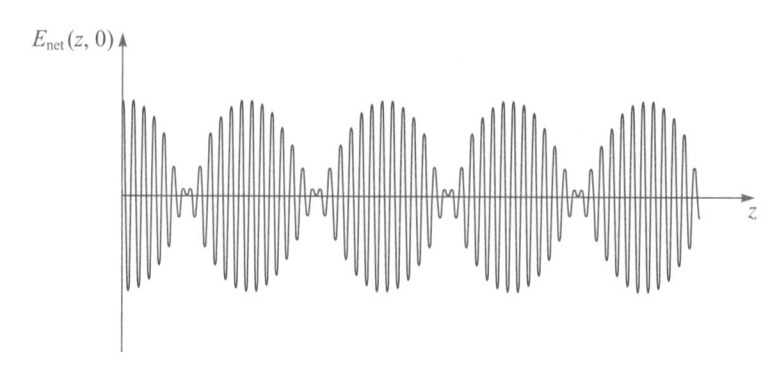

圖 12.13 兩個具有不同頻率 ω_a 及 ω_b [如 (81) 式所示] 之共向傳播電波，其總電場強度表成 z 之函數 (令 $t=0$) 時的波形。快速振盪的部份是與載波頻率 $\omega_0 = (\omega_a + \omega_b)/2$ 有關。而較慢速的調變波則是與波封或"跳動"頻率 $\Delta\omega = (\omega_b - \omega_a)/2$ 有關。

如果 $\Delta\omega$ 比 ω_0 小很多時，我們便將 (82) 式看作是一個頻率為 ω_0 且以頻率 $\Delta\omega$ 做弦波式調變的載波。因此，原先的兩個電波會一起"跳動"而形成一個慢速調變波，正如同兩部音調稍微失調的樂器一同演奏時所會聽到音樂一樣。所造成的電波如圖 12.13 所示。

我們感到興趣的是，想知道載波電波及調變波封的相速。由 (82) 式，馬上即可將這些速度寫成：

$$v_{pc} = \frac{\omega_0}{\beta_0} \quad \text{(載波速度)} \tag{83}$$

$$v_{pe} = \frac{\Delta\omega}{\Delta\beta} \quad \text{(波封速度)} \tag{84}$$

參考圖 12.12 的 ω-β 圖，我們知道載波的相速率就是連接原點至曲線上座標為 ω_0 及 β_0 之點的連接線的斜率值。波封速度則是近似於 ω-β 曲線在由 (ω_0, β_0) 所指定之工作點位置處的切線斜率值。因此，本例中波封速度會稍微小於載波速度。當 $\Delta\omega$ 變成無限小時，波封速度才會完全等於曲線在 ω_0 處的斜率值。因此，就本例來看，可做如下的敘述：

$$\boxed{\lim_{\Delta\omega \to 0} \frac{\Delta\omega}{\Delta\beta} = \left.\frac{d\omega}{d\beta}\right|_{\omega_0} = v_g(\omega_0)} \tag{85}$$

數值 $d\omega/d\beta$ 即稱為材料的**群速** (group velocity) 函數，即 $v_g(\omega)$。當在特定頻率 ω_0 計算其值時，它便代表在頻寬無限小，中心位於 ω_0 的一個頻譜包內一群頻率的速度。此項敘述，已經把上述雙-頻的例子擴展含有連續頻譜的電波。且就每一種頻率成分 (或波包) 而言，波包內的能量均以有相關的群速來傳播。由於 ω-β 曲線的斜率會隨頻率而變，很明顯地群速也會是頻率的函數。對一階而言,介質的**群速色散** (group velocity dispersion) 就是 ω-β 曲線之斜率隨頻率而變的速度。正是這種特性,所以調變波在色散介質中的傳播才會如此重要,調變波封可能會隨著傳播距離而退化。

例題 12.10

試考慮一種介質,其折射率在某一頻率範圍內會隨頻率做線性變化:

$$n(\omega) = n_0 \frac{\omega}{\omega_0}$$

試求電波在頻率 ω_0 處的群速與相速。

解:首先,相位常數為

$$\beta(\omega) = n(\omega)\frac{\omega}{c} = \frac{n_0 \omega^2}{\omega_0 c}$$

現在

$$\frac{d\beta}{d\omega} = \frac{2n_0\omega}{\omega_0 c}$$

所以,

$$v_g = \frac{d\omega}{d\beta} = \frac{\omega_0 c}{2n_0 \omega}$$

ω_0 處的群速度為

$$v_g(\omega_0) = \frac{c}{2n_0}$$

而在 ω_0 處的相速度則為

$$v_p(\omega_0) = \frac{\omega}{\beta(\omega_0)} = \frac{c}{n_0}$$

12.8 色散介質的脈波變寬現象

為了瞭解色散介質如何影響調變波,讓我們來探討一電磁脈波的傳播。脈波使用於數位信號之中,在一指定的時間位置脈波的出現與消失就等同於數字的"一"或"零"。色散介質對脈波的效應是會使脈波在時間上變寬。為了瞭解如何發生這種情況，我們可考慮脈波**頻譜**，它可藉由對時域脈波取傅立葉轉換而求得。特別的是，假設時域上的脈波波形為高斯形式，且在位置 $z=0$ 處的電場為

$$E(0,t) = E_0 e^{-\frac{1}{2}(t/T)^2} e^{j\omega_0 t} \tag{86}$$

其中，E_0 為常數，ω_0 為載波頻率，而 T 為脈波波封的特徵半-波寬；此值就是坡印亭向量的脈波**強度** (intensity) 或大小下降至其最大值 $1/e$ 倍時的時間 (注意，此強度與電場的平方成正比)。此脈波的頻譜就是 (86) 式的傅立葉轉換，即

$$E(0,\omega) = \frac{E_0 T}{\sqrt{2\pi}} e^{-\frac{1}{2}T^2(\omega-\omega_0)^2} \tag{87}$$

由 (87) 式可知，可使頻譜**強度** (正比於 $|E(0,\omega)|^2$) 下降至其最大值的 $1/e$ 倍時，對 ω_0 的頻率移位為 $\Delta\omega = \omega - \omega_0 = 1/T$。

圖 12.14a 示有此種脈波的高斯型頻譜，其中心位於 ω_0，圖中亦指出相對於 $1/e$ 倍頻譜強度位置的頻率點 ω_a 及 ω_b。圖 12.14b 則是將這三個相同的頻率標記在介質的 ω-β 曲線上。圖中畫有三條直線，分別與曲線相切於這三個頻率位置。這些直線的斜率代表在 ω_a、ω_b、及 ω_0 處的群速，分別記為 v_{ga}、v_{gb}、及 v_{g0}。構成此脈波頻譜的頻譜能量包在傳播時間上的差異便會造成脈波在時間上的變寬。由脈波頻譜能量在中心頻率 ω_0 處為最高值，故可以此為參考點，繞著這參考點將會發生能量進一步的擴散。例如，讓我們來考慮在介質內傳播經過距離 z 之後，頻率分量 ω_0 及 ω_b 間在抵達時間上的差異 (即群延遲)：

$$\Delta\tau = z\left(\frac{1}{v_{gb}} - \frac{1}{v_{g0}}\right) = z\left(\left.\frac{d\beta}{d\omega}\right|_{\omega_b} - \left.\frac{d\beta}{d\omega}\right|_{\omega_0}\right) \tag{88}$$

此結果的要旨在於介質的作用像是一個**時間稜鏡** (temporal prism)。不像是頻譜能量包在空間上的擴散，它反而是在時間上擴散。如此做的同時，也建構了一個新的時間脈波波封，其寬度基本上是以不同頻譜分量之傳播延遲的擴散為基礎。只要決定峰值頻譜分量與頻譜半-波寬處之分量間的延遲差異，我們即可為這個新的**時間半-波寬**建構一個表示式。當然，這個式子是假設在初始脈波寬度可忽略不計之下才成立。但若無此假設時，我們也可以另做探討，稍後將會做說明。

為了計算 (88) 式，我們需要更多有關 ω-β 曲線的資訊。如果假設曲線是平滑的，而且具有相當均勻的曲率時，我們便可用對載波頻率 ω_0 展開的泰勒級數的前三項來表示 $\beta(\omega)$：

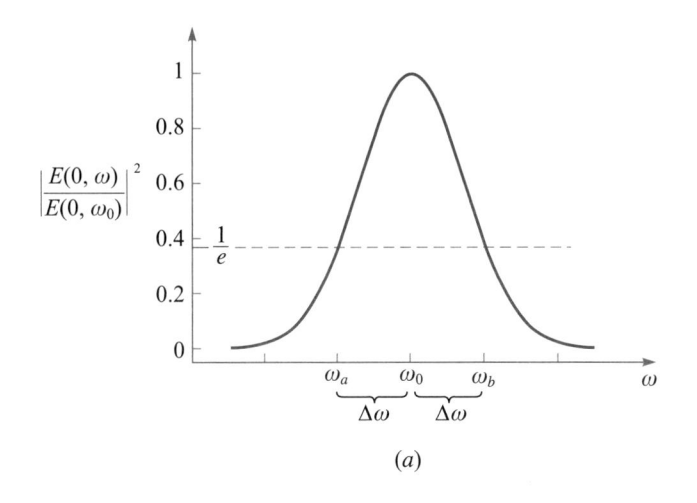

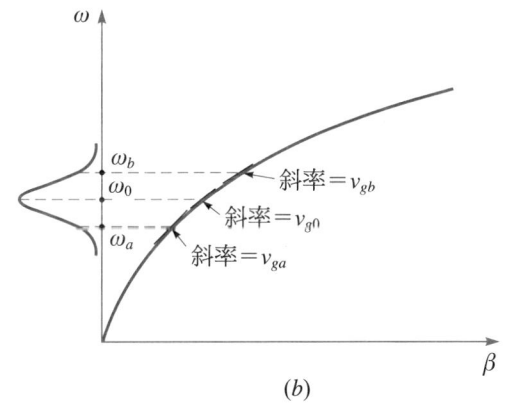

第 12 章　平面波反射與色散　453

圖 12.14 (a) 依據 (86) 式所決定之高斯型脈波的歸一化功率頻譜。此頻譜的中心點位於載波頻率 ω_0 處，且具有 $1/e$ 半-波寬 $\Delta\omega$。頻率 ω_a 及 ω_b 對應於頻譜上的 $1/e$ 位置。(b) 圖 12.14a 的頻譜示於介質 ω-β 圖上的情形。圖 12.14a 中所指定的三個頻率分別與曲線上三個不同的斜率有關，結果會造成各頻譜分量的不同群延遲。

$$\beta(\omega) \doteq \beta(\omega_0) + (\omega - \omega_0)\beta_1 + \frac{1}{2}(\omega - \omega_0)^2\beta_2 \tag{89}$$

其中

$$\beta_0 = \beta(\omega_0)$$

$$\beta_1 = \left.\frac{d\beta}{d\omega}\right|_{\omega_0} \tag{90}$$

及

$$\beta_2 = \left.\frac{d^2\beta}{d\omega^2}\right|_{\omega_0} \tag{91}$$

注意,如果 ω-β 曲線為一直線,則 (89) 式內的前兩項即足以準確地描述 $\beta(\omega)$。在 (89) 式中的第三項 (與 β_2 有關) 則可描述曲率,最後可用來描述色散現象。

注意,β_0、β_1,及 β_2 均為常數,我們取 (89) 式對 ω 的一階導數,可得出

$$\frac{d\beta}{d\omega} = \beta_1 + (\omega - \omega_0)\beta_2 \tag{92}$$

現在,把 (92) 式代入 (88) 式,可得

$$\Delta\tau = [\beta_1 + (\omega_b - \omega_0)\beta_2]z - [\beta_1 + (\omega_0 - \omega_0)\beta_2]z = \Delta\omega\beta_2 z = \frac{\beta_2 z}{T} \tag{93}$$

其中 $\Delta\omega = (\omega_b - \omega_0) = 1/T$。如同 (91) 式所定義的,$\beta_2$ 即為**色散參數** (dispersion parameter)。其通用單位為 [時間²/距離],也就是——每單位距離、每單位頻譜頻寬、脈波在時間上的展開。例如:在光纖中,最通用的單位為微微秒²/公里 (psec²/km)。只要知道 β 如何隨頻率而變,即可求出 β_2 或是測量它。

如果初始脈波寬度遠小於 $\Delta\tau$,則在位置 z 處被變寬的脈波寬度便可簡單地表成 $\Delta\tau$。若初始脈波寬度與 $\Delta\tau$ 相若時,則 z 處之脈波寬度則可透過寬度為 T 之初始高斯型脈波波封與寬度為 $\Delta\tau$ 之高斯型波封的褶積來求出。因此,位置 z 處的脈波寬度通式為

$$T' = \sqrt{T^2 + (\Delta\tau)^2} \tag{94}$$

例題 12.11

已知某一光纖頻道具有色散現象,$\beta_2 = 20$ ps²/km。光纖輸入端處之高斯型光脈波的初始寬度為 $T = 10$ ps。如果光纖長度為 15 km,試求光纖輸出端處的脈波寬度。

解:脈波展幅為

$$\Delta\tau = \frac{\beta_2 z}{T} = \frac{(20)(15)}{10} = 30 \text{ ps}$$

所以,輸出脈波寬度為

$$T' = \sqrt{(10)^2 + (30)^2} = 32 \text{ ps}$$

色彩色散所造成的脈波變寬效應的一項有趣的副作用是，這種變寬的脈波會發出**啁鳴聲** (chirped)。此即表示在整個脈波波封上，脈波的瞬時頻率會隨著時間做單調地變動 (不是遞增就是遞減)。這正好是變寬機制的一項明證，即不同頻率的頻譜分量，當它們以不同的群速度傳播時，都會在時間上散播開來。只要利用 (92) 式，將群延遲 τ_g 以頻率函數之形式計算出來，即可對此種效應加以量化。故可得：

$$\tau_g = \frac{z}{v_g} = z\frac{d\beta}{d\omega} = (\beta_1 + (\omega - \omega_0)\beta_2)z \tag{95}$$

由此式可知：群延遲是頻率的一種線性函數，而且如果 β_2 為正值時，頻率愈高者，愈晚抵達。如果較低頻的分量在時間上超前較高頻分量 [即在 (95) 式，β_2 需為正值] 時，我們便將此種啁鳴聲歸類為正；如果較高頻的分量在時間上超前 (即 β_2 為負值) 時，啁鳴聲為負。圖 12.15 便示有此種變寬效應並說明啁鳴現象。

D12.6. 就例題 12.11 的光纖頻道，例題中輸入端的 10 ps 脈波現在改換成 20 ps 的脈波。試求輸出脈波寬度。

答案：25 ps。

最後，我們注意到脈波寬度 $\Delta\omega$，可求出為 $1/T$。只要對脈波波封 (envelope) 取傅立葉轉換即可印證此結果成立，就如同用 (86) 式求出 (87) 式的做法一樣。在該例中，E_0 取

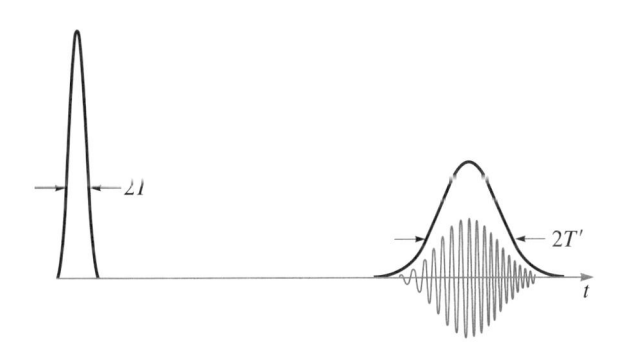

圖 12.15 如同圖 12.14b 之 $\omega\beta$ 圖所例示的，傳播通過一色散介質前-後且表成時間函數的高斯型脈波強度 (平滑曲線)。電場振盪示於第二個軌跡下方，用以證明脈波變寬時的啁鳴效應。由圖示可知，變寬的脈波振幅會減小，之所以會如此是因為脈波能量 (即強度波封下方的面積) 需為固定值的緣故。

為常數，所以起源於載波及高斯型波封的僅有時間變化而已。此種脈波，其頻譜僅能由脈波波封求出，故知屬於**轉換-侷限型** (transform-limited)。不過，一般而言，可能會出現額外的頻率頻寬，因為 E_0 可能會因某種原因而隨時間而變 (例如，可能出現在載波上的相位雜訊)。在這種情況下，脈波變寬效應可由更一般化的表示式求出：

$$\Delta\tau = \Delta\omega\beta_2 z \tag{96}$$

其中，$\Delta\omega$ 是源自所有場源的淨頻譜頻寬。很明顯地，為了使變寬效應最小化，較常用轉換-侷限型脈波，因為就一特定的脈波寬度而言，這類脈波具有最小的頻譜寬度。

參考書目

1. DuBroff, R. E., S. V. Marshall, and G. G. Skitek. *Electromagnetic Concepts and Applications*. 4th ed. Englewood Cliffs, N. J.: Prentice-Hall, 1996. Chapter 9 of this text develops the concepts presented here, with additional examples and applications.
2. Iskander, M. F. *Electromagnetic Fields and Waves*. Englewood Cliffs, N. J.: Prentice-Hall, 1992. The multiple interface treatment in Chapter 5 of this text is particularly good.
3. Harrington, R. F. *Time-Harmonic Electromagnetic Fields*. New York: McGraw-Hill, 1961. This advanced text provides a good overview of general wave reflection concepts in Chapter 2.
4. Marcuse, D. *Light Transmission Optics*. New York: Van Nostrand Reinhold, 1982. This intermediate-level text provides detailed coverage of optical waveguides and pulse propagation in dispersive media.

第 12 章習題

12.1 空氣中的均勻平面波 $E_{x1}^+ = E_{x10}^+ \cos(10^{10}t - \beta z)$ V/m 垂直入射位於 $z=0$ 的銅表面。試問有多少百分比的入射功率會透射進入銅內？

12.2 平面 $z=0$ 定義為兩個電介質之間的邊界。在 $z<0$ 處，$\epsilon_{r1}'=9$，$\epsilon_{r1}''=0$，且 $\mu_1=\mu_0$。在 $z>0$ 處，$\epsilon_{r2}'=3$，$\epsilon_{r2}''=0$，且 $\mu_2=\mu_0$。令 $E_{x1}^+ = 10\cos(\omega t-15z)$ V/m，試求：(a) ω；(b) $\langle \mathbf{S}_1^+ \rangle$；(c) $\langle \mathbf{S}_1^- \rangle$；(d) $\langle \mathbf{S}_2^+ \rangle$。

12.3 區域 1 內的均勻平面波垂直入射在隔離區域 1 與區域 2 的平面邊界。若 $\epsilon_1''=\epsilon_2''=0$，而 $\epsilon_{r1}'=\mu_{r1}^3$ 且 $\epsilon_{r2}'=\mu_{r2}^3$，若入射波有 20% 的能量在介面處反射，試求 $\epsilon_{r2}'/\epsilon_{r1}'$。本題可能有兩種解。

12.4 有一個 10 MHz 的平面波具有 5 W/m² 的初始平均功率密度，垂直由自由空間入射到一個有耗損材料的表面，其材料特性為 $\epsilon_2''/\epsilon_2'=0.05$，$\epsilon_{r2}'=5$ 及 $\mu_2=\mu_0$。試計算平面波進入有耗損介質的距離，使得透射電波功率密度會由初始的 5 W/m² 下降 10 dB。

12.5 $z < 0$ 的區域介質特性為 $\epsilon'_r = \mu_r = 1$ 且 $\epsilon''_r = 0$。已知此區的總電場 **E** 為兩個均勻平面波之和，即 $\mathbf{E}_s = 150\, e^{-j10z}\, \mathbf{a}_x + (50\angle 20°)\, e^{j10z}\, \mathbf{a}_x$ V/m。(a) 試問工作頻率為何？(b) 試指出可提供適當反射波之 $z > 0$ 區域的本質阻抗。(c) 試問在何種 z 值時，-10 cm $< z < 0$，總電場強度會有最大的振幅？

12.6 在例題 12.8 的光束-轉向稜鏡中，假設將反折射鍍層移除，只留下裸露的玻璃-至-空氣的介面。假設僅有單次的通過，試計算稜鏡輸出功率對輸入功率的比值。

12.7 已知 $z < 0$ 及 $z > 1$ m 的半無限區域均為自由空間，而 $0 < z < 1$ m 區域中，$\epsilon'_r = 4$，$\mu_r = 1$，且 $\epsilon''_r = 0$。$\omega = 4 \times 10^8$ rad/s 的均勻平面波以 $\mathbf{a}_z$ 方向朝位於 $z = 0$ 處的介面行進。(a) 試求這三區中每一區域內的駐波比。(b) 就 $z < 0$ 區，試求最靠近 $z = 0$ 之最大 $|\mathbf{E}|$ 值的位置。

12.8 某一電波由 a 點開始，以 0.1 dB/cm 損耗速率傳播穿過的有損介質達 1 m，垂直入射至一邊界而以 $\Gamma = 0.3 + j0.4$ 的反射係數來反射，然後又回到 a 點。在電波行進一回後，試計算最後功率對入射功率的比值，並以分貝指出整體的損失。

12.9 區域 1，$z < 0$，及區域 2，$z > 0$，兩者均為完全電介質區 ($\mu = \mu_0$，$\epsilon'' = 0$)。已知某一在 $\mathbf{a}_z$ 方向行進的均勻平面波具有 3×10^{10} rad/s 的角頻率。在這兩區域中，其波長分別為 $\lambda_1 = 5$ cm 及 $\lambda_2 = 3$ cm。試問在邊界處有多少百分比的入射能量會：(a) 被反射；(b) 被透射？(c) 試問區域 1 中的駐波比為何？

12.10 在圖 12.1 中，令區域 2 為自由空間，而且 $\mu_{r1} = 1$，$\epsilon''_{r1} = 0$，但 ϵ'_{r1} 則為未知。若：(a) $\mathbf{E}_1^-$ 的振幅為 $\mathbf{E}_1^+$ 的一半；(b) $\langle \mathbf{S}_1^- \rangle$ 為 $\langle \mathbf{S}_1^+ \rangle$ 的一半；(c) $|\mathbf{E}_1|_{min}$ 為 $|\mathbf{E}_1|_{max}$ 的一半時，試求 ϵ'_{r1}。

12.11 某一 150 MHz 的均勻平面波由空氣垂直入射至一本質阻抗為未知的材料上。由測量結果可知，駐波比為 3，且電場最小值會出現在介面之前方 0.3 個波長處。試求此未知材料的阻抗。

12.12 已知一 50 MHz 的均勻平面波由空氣垂直入射至平靜的海面。就海水而言，其 $\sigma = 4$ S/m，且 $\epsilon'_r = 78$。(a) 試求入射功率被反射及透射的比例。(b) 當頻率增加時，試以定性方式描述這些答案如何變動 (如果有的話，全部都要描述)。

12.13 已知右旋-圓形極化平面波由空氣垂直入射至樹脂玻璃的半-無限大薄片上 ($\epsilon'_r = 3.45$，$\epsilon''_r = 0$)。試求入射功率被反射及透射的比例。此外，試描述反射波及透射波的極化情形。

12.14 已知左旋-圓形極化平面波垂直入射至一完全的導體上。(a) 以相量形式，試寫出入射波與反射波的重疊式。(b) 試求 (a) 題結果的實值瞬時形式。(c) 試描述所形成的電波。

12.15 六氟化硫 (SF$_6$) 是一種高密度氣體，在一特定壓力，溫度與波長之下，其折射率為 $n_s = 1.8$。考慮圖 12.16 所示的反向-折射稜鏡，此稜鏡浸泡在 SF$_6$ 之中，光線經由一個四分之一波長抗-反射鍍層射入，然後從玻璃背部表面完全地反射回去。原理上，在所設計的波長下，光束應該不會有損耗 (即 $P_{out} = P_{in}$)。(a) 試求所需的玻璃折射率 n_g 的最小值，以使內部光束可以完全地反射。(b) 知道 n_g 值後，試求所需的四分之一波長薄膜的折射率，n_f。(c) 令 SF$_6$ 氣體自氣密室抽具空，並且令玻璃與薄膜的各參數值仍如同先前所求得之值，試求比值，P_{out}/P_{in}。假設有非常小的劉齊偏差，使得通過稜鏡的長程光束路徑無法由反射波追溯到。

12.16 在圖 12.5 中，令區域 2 與區域 3 兩者均具有四分之一波長的厚度，區域 4 是玻璃，其折射率為 $n_4 = 1.45$；而區域 1 則為空氣。(a) 試求 $\eta_{in, b}$。(b) 試求 $\eta_{in, a}$。(c) 試指明這四種本質阻抗之間的一種關係式可使入射波由左側完全傳輸進入區域 4。(d) 試為區域 2 與區域 3

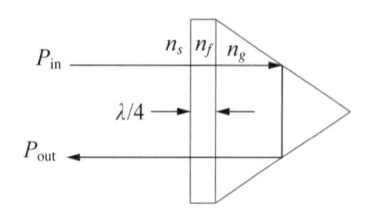

圖 12.16 見習題 12.15。

指定折射率值以便能完成 (c) 題的條件。(e) 如果這兩層厚度變成是二分之一波長而非四分之一波長時，試求入射功率可被透射傳播的比例。

12.17 自由空間內，有一均勻平面波垂直至厚度為 $\lambda/4$，且折射率為 n 的濃稠電介質板。試求所需的 n 值以使正好有一半的入射功率可被反射 (即另一半被透射)。請記住：$n > 1$。

12.18 有一均勻平面波垂直入射到一玻璃片 ($n = 1.45$)，玻璃片背面接著一塊完全導體。若玻璃厚度為 (a) $\lambda/2$；(b) $\lambda/4$；(c) $\lambda/8$ 時，試求在玻璃的前表面處之折射相位移。

12.19 已知有四片無損的電介質薄片，全部均具有相同的本質阻抗，其值與自由空間之阻抗不同。每一片的厚度均為 $\lambda/4$，此處 λ 為在薄片材料內所量得的波長。這些薄片以相互平行方式排列，整組薄片則是位於會與一均勻平面波垂直的路徑上。這些薄片之間的空氣間隔可以加以安排成零、四分之一波長、及二分之一波長。試指出薄片及空氣的一種排列方式，以使 (a) 電波可完全地透射過整組薄片，及 (b) 整組薄片可以對入射波展現出最高反射率。可能有數組答案存在。

12.20 習題 12.12 的 50 MHz 平面波以與法線呈 60° 的角度入射至海平面。就 (a) s-極化及 (b) p-極化的情況，試求入射功率被反射及透射的比例。

12.21 空氣中的右旋-圓形極化平面波以布魯斯特角入射至樹脂玻璃的半-無限大薄片上 ($\epsilon_r' = 3.45$，$\epsilon_r'' = 0$)。(a) 試求入射功率被反射及透射的比例。(b) 試描述反射波及透射波的極化情形。

12.22 如圖 12.17 所示的電介質波導，其折射率如圖中所示。如圖示，入射光波以與前表面之法線呈 ϕ 角度射入波導。一旦射入後，在上方 $n_1 - n_2$ 介面處，光波為全反射，其中 $n_1 > n_2$。後續在上方及下方邊界處的反射也都是全反射，所以光波會被侷限在波導之中。試以 n_1 及 n_2 表示，求出可使全部光波均侷限在波導之內時最大 ϕ 值的表示式，其中 $n_0 = 1$。數值 $\sin \phi_1$ 稱之為波導的**數值孔徑** (numerical aperture)。

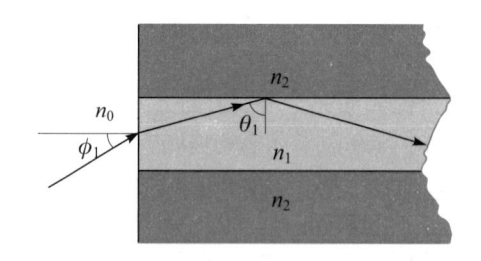

圖 12.17 見習題 12.22 及 12.23。

12.23 假設圖 12.17 的 ϕ 為布魯斯特角，而 θ_1 為臨介面。試以 n_1 及 n_2 表示求出 n_0 的表示式。

12.24 布魯斯特稜鏡 (Brewster prism) 是設計成讓 p-極化光波通過而不會有任何反射損耗。圖 12.18 的稜鏡是由玻璃 ($n = 1.45$) 製成，並且是置於空氣中。請就圖示的光波路徑，試求頂角角度 α。

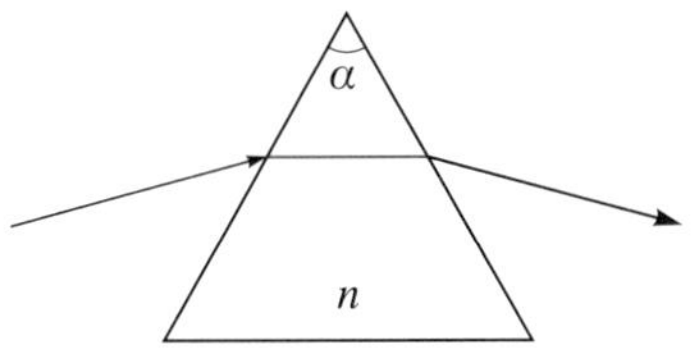

第 12 章　平面波反射與色散　459

圖 12.18　見習題 12.24 及 12.25。

12.25 在圖 12.18 的布魯斯特稜鏡中，就 s-極化光波，試求入射功率會透射穿過稜鏡的比例並由此比例值指出入射損耗 (insertion loss) 的 dB 值，已知此數字定義為 $10\log_{10}$ (比例)。

12.26 試示出如何用一塊玻璃來使 p-極化的光束轉向 180°，而且光波不會有任何反射損耗 (理論上)。此光波是由空氣入射進來，而反向光波 (同樣也在空氣中) 可以與入射光波錯開行進路徑。已知玻璃的 $n=1.45$，試指出所有可行的角度。本題可能有一種以上的設計方式。

12.27 以第 11 章的 (79) 式作為起點，試求良導體中電磁波之群速與相速的比值。假設導電率不會隨頻率而變。

12.28 有一個小的波長範圍，某一種材料的折射率大約會與波長呈現線性的變化，即 $n(\lambda) \doteq n_a + n_b(\lambda - \lambda_a)$，其中 n_a、n_b、及 λ_a 均為常數，而 λ 則為自由空間波長。(a) 試證 $d/d\omega = -(2\pi c/\omega^2)\, d/d\lambda$。(b) 利用 $\beta(\lambda) = 2\pi n/\lambda$，試求在一單位距離內與波長-相關 (或無關) 的群延遲。(c) 由 (b) 題的結果，試求 β_2。(d) 試討論這些結果所隱含的意義，如果有，特別是對於脈波變寬效應的意義。

12.29 已知 $T = 5$ ps 的轉換-限制型脈波在 $\beta_2 = 10$ ps^2/km 的色散頻道中傳播。試問超過何種距離時，脈波才會變為其初始寬度的兩倍？

12.30 已知 $T = 20$ ps 的轉換限制型脈波在 $\beta_2 = 12$ ps^2/km 的色散頻道中傳播了 10 km。然後，此脈波又在 $\beta_2 = -12$ ps^2/km 的頻道中傳播了 10 km。試描述在第二個頻道之輸出端處的脈波，並對所發生的事情給予一物理的解釋。

第13章

波　導

在本章中,我們要來研究數種可以導引電磁波的結構,並且探討這些結構的操作原理。首先,考慮的結構是傳輸線,在第 10 章中,我們已經先從其電流與電壓的觀點探討過它們,而現在我們則是由場的觀點來討論。接著,我們會把討論重點擴及到數種波導元件。廣義而言,波導就是電磁波可藉由它而由某一點傳送至另一點,並且將場量侷限在某一範圍內的結構。傳輸線符合此項定義,不過是一種採用雙導體的特例,而且它只能傳播純 TEM 場組態。一般而言,波導違反這些限制,反而是可以使用任意的導體數與電介質──如同稍後即會明白的,也可以只用電介質而不用導體。

本章一開始會先介紹數種傳輸線結構,並強調在高頻與低頻操作範圍時如何求得其基本常數 L、C、G 與 R 的表示式。接著,先以波導裝置的廣義概念來進行波導的研習,以實際瞭解波導是如何工作,以及它們所使用的工作條件為何。然後,我們會探討簡單的平行板結構波導,並區分其作為傳輸線與波導操作之間的差異性,亦即在何種條件下才會成為波導或傳輸線。利用簡單的平面波模型及波動方程式,我們將會研究導波模態的電場及磁場組態。接著,我們會再研習更複雜的結構,包括矩形波導、介電質平板波導,及光纖。■

13.1 傳輸線場與基本常數

我們一開始要建立當由考慮線路的電壓及電流,或由線路內場的觀點來探討傳輸線操作之間的等效性。例如,參考圖 13.1 所示的平行板傳輸線,在此傳輸線中,假設板間隔為 d,其值遠小於線寬 b (即進入頁面的尺寸)。所以,在任何橫向平面內,電場與磁場可假設為均勻。此外,亦假設為無損耗傳播。圖 13.1 所示為側視圖,其中包含傳播軸

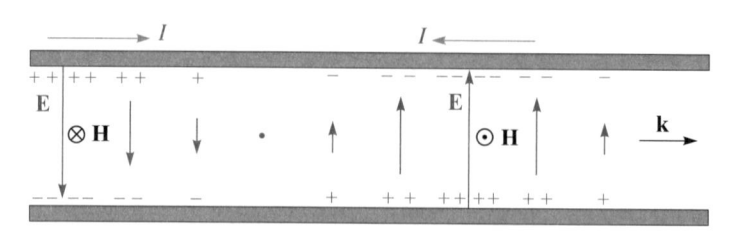

圖 13.1 由沿著線路長度之電壓與電流分佈所代表的傳輸線波與形成一 TEM 波之橫向電場與磁場的關聯性。

z。圖示的場量以及電壓與電流均只代表某一時刻點之值。

電壓與電流的相量形式為：

$$V_s(z) = V_0 e^{-j\beta z} \tag{1a}$$

$$I_s(z) = \frac{V_0}{Z_0} e^{-j\beta z} \tag{1b}$$

其中 $Z_0 = \sqrt{L/C}$。在位於位置 z 處之已知橫向平面內的電場正好就是平行板電容器的電場，即：

$$E_{sx}(z) = \frac{V_s}{d} = \frac{V_0}{d} e^{-j\beta z} \tag{2a}$$

磁場則是等於面電流密度，假設在任一板上其值為均勻時，磁場變成 [第 7 章，(12) 式]：

$$H_{sy}(z) = K_{sz} = \frac{I_s}{b} = \frac{V_0}{bZ_0} e^{-j\beta z} \tag{2b}$$

這兩個場量均為均勻、相互正交，且均座落在橫向平面內，其形式與均勻平面波完全相同。正因如此，它們屬於橫向電磁 (TEM) 場，同時亦可簡稱為傳輸線場。它們與僅會存在線路內部，而其它部位不存在之均勻平面波的電磁場有所不同。

透過時間平均坡印亭向量對整個線路橫截面積分後，便可求得沿著線路往下流動的功率。利用 (2a) 與 (2b) 式，我們可求出：

$$P_z = \int_0^b \int_0^d \frac{1}{2}\text{Re}\{E_{xs}H_{ys}^*\}\,dxdy = \frac{1}{2}\frac{V_0}{d}\frac{V_0^*}{bZ_0^*}(bd) = \frac{|V_0|^2}{2Z_0^*} = \frac{1}{2}\text{Re}\{V_s I_s^*\} \tag{3}$$

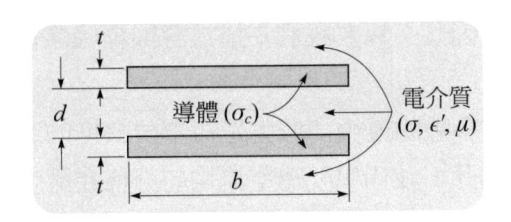

圖 13.2 平行板傳輸線的幾何結構。

由傳輸線傳送的功率只是我們從實務觀點所想要知道的許多重要參數的其中一種而已。(3) 式顯示此種功率經由場量，或者透過電壓與電流來求取，其結果均會相同。事實上，利用場量較具優勢，而且通常我們也喜歡採此做法。這是因為這種處理方式較容易將電介質損耗機制 (不同於傳導率) 併入到電介質的各種色散性質。在產生基本常數時，如同我們現在要針對平行板傳輸線與其它選定的線路結構加以示範說明的，也需要用到傳輸線的電磁場場量。

我們假設傳輸線填充有電介質，其具有介電係數 ϵ'、導電率 σ，及導磁係數 μ (通常為 μ_0) (見圖 13.2)。上板與下板厚度為 t，此參數連同板寬度 b 及金屬板導電率 σ_c，可用來計算低頻情況下每單位長度的電阻參數 R。不過，我們要考慮高頻操作，這時集膚效應會形成一個等效的金屬板厚度，即集膚深度 δ，此值遠小於 t。

首先，假設為靜態場，則每單位長度的電容與電導便會是先前平行板結構所求得的那些值。利用第 6 章的 (27) 式，可求出

$$C = \frac{\epsilon' b}{d} \tag{4}$$

所使用的介電係數之值必須能適用於所考慮的操作頻率範圍。

利用電容與電阻間的簡單關係式 [第 6 章，(45) 式]，每單位長度的電導便由上式之電容表示式而簡單地求出為：

$$G = \frac{\sigma}{\epsilon'} C = \frac{\sigma b}{d} \tag{5}$$

L 與 R 值的計算會涉及到集膚效應的基本假設，亦即需令 $\delta \ll t$。因此，電感基本上為一種外部參數，因為兩平行板導體內之磁通量與導體間之磁通量比後，均可忽略不計。所以，

$$L \doteq L_{\text{ext}} = \frac{\mu d}{b} \tag{6}$$

注意：$L_{ext}C = \mu\epsilon' = 1/v_p^2$，因此，只要我們知道電容與絕緣體特性時，我們便能夠計算出任何傳輸線的外部電感。

四個我們需要知道的參數的最後一個就是每單位長度的電阻 R。若頻率非常高，則集膚深度 δ 便會很小。因此，我們只要總電流均勻分佈在深度 δ，便可求得代表 R 的合適的表示式，集膚效應電阻 (經由兩個串聯導體上的每單位長度) 為

$$R = \frac{2}{\sigma_c \delta b} \tag{7}$$

最後，我們在此便可方便地用上述的參數公式而寫出代表線路特性阻抗的通式：

$$Z_0 = \sqrt{\frac{L_{ext}}{C}} = \sqrt{\frac{\mu}{\epsilon'}}\frac{d}{b} \tag{8}$$

如有需要，亦可由第 10 章 (47) 式求出更精確的值。注意，當把 (8) 式代入 (2b) 式，並利用 (2a) 式，我們便可求得 TEM 波預期的關係式，即 $E_{xs} = \eta H_{ys}$，其中 $\eta = \sqrt{\mu/\epsilon'}$。

> **D13.1.** 圖 13.2 中所示平面式傳輸線的參數為 $b = 6$ mm，$d = 0.25$ mm，$t = 25$ mm，$\sigma_c = 5.5 \times 10^7$ S/m，$\epsilon' = 25$ pF/m，$\mu = \mu_0$，及 $\sigma/\omega\epsilon' = 0.03$。如果操作頻率為 750 MHz，試計算：(a) α；(b) β；(c) Z_0。
>
> 答案：0.47 Np/m；26 rad/m；9.3∠0.7° Ω

13.1.1 同軸傳輸線 (高頻)

接下來，我們要考慮一條同軸電纜，其內電介質材料的內半徑為 a，外半徑為 b (圖 13.3)。如同 6.3 節 (5) 式所求得的，每單位長度的電容為

$$C = \frac{2\pi\epsilon'}{\ln(b/a)} \tag{9}$$

現在，利用關係式 $RC = \epsilon/\sigma$ (見習題 6.6)，可知電導為

$$G = \frac{2\pi\sigma}{\ln(b/a)} \tag{10}$$

其中，σ 是導體間電介質在工作頻率下的導電率。

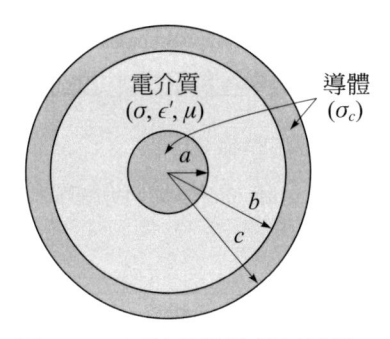

圖 13.3 同軸傳輸線幾何結構。

同軸電纜單位長度的電感根據 8.10 節 (50) 式可以計算出來

$$L_{\text{ext}} = \frac{\mu}{2\pi} \ln(b/a) \tag{11}$$

同樣地，此值亦是一種外部電感，因為只要小的集膚深度便會將導體內部任何可量測得到的磁通量排除掉。

對於半徑為 a，導電率為 σ_c 的圓形導體，我們將 11.4 節中的 (90) 式用於單位長度，得到

$$R_{\text{inner}} = \frac{1}{2\pi a \delta \sigma_c}$$

在外導體同樣也有一個電阻，內徑為 b。我們假定相同的導電率 σ_c 和相同的集膚深度 δ，導出

$$R_{\text{outer}} = \frac{1}{2\pi b \delta \sigma_c}$$

由於電流是以串聯的方式流通過這兩個導體，所以總電阻是兩者之和：

$$R = \frac{1}{2\pi \delta \sigma_c} \left(\frac{1}{a} + \frac{1}{b} \right) \tag{12}$$

最後，假設為低損耗，則特性阻抗變為

$$Z_0 = \sqrt{\frac{L_{\text{ext}}}{C}} = \frac{1}{2\pi} \sqrt{\frac{\mu}{\epsilon'}} \ln \frac{b}{a} \tag{13}$$

13.1.2 同軸電纜 (低頻)

現在讓我們用幾段文字來探討極低頻情況的參數值，在低頻情況下，沒有顯見的集膚效應，故電流是假定成均勻分佈在整個截面。

首先，我們看到導體中的電流分佈並未影響到每單位長度的電容量和電感值。因此，

$$C = \frac{2\pi\epsilon'}{\ln(b/a)} \tag{14}$$

和

$$G = \frac{2\pi\sigma}{\ln(b/a)} \tag{15}$$

每單位長度的電阻值則可以從直流法求出，即 $R = l/(\sigma_c S)$，式中 $l = 1$ m 以及 σ_c 是外導體和內導體的傳導係數。中間導體的截面積為 πa^2，而外導體則為 $\pi(c^2 - b^2)$。把這兩個電阻值相加，得到

$$R = \frac{1}{\sigma_c \pi}\left(\frac{1}{a^2} + \frac{1}{c^2 - b^2}\right) \tag{16}$$

四個參數中只有每單位長度的電感需要重新求值，外部電感是總電感中最主要的部份。然而，在低頻的情況下，我們尚須考慮到較微量的一項，也就是內外導體的內部電感。

在甚低頻時，電流分佈是均勻的，中間導體的電感是第 8 章習題 43 的課題；而關係式在 8.10 節的 (62) 式已經得到：

$$L_{a,\text{int}} = \frac{\mu}{8\pi} \tag{17}$$

外層導體的內部電感的求法比較困難，大部份工作已在第 8 章的習題 36 被提出。在那裡，我們得到：一個圓柱形殼層內徑為 b、外徑為 c，而電流密度均勻分佈的情況下，它的每單位長度所儲存的能量為

$$W_H = \frac{\mu I^2}{16\pi(c^2 - b^2)}\left(b^2 - 3c^2 + \frac{4c^2}{c^2 - b^2}\ln\frac{c}{b}\right)$$

因此，在甚低頻下，外導體的內部電感為

$$L_{bc,\text{int}} = \frac{\mu}{8\pi(c^2 - b^2)}\left(b^2 - 3c^2 + \frac{4c^2}{c^2 - b^2}\ln\frac{c}{b}\right) \tag{18}$$

結合 (11)、(17) 及 (18) 式，我們得到低頻的總電感為：

$$L = \frac{\mu}{2\pi}\left[\ln\frac{b}{a} + \frac{1}{4} + \frac{1}{4(c^2-b^2)}\left(b^2 - 3c^2 + \frac{4c^4}{c^2-b^2}\ln\frac{c}{b}\right)\right] \quad (19)$$

13.1.3 同軸電纜 (中頻)

在高頻和低頻的情況外，還有一段頻率的範圍使得集膚深度既沒有遠大於導體半徑也不至遠小於半徑。在這種情況下，電流分佈是由貝色函數 (Bessel functions) 所決定的，而電阻和內部電感的式子，均有著複雜的形態。當我們想知道高頻的小尺寸導體或大尺寸導體在低頻的功率輸送的情況時，這些值在一些手冊上都可以查閱得到。[1]

> **D13.2.** 同軸傳輸線的尺寸為 $a = 4$ mm、$b = 17.5$ mm，及 $c = 20$ mm。內導體與外導體的導電平均為 2×10^7 S/m，且電介質特性為 $\mu_r = 1$、$\epsilon'_r = 3$，及 $\sigma/\omega\epsilon' = 0.025$。假設損耗正切不隨頻率而變，試求：(a) 在 150 MHz 時的 L、C、R、G 及 Z_0；(b) 在 60 Hz 時的 L 及 R。
>
> 答案：0.30 μH/m，113 pF/m，0.27 Ω/m，2.7 mS/m，51 Ω；0.36 μH/m，1.16 mΩ/m

13.1.4 雙導線 (高頻)

如圖 13.4 所示雙導線傳輸線，其導體半徑均為 a 而傳導係數均為 σ_c，兩導線中心點的距離為 d，置於導磁係數 μ，介電係數為 ϵ'，傳導係數為 σ_c 的電介質中，其每單位長度的電容可利用 6.4 節的結果來求出：

$$C = \frac{\pi\epsilon'}{\cosh^{-1}(d/2a)} \quad (20)$$

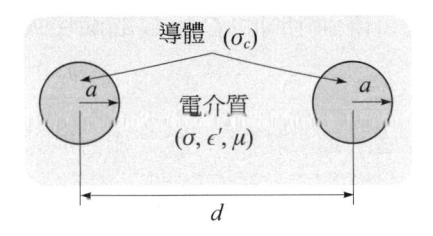

圖 13.4 雙導線傳輸線的幾何結構。

---
[1] 貝色函數會在 13.7 節光纖的內容中加以討論。電流分佈、內部電感，及圓形導線的內部電阻在 Weeks 一書第 35～44 頁中有詳細討論 (並附有數值範例)。請見本章末所列的參考書目。

或

$$C \doteq \frac{\pi \epsilon'}{\ln(d/a)} \qquad (a \ll d)$$

外部電感可以從 $L_{\text{ext}} C = \mu \epsilon'$ 求出

$$L_{\text{ext}} = \frac{\mu}{\pi} \cosh^{-1}(d/2a) \tag{21}$$

或

$$L_{\text{ext}} \doteq \frac{\mu}{\pi} \ln(d/a) \qquad (a \ll d)$$

檢視電容的表示式並利用 $RC = \epsilon/\sigma$ 關係式，我們可以很快地寫出每單位長度的電導為：

$$G = \frac{\pi \sigma}{\cosh^{-1}(d/2a)} \tag{22}$$

每單位長度的電阻為同軸電纜中心導體的兩倍，即

$$R = \frac{1}{\pi a \delta \sigma_c} \tag{23}$$

最後，使用電容和外部電感的表示式，我們得到特性阻抗的值，

$$Z_0 = \sqrt{\frac{L_{\text{ext}}}{C}} = \frac{1}{\pi} \sqrt{\frac{\mu}{\epsilon}} \cosh^{-1}(d/2a) \tag{24}$$

13.1.5　雙導線 (低頻)

在低頻，我們可以假設均勻電流分佈，而且必須再度修正 L 和 R 的表示式，但 C 與 G 則不用修正。因此再次利用 (20) 式及 (22) 式便可得到相同的 C 和 G 的關係式：

$$C = \frac{\pi \epsilon'}{\cosh^{-1}(d/2a)}$$
$$G = \frac{\pi \sigma}{\cosh^{-1}(d/2a)}$$

但是，每單位長度的電感必須增加為長直圓導線內部電感值的兩倍，

$$L = \frac{\mu}{\pi}\left[\frac{1}{4} + \cosh^{-1}(d/2a)\right] \tag{25}$$

同時，電阻也變成了半徑為 a，導電率為 σ_c 的導線電阻的兩倍，其單位長度值為：

$$R = \frac{2}{\pi a^2 \sigma_c} \tag{26}$$

D13.3. 雙導線傳輸線的每一條導體的半徑為 0.8 mm，且導電率為 3×10^7 S/m。它們中心線之間相隔 0.8 cm，其間的材料特性為 $\epsilon'_r = 2.5$、$\mu_r = 1$，及 $\sigma = 4 \times 10^{-9}$ S/m。如果此傳輸線操作在 60 Hz 時，試求：(a) δ；(b) C；(c) G；(d) L；(e) R。

答案：1.2 cm；30 pF/m；5.5 nS/m；1.02 μH/m；0.033 Ω/m

13.1.6 微帶線 (低頻)

微帶線是一種具有限寬度的平面式導體組態，其是製作在電介質基體之上或內部；它們通常用來作為微電子電路的元件接線。圖 13.5 所示的微帶組態是由厚度為 d 且介電係數為 $\epsilon' = \epsilon_r \epsilon_0$ 的電介質 (假設為無損耗) 被夾在一個導電的接地面與一個寬度為 w 的窄導電帶之間而組成。上部導電帶的上方區域可為空氣 (在此假設如此) 或是一種低介電係數的電介質。

若 $w \gg d$ 時，這種結構便近似於平行板傳輸線的結構。在一微帶線中，此種假設通常不會成立，所以上方導體的兩個表面上會很高的電荷密度存在。所形成的電場 (由上方導體射出而終止於下方導體) 將會同時存在於基體與空氣區域之中。磁場也會有相同的情況，它會圍繞著上方導體。這樣的電磁場組態無法當作是一種純 TEM 波來傳播，因為在兩種介質內的波速並不相同。相反地，$\mathbf{E}$ 與 $\mathbf{H}$ 波均具有 z 分量存在，這種 z 分量大小的建立是為了使得空氣與電介質區域內的電磁場能達成相等的相速 (背面的理由將會在 13.6 節中解釋)。分析容許有這種特殊場量存在的結構是很複雜的工作，不過在假設 z 分量忽略不計的情況下，通常可得到此種問題之可容許的近似解。這種解法就是準 TEM 近似法，其方法是將其靜態場 (例如，可透過拉普拉氏方程式的數值解求得) 用來計算各種基

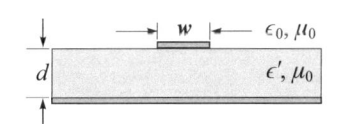

圖 13.5 微帶傳輸線的幾何結構。

本常數。在低頻 (低於 1 或 2 GHz) 時,可獲得蠻精確的結果。在更高頻率時,經由靜態場所求得的結果仍然可用,不過要配合適當的修正函數才行,我們將會討論低頻操作假設為無損耗傳播的簡單情況。[2]

為了開始討論,通常先考慮電介質不存在時的微帶線特性會很有用。假設兩導體的厚度均非常薄,使得其內部電感均可忽略不計,所以在這種空氣填充式傳輸線內的相速 v_{p0} 將會變成

$$v_{p0} = \frac{1}{\sqrt{L_{\text{ext}}C_0}} = \frac{1}{\sqrt{\mu_0 \epsilon_0}} = c \qquad (27a)$$

其中,C_0 為此種空氣-填充式傳輸線的電容 (可由此情況的電場求得),而 c 為光速。當有電介質存在時,電容會改變,但電感卻不變,只要電介質的導磁係數為 μ_0 即可。利用 (27a) 式,現在相速會變成

$$v_p = \frac{1}{\sqrt{L_{\text{ext}}C}} = c\sqrt{\frac{C_0}{C}} = \frac{c}{\sqrt{\epsilon_{r,\text{eff}}}} \qquad (27b)$$

其中微帶線的**有效介電常數** (effective dielectric constant) 為

$$\epsilon_{r,\text{eff}} = \frac{C}{C_0} = \left(\frac{c}{v_p}\right)^2 \qquad (28)$$

(28) 式意味著如果空氣與基體區兩者都均勻地以具有介電常數 $\epsilon_{r,\text{eff}}$ 的材料填充時,便會產生微帶電容 C。有效介電常數是一種使用上非常方便的參數,因為它可為電介質與導體幾何結構效應提供一種單一化的方法。為了明白此觀點,試考慮兩種具有很大與很小寬度-對-高度比 w/d 的極端情況。如果 w/d 非常大時,則傳輸線就像是平行板傳輸線,此時幾乎所有的電場都存在於電介質之中。在此種情況中,$\epsilon_{r,\text{eff}} \doteq \epsilon_r$。另一方面,對一非常窄的上部微帶而言,即其 w/d 值很小,則電介質區與空氣區會含有大約相等的電通數。此時,有效介電常數會趨近其極小值,即約為兩種介電常數的平均值。因此,我們得到 $\epsilon_{r,\text{eff}}$ 可容許值的範圍為:

$$\frac{1}{2}(\epsilon_r + 1) < \epsilon_{r,\text{eff}} < \epsilon_r \qquad (29)$$

$\epsilon_{r,\text{eff}}$ 的物理解釋就是它代表基體與空氣區之介電常數的一種**加權平均** (weighted

---

[2] 高頻的例子在 Edwards 書中有詳細的討論 (見參考書目 2)。

average)，其加權方式是依照電場填滿這兩種區域的程度而定。因此，我們可以用一種**電場充填因數** (field filling factor) q，來表示有效介電常數，對基體而言：

$$\epsilon_{r,\text{eff}} = 1 + q(\epsilon_r - 1) \tag{30}$$

其中 $0.5 < q < 1$。當 w/d 很大時，$q \to 1$；而當 w/d 很小時，$q \to 0.5$。

現在，空氣-填充式傳輸線與具有電介質基體之傳輸線的特性阻抗分別為 $Z_0^{空氣} = \sqrt{L_{\text{ext}}/C_0}$ 及 $Z_0 = \sqrt{L_{\text{ext}}C}$。然後，利用 (28) 式，我們可求出

$$Z_0 = \frac{Z_0^{空氣}}{\sqrt{\epsilon_{r,\text{eff}}}} \tag{31}$$

有一種求取特性阻抗的方法是先針對已知的 w/d 來計算空氣-填充式阻抗。然後，在知道有效介電常數後，利用 (31) 式求取真正的阻抗。為了完成一個必須的特性阻抗，另一種問題將會是針對已知的基體材料來求取所需的 w/d 比。

上述詳細的分析已經導出了許多近似公式，可用來計算不同區域內的 $\epsilon_{r,\text{eff}}$、$Z_0^{空氣}$，及 Z_0 (同樣地，請見參考書目 2 及其內的參考文獻)。例如，令尺寸限制為 $1.3 < w/d < 3.3$，則適用的公式包括：

$$Z_0^{空氣} \doteq 60 \ln \left[4\left(\frac{d}{w}\right) + \sqrt{16\left(\frac{d}{w}\right)^2 + 2} \right] \qquad \frac{w}{d} < 3.3 \tag{32}$$

與

$$\epsilon_{r,\text{eff}} \doteq \frac{\epsilon_r + 1}{2} + \frac{\epsilon_r - 1}{2}\left(1 + 10\frac{d}{w}\right)^{-0.555} \qquad \frac{w}{d} > 1.3 \tag{33}$$

或者，如果想要建造一條傳輸線，使其具有必要的 Z_0 值，則其有效介電常數 (由此值便可求得所需的 w/d 值) 便可經由下式求得：

$$\epsilon_{r,\text{eff}} \doteq \epsilon_r[0.96 + \epsilon_r(0.109 - 0.004\epsilon_r)(\log_{10}(10 + Z_0) - 1)]^{-1} \qquad \frac{w}{d} > 1.3 \tag{34}$$

D13.4. 有一條微帶線建造在鈮酸鋰基體 ($\epsilon_r = 4.8$) 之上，其厚度為 1 mm。如果上方導體寬度為 2 mm，試求 (a) $\epsilon_{r,\text{eff}}$；(b) Z_0；(c) v_p。

答案：3.6；47 Ω；1.6×10^8 m/s

13.2 基本的波導操作

依導波的目的以及所要傳送的電磁波頻率而定，波導具有許多種不同的形式。最簡單的形式 (就分析而言) 即為圖 13.6 所示的平行板波導。其它的結構有各類的中空管狀波導，如圖 13.7 的矩形波導及圖 13.8 所示的圓柱形波導。主要用於光波頻率的電介質波導則包括有圖 13.9 的平板波導與圖 13.10 所示的光纖波導。這些波導結構均有其各自的優點，主要依其應用以及所欲傳送的電磁波頻率而定。不過，所有波導均具有本節所要探討的相同基本操作原理。

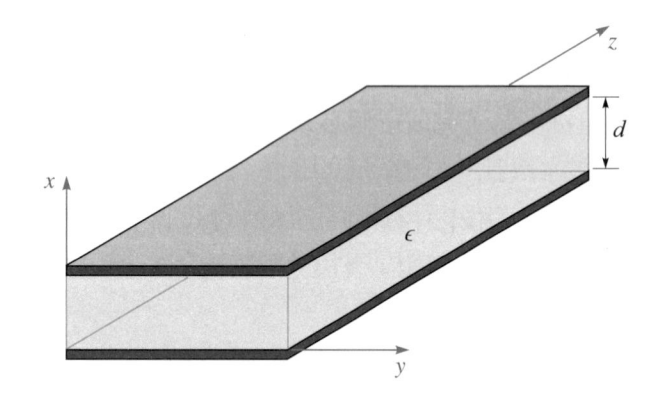

圖 13.6 金屬板位於 $x=0$、d 處的平行板波導。兩板間是介電係數為 ϵ 的介電材料。

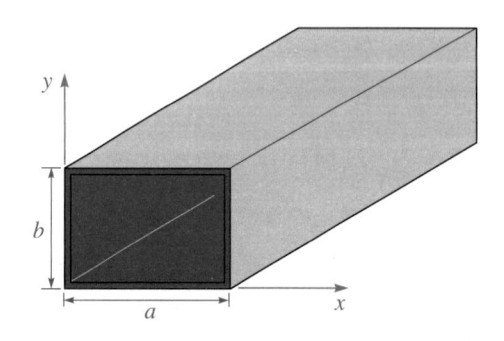

圖 13.7 矩形波導。

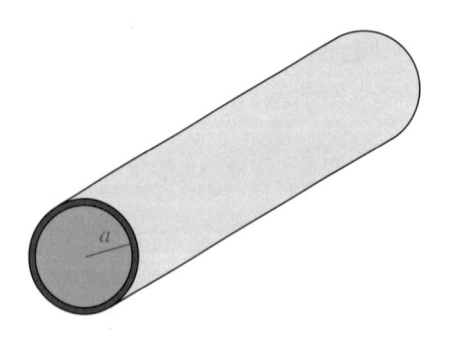

圖 13.8 圓柱形波導。

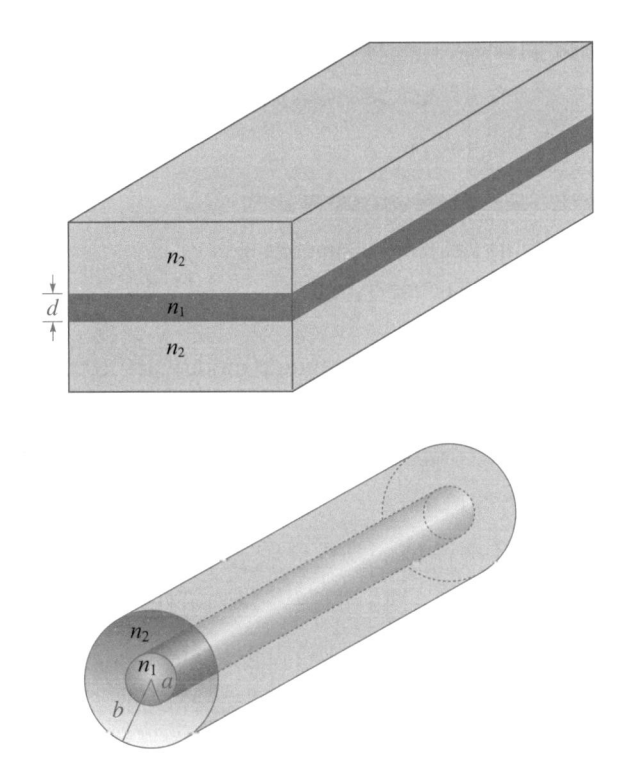

圖 13.9 對稱式電介質平板波導，其平板區 (即折射率為 n_1 之區域) 是由折射率 $n_2 < n_1$ 的兩片電介質圍住。

圖 13.10 光纖波導，其核芯電介質 ($\rho < a$) 的折射率為 n_1。鍍層由折射率為 $n_2 < n_1$ 的電介質 ($a < \rho < b$) 組成。

為了瞭解波導的特性，首先考慮圖 13.6 的平行板波導。一開始，我們將此結構視為在 13.1 節所研習過的傳輸線結構。所以，第一個產生的問題是：波導與傳輸線的差異到底為何？其差異主要在於傳輸線內的電場與磁場。為了瞭解此觀點，試參考圖 13.1，該圖示有此線操作成傳輸線時的電磁場。如同先前所瞭解的，當電壓加在兩導體之間時，弦波式電壓波會導致一個如圖中所示在兩導體間呈垂直指向的電場。由於電流僅在 z 方向上流動，故磁場將會指向外及向內穿過紙面 (即 y 方向)。其內電磁場構成一個在 z 方向 (如同波印亭向量所顯示的) 傳播的平面電磁波，因為電場及磁場兩者均位於橫向面內。如同 13.1 節所討論，我們將此種情況歸類為傳輸線，故知此電磁波為一橫向電磁 (TEM) 波。圖 13.1 中所示的波向量 **k** 可指示波行進的方向以及功率流動的方向。

當頻率增加時，電磁場沿線傳播的方式會發生顯著的改變。雖然圖 13.1 的原始場組態仍然存在，但亦有可能發生圖 13.11 所示的情況。此外，平面波仍導向 z 方向傳播，不過它是在上下板間作曲折反射式的傳播。波向量 $\mathbf{k}_u$ 及 $\mathbf{k}_d$ 分別與向上-傳播及向下-傳播電磁波相關聯，兩者大小完全相同，即

$$|\mathbf{k}_u| = |\mathbf{k}_d| = k = \omega\sqrt{\mu\epsilon}$$

如欲使此種電磁波傳播，所有向上-傳播的電磁波均必須**同相** (in phase) (向下-傳播的電磁波也一樣)。此種條件只有在某些入射角 (如圖 13.11 中所示的 θ) 時才會成立。可容許的

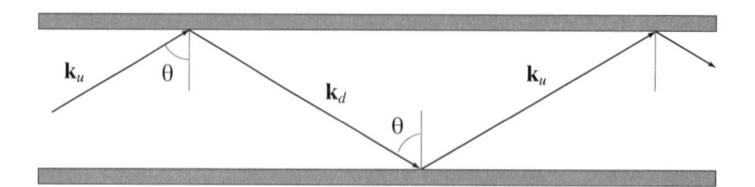

圖 13.11 在平行板波導中，平面波可以經由導電壁的斜向反射而傳播。這樣可產生一種波導模態，但不再是 TEM 波。

θ 值連同所形成的場組態即構成了此種波導結構的**波導模態** (waveguide mode)。與每一種導波模態相關聯的是**截止頻率** (cutoff frequency)。如果操作頻率低於截止頻率時，該模態便無法傳播。若高於截止頻率，則該模態才能傳播。不過，TEM 模態並無截止頻率，任何頻率均可。在一特定頻率時，波導可能可以有數種模態存在，其數量依平板間隔及內部材料的介電常數而定 (稍後將會證明)。隨著頻率上升，模態數也會跟著增加。

所以，為了回答先前我們所提及傳輸線與波導之間差異的問題，我們可作如下的說明：傳輸線是由兩個或以上的導體組成，而且可產生 TEM 波 (或者近似於此種波的電磁波)。波導則可由一個或多個導體組成，或者甚至不用導體，並且可產生波導模態，即與上述相似形式的電磁波。依設計而定，波導也可以或無法產生 TEM 波。

在平行板波導中，可以有兩種波導模態傳播。依據源自於平面波極化的 s 及 p 指向來區分，這些模態如圖 13.12 所示。以符合先前我們對斜向反射 (12.5 節) 的討論方式，當 **E** 與入射平面垂直 (即 s-極化) 時，即視之為**橫向電場** (transverse electric, TE) 模態，此時 **E** 會與波導的橫向面平行，同時也與波導的兩邊界平行。同樣地，p-極化波產生一個**橫向磁場** (transverse magnetic, TM) 模態，此時整個 **H** 場均為 y 方向，因此也是落在波導的橫向面內。這兩種可能的情況均示於圖 13.12 中。例如，若 **E** 位於 y 方向 (即 TE 模態)，則 **H** 便具有 x 及 z 分量。同理，TM 模態的 **E** 則具有 x 及 z 分量。[3] 無論任何情況，

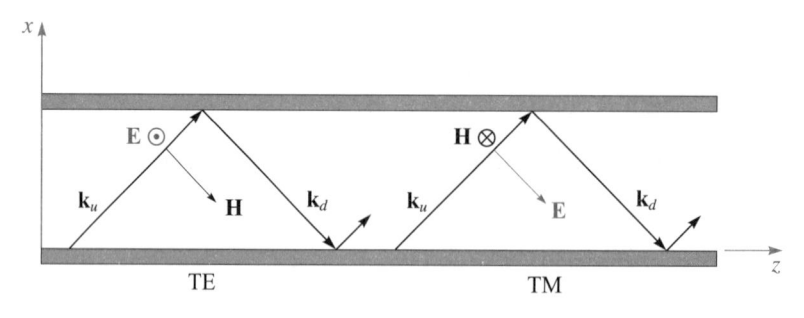

圖 13.12 平行板波導內 TE 及 TM 模態的平面波表示法。

---

[3] 其它形式的模態可存在於其它種結構 (即不是平行板波導) 之中，此時，**E** 及 **H** 兩者同時都具有 z 分量。這些就是所謂的**混合** (hybrid) 模態，一般都是發生於具有圓柱形橫截面的波導之中，如光纖等。

讀者均可由圖示幾何結構來證明，當 θ 值不是 90° 時，均不可能產生一個純 TEM 模態。其它的波極化則可能發生在 TE 與 TM 模態之間，不過這類情況均可用 TE 及 TM 模態的重疊組合來加以表示。

13.3 平行板波導的平面波分析

現在，讓我們利用平面波模型來代表模態場來探討在何種條件下才會產生波導模態。在圖 13.13a 中，同樣也示有一條曲折路徑，不過此時相位波前是以與兩個向上-傳播的電磁波相關聯之方式來繪製。第一個波已經反射兩次 (在上、下表面處)，形成第二個波 (圖中並未示出向下-傳播的相位波前)。注意，第二個波的相位波前與第一個波並未吻合，所以這兩個波並不同相。在圖 13.13b 中，電磁波的相角已經調整成使得兩電波同相。一旦這兩個電磁波滿足此項條件，我們將會發現**所有**向上-傳播的波均具有相吻合的相位波前。對所有向下-傳播的波而言，也會自動地產生相同的情況。這便是產生一個導波模態的條件。

在圖 13.14 中，示有波向量 $\mathbf{k}_u$ 及其各分量，連同一連串的相位波前。代表 $\mathbf{k}_d$ 的這種圖形也是一樣，除了 x 分量 (即 κ_m) 會反向之外。在 12.4 節中，我們是用 k_x 及 k_z 分量來衡量沿 x 及 z 方向每單位距離的相位移，這些會隨著 $\mathbf{k}$ 方向的變化而連續地改變。在討論波導時，我們引用不同的符號，此處是用 κ_m 及 β_m 來代表 k_x 及 k_z。下標 m 為一整數，代表**模數** (mode number)。此下標可精確地提示 β_m 及 κ_m 只具有某種分立值，用以代表 $\mathbf{k}_u$ 及 $\mathbf{k}_d$ 某個可容許的方向，使得相位波前需吻合的條件能被滿足。[4] 由圖示幾何結構可

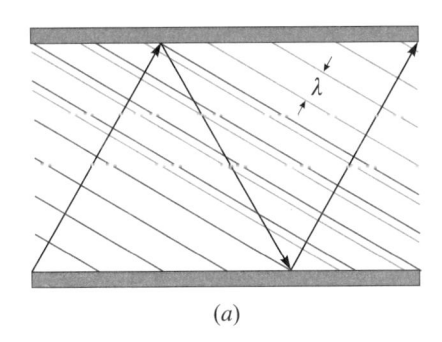

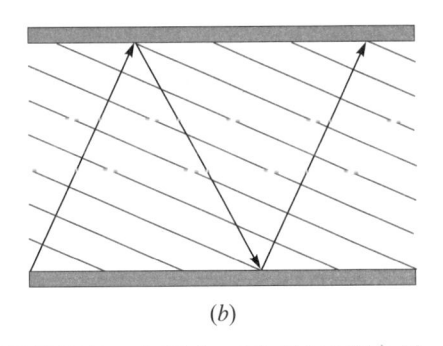

圖 13.13 (a) 平行板波導內平面波的傳播情況，此例中，平面波的相角是會使各向上-傳播的波不同相。(b) 電磁波相角已經加以調整，使得各向上傳的波均同相，進而形成一個導波模態。

---

[4] 下標 (m) 並未在 $\mathbf{k}_u$ 及 $\mathbf{k}_d$ 上，不過必須有此認知才行。改變 m 並不會影響這些向量的大小，只會改變其方向而已。

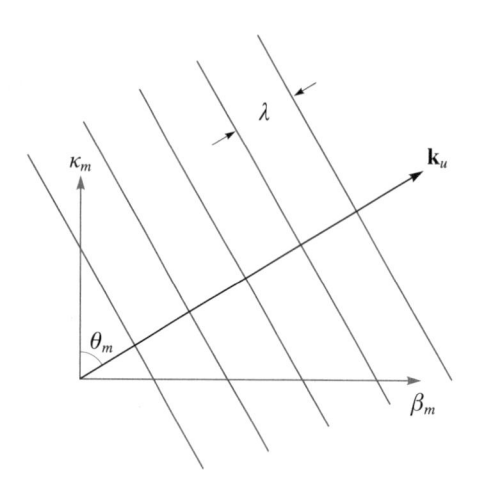

圖 13.14 向上的波向量之分量為 κ_m 及 β_m，分別稱為橫向及軸向相位常數。為了組成向下的波向量 $\mathbf{k}_d$，κ_m 的方向需加以反向。

知，對任何 m 值而言，

$$\beta_m = \sqrt{k^2 - \kappa_m^2} \tag{35}$$

利用符號 β_m 來代表 $\mathbf{k}_u$ 及 $\mathbf{k}_d$ 的 z 分量是相當合適的，因為 β_m 最後就是第 m 個波導模態的相位常數，可衡量沿著波導而下每單位距離的相位移；它也可以用來決定該模態的相速 ω/β_m，以及群速 $d\omega/d\beta_m$。

在我們的討論之中，均假設波導內的介質為無損耗及非磁性材料，所以

$$k = \omega\sqrt{\mu_0 \epsilon'} = \frac{\omega\sqrt{\epsilon'_r}}{c} = \frac{\omega n}{c} \tag{36}$$

在此，相位常數可用介質的介電常數 ϵ'_r，或折射率 n 來表示。

透過所謂的**橫向共振** (transverse resonance) 條件，衡量相位波前吻合限制條件最好用的就是 $\mathbf{k}_u$ 及 $\mathbf{k}_d$ 的 x 分量 κ_m。橫向共振條件可敘述成：在波導的整個橫向尺度內往返一次所量得的淨相位移必須為 2π 強度的整數倍。這就是敘述所有向上-(或向下-) 傳播平面波必須具有吻合相位的另一種方式。這種往返傳播的不同階段可用圖 13.15 來舉例說明。假設電波在時間上為停滯不動，觀測者在整個往返路程中作垂直式地移動，以便沿著路程測量相位移。在第一階段 (圖 13.15a) 中，觀測者由下方導體的正上方出發，垂直向上移動距離 d 而抵達上方導體。在這段距離所量測到的相位移為 $\kappa_m d$ 強度。在抵達上表面時，觀測者將一個可能的相位移註記在反射圖 (圖 13.15b) 上。若電波為 TE 極化波時，此值為 π，若是 TM 極化波時，此值則為零 (此項論點的證明可見圖 13.16)。接下來，觀測者沿著反射波相位向下移動至下方導體，並且再次量測到 $\kappa_m d$ 相位移 (圖

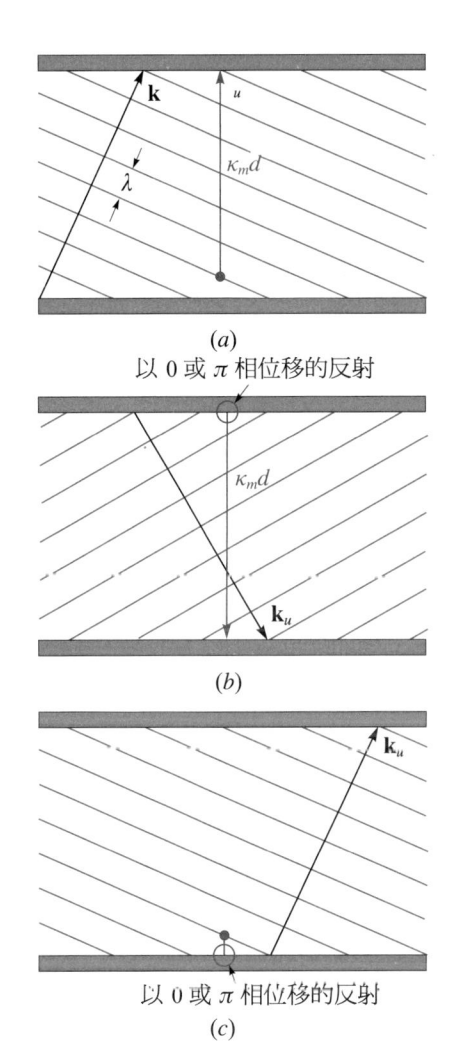

圖 13.15　(a) 先量測初始朝上電波在兩板間的橫向相位移便可求得在平行板波導內往返一次的淨相位移；(b) 其次，量測反射波 (向下) 的橫向相位移，同時將上板處反射相位移納入；(c) 最後，再加上下板處反射時的相位移，如此便回到原先的出發點，但此時已變成一個新的向上傳播電波。若終止點的相位與出發點的相位相同時便發生橫向共振 (即這兩個向上傳的電波同相)。

13.15c)。最後，把相位移納入下方導體的反射波之後，觀測者便可返回原先的出發點，並且可以知道下一個向上傳播電波的相位。

往返一次的總相位移須為 2π 的整數倍：

$$\kappa_m d + \phi + \kappa_m d + \phi = 2m\pi \tag{37}$$

其中，ϕ 為每一邊界處反射時的相位移。注意，當 $\phi = \pi$ (TE 波) 或 0 (TM 波) 時，則無論入射角為何，往返一次的淨相位移均為 2π 或 0。因此，目前此問題並不會有反射相位移發生，故可將 (37) 式簡化成：

$$\kappa_m = \frac{m\pi}{d} \tag{38}$$

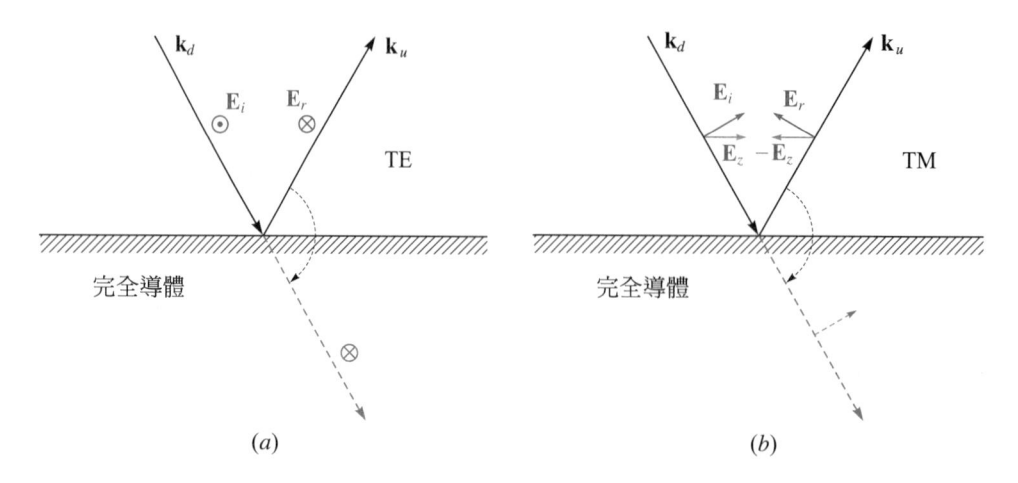

圖 13.16 電磁波在完全導電面處反射時的相位移會依入射波是 TE (s-極化) 或 TM (p-極化) 波而定。圖示二圖中，各電場均是以其緊鄰於導電邊界處的情形來顯示。在 (a) 圖中，TE 波的電場在反射時會反向，使得在邊界處的淨電場為零。這種情況會構成 π 強度的相位移，只要把反射波簡單旋轉成與入射波呈直線排列 (即如虛線所示假想的透射波) 即可明白。在 (b) 圖中，入射的 TM 波，其電場的 z 分量會反向。不過，反射波的合成場並無相位移，這種情況可用：把反射波旋轉至與入射波排列成一直線 (即虛線所示) 的方式來表示。

此式對 TE 及 TM 模態均成立。由圖 13.14 可知：$\kappa_m = k \cos \theta_m$。因此，馬上可用 (36) 式而由 (38) 式求出可容許模態的電磁波相位角為：

$$\theta_m = \cos^{-1}\left(\frac{m\pi}{kd}\right) = \cos^{-1}\left(\frac{m\pi c}{\omega n d}\right) = \cos^{-1}\left(\frac{m\lambda}{2nd}\right) \tag{39}$$

其中，λ 為自由空間內的波長。

接下來，我們可用 (35) 與 (38) 式來求解每一模態的相位常數：

$$\beta_m = \sqrt{k^2 - \kappa_m^2} = k\sqrt{1 - \left(\frac{m\pi}{kd}\right)^2} = k\sqrt{1 - \left(\frac{m\pi c}{\omega n d}\right)^2} \tag{40}$$

將模態 m 的強度**截止頻率** (cutoff frequency) 定義為：

$$\boxed{\omega_{cm} = \frac{m\pi c}{nd}} \tag{41}$$

所以，(40) 式變成

$$\beta_m = \frac{n\omega}{c}\sqrt{1-\left(\frac{\omega_{cm}}{\omega}\right)^2} \tag{42}$$

由 (42) 式可馬上看出截止頻率的意義：若操作頻率 ω 大於模式 m 的截止頻率時，則該模態便會具有實數值的相位常數 m，故該模態可傳播。當 $\omega < \omega_{cm}$ 時，β_m 為虛數，故該模態無法傳播。

與截止頻率相關聯的是**截止波長** (cutoff wavelength) λ_{cm}，定義為模態 m 發生截止時的自由空間波長。此波長為

$$\lambda_{cm} = \frac{2\pi c}{\omega_{cm}} = \frac{2nd}{m} \tag{43}$$

例如，空氣-填充式波導 ($n=1$) 第一個最低階模態開始要傳播時波長便為 $\lambda_{c1}=2d$，即或者說板間隔為半波長。只要 $\omega > \omega_{cm}$，或者說只要 $\lambda < \lambda_{cm}$ 時，模態 m 便可傳播。利用截止波長，我們便可寫出 (42) 式的第二種有用的形式：

$$\beta_m = \frac{2\pi n}{\lambda}\sqrt{1-\left(\frac{\lambda}{\lambda_{cm}}\right)^2} \tag{44}$$

例題 13.1

已知一平行板傳輸線間隔為 $d=1$ cm，中間充填著鐵氟龍，其介電常數為 $\epsilon_r'=2.1$。試求僅能讓 TEM 模態傳播時的最大操作頻率。此外，試求出可讓 TE_1 及 TM_1 ($m=1$) 模態傳播，但其它模態無法傳播的頻率範圍。

解：利用 (41) 式，第一個波導模態 ($m=1$) 的截止頻率為

$$f_{c1} = \frac{\omega_{c1}}{2\pi} = \frac{2.99 \times 10^{10}}{2\sqrt{2.1}} = 1.03 \times 10^{10} \text{ Hz} = 10.3 \text{ GHz}$$

為了能傳播 TEM 波，必須使 $f < 10.3$ GHz。由 (41) 式可知，為僅能傳播 TE_1 及 TM_1 (連同 TEM) 波，頻率範圍必須為 $\omega_{c1} < \omega < \omega_{c2}$，其中 $\omega_{c2}=2\omega_{c1}$。因此，為了得到 $m=1$ 的模態及 TEM 波，則頻率應為 10.3 GHz $< f <$ 20.6 GHz。

例題 13.2

在例題 13.1 的平行板波導中，操作波長為 $\lambda=2$ mm。試問有多少波導模態可傳播呢？

解：為了使模態 m 能傳播，其條件為 $\lambda < \lambda_{cm}$。就已知的波導及波長，則由 (43) 式可知，此不等式條件變成，

$$2\,\text{mm} < \frac{2\sqrt{2.1}\,(10\,\text{mm})}{m}$$

由此可知

$$m < \frac{2\sqrt{2.1}\,(10\,\text{mm})}{2\,\text{mm}} = 14.5$$

因此，此波導在已知的波長下可支持高至 $m=14$ 的模態。除了 TEM 模態波之外，由於每一個 m 值都會有一個 TE 及一個 TM 模態，故共有 28 個波導模態會高於截止模態。

一已知模態的場組態可經由所有反射波的重疊場來求出。例如，我們可以用 TE 波來示範此種做法，只要透過下列方式以入射場及反射場表示將波導內的電場相量寫成

$$E_{ys} = E_0 e^{-j\mathbf{k}_u \cdot \mathbf{r}} - E_0 e^{-j\mathbf{k}_d \cdot \mathbf{r}} \tag{45}$$

其中，波向量 $\mathbf{k}_u$ 及 $\mathbf{k}_d$ 如圖 13.12 所示。第二項前面的負號是由於反射時有相位移 π 所造成。由圖 13.14 所描述的幾何結構，可寫出

$$\mathbf{k}_u = \kappa_m \mathbf{a}_x + \beta_m \mathbf{a}_z \tag{46}$$

及

$$\mathbf{k}_d = -\kappa_m \mathbf{a}_x + \beta_m \mathbf{a}_z \tag{47}$$

接著，利用

$$\mathbf{r} = x\mathbf{a}_x + z\mathbf{a}_z$$

故 (45) 式變成

$$E_{ys} = E_0(e^{-j\kappa_m x} - e^{j\kappa_m x})e^{-j\beta_m z} = 2jE_0 \sin(\kappa_m x)e^{-j\beta_m z} = E_0' \sin(\kappa_m x)e^{-j\beta_m z} \tag{48}$$

其中，平面波振幅 E_0 及整體相位均已併入 E_0'。以實值瞬時形式表示，(48) 式會變成

$$E_y(z,t) = \text{Re}(E_{ys} e^{j\omega t}) = E_0' \sin(\kappa_m x) \cos(\omega t - \beta_m z) \qquad \text{(高於截止頻率的 TE 模態)} \tag{49}$$

我們把此式看作是往正 z 方向 (即沿波導往下) 傳播的波,它具有會隨 x 而變的場型。[5] TE 模態場就是由上傳與下傳平面波的重疊所產生的**干涉場型** (interference pattern)。注意,若 $\omega < \omega_{cm}$ 時,則 (42) 式會產生一個虛數值的 β_m,可將之寫成 $-j|\beta_m| = -j\alpha_m$。接著,(48) 式及 (49) 式會變成

$$E_{ys} = E_0' \sin(\kappa_m x) e^{-\alpha_m z} \tag{50}$$

$$E(z, t) = E_0' \sin(\kappa_m x) e^{-\alpha_m z} \cos(\omega t) \qquad \text{(低於截止頻率的 TE 模態)} \tag{51}$$

此模態並不會傳播,反而只會以頻率 ω 來振盪,同時會呈現場強度隨著 z 增加而遞減的場型。令 $\omega < \omega_{cm}$,衰減係數 α_m 可由 (42) 式求出為

$$\alpha_m = \frac{n\omega_{cm}}{c}\sqrt{1 - \left(\frac{\omega}{\omega_{cm}}\right)^2} = \frac{2\pi n}{\lambda_{cm}}\sqrt{1 - \left(\frac{\lambda_{cm}}{\lambda}\right)^2} \tag{52}$$

由 (39) 式及 (41) 式可知,平面波相角與截止頻率及截止波長為

$$\boxed{\cos\theta_m = \frac{\omega_{cm}}{\omega} = \frac{\lambda}{\lambda_{cm}}} \tag{53}$$

所以,我們知道在截止(即 $\omega = \omega_{cm}$) 時,$\theta_m = 0$,故平面波正好會在橫截面處做來回反射;故無法沿波導傳播下去。當 ω 增加超過截止頻率 (或 λ 減少) 時,平面波相角增加,當 ω 趨近於無限大 (或當 λ 趨近於零) 時,平面波相角趨近於 90°。由圖 13.14,可知

$$\boxed{\beta_m = k\sin\theta_m = \frac{n\omega}{c}\sin\theta_m} \tag{54}$$

故知模態 m 的相速為

$$\boxed{v_{pm} = \frac{\omega}{\beta_m} = \frac{c}{n\sin\theta_m}} \tag{55}$$

對所有模態而言,此速度在 c/n 時為最小,當頻率遠高於截止頻率時便會達到此相速值,而當頻率下降至接近截止頻率時,v_{pm} 則會趨近於無限大。此外,相速就是在 z 方向上各相位的速率,故知在介質中此種速度會超過光速的現象並不違背相對論原理 (可見 12.7 節的討論)。

---

[5] 我們亦可將此種場看作是在 x 方向上的駐波,同時也是一個 z 方向的行進波。

能量是以群速 $v_g = d\omega/d\beta$ 來傳播。利用 (42) 式，可得

$$v_{gm}^{-1} = \frac{d\beta_m}{d\omega} = \frac{d}{d\omega}\left[\frac{n\omega}{c}\sqrt{1-\left(\frac{\omega_{cm}}{\omega}\right)^2}\right] \quad (56)$$

此種導數可直接求出。微分完後再取其倒數即可得：

$$\boxed{v_{gm} = \frac{c}{n}\sqrt{1-\left(\frac{\omega_{cm}}{\omega}\right)^2} = \frac{c}{n}\sin\theta_m} \quad (57)$$

因此，群速便可視為與 $\mathbf{k}_u$ 或 $\mathbf{k}_d$ 進入 z 方向相關聯速度的投影。如同預期的，此值將會小於或等於介質中 c/n 的光速。

例題 13.3

在例題 13.1 的波導中，操作頻率為 25 GHz。結果，$m=1$ 及 $m=2$ 的模態將會高於截止模態。試求這兩個模態在 1 cm 的距離時，其間的**群延遲差** (group delay difference)。當每一模態的能量傳播 1 cm 距離時，此值就是此兩模態之間的傳播時間差。

解： 此種群延遲差可表示成

$$\Delta t = \left(\frac{1}{v_{g2}} - \frac{1}{v_{g1}}\right) \text{ (s/cm)}$$

由 (57) 式，以及例題 13.1 的結果，可知

$$v_{g1} = \frac{c}{\sqrt{2.1}}\sqrt{1-\left(\frac{10.3}{25}\right)^2} = 0.63c$$

$$v_{g2} = \frac{c}{\sqrt{2.1}}\sqrt{1-\left(\frac{20.6}{25}\right)^2} = 0.39c$$

因此，

$$\Delta t = \frac{1}{c}\left[\frac{1}{.39} - \frac{1}{.63}\right] = 3.3\times 10^{-11} \text{ s/cm} = 33 \text{ ps/cm}$$

此種算法可作為波導**模態色散** (modal dispersion) 的粗略衡量，適用於僅有兩種模態傳播時的情況。例如，有一脈波，其中心頻率為 25 GHz，且其能量將會分佈在這兩個模態之中。當能量在這些模態中分開時，此脈波大約會變寬為 33 ps/cm 的傳播距離。不過，如果將 TEM 模態納入 (實際上也必須如此)，則變寬效應甚至還會更大。TEM 波的群速為 $c/\sqrt{2.1}$。所以，我們想知道是 TEM 模態與 $m=2$ 模態 (TE 或 TM 波) 間的群延遲差。故可得

$$\Delta t_{\text{net}} = \frac{1}{c}\left[\frac{1}{.39} - 1\right] = 52 \text{ ps/cm}$$

D13.5. 在一個 $d=2$ cm、$\epsilon_r'=1$，及 $f=30$ GHz 的平行板波導中，試求前四個模態 ($m=1, 2, 3, 4$) 的波相角 θ_m。

答案：$76°$；$60°$；$41°$；$0°$

D13.6. 某一平行板波導，板間隔為 $d=5$ mm，且填充著玻璃 ($n=1.45$) 材料。試問當波導中僅有 TEM 模態操作時的最大頻率為何？

答案：20.7 GHz

D13.7. 某一平行板波導，其 $d=1$ cm 且填充著空氣。試求 $m=2$ 模態 (TE 或 TM 波) 的截止波長。

答案：1 cm

13.4 利用波動方程式進行平行板波導的分析

分析任何波導最直接的方法是透過波動方程式，即針對導電壁處的邊界條件來求解它。我們所要採用的波動方程式形式就是第 11.1 節的 (28) 式，該式適用於自由空間的傳播情況。只要把該式中的 k_0 用 k 取代即可將波導內的電介質性質考慮進來，故可得：

$$\nabla^2 \mathbf{E}_s = -k^2 \mathbf{E}_s \tag{58}$$

其中，$k = n\omega/c$，與以前所述相同。

我們可以用上節的結果來協助瞭解求解波動方程式的過程。例如，我們可先考慮 TE 模態，其中 $\mathbf{E}$ 僅有 y 分量。故波動方程式變成：

$$\frac{\partial^2 E_{ys}}{\partial x^2} + \frac{\partial^2 E_{ys}}{\partial y^2} + \frac{\partial^2 E_{ys}}{\partial z^2} + k^2 E_{ys} = 0 \tag{59}$$

假設波導的寬度 (在 y 方向上) 遠大於板間隔 d。故可假設各場量在 y 方向上無變動 (邊際效應忽略不計)，所以 $\partial^2 E_{ys}/\partial y^2 = 0$。同時，我們也知道 z 方向變動的形式為 $e^{-j\beta_m z}$。因此，場解的形式為

$$E_{ys} = E_0 f_m(x) e^{-j\beta_m z} \tag{60}$$

其中，E_0 為常數，而 $f_m(x)$ 為待求的歸一化函數 (即其最大值為一)。我們已經把下標 m 加在 β、κ，及 $f(x)$ 上，因為我們預期會有對應於分立式模態的多組解，故需附予模數 m。現在，把 (60) 式代入 (59) 式以求得

$$\frac{d^2 f_m(x)}{dx^2} + (k^2 - \beta_m^2) f_m(x) = 0 \tag{61}$$

其中，E_0 及 $e^{-j\beta_m z}$ 已經消掉，其理由是

$$\frac{d^2}{dz^2} e^{-j\beta_m z} = -\beta_m^2 e^{-j\beta_m z}$$

此外，在 (61) 式中我們已改用常微分 d^2/dx^2 來列寫，因為 f_m 僅是 x 的函數而已。接下來，利用圖 13.14 的結構，可知 $k^2 - \beta_m^2 = \kappa_m^2$。把此式代入 (61) 式，可得

$$\frac{d^2 f_m(x)}{dx^2} + \kappa_m^2 f_m(x) = 0 \tag{62}$$

(62) 式的通解為

$$f_m(x) = \cos(\kappa_m x) + \sin(\kappa_m x) \tag{63}$$

接下來，應用適當的邊界條件至上式，以估算出 κ_m。由圖 13.6 可知，導電邊界位於 $x=0$ 及 $x=d$，在這些邊界處電場切線分量 (E_y) 必須為零。在 (63) 式中，只有 $\sin(\kappa_m x)$ 項才能滿足此等邊界條件，故將之保留並刪掉餘弦項。$x=0$ 處邊界條件會由正弦函數自動地滿足。$x=d$ 的條件則可藉由選取 κ_m 值使得

$$\kappa_m = \frac{m\pi}{d} \tag{64}$$

而予以滿足。可看出 (64) 式與利用前節橫向共振條件所求得的結果相同。把 (63) 式的 $f_m(x)$ 及 (64) 式代入 (60) 式，即可求出 E_{ys} 的最後形式，得出一個與 (48) 式所示相的表示式：

$$E_{ys} = E_0 \sin\left(\frac{m\pi x}{d}\right) e^{-j\beta_m z} \tag{65}$$

在考慮 (65) 式的電場形式時，即可明白模數 m 的另一層意義。明確地說，m 就是發生橫向面內距離 d 上電場的空間半-週期數目。只要考慮波導在截止時的特性，即可實際地瞭解此數值的物理意義。如同上節所研習過的，波導在截止時，平面波入射的角度為零，此即意味著電磁波只在導電壁間做簡單地上下跳躍。電磁波在波導內必定為共振，這表示淨往返相位移為 $2m\pi$。令平面波為垂直指向，即 $\beta_m = 0$，所以 $\kappa_m = k = 2n\pi/\lambda_{cm}$。故在截止時，

$$\frac{m\pi}{d} = \frac{2n\pi}{\lambda_{cm}} \tag{66}$$

由此可導出

$$d = \frac{m\lambda_{cm}}{2n} \qquad 截止時 \tag{67}$$

故在截止時，(65) 式變成

$$E_{ys} = E_0 \sin\left(\frac{m\pi x}{d}\right) = E_0 \sin\left(\frac{2n\pi x}{\lambda_{cm}}\right) \tag{68}$$

此種波導可簡單地視為一個一維**共振腔** (resonant cavity)，如果其內介質的電磁波波長為 $2d$ 的整數倍時，即 m 倍時，則電磁波便可在 x 方向上振盪。

現在，當頻率增加時，波長將會減小，所以上述波長等於 $2d$ 之整數倍的限制條件便不再成立。模態的響應就是要建立 $\mathbf{k}_u$ 及 $\mathbf{k}_d$ 的 z 分量 (z component)，結果造成所減少的波長可藉由增大在 x 方向上所量測到波長而予以補償。圖 13.17 即示有 $m = 4$ 模態的此

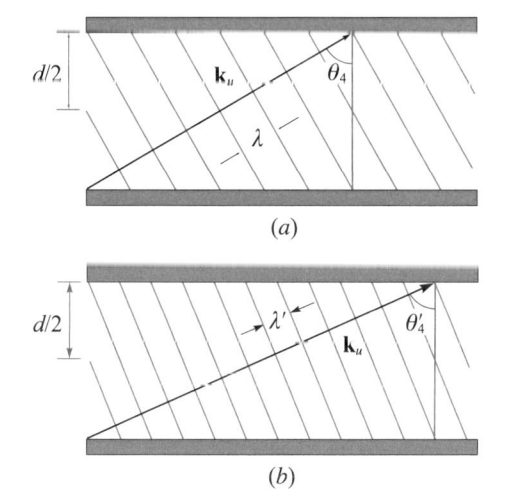

圖 13.17 (a) 與 $m = 4$ 模態相關聯的平面波，圖中顯示在橫向面內距離 d 上會發生 4π 的淨相位移 (即在 x 方向上所量測的兩個波長)。(b) 當頻率增加時，波相角也需跟著增加以維持 4π 的橫向相位移。

種效應，此時電波相角 θ_4 會隨著頻率的增加而馬上增大。因此，模態波會準確地維持在 x 方向上其電場的函數形式，不過當頻率上升時，可建立一個遞增的 β_m 值。此種橫向空間場型的不變性意味著此模態在所有頻率時均保持完整不變。(57) 式所表示的群速也會跟著變動，表示電波相角隨頻率而變即是群速度色散的一種機制，此即所謂的**波導色散**(waveguide dispersion)。例如，以單一波導模態傳播的脈波將因此而產生以 12.8 節所討論過的方式來變寬。

一旦求得電場，我們便可用馬克士威爾方程式來求出磁場。由平面波模型可預期我們可求出 TE 模態的 $\mathbf{H}_s$ 之 x 及 z 分量。利用馬克士威爾方程式

$$\nabla \times \mathbf{E}_s = -j\omega\mu\mathbf{H}_s \tag{69}$$

此處，在本例中 $\mathbf{E}_s$ 僅具有 y 分量，故知

$$\nabla \times \mathbf{E}_s = \frac{\partial E_{ys}}{\partial x}\mathbf{a}_z - \frac{\partial E_{ys}}{\partial z}\mathbf{a}_x = \kappa_m E_0 \cos(\kappa_m x)e^{-j\beta_m z}\mathbf{a}_z + j\beta_m E_0 \sin(\kappa_m x)e^{-j\beta_m z}\mathbf{a}_x \tag{70}$$

(69) 式的兩邊除以 $-j\omega\mu$，以便求解 $\mathbf{H}_s$。對 (70) 式執行此項運算，可得出兩個磁場分量為：

$$\boxed{H_{xs} = -\frac{\beta_m}{\omega\mu}E_0 \sin(\kappa_m x)e^{-j\beta_m z}} \tag{71}$$

$$\boxed{H_{zs} = j\frac{\kappa_m}{\omega\mu}E_0 \cos(\kappa_m x)e^{-j\beta_m z}} \tag{72}$$

同時，這兩個分量形成了 $\mathbf{H}_s$ 在 x、z 平面內的閉迴路場型，利用 2.6 節所討論過的流線繪製法即可加以印證。

接下來，想要來探討 $\mathbf{H}_s$ 的大小，它可透過下式求得：

$$|\mathbf{H}_s| = \sqrt{\mathbf{H}_s \cdot \mathbf{H}_s^*} = \sqrt{H_{xs}H_{xs}^* + H_{zs}H_{zs}^*} \tag{73}$$

利用 (71) 式及 (72) 式來進行上式的運算，可得出

$$|\mathbf{H}_s| = \frac{E_0}{\omega\mu}\left(\kappa_m^2 + \beta_m^2\right)^{1/2}\left(\sin^2(\kappa_m x) + \cos^2(\kappa_m x)\right)^{1/2} \tag{74}$$

利用 $\kappa_m^2 + \beta_m^2 = k^2$ 及恆等式 $\sin^2(\kappa_m x) + \cos^2(\kappa_m x) = 1$，則 (74) 式變成

$$|\mathbf{H}_s| = \frac{k}{\omega\mu}E_0 = \frac{\omega\sqrt{\mu\epsilon}}{\omega\mu} = \frac{E_0}{\eta} \tag{75}$$

其中，$\eta = \sqrt{\mu/\epsilon}$。此結果與我們所瞭解波導模態是以平面波的重疊為基礎之觀點相符，亦即 $\mathbf{E}_s$ 及 $\mathbf{H}_s$ 間的關係可透過介質的本質阻抗 η 來描述。

D13.8. 試求 $d=0.5$ cm 之空氣-填充式平行板波導內 $m=1$ (TE 或 TM) 模態波的群速，已知 $f=(a)$ 30 GHz；(b) 60 GHz；及 (c) 100 GHz

答案：0；2.6×10^8 m/s；2.9×10^8 m/s。

D13.9. 已知平行板波導內的 TE 模態波在其位於 $x=0$ 與 $x=d$ 之間的電場場型中有三個極大值。試問此 m 值為何？

答案：3

13.5 矩形波導

在本節中，我們要考慮矩形波導，它通常是使用在電磁波頻譜微波區段的一種結構。此種波導如圖 13.7 所示。如同以往慣例，令傳播方向是沿著 z 軸行進。此波導沿 x 軸的寬度為 a，而沿著 y 軸的高度為 b。將此種矩形波導想像成是由兩組互成正交指向的平行板波導組合而成一個波導單元，我們便可以連結此種幾何結構與前面各節的平行板波導之間的關係。因此，我們知道有一對水平導電壁 (沿 x 方向) 及一對垂直導電壁 (沿 y 方向)，而且它們全部都會形成一個連續的邊界。現在，必須求解完全的三維形成之波動方程式 [即 (59) 式]，因為電磁場通常在全部三個座標方向上都可能有所變動。

在平行板波導中，我們知道其內可以存在有 TEM 模態，以及 TE 與 TM 模態。矩形波導也可以有 TE 與 TM 模態，但卻無法形成 TEM 模態。相對於平行板波導，這是因為現在我們有了可以完全地圍繞橫向平面的導電邊界，只要記得任何電場在邊界處必須具有零切線分量，吾人便可以瞭解 TEM 無法存在，此即意味著：建立一個不會展現橫向變動的電場是不可的，因為橫向變動是滿足此種邊界條件的必要條件。因為 $\mathbf{E}$ 會在橫向平面變化，故知經由 $\nabla \times \mathbf{E} = -j\omega\mu\mathbf{H}$ 計算 $\mathbf{H}$ 時必定會導致 $\mathbf{H}$ 生成一個 z 分量，所以無法產生 TEM 模態。在允許有完全橫向的 $\mathbf{H}$ 之波導中，我們無法找到一個完全地橫向 $\mathbf{E}$ 場的任何其它指向分量。

13.5.1 利用馬克士威爾方程式求出各場量關係

令模態可分成 TE 與 TM 兩類，則標準方法是先針對 z 分量求解波動方程式。由定義可知，TE 模態的 $E_z=0$，以及 TM 模態的 $H_z=0$。因此，求解 H_z 的波動方程式便可求出

TE 模態，而求解 E_z 的波動方程式便可得出 TM 模態解。利用這些結果，所有橫向場分量即可直接地經由馬克士威爾方程式求得。首先，我們將會處理求取以 z 分量表示之橫向分量的問題。

為了開始求解程序，我們假設相量電場與磁場均為朝 z 傳播的函數，它們只在 xy 平面展現空間變動；即順向傳播電波僅具有 z 的變動：

$$\mathbf{E}_s(x, y, z) = \mathbf{E}_s(x, y, 0)e^{-j\beta z} \tag{76a}$$

$$\mathbf{H}_s(x, y, z) = \mathbf{H}_s(x, y, 0)e^{-j\beta z} \tag{76b}$$

接著，藉由計算無場源介質內各個馬克士威爾旋度方程式的 x 與 y 分量，我們便可得到各相量場的橫向分量。在計算旋度時，由 (76) 式明顯可知 $\partial/\partial z = -j\beta$。結果變成

$$\nabla \times \mathbf{E}_s = -j\omega\mu\mathbf{H}_s \rightarrow \begin{cases} \partial E_{zs}/\partial y + j\beta E_{ys} = -j\omega\mu H_{xs} & (x \text{ 分量}) \tag{77a} \\ j\beta E_{xs} + \partial E_{zs}/\partial x = j\omega\mu H_{ys} & (y \text{ 分量}) \tag{77b} \end{cases}$$

$$\nabla \times \mathbf{H}_s = j\omega\epsilon\mathbf{E}_s \rightarrow \begin{cases} \partial H_{zs}/\partial y + j\beta H_{ys} = j\omega\epsilon E_{xs} & (x \text{ 分量}) \tag{78a} \\ j\beta H_{xs} + \partial H_{zs}/\partial x = -j\omega\epsilon E_{ys} & (y \text{ 分量}) \tag{78b} \end{cases}$$

現在，為了將個別的橫向場分量用 $\mathbf{E}$ 與 $\mathbf{H}$ 之 z 分量的導數表示，上述各方程式可配對在一起來求解。例如，結合 (77a) 式與 (78b) 式，消掉 E_{ys}，可得出

$$\boxed{H_{xs} = \frac{-j}{\kappa^2}\left[\beta\frac{\partial H_{zs}}{\partial x} - \omega\epsilon\frac{\partial E_{zs}}{\partial y}\right]} \tag{79a}$$

接著，利用 (76b) 式與 (77a) 式，消掉其間的 E_{xs} 來得出

$$\boxed{H_{ys} = \frac{-j}{\kappa^2}\left[\beta\frac{\partial H_{zs}}{\partial y} + \omega\epsilon\frac{\partial E_{zs}}{\partial x}\right]} \tag{79b}$$

利用相同的方程式對，便可求出各橫向電場分量為：

$$\boxed{E_{xs} = \frac{-j}{\kappa^2}\left[\beta\frac{\partial E_{zs}}{\partial x} + \omega\mu\frac{\partial H_{zs}}{\partial y}\right]} \tag{79c}$$

$$\boxed{E_{ys} = \frac{-j}{\kappa^2}\left[\beta\frac{\partial E_{zs}}{\partial y} - \omega\mu\frac{\partial H_{zs}}{\partial x}\right]} \tag{79d}$$

如同平行板波導，κ 可用相同的方式 [即 (35) 式] 定義成：

$$\kappa = \sqrt{k^2 - \beta^2} \tag{80}$$

其中，$k = \omega\sqrt{\mu\epsilon}$。在平行板幾何結構中，由分析可知會產生分散的 κ 與 β 值；然後，我們將它們加註整數模態數作為下標 (即 κ_m 與 β_m)。m 可被解釋為在兩板之間 (即 x 方向) 所會發生的場值極大之數目。在矩形波導中，在 x 與 y 兩方向上均會發生場的變動，所以我們知道必須將 κ 與 β 加註**兩個**整數下標，故可得出

$$\boxed{\kappa_{mp} = \sqrt{k^2 - \beta_{mp}^2}} \tag{81}$$

其中，m 與 p 代表場量在 x 與 y 方向上的變動數目。(81) 式建議平面波 (射線) 理論可用來求出矩形波導的各模態場，其做法如同在 13.3 節針對平行板波導的方法。也就是說，事實上，這是顯而易見的情況，對於僅在兩個相對應邊界之間 (如下對下或者左對右側) 發生平面波反射的情況都可輕易地完成模態的求取，故知此種做法僅適用於某些 TE 模態。當反射發生在全部四個邊界面時，這種方法會變得複雜一些；不過，無論如何，κ_{mp} 可解釋成平面波一向量 k 的橫向 (即 xy 平面) 分量，而 β_{mp} 則為 z 分量，與前述相同。

接下來的步驟是要求解波動方程式，求出 **E** 與 **H** 的 z 分量，由這些結果便可得出 TM 與 TE 模態的各種場量。

13.5.2　TM 模態

求解 TM 模態可由波動方程式 [即 (59) 式] 著手，該式內對 z 之導數項等同於乘上 $j\beta$。我們可將 $\mathbf{E}_s$ 之 z 分量方程式寫成：

$$\frac{\partial^2 E_{zs}}{\partial x^2} + \frac{\partial^2 E_{zs}}{\partial y^2} + (k^2 - \beta_{mp}^2)E_{zs} = 0 \tag{82}$$

(82) 式的解可以寫成乘積項之和。其內的每一項均包含三個會個自隨 x、y 與 z 變動的函數之乘積，即：

$$\boxed{E_{zs}(x, y, z) = \sum_{m,p} F_m(x)\, G_p(y) \exp(-j\beta_{mp} z)} \tag{83}$$

其中，$F_m(x)$ 與 $G_p(y)$ (尚未歸一化) 為待求之函數。(83) 式內的每一項都對應於此波導的一個模態，而且其本身也是 (82) 式的一個解。為了求出這些函數，可將 (83) 式的單獨一

項代入 (82) 式。注意，所有導數都被運用至單一變數的函數 (故知各偏導數均會變成全微分)，並且利用 (81) 式，結果得出

$$G_p(y)\frac{d^2 F_m}{dx^2} + F_m(x)\frac{d^2 G_p}{dy^2} + \kappa_{mp}^2 F_m(x) G_p(y) = 0 \tag{84}$$

其中，$\exp(-j\beta_{mp}z)$ 項已經被除掉了。重新整理 (84) 式，得出

$$\underbrace{\frac{1}{F_m}\frac{d^2 F_m}{dx^2}}_{-\kappa_m^2} + \underbrace{\frac{1}{G_p}\frac{d^2 G_p}{dy^2}}_{-\kappa_p^2} + \kappa_{mp}^2 = 0 \tag{85}$$

在 (85) 式內的各項加以分組以使全部 x 的變動放在第一項，該項**僅隨** x 而變，而全部 y 的變動則放在第二項，此項**僅隨** y 而變。現在，考慮如果容許 x 變動但讓 y 固定不變時，將會發生何種情況。此時，第二項與第三項將會固定不變，而且 (85) 式依然必須成立。因此，x-變動的第一項必定是一個常數。如同 (85) 式所示的，將此常數記為 $-\kappa_m^2$。相同的做法對第二項也成立，即如果允許變動而 x 固定不變時，第二項也必須變成一個常數。我們將第二項指定成常數值 $-k_p^2$，如 (85) 式所示。因此，(85) 式可改寫成

$$\boxed{\kappa_{mp}^2 = \kappa_m^2 + \kappa_p^2} \tag{86}$$

此式代表一種直接的幾何解釋：由於 κ_{mp} 是波向量 κ 的橫向平面分量，故很明確地，κ_m 和 κ_p 便是 κ_{mp} (而且已是 k) 的 x 和 y 分量——再次地，吾人若將之想像成平面波及它們如何在波導內反覆彈射來形成全部的模態。另外，(86) 式也指出下列事實：即 κ_m 與 κ_p 將會分別是整數 m 與 p 的函數，如同稍後我們將會求得的結果。

現在，在上述的條件下，(85) 式將會分離成兩個方程式——每個方程式以一個變數表示：

$$\frac{d^2 F_m}{dx^2} + \kappa_m^2 F_m = 0 \tag{87a}$$

$$\frac{d^2 G_p}{dy^2} + \kappa_p^2 G_p = 0 \tag{87b}$$

現在，(87) 式就會很容易求解了。我們可得出

$$F_m(x) = A_m \cos(\kappa_m x) + B_m \sin(\kappa_m x) \tag{88a}$$

$$G_p(y) = C_p \cos(\kappa_p y) + D_p \sin(\kappa_p y) \tag{88b}$$

利用這兩個解，再配合 (83) 式，對單一 TM 模態而言，其 $\mathbf{E}_s$ 之 z 分量的通解便可以寫成：

$$E_{zs} = [A_m \cos(\kappa_m x) + B_m \sin(\kappa_m x)][C_p \cos(\kappa_p y) + D_p \sin(\kappa_p y)] \exp(-j\beta_{mp} z) \tag{89}$$

應用電場在全部四個邊界面的邊界條件，便可計算 (89) 式的各個常數。明確地說，由於 E_{zs} 相切於所有導電面，故知在全部表面上電場分量均必須消失。參考圖 13.7，這些邊界條件為

$$E_{zs} = 0 \text{ 位於 } x = 0, \ y = 0, \ x = a, \text{ 及 } y = b$$

藉由將 (89) 式內的餘弦項拋除掉 (即令 $A_m = C_p = 0$)，便可達成在 $x=0$ 及 $y=0$ 表面得到零場值。為了確保在 $x=a$ 及 $y=b$ 表面處的零場值，出現在其餘的正弦項的 κ_m 與 κ_p 值便可設定成如下列所示之值：

$$\kappa_m = \frac{m\pi}{a} \tag{90a}$$

$$\kappa_p = \frac{p\pi}{b} \tag{90b}$$

利用這些結果，並定義 $B = B_m D_p$，則 (89) 式變成：

$$E_{zs} = B \sin(\kappa_m x) \sin(\kappa_p y) \exp(-j\beta_{mp} z) \tag{91a}$$

現在，為了求出其餘的 (即橫向) 場分量，我們可將 (91a) 式代入 (79) 式，得出：

$$E_{xs} = -j\beta_{mp} \frac{\kappa_m}{\kappa_{mp}^2} B \cos(\kappa_m x) \sin(\kappa_p y) \exp(-j\beta_{mp} z) \tag{91b}$$

$$E_{ys} = -j\beta_{mp} \frac{\kappa_p}{\kappa_{mp}^2} B \sin(\kappa_m x) \cos(\kappa_p y) \exp(-j\beta_{mp} z) \tag{91c}$$

$$H_{xs} = j\omega\epsilon \frac{\kappa_p}{\kappa_{mp}^2} B \sin(\kappa_m x) \cos(\kappa_p y) \exp(-j\beta_{mp} z) \tag{91d}$$

$$H_{ys} = -j\omega\epsilon \frac{\kappa_m}{\kappa_{mp}^2} B \cos(\kappa_m x) \sin(\kappa_p y) \exp(-j\beta_{mp} z) \tag{91e}$$

上述的場量均歸屬於記為 TE$_{mp}$ 的模態。注意：對這些模態而言，m 及 p 兩者均必須大於或等於 1。任一整數下標若為零時，將會使所有場量變成零。

13.5.3 TE 模態

為了求得 TE 模態場，如同前節做法，我們要求解 **H** 的 z 分量之波動方程式來求出各橫向分量。現在，除了 E_{zs} 改換成 H_{zs} 之外，波動方程式與 (82) 式形式相同：

$$\frac{\partial^2 H_{zs}}{\partial x^2} + \frac{\partial^2 H_{zs}}{\partial y^2} + (k^2 - \beta_{mp}^2)H_{zs} = 0 \tag{92}$$

而且解的形式為：

$$\boxed{H_{zs}(x,y,z) = \sum_{m,p} F'_m(x)\, G'_p(y) \exp(-j\beta_{mp} z)} \tag{93}$$

至此，求解程序均與處理 TM 模態解時完全相同，故知其通解為

$$H_{zs} = [A'_m \cos(\kappa_m x) + B'_m \sin(\kappa_m x)][C'_p \cos(\kappa_p y) + D'_p \sin(\kappa_p y)] \exp(-j\beta_{mp} z) \tag{94}$$

同樣地，此表示式也可以利用適當的邊界條件加以化簡。我們知道在所有導電邊界上，切線電場均必須為零。當我們利用 (79c) 式與 (79d) 式得出電場與磁場導數的關係時，便可發展出下列的條件式：

$$E_{xs}\Big|_{y=0,b} = 0 \;\Rightarrow\; \frac{\partial H_{zs}}{\partial y}\Big|_{y=0,b} = 0 \tag{95a}$$

$$E_{ys}\Big|_{x=0,a} = 0 \;\Rightarrow\; \frac{\partial H_{zs}}{\partial x}\Big|_{x=0,a} = 0 \tag{95b}$$

現在，將這些邊界條件應用至 (94) 式，例如針對 (95a) 式，吾人可得出

$$\frac{\partial H_{zs}}{\partial y} = [A'_m \cos(\kappa_m x) + B'_m \sin(\kappa_m x)]$$
$$\times \underline{[-\kappa_p C'_p \sin(\kappa_p y) + \kappa_p D'_p \cos(\kappa_p y)]} \exp(-j\beta_{mp} z)$$

畫有底線的便是用偏微分修正後的項。在 $y=0$ 與 $y=b$ 處令此項結果為零便可導致將 $\cos(\kappa_m x)$ 項拋除 (即令 $D'_p=0$)，並如同先前做法可要求 $\kappa_p = p\pi/b$。將 (95b) 式應用至 (94) 式得出

$$\frac{\partial H_{zs}}{\partial x} = \underline{[-\kappa_m A'_m \sin(\kappa_m x) + \kappa_m B'_m \cos(\kappa_m x)]}$$
$$\times [C'_p \cos(\kappa_p y) + D'_p \sin(\kappa_p y)] \exp(-j\beta_{mp} z)$$

其中，再一次地，畫有底線的便是關於 x 用偏微分修正後的項。當 x 利用在 $x=0$ 與 $x=a$

處令此項結果為零便可導致將 $\cos(\kappa_m x)$ 項拋除 (即令 $B'_m=0$)，並如同先前做法可要求 $\kappa_m = m\pi/a$。將上述的所有邊界條件均加入後，H_{zs} 的最後表示式現在變成

$$H_{zs} = A \cos(\kappa_m x) \cos(\kappa_p y) \exp(-j\beta_{mp} z) \tag{96a}$$

其中，我們定義了 $A = A'_m C'_p$。將 (79a) 至 (79d) 式均應用至 (96a) 式，便可得出下列的橫向場分量：

$$H_{xs} = j\beta_{mp} \frac{\kappa_m}{\kappa_{mp}^2} A \sin(\kappa_m x) \cos(\kappa_p y) \exp(-j\beta_{mp} z) \tag{96b}$$

$$H_{ys} = j\beta_{mp} \frac{\kappa_p}{\kappa_{mp}^2} A \cos(\kappa_m x) \sin(\kappa_p y) \exp(-j\beta_{mp} z) \tag{96c}$$

$$E_{xs} = j\omega\mu \frac{\kappa_p}{\kappa_{mp}^2} A \cos(\kappa_m x) \sin(\kappa_p y) \exp(-j\beta_{mp} z) \tag{96d}$$

$$E_{ys} = -j\omega\mu \frac{\kappa_m}{\kappa_{mp}^2} A \sin(\kappa_m x) \cos(\kappa_p y) \exp(-j\beta_{mp} z) \tag{96e}$$

這些場量均歸屬於記為 TE_{mp} 的模態。對這些模態而言，m 或 p 均可為 0。因此，允許有重要的 TE_{m0} 或 TE_{0p} 模態的存在，稍後我們便會討論。TE 與 TM 模態的一些非常良好的圖例示範則載於參考書目 3 中。

13.5.4 截止條件

一已知模態的相位常數可用 (81) 式表示成：

$$\beta_{mp} = \sqrt{k^2 - \kappa_{mp}^2} \tag{97}$$

然後，利用 (86) 式，結合 (90a) 式與 (90b) 式，我們可得出

$$\beta_{mp} = \sqrt{k^2 - \left(\frac{m\pi}{a}\right)^2 - \left(\frac{p\pi}{b}\right)^2} \tag{98}$$

利用 $k = \omega\sqrt{\mu\epsilon}$，並且定義一個適用於矩形波導的徑度截止頻 $\omega_{C_{mp}}$，則上式的結果便可用與 (42) 式一致的方式來列寫其形式。我們得出：

$$\beta_{mp} = \omega\sqrt{\mu\epsilon} \sqrt{1 - \left(\frac{\omega_{C_{mp}}}{\omega}\right)^2} \tag{99}$$

其中

$$\omega_{Cmp} = \frac{1}{\sqrt{\mu\epsilon}} \left[\left(\frac{m\pi}{a}\right)^2 + \left(\frac{p\pi}{b}\right)^2 \right]^{1/2} \tag{100}$$

如同針對平行板波導所討論的，由 (99) 式便可明白為達成一個實數值的 β_{mp}，則操作頻率 ω 必須超過截止頻率 ω_{Cmp} 才行 (如此才可讓模態 mp 開始傳播)。(100) 式同時適用於 TE 與 TM 模態，因此，這兩種模態的某些組合形式便會在一特定頻率出現 (即高於截止頻率)。很明顯地，波導尺寸 a 與 b 的選取，以及材料性質 ϵ_r 及 μ_r 的選用，將可決定可傳播的模態數目。在 $\mu_r = 1$ 的典型例子中，利用 $n = \sqrt{\epsilon_r}$，且將光速定義為 $c = 1/\sqrt{\mu_0 \epsilon_0}$，我們便可用與 (41) 式相一致的方式將 (100) 式重新寫成：

$$\omega_{Cmp} = \frac{c}{n} \left[\left(\frac{m\pi}{a}\right)^2 + \left(\frac{p\pi}{b}\right)^2 \right]^{1/2} \tag{101}$$

此式可導出截止波長 λ_{Cmp} 的表示式，利用與 (43) 式一致的方式可寫成：

$$\lambda_{Cmp} = \frac{2\pi c}{\omega_{Cmp}} = 2n \left[\left(\frac{m}{a}\right)^2 + \left(\frac{p}{b}\right)^2 \right]^{-1/2} \tag{102}$$

λ_{Cmp} 為**自由空間**的截止波長。如果在填充有介質的波導中量測時，則由 (102) 式所表示的截止波長便需再除以 n 才行。

現在，採用與 (44) 式一致的方式，(99) 式變成

$$\beta_{mp} = \frac{2\pi n}{\lambda} \sqrt{1 - \frac{\lambda}{\lambda_{Cmp}}} \tag{103}$$

其中，λ 為自由空間波長。如同先前所知的，如果操作波長 λ 小於 λ_{Cmp}，則 TE$_{mp}$ 或 TM$_{mp}$ 模態便可以傳播。

13.5.5 特例：TE$_{m0}$ 與 TM$_{0p}$ 模態

在矩形波導中最重要的模態就是可以自己傳播的那一個模態。如同我們所知的，這個模態就是具有最低截止頻率的模態，使得在某種頻率範圍內，這個模態會高於截止頻率，而所有其它模態則均低於截止頻率。藉由檢視 (101) 式，並且注意到在 $a > b$ 的條件下，我們發現在 $m = 1$ 及 $p = 0$ 時的模態就會具有最低截止頻率，此即 TE$_{10}$ 模態 [請記

住：TM$_{10}$ 模態並未存在，如同 (91) 式所示]。此即表示：此種模態，以及那些具有相同通用形式的模態，均會具有與平行板結構的那些橫態相同的形式。

由 (96a) 至 (96e) 式，令 $p=0$，便可得出 TE$_{m0}$ 模態家族的特定場量，此即意味著，利用 (86) 式與 (90) 式，可得出

$$\kappa_m = \kappa_{mp}\Big|_{p=0} = \frac{m\pi}{a} \tag{104}$$

故知 $\kappa_p = 0$，在這些條件下，(91) 式中唯一可留存的場量為 E_{ys}、H_{xs}，及 H_{zs}。以電場振幅 E_0，即由 (96e) 式內所有振幅項組合而成的振幅來表示時，便可方便地界定各個場方程式。明確地說，吾人可定義

$$E_0 = -j\omega\mu \frac{\kappa_m}{\kappa_{m0}^2} A = -j\frac{\omega\mu}{\kappa_m} A \tag{105}$$

將 (104) 式與 (105) 式代入 (96e)、(96c)，及 (96a) 式便可導出下列 TE$_{m0}$ 模態場的表示式：

$$\boxed{E_{ys} = E_0 \sin(\kappa_m x) e^{-j\beta_{m0} z}} \tag{106}$$

$$\boxed{H_{xs} = -\frac{\beta_{m0}}{\omega\mu} E_0 \sin(\kappa_m x) e^{-j\beta_{m0} z}} \tag{107}$$

$$\boxed{H_{zs} = j\frac{\kappa_m}{\omega\mu} E_0 \cos(\kappa_m x) e^{-j\beta_{m0} z}} \tag{108}$$

由此可知：這些表示式與平行板場 (65)、(71)，及 (72) 式完全相同。對 TE$_{m0}$ 而言，我們再次注意到這些下標顯示在 x 維度上共有 m 個半週期的電場，而在 y 維度上則無變化。TE$_{m0}$ 模態的截止頻率如 (101) 式所示，且可適當地修改成：

$$\omega_{Cm0} = \frac{m\pi c}{na} \tag{109}$$

將 (109) 式代入 (99) 式，相位常數為

$$\beta_{m0} = \frac{n\omega}{c}\sqrt{1 - \left(\frac{m\pi c}{\omega na}\right)^2} \tag{110}$$

高於與低於截止頻率的模態行為之所有跡證均與我們為平行板波導所求得的完全相同。平行波動分析也是以相同的方式來執行。TE$_{m0}$ 模態可以模擬成會透過在兩垂直側壁之間進行反射而沿著波導向下傳播的平面波。

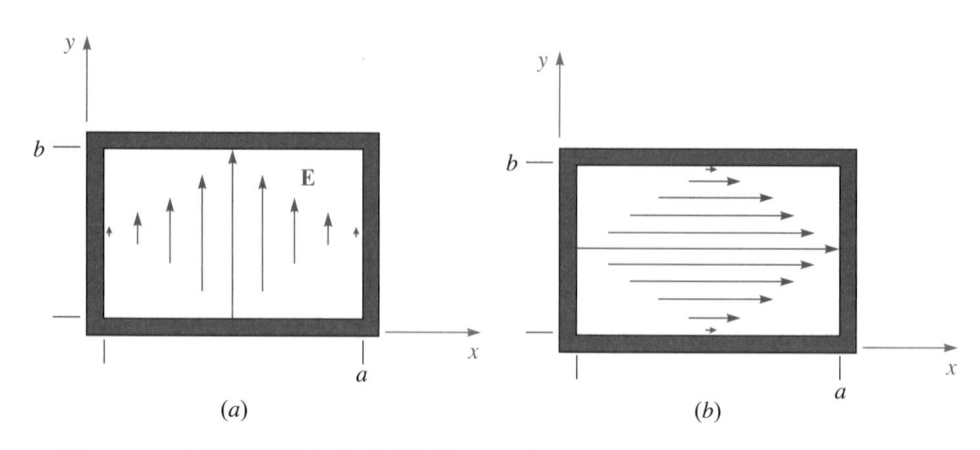

圖 13.18 在矩形波導中的電場組態，(a) 為 TE_{10} 模態，(b) 為 TE_{01} 模態。

由 (106) 式，可知基本 (TE_{10}) 模態的電場為：

$$E_{ys} = E_0 \sin\left(\frac{\pi x}{a}\right) e^{-j\beta_{10}z} \tag{111}$$

此電場被畫在圖 13.18a 中。此電場為垂直極化，終止在上方與下方的導電板，且在兩個垂直壁上變成零，如同在導電面處切線電場的邊界條件所要求的。由 (102) 式可求得其截止波長為

$$\lambda_{C10} = 2na \tag{112}$$

此即表示：在波導的水平尺寸 a 等於半-波長 (如同在介質內所量測的) 時，此模態便會達成截止。

另一種可能性是 TE_{0p} 場組態，此種組態是由水平極化的電場組成。圖 13.18b 便示有 TE_{01} 的場量。設定 m=0，由 (96a) 至 (96e) 式便可得出 TE_{0p} 家族的特定場量。此即表示，利用 (86) 式與 (90) 式，可得出

$$\kappa_p = \kappa_{mp}\Big|_{m=0} = \frac{p\pi}{b} \tag{113}$$

且 $\kappa_m = 0$。現在，在 (91a) 至 (91e) 式中存在的場量將會是 E_{xs}、H_{ys}，及 H_{zs}。此時，吾人可定義電場振幅，E'_0 [此值是由 (96d) 式內所有振幅項組成] 為：

$$E'_0 = j\omega\mu \frac{\kappa_p}{\kappa_{0p}^2} A = j\frac{\omega\mu}{\kappa_p} A \tag{114}$$

利用 (113) 及 (114) 式，(96d)、(96b)，與 (96a) 式便可導出下列代表 TE$_{0p}$ 模態場的表示式：

$$E_{xs} = E_0 \sin(\kappa_p y) e^{-j\beta_{0p} z} \tag{115}$$

$$H_{ys} = \frac{\beta_{0p}}{\omega\mu} E_0 \sin(\kappa_p y) e^{-j\beta_{0p} z} \tag{116}$$

$$H_{zs} = -j\frac{\kappa_p}{\omega\mu} E_0 \cos(\kappa_p y) e^{-j\beta_{0p} z} \tag{117}$$

其中，截止頻率為

$$\omega_{C0p} = \frac{p\pi c}{nb} \tag{118}$$

例題 13.4

已知某一空氣-填充式矩形波導，其尺寸為 $a = 2$ cm 及 $b = 1$ cm。試求此波導可操作成單一模態 (TE$_{10}$) 時的頻率範圍。

解：由於此波導只裝有空氣，即 $n = 1$，故在 $m = 1$ 時 (109) 式可得出：

$$f_{C10} = \frac{\omega_{C10}}{2\pi} = \frac{c}{2a} = \frac{3 \times 10^{10}}{2(2)} = 7.5 \text{ GHz}$$

下一個更高階的模態可為 TE$_{20}$ 或 TE$_{01}$，由 (100) 式可知這兩種模態具有相同的截止頻率，因為 $a = 2b$。此頻率為 TE$_{10}$ 截止頻率的兩倍，即 15 GHz。因此，波導在此操作頻率範圍 7.5 GHz $< f <$ 15 GHz 時只會有單一模態。

在瞭解矩形波導如何工作之後，接下來的問題是：為什麼使用它們以及何時才使用它們？讓我們暫時來考慮傳輸線操作在頻率高至足以產生波導模態的情況。事實上，在一條傳輸線上發射出導波模態 [即所謂的**振盪模 (moding)**] 是一個需加以避免的問題，因為可能造成信號失真。當信號輸入至這樣的一條傳輸線時，將會發現其功率會以某些比例分配給不同的模態。每一模態的信號功率會以該模態獨特的群速來傳播。因此，一旦功率被分散，由於與不同模態相關聯的延遲時間 (即群速) 各不相同，在各模態間的信號分量相互會失掉其同步性，則在足夠的距離時將會發生失真。我們已在例題 13.3 中討論過此種觀念。

只要確保傳輸線上只有 TEM 模態傳播，即所有導波模態均低於截止頻率時，便可避免上述傳輸線的**模態色散** (modal dispersion) 問題。只要採用小於一半信號波長的傳輸線長度或者確保不會超過傳輸線的操作頻率上限即可達成此項要求。不過，實際上操作的複雜度遠超乎於此。

在 13.1 節中，我們知道頻率增加時會因集膚效應的結果而使線路損耗增加。這個可透過增加每單位長度的串聯電阻 R 來印證。如同 (7) 式及 (12) 式所證明的，吾人可藉由增加傳輸線橫截面一個或以上的維度來補償，不過僅需對可能發生振盪模之點補償即可。一般而言，在發出振盪模之前，隨頻率增加而增加損耗將會使傳輸線變成無用。不過，若不考慮振盪模的可能性，人們仍然無法用增加傳輸線維度的方式來減少損失。這種在維度上的限制也同樣會限制傳輸線操控功率的能力，因為發生介電崩潰的電壓會隨著減少導體間隔而下降。結果，將傳輸線使用在頻率增加至超過一頻率值的情況會變成毫無必要，因為此時將會有超額的損耗發生。此外，維度上的限制也同樣會限制功率-操控容量。相反地，我們想要的是找出其它的導波結構，矩形波導便是其中一種可行結構。

由於矩形波導無法產生 TEM 模態，所以除非頻率超過此種結構最低階導波模態的截止頻率，否則矩形波導便無法動作。因此，它必須具有足夠大的尺寸以便針對一特定頻率完成此項要求；所需的橫向尺寸將會大於傳輸線原先設計來只產生 TEM 模態的尺寸。伴隨所增加的尺寸而來的是會比具有相同容積的傳輸線還有更多的導體表面積，此即意味著在矩形波導結構中的損耗會大幅地下降。除此之外，這類波導在一已知的電場強度下可支持比傳輸線還要多的功率，因為此種矩形波導具有較大的橫截面積。

當然，為了避免因多模態傳輸而引起信號失真的問題，中空的管狀波導必須以單一模態來操作。此即表示 (如同例題 13.4 所說明的) 這些波導必須具有可使其操作在高於最低階模態之截止頻率，不過仍低於次高階模態之截止頻率的尺寸才行。同樣地，增加操作頻率即意味著波導橫向尺寸必須予以減少，以便維持單一模態操作。這個可一直持續到集膚效應又再次變成很顯著之點為止 (記住：集膚深度會隨頻率的增加而減少，此處也會隨著波導尺寸的變小而減少金屬表面積)。此外，當機械容許誤差要求變得更嚴格時，波導就會變很難製作。所以，當頻率進一步上升時，我們便須尋找其它的結構形式才行。

D13.10. 試指出一空氣-填充式矩形波導的最小寬度 a 及最大高度 b，以使它能在 15 GHz $< f <$ 20 GHz 頻率範圍內以單模態方式操作。

答案：1 cm；0.75 cm

13.6 平面式電介質波導

當集膚效應損耗變得很大時，將之解決的最好方法是把金屬結構完全移除，只採用電介質間的介面作為限制面。因此，可得出一**電介質波導** (dielectric waveguide)；有一種基本形式，即**對稱型平板波導** (symmetric slab waveguide)，如圖 13.19 所示。這種結構之所以如此命名乃肇因於其會對 z 軸呈垂直對稱。這種波導是假設成其 y 方向的寬度遠大於平板的厚度 d，使得問題變成為二維問題，其場量只會隨 x 及 z 而變，與 y 無關。平板波導的工作原理與平行板波導極為相似，除了在電介質間之各介面處會發生波的反射之外。這些介質具有不同的折射率，平板電介質為 n_1，上下包圍區的介質折射率則為 n_2。在電介質波導中，需有全反射才行，所以入射角必須超過臨界角。因此，如同 12.6 節所討論的，平板的折射率 n_1 必須大於周圍材料的折射率 n_2。電介質波導與金屬波導不同之處在於其功率並不是完全侷限在平板中，反而有部份會駐留在其上下區域。

電介質波導主要用在光波頻率 (約在 10^{14} Hz 等級)。同樣地，波導橫截面尺寸也必須保持在可達成單一模態的操作才行。有許多種製作方法可用來達成此項要求。例如，玻璃板可摻雜會使折射率提升的材料。摻雜程序可讓這些雜質材料僅摻在接近表面處只有數微米厚的薄層區域之中。

為了瞭解此種波導如何工作，可參考圖 13.20，圖中示有藉由雙重反射來傳播的電磁波，在每次反射時都會有**部份透射** (partial transmission) 進入其上下方區域。波向量示於中間及上方區域，並附有其在 x 及 z 方向上的分量。如同第 12 章中所求得的，所有波向量的 z 分量 (即 β) 均相等，如果在各介面處，對於所有點及時間而言，要滿足場邊界條件的話，這必然會成立。當然，不可避免的，在邊界處一定會有部份透射發生，因

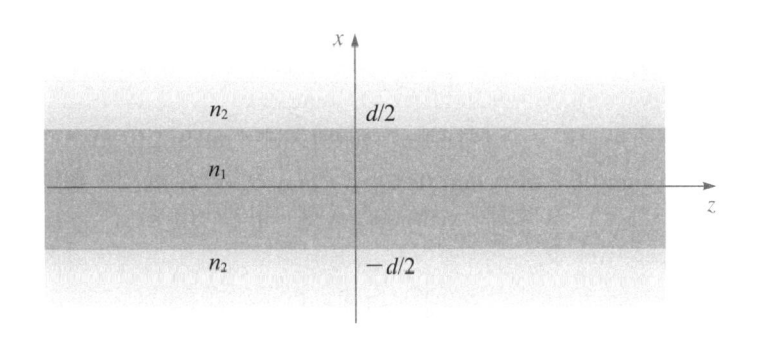

圖 13.19 對稱型電介質平板波導，其中波沿著 z 方向傳播。此種波導是假設成在 y 方向為無限大，因此可使之成為二維問題。

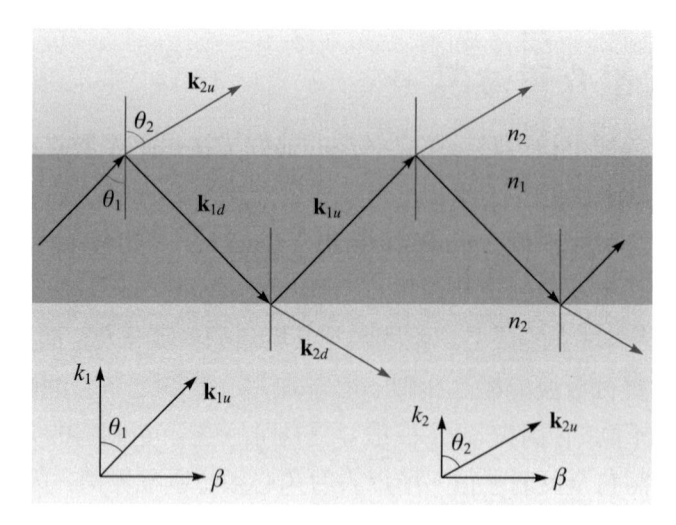

圖 13.20 對稱型平板波導內洩漏波的平面波結構。就一導波模態而言，全反射發生在其內部，故 $\mathbf{k}_{2u}$ 及 $\mathbf{k}_{2d}$ 的 x 分量均為虛數。

為平板內的功率最後都將會逸散。因此，在這種結構內會具有一種**洩漏型電磁波** (leaky wave)，而我們所需的是一個導波模態。注意，不管哪一種情況，仍然都具有兩種可能的波極化情形，即形成 TE 或 TM 模態。

TE 或 TM 波在邊界處的全功率反射分別代表 $|\Gamma_s|^2$ 或 $|\Gamma_p|^2$ 值為一，其中這些反射係數就是第 12 章中的 (71) 式及 (69) 式。

$$\Gamma_s = \frac{\eta_{2s} - \eta_{1s}}{\eta_{2s} + \eta_{1s}} \tag{119}$$

及

$$\Gamma_p = \frac{\eta_{2p} - \eta_{1p}}{\eta_{2p} + \eta_{1p}} \tag{120}$$

如同 12.6 節所討論的，如果 (119) 式或 (120) 式的大小想要為一，則有效阻抗 η_{2s} 或 η_{2p} 需為純虛數、零，或無限大。已知

$$\eta_{2s} = \frac{\eta_2}{\cos\theta_2} \tag{121}$$

及

$$\eta_{2p} = \eta_2 \cos\theta_2 \tag{122}$$

故知限制條件為 $\cos \theta_2$ 為零或虛數，其中，由 12.6 節的 (75) 式知

$$\cos \theta_2 = [1 - \sin^2 \theta_2]^{1/2} = \left[1 - \left(\frac{n_1}{n_2}\right)^2 \sin^2 \theta_1\right]^{1/2} \quad (123)$$

結果，需要

$$\theta_1 \geq \theta_c \quad (124)$$

此處臨界角可透過下式來界定

$$\sin \theta_c = \frac{n_2}{n_1} \quad (125)$$

現在，由圖 13.20 的幾何結構，我們可用平面波重疊法來建構出波導內 TE 波的場分佈。在平板區 ($-d/2 < x < d/2$) 內，可得

$$E_{y1s} = E_0 e^{-j\mathbf{k}_{1u} \cdot \mathbf{r}} \pm E_0 e^{-j\mathbf{k}_{1d} \cdot \mathbf{r}} \quad \left(-\frac{d}{2} < x < \frac{d}{2}\right) \quad (126)$$

其中

$$\mathbf{k}_{1u} = \kappa_1 \mathbf{a}_x + \beta \mathbf{a}_z \quad (127)$$

及

$$\mathbf{k}_{1d} = -\kappa_1 \mathbf{a}_x + \beta \mathbf{a}_z \quad (128)$$

(126) 式中的第二項可與第一項相加或相減，因為這兩種情況均可在 x 方向上形成一個對稱的電場強度分佈。這是可預期的，因為波導是對稱的。現在，利用 $\mathbf{r} = x\mathbf{a}_x + z\mathbf{a}_z$，若在 (126) 式中選用正號，則 (126) 式變成

$$\boxed{E_{y1s} = E_0[e^{j\kappa_1 x} + e^{-j\kappa_1 x}]e^{-j\beta z} = 2E_0 \cos(\kappa_1 x)e^{-j\beta z}} \quad (129)$$

而若在 (126) 式選取負號時，則

$$\boxed{E_{y1s} = E_0[e^{j\kappa_1 x} - e^{-j\kappa_1 x}]e^{-j\beta z} = 2jE_0 \sin(\kappa_1 x)e^{-j\beta z}} \quad (130)$$

由於 $\kappa_1 = n_1 k_0 \cos \theta_1$，故知在一已知頻率下，$\kappa_1$ 值愈大時，θ_1 值愈小。此外，如同 (129) 式及 (130) 式所示的，κ_1 值愈大時，則在橫向面內電場的空間振盪次數愈多。在平行板波導中亦發現有相似的特性。在平板波導中，與平行板波導一樣，κ_1 值的增加會造成更

高階的模態。[6]

在平板上方及下方的區域中，電磁波會依據圖 13.20 所示的波向量 $\mathbf{k}_{2u}$ 及 $\mathbf{k}_{2d}$ 來傳播。例如，在平板上方 (即 $x > d/2$ 區)，電場的形式為

$$E_{y2s} = E_{02}e^{-j\mathbf{k}_2 \cdot \mathbf{r}} = E_{02}e^{-j\kappa_2 x}e^{-j\beta z} \tag{131}$$

不過，$\kappa_2 = n_2 k_0 \cos\theta_2$，其中 (123) 式所示的 $\cos\theta_2$ 則為虛數。因此，我們可將之寫成

$$\kappa_2 = -j\gamma_2 \tag{132}$$

其中，γ_2 為實數，且可表成 [利用 (123) 式]

$$\gamma_2 = j\kappa_2 = jn_2 k_0 \cos\theta_2 = jn_2 k_0(-j)\left[\left(\frac{n_1}{n_2}\right)^2 \sin^2\theta_1 - 1\right]^{1/2} \tag{133}$$

現在，(131) 式變成

$$\boxed{E_{y2s} = E_{02}e^{-\gamma_2(x-d/2)}e^{-j\beta z} \qquad \left(x > \frac{d}{2}\right)} \tag{134}$$

其中，(131) 式內的變數 x 已改換成 $x-(d/2)$，用以指示邊界處電場 E_{02} 的大小。利用相似的方法，在低於下方介面處的區域內，此時 x 為負值，且此處與 $\mathbf{k}_{2d}$ 有關，故知

$$\boxed{E_{y2s} = E_{02}e^{\gamma_2(x+d/2)}e^{-j\beta z} \qquad \left(x < -\frac{d}{2}\right)} \tag{135}$$

(134) 式及 (135) 式所表示的電場為**表面波**。注意，依據 $e^{-j\beta z}$ 可知，它們僅會在 z 方向上傳播，不過根據 (134) 式內的 $e^{-\gamma_2(x-d/2)}$ 項及 (135) 式內的 $e^{\gamma_2(x+d/2)}$ 項可知，其振幅只會隨著 $|x|$ 的增加而減小。這些表面波代表在該模態波內總功率的某種比例，故可知電介質波導與金屬波導之間的一項重要的基本差異就是：在電介質波導內，各場量 (及導波功率) 會存在於延伸超過限制邊界的橫向截面上，而且理論上是存在於一個無限大的橫截面內。在實際的情況中，邊界上方及下方區內場量的指數型衰減一般均足以使距離每一邊界數個平板厚度的區域的場量可忽略不計。

---

[6] 將模數下標 m 加至 κ_1、κ_2、β，及 θ_1 也很合適，因為它與金屬波導一樣會成立，故可得出這些物理量的分立式值。為使符號簡單，下標 m 已被省略，但我們假定它是存在的。再者，本節中的下標 1 及 2 分別代表平板區及包圍區，故毋需對模數做任何處理。

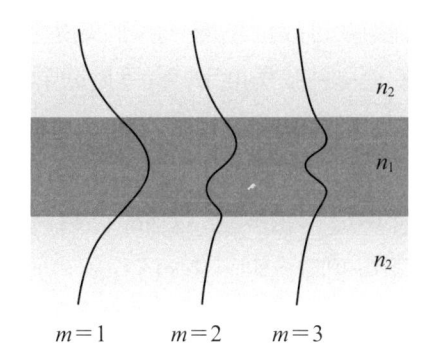

圖 13.21 對稱型平板波導內前三個模態在橫向平面上的電場振幅分佈圖。

總電場分佈是由全部三個區域內的場組成，且就前面幾個模態而繪製於圖 13.21 之中。在平板內，電磁場會振盪，而且具有平行板波導相似的形式。其差異是平板波導內的場量在邊界處並不會達到零值，反而在平板上方及下方會存有一種耗散波。其限制是在一邊界的任一側處的 TE 場 (即與介面相切) 必須在邊界處匹配。明確地說，

$$E_{y1s}|_{x=\pm d/2} = E_{y2s}|_{x=\pm d/2} \tag{136}$$

將上式應用至 (129)、(130)、(134)，及 (135) 式便可得出對稱平板波導內的 TE 模態電場的最終表示式，就偶對稱及奇對稱的情況而言：

$$E_{se}(\text{偶 TE}) = \begin{cases} E_{0e}\cos(\kappa_1 x)e^{-j\beta z} & \left(-\frac{d}{2} < x < \frac{d}{2}\right) \\ E_{0e}\cos\left(\kappa_1 \frac{d}{2}\right)e^{-\gamma_2(x-d/2)}e^{-j\beta z} & \left(x > \frac{d}{2}\right) \\ E_{0e}\cos\left(\kappa_1 \frac{d}{2}\right)e^{\gamma_2(x+d/2)}e^{-j\beta z} & \left(x < -\frac{d}{2}\right) \end{cases} \tag{137}$$

$$E_{so}(\text{奇 TE}) = \begin{cases} E_{0o}\sin(\kappa_1 x)e^{-j\beta z} & \left(-\frac{d}{2} < x < \frac{d}{2}\right) \\ E_{0o}\sin\left(\kappa_1 \frac{d}{2}\right)e^{-\gamma_2(x-d/2)}e^{-j\beta z} & \left(x > \frac{d}{2}\right) \\ -E_{0o}\sin\left(\kappa_1 \frac{d}{2}\right)e^{\gamma_2(x+d/2)}e^{-j\beta z} & \left(x < -\frac{d}{2}\right) \end{cases} \tag{138}$$

波動方程式的解可產生與上述完全相同的形式 (必定會如此)。有關細節，讀者們可在參考書目 2 及 3 中查閱到。與平行板波導相似，TE 模態的磁場將會含有 x 及 z 分量。最後，TM 模態場具有幾乎與 TE 模態相同的形式，只不過各平面波分量的極化方向需旋轉 90° 而已。因此，在 TM 模態中，將會產生 H_y 分量，其形式與 TE 的 E_y 相同 [如 (137) 式及 (138) 式所示]。

除了場結構的差異之外，電介質平板波導會以定性上相似於平行板波導的方式來操作。此外，在一已知頻率下可容許有限個分立式模態，而且其個數會隨著頻率的增加而遞增。較高階的模態可用較小的 θ_1 值來做特性描述。

平板波導有一種重要的差異會發生在任意模態的截止點處。我們知道在金屬波導中，截止時 $\theta=0$。在電介質波導中，於截止時，入射波角度 θ_1 會等於**臨界角** (critical angle) θ_c。因此，當一已知模態的頻率上升時，為了維持橫向共振，其 θ_1 值會增加超過 θ_c，進而在橫向面內維持相同的場振盪次數。

不過，當入射波角度增加時，散逸場的特性會變得很明顯。如同 (133) 式所示，只要考慮入射波角度對散逸衰減係數 γ_2 的相依性即可明瞭此點。由 (133) 式可知，當 θ_1 增加 (即當頻率上升) 時，γ_2 也會增加，故隨著遠離平板上方及下方的距離增加，會導致場量更快速的衰減。因此，當頻率上升時，模態會變得緊密侷限在平板上。此外，在一已知頻率下，愈低階的模態，具有愈小的入射波角度，而且如 (133) 式所示將會具有較小的 γ_2 值。結果，當考慮數個模態一同以單一頻率傳播時，在平板周圍上方及下方區域內，愈高階的模態將會比較低階模態具有功率較大的百分比。

利用橫向共振條件，即可決定在何種條件下模態波才會傳播，其做法與我們在平行板波導時所做的一樣。以和 13.3 節中所採用的相同方式，我們在平板區內進行橫向往返分析，故對 TE 波而言，可得出一個與 (37) 式相似的方程式：

$$\boxed{\kappa_1 d + \phi_{TE} + \kappa_1 d + \phi_{TE} = 2m\pi} \tag{139}$$

而對 TM 波情況，則可得出

$$\boxed{\kappa_1 d + \phi_{TM} + \kappa_1 d + \phi_{TM} = 2m\pi} \tag{140}$$

(139) 式及 (140) 式稱為對稱電介質平板波導的**固有值方程式** (eigenvalue equations)。反射時的相位移 ϕ_{TE} 及 ϕ_{TM} 就是由 (119) 式及 (120) 式所決定的反射係數 Γ_s 及 Γ_p 的相位。這些值已求得，不過在此要變為 θ_1 的函數。如同我們所知的，κ_1 也會隨 θ_1 而變，不過其方式與 ϕ_{TE} 及 ϕ_{TM} 不同。因此，(139) 式及 (140) 式為 θ_1 的**超越** (transcendental) 函數，故無法以閉合形式求解。相反地，必須採用數值方法或繪圖法 (見參考書目 4 或 5)。不過，由此解答程序可得出任何 TE 或 TM 模態的一個相當簡單的截止條件，即：

$$\boxed{k_0 d \sqrt{n_1^2 - n_2^2} \geq (m-1)\pi \qquad (m=1,2,3,\ldots)} \tag{141}$$

當模態 m 想要傳播時，(141) 式必須成立才行。模數的物理解釋同樣也是發生在橫向面上電場 (TE 模態時) 或磁場 (TM 模態時) 的半-週期個數。最低階的模態 ($m=1$) 並不具有截止頻率──即它可由零頻率開始至任何頻率均可傳播。因此，若我們能確保 $m=2$ 模態低於截止頻率時，即可達成單一模態的操作。所以，利用 (141) 式即可求出此種單一模態操作的條件為：

$$k_0 d\sqrt{n_1^2 - n_2^2} < \pi \quad (142)$$

利用 $k_0 = 2\pi/\lambda$，可知發生單一模態操作的波長範圍為

$$\lambda > 2d\sqrt{n_1^2 - n_2^2} \quad (143)$$

例題 13.5

已知有一對稱型電介質平板波導用來導引波長為 $\lambda = 1.30\ \mu m$ 的光波。平板厚度為 $d = 5.00\ \mu m$，而周圍材料的折射率為 $n_2 = 1.450$。試求可容許單一 TE 及 TM 模態操作時，平板材料的最大可容許折射率。

解：(143) 式可重新寫成下列的形式：

$$n_1 < \sqrt{\left(\frac{\lambda}{2d}\right)^2 + n_2^2}$$

所以，

$$n_1 < \sqrt{\left(\frac{1.30}{2(5.00)}\right)^2 + (1.450)^2} = 1.456$$

很明顯地，當要建構用於單一模態操作的電介質波導時，其建造容許誤差是極為精確地！

D13.11. 有一厚度為 0.5 mm 的玻璃片 ($n_1 = 1.45$)，其周圍由空氣 ($n_2 = 1$) 環繞著。此玻璃片導引波長為 $\lambda = 1.0\ \mu m$ 的近紅外光。試問有多少種 TE 與 TM 模態可以傳播？

答案：2102

13.7 光　纖

　　光纖的工作原理與基本的電介質平板波導相同，當然其圓形橫截面除外。有一種**步階式折射率** (step index) 光纖如圖 13.10 所示，具有高折射率的**纖芯** (core) 半徑為 a，而外圍則包以半徑為 b 的低折射率**包覆層** (cladding)。光波是透過全反射機制而侷限在核芯內，不過同樣也會有些許功率駐留在塗層內。與我們在平板波導中所發現的一樣，塗層

功率也會隨著頻率的上升而朝纖芯集中。此外，如同平板波導，光纖可支持無截止頻率的模態。

光纖的分析很複雜。這種複雜性主要原因在於光纖具有圓的橫截面以及它通常為一種三維問題的事實上；前面所探討過的薄片波導則可當作二維問題處理。利用纖芯內的射線來分析光纖亦為可行的方法，當光線沿著光纖向下行進時，包覆邊界會使光線產生反射，我們曾用此方法來分析薄片波導而且快速地求得結果。不過，在光纖中這種方法很困難，因為射線路徑變得很複雜。在纖芯中會有兩種射線：(1) 那些會通過光纖軸 (z 軸) 的射線，稱之為**子午射線** (meridional rays)，及 (2) 那些會避開軸心但當它們沿著波導向下傳播時會呈現螺旋狀的路徑之射線。這些射線稱之為**斜向射線** (skew rays)；它們的分析雖然可能，但卻繁雜無比。光纖模態的發生與個別的射線類型或其組合有關，但直接求解波動方程式來求得光纖模態會較為簡單些。本節中，我們的目的就是要為這種光纖問題提供第一次接觸 (同時避免過於冗長的討論)。為了達成此目的，我們將會以最快速的方法求解最簡單的例子。

最簡單的光纖組態就是具有步階式折射率的光纖，但纖芯與包覆層的折射率卻非常接近，即 $n_1 \doteq n_2$。這是**弱導波** (weak quidance) 條件，但卻可大幅地簡化分析。我們已經明白為了達成單模態或少數模態操作，薄片波導纖芯與包覆層折射率之值必須很接近才行。光纖製造商均已熟悉此項技術，所以事實上現今大多數商用光纖都會滿足此弱導波條件。單模態光纖的典型尺寸，對纖芯直徑而言大約在 5 與 10 μm 之間，而包覆層直徑通常是 125 μm。纖芯與包覆層之間折射率差異一般說來約在一個百分點的幾分之幾而已。

弱導波條件的主要作用就是會出現一組模態，其內的每一模態均互為**線性極化** (linearly polarized)。此即表示：例如，具有 x-極化的光波，將會進入光纖並以一個模態重建其本身或者以一組可保留 x-極化的模態來重建。本質上，磁場正交於 **E**，所以在上例中它會落在 y 方向上。這兩種場雖然有 z 分量存在，但卻太微弱以致於並無任何作用；幾乎相等的纖芯與包覆層折射率可以使得射線路徑在本質上幾乎平行於波導軸心──僅有輕微地偏移。事實上，對一已知模態而言，當 η 可近似為包覆層的本質阻抗時，我們仍可寫出 $E_x = \eta H_y$。因此，在弱導波近似法中，光纖模態場均可視為平面波 (當然，是不均勻的)。這些模態可記為 $LP_{\ell m}$，代表為線性極化波，同時具有整數階次參數 ℓ 與 m。ℓ 與 m 值代表在圓形橫向平面內的二個維度上的模態變動數目。明確地說，ℓ 為**方位角模態數目** (azimuthal mode number)，其值恰好是當 ϕ 由 0 變化到 2π 時，對一已知半徑所會發生之功率密度極大 (或極小) 值個數的一半。m 稱為**徑向模態數目** (radial mode number)，代表沿著由零至無限遠的徑向線 (ϕ 值固定) 時所會發生的極大值的個數。

雖然，在直角座標系統中我們可以假設有一個線性極化場，但基於某些明顯的理由，我們不得不以圓柱座標系統來處理此類問題。記得矩形波導曾介紹過一種方法，即我們可以將弱導波圓柱光纖內的 x-極化相量電場寫成三個函數的乘積，其中每一個函數均只隨座標變 ρ、ϕ 及 z 的其中一個而變，即：

$$E_{xs}(\rho, \phi, z) = \sum_i R_i(\rho)\Phi_i(\phi)\exp(-j\beta_i z) \tag{144}$$

上式總和符號內的每一項均為光纖的一個獨立的模態。注意：z 函數正好為傳播項，$e^{-j\beta z}$，因為我們是假設有一條無限長的無損耗光纖。

波動方程式為 (58) 式，在該式中假設針對 $\mathbf{E}_s$ 的 x 分量，並將式中的拉普拉欣運算子以圓柱座標表示，則 (58) 式可寫成：

$$\frac{1}{\rho}\frac{\partial}{\partial \rho}\left(\rho\frac{\partial^2 E_{xs}}{\partial \rho}\right) + \frac{1}{\rho^2}\frac{\partial^2 E_{xs}}{\partial \phi^2} + (k^2 - \beta^2)E_{xs} = 0 \tag{145}$$

其中，我們知道當 $\partial^2/\partial z^2$ 運算子應用到 (144) 式時，會導致 $-\beta^2$ 的因式出來。現在，我們將 (144) 式的單一項代入 (145) 式 [由於 (144) 式的每一項均獨自滿足於波動方程式]。將下標 i 去掉，展開徑向微分，並重新排列各項，可得出：

$$\underbrace{\frac{\rho^2}{R}\frac{d^2R}{d\rho^2} + \frac{\rho}{R}\frac{dR}{d\rho} + \rho^2(k^2 - \beta^2)}_{\ell^2} = \underbrace{-\frac{1}{\Phi}\frac{d^2\Phi}{d\phi^2}}_{\ell^2} \tag{146}$$

注意：(146) 式的左側式子僅隨 ρ 而變，而右側式子則僅隨 ϕ 而變。由這兩個變數互為獨立，故知上式中的每一側式子均必須等於一個常數。如式中所示，令此常數為 ℓ^2，如此便可將每一側寫成一個個別的方程式；坭在所有變數均已分離：

$$\frac{d^2\Phi}{d\phi^2} + \ell^2\Phi = 0 \tag{147a}$$

$$\frac{d^2R}{d\rho^2} + \frac{1}{\rho}\frac{dR}{d\rho} + \left[k^2 - \beta^2 - \frac{\ell^2}{\rho^2}\right]R = 0 \tag{147b}$$

(147a) 式的解為 ϕ 的正弦或餘弦函數形式：

$$\Phi(\phi) = \begin{cases} \cos(\ell\phi + \alpha) \\ \sin(\ell\phi + \alpha) \end{cases} \tag{148}$$

其中 α 為常數。(148) 式的形式指示 ℓ 必須為一整數才行，因為當 ϕ 改變 2π 強度時，在橫向平面內必須發生相同的模態場。由於光纖為圓形，故在橫向平面內 x 與 y 軸的指向並不重要，所以我們可以只選取餘弦函數並令 $\alpha=0$。因此，我們採用 $\Phi(\phi)=\cos(\ell\phi)$。

(147b) 式的解是要求出較為複雜的徑向函數。(147b) 式是一種貝色方程式，其解為各種形式的貝色函數。重要參數為函數 $\beta_t=(k^2-\beta^2)^{1/2}$，其平方值出現在 (147b) 式中。注意，$\beta_t$ 在下列兩種區域內會有不同形式：在纖芯內 ($\rho<a$) 處，$\beta_t=\beta_{t1}=(n_1^2 k_0^2-\beta^2)^{1/2}$；在包覆層 ($\rho>a$) 內時，則知 $\beta_t=\beta_{t2}=(n_2^2 k_0^2-\beta^2)^{1/2}$。依 k 與 β 的相對大小而定，β_t 可為實數或虛數。這些可能值會使得 (147b) 式具有兩種解形式：

$$R(\rho) = \begin{cases} A J_\ell(\beta_t \rho) & \beta_t \text{ 為實數時} \\ B K_\ell(|\beta_t|\rho) & \beta_t \text{ 為虛數時} \end{cases} \tag{149}$$

其中，A 與 B 為常數。$J_\ell(\beta_t\rho)$ 為第一類的普通貝色函數，其階數為 ℓ，引數為 $\beta_t\rho$。$K_\ell(|\beta_t|\rho)$ 則是階數為 ℓ，引數為 $|\beta_t|\rho$ 的第二類修正型貝色函數。這兩種函數的前兩階函數的波形分別示於圖 13.22a 與 圖 13.22b 之中。在我們研究中，必須知道的是 J_0 與 J_1 函數的正確的零交越點。圖 13.22a 中所示的零交越點如下所示：對 J_0 函數，零點為 2.405、5.520、8.654、11.792，及 14.931。對 J_1 函數，其零點為 0、3.832、7.016、

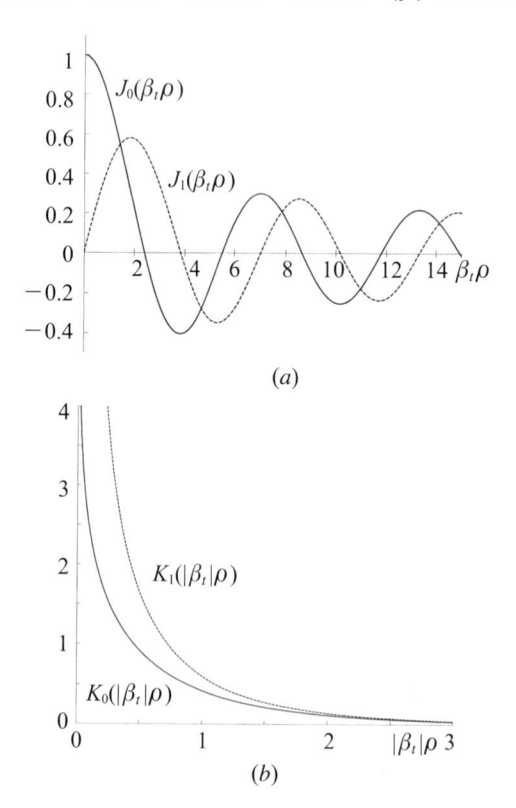

圖 13.22 (a) 階數為 0 與 1，引數為 $\beta_t\rho$ 的第一類普通型貝色函數，其中 β_t 為實數。(b) 階數為 0 與 1，引數為 $|\beta_t|\rho$ 的第二類修正型貝色函數，其中 β_t 為虛數。

10.173 及 13.324。其它形式的貝色函數亦可為 (149) 式之解，不過這類函數對於半徑無法呈現物理特性，故在此並未納入考量。

接下來，我們需要決定這兩個解何者適用於每一區域。在纖芯 ($\rho < a$) 內，我們預期會得到場的振盪解——如同我們在薄片波導所求得的解大都也具有相同的形式。因此，只要令 $\beta_{t1} = (n_1^2 k_0^2 - \beta^2)^{1/2}$ 為實數，我們可指定該纖芯區的解為普通型貝色函數。在包覆層 ($\rho > a$)，我們預期會有表面波，其振幅會隨著遠離纖芯/包覆層邊界而使半徑增加時逐漸減小。貝色 K 型函數可提供此種特性，故若 β_{t2} 為虛數時，即可採用此種函數為其解。基於此項要求，因此我們便可寫出 $|\beta_{t2}| = (\beta^2 - n_2^2 k_0^2)^{1/2}$。在包覆層內，隨著半徑增加而逐漸減少振幅的現象便容許我們將外包覆層邊界 (位於 $\rho = b$) 的效應忽略不計，因為在該邊界處的場量太微弱了，以致於不對模態場產生任何效應。

由於 β_{t1} 與 β_{t2} 的單位均為 m^{-1}，故只要將兩者均乘上纖芯半徑 a，即可很方便地將這些量歸一化 (同時也使它們變成無因次量)。新的歸一化參數變成

$$u \equiv a\beta_{t1} = a\sqrt{n_1^2 k_0^2 - \beta^2} \tag{150a}$$

$$w \equiv a|\beta_{t2}| = a\sqrt{\beta^2 - n_2^2 k_0^2} \tag{150b}$$

u 與 w 直接類比於薄片波導的參數 $\kappa_1 d$ 與 $\kappa_2 d$。如同在那些參數中所示，β 同時為 $n_1 k_0$ 與 $n_2 k_0$ 二者的 z 分量，並且為導波模態的相位常數。故知在兩區域內，β 必須為相同值，以使得對所有 z 與 t 而言，在 $\rho = a$ 處的場邊界條件會被滿足。

現在，針對單一導波模態 E_{xs}，我們便可建構出其全解，利用 (144) 式以及 (148)、(149)、(150a) 與 (150b) 式，可知：

$$E_{xs} = \begin{cases} E_0 J_\ell(u\rho/a) \cos(\ell\phi) e^{-j\beta z} & \rho \leq a \\ F_0 [J_\ell(u)/K_\ell(w)] K_\ell(w\rho/a) \cos(\ell\phi) e^{-j\beta z} & \rho \geq a \end{cases} \tag{151}$$

注意：我們已經令 (149) 式的係數 A 等於 E_0，及 $B = E_0 [J_\ell(u)/K_\ell(w)]$。這樣的選擇可確保在兩區域內的 E_{xs} 表示式於 $\rho = a$ 處變成相等，只要 $n_1 \doteq n_2$ (即弱導波近似) 這是一種大致上會成立的條件。

再者，只要將 η 取為包覆層的本質阻抗，弱導波條件亦允許近似式 $H \doteq E/\eta$ 成立。有了 $\mathbf{E}_s$ 與 $\mathbf{H}_s$，便能讓我們經由下式來求出 $LP_{\ell m}$ 模態的平均功率密度 (或光強度)：

$$|\langle \mathbf{S} \rangle| = \left| \frac{1}{2} \text{Re}\{\mathbf{E}_s \times \mathbf{H}_s^*\} \right| = \frac{1}{2} \text{Re}\{E_{xs} H_{ys}^*\} = \frac{1}{2\eta} |E_{xs}|^2 \tag{152}$$

利用 (151) 式及 (152) 式，以 W/m² 為單位的模態強度變成

$$I_{\ell m} = I_0 J_\ell^2\left(\frac{u\rho}{a}\right)\cos^2(\ell\phi) \qquad \rho \leq a \tag{153a}$$

$$I_{\ell m} = I_0 \left(\frac{J_\ell(u)}{K_\ell(w)}\right)^2 K_\ell^2\left(\frac{w\rho}{a}\right)\cos^2(\ell\phi) \qquad \rho \geq a \tag{153b}$$

其中，I_0 為強度峰值。如同 (153a) 式及 (153b) 式所明示的，方位角模態數 ℓ 的角色就是要決定環繞整個圓，即 $0 < \phi < 2\pi$ 時，場強度變化的個數；它亦可決定所使用的貝色函數的階數。徑向模態數 m 的影響在 (153a) 式與 (153b) 式中並不是那麼顯而易見。簡言之，m 可決定發生在貝色函數 $J(u\rho/a)$ 內可容許的 u 值範圍。m 值愈大時，可容許的 u 值就愈大；u 值愈大時，在 $0 < \rho < a$ 範圍內貝色函數就振盪的更多次，所以在 m 值愈大時，就會更多次徑向強度變動。在薄片波導中，模態數 (亦為 m) 決定可容許的 κ_1 值範圍。如同在 13.6 節中所知的，在一特定頻率下增加 κ_1 便意味著薄片射線會愈靠近法線傳播 (即 θ_1 愈小)，所以在橫向方向上場量會有更多次空間變動 (即 m 值愈大)。

在最後的分析步驟就是要來求出一方程式，由此方程式便可針對一特定操戶頻率與光纖結構來決定模態參數值 (譬如說，u、w 及 β)。在薄片波導中，利用橫向共振引數可求得 (139) 與 (140) 二式，而此式與薄片波導內的 TE 與 TM 波相關聯。在此處的光纖中，我們並不直接應用橫向共振條件，相反的採用隱含的方式，令所有場量滿足在纖芯/包覆層介面 ($\rho = a$) 的邊界條件。[7] 我們已經將邊界條件應用於橫向場而求出 (151) 式。剩下的條件是 **E** 與 **H** 的 z 分量需為連續。在弱導波近似中，我們已經忽略掉所有 z 分量，但針對上述練習我們現在要來考慮它們。利用點形式的法拉第定律，在 $\rho = a$ 處 H_{zs} 的連續性與 $\nabla \times \mathbf{E}_s$ 之 z 分量的連續性相同，只要令兩區域的 $\mu = \mu_0$ (或取相同 μ 值) 即可。明確地表示，

$$(\nabla \times \mathbf{E}_{s1})_z\big|_{\rho=a} = (\nabla \times \mathbf{E}_{s2})_z\big|_{\rho=a} \tag{154}$$

此做法一開始是要將 (151) 式的電場以 ρ 及 ϕ 分量來表示，然後再應用到 (154) 式。這是一個相當冗長的過程，故保留為練習題 (或者可在參考書目 5 中查閱到)。其結果就是弱導波型步階折射率光纖中 LP 模態的固有值方程式：

---

[7] 請記住代表反射係數的方程式 (119) 式及 (120) 式，由此二式便可求出橫向共振條件中所使用的反射波相位移，此做法源自於場邊界條件的應用。

第 13 章　波　導　511

$$\boxed{\frac{J_{\ell-1}(u)}{J_\ell(u)} = -\frac{w}{u}\frac{K_{\ell-1}(w)}{K_\ell(w)}} \tag{155}$$

此方程式與 (139) 式及 (140) 式相似，為一種超越函數，故必須以數值方法或圖解法來求解 u 與 w。就各種面向來看，求解此式的演練超過本書的討論範圍。相反地，我們將會由 (155) 式求出一特定模態的截止條件及不具有截止頻率之最重要模態的一些性質──該模態就是會存在於單模態光纖中的模態場。

只要知道 u 及 w 可以合併成為一個與 β 無關而僅會依光纖結構及操作頻率而變的新參數，便能促進 (155) 式的求解，此新參數稱為**正規化頻率** (normalized frequency) 或 V 數目；可利用 (150a) 式及 (150b) 式來求得：

$$\boxed{V \equiv \sqrt{u^2 + w^2} = ak_0\sqrt{n_1^2 - n_2^2}} \tag{156}$$

由上式可看出，經由纖芯半徑、頻率，或折射率差值的增大均可使 V 值變大。

現在，由 (155) 式配合 (156) 式便可求出一特定模態的截止條件。為了完成此項工作，我們注意到一電介質波導的截止意味著在纖芯/包覆層邊界處的全反射會剛好停止，同時功率也剛好會呈徑向傳播而離開纖芯。這樣對 (151) 式電場的效應是會產生一個不再會隨著半徑的增加而變小的包覆層場。這條件在修正型貝色函數 $K(w\rho/a)$ 而言，會發生在 $w=0$ 之時。這就是我們通用的截止條件，現在我們就要將之應用至 (155) 式。當 $w=0$ 時，該式的右側式子會變成零。由此條件便可導出 u 及 V 的截止值 (即 u_c 與 V_c)。由 (156) 式，知 $u_c = V_c$。現在，在截止時，(155) 式會變成：

$$\boxed{J_{\ell-1}(V_c) = 0} \tag{157}$$

此時，求取一特定模態的截止條件就會變成是求取相關的普通貝色函數之合適零點的一項工作，如 (157) 式所示。如此，便可得出該模態截止時之 V 值。

例如，最低階模態在光纖結構中最為簡單；因此它在 ϕ 方向上無變動而在 ρ 方向上有一次變動 (即一個最大值)。因此，此種模態可記為 LP_{01}，故知 $\ell=0$，由 (157) 式便可將截止條件指定為 $J_{-1}(V_c)=0$。由於 $J_{-1} = J_1$ (僅對 J_1 貝色函數成立)，故可取 J_1 的第一個零點，此即為 $V_c(01)=0$。因此，LP_{01} 模態並無截止頻率，只要此光纖的 V 值大於零但卻又小於次高階模態的 V_c 值時，所有其它模態就會被排除，而只能傳播 LP_{01} 模態。檢視圖 13.22a，可看出下一個貝色函數的零點為 2.405 (對 J_0 函數而言)。因此，(156) 式中的

$\ell-1=0$，故知次高階模態的 $\ell=1$。此外，我們使用 m_ℓ 的最低值 ($m=1$)，因此模態就會變成 LP_{11}。它的截止 V 值為 $V_c(11)=2.405$。相反地，若選用的 m 值為 $m=2$ 時，我們則可求出 LP_{12} 模態的截止 V 數。我們利用 J_0 函數的下一個零點值，即 5.520，所以 $V_c(12)=5.520$。以此方式，可知徑向模態數 m 便可依值放大的順序來算出 $\ell-1$ 階貝色函數的零點數。

當我們依據剛才所描述的方法，在步階式折射率光纖中要有單模態操作的條件，可求出為

$$\boxed{V < V_c(11) = 2.405} \tag{158}$$

然後，利用 (156) 式以及取 $k_0=2\pi/\lambda$，可發現

$$\boxed{\lambda > \lambda_c = \frac{2\pi a}{2.405}\sqrt{n_1^2-n_2^2}} \tag{159}$$

此式即為在步階式折射率光纖中要達成單模態操作時的自由空間波長之條件式。如此，在薄片波導中的單模態條件亦具有此種相似性 [(143) 式] 就會顯而易見了。對於 LP_{11} 模態而言，**截止波長** (cutoff wavelength) 為 λ_c。其值已被引用作為大多數商用單模態光纖的規格值。

例題 13.6

某一步階式折射率光纖的截止波長為 $\lambda_c=1.20~\mu m$。若此光纖操作在波長 $\lambda=1.55~\mu m$ 時，試問其 V 數為何？

解：利用 (156) 式及 (159) 式，可知

$$V = 2.405\frac{\lambda_c}{\lambda} = 2.405\left(\frac{1.20}{1.55}\right) = 1.86$$

一旦由 (155) 式求得每一模態的 u 及 w 值，前兩個模態的強度圖形便可用 (153a) 及 (153b) 式來求出，對 LP_{01} 而言，可求出

$$I_{01} = \begin{cases} I_0 J_0^2(u_{01}\rho/a) & \rho \leq a \\ I_0 \left(\frac{J_0(u_{01})}{K_0(w_{01})}\right)^2 K_0^2(w_{01}\rho/a) & \rho \geq a \end{cases} \tag{160}$$

而對 LP$_{11}$ 而言，可得出

$$I_{11} = \begin{cases} I_0 J_1^2(u_{11}\rho/a)\cos^2\phi & \rho \leq a \\ I_0 \left(\frac{J_1(u_{11})}{K_1(w_{11})}\right)^2 K_1^2(w_{11}\rho/a)\cos^2\phi & \rho \geq a \end{cases} \tag{161}$$

對單一 V 值而言，這兩個在 $\phi = 0$ 處之強度均已繪製成半徑的函數圖形而示於圖 13.23 之中。我們又再次發現到較高階模態對於纖芯會有較差侷限性，此情形與薄片波導相似。

當 V 增加 (例如，藉由增加頻率來完成) 時，現有的模態會變得更緊密地侷限於纖芯處，而更高階的新模態將會開始進行傳播。最低階模態在改變 V 時的行為如圖 13.24 所示，由圖示我們又再次看到當 V 增加時，該模態又變得更緊密地侷限於纖芯。在決定強度時，一般 (155) 式必須以數值方法求解來得出 u 及 w。正確的數值解存在有多種解析近似解，對 LP$_{01}$ 模態而言，其中最佳的近似解析為魯道夫-紐曼 (Rudolf-Neumann) 公式，該公式在 $1.3 < V < 3.5$ 範圍內均適用：

$$\boxed{w_{01} \doteq 1.1428V - 0.9960} \tag{162}$$

一旦有了 w_{01} 值，若已知 V 值，便可由 (156) 式求出 u_{01}。

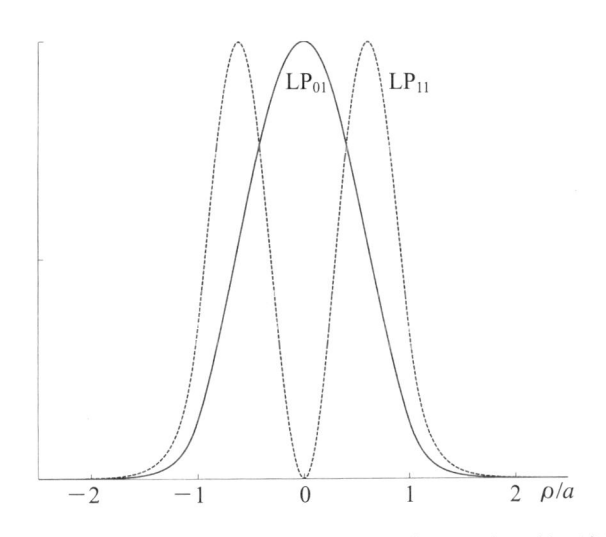

圖 13.23　在弱導波型步階式折射率光纖中，前兩個 LP 模態由 (160) 及 (161) 式所求得的強度變化圖，圖示之曲線均已表示為正規化半徑 ρ/a 之函數。兩函數均是在相同的操作頻率下計算其值；很顯然地，相較於 LP$_{01}$ 模態，LP$_{11}$ 模態具有較弱的侷限性。

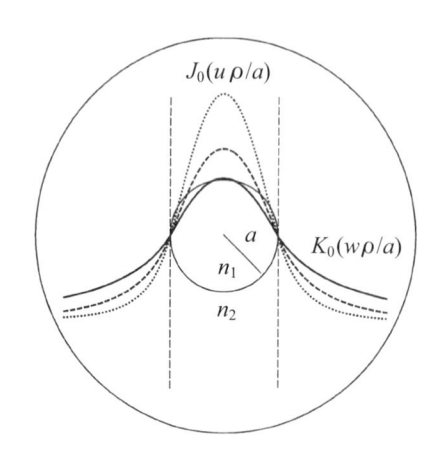

圖 13.24 在弱導波型步階式折射率光纖中，LP$_{01}$ 模態場強度圖。圖示曲線分別代表 $V=1.0$ (實線)、$V=1.2$ (虛線)，及 $V=1.5$ (點線) 時的強度圖形，這些 V 值等同於頻率會依此比例增加。垂直虛線代表纖芯/包覆層邊界，在該處就全部三種情況而言，如同 (160) 式所說明的纖芯內 J_0 的徑向相依度會關係到包覆層內 K_0 的徑向相依度。很明顯地，當頻率增加時，模態功率會朝光纖軸心移動。

LP$_{01}$ 模態另有一項重要的簡化就是它的強度圖形可用高斯函數來近似。檢視圖 13.24 的任何一個強度圖形便可發現其與高斯函數的相似性，它可以表示成

$$I_{01} \approx I_0 e^{-2\rho^2/\rho_0^2} \tag{163}$$

其中 ρ_0 稱之為**模態場半徑** (mode field radius)，它定義為從光纖軸心到模態強度會下降至其軸心處之值的 $1/e^2$ 倍時的半徑。此種半徑會依頻率而變，故也會依 V 值而變。對於基本的對稱型薄片波導的模態強度也可以有相似的近似。在步階式折射率光纖中，高斯近似式與 (160) 式所指示的實際模態強度之間最佳的擬合公式可由馬庫茲 (Marcuse) 公式決定：

$$\frac{\rho_0}{a} \approx 0.65 + \frac{1.619}{V^{3/2}} + \frac{2.879}{V^6} \tag{164}$$

模態場半徑 (在一已知的波長下) 是商用單模態光纖的另一項重要規格 (連同截止頻率) 它之所以重要有下列幾項理由：首先，在將兩條單模態光纖疊接或連接在一起時，如果兩條光纖均具有相同的模態場半徑，並且若光纖軸心均準確地對齊時，便可達成最低的連接損耗。不同的模態場半徑或者軸心錯位均會造成損耗增加，不過此種損耗可以加以計算並與量測值比較。如果光纖具有較大的模態場半徑時，對齊容許誤差 (即對於準確軸心對齊的可容許偏移量) 的限制就可稍微寬鬆一點。其次，較小的模態場半徑即意味著該光纖較無法承受光纖彎曲時所造成的損耗。當光纖彎曲時，侷限性較差的模態較容易輻射出去。最後，模態場半徑直接關係到相位常數 β 的大小，因為如果 u 及 w 為已知 (可由 ρ_0 求出) 時，β 值便可由 (150a) 或 (150b) 式求得。因此，只要量測到模態場半徑隨頻率的變動值，便可以知道 β 如何隨頻率變動 (進而得出色散的量化數據)。同樣地，參考書目 4 及 5 (以及其內的參考文獻) 均備有更詳盡的討論說明。

D13.12. 就例題 13.6 的光纖，已知纖芯半徑為 $a=5.0~\mu m$。在波長為 (a) 1.55 μm；(b) 1.30 μm 時，試求模態場半徑。

答案：6.78 μm；5.82 μm

參考書目

1. Weeks, W. L. *Transmission and Distribution of Electrical Energy*. New York: Harper and Row, 1981. Line parameters for various configurations of power transmission and distribution systems are discussed in Chapter 2, along with typical parameter values.

2. Edwards, T. C. *Foundations for Microstrip Circuit Design*. Chichester, N.Y.: Wiley-Interscience, 1981. Chapters 3 and 4 provide an excellent treatment of microstrip lines, with many design formulas.

3. Ramo, S., J. R. Whinnery, and T. Van Duzer. *Fields and Waves in Communication Electronics*. 3d ed. New York: John Wiley & Sons, 1990. In-depth treatment of parallel-plate and rectangular waveguides is presented in Chapter 8.

4. Marcuse, D. *Theory of Dielectric Optical Waveguides*. 2d ed. New York: Academic Press, 1990. This book provides a very general and complete discussion of dielectric slab waveguides, plus other types.

5. Buck, J. A. *Fundamentals of Optical Fibers*. 2d ed. New York: Wiley-Interscience, 2004. Symmetric slab dielectric guides and weakly guiding fibers are emphasized in this book by one of the coauthors.

第 13 章習題

13.1 已知同軸傳輸線的導體材料為銅 ($\sigma_c=5.8\times 10^7$ S/m)，而介電材料為聚乙烯 ($\epsilon_r'=2.26$，$\sigma/\omega\epsilon'=0.0002$)。若外導體的內半徑為 4 mm，試求內導體的半徑值，以使：(a) $Z_0=50~\Omega$；(b) $C=100$ pF/m；(c) $L=0.2~\mu H/m$。假設傳輸線為無損耗。

13.2 針對一同軸電纜，已知 $a=0.25$ mm，$b=2.50$ mm，$c=3.30$ mm，$\epsilon_r=2.0$，$\mu_r=1$，$\sigma_c=1.0\times 10^7$ S/m，$\sigma=1.0\times 10^{-5}$ S/m，及 $f=300$ MHz，試求 R、L、C、及 G。

13.3 兩條鍍鋁不銹鋼導體用來建構雙線式傳輸線。令 $\sigma_{Al}=3.8\times 10^7$ S/m、$\sigma_{St}=5\times 10^6$ S/m 及 $\mu_{St}=100~\mu H/m$。不銹鋼線的半徑為 0.5 in.，鍍鋁厚度為 0.05 in.。電介質為空氣，兩導線中心-對-中心間隔為 4 in.。試求 10 MHz 時此線的 C、L、G，及 R。

13.4 試求浸在聚乙烯中且操作在 $f=800$ MHz 雙線式傳輸線的 R、L、C，及 G。假設銅導體的半徑為 0.50 mm 且間隔為 0.80 cm。採用 $\epsilon_r=2.26$ 及 $\sigma/(\omega\epsilon')=4.0\times 10^{-4}$。

13.5 雙線式傳輸線的每一導體的半徑為 0.5 mm，其中心間隔為 0.8 cm。令 $f=150$ MHz，且假

設 σ 及 σ_c 均為零。若：(a) $Z_0=300\ \Omega$；(b) $C=20\ \text{pF/m}$；(c) $v_p=2.6\times 10^8\ \text{m/s}$ 時，試求絕緣材料的介電常數。

13.6 圖 6.8 的傳輸線填充著聚乙烯。如它充填著空氣時，電容為 57.6 pF/m。假設此傳輸線為無損耗，試求其 C、L，及 Z_0。

13.7 圖 13.2 所示之傳輸線，其尺寸為 $b=3$ mm 及 $d=0.2$ mm。導線及介電材料均為非磁性材料。(a) 若傳輸線的特性阻抗為 15 Ω，試求 ϵ'_r。假設採用低-損耗介電材料。(b) 假設採用銅導體且操作在 2×10^8 rad/s。若 $RC=GL$ 時，試求電介質的損耗正切。

13.8 某一傳輸線是由完美導體與空氣介電質構成，其橫截面最大尺寸為 8 mm。此傳輸線想要用於高頻。若該線為：(a) 一條 $Z_0=300\ \Omega$ 的雙線式傳輸線；(b) $Z_0=15\ \Omega$ 的平面式傳輸線；(c) 具有零厚度外導體的 72 Ω 同軸電纜時，試指定的各尺寸。

13.9 現在想要用 $\epsilon'_r=7.0$ 的無損耗電介質來製作一條微帶線。如果此傳輸線具有 50 Ω 的特性阻抗，試求 (a) $\epsilon_{r,\text{eff}}$；(b) ω/d。

13.10 有兩條微帶線頭尾相接製造於 2 mm 厚的鈮酸鋰 ($\epsilon'_r=4.8$) 晶圓上。線路 1 有 4 mm 寬；線路 2 (很不幸地) 製作成 5 mm 的寬度。當電波傳送通過接點時，試求其功率損失 (以 dB 表示)。

13.11 一平行板波導，已知在 $m=1$ 的 TE 及 TM 模態時的截止波長為 $\lambda_{c1}=4.1$ mm。此波導操作在波長 $\lambda=1.0$ mm。試問可操作的模態有多少？

13.12 有一平行板波導想要建造成只能在 $0 < f < 3$ GHz 頻率範圍內以 TEM 模態操作。兩板之間充填的電介質為鐵弗龍 ($\epsilon'_r=2.1$)。試求最大的可容許的板間隔 d。

13.13 已知某一無損耗平行板波導可在頻率低至 10 GHz 傳播 $m=2$ 時的 TE 及 TM 模態。如果板間隔為 1 cm，試求兩板之間介質的介電常數。

13.14 有一個 $d=1$ cm 的平行板波導，其兩板之間裝有玻璃 ($n=1.45$)。如果操作頻率為 32 GHz，試問有哪些模態可傳播？

13.15 就習題 13.14 的波導，以及在 32 GHz 的頻率下，試求最高階模態 (即 TE 或 TM 波) 與 TEM 模態之群速間的差值。假設傳播距離為 10 cm。

13.16 已知空氣-填充平行板波導內 $m=1$ 的 TE 及 TM 模態之截止頻率為 $f_{c1}=7.5$ GHz。此波導使用在波長 $\lambda=1.5$ cm。試求 $m=2$ 之 TE 及 TM 模態的群速。

13.17 有一平行板波導局部充填著兩種無損耗的電介質 (圖 13.25)，其中 $\epsilon'_{r1}=4.0$、$\epsilon'_{r2}=2.1$，及 $d=1$ cm。在某種頻率時發現：傳播通過此波導的 TM_1 模態在電介質介面處不會有任何的反射損耗。(a) 試求此頻率。(b) 試問此波導在 (a) 題所求得之頻率時，是否能以單一的 TM 模態操作？提示：回憶布魯斯特角。

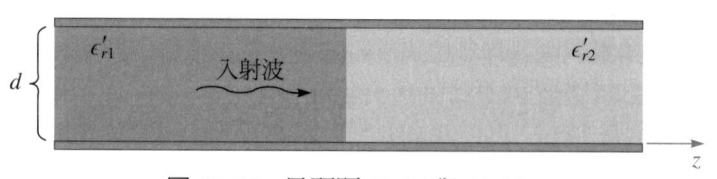

圖 13.25 見習題 13.17 與 13.18。

13.18 在圖 13.25 的波導中，已知 $m=1$ 模態由左向右傳播而在介面處發生全反射，所以並無功率可透射進入介電常數 ϵ'_2 區域。(a) 試求可發生此種現象的頻率範圍。(b) 你在 (a) 部份所求得之答案是否與這兩區內 $m=1$ 模態的截止頻率有任何關係呢？提示：回憶臨界角。

13.19 已知某一矩形波導的尺寸為 $a=6$ cm 及 $b=4$ cm。(a) 試問在何種頻率範圍時，此波導會以單一模態操作？(b) 試問在何種頻率範圍時，此波導只支持 TE_{10} 及 TE_{01} 兩模態而無其它模態？

13.20 有兩個矩形波導端點接在一起。這兩個波導的尺寸完全相同，其中 $a=2b$。其中有一波導是空氣-填充式，另一波導則填充有以 ϵ'_r 做特性描述的無損耗電介質。(a) 試求 ϵ'_r 的最大可容許值，以便能確保在兩個波導中能以某種頻率同時做單一模態操作。(b) 試寫出這兩個波導發生單模態操作的頻率範圍表示式；你的答案須用 ϵ'_r，波導尺寸 (如有必要時)，以及其它已知的常數來表示。

13.21 有一空氣-填充式矩形波導想要建構成能以 15 GHz 做單一模態操作。試指定波導尺寸 a 及 b，以使設計頻率可高於 TE_{10} 模態之截止頻率 10%，而且比下一高階模態的截止頻率低 10%。

13.22 利用公式 $\langle S \rangle = \frac{1}{2}\text{Re}\{\mathbf{E}_s \times \mathbf{H}_s^*\}$，以及 (106) 至 (108) 式，試證在一矩形波導內 TE_{10} 模態的平均功率密度為

$$\langle S \rangle = \frac{\beta_{10}}{2\omega\mu} E_0^2 \sin^2(\kappa_{10}x)\mathbf{a}_z \text{ W/m}^2$$

13.23 把習題 13.22 的結果拿來對波導的橫截面 $0 < x < a$，$0 < y < b$ 做積分，證明沿波導傳輸下耗去的功率瓦特數為

$$P_{\text{av}} = \frac{\beta_{10}ab}{4\omega\mu} E_0^2 = \frac{ab}{4\eta} E_0^2 \sin\theta_{10} \text{ W}$$

其中 $\eta = \sqrt{\mu/\epsilon}$ 而 θ_{10} 則是與 TE_{10} 模態相關聯的入射波角度。

13.24 試證在平行板或矩形波導中，一已知模態的群色散參數 $d^2\beta/d\omega^2$ 為

$$\frac{d^2\beta}{d\omega^2} = -\frac{n}{\omega c}\left(\frac{\omega_c}{\omega}\right)^2 \left[1 - \left(\frac{\omega_c}{\omega}\right)^2\right]^{-3/2}$$

其中，ω_c 為所考慮模態的強度截止頻率值 [注意，已求得一階導數形式，即 (57) 式之結果]。

13.25 試考慮一個中心頻率為 $f=10$ GHz 且全部寬度為 $2T=1.0$ ns 的轉換-限制式脈波。此脈波在一個無損耗單模態矩形波導內傳播，波導內充填空氣，且操作頻率 10 GHz 恰為 TE_{10} 模態之截止頻率的 1.1 倍。利用習題 13.24 的結果，試求當脈波寬度變為其原始寬度兩倍時的波導長度。試問可採取何種簡單的步驟來降低此波導的脈波變寬之數量，而仍可維持相同的原始脈波寬度？此問題的額外知識可查詢 12.6 節。

13.26 已知某一對稱型電介質平板波導，厚度為 $d=10$ μm，其中 $n_1=1.48$ 及 $n_2=1.45$。若操作波長為 $\lambda=1.3$ μm，試問可傳播何種模態？

13.27 已知某一對稱型平板波導僅能支持一對波長為 $\lambda=1.55$ μm 的 TE 及 TM 模態。若平板厚度為 5 μm，試問當 $n_2=3.30$ 時，n_1 的最大值為何？

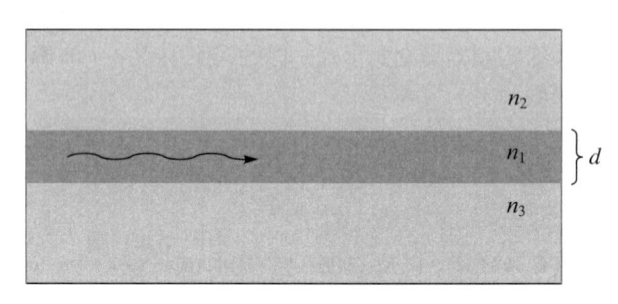

13.28 在某一對稱型平板波導中，$n_1 = 1.50$、$n_2 = 1.45$，及 $d = 10\ \mu m$。(a) 試問 $m = 1$ 之 TE 或 TM 模態在截止時的相速為何？(b) 對更高階模態而言，試問 (a) 題的結果會改變多少？試問 $m = 2$ 之 TE 或 TM 模態在截止時的相速為何？

13.29 某一非對稱型平板波導如圖 13.26 所示。在此例中，平板的上方及下方區域具有不同的折射率，其中 $n_1 > n_3 > n_2$。(a) 試以適當的折射率表示，寫出最小的可能入射波角度 θ_1 的表示式，以便能具有一個導波模態。(b) 利用題意指定的或已知的參數表示，試寫出此波導結構所可具有之導波模態的最大相速表示式。

圖 13.26　見習題 13.29。

13.30 已知某一步階式折射率光纖可在波長 $\lambda > 1.2\ \mu m$ 操作成單模態光纖。另一條光纖也是用相同的材料製成，但它卻在波長 $\lambda > 0.63\ \mu m$ 時才能操作成單一模態。試問新光纖的核芯半徑必須與舊光纖相差多少百分比才行？又，新光纖比較大還是比較小呢？

13.31 在單模態步階式折射率光纖中，請問模態場半徑是會大於或小於纖芯半徑？

13.32 有一條步階式折射率光纖，其模態場半徑在自由空間波長 $\lambda = 1.30\ \mu m$ 時，量測值為 $4.5\ \mu m$。如果截止波長指定為 $\lambda_c = 1.20\ \mu m$ 時，試求在 $\lambda = 1.55\ \mu m$ 時預期的模態場半徑。

第14章

電磁輻射與天線

我們都習慣於電氣裝置之損耗機制的觀念,包括傳輸線與波導,此種損耗機制與電功率會轉化成熱的電阻性效應有關。我們也假設時變的電場與磁場均會完全地侷限在被導或電路之中。事實上,很少會有完全的侷限,而且電磁波將會從裝置**輻射**(radiate) 出去至某程度。輻射通常可能是一種不受歡迎的效應,因為它代表一種額外的功率損耗機制,或者代表一個裝置可能會從其周圍區域接收到多餘的信號。在另一方面,就故意想要輻射或接收電磁功率的目的而言,一個設計良好的天線便可作為導波與自由空間波之間的一個有效率的介面。無論何種情況,瞭解輻射現象以便能更有效地使用它或是將之降低至最小是很重要的課題。在本章中,我們的目的便是要建立此種瞭解,同時也會探索天線設計的一些實際的範例。■

14.1 基本輻射原理:赫茲偶極

本章的基本觀點就是**任何時變的電流分佈都會輻射電磁功率**。所以,我們的首要工作就是要求出由一特定時變場源輻射出來的場量。這種問題不同於我們曾探索過的任何場問題。在我們對於大體積介質與波導內之電波與場量的討論中,我們僅探討電波在介質內的運動,場量的來源並未加以考慮,早在第 11 章中,我們就發現導體內的電流分佈可藉由假定導體表面處的電場與磁場強度而得到其間的關係,雖然這樣的做法可形成電流源與場量間的關係,但卻不實際,因為這些導體都被視為至少在某一維度上具有無限大的尺寸。

我們會由研究一條具有無限小橫截面的細線電流開始,此細線位於由導磁係數為 μ

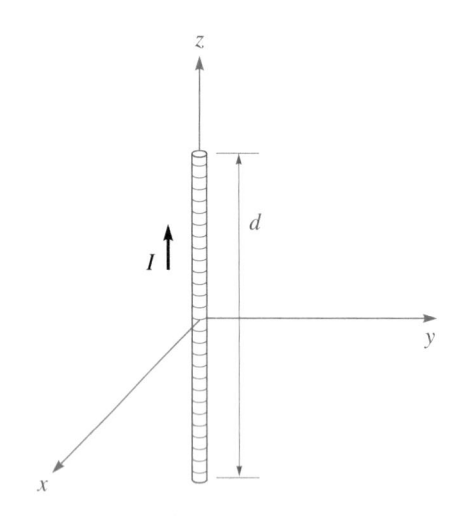

圖 14.1 一微分長度為 d 的細線電流內承載有一電流 $I=I_0 \cos \omega t$。

及介電係數為 ϵ (兩者均為實數) 所指定的一個無限大的無損介質之中，此條細線指定成具有一微分長度，不過，稍後我們可以很輕易地將結果推廣到一個波長等級的更大的尺寸。如圖 14.1 所示，將此細線的中心定在原點，其指向為沿著 z 軸。電流的正方向取為 $\mathbf{a}_z$ 方向。假設在這個短的長度 d 內有一均勻電流 $I(t)=I_0 \cos \omega t$ 流動，此一電流的存在暗示著在導線的每一端點處會有大小相等且符號相反的時變電荷存在。基於此種理由，此導線可稱為**基本的** (elemental) 或**赫茲偶極** (Hertzian dipole)。這個名詞在意義上是有別於偶極天線的更通用的定義，在本章稍後的內容我們便會介紹此種偶極天線。

首要的步驟是應用滯後向量磁位勢表示式，如在 9.5 節所討論的，滯後位勢為

$$\mathbf{A} = \int \frac{\mu I[t - R/v] d\mathbf{L}}{4\pi R} \tag{1}$$

其中，I 為滯後時間 $t-R/v$ 的函數。

當使用單一頻率來驅動此天線時，v 即為操作在電流元件周圍介質內頻率之電波的相位速度，故其值為 $v = 1/\sqrt{\mu\epsilon}$。由於此短電流細線並不需要做積分，故知

$$\boxed{\mathbf{A} = \frac{\mu I[t - R/v] d}{4\pi R} \mathbf{a}_z} \tag{2}$$

$\mathbf{A}$ 僅有 z 分量，此乃因為其電流只有 $\mathbf{a}_z$ 方向的緣故。在距離原點為 R 的任意點處，向量位勢被延後了 R/v 時間，所以我們採用

$$I[t - R/v] = I_0 \cos\left[\omega\left(t - \frac{R}{v}\right)\right] = I_0 \cos[\omega t - kR] \tag{3}$$

其中，在無損介質內的波數為 $k=\omega/v=\omega\sqrt{\mu\epsilon}$，以相量表示時，(3) 式變成

$$I_s = I_0 e^{-jkR} \tag{4}$$

此處，電流振幅 I_0 被假設為實數 (在本章中都如此假設)，將 (4) 式代入 (2) 式，我們便可求出相量型滯後位勢：

$$\boxed{\mathbf{A}_s = A_{zs}\mathbf{a}_z = \frac{\mu I_0 d}{4\pi R} e^{-jkR} \mathbf{a}_z} \tag{5}$$

暫時採用混合的座標系統，我們現在把 R 代換為球形座標系統的 r，然後決定由 A_{zs} 所代表的是哪些球形座標分量。如圖 14.2 所示範的，利用投影我們可求出

$$A_{rs} = A_{zs}\cos\theta \tag{6a}$$

$$A_{\theta s} = -A_{zs}\sin\theta \tag{6b}$$

因此，

$$A_{rs} = \frac{\mu I_0 d}{4\pi r} \cos\theta\, e^{-jkr} \tag{7a}$$

$$A_{\theta s} = -\frac{\mu I_0 d}{4\pi r} \sin\theta\, e^{-jkr} \tag{7b}$$

現在，由 P 點處向量磁位勢的這兩個分量，我們便可由 $\mathbf{A}_s$ 的定義求出 $\mathbf{B}_s$ 與 $\mathbf{H}_s$，即

$$\mathbf{B}_s = \mu\mathbf{H}_s = \nabla \times \mathbf{A}_s \tag{8}$$

如同在球形座標中旋度運算子所指定的，取式中所示的偏微分，我們便能把 (8) 式分成三個球形座標分量，但其中僅有 ϕ 分量為非零值：

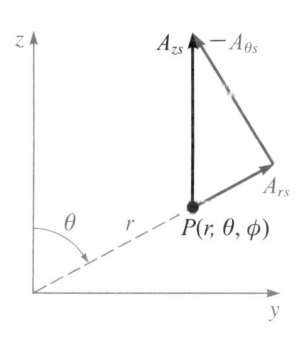

圖 14.2 把在 $P(r, \theta, \phi)$ 點處的 A_{zs} 分解成兩個球形座標分量 A_{rs} 與 $A_{\theta s}$，這個概圖是任意地畫在 $\phi=90°$ 的平面上。

$$H_{\phi s} = \frac{1}{\mu r} \frac{\partial}{\partial r}(rA_{\theta s}) - \frac{1}{\mu r}\frac{\partial A_{rs}}{\partial \theta} \tag{9}$$

現在，將 (7a) 與 (7b) 式代入 (9) 式，我們便可求出磁場為：

$$H_{\phi s} = \frac{I_0 d}{4\pi} \sin\theta\, e^{-jkr}\left(j\frac{k}{r} + \frac{1}{r^2}\right) \tag{10}$$

與 (10) 式相關聯的電磁可由其中一個馬克士威爾方程式求出──明確地說，就是要把安培環路定律的點形式應用到天線周圍的區域 (該處並無傳導與對流電流)。以相量表示時，此定律就是第 11 章的 (23) 式，不過在本例中我們允許此種無損介質具有介電係數 ϵ，故知：

$$\nabla \times \mathbf{H}_s = j\omega\epsilon \mathbf{E}_s \tag{11}$$

假設 $\mathbf{H}_s$ 僅有一個 ϕ 分量，利用 (11) 式，我們將旋度展開成球形座標形式，所得出的電場分量為：

$$E_{rs} = \frac{1}{j\omega\epsilon}\frac{1}{r\sin\theta}\frac{\partial}{\partial\theta}(H_{\phi s}\sin\theta) \tag{12a}$$

$$E_{\theta s} = \frac{1}{j\omega\epsilon}\left(-\frac{1}{r}\right)\frac{\partial}{\partial r}(rH_{\phi s}) \tag{12b}$$

接著，再把 (10) 式代入 (12a) 與 (12b) 式，得出：

$$E_{rs} = \frac{I_0 d}{2\pi}\eta \cos\theta\, e^{-jkr}\left(\frac{1}{r^2} + \frac{1}{jkr^3}\right) \tag{13a}$$

$$E_{\theta s} = \frac{I_0 d}{4\pi}\eta \sin\theta\, e^{-jkr}\left(\frac{jk}{r} + \frac{1}{r^2} + \frac{1}{jkr^3}\right) \tag{13b}$$

如同以往，此處本質阻抗仍為 $\eta = \sqrt{\mu/\epsilon}$。

方程式 (10)、(13a)，及 (13b) 式便是我們所要求取的場量。接下來的步驟便是要解釋它們的意義。首先，我們發現 e^{-jkr} 因式出現在每一個分量。這項因式本身代表一種球面波，會以正 r 方向及相位常數 $k = 2\pi/\lambda$ 而由原點向外傳播，λ 是在介質內所測得的波長。在全部三個方程式的括號內都有出現與 r 相依的複數項，這使得解釋會變得複雜一些，這些項可用極座標形式 (即大小與相位) 來表示，進而導出下列代表赫茲偶極之三個

量場方程式的修正版本:

$$H_{\phi s} = \frac{I_0 k d}{4\pi r} \left[1 + \frac{1}{(kr)^2} \right]^{1/2} \sin\theta \, \exp[-j(kr - \delta_\phi)] \tag{14}$$

$$E_{rs} = \frac{I_0 d}{2\pi r^2} \eta \left[1 + \frac{1}{(kr)^2} \right]^{1/2} \cos\theta \, \exp[-j(kr - \delta_r)] \tag{15}$$

$$E_{\theta s} = \frac{I_0 k d}{4\pi r} \eta \left[1 - \frac{1}{(kr)^2} + \frac{1}{(kr)^4} \right]^{1/2} \sin\theta \, \exp[-j(kr - \delta_\theta)] \tag{16}$$

其中,額外的相位項為

$$\delta_\phi = \tan^{-1}[kr] \tag{17a}$$

$$\delta_r = \tan^{-1}[kr] - \frac{\pi}{2} \tag{17b}$$

及

$$\delta_\theta = \tan^{-1}\left[kr\left(1 - \frac{1}{(kr)^2}\right)\right] \tag{18}$$

在 (17) 式及 (18) 式中,於計算反正切函數值時,總是採用主值來計算,此即表示:當 kr 在零與無限大之間變動時,(17) 式與 (18) 式所表示的各相位將只會落在 $\pm\pi/2$ 的範圍內。假設選用單一頻率 (k 值),並且在一固定的瞬間時刻來觀察各場量,考慮沿著 r 遞增的路徑來觀察場量,則可發現場量會有隨著 r 而變的空間振盪。結果,(17) 式與 (18) 式內各相位項之振盪週期將會隨著 r 的遞增而改變,在下列的條件下,藉由將 H_ϕ 分量看成是一個 r 的函數,我們便可證明此種現象:

$$I_0 d = 4\pi \qquad \theta = 90° \qquad t = 0$$

利用 $k = 2\pi/\lambda$,(14) 式變成

$$H_{\phi s} = \frac{2\pi}{\lambda r} \left[1 + \left(\frac{\lambda}{2\pi r}\right)^2 \right]^{1/2} \exp\left\{-j\left[\frac{2\pi r}{\lambda} - \tan^{-1}\left(\frac{2\pi r}{\lambda}\right)\right]\right\} \tag{19}$$

取 (19) 式的實部便可得出 $t=0$ 時的實數瞬時場:

$$\mathcal{H}_\phi(r,0) = \frac{2\pi}{\lambda r}\left[1+\left(\frac{\lambda}{2\pi r}\right)^2\right]^{1/2}\cos\left[\tan^{-1}\left(\frac{2\pi r}{\lambda}\right) - \frac{2\pi r}{\lambda}\right] \tag{20}$$

接著,利用恆等式,$\cos(a-b)=\cos a\cos b+\sin a\sin b$,以及 $\cos(\tan^{-1}x)=1/\sqrt{1+x^2}$ 與 $\sin(\tan^{-1}x)=x/\sqrt{1+x^2}$。利用這些公式,(20) 式便可簡化成

$$\mathcal{H}_\phi = \frac{1}{r^2}\left[\cos\left(\frac{2\pi r}{\lambda}\right) + \frac{2\pi r}{\lambda}\sin\left(\frac{2\pi r}{\lambda}\right)\right] \tag{21}$$

探究 (21) 式時,可發現一些重點。首先,在約為一個波長等級的距離 r 處,表示式是由兩個具有相同週期的弦波函數組成,但其中第二個函數的振幅會隨著遞增的 r 而增加。這樣會導致明顯的非弦波行為,此時表示成 r/λ 的場量將會振盪,但卻具有不均勻的週期性,而且在每一週期內都會有不同的正、負振幅,其次,在遠大於一個波長的距離 r 處時,(21) 式的第二項變成主控項,此時場量隨著 r 的變動會趨近於純弦波。因此,我們可說:對於所有實用的目的而言,在 $r \gg \lambda$ 很遠距離處的電波便會是一個均勻平面波,它具有隨著距離 (當然,也隨著時間) 而變的弦波式變動並且具有一個定義明確的波長。很明顯地,這種電波可承載功率遠離該微分長天線。

現在,我們應該要更仔細地來探究在 (10)、(13a),及 (13b) 式內含有會隨 $1/r^3$、$1/r^2$,及 $1/r$ 而變之各項的表示式,在非常接近電流元件的各點處,$1/r^3$ 項將會是主控項。在我們已經使用的數值範例中,當 r 為 1 cm 時,在 $E_{\theta s}$ 表示式內 $1/r^3$、$1/r^2$,及 $1/r$ 各項的相對數值約分別為 250、16,及 1。會隨 $1/r^3$ 而變的電場應該會讓我們想起電偶極的靜電場 (在第 4 章討論過)。此種觀念的發展就是習題 14.4 的主題,這些近場項代表能量會被儲存在一種電抗 (電容性) 場內,而且它們對於輻射功率並無貢獻,在 $H_{\phi s}$ 表示式內的反平方項僅在非常接近電流元件的區域內才會有相似的重要性。此項等同於 dc 元件的**感應場**,與經由畢奧-薩伐定律求得的相同 (見習題 14.5)。

在距離相當於,譬如說,電流元件之波長的 10 倍或更多倍時,乘積 $kr=2\pi r/\lambda > 20\pi$,故知各場量均會很戲劇性地簡化。在 (14)~(16) 式中,中括號內涉及 $1/(kr)^2$ 與 $1/(kr)^4$ 的各項均可視為遠小於一,故可忽略不計。此外,各相位 [即 (17) 與 (18) 式] 全部均趨近 $\pi/2$。在 (10)、(13a),及 (13b) 式內亦可見到此種效應,在這些公式內除了反-距離 (即 $1/r$) 項之外,其餘各項全部可忽略不計。在此等距離處,即 $kr \gg 1$ (或等效地說 $r \gg \lambda$) 時,我們便可說是處於**遠-場** (far-field) 或**遠場區** (far-zone)。其餘具有 $1/r$ 相依性的各場量項均為**輻射場**。這時會產生幾乎為零的 E_{rs} 場,僅留下 $E_{\theta s}$ 與 $H_{\phi s}$,因此,在遠場區:

$$E_{rs} \doteq 0$$

$$E_{\theta s} = j\frac{I_0 kd}{4\pi r}\eta \sin\theta\, e^{-jkr} \quad (22)$$

$$H_{\phi s} = j\frac{I_0 kd}{4\pi r}\sin\theta\, e^{-jkr} \quad (23)$$

很明顯地,這些場量之間的關係會與均勻平面波的情況相同,亦即在很大半徑處,以及在 $1/r$ 約為常數的區域上,擴展出去的球面波會近似於平面波。明確地說,

$$E_{\theta s} = \eta H_{\phi s} \quad (kr \gg 1 \text{ 或 } r \gg \lambda) \quad (24)$$

兩種場量隨著極角度 θ 的變動是相同的;各場量在電流元件的赤道平面 (即 xy 平面) 內為最大化,並且在電流元件的兩端處消失不見。這種隨角度的變動可藉由繪製一種垂直的,即 **E-平面** (E-plane) 場型 (假設電流元件具有垂直式指向) 來加以顯示。E-平面就是含有電場的座標平面,在我們目前的實例中,它就是球形座標系統中 ϕ 為固定的任何平面。圖 14.3 便示有 (22) 式以極座標表示的一個 E-平面圖,圖中係針固定的 r 值繪製出 $E_{\theta s}$ 隨 θ 變化的相對大小圖形。圖中所示向量的長度代表 E_θ 的大小,在 $\theta = 90°$ 處其值會歸一化成一;故知向量長度剛好為 $|\sin\theta|$,也因此當 θ 變動時,此向量的尖端便會描繪出如圖所示的一個圓。

對於此種或者更複雜的天線系統,吾人同樣可繪製出一種水平,或 H-平面場型。在目前的例子中,此種場型將會顯示出場強度隨著 ψ 變動的情形,電流元件的 H-平面 (即含有磁場的平面) 就是與 z 軸相互垂直的任意平面。由於 E_θ 並不是 ϕ 的函數,故知 H-平面圖形將僅會是一個圓心位於原點的圓。

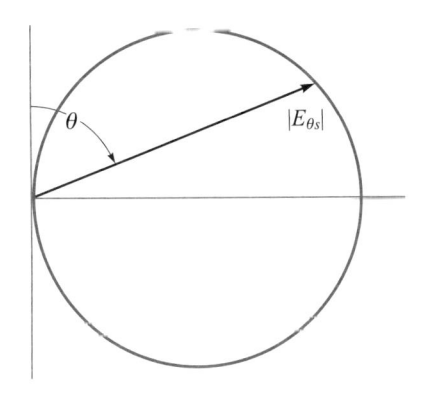

圖 14.3 一個垂直電流元件之 E 平面場型的極座標圖。在一固定的距離 r 處,$E_{\theta s}$ 的峰值振幅被畫成極座標角度 θ 的函數圖形。此種軌跡為一個圓。

> **D14.1.** 在空氣中，一根具有均勻電流分布的短天線，其 $I_0d = 3\times 10^{-4}$ A·m 且 $\lambda = 10$ cm。在 $\theta = 90°$，$\phi = 0°$，以及 $r =$：(a) 1 cm；(b) 2 cm；(c) 20 cm；(d) 200 cm；(e) 2·m [譯者註：原書誤植為 2 m。] 時，試求 $|E_{\theta s}|$。
>
> 答案：125 V/m；25 V/m；2.8 V/m；0.28 V/m；0.028 V/m。

14.2 天線規格

充分地描述及量化來自一個普通天線的輻射是很重要的事情，為了達成此項工作，我們需要知道一些新的觀念與定義。

為了計算輻射功率，吾人必須求出時間-平均坡印亭向量 [即第 11 章的 (77) 式]。在本例中，此向量變成

$$<\mathbf{S}> = \frac{1}{2}\mathcal{R}e\{E_{\theta s}H_{\phi s}^*\}\mathbf{a}_r \quad \text{W/m}^2 \tag{25}$$

將 (22) 式與 (23) 式代入 (25) 式，我們可得出時間-平均坡印亭向量的大小為：

$$|<\mathbf{S}>| = S_r = \frac{1}{2}\left(\frac{I_0kd}{4\pi r}\right)^2\eta\sin^2\theta \tag{26}$$

由此式，我們便可求出穿越過半徑為 r，球心位於此天線之球形面的時間-平均功率：

$$P_r = \int_{\phi=0}^{2\pi}\int_{\theta=0}^{\pi}S_r r^2\sin\theta d\theta d\phi = 2\pi\left(\frac{1}{2}\right)\left(\frac{I_0kd}{4\pi}\right)^2\eta\int_0^{\pi}\sin^3\theta\, d\theta \tag{27}$$

計算此積分，並且代入 $k = 2\pi/\lambda$。同時，我們也假設介質為自由空間，其中 $\eta = \eta_0 \doteq 120\pi$。最後，得出：

$$\boxed{P_r = 40\pi^2\left(\frac{I_0d}{\lambda}\right)^2 \quad \text{W}} \tag{28}$$

此值與沒有任何輻射時，由振幅為 I_0 的弦波電流在電阻 R_{rad} 所消耗的平均功率相同，即

$$\boxed{P_r = \frac{1}{2}I_0^2 R_{\text{rad}}} \tag{29}$$

我們稱此種有效的電阻為天線的**輻射電阻** (radiation resistance)。對微分長天線而言，此電阻變成

$$\boxed{R_{\text{rad}} = \frac{2P_r}{I_0^2} = 80\pi^2 \left(\frac{d}{\lambda}\right)^2} \tag{30}$$

例如，若微分長度為 0.01λ 時，則 R_{rad} 約為 $0.08\ \Omega$。這麼小的電阻可能與一實際天線的**歐姆式** (ohmic) 電阻的大小差不多 (假設功率量測是以熱的形式來消耗掉)，因此，天線的效率便有可能太低了。與場源的有效匹配也會變得非常難以達成，因為電氣式短天線的輸入電抗在大小上是遠大於輸入電阻 R_{rad}。

如同 (27) 式所執行的，計算來自天線的淨功率涉及到坡印亭向量在一個半徑預設為很大的球殼上的積分，使得位在球心的天線看起來就像是一個點源。以此觀點來看，便可引入一個新的功率密度觀念；此觀念意味著功率是承載在頂點位於天線位置的一個非常細長的圓錐範圍內。圓錐的軸心沿著一條半徑線延伸，因此圓錐會與球面相切於 (27) 式所要取的積分範圍。此圓錐所會截取的那一部份的球面面積為 A。我們採用下列的方式來定義此圓錐的**立體角** (solid angle)：若 $A = r^2$，其中 r 為球半徑，則此圓錐被定義為具有一個立體角 Ω，其值等於一個**球面角度** (steradian，記為 sr)。[1] 由於全部球面積為 $4\pi r^2$，故可知在一球體所包含的全部立體角便為 4π 球面角度。

因此，基於此種定義，球面上的微分面積便可透過下式以微分立體角來表示成：

$$dA = r^2 d\Omega \tag{31}$$

然後，全部的球面積便可表示成一個對立體角的積分，或者等效於一個採用球形座標的積分：

$$A_{net} = 4\pi r^2 = \int_0^{4\pi} r^2 d\Omega = \int_0^{2\pi}\int_0^{\pi} r^2 \sin\theta\, d\theta\, d\phi \tag{32}$$

由此式我們便可知道這個微分立體角可用球形座標表示成：

$$\boxed{d\Omega = \sin\theta\, d\theta\, d\phi} \tag{33}$$

---

[1] 此種定義與徑度的定義有關，在一個圓上由變動一個徑度之角度所畫出的弧長就是該圓的半徑，r。

D14.2. 有一圓錐中心線位於正 z 軸，其頂點位於原點。用球形座標表示的圓錐角為 θ_1。(a) 如果此圓錐正對於 1 sr 的立體角，試求 θ_1；(b) 若 $\theta_1=45°$，試求所正對的立體角。

答案：$32.8°$；$\pi\sqrt{2}$

現在，我們便可以用每單位立體角有多少功率為單位來表示 (26) 式所表示的坡印亭向量的大小。為了完成這項動作，我們把 (26) 式的功率密 (瓦特/m²) 乘以由一個球面角度所包圍的球面面積——亦即 r^2。所得結果，即為眾所周知的**輻射強度** (radiation intensity)，如下所示：

$$K(\theta,\phi) = r^2 S_r \quad \text{W/Sr} \tag{34}$$

對赫茲偶極而言，此種強度與 ϕ 無關，故可得出 [利用 (26) 式]：

$$K(\theta) = \frac{1}{2}\left(\frac{I_0 kd}{4\pi}\right)^2 \eta \sin^2\theta \quad \text{W/Sr} \tag{35}$$

在一般情況下，總輻射功率為

$$P_r = \int_0^{4\pi} K\,d\Omega = \int_0^{2\pi}\int_0^{\pi} K(\theta,\phi)\sin\theta\,d\theta\,d\phi \quad \text{W} \tag{36}$$

對赫茲偶極而言，此式可得出與 (28) 式相同的結果。

利用輻射強度來代表功率密度的優點是此種物理量與半徑無關。不過，只有在原始

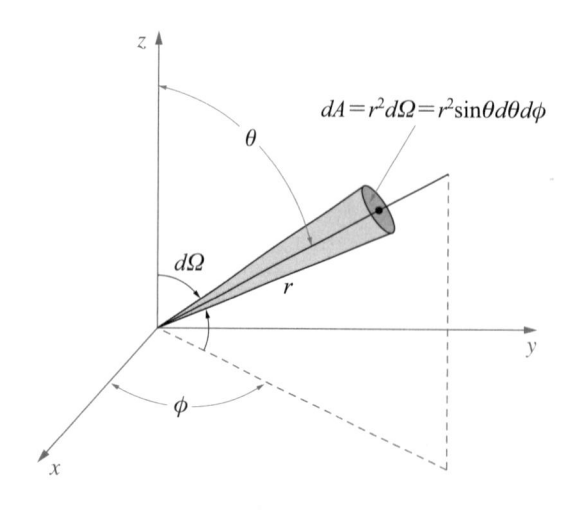

圖14.4 具有微分立體角 $d\Omega$ 的一個圓錐正對於半徑為 r 之球面上的微分面積 (陰影區)。這個由 $dA=r^2 d\Omega$ 所指定的面積亦可用我們更為熟悉的球形座標系統表示成 $dA=r^2\sin\theta\,d\theta\,d\phi$。

的功率密度展現 $1/r^2$ 的相依性時,此項優點才會成立。事實上,在遠場區內所有天線均具有此種對半徑的函數式相依性,亦即只要距離夠遠時,天線便像是一個功率的點來源。假設周圍並不會吸收任何功率,則坡印亭向量在任意半徑的一個封閉球上的積分必定會產生相同的結果。此項事實要求功率密度具有對半徑的反平方、相依性才成立。將半徑相依性移除時,吾人便可將注意力集中在功率密度的角度相依性 (可用 K 來加以表示),並且這種相依性在不同的天線之間會有顯著地差異。

有一種功率源的特例就是**等向性的輻射器** (isotropic radiator),它被界定為具有一個**固定的** (constant) 輻射密度 (亦即,$K=K_{iso}$ 與 θ 及 ϕ 無關)。如此便可得出 K 與總輻射功率之間的一種簡單關係:

$$P_r = \int_0^{4\pi} K_{iso}\, d\Omega = 4\pi K_{iso} \Rightarrow K_{iso} = P_r/4\pi \qquad \text{(等向性輻射器)} \tag{37}$$

一般而言,k 會隨角度而變,即在某些方向上會比其它方向具有更大的強度。在比較一特定方向的輻射強度與天線是否會發生等向性地輻射相同的**淨功率** (same net power) 之強度時,k 值會很有用。**方向性** (directivity) 函數,$D(\theta, \phi)$ 便可完成此項工作。[2] 利用 (36) 式及 (37) 式,我們將方向性函數寫成:

$$\boxed{D(\theta, \phi) = \frac{K(\theta, \phi)}{K_{iso}} = \frac{K(\theta, \phi)}{P_r/4\pi} = \frac{4\pi K(\theta, \phi)}{\oint K\, d\Omega}} \tag{38}$$

在大部份的情況中特別想知道的是方向性的最大值 D_{max},此值有時也簡稱為 D (即不再示有 θ 與 ϕ 的相依性):

$$\boxed{D = D_{max} = \frac{4\pi K_{max}}{\oint K\, d\Omega}} \tag{39}$$

式中的最大輻射強度 K_{max} 通常會發生在超過一組的 θ 與 ϕ 值組合之處。根據下列的定義,一般的方向性常以分貝來表示:

$$\boxed{D_{dB} = 10 \log_{10}(D_{max}) \quad \text{dB}} \tag{40}$$

---

[2] 在更早的年代 (及在較舊的教科書),方向性函數被稱為**方向增益** (directive gain)。後者這項名詞已為 Antenna Standards Committee of the IEEE Antennas and Propagation Society 所放棄,而改採用較受歡迎的"方向性"一詞。相關細節請參閱 IEEE Std 145~1993。

例題 14.1

試求出赫茲偶極的方向性。

解：利用 (35) 式與 (28) 式，並在表示式令 $k=2\pi/\lambda$ 及 $\eta=\eta_0=120\pi$：

$$D(\theta, \phi) = \frac{4\pi K(\theta, \phi)}{P_r} = \frac{2\pi \left(\frac{I_0 d}{2\lambda}\right)^2 120\pi \sin^2\theta}{40\pi^2 \left(\frac{I_0 d}{\lambda}\right)^2} = \frac{3}{2}\sin^2\theta$$

此式的最大值會發生在 $\theta=\pi/2$ 處，即：

$$D_{max} = \frac{3}{2} \quad \text{或是，以分貝表示成：} \quad D_{dB} = 10\log_{10}\left(\frac{3}{2}\right) = 1.76 \text{ dB}$$

D14.3. 依下列情況，試問一個位於原點輻射的功率源，其方向性為多少 dB？(a) 均勻輻射至上半部空間，但下方空間無任何輻射，(b) 以 $\cos^2\theta$ 的功率密度相依性輻射進入全部空間；(c) 以 $|\cos^n\theta|$ 的相依性輻射進入全部空間。

答案：3；4.77；$10\log_{10}(n+1)$

通常，人們想要擁有的方向性會遠高於我們剛才為赫茲偶極所求得的方向性。一個低方向性的其中一項意涵 (同時也是短天線的一個問題) 就是功率會在 E-平面內一個廣大的角度範圍上輻射功率。在大部份的情況中，我們需要將功率侷限在一個窄的範圍內，亦即小的**波束寬度** (beamwidth)，因此需要增加其方向性。**3-dB 波束寬度** (3-dB beamwidth) 被定義為在方向性下降至其最大值之一半時的兩個角度之間的間隔。對赫茲偶極而言，利用由前述例題所得出的結果 $D(\theta, \phi)$，其波束寬度就是在 90° 線兩側，依據 $\sin^2\theta=1/2$ 或者 $|\sin\theta|=1/\sqrt{2}=0.707$ 所算出的兩個 θ 值之間的跨幅。這兩個值為 45° 與 135°，表示 3-dB 波束寬度為 135°−45°=90°。我們將會明白：採用較長的天線可同時導致一個較窄的波束寬度與一個增大的輻射電阻。在 H-平面內，在所有 ϕ 值的輻射均是均勻的，無論所採用的天線長度為何。因此，為了在 H-平面達成窄的波束便必須採用組成**陣列** (array) 形式的多重天線。

我們已經針對由天線所輻射的總平均功率 P_r 奠定了一些定義。不過，在此仍有必要區別輻射功率與**輸入** (input) 功率 P_{in}，即 P_{in} 是**供應給** (supplied) 天線的功率。由於在組成天線的導電材料內會有電阻式損耗，故知 P_{in} 可能會稍微大於 P_r。為了克服這種電阻，可能需要用一個較大的輸入電壓振幅以便產生一個指定的電流振幅 I_0，並以此為基礎來進行所有功率的計算。天線增益 (gain) 便是以此一方式來定義以便適應這種差異。[3]

明確地說，假設所討論的天線想要等向性地將提供給它的所有電功率，亦即 P_{in}，輻射出去。輻射強度將會是簡單地表示成 $K_s = P_{in}/4\pi$。增益便可定義為在一特定方向的實際輻射強度對 K_s 之比值，即：

$$G(\theta, \phi) = \frac{K(\theta, \phi)}{K_s} = \frac{4\pi K(\theta, \phi)}{P_{in}} \quad (41)$$

注意，$4\pi K(\theta, \phi)$ 這項將會是輻射強度為 $K(\theta, \phi)$ 之等向性天線 (在此時，天線輻射強度為常數) 所輻射的功率。因此，這個增益便可表示成一天線所輻射的功率對輸入功率之比值。如同在一所選定的 θ 與 ϕ 方向計算時一樣，此天線會以常數 K 進行等向性地輻射功率。利用 (38) 式，我們便可得出方向性與增益的關係式如下：

$$D(\theta, \phi) = \frac{4\pi K(\theta, \phi)}{P_r} = \frac{P_{in}}{P_r} G(\theta, \phi) = \frac{1}{\eta_r} G(\theta, \phi) \quad (42)$$

其中，η_r 為天線的**輻射效率** (radiation efficiency)，被定義為輻射功率對輸入功率之比值。此關係亦可用另外的方式寫成：

$$\eta_r = \frac{P_r}{P_{in}} = \frac{G(\theta, \phi)}{D(\theta, \phi)} = \frac{G_{max}}{D_{max}} \quad (43)$$

此式將 η_r 表示成最大增益除以最大方向性。

14.3 磁偶極

有一種與赫茲偶極關係很密切的裝置就是**磁偶極** (magnetic dipole) 天線。如圖 14.5 所示，此天線是由一個半徑為 a，中心位於原點且置於 xy 平面上的圓形電流迴路組合而成。迴路電流是弦波，與赫茲偶極的例子一樣指定為 $I(t) = I_0 \cos \omega t$。如同前節的做法，由滯後位勢著手，雖然亦可為此種天線求出其各場量，但卻有一種更快速的方法可完成此項工作。

首先，我們注意到循環的電流意味著會存在有一個環狀的電場，此電場與導線重疊且具有相同的時間相依性。所以，吾人便可簡單地將導線代換為一個圓形電場，並將之

---

[3] 以此方式定義的天線增益有時候也稱為功率增益。

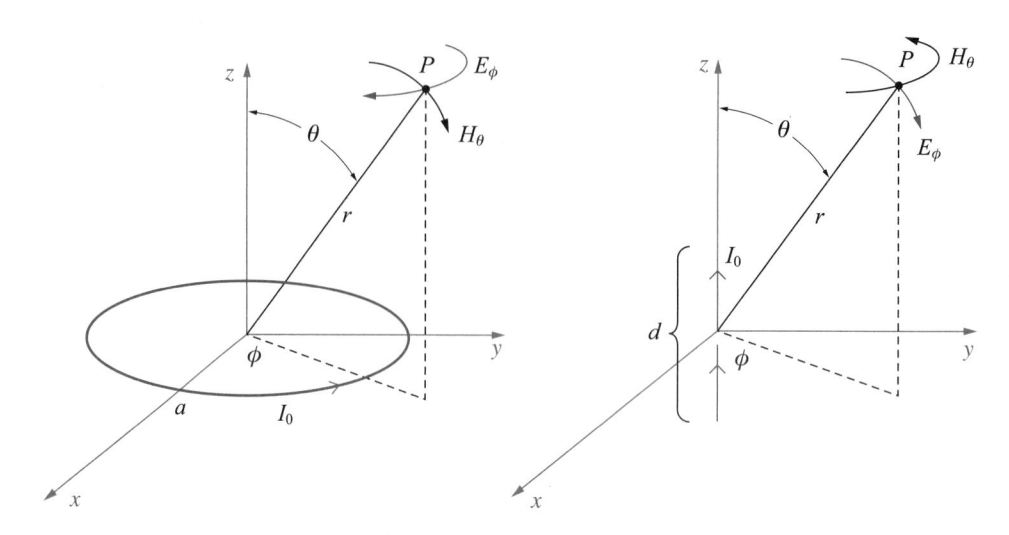

圖 14.5 磁偶極 (左圖) 與電偶極天線是對偶結構，可產生完全相同的場型但 **E** 與 **H** 的角色互換。

記為 $\mathbf{E}(a, t) = E_0(a) \cos(\omega t)\, \mathbf{a}_\phi$。此種改變將可用位移電流來取代傳導電流，如此做法不會對 **E** 與 **H** 周遭的場解造成影響。其次，假設我們可再次地將電場代換為磁場，此磁場形式為 $\mathbf{H}(a, t) = H_0 \cos(\omega t)\, \mathbf{a}_\phi$。這個就是 xy 平面內半徑為 a 之赫茲偶極所會產生的磁場，並且它可以讓我們透過下列的方法來求得此電流迴路的場解：

由無源介質 (即 $\rho_v = \mathbf{J} = 0$) 的馬克士威爾方程式開始：

$$\nabla \times \mathbf{H} = \epsilon \frac{\partial \mathbf{E}}{\partial t} \tag{44a}$$

$$\nabla \times \mathbf{E} = -\mu \frac{\partial \mathbf{H}}{\partial t} \tag{44b}$$

$$\nabla \cdot \mathbf{E} = 0 \tag{44c}$$

$$\nabla \cdot \mathbf{H} = 0 \tag{44d}$$

藉由檢視法，我們知道：如果 **E** 換成 **H**，**H** 換成 −**E**，ϵ 換成 μ，及 μ 換 ϵ 時，這些方程式並不會改變。這說明了電偶極的概念。電流迴路的電場將會具有與電偶極的磁場相同的函數形式，此現象意味著：利用上述的代換，我們便可直接地由電偶極的分析結果建構出電流迴路的各種場量。這是因為此二裝置之場解間的具有對偶性的結果，也正因如此，**磁偶極天線** (magnetic dipole antenna) 一詞便可用於這種電流迴路裝置的命名。

在進行各項代換之前，我們必須先建立這兩個裝置的電流與幾何尺寸關係。為了完成此項工作，首先考慮第 4 章的靜態電偶極結果 [即該章的 (35) 式]。藉由求出 z 軸 ($\theta =$

0) 上的電場，我們便可將此結果特定化成所想要的形式。我們求得

$$\mathbf{E}|_{\theta=0} = \frac{Qd}{2\pi\epsilon z^3}\mathbf{a}_z \tag{45}$$

接下來，如同在 z 軸上出現有穩態電流 I_0 所求得的磁場一樣，我們要研究電流迴路的磁場。利用畢奧-薩伐定律便可得出結果：

$$\mathbf{H}|_{\theta=0} = \frac{\pi a^2 I_0}{2\pi z^3}\mathbf{a}_z \tag{46}$$

現在，與電偶極諧波式時變電荷 $Q(t)$ 相關聯的電流為

$$\boxed{I_0 = \frac{dQ}{dt} = j\omega Q \Rightarrow Q = \frac{I_0}{j\omega}} \tag{47}$$

如果我們把 (47) 式代入 (45) 式，並用 $j\omega\epsilon\,(\pi a^2)$ 取代 d，我們便可發現 (45) 式會被轉換成 (46) 式。現在，我們進行這些代換，同時對 (14)、(15)，及 (16) 式也進行 $\mathbf{H}$ 換 $\mathbf{E}$，$-\mathbf{E}$ 換成 $\mathbf{H}$，ϵ 換成 μ，及 μ 換 ϵ 的代換。結果變成

$$E_{\phi s} = -j\frac{\omega\mu(\pi a^2)I_0 k}{4\pi r}\left[1 + \frac{1}{(kr)^2}\right]^{1/2}\sin\theta\,\exp[-j(kr-\delta_\phi)] \tag{48}$$

$$H_{rs} = j\frac{\omega\mu(\pi a^2)I_0}{2\pi r^2}\frac{1}{\eta}\left[1 + \frac{1}{(kr)^2}\right]^{1/2}\cos\theta\,\exp[-j(kr-\delta_r)] \tag{49}$$

$$H_{\theta s} = j\frac{\omega\mu(\pi a^2)I_0 k}{4\pi r}\frac{1}{\eta}\left[1 - \frac{1}{(kr)^2} + \frac{1}{(kr)^4}\right]^{1/2}\sin\theta\,\exp[-j(kr-\delta_\theta)] \tag{50}$$

其中，δ_r、δ_θ，及 δ_ϕ 均如 (17) 式與 (18) 式的定義。在遠場 ($kr \gg 1$) 處，僅存在 $E_{\phi s}$ 與 $H_{\theta s}$，而且這些公式會簡化成與 (22) 式及 (23) 式很類似的形式。在電磁學中，這種利用對偶性的方法是一種非常好用的方法，在許多情況中均可運用此方法。

14.4　細導線天線

除了作為深入瞭解輻射基本原理之用外，赫茲偶極的分析結果亦可作為我們推導與更複雜天線相關聯的各種場量之基礎。在本節中，此種方法將會被應用到更實際的問題，即具有任意長度之直細導線天線問題。我們將會發現：針對一已知波長，

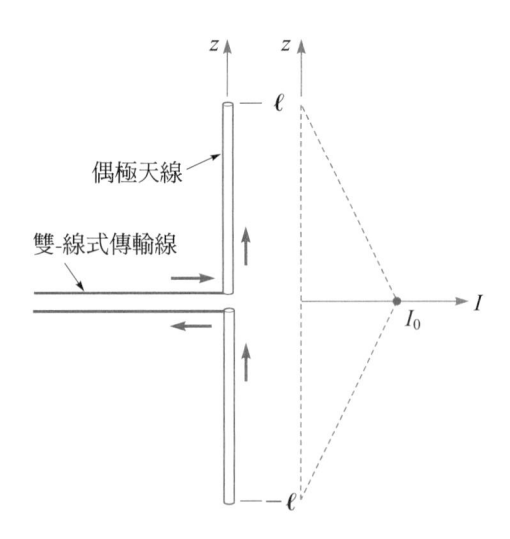

圖 14.6 用一對雙-線式傳輸線以弦波方式加以驅動的細偶極天線。如圖中所示，如果整體長度遠小於半波長時，電流振幅分佈會近似於線性分佈，電流振幅在中央 (饋入) 點處為最大值。

天線長度的改變將會導致 (以及控制) 輻射場型的劇烈變動。我們同時也會知道在使用某些天線長度時，方向性與效率的改善。

基本的天線配置如圖 14.6 所示。以簡化的方式，吾人可以將此天線想像成是由兩條末端開路的傳輸線，其末端向下與向上各折彎 90° 後組合而成。發生折彎的中點稱之為**饋入** (feed) 點。一開始就存在的電流會繼續存在，且在天線的上下段中會以相同的方向呈現即時地流動。如果電流為弦波，則在天線的導線內會建立一個駐波，其零點會發生在導線的兩端，即位於 $z = \pm \ell$ 處。這種對稱的天線稱為**偶極** (dipole) 天線。

在非常細之導線天線上真正的電流分佈非常近似於弦波，兩端點處的電流為零，最大值則發生在距端點四分之一波長的地方，而且電流會以此方式朝饋入點持續變動。當天線整體長度為 2ℓ 時，即為波長的整數倍時，則在饋入點處的電流將會很小；但是，如果天線的長度是半波長的奇數倍時，則饋入點電流便會等於天線上任一點處所求得的最大電流。

在一條短天線上，其長度 2ℓ 遠小於一個半波長時，我們僅會看到此弦波的第一個部份 (即前半波)；電流的振幅會以近乎線性的方式，由兩端點處的零值遞增至饋入點處的最大值，如圖 14.6 所示。饋入點處的間隙很小，故其效應可忽略不計。當天線的整體長度約小於波長的十分之一時，這種短天線近似 (即可假設沿著天線長度會有線性的電流變化) 是很合理的。

第14章 電磁輻射與天線 535

　　赫茲偶極的分析結果可以做簡單的擴充而適用於短天線範疇 ($\ell < \lambda/20$)。如果這個立論成立的話，則滯後效應便可忽略不計。也就是說，由天線兩端抵達任意場點 P 的信號約略為同相。沿著天線流動的平均電流為 $I_0/2$，其中 I_0 是饋入點處的輸入電流。因此，各電場與磁場強度將會是 (22) 式與 (23) 式中指示值的一半，而且水平與垂直場型沒有改變。功率則為其原先的四分之一，故知輻射電阻也是 (30) 式所給定值的四分之一，當天線長度增長各項特性也會隨之改善，但之後則必須將滯後效應納入。

　　對於更長的天線長度時，吾人可用與會傳播 TEM 波的終端開路型傳輸線的相同方式來處理電流分佈。這種電流將會是一種駐波，可用電流相量表示成

$$I_s(z) \doteq I_0 \sin(kz) \tag{51}$$

其中，開路端位於 $z=0$ 處。此外，對於傳輸線上的 TEM 波而言，其相位常數為 $\beta=k=\omega\sqrt{\mu\epsilon}$。當此傳輸線未被彎折來形成天線，$z$ 軸會對著垂直指向線旋轉 (此指向線位於饋入點，以 $z=0$ 為其起點)。因此，(51) 式的電流便修改成

$$I_s(z) \doteq \begin{Bmatrix} I_0 \sin k(\ell - z) & (z > 0) \\ I_0 \sin k(\ell + z) & (z < 0) \end{Bmatrix} = I_0 \sin k(\ell - |z|) \tag{52}$$

　　由此處開始，分析的策略是要將天線看成是由一堆赫茲偶極製作而成，每一段赫茲偶極長度為 dz (圖 14.7)。每一個赫茲偶極的電流振幅可依據其沿著長度所在位置 z 來決

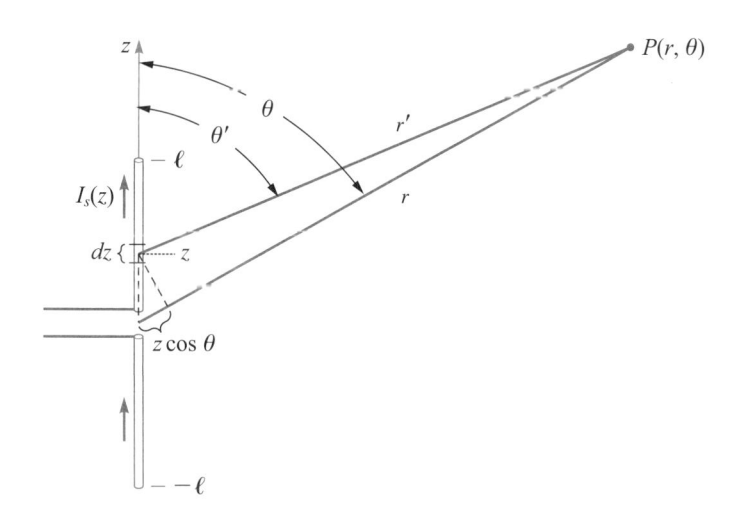

圖 14.7　一條偶極天線可用一堆的赫茲偶極來代表，這些偶極個別的相量電流均為 $I_s(z)$。圖中位置 z 處示有其中一個赫茲偶極，其長度為 dz。當觀測點 P 位於遠場區時，距離直線 r 與 r' 近似平行，所以它們的長度差值為 $z\cos\theta$。

定，如 (52) 式所示。然後，利用 (22) 式並稍加修改，便可寫出每一個赫茲偶極所產生遠場區的場量。在距離 r' 及球形座標角度 θ' 的遠場點處，我們每一赫茲偶極產生的場量寫成一個微分 (differential) 場量成分：

$$dE_{\theta s} = j\frac{I_s(z)\,k\,dz}{4\pi r'}\eta\sin\theta'\,e^{-jkr'} \tag{53}$$

當然，座標 r' 與 θ' 均參照自每一赫茲偶極的中心點，該偶極是在沿著天線長度軸的位置 z 處。我們需要將這些局部的座標均對照至原點，即天線的饋入點。為了完成此項工作，我們可借用 4.7 節討論靜電偶極時所使用的分析方法。參考圖 14.7，我們可將距離 r' (自位置 z 處之赫茲偶極至場點的距離) 與距離 r (由原點至相同場點的距離) 之間的關係式寫成

$$r' \doteq r - z\cos\theta \tag{54}$$

其中，在遠場處，$\theta' \doteq \theta$，並且距離直線 r' 與 r 大約為平行。因此，(53) 式可再修改成

$$dE_{\theta s} = j\frac{I_s(z)\,k\,dz}{4\pi r}\eta\sin\theta\,e^{-jk(r-z\cos\theta)} \tag{55}$$

注意：在由 (53) 式求出 (55) 式時，我們在分母做了 $r' \doteq r$ 的近似，因為在考慮隨 z 與 θ 的振幅 (amplitude) 變動時，使用 (54) 式將只會造成一些小差異。(55) 式的指數項則確實會包含 (54) 式，因為 z 或 θ 的些微變動將會巨幅地改變相位。

現在，在遠場區位置 (r,θ) 處的總電場就會是沿著整個天線長度所有赫茲偶極貢獻量之和，此值可變成下列的積分：

$$\begin{aligned}E_{\theta s}(r,\theta) &= \int dE_{\theta s} = \int_{-\ell}^{\ell} j\frac{I_s(z)\,k\,dz}{4\pi r}\eta\sin\theta\,e^{-jk(r-z\cos\theta)} \\ &= \left[j\frac{I_0 k}{4\pi r}\eta\sin\theta\,e^{-jkr}\right]\int_{-\ell}^{\ell}\sin k(\ell-|z|)\,e^{jkz\cos\theta}\,dz\end{aligned} \tag{56}$$

為了計算上式的積分，我們利用尤拉恆等式先把複數指數項表示成正弦與餘弦項。將積分符號外面中括號內的各項記為 A，我們可寫出：

$$E_{\theta s}(r,\theta) = A\int_{-\ell}^{\ell}\underbrace{\sin k(\ell-|z|)}_{\text{偶}}\underbrace{\cos(kz\cos\theta)}_{\text{偶}} + j\underbrace{\sin k(\ell-|z|)}_{\text{偶}}\underbrace{\sin(kz\cos\theta)}_{\text{奇}}\,dz$$

上式中，已指出每一項的奇偶性。被積函數的虛部是由偶函數與奇函數的乘積組成，故

會產生奇函數；因此，此項對於對稱上下限 $-\ell$ 與 ℓ 的積分會產生零。如此，便只剩下實部函數，其積分可表示成只對正 z 範圍作積分並且利用三角恆等式而進一步簡化成：

$$\begin{aligned} E_{\theta s}(r,\theta) &= 2A \int_0^\ell \sin k(\ell-z)\cos(kz\cos\theta)\,dz \\ &= A \int_0^\ell \sin[k(\ell-z)+kz\cos\theta] + \sin[k(\ell-z)-kz\cos\theta]\,dz \\ &= A \int_0^\ell \sin[kz(\cos\theta-1)+k\ell] - \sin[kz(\cos\theta+1)-k\ell]\,dz \end{aligned}$$

上式最後的積分可直接求出為

$$E_{\theta s}(r,\theta) = 2A \left[\frac{\cos(k\ell\cos\theta) - \cos(k\ell)}{k\sin^2\theta} \right]$$

現在，併入 A 的表示式便可得出最後的結果為：

$$\boxed{E_{\theta s}(r,\theta) = j\frac{I_0\eta}{2\pi r} e^{-jkr} \left[\frac{\cos(k\ell\cos\theta)-\cos(k\ell)}{\sin\theta} \right] = E_0\, F(\theta) \left[\frac{e^{-jkr}}{r} \right]} \tag{57}$$

其中，我們知道場的振幅為

$$E_0 = j\frac{I_0\eta}{2\pi} \tag{58}$$

並且含有 θ 與 l 的項可分離出來形成此偶極天線的 E-平面**場型函數** (pattern function)：

$$\boxed{F(\theta) = \left[\frac{\cos(k\ell\cos\theta) - \cos(k\ell)}{\sin\theta} \right]} \tag{59}$$

在歸一化時，這個重要的函數便是偶極天線的 E-平面場型。此式明白地指出偶極長度的選取會如何影響場型的 θ 相依性，故知對一指定的電流而言，最後吾人可用此式來決定方向性增益、方向性，及輻射功率對 l 的相依性。

針對所選取的各種偶極長度，其在 E-平面內 $F(\theta)$ 的大小圖如圖 14.8a 及圖 14.8 b 所示。雖然在任何含有 z 軸的平面中均會有相同的結果，但在這些圖中，我們只選用 xz 平面來表示。這些圖顯示了當長度增加時，輻射波束會變得更窄的一種趨勢，不過，對於第二個極大點而言，亦即**旁波瓣** (sidelobes)，則是在整體天線長度 (2ℓ) 超過一個波長時

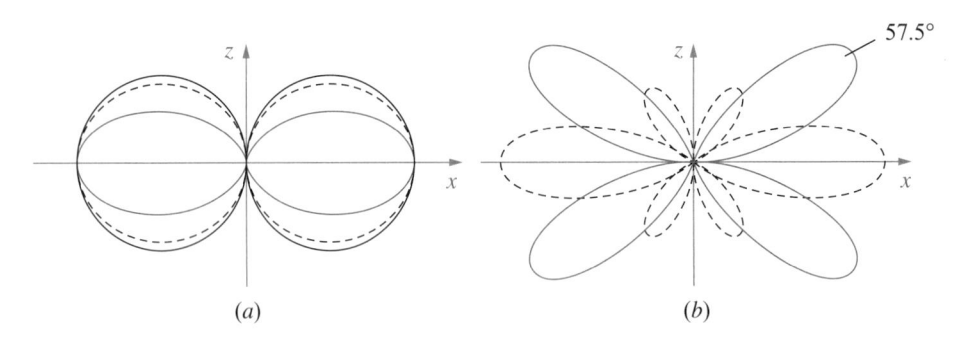

圖 14.8 針對整體長度為 2ℓ，且佔波長比例為 (a) $\lambda/16$ (實心黑線)、$\lambda/2$ (虛線)，及 λ (灰線)，與 (b) 1.3λ (虛線)，及 2λ (灰線) 之偶極天線，由 $F(\theta)$ 所求得的 E-平面場型圖，其中已將最大值均歸一化為 1.0。在 (a) 圖中，當天線長度增加 (或者波長減少) 時，波束-變窄的趨勢會很明顯。注意：$\lambda/16$ 的曲線幾乎為圓形，因此很近似於赫茲偶極的場型。在長度超過一個波長時，便開始發展出旁波瓣，如 (b) 圖中 1.3λ 的場型內較小的波束所顯示的旁波瓣。當長度增加時，旁波瓣會成長以形成 2λ 天線的四個對稱排列的主波束，其中在第一象限內的波瓣在 $\theta = 57.5°$ 時會有最大值。在 1.3λ 天線中所出現之沿著 x 軸的主波瓣會隨著天線長度增加而減小，當天線長度變成 2λ 時，此主波瓣已經消失不見了。

才會發生。旁波瓣的存在通常是不想要的，主要是因為它們是代表不位於主波束方向 ($\theta = \pi/2$) 之其它方向上的輻射功率。因此，旁波瓣功率可能會錯失想要抵達的接收器。此外，旁波瓣會隨著波長而變，所以會造成輻射信號的角度分散至一個必然會隨著信號頻寬增加而遞增的程度。這些問題只要採用天線長度小於一個波長即可避免。

現在，利用 (34) 式及 (25) 式，便可求出偶極天線的輻射強度為：

$$K(\theta) = r^2 S_r = \frac{1}{2}\mathcal{R}e\left\{E_{\theta s} H_{\phi s}^*\right\} r^2$$

其中，$H_{\phi s} = E_{\theta s}/\eta$。將 (57) 式代入上式，得到

$$K(\theta) = \frac{\eta I_0^2}{8\pi^2}[F(\theta)]^2 = \frac{15 I_0^2}{\pi}[F(\theta)]^2 \quad \text{W/Sr} \tag{60}$$

在此，上式的最後等號是假設為自由空間才成立，亦即取 $\eta = \eta_0 = 120\pi$。此時，總輻射功率便為輻射強度對於全部立體角的積分值，即

$$P_r = \int_0^{4\pi} K\, d\Omega = \int_0^{2\pi}\int_0^{\pi} K(\theta)\sin\theta\, d\theta\, d\phi \tag{61}$$

同樣假設為自由空間，我們求出

$$P_r = 30\, I_0^2 \int_0^\pi [F(\theta)]^2 \sin\theta\, d\theta \quad \text{W} \tag{62}$$

利用這個結果，現在便可求取方向性與輻射電阻的表示式。由 (42) 式，並利用 (60) 式及 (62) 式，自由空間的方向性為

$$D(\theta) = \frac{4\pi K(\theta)}{P_r} = \frac{2[F(\theta)]^2}{\int_0^\pi [F(\theta)]^2 \sin\theta\, d\theta} \tag{63}$$

其最大值為

$$D_{\max} = \frac{2[F(\theta)]_{\max}^2}{\int_0^\pi [F(\theta)]^2 \sin\theta\, d\theta} \tag{64}$$

最後，輻射電阻則為

$$R_{\text{rad}} = \frac{2 P_r}{I_0^2} = 60 \int_0^\pi [F(\theta)]^2 \sin\theta\, d\theta \tag{65}$$

例題 14.2

試寫出一半-波偶極天線的特定場型函數，以及計算其頻寬、方向性，及輻射電阻。

解："半-波" 一詞參照至整體天線長度，亦即 $2\ell = \lambda/2$，或是 $\ell = \lambda/4$。因此，可知 $k\ell = (2\pi/\lambda)(\lambda/4) = \pi/2$，現在將此值代入 (59) 式，得出：

$$F(\theta) = \frac{\cos\left(\frac{\pi}{2}\cos\theta\right)}{\sin\theta} \tag{66}$$

此函數的大小繪製成如圖 14.8a 中的虛線曲線。它的最大值 (等於 1) 發生在 $\theta = \pi/2$、$3\pi/2$，然而零值發生在 $\theta = 0$ 與 π。求算下式之解便可求出頻寬

$$\frac{\cos\left(\frac{\pi}{2}\cos\theta\right)}{\sin\theta} = \frac{1}{\sqrt{2}}$$

以數值方法而言，可求出落在 $\theta = 90°$ 之最大值兩側的兩個角度會滿足上述的方程式，即 $\theta_{1/2} = 51°$ 與 $129°$。因此，半-功率頻寬為 $129° - 51° = 78°$。

接下來，利用 (64) 式與 (65) 式來求取方向性與輻射電阻，其中 $[F(\theta)]^2$ 的積分可用數值方法求算。結果為 $D_{\max} = 1.64$ (亦即 2.15 dB) 與 $R_{\text{rad}} = 73$ 歐姆。

D14.4. 當偶極天線的整體長度為 (a) $\lambda/4$；(b) $\lambda/2$；(c) λ 時，試求算在 $\theta = 45°$ 方向上所得到的最大功率密度的百分比。

答案：45.7%；38.6%；3.7%

在半-波長偶極天線中，其駐波電流振幅在饋入點處為最大化，故此天線被稱為**操作在共振** (on resonance)。因此，假設天線並不是無損耗，則驅動點即開路端點前方四分之一波長處的阻抗，在理論上會是純實數[4]且等於 73 Ω 的輻射電阻。這是採用半-波長偶極天線的主要動機。因為它們可與傳統的傳輸線 (其特性阻抗約為此等級) 做相當緊密地阻抗匹配。

實際上，因為這種天線在本質上就是一條未被彎折的傳輸線，故半-波長偶極天線的行為特性並不會像是一條理想的四分之一波長傳輸線段那樣，如同我們對於 14.1 節之討論的猜疑。輸入阻抗可能會存在有一些電抗成分，但半-波長尺寸是非常接近於電抗會變成零的天線長度。計算電抗的方法已超出本書的討論範疇，不過，它們在參考書目 1 中有詳細的討論。對於一條長度正好為 $\lambda/2$ 的細長無損耗偶極天線而言，其輸入阻抗可為 $Z_{in} = 73 + jX$，其中 X 值約在 40 Ω 左右。輸入電抗極易受天線長度影響，故藉由將總長度稍微減少至比 $\lambda/2$ 還低一些即可使輸入電抗下降為零，而讓輸入阻抗的實部在本質上保持不變。長度為 $\lambda/2$ 整數倍的偶極天線都具有相似的特性，但在這些天線中，其輻射電阻則是高的相當多，因此會產生很差的阻抗匹配。當偶極天線長度落在各半-波長整數倍之間時，輸入電抗可能會很高 (在 $j600$ Ω 左右)，故天線輸入電抗除了對長度很敏感之外，也很容易受導線厚度影響。實務上，當接上一條傳輸線供電時，藉由降低天線長度，或者採用與第 10 章所討論的那些相同的匹配技術，輸入電抗便可變為零。

表成天線長度之函數的方向性與輻射電阻圖形如圖 14.9 所示。方向性會隨天線長度溫和地增加，然而輻射電阻卻會在天線長度位於 $3\lambda/4$ 與 λ 之間達到局部極大值。在更長的天線長度時，R_{rad} 的額外峯值會發生在更高的準位值，但性能會因旁波瓣的出現而折衷掉了。再者，一般都是採用半波偶極天線，因為它可確保在寬廣的頻譜頻寬內展現單一波束的特性，而且其輻射電阻 (即 73 Ω) 會接近於用來饋入此天線之標準傳輸線的阻抗。

作為導線天線的最後一個練習，我們來考慮**單極** (monopole) 天線的操作。如圖 14.10a 所示，這種天線是由一個一半的偶極加上一個完全導電的平面組成。在 5.5 節中

---

[4] 想像在史密斯圖上由開路點朝發電機端旋轉半圈 (即 $\lambda/4$) 後，便會有損耗出現，即其終點位置可能會位於負實軸上的某個位置。

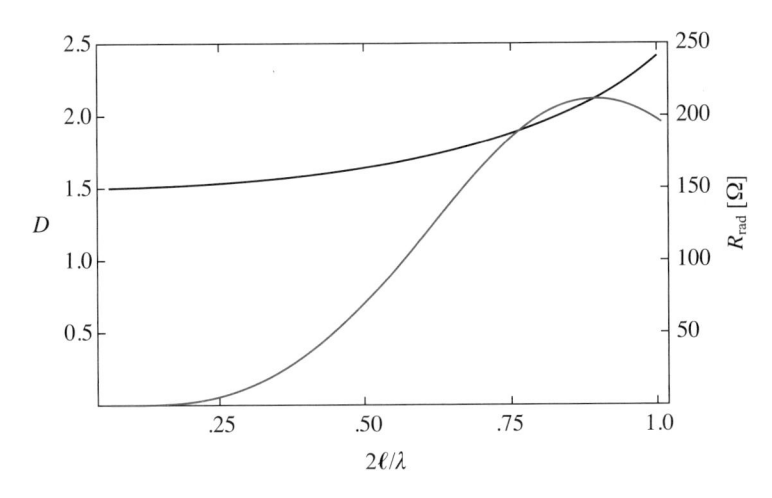

圖 14.9 以波長表示時，方向性 (黑線) 與輻射電阻 (灰線) 畫成整體天線長度之函數圖形。

所討論的映像原理提供了圖 14.10b 所示的像單極，使得原單極天線及其像天線形成一個偶極天線。因此，適用於偶極天線的所有場量方程式均可直接應用於上半部空間。所以，在平面上方的坡印亭向量也會相同，但所輻射的總功率則僅需對包圍上半部空間的半球進行積分。故知，單極天線所輻射的功率與輻射電阻均為偶極天線各相對應值的一半。作為一個實例，一個四分之一波長的單極天線 (此即表示當包含像天線時，它代表一個二分之一波長的偶極天線) 會產生 $R_{rad} = 36.5\ \Omega$ 的輻射電阻。

單極天線可用導電平面下方的同軸電纜來驅動，同軸電纜透過一個小洞將其中心導

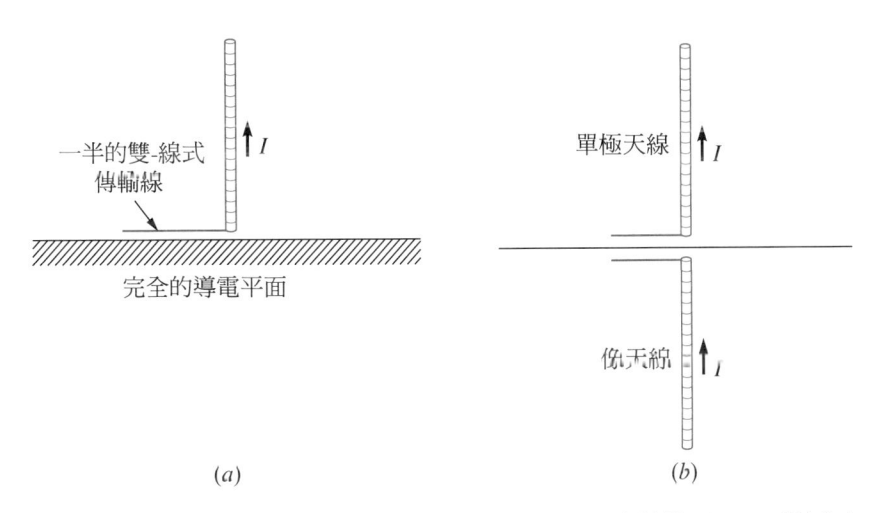

圖 14.10 (a) 理想的單極天線總是一完全導電平面連結使用。(b) 單極天線加上其像天線形成一個偶極天線。

體連接至天線，並把其外導體接至導電平面。如果導電平面下方區域無法或不方便進入，同軸電纜也可以平放在導電平面上方並令其外導體與導電平面相接。此種形式的天線範例有 AM 廣播電塔及民用波段天線。

> **D14.5.** 圖 14.10a 的單極天線的長度為 $d/2 = 0.080$ m，並假設其上承載有一個呈三角形分佈的電流密度，其中，饋入電流 I_0 為 16.0 A，操作頻率為 375 MHz，天線處於自由空間。在 $P(r = 400$ m，$\theta = 60°$，$\phi = 45°)$ 點處，試求 (a) $H_{\phi s}$，(b) $E_{\theta s}$，及 (c) $\mathcal{P}_r$ 的振幅。
>
> 答案：$j1.7$ mA/m；$j0.65$ V/m；1.1 mW/m²

14.5 雙元件陣列

接下來，我們要探討為天線射之指向性性質建立較佳控制的問題。雖然，某些方向性的控制可經由調整導線天線的長度來達成，但這些結果只會以改變 E-平面場型的方式出現。只要是採用單一根的垂直導線天線，H-平面場型總是維持為圓形 (即無 ϕ 的變動)。藉由使用多個排成陣列的元件，便可達成同時在 E 與 H-平面內明顯的改善所決定的方向性。在本節中，我們的目的是藉由考量使用兩個天線元件的簡單例子為天線陣列的分析建立基礎。所得出方法可以馬上擴展至多重元件組態。

基本的組態如圖 14.11 所示。在此，我們讓原有的導線天線之饋入點置於原點處，且沿著 z 軸排列。第二個完全相同的天線與第一個天線平行，且放置於 x 軸上位置 d 處，這兩個天線承載相同的電流振幅 I_0 (可導致遠場振幅 E_0)，但我們讓第二個天線電流呈現出與第一個天線的電流相位相比有一個固定的相位差 ξ。遠場的觀測點 P 位球形座標 (r, θ, ϕ) 點處。由此點觀之，兩天線看起來非常接近，使得 (1) 兩徑向直線 r 與 r_1，在本質上為平行，與 (2) 在 P 點處之電場方向本質上為同向 (都是沿 $\mathbf{a}_\theta$ 方向)。利用 (57) 式，我們瞭解到 x 軸上出現的第二個天線將引入一個與 ϕ 相依的場量，此種場量原先並

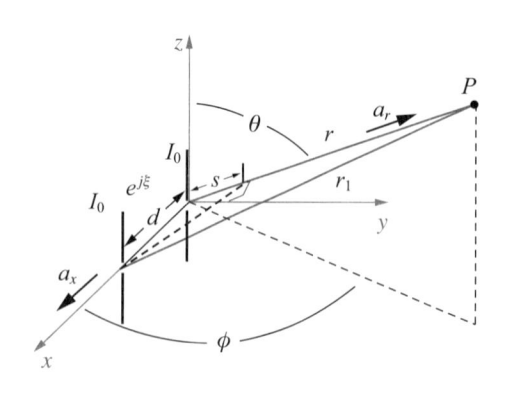

圖 14.11 原先 z-指向的導線天線將其中心置於原點處。現在，加入第二個平行的天線，其位置位於 x 軸距離 d 處。第二個天線承載有與第一個天線相同的電流振幅，但帶有一個固定的相位移 ξ。各場量是在 P 點處觀測。

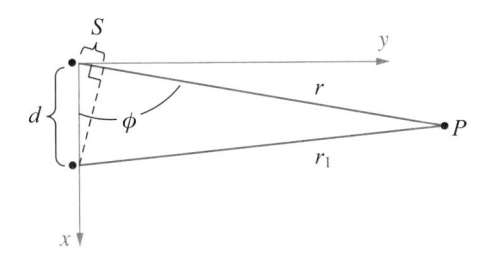

圖 14.12 圖 14.11 的天線組合之上視圖 (即向下看到 xy 平面)。遠場近似而言，這兩條灰線本質上為平行，且 $r_1 \doteq r - s$。

不存在；因此，我們可將 P 點處的總場量列寫成：

$$E_{\theta P}(r, \theta, \phi) = E_0 F(\theta) \left[\frac{e^{-jkr}}{r} + \frac{e^{j\xi} e^{-jkr_1}}{r_1} \right] \tag{67}$$

接下來，我們把由第二個天線至 P 點的距離 r_1 用 P 點至第一個天線的距離 r (此值也是球形座標半徑) 來表示，並利用遠場近似，得出

$$r_1 \doteq r - s$$

其中，s 是如圖 14.11 與圖 14.12 所示，藉由在第二個天線與半徑線 r 之間畫出一條垂直線段後所形成的直角三角形的其中一腳。長度 s 就是天線間隔 d 投影至徑向線 r 的投影量，可由下式求出

$$s = d\,\mathbf{a}_x \cdot \mathbf{a}_r = d \sin\theta \cos\phi \tag{68}$$

因此，

$$r_1 \doteq r - d \sin\theta \cos\phi \tag{69}$$

在遠場中，距離 $d \sin\theta \cos\phi$ 比 r 要小許多，此條件允許我們可忽略 (67) 式中 r 與 r_1 大小項之間的差異 (使得 $1/r_1 \doteq 1/r$)。如同我們從偶極天線的研究得知的，這種差異在 (67) 式的相位項中不可忽略不計，因為相位對於 r 的輕微變動非常敏感。將這些考量謹記於心，(67) 式變成

$$E_{\theta P}(r, \theta, \phi) = \frac{E_0 F(\theta)}{r} \left[e^{-jkr} + e^{j\xi} e^{-jk(r - d\sin\theta\cos\phi)} \right] \tag{70}$$

此式可簡化成

$$\boxed{E_{\theta P}(r, \theta, \phi) = \frac{E_0 F(\theta)}{r} e^{-jkr} \left[1 + e^{j\psi} \right]} \tag{71}$$

其中

$$\psi = \xi + kd \sin\theta \cos\phi \tag{72}$$

ψ 是在 $P(r, \theta, \phi)$ 點所觀測到在兩天線場量之間的淨相位差。將 $e^{j\psi/2}$ 項因式分解出來，(71) 式可再進一步化簡，得出

$$E_{\theta P}(r, \theta, \phi) = \frac{2E_0 F(\theta)}{r} e^{-jkr} e^{j\psi/2} \cos(\psi/2) \tag{73}$$

由此式我們便可決定場量振幅如下式所示

$$|E_{\theta P}(r, \theta, \phi)| = \sqrt{E_{\theta P} E_{\theta P}^*} = \frac{2E_0}{r} |F(\theta)||\cos(\psi/2)| \tag{74}$$

(74) 式證明了**場型乘積** (pattern multiplication) 的重要原理，適用於完全相同天線的陣列。明確地說，總場量大小是由個別天線的場型函數大小，即**元件因式** (element factor) $|F(\theta)|$ 與歸一化的**陣列因式** (array factor) 大小 (用 $|\cos(\psi/2)|$ 表示) 的乘積組成。陣列因式通常記為

$$A(\theta, \phi) = \cos(\psi/2) = \cos\left[\tfrac{1}{2}(\xi + kd \sin\theta \cos\phi)\right] \tag{75}$$

接著，(74) 式變成

$$|E_{\theta P}(r, \theta, \phi)| = \frac{2E_0}{r} |F(\theta)||A(\theta, \phi)| \tag{76}$$

如同稍後我們要求取的，只要適當地修改陣列因式，上述的原理便可擴展應用至多重天線元件的陣列。基本的假設是：個別的陣列元件本質上不相互耦合；亦即，它們相互感應的電流均可忽略不計。若有可觀的耦合，則問題會變得極為複雜，使得場型相乘原理無法使用。

在 (76) 式所示的場型中，E 平面場型 (即 θ 相依性) 基本上可由個別天線元件決定，即由 $|F(\theta)|$ 決定。它是位在 H 平面內，在此平面內陣列的作用最強。事實上，採用此種天線組態的主要理由是想要能夠控制 H-平面的場型。在 H 平面 (即 $\theta = \pi/2$) 中，(75) 式與 (76) 式可給定對 ϕ 有相依性的場量，如下所示：

$$E_{\theta P}(r, \pi/2, \phi) \propto A(\pi/2, \phi) = \cos\left[\tfrac{1}{2}(\xi + kd \cos\phi)\right] \tag{77}$$

這種 H-平面場型會依相對電流相位 ξ 與天線元件間隔 d 的選擇而變。

例題 14.3

試探討當各電流同相 (即 ξ＝0) 時的 H-平面場型。

解：令 ξ＝0，(77) 式變成

$$A(\pi/2, \phi) = \cos\left[\frac{kd}{2}\cos\phi\right] = \cos\left[\frac{\pi d}{\lambda}\cos\phi\right]$$

此值在 φ＝π/2 與 3π/2 時會達到最大值，即沿著垂直於天線平面的方向 (即 y 軸)。無論 d 的選擇為何，這個最大值都會發生，因此，這個陣列被歸類為**橫向天線陣列** (broadside array)。現在，選用 d＝λ/2，我們得出 A＝cos[(π/2) cos φ]，此值在 φ＝0 與 π (即沿著 x 軸) 時變成零，而且在沿著正 y 軸與負 y 軸會有單一的主波束。當 d 增加到超過 λ/2 時，當 φ 改變時便會出現額外的最大值 (即有旁波瓣出現)，但如果 d 設定為 λ/2 的奇數倍時，則沿著 x 軸仍會有零點出現。

前述例題的橫向陣列可視為是最簡單的例子。當有一非零相位差存在於兩電流之間時，便會發生更有趣的行為，故知可對相位與元件間隔進行一些調整。

例題 14.4

試求出建立一個**端射** (endfire) 天線陣列的必要條件，即其最大輻射指向為沿著 x 軸。

解：令 (77) 式的 φ＝0 或 π 並要求此式達成最大值，如此便可產生下列的條件：

$$A = \cos\left[\frac{\xi}{2} \pm \frac{\pi d}{\lambda}\right] = \pm 1$$

即

$$\frac{\xi}{2} \pm \frac{\pi d}{\lambda} = m\pi$$

其中，m 為包含 0 在內的整數，中括號內的加號適用於 φ＝0 的情況，而負號則適用於 φ＝π 的情況。實務上有興趣的其中一種狀況是發生在 m＝0，d＝λ/4，及 ξ＝−π/2 之時，此狀況在選用正號時會滿足上述的條件。現在，(77) 式便會變成

$$A(\pi/2, \phi) = \cos\left[\frac{\pi}{4}(\cos\phi - 1)\right]$$

此函數在 $\phi=0$ 時為最大值，而在 $\phi=\pi$ 時會變為零。因此，我們已產生一個陣列，它會輻射出一個沿著正 x 軸的單一主波瓣。只要理解到位於 $x=d$ 處之天線元件內，其電流的相位延遲剛好可以補償位於原點與 $x=d$ 處之兩天線間因傳播延遲所產生的相位落後，我們便可瞭解這種方法的可行性。因此，第二個天線元件輻射便會與來自第一個天線元件輻射呈現很準確地同相作用，所以，這兩個場量會持續地干擾在順 x 方向上而一起傳播。在相反方向上，來自位於 $x=d$ 處之天線的輻射抵達原點時，其本身的相位會與來自 $x=0$ 處之天線輻射的相位相差 π 徑度。因此，這兩個場量互相破壞性地干擾，故在負 x 方向不會有輻射發生。

D14.6. 在例題 14.3 的橫向天線組態中，天線元件間隔改成 $d=\lambda$。試求 (a) 在 H 平面內於 $\phi=0$ 及 $\phi=90°$ 方向上所發射強度的比值，(b) 在 H-平面場型中，主坡束的方向 (即 ϕ 值)，及 (c) 在 H-平面場型中各零點的位置 (即 ϕ 值)。

答案：1；(0, ±90°, 180°)；(±45°, ±135°)

D14.7. 在例題 14.4 的端射天線組態中，如果波長由 $\lambda=4d$ 縮短至 (a) $\lambda=3d$，(b) $\lambda=2d$，及 (c) $\lambda=d$ 時，試求 H 平面內主波束的方向 (即 ϕ 值)。

答案：±41.4°；±45.0°；±75.5°

14.6 均勻線性陣列

接下來，我們將討論擴展至多於兩個天線元件之陣列。增加陣列內天線元件的做法，可讓設計者有更多的選擇，例如，我們能夠來進行方向性的改善，並且可以增加天線的頻寬，可以想像得到完整的探討此項課題可能需要一整本教科書。在此，我們僅考慮均勻線性陣列來展示各種分析方法以及提出其中一些重要的結果。

均勻線性陣列組態如圖 14.13 所示，因為天線元件均是沿著一條直線 (本例中為 x 軸) 排列，故此種陣列為線性的。又因所有元件均完全相同，具有相等的間隔 d，且承載相同的電流振幅 I_0，以及由元件至元件之電流內的相位遞增均為一固定值 ξ，故此種陣列為均勻的。利用 (71) 式，雙-元件陣列的歸一化陣列因式可表示成：

$$|A(\theta, \phi)| = |A_2(\theta, \phi)| = |\cos(\psi/2)| = \frac{1}{2}|1 + e^{j\psi}| \tag{78}$$

其中，A 帶有下標 2 用以指示此函數適用於兩個天線元件的情況。如圖 14.13 所示之 n 個元件的線性陣列，其陣列因式可直接由 (78) 式加以擴充，變成

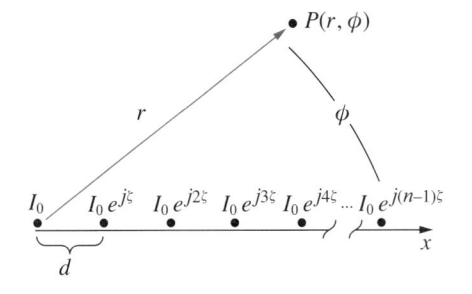

圖 14.13 由含有 n 個偶極，每個偶極是沿著 x 軸排列且個別偶極均呈 z 軸指向 (即指出紙面) 的均勻線性陣列之 H-平面圖。所有元件均具有相等的間隔 d，且承載相等的電流振幅 I_0。相鄰元件間發生有電流相位移 ξ。各場量均是在遠場點 P 處計算其值；在遠場區，各偶極看起來就像是被組成在原點一樣。

$$|A_n(\theta,\phi)| = |A_n(\psi)| = \frac{1}{n}\left|1 + e^{j\psi} + e^{j2\psi} + e^{j3\psi} + e^{4\psi} + \ldots + e^{j(n-1)\psi}\right| \tag{79}$$

令各元件如圖 14.13 所示沿著 x 軸排列，我們可得出 $\psi = \xi + kd\sin\theta\cos\phi$，如同前述。構成 (79) 式的幾何級數可以寫成封閉形式，得出

$$|A_n(\psi)| = \frac{1}{n}\frac{\left|1 - e^{jn\psi}\right|}{\left|1 - e^{j\psi}\right|} = \frac{1}{n}\frac{\left|e^{jn\psi/2}\left(e^{-jn\psi/2} - e^{jn\psi/2}\right)\right|}{\left|e^{j\psi/2}\left(e^{-j\psi/2} - e^{j\psi/2}\right)\right|} \tag{80}$$

在 (80) 式的最右邊，我們知道其分子與分母可運用尤拉恆等式得出正弦函數，最後可導出

$$|A_n(\psi)| = \frac{1}{n}\frac{|\sin(n\psi/2)|}{|\sin(\psi/2)|} \tag{81}$$

對一個含有 n 個偶極的陣列而言，其遠場區的電場現在便可藉由擴充 (76) 式的結果而以 A_n 表示列寫出來。寫成 $|A_n(\psi)| = |A_n(\theta,\phi)|$，我們得出

$$|E_{\theta P}(r,\theta,\phi)| = \frac{nE_0}{r}|F(\theta)||A_n(\theta,\phi)| \tag{82}$$

此式再次示範了場型乘積原理，其中，我們現在便可得到一個適用於此種線性陣列的新陣列函數。

針對 $n=4$ 及 $n=8$ 的情況，(81) 式的圖形如圖 14.14 所示。注意：當 $\psi = 2m\pi$ 時，這些函數總是最大化為一，其中 m 是包含零的整數。這些主要的極大值對應於陣列場型的主波束。增加元件數目的作用就是會使主波瓣變窄並且產生更多個第二極大值 (即旁波瓣)。

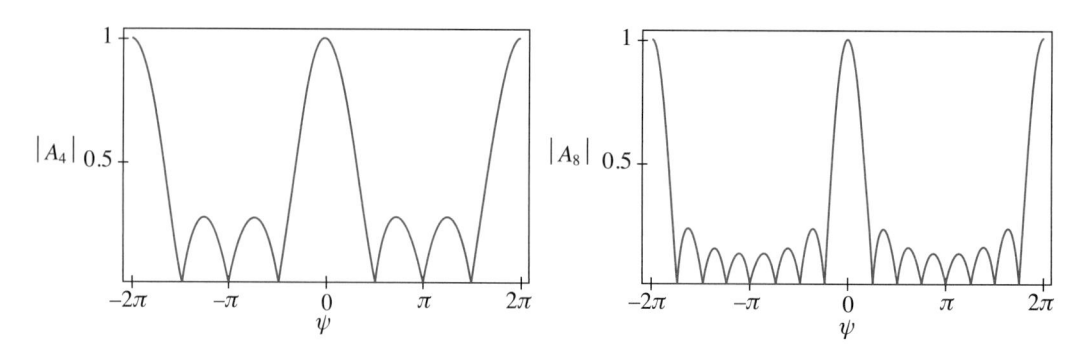

圖 14.14 針對元件數目 n 為 (a) 4 個及 (b) 8 個的情況，利用 (81) 式計算在 $-2\pi < \psi < 2\pi$ 範圍的 $|A_n(\psi)|$。

為了明白陣列場型如何組成其形狀，有必要針對解釋 (81) 式的陣列函數 H 平面內的角度變動。在 H 平面 (其中 $\theta = \pi/2$) 內，我們得出 $\psi = \xi + kd\cos\phi$。接下來，我們知道當 ϕ 由 0 變動至 2π 徑度時，$\cos\phi$ 會在 ± 1 之間變動，故可知 ψ 將會下式的範圍內變動：

$$\xi - kd \leq \psi \leq \xi + kd \tag{83}$$

電流相移 ξ 及天線間隔 d 的選擇，便可決定會出現在實際陣列場型內的 ψ 值範圍。在某些例子中，這將導致一個相當窄的 ψ 範圍，它可能會亦有可能不會包含主要的極大值。電流相位會決定 ψ 的中央值，而天線間隔則可決定當方位角 ϕ 變動時，ψ 會對著其中央值發生的最大變動量。

如同在 14.5 節中所討論的，**橫向陣列** (broadside array) 具有會與陣列平面 (位於 $\phi = \pi/2$、$3\pi/2$) 呈垂直的主波束。此例的條件是主要極大值 (位於 $\psi = 0$) 將會發生在這些角度處。因此，我們可寫出

$$\psi = 0 = \xi + kd\cos(\pi/2) = \xi$$

故知，我們可令 $\xi = 0$ 而得出一個橫向陣列。在此種情況下，(83) 式可得出 $-kd < \psi < kd$。因此，ψ 的中央值為零，且可使主要的極大值會被包含在場型內。在 H 平面中，令 $\xi = 0$，因此我們可得出 $\psi = kd\cos\phi$。$\psi = 0$ 的點總是發生在 $\phi = \pi/2$ 及 $3\pi/2$，而且無論元件間隔 d 選擇為何，這個結果都成立。當 ϕ 在 0 至 2π 範圍內變動時，增加 d 的作用就是會使 ψ 的範圍變大。因此，對一指定的元件數目而言，當元件間隔變大時，主波束將會變得更窄，但有更多的旁波瓣會出現於場型之中。

一個**端射陣列** (endfire array) 要求會沿著 x 軸發生有一個主要的極大值。因此，在 H 平面中，我們便可寫出

$$\psi = 0 = \xi + kd\cos(0) = \xi + kd$$

即 $\xi = -kd$ 時,可得到端射操作,其最大值會沿著正 x 軸發生。此種條件有可能會或者也有可能不會同時沿著負 x 軸造成產生一個主波束。

例題 14.5

針對 4 個與 8 個元件的陣列,試選取電流相位與元件間隔以便得出**單向的端射** (unidirectional endfire) 操作,其中主波束存在於 $\phi = 0$ 方向,而且不會有輻射發生在 $\phi = \pi$ 的方向,同時亦不允許輻射發生在橫向方向 (即 $\phi = \pm\pi/2$ 方向)。

解:當 $\psi = 0$ 時,我們想要有 $\phi = 0$。因此,由 $\psi = \xi + kd\cos\phi$,我們要求 $0 = \xi + kd$,亦即 $\xi = -kd$。採用 4 個或 8 個元件時,我們可由 (81) 式或是從圖 14.14 求出在 $\psi = \pm\pi/2$ 及 $\pm\pi$ 時,將會有零值發生。因此,如果我們選取 $\xi = -\pi/2$ 及 $d = \lambda/4$,我們得到:在 $\psi = \pi/2$、$3\pi/2$ 時,$\psi = -\pi/2$;在 $\psi = \pi$ 時,$\psi = -\pi$。因此,可知 $\psi = -(\pi/2)(1-\cos\phi)$。所生成的陣列函數之極座標圖形如圖 14.15a 與 b 所示。同樣地,元件數 4 個變成 8 個時,其作用是會使主頻寬變小,而且在此例中會使旁波瓣數由 1 個增加為 3 個,如果採用奇數個元件且配合上述所選取的相位與間隔值時,則會有一個小的旁波瓣出現在 $\phi = \pi$ 的方向。

一般而言,我們可選取電流相位與元件間隔用以在任意方向上建立主波束。選取 $\psi = 0$ 有主要的極大值時,我們可列寫出

$$\psi = 0 = \xi + kd\cos\phi_{max} \Rightarrow \cos\phi_{max} = -\frac{\xi}{kd}$$

如此,使得主波束方向可藉由改變電流相位而加以變動。

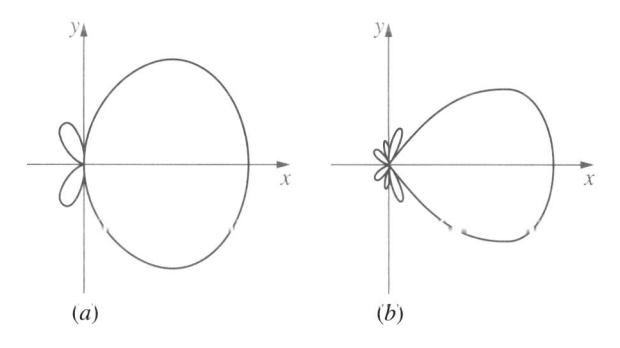

圖 14.15 (a) 4-元件及 (b) 8-元件陣列,具有元件間隔為 $d = \lambda/4$ 及電流相位為 $\xi = -\pi/2$ 時的 H-平面圖。

D14.8. 在一個端射線性偶極陣列中，其 $\xi = -kd$，試問最小的元件間隔為多少波長時會造成雙-方向操作，亦即在 H 平面內於 $\phi=0$ 與 $\phi=\pi$ 會發生相等的輻射強度？

答案：$d=\lambda/2$。

D14.9. 針對一線性偶極陣列，其元件間隔為 $d=\lambda/4$，試問何種電流相位 ξ 才會在 (a) $\phi=30°$；(b) $\phi=45°$ 的方向形成主波束？

答案：$-\pi\sqrt{3}/4$；$-\pi\sqrt{2}/4$

14.7 作為接收器使用的天線

接下來，我們要轉換來探討天線的另一個基本目的，即天線可作為偵測或接收來自一遠距離場源輻射的工具。我們將會透過一個傳送-接收天線系統的研究來探討這種問題。這種天線系統是由兩個天線加上可扮演傳送器與接收器交換角色之支援的電子設備組成。

圖 14.16 示有一個傳送-接收天線組合的實例，其中這兩個耦合在一起的天線構成了一個線性雙-埠網路。位於左側之天線上的電壓 V_1 與電流 I_1 會影響位於右側之天線上的電壓與電流 (即 V_2 與 I_2)——反之亦然。這種耦合可透過阻抗參數 Z_{12} 與 Z_{21} 來量化。管控方程式可取成下列形式：

$$\boxed{\begin{aligned} V_1 &= Z_{11}I_1 + Z_{12}I_2 \\ V_2 &= Z_{21}I_1 + Z_{22}I_2 \end{aligned}}$$

(84a)
(84b)

Z_{11} 與 Z_{22} 是天線 1 與天線 2 當各自隔離且作為傳送器使用時的輸入阻抗，或者等效

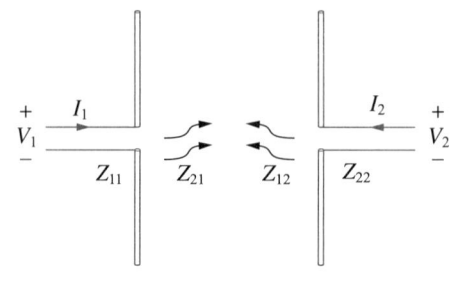

圖 14.16 可展示 (84a) 式與 (84b) 式的一對偶耦合天線。

地說，這兩個天線相互之間相距足夠遠時所測得的輸入阻抗。假設所有導體的歐姆損耗與所有傳給周圍物體的損耗均可降低至零，則 Z_{11} 與 Z_{22} 的實部便會與輻射電阻相關聯。除了是遠場區操作之外，在此我們假設此項立論成立。互-阻抗 Z_{12} 與 Z_{21} 會依天線的間隔與相對的指向而變，也會依其周圍介質的特性而變。在線性介質中，這些互阻抗有一個重要的性質就是它們會相等。這種性質是**互易定理** (reciprocity theorem) 的具體展現。簡單地述敘成，

$$\boxed{Z_{12} = Z_{21}} \tag{85}$$

將 (84a) 式與 (84b) 式反轉，並引入導納參數 Y_{ij} 便可求得更深入的見解：

$$I_1 = Y_{11}V_1 + Y_{12}V_2 \tag{86a}$$

$$I_2 = Y_{21}V_1 + Y_{22}V_2 \tag{86b}$$

此處，再次地，互易定理可得出 $Y_{12} = Y_{21}$。

現在，假設天線 2 的兩端被短路，使得 $V_2 = 0$。在此時，(86b) 式得出 $I_2' = Y_{21}V_1'$，其中單一撇號代表天線 2 被短路的條件。相反地，我們可將天線 1 短路，產生 $I_1'' = Y_{12}V_2''$ (其中，雙撇號代表天線 1 被短路掉的條件)。由於互易性成立，故知

$$\boxed{\frac{V_2''}{I_1''} = \frac{V_1'}{I_2'}} \tag{87}$$

無論兩天線的相對位置與指向為何，(87) 式均成立。我們知道在一指定方向，每一天線將會傳送一個值由天線輻射場型決定的功率密度。再者，我們將預期會看到在接收天線上會建立起電流，其值依天線的指向而定；亦即，接收天線面對輸入信號時會有一種**接收場型** (reception pattern)。現在，針對兩天線之間一種固定的相對指向而言，令天線 1 為傳送器，而天線 2 被短路，將會得到某一種比值 V_1'/I_2'。此比值將會依相對指向而變，意味著此比值也會進一步依天線 1 的輻射場型與天線 2 的接收場型而變。如果角色互換使得傳送器現在變成接收器，故可令天線 1 被短路，則由 (87) 式將會得到一個比值 V_2''/I_1''，其值與前述比值相同。我們必須達成的結論是：接收天線可接收功率的程度將會由其**輻射**場型來決定。舉例來看，這便表示：在接收天線的輻射場型中，主波束方向就等同於它對輸入信號最為靈敏的方向。任何天線的輻射與接收場型均相同。

接下來，我們要考慮一個更一般化的傳輸例子；在此例中，接收天線想要傳遞功率給一個負載。天線 1 (如圖 14.16 所示) 擔任傳送器，而天線 2 則為接收器，並在此天線

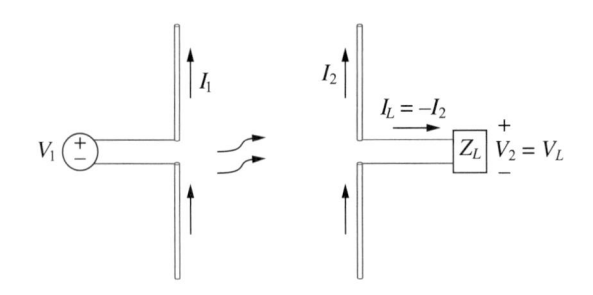

圖 14.17 傳送與接收天線，及其等效電路。

接上負載。一種基本假設為：這兩個天線相互距離足夠遠，使得僅有順向耦合 (透過 Z_{21}) 會存在。大的間隔距離意味著所感應的電流 I_2 可能會遠小於 I_1。反向耦合 (透過 Z_{12}) 可能會涉及到天線 2 所接收到的信號再反向傳輸至天線 1；明確地說，感應電流 I_2 會在天線 1 上進一步感應出一個 (現在，此值會非常微小) 額外的電流 I_1'。因此，該天線將會承載一個淨電流 I_1+I_1'，其中 $I_1' \ll I_1$。因此，我們假設乘積 $Z_{12}I_2$ 可忽略不計，在此條件，由 (84a) 式得出 $V_1=Z_{11}I_1$。如圖 14.17 的上半部所示，有一負載阻抗 Z_L，跨接在天線 2 的兩端點上，V_2 為跨在負載上的電壓。現在，電流 $I_L=-I_2$ 會流過負載。將此電流取為正，則 (84b) 式變成

$$V_2 = V_L = Z_{21}I_1 - Z_{22}I_L \tag{88}$$

此式正好是圖 14.17 下方圖示中右手邊等效電路的克希荷夫電壓定律的方程式。$Z_{21}I_1$ 項可解釋為此電路的電源電壓，它源自於天線 1。利用 (88) 式，連同 $V_L=Z_L I_L$ 可導致

$$I_L = \frac{Z_{21}I_1}{Z_{22} + Z_L} \tag{89}$$

現在，由 Z_L 所消耗的時間-平均功率為

$$P_L = \frac{1}{2}\mathcal{R}e\{V_L I_L^*\} = \frac{1}{2}|I_L|^2 \mathcal{R}e\{Z_L\} = \frac{1}{2}|I_1|^2 \left|\frac{Z_{21}}{Z_{22}+Z_L}\right|^2 \mathcal{R}e\{Z_L\} \tag{90}$$

當負載阻抗與驅動點阻抗呈共軛匹配，即 $Z_L=Z_{22}^*$ 時，便會最大功率傳送至負載。將此條件代入 (90) 式，並利用 $Z_{22}+Z_{22}^*=2R_{22}$，可得出

$$P_L = \frac{1}{2}|I_1|^2 \left|\frac{Z_{21}}{2R_{22}}\right|^2 \mathcal{R}e\{Z_{22}\} = \frac{|I_1|^2 |Z_{21}|^2}{8R_{22}} \tag{91}$$

由天線 1 所傳送的時間-平均功率為

$$P_r = \frac{1}{2}\mathcal{R}e\left\{V_1 I_1^*\right\} = \frac{1}{2}R_{11}|I_1|^2 \tag{92}$$

將上式結果與 (65) 式比較，如果 (1) 沒有電阻性損耗，及 (2) 驅動點處的電流振幅為最大振幅 I_0 時，則 R_{11} 便可解釋為傳送天線的輻射電阻。如同稍早我們所求得的，如果整體天線長度是半波長的整數倍時，條件 (2) 便會在偶極內發生。利用 (91) 式與 (92) 式，我們可將傳送與接收功率的比值寫成：

$$\frac{P_L}{P_r} = \frac{|Z_{21}|^2}{4R_{11}R_{22}} \tag{93}$$

在此，我們需要更深入瞭解互阻抗 Z_{21} (或 Z_{12})。除了其它參數之外，此參數將會依兩天線的距離與相對指向而變。圖 14.18 示有兩個偶極天線，其間隔的徑向距離為 r，並令其相對指向可用 θ 值來指定，即個自相對於**每一個**天線軸心線來量測指向角。[5] 令天線 1 擔任傳送器而天線 2 則擔任接收器，天線 1 的輻射場型可指定成 θ_1 與 ϕ_1 的函數，而天線 2 的接收場型 (等效於**其**輻射場型) 則是指定成 θ_2 與 ϕ_2 的函數。

有一種用來表示天線接收功率的便利方法是透過天線的**有效面積** (effective area)，記為 $A_e(\theta, \phi)$，以 m² 為單位來表示。參考圖 14.18，考慮在接收器 (即天線 2) 位置位來自於傳送器 (即天線 1) 的平均功率密度。依照 (25) 式與 (26) 式，此值將會是坡印亭向量在

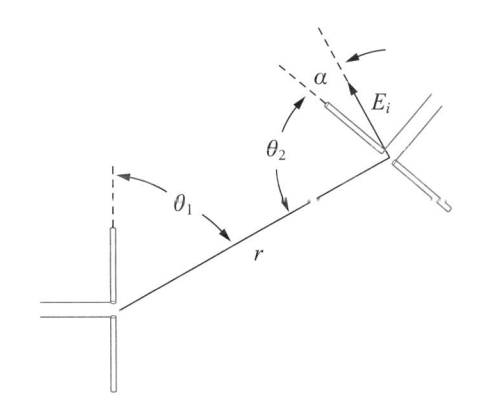

圖 14.18 一個傳送-接收天線對，圖示天線座落於相同平面 (此時，ϕ 座標並不是必要的)，此圖例亦示有兩天線的相對指向角度。如圖所示，來自天線 1 的入射電場 E_i 會抵達天線 2，且與天線 2 的軸心線呈現出角度 α，此場量垂直於距離徑向線 r，故知 $\alpha = 90° - \theta_2$。在此，假設此天線對為遠場區操作，所以兩天線相互看起來就像是點物體一樣。

---

[5] 有一種用來表示相對指向的方法是將 z 軸定義成沿著徑向距離射線 r。接著，便可用當地的角度 θ_i 與 ϕ_i ($i = 1、2$) 來描述天線軸線的指向，其中兩個球形座標系統的原點均座落在每一個天線的饋入點處。因此，ϕ 座標將會是繞著 r 軸旋轉的角度。例如，在圖 14.18 中，令兩個天線均是處於紙面的平面內，兩個 ϕ 座標均可指定為零。令天線 2 繞著 r 旋轉使得它與紙面呈正交，則 ϕ_2 將會變成 90°，而且這兩個天線將是成為交互極化。

該位置處的大小 $S_r(r, \theta_1, \phi_1)$ W/m^2，其中，現在便需有對 ϕ 的相依性用以描述所有可能的相對的指向。接收天線的有效面積的定義是以當功率密度乘以有效面積時，便可求得由位在接收天線處之已匹配負載所消耗的功率之方式來加以界定。令天線 2 為接收器，我們便可寫出

$$P_{L2} = S_{r1}(r, \theta_1, \phi_1) \times A_{e2}(\theta_2, \phi_2) \quad [\text{W}] \tag{94}$$

不過，現在利用 (34) 式與 (38) 式，我們可用天線 1 的方向性來表示而將功率密度列寫成：

$$\boxed{S_{r1}(r, \theta_1, \phi_1) = \frac{P_{r1}}{4\pi r^2} D_1(\theta_1, \phi_1)} \tag{95}$$

合併 (94) 式與 (95) 式，我們便可得出天線 2 所接收功率對天線 1 所輻射功率的比值：

$$\frac{P_{L2}}{P_{r1}} = \frac{A_{e2}(\theta_2, \phi_2) D_1(\theta_1, \phi_1)}{4\pi r^2} = \frac{|Z_{21}|^2}{4R_{11}R_{22}} \tag{96}$$

其中，第二個等號重複了 (93) 式。求解 (96) 式，得出

$$\boxed{|Z_{21}|^2 = \frac{R_{11}R_{22} A_{e2}(\theta_2, \phi_2) D_1(\theta_1, \phi_1)}{\pi r^2}} \tag{97a}$$

接著，我們注意到：如果天線角色互換，即變成由天線 2 傳送功率給天線 1，我們可求出：

$$\boxed{|Z_{12}|^2 = \frac{R_{11}R_{22} A_{e1}(\theta_1, \phi_1) D_2(\theta_2, \phi_2)}{\pi r^2}} \tag{97b}$$

由互易定理可知：$Z_{12} = Z_{21}$。因此，令 (97a) 式等於 (97b) 式便可求得

$$\boxed{\frac{D_1(\theta_1, \phi_1)}{A_{e1}(\theta_1, \phi_1)} = \frac{D_2(\theta_2, \phi_2)}{A_{e2}(\theta_2, \phi_2)} = 常數} \tag{98}$$

也就是說，對任何天線而言，其方向性對有效面積的比值為一個通用的常數，與天線的種類或者與這些參數估算時所用的方向均無關。為了計算此常數，我們僅需檢視一個例子即可。

例題 14.6

試求出赫茲偶極天線的有效面積，並決定任意天線的方向性與有效面積之間的通用關係式。

解：令赫茲偶極作為接收天線，且其長度為 d，負載電壓 V_L，將會依其接收來自天線 1 的電場而變。明確地說，我們要求出傳送天線場量沿者接收天線長度方向的投影量。當乘以天線 2 的長度時，這種投影場量便會得出送至接收天線等效電路的輸入電壓。參考圖 14.18，投影角為 α，故知驅動赫茲偶極天線的電壓將會是

$$V_{\text{in}} = E_i \cos\alpha \times d = E_i d \sin\theta_2$$

現在，除了要用電源電壓 $I_1 Z_{21}$ 來取代上式所給定的 V_{in} 之外，赫茲偶極的等效電路便會與圖 14.17 所示之接收天線的等效電路相同。假設具有一個共軛匹配的負載 (即 $Z_L = Z_{22}^*$)，則此時流過負載的電流為

$$I_L = \frac{E_i d \sin\theta_2}{Z_{22} + Z_L} = \frac{E_i d \sin\theta_2}{2R_{22}}$$

故知傳送至已匹配負載的功率為

$$P_{L2} = \frac{1}{2}\mathcal{R}e\left\{V_L I_L^*\right\} = \frac{1}{2}R_{22}|I_L|^2 = \frac{(E_i d)^2 \sin^2\theta_2}{8R_{22}} \tag{99}$$

對赫茲偶極而言，R_{22} 是輻射電阻。此值前面章節已求出 [即 (30) 式] 為

$$R_{22} = R_{\text{rad}} = 80\pi^2 \left(\frac{d}{\lambda}\right)^2$$

將此式代入 (99) 式，求得

$$P_{L2} = \frac{1}{640}\left(\frac{E_i \lambda \sin\theta_2}{\pi}\right)^2 \quad \text{[Watts]} \tag{100}$$

現在，入射至接收天線的平均功率密度便為

$$S_{r1}(r,\theta_1,\phi_1) = \frac{E_i(r,\theta_1,\phi_1)^2}{2\eta_0} = \frac{E_i^2}{240\pi} \quad \text{[Watts/m}^2\text{]} \tag{101}$$

利用 (100) 式與 (101) 式，赫茲偶極的有效面積為

$$A_{e2}(\theta_2) = \frac{P_{L2}}{S_{r1}} = \frac{3}{8\pi}\lambda^2 \sin^2(\theta_2) \quad \text{[m}^2\text{]} \tag{102}$$

在例題 14.1 中所推導的赫茲偶極之方向性為

$$D_2(\theta_2) = \frac{3}{2}\sin^2(\theta_2) \tag{103}$$

比較 (102) 式與 (103) 式，我們便可以求出所欲尋找的關係式：即任何天線之有效面積與方向性的關係如下式所示：

$$\boxed{D(\theta,\phi) = \frac{4\pi}{\lambda^2}A_e(\theta,\phi)} \tag{104}$$

現在，我們可以回到 (96) 式並利用 (104) 式重新寫出傳送至接收天線之功率對傳送天線所輻射的總功率之比值；如此可產生一個涉及兩個有效面積之簡單乘積的表示式，即眾所周知的**弗利斯傳輸公式** (Friis transmission formula)：

$$\boxed{\frac{P_{L2}}{P_{r1}} = \frac{A_{e2}(\theta_2,\phi_2)\,D_1(\theta_1,\phi_1)}{4\pi r^2} = \frac{A_{e1}(\theta_1,\phi_1)A_{e2}(\theta_2,\phi_2)}{\lambda^2 r^2}} \tag{105}$$

此結果亦可用兩天線的方向性來表示成：

$$\boxed{\frac{P_{L2}}{P_{r1}} = \frac{\lambda^2}{(4\pi r)^2}D_1(\theta_1,\phi_1)D_2(\theta_2,\phi_2)} \tag{106}$$

藉由指出一個用於自由空間通信鏈結的非常有用的設計工具，這些結果可作為本節討論何種內容的一個有效的總結。同樣地，(105) 式也是假設在遠場區內天線互為無損耗，故該式可指出與接收天線阻抗呈共軛匹配之負載所消耗的功率。

D14.10. 已知：某一天線具有 6 dB 的最大方向性且操作在波長 $\lambda = 1$ m。試問此天線的最大有效面積為何？

答案：$1/\pi\,\text{m}^2$

D14.11. 由具有 1-m² 有效面積之接收天線的匹配負載所消耗的功率為 1 mW。此天線安置在傳送天線 (裝置在 1.0 km 遠處) 的主波束中心線上。如果其方向性為 (a) 10 dB，(b) 7 dB 時，試問傳送器天線所輻射的總功率為何？

答案：4π kW；8π kW

參考書目

1. C. Balanis, *Antenna Theory: Analysis and Design, 3rd ed.*, Wiley, Hoboken, 2005. A widely used text at the advanced senior or graduate levels, offering much detail.
2. S. Silver, ed., *Microwave Antenna Theory and Design*, Peter Peregrinus, Ltd on behalf of IEE, London, 1984. This is a reprint of volume 9 of the famous MIT Radiation Laboratory series, originally published by McGraw-Hill in 1949. It contains much information from original sources, that later appeared in the modern textbooks.
3. E.C. Jordan and K.G. Balmain, *Electromagnetic Waves and Radiating Systems,* 2nd ed., Prentice-Hall, Inc., Englewood Cliffs, NJ, 1968. A classic text, covering waveguides and antennas.
4. L.V. Blake, *Antennas*, Wiley, New York, 1966. A short, well-written and very readable text at a basic level.
5. G.S. Smith, *Classical Electromagnetic Radiation*, Cambridge, 1997. This excellent graduate-level text provides a unique perspective and rigorous treatment of the radiation problem as related to all types of antennas.

第 14 章習題

14.1 在自由空間的原點處有一條短的偶極天線，載有 $\mathbf{a}_z$ 方向的電流 $I_0 \cos \omega t$。(a) 若 $k=1$ rad/m，$r=2$ m，$\theta=45°$，$\phi=0$，且 $t=0$，試以直角分量形式指出一個單位向量，此一方向即電場 $\mathbf{E}$ 的瞬時方向。(b) 在 $80° < \theta < 100°$ 範圍內所輻射的功率佔總平均功率的比例是多少？

14.2 使用 r 對 θ 的極座標曲線，當下列條件成立時，證明軌跡在 $\phi=0$ 的平面上：(a) 輻射場 $|E_{\theta s}|$ 是其在 $r=10^4$ m，$\theta=\pi/2$ 處的值的一半；(b) 平均輻射功率 $<\mathcal{S}_r>$ 是其在 $r=10^4$ m，$\theta=\pi/2$ 處值的一半。

14.3 在自由空間的原點有兩條載有相同電流 $5 \cos \omega t$ A 的短天線，一條沿 $\mathbf{a}_z$ 方向、另一條沿 $\mathbf{a}_y$ 方向。令 $\lambda=2\pi$ m 以及 $d=0.1$ m，試求 $\mathbf{E}_s$ 在下列遠處位置的值：(a) $(x=0, y=1000, z=0)$；(b) $(0, 0, 1000)$；(c) $(1000, 0, 0)$；(d) 當 $t=0$ 時，試求 $\mathbf{E}$ 在 $(1000, 0, 0)$ 的值；(e) 當 $t=0$ 時，試求 $|\mathbf{E}|$ 在 $(1000, 0, 0)$ 的值。

14.4 試寫出赫茲偶極在自由空間近場區，即 $kr \ll 1$ 時的電場，已知其各分量如 (15) 式與 (16) 式所示。在此情況下，這兩個公式中，每一式僅會剩下單獨一項，而且相位 δ_r 與 δ_θ 可簡化成單一值。試求所形成的電場向量，並將所得結果與靜態偶極場 [即第 4 章的 (36) 式] 作比較。試問在靜態偶極電荷 Q 與電流振幅 I_0 之間必須存在何種關係，才能使兩個結果完全相同？

14.5 試考慮，在 (14) 式中可指示赫茲偶磁場之 $1/r^2$ 相依性的那一項。假設此項為主控項且 $kr \ll 1$，試證明所形成的磁場會與應用畢奧-薩伐定律 [即第 7 章的 (2) 式] 至一個微分長度為 d，沿著 z 軸指定向，且中心位於原點的電流元件所得出的磁場相同。

14.6 針對赫茲偶極天線，假設為通用情況，其涉及的各場量如 (10)、(13a)、及 (13b) 式所示，試求出其時間-平均坡印亭向量 $<\mathbf{S}> = (\frac{1}{2})Re\{\mathbf{E}_s \times \mathbf{H}_s^*\}$。將所得結果與遠場結果 [即 (26)

14.7 一短電流單位長度 $d=0.03\lambda$，對於下列電流分佈情況，試計算其輻射電阻：(a) 均勻分佈 I_0；(b) 線性分佈，$I(z)=I_0(0.5d-|z|)/0.5d$；(c) 步階分佈，在 $0<|z|<0.25d$ 為 I_0；在 $0.25d<|z|<0.5d$ 為 $0.5I_0$。

14.8 針對遠場區的磁偶極天線，試求時間-平均坡印亭向量 $<\mathbf{S}>=(1/2)\mathcal{R}e\{\mathbf{E}_s\times\mathbf{H}_s^*\}$，其中，在 (48)、(49)，及 (50) 式內所有 $1/r^2$ 與 $1/r^4$ 階的項均可忽略不計。將所得結果與赫茲偶極的遠場功率密度 [即 (26) 式] 作一比較。在此種比較中，假設兩者都具有相等的電流振幅，試問迴圈半徑 a 與偶極長度 d 之間的關係為何時，才可使兩元件輻射相等的功率？

14.9 自由空間中一偶極天線載有線性分佈的電流，每一端點處電流為零，且峯值電流 I_0 出現在中心處。如果其長度 d 為 0.02λ，若欲滿足下列情況，I_0 值應該為何？(a) 提供一輻射場，使之在距離 1 mi，$\theta=90°$ 處的振幅為 100 mV/m；(b) 輻射總功率為 1 W。

14.10 試證明圖 14.3 [譯者註：原書誤植為圖 14.4]。E-平面圖的弦長等於 $b\sin\theta$，其中 b 為圓的直徑。

14.11 自由空間中一單極天線垂直延伸於完全導體平面上，並載有線性分佈的電流。如果天線長度為 0.01λ，則當滿足下列情況時，I_0 值應該為何？：(a) 提供一輻射場，使之在距離 1 mi，$\theta=90°$ 處振幅為 100 mV/m；(b) 輻射總功率為 1 W。假設導體平面上方為自由空間。

14.12 針對 (a) $\ell=\lambda$；(b) $2\ell=1.3\lambda$ 的情況，試求一偶極天線的 E-平面場型以 θ 表示的各個零點。請利用圖 14.8 作為參考。

14.13 某一短的、垂直電流單元的輻射場是 $E_{\theta s}=(20/r)\sin\theta\,e^{-j10\pi r}$ V/m，假設其位於自由空間中的原點。(a) 試求在 $P(r=100,\theta=90°,\phi=30°)$ 點的 $E_{\theta s}$ 值。(b) 如果垂直單元位於 $A(0.1,90°,90°)$，求出在點 $P(100,90°,30°)$ 的 $E_{\theta s}$ 值。(c) 如果完全相等的兩個垂直電流單元位於 $A(0.1,90°,90°)$ 和 $B(0.1,90°,270°)$，求出在 $P(100,90°,30°)$ 點的 $E_{\theta s}$ 值。

14.14 針對整體長度為 $2\ell=\lambda$ 的偶極天線，試求算最大方向性 (dB)，及半-功率頻寬。

14.15 針對整體長度為 $2\ell=1.3\lambda$ 的偶極天線，試求出各旁波瓣以 θ 表示的位置及峯值強度，其中，這些峯值強度以主波瓣強度比例來表示。已知 $S_s[\text{dB}]=10\log_{10}(S_{r,\text{主波瓣}}/S_{r,\text{旁波瓣}})$，試以分貝為單位，將所得結果表示成以 dB 為單位的旁波瓣準位。同樣地，可利用圖 14.8 作為參考。

14.16 針對整體長度為 $2\ell=1.5\lambda$ 的偶極天線，(a) 以 θ 表示，試求出在 E-平面場型內發生零點與極大值的位置；(b) 依照習題 14.15 [譯者註：原書誤植為 14.14] 的定義，試求旁波瓣準位；(c) 試求最大的方向性。

14.17 試考慮自由空間內的一個無損耗半-波長偶極，其輻射電阻為 $R_{\text{rad}}=73$ 歐姆，最大方向性為 $D_{\max}=1.64$。如果此天線承載 1-A 的電流振幅，(a) 會輻射多少的總功率 (W)？(b) 試問會有多少的功率被位在距離 $r=1$ km 遠處之 1-m^2 孔徑天線截收到？此孔徑天線位於赤道面上且略呈直角地面向偶極天線。假設在孔徑天線上具有均勻的功率密度。

14.18 重做習題 14.17，但改用一個全-波長天線 (即 $2\ell=\lambda$)。此題可能需用到數值積分法。

14.19 試設計一個雙-元件偶極陣列，以便在 H 平面內於 $\phi=0$、$\pi/2$、π，及 $3\pi/2$ 方向輻射相等的強度。試指定最小的相對電流相位 ξ，及最小的元件間隔 d。

14.20 某一雙-元件偶極陣列被組起來用以在橫向 ($\phi=\pm 90°$) 及端射 ($\phi=0$，$180°$) 方向上提供零輻射，但可在這些角度之間產生最大輻射。試考慮下列的組合：在 $\phi=0$ 處，令 $\psi=\pi$，

而在 $\phi=\pi$ 處，令 $\psi=-3\pi$，並令此二值均是在 H-平面內決定。(a) 證明這些值可得出零值的橫向與端射輻射。(b) 試求所需的相對電流相位 ξ。(c) 試求所需的元件間隔 d。(d) 試求在輻射場型中發生最大值時的 ϕ 值。

14.21 在例題 14.4 的雙-元件端射陣列中，試考慮偏離原始設計頻率 f_0 改成變動的操作頻 f 之效應，但仍然維持原先的電流相位 $\xi=-\pi/2$。當頻率改換成 (a) $f=1.5f_0$；(b) $f=2f_0$ 時，試求會發生最大輻射之 ϕ 值。

14.22 重做習題 14.21，但令電流相位會隨頻率而變 (如果是在饋入電流間採用簡單的時間延遲來建立相位差時，此種現象便會自動地發生)。現在，電流相位差變成 $\xi'=\xi f/f_0$，其中 f_0 為原始 (設計) 頻率。在此條件下，無論頻率為何，在 $\phi=0$ 方向上的輻射將會最大化。不過，當頻率愈偏離 f_0 時，將會發生反向輻射 (即沿著 $\phi=\pi$)。試導出此種前向-對-後向比值的表示式，即在 $\phi=0$ 與 $\phi=\pi$ 方向上輻射強度之比值，以分貝為單位來表示。試將此結果表示成頻率比 f/f_0 的函數。針對 (a) $f=1.5f_0$；(b) $f=2f_0$；及 (c) $0.75f_0$，試求算前向-對-後向比值。

14.23 有一個正交叉 (turnstile) (又稱 "繞桿式") 天線是由兩個交叉的偶極天線組成，在本例中，它被設置在 xy 平面內。這些偶極完全相同，沿著 x 與 y 軸配置，且兩者均是在原點處饋入信號。假設相等的電流供應給每一個天線且 x-指向的天線具有零相位參考值。試求出 y-指向天線的相對相位 ξ 以使在正 z 軸所量測到的淨輻射電場為 (a) 左旋圓形極化；(b) 沿著 x 與 y 之間 45° 軸的線性極化。

14.24 考慮一個線性端射天線。如同例題 14.5 所建議的，可採用 ξ 與 d 值將此天線設計成在 $\phi=0$ 時具有最大的輻射度，如果 n 為一個奇數，試求出可表示成元件數 n 之函數的前向-對-後向比值 (如習題 14.22 所定義的) 表示式。

14.25 某一六-元件線性偶極陣列具有元件間隔 $d=\lambda/2$。(a) 試選取合適的電流相位 ξ，以達成沿著 $\phi=\pm 60°$ 方向為最大輻射。(b) 利用 (a) 題的相位組合，試求在橫向與端射方向的強度 (相對於最大值)。

14.26 在一個具有 n 個元件的線性端射陣列中，可利用韓森-伍德亞條件來選取電流相位以便改善方向性：

$$\xi = \pm\left(\frac{2\pi d}{\lambda} + \frac{\pi}{n}\right)$$

其中，選用正號與負號可分別得出沿著 $\phi=180°$ 與 $0°$ 方向會具有最大的輻射。應用此種相位配置並不必然會導致單向的端射操作 (即零反向輻射)，但若正確的選用元件間隔 d 則可達成單向端射操作。(a) 試求這個必要的間隔並將之表示 n 與 λ 的函數。(b) 證明 (a) 題所求得的間隔在元件數目很大時會趨近於 $\lambda/4$。(c) 證明所需的元件數目必為偶數。

14.27 考慮一個 n-元件橫向線性陣列。增加元件數目會有使主波束變窄的作用，藉由計算位在 $\psi=90°$ 主要最大值兩側之各零點間 ϕ 的間隔，證明此項敘述。證明當 n 很大時，此種間隔可近似為 $\Delta\phi \doteq 2\lambda/L$，其中 $L=nd$ 為陣列的整體長度。

14.28 某一大型立地式傳送器可輻射 10 kW 並可與一行通接收基地台通信，此基地台在其天線的已匹配負載上會消耗 1 mW 功率。現在，此接收器 (並無移動) 會反向傳送至地面基地台。如果行動單元輻射 100 W，試問由地面基地台所接收 (在一已匹配負載) 的功率為何？

14.29 已知信號是以 1-m 載波波長在間隔為 1 km 的兩個完全相同的半-波長偶極天線之間傳送，這些天線是以能使它們正好能相互平行的方式指向。(a) 如果傳送天線輻射 100 watts，試問在接收天線處由一已匹配的負載可消耗多少功率？(b) 假設接收天線被旋轉 45°，而兩條天線仍維持在相同平面，試問所接收的功率為何？

14.30 已知半-波長偶極天線具有最大的有效面積，指定為 A_{max}。(a) 試以 A_{max} 與波長 λ 表示列寫出此天線的最大方向性。(b) 以 P_r、A_{max}，及 λ 表示，寫出輻射總功率 P_r 時所需的電流振幅 I_0 表示式。(c) 試問在何種 θ 與 ϕ 值時，天線的有效面積會等於 A_{max}？

附錄 A

向量分析

A.1　一般曲線座標

讓我們考慮一個一般的正交座標系統，其中一點位於三個互相垂直的表面 (未規定形狀)，

$$u = 定值$$
$$v = 定值$$
$$w = 定值$$

的交界處，其中 u、v，及 w 是座標系統的變數。如果每個變數被略為增加一些，同時再畫三個相當於這些新值的互相垂直的表面，就形成一個體積微小的矩形平行六面體。由於 u、v，和 w 不必一定是長度的衡量，譬如像柱形和球形座標內的角變數就是一例，每個必須被乘以一個 u、v，和 w 的一般函數才能得出這平行六面體的每邊。因此我們將 h_1、h_2 和 h_3 個別規定為這三個變數 u、v 和 w 的一個函數，而將微小體積的各邊的長度寫成

$$dL_1 = h_1\, du$$
$$dL_2 = h_2\, dv$$
$$dL_3 = h_3\, dw$$

在第 1 章所討論的三個座標系統中，各變數和乘上去的函數顯然是

$$
\begin{array}{llll}
\text{直角:} & u=x & v=y & w=z \\
 & h_1=1 & h_2=1 & h_3=1 \\
\text{柱形:} & u=\rho & v=\phi & w=z \\
 & h_1=1 & h_2=\rho & h_3=1 \\
\text{球形:} & u=r & v=\theta & w=\phi \\
 & h_1=1 & h_2=r & h_3=r\sin\theta
\end{array}
\qquad (\text{A.1})
$$

上面這些 u、v，和 w 的選擇使得在所有情形下 $\mathbf{a}_u \times \mathbf{a}_v = \mathbf{a}_w$ 都能成立。在其它較不熟悉的座標系統中我們可以預期 h_1、h_2，和 h_3 的式子都將比較複雜。[1]

A.2　在一般座標系統中的散度、梯度及旋度

如果 3.4 和 3.5 節中對於散度的導法被應用到一般座標系統上的話，通過單位法線為 $\mathbf{a}_u$ 的那個平行六面體的表面的向量 $\mathbf{D}$ 的通量就是

$$D_{u0}dL_2dL_3 + \frac{1}{2}\frac{\partial}{\partial u}(D_u dL_2 dL_3)du$$

或者

$$D_{u0}h_2h_3 dv\,dw + \frac{1}{2}\frac{\partial}{\partial u}(D_u h_2 h_3 dv\,dw)du$$

而相對那面則是

$$-D_{u0}h_2h_3 dv\,dw + \frac{1}{2}\frac{\partial}{\partial u}(D_u h_2 h_3 dv\,dw)du$$

因而為這兩個面產生總項

$$\frac{\partial}{\partial u}(D_u h_2 h_3 dv\,dw)du$$

由於 u、v，和 w 是獨立變數，最後這表示式可以寫成

$$\frac{\partial}{\partial u}(h_2 h_3 D_u)du\,dv\,dw$$

另外兩個相當的式子可以簡單地替換下標並從 u、v，和 w 得來。因此，離開這微小體積

---

[1] 有關九個正交座標系統的變數和純量因子見於 J. A. Stratton 的"電磁學理論" 50～59 頁，McGraw-Hill 出版公司，紐約，1941。每一種系統均有大致的描述。

的總通量是

$$\left[\frac{\partial}{\partial u}(h_2 h_3 D_u) + \frac{\partial}{\partial v}(h_3 h_1 D_v) + \frac{\partial}{\partial w}(h_1 h_2 D_w)\right] du\, dv\, dw$$

將它除以微分體積就可以求出 **D** 的散度

$$\nabla \cdot \mathbf{D} = \frac{1}{h_1 h_2 h_3}\left[\frac{\partial}{\partial u}(h_2 h_3 D_u) + \frac{\partial}{\partial v}(h_3 h_1 D_v) + \frac{\partial}{\partial w}(h_1 h_2 D_w)\right] \tag{A.2}$$

一個純量 V 的梯度的各分量可以 (遵照 4.6 節的方法) 用 V 的全微分來表示而求得，

$$dV = \frac{\partial V}{\partial u}du + \frac{\partial V}{\partial v}dv + \frac{\partial V}{\partial w}dw$$

以分量的微分長度 $h_1 du$、$h_2 dv$，及 $h_3 dw$ 來表示，

$$dV = \frac{1}{h_1}\frac{\partial V}{\partial u}h_1 du + \frac{1}{h_2}\frac{\partial V}{\partial v}h_2 dv + \frac{1}{h_3}\frac{\partial V}{\partial w}h_3 dw$$

因為

$$d\mathbf{L} = h_1 du\, \mathbf{a}_u + h_2 dv\, \mathbf{a}_v + h_3 dw\, \mathbf{a}_w \quad 及 \quad dV = \nabla V \cdot d\mathbf{L}$$

就得到

$$\nabla V = \frac{1}{h_1}\frac{\partial V}{\partial u}\mathbf{a}_u + \frac{1}{h_2}\frac{\partial V}{\partial v}\mathbf{a}_v + \frac{1}{h_3}\frac{\partial V}{\partial w}\mathbf{a}_w \tag{A.3}$$

可求出一個向量 **H** 旋度的分量如下：先在 $u=$ 定值的表面上考慮一段微小的路程，再求出 **H** 圍著這路線的環流，如在 7.3 節中就直角座標所討論的一樣。在 $\mathbf{a}_v$ 方向沿著這段的貢獻是

$$H_{v0} h_2 dv - \frac{1}{2}\frac{\partial}{\partial w}(H_v h_2 dv) dw$$

從相反方向的那段來的是

$$-H_{v0} h_2 dv - \frac{1}{2}\frac{\partial}{\partial w}(H_v h_2 dv) dw$$

這兩部份之和是

$$-\frac{\partial}{\partial w}(H_v h_2 dv) dw$$

或者

$$-\frac{\partial}{\partial w}(h_2 H_v) dv\, dw$$

由路線的另外兩部份來的貢獻之總和則為

$$\frac{\partial}{\partial v}(h_3 H_w) dv\, dw$$

加上這兩項並將和除以所包圍面積，$h_2 h_3 dv\, dw$，所以旋度 **H** 的 $\mathbf{a}_u$ 分量是

$$(\nabla \times \mathbf{H})_u = \frac{1}{h_2 h_3}\left[\frac{\partial}{\partial v}(h_3 H_w) - \frac{\partial}{\partial w}(h_2 H_v)\right]$$

利用循環式的替換就可以得出另外兩個分量來。結果可以寫成一個行列式，

$$\nabla \times \mathbf{H} = \begin{vmatrix} \dfrac{\mathbf{a}_u}{h_2 h_3} & \dfrac{\mathbf{a}_v}{h_3 h_1} & \dfrac{\mathbf{a}_w}{h_1 h_2} \\ \dfrac{\partial}{\partial u} & \dfrac{\partial}{\partial v} & \dfrac{\partial}{\partial w} \\ h_1 H_u & h_2 H_v & h_3 H_w \end{vmatrix} \tag{A.4}$$

利用 (A.2)、(A.3) 兩式就可以求出一個純量的拉普拉欣，

$$\nabla^2 V = \nabla \cdot \nabla V = \frac{1}{h_1 h_2 h_3}\left[\frac{\partial}{\partial u}\left(\frac{h_2 h_3}{h_1}\frac{\partial v}{\partial u}\right) + \frac{\partial}{\partial v}\left(\frac{h_3 h_1}{h_2}\frac{\partial V}{\partial v}\right) \right.$$
$$\left. + \frac{\partial}{\partial w}\left(\frac{h_1 h_2}{h_3}\frac{\partial V}{\partial w}\right)\right] \tag{A.5}$$

(A.2) 式到 (A.5) 式可以用來在 h_1、h_2，和 h_3 均是已知的任何直角座標系統內求出散度、梯度、旋度，及拉普拉欣來。

本書列有直角、圓柱及球座標系統的 $\nabla \cdot \mathbf{D}$、∇V、$\nabla \times \mathbf{H}$ 及 $\nabla^2 V$ 的表示式。

A.3 向量恆等式

下面所列的各個向量恆等式可以藉著在直角 (或一般曲線) 座標中展開而予以證實。

最先的兩個恆等式涉及純量和向量的二重積，其次三式是關於加法運算的，再下面的三個式子應用於變數被乘了一個純量函數的運算上，隨後三式應用於純量或向量積的運算上，最後四個是關於二次運算的。

$$(\mathbf{A} \times \mathbf{B}) \cdot \mathbf{C} \equiv (\mathbf{B} \times \mathbf{C}) \cdot \mathbf{A} \equiv (\mathbf{C} \times \mathbf{A}) \cdot \mathbf{B} \tag{A.6}$$

$$\mathbf{A} \times (\mathbf{B} \times \mathbf{C}) \equiv (\mathbf{A} \cdot \mathbf{C})\mathbf{B} - (\mathbf{A} \cdot \mathbf{B})\mathbf{C} \tag{A.7}$$

$$\nabla \cdot (\mathbf{A} + \mathbf{B}) \equiv \nabla \cdot \mathbf{A} + \nabla \cdot \mathbf{B} \tag{A.8}$$

$$\nabla(V + W) \equiv \nabla V + \nabla W \tag{A.9}$$

$$\nabla \times (\mathbf{A} + \mathbf{B}) \equiv \nabla \times \mathbf{A} + \nabla \times \mathbf{B} \tag{A.10}$$

$$\nabla \cdot (V\mathbf{A}) \equiv \mathbf{A} \cdot \nabla V + V \nabla \cdot \mathbf{A} \tag{A.11}$$

$$\nabla(VW) \equiv V\nabla W + W\nabla V \tag{A.12}$$

$$\nabla \times (V\mathbf{A}) \equiv \nabla V \times \mathbf{A} + V \nabla \times \mathbf{A} \tag{A.13}$$

$$\nabla \cdot (\mathbf{A} \times \mathbf{B}) \equiv \mathbf{B} \cdot \nabla \times \mathbf{A} - \mathbf{A} \cdot \nabla \times \mathbf{B} \tag{A.14}$$

$$\nabla(\mathbf{A} \cdot \mathbf{B}) \equiv (\mathbf{A} \cdot \nabla)\mathbf{B} + (\mathbf{B} \cdot \nabla)\mathbf{A} + \mathbf{A} \times (\nabla \times \mathbf{B}) \\ + \mathbf{B} \times (\nabla \times \mathbf{A}) \tag{A.15}$$

$$\nabla \times (\mathbf{A} \times \mathbf{B}) \equiv \mathbf{A}\nabla \cdot \mathbf{B} - \mathbf{B}\nabla \cdot \mathbf{A} + (\mathbf{B} \cdot \nabla)\mathbf{A} - (\mathbf{A} \cdot \nabla)\mathbf{B} \tag{A.16}$$

$$\nabla \cdot \nabla V \equiv \nabla^2 V \tag{A.17}$$

$$\nabla \cdot \nabla \times \mathbf{A} \equiv 0 \tag{A.18}$$

$$\nabla \times \nabla V \equiv 0 \tag{A.19}$$

$$\nabla \times \nabla \times \mathbf{A} \equiv \nabla(\nabla \cdot \mathbf{A}) - \nabla^2 \mathbf{A} \tag{A.20}$$

附錄 B

單 位

　　我們將首先介紹國際系統 (Système International d'Unités，簡寫成 SI)，這是本書所採用的單位系統，也是目前電機工程界和許多物理科學領域所採行的標準。此一系統已被許多國家作為其國家單位系統，其中包括美國在內。[1]

　　長度的基本單位是公尺，它最早在十九世紀後葉被定義為某一白金棒兩個標記間的距離。其後在 1960 年修正此一定義為稀有氣體氪 86 同位素在某種特定條件下所輻射的波長的若干倍。所謂的氪-公尺，可以精確至十億分之四，這精度對於建造摩天樓或者高速公路是足夠了，但是對於量測從地球到月球的距離卻會造成很大的誤差。因此，在 1983 年藉光速重新定義公尺。當時光速每秒 299,792,458 公尺被指定為一個輔助定值，而最新的定義是光在自由空間中一秒所進行距離的 1/299,792,458。倘若 c 的測值有更高的精度，其值仍維持 299,792,458 m/s 不變，但公尺的長度就改變了。

　　很明顯地，我們對公尺的定義是藉由基本的時間單位"秒"來衡量的，秒的定義是基態 $^2s_{1/2}$ 銫 133 原子在超細線 $F=4$、$m_F=0$，及 $F=3$，$m_F=0$ 間遷徙頻率 9,192,631,770 個週期。根據這個定義，秒的度量精確度可達 10^{13} 分之一。

　　1 仟克 (kg) 的標準質量，是質量的國際標準單位，定義為一塊藏於法國賽佛國際度量局中的鉑銥合金圓柱體的質量。

---

[1] 國際系統單位於 1960 年在巴黎第七屆度量衡會議首先被採用。然後於 1964 年由美國國家標準局正式宣稱採用為科學標準。公制為獲得美國國會特許通過 (1966 年及 1975 年) 的唯一制度。美國目前正在研究將其它系統制改為公制系統的可行方案。但是也許還要經過若干年，才能將里程表改為仟公尺表，體重改以仟克計量，美國小姐身材改為 90-60-90。

溫度的單位是凱氏 (Kelvin，或簡寫為 K)，定義是在水的三相點定於 273.16 K。

第五個單位是燭光，定義是面積為 1/600,000 公尺² 的鉑金屬在凝結溫度 (2042 K) 及 101,325 牛頓/公尺2 壓力下向各方向輻射的照明強度。

最後一個基本單位是安培。在明確定義安培之前，我們必須先定義牛頓。根據牛頓第三定律，牛頓是使 1 仟克的質量產生每秒每秒一公尺 (1 m/s^2) 加速度所需的力。現在定義安培，兩根平行而無限長的細導線，相距 1 m，各載有定值但方向相反的電流，其在自由空間中的斥力為 2×10^{-7} 牛頓。而兩平行導體間的作用力為

$$F = \mu_0 \frac{I^2}{2\pi d}$$

則

$$2 \times 10^{-7} = \mu_0 \frac{1}{2\pi}$$

或

$$\mu_0 = 4\pi \times 10^{-7} \qquad (\text{kg} \cdot \text{m/A}^2 \cdot \text{s}^2\text{，或 H/m})$$

所以由已知的安培定義，可以得到自由空間的導磁係數的準確數值。

現在再回到國際單位系統，本書中其它電學及磁學的單位，在課文中遇到各數量時再逐一予以定義。所有這些量都以已知的基本單位表示之。例如在第 11 章討論電磁波傳輸的平面波在自由空間中的速度為

$$c = \frac{1}{\sqrt{\mu_0 \epsilon_0}}$$

故

$$\epsilon_0 = \frac{1}{\mu_0 c^2} = \frac{1}{4\pi 10^{-7} c^2} = 8.854\,187\,817 \times 10^{-12} \text{ F/m}$$

由此可見，ϵ_0 之數值視自由空間中量得的光速 299,792,458 m/s 而定。

為了參考方便起見，這些單位列於表 B.1 中。數量的次數與課文中所述的次數相符。

最後，其它單位系統制，也曾在電學上和磁學上被用過。在靜電單位制系統 (esu) 中，自由空間中的庫侖定律寫為

表 B.1　各種電量及磁量的名稱及其國際系統之單位

符　號	名　　稱	單　位	簡　寫
v	速度	公尺/秒	m/s
F	力量	牛頓	N
Q	電荷	庫侖	C
r, R	距離	公尺	m
ϵ_0, ϵ	介電係數	法拉/公尺	F/m
E	電場強度	伏特/公尺	V/m
ρ_v	體積電荷密度	庫侖/公尺^3	C/m^3
v	體積	公尺^3	m^3
ρ_L	線電荷密度	庫侖/公尺	C/m
ρ_S	面電荷密度	庫侖/公尺^2	C/m^2
Ψ	電通量	庫侖	C
D	電通量密度	庫侖/公尺^2	C/m^2
S	面積	公尺^2	m^2
W	功；能	焦耳	J
L	長度	公尺	m
V	電位	伏特	V
p	電偶極矩	庫侖-公尺	C·m
I	電流	安培	A
J	電流密度	安培/公尺^2	A/m^2
μ_e, μ_h	移動率	公尺^2/伏-秒	m^2/V·s
e	電子電荷	庫侖	C
σ	傳導係數	西門子/公尺	S/m
R	電阻	歐姆	Ω
P	極化	庫侖/公尺^2	C/m^2
$\chi_{e,m}$	磁化係數		
C	電容	法拉	F
R_s	頁電阻	歐姆/公尺^2	Ω
H	磁場強度	安培/公尺	A/m
K	表面電流密度	安培/公尺	A/m
B	磁通量密度	tesla (或韋伯/公尺^2)	T (或 Wb/m^2)
μ_0, μ	導磁係數	亨利/公尺	H/m
Φ	磁通量	韋伯	Wb
V_m	純量磁位	安培	A
A	向量磁位	韋伯/公尺	Wb/m
T	力矩	牛頓-公尺	N·m
m	磁矩	安培-公尺^2	A·m^2
M	磁化	安培/公尺	A/m
$\mathcal{R}$	磁阻	安培-匝/韋伯	A·t/Wb
L	電感	亨利	H
M	互感	亨利	H
ω	弧頻	弧度/秒	rad/s
c	光速度	公尺/秒	m/s
λ	波長	公尺	m
η	本質阻抗	歐姆	Ω
k	波數	公尺$^{-1}$	m^{-1}
α	衰減常數	奈/公尺	Np/m
β	相角常數	弳度/公尺	rad/m
f	頻率	赫茲	Hz
S	坡印亭向量	瓦特/公尺^2	W/m^2
P	功率	瓦特	W
δ	集膚深度	公尺	m
Γ	反射係數		
s	駐波比		
γ	傳播常數	公尺$^{-1}$	m^{-1}
G	電導	西門子	S
Z	阻抗	歐姆	Ω
Y	導納	西門子	S
Q	質的因素		

$$F = \frac{Q_1 Q_2}{R^2} \quad \text{(esu)}$$

自由空間中的介電係數為 1。克與公分為質量與距離的基本單位。故 esu 系統即是 cgs 系統。其字首的 *stat*- 即表示為靜電單位制系統 (electrostatic system of units)。

同樣情況，電磁單位系統 (emu)，係以磁極之庫侖定律為基礎，而以自由空間的導磁係數為 1。其字首的 *ab*-，即表示 emu 單位。當電量以 esu 表示，磁量以 emu 表示，且兩者出現於同一個方程式時 (如馬克士威爾的旋度方程式)，則光的速度顯然可知。由此可知，在 esu 單位制中，$\epsilon_0 = 1$，但 $\mu_0 \epsilon_0 = 1/c^2$，故 $\mu_0 = 1/c^2$。在 emu 單位中，$\mu_0 = 1$，因而 $\epsilon_0 = 1/c^2$。在混合系統中，稱為高斯系統單位制，

$$\nabla \times \mathbf{H} = 4\pi \mathbf{J} + \frac{1}{c} \frac{\partial \mathbf{D}}{\partial t} \quad \text{(高斯)}$$

在另外的系統中，庫侖定律內含有 4π 因數，但在馬克士威爾方程式中就不再出現，這時候這系統就稱為有理化了。因而高斯系統是一個非有理化的 cgs 系統 (有理化之後被稱為海維哂特-羅侖絲系統)。本書使用的系統為有理化的 mks 系統。

表 B.2 包括各重要單位的國際系統 (或稱為有理化的 mks 系統)、高斯系統，及其它相關單位的轉換。

表 B.2 國際單位轉換為高斯單位及其它 (以 $c = 2.997\,924\,58 \times 10^8$)

量	1 mks 單位	= 高斯單位	= 其它單位
d	1 m	10^2 cm	39.37 in.
F	1 N	10^5 dyne	0.2248 lb$_f$
W	1 J	10^7 erg	0.7376 ft-lb$_f$
Q	1 C	$10c$ statC	0.1 abC
ρ_v	1 C/m^3	$10^{-5}c$ statC/cm^3	10^{-7} abC/cm^3
D	1 C/m^2	$4\pi 10^{-3}c$ (esu)	$4\pi 10^{-5}$ (emu)
E	1 V/m	$10^4/c$ statV/cm	10^6 abV/cm
V	1 V	$10^6/c$ statV	10^8 abV
I	1 A	0.1 abA	$10c$ statA
H	1 A/m	$4\pi 10^{-3}$ oersted	$0.4\pi c$ (esu)
V_m	1 A·t	0.4π gilbert	$40\pi c$ (esu)
B	1 T	10^4 gauss	$100/c$ (esu)
Ψ	1 Wb	10^8 maxwell	$10^6/c$ (esu)
A	1 Wb/m	10^6 maxwell/cm	
R	1 Ω	10^9 abΩ	$10^5/c^2$ statΩ
L	1 H	10^9 abH	$10^5/c^2$ statH
C	1 F	$10^{-5}c^2$ statF	10^{-9} abF
σ	1 S/m	10^{-11} abS/cm	$10^{-7}c^2$ statS/cm
μ	1 H/m	$10^7/4\pi$ (emu)	$10^3/4\pi c^2$ (esu)
ϵ	1 F/m	$4\pi 10^{-7}c^2$ (esu)	$4\pi 10^{-11}$ (emu)

表 B.3 為國際單位 SI 各數字的首體字及其簡寫，並說明其代表 10 的因次。這種符號被廣泛地採用。各首體字及其簡寫的寫法並無需連接符號，如 10^{-6} F＝1 微法拉＝1 μF ＝1000 奈法拉 (nanofarads)＝1000 nF，依此類推。

表 B.3 SI 系統制中所用的首體字

首體字	簡　寫	意　義	首體字	簡　寫	意　義
atto-	a-	10^{-18}	deka-	da-	10^{1}
femto-	f-	10^{-15}	hecto-	h-	10^{2}
pico-	p-	10^{-12}	kilo-	k-	10^{3}
nano-	n-	10^{-9}	mega-	M-	10^{6}
micro-	μ-	10^{-6}	giga-	G-	10^{9}
milli-	m-	10^{-3}	tera-	T-	10^{12}
centi-	c-	10^{-2}	peta-	P-	10^{15}
deci-	d-	10^{-1}	exa-	E-	10^{18}

附錄 C

材料常數

　　表 C.1 列出常用的絕緣材料及介電材料的相對介電係數 ϵ_r' 或介電常數，同時也列出其損耗正切。這些數據只能作為各種材料的代表性，同時它適用於正常溫度及濕度情況，以及極低的音頻率。這表中許多資料取自 *Reference Data for Radio Engineers*[1]、*The Standard Handbook for Electrical Engineers*[2]，及 von Hippel，[3] 這些書籍又是經其它參考資料得來。

　　表 C.2 列出一些金屬導體、絕緣材料，及其它物質的傳導係數。這些數據仍然是從上述表 C.1 的資料處得來，它適用於零頻率及室溫狀況。表列次序是由高傳導係數至低傳導係數。

　　表 C.3 列出各種反磁物質、順磁物質、鐵酸鹽磁物質，及鐵磁物質的相對導磁係數的代表值。它們是由前述的參考資料得來。表中鐵磁體的數據是在低磁通密度時之數值，其最大導磁係數可更高些。

　　表 C.4 所列的數據為：電子的電荷和靜質量、自由空間的介電係數和導磁係數，及光速。[4]

---

[1] International Telephone and Telegraph Co., Inc., *Reference Data for Radio Engineers*, 7th ed., Howard W. Sams & Co., Indianapolis, IN, 1985.

[2] 見第 5 章的參考書目。

[3] von Hippel, A. R. *Dielectric Materials and Applications*. Cambridge, Mass. and New York: The Technology Press of the Massachusetts Institute of Technology and John Wiley & Sons, 1954.

[4] Cohen, E. R., and B. N. Taylor, *The 1986 Adjustment of the Fundamental Physical Constants*. Elmsford, N.Y.: Pergamon Press, 1986.

表 C.1　ϵ_r' 及 ϵ''/ϵ'

材　料	ϵ_r'	ϵ''/ϵ'
空氣	1.0005	
酒精，乙醇	25	0.1
氧化鋁	8.8	0.000 6
琥珀	2.7	0.002
石棉纖維	4.74	0.022
鋇鈦	1200	0.013
二氧化碳	1.001	
亞鐵鹽 (NiZn)	12.4	0.000 25
鍺	16	
玻璃	4−7	0.002
冰	4.2	0.05
雲母	5.4	0.000 6
合成橡膠	6.6	0.011
尼龍	3.5	0.02
紙	3	0.008
樹脂玻璃	3.45	0.03
聚乙烯	2.26	0.000 2
聚丙烯	2.25	0.000 3
聚苯乙烯	2.56	0.000 05
瓷器 (乾焙法)	6	0.014
派冷落 (Pyranol)	4.4	0.000 5
派束玻璃	4	0.000 6
石英 (熔化)	3.8	0.000 75
橡皮	2.5−3	0.002
矽或 SiO_2 (熔化)	3.8	0.000 75
矽酮	11.8	
雪	3.3	0.5
氯化鈉	5.9	0.000 1
土壤 (乾)	2.8	0.05
滑石	5.8	0.003
聚丙乙烯	1.03	0.000 1
鐵氟龍	2.1	0.000 3
二氧化鈦	100	0.001 5
水 (蒸餾水)	80	0.04
水 (海水)		4
水 (脫水)	1	0
木 (乾)	1.5−4	0.01

表 C.2 σ

材 料	σ, S/m	材 料	σ, S/m
銀	6.17×10^7	鎳鉻合金	0.1×10^7
銅	5.80×10^7	石墨	7×10^4
金	4.10×10^7	矽	2300
鋁	3.82×10^7	鐵酸鹽磁體(典型)	100
鎢	1.82×10^7	水(海水)	5
鋅	1.67×10^7	石灰	10^{-2}
黃銅	1.5×10^7	黏土	5×10^{-3}
鎳	1.45×10^7	水(純)	10^{-3}
鐵	1.03×10^7	水(蒸餾水)	10^{-4}
磷青銅	1×10^7	土壤(砂土)	10^{-5}
銲錫	0.7×10^7	花崗岩	10^{-6}
碳鋼	0.6×10^7	大理石	10^{-8}
德國銀	0.3×10^7	電木	10^{-9}
錳銅	0.227×10^7	瓷(乾焙法)	10^{-10}
康銅	0.226×10^7	鑽石	2×10^{-13}
鍺	0.22×10^7	聚丙乙烯	10^{-16}
不銹鋼	0.11×10^7	石英	10^{-17}

表 C.3 μ_r

材 料	μ_r	材 料	μ_r
鉍	0.999 998 6	鐵粉	100
石蠟	0.999 999 42	工作鋼	300
木材	0.999 999 5	鐵酸鹽磁體(典型)	1000
銀	0.999 999 81	坡莫合金 45 (Permalloy 45)	2500
鋁	1.000 000 65	變壓器鐵	3000
鈹	1.000 000 79	矽鐵	3500
氯化鎳	1.000 04	鐵(純)	4000
硫化錳	1.000 1	非晶體磁性材料 (Mumetal)	20 000
鎳	50	鋁矽鐵粉 (Sendust)	30 000
生鐵	60	超磁合金 (Supermalloy)	100 000
鈷	60		

表 C.4 物理常數

數 量	值
電子電荷	$e=(1.602\ 177\ 33\pm0.000\ 000\ 46)\times10^{-19}$ C
電子質量	$m=(9\ 109\ 389\ 7\pm0.000\ 005\ 4)\times10^{-31}$ kg
自由空間的介電係數	$\epsilon_0=8.854\ 187\ 817\times10^{-12}$ F/m
自由空間的導磁係數	$\mu_0=4\pi\times10^{-7}$ H/m
光速	$c=2.997\ 924\ 58\times10^8$ m/s

附錄 D

唯一性定理

假設我們有拉普拉氏方程式的兩個解，V_1 與 V_2，兩者均為所採用的座標之通用函數。因此

$$\nabla^2 V_1 = 0$$

與

$$\nabla^2 V_2 = 0$$

故可知

$$\nabla^2 (V_1 - V_2) = 0$$

每一種解答也必須能滿足邊界條件，故如果我們將邊界上已知的電位值用 V_b 來代表時，則 V_1 在邊界上的 V_{1b} 與 V_2 在邊界上的 V_{2b} 便必須與 V_b 完全相等，即

$$V_{1b} = V_{2b} = V_b$$

或者

$$V_{1b} - V_{2b} = 0$$

在 4.8 節的 (43) 式中，我們使用過下列的向量恆等式

$$\nabla \cdot (V\mathbf{D}) \equiv V(\nabla \cdot \mathbf{D}) + \mathbf{D} \cdot (\nabla V)$$

此恆等式對於任何純量 V 與任何向量 $\mathbf{D}$ 均會成立。針對目前的應用，我們將會選取 $V_1 - V_2$ 作為純量而 $\nabla(V_1 - V_2)$ 則作為向量，得出

$$\nabla \cdot [(V_1 - V_2)\nabla(V_1 - V_2)] \equiv (V_1 - V_2)[\nabla \cdot \nabla(V_1 - V_2)]$$
$$+ \nabla(V_1 - V_2) \cdot \nabla(V_1 - V_2)$$

我們將上式進行對由這些邊界面所包圍的全部體積進行積分，即：

$$\int_{體積} \nabla \cdot [(V_1 - V_2)\nabla(V_1 - V_2)] \, dv$$
$$\equiv \int_{體積} (V_1 - V_2)[\nabla \cdot \nabla(V_1 - V_2)] \, dv + \int_{體積} [\nabla(V_1 - V_2)]^2 \, dv \tag{D.1}$$

散度定理允許我們將上式左邊的體積分代換成包圍該體積之表面的封閉面積分。此表面是指定 $V_{1b} = V_{2b}$ 的各邊界組合而成，因此

$$\int_{體積} \nabla \cdot [(V_1 - V_2)\nabla(V_1 - V_2)] \, dv = \oint_S [(V_{1b} - V_{2b})\nabla(V_{1b} - V_{2b})] \cdot d\mathbf{S} = 0$$

(D.1) 式的右邊式子中，第一項積分中有一個因式為 $\nabla \cdot \nabla(V_1 - V_2)$，此即 $\nabla^2(V_1 - V_2)$，此式由假設可知其值為零，故知該積分為零。因此，剩下的體積分必定為零：

$$\int_{體積} [\nabla(V_1 - V_2)]^2 \, dv = 0$$

一積分為何是零共有兩種理由：被積函數 (即積分符號內的量) 在每一點處均為零，或者被積函數在某些區域為正而在其它區域為負，而且其貢獻量以代數方式地互消掉，在本例中，第一種理由必定成立，因為 $[\nabla(V_1 - V_2)]^2$ 不可能為負值。因此，

$$[\nabla(V_1 - V_2)]^2 = 0$$

故知

$$\nabla(V_1 - V_2) = 0$$

最後，如果 $V_1 - V_2$ 的梯度到處都是零的話，則知 $V_1 - V_2$ 不會隨任何座標而變，故知

$$V_1 - V_2 = 常數$$

如果我們能夠證明此常數為零的話，我們能完成我們的證明。考慮邊界上的一點便可輕易地求得此常數。在此，$V_1 - V_2 = V_{1b} - V_{2b} = 0$，故知此常數確實為零，因此

$$V_1 = V_2$$

得出兩個完全相同的解。

唯一性定理也適用於坡印亭方程式，因為如果 $\nabla^2 V_1 = -\rho_v/\epsilon$ 及 $\nabla^2 V_2 = -\rho_v/\epsilon$，則如同前述方式，可知 $\nabla^2(V_1-V_2)=0$。邊界條件仍然要求 $V_{1b}-V_{2b}=0$，故知其證明自此之後便會完全相同。

此項論點建構了唯一性的證明。以回答下列問題來看："如何比較拉普拉氏或帕義森方程式的兩個解答，如果這兩個方程式同時滿足相同的邊界條件？" 唯一性定理應該會令我們感到很高興，因其確保這些答案是完全相同的。一旦我們針對已知的邊界條件可求得求解拉普拉氏或帕義森方程式的任何解法時，我們便可為所有問題只需求解其中一個問題一遍即可。絕對不會有其它方法還能得出不同的答案。

附錄 E

複數型介電係數的起源

　　如同在第 5 章所研習的，電介質可模擬成自由空間中原子與分子的一種排列，它們會由電場極化。這種電場可反抗庫侖式吸力而迫使正負束縛電荷分離，因此產生一種微觀的偶極陣列。這些分子可以用一種有秩序且可預期的方式排列 (如同晶體一般)，或者可能展現出隨機定位與指向，就如同會在非結晶形式材料或液體發生的排列方式。這些分子可能或者不會展現永久的偶極矩 (在電場加入前已存在)，而且如果有偶極矩，它們通常在整個體積內也會呈現隨機的指向。如同 5.7 節中所討論的，由電場感應所引起的電荷位移會以一種規則方式產生，進而形成一種巨觀的極化向量 $\mathbf{P}$，可定義為每單位體積的偶極矩，即：

$$\mathbf{P} = \lim_{\Delta v \to 0} \frac{1}{\Delta v} \sum_{i=1}^{N\Delta v} \mathbf{p_i} \tag{E.1}$$

其中，N 為每單位體積內的偶極數目，而 $\mathbf{p_i}$ 則是第 i 個原子或分子的偶極矩，其值定為

$$\mathbf{p_i} = Q_i \mathbf{d}_i \tag{E.2}$$

Q_i 是組成第 i 個偶極之兩束縛電荷中的那個正電荷，而 $\mathbf{d}_i$ 為這兩電荷間的距離，表成由負電荷至正電荷的一個向量。此外，再次引用 5.7 節的說明，電場與極化向量間的關係為

$$\mathbf{P} = \epsilon_0 \chi_e \mathbf{E} \tag{E.3}$$

其中，電極化率 χ_e 構成了介電係數較令人感興趣的部份：

$$\epsilon_r = 1 + \chi_e \tag{E.4}$$

因此，為了瞭解 ϵ_r 的本質，我們需先瞭解 χ_e，此即意味著我們需要探討極化向量 **P** 的行為特性。

在此，我們要討論偶極如何對一時間-諧和場以波的形式傳播通過材料時產生反應所增加的複雜度。加入此種激勵函數的結果就是會建立**振盪的偶極矩**，而這又會**接著產生一種傳播通過材料的極化波**。此種效應會產生一個極化函數 **P**(z, t)，它會與激勵函數 **E**(z, t) 具有相同的函數形式。分子本身並不會移動通過材料，不過其振盪的偶極矩則會共同地展現成波動，正如同池塘內由水的上下運動所構成的水波一樣。由此可知，此種程序的描述變得很複雜，而且遠超過本書討論的範圍。不過，只要藉由考慮此程序的典型描述，即一旦偶極開始振盪，其行為就像是個微觀天線般會輻射出與外加場一起傳播的電磁場，如此我們便有了一個基本的定性瞭解。在一特定的偶極位置處，依頻率而定，在入射場與輻射場之間會有一些相位差存在。在一淨值場 (即這兩種場的重疊) 的此種結果現在又會與相鄰的偶極交互作用。發自此偶極的輻射場與前述一樣也會加到先前的場上，故知各偶極之間一再重複此種程序。在每一位置處的累積相位移就會被顯示成所形成電磁波之相速度的一種淨下降量。也可能會發生場的衰減，在此種古典模型中，這種現象可用入射場與輻射場間的局部相位互消效應來代表。

在我們提出的古典模型中，我們採用羅倫茲模型，在該模型內將介質看成是各個完全相同之電子振盪器的一種整體效果的展現。其內各電子間的庫侖束縛力可用使電子附著於正原子核的彈簧來模擬。為了簡單起見，我們只考慮電子，不過相似的模型也可用於任何束縛的帶電粒子。圖 E.1 示有一個單獨的振盪器，位於材料內位置 z 處，其指向沿 x 方向。假如有一個沿 x 方向線性極化的均勻平面波，以 z 方向傳播通過材料。此入射波的電場會使得振盪器的電子在 x 方向產生一個以向量 **d** 代表的移位距離；因此會建立起一個偶極矩，

$$\mathbf{p}(z, t) = -e\mathbf{d}(z, t) \tag{E.5}$$

其中，電子電荷 e 看作是一個正的量。外加的力為

$$\mathbf{F}_a(z, t) = -e\mathbf{E}(z, t) \tag{E.6}$$

我們需記住：在一特定振盪器位置的 **E**(z, t) 為淨值場，是由原先的外加場加上由其它所有振盪器所發出的輻射場組成。各振盪器間的相對相位可由 **E**(z, t) 的空間與時間行為予

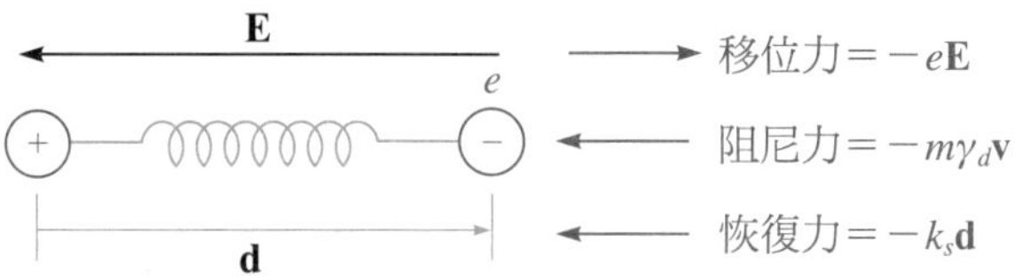

圖 E.1 原子的偶極模型，正負電荷間的庫侖力可用一個具有彈性係數為 k_s 的彈簧來模擬。外加電場可使電子移位距離 d，結果形成一個偶極矩，$\mathbf{p} = -e\mathbf{d}$。

以準確地決定。

電子的恢復力 $\mathbf{F}_r$ 是彈簧所產生，在此假設此力滿足虎克定律：

$$\mathbf{F}_r(z, t) = -k_s \mathbf{d}(z, t) \tag{E.7}$$

其中，k_s 為彈簧係數 (切勿與傳播常數相混淆)。如果外加場關閉，電子便會被釋放且會對著原子核而以**共振頻率** (resonant frequency) 來振盪，其值為

$$\omega_0 = \sqrt{k_s/m} \tag{E.8}$$

其中 m 為電子的質量。不過，此種振盪會衰減，因為電子會經歷來自相鄰電子的外力及碰撞。我們可將這些力模擬成速度-相依型阻尼力：

$$\mathbf{F}_d(z, t) = -m\gamma_d \mathbf{v}(z, t) \tag{E.9}$$

其中 $\mathbf{v}(z, t)$ 即為電子的速度。與此種衰減有關的就是系統各電子振盪器間的**相移位** (dephasing) 程序。此種程序的 $1/e$ 點發生在系統的**相移位時間** (dephasing time) 點，此值與衰減係數 γ_d 呈反比 (實際上為 $2/\gamma_d$)。當然，我們是以頻率為 ω 的電場來驅動此種衰減式共振系統。因此，可預期各振盪器的反應 (透過 $\mathbf{d}$ 的大小來衡量) 會以和 RLC 電路在由弦波電壓所驅動時極為相似的方式而呈現頻率-相依反應。

現在，我們可以用牛頓第二定律，來寫出作用在圖 E.1 中單一振盪器上的合力方程式。為了稍微簡化問題，我們使用複數形式的電場：

$$\mathbf{E}_c = \mathbf{E}_0 e^{-ik_c z} e^{i\omega t} \tag{E.10}$$

把 $\mathbf{a}$ 定義為電子的加速度向量，故知

$$m\mathbf{a} = \mathbf{F}_a + \mathbf{F}_r + \mathbf{F}_d$$

即

$$m\frac{\partial^2 \mathbf{d}_c}{\partial t^2} + m\gamma_d \frac{\partial \mathbf{d}_c}{\partial t} + k_s \mathbf{d}_c = -e\mathbf{E}_c \tag{E.11}$$

注意，由於是用複數型電場 $\mathbf{E}_c$ 來驅動此系統，故可預期位移波 $\mathbf{d}_c$ 的形式為

$$\mathbf{d}_c = \mathbf{d}_0 e^{-jkz} e^{-j\omega t} \tag{E.12}$$

利用此種形式的波，取時間微分便可產生一個 $j\omega$ 的因子。因此，(E.11) 式便可加以簡化而以相量形式重新寫成：

$$-\omega^2 \mathbf{d}_s + j\omega\gamma_d \mathbf{d}_s + \omega_0^2 \mathbf{d}_s = -\frac{e}{m}\mathbf{E}_s \tag{E.13}$$

此處，已經使用了 (E.4) 式。現在，求解 (E.13) 式，可得出 $\mathbf{d}_s$ 為

$$\mathbf{d}_s = \frac{-(e/m)\mathbf{E}_s}{(\omega_0^2 - \omega^2) + j\omega\gamma_d} \tag{E.14}$$

與位移 $\mathbf{d}_s$ 相關聯的偶極矩為

$$\mathbf{p}_s = -e\mathbf{d}_s \tag{E.15}$$

接著，假設所有偶極均完全相同，便可求出此介質的極化向量。因此，(E.1) 式變成

$$\mathbf{P}_s = N\mathbf{p}_s$$

當利用 (E.14) 式及 (E.15) 式時，上式會變成

$$\mathbf{P}_s = \frac{Ne^2/m}{(\omega_0^2 - \omega^2) + j\omega\gamma_d}\mathbf{E}_s \tag{E.16}$$

現在，利用 (E.3) 式我們便可指出與共振相關聯的極化率為

$$\chi_{\text{res}} = \frac{Ne^2}{\epsilon_0 m} \frac{1}{(\omega_0^2 - \omega^2) + j\omega\gamma_d} = \chi'_{\text{res}} - j\chi''_{\text{res}} \tag{E.17}$$

現在，透過 χ_{res} 的實部與虛部即可求出介電係數的實部與虛部：已知

$$\epsilon = \epsilon_0(1 + \chi_{\text{res}}) = \epsilon' - j\epsilon''$$

故可求出

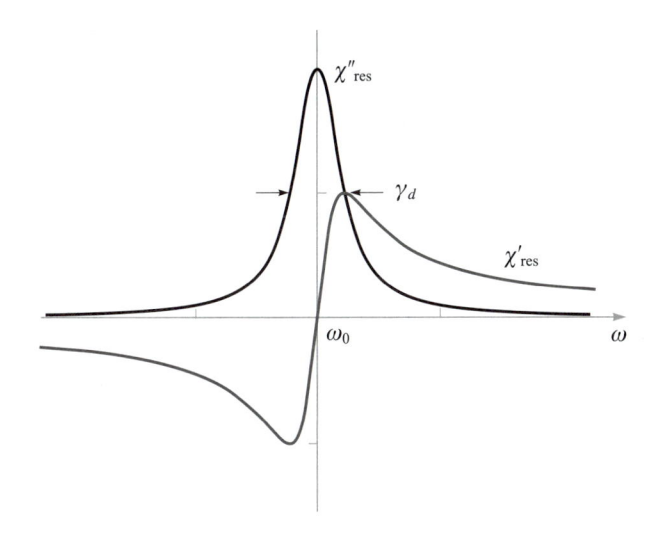

圖 E.2　依據 (E.20) 式，共振極化率 χ_{res} 之實部與虛部的圖形。虛部 χ''_{res} 一半-最大值處的全-波寬等於衰減係數 γ_d。

$$\epsilon' = \epsilon_0(1 + \chi'_{\text{res}}) \tag{E.18}$$

及

$$\epsilon'' = \epsilon_0 \chi''_{\text{res}} \tag{E.19}$$

現在，上列各式便可用於第 11 章的 (44) 式及 (45) 式，進而估算出當平面波傳播通過此種共振介質時的衰減係數 α 及相位常數 β。

就 $\omega \doteq \omega_0$ 的特例情況，圖 E.2 示有 χ_{res} 的實部與虛部表成頻率函數時的圖形。此時，(E.17) 式會變成

$$\chi_{\text{res}} \doteq -\frac{Ne^2}{\epsilon_0 m \omega_0 \gamma_d}\left(\frac{j + \delta_n}{1 + \delta_n^2}\right) \tag{E.20}$$

其中，**歸一化的失諧 (normalized detuning)** 參數 δ_n 為

$$\frac{2}{\gamma_d}(\omega - \omega_0) \tag{E.21}$$

圖 E.2 需注意的重要特色有：對稱的 χ''_e 函數，在其一半-最大振幅時的全-波寬為 γ_d。接近共振頻率時，由第 11 章 (44) 式可知，χ''_{res} 最大化，電波衰減也最大化。此外，我們可

看出在遠離共振時,其衰減相當地微弱,故知材料變成像是透明的。如同圖 E.2 所示,在遠離共振點時,χ'_{res} 隨頻率仍然有明顯的變動,如此會導致一種頻率-相依型的折射率;此值可近似地表示成

$$n \doteq \sqrt{1 + \chi'_{\text{res}}} \qquad (遠離共振時) \tag{E.22}$$

源自於材料共振的頻率-相依型 n 會使得相速與群速也會依頻率而變。因此,在第 12 章中所討論之會導致脈波變寬效應的群色散便可直接歸諸於材料共振的貢獻。

有點令人訝異的是,此處所敘述的古典"彈簧模型"可對介電常數隨頻率變動提供極為精確地預測 (特別是非共振時),而且在某些情況下還可用來模擬各種吸收性質。不過,當想要描述材料更多潛在特性,特別是在假設振盪的電子具有任何一種連續的能態情況下,這種模型是不夠用的。事實上,任何原子系統內的能態都是量子化的。因此,各分立式能階間之轉態所產生的重要效應,諸如自發式及激勵式吸收及發射,便無法涵蓋在上述的古典彈簧系統之內。必須採用量子力學模型才足以描述介質極化性質。不過,此類研究的結果常在場振幅極低時經常可予以簡化成彈簧模型。

電介質會對電場產生反應的另一種方式是經由具有永久偶極矩的分子定向來達成。在此種情況下,分子必定可自由地移動或旋轉,故此種材料一般而言都是液體或氣體。圖 E.3 便示有液體 (如水) 內極化分子在無外加電場 (圖 E.3a) 及有外加電場 (圖 E.3b) 作用下的排列情形。加入電場會形成偶極矩 (一開始它們具有隨機的方向),並且排列有序,

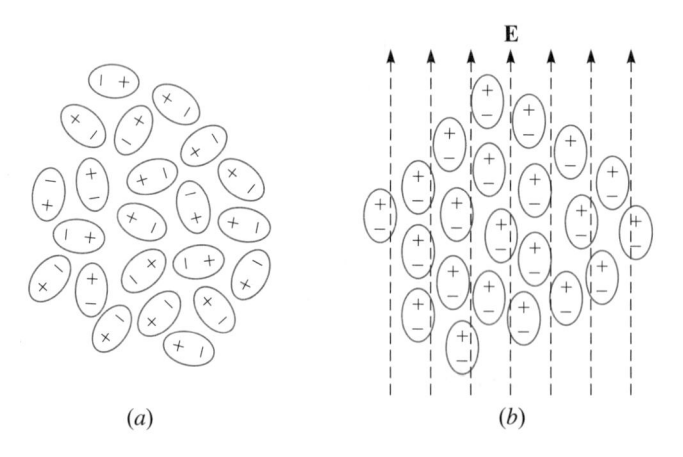

圖 E.3 在外加電場的作用下,於 (a) 偶極矩隨機排列,及 (b) 偶極矩定向排列情況下,極性分子整體效應的理想分佈圖。狀況 (b) 故意畫成很誇張,因為一般而言,僅有極少比例的偶極才會隨電場排列。不過,仍然有足夠排列發生,且足以產生在材料性質上可量測到的變化。

所以會形成一個淨材料極化向量 **P**。當然，與此相關聯的是極化率函數 χ_e，透過它便可看出 **P** 與 **E** 的關係。

當外加場為時間-諧和場時，會發生一些有趣的變化。當電場定期地反轉方向時，偶極也會被迫跟著改變方向，不過這與其因熱擾動引起的隨機化自質傾向相牴觸。因此，熱擾動的作用像是一種可有效地反抗外加場的"恢復"力。我們亦可將熱效應想像成黏滯力，這種力會在"推擠"偶極前後運動時引入一些困難。人們可能會預期 (正確地)：在頻率愈低時，在每一方向上愈可得較大的極化向量，因為這樣在偶極完成完整排列的每一週期才能提供足夠的時間。當頻率增加時，極化振幅將會變小，因為這樣便沒有足夠的時間在每一週期內完成完整的排列。這就是複數型介電係數之**偶極弛振** (dipole relaxation) 機制的基本描述。這種程序並無相關聯的共振頻率。

與偶極弛振相關聯的複數極化率本質上就是一種"過阻尼式"的振盪器，其可定義為

$$\chi_{\rm rel} = \frac{Np^2/\epsilon_0}{3k_B T(1+j\omega\tau)} \tag{E.23}$$

其中，p 為每一個分子的永久偶極矩大小，k_B 為波茲曼常數，而 T 為凱氏 (絕對) 溫度。τ 為熱擾隨機化時間，定義為當外加場關閉時，極化向量 **P** 鬆弛至其原始值 $1/e$ 倍時的時間。$\chi_{\rm rel}$ 為複數，所以與我們在共振的情況中所發現的一樣，它會具有吸收及色散分量。(E.23) 式的形式與串聯 RC 電路由弦波電壓驅動時的響應形式完全相同 (此處 τ 變成 RC)。

水的微波吸收是透過極性水分子的弛振機制來產生，而這正是第 11 章中所討論之完成微波烹飪的基本方法。基本上，採用接近 2.5 GHz 的頻率，因為這種頻率可提供最佳滲透深度。不過，在更高頻率時則會發生因偶極弛振所引的峯值水吸收。

一已知的材料可能具有超過一個以上的共振點，並且可能同時亦具有偶極弛振響應。在此種情況下，只要直接把所有分量極化率加起來即可求出頻域內的淨極化率。一般而言，可將之寫成

$$\chi_e = \chi_{\rm rel} + \sum_{i=1}^{n} \chi_{\rm res}^i \tag{E.24}$$

其中，$\chi_{\rm res}^i$ 就是與第 i 個共振頻率相關聯的極化率，而 n 則是材料的共振數。讀者可參閱第 11 章所建議的參考書目，以便進一步研讀電介質的共振與弛振效應。

附錄 F

奇數題習題的答案

第 1 章

1.1 (a) $0.92\mathbf{a}_x + 0.36\mathbf{a}_y + 0.4\mathbf{a}_z$
(b) 48.6 (c) $-580.5\mathbf{a}_x + 3193\mathbf{a}_y - 2902\mathbf{a}_z$

1.3 $(7.8, -7.8, 3.9)$

1.5 (a) $48\mathbf{a}_x + 36\mathbf{a}_y + 18\mathbf{a}_z$
(b) $-0.26\mathbf{a}_x + 0.39\mathbf{a}_y + 0.88\mathbf{a}_z$
(c) $0.59\mathbf{a}_x + 0.20\mathbf{a}_y - 0.78\mathbf{a}_z$
(d) $100 = 16x^2y^2 + 4x^4 + 16x^2 + 16 + 9z^4$

1.7 (a) (1) 平面 $z = 0$, 其中 $|x| < 2, |y| < 2$;
(2) 平面 $y = 0$, 其中 $|x| < 2, |z| < 2$;
(3) 平面 $x = 0$, 其中 $|y| < 2, |z| < 2$;
(4) 平面 $x = \pi/2$, 其中 $|y| < 2, |z| < 2$
(b) 平面 $2z = y$, 其中 $|x| < 2, |y| < 2, |z| < 1$
(c) 平面 $y = 0$, 其中 $|x| < 2, |z| < 2$

1.9 (a) $0.6\mathbf{a}_x + 0.8\mathbf{a}_y$ (b) $53°$ (c) 26

1.11 (a) $(-0.3, 0.3, 0.4)$ (b) 0.05 (c) 0.12 (d) $78°$

1.13 (a) $(0.93, 1.86, 2.79)$ (b) $(9.07, -7.86, 2.21)$
(c) $(0.02, 0.25, 0.26)$

1.15 (a) $(0.08, 0.41, 0.91)$ (b) $(0.30, 0.81, 0.50)$
(c) 30.3 (d) 32.0

1.17 (a) $(0.664, -0.379, 0.645)$
(b) $(-0.550, 0.832, 0.077)$
(c) $(0.168, 0.915, 0.367)$

1.19 (a) $(1/\rho)\mathbf{a}_\rho$ (b) $0.5\mathbf{a}_\rho$, 或 $0.41\mathbf{a}_x + 0.29\mathbf{a}_y$

1.21 (a) $-6.66\mathbf{a}_\rho - 2.77\mathbf{a}_\phi + 9\mathbf{a}_z$
(b) $-0.59\mathbf{a}_\rho + 0.21\mathbf{a}_\phi - 0.78\mathbf{a}_z$
(c) $-0.90\mathbf{a}_\rho - 0.44\mathbf{a}_z$

1.23 (a) 6.28 (b) 20.7 (c) 22.4 (d) 3.21

1.25 (a) $1.10\mathbf{a}_r + 2.21\mathbf{a}_\phi$ (b) 2.47 (c) $0.45\mathbf{a}_r + 0.89\mathbf{a}_\phi$

1.27 (a) 2.91 (b) 12.61 (c) 17.49 (d) 2.53

1.29 (a) $0.59\mathbf{a}_r + 0.38\mathbf{a}_\theta - 0.72\mathbf{a}_\phi$
(b) $0.80\mathbf{a}_r - 0.22\mathbf{a}_\theta - 0.55\mathbf{a}_\phi$
(c) $0.66\mathbf{a}_r + 0.39\mathbf{a}_\theta - 0.64\mathbf{a}_\phi$

第 2 章

2.1 $(10/\sqrt{6}, -10/\sqrt{6})$

2.3 $21.5\mathbf{a}_x\ \mu\text{N}$

2.5 (a) $4.58\mathbf{a}_x - 0.15\mathbf{a}_y + 5.51\mathbf{a}_z$
(b) -6.89 或 -22.11

2.7 $159.7\mathbf{a}_\rho + 27.4\mathbf{a}_\phi - 49.4\mathbf{a}_z$

2.9 (a) $(x+1) = 0.56\,[(x+1)^2 + (y-1)^2 + (z-3)^2]^{1.5}$
(b) 1.69 或 0.31

2.11 (a) $-1.63\ \mu\text{C}$
(b) $-30.11\mathbf{a}_x - 180.63\mathbf{a}_y - 150.53\mathbf{a}_z$
(c) $-183.12\mathbf{a}_\rho - 150.53\mathbf{a}_z$ (d) -237.1

2.13 (a) 82.1 pC (b) 4.24 cm

2.15 (a) 3.35 pC (b) $124\ \mu\text{C/m}^3$

2.17 (a) $57.5\mathbf{a}_y - 28.8\mathbf{a}_z$ V/m (b) $23\mathbf{a}_y - 46\mathbf{a}_z$

2.19 (a) $7.2\mathbf{a}_x + 14.4\mathbf{a}_y$ kV/m
(b) $4.9\mathbf{a}_x + 9.8\mathbf{a}_y + 4.9\mathbf{a}_z$ kV/m

2.21 $126\mathbf{a}_y\ \mu\text{N/m}$

2.23 (a) 8.1 kV/m (b) -8.1 kV/m

2.25 $-3.9\mathbf{a}_x - 12.4\mathbf{a}_y - 2.5\mathbf{a}_z$ V/m

2.27 (a) $y^2 - x^2 = 4xy - 19$ (b) $0.99\mathbf{a}_x + 0.12\mathbf{a}_y$
2.29 (a) 12.2 (b) $-0.87\mathbf{a}_x - 0.50\mathbf{a}_y$
(c) $y = (1/5)\ln\cos 5x + 0.13$

第 3 章

3.1 (a) 平面 $\mathbf{a}_r$, 故 $\bar{F} = [Q_1 Q_2/4\pi\epsilon_0 R^2]$
(b) 與 (a) 題相同
(c) 0
(d) 力將會變成吸引力！
3.3 (a) 0.25 nC (b) 9.45 pC
3.5 360 nC
3.7 (a) 4.0×10^{-9} nC (b) 3.2×10^{-4} nC/m^2
3.9 (a) 164 pC (b) 130 nC/m^2 (c) 32.5 nC/m^2
3.11 $\mathbf{D} = 0$ $(\rho < 1\text{ mm})$;
$D_\rho = \frac{10^{-15}}{2\pi^2\rho}[\sin(2000\pi\rho) + 2\pi[1 - 10^3\rho\cos(2000\pi\rho)]]$ C/m^2 $(1\text{ mm} < \rho < 1.5\text{ mm})$;
$D_\rho = \frac{2.5 \times 10^{-15}}{\pi\rho}$ C/m^2 $(\rho > 1.5\text{ mm})$
3.13 (a) $D_r(r < 2) = 0$; $D_r(r = 3) = 8.9 \times 10^{-9}$ C/m^2; $D_r(r = 5) = 6.4 \times 10^{-10}$ C/m^2
(b) $\rho_{s0} = -(4/9) \times 10^{-9}$ C/m^2
3.15 (a) $[(8\pi L)/3][\rho_1^3 - 10^{-9}]\mu$C 其中 ρ_1 以米為單位 (b) $4(\rho_1^3 - 10^{-9})/(3\rho_1)\mu$C/m^2 其中 ρ_1 以米為單位
(c) $D_\rho(0.8\text{ mm}) = 0$; $D_\rho(1.6\text{ mm}) = 3.6 \times 10^{-6}\mu$C/m^2; $D_\rho(2.4\text{ mm}) = 3.9 \times 10^{-6}$ μC/m^2
3.17 (a) 0.1028 C (b) 12.83 (c) 0.1026 C
3.19 113 nC
3.21 (a) 8.96 (b) 71.67 (c) 2
3.23 (b) $\rho_{v0} = 3Q/(4\pi a^3)$ $(0 < r < a)$; $D_r = Qr/4\pi a^3$ 與 $\nabla \cdot \mathbf{D} = 3Q/(4\pi a^3)$ $(0 < r < a)$; $D_r = Q/(4\pi r^2)$ 與 $\nabla \cdot \mathbf{D} = 0$ $(r > a)$
3.25 (a) 17.50 C/m^3 (b) $5\mathbf{a}_r$ C/m^2 (c) 320π C
(d) 320π C
3.27 (a) 1.20 mC/m^3 (b) 0 (c) -32μC/m^2
3.29 (a) 3.47 C (b) 3.47 C
3.31 -3.91 C

第 4 章

4.1 (a) -12 nJ (b) 24 nJ (c) -36 nJ (d) -44.9 nJ
(e) -41.8 nJ
4.3 (a) 3.1 μJ (b) 3.1 μJ
4.5 (a) 2 (b) -2
4.7 (a) 90 (b) 82
4.9 (a) 8.14 V (b) 1.36 V
4.11 1.98 kV
4.13 576 pJ
4.15 -68.4 V
4.17 (a) -3.026 V (b) -9.678 V
4.19 .081 V
4.21 (a) -15.0 V (b) 15.0 V
(c) $7.1\mathbf{a}_x + 22.8\mathbf{a}_y - 71.1\mathbf{a}_z$ V/m
(d) 75.0 V/m
(e) $-0.095\mathbf{a}_x - 0.304\mathbf{a}_y + 0.948\mathbf{a}_z$
(f) $62.8\mathbf{a}_x + 202\mathbf{a}_y - 629\mathbf{a}_z$ pC/m^2
4.23 (a) $-48\rho^{-4}$ V/m (b) -673 pC/m^3 (c) -1.96 nC
4.25 (a) $V_p = 279.9$ V, $\mathbf{E}_p = -179.9\mathbf{a}_\rho - 75.0\mathbf{a}_\phi$ V/m, $\mathbf{D}_p = -1.59\mathbf{a}_\rho - .664\mathbf{a}_\phi$ nC/m^2, $\rho_{vp} = -443$ pC/m^3 (b) -5.56 nC
4.27 (a) 5.78 V (b) 25.2 V/m (c) 5.76 V
4.29 1.31 V
4.31 (a) 387 pJ (b) 207 pJ
4.33 (a) $(5 \times 10^{-6})/(4\pi r^2)\mathbf{a}_r$ C/m^2
(b) 2.81 J (c) 4.45 pF
4.35 (a) 0.779 μJ (b) 1.59 μJ

第 5 章

5.1 (a) -1.23 MA (b) 0 (c) 0, 如預期的
5.3 (a) 77.4 A (b) $53.0\mathbf{a}_r$ A/m^2
5.5 (a) -178.0 A (b) 0 (c) 0
5.7 (a) 質量通量密度以 (kg/m^2 $-$ s) 為單位及質量密度以 (kg/m^3) 為單位 (b) -550 g/m^3 $-$ s
5.9 (a) 0.28 mm (b) 6.0×10^7 A/m^2
5.11 (a) $\mathbf{E} = [(9.55)/\rho l]\mathbf{a}_\rho$ V/m, $V = (4.88)/l$ V 與 $R = (1.63)/l$ Ω, 其中 l 為圓柱長度 (未知) (not given) (b) $14.64/l$ W
5.13 (a) 0.147 V (b) 0.144 V
5.15 (a) $(\rho + 1)z^2\cos\phi = 2$
(b) $\rho = 0.10$, $\mathbf{E}(.10, .2\pi, 1.5) = -18.2\mathbf{a}_\rho + 145\mathbf{a}_\phi - 26.7\mathbf{a}_z$ V/m (c) 1.32 nC/m^2
5.17 (a) $\mathbf{D}(z = 0) = -(100\epsilon_0 x)/(x^2 + 4)\mathbf{a}_z$ C/m^2
(c) -0.92 nC
5.19 (a) 在 0 V: $2x^2y - z = 0$. 在 60 V: $2x^2y - z = 6/z$ (b) 1.04 nC/m^2
(c) $-[0.60\mathbf{a}_x + 0.68\mathbf{a}_y + 0.43\mathbf{a}_z]$
5.21 (a) 1.20 kV (b) $\mathbf{E}_p = 723\mathbf{a}_x - 18.9\mathbf{a}_y$ V/m

5.23 (a) 289.5 V (b) $z/[(x-1)^2 + y^2 + z^2]^{1.5} - z/[(x+1)^2 + y^2 + z^2]^{1.5} = 0.222$

5.25 (a) 4.7×10^{-5} S/m (b) 1.1×10^{-3} S/m (c) 1.2×10^{-2} S/m

5.27 (a) 6.26 pC/m² (b) 1.000176

5.29 (a) $\mathbf{E} = [(144.9)/\rho]\mathbf{a}_\rho$ V/m, $\mathbf{D} = (3.28\mathbf{a}_\rho)/\rho$ nC/m² (b) $V_{ab} = 192$ V, $\chi_e = 1.56$ (c) $[(5.0 \times 10^{-29})/\rho]\mathbf{a}_\rho$ C·m

5.31 (a) 80 V/m (b) $-60\mathbf{a}_y - 30\mathbf{a}_z$ V/m (c) 67.1 V/m (d) 104.4 V/m (e) 40.0° (f) 2.12 nC/m² (g) 2.97 nC/m² (h) $2.12\mathbf{a}_x - 2.66\mathbf{a}_y - 1.33\mathbf{a}_z$ nC/m² (i) $1.70\mathbf{a}_x - 2.13\mathbf{a}_y - 1.06\mathbf{a}_z$ nC/m² (j) 54.5°

5.33 $125\mathbf{a}_x + 175\mathbf{a}_y$ V/m

5.35 (a) $\mathbf{E}_2 = \mathbf{E}_1$ (b) $W_{E1} = 45.1$ μJ, $W_{E2} = 338$ μJ

第 6 章

6.1 $b/a = \exp(2\pi d/W)$

6.3 鈦酸鋇

6.5 451 pF

6.7 (a) 3.05 nF (b) 5.21 nF (c) 6.32 nF (d) 9.83 nF

6.9 (a) 143 pF (b) 101 pF

6.11 (a) 53.3 pF (b) 41.7 pF

6.13 $K_1 = 23.0$, $\rho_L = 8.87$ nC/m, $a = 13.8$ m, $C = 35.5$ pF

6.15 (a) 47.3 nC/m² (b) -15.8 nC/m² (c) 24.3 pF/m

6.17 正確值 57 pF/m

6.19 正確值 $11\epsilon_0$ F/m

6.21 (b) $C \approx 110$ pF/m (c) 結果不變

6.23 (a) 3.64 nC/m (b) 206 mA

6.25 (a) -8 V (b) $8\mathbf{a}_x - 8\mathbf{a}_y - 24\mathbf{a}_z$ V/m (c) $-4xz(z^2 + 3y^2)$ C/m³ (d) $xy^2z^3 = -4$ (e) $y^2 - 2x^2 = 2$ 與 $3x^2 - z^2 = 2$ (f) 否

6.27 $f(x, y) = -4e^{2x} + 3x^2$, $V(x, y) = 3(x^2 - y^2)$

6.29 (b) $A = 112.5$, $B = -12.5$ 或 $A = -12.5$, $B = 112.5$

6.31 (a) -106 pC/m³ (b) ± 0.399 pC/m² 依考慮的表面在何側而定

6.33 (a) 是, 是, 是, 否 (b) 在 100 V 表面, 全部均無. 在 0 V 表面, 是, 除了 $V_1 + 3$ 之外 (c) 僅有 V_2 成立

6.35 (a) 33.33 V (b) $[(100)/3]\mathbf{a}_z + 50\mathbf{a}_y$ V/m

6.37 (a) 1.01 cm (b) 22.8 kV/m (c) 3.15

6.39 (a) $(-2.00 \times 10^4)\phi + 3.78 \times 10^3$ V (b) $[(2.00 \times 10^4)/\rho]\mathbf{a}_\phi$ V/m (c) $(2.00 \times 10^4\epsilon_0/\rho)\mathbf{a}_\phi$ C/m² (d) $[(2.00 \times 10^4)/\rho]$ C/m² (e) 84.7 nC

(f) $V(\phi) = 28.7\phi + 194.9$ V, $\mathbf{E} = -(28.7)/\rho\mathbf{a}_\phi$ V/m, $\mathbf{D} = -(28.7\epsilon_0)/\rho\mathbf{a}_\phi$ C/m², $\rho_s = (28.7\epsilon_0)/\rho$ C/m², $Q_b = 122$ pC (g) 471 pF

6.41 (a) 12.5 mm (b) 26.7 kV/m (c) 4.23 (已知 $\rho_s = 1.0$ μC/m²)

6.43 (a) $\alpha_A = 26.57°$, $\alpha_B = 56.31°$ (b) 23.3 V

6.45 (a) $833.3r^{-.4}$ V (b) $833.3r^{-.4}$ V

第 7 章

7.1 (a) $-294\mathbf{a}_x + 196\mathbf{a}_y$ μA/m (b) $-127\mathbf{a}_x + 382\mathbf{a}_y$ μA/m (c) $-421\mathbf{a}_x + 578\mathbf{a}_y$ μA/m

7.3 (a)
$$H = \frac{I}{2\pi\rho}\left[1 - \frac{a}{\sqrt{\rho^2 + a^2}}\right]\mathbf{a}_\phi \text{ A/m}$$
(b) $1/\sqrt{3}$

7.5
$$|\mathbf{H}| = \frac{I}{2\pi}\left[\left(\frac{2}{y^2 + 2y + 5} - \frac{2}{y^2 - 2y + 5}\right)^2 + \left(\frac{(y-1)}{y^2 - 2y + 5} - \frac{(y+1)}{y^2 + 2y + 5}\right)^2\right]^{1/2}$$

7.7 (a) $\mathbf{H} = I/(2\pi^2 z)(\mathbf{a}_x - \mathbf{a}_y)$ A/m (b) 0

7.9 $-1.50\mathbf{a}_y$ A/m

7.11 2.0 A/m, 933 mA/m, 360 mA/m, 0

7.13 (e) $H_z(a < \rho < b) = k_b$; $H_z(\rho > b) = 0$

7.15 (a) $45e^{-150\rho}\mathbf{a}_z$ kA/m² (b) $12.6[1 - (1 + 150\rho_0)e^{-150\rho_0}]$ A (c) $\frac{2.00}{\rho}[1 - (1 + 150\rho)e^{-150\rho}]$ A/m

7.17 (a) $2.2 \times 10^{-1}\mathbf{a}_\phi$ A/m (正好在內部), $2.3 \times 10^{-2}\mathbf{a}_\phi$ A/m (正好在外部) (b) $3.4 \times 10^{-1}\mathbf{a}_\phi$ A/m (c) $1.3 \times 10^{-1}\mathbf{a}_\phi$ A/m (d) $-1.3 \times 10^{-1}\mathbf{a}_z$ A/m

7.19 (a) $\mathbf{K} = -I\mathbf{a}_r/2\pi r$ A/m ($\theta = \pi/2$) (b) $\mathbf{J} = I\mathbf{a}_r/[2\pi r^2(1 - 1/\sqrt{2})]$ A/m² ($\theta < \pi/4$) (c) $\mathbf{H} = I\mathbf{a}_\phi/[2\pi r \sin\theta]$ A/m ($\pi/4 < \theta < \pi/2$) (d) $\mathbf{H} = I(1 - \cos\theta)\mathbf{a}_\phi/[2\pi r \sin\theta(1 - 1/\sqrt{2})]$ A/m ($\theta < \pi/4$)

7.21 (a) $\mathbf{I} = 2\pi ba^3/3$ A (b) $\mathbf{H}_{\text{in}} = b\rho^2/3\mathbf{a}_\phi$ A/m (c) $\mathbf{H}_{\text{out}} = ba^3/3\rho\mathbf{a}_\phi$ A/m

7.23 (a) $60\rho\mathbf{a}_z$ A/m² (b) 40π A (c) 40π A

7.25 (a) -259 A (b) -259 A

7.27 (a) $2(x + 2y)/z^3\mathbf{a}_x + 1/z^2\mathbf{a}_z$ A/m (b) 與(a)題相同 (c) 1/8 A

7.29 (a) $1.59 \times 10^7 \mathbf{a}_z$ A/m² (b) $7.96 \times 10^6 \rho \mathbf{a}_\phi$ A/m, $10\rho \mathbf{a}_\phi$ Wb/m² (c) 如預期的 (d) $1/(\pi\rho)\mathbf{a}_\phi$ A/m, $\mu_0/(\pi\rho)\mathbf{a}_\phi$ Wb/m² (e) 如預期的

7.31 (a) $0.392\ \mu$Wb (b) $1.49\ \mu$Wb (c) $27\ \mu$Wb

7.35 (a) -40ϕ A $(2 < \rho < 4)$, $0\ (\rho > 4)$
(b) $40\mu_0 \ln(3/\rho)\mathbf{a}_z$ Wb/m

7.37 $[120 - (400/\pi)\phi]$ A $(0 < \phi < 2\pi)$

7.39 (a) $-30\mathbf{a}_y$ A/m (b) $30y - 6$ A
(c) $-30\mu_0 \mathbf{a}_y$ Wb/m² (d) $\mu_0(30x - 3)\mathbf{a}_z$ Wb/m

7.41 (a) $-100\rho/\mu_0 \mathbf{a}_\phi$ A/m, $-100\rho \mathbf{a}_\phi$ Wb/m²
(b) $-\frac{200}{\mu_0}\mathbf{a}_z$ A/m² (c) -500 MA (d) -500 MA

7.43
$$A_z = \frac{\mu_0 I}{96\pi}\left[\left(\frac{\rho^2}{a^2} - 25\right) + 98 \ln\left(\frac{5a}{\rho}\right)\right]\text{Wb/m}$$

第 8 章

8.1 (a) $(.90, 0, -.135)$ (b) $3 \times 10^5 \mathbf{a}_x - 9 \times 10^4 \mathbf{a}_z$ m/s
(c) 1.5×10^{-5} J

8.3 (a) $.70\mathbf{a}_x + .70\mathbf{a}_y - .12\mathbf{a}_z$ (b) 7.25 fJ

8.5 (a) $-18\mathbf{a}_x$ nN (b) $19.8\mathbf{a}_z$ nN (c) $36\mathbf{a}_x$ nN

8.7 (a) $-35.2\mathbf{a}_y$ nN/m (b) 0 (c) 0

8.9 $4\pi \times 10^{-5}$ N/m

8.13 (a) $-1.8 \times 10^{-4}\mathbf{a}_y$ N·m
(b) $-1.8 \times 10^{-4}\mathbf{a}_y$ N·m
(c) $-1.5 \times 10^{-5}\mathbf{a}_y$ N·m

8.15 $(6 \times 10^{-6})[b - 2\tan^{-1}(b/2)]\mathbf{a}_y$ N·m

8.17 $\Delta w/w = \Delta m/m = 1.3 \times 10^{-6}$

8.19 (a) $77.6y\mathbf{a}_z$ kA/m (b) 5.15×10^{-6} H/m
(c) 4.1 (d) $241y\mathbf{a}_z$ kA/m (e) $77.6\mathbf{a}_x$ kA/m²
(f) $241\mathbf{a}_x$ kA/m² (g) $318\mathbf{a}_x$ kA/m²

8.21 (利用 $\chi_m = .003$) (a) 47.7 A/m (b) 6.0 A/m
(c) 0.288 A/m

8.23 (a) 637 A/m, 1.91×10^{-3} Wb/m², 884 A/m
(b) 478 A/m, 2.39×10^{-3} Wb/m², 1.42×10^3 A/m
(c) 382 A/m, 3.82×10^{-3} Wb/m², 2.66×10^3 A/m

8.25 (a) $1.91/\rho$ A/m $(0 < \rho < \infty)$
(b) $(2.4 \times 10^{-6}/\rho)\mathbf{a}_\phi$ T $(\rho < .01)$,
$(1.4 \times 10^{-5}/\rho)\mathbf{a}_\phi$ T $(.01 < \rho < .02)$,
$(2.4 \times 10^{-6}/\rho)\mathbf{a}_\phi$ T $(\rho > .02)$ (ρ 以米為單位)

8.27 (a) $-4.83\mathbf{a}_x - 7.24\mathbf{a}_y + 9.66\mathbf{a}_z$ A/m
(b) $54.83\mathbf{a}_x - 22.76\mathbf{a}_y + 10.34\mathbf{a}_z$ A/m
(c) $54.83\mathbf{a}_x - 22.76\mathbf{a}_y + 10.34\mathbf{a}_z$ A/m
(d) $-1.93\mathbf{a}_x - 2.90\mathbf{a}_y + 3.86\mathbf{a}_z$ A/m
(e) $102°$ (f) $95°$

8.29 10.5 mA

8.31 (a) 2.8×10^{-4} Wb (b) 2.1×10^{-4} Wb
(c) $\approx 2.5 \times 10^{-4}$ Wb

8.33 (a) $23.9/\rho$ A/m (b) $3.0 \times 10^{-4}/\rho$ Wb/m²
(c) 5.0×10^{-7} Wb
(d) $23.9/\rho$ A/m, $6.0 \times 10^{-4}/\rho$ Wb/m², 1.0×10^{-6} Wb (e) 1.5×10^{-6} Wb

8.35 (a) $20/(\pi r \sin\theta)\mathbf{a}_\phi$ A/m (b) 1.35×10^{-4} J

8.37 $0.17\ \mu$H

8.39 (a) $(1/2)wd\mu_0 K_0^2$ J/m (b) $\mu_0 d/w$ H/m
(c) $\Phi = \mu_0 d K_0$ Wb

8.41 (a) $33\ \mu$H (b) $24\ \mu$H

8.43 (b)
$$L_{\text{int}} = \frac{2W_H}{I^2}$$
$$= \frac{\mu_0}{8\pi}\left[\frac{d^4 - 4a^2c^2 - 3c^4 - 4c^4 \ln(a/c)}{(a^2-c^2)^2}\right]\text{H/m}$$

第 9 章

9.1 (a) $-5.33 \sin 120\pi t$ V (b) $21.3 \sin(120\pi t)$ mA

9.3 (a) $-1.13 \times 10^5[\cos(3 \times 10^8 t - 1) - \cos(3 \times 10^8 t)]$ V (b) 0

9.5 (a) -4.32 V (b) -0.293 V

9.7 (a) $(-1.44)/(9.1 + 39.6t)$ A
(b) $-1.44[\frac{1}{61.9 - 39.6t} + \frac{1}{9.1 + 39.6t}]$ A

9.9 $2.9 \times 10^3[\cos(1.5 \times 10^8 t - 0.13x) - \cos(1.5 \times 10^8 t)]$ W

9.11 (a) $\left(\frac{10}{\rho}\right)\cos(10^5 t)\mathbf{a}_\rho$ A/m² (b) $8\pi \cos(10^5 t)$ A
(c) $-0.8\pi \sin(10^5 t)$ A (d) 0.1

9.13 (a) $\mathbf{D} = 1.33 \times 10^{-13} \sin(1.5 \times 10^8 t - bx)\mathbf{a}_y$ C/m², $\mathbf{E} = 3.0 \times 10^{-3} \sin(1.5 \times 10^8 t - bx)\mathbf{a}_y$ V/m
(b) $\mathbf{B} = (2.0)b \times 10^{-11}\sin(1.5 \times 10^8 t - bx)\mathbf{a}_z$ T, $\mathbf{H} = (4.0 \times 10^{-6})b\sin(1.5 \times 10^8 t - bx)\mathbf{a}_z$ A/m
(c) $4.0 \times 10^{-6}b^2 \cos(1.5 \times 10^8 t - bx)\mathbf{a}_y$ A/m²
(d) $\sqrt{5.0}$ m^{-1}

9.15 $\mathbf{B} = 6 \times 10^{-5}\cos(10^{10}t - \beta x)\mathbf{a}_z$T, $\mathbf{D} = -(2\beta \times 10^{-10})\cos(10^{10}t - \beta x)\mathbf{a}_y$ C/m², $\mathbf{E} = -1.67\beta \cos(10^{10}t - \beta x)\mathbf{a}_y$ V/m, $\beta = \pm 600$ rad/m

9.17 $a = 66$ m^{-1}

9.21 (a) $\pi \times 10^9$ sec^{-1}
(b) $\frac{500}{\rho}\sin(10\pi z)\sin(\omega t)\mathbf{a}_\rho$ V/m

9.23 (a) $\mathbf{E}_{N1} = 10\cos(10^9 t)\mathbf{a}_z$ V/m
$\mathbf{E}_{t1} = (30\mathbf{a}_x + 20\mathbf{a}_y)\cos(10^9 t)$ V/m
$\mathbf{D}_{N1} = 200\cos(10^9 t)\mathbf{a}_z$ pC/m^2
$\mathbf{D}_{t1} = (600\mathbf{a}_x + 400\mathbf{a}_y)\cos(10^9 t)$ pC/m^2
(b) $\mathbf{J}_{N1} = 40\cos(10^9 t)\mathbf{a}_z$ mA/m^2
$\mathbf{J}_{t1} = (120\mathbf{a}_x + 80\mathbf{a}_y)\cos(10^9 t)$ mA/m^2
(c) $\mathbf{E}_{t2} = (30\mathbf{a}_x + 20\mathbf{a}_y)\cos(10^9 t)$ V/m
$\mathbf{D}_{t2} = (300\mathbf{a}_x + 200\mathbf{a}_y)\cos(10^9 t)$ pC/m^2
$\mathbf{J}_{t2} = (30\mathbf{a}_x + 20\mathbf{a}_y)\cos(10^9 t)$ mA/m^2
(d) $\mathbf{E}_{N2} = 20.3\cos(10^9 t + 5.6°)\mathbf{a}_z$ V/m
$\mathbf{D}_{N2} = 203\cos(10^9 t + 5.6°)\mathbf{a}_z$ pC/m^2
$\mathbf{J}_{N2} = 20.3\cos(10^9 t + 5.6°)\mathbf{a}_z$ mA/m^2

9.25 (b) $\mathbf{B} = \left(t - \frac{z}{c}\right)\mathbf{a}_y$ T $\mathbf{H} = \frac{1}{\mu_0}\left(t - \frac{z}{c}\right)\mathbf{a}_y$ A/m
$\mathbf{E} = (ct - z)\mathbf{a}_x$ V/m $\mathbf{D} = \epsilon_0(ct - z)\mathbf{a}_x$ C/m^2

第 10 章

10.1 $\gamma = 0.094 + j2.25$
$\alpha = 0.094$ Np/m
$\beta = 2.25$ rad/m
$\lambda = 2.8$ m
$Z_0 = 93.6 - j3.64\ \Omega$

10.3 (a) 96 pF/m (b) 1.44×10^8 m/s
(c) 3.5 rad/m (d) $\Gamma = -0.09$, $s = 1.2$

10.5 (a) 83.3 nH/m, 33.3 pF/m (b) 65 cm

10.7 7.9 mW

10.9 (a) $\lambda/8$ (b) $\lambda/8 + m\lambda/2$

10.11 (a) V_0^2/R_L (b) $R_L V_0^2/(R\ell + R_L)^2$ (c) V_0^2/R_L (d) $(V_0^2/R_L)\exp(-2\ell\sqrt{RG})$

10.13 (a) 6.28×10^8 rad/s (b) $4\cos(\omega t - \pi z)$ A
(c) $0.287\angle 1.28$ rad (d) $57.5\exp[j(\pi z + 1.28)]$ V
(e) $257.5\angle 36°$ V

10.15 (a) 104 V (b) $52.6 - j123$ V

10.17 $P_{25} = 2.28$ W, $P_{100} = 1.16$ W

10.19 16.5 W

10.21 (a) $s = 2.62$ (b) $Z_L = 1.04 \times 10^3 + j69.8\ \Omega$ (c) $z_{max} = -7.2$ mm

10.23 (a) 0.037λ 或 0.74 m (b) 2.61 (c) 2.61
(d) 0.463λ 或 9.26 m

10.25 (a) $495 + j290\ \Omega$ (b) $j98\ \Omega$

10.27 (a) 2.6 (b) $11 - j7.0$ mS (c) 0.213λ

10.29 $47.8 + j49.3\ \Omega$

10.31 (a) 3.8 cm (b) 14.2 cm

10.33 (a) $d_1 = 7.6$ cm, $d = 17.3$ cm (b) $d_1 = 1.8$ cm, $d = 6.9$ cm

10.35 (a) 39.6 cm (b) 24 pF

10.37 $V_L = (1/3)V_0$ $(l/v < t < \infty)$ 且在 $t < l/v$ 時為零。$I_B = (V_0/100)$ A 當 $0 < t < 2l/v$ 時點 $(V_0/75)$ 當 $t > 2l/v$

10.39
$\dfrac{l}{v} < t < \dfrac{5l}{4v}:\quad V_1 = 0.44 V_0$
$\dfrac{3l}{v} < t < \dfrac{13l}{4v}:\quad V_2 = -0.15 V_0$
$\dfrac{5l}{v} < t < \dfrac{21l}{4v}:\quad V_3 = 0.049 V_0$
$\dfrac{7l}{v} < t < \dfrac{29l}{4v}:\quad V_4 = -0.017 V_0$
在這些時間之間的電壓均為零

10.41
$0 < t < \dfrac{l}{2v}:\quad V_L = 0$
$\dfrac{l}{2v} < t < \dfrac{3l}{2v}:\quad V_L = \dfrac{V_0}{2}$
$t > \dfrac{3l}{2v}:\quad V_L = V_0$

10.43
$0 < t < 2l/v:\quad V_{R_L} = V_0/2$
$t > 2l/v:\quad V_{R_L} = 3V_0/4$
$0 < t < l/v:\quad V_{R_g} = 0,\ I_B = 0$
$t > l/v:\quad V_{R_g} = V_0/4,\ I_B = 3V_0/4Z_0$

第 11 章

11.3 (a) 0.33 rad/m (b) 18.9 m
(c) $-3.76 \times 10^3 \mathbf{a}_z$ V/m

11.5 (a) $\omega = 3\pi \times 10^8$ sec^{-1}, $\lambda = 2$ m,
與 $\beta = \pi$ rad/m (b) $-8.5\mathbf{a}_x - 9.9\mathbf{a}_y$ A/m
(c) 9.08 kV/m

11.7 $\beta = 25$ m^{-1}, $\eta = 278.5\ \Omega$, $\lambda = 25$ cm,
$v_p = 1.01 \times 10^8$ m/s, $\epsilon_R = 4.01$, $\mu_R = 2.19$,
與 $\mathbf{H}(x, y, z, t) = 2\cos(8\pi \times 10^8 t - 25x)\mathbf{a}_y + 5\sin(8\pi \times 10^8 t - 25x)\mathbf{a}_z$ A/m

11.9 (a) $\beta = 0.4\pi$ rad/m, $\lambda = 5$ m, $v_p = 5 \times 10^7$ m/s,
與 $\eta = 251\ \Omega$ (b) $-403\cos(2\pi \times 10^7 t)$ V/m
(c) $1.61\cos(2\pi \times 10^{-7} t)$ A/m

11.11 (a) 0.74 kV/m (b) -3.0 A/m

11.13 $\mu = 2.28 \times 10^{-6}$ H/m, $\epsilon' = 1.07 \times 10^{-11}$ F/m,
與 $\epsilon'' = 2.90 \times 10^{-12}$ F/m

11.15 (a) $\lambda = 3$ cm, $\alpha = 0$ (b) $\lambda = 2.95$ cm,
$\alpha = 9.24 \times 10^{-2}$ Np/m (c) $\lambda = 1.33$ cm,
$\alpha = 335$ Np/m

11.17 $\langle \mathcal{S}_z \rangle(z = 0) = 315\mathbf{a}_z$ W/m^2, $\langle \mathcal{S}_z \rangle(z = 0.6) = 248\mathbf{a}_z$ W/m^2

11.19 (a) $\omega = 4 \times 10^8$ rad/s (b) $\mathbf{H}(\rho, z, t) = (4.0/\rho)\cos(4 \times 10^8 t - 4z)\mathbf{a}_\phi$ A/m (c) $\langle \mathcal{S} \rangle = (2.0 \times 10^{-3}/\rho^2)\cos^2(4 \times 10^8 t - 4z)\mathbf{a}_z$ W/m^2 (d) P = 5.7 kW

11.21 (a) $H_{\phi 1}(\rho) = (54.5/\rho)(10^4 \rho^2 - 1)$ A/m $(.01 < \rho < .012)$, $H_{\phi 2}(\rho) = (24/\rho)$ A/m $(\rho > .012)$, $H_\phi = 0$ $(\rho < .01 \text{m})$ (b) $\mathbf{E} = 1.09\mathbf{a}_z$ V/m (c) $\langle \mathcal{S} \rangle = -(59.4/\rho)(10^4 \rho^2 - 1)\mathbf{a}_\rho$ W/m^2 $(.01 < \rho < .012 \text{ m})$, $-(26/\rho)\mathbf{a}_\rho$ W/m^2 $(\rho > 0.12 \text{ m})$

11.23 (a) $1.4 \times 10^{-3} \Omega$/m (b) $4.1 \times 10^{-2} \Omega$/m (c) $4.1 \times 10^{-1} \Omega$/m

11.25 $f = 1$ GHz, $\sigma = 1.1 \times 10^5$ S/m

11.27 (a) 4.7×10^{-8} (b) 3.2×10^3 (c) 3.2×10^3

11.29 (a) $\mathbf{H}_s = (E_0/\eta_0)(\mathbf{a}_y - j\mathbf{a}_x)e^{-j\beta z}$ (b) $\langle \mathcal{S} \rangle = (E_0^2/\eta_0)\mathbf{a}_z$ W/m^2 (假設 E_0 為實數)

11.31 (a) $L = 14.6 \lambda$ (b) Left

11.33 (a) $\mathbf{H}_s = (1/\eta)[-18e^{j\phi}\mathbf{a}_x + 15\mathbf{a}_y]e^{-j\beta z}$ A/m (b) $\langle \mathcal{S} \rangle = 275$ Re $\{(1/\eta^*)\}$ W/m^2

第 12 章

12.1 0.01%

12.3 0.056 與 17.9

12.5 (a) 4.7×10^8 Hz (b) $691 + j177 \Omega$ (c) -1.7 cm

12.7 (a) $s_1 = 1.96, s_2 = 2, s_3 = 1$ (b) -0.81 m

12.9 (a) 6.25×10^{-2} (b) 0.938 (c) 1.67

12.11 $641 + j501 \Omega$

12.13 反射波：左旋圓形極化；功率比例 = 0.09 透射波：右旋圓形極化；功率比例 = 0.91

12.15 (a) 2.55 (b) 2.14 (c) 0.845

12.17 2.41

12.19 (a) $d_1 - d_2 - d_3 - 0$ or $d_1 - d_3 = 0$, $d_2 = \lambda/2$ (b) $d_1 - d_2 - d_3 - \lambda/4$

12.21 (a) 反射功率：15%，透射率：85% (b) 反射波：s-極化 透射波：右旋橢圓極化

12.23 $n_0 = (n_1/n_2)\sqrt{n_1^2 - n_2^2}$

12.25 $0.76(-1.19$ dB$)$

12.27 2

12.29 4.3 km

第 13 章

13.1 (a) 1.14 mm (b) 1.14 mm (c) 1.47 mm

13.3 14.2 pF/m, 0.786 μH/m, 0, 0.023 Ω/m

13.5 (a) 1.23 (b) 1.99 (c) 1.33

13.7 (a) 2.8 (b) 5.85×10^{-2}

13.9 (a) 4.9 (b) 1.33

13.11 9

13.13 9

13.15 1.5 ns

13.17 (a) 12.8 GHz (b) 是

13.19 (a) 2.5 GHz $< f <$ 3.75 GHz (空氣-填充型) (b) 3.75 GHs $< f <$ 4.5 GHz (空氣-填充型)

13.21 $a = 1.1$ cm, $b = 0.90$ cm

13.25 72 cm

13.27 3.32

13.29 (a) $\theta_{\min} = \sin^{-1}(n_3/n_1)$ (b) $v_{p,\max} = c/n_3$

13.31 大於

第 14 章

14.1 (a) $-0.284\mathbf{a}_x - 0.959\mathbf{a}_z$ (b) 0.258

14.3 (a) $-j(1.5 \times 10^{-2})e^{-j1000}\mathbf{a}_z$ V/m (b) $-j(1.5 \times 10^{-2})e^{-j1000}\mathbf{a}_y$ V/m (c) $-j(1.5 \times 10^{-2})(\mathbf{a}_y + \mathbf{a}_z)$ V/m (d) $-(1.24 \times 10^{-2})(\mathbf{a}_y + \mathbf{a}_z)$ V/m (e) 1.75×10^{-2} V/m

14.7 (a) 0.711 Ω (b) 0.178 Ω (c) 0.400 Ω

14.9 (a) 85.4 A (b) 5.03 A

14.11 (a) 85.4 A (b) 7.1 A

14.13 (a) $0.2e^{-j1000\pi}$ V/m (b) $0.2e^{-j1000\pi}e^{j0.5\pi}$ V/m (c) 0

14.15 主要的最大值：$\theta = \pm 90°$, 相對大小 1.00. 主要的最大值：$\theta = \pm 33.8°$ 與 $\theta = \pm 146.2°$, 相對大小 0.186. $S_s = 7.3$ dB

14.17 (a) 36.5 W (b) 4.8 μW

14.19 $\xi = 0, d = \lambda$

14.21 (a) $\pm 48.2°$ (b) $\pm 60°$

14.23 (a) $+\pi/2$ (b) 0

14.25 (a) $\xi = -\pi/2$ (b) 最大值的 5.6% (下降 12.6 dB)

14.29 (a) 1.7 μW (b) 672 nW

索 引

一 劃

一個向量的拉普拉欣　Laplacian of a vector　223

二 劃

入射平面　plane of incidence　438
入射波　incident wave　414
力矩　moment　241

三 劃

叉積　cross product　11
大小　magnitude　12
子午射線　meridional rays　506
干涉場型　interference pattern　481

四 劃

互易定理　reciprocity theorem　551
互感　mutual inductance　270, 272
介電係數　permittivity　135
介電常數　dielectric constant　134
元件因式　element factor　544
分佈　distributed　307
分量　components　7
分量向量　component vectors　5
分量純量　component scalars　7
分離　separation　448
匹配　matched　429
反射波　reflected wave　415
反射係數　reflection coefficient　328
反射係數　reflection coefficient　416
反強磁性的　antiferromagnetic　249
反磁性的　diamagnetic　247
內感　internal inductance　272

天線 (天線罩)　radomes　429
方向性　directivity　529
方向增益　directive gain　529
方位角模態數目　azimuthal mode number　506

五 劃

代爾運算子　del operator　67
加權平均　weighted average　470
包覆層　cladding　505
半-波長匹配　half-wave matching　429
半導體　semiconductor　117
史內爾折射定律　Snell's law of refraction　440
史托克斯定理　Stokes' theorem　206
右旋橢圓極化　right elliptical polarization　406
四分之一波匹配　quarter-wave matching　337
外部的　external　122
左旋圓形極化　left circular polarization, l.c.p　406
左旋橢圓極化　left elliptical polarization　406
布魯斯特角　Brewster angle　445
平行極化　parallel polarization　438
弗利斯傳輸公式　Friis transmission formula　556
本質的　intrinsic　129
本質阻抗　intrinsic impedance　380
正規化頻率　normalized frequency　511
正電流　positive current　315
立體角　solid angle　527

六 劃

光波導　optical waveguides　444
全反射　total reflection　443
全透射　total transmission　443

全透射　total transmission　445
共平面　coplanar　3
共振頻率　resonant frequency　580
同相　in phase　473
同軸電容器　coaxial capacitor　59
向量　vector　2
向量　vector　434
向量場　vector fields　2
向量運算子　vector operator　67
向量磁位　vector magnetic potential　216
向量積　vector product　11
多極　multipoles　101
守恆的場　conservative field　89
安培　ampere, A　112
安培電流　Amperian current　250
安培環路定律　Ampre's circuital law　191
有效介電常數　effective dielectric constant　470
有效阻抗　effective impedances　441
有效面積　effective area　553
自由　free　117
自由空間的介電係數　permittivity of free space　26
自由電荷　free charge　138
色彩　chromatic　448
色散　dispersion　448
色散　dispersive　413
色散參數　dispersion parameter　454
池　sink　64

七　劃

位　potential　217
位移　displacement　48
位移密度　displacement density　49
位移通量　displacement flux　48
位移通量密度　displacement flux density　49
位移電流密度　displacement current density　290
低損耗近似　low-loss approximation　322
投影　projection　10
均勻平面波　uniform plane wave　374
均勻的　uniform　34, 119

均勻的電場　uniform electric field　77
均向性的　isotropic　118
完全電介質　good dielectric　385, 389
宏觀上的　macroscopic　32
折射率　refractive index　429
束縛　bound　138
束縛電流　bounded current　250
束縛電荷　bound charges　130
每單位面積的環流　circulation per unit area　202
角度色散　angular dispersion　448

八　劃

供應給　supplied　530
受體　acceptors　129
固有值方程式　eigenvalue equations　504
固定的　constant　529
坡印亭向量　Poynting vector　393
帕桑方程式　Poisson's equation　163
弦波穩態　sinusoidal steady-state　318
拉普拉氏方程式　Laplace's equation　164
法布立-倍若干涉儀　Fabry-Perot interferometer　430
波束寬度　beamwidth　530
波長　wavelength　317
波阻抗　wave impedance　427
波前　wavefront　308
波動方程式　wave equations　310
波速　wave velocity　313
波數　wavenumber　376
波導色散　waveguide dispersion　486
波導模態　waveguide mode　474
直角　rectangular　4
直角笛卡爾　rectangular cartesian　4
空乏層　depletion layer　173
表面向量　vector surface　9
表面的法線　normal　9
表面電流密度　surface current density　186
表面電荷密度　surface charge density　38
金屬導體　metallic conductor　117
阻抗轉換　impedance transformation　432

非等向性　anisotropic　408
非極性的　nonpolar　131
垂直　perpendicular　438
垂直入射　normal incidence　413
垂直極化(perpendicular polarization　438

九　劃

施體　donor　129
映像　image　127
洩漏型電磁波　leaky wave　500
流出　outward flow　114
流出去　outward-flowing　114
流線　streamlines　41, 100
相位常數　phase constant　316
相移位時間　dephasing time　580
相速　phase velocity　376
相速度　phase velocity　316
相量　phasor　318
相量電場　phasor electric field　377
相對介電係數　relative permittivity　134
相對導磁係數　relative permeability　253
負電流　negative current　315

十　劃

唧鳴聲　chirped　455
徑向模態數目　radial mode number　506
振幅　amplitude　536
振盪模　moding　497
旁波瓣　sidelobes　537
時間-平均　time-averaged　325
時間稜鏡　temporal prism　452
特性阻抗　characteristic impedance　315
純量　scalar　1
純量場　scalar fields　2
純量運算子　scalar operator　67
純量積　scalar product　9
脈波成形網路　pulse-forming network　309
脈波-成形線　pulse-forming line　362
衰減係數　attenuation coefficient　322
衰減係數　attenuation coefficient　383
陣列　array　530

陣列因式　array factor　544
真空　vacuum　25
高斯定律的點形式　point form of Gauss's law　66
高斯表面　Gaussian surface　52

十一　劃

偶極　dipole　97, 534
偶極弛振　dipole relaxation　584
偶極矩　dipole moment　100
域　domain　249
基本的　elemental　520
基本常數　primary constants　310
強度　intensity　452
強磁性的　ferromagnetic　248
接收場型　reception pattern　551
斜向入射　oblique incidence　434
斜向射線　skew rays　506
旋度　curl　200
梯度　gradient　93
淨功率　same net power　529
淨串聯阻抗　net series impedance　320
淨並聯導納　net shunt admittance　320
畢奧-薩伐定律　Biot-Savart law　184
異向性的　anisotropic　118
移動率　mobility　117
符號　sign　357
規定值　defined value　210
透射(過去的)波　transmitted wave　414
透射係數　transmission coefficient　416
通用波動方程式　general wave equations　313
通量　flux　47, 145
通量管　flux tube　159
部份透射　partial transmission　499
閉合路徑　closed path　89

十二　劃

單向的端射　unidirectional endfire　549
單位向量　unit vectors　5
單極　monopole　540
場　fields　2

場型函數　pattern function　537
場型乘積　pattern multiplication　544
散度　divergence　64
散度定理　divergence theorem　68
無失真　distortionless　323
無損耗　lossless　308
無邊的　unbounded　297
等向性的輻射器　isotropic radiator　529
等位面　equipotential surface　85
絕對電位　absolute potential　84
超越　transcendental　504
超順磁性的　superparamagnetic　250
超導性　superconductivity　119
開始即已有充電　initially charged　309
開槽測試線　slotted line　330
階式折射率　step index　505
集膚效應　skin effect　323
集總　lumped　307
順磁性的　paramagnetic　248

十三　劃

傳播常數　propagation constant　320, 382
傳導　conduction　117
傳導帶　conduction band　116
傳導電流　convection current　113
傳導電流密度　convection current density　113
傳輸係數　transmission coefficient　328
圓形極化　circular polarization　405
微分　differential　536
微波爐　microwave oven　387
損耗正切　loss tangent　384, 389
楞次定律　Lenz's law　282
極化角　polarization angle　445
極性　polar　130
源　source　64
群延遲差　group delay difference　482
群速　group velocity　323, 450
群速色散　group velocity dispersion　451
運動電動勢　motional emf　286
運算　operation　67
電子的自旋　electron spin　247

電介質　dielectric　47
電介質波導　dielectric waveguide　499
電位　potential　75, 84
電位差　potential difference　82
電位場　potential field　75
電波阻抗　wave impedance　335
電阻　resistance　120
電流　current　112
電流反射圖　current reflection diagram　357
電流密度　current density　112
電流單元的安培定律　Ampère's law for the current element　184
電容　capacitance　145
電偶極　electric dipole　97
電動勢　electromotive force, emf　282
電通量　electric flux　47, 48
電通量密度　electric flux density　49
電報(員)方程式　telegraphist's equations　312
電場充填因數　field filling factor　471
電場強度　electric field intensity　28
電極化率　electric susceptibility　134
電磁波現象　wave phenomena　307
電壓反射圖　voltage reflection diagram　355
電壓駐波比　voltage standing wave ratio, VSWR　330

十四　劃

實際瞬時　real instantaneous　316
對稱型平板波導　symmetric slab waveguide　499
截止波長　cutoff wavelength　479, 512
截止頻率　cutoff frequency　474, 478
摻雜　doping　129
滯後　retarded　297
滲透深度　penetration depth　387
漂移速率　drift velocity　117
磁化　magnetization　251
磁阻　reluctance　259
磁偶矩　magnetic dipole moment　244
磁偶極　magnetic dipole　531
磁偶極天線　magnetic dipole antenna　532

磁動勢　magnetomotive force　259
磁通鏈　flux linkage　267
磁場強度　magnetic field intensity　184
磁滯　hysteresis　249
端射陣列　endfire array　548
維共振腔　resonant cavity　485
赫茲偶極　Hertzian dipole　520
赫維賽條件　Heaviside's condition　323
遠-場　far-field　524
遠場區　far-zone　524

十五　劃

價帶　valence band　116
增益係數　gain coefficient　383
暫態　transient　352, 426
模態色散　modal dispersion　482, 498
模態場半徑　mode field radius　514
模數　mode number　474
歐姆定律　Ohm's law　120
線性極化　linearly polarized　403, 506
複數型的介電係數　complex permittivity　383
複數型導磁係數　complex permeability　383
複數振幅　complex amplitude　318
複數瞬時電壓　complex instantaneous voltage　318
駐波比　standing wave ratio　421
導磁係數　permeability　210, 253
操作在共振　on resonance　540
橢圓極化　elliptically polarized　405
橫向天線陣列　broadside array　545
橫向平面　transverse plane　374
橫向共振　transverse resonance　476
橫向陣列　broadside array　548
橫向電場　transverse electric　438, 474
橫向電磁　transverse electromagnetic, TEM　374
橫向磁　transverse magnetic　438
橫向磁場　transverse magnetic, TM　474

十六　劃

燈絲電流　filamentary current　112

導磁係數　permeability　210
輸入　input　530
輻射強度　radiation intensity　528
輻射電阻　radiation resistance　527
霍爾效應　Hall effect　235
霍爾電壓　Hall voltage　235
靜態場　static field　287

十七　劃

環流　circulation　201
積　product　67
總　total　147
臨界角　critical angle　443, 504
點積　dot product　9

十八　劃

歸一化的失諧　normalized detuning　582
轉向　handedness　406
轉矩　torque　241
轉換-侷限型　transform-limited　456

十九～二十一　劃

羅侖茲力方程式　Lorentz force equation　234
邊界條件　boundary condition　123, 136, 165
饋入　feed　534
鐵氧體　ferrite　383
鐵電材料　ferroelectric material　134
鐵磁性的　ferrimagnetic　249, 383
鐵鹽酸磁體　ferrites　249
纖芯　core　505
體積　volume　164
體積電荷密度　volume charge density　32

數字英文字母

3-dB 波束寬度　3-dB beamwidth　530
ω-β 圖　ω-β diagram　448
p-極化　p-polarized　438
s-極化　s-polarized　438
V 的拉普拉欣　Laplacian of V　164
z 分量　z component　485

旋度

直角座標 $\nabla \cdot \mathbf{D} = \dfrac{\partial D_x}{\partial x} + \dfrac{\partial D_y}{\partial y} + \dfrac{\partial D_z}{\partial z}$

圓柱座標 $\nabla \cdot \mathbf{D} = \dfrac{1}{\rho} \dfrac{\partial}{\partial \rho}(\rho D_\rho) + \dfrac{1}{\rho} \dfrac{\partial D_\phi}{\partial \phi} + \dfrac{\partial D_z}{\partial z}$

球形座標 $\nabla \cdot \mathbf{D} = \dfrac{1}{r^2} \dfrac{\partial}{\partial r}(r^2 D_r) + \dfrac{1}{r \sin\theta} \dfrac{\partial}{\partial \theta}(D_\theta \sin\theta) + \dfrac{1}{r \sin\theta} \dfrac{\partial D_\phi}{\partial \phi}$

梯度

直角座標 $\nabla V = \dfrac{\partial V}{\partial x}\mathbf{a}_x + \dfrac{\partial V}{\partial y}\mathbf{a}_y + \dfrac{\partial V}{\partial z}\mathbf{a}_z$

圓柱座標 $\nabla V = \dfrac{\partial V}{\partial \rho}\mathbf{a}_\rho + \dfrac{1}{\rho}\dfrac{\partial V}{\partial \phi}\mathbf{a}_\phi + \dfrac{\partial V}{\partial z}\mathbf{a}_z$

球形座標 $\nabla V = \dfrac{\partial V}{\partial r}\mathbf{a}_r + \dfrac{1}{r}\dfrac{\partial V}{\partial \theta}\mathbf{a}_\theta + \dfrac{1}{r \sin\theta}\dfrac{\partial V}{\partial \phi}\mathbf{a}_\phi$

CURL

直角座標 $\nabla \times \mathbf{H} = \left(\dfrac{\partial H_z}{\partial y} - \dfrac{\partial H_y}{\partial z}\right)\mathbf{a}_x + \left(\dfrac{\partial H_x}{\partial z} - \dfrac{\partial H_z}{\partial x}\right)\mathbf{a}_y + \left(\dfrac{\partial H_y}{\partial x} - \dfrac{\partial H_x}{\partial y}\right)\mathbf{a}_z$

圓柱座標 $\nabla \times \mathbf{H} = \left(\dfrac{1}{\rho}\dfrac{\partial H_z}{\partial \phi} - \dfrac{\partial H_\phi}{\partial z}\right)\mathbf{a}_\rho + \left(\dfrac{\partial H_\rho}{\partial z} - \dfrac{\partial H_z}{\partial \rho}\right)\mathbf{a}_\phi + \dfrac{1}{\rho}\left[\dfrac{\partial (\rho H_\phi)}{\partial \rho} - \dfrac{\partial H_\rho}{\partial \phi}\right]\mathbf{a}_z$

球形座標 $\nabla \times \mathbf{H} = \dfrac{1}{r \sin\theta}\left[\dfrac{\partial (H_\phi \sin\theta)}{\partial \theta} - \dfrac{\partial H_\theta}{\partial \phi}\right]\mathbf{a}_r + \dfrac{1}{r}\left[\dfrac{1}{\sin\theta}\dfrac{\partial H_r}{\partial \phi} - \dfrac{\partial (rH_\phi)}{\partial r}\right]\mathbf{a}_\theta$

$\qquad\qquad + \dfrac{1}{r}\left[\dfrac{\partial (rH_\theta)}{\partial r} - \dfrac{\partial H_r}{\partial \theta}\right]\mathbf{a}_\phi$

拉普拉氏

直角座標 $\nabla^2 V = \dfrac{\partial^2 V}{\partial x^2} + \dfrac{\partial^2 V}{\partial y^2} + \dfrac{\partial^2 V}{\partial z^2}$

圓柱座標 $\nabla^2 V = \dfrac{1}{\rho}\dfrac{\partial}{\partial \rho}\left(\rho \dfrac{\partial V}{\partial \rho}\right) + \dfrac{1}{\rho^2}\dfrac{\partial^2 V}{\partial \phi^2} + \dfrac{\partial^2 V}{\partial z^2}$

球形座標 $\nabla^2 V = \dfrac{1}{r^2}\dfrac{\partial}{\partial r}\left(r^2 \dfrac{\partial V}{\partial r}\right) + \dfrac{1}{r^2 \sin\theta}\dfrac{\partial}{\partial \theta}\left(\sin\theta \dfrac{\partial V}{\partial \theta}\right) + \dfrac{1}{r^2 \sin^2\theta}\dfrac{\partial^2 V}{\partial \phi^2}$